Wasser, Energie und Umwelt

Markus Porth · Holger Schüttrumpf
(Hrsg.)

Wasser, Energie und Umwelt

Aktuelle Beiträge aus der Zeitschrift Wasser und Abfall I

Herausgeber
Markus Porth
Darmstadt, Deutschland

Holger Schüttrumpf
Aachen, Deutschland

ISBN 978-3-658-15921-4 ISBN 978-3-658-15922-1 (eBook)
DOI 10.1007/978-3-658-15922-1

Die Deutsche Nationalbibliothek verzeichnet diese Publikation in der Deutschen Nationalbibliografie; detaillierte bibliografische Daten sind im Internet über http://dnb.d-nb.de abrufbar.

Springer Vieweg

Gedruckt auf säurefreiem und chlorfrei gebleichtem Papier

Springer Vieweg ist Teil von Springer Nature
Die eingetragene Gesellschaft ist Springer Fachmedien Wiesbaden GmbH
Die Anschrift der Gesellschaft ist: Abraham-Lincoln-Str. 46, 65189 Wiesbaden, Germany

Dipl.-Ing. Markus Porth
Verantwortlicher Redakteur
WASSER UND ABFALL

Liebe Leserin, lieber Leser,

das Fachmagazin WASSER UND ABFALL des BWK begleitet alle im technischen Umweltschutz Tätigen seit 1999 mit Fachbeiträgen bei ihren fachlichen Aufgaben. In diesem Buch sind nun erstmals ausgewählte Beiträge zusammengestellt, die in WASSER UND ABFALL veröffentlicht wurden und sich mit den aktuellen Themen rund um die Entwicklung des technischen Umweltschutzes beschäftigen. Redaktion und Verlag haben sich dabei von dem Gedanken leiten lassen, dass neben der Nutzung von WASSER UND ABFALL oder der elektronischen Medien auch kurzerhand der Griff ins Regal erfolgen kann, um sich einen Überblick verschaffen zu können.
Wir haben Ihnen daher aktuelle und interessante Beiträge aus den Bereichen Abwasser, Mikroschadstoffe, Gewässerschutz, Klimaschutz und Wasserwirtschaft zusammengestellt, die inhaltlich weiter weisen und die Aufweitung des umweltfachlichen Spektrums aufgreifen, mit der wir uns alltäglich in unserer fachlichen Arbeit auseinandersetzen. In diesen Bereichen waren umfängliche Entwicklungen festzustellen, die nun zusammengefasst in diesem Buch vorgelegt werden.

Im Bereich Siedlungswasserwirtschaft beginnen sich im Zusammenhang mit den urbanen Sturzfluten und den Fragen zum Umgang mit Niederschlagsereignissen, deren Umfang sich der ingenieurtechnischen Beherrschbarkeit entzieht, erste Auswirkungen des Klimawandels bemerkbar zu machen. Hier zeigen die Notwendigkeit von Vorsorge und Überlegungen zur Minderung möglicher Schäden die Grenzen technischer Lösungen auf. Was sich im Übrigen ganz aktuell mit der Diskussion um die Ausweitung abgeschlossener Policen für eine Elementarschadensversicherung zeigt.

Die Technologien der Abwasserbehandlung zur Reinigung des Abwassers und somit zum Schutz der Gewässer erfahren eine inhaltliche Aufweitung. So werden Abwasserströme und Kläranlagen als Energielieferanten oder Abwasser zunehmend als Ressource (Phosphor) verstanden. Die Ertüchtigung der Kläranlagen für diese Herausforderungen wird auch neue technische Lösungen erfordern. Die vierte Reinigungsstufe ist nur ein wesentliches Schlagwort in diesem Zusammenhang.

Längst vergrabene Schätze – unsere Abwasserkanäle und die Gestaltung einer hier angepassten, neuen und auch in der Zukunft funktionsfähigen Infrastruktur – rücken wieder in den Blick der kommunalen Betreiber.

Mikroschadstoffe in den Gewässern werden uns in den nächsten Jahren beschäftigen. Auf der einen Seite muss das Verständnis über Herkunft und Verbreitungswege vertieft werden. Eine Bewertung deren Relevanz muss hinzukommen. Der Bund ist bereits mit den Arbeiten an seiner Mikroschadstoffstrategie aktiv. In das Thema einführende Beiträge aus WASSER UND ABFALL haben wir Ihnen zusammengestellt.

Für die Fachwelt ergeben sich aus der Bestandsaufnahme zum Ende des 1. Bewirtschaftungszyklus' der Wasserrahmenrichtlinie klare Hinweise auf dringenden Handlungsbedarf zur Verbesserung der Gewässerqualität, ihrer Morphologie und der Durchgängigkeit. Dies hat die Redaktion von WASSER UND ABFALL aufgegriffen und sowohl über die Sanierung von Seen, als auch über Maßnahmen zur Verbesserung der Situation von Fließgewässern berichtet. Eine Auswahl an Beiträgen über erfolgreiche Maßnahmen und technische Lösungen hierzu finden Sie in diesem Buch.

Unter der Überschrift „Klimaschutz und Wasserwirtschaft" wurde und wird auch weiterhin in WASSER UND ABFALL ein zentrales Thema mit sehr breiten Auswirkungen auf alle umweltfachlichen Bereiche aufgegriffen. Ein angepasster Hochwasser- und Küstenschutz, sachgerechte landwirtschaftliche Beregnung, die Beachtung des Wärmehaushalts der Gewässer und anderes mehr werden die bisher üblichen Handlungsstrategien ergänzen. Nicht zuletzt wirken sich die Bemühungen um die Abkehr von fossilen Energieträgern auch auf die Wasserwirtschaft aus, ob sie nun aus wirtschaftlichen und klimaschützenden Erwägungen heraus erfolgen.

Es bleibt fachlich also ungeheuer interessant. Unsere Aufgaben werden nicht weniger, aber sie verändern sich.

Der „BWK – die Umweltingenieure" als Fachverband und Herausgeber von WASSER UND ABFALL wird Sie hier weiterhin auf dem Laufenden halten. Ob Sie sich nun über dieses Buch, das Fachmagazin WASSER UND ABFALL, das e-Magazin von WASSER UND ABFALL oder die weiteren dem angeschlossenen elektronischen Medien informieren wollen: Wir kümmern uns darum.

Ich wünsche Ihnen neue Erkenntnisse und viel Freude bei der Lektüre

Markus Porth

Dipl.-Ing. Markus Porth
Verantwortlicher Redakteur
WASSER UND ABFALL

Univ.-Prof. Dr.-Ing. Holger Schüttrumpf
Präsident des BWK

Liebe Leserin, lieber Leser,

mit großer Freude präsentieren wir Ihnen hiermit das erste BWK-Buch „Wasser, Energie und Umwelt". Viele Autoren haben in den letzten Jahren mit interessanten fachlichen Beiträgen zum Erfolg unserer Fachzeitschrift WASSER UND ABFALL beigetragen. Mit diesem Buch setzen wir die einzelnen Beiträge in Wert und übergeben der Fachcommunity ein Nachschlagewerk rund um das Thema Wasser.

Wasser ist und bleibt ein aktuelles Thema mit unterschiedlichen Schwerpunkten u. a. in den Bereichen Abwasser, Gewässerschutz, Klimaschutz und Hochwasserschutz. Der Bereich Wasser erfährt dabei einen methodischen und technologischen Wandel und wir stehen vermutlich erst am Anfang der Entwicklung. Schlagworte wie Digitalisierung der Wasserwirtschaft, Wasserrahmenrichtlinie, Hochwasserrichtlinie, Klimawandel, Mikroschadstoffe, Nachhaltigkeit und vierte Reinigungsstufe sind nur Beispiele für fachliche Themen, die unsere tägliche Arbeit entscheidend beeinflussen. Das vorliegende Buch nimmt diese Themen auf und zeigt Best-Practice-Beispiele sowie Forschungs- und Entwicklungsergebnisse.

Autoren vieler Beiträge sind BWK-Mitglieder, die mit ihrem Sachverstand und Fachwissen einen Beitrag für eine lebenswerte Umwelt für die heutige und die nachfolgenden Generationen leisten. BWK-Mitglieder entwickeln innovative Strategien und setzen diese in konstruktive Lösungen um. Der BWK arbeitet hier durch seine vielen Bezirksgruppen auf lokaler Ebene und ermöglicht somit eine direkte Umsetzung innovativer Ideen und Entwicklungen in der alltäglichen Praxis. Die Fachzeitschrift WASSER UND ABFALL sowie dieses BWK-Buch ermöglichen einen Transfer von Ideen, Ansätzen und Technologien. Gleichzeitig zeigen die Beiträge dieses Buches aber auch Themen auf, für die wir in Zukunft Merkblätter und Regelwerke des BWK benötigen. Dies werden wir kurzfristig aufnehmen und entsprechende Arbeitsgruppen einsetzen.

Dieses Buch wird nur das Erste einer Reihe von BWK-Büchern sein, die wir derzeit auf der

Grundlage der vielen Beiträge in unserer Fachzeitschrift WASSER UND ABFALL planen. Weitere Bücher mit einem anderen thematischen Fokus werden in den nächsten Jahren erscheinen.

Ich wünsche Ihnen neue Erkenntnisse und viel Freude bei der Lektüre

Univ.-Prof. Dr.-Ing. Holger Schüttrumpf
Präsident des BWK

Inhaltsverzeichnis

Siedlungswasserwirtschaft und Abwasser

Heidrun Steinmetz

Perspektiven der kommunalen Abwasserbehandlung

Nachhaltiges Handeln wird auch die kommunale Abwasserbehandlung verändern. Zum einen werden aus Gewässerschutzgründen weitergehende Anforderungen an den Ablauf von Kläranlagen gestellt, zum anderen müssen die im Abwasser enthaltenen Ressourcen künftig besser genutzt werden.

1 Einleitung

Kommunale Kläranlagen haben in letzten Jahrzehnten erheblich zur Verbesserung der Gewässersituation beigetragen. Dennoch tragen sie, trotz Einhaltung der geforderten Einleitungsbedingungen immer noch zu einem erheblichen Teil zu den Belastungen der Gewässer bei. Dies gilt in vielen Regionen trotz weitergehender Nährstoffelimination für Phosphor und flächendeckend für organische Mikroverunreinigungen. Darüber hinaus wird derzeit die Relevanz des Abwasserpfades für den Eintrag von Mikroplastik und Nanopartikeln in die Gewässer diskutiert.

Auf der anderen Seite besteht Abwasser nicht nur aus Problemstoffen. Richtig aufbereitet und an der richtigen Stelle verwendet, werden Abwasserinhaltsstoffe zur Ressource. Dies gilt in erster Linie für das Wasser selbst, aber auch für den organischen Kohlenstoff und die Nährsalze Stickstoff und Phosphor.

2 Weitergehende Anforderungen

2.1 Phosphor

In vielen Gewässerabschnitten führen zu hohe Phosphatkonzentrationen dazu, dass der gute ökologische Zustand nicht erreicht wird. Ein typisches Beispiel stellt der staustufengeregelte Neckar in Baden-Württemberg dar. Obwohl die Kläranlagen die vorgeschriebenen Grenzwerte meist deutlich unterschreiten, tragen Kläranlagen neben der Landwirtschaft immer noch in erheblichem Umfang zu den überhöhten Phosphorkonzentrationen im Gewässer bei. Eine vom ISWA der Universität Stuttgart durchgeführte Studie zeigt, dass die Eutrophierung nur dann deutlich vermindert werden kann, wenn sowohl Maßnahmen auf den Kläranlagen als auch in der Landwirtschaft getroffen werden. Daher ist in entsprechenden Problemgebieten künftig mit einer Verschärfung der Ablaufanforderungen bezüglich Phosphor zu rechnen, was teilweise durch verbesserte Regelungsstrategien und eine effizientere chemische Phosphorelimination erreicht werden kann. Bei sehr niedrigen Ablaufanforderungen könnte eine Flockungsfiltration erforderlich sein. Hier gilt es, die Phosphoremissionen zu verringern und ggf. Synergien z. B. mit einer Stufe zur gezielten Elimination von Mikroverunreinigungen zu schaffen.

2.2 Mikroverunreinigungen

In der aquatischen Umwelt werden – nicht zuletzt wegen der empfindlicheren instrumentellen Analytik – immer mehr anthropogene organische Spurenstoffe nachgewiesen. Das Spektrum dieser Substanzen reicht von pharmazeutischen Wirkstoffen über Weichmacher und Flammschutzmittel bis hin zu synthetischen Duftstoffen, Körperpflegemitteln, Korrosionsschutzmitteln, Süßstoffen und Pestiziden.

Aufgrund ihrer unterschiedlichen Anwendungsbereiche und Anwendungsarten gelangen die Substanzen über verschiedene Eintragspfade in die Umwelt. Die individuellen chemisch-physikalischen Eigenschaften dieser Substanzen sind dafür maßgebend, ob sie in partikelgebundener Form oder gelöst in Wasser transportiert werden, und somit in konventionellen Kläranlagen durch Anlagerung an den Klärschlamm entfernt werden oder die Kläranlage weitgehend ungehindert passieren.

Auch wenn für organische Spurenstoffe die Wirkungen bzw. Wirkmechanismen in vielen Fällen noch unbekannt sind, sollten diese Substanzen aus Vorsorgegründen möglichst weitgehend aus den Gewässern fern gehalten und somit im Reinigungsprozess zurückgehalten werden. Eine Vorreiterrolle übernimmt hier die Schweiz, die entsprechende gesetzliche Regelungen zur weitergehenden Elimination von Spurenstoffen auf den Weg gebracht hat. Einzelne Bundesländer – wie Baden-Württemberg – fördern den freiwilligen Ausbau zahlreicher Kläranlagen durch eine großtechnische Behandlungsstufe zur Spurenstoffelimination [1].

Im Rahmen zahlreicher Forschungsprojekte und großtechnischer Anlagen konnte gezeigt werden, dass sich nachgeschaltete Verfahrensstufen zur Spurenstoffelimination (in der Regel mittels Aktivkohle oder Ozon) sehr gut in den Kläranlagenbetrieb integrieren lassen und für zahlreiche Mikroschadstoffe eine weitgehende Elimination aus dem Abwasserstrom ermöglichen. Allerdings gibt es auch Substanzen, die nicht oder kaum durch eine zusätzliche Behandlungsstufe aus dem Abwasser entfernt werden (z. B. das Röntgenkontrastmittel Amidotrizoesäure). Die Verfahrensstufen zur Mikroschadstoffentfernung weisen zusätzliche positive Effekte auf die Reinigungsleistung z. B. eine weitgehende CSB-Elimination auf. In Anlagen mit Pulveraktivkohledosierung und anschließender Filtration wird ein verbesserter Rückhalt an Phosphor und abfiltrierbaren Stoffen erreicht. Im Zuge der Ozonierung des Abwassers ergeben sich positive Effekte bei der Entfärbung und ggf. Keimreduzierung.

Welche Anforderungen an die Elimination von Spurenstoffen in Deutschland künftig gestellt werden, ist derzeit noch nicht absehbar. Nach den Gewässerschutzbestimmungen der Schweiz müssen künftig Spurenstoffe in großen Kläranlagen (> 80.000 EW) und Anlagen im Einzugsgebiet von Seen mit über 24.000 EW sowie in Kläranlagen (> 8000 EW) an Gewässern mit einem Abwasseranteil über 10 % gezielt entfernt werden.

2.3 Sonstige Verunreinigungen (Keime, Mikroplastik, Nanopartikel)

Die Reduzierung von Keimen im Ablauf von Kläranlagen ist in vielen Ländern inzwischen ist Standard (z. B. USA, Südafrika). In der EU gelten besondere Anforderungen z. B. für die Einleitung in Badegewässern. Dies bedarf weitergehender Verfahrensstufen, wie z. B. einer UV-Behandlung, einer Ozonung oder im einfachsten Fall einer Desinfektion mittels Chlorverbindungen. Letzteres kann jedoch auch erhebliche schädliche Wirkungen auf die Gewässer z. B. durch die Bildung von organischen Halogenverbindungen, haben. Eine Nachrüstung mit entsprechenden Verfahrensstufen ist ohne Auswirkungen auf den vorausgehenden Reinigungsprozess einfach zu realisieren und entspricht dem Stand der Technik.

Neu in der Diskussion sind die Themen Mikroplastik und Nanopartikel. Unter Mikroplastik versteht man Plastikpartikel mit einer Größe von kleiner 5 mm, wobei zwischen sekundärem Mikroplastik, welches durch Zerkleinerung von Kunststoffpartikeln und -fasern entsteht, und primärem Mikroplastik, welches gezielt produziert und z. B. in Kosmetika eingesetzt wird, unterschieden wird.

Obwohl die meisten Kunststoffe nicht originär toxisch sind, können Zuschlagsstoffe wie Weichmacher freigesetzt werden oder Umweltgifte an den Kunststoffpartikeln sorbieren. Das Verhalten in Kläranlagen ist bislang kaum untersucht, u. a. auch weil es für die komplexe Abwassermatrix noch keine standardisierten Analyseverfahren gibt. Es kann jedoch vermutet werden, dass die leichten Kunststoffpartikel mit Schwimmstoffen gemeinsam eliminiert werden und ein weiterer großer Anteil über den Klärschlamm aus dem Abwasserpfad entnommen wird.

Nanopartikel sind lediglich über die Partikelgröße definiert, wobei deren chemischen Eigenschaften vielfältig sind. Entsprechend kann zwischen natürlichen und künstlich hergestellten, zwischen anorganischen und organischen Nanopartikeln mit völlig unterschiedlichen chemisch, physikalischen Eigenschaften unterschieden werden. Dementsprechend sind auch die Wirkungen auf Organismen und in der Umwelt sehr unterschiedlich.

Gemäß einer Definition der Europäischen Kommission (2011/696/EU vom 18.10.2011) umfassen Nanomaterialien „...ein natürliches, bei Prozessen anfallendes oder hergestelltes Material, das Partikel in ungebundenem Zustand, als Aggregat oder als Agglomerat enthält, und bei dem mindestens 50 % der Partikel in einer Anzahlgrößenverteilung ein oder mehrere Außenmaße im Bereich von 1 nm bis 100 nm haben". Oftmals werden aber auch Partikel bis ca. 300 nm noch als Nanopartikel bezeichnet.

Auch für die Nanopartikel fehlen genormte Nachweisverfahren, zumal schon die Probennahme in komplexen Medien wie Abwasser eine Herausforderung darstellt, unter anderem deshalb, weil Nanopartikel dazu neigen, an Oberflächen anzuhaften.

Da es sich bei den Nanopartikeln um sehr heterogene Materialien und nicht um eine spezielle Stoffgruppe handelt, kommen zur Reinigung Trennverfahren (Membranverfahren) in Betracht. Hier gilt es jedoch zahlreiche weitere Aspekte, nicht zuletzt den energetischen Aufwand bei immer kleinerer Trenngrenze und die Kosten zu beachten.

Gegenwärtig gibt es noch keine etablierten Verfahren, um gezielt Mikroplastik oder Nanopartikel aus dem Abwasser zu entfernen. Auch müssen weitere Untersuchungen noch zeigen, ob Kläranlagen überhaupt einen relevanten Eintragspfad für diese Substanzen in die Gewässer darstellen.

3 Abwasser als Ressource

3.1 Übersicht über Ressourcen im Abwasser und deren Bedeutung

Abwasser besteht zu über 99 % aus Wasser, das, wenn es entsprechend aufbereitet wird, eine wichtige Ressource zu Wiederverwendung darstellt. Aber auch das restliche 1 % enthält wertvolle Stoffe: Kohlenstoffs als Energieträger oder als Ausgangsstoff für Synthesen sowie die Pflanzennährsalze Stickstoff, Phosphor und Kalium, für die Abwasser ein erhebliches Substitutionspotenzial aufweist (**Tabelle 1**).

Die heutigen konventionellen Kläranlagen sind weitgehend Entsorgungseinrichtungen, bei denen die Nutzung der im Abwasser enthaltenden Ressourcen bislang von untergeordneter Bedeutung ist.

Zwar kann die landwirtschaftliche Klärschlammverwertung dazu beitragen, einen Teil der Nährstoffe in den Kreislauf zurückzuführen, allerdings werden dadurch auch Schadstoffe und Krankheitserreger sowie ggf. die oben genannten Mikroplastikpartikel und Nanopartikel ebenso auf Böden aufgebracht und in der Umwelt verteilt. Daher verfolgt die Bundesregierung das umweltpolitische Ziel, aus Vorsorgegründen die bodenbezogene Klärschlammverwertung zu beenden. Zugleich sollen Maßnahmen zur P-Rückgewinnung aus Abwasser und Klärschlamm für bestimmte Kläranlagen gefordert werden, um insbesondere den essentiellen Nährstoff Phosphor nutzen zu können.

3.2 Möglichkeiten der Wiederverwendung von Wasser

Nur ein geringer Anteil des an Haushalte abgegebenen Trinkwassers (ca. 3,576 Mrd. m³ im Jahr 2010 wird tatsächlich für Trinkwasserzwecke eingesetzt (ca. 4 %) [2], während über ein Viertel des qualitativ hochwertigen Wassers lediglich zum Abtransport von Fäkalien genutzt wird. Der größte Anteil des Trinkwassers wird für Zwecke verbraucht, die eine Qualität benötigen würden, die zwischen den sehr hohen Ansprüchen an

Tab. 1 | Nährstoffgehalte in Handelsdünger und im Abwasser in Deutschland

	Phosphor (t/a)	Stickstoff (t/a)	Kalium (t/a)
Inlandsabsatz Handelsdünger (Mittel 2002 bis 2012, Daten aus [9])	270.000 (P_2O_5) ca. 118.000 (P)	1.700.000 (N)	418.000 (K2O) ca. 347.000 (K)
Gehalt im Abwasser (Summe Zulauf aller Kläranlagen in Deutschland)*	76.000 (P)	440.000 (N)	200.000 (K)

*Berechnung über 110 Mio. EW in Deutschland mit 11g N/(EW*d), 5g K/(E*d), 1,8g P/(E*d)

Trinkwasser und den relativ geringen an Toilettenspülwasser liegt. Allein aus dieser Betrachtung wird deutlich, dass rein rechnerisch ein erheblicher Teil des Trinkwassers durch Wasser minderer Qualität mittels Recycling substituiert werden könnte.

Berechnungen von Minke [3] haben gezeigt, dass der Trinkwasserverbrauch und teilweise auch der Abwasseranfall durch den Einsatz von Wasserspartechnologien, Grauwasserrecycling und Regenwassernutzung zukünftig drastisch reduziert werden könnten. Dies hätte aufgrund abnehmender Schmutzwassermengen aber zunehmender Stoffkonzentrationen deutliche Auswirkungen auf den Betrieb von Kläranlagen (**Bild 1**).

Eine Wiederverwendung von gereinigtem Abwasser aus dem Ablauf der Kläranlage z. B. für Bewässerungszwecke würde zusätzliche Behandlungsstufen zur Hygienisierung erfordern.

3.3 Möglichkeiten der Nutzung organischer Kohlenstoffverbindungen

Jeder Einwohner führt dem häuslichen Schmutzwasser im Schnitt ca. 120 g CSB/d zu. Die organischen Verbindungen können entweder einer stofflichen oder einer energetischen Verwertung zugeführt werden.

3.3.1 Energetische Verwertung

Für die heutigen Technologien zur Abwasserreinigung wird Energie verbraucht, obwohl Abwasser in mehrfacher Hinsicht energetische Potenziale aufweist. Realistischer Weise könnte der Gesamtstromverbrauch aller Kläranlagen um ca. 15 bis 20 % gesenkt werden, allerdings würde dies teilweise erhebliche Kosten nach sich ziehen.

Bei Anlagen mit anaerober Schlammstabilisierung wird Energie aus dem Abbau der organischen Verbindungen genutzt. Hier könnten weitere Potenziale erschlossen werden und Co-Substrate zu einer Steigerung der Methanproduktion beitragen.

Ein erheblicher Anteil des CSB wird bei konventionellen Kläranlagen während der Abwasserbehandlung durch den Einsatz von Belüftungsenergie aerob abgebaut. Konzepte zur effizienteren Nutzung des Energiegehaltes der Kohlenstoffverbindungen im Abwasser müssten so konzipiert sein, dass mehr Kohlenstoff in die dann energetisch zu verwertende Biomasse eingebaut wird (z. B. hochbelastete erste Stufe) oder dass bereits frühzeitig die hochbelasteten Stoffströme (Schwarzwasser) separiert und gezielt energetisch verwertet werden. Daraus ergäben sich wesentliche Konsequenzen. Für die Stickstoffelimination müssten dann andere als die herkömmlichen

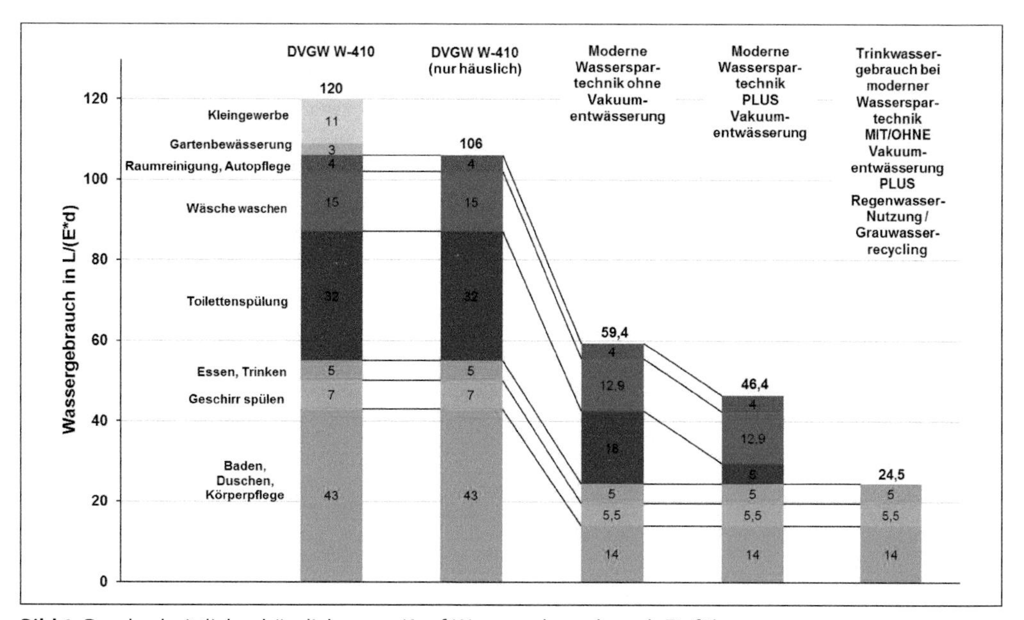

Bild 1: Durchschnittlicher häuslicher pro-Kopf-Wassergebrauch nach Einführung von wassergebrauchsvermindernden Technologien [3] (Quelle: R. Minke)

Verfahren entwickelt und etabliert werden, z. B. Deammonifikation oder Nährstoffrückgewinnung.

Neue Herausforderungen für die Abwasserreinigung und Schlammbehandlung könnten sich durch eine Einbindung von Kläranlagen in die Energienetze ergeben. So könnten künftig Kläranlagen durch eine angepasste Bewirtschaftung der Faultürme in Verbindung mit einem entsprechenden Substratmanagement dazu beitragen, kurzfristig vermehrt Strom zu produzieren oder Energie als Rohsubstrat auf den Kläranlagen zwischen zu speichern. Die Vision ist, kommunale Kläranlagen als ein flexibles, dezentrales Modul in ein dynamisches Energiemanagement zu integrieren.

3.3.2 Rohstoff für Synthesen

Nach dem Kreislaufwirtschaftsgesetz hat die stoffliche Verwertung Vorrang vor der energetischen Verwertung. Nach diesem Grundsatz sollten die organischen Substanzen im Abwasser ebenfalls bevorzugt stofflich verwertet werden. In Zukunft könnten hierzu Verfahrensstufen beitragen, bei denen aus hochkonzentrierten Abwasserströmen oder aus Primärschlamm „Biokunststoff" hergestellt wird. Dieser hätte gegenüber den herkömmlichen, überwiegend aus Erdöl hergestellten Kunststoffen weiterhin den Vorteil, biologisch abbaubar zu sein.

Pittmann und Steinmetz [4, 5, 6] konnten im Rahmen von Laboruntersuchungen an der Universität Stuttgart zeigen, dass die Herstellung von Biopolymeren (PHA) allein mit Nutzung von Stoffströmen einer kommunalen Kläranlage prinzipiell machbar ist. Eine Potenzialanalyse ergab weiterhin, dass die täglich in Deutschland anfallende Primärschlammmenge von ca. 110.000 m³ eine PHA-Jahresproduktion von knapp 157.000 t PHA/a ermöglichen würde. Dies entspräche 20 Prozent der im Jahr 2015 weltweit produzierten abbaubaren Biopolymere, die bisher in Konkurrenz zur Nahrungsmittelproduktion aus pflanzlichen Rohstoffen hergestellt werden (**Bild 2**).

Die Biokunststoffproduktion aus biologisch abbaubaren Reststoffen besitzt demnach ein hohes Substitutionspotenzial und könnte zumindest die aus pflanzlichen Rohstoffen hergestellten Biopolymere ersetzen.

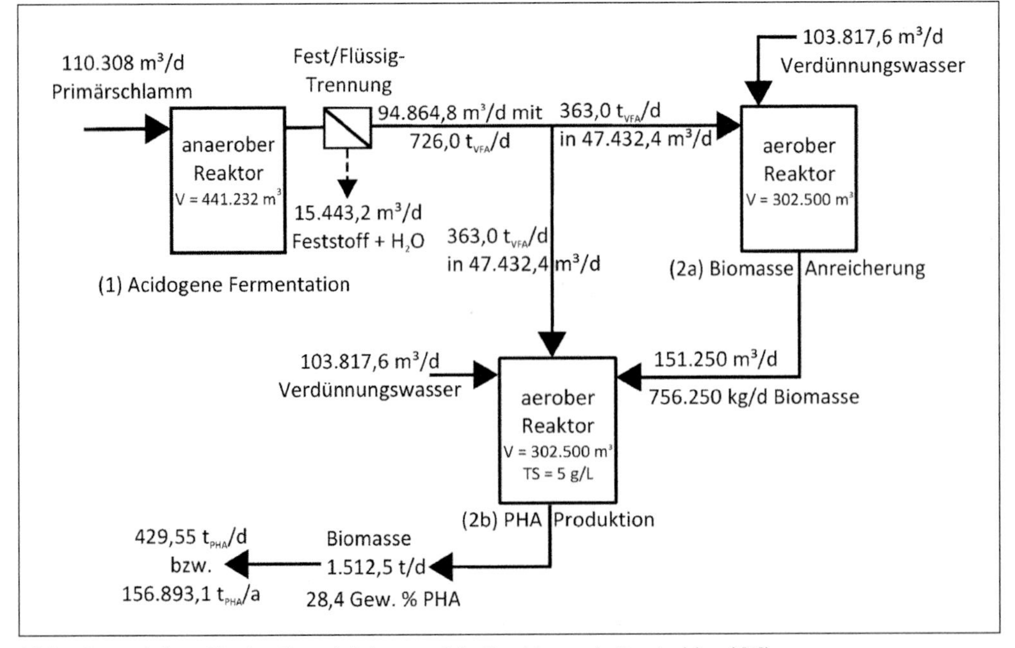

Bild 2: Potenzial zur Bioplastikproduktion aus Primärschlamm in Deutschland [6])
(Quelle: R. Minke und H. Steinmetz)

Auch wenn noch umfassende Untersuchungen zur Optimierung der einzelnen Verfahrensstufen der Biopolymerproduktion, zur Kopplung der Prozessstufen, zum Upscaling und zu den Wechselwirkungen mit dem Abwasserreinigungsprozess erforderlich sind, so zeigen die bisherigen Versuchsergebnisse, dass eine verfahrenstechnische Integration der Biopolymerproduktion auf kommunalen Kläranlagen möglich ist. Damit würde sich künftig der Charakter eine Kläranlage vom Entsorgungsbetrieb hin zum Produktionsbetrieb grundlegend verändern.

3.4 Möglichkeiten der Nutzung von Nährstoffen

Unter den Nährstoffen steht die Rückgewinnung von Phosphor im Fokus der Forschung und Entwicklung, da die geogenen Ressourcen des nicht substituierbaren Nährsalzes endlich sind. Inzwischen ist die Machbarkeit zur P-Rückgewinnung mittels unterschiedlicher Technologien belegt, neue Verfahren sind in der Entwicklung [7].

Der im Zulauf einer Kläranlage vorhandene Phosphor wird während des biologischen Reinigungsprozesses zu ca. 30 % in die Biomasse eingebaut, bei Anlagen mit gezielter Phosphatelimination wird fast der gesamte Phosphor (meist über 90 %) aus dem Zulauf der Kläranlage entweder biologisch oder chemisch gebunden in den Klärschlamm überführt. Nur ein geringer Anteil der Fracht (im Mittel 5 % bis 10 %) gelangt mit dem Ablauf der Kläranlage in die Gewässer. Daher liegen die höchsten Rückgewinnungspotenziale beim Klärschlamm bzw. der Klärschlammasche aus Monoverbrennungsanlagen. Aus dem Hauptstrom der Abwasserreinigung könnten bei kombinierter nachgeschalter Phosphor-Elimination und Rückgewinnung ca. 70 % des im Zulauf befindlichen P zurückgewonnen werden, ohne aufwändige Verfahren zu P- Rücklösung aus Klärschlamm anzuwenden bzw. auf Monoverbrennungsanlagen angewiesen zu sein.

Eine mögliche Nachfällung (i.d.R. mit Metallsalzen) zur P- Elimination würde zwar einen relativ reinen P-Schlamm erzeugen, deren Metallphosphate allerdings nicht oder nur bedingt pflanzenverfügbar sind. Neue Entwicklungen zielen z. B. darauf ab, die Phosphorelimination mittels funktionalisierter superparamagnetischer Partikel mit der Phosphorrückgewinnung

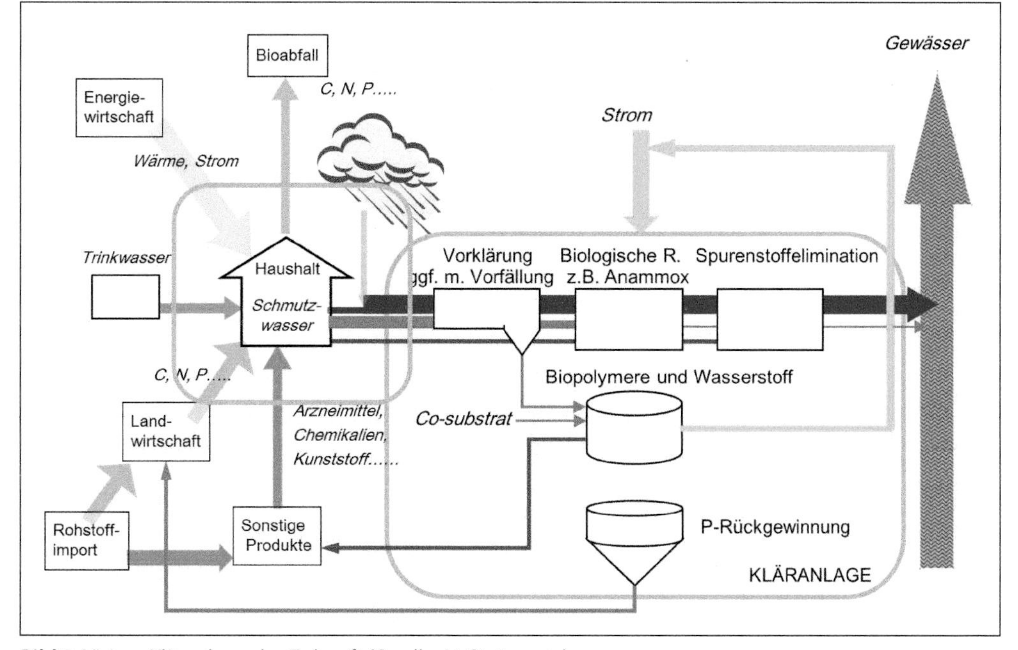

Bild 3: Vision: Kläranlage der Zukunft (Quelle: H. Steinmetz)

zu kombinieren (Quelle). Ein solcher Ansatz wird derzeit an der Universität Stuttgart in Zusammenarbeit mit dem Fraunhofer ISC verfolgt [8]. Bei den seither im Labormaßstab durchgeführten Versuchen binden Phosphate an funktionalisierten Oberflächen superparamagnetischer Kompositpartikel. Die Oberfläche der Partikel ist so modifiziert, dass gelöste Phosphationen aus einer Abwassermatrix selektiv und reversibel gebunden werden. Mittels Magneten werden die Partikel aus dem Abwasser abgetrennt und die Mikropartikel durch erneuten Ionenaustausch regeneriert. Die erreichte Konzentration der so erhaltenen Phosphatlösung ist deutlich höher als die der Ausgangslösung. Die regenerierten Mikropartikel können erneut mit Phosphat beladen und in mehrere Zyklen wiederverwendet werden. Solche Systeme könnten künftig dazu beitragen, Phosphor aus Abwasser als Ausgangsstoff für die Industrie zur Verfügung zu stellen [8].

Aufgrund der sehr hohen Konzentrationen bei geringen Volumenströmen kann eine Stoffstromtrennung bereits auf Haushaltsebene vorteilhaft für die Phosphorrückgewinnung sein. Etwa die Hälfte des Phosphors ist im Urin enthalten, 90 % im Schwarzwasser sowie der größte Anteil an Stickstoff. Verfahren zur kombinierten Rückgewinnung von Phosphor und Stickstoff aus Urin oder Schwarzwasser könnten somit auch zu einer deutlichen Entlastung der Kläranlagen führen und letztendlich zu Verfahrensvereinfachungen und Verfahrensänderungen.

4 Die Anlage der Zukunft

Die aufgeführten Beispiele zeigen, dass auf der Kläranlage der Zukunft durch weitergehende Anforderungen mit einer Ergänzung neuer Verfahrensstufen zu rechnen ist.

Die nächsten Jahre und Jahrzehnte werden dadurch gekennzeichnet sein, dass durch die Verbesserung bestehender und die Entwicklung neuer Technologien auch geringe Konzentrationen an

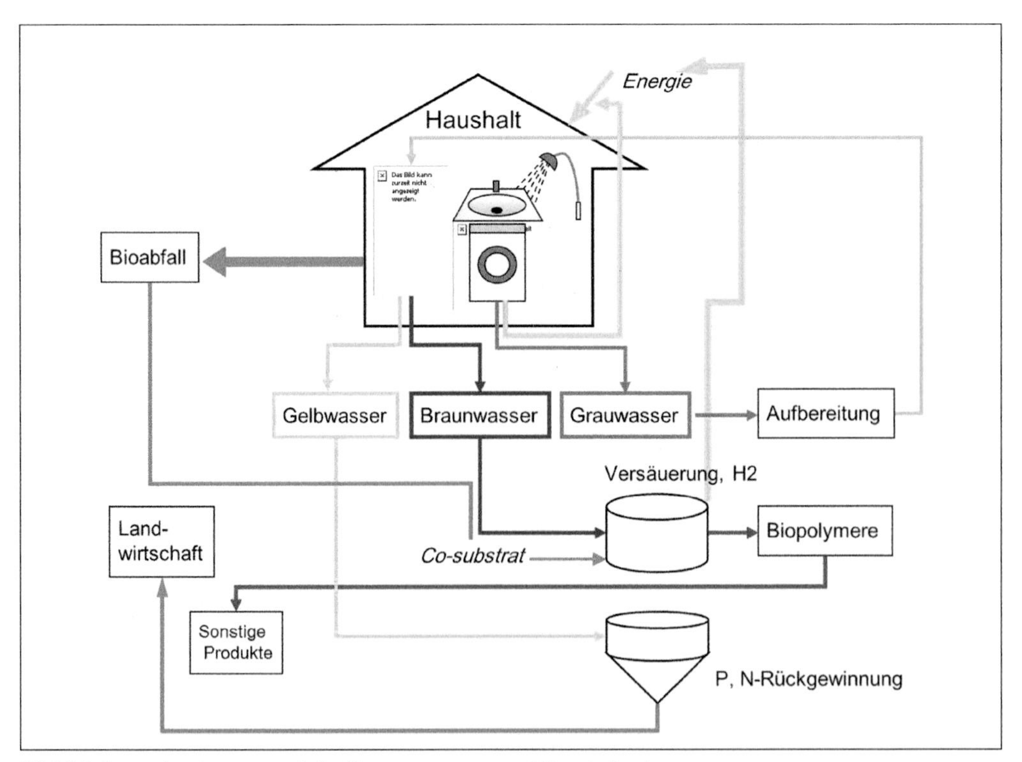

Bild 4: Infrastrukturkonzept mit Stoffstromtrennung auf Haushaltsebene (Quelle: H. Steinmetz)

Schadstoffen eliminiert werden können. Zugleich dürften das Recycling und die Stromproduktion auf bestehenden Kläranlagenstandorten sukzessive zunehmen. Damit könnte sich die Kläranlage von heute zu einem modernen Produktionsbetrieb wandeln, in dem nicht nur die im Abwasser enthaltenen Ressourcen genutzt werden, sondern auch weitere Abfallstoffe (z. B. Co-Fermente) zunehmend verarbeitet werden (**Bild 3**).

Dies könnte im Laufe der Zeit dazu führen, dass verschiedene Sektoren enger miteinander verzahnt werden als bisher: Die Siedlungswasserwirtschaft mit der Landwirtschaft (Rückgewinnung von Nährstoffen, Bewässerungswasser), die Siedlungswasserwirtschaft mit der Energiewirtschaft (Einbindung von Kläranlagen in „Smard Grits"), die Abwasser- und die Abfallwirtschaft (Co-Vergärung) und die Abwasserwirtschaft mit der Industrie (Rohstofflieferung, z.B. Phosphate, Bioploymere). Kläranlagenstandorte könnten Keimzellen des Wandels werden.

Langfristig könnten sich auch die Infrastrukturen erheblich wandeln: weg vom Prinzip des Vermischens, hin zum Prinzip der Stoffstromtrennung (**Bild 4**). Trotz des schon in den letzten Jahren und Jahrzehnten stetig sinkenden Trinkwasserbedarfs könnte dieser in Haushalten weiterhin in erheblichem Umfang reduziert werden, zum einen durch die Aufbereitung von Abwasserteilströmen zu Brauchwasser, zum anderen durch verbesserte Haushalts- und Sanitärtechnik sowie neue Infrastrukturen wie Urinseparation in wasserlosen Urinalen und Toiletten sowie durch Vakuum- oder Trockensysteme. Aus den Teilströmen ließen sich Nährstoffe recyceln, Energie gewinnen (ggf. mit Co-Fermenten) und Wasser wiederverwerten. Dadurch könnte die Vision einer stoffstromorientierten Siedlungswasserwirtschaft, bei der Wasser- Stoff- und Energiekreisläufe auf lokaler Ebene geschlossen werden, ein Stück weit verwirklicht werden.

Allein technische Entwicklungen werden nicht genügen, um die Vision einer Ressourcenorientierten Siedlungswasserwirtschaft umzusetzen. Viele Einflussfaktoren müssen zusammen treffen. Ohne intensive Diskussionen in der Gesellschaft und ohne politische Vorgaben und den Willen, innovative Konzepte und Technologien auch umzusetzen, werden angestoßene Entwicklungen im Sand verlaufen.

Literatur

[1] www.koms-bw.de, Stand: 31.07.2015.

[2] Destatis (2013): https://www.destatis.de, Stand: 04.05.2013.

[3] Minke, R. (2015): Auswirkungen von Regenwassernutzung, Grauwasserrecycling, wassersparenden Sanitärtechnologien und Haushaltsgeräten auf den Trinkwassergebrauch. Stuttgarter Berichte zur Siedlungswasserwirtschaft „Zukunftsfähigkeit und Sicherheit der Wasserversorgung, Bd. 223, DIV DEUTSCHER INDUSTRIEVERLAG GMBH, MÜNCHEN.

[4] Pittmann, T. und Steinmetz, H. (2013): Influence of operating conditions for volatile fatty acids enrichment as a first step for polyhydroxyalkanoate production on a municipal waste water treatment plant. Bioresource Technology, 2013, 148C, 270-276.

[5] Pittmann, T. und Steinmetz, H (2014): Polyhydroxyalkanoate production as a side stream process on a municipal waste water treatment plant. Bioresource Technology, 2014, 167, 297-302.

[6] Pittmann, T. and Steinmetz, H. (2015): Potenzial zur Biopolymerproduktion auf kommunalen Kläranlagen in Deutschland. gwf Wasser Abwasser, DIV Deutscher Industrieverlag GmbH. Band 06/2015, Jahrgang 156, 670 – 676, ISSN 0016-3651.

[7] www.p-rex.eu

[8] Drenkova-Tuhtan, A.; Mandel, K.; Paulus, A.; Meyer, C.; Hutter, F.; Gellermann, C.; Sextl, G.; Franzreb, M.; Steinmetz, H. (2013): Phosphate recovery from wastewater using engineered superparamagnetic particles modified with layered double hydroxide ion exchangers. Water Research 47, Available online 1 July 2013, ISSN 0043-1354, http://dx.doi.org/10.1016/j.watres.2013.06.039.

[9] BMELV (2013): http://berichte.bmelv-statistik.de (Stand 30.04.2013).

Autorin

Prof. Dr.-Ing. Heidrun Steinmetz

Institut für Siedlungswasserbau,
Wassergüte- und Abfallwirtschaft
der Universität Stuttgart
Bandtäle 2
70569 Stuttgart
E-Mail: heidrun.steinmetz@iswa.uni-stuttgart.de

Heinrich Schäfer, Christoph Brepols, Heinrich Dahmen und Norbert Engelhardt

Masterplan Abwasser 2025 des Erftverbands

Die Sicherung der großen Werte der Einrichtungen der Abwasserwirtschaft und deren Anpassung an die sich ändernden Randbedingungen erfordern ein geordnetes Vorgehen. Ein Masterplan ist hierfür ein wirksames Instrument.

1 Einleitung

Der Erftverband entsorgt und reinigt in seinem Gebiet das Abwasser von rund einer Million Einwohnern. Dazu betreibt der Erftverband heute 40 Kläranlagen, 120 Pumpstationen, 368 Bauwerke der Niederschlagswasserbehandlung, 660 Kilometer Verbindungs- und Ortskanäle. Alle technischen Anlagen und Maschinen des Verbandes stellen gegenwärtig ein Vermögen von rund 500 Mio. Euro dar. Der Wert dieser Anlagen für den Schutz von Natur und Umwelt, für die öffentliche Hygiene und Gesundheit und den Schutz von Gebäuden und Siedlungen ist jedoch weit höher einzuschätzen. Er liegt in hohen technischen Standards und einer hohen Qualität der Erfüllung der abwassertechnischen Aufgaben im Erftverband begründet. Diese materiellen und immateriellen Werte und Güter gilt es langfristig zu sichern, zu erhalten und weiterzuentwickeln.

Gleichzeitig steht der Erftverband, wie auch die Wasserwirtschaft in Deutschland insgesamt, vor sich schnell ändernden Randbedingungen, die sich aus der demografischen und wirtschaftlichen Entwicklung sowie neuen und gestiegenen Umweltstandards ergeben:

- Steigende Ansprüche an den Komfort der Siedlungsentwässerung,
- Steigende Anforderungen an die Qualität der Abwasserreinigung,
- Steigende Anforderungen an die Energie- und Ressourceneffizienz,
- Steigende Energiepreise,
- Gleichbleibende oder sinkende Einwohnerzahlen,
- Zurückgehende Schmutzwassermengen aus den Haushalten,
- Zunehmendes Alter der vorhandenen technischen Infrastruktur.

Der Erftverband hat daher einen Masterplan Abwassertechnik entwickelt, der eine planerische und strategische Perspektive bis zum Jahre 2025 und darüber hinaus aufzeigt (**Bild 1**). Der Masterplan umfasst die drei Teilbereiche Abwasserbehandlung, Niederschlagswasserbehandlung und Kanalisation.

2 Abwasserbehandlung

2.1 Kläranlagenstandorte

Bundesweit wird heute ein hoher technischer Standard der Abwasserreinigung erreicht . Der Erftverband hat seit den 1990er-Jahren alle seine Kläranlagen auf die weitergehende Nährstoffelimination umgerüstet. Ältere Anlagen wurden saniert und neue Kläranlagen errichtet. Dabei wurden bereits zahlreiche kleine und ältere Kläranlagen stillgelegt, einige blieben jedoch auch erhalten. Als regionale Besonderheit, bedingt durch die hydrologischen Einflüsse des rheinischen Braunkohlentagebaus, müssen beim Erftverband auch kleinere Kläranlagen oftmals Reinigungsanforderungen erfüllen, die weit über die Mindestanforderungen hinaus gehen. Nach mehr als 20 bis 30 Jahren Betrieb erreichen nun viele Kläranlagen in den kommenden Jahren das Ende ihrer technischen und wirtschaftlichen Lebensdauer. Gleichzeitig sind vielerorts Sanierungen zur Steigerung der Energieeffizienz der Kläranlagen sinnvoll .

Die Erfahrungen des Erftverbandes und vieler anderer Kläranlagenbetreiber zeigen, dass die spezifischen Kosten für die Abwasserreinigung mit zunehmender Größe der Kläranlagen teilwei-

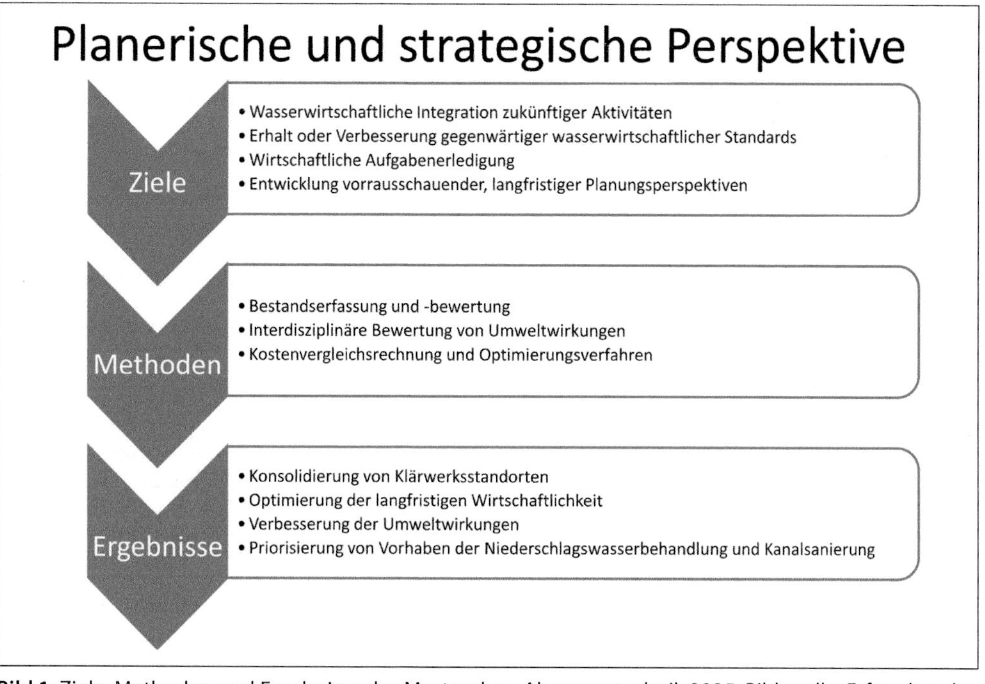

Bild 1: Ziele, Methoden und Ergebnisse des Masterplans Abwassertechnik 2025. Bildquelle: Erftverband

se erheblich sinken (**Bild 2**). Der Aufwand für den Erhalt und Betrieb kleiner Kläranlagen mit wenigen hundert oder tausend angeschlossenen Einwohnern ist überproportional hoch. Der grundsätzliche Zusammenhang zwischen Investitionskosten und Ausbaugröße der Kläranlagen wurde bereits früher beschrieben :

Investitionskosten = a · Ausbaugröße $[EW]^b$, mit $0 < b < 1$.

Der Erftverband hat für die seit 1990 im Verbandsgebiet ausgeführten Anlagen eigene Kostenfunktionen abgeleitet, welche die regionalen Besonderheiten berücksichtigen. Ein Vergleich

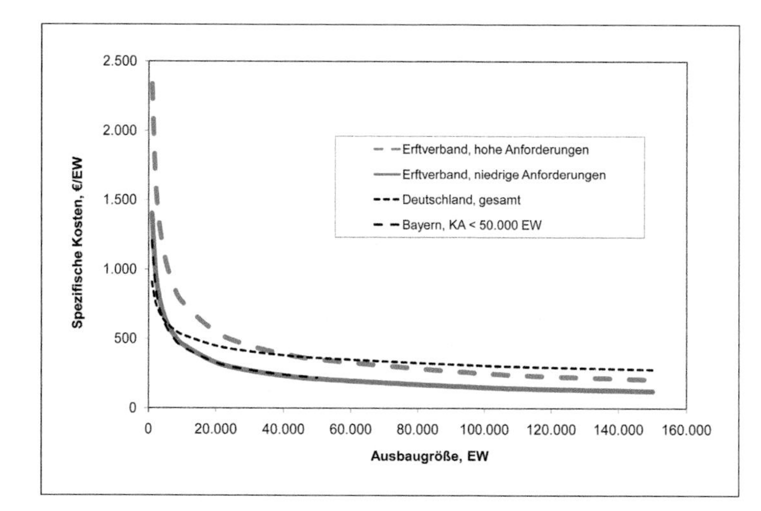

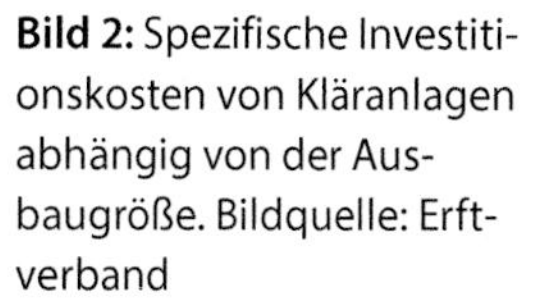
Bild 2: Spezifische Investitionskosten von Kläranlagen abhängig von der Ausbaugröße. Bildquelle: Erftverband

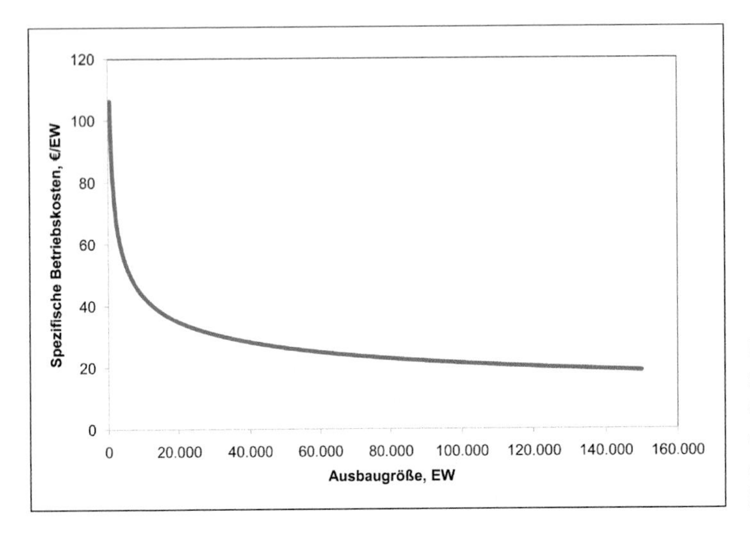

Bild 3: Durchschnittliche spezifische Betriebskosten von Kläranlagen des Erftverbandes abhängig von der Ausbaugröße. Bildquelle: Erftverband

mit den Literaturangaben zeigt, dass für den Erftverband die spezifischen Kosten für Anlagen mit einer Ausbaugröße von weniger als 40.000 Einwohnerwerten und hohen Reinigungsanforderungen im Durchschnitt höher liegen, für durchschnittliche Reinigungsanforderungen jedoch teilweise geringer sind als im übrigen Bundesgebiet (Bild 2).

Für die Betriebskosten von Kläranlagen ergibt sich ein vergleichbarer Zusammenhang mit der Anlagengröße, der stark vom Personalaufwand und den Kosten für elektrische Energie bestimmt wird (**Bild 3**).

Modelle zur Optimierung regionaler wasserwirtschaftlicher Infrastruktur haben bereits in der Vergangenheit mehrfach Anwendung gefunden . Der Erftverband hat auf Basis der abgeleiteten Kostenfunktionen ein mathematisches Modell zur Bewertung der langfristigen Investitions- und Betriebskosten seiner Kläranlagen, Pumpwerke und Verbindungskanäle entwickelt, das einen übersichtlichen Vergleich der Projektkostenbarwerte für verschiedene alternative Lösungen ermöglicht. Mit diesem Modell wurde für einzelne, geografisch abgegrenzte Teilgebiete innerhalb des Verbandsgebietes die wirtschaftlich günstigste Variante für die zukünftigen Standorte ermittelt.

Dabei wurde berücksichtigt, dass auch Kläranlagenstandorte wegen ihrer Größe oder ihrer Bedeutung für die Siedlungsentwässerung und die Gewässer zu erhalten sind. In Form von Sensitivitätsprüfungen und Risikosimulationen wurde ermittelt, unter welchen Randbedingungen eine Sanierung der Kläranlage an ihrem derzeitigen Standort wirtschaftlicher ist als eine Stilllegung mit Überleitung des Abwassers zu einer benachbarten und größeren Kläranlage.

Zwischenergebnisse wurden mit den anderen Fachabteilungen des Erftverbandes diskutiert, um die Auswirkungen möglicher Kläranlagenstillegungen auf die Gewässer und Grundwassersituation abschätzen zu können. So wurden in der abschließenden Bewertung auch Aspekte berücksichtigt, die sich nicht unmittelbar an der reinen Wirtschaftlichkeit orientieren.

Daraus ergibt sich, dass in den nächsten Jahren bis zu 19 der 40 Kläranlagen des Verbandes unter wirtschaftlichen Gesichtspunkten stillgelegt werden (**Bild 4**). Der bauliche Zustand der Anlagen, die wasserwirtschaftliche Situation im Einzugsgebiet und die Auswirkungen auf die Beitragsentwicklung geben den Zeitplan für die weitere Planung und die Ausführung der Stilllegungen vor. Die Detailplanungen für die Stilllegung und Zusammenlegung von Standorten werden danach Zug um Zug durchgeführt. Diese Detailplanungen dienen auch dazu, die Ergebnisse des Masterplans weiter auszuarbeiten, zu überprüfen und im Einzelfall auch zu verbessern. Für einzelne Standorte, deren Stilllegung heute noch nicht als wirtschaftlich und wasserwirtschaftlich sinnvoll erscheint, sind außer-

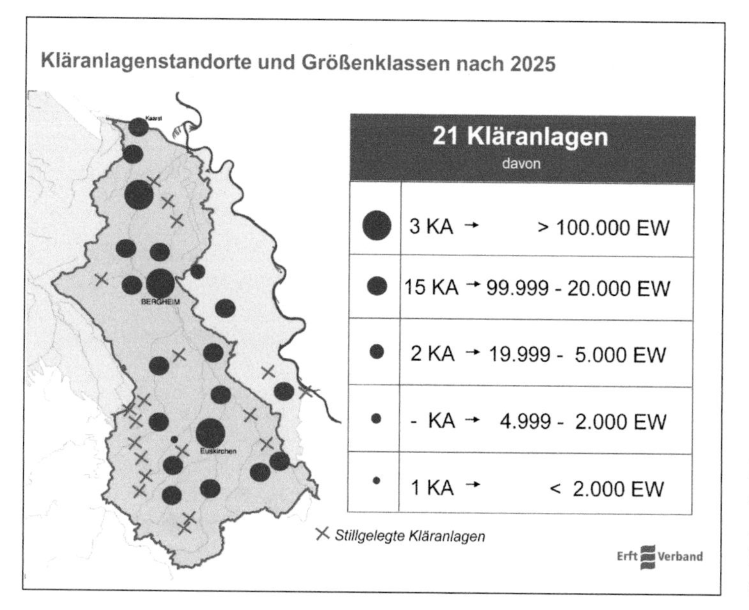

Bild 4: Kläranlagenstandorte und Größenklassen im Jahr 2025 Entwicklung der Kläranlagenstandorte. Bildquelle: Erftverband

dem nach 2020 bereits erneute Überprüfungen geplant.

2.2 Schlammbehandlung und Klärschlammentsorgung

Von den verbleibenden 21 Kläranlagen verfügen bereits 14 Anlagen über eine Schlammfaulungsanlage. Durch die Mitbehandlung von Abwässern anderer Standorte wird in Zukunft mehr Klärschlamm anaerob behandelt. Der Neubau moderner Blockheizkraftwerke sowie die Sanierung bestehender Aggregate stellt sicher, dass das anfallende Klärgas energetisch optimal verwertet wird und die Quote der Eigenstromerzeugung auf den Kläranlagen steigt.

Für die sechs weiteren Kläranlagen, die bisher keine Schlammfaulung besitzen, wurde die Machbarkeit der Nachrüstung einer Faulungsanlage bewertet. Das zum 1. August 2014 in Kraft getretene Erneuerbare Energie Gesetz (EEG) verschlechtert die Randbedingungen, weil auch für selbst genutzten Strom EEG-Umlage zu zahlen ist. Trotz steigender Energiepreise und unter Einrechnung von finanziellen Fördermöglichkeiten erscheint die Nachrüstung zurzeit nur für die größte dieser Anlagen wirtschaftlich, das Gruppenklärwerk Nordkanal. Mit der Vorplanung wird noch im Jahr 2014 begonnen.

Durch die Zusammenlegung von Klärwerksstandorten und die Installation neuer Schlammentwässerungsaggregate verringern sich die planmäßigen Schlammtransporte zwischen den Klärwerkstandorten um zwei Drittel, das heißt von derzeit rund 72.000 Kubikmeter pro Jahr auf nur noch 25.000 Kubikmeter pro Jahr, die dazugehörigen Transportentfernungen zwischen den Klärwerksstandorten gehen dabei noch deutlicher zurück (**Bild 5**).

2.3 Energieeffizienz

Durch die Behandlung des Abwassers in größeren Kläranlagen sowie durch Maßnahmen zur Steigerung der Energieeffizienz reduziert sich insgesamt der Stromverbrauch für die Kläranlagen des Verbandes. Hinzu kommen Potenziale zur Eigenerzeugung von elektrischem Strom durch Kraft-Wärme Kopplung, Fotovoltaik und Windenergie, die kontinuierlich ausgebaut werden sollen, wo immer sie wirtschaftlich und technisch machbar sind (**Bild 6**).

In den zurückliegenden Jahren hat der Erftverband bereits in die verstärkte Nutzung erneuerbarer Energien investiert. Neben der Sanierung bestehender und der Errichtung neuer BHKW zur Klärgasverstromung wurden auf Betriebsgebäuden von Kläranlagen sowie Verwaltungsgebäuden des Verbandes insgesamt über 5.000 m^2

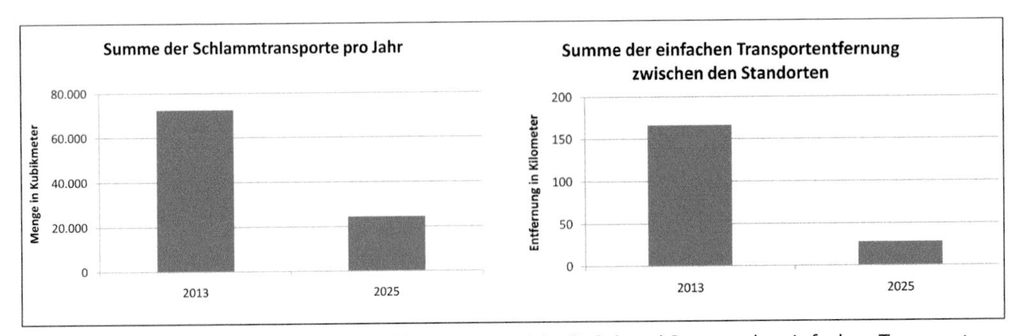

Bild 5: Menge des transportierten Klärschlammes pro Jahr (links) und Summe der einfachen Transportentfernung zwischen den Standorten (rechts). Bildquelle: Erftverband

Photovoltaikmodule installiert. Daneben werden und wurden an mehreren Standorten Projekte zur verfahrenstechnischen und energetischen Verbesserung der Abwasserreinigung umgesetzt. Ein Teil der Verwaltungsgebäude in Bergheim wird mit Hackschnitzeln beheizt. Diese Heizung wird um einen Wärmetauscher und Wärmepumpen ergänzt, die Wärme aus dem Sümpfungswasser einer angrenzenden Leitung aus einem Braunkohlentagebau gewinnt. Der Erftverband prüft darüber hinaus die technischen, wirtschaftlichen und genehmigungsrechtlichen Fragen zur Errichtung von Windkraftanlagen als Nebenanlagen auf verschiedenen Klärwerksstandorten. Damit unterstreicht der Erftverband sein nachhaltiges Handeln und seine Rolle als aktives Umweltunternehmen.

2.4 Weitergehende Reinigung

Die angestrebte Reduzierung der Kläranlagenstandorte erweist sich auch bei einem zukünftigen Einsatz weitergehender Technologien als günstig. Werden zu späteren Zeiten weitergehende Anforderungen wie z. B. Elimination von Krankheitserregern und Spurenstoffen gefor-

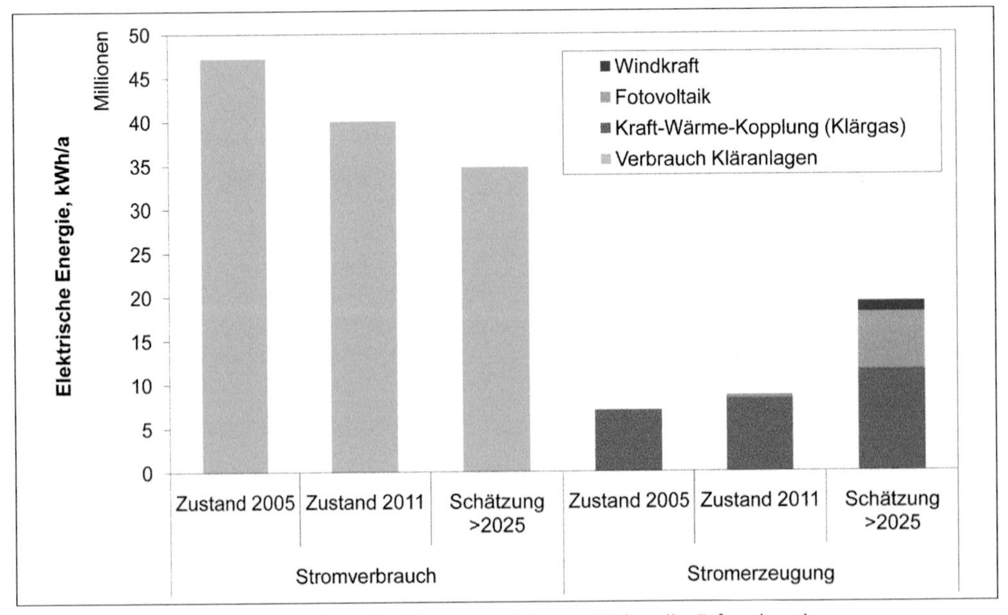

Bild 6: Entwicklung der Energiebilanz der Abwasserreinigung. Bildquelle: Erftverband

dert, ist dies in größeren Kläranlagen wirtschaftlicher und effektiver umsetzbar.

Der Erftverband hat Aufwand und Erfolg der Spurenstoffelimination auf seinen Kläranlagen modellhaft bilanziert. Dabei wurden Kosten für zusätzliche Aktivkohleadsorption zu Grunde gelegt, wobei bereits auf den Anlagen vorhandene Filteranlagen berücksichtigt wurden. Wie aus **Bild 7** ersichtlich wird, könnte bei einer Umsetzung auf den vier größten Klärwerken ein Anteil von 40 % des Abwassers zu weniger als 20 % der erforderlich zusätzlichen Jahreskosten behandelt werden, die bei einem vollständigen Ausbau aller Klärwerksstandorte erforderlich würden. Würden die zwei größten Anlagen ausgerüstet, wären ca. 27 % des Abwassers bei 12 % der zusätzlichen Kosten behandelt. Dies bestätigt, dass eine frachtmäßige Reduzierung nur bei größeren Anlagen wirtschaftlich ist. Grundsätzlich ist natürlich zunächst zu definieren, welche Ziele landesweit erreicht werden sollen. Anhand des Abgleiches mit Monitoringergebnissen ergeben sich hieraus dann Notwendigkeiten für einen zukünftigen Betrieb einer Anlage.

Auf der Membranbelebungsanlage Glessen soll kurzfristig mit der Errichtung einer ersten Versuchsanlage zur nachgeschalteten Adsorption mit granulierter Aktivkohle begonnen werden. Ein Förderantrag wurde gestellt. Durch die Membranfiltration kann die Beladung der Aktivkohle mit unerwünschten Substanzen und Feststoffen reduziert werden. Es ist zu erwarten, dass dies zu einer Reduzierung der Betriebskosten der Aktivkohlefiltration führt.

3 Niederschlagswasserbehandlung

Die Bauwerke der Niederschlagswasserhandlung sind wichtig für eine geordnete Siedlungsentwässerung und den Betrieb der Klärwerke. Zustand und Größe dieser Bauwerke haben aber auch einen oftmals entscheidenden Einfluss auf die Qualität der Gewässer. Außer kontinuierlichen Investitionen zur generellen Werterhaltung der Bauwerke sind daher Maßnahmen zur weiteren Verringerung unerwünschter Umweltauswirkungen erforderlich.

Der Erftverband hat für nahezu jede Niederschlagswassereinleitung im Verbandsgebiet einen detaillierten immissionsorientierten Nachweis erstellt . Der Nachweis der Gewässerverträglichkeit ist die Grundlage für die Planung der erforderlichen Maßnahmen. Das Vorgehen hat der Erftverband in seinem Handlungskonzept zur weitergehenden Niederschlagswasserbehandlung beschrieben. Darüber hinaus sind andere wasserwirt-

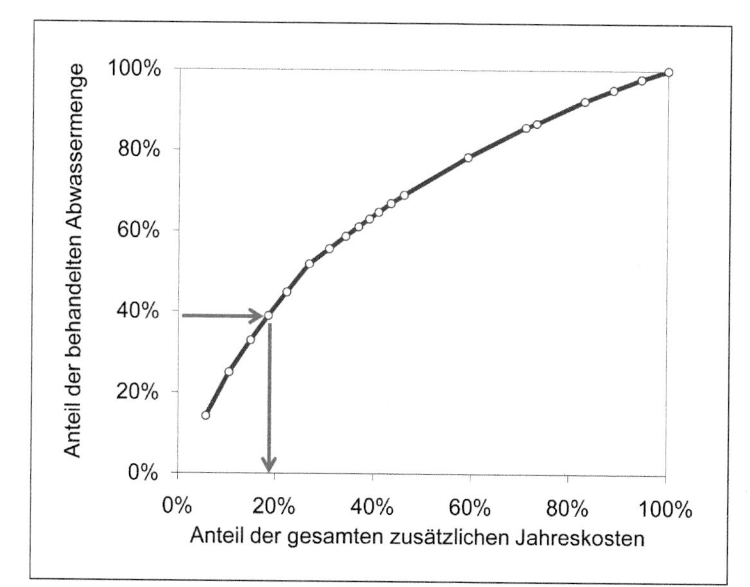

Bild 7: Pareto-Diagramm zu Kosten und Erfassungsgrad der Spurenstoffelimination auf den Kläranlagen des Erftverbandes. Bildquelle: Erftverband

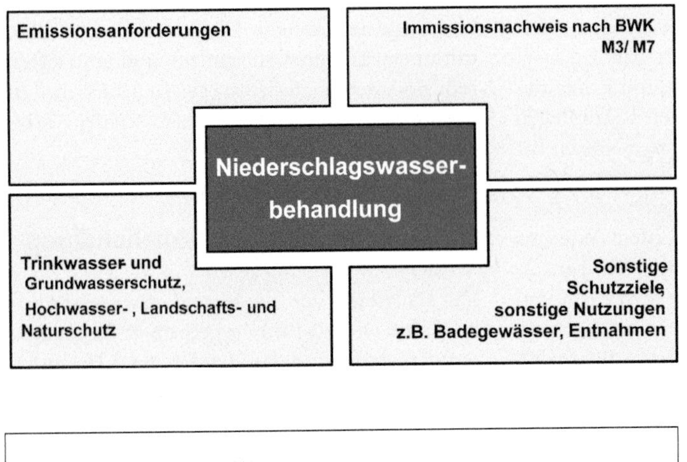

Bild 8: Anlass und Ziele der Niederschlagswasserbehandlung. Bildquelle: Erftverband

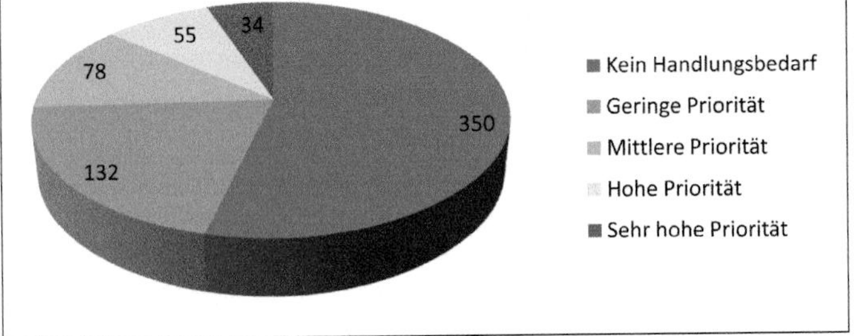

Bild 9: Einstufung der Niederschlagswassereinleitungen nach Handlungsbedarf und Priorität. Bildquelle: Erftverband

schaftliche Aspekte wie der Grundwasserschutz, aber auch der Landschafts- und Naturschutz zu beachten (**Bild 8**). Auf Basis von über 70.000 Einzelinformationen wurden alle 650 Einleitstellen in vier Stufen einheitlich betrachtet und bewertet. Zunächst wurden der Zustand des Gewässers und die Ursachen für mögliche Beeinträchtigungen festgestellt und in einer Machbarkeitsanalyse mögliche alternative Maßnahmen zur Verbesserung des Gewässerzustands ermittelt sowie mittels einer Kosten-Nutzen Analyse bewertet. Auf dieser Grundlage bestimmt der Erftverband die Prioritäten für die planerische und bauliche Umsetzung (**Bild 9**).

Abhängig von dieser Einstufung initiiert der Erftverband weitergehende, konkrete Planungen und prüft, auf welchem Wege die gesteckten Ziele der Wasserrahmenrichtlinie am besten zu erreichen sind: der gute Zustand bzw. das gute ökologische Potenzial des Gewässers.

Oft sind Verbesserungen des Zustands der Gewässer durch Maßnahmen an den Gewässern einfacher und wirkungsvoller zu erreichen, als durch Investitionen in neue oder größere Bauwerke der Niederschlagswasserbehandlung. Dies wird auch durch ein Forschungsprojekt des Erftverbandes belegt . Der Erftverband untersucht daher jeden Einzelfall nach einem festgelegten Schema (**Bild 10**), um so die beste Lösung zu finden.

Die so konzipierten Maßnahmen bilden die Grundlage für die Fortschreibung des Abwasserbeseitigungskonzepts und werden entsprechend einem festgelegten Zeitplan realisiert.

Im Bereich der Niederschlagswasserbeseitigung beteiligt sich der Erftverband außerdem an verschiedenen Forschungsvorhaben zur Reduktion der Gewässerbelastung durch Steuerung des Kanalnetzes, Optimierung des Betriebs von Bodenfilterbecken und Erkundung und Nutzung des Potenzials von Bodenfiltern zur Verminderung von Spurenstoffeinträgen . Mit einem weiteren beabsichtigten Forschungsvorhaben soll geprüft werden, ob Spurenstoffe im Ablauf einer Kläranlage durch Passage eines vorhandenen Retentionsbodenfilters weiter entfernt werden können.

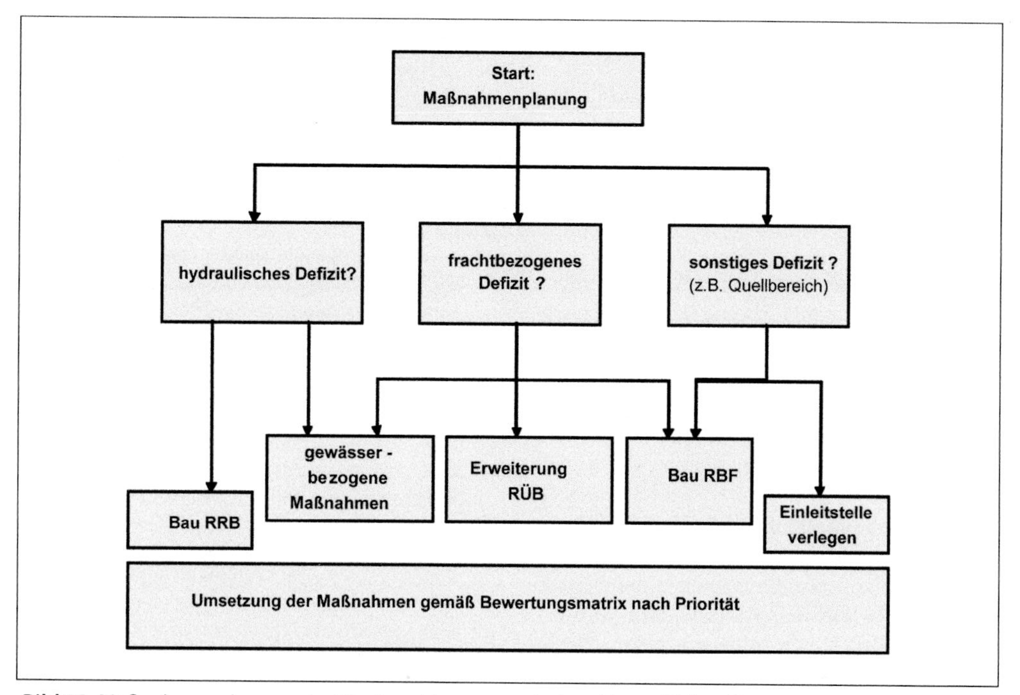

Bild 10: Maßnahmenplanung der Niederschlagswasserbehandlung. Bildquelle: Erftverband

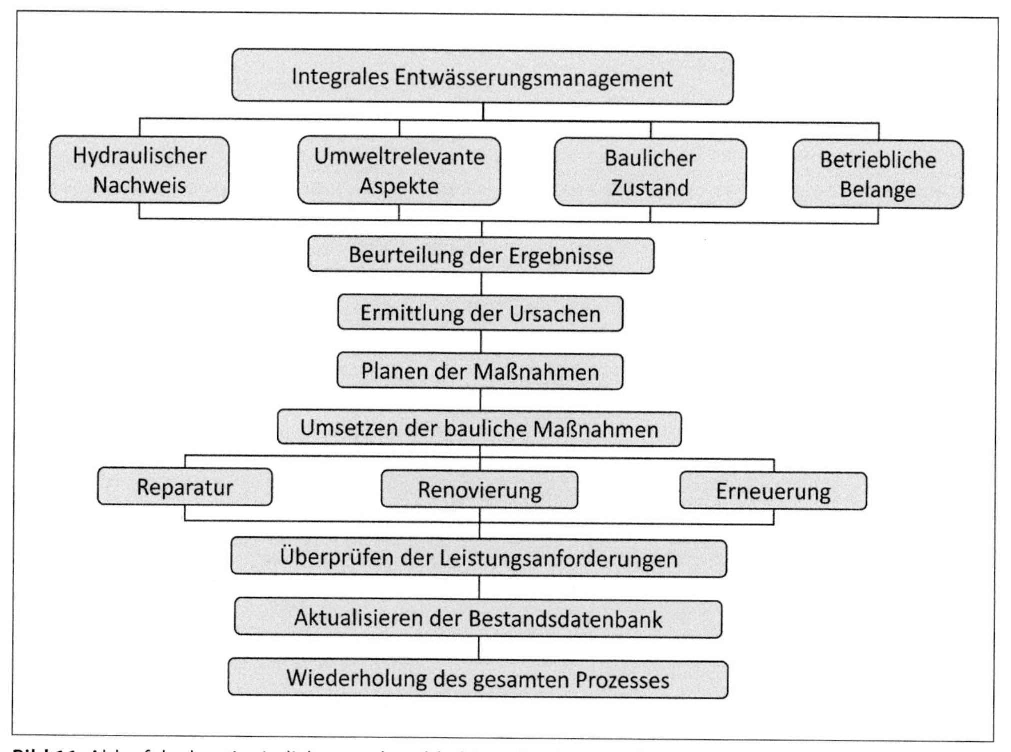

Bild 11: Ablauf der kontinuierlichen und nachhaltigen Sanierungsplanung. Bildquelle: Erftverband

4 Kanalisation

Das Rückgrat einer effektiven und umweltschonenden Siedlungsentwässerung sind intakte und leistungsfähige Kanäle. Neben den Kanalnetzen von drei Mitgliedskommunen unterhält und betreibt der Erftverband zahlreiche, teils große Verbindungskanäle.

Auf Grundlage gesetzlicher Anforderungen führt der Erftverband für seine Kanäle ein integrales Entwässerungsmanagement und eine kontinuierliche Sanierungsplanung durch (**Bild 11**). Aus der Zustandserfassung und -bewertung leiten sich der Handlungsbedarf und die Prioritäten für eine Sanierung und Erneuerung der Kanäle ab.

Die zeitliche Staffelung erforderlicher Maßnahmen erfolgt in der Regel nach Absprache mit der betroffenen Kommune sowie unter Berücksichtigung betrieblicher-, umweltrelevanter-, baulicher- und städtebaulicher Aspekte. Ziel ist eine möglichst gleichmäßige Verteilung der daraus entstehenden Kosten über den Betrachtungszeitraum.

5 Umsetzung des Masterplans

Die Konzepte des vorliegenden Masterplans basieren auf umfangreichen Untersuchungen, spezifischen Erfahrungswerten sowie wirtschaftlichen und mathematischen Modellansätzen. Wegen des langen Zeithorizontes für die Umsetzung und der vielfältigen technischen und organisatorischen Herausforderungen bei der Umsetzung erarbeitet der Erftverband Schritt für Schritt konkrete Detailplanungen. Die Ergebnisse und Festlegungen des Masterplans werden so vor ihrer praktischen Umsetzung in jedem Einzelfall geprüft und nochmals abgesichert.

Der Zeitplan für die Umsetzung berücksichtigt neben den wasserwirtschaftlichen Prioritäten, den technischen Zustand der Anlagen und insbesondere auch deren Abschreibungsverlauf sowie die Auswirkungen auf die Beiträge der Kommunen. Die Planungen fließen schrittweise in das Abwasserbeseitigungskonzept und den Wirtschaftsplan des Verbandes ein.

Mit dem Masterplan Abwasser 2025 gestaltet der Erftverband aktiv und nachhaltig die heute vor ihm liegenden ökologischen und ökonomischen Herausforderungen – zum Nutzen und zum Vorteil der Gewässer und der Mitglieder.

Literatur

[1] Bertelsmann, „Bertelsmann Stiftung, Bevölkerungsentwicklung," [Online]. Available: http://www.wegweiser-kommune.de. [Zugriff am Mai 2012].

[2] UBA, „Umweltbundesamt, Wasserwirtschaft in Deutschland," Juli 2010. [Online]. Available: www.umweltdaten.de/publikationen/fpdf-l/3470.pdf. [Zugriff am 12 10 2012].

[3] AbwV, Abwasserverordnung, Bundesdruckerei, 1997.

[4] UBA, „Steigerung der Energieeffizienz kommunaler Kläranlagen," Umweltbundesamt Pressestelle, Dessau-Roßlau, 2009.

[5] R. Deininger und Y. Shiaw, „MODELLING REGIONAL WASTE WATER," Water Research Pergamon Press 1973. Vol. 7, pp. 633-646, Great Britain, 1973.

[6] Bode, „Einflussfaktore auf Investitions- und Betriebskosten von Abwasseranlagen," in Kostenanalyse und Kostensteuerung in der Abwasserwirtschaft. 07.-08. März 2007, Kassel, Hennef, 2007.

[7] Reicherter, „Investitions- und Betriebskosten bei der Abwasserreinigung," in Kostenanalyse und Kostensteuerung in der Abwasserwirtschaft., 07.-08. März 2007, Kassel, Hennef, 2007.

[8] ÖWAV, „ÖWAV- Merkblatt Personalbedarf für den Betrieb kommunaler biologischer Kläranlagen," Wien, 2008.

[9] DWA, „DWA M 271 Personalbedarfsermittlung auf kommunalen Kläranlagen," Deutsche Vereinigung für Wasser, Abwasser und Abfall, Hennef, 1998.

[10] UBA, „Energieeffizienz kommunaler Kläranlagen," Umweltbundesamnt Pressestelle, Dessau-Roßlau, 2008.

[11] J. J. De Melo und A. S. Camara, „Models for the optimization of regional wastewater treatment systems," European Journal of Operational Research 73 (1994) 1-16, North-Holland, 1994.

[12] LAWA, „Leitlinien zur Durchführung von Kostenvergleichsrechnungen, 5. Auflage," Länderarbeitsgemeinschaft Wasser, Stuttgart, 2005.

[13] BWK, „Merkblatt BWK-M7 „Detaillierte Nachweisführung immissionsorientierter Anforderungen an Misch- und Niederschlagswassereinleitungen gemäß BWK-Merkblatt 3"," Bund der Ingenieure für Wasserwirtschaft, Abfallwirtschaft und Kulturbau (BWK) e.V., Stuttgart, 2008.

[14] Erftverband, „Erarbeitung von effizienten Strategien zur Verminderung von Schadstoffeinträgen (Swist IV)," Bergheim, 2011.

[15] ARGE Bodenfilter, „Abschlussbericht zum Forschungsvorhaben: Betriebsoptimierung von Retentionsbodenfiltern im Mischsystem Vergabe-Nr. 08/058.2 Einzelauftrag 11.2 für das MKLNUV NW," LANUV, Düsseldorf, 2013.

[16] F. Mertens, E. Christoffels, C. Schreiber und T. Kistemann, „Rückhalt von Arzneimitteln und Mikororganismen am Beisspiel des Retentiosnbodenfilters Altendorf," KA — Korrespondenz Abwasser, Abfall, p. 1137 bis 1143, Dezember 2012.

[17] SüwVKan, „Verordnung zu Selbstüberwachung von Kanalisationen und Einleitungen von Abwasser aus Kanalisationen im Mischsystem und im Trennsystem (Selbstüberwachungsverordnung – SüwVKan)," 1995.

Autoren

Dipl. Ing. Dipl. Wirt. Ing.
Heinrich Schäfer
Christoph Brepols
Heinrich Dahmen
Norbert Engelhardt
Erftverband
Am Erftverband 6
50126 Bergheim
E-Mail: heinrich.schaefer@erftverband.de

Marc Illgen

Starkregen und urbane Sturzfluten – Handlungsempfehlungen zur kommunalen Überflutungsvorsorge

Die Vorsorge vor starkregenbedingten Überflutungen urbaner Räume ist eine kommunale Gemeinschaftsaufgabe, für die es bislang noch keine etablierten Handlungsschemata gibt. Die verbandsübergreifende DWA/BWK-Arbeitsgruppe „Starkregen und Überflutungsvorsorge" hat die Möglichkeiten zur kommunalen Überflutungsvorsorge nun fachlich aufbereitet und praxisorientierte Handlungsempfehlungen für kommunale Fachplaner und Entscheidungsträger in einem Leitfaden zusammengestellt.

1 Hintergrund

In den letzten Jahren haben Starkniederschläge immer wieder schwere Überschwemmungen mit enormen Sachschäden verursacht und mancherorts sogar Menschenleben gekostet. Diese Schadensereignisse führen uns vor Augen, wie empfindlich Siedlungsgebiete gegenüber Sturzfluten sind und wie machtlos Anwohner und Einsatzkräfte den Wassermassen gegenüber stehen. Nach den langjährigen Erfahrungen der Deutschen Versicherer resultiert inzwischen etwa die Hälfte der regulierten Überflutungsschäden aus derartigen lokal begrenzten Extremereignissen, die gerade auch fernab von Gewässern zu Überschwemmungen führen [1]. Der Klimawandel erhöht in diesem Zusammenhang zusätzlich den Handlungsdruck, auf kommunaler Ebene schon heute Anpassungsmaßnahmen und vor allem eine gezielte Vorsorge gegenüber Schäden aus urbanen Sturzfluten zu ergreifen.

Extreme Wetterereignisse blieben bislang im stadthydrologischen Kontext, wie auch in der Stadt-und der Straßenplanung, nahezu gänzlich unberücksichtigt. Hier hat in den letzten Jahren zumindest in der Siedlungswasserwirtschaft bereits ein Bewusstseinswandel eingesetzt. Zwar liegt auch zukünftig und bei sich verändernden klimatischen Bedingungen die Sicherstellung eines angemessenen Überflutungsschutzes in erster Linie im Verantwortungsbereich der Betreiber der Entwässerungssysteme; das hierdurch erreichbare Schutzniveau ist jedoch begrenzt und es verbleibt generell ein Überflutungsrisiko bei besonders starken Regenereignissen. Die weitergehende Überflutungsvorsorge mit Blick auf seltene und außergewöhnliche Starkregenereignisse stellt daher eine kommunale Gemeinschaftsaufgabe [2] dar – eine Aufgabe, für die es noch keine etablierten Handlungsschemata gibt und bei der die Kommunen bislang weitgehend auf sich allein gestellt sind.

An die Adresse kommunaler Verantwortungsträger richten sich in diesem Zusammenhang u.a. folgende Leitfragen:

- Können Sie die besonders überflutungsgefährdeten Bereiche in Ihrer Kommune benennen?
- Können Sie ausschließen, dass z.B. Kindergärten in einem Risikogebiet liegen?
- Haben Sie die Anwohner in den Risikogebieten schon über die Gefährdung informiert?
- Würden Ihre bisherigen Vorkehrungen zur Überflutungsvorsorge einer kritischen Prüfung standhalten – auch nach einem Überflutungsereignis?
- Haben Sie geprüft, ob mit relativ einfachen und kostengünstigen Mitteln die Überflutungsgefährdung substanziell reduziert werden kann?
- Sind die Verantwortlichkeiten in der Kommune geregelt?

Viele dieser Fragen werden die Wenigsten mit einem „ja" beantworten können. Vor diesem

Bild 1: Zustände bei urbanen Sturzfluten der Jahre 2009–2012 in Deutschland

Hintergrund wurde im November 2011 die verbandsübergreifende DWA/BWK-Arbeitsgruppe HW-4.2 gebildet, um die Herausforderungen wie auch die Möglichkeiten zur kommunalen Überflutungsvorsorge fachlich aufzubereiten und eine praxisorientierte Hilfestellung für kommunale Fachplaner und Entscheidungsträger zu erarbeiten. Der vorliegende Beitrag gibt einen Überblick über die erarbeiteten Handlungsempfehlungen, die zwischenzeitlich als DWA/BWK-Publikation erschienen sind ([3], [4]) und im Jahre 2014 in regionalen Veranstaltungen vorgestellt werden.

Überdies werden die im Leitfaden formulierten Empfehlungen zur Gefährdungsanalyse und Risikobewertung urbaner Sturzfluten zurzeit von der DWA-Arbeitsgruppe ES-2.5 im Kontext der europäischen Norm DIN EN 752 sowie des DWA-Arbeitsblattes A 118 konkretisiert und im DWA-Merkblatt 119 mit der Verbindlichkeit des technischen Regelwerks niedergelegt. Das neue Merkblatt „Gefährdungsanalyse zur Überflutungsvorsorge kommunaler Entwässerungssysteme“ [5] wird u.a. Empfehlungen und „Arbeitsanleitungen“ zur systematischen Gefährdungs- und Risikoanalyse für Siedlungsgebiete in Bezug auf lokale Starkregen formulieren.

2 Zukunftsgerechte Überflutungsvorsorge

Der Überflutungsvorsorge muss innerhalb der Kommunen zukünftig eine erhöhte Aufmerksamkeit geschenkt werden! Die Kommunen – in der Gesamtheit der vielzähligen öffentlichen und privaten Akteure – sind aufgefordert, eine stärker risikoorientierte und ganzheitlich ausgerichtete Überflutungsvorsorge anzustoßen, in der Kommune zu etablieren und langfristig umzusetzen. Den Kern einer wirkungsvollen Vorsorge gegenüber urbanen Sturzfluten stellt ein entsprechend interdisziplinär ausgerichtetes „Risikomanagement Sturzfluten“ dar, in dem alle zielführenden Vorsorge- und Bewältigungsmaßnahmen gebündelt und koordiniert werden [6]. Dies umfasst das Erkennen und Bewerten der bestehenden Risiken sowie die Entwicklung und Umsetzung geeigneter Vorkehrungen auf kommunaler und privater Ebene. Eine besondere Bedeutung kommt hierbei dem Rückhalt von Niederschlagswasser in der Fläche, der gezielten oberflächigen Wasserführung innerhalb des Siedlungsgebietes sowie dem objektbezogenen Überflutungsschutz zu.

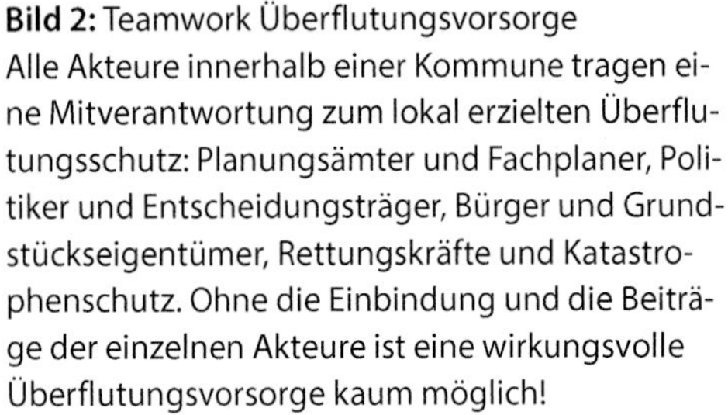

Bild 2: Teamwork Überflutungsvorsorge
Alle Akteure innerhalb einer Kommune tragen eine Mitverantwortung zum lokal erzielten Überflutungsschutz: Planungsämter und Fachplaner, Politiker und Entscheidungsträger, Bürger und Grundstückseigentümer, Rettungskräfte und Katastrophenschutz. Ohne die Einbindung und die Beiträge der einzelnen Akteure ist eine wirkungsvolle Überflutungsvorsorge kaum möglich!

Nur durch die konsequente Umsetzung eines solchen Risikomanagements können Schäden aus Sturzfluten mit angemessenem wirtschaftlichen Einsatz wirkungsvoll abgemildert, begrenzt oder gar vermieden werden. Hier sind neben den kommunalen Entwässerungsbetrieben und der Kommunalpolitik vor allem Stadt- und Raumordnungsplaner, Straßenplaner, Grünflächenplaner, Gebäudeplaner und Grundstückseigentümer gefordert, wirksame Schutzmaßnahmen zu entwickeln und umzusetzen (**Bild 2**). Dies setzt eine intensive Kommunikation und den Austausch zwischen den Beteiligten voraus, in die auch der Katastrophenschutz und die örtlichen Rettungskräfte einzubinden sind.

2.1 Vorsorgemaßnahmen in kommunaler Regie

Zur Vermeidung oder Minderung von Schäden aus Starkregenereignissen muss neben den Grundstückseigentümern insbesondere die öffentliche Hand einen Beitrag leisten. Dies betrifft vor allem Vorsorgemaßnahmen, die in unmittelbarem Bezug zur kommunalen Infrastruktur stehen und im Aufgabenspektrum kommunaler Träger und Gebietskörperschaften liegen. Hinsichtlich der Zuständigkeit lassen sich die möglichen Maßnahmen zur Überflutungsvorsorge unterscheiden nach

- infrastrukturbezogenen Maßnahmen in Regie der Kommunen und
- objektbezogenen Maßnahmen in Regie der Grundstückseigentümer.

Mit der Unterhaltung des öffentlichen Entwässerungssystems haben die Kommunen einen definierten Entwässerungskomfort zu gewährleisten und liefern damit im Zusammenspiel mit der Grundstücksentwässerung einen wesentlichen Grundbeitrag zum Überflutungsschutz. Das hierdurch leistbare Schutzniveau hat jedoch seine Grenzen, gerade mit Blick auf seltene und außergewöhnliche Starkregen (**Bild 3**), die über den Bemessungsvorgaben der Entwässerungsinfrastruktur liegen [6]. Zur Erreichung eines weitergehenden Überflutungsschutzes bedarf es u.a. der gezielten Einbeziehung der Ableitungs- und Speicherkapazitäten von Verkehrs- und Freiflächen, die als kommunale Infrastruktur ebenfalls im Zuständigkeitsbereich der Kommunen liegen. Zur Schadensbegrenzung bei außergewöhnlichen Ereignissen rückt letztlich der gezielte Objektschutz durch die öffentlichen und privaten Grundstückseigentümer in den Vordergrund. Für ein effizientes Vorsorgekonzept ist es indes erforderlich, dass infrastruktur- und objektbezogene Maßnahmen ineinander greifen und aufeinander abgestimmt sind.

Die Möglichkeiten der öffentlichen Überflutungsvorsorge sind ausgesprochen vielfältig und umfassen sowohl technische, bauleitplanerische und städtebauliche als auch administrative Maßnahmen. Im Handlungsfeld der Kommune liegt es, nach Möglichkeit:

- Außengebietswasser vom Siedlungsgebiet fernzuhalten,

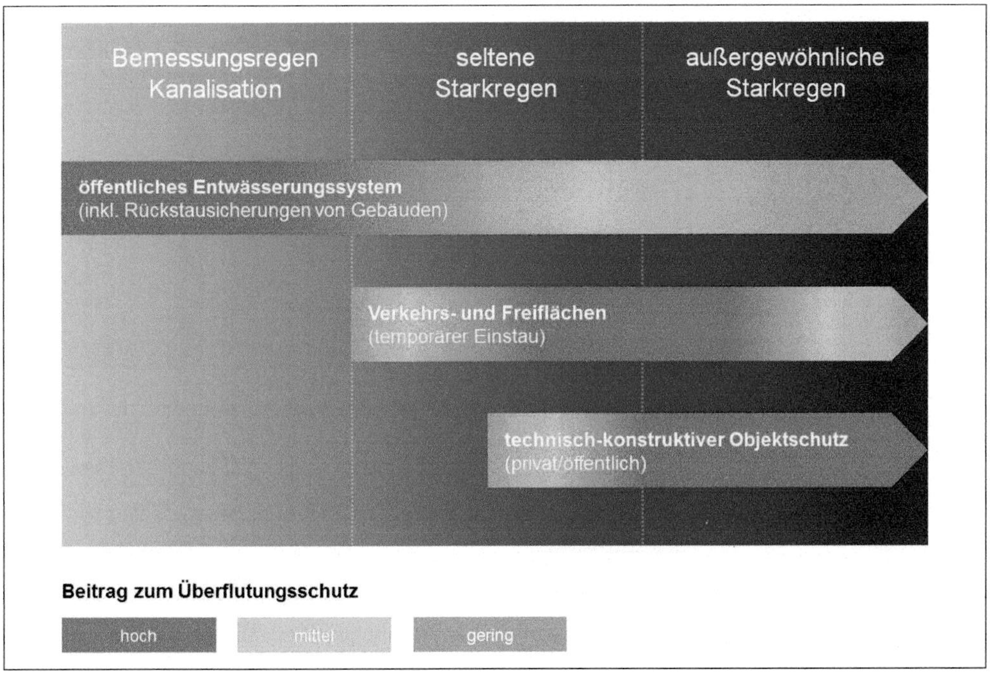

Bild 3: Zentrale Elemente und Wirkungsbereiche des Überflutungsschutzes in unterschiedlichen Belastungsbereichen [nach 5]

- Oberflächenwasser im Siedlungsgebiet in der Fläche zurückzuhalten,
- unvermeidbares Oberflächenwasser im Straßenraum geordnet und schadensarm abzuleiten und/oder zwischenzuspeichern,
- Freiflächen zum schadensarmem Rückhalt von Oberflächenwasser zu aktivieren,
- Gewässer und Gräben rückstaufrei und gefährdungsarm zu gestalten,
- eine angemessene Auslegung und einen bedarfsgerechten Betrieb der Entwässerungsinfrastruktur zu gewährleisten,
- die Überflutungsvorsorge bei der Bauleitplanung und Stadtplanung frühzeitig und angemessen einzubeziehen,
- eine organisatorische Struktur für die ressortübergreifende Koordinierung aller Vorsorge- und Bewältigungsmaßnahmen zu schaffen,
- die Bürger über die bestehenden Risiken und ihre Eigenverantwortung zu informieren sowie bezüglich der Eigenvorsorge zu beraten
- und insgesamt ein ganzheitlich ausgerichtetes Risikomanagement bezüglich urbaner Sturzfluten zu etablieren.

Konkrete und stark praxisorientierte Handlungsempfehlungen zur Umsetzung sind in der o.g. DWA/BWK-Publikation „Starkregen und urbane Sturzfluten: Praxisleitfaden zur Überflutungsvorsorge“ zusammengestellt ([3], [4]).

2.2 Technische Vorsorgemaßnahmen

Technische Vorsorgemaßnahmen zur Vermeidung oder Minderung von Schäden aus urbanen Sturzfluten umfassen vor allem die Errichtung, die Gestaltung und den Betrieb von technischen Anlagen zur gezielten Abflussrückhaltung oder -ableitung im Bereich von

- land- und forstwirtschaftlichen Außengebieten
- Gewässern und Entwässerungsgräben
- öffentlichen Entwässerungssystemen (Kanalisationen)
- Straßen und Wegen innerhalb des Siedlungsgebietes
- Frei- und Grünflächen

Die Rückhaltung von Oberflächenabflüssen in Außengebieten kann beispielsweise durch ent-

Bild 4: Anpassung der kommunalen Infrastruktur auf Starkregen: geordnete Außengebietsentwässerung, Regenwasserrückhaltung, gezielte Notflutung von Freiflächen

sprechend gestaltete Abfanggräben, Verwallungen, Kleinrückhalte, Flutmulden und Einlaufbauwerke erreicht werden. Zudem können abfluss- und erosionsmindernde Maßnahmen in der Fläche ergriffen werden. Hierzu zählt auch eine retentionsorientierte Gestaltung und Bewirtschaftung land- und forstwirtschaftlicher Flächen.

Neben der starkregensensitiven Gestaltung von Plätzen und Freiflächen als (Not-)Speicherräume kommt insbesondere der Straßenplanung eine gewichtige Rolle zu. Hier gilt es, die Bedeutung des Straßenraumes als oberflächiges Ableitungselement sowie als temporären Speicherraum zu erkennen und bedarfsgerecht als Maßnahme der Überflutungsvorsorge zu nutzen. Entlang von oberflächigen Hauptfließwegen sollte beispielsweise einer Querschnittsprofilierung mit Hochborden oder angerampten Gehwegen der Vorrang vor einem vollkommen barrierefreien Straßenausbau eingeräumt werden. Die Entwässerung des Straßenkörpers ist generell auf die örtlichen Verhältnisse abzustimmen (Bebauung, Oberfläche, Kanalnetz, Überflutungsrisiko).

Zur mittel- und langfristigen Erreichung eines angemessenen Überflutungsschutzes im Sinne der DIN EN 752 ist die alleinige Vergrößerung unterirdischer Ableitungskapazitäten und zentraler Rückhalteanlagen sowohl aus technischen als auch aus wirtschaftlichen Gründen nicht zielführend [2]. Dennoch besteht auch für die kommunalen Kanalnetzbetreiber eine Reihe von Möglichkeiten, das mit dem öffentlichen Entwässerungssystem erzielbare Überflutungsschutzniveau soweit wie möglich auszuschöpfen. Zur weitergehenden Überflutungsvorsorge bieten sich im Zuständigkeitsbereich der Entwässerungsbetriebe vor allem Maßnahmen an, die auf ein Fernhalten von Niederschlagsabflüssen vom Kanalnetz abzielen und das Abflussaufkommen bei Starkregen reduzieren. Hierzu zählen vor allem klassische Maßnahmen zur naturnahen Regenwasserbewirtschaftung. Einen spürbaren Beitrag zum Überflutungsschutz können diese Maßnahmen jedoch nur entfalten, wenn sie großräumig umgesetzt werden und in der Summe einen nennenswerten Regenwasserrückhalt auch bei seltenen Starkregen gewährleisten. Hier gilt es vor allem in Bestandssystemen fortlaufend und langfristig auf einen substanziellen dezentralen Abflussrückhalt hinzuwirken.

Das Kanalnetz und seine Speicherbauwerke können zudem durch eine gezielte Abflusssteuerung bewirtschaftet werden, um das vorhandene Speichervolumen besser auszunutzen. Darüber

Bild 5: Anpassung der kommunalen Infrastruktur auf Starkregen: Rückhalte- und Ableitungsfunktion von Straßen sowie bedarfsgerechte Ausbildung der Straßenentwässerung

hinaus können an geeigneten Stellen gezielte Notentlastungsstellen im Kanalnetz geschaffen werden, über die in seltenen Ausnahmefällen (z.B. einmal alle 10-30 Jahre) Abflüsse in Gewässer, Freiflächen oder sonstige Notflutungsflächen abgeschlagen werden. Solche Notentlastungen bewirken eine hydraulische Entlastung unterhalb gelegener Kanalabschnitte bzw. verringern die dortige Überlastung.

Bei der Überflutungsvorsorge und insbesondere zur Schadensbegrenzung bei sehr seltenen und außergewöhnlichen Starkregen besteht grundsätzlich die Option, unvermeidbares Oberflächenwasser gezielt in ausgewählte Bereiche mit geringerem Schadenspotenzial zu leiten und die dort entstehenden Schäden an Stelle noch größerer Schäden in anderen Bereichen bewusst in Kauf zu nehmen. In diesem Zusammenhang bietet es sich an, Frei- und Grünflächen mit vergleichsweise untergeordneter Nutzung als Flutflächen heranzuziehen. Grundsätzlich können sich hierzu beispielsweise öffentliche Grünflächen, befestigte öffentliche Plätze ohne Bebauung, großflächige öffentliche Sportanlagen, selten genutzte P&R-Plätze, Teichanlagen, Brachflächen oder unbebaute Flächen eignen. Ein großer Vorteil einer solchen multifunktionalen Flächennutzung besteht in der sehr hohen Kosteneffizienz. Im Vergleich zu alternativen Maßnahmen zur Überflutungsvorsorge ist die angepasste Gestaltung von Frei- und Grünflächen oftmals mit relativ geringen Kosten verbunden.

2.3 Bauleitplanerische und städtebauliche Vorsorgemaßnahmen

Der Raum- und Stadtplanung kommt im Kontext der Überflutungsvorsorge eine Schlüsselkompetenz zu (Bild 2). Durch die integrierte Berücksichtigung von Anforderungen des Überflutungsschutzes bei der Bauleit- und Stadtplanung können sowohl die Überflutungsgefährdung als auch das Schadenspotenzial entscheidend gemindert bzw. beeinflusst werden. Das Baugesetzbuch eröffnet insbesondere bei der Bauleitplanung für Neubaugebiete einen großen Gestaltungsspielraum [7]. So schreibt das Baurecht eine allgemeine Berücksichtigungspflicht der Belange des Hochwasserschutzes vor. Hierzu zählt auch die Vorsorge gegenüber urbanen Sturzfluten. Darüber hinaus können zahlreiche Vorsorgemaßnahmen bereits in Flächennutzungsplänen verankert (z.B. nach §1 und §5 BauGB) oder in Bebauungsplänen rechtsverbindlich festgesetzt werden (z.B. nach (§9 BauGB). Auf diese Weise

Bild 6: Ausführungsbeispiele zum technisch-konstruktiven Objektschutz

können risikobehaftete Gebiete insgesamt von Bebauung oder anderen Formen empfindlicher Nutzung frei gehalten werden oder besondere Vorkehrungen in Bauleitplänen fixiert werden.

Raumordnende Vorsorgemaßnahmen zielen in erster Linie auf eine langfristig angelegte Überflutungsvorsorge ab. Angesichts des erreichten Bestandes an Siedlungsflächen und des notwendigen Handlungsspielraums für Veränderungen können Verbesserungen nur sukzessive über zukünftig anstehende städtebauliche Flächenumnutzungen und einige wenige Projekte echter Neuerschließungen erreicht werden. Gleichwohl sollte der Aspekt der Überflutungsvorsorge neben der Berücksichtigung bei Neuerschließungen auch stets in Bestandsgebieten mit ausgeprägter Überflutungsgefährdung geprüft werden. Unter Umständen lassen sich auch dort Notabflusswege und Retentionsflächen nachträglich sichern und verankern.

2.4 Administrative und organisatorische Vorsorgemaßnahmen

Ein zielgerichtetes und effektives „Risikomanagement Sturzfluten" erfordert als Querschnittsaufgabe einen intensiven Austausch zwischen der Vielzahl an Akteuren sowie eine zielgerichtete Koordination sämtlicher Maßnahmen. Daher umfasst die Überflutungsvorsorge auch eine Reihe administrativer Maßnahmen im kommunalen Handlungsfeld, die sich in Anlehnung an das klassische Hochwasserrisikomanagement der „verhaltenswirksamen Überflutungsvorsorge" zuordnen lassen. Als Maßnahmen können beispielsweise sinnvoll sein:

- Einrichtung eines Koordinierungskreises mit Beteiligung aller Akteure
- Erstellung eines kommunalen Pflichtenhefts "Überflutungsvorsorge"
- Erarbeitung eines Masterplans „Überflutungsvorsorge"
- Klärung von Zuständigkeiten für Planung, Finanzierung, Umsetzung und Unterhaltung von Überflutungsschutzmaßnahmen
- Anpassung und Weiterentwicklung von Planungs- und Verwaltungsabläufen
- Abstimmung mit Rettungskräften (Alarm- und Einsatzplanung)
- Verabschiedung einer politischen Zielvereinbarung zur Überflutungsvorsorge
- Verpflichtungserklärung zur ressortübergreifenden Zusammenarbeit aller kommunalen Fachstellen

- Benennung eines kommunalen „Überflutungsschutzbeauftragten“
- interkommunale Zusammenarbeit
- Öffentlichkeitsarbeit und Risikokommunikation

Immer wieder erweist sich die Finanzierung von Maßnahmen, die sich keinem kommunalen Fachressort klar zuordnen lassen, als besonderes Hemmnis. Als Beispiel seien hier Baumaßnahmen an Straßen und Grünflächen genannt, die auf einen Überflutungsschutz jenseits des Bemessungsniveaus der Kanalisation abzielen. Sie liegen weder in der unmittelbaren Zuständigkeit des Stadtentwässerungsbetriebes noch des Straßenbauamtes oder Grünflächenamtes. Umso wichtiger ist es daher, die Zuständigkeiten und die Finanzierung solcher Maßnahmen frühzeitig abzustimmen.

Die Kommunikation von Überflutungsrisiken mit einer zielgerichteten Öffentlichkeitsarbeit stellt eine eminent wichtige Maßnahme zur kommunalen Überflutungsvorsorge dar. Sie muss darauf abzielen, Risikobewusstsein sowohl bei den Bürgen als auch bei kommunalen Fachplanungen und politischen Entscheidungsträgern zu wecken, über lokale Gefährdungssituationen und bestehende Überflutungsrisiken zu informieren, Wege und Maßnahmen zum objektbezogenen Überflutungsschutz aufzuzeigen und Bereitschaft zum Ergreifen kommunaler wie privater Vorsorgemaßnahmen zu erzeugen ([3], [4]).

2.5 Objektbezogene Maßnahmen in Regie der Grundstückseigentümer

Überflutungsschutzmaßnahmen von öffentlicher Seite können nur einen begrenzten Schutz bieten. Ergänzend dazu ist es daher erforderlich, dass die Grundstückseigentümer eigenverantwortlich Objektschutz betreiben. Objektschutzmaßnahmen stellen somit einen elementaren Bestandteil einer ganzheitlichen Überflutungsvorsorge dar. In diesem Zusammenhang ist es wichtig, den Grundstückseigentümern das bestehende Überflutungsrisiko bewusst zu machen und sie fachlich zu beraten. Hierzu ist von kommunaler Seite eine zusätzliche Kommunikations- und Beratungsarbeit zu leisten.

Auch auf Grundstücksebene bieten sich vielfältige Möglichkeiten zur Überflutungsvorsorge. In Betracht kommen ähnlich wie auf kommunaler Ebene Maßnahmen zur Flächenvorsorge, zur Bauvorsorge und zum technisch-konstruktiven Überflutungsschutz, zur verhaltenswirksamen Vorsorge sowie zur Risikovorsorge. Auf die verschiedenen Maßnahmenoptionen wird an dieser Stelle nicht im Detail eingegangen, sondern auf die umfassenden Ausführungen im o.g. DWA/BWK-Leitfaden ([3], [4]) verwiesen.

Die Bauvorsorge umfasst beispielswiese alle technisch-konstruktiven Schutzmaßnahmen vor Überflutungsschäden direkt an gefährdeten Gebäuden und Anlagen sowie in deren unmittelbarem Umfeld. Sie fungieren meist als letzte Barriere gegenüber zufließendem Wasser und sind im Hinblick auf den wirksamen Überflutungsschutz des Grundstücks von entsprechend herausragender Bedeutung. Insbesondere im Bestand sind Objektschutzmaßnahmen oftmals wesentlich wirtschaftlicher als großräumiger angelegte Überflutungsschutzmaßnahmen durch die öffentliche Hand. Sie lassen sich in aller Regel auch zügiger umsetzen und bieten somit schneller einen zielgerichteten Überflutungsschutz. Einige Ausführungsbeispiele zum technisch-konstruktiven Objektschutz zeigt **Bild 6**.

3 Überflutungsrisiken erkennen und bewerten

Grundvoraussetzung für das Einleiten, Planen und Umsetzen von effizienten Vorsorgemaßnahmen und somit für den Einstieg in ein zielgerichtetes „Risikomanagement“ ist es, die kritischen Gefährdungs- bzw. Risikobereiche zu (er)kennen. Die Identifizierung und räumliche Eingrenzung potenzieller Gefährdungsbereiche, die Ermittlung der konkreten Überflutungsursachen sowie die Bewertung der lokalen Überflutungsrisiken müssen stets vorweg laufen, um zielführende planerische, technische und/oder organisatorische Vorsorgemaßnahmen auf kommunaler und privater Ebene ergreifen zu können.

Zielsetzung einer qualifizierten Risikobewertung muss es sein, lokal variierende Risiken

	vereinfachte Gefährdungsabschätzung	topografische Gefährdungsanalyse	hydraulische Gefährdungsanalyse
Datengrundlage	▪ vorhandene Bestandsunterlagen	▪ vorhandene Bestandsunterlagen ▪ topografische Daten (DGM)	▪ detaillierte Bestandsdaten (DGM, Entwässerungssystem, ...)
Vorgehensweise	▪ Auswertung Bestandsunterlagen ▪ Ortsbegehungen	▪ GIS-gestützte Analyse der Geländetopografie	▪ hydraulische Simulation der Abfluss- und Überflutungsvorgänge
Ergebnis	▪ erste Gefährdungseinschätzung ▪ Skizze mit Gefährdungsbereichen	▪ Fließwege und Geländesenken ▪ vereinfachte Gefahrenkarte	▪ Fließtiefen und Oberflächenabflüsse ▪ detaillierter Überflutungsplan
Aufwand & Schwierigkeitsgrad	▪ geringer Aufwand ▪ in Eigenregie möglich	▪ geringer bis mittlerer Aufwand ▪ setzt GIS-Kenntnisse voraus	▪ hoher Aufwand ▪ erfordert Spezialwissen

Bild 7: Mögliche Vorgehensweisen zur Ermittlung der Überflutungsgefährdung

miteinander abzuwägen, um Handlungsschwerpunkte zu definieren und die verfügbaren Ressourcen möglichst effektiv zu einer Risikominderung einsetzen zu können. Zur Abschätzung oder dezidierten Ermittlung der Überflutungsgefährdung kommen verschiedene Herangehensweisen in Betracht, die sich hinsichtlich der benötigten Datengrundlagen, der eingesetzten EDV-Werkzeuge, der Aussagekraft der Ergebnisse sowie des erforderlichen Bearbeitungsaufwandes und letztlich auch der Kosten unterscheiden (**Bild 7**). War vor einigen Jahren die modelltechnische NachBildung von Überflutungsvorgängen in urbanen Räumen noch nicht möglich, stehen heute leistungsfähige EDV-Werkzeuge und hochaufgelöste Grundlagendaten zur Verfügung. Im Wesentlichen lassen sich die in Bild 7 dargestellten Vorgehensweisen unterscheiden. Ergebnisbeispiele zu den unterschiedlichen Vorgehensweisen zeigen die **Bilder 8 und 9**.

Oftmals kann eine gestufte Herangehensweise mit flächendeckender Voranalyse und mit vereinfachten Methoden sinnvoll sein, an die sich eine detailliertere Betrachtung für ausgemachte Gefährdungslagen und Risikogebiete anschließt. Die Wahl der geeigneten Vorgehensweise hängt nicht zuletzt von den örtlichen Gegebenheiten, der konkreten Zielsetzung der Betrachtung, den verfügbaren Mitteln (EDV, Personal, Kosten) sowie den geplanten Nutzern der Ergebnisse (Entwässerungsfachleute, Fachplaner angrenzender Disziplinen, Laien) ab.

Zur Bewertung des örtlichen – und letztlich maßgebenden – Überflutungsrisikos ist es erforderlich, die Überflutungsgefährdung mit den zugehörigen Schadenspotenzialen zu überlagern. Hierzu empfiehlt es sich, die örtliche Gefährdung, das zugehörige Schadenspotenzial und das Überflutungsrisiko in Klassen einzuteilen und bereichsweise zuzuordnen. Die Bewertung des (monetären) Schadenspotenzials ist vor allem dann wichtig, wenn für etwaige Vorsorgemaßnahmen der konkrete (monetäre) Nutzen bewertet werden soll. Dabei ist die Quantifizierung des – de-facto sehr vielschichtigen – Schadenspotenzials oftmals schwierig, insbesondere dann, wenn nicht-monetäre Schäden berücksichtigt werden sollen. Weitergehende Empfehlungen zur Gefährdungsanalyse und Risikobewertung können ebenfalls dem o.g. DWA/BWK-Leitfaden ([3], [4]) entnommen werden.

4 Fazit und Ausblick

Mit dem hier in Auszügen vorgestellten Praxisleitfaden wird eine umfassende und anschauliche Orientierungshilfe für den Einstieg in eine wirkungsvolle Überflutungsvorsorge bereitgestellt. Neben geeigneten Vorgehensweisen zur Ermittlung der örtlichen Überflutungsrisiken werden die konkreten Möglichkeiten an planerischen, technischen und administrativen Vorsorgemaßnahmen aufgezeigt und erläutert. Darüber hinaus möchte der Praxisleitfaden sowohl einen Impuls für die notwendige inner-

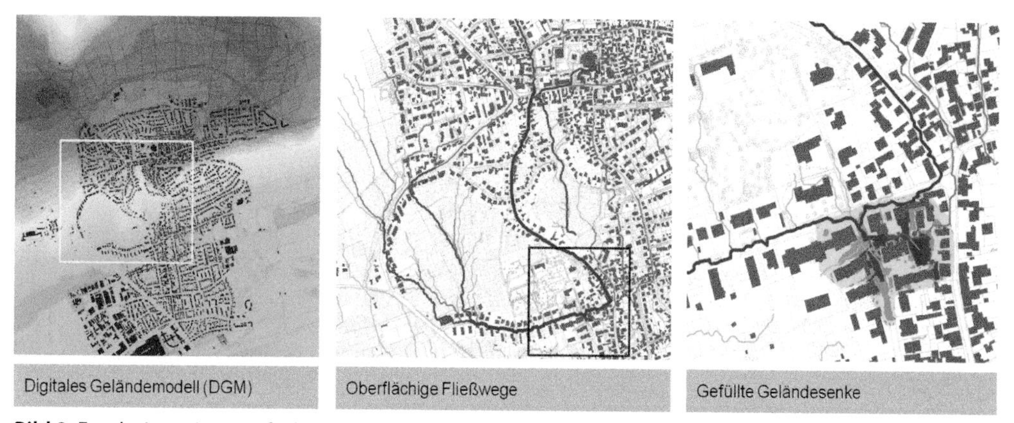

Bild 8: Ergebnisse einer einfachen GIS-gestützten Analyse der Geländetopografie

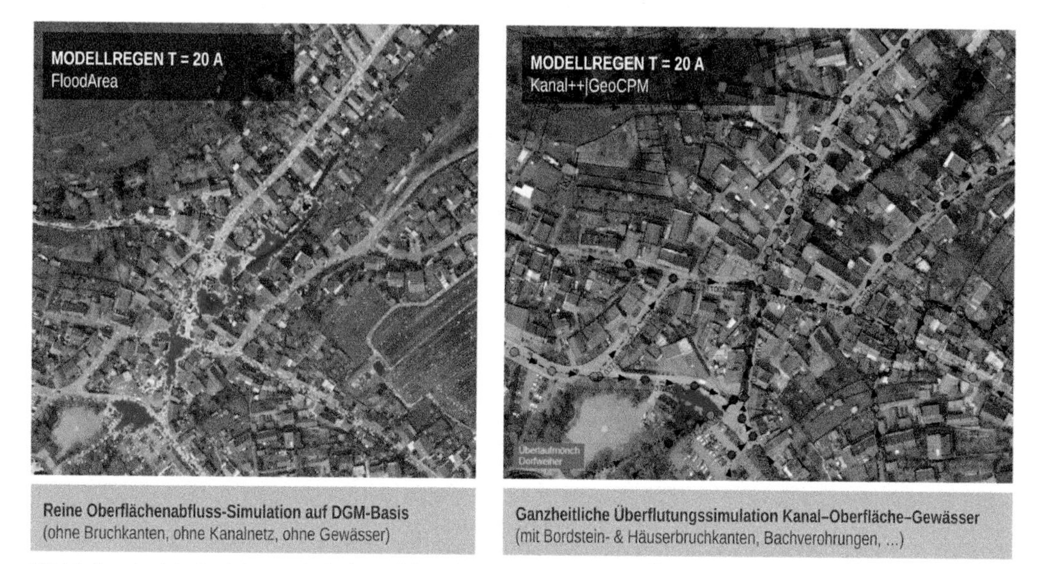

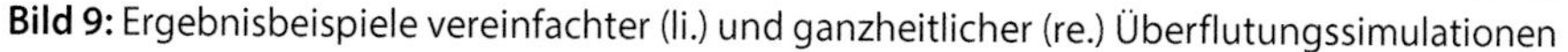

Bild 9: Ergebnisbeispiele vereinfachter (li.) und ganzheitlicher (re.) Überflutungssimulationen

kommunale Diskussion geben als auch Argumentationshilfen bieten, um die vielfältigen Akteure von einer sachgerechten Auseinandersetzung mit dem Thema „urbane Sturzfluten" zu überzeugen.

Die aktuelle Veröffentlichung des Praxisleitfadens wird von einer Seminarreihe begleitet. Im ersten Halbjahr 2014 werden die im Praxisleitfaden formulierten Handlungsempfehlungen auf Tagesseminaren in den Regionen Karlsruhe, Dortmund, Hamburg und Dresden vorgestellt und anhand von Praxisbeispielen erläutert.

Literatur

[1] Kron, Wolfgang (2010): Überschwemmungsüberraschung – Risiko von Überflutungen fernab von Gewässern, DWA/BWK-Symposium „Starkregen in bebauten Gebieten", 05.10.2010, Karlsruhe-Grötzingen

[2] DWA (2008): Prüfung der Überflutungssicherheit von Entwässerungssystemen, Arbeitsbericht der DWA-Arbeitsgruppe ES-2.5, KA Korrespondenz Abwasser, Abfall, Nr. 55, Heft 9, 972-976

[3] DWA (2013): Starkregen und urbane Sturzfluten: Praxisleitfaden zur Überflutungsvorsorge, DWA-Themen, T2/2013, ISBN 978-3-944328-14-0, Hennef

[4] BWK (2013): Starkregen und urbane Sturzfluten: Praxisleitfaden zur Überflutungsvorsorge, BWK-Fachinformationen 1/2013, ISBN 978-3-8167-9056-3, Sindelfingen

[5] DWA (2012): Vorhabensbeschreibung DWA-Merkblatt 119, KA Korrespondenz Abwasser, Abfall, Nr. 59, Heft 2, 140
[6] Schmitt, T.G. (2011): Risikomanagement statt Sicherheitsversprechen – Paradigmenwechsel auch im kommunalen Überflutungsschutz?, KA, Jahr. 58, Nr. 1, S. 40-49
[7] BAUGB (2011): Baugesetzbuch

Autoren

Dr.-Ing Marc Illgen*)
DAHLEM Beratende Ingenieure
Poststraße 9
64293 Darmstadt
Tel.: +49 (0) 6151 8595-0
E-Mail: m.illgen@dahlem-ingenieure.de

*) Sprecher der DWA/BWK-Arbeitsgruppe HW-4.2 „Starkregen und Überflutungsvorsorge"

Mitglieder: Dr. rer. nat. Andre Assmann (Heidelberg), Dipl.-Ing. Reinhard Beck (Wuppertal), Dipl.-Ing. (FH) Michael Buschlinger (Mondorf-Les-bains), Dipl.-Ing. Sabine David (Hagen); Dipl.-Ing. (FH) Albrecht Dörr (Karlsruhe); Dr.- Ing. Lothar Fuchs (Hannover); Dr.-Ing. Hans Göppert (Hügelsheim); Dipl.-Ing. Josef Göttlicher (Dortmund); Dipl.-Ing. Gert Graf-van Riesenbeck (Erkrath); Dipl.-Ing. Henry Hille (München), **Dr.-Ing. Marc Illgen (Darmstadt), Sprecher;** Dr.-Ing. Thomas Kilian (Darmstadt); **Dipl.-Ing. Martin Kissel (Karlsruhe), stellv. Sprecher;** Dipl.-Ing. Dirk Kurberg (Essen); Dr.-Ing. Horst Menze (Hannover); **Dr.-Ing. Klaus Piroth (Karlsruhe), stellv. Sprecher;** Dipl.-Ing. Marc Scheibel (Wuppertal); Dipl.-Ing. Christian Scheid (Kaiserslautern); Dipl.-Ing. Christiane Schilling (Stuttgart); Dipl.-Ing. (FH) Frank Schöning (Karlsruhe); Dipl.-Ing. Werber Siebert, M.A. (Mannheim), Dipl.-Ing. Uwe Sommer (Hagen); Dipl.-Ing. (FH) Simone Stöhr, M.Sc. (Saarbrücken); Dr. rer. nat. Hartwig Vietinghoff (Kaiserslautern); Dr.-Ing. Mingyi Wang (Berlin); Dr. rer. nat. Britta Wöllecke (Schwerte)

Claus Huwe

Dezentrale Regenwasserbehandlung und Starkregenereignisse

Urbane Sturzfluten können mit den herkömmlichen Bemessungsverfahren der Stadtentwässerung und mit zentralen Entwässerungsstrategien nicht beherrscht werden. Dezentrale Entlastungskonzepte sind hier zu integrieren. Ein Retentionsfilterrinnensystem ist eine technische Lösung, die hier eingesetzt werden kann.

1 Was sind Starkregen und urbane Sturzfluten?

Der Deutsche Wetterdienst definiert Starkregen [1] als große Niederschlagsmengen pro Zeiteinheit. Starkregen kann zu schnell ansteigenden Wasserständen und Überschwemmungen führen, häufig einhergehend mit Bodenerosion. Der DWD warnt deswegen vor Starkregen in zwei Stufen (wenn voraussichtlich folgende Schwellenwerte überschritten werden):

- Regenmengen > = 10 mm / 1 Std. oder > = 20 mm / 6 Std. (markante Wetterwarnung),
- Regenmengen > = 25 mm / 1 Std. oder > = 35 mm / 6 Std. (Unwetterwarnung).

Für die Dimensionierung von z. B. Stadtentwässerungsnetzen, Pumpwerken, Kläranlagen und Rückhaltebecken werden statistische Auswertungen zu Starkniederschlagsereignissen, KOSTRA-DWD-2000 [2] genutzt. Mit auf den jeweiligen Anwendungsbereich abgestimmten Schwellenwerten wird die Bemessung durchgeführt. Empfohlene Schwellenwerte für Entwässerungsanlagen werden entsprechend dem Stand der Technik – DIN EN 752 [3], DWA-A 118 [4] – und den lokalen Anforderungen mit ein- bis zehnjährigen Wiederhäufigkeiten angegeben (**Tabelle 1**).

Diese Schwellenwerte stellen mit maximal zehnjährigen Häufigkeiten in der Regel noch keine außergewöhnlichen Niederschlagsmengen mit Überflutungspotenzial dar. Professor Theo G. Schmitt, Kaiserslautern [5] beschreibt den Konsens für schlagzeilenträchtige Überflutungsereignisse mit mehr als 60 mm Niederschlag in ein bis zwei Stunden. Dies sind Niederschlagsereignisse mit über 50 – 100-jährigen Wiederkehrhäufigkeiten [6].

Tab. 1 | Empfohlene Häufigkeiten nach DIN EN 752 und DWA-A 118

Flächentypisierung	nach DIN EN 752 Empfohlene Bemessungsregenhäufigkeiten in Wiederkehrzeiten (1-mal in „n" Jahren)	nach DWA-A 118 (in Anlehnung an DIN EN 752) Empfohlene Überstauhäufigkeiten bei Neuplanung bzw. Sanierung in Wiederkehrzeiten (1-mal in „n" Jahren)
ländliche Gebiete	1 in 1	1 in 2
Wohngebiete	1 in 2	1 in 3
Stadtzentren, Industrie- und Gewerbegebiete	1 in 5	seltener als 1 in 5
Unterirdische Verkehrsanlagen, Unterführungen	1 in 10	seltener als 1 in 10

In Dortmund wurde im Juli 2008 ein Niederschlagsereignis mit mehr als 190 mm in zwei Stunden gemessen. Ein Ausbau der unterirdischen Kanalisation wäre hier nicht nur wenig wirksam, sondern vielmehr technisch-wirtschaftlich kaum leistbar.

2 Grenzen kommunaler Entwässerungssysteme

Die Kanalisationen sind in der Regel nicht dafür bemessen, alle Niederschlagsereignisse aufzunehmen. Während diese unterirdisch verbauten Systeme normalerweise kaum zusätzliche Kapazitäten über die Bemessungsgrößen hinaus aufweisen, können oberirdische Systeme zusätzlich mit Retentionsvolumina und Ableitfunktionen kombiniert werden.

3 Dezentrale Maßnahmen können Abflussmengen reduzieren

Durch ein ausgeklügeltes System von Sammel- und Ableitstrukturen an der Oberfläche lassen sich Straßen zu Notabflusswegen für eine schadlose Ableitung von Sturzfluten ausbauen [7]. Dezentrale Maßnahmen können zur Abkopplung von Regenwasserabflüssen zu zentralen Kanalisationssystemen dienen.

Regenwasser kann durch Versickerungseinrichtungen mit Retentionsvolumen zurückgehalten und vor Ort versickert werden, wo die Bodenverhältnisse dies zulassen. Für größere versiegelte Flächen können Überflutungsnachweise z. B. nach DIN 1986-100 [8] geführt werden. Die zurückgehaltenen Wassermengen können von dort gedrosselt in Kanalnetze oder Gewässer abgeleitet werden. Nur überstausichere Systeme sollten in überflutungsgefährdeten Bereichen oder in Bereichen, für die auch ein Überflutungsnachweis geführt wurde, eingesetzt werden.

Mit dem Überflutungsnachweis wird für die Differenz der auf der befestigten Fläche des Grundstücks anfallenden Regenwassermenge, $V_{Rück}$ in m^3, zwischen dem mindestens 30-jährigen Regenereignis und einem 2-jährigen Berechnungsregen, der Nachweis für eine schadlose Überflutung des Grundstücks erbracht. Für den Fall von Einleitbeschränkungen kann zudem der durch das Filtersystem entsprechend gedrosselte Wasserstrom mit dem Produkt aus Filterfläche (A_f) und Filtergeschwindigkeit (v_f), berücksichtigt werden.

4 Besondere Anforderungen an dezentrale Anlagen

Bei Einleitungen von Regenabflüssen in das Grundwasser oder in Oberflächengewässer gelten besondere Vorschriften und Regelwerke.

Das Deutsche Institut für Bautechnik hat für die Zulassung von dezentralen Behandlungssystemen feste Grundsätze für die unterirdische Versickerung bestimmt [9]. Diesen Grundsätzen müssen alle zugelassenen Systeme ohne Überlauf genügen. Alle vom DIBt zugelassenen Systeme verfügen über Filterstufen, um die erforderliche Reinigungsleistung zu gewährleisten. Die dabei maximal beaufschlagte Regenspende zur Remobilisierungsprüfung von Schad- und Feststoffen beträgt 100 l/(s · ha).

Eine zusätzliche Regelung mit reduzierten Anforderungen an hydraulische Leistung und Reinigungsleistung gibt es in Nordrhein-Westfalen [10, 11]. Hier müssen dezentrale Anlagen auf Vergleichbarkeit zu zentralen Systemen gemäß Trennerlass geprüft und Regenüberläufe zur Überleitung behandlungsbedürftiger Niederschlagsabflüsse für eine kritische Regenspende von 15 l/(s · ha) ausgelegt werden. Bei höheren Regenspenden ist ein Überlauf erforderlich.

Das Merkblatt DWA-M 153 [12] gibt weitere Handlungsempfehlungen zum Umgang mit Regenwasser. Es enthält Empfehlungen zur mengen- und gütemäßigen Behandlung von Regenwasser in modifizierten Entwässerungssystemen oder in Trennsystemen. Mit einem Bewertungssystem aus Belastungs-, Durchgangs- und zu erreichenden Gütewerten wird der erforderliche Qualitätszustand einer Einleitwassermenge ermittelt.

Um die Anforderungen dieser Regelwerke zu erfüllen, wurden spezielle dezentrale Regenwasserbehandlungsanlagen entwickelt. Als Bestandteil von Entwässerungssystemen sind aber auch die dezentralen Regenwasserbehandlungsanlagen von Überstau und Überflutung betroffen und sollten daher auch dazu erweiterten Prüfkriterien entsprechen.

5 Dezentrale Regenwasserbehandlungsanlagen für Starkregen fit machen

Die Funktionsfähigkeit von Regenwasserbehandlungsanlagen sollte durch Überflutungsereignisse nicht gefährdet werden. Auf Grund der geringeren Wahrscheinlichkeiten von Starkregenereignissen basieren Zulassungsprüfverfahren dezentraler Regenwasserbehandlungsanlagen durch das DIBt bzw. gemäß Trennerlass in NRW auf vergleichsweise geringen Beschickungsintensitäten.

Diese liegen mit 2,5 l/(s · ha), 6,0 l/(s · ha) und 25 l/(s · ha) und einem 15-minütigen Schadstoffremobilisierungsprüfstoss von 100 l/(s · ha) weit unterhalb überflutungsrelevanter Niederschlagsereignisse.

Starkregen birgt jedoch besonders in der Nähe von Industrieanlagen ein hohes Risiko für die Umwelt. Darum sollten sich hohe Zulaufintensitäten nicht negativ auf die Reinigungsleistung durch Remobilisierungsvorgänge (Filterspülung) auf bereits zurückgehaltene Fest- oder Schadstoffen auswirken.

Auch eine ungleichmäßige Anströmung großflächigerer bzw. linearer Filtersysteme kann zu punktuell vergleichbaren hohen Zulaufbelastungen führen (**Bild 1**). Filtersysteme sollten daher mit einem ausreichenden Filterwiderstand ausgestattet sein, um bei Regenspenden oberhalb der DIBt-Prüfregenspende von 100 l/(s · ha) eine Durchflussbegrenzung zu gewährleisten. Bei Filtern mit hohen Durchlässigkeitsbeiwerten (k_f-Werten) besteht bei hohen Zulaufintensitäten die Gefahr der Remobilisierung bereits gebundener Schadstoffe.

Filter mit ausreichendem Filterwiderstand bieten eine weitgehend gleichbleibende Reinigungsleistung und sichern einen hydraulischen Ausgleich auf dem Filterkörper. Zudem kann ein vorgeschaltetes Retentionsvolumen zur temporären Zwischenspeicherung von größeren Niederschlagsmengen dienen (**Bild 2**).

6 Reinigungsleistung muss auch bei Starkregen stimmen

Filtersysteme unterscheiden sich neben den spezifischen Wirkungsweisen unterschiedlicher Filtermaterialien vor allem in der Durchlässigkeit.

Bild 1: Ungleichmäßige Anströmung an ein lineares Filtersystem (Quelle: Hauraton)

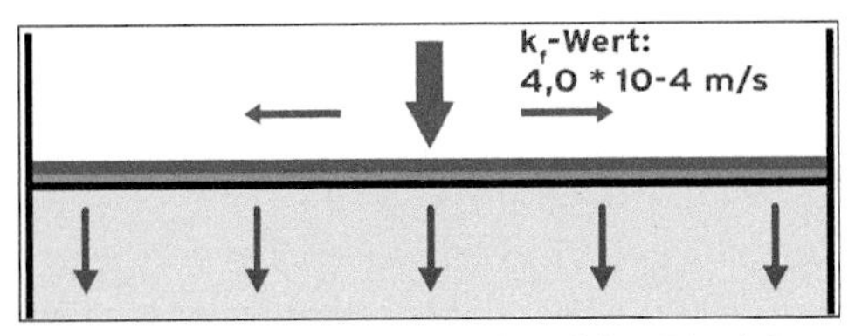

Bild 2: Hydraulischer Ausgleich auf den Filterkörper (Quelle: Hauraton)

Diese bestimmt den Filterwiderstand und dieser zusammen mit der Filtermächtigkeit die Feststoffrückhalteleistung.

Engporige Filter (**Bild 3**) bieten mit einem höheren Filterwiderstand einen trennscharfen Rückhalt von Feinpartikel. Grobporigere Systeme (**Bild 4**) mit einem geringeren Filterwiderstand führen zur Tiefenfiltration. Filtersysteme mit geringen Filterwiderständen erlauben hohe Durchflussmengen. Höhere Filterwiderstände hingegen begrenzen die Durchflussmengen.

Kommt es bei hohen Niederschlagsereignissen in Filtersystemen mit höheren Durchlässigkeiten zum Überstau, steigt die Filtergeschwindigkeit rasch an. Dem **Bild 5** kann der Zusammenhang zwischen Einstauhöhe und dadurch ansteigender Filtergeschwindigkeit entnommen werden. Je höher die Ausgangsdurchlässigkeit ist, desto stärker ist auch die Zunahme der Filtergeschwindigkeit mit der Einstauhöhe.

Bei Filtermedien mit höheren Durchlässigkeiten besteht daher die Gefahr hydraulischer Stresssituationen mit starken Austrägen bereits zurückgehaltener Schadstoffe. So sollen gemäß DWA-A 138 [13] die Durchlässigkeitsbeiwerte für die Bodenpassage im Bereich zwischen 1,0 x 10^{-3} m/s und 1,0 x 10^{-6} m/s liegen.

Bild 3: Engporiger Filter (Quelle: Hauraton)

Bild 4: Grobporiger Filter (Quelle: Hauraton)

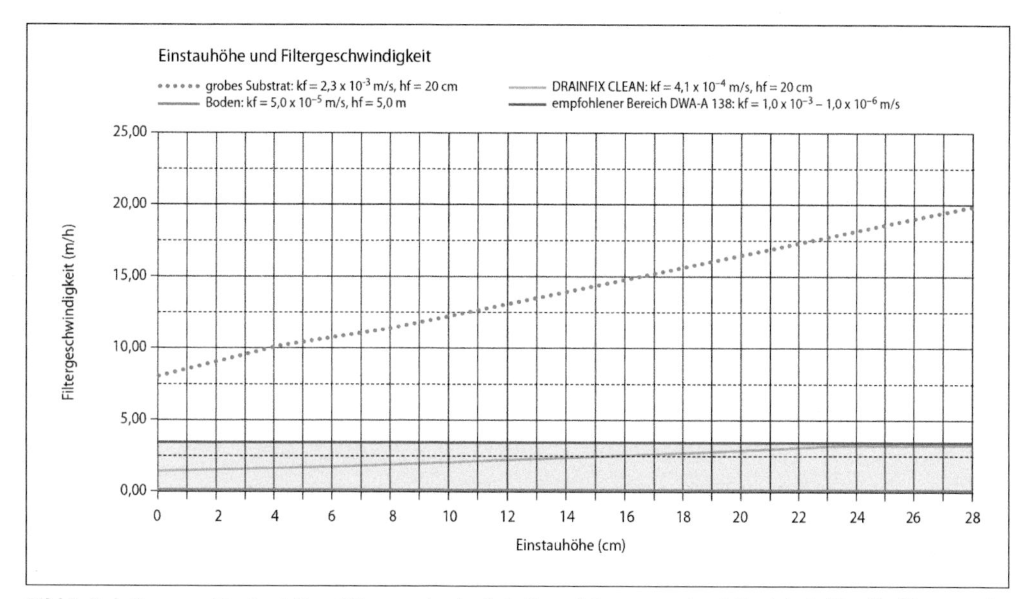

Bild 5: Relation von Einstauhöhe, Filtergeschwindigkeit und Ausgangsdurchlässigkeit (Quelle: Hauraton)

7 Ableitstrukturen für urbane Sturzfluten

Durch lineare Systeme können auf Entwässerungsflächen und Straßen Strukturen geschaffen werden, um Überflutungen in der Ortslage schadlos abzuleiten. Überstausichere Regenwasserbehandlungsanlagen wie Filtersubstratrinnen (Retentionsfilterrinnen) erlauben durch Einbau in Flächen mit umgekehrten Dachprofilen hervorragend geeignete lineare Entwässerungsstrukturen.

Bei Überschreitung der Systemdurchlässigkeit ergibt sich in der Retentionsfilterrinne zunächst ein Einstau bis zur Bemessungsregenspende (z. B. zehnjährig). Dabei findet auch ein hydraulischer Ausgleich auf dem Filterkörper statt, der für eine gleichmäßige Auslastung des Filtersystems sorgt (Standzeit). Oberhalb der Bemessungsregenspende übernimmt die lineare Einbaustruktur (**Bild 6**) des Retentionsrinnenfiltersystems auf dem Straßenkörper die Ableitung auch sehr extremer Regenereignisse (z. B. 100-jährig). Voraussetzung hierfür ist jedoch eine Strömungstrennung. Diese wird durch die Abdeckung des Systems und durch die Höhe des Retentionsvolumens gewährleistet. Die im Straßenprofil abgeleiteten Wasserströme können zu beliebigen Einleitstellen, wie

Bild 6: Ableitstruktur für Starkregenereignisse (Quelle: Hauraton)

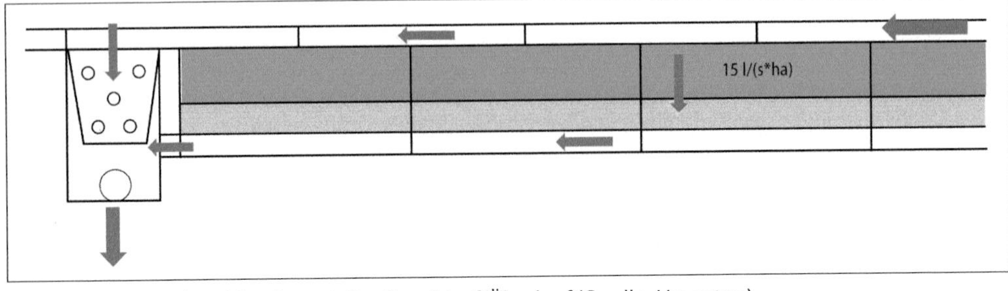

Bild 7: Filterrinnenkombination mit Straßenablauf/Überlauf (Quelle: Hauraton)

beispielsweise Grünmulden als Überlaufsysteme, geführt werden.

8 Retentionsvolumen als wichtiger Regenrückhalteraum

Das Retentionsvolumen, das für eine Regenrückhaltung mit einem Retentionsfilterrinnensystem (z. B. DRAINFIX®CLEAN [14]) zur Verfügung gestellt werden kann, bestimmt sich über die Dimensionierung (Länge) des Retentionsrinnenfiltersystems und über die Oberflächengestaltung als externem Rückstauraum.

Das Retentionsfilterrinnensystem selbst bietet Einstauvolumina je nach Bemessung bis weit über 60 m³ je Hektar undurchlässigen Entwässerungsflächenanteils. Bei kürzeren Rinnensträngen gemäß Bemessung für die Vergleichbarkeit zu zentralen Systemen nach Trennerlass in NRW für 15 l/(s · ha) steht immer noch ein Retentionsvolumen von 18 m³ zur Verfügung.

Bei diesem Bemessungsverfahren wird grundsätzlich ein Überlauf benötigt. Dabei kann ein bestehender Straßenablauf mit Schlammfang am tiefsten Punkt des Retentionsfilterrinnenstranges zur Aufnahme überlaufenden Wassers dienen (**Bild 7**).

9 Fazit

Zur Minderung der Auswirkungen urbaner Sturzfluten ist die herkömmlich bemessene Stadtentwässerung um zusätzliche Rückhaltevolumen und Ableitmöglichkeiten zu ergänzen. Dezentrale Maßnahmen sind hier von maßgeblicher Bedeutung. Retentionsfilterrinnen können hier eine dieser Maßnahmen sein.

Literatur

[1] DWD Wetterlexikon – Starkregen Webseite: http://www.deutscher-wetterdienst.de/lexikon/index.htm?ID=S&DAT=Starkregen (Zugriff: am 23.08.2015)

[2] DWD (2005): Starkniederschlagshöhen für die Bundesrepublik Deutschland – KOSTRA-DWD-2000, Ausgabe 2005, Deutscher Wetterdienst, Offenbach/Main und itwh GmbH Hannover

[3] DIN EN 752:2008; Entwässerungssysteme außerhalb von Gebäuden;

[4] DWA-A 118: Bemessung und hydraulischer Nachweis von Entwässerungssystemen, Arbeitsblatt 118, DWA Regelwerk Hennef, Ausgabe März 2006

[5] DWA (2015), Regenwassertage 01. – 02. Juli 2015, Hamburg – Bewertungskriterien zum Risikomanagement in der kommunalen Überflutungsvorsorge, Theo G. Schmitt, Kaiserslautern

[6] 1. Deutscher Kanalnetzbewirtschaftungstag 2013: Zukunftsherausforderung Netzbewirtschaftung: mögliche Einflüsse von Klimawandel und demografischem Wandel; Theo G. Schmitt, TU Kaiserslautern; Webseite: http://www.ta-hannover.de/newsletter/2014/03_14/schmitt.pdf, Zugriff: am 25.08.2015

[7] Leitfaden: Starkregen – Was können Kommunen tun? Herausgeber: Informations- und Beratungszentrum Hochwasservorsorge Rheinland-Pfalz und WBW Fortbildungsgesellschaft für Gewässerentwicklung mbH, 2012

[8] DIN 1986-100:2008; Entwässerungsanlagen für Gebäude und Grundstücke – Teil 100: Bestimmungen in Verbindung mit DIN EN 752 und DIN EN 12056

[9] Zulassungsgrundsätze für „Niederschlagswasserbehandlungsanlagen"; Teil 1: Anlagen zum Anschluss von Kfz-Verkehrsflächen bis 2000 m² und Behandlung des Abwassers zur anschließenden Versickerung in Boden und Grundwasser; DIBt – Fassung Februar 2011

[10] Nachweis der Vergleichbarkeit von dezentralen Behandlungsanlagen; Zusammenfassende Darstellung der Prüfungsvorgaben vom 25.9.2012; Landesamt für Natur, Umwelt und Verbraucherschutz; Nordrhein-Westfalen

[11] Anforderungen an die Niederschlagsentwässerung im Trennverfahren; RdErl. d. Ministeriums für Umwelt und Naturschutz, Landwirtschaft und Verbraucherschutz – IV-9 031 001 2104 – vom 26.5.2004

[12] DWA-M 153: Merkblatt – Handlungsempfehlungen zum Umgang mit Regenwasser; August 2007

[13] DWA-A 138, Kommentar zum DWA-Regelwerk – Planung, Bau und Betrieb von Anlagen zur Versickerung von Niederschlagswasser; August 2008

[14] http://www.hauraton.com/de/entwaesserung/AQUABAU/DRAINFIX-CLEAN/DRAINFIX-CLEAN-300.php Zugriff am 08.10.2015

Autor

Dipl. Agr.-Ing. Claus Huwe

HAURATON GmbH & Co. KG

Tel.: +49 (0)7222 958-186
Fax: +49 (0)7222 958-28 186
E-Mail: claus.huwe@hauraton.com

Albrecht Dörr und Hans Göppert

Nutzung kleinerer Rückhaltungen für unterschiedliche Aufgaben durch den Einsatz von Mehrfachdrosselanlagen

Die Erhöhung der Abflussmengen ist bei bestehenden Kanalsystemen oft nicht mehr möglich. Durch gestufte Abgabemengen kann die Wirkung von oberstromigen Rückhaltebecken gegenüber einer ungesteuerten Abgabe verbessert werden.

1 Einführung

Rückhaltebecken dienen in der wasserwirtschaftlichen Praxis unterschiedlichsten Aufgaben wie dem Hochwasserschutz (HRB), der Wasserversorgung, der Niedrigwasseraufhöhung oder als Regenrückhaltebecken (RRB) siedlungswasserwirtschaftlichen Zielen. Wurden Regenrückhaltebecken früher meist auf lediglich 20- bis 25-jährliche Hochwasserereignisse ausgelegt, so werden diese heute oftmals auf 50- bis 100-jährliche Hochwasser bemessen. Die Folgen davon sind, dass im siedlungsnahen Bereich relativ große Becken mit einem hohen Flächenverbrauch entstehen. Die auf solch hohe Jährlichkeiten ausgelegten Becken werden auf Grund ihrer großen Weiterleitungswassermengen außerdem oftmals über Jahrzehnte nicht eingestaut. Die Bedeutung und der Sinn dieser Anlagen sind den Bürgern dadurch schwer vermittelbar. In der Öffentlichkeit kommt es für diese Rückhalteräume daher immer wieder zu Diskussionen, ob diese Anlagen überhaupt gebraucht werden, richtig bemessen sind oder die Flächen bebaut bzw. anderweitig genutzt werden könnten. Im Falle einer Verwendung für weitere Aufgaben könnte deren Nutzen und bei häufigerem Einstau der Becken deren Akzeptanz erhöht werden.

Bei großen Stauanlagen (Talsperren) liegt oftmals eine Mehrfachzielsetzung vor. Dies lässt sich bei kontinuierlichen Messungen (Zufluss, Abgabe, Beckenwasserstand, Unterwasserpegel) und regelbaren Betriebsauslässen, ggf. kombiniert mit Abflussvorhersagen, meist technisch einfach realisieren. Die aktuelle Beckenabgabe wird für die Anlage dabei anhand der aktuellen Messungen und des im Vorfeld festgelegten Betriebsreglements bestimmt.

Die Mehrzahl der kleineren Rückhaltungen dient als Regenrückhaltebecken (RRB) dem Schutz der Kanalisation vor Starkregen oder als Hochwasserrückhaltebecken (HRB) dem Schutz von Unterliegern vor Überflutungen. Mehrfachzielsetzungen lassen sich bei den kleineren Anlagen bisher in der Regel nicht berücksichtigen. Kleinere Rückhaltebecken liegen teilweise abseits der Ortslagen, verfügen über keinen Stromanschluss, sollen möglichst robust und wartungsfrei funktionieren bzw. einfach und kostengünstig realisierbar sein. Sie werden daher meist mit einem fest eingestellten Grundablassschieber oder im siedlungswasserwirtschaftlichen Bereich mit einer selbstständig arbeitenden Drossel (mechanisch oder hydraulisch) ausgerüstet. Die Auslegung der Becken (Rückhaltevolumen und Maximalabgabe bei Vollstau) erfolgt nach der Festlegung der Auftretenswahrscheinlichkeit (Jährlichkeit T) des Bemessungshochwassers dabei üblicherweise über Optimierungsrechnungen auf der Grundlage synthetischer T-jährlicher Zuflussganglinien verschiedener Regendauern bzw. über Langzeitsimulationen. Die dem Hochwasserschutz dienenden Rückhaltungen (HRB) werden dabei so ausgelegt, dass im Unterwasser der Becken bis zum T-jährlichen Bemessungshochwasser ein bestimmter Abfluss (z. B. Leistungsfähigkeit der maßgebenden Engstelle) nicht mehr überschritten wird. Die Auslegung der Regenrückhaltebecken (RRB) erfolgt entsprechend der Leistungsfähigkeit des Kanalnetzes oder der angestrebteb Häufigkeit, mit der unterstromige Regenüberläufe anspringen sollen.

Oftmals wäre jedoch auch bei den kleineren Rückhaltebecken (RRB, HRB) neben dem Schutz des Kanalnetzes vor Überlastung bzw. dem Schutz von Unterliegern vor Überflutungen eine Nutzung der Anlagen für weitere Aufgaben sinnvoll. Dies bedeutet, dass einzelne Teile des Rückhalteraumes (Stauraumbereiche) für unterschiedliche Zwecke genutzt werden sollen. Meist wird dabei zunächst eine starke Drosselung angestrebt (unterer Stauraumbereich), auf die später höhere Abgaben folgen (oberer Stauraumbereich).

2 Kriterien für Mehrfachzielsetzungen bei kleineren Rückhaltungen

Einbeziehung ökologischer Aspekte

Seitliche Zuflüsse aus Ortsentwässerungen können insbesondere in kleineren Gewässern zu häufigen Hochwassern im Vorfluter führen. Durch ein Rückhaltebecken sollen zur Reduzierung des hydraulischen Stresses die Abflüsse zunächst stark gedrosselt werden (unterer Stauraumbereich). Dadurch wird die Häufigkeit, mit der Hochwasser im Vorfluter auftreten, reduziert. Neben dieser Zielsetzung kann eine weitere Aufgabe des Beckens beispielsweise in der Verbesserung des Hochwasserschutzes für die Unterlieger bestehen. Die Beckenabgabe des oberen Stauraumbereichs wird dann auf die unterstromige Leistungsfähigkeit des Gewässers ausgelegt, was meist deutlich höhere Abgaben als die starke Drosselung zur Reduzierung des hydraulischen Stresses ermöglicht.

2.1 Reduzierung von Mischwasserentlastungen (HRB Dürrbach, Stadt Karlsruhe)

Oftmals werden auch größere Außengebiete ins Mischwassernetz von Kommunen eingeleitet. Durch eine zunächst starke Drosselung (unterer Stauraumbereich) der Außengebietszuflüsse durch ein Rückhaltebecken kann die Häufigkeit, mit der ein aus ökologischer Sicht nachteiliges Anspringen von Regenüberläufen unterstrom erfolgt, reduziert werden. Neben dieser Zielsetzung kann die weitere Aufgabe des Beckens in der Verbesserung des Hochwasserschutzes für die Unterlieger bestehen. Die Beckenabgabe des oberen Stauraumbereiches wird dann auf die unterstromige Leistungsfähigkeit des Gewässers (Sammlers) ausgelegt, was meist deutlich höhere Abgaben ermöglicht.

2.2 Verbesserung der Beckenwirkung (Hochwasserschutz)

Oftmals liegen die dem Hochwasserschutz dienenden Becken nicht direkt vor der maßgebenden Schwachstelle der unterstromigen Ortslage. Können im Hochwasserfall unterhalb des Beckens bis zur Schwachstelle größere Zuflüsse aus Landflächen (Seitengewässer) oder der Ortsentwässerung (Regenüberläufe) auftreten, so kann durch gestufte Beckenabgaben (Mehrfachdrosselanlagen) die Wirkung von Becken gegenüber einer konventionellen ungesteuerten Abgabe (ein Grundablassschieber) oftmals verbessert werden. Dabei erfolgt zunächst eine starke Drosselung des HW-Abflusses durch das Becken (unterer Stauraumbereich). Bei Gewitterereignissen (kurze Regendauer, geringe Fülle, geringer Beckeneinstau) mit hohen Zuflüssen aus dem unterstromigen Zwischeneinzugsgebiet liegen dadurch geringe Beckenabgaben (unterer Stauraumbereich) vor. Bei länger andauernden Landregen (große Fülle, höherer Beckeneinstau) mit geringen Zuflüssen aus dem Zwischengebiet erfolgen höhere Beckenabgaben (oberer Stauraumbereich). Bei beiden „Ereignistypen" kann dadurch eine, bezogen auf den Schwachstellenbereich, optimale Abflussreduzierung bei gleichzeitig minimiertem Stauraumvolumen erreicht werden.

2.3 Entlastung von Kanalnetzen

Bei vielen insbesondere siedlungswasserwirtschaftlichen Aufgaben dienenden Rückhaltungen sind konkrete Vorgaben (technische Regeln, wasserrechtliche Aspekte, etc.) oder im Vorfeld getroffene Vereinbarungen bezüglich der Abgabe und des Rückhaltevolumens zu beachten. Dabei werden meist bis zum Erreichen eines T-jährlichen Bemessungsereignisses starke Drosselungen der Beckenabgabe (unterer Stauraumbereich) verlangt. Neben dieser vorgegebenen Zielsetzung wäre vielfach eine zusätzliche Nutzung der Anlage zur Verbesserung des Hochwasserschutzes sinnvoll. Dies wäre mit einer Mehrfachdrosselanlage meist einfach realisierbar, bei der im oberen Stauraumbereich höhere, auf die Leistungsfähigkeit unterstrom abgestimmte Abgaben zugelassen werden.

In der Praxis wären für eine Vielzahl weiterer Anwendungen gestaffelte Beckenabgaben denkbar. Für die hier primär betrachteten kleineren Stauanlagen werden dabei einfache, robuste und kostengünstige Lösungsansätze gesucht. Entwickelt wurde gemeinsam vom Tiefbauamt der Stadt Karlsruhe und dem Büro Wald+Corbe für einen konkreten Anwendungsfall eine Beckenlösung, die solch gestaffelte Abgaben ermöglicht. Der Lösungsansatz lässt sich dabei einfach auf andere Anlagen übertragen und wird nachfolgend anhand des bereits im Praxisbetrieb befindlichen Beckens „HRB-Dürrbach“ vorgestellt (**Bild 1**).

3 Beispiel der Stadt Karlsruhe (HRB-Dürrbach)

3.1 Allgemeines

Im Karlsruher Stadtteil Durlach kam es in der Vergangenheit zu innerörtlichen Überflutungen durch den aus Süden auf die Ortslage zufließenden Dürrbach. Das ca. 4 km² große Einzugsgebiet liegt in der Vorbergzone am Rande des nördlichen Schwarzwaldes. Der Dürrbach führt nur nach Regenfällen Wasser.

Das Gewässer ist innerorts verdolt und nimmt historisch bedingt das Mischwasser der umliegenden Gebiete mit auf. Bei einem Hochwasserereignis im Juli 1995 konnte der Verdolungseinlauf die ankommenden Wassermengen nicht mehr aufnehmen und das Wasser floss der Tiefenlinie folgend oberflächlich über das Straßennetz ab, was zu erheblichen Schäden im Stadtbereich führte. Eine grundlegende Lösung des Problems durch eine Erhöhung der Verdolungsleistungsfähigkeit oder eine Öffnung des verdolten Gewässers ist nicht mehr möglich. Eine Verbesserung des HW-Schutzes kann somit nur durch einen gezielten Rückhalt des Wassers vor der Ortslage erfolgen.

Das Tiefbauamt der Stadt Karlsruhe realisierte ein zweistufig gesteuertes Hochwasserrückhaltebecken in Form eines offenen Erdbeckens. Es wurde ein Steuerungskonzept entwickelt, bei dem der untere Stauraumbereich zum Schutz vor kleineren und mittleren Hochwassern zur Verfügung steht und eine starke Drosselung der Abflüsse stattfindet (**Bild 1**). Erst bei großen Hochwasserereignissen wird ab dem Zeitpunkt der Vollfüllung des unteren Stauraumbereiches eine höhere, auf große Hochwasser ausgelegte Beckenabgabe zugelassen. Durch die zunächst starke Reduzierung der Zuflüsse aus dem Außengebiet kann dadurch erreicht werden, dass ein unterstromig entlastender Regenüberlauf seltener anspringt. Dies ist aus ökologischer Sicht anzustreben, da dadurch die Anzahl der hydraulischen Stressfälle im Vorfluter erheblich reduziert werden kann. Die später höheren Abgaben (oberer Stauraumbereich) wurden auf die Leistungsfähigkeit der Verdolung ausgelegt. Bei einem Gesamttrückhaltevolumen von I_{GHR} = 18.000 m³ erfolgte die Auslegung des unteren Stauraumbereiches auf 10-jährliche Hochwasserereignisse (10.000 m³), die des oberen Stauraumbereiches auf 100-jährliche Hochwasserereignisse (8.000 m³), wobei auch der untere Stauraumbereich dem Schutz der Verdolung vor Überlastung dient.

3.2 Regulierungsbauwerk – Drosselschacht am HRB-Durbach

Die Abgabe aus dem HRB erfolgt über ein zweistufiges Steuerungsbauwerk in Betonbauweise, welches in den Absperrdamm integriert ist (**Bild 1**). Der vordere (Schieber 1) und der hintere Beckenauslass (Schieber 2) werden jeweils durch einen Grobrechen vor Verlegung gesichert. Im unteren Stauraumbereich strömt das Wasser durch ein Betonrohr DN 1000 in das Bauwerk ein und wird dort durch einen Schieber (1) auf maximal HQ_{ab} = 0,40 m³/s gedrosselt und durch das Trogbauwerk weitergeleitet. Ab einem Einstauvolumen von 10.000 m³ wird die Überfallschwelle des Trogbauwerkes überströmt. Nun fließt dem hinteren Schieber (2) Wasser aus dem vorderen Schieber (1) <u>und</u> dem Trogüberfall zu. Die Beckenabgabe wird nun auf maximal HQ_{ab} = 1,17 m³/s (Vollstau) gedrosselt und durch ein Rohr DN 1000 ausgeleitet. Das Wasser wird hinter dem Dammbauwerk durch eine Steinschüttung mit einzelnen Störsteinen beruhigt und in das bestehende Bachbett des Dürrbaches eingeleitet.

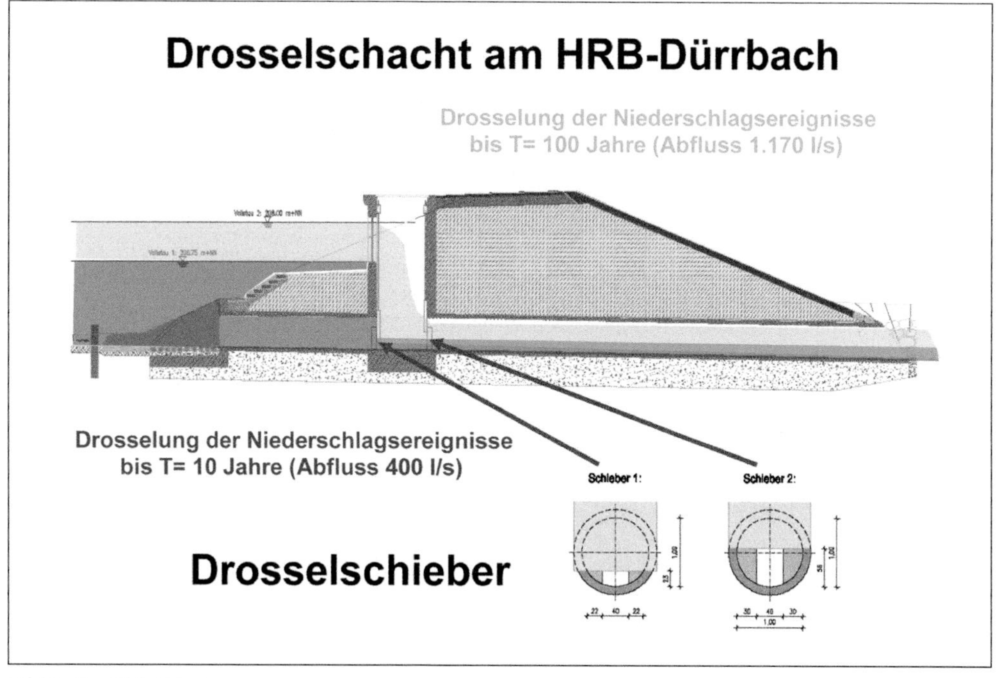

Bild 1: Das HRB-Dürrbach

3.3 Information der Einsatzkräfte

Auf Grund einer gegenüber konventionellen Becken (ein Grundablassschieber) anderen Füllungs- und Einstaucharakteristik könnte im Betriebsfall eine Verlegung des Einlaufes vermutet werden. Es besteht damit die Gefahr, dass die Einsatzkräfte versuchen, die scheinbare Verlegung durch einen manuellen Betrieb (Öffnung des vorderen Schiebers) zu beheben. Um dem entgegenzuwirken, sind die Einsatzkräfte ausführlich in die Funktion der Anlage einzuweisen.

3.4 Fazit

Auf Karlsruher Gemarkung ist, wie in zahlreichen anderen Städten, an vielen Stellen die wünschenswerte Abtrennung von Außengebieten aus der Ortskanalisation durch Parallelkanäle zum Vorfluter nicht mehr möglich. Durch die Rückhaltung von Niederschlägen geringerer Jährlichkeiten kann jedoch die Anzahl an Entlastungsereignissen an den Regenüberlaufbauwerken reduziert werden. Im vorliegenden Fall wird durch die Entlastung des Mischwassernetzes bei kleineren Hochwassern damit aktiver Gewässerschutz betrieben. Neben ökologischen Zielen dient das Becken auch dem Hochwasserschutz. Wie zuletzt ein Ereignis aus dem Jahre 1995 zeigte, kann es bei größeren Hochwasserereignissen am Dürrbach zu massiven Überflutungen im innerstädtischen Bereich kommen. Durch den zum Schutz des Mischwassernetzes häufigeren Einstau des Beckens wird den Bürgern die Notwendigkeit der wasserbaulichen Maßnahme immer wieder vor Augen geführt, was die Akzeptanz der Anlagen erhöht. Der Nutzen für die unterhalb liegende Bebauung ist damit offenkundig.

4 Zusammenfassung

Der entwickelte Lösungsansatz einer gestaffelten Beckenabgabe (Mehrfachdrosselanlage) hat sich im Praxisbetrieb der Stadt Karlsruhe bestens bewährt. Das aufgezeigte Beispiel des „HRB-Dürrbach" besitzt zwei hintereinander liegende Schieber, durch die die Abgabe von zwei Stauraumbereichen getrennt festgelegt werden kann. Auf Grund des erfolgreichen mehrjährigen Betriebs der Anlage plant die Stadt Karlsruhe alle Rückhalteanlagen auf die Verwendung von Mehrfachdrosselanlagen zu überprüfen und Altanlagen ggf. umzubauen und nachzurüsten.

Auch außerhalb der Stadt Karlsruhe ist im süddeutschen Raum der Bau weiterer mit Mehrfachdrosselanlagen ausgerüsteter Anlagen geplant. Der einfache, robuste und kostengünstige Lösungsansatz bietet dabei insbesondere für die Mehrzahl der kleineren Rückhaltungen die Möglichkeit einer gestaffelten Beckenabgabe und damit einer Nutzung des Beckens für unterschiedliche Aufgaben. Da mit fest eingestellten Grundablassschiebern gearbeitet wird, sind auch nachträgliche Korrekturen zur Anpassung an veränderte Randbedingungen (Klimaänderung, Bodennutzung, Leistungsfähigkeiten, etc.) möglich. Der Lösungsansatz ist dabei nicht nur auf neue Anlagen anwendbar. Auf Grund des konstruktiv einfachen Ansatzes ist eine Umrüstung bestehender Anlagen meist einfach realisierbar.

Autoren

Dipl.-Ing. (FH) Albrecht Dörr
Tiefbauamt Stadt Karlsruhe
Lammstraße 7
76133 Karlsruhe
E-Mail: albrecht.doerr@tba.karlsruhe.de

Dr.-Ing. Hans Göppert
Ingenieurbüro WALD+CORBE
Am Hecklehamm 18
76549 Hügelsheim
E-Mail: h.goeppert@wald-corbe.de

Friederike Fuß

Qualifizierte Langzeitsimulation von Mischwassereinleitungen

Ermittlung des Schmutzfrachtpotentials befestigter Flächen für die Parameter CSB, TN_b und P_{ges}

Das Entwässerungssystem Halberstadt wurde hydraulisch und stofflich bilanziert. Bilanzierung und Langzeitsimulation wurden iterativ aufeinander abgestimmt, so dass Schmutzfrachtpotenzial befestigter Flächen für die Parameter CSB, TN_b und P_{ges} ermittelt werden konnten.

1 Hintergrund

Die Bedeutung von Mischwassereinleitungen für Gewässer bzw. Gewässereinzugsgebiete ist in der Regel schwer zu beurteilen, da häufig keine verlässlichen Messwerte zur Menge und Qualität des entlasteten Mischwassers zur Verfügung stehen. Im Einzelfall werden zwar abgeschlagene Mengen erfasst, jedoch keine chemischen Analysen durchgeführt. Sollen Emissionen aus Mischwasserentlastungsanlagen beschrieben werden, wird hierfür seit vielen Jahren die Langzeitsimulation angewendet. Die Vertrauenswürdigkeit der mit der Langzeitsimulation ermittelten Emission hängt dabei wesentlich von der Vertrauenswürdigkeit der Eingangsgrößen ab. Von besonderer Bedeutung sind dabei die realitätsnahe Beschreibung des Entwässerungssystems, der am Entwässerungssystem angeschlossenen, befestigten Flächen und der Schmutzfrachtpotenziale dieser Flächen.

Je nach Bundesland gelten für die Zulassung von Einleitungen aus Mischwasserentlastungsanlagen unterschiedliche Anforderungen. In Sachsen-Anhalt gilt der Erlass des Ministeriums für Landwirtschaft und Umwelt vom 23.05.2013. Demnach sind Mischwassereinleitungen in Gewässer grundsätzlich erlaubnisfähig, wenn die Summe der jährlich über Entlastungsbauwerke in Gewässer eingeleiteten Schmutzfracht einen Wert von 250 kg chemischen Sauerstoffbedarf (CSB) je Hektar zu entwässernder befestigter Fläche nicht überschreitet [1]. Der Nachweis der Einhaltung dieser Anforderung ist mit Langzeitsimulationen zu führen. Prüfmodell der Wasserbehörden in Sachsen-Anhalt ist das kontinuierliche Langzeitsimulationsmodell KOSIM des Instituts für technisch-wissenschaftliche Hydrologie in Hannover (itwh). Für das von bebauten und befestigten Flächen abfließende Niederschlagswasser ist ein Schmutzfrachtpotenzial in Höhe von 500 kg CSB/($ha_{A,bef}$*a) anzusetzen.

Auf der Grundlage der Ergebnisse eines Sonderuntersuchungsprogramms des Landesamtes für Umweltschutz Sachsen-Anhalt zur Beprobung zweier Mischwasserentlastungsanlagen in Halberstadt und der Eigenüberwachungsergebnisse der Kläranlage Halberstadt war es möglich, das Entwässerungssystem Halberstadt hydraulisch und stofflich zu bilanzieren und ein entsprechendes KOSIM-Projekt zu verifizieren. Bilanzierung und Langzeitsimulation wurden iterativ aufeinander abgestimmt, so dass mit Hilfe von Variationsberechnungen Schmutzfrachtpotenziale befestigter Flächen für die Parameter CSB, TN_b und P_{ges} ermittelt werden konnten. Unter Beachtung bestimmter Einzugsgebietskriterien, insbesondere der Wahrscheinlichkeit von Kanalablagerungen, erscheinen diese Schmutzfrachtpotenziale als Eingangsgrößen für die Langzeitsimulation mit KOSIM geeignet.

2 Entwässerungssystem Halberstadt

Die Kreisstadt Halberstadt ist mit rund 40.000 Einwohnern die größte Stadt im Landkreis Harz. Halberstadt befindet sich im nördlichen Harzvorland im Einzugsgebiet der Holtemme, welche südwestlich von Wernigerode entspringt und bei Nienhagen in die Bode mündet.

In Halberstadt wurde bereits im Jahr 1887 mit den Bauarbeiten für die erste städtische Kanalisation begonnen. Die dazugehörige mechanische Kläranlage „Am Bullerberg", auf dem rechten Ufer der Holtemme, wurde 1906 in Betrieb genommen. Im Jahr 2000 wurde die Kläranlage umfassend saniert und mit Reinigungsstufen zur weitergehenden Stickstoff- und Phosphorelimierung ausgestattet. Die Ausbaukapazität beträgt aktuell 60.000 EW mit einer möglichen Erweiterung auf 80.000 EW [2].

Das Einzugsgebiet der Kläranlage Halberstadt erstreckt sich auf das Stadtgebiet von Halberstadt und auf einige der umliegenden Ortschaften. Während die äußeren Stadtbezirke und die betreffenden umliegenden Ortschaften im Trennsystem, d. h. mit getrennter Ableitung von Schmutz- und Regenwasser entwässert werden, herrscht in der Innenstadt bzw. Altstadt von Halberstadt das Mischsystem vor. Die Trennsysteme leiten über insgesamt fünf Mischwasserhauptsammler in das Mischsystem ein (**Bild 1**).

Im Kanalnetz von Halberstadt existieren insgesamt nur zwei Mischwasserentlastungsbauwerke, an denen bei extremen Starkregenereignissen Mischwasser in die Holtemme entlasten kann. Neben einem Regenüberlauf unmittelbar vor der Kläranlage Halberstadt befindet sich auf dem Kläranlagengelände noch ein Regenüberlaufbecken. Dem Regenüberlauf „Alter Sandfang" fließt nahezu das gesamte Abwasser aus dem Entwässerungssystem Halberstadt über den Mischwasserhauptsammler I „Am Bullerberg" zu. Da der Abfluss zur Kläranlage auf 3.000 m^3/h (833 l/s) begrenzt ist, findet bei entsprechender hydraulischer Belastung eine Drosselung des ankommenden Abwassers statt (**Bild 2**).

Bei großen Mischwassermengen kommt es zum Rückstau im Kanalnetz in der Höhe des am Regenüberlauf befindlichen Messwehres und

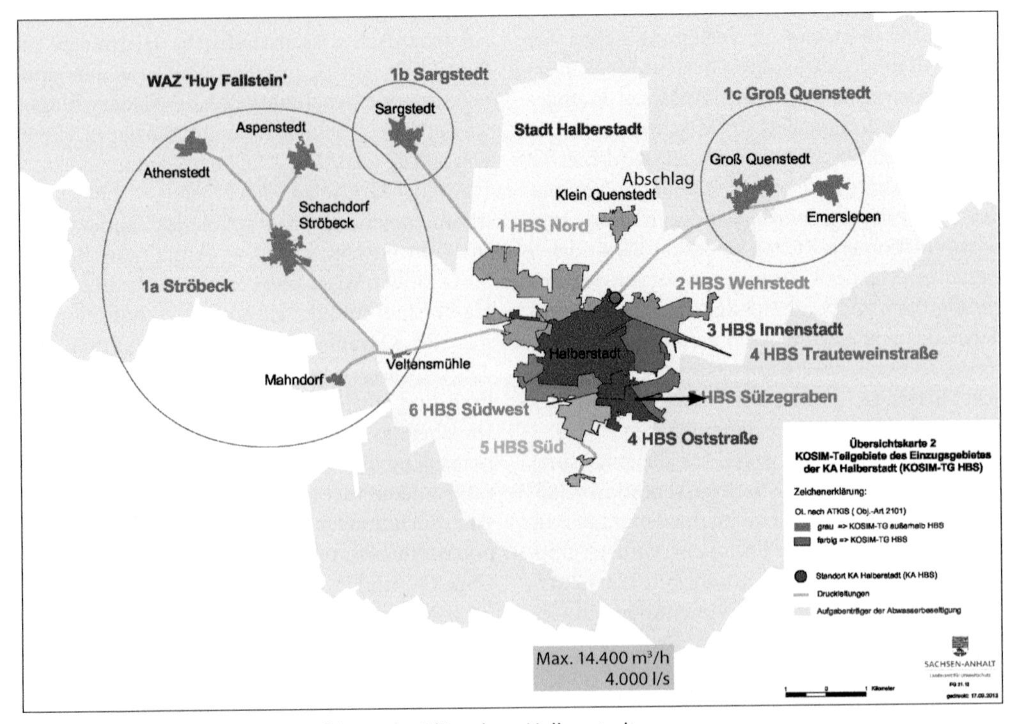

Bild 1: Teilgebiete des Einzugsgebietes der Kläranlage Halberstadt

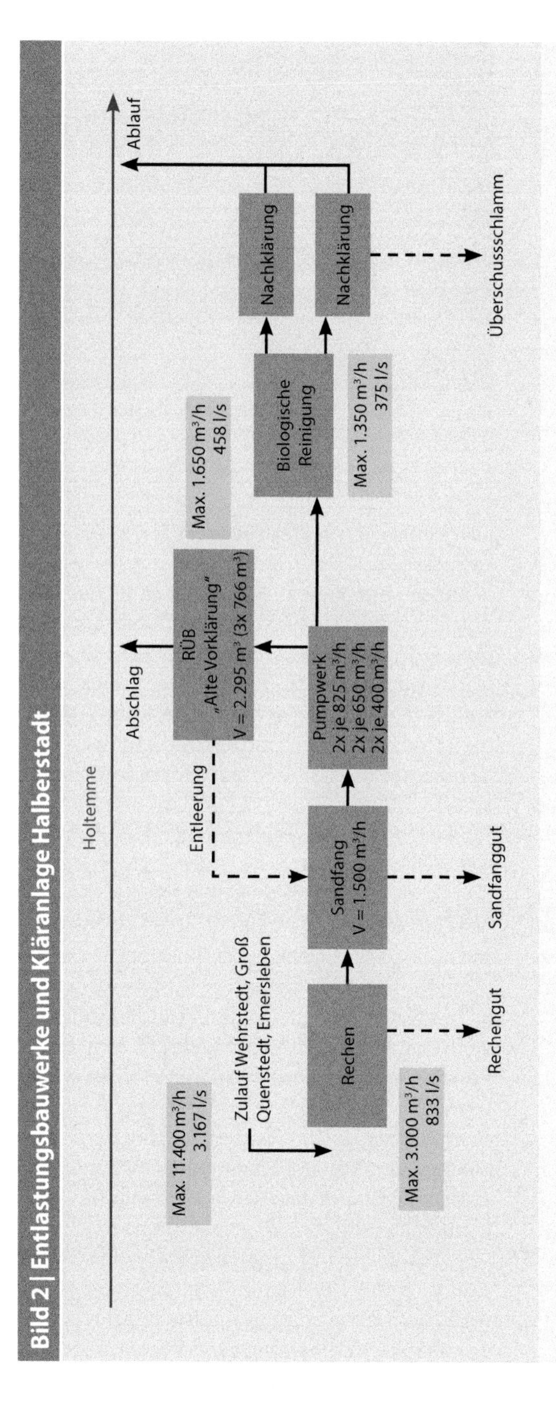

Bild 2 | Entlastungsbauwerke und Kläranlage Halberstadt

zum Abschlag von unbehandelten Mischwasserabflüssen in den Vorfluter (**Bild 3**).

Das Regenüberlaufbecken „Alte Vorklärung" war ursprünglich das Vorklärbecken der ehemaligen mechanischen Kläranlage Halberstadt. Es ist ein Fangbecken, welches aus insgesamt drei miteinander verbundenen Becken mit einem Gesamtspeichervolumen von 2.295 m³ besteht. Fangbecken speichern das Abwasser bei großen Niederschlagsereignissen zwischen, bevor es der Behandlung in der Kläranlage zugeführt werden kann. Ein Überlauf bzw. Abschlag in den Vorfluter findet nur bei vollständiger Füllung des Beckens, d. h. bei Überschreitung des Speichervolumens statt (**Bild 4**).

3 Sonderuntersuchungsprogramm FeMiSA und Eigenüberwachung der Kläranlage Halberstadt

Im Jahr 2009 wurde das Sonderuntersuchungsprogramm „FeMiSA – Frachtemission Mischwasser Sachsen-Anhalt" begonnen. Über einen Zeitraum von mehr als drei Jahren wurden Menge und Qualität des aus dem Mischsystem Halberstadt entlasteten Mischwassers messtechnisch erfasst.

3.1 Regenüberlauf

Die Durchflussmengen des Mischwassers am Regenüberlauf werden mit zwei Ultraschallsensoren gemessen und in Form von Stunden- und Minutenwerten gespeichert. Die Probenahme erfolgt ereignisabhängig und zeitproportional, sobald der Wasserstand die Höhe der Wehrschwelle übersteigt. Das Probenahmegerät zieht alle 5 Minuten 150 ml Probe aus dem Mischwasserentlastungsabfluss. Eine Probeflasche mit einem maximalen Füllvolumen von einem Liter ist nach einer halben Stunde gefüllt. Insgesamt sind bei einem Entlastungsereignis 12 Stunden automatische Probenahme möglich. Nach einem Entlastungsereignis werden alle Proben von einem Mitarbeiter der Kläranlage Halberstadt entnommen und im Labor die relevanten Parameter analysiert.

Bild 3: Mischwasserentlastung am Regenüberlauf

Bild 4: Mischwasserentlastung am Regenüberlaufbecken

3.2 Regenüberlaufbecken

Zur Ermittlung des am Regenüberlaufbecken „Alte Vorklärung“ in den Entlastungskanal und weiter in die Holtemme abgeschlagenen Durchflusses wurden die Messwerte des Durchflusses im Zulauf des Regenüberlaufbeckens unter Berücksichtigung der mit Ultraschallsonden gemessenen Einstauhöhe des Beckens ausgewertet. Die automatische Beprobung des Entlastungsabflusses erfolgte ebenfalls ereignisabhängig und zeitproportional. Zur Steuerung des Probenahmegerätes wurde vor der Wehrschwelle des Beckenüberlaufs eine Drucksonde installiert. Die automatische Probeentnahme beginnt, wenn der Wasserstand im Becken über der Höhe der Wehrschwelle liegt. Das Probenahmeregime entspricht dem am Regenüberlauf und ermöglicht hier ebenfalls eine automatische Probeentnahme von bis zu 12 Stunden.

3.3 Ergebnisse des Sonderuntersuchungsprogramms

Am Regenüberlauf „Alter Sandfang“ wurden insgesamt 39 Entlastungsereignisse im Untersuchungszeitraum Januar 2010 bis Dezember 2012 ermittelt. Dies sind im Durchschnitt 13 Ereignisse pro Jahr mit einer Gesamtmenge von 34.414 m^3/a.

Am Regenüberlaufbecken „Alte Vorklärung“ wurden insgesamt 34 Entlastungsereignisse im Zeitraum von Januar 2010 bis Dezember 2012 ermittelt. Dies sind im Durchschnitt 11 Ereignisse pro Jahr mit einer Gesamtmenge von 16.859 m^3/a. Die an beiden Entlastungsbauwerken je Ereignis abgeschlagenen Entlastungsmengen unterliegen extremen Schwankungen.

Für die Parameter CSB, TN_b und P_{ges} wurden mittlere halbstündige Konzentrationen als Quotient aus der halbstündigen Gesamtfracht aller Entlastungen und der dazugehörenden Gesamtentlastungsmenge ermittelt. Bei allen drei Parametern verringert sich die Konzentration im Entlastungsabfluss bis 90 Minuten Entlastungsdauer stetig (**Bild 5**).

Danach kann davon ausgegangen werden, dass sich die Konzentrationen nicht mehr ändern. Insbesondere die mittlere Anfangskonzentration von CSB am Regenüberlauf in Höhe von 360 mg/l erscheint untypisch hoch und kommt vor Ort zustande, weil bei Starkregen der Rechen auf der nahe gelegenen Kläranlage durch anschwemmendes Rechengut teilweise verstopft und somit kurzfristig als zusätzliches Drosselorgan wirkt. Es wird davon ausgegangen, dass dadurch ein Teil des Spülstoßes zu Beginn des Starkregenereignisses über den Regenüberlauf entlastet. Zwischenzeitlich sind Maßnahmen zur Vermeidung dieses Phänomens auf der Kläranlage umgesetzt.

Insbesondere in Kanalisationen mit geringem Gefälle kann die Remobilisierung von unerwünschten Kanalablagerungen bei Starkregen zu einem Spül- bzw. Schmutzstoß führen, der dann auch zur erhöhten Anfangskonzentration im Entlastungsabfluss von Regenüberläufen führen kann. Idealerweise soll der Spülstoß mit den gröbsten Verunreinigungen zur Kläranlage gelangen und nur das weniger verschmutzte Abwasser am Mischwasserentlastungsbauwerk ab-

Bild 5 | Mittlere Entlastungskonzentration für CSB, P_{ges} und TN_b

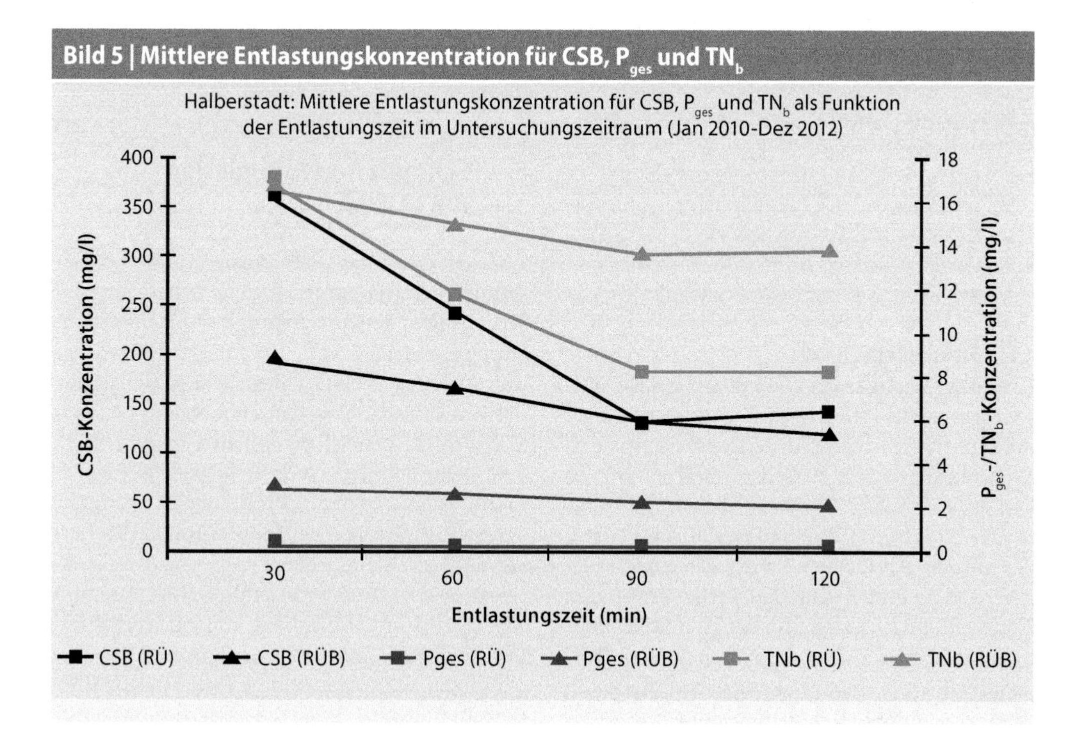

geschlagen werden. Die für Mischsysteme typischen Kanalablagerungen bilden sich überwiegend während der Nachtstunden bei geringem Trockenwetterabfluss und bei Strecken mit geringem Gefälle [3]. Ursache ist die geringe Schleppkraft, die für den Transport der verschiedenen Sedimente verantwortlich ist. Bei Regenereignissen erhöht sich diese Schleppkraft, sodass es zur Ausspülung dieser Ablagerungen kommt [4].

Durch Multiplikation der halbstündigen Entlastungskonzentrationen mit der zugehörigen halbstündigen Entlastungsmenge erhält man halbstündige Entlastungsfrachten. Die Summe aller halbstündigen Frachten einer Entlastung ergibt dann die Gesamtfracht dieser Entlastung. Auch diese unterliegen extremen Schwankungen.

3.4 Ergebnisse der Eigenüberwachung

Da sowohl vom Zulauf der Kläranlage als auch vom Ablauf Analysenergebnisse von 24h-Mischproben vorliegen, konnten Tagesfrachten für die relevanten Parameter ermittelt werden. Die mittleren Zulaufkonzentrationen bei Trockenwetter sind aus der mittleren Tagesfracht bei Trockenwetter und dem mittleren Tagesabfluss bei Trockenwetter (Dichtemittel) berechnet. Der Anschlusswert der KA Halberstadt ist als 85-Perzentilwert der Zulauffrachten bei Trockenwetter ermittelt. Er beträgt bezogen auf den Untersuchungszeitraum (2010-2012) 48.000 Einwohnerwerte. Die Gesamtabwasserlast stammt zu 41 % aus dem Mischsystem. Die übrigen 28.258 Einwohnerwerte entfallen auf die Teilgebiete mit Trennsystem.

4 Bilanzierung des Entwässerungssystems

Mit den Ergebnissen des Sonderuntersuchungsprogramms an den beiden Mischwasserentlastungsbauwerken „Alter Sandfang“ und „Alte Vorklärung“ und den Ergebnissen der Eigenüberwachung der Kläranlage wurde das Entwässerungssystem Kanalnetz – Kläranlage Halberstadt hydraulisch und stofflich bilanziert.

Da es im Einzugsgebiet der Kläranlage Halberstadt ein Mischsystem und mehrere Trennsysteme gibt, finden sich im gemessenen Abwasserabfluss zur Kläranlage nachfolgende Abfluss- bzw.

Frachtkomponenten:

- Trockenwetterabfluss/Trockenwetterfracht,
- Schmutzwasserabfluss/Schmutzwasserfracht,
- Fremdwasserabfluss/Fremdwasserfracht,
- Fremdwasserabfluss/Fremdwasserfracht in Schmutzkanälen des Trennsystems (= niederschlagsbedingtes Fremdwasser),
- Niederschlagswasserabfluss/Niederschlagswasserfracht in Mischwasserkanälen.

4.1 Hydraulische Bilanz

Grundlage der hydraulischen Bilanz des Entwässerungssystems Halberstadt sind die gemessenen mittleren Jahresabflüsse in den Entlastungskanälen der beiden Mischwasserbauwerke und im Zulauf der Kläranlage. Die Mischungsverhältnisse in den Entlastungsabflüssen des Mischsystems, der mittlere Abflussbeiwert der befestigten Flächen und der Anteil der kanalisierten befestigten Fläche des Mischsystems an der gesamten befestigten Fläche im Gebiet des Mischsystems wurden iterativ mit Hilfe der Langzeitsimulation in KOSIM ermittelt. Der niederschlagswasserbedingte Fremdwasserabfluss im Schmutzwasserkanal des Trennsystems wurde als Differenz aus Gesamtabfluss und der Summe aus Trockenwetterabfluss und Niederschlagswasserabfluss (Mischsystem) berechnet.

Als Ergebnis der hydraulischen Bilanz ist festzuhalten, dass 98 % des in die Kanalisation gelangenden Abwassers zur Kläranlage gelangt. Die verbleibenden 2 % werden über die beiden Mischwasserentlastungsbauwerke in die Holtemme abgeschlagen. Das aus dem Mischsystem entlastete Abwasser ist erwartungsgemäß im Wesentlichen Niederschlagswasser.

4.2 Stoffliche Bilanz

Grundlage für die Erstellung der stofflichen Bilanz für das Entwässerungssystem Halberstadt sind, neben der hydraulischen Bilanz, die für die Parameter CSB, TN_b und P_{ges} ermittelten mittleren Jahresfrachten in den Entlastungskanälen der Mischwasserbauwerke und im Zulauf bzw. Ablauf der Kläranlage. Nahezu 100 % der in die Kanalisation gelangenden Schmutzfracht gelangt zur biologischen Stufe der Kläranlage. Nur ein minimaler Anteil der Fracht (etwa 0,5 %) wird über Entlastungsbauwerke in die Holtemme abgeschlagen. Die aus dem Mischsystem entlastete Fracht resultiert erwartungsgemäß im Wesentlichen aus dem Niederschlagswasser.

5 Schmutzfrachtsimulation mit KOSIM

Auf der Grundlage der Auswertung von Bestandsunterlagen, wie z. B. dem Generalentwässerungsplan, der Auswertung der Eigenüberwachungsergebnisse vom Zulauf der Kläranlage und mehrerer Vor-Ort-Begehungen wurde für das Entwässerungssystem Halberstadt ein KOSIM-Projekt erstellt. Es wurden insgesamt 11 Teilgebiete definiert. Zehn Teilgebiete werden im Trennsystem und das Innenstadtgebiet im Mischsystem entwässert. Die Hauptsammler des Entwässerungssystems Halberstadt wurden mit ihren Bauwerksdaten und Gefälleverhältnissen im KOSIM-Projekt eingepflegt, um ggf. vorhandenes Rückstauvolumen zu berücksichtigen. Das aktivierbare Rückstauvolumen weist die KOSIM-Berechnung mit 7.338 m^3 aus. Für die Langzeitsimulation wurde die DWD-Regenreihe Sargstedt der Jahre 2010 bis 2012 verwendet. Die mittlere Jahresniederschlagshöhe für diesen Zeitraum beträgt 581,1 mm/a.

5.1 Ableitung der Schmutzfrachtpotenziale

Zur Ableitung der Schmutzfrachtpotenziale wurden zunächst mehrere KOSIM-Projekt-Varianten erstellt. Die Variante 1 mit dem Standardparametersatz Sachsen-Anhalt ($\psi_e = 0{,}85$) war die Grundvariante. Die Variante 2 mit dem Standardparametersatz ATV A 128 ($\psi_e = 1$) diente der Minimierung der Unsicherheit in der Ermittlung der befestigten, kanalisierten Fläche im Mischsystem. Die übrigen KOSIM Projekt-Varianten dienten der Untersuchung des Einflusses der Schmutzfrachtakkumulation auf der Oberfläche und von Rückstauvolumina im Kanalnetz auf die mit Hilfe der Langzeitsimulation abgeleiteten Schmutzfrachtpotenziale. Mit Hilfe der KOSIM-Projekt-Variante 1 ist die hydraulische Bilanz iterativ berechnet (**Bild 6**).

Die an das Mischsystem angeschlossene befestigte Fläche wurde in der KOSIM-Projekt-Variante 1 solange variiert bis die Differenz zwischen bilanziertem und simuliertem Gesamtabfluss (Q_{KN}) sowie zwischen bilanziertem und simuliertem nie-

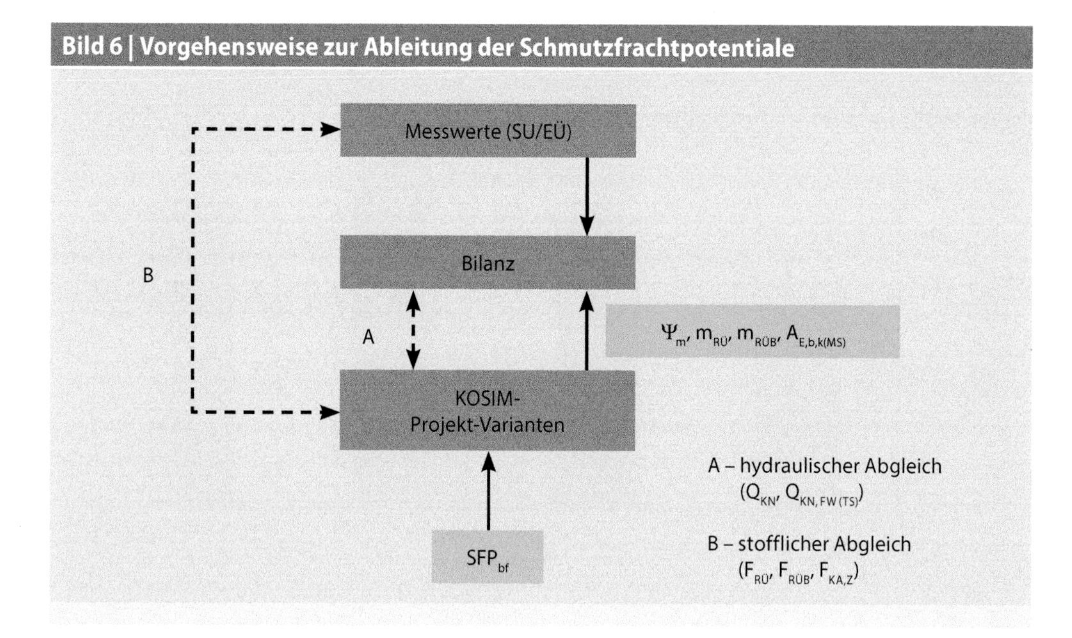

Bild 6 | Vorgehensweise zur Ableitung der Schmutzfrachtpotentiale

derschlagsbedingtem Fremdwasserabfluss ($Q_{KN,NW(TS)}$) ein Minimum betrug. Auf Grundlage der gemessenen bzw. bilanzierten Abflüsse und des Standardparametersatzes für Sachsen-Anhalt ergab sich schließlich für das Mischsystem eine abflusswirksame befestigte Fläche von 148 ha.

Für die Schmutzfrachtpotenziale wurden zunächst folgende Werte verwendet:

- CSB = 500 kg/($ha_{A,bef}$*a),
- TN_b = 20 kg/($ha_{A,bef}$*a),
- P_{ges} = 5 kg/($ha_{A,bef}$*a).

Die Werte für TN_b und P_{ges} sind abgeleitet aus den in NRW geltenden Referenzkonzentrationen für N_{ges} und P_{ges} im Niederschlagswasserabfluss (Essener Tagung 2005) und einer mittleren effektiven Jahresniederschlagshöhe von 500 mm [5].

Das Simulationsergebnis hat gezeigt, dass diese Schmutzfrachtpotenziale nicht ausreichen, um die mit dem Niederschlagswasserabfluss tatsächlich transportierte Schmutzfracht zu beschreiben. Somit wurde die Höhe der Schmutzfrachtpotenziale solange variiert, bis im Ergebnis der Langzeitsimulation mit KOSIM die im Ablauf der Mischwasserentlastungsanlagen und im Zulauf der Kläranlage bilanzierten Frachten erreicht wurden.

Mit Hilfe der KOSIM-Projekt-Variante 2 wurde die hydraulische Bilanz unter Verwendung des Standardparametersatz ATV A 128 iterativ ermittelt. Die befestigte, kanalisierte Fläche im Mischsystem wurde in der KOSIM-Projekt-Variante 2 analog der oben beschriebenen Vorgehensweise solange variiert, bis die Ergebnisse der hydraulischen Bilanz mit den entsprechenden Simulationsergebnissen weitgehend übereinstimmten. Als Ergebnis wurde eine befestigte, kanalisierte Fläche im Mischsystem in Höhe von 133 ha ermittelt.

Die tatsächliche befestigte, kanalisierte Fläche des Mischsystems Halberstadts muss zwischen 133 und 148 ha betragen, wenn man davon ausgeht, dass der reale Endabflussbeiwert zwischen 0,85 (Variante 1) und 1,0 (Variante 2) liegt.

5.3 Ergebnisse

Die Schmutzfrachtberechnung zeigt, dass die bisher verwendeten Schmutzfrachtpotenziale befestigter Flächen (Literaturwerte) für Entwässerungsgebiete ähnlich derer von Halberstadt bei weitem nicht ausreichen, um die mit dem Niederschlagswasserabfluss tatsächlich transportierte Schmutzfracht zu beschreiben.

Das im Mischwasserkanal abfließende Niederschlagswasser transportiert hier neben der von bebauten und befestigten Flächen stammenden Schmutzfracht (Flächenverschmutzung, Flächen-

Bild 7 | Schmutzfrachtpotenziale CSB

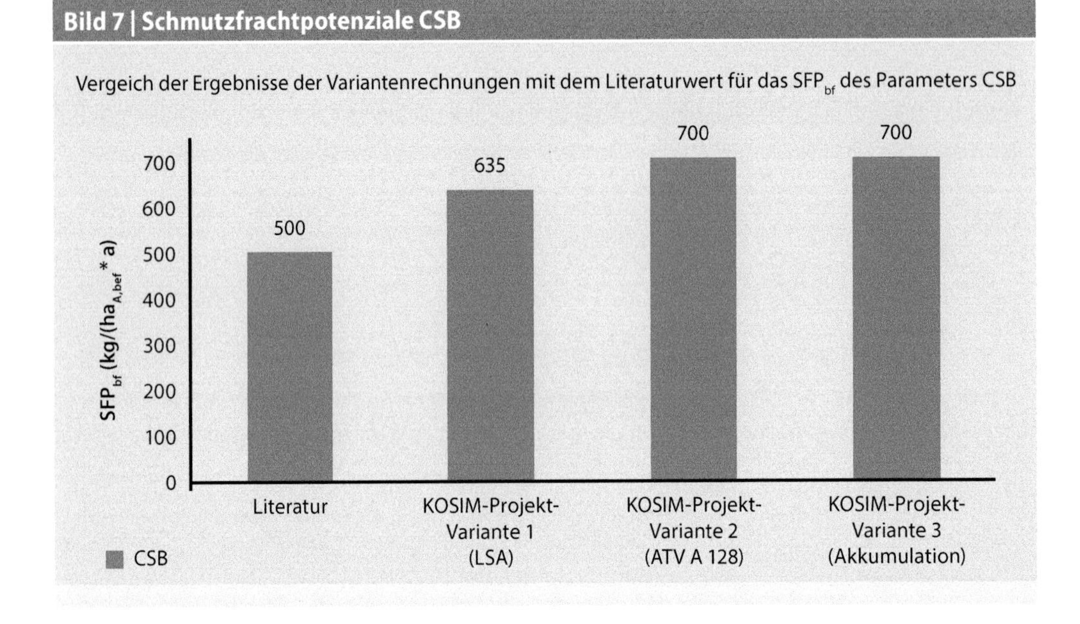

Bild 8 | Schmutzfrachtpotenziale P_{ges} und TN_b

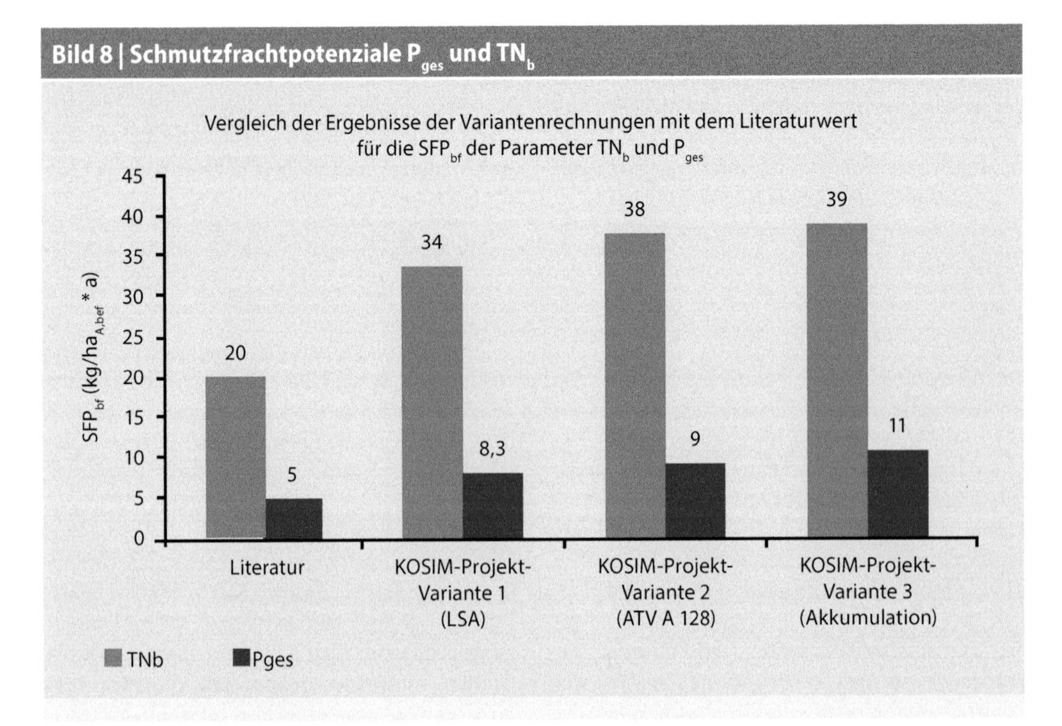

abtrag) zusätzliche Schmutzfrachten durch die Mobilisierung von Kanalablagerungen. Diese zusätzlichen Schmutzfrachten müssen in den Schmutzfrachtpotenzialen enthalten sein, wenn sie als Eingangsgröße für die Langzeitsimulation mit KOSIM dienen sollen.

Nach Auswertung der Variantenrechnungen 1 und 2 wird gefolgert, dass die in Simulationsrechnungen mit KOSIM zu verwendenden Schmutzfrachtpotenziale in einem Bereich von 635 bis 700 kg/($ha_{A,bef}$*a) für den CSB, 34 bis 38 kg/($ha_{A,bef}$*a) für den TN_b und 8,3 bis 9 kg/($ha_{A,bef}$*a) für P_{ges} liegen sollten, wenn mit Kanalablagerungen im Entwässerungssystem zu rechnen ist.

Begrenzt auf diesen Anwendungsfall werden für Sachsen-Anhalt mittlere Schmutzfrachtpotenziale in folgender Höhe empfohlen:

- CSB 668 kg/($ha_{A,bef}$*a) (**Bild 7**),
- TN_b 36 kg/($ha_{A,bef}$*a),
- P_{ges} 8,7 kg/($ha_{A,bef}$*a) (**Bild 8**).

6 Zusammenfassung und Ausblick

Schmutzfrachtpotenziale als Eingangsgröße für die KOSIM- Langzeitsimulation sollten in Abhängigkeit von der Relevanz von Kanalablagerungen gewählt werden. In flachen Einzugsgebieten wie Halberstadt, wo mit Kanalablagerungen auf Grund von unzureichender Schleppkraft im Kanal zu rechnen ist, muss in den Schmutzfrachtpotenzialen die Wirkung von remobilisierten Ablagerungen auf die Entlastungsfrachten enthalten sein. Hingegen kann in steileren Einzugsgebieten, in welchen Kanalablagerungen keine Bedeutung haben, auch mit den Literaturwerten [1, 5] für das Schmutzfrachtpotenzial gerechnet werden.

Ein Fehler bei der Wahl des Schmutzfrachtpotenzials kann erhebliche Auswirkungen auf die simulierten Entlastungsfrachten haben. Die richtige Wahl des Schmutzfrachtpotenzials kann von ebenso großer Bedeutung sein, wie die korrekte Eingabe anderer wesentlicher Einflussgrößen (z. B.: Rückhaltevolumina der Entlastungsbauwerke, Rückstauvolumina im Kanalnetz, Drosselabflüsse, befestigte, kanalisierte Fläche).

Zur Verifizierung der Aussagen zur Bedeutung von Kanalablagerungen auf die simulierten Entlastungsfrachten sollen Messergebnisse dienen, die derzeit im Rahmen des Sonderuntersuchungsprogramms „FeReSA – Frachtemission Regenwasser Sachsen-Anhalt" in einem Regenwasserkanal in Wernigerode ermittelt werden. Anschließend könnte eine Aussage über den Anteil des Schmutzfrachtpotenzials getroffen werden, der ausschließlich aus der Verschmutzung des Niederschlagswasserabflusses resultiert. Frachten aus Kanalablagerungen wären dann zuverlässiger zu quantifizieren.

Die in Halberstadt anzutreffenden örtlichen Verhältnisse, wie Topografie, mittlere Jahresniederschlagshöhe, einwohnerspezifischer Abwasseranfall, Mischsystem im Ortskern und Trennsysteme in neueren Erschließungsgebieten, sind für Ortschaften in Sachsen-Anhalt typisch. Von daher sollte die Nutzung der bisherigen Ergebnisse der Sonderuntersuchungen auch für andere Ortschaften möglich sein.

Eine Kurzfassung der zugehörigen Masterarbeit ist auf der Internetseite des Landesamtes für Umweltschutz Sachsen-Anhalt veröffentlicht.

Literatur

[1] Ministerium für Landwirtschaft und Umwelt des Landes Sachsen-Anhalt (RdErl. vom 23.05.2013): Gewässerbenutzungen durch das Einleiten von Niederschlagswasser aus einem Regenwasser- oder Mischwasserkanal

[2] Abwassergesellschaft Halberstadt GmbH: Umbau und Erweiterung der Kläranlage Halberstadt

[3] ATV-A 128 (1992): Richtlinien für die Bemessung und Gestaltung von Regenentlastungsanlagen in Mischwasserkanälen. DWA

[4] Erb, H. (1998): Durchflussmesstechnik für die Wasser- und Abwasserwirtschaft. Essen: Vulkan.

[5] Landesamt für Umweltschutz Sachsen-Anhalt: Anforderungen an den Nachweis der Verringerung der Gesamtemission durch Umbau eines Mischsystems in ein Trennsystem (Bezug §10 Abs. 4 AbwAG)

Autorin

M.Sc. Friederike Fuß
Vogelweide 21
06130 Halle/Saale
E-Mail: friederike.fuss@googlemail.com

Martina Dierschke

Aufkommen und Verbleib von feinen Feststoffen in Verkehrsflächenabflüssen

Niederschlagsabflüsse von Verkehrsflächen mit einer Belastung von mehr als 2.000 Fahrzeugen täglich gelten als behandlungsbedürftig. Sie sollten vor einer Einleitung in ein Gewässer gereinigt werden. Das Aufkommen und Möglichkeiten seiner Abschätzung sowie Retentions- und Behandlungsmöglichkeiten von Feststoffen werden beschrieben.

1 Einleitung

Niederschlagsabflüsse können abhängig von der Herkunftsfläche so verschmutzt sein, dass sie vor Einleitung in ein Gewässer (Grundwasser oder Oberflächengewässer) behandelt werden müssen. Je nach Herkunftsfläche und Art des Gewässers, in das eingeleitet wird, sind dabei unterschiedliche Inhaltsstoffe problematisch. Bei Einträgen aus dem Verkehr wirken z. B. unabhängig vom nachfolgenden Gewässer insbesondere Schwermetalle aus Abriebprodukten und PAK aus Verbrennungsrückständen langfristig negativ. Oftmals gilt dabei die Grenze von 2.000 DTV (durchschnittlich tägliche Verkehrsbelastung) als Grenze zur Behandlungsbedürftigkeit, in Nordrhein-Westfalen (NRW) 300 bis 2.000 DTV und in Baden-Württemberg 5.000 DTV.

Die Vorgehensweise zur Behandlung von Verkehrsflächenabflüssen ist bereits in folgenden Technischen Blättern geregelt worden:

- BWK Merkblatt 3 von 2004,
- DWA-Regelwerk Merkblatt M 153 von 2007,
- Richtlinien für bautechnische Maßnahmen an Straßen in Wasserschutzgebieten (RiStWag) von 2002 und
- Richtlinien für die Anlage von Straßen (RAS), Teil: Entwässerung (RAS-Ew) von 2005.

Darüber hinaus gelten u. a. folgende Landesvorschriften:

- Anforderungen an die Niederschlagsentwässerung im Trennverfahren (Trennerlass) von 2004 in NRW,
- Technischen Regeln zum schadlosen Einleiten von gesammeltem Niederschlagswasser in oberirdische Gewässer (TRENOG) und in das Grundwasser (TRENGW) von 2008 in Bayern und
- Verwaltungsvorschrift des Innenministeriums und des Umweltministeriums über die Beseitigung von Straßenoberflächenwasser von 2008 in Baden-Württemberg.

Abfiltrierbare Feststoffe (AFS) werden oft als Maß für die Verschmutzung herangezogen, da sie sämtliche partikulär vorliegenden Stoffe umfassen. Vor allem die feine Fraktion der Feststoffe ist überproportional mit Schwermetallen oder organischen Schadstoffen beladen [3].

Im neuen, derzeit noch nicht veröffentlichten Arbeitsblatt der Deutschen Vereinigung für Wasserwirtschaft, Abwasser und Abfall – DWA A 102 „Anforderungen an Niederschlagsbedingte Siedlungsabflüsse" – wird daher erstmalig der Parameter AFS_{fein} als maßgebliche Bewertungsgröße definiert [1]. Präziser ist allerdings der Begriff PM63 [1], der partikuläre Stoffe (particulate matter) mit einer Korngröße von > 0,45 µm und ≤ 63 µm umfasst [2] (**Bild 1**).

Um den erforderlichen Rückhalt für Behandlungsanlagen von Niederschlagsabflüssen belasteter Gebiete zu definieren, muss die für eine Einleitung tolerierbare Fracht an PM63 [kg/(ha*a)] aus einem durch die Beschreibung der Nutzung definierten nicht behandlungsbedürftigem Gebiet bekannt sein. Hier sind jedoch Wissenslücken vorhanden, da zum einen selten in sauberen,

1 Nach 2014 wurde in der Fachwelt statt des Begriffs „PM63" der Begriff „AFS63" für feine, abfiltrierbare Feststoffe > 0,45 µm und ≤ 63 µm in Niederschlagsabflüssen eingeführt und auch so in das DWA A 102 übernommen. Beide Begriffe sind synonym zu verstehen.

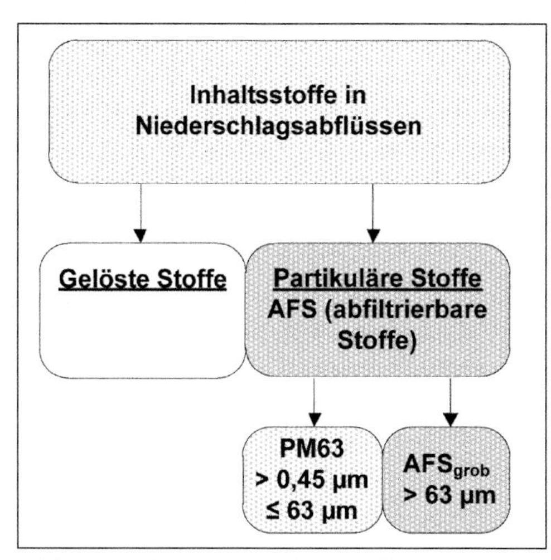

Bild 1: Bezeichnung von Inhaltsstoffen in Niederschlagsabflüssen

unkritischen Abflüssen gemessen wird. Zum anderen ist das Messen in Niederschlagsabflüssen im Vergleich zu z. B. kontinuierlich mit geringen Mengenschwankungen fließenden Schmutzwasserzu- oder -abläufen ungleich schwieriger. Für die Angabe des Jahresmittelwertes müssten möglichst viele Niederschlagsereignisse eines Jahres erfasst werden. Oft werden jedoch nur 10 oder 20 % aller Niederschlagsereignisse beprobt, in sehr ausführlichen Messprogrammen 60 % bis maximal 80 % [4]. Auch werden Probennahme, Probenaufbereitung, Analytik und Datenauswertung häufig unterschiedlich durchgeführt. Die Interpretation der Ergebnisse von Messkampagnen liefert daher nur eingeschränkt verlässliche Informationen. Darüber hinaus gibt es über die Deposition der Feinfraktion der Feststoffe auf Herkunftsflächen oder den PM63-Abtrag in Niederschlagsabflüsse bislang kaum Untersuchungen.

Im Folgenden werden das Aufkommen und der Verbleib partikulärer Stoffe in Niederschlagsabflüssen von Verkehrsflächen beschrieben. Weiterhin werden die Faktoren, die den Feststoffgehalt maßgeblich beeinflussen, diskutiert. Die aus Literaturstudien und eigenen Messprogrammen gewonnenen Kenntnisse dienten dazu, Berechnungsgleichungen zu entwickeln, mit denen das mittlere jährliche Feststoffaufkommen einer Dach-, Verkehrs- oder Trenngebietsfläche sowie die Feststoffkonzentration von Niederschlagsabflüssen abgeschätzt werden können [2]. Diese Gleichungen sind jedoch nicht Gegenstand dieses Berichtes.

2 Feststoffaufkommen

Der Feststoffgehalt in Niederschlagsabflüssen von Verkehrsflächen stammt – einzugsgebietsabhängig in unterschiedlichen Anteilen – aus dem Staubniederschlag, von Abriebprodukten und Verbrennungsrückständen aus dem Verkehr sowie von Einträgen aus der Bodenerosion unbefestigter Flächen, Bautätigkeiten und aus landwirtschaftlichen Aktivitäten.

Staubniederschlag wird überwiegend aus vor Ort entstandenen Staubemissionen verursacht, die auf Grund der Größe der Staubpartikel schnell zu Boden sinken. Während der Vegetationsphase sind darin auch Pollen und Blüten enthalten. Der Schadstoffgehalt des Staubniederschlags gibt meist die Aktivitäten im Einzugsgebiet wieder (Industrie, Verkehr...). Ein Teil des Staubniederschlags besteht allerdings auch aus Feinstaubpartikeln wie Ruß, die weit entfernt entstanden sind, durch Wind transportiert wurden und auf Grund von Wachstumsprozessen in der Luft agglomeriert sind. Neben den partikulären Inhaltsstoffen mit einer Größe von 10 bis 100 µm Korndurchmesser, maximal 200 µm, sind im Staubniederschlag auch die gelösten Inhaltsstoffe des Niederschlags (Sulfat, Chlorid, etc.) enthalten.

Verkehrsbedingter Abrieb besteht im Wesentlichen aus Fahrbahn-, Reifen- und Bremsabrieb. Hier ist vor allem die durchschnittlich tägliche Verkehrsbelastung (DTV) ursächlich für das Feststoffaufkommen. Der mengenmäßige Anteil des relativ groben Fahrbahnabriebs ist dabei im Vergleich zum Reifen- und Bremsabrieb am größten (Faktor > 10). Reifen- und Bremsabrieb sind jedoch problematischer, da sie zum einen wesentlich feiner sind (Bremsabrieb besteht zu 100 % aus Feinpartikeln < 63 µm, Reifenabrieb zu etwa 60 %), zum anderen mehr Schadstoffe enthalten. Im Reifenabrieb sind z. B. schwer abbaubare organische Stoffe und Schwermetalle wie Zink und Cadmium enthalten. Bremsabrieb enthält die Schwermetalle Nickel, Chrom und

Vorschriften zur Niederschlagswasserbehandlung

- Bayerisches Staatsministerium für Umwelt und Gesundheit (2008): Technische Regeln zum schadlosen Einleiten von gesammeltem Niederschlagswasser in oberirdische Gewässer (TRENOG) vom 17. Dezember 2008.
- Bayerisches Staatsministerium für Umwelt und Gesundheit (2008): „Technische Regeln zum schadlosen Einleiten von gesammeltem Niederschlagswasser in das Grundwasser (TRENGW) vom 17. Dezember 2008.
- BWK (Bund der Ingenieure für Wasserwirtschaft, Abfallwirtschaft und Kulturbau) (2004): Merkblatt 3: Ableitung von immissionsorientierten Anforderungen an Misch- und Niederschlagswassereinleitungen unter Berücksichtigung örtlicher Verhältnisse. 2. Auflage, Pfullingen, Juli 2004.
- DWA (Deutsche Vereinigung für Wasserwirtschaft, Abwasser und Abfall) (2007): „Handlungsempfehlungen zum Umgang mit Regenwasser", DWA-Regelwerk Merkblatt M 153, Hennef, August, 2007.
- FGSV (Forschungsgesellschaft für Straßen- und Verkehrswesen) (2002): „Richtlinien für bautechnische Maßnahmen an Straßen in Wasserschutzgebieten (RiStWag)". Köln, Ausgabe 2002.
- FGSV (Forschungsgesellschaft für Straßen- und Verkehrswesen) (2005): „Richtlinien für die Anlage von Straßen (RAS), Teil: Entwässerung (RAS-Ew)". Köln, Ausgabe 2005.
- MUNLV (Ministerium für Umwelt und Naturschutz, Landwirtschaft und Verbraucherschutz, NRW) (2004): Anforderungen an die Niederschlagsentwässerung im Trennverfahren, RdErl. vom 25.05.2004
- IM und UM (2008): Gemeinsame Verwaltungsvorschrift des Innenministeriums und des Umweltministeriums über die Beseitigung von Straßenoberflächenwasser (VwV- Straßenoberflächenwasser) vom 25. Januar 2008 – Az.: 63-3942.40/129 und 5-8951.13
  - Ergänzende Festlegungen für die Anwendung der RiStWag, Ausgabe 2002 in Baden-Württemberg
  - Technische Regeln zur Ableitung und Behandlung von Straßenoberflächenwasser. Januar 2008

Kupfer [5], aber auch Antimontrisulfid, das beim Bremsen in das als krebserregend eingestufte Antimontrioxid umgewandelt werden kann [6]. Je ruhiger der Verkehr fließen kann, desto weniger Abriebprodukte entstehen. Liegt dagegen gestörter Verkehr vor (Stop-and-go-Verkehr oder häufiges Bremsen und Anfahren an einer Ampelkreuzung) so kann das Feststoffaufkommen auf das 10-fache steigen [7, 8]. Schwerlastverkehr trägt fahrzeugspezifisch zu einem weitaus höheren Abrieb (Faktor 5 bis 10) als normaler PKW-Verkehr bei [7, 9].

Der Fahrbahnabrieb kann teilweise durch Frosteinwirkungen sowie durch eine Streusalzung im Winter erhöht werden. Dies macht sich vor allem im 1. und 2. Quartal eines Jahres bemerkbar. Hier ist noch nicht abschließend geklärt, welche einzelnen Faktoren die AFS-Erhöhung beeinflussen. Vermutet werden zum einen die vorherrschenden Temperaturen, die Dauer und Anzahl der Frostperioden, das eingesetzte Straßenmaterial und der Straßenzustand sowie die Belastung durch Fahrzeuge [10], aber auch Menge und Art des Streusalzeinsatzes. Auch kann eine mangelnde Entwässerung Ursache von Frosthebungen bei einer Asphaltdecke sein und in der Folge zu Einzelrissen oder Schlaglöchern führen [11]. Der Einsatz von Streusalz bewirkt eine Dispergierung der feineren Feststoffe. Daher wird der Anteil des PM63 im winterbedingten Feststoffaufkommen bei Einsatz von Streusalz höher.

Einträge aus der Bodenerosion von un- oder teilbefestigten Flächen, jahreszeitlich bedingt aus landwirtschaftlichen Aktivitäten oder zeitbegrenzten Bautätigkeiten und Unterhaltungsmaßnahmen können das Feststoffaufkommen zusätzlich erheblich erhöhen. Gezielte Untersuchungen zu flächenspezifischen Anteilen oder Korngrößenverteilungen dieser Einträge sind derzeit nicht vorhanden.

3 Verluste und Eintrag in den Niederschlagsabfluss

Nicht alle Feststoffe, die auf Verkehrsflächen als Straßenstaub vorliegen, landen unweigerlich im Abfluss (**Bild 2**).

Feine Anteile können durch Wind oder Verkehrsturbulenzen aufgewirbelt werden, finden sich im Feinstaub der Luft wieder und werden in die Umgebungsluft transportiert. Dieser Anteil wird auf 40 bis 50 % abgeschätzt [7, 13]. Darüber hinaus werden 70 bis 80 % des Niederschlages und der enthaltenen Schadstofffracht ins Umland verspritzt [14, 15]. Lärmschutzwände und in geringerem Maß Randsteine vermindern diesen Effekt [16]. Durch Straßenreinigungen können vor allem die groben Anteile des Straßenstaubs entfernt werden (bis 80 %). Feine Anteile werden dadurch kaum reduziert (maximal 20 %), sogar teilweise durch das Bürsten der Kehrmaschine für den Niederschlagsabfluss erst verfügbar gemacht [17].

In den Niederschlagsabfluss schließlich gelangen abhängig von der Niederschlagsintensität insbesondere die feinen Anteile des Straßenstaubs. Zur Illustration sind ausgewertete Sieblinien von Straßenstäuben und zum Vergleich von Straßenabflüssen in den **Bildern 3 und 4** dargestellt. Daraus ist zu erkennen, dass Straßenstäube einen Feinanteil von etwa 10 %, Straßenabflüsse jedoch einen wesentlich höheren Feinanteil von 40 bis 90 % aufweisen, wobei bei den Untersuchungen zu den Straßenabflüssen teilweise die gröberen Anteile durch Siebung vor der Korngrößenbestimmung entfernt wurden.

Das Ergebnis einer mehr als 30 Studien umfassenden Literaturrecherche bezüglich Verkehrsflächenabflüsse ergab nachfolgend beschriebene Feststoffkonzentrationen. Die Literaturhinweise zu den Studien und Randbedingungen der Messprogramme sind [1] zu entnehmen.

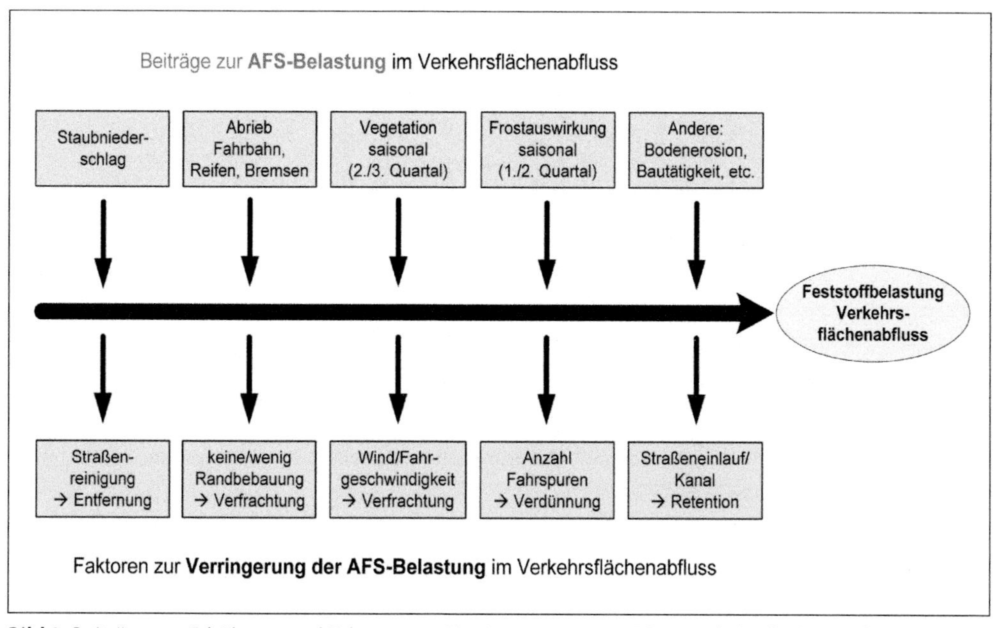

Bild 2: Beiträge zur Erhöhung und Faktoren zur Verringerung von AFS im Verkehrsflächenabfluss, verändert nach [12]

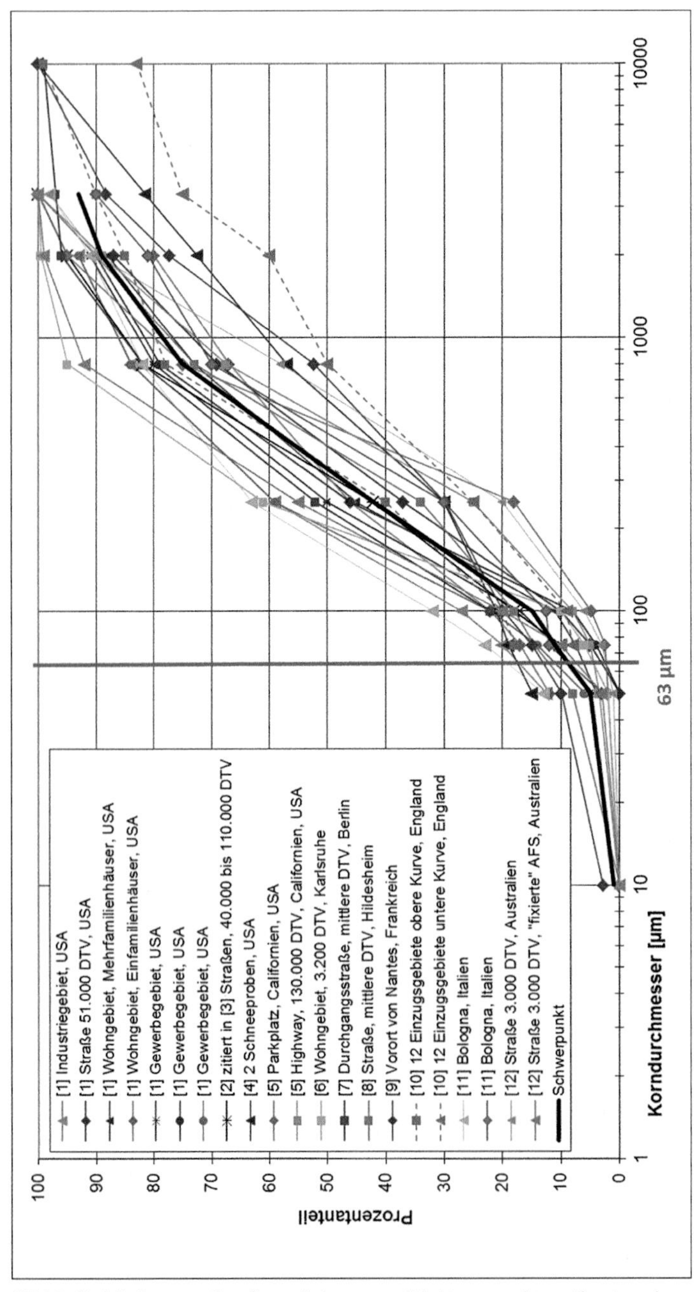

Bild 3: Sieblinien von Straßenstäuben, aus [2], Messpunkte teilweise abgelesen oder angepasst an andere Korngrößen

Straßenabflüsse weisen eine AFS_{ges}-Konzentration von im (Jahres-)mittel 30 bis nahezu 700 mg/l auf. Einflussfaktoren sind die Staubdeposition, die Verkehrsstärke, das Fahrverhalten, zeitlich begrenzte Einträge aus der Landwirtschaft, bauliche Gegebenheiten aber auch das Niederschlagsgeschehen. PM63-Werte wurden in den ausgewerteten Studien nicht gemessen.

Autobahnabflüsse weisen trotz höherer Verkehrsbelastung ähnliche AFS_{ges}-Konzentrationen wie Straßenabflüsse von im (Jahres-)mittel 40 bis nahezu 700 mg/l auf. Eine im Vergleich zu Stadt- oder Landstraßen ruhigere Fahrweise, der höhere Anteil an Verwehen und Verspritzen und die größere Straßenfläche bezogen auf die Verkehrsbelastung können Begründungen dafür sein. PM63-Werte wurden in drei Studien mit 62 bis 177 mg/l im Jahresmittel gemessen.

Parkplatzabflüsse sind auf Grund der geringeren DTV meistens wenig, mit unter 90 mg/l AFS_{ges} (36 bis 86 mg/l) belastet. Ausnahmen stellen LKW-Parkplätze dar, die geringfügig höher belastet sind.

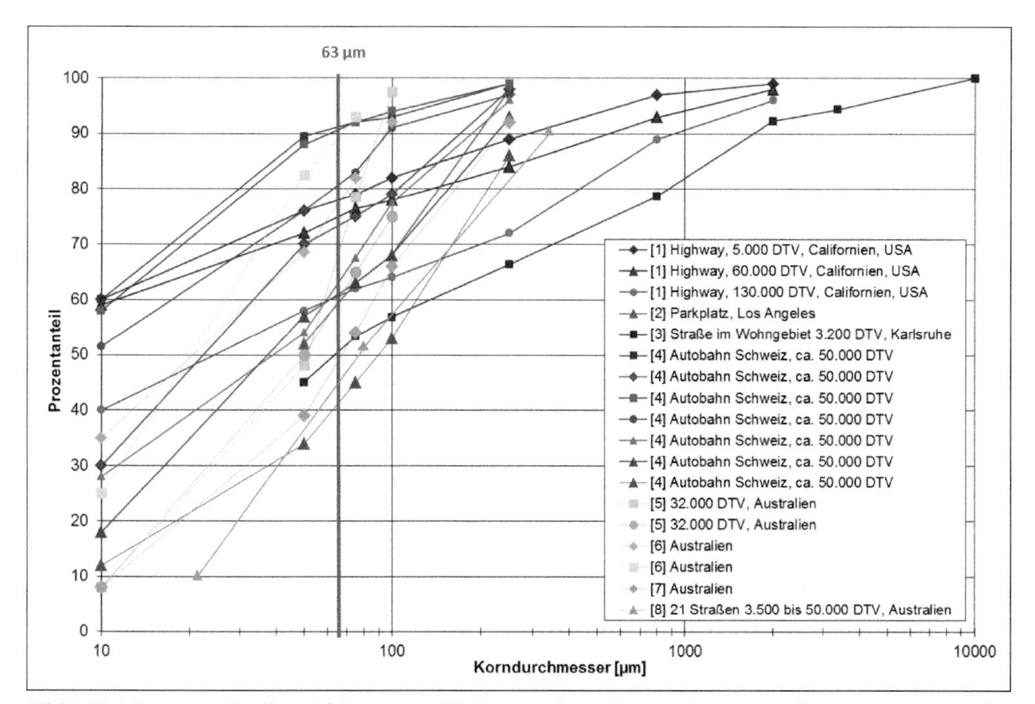

Bild 4: Sieblinien von Straßenabflüssen, aus [2], Messpunkte teilweise abgelesen oder angepasst an andere Korngrößen

4 Reduktion und Klassierung beim Transport

Neben den oben beschriebenen Prozessen findet ein Rückhalt insbesondere der groben Feststoffe in Straßeneinläufen oder im Kanalsystem statt [12, 18]. Diese sind abhängig vom Straßeneinlaufsystem, von der Topografie und von der Wartung im Kanalsystem und können bis zu 90 % betragen [13]. Feine Feststoffe werden, ähnlich wie suspendierte Stoffe, überwiegend weiter bis zum Trenngebietsauslass transportiert. Fuchs et al. [13] geben eine Reduktion an PM63 im Gully-Kanalsystem von beispielsweise 20 % an. Eine Elimination der Feststoffe aus dem Kanalsystem kann allerdings nur stattfinden, wenn die Kanäle gespült und der Schlamm daraus entfernt wird. Das wird z. B. in den großen, flachen Trenngebietskanälen in Berlin und Hamburg praktiziert. In Berlin sind zusätzlich am Ende eines Kanalsystems oftmals Sandfänge vorhanden, in denen ein weiterer Rückhalt grober Feststoffe stattfindet [19].

Je größer das Einzugsgebiet ist, desto mehr Feststoffe können auf dem Transportweg reduziert werden. Dies ist erkennbar aus **Bild 5**, in dem der AFS_{ges}-Austrag aus Einzugsgebieten unterschiedlicher Größe dargestellt ist.

Direkt am Straßeneinlauf sind somit mehr und prozentual mehr grobe Feststoffe, in einem Trenngebietsauslass dagegen weniger, aber prozentual mehr feine Feststoffe enthalten.

5 Behandlungsmöglichkeiten und Wirkungsgrad

Niederschlagsabflüsse können dezentral, am Ort des Entstehens, oder zentral nach Transport und ggf. Vorreinigung in Straßeneinläufen und Retention in Kanalsystemen behandelt werden. Straßenabflüsse werden insbesondere bei Außerortsstraßen über die angrenzende Böschung versickert und erfahren über die Bodenpassage eine Reinigung.

An dezentralen Anlagen ist eine Vielzahl von technischen Ausführungen am Markt. Dies sind Sedimentationseinheiten, technische Filtersysteme, substratgefüllte Mulden-/Rinnensysteme

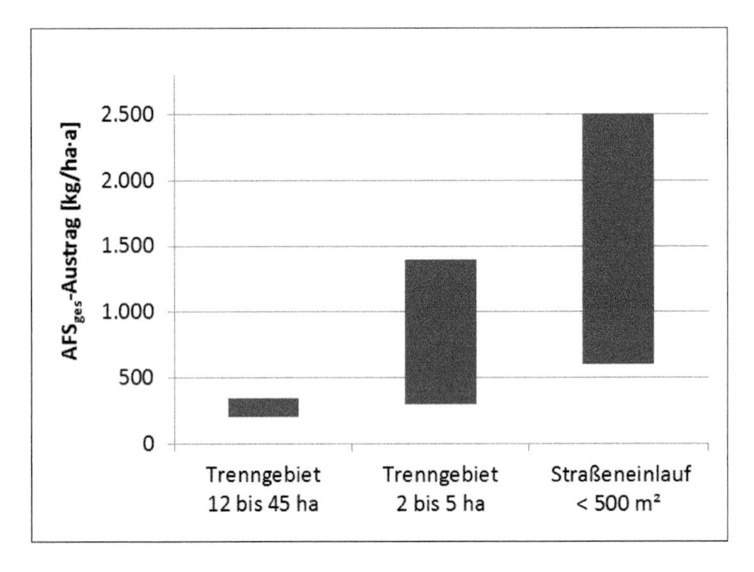

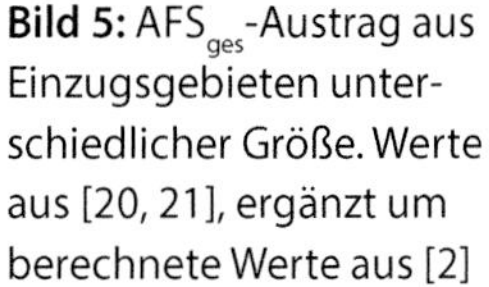

Bild 5: AFS_{ges}-Austrag aus Einzugsgebieten unterschiedlicher Größe. Werte aus [20, 21], ergänzt um berechnete Werte aus [2]

oder durchlässige Flächenbeläge mit abgestimmtem Fugen- und Bettungsmaterial. Anlagen mit einer Bauprodukt- oder Bauartzulassung des DIBt zur Einleitung in das Grundwasser weisen einen Wirkungsgrad an AFS_{fein} < 200 µm von mindestens 92 % auf. Dieser Wirkungsgrad wurde abgeleitet aus einem mittleren PAK-Gehalt in Straßenabflüssen und dem Grenzwert der Bundesbodenschutz- und Altlastenverordnung (BBodSchV) [22]. Umgerechnet auf den PM63 ergibt sich ein Wirkungsgrad von 84 %. Für in NRW zugelassene dezentrale Anlagen für das Einleiten in Oberflächengewässer wird ein AFS_{fein}-Rückhalt von 50 % gefordert [23].

Zentral werden vor allem Regenklärbecken mit einem mittleren Wirkungsgrad für AFS_{ges} von ca. 50 % eingesetzt, zur weitergehenden Behandlung auch Retentionsbodenfilter mit einem AFS_{ges}-Wirkungsgrad von bis zu 90 % [24]. Der erzielbare PM63-Wirkungsgrad in zentralen Behandlungsanlagen ist derzeit noch offen, er wird gerade in einer vom MKULNV NRW geförderten Studie in einem aufwändigen Messprogramm in Baden-Württemberg und NRW ermittelt. Um schließlich einen emissionsbezogenen Wirkungsgrad für zentrale Behandlungsanlagen einzuführen, müsste der dauerhafte Rückhalt im Kanalsystem allerdings mitberücksichtigt werden. Straßeneinläufe und Kanalsysteme stellen schließlich Bauwerke dar, in die Investitionen geflossen sind und die gewartet werden müssen.

Abhängig vom PM63-Grenz- oder Emissionswert zur Einleitung in den Boden oder in Oberflächengewässer (die gegenwärtig noch offen sind) und dem zu erwartenden PM63-Gehalt eines Straßen- oder Mischflächenabflusses ergeben sich unterschiedliche erforderliche Wirkungsgrade für beide Behandlungssysteme. Um den gleichen Gesamtrückhalt zu erhalten, sind – als fiktives Beispiel – bei einem Rückhalt von 60 % in dezentralen Systemen, ein Rückhalt von 50 % in zentralen Systemen (nach erfolgter Retention im Kanalsystem von 20 %) erforderlich.

6 Fazit

Der Parameter PM63 (feine Feststoffe bis zu einer Korngröße von 63 µm) stellt eine sinnvolle Größe dar, die Belastung von Niederschlagsabflüssen mit partikulären (Schad-)stoffen zu bewerten. Derzeit gibt es leider nur sehr wenige Studien, die den Parameter PM63 im Fokus hatten. Das Beproben von Niederschlagsabflüssen zur Ermittlung eines Jahresmittelwertes erfordert ein hohes Maß an Erfahrung und finanziellem Aufwand, daher ist erst mittelfristig mit weiteren ausführlichen Studien zu rechnen. Die aus den Erkenntnissen einer Vielzahl von Studien heraus von der Autorin entwickelten Berechnungsgleichungen [2] können ergänzend und alternativ dazu dienen, Flächen, die zum Niederschlagsabfluss beitragen, hinsichtlich der Feststoffbelastung einzuschätzen. Das Aufkommen und das Verhalten von Feststoffen in (Verkehrs-) Flächenabflüssen sind allerdings von einer Vielzahl von Randbedingungen abhängig, so dass das Beobachten und Dokumentieren der vorliegenden Situation sowohl für die Berechnung als auch für die Interpretation von Messergebnissen unabdingbar sind. Dieses umfasst neben der Ermittlung der Staubbelastung die Ermittlung der Verkehrsbelastung, des Vegetationsanteils, baulicher Gegebenheiten sowie besonderer Einträge aus Bautätigkeiten, Bodenerosion und landwirtschaftlichen Verschmutzungen.

Literatur

[1] Theo G. Schmitt: Weiterentwicklung des DWA-Regelwerks für Regenwetterabflüsse – ein Werkstattbericht. Hennef, 2012. KA – Abwasser, Abfall (59) Nr. 3, 192-199

[2] Martina Dierschke: Methodischer Ansatz zur Quantifizierung von Feinpartikeln (PM63) in Niederschlagsabflüssen in Abhängigkeit von der Herkunftsfläche. Kaiserslautern, 2014. Dissertation im Fachbereich Bauingenieurwesen der Technischen Universität Kaiserslautern. https://kluedo.ub.uni-kl.de/frontdoor/index/index/docId/3808

[3] Constantin Xanthopoulos, Hermann H. Hahn: Anthropogene Schadstoffe auf Straßenoberflächen und ihr Transport mit dem Niederschlagsabfluss. Karlsruhe, 1993. Abschlussbericht. Niederschlagsbedingte Schmutzbelastung der Gewässer aus städtischen befestigten Flächen. Phase 1 – Teilprojekt 2, Eigenverlag des Instituts für Siedlungswasserwirtschaft der Universität Karlsruhe

[4] Dieter Grotehusmann, Benedikt Lambert, Stephan Fuchs, J. Graf: Konzentrationen und Frachten organischer Schadstoffe im Straßenabfluss. Hannover, 2013. Schlussbericht zum BASt Forschungsvorhaben FE-Nr. 05.152/2008/GRB, unveröffentlicht

[5] Holger Gerwig: Korngrößendifferenzierte Feinstaubbelastung in Straßennähe in Ballungsgebieten Sachsens. Dresden, 2005. Eigenforschungsprojekt des Sächsischen Landesamtes für Umwelt und Geologie 1.4.2003 – 31.12.2004

[6] Gerd Weckwerth: Bremsen ist umweltschädlich. Köln, 2002. Protokolle Universität Köln. http://uni-protokolle.de/nachrichten/id/10547/

[7] ASTRA – Bundesamtes für Straßen, Schweiz: PM_{10}-Emissionsfaktoren von Abriebspartikeln des Straßenverkehrs (APART). Bern, 2009. Forschungsauftrag ASTRA 2005/007

[8] Brigitte Helmreich: Einfluss der Verkehrsstärke und anderer Randbedingungen auf die stoffliche Belastung von Versickerungsanlagen. Berlin, 2012. 11. DWA Regenwassertage in Berlin, 11./12. 6. 2012

[9] Malene Nielsen, Morten Winther, Jytte Boll Illerup, Mette Hjort Mikkelsen: Danish emission inventory for particulate matter (PM). Copenhagen, 2003. Research Notes from NERI (National Environmental Research Institute, Ministry of the Environment, Denmark) No. 189

[10] Günter Hausmann: Verteilung von Tausalzen auf der Fahrbahn. Bergisch Gladbach, 2009. Berichte der Bundesanstalt für Straßenwesen – bast – Heft V 180

[11] Verena Rosauer: Abschätzung der herstellungsbedingten Qualität und Lebensdauer von Asphaltdeckschichten mit Hilfe der Risikoanalyse. Darmstadt, 2010. Dissertation an der Technischen Universität Darmstadt im Fachbereich Bauingenieurwesen und Geodäsie

[12] Antje Welker, Martina Dierschke: Dezentrale Niederschlagswasserbehandlung – Status Quo und Neuere Entwicklungen. Freiburg, 2013- Proceedings der 13. DWA-Regenwassertage

[13] Stephan Fuchs, Benedikt Lambert, Dieter Grotehusmann: Eigenschaften und Behandlung von Regenabflüssen aus Trennsystemen; zentrale Behandlung. Frankfurt, 2010. Hauraton Seminar „Dezentrale Behandlung von schadstoffbelastetem Niederschlagswasser auf Verkehrsflächen" am 6.10.2010 in Frankfurt

[14] Markus Boller, Peter Kaufmann, Ueli Ochsenbein: Bankette bestehender Straßen. Untersuchung der Versickerung von Straßenabwasser über Straßenrandstreifen an einer bestehenden Straße. Dübendorf, 2005. Schlussbericht Forschungsprojekt in Zusammenarbeit mit eawag, Dübendorf, FH Bern, GSA, Bern, ASTRA, Bern, BUWAL, Bern

[15] Peter Kaufmann: Abwasser von Hochleistungsstraßen. Berner Strategie für die Reinigung Zürich, 2008. gwa – Fachzeitschrift des Schweizerischen Vereins des Gas- und Wasserfaches SVGW und des Verbandes Schweizer Abwasser- und Gewässerschutzfachleute VSA, 7/2008, S. 509 – 515

[16] Peter Kaufmann: Straßenabwasser – Filterschacht. Biel und Burgdorf, 2008. Schlussbericht des Forschungsauftrags ASTRA 2005/202 der Berner Fachhochschule Architektur, Holz und Bau

[17] Jai Vaze, Francis H.S. Chiew: Experimental Study of Pollutant Accumulation on an Urban Road Surface. Amsterdam, 2002. Urban Water 4 (2002) S. 379 – 389

[18] Robert Stein: Auswirkungen optimierter Straßenabläufe auf Feststoffeinträge in Kanalisationen. Aachen, 2008. Dissertation an der Fakultät für Bauingenieurwesen der Rheinisch-Westfälischen Technischen Hochschule Aachen.

[19] Stephan Fuchs: Persönliche Mitteilung. Karlsruhe, 2013. Leiter des Instituts für Wasser und Gewässerentwicklung, Bereich Siedlungswasserwirtschaft und Wassergütewirtschaft am Karlsruher Institut für Technologie (KIT)

[20] Stephan Fuchs, Benedikt Lambert, Dieter Grotehusmann: Neue Aspekte in der Behandlung von Siedlungsabflüssen. Heidelberg, 2010. Umweltwiss Schadst Forsch (2010) 22, 661-667, Springer-Verlag online

[21] Luca Rossi, Laurent Kryenbuehl, Jean-Marc Froelich, Yan Fischer, Sophal Khim-Heang, Guy Reyfer, Philippe Vioget: Étude de la contamination induite par les eaux de ruissellement en mielieu urbain. Vaud, Valais und Genf, 1997. Rapp. Comm. int. prot. eaux Lémon contre pollut., Campagne 1996, 1997, S. 179 – 202

[22] Deutsches Institut für Bautechnik (DIBt): Zulassungsgrundsätze für Niederschlagswasserbehandlungsanlagen. Teil 1: Anlagen zum Anschluss von Kfz-Verkehrsflächen bis 2000 m^2 und Behandlung des Abwassers zur anschließenden Versickerung in Boden und Grundwasser, Berlin, 2011

[23] Ministerium für Klimaschutz, Umwelt, Landwirtschaft, Natur und Verbraucherschutz in Nordrhein-Westfalen (MKULNV): Niederschlagswasserbeseitigung; Abschlussbericht „Dezentrale Niederschlagswasserbehandlung in Trennsystemen – Umsetzung des Trennerlasses vom 20.4.2012. Düsseldorf, 2012

[24] Stadtentwässerungsbetriebe Köln (SEK): Dezentrale Niederschlagswasserbehandlung in Trennsystemen – Umsetzung des Trennerlasses. Köln, 2011. Forschungsvorhaben gefördert vom Ministerium für Klimaschutz, Umwelt, Landwirtschaft, Natur- und Verbraucherschutz des Landes Nordrhein-Westfalen

Autorin

Martina Dierschke

Frankfurt University of Applied Sciences
Fachgebiet Siedlungswasserwirtschaft und Hydromechanik
Nibelungenplatz 1
60318 Frankfurt am Main
E-mail: martina.dierschke@fb1.fh-frankfurt.de

Abwasserbehandlung und Energie

Michael Sievers und Hinnerk Bormann

Energiewende in der Abwasserbehandlung

Chancen und Herausforderungen

Die Energiewende in der kommunalen Abwasserbehandlung in Bezug auf die Elektroenergie ist technisch derzeit nur für sehr große Kläranlagen oder Kläranlagenverbünde im Zusammengehen mit thermischer Klärschlammverwertung möglich. Abwasser ist jedoch aufgrund seiner organischen Bestandteile ein Energieträger für chemisch gebundene Energie. Eine mit Abwasser betriebene bio-elektrochemische Brennstoffzelle wird vorgestellt, die neue Möglichkeiten für die energetische Nutzung von Abwasser aufzeigt.

1 Einleitung

Sauberes Trinkwasser und die zugehörige Sanitärversorgung sind ein Grundrecht (UN Resolution UN 64/292), welches in Europa und insbesondere in Deutschland mit technisch anspruchsvollen Infrastruktursystemen gesichert wird. Diese Systeme verbrauchen in Deutschland pro Jahr zusammen 6,6 TWh elektrische Energie, wobei 4,2 TWh auf die Abwasserbehandlung und 2,4 TWh auf die Wasserversorgung entfallen .

Der Klimawandel und die gebotene Senkung von CO_2-Emissionen erfordern eine Weiterentwicklung dieser Infrastrukturen hin zu energieeffizienteren Systemen. Es wird geschätzt, dass durch Energiesparmaßnamen und Effizienzsteigerung für diese Systeme ein Einsparpotenzial von ca. 25 % des aktuellen Stromverbrauches vorhanden ist. Um diese Potenziale zu nutzen, hat die Bundesregierung über das BMBF die Fördermaßnahme „Zukunftsfähige Technologien und Konzepte für eine energieeffiziente und ressourcenschonende Wasserwirtschaft (ERWAS)“ im Förderschwerpunkt Nachhaltiges Wassermanagement (NaWaM) ins Leben gerufen [1]. Wesentliche Herausforderung dabei ist, neue Konzepte für energieeffiziente Systeme so weiter zu entwickeln, dass die gebotene Sicherheit für die Wasserversorgung und Abwasserbehandlung weiterhin eingehalten wird.

Abwasser ist auf Grund seiner organischen Bestandteile auch ein Energieträger für chemisch gebundene Energie. Die Nutzbarkeit dieser Energie ist unterschiedlich ausgeprägt. Zum Beispiel ist die Energieumwandlung in Strom, Wärme und den Kraftstoff Methan für organisch hochbelastete Abwässer mittels anaerober Abwasserbehandlung und nachgeschalteter Gasverwertung aus wirtschaftlichen Gesichtspunkten bereits vielfach technisch umgesetzt worden, wohingegen die Behandlung organisch schwach belasteter Abwasser in Verbindung mit einer Nährstoffelimination wie z. B. in der kommunalen Abwasserbehandlung bisher keinen Beitrag zur Energieproduktion liefert bzw. liefern kann. Erschwerend kommt hinzu, dass zukünftig zusätzliche energieverbrauchende Maßnahmen erforderlich sein werden wie z. B. die Entfernung von Spurenstoffen zum Schutz der Gewässer oder die Phosphorrückgewinnung zur Schonung der Ressourcen.

Die Abwasserwirtschaft steht deshalb vor einer großen Herausforderung, die nur mit erheblichem Aufwand für Forschung und Entwicklung angenommen werden kann. Positiv zu sehen sind die vielen Möglichkeiten, die bestehen, weil der Energiegehalt auch von schwach belasteten Abwässern erheblich ist und weil nutzbare Energie aus Klärschlamm (Methan, Wärme, Strom) produziert wird. Darüber hinaus sind tages- und jahreszeitliche Anpassungen sowohl im Verbrauch als auch in der Erzeugung nutzbarer Energie möglich.

2 Energiebilanz einer kommunalen Abwasserbehandlungsanlage

Eine Energiebilanz berücksichtigt den chemisch gebundenen Energiestrom, den elektrischen Energiestrom und den Wärmeenergiestrom. Energieströme werden üblicherweise in Arbeit pro Zeiteinheit, d. h. in kWh pro h angeben, so dass sich eine Leistungsbilanz ergibt.

Der Bilanzraum ist die Abwasserbehandlungsanlage. Die von außen zugeführte Energie umfasst die chemisch gebundene Energie im Rohabwasser sowie die benötigte elektrische Energie und Wärmeenergie. Die Möglichkeit zur Abgabe von Wärme an externe Verbraucher ist standortabhängig und in der Regel begrenzt. Diese Energieform, wozu auch die Abwasserwärme mit Nutzung über Wärmepumpen gehört, wird deshalb nicht berücksichtigt. Ebenfalls nicht berücksichtigt wird der von außen zugeführte rohabwasserfremde Energiestrom wie z. B. die Zugabe von Fremdschlamm, Co-Substrat etc. in die Faulung, da diese Energieströme nicht mit dem Rohabwasser im Zusammenhang stehen.

Die aus der Anlage abgeführte Energie beinhaltet die chemisch gebundene Energie des gereinigten Abwassers, des abgegebenen Klärschlamms sowie die an die Umgebung abgegebene Wärme.

Die chemisch gebundene Energie eines Massenstroms ergibt sich aus dessen Masse für den Chemischen Sauerstoffbedarf (CSB) und der frei werdenden Reaktionsenthalpie bei der Oxidation des CSB mit Sauerstoff.

Die mittlere Jahresenergiebilanz für eine 100.000 EW Modellanlage ist in **Bild 1** beispielhaft aufgezeigt.

Der chemisch gebundene Energiestrom des zufließenden Rohabwassers beträgt ca. 2 MWh/h. Für den Betrieb der Abwasserbehandlungsanlage werden ca. 210 kWh/h an Elektro-Energie aufgewendet, hauptsächlich für die Belüftung. Dabei ist zu beachten, dass ein Großteil der Energie für die Entfernung von Stickstoffverbindungen benötigt wird und Stickstoffverbindungen keine chemisch gebundene Energie enthalten.

Die chemisch gebundene Energie des Rohabwassers wird während der Abwasserbehandlung zu ca. 55 % in den Primär- und Überschussschlamm überführt und zu ca. 35-40 % über die aeroben Prozesse in CO_2 umgewandelt. Der Rest von ca. 8 % verbleibt im gereinigten Abwasser.

Sofern eine Schlammfaulung auf der Kläranlage vorhanden ist, wird ein Teil der im Schlamm gebundenen Energie in Methan (35 bis 40 %) überführt und der andere Teil nach einer mechanischen Schlammentwässerung der thermischen oder landwirtschaftlichen Verwertung zugeführt. Der nutzbare Energiestrom dieser abzugebenden Schlammmenge hängt vom Entwässerungsgrad ab und beträgt 50 bis 550 kWh/h für 28 bis 90 % TR bei einem oTR Gehalt von 55 % oTR.

Der niedrige energetische Nutzen von 50 kW für einen Schlamm mit 28 % TR ist auf die für die Trocknung erforderliche Verdampfungsenthalpie zurückzuführen. Die Verdampfungsenthalpie ist zu berücksichtigen, weil bei der thermischen Verwertung das Wasser üblicherweise als Wasserdampf an die Umgebung abgeführt und damit nicht genutzt wird. Die chemisch gebundene Energiemenge des entwässerten Faulschlamms reduziert sich somit um die erforderliche Verdampfungsenthalpie.

Die mittlere Energiebilanz für die Modellkläranlage zeigt, dass mit konventioneller Technik ca. 55 % als Eigenstrom aus Klärgas erzeugt werden können. D. h., es bleibt ein Rest von ca. 180 kW übrig, der als externe elektrische Leistung benötigt wird, um das Abwasser zu reinigen.

Folgende Randbedingungen sind bei der Betrachtung der mittleren Energiebilanz u. a. zu beachten.

Der elektrische Energieverbrauch einer Kläranlage hängt insbesondere von den verwendeten Verfahren und von der Kläranlagengröße ab. Der DWA-Leistungsvergleich 2011 zeigt für Deutschland beispielsweise, dass der spezifische Stromverbrauch pro Einwohner und Jahr (Medianwerte) von 54,1 kWh/EW.a für die Größenklasse 1 (GK1 = bis 999 Einwohnerwerte, EW) abnimmt auf 34,1 und 32,9 kWh/EW.a für die Größenklassen 4 und 5 (GK4: 10.000-100.000EW, GK5: mehr als 100.000 EW). Dabei verbrauchen die Kläranlagen der Klassen GK4 und GK5 mehr als 90 % der insgesamt in Deutschland für die Abwasserreinigung benötigten Energie [2].

Der Wärmebedarf liegt in der vergleichbaren Größenordnung wie der Strombedarf und ist

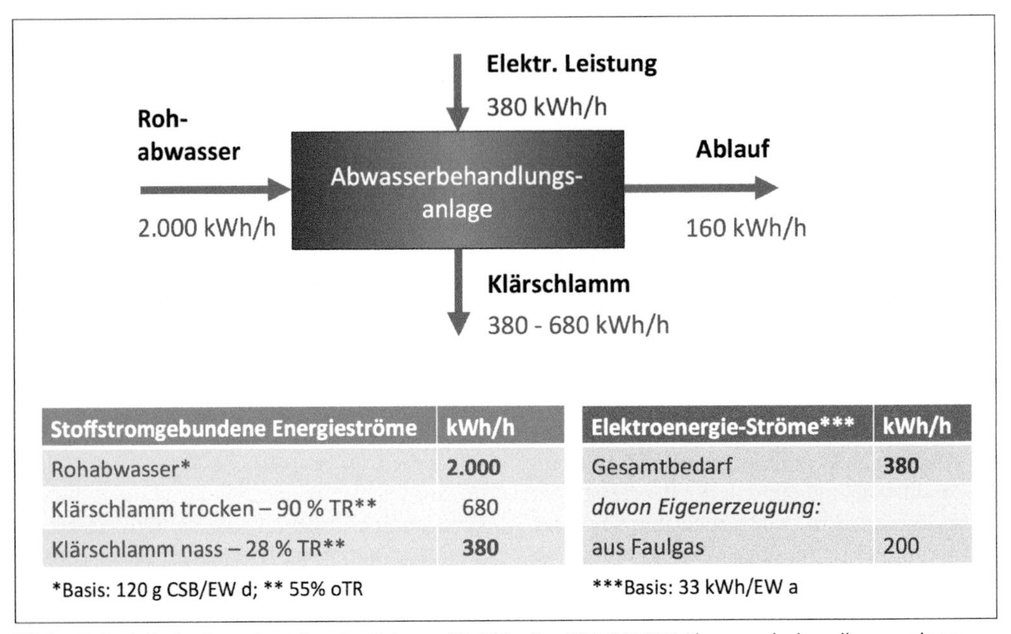

Stoffstromgebundene Energieströme	kWh/h
Rohabwasser*	**2.000**
Klärschlamm trocken – 90 % TR**	680
Klärschlamm nass – 28 % TR**	**380**

*Basis: 120 g CSB/EW d; ** 55% oTR

Elektroenergie-Ströme***	kWh/h
Gesamtbedarf	**380**
davon Eigenerzeugung:	
aus Faulgas	200

***Basis: 33 kWh/EW a

Bild 1: Beispielhafte Energieströme im Jahresmittel für eine 100.000 EW Abwasserbehandlungsanlage (Quelle: CUTEC)

zum größten Teil durch die Schlammfaulung verursacht, da diese auf Grund der Betriebstemperatur von ca. 37 °C (mesophil) und teilweise bei 55 °C (thermophil) Wärmeverluste an die Umgebung erzeugt. Der Wärmebedarf unterliegt jahreszeitlichen Schwankungen und wird durch Größe, Form, Isolierung der Faulbehälter, aber auch durch Wärmerückgewinnungsverfahren beeinflusst. Beispielsweise wird die bei einer Stromerzeugung aus Klärgas entstehende Wärme im Sommer kaum benötigt.

3 Möglichkeiten zur Verbesserung der Energiebilanz

Um die auf die Elektroenergie bezogene Energiewende in der Abwasserbehandlung einzuleiten, ist die beschriebene Lücke von 180 kW elektrisch über Maßnahmen zur verbesserten Energienutzung (Senkung des elektrischen Energieverbrauches) und -wandlung (Erhöhung der direkt nutzbaren Energie wie Strom, Kraftstoff, Wärme) mehr als auszugleichen.

Ein großes Potenzial liegt dabei im Bereich der Energieumwandlung, weil der Senkung des Elektroenergie-Verbrauches auf Grund der erforderlichen Betriebssicherheit Grenzen gesetzt sind, denn die Hauptaufgabe eines Klärwerks, das Reinigen des Abwassers, darf nicht gefährdet werden. Eine Ausnahme bildet die Deammonifikation, die als neue Verfahrenstechnik einen größeren Beitrag zur Senkung des Elektro-Energieverbrauches liefern kann, weil hierbei weniger Energie für die Belüftung erforderlich ist.

Die Tatsache einer negativen Elektro-Energiebilanz – trotz des hohen Energiegehaltes im Rohabwasser – verdeutlicht, dass ein Bedarf an effizienteren oder neuen Verfahrenskombinationen zur Energieumwandlung für gering belastetes Abwasser besteht.

Das Hauptaugenmerk bei der Entwicklung, Umsetzung und Anwendung effizienterer bzw. neuer Verfahrenstechniken zur Umwandlung der im Abwasser gebundenen Energie in nutzbare Energieträger lag in der Vergangenheit im Bereich der Klärschlammbehandlung. Verfahrenstechniken zur Energieumwandlung aus gering belastetem Abwasser sind nicht vorhanden und wurden bisher auch nicht gezielt entwickelt. Dies hat sich mit der neuen Fördermaßnahme des BMBF „Zukunftsfähige Technologien und Konzepte für eine energieeffiziente und ressourcenschonende Wasserwirtschaft (ERWAS)" geändert. Im Rahmen von ERWAS werden drei Verbundvorhaben BioMethanol, KEStro und BioBZ, gefördert, die eine Entwicklung von Techniken zur direkten Energieumwandlung aus Abwasser mittels biologischer Brennstoffzelle bzw. Elektrolyse zum Ziel haben [3].

Es ist zu beachten, dass diese Techniken noch ganz am Anfang ihrer Entwicklung stehen. Da es sich um einen in der Abwassertechnik kaum bekannten Technologieansatz handelt, soll der Ansatz der bio-elektrochemischen Brennstoffzelle im Beitrag vorgestellt werden, nicht zuletzt auch deshalb, weil mit diesem Ansatz das Ziel einer Energiewende potenziell machbar erscheint, ohne die Hauptaufgabe, die sichere Abwasserreinigung, zu gefährden.

3.1 Nutzbare Energie aus Klärschlamm

Die am weitesten fortgeschrittenen Ansätze zur Erhöhung der nutzbaren Energie aus Klärschlamm sind die Desintegrationsverfahren. Mittels Desintegrationsverfahren wird versucht, mit möglichst geringem Energieaufwand den Schlamm teilweise aufzuschließen, um mehr Methan zu gewinnen. Häufig steht bei Desintegrationsverfahren auf Grund der gestiegenen Kosten für die Klärschlammabgabe allerdings nicht die Energiebilanz im Fokus, sondern die Reduzierung der Klärschlammmenge, so dass die Energiebilanz auch bei Desintegrationsverfahren negativ sein kann.

Zu den Desintegrationsverfahren gehören allgemein mechanische, chemische, enzymatische und thermische Verfahren sowie Kombinationen hiervon. Thermische Hydrolyseverfahren haben im Vergleich zu anderen Verfahren den Vorteil, dass sie auf einen Teil der Abwärme zurückgreifen können, die für die Kläranlage oft nicht nutzbar ist. Ein weiterer Vorteil von thermischen Hydrolyseverfahren liegt in der möglichen Verbesserung der Entwässerbarkeit des Schlamms. Dadurch wird in der nachfolgenden thermischen Verwertung überproportional weniger Verdampfungswärme benötigt, so dass die durch die verbesserte Faulung erzeugte Absenkung des unteren Heizwertes des Faulschlamms kompensiert wird.

Das Potenzial zur Erhöhung des Eigenstromanteils kann für Desintegrationsverfahren mit ca. 10 % der bisherigen Eigenstrommenge abgeschätzt werden, auch weil ein Teil des zusätzlich produzierten Stroms für den Betrieb der Desintegrationsanlage aufgewendet werden muss. Für die o. g. 100.000 EW Modellanlage wären das ca. 13 kW elektrisch, so dass im Mittel immer noch ca. 165 kW Elektroenergie extern zugeführt werden müssen.

Ein ergänzender möglicher Ansatz zur Erhöhung der Eigenstromproduktion aus Faulgas ist die Erhöhung der Schlammmenge. Beispielsweise kann eine Erhöhung des Primärschlammanteils durch eine Verbesserung der Vorklärung erzielt werden. Allerdings ist dabei zu prüfen, inwieweit die zusätzliche Entnahme von Organika die Denitrifikation nicht gefährdet.

Von Bedeutung ist ferner folgende Tatsache: Im Zusammenhang mit Desintegrationsverfahren wird häufig übersehen, dass auf Grund der zusätzlichen Faulgaserzeugung auch mehr Abwärme anfällt, die z. B. auch für eine Teiltrocknung des Schlamms genutzt werden könnte. Im Rahmen einer institutseigenen Machbarkeitsstudie für das EURAWASSER Klärwerk in Goslar wurde aufgezeigt, dass mittels Überschusswärme aus dem Einsatz einer thermischen Hydrolyse mittlere Trocknungsgrade von ca. 60-65 % TS (Trockensubstanz) ermöglicht werden. Die mittlere Jahresbilanz in **Bild 1** verbessert sich dadurch erheblich, weil der nutzbare Energieinhalt des Schlamms ansteigt. Als Folge verbessert sich die Energiebilanz bei der Verwertung des Schlamms in der nachfolgenden Verbrennung oder sonstigen thermischen Verwertung deutlich, so dass bei einer Gesamtbetrachtung des Systems „Kläranlage-Verbrennungsanlage" die Energiewende bezüglich Elektroenergie bereits heute schon erreicht werden kann.

Da jedoch nur wenige große Kläranlagen die Möglichkeit eines solchen Verbundsystems haben, liegen weitere erhebliche Herausforderungen vor uns, eine flächendeckende Energiewende herbeizuführen.

3.2 Nutzbare Energie aus Abwasser

Nachfolgend wird der Technologieansatz einer direkten Stromerzeugung aus schwach belasteten Abwässern mittels einer bio-elektrochemischen Brennstoffzelle vorgestellt. Die Technik beinhaltet analog zu den chemischen Brennstoffzellen

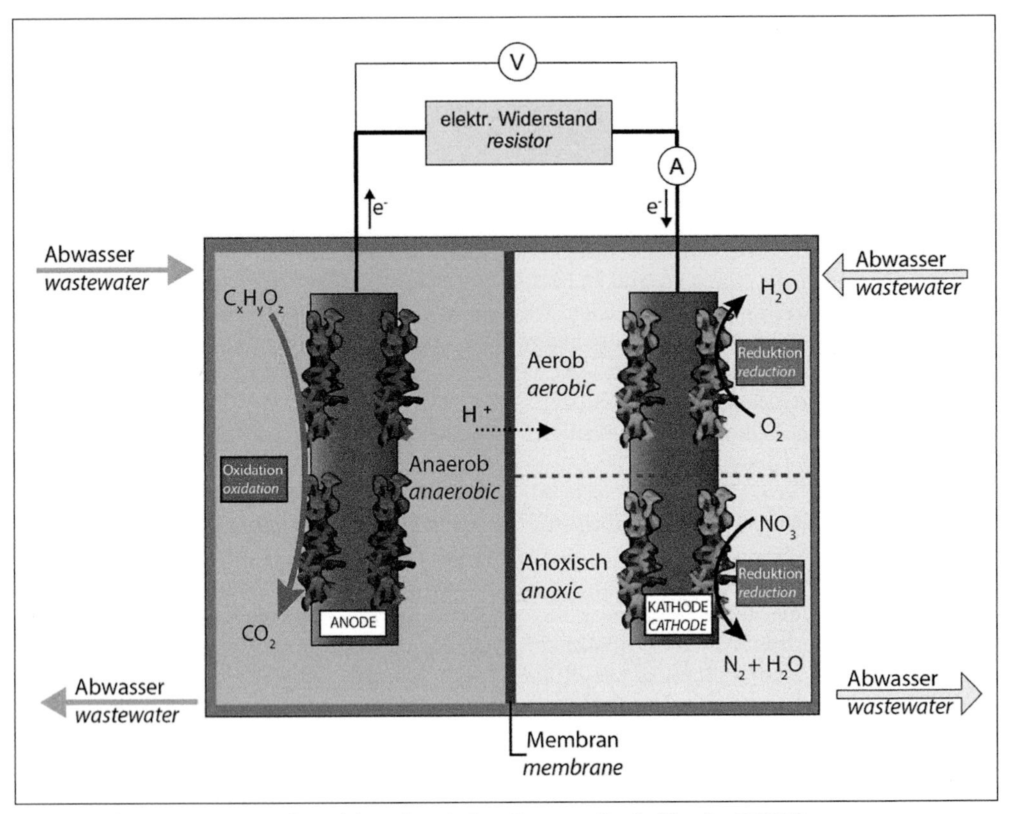

Bild 2: Funktionsprinzip einer bio-elektrochemischen Brennstoffzelle (Quelle: CUTEC)

paarweise angeordnete Kammern, die Elektroden enthalten. Auf Grund der unterschiedlichen Redox-Potenziale in den Elektrodenkammern werden in einer Kammer Elektronen abgegeben (Anode) und in der anderen Kammer Elektronen aufgenommen (Kathode). Im Unterschied zu den chemischen Brennstoffzellen fungieren lebende Mikroorganismen als Katalysatoren, d. h. der (Bio)Katalysator erneuert sich ständig und verbraucht sich im Gegensatz zu chemischen Katalysatoren nicht. Die Mikroorganismen sind dabei als Biofilm auf der Elektrodenoberfläche angesiedelt.

Bild 2 zeigt das Funktionsprinzip einer beispielhaften bio-elektrochemischen Brennstoffzelle (Bio-BZ). Das Rohabwasser fließt durch die Anodenkammer. Dabei werden die gelösten organischen Abwasserinhaltsstoffe von den Mikroorganismen unter anaeroben Bedingungen teilweise abgebaut. Anders als bei Anaerob-Prozessen werden die Verbindungen nicht bis zum Methan umgewandelt, sondern die Mikroorganismen geben die Elektronen vorher an die Anode ab. Die Elektronen wandern dann über einen elektrischen Leiter und Verbraucher an die Kathode. In der Kathodenkammer wird ein Elektronenakzeptor reduziert. Als Elektronenakzeptoren stehen beispielsweise Sauerstoff und Nitrat zur Verfügung, wobei Sauerstoff zu Wasser und Nitrat zu Stickstoff reduziert werden. Die hierfür erforderlichen Wasserstoff-Ionen wandern über eine semipermeable Membran aus der Anodenkammer in die Kathodenkammer. Wesentliches Kriterium für das Funktionieren des Gesamtsystems ist eine ausreichende Redoxpotenzial-Differenz zwischen Anode und Kathode. Damit wird deutlich, dass beide Elektrodenkammern mit unterschiedlichen Abwasserströmen beschickt werden müssen. Das Gesamtsystem ist somit auch vergleichbar mit einem aeroben oder anoxischen Prozess, auch wenn die Anodenkammer anaerob betrieben wird.

Weiterhin ist zu beachten, dass (Ammonium-) Stickstoff und Phosphate kaum eliminiert werden, so dass eine Kombination mit anderen Verfahren wie z. B. Nitrifikation, Deammonifikation oder Belebtschlammverfahren erfolgen muss.

Ergänzend sei angemerkt, dass es unterschiedliche Bauprinzipien für bio-elektrochemische Brennstoffzellen gibt wie z. B. Einkammersysteme mit einer sogenannten Luftkathode [4]. Welches das geeignetste Prinzip ist, muss erst noch herausgefunden werden. Entwicklungsbedarf für eine Anwendung der BioBZ ist in technischer, wirtschaftlicher und ökologischer Hinsicht vorhanden. Hierzu gehören das Scale-up (konstruktiv, strömungstechnisch, elektrochemisch, biologisch und verfahrenstechnisch), das Elektrodenstack-Design (Materialverbrauch, Elektroden-/Dichtungsmaterial, Werkzeug) sowie die Systemintegration (Gesamtsystem BioBZ, Stromspeicherung, -wandlung) und die sinnvolle Integration auf der Kläranlage (prozess-, anlagentechnisch). Bisherige Untersuchungen an einer BioBZ im Labormaßstab an unserem Institut zeigten jedoch, dass

- sich kommunales Abwasser mit einer BioBZ bis auf CSB Werte von ca. 60 mg/L reinigen lässt,
- das Stromgewinnungspotenzial von der biologischen Abbaubarkeit der gelösten Organik abhängt, d. h., der leicht abbaubare CSB ermöglicht eine deutlich höhere Stromproduktion als der biologisch schwerer abbaubare CSB,
- die Stromproduktion mit der Zeit zunimmt und über mehrere Monate stabil betrieben werden kann,
- ein schnelles Anfahrverhalten bei kurzzeitigen Unterbrechungen (mehrere Tage) in der Substratzufuhr vorliegt,
- es wichtig ist, eine möglichst hohe elektrodenflächenspezifische Stromproduktion zu erreichen, damit die Gesamtelektrodenfläche und die Herstellkosten reduziert werden können (Anhaltswert: nicht unter ca. 300 bis 400 mW/m^2), wobei die Relation zwischen flächenspezifischer Leistung und flächenspezifischen Kosten Verschiebungen aufweisen können,
- wichtige Kriterien zur Verfahrenstechnik, zum Scale-up, zur Herstellung und zum Betrieb noch zu definieren und überprüfen sind.

Das Potenzial der BioBZ als Beitrag zur Energiewende wird deutlich, wenn man die bisher erzielte Energie-Umwandlungseffizienz für leicht abbaubares Substrat von 40 % [4] sowie die Annahme eines Teilabbaus von 25 % des CSB im Rohabwasser zugrunde legt. Für die oben beschriebene Modellanlage besteht demnach ein Leistungspotenzial von 200 kW elektrisch, was die benötigten ca. 165 kW für eine Energieautarkie der Abwasseranlage überschreitet. Damit könnte die Energiewende in der kommunalen Abwassertechnik eingeleitet werden, so dass die Einbindung von Abwasseranlagen in dezentrale Energiemanagement-Netzwerke zukünftig eine große Bedeutung haben wird. Voraussetzung hierfür sind allerdings entsprechende F+E Aktivitäten, die breiter und vielfältiger angelegt sein müssen als die Begonnenen.

Bei dem genannten Leistungspotenzial von 200 kW ist allerdings zu beachten, dass sich durch den CSB-Abbau auch die Menge des produzierten Schlamms reduziert, so dass kleinere Faulgasmengen zu erwarten sind. Auf der anderen Seite ist gleichzeitig eine Einsparung an Belüftungsenergie zu erwarten. Ferner ist zu beachten, dass sich durch den CSB-Abbau in der BioBZ auch die für eine Denitrifikation erforderliche Menge an Organik reduziert. Hier sind gegebenenfalls Ansätze für eine gleichzeitige Denitrifikation in der BioBZ gefragt.

Da alle die genannten Einflüsse quantitativ noch nicht beschrieben werden können, müssen sie erarbeitet werden. Die Erarbeitung von einigen der notwendigen Kennzahlen ist eine der Aufgaben des BMBF-Verbundvorhabens BioBZ [5], bei dem neben der CUTEC auch Forschergruppen der TU Braunschweig, der TU Clausthal und der Forschungsstelle des DVGW am KIT Karlsruhe beteiligt sind. Die Entwicklung der Pilotanlage gemeinsam mit der Fa. Eisenhuth sowie der Betrieb dieser Anlage auf dem Goslarer Klärwerk des Projektpartners EURAWASSER soll die erforderlichen Informationen liefern.

4 Fazit und Ausblick

Eine Energiewende in der kommunalen Abwasserbehandlung in Bezug auf die Elektroenergie ist technisch derzeit nur für sehr große Kläranlagen oder Kläranlagenverbünde im Kontext mit einer thermischen Klärschlammverwertung möglich, sofern die überschüssige Wärmeenergie aus der Faulgasverstromung des Klärwerks für eine Teiltrocknung des Schlamms genutzt werden kann. Die bei der Verbrennung des getrockneten Schlamms entstehende Wärmeenergie würde dann eine höhere Stromausbeute liefern als die auf dem Klärwerk benötigte Fremdenergie.

Für andere Kläranlagen ist die Energiewende noch nicht darstellbar. Neue Technologieansätze und ein entsprechender F+E Aufwand sind deshalb gefragt. Ein im Beitrag vorgestellter Ansatz ist die bio-elektrochemische Brennstoffzelle. Dieser Ansatz könnte bei erfolgreicher Entwicklung eine flächendeckende Energiewende in der kommunalen Abwasserbehandlung einleiten. Allerdings befinden sich die Entwicklungen noch ganz am Anfang, weshalb große Herausforderungen auf uns zukommen. Erste Entwicklungen in Bezug auf Pilotuntersuchungen und Bewertung dieser Technologie werden deshalb vom BMBF im Rahmen der Fördermaßnahme ERWAS im BMBF-Rahmenprogramm Forschung für nachhaltige Entwicklungen (FONA) – Nachhaltiges Wassermanagement (NAWAM) finanziell unterstützt.

Literatur

[1] www.bmbf.nawam-erwas.de
[2] http://de.dwa.de/tl_files/_media/content/PDFs/Abteilung_WAW/mj/Leistungsvergleich_2012_LOW.pdf).
[3] Informationen zu den einzelnen Projekten unter http://www.bmbf.nawam-erwas.de/de/erwasnet
[4] Rabaey K., Angenent L., Schröder U., Keller J. (2010): Bioelectrochemical Systems: From Extracellular Electron Transfer to Biotechnological Application. IWA Publishing, London, UK, S. 286ff und S. 207ff
[5] www.bio-bz.de

Autoren

Prof. Dr.-Ing. Michael Sievers
Leiter Abt. Abwasserverfahrenstechnik
CUTEC Institut an der TU Clausthal
E-Mail: michael.sievers@cutec.de

Dipl.-Ing. Hinnerk Bormann
CUTEC Institut an der TU Clausthal
Leibnizstraße 21
D- 38678 Clausthal-Zellerfeld
E-Mail: hinnerk.bormann@cutec.de

Joachim Hansen und Gerd Kolisch

Zukünftige energetische Herausforderungen an kommunale Kläranlagen

Kläranlagen mit Schlammfaulung können unter bestimmten Rahmenbedingungen in der Jahresbilanz energieautark, teilweise sogar mit einem Energieüberschuss betrieben werden. Die derzeit diskutierte Elimination von Mikroschadstoffen durch Einführung einer 4. Reinigungsstufe bedingt demgegenüber einen erheblichen Mehrverbrauch an Strom, der dieses Optimierungsziel verhindert. Sinnvoll erscheint die Integration von Kläranlagen in zukünftige intelligente Energieinfrastrukturen.

1 Hintergrund

In den letzten Jahren wurden zahlreiche Anstrengungen unternommen, den Energieverbrauch der kommunalen Kläranlagen zu minimieren. Die Durchführung systematischer Energieanalysen ist insbesondere im deutschsprachigen Raum (DACH-Region) weit verbreitet. Diese ergaben in vielen Fällen sehr deutliche Optimierungspotenziale in einer Größenordnung von 25 – 35 % des elektrischen Ist-Verbrauches [1]. Teilschritte der Optimierung sind die Verbesserung der Energieeffizienz bei Maschinen- und Verfahrenstechnik, die Steigerung der Klärgasproduktion und die Verbesserung der Eigenstromerzeugung. Hierauf basierend wurden in den letzten Jahren vermehrt Überlegungen zu einem zukünftigen ‚energieautarken' Betrieb von Kläranlagen diskutiert [u. a. 2, 3, 4]. Manche Überlegungen gehen dabei soweit, Kläranlagen als ‚Energiefabriken' der Zukunft zu postulieren [z. B. 5].

2 Energieeigendeckung auf kommunalen Kläranlagen

Energie ist im Abwasser thermisch (Wärmeenergie), hydrostatisch (Lageenergie) und chemisch gebunden (organische Frachten) enthalten. Die vorhandene Wärmeenergie kann insbesondere bei aeroben Stabilisierungsanlagen einen Beitrag zur Verbesserung der Gesamtenergiebilanz liefern. Bei Kläranlagen mit Schlammfaulung besteht in der Regel auch bei Einsatz von Anlagen der Kraft-Wärme-Kopplung (KWK) ein sehr hoher Eigendeckungsgrad für die Wärme, der eine Nutzung von Abwasserabwärme eher ausschließt. Die Lageenergie ist trotz der vielfach sehr großen Abwassermengen auf Grund der hohen Zulaufdynamik und der geringen nutzbaren Fallhöhen nur von untergeordneter Bedeutung. Demgegenüber steht ein hohes nutzbares Energiepotenzial aus den im Abwasser mitgeführten organischen Frachten. Ein Maß für das relevante Energiepotenzial im Abwasser ist der CSB. Ausgehend von einer spezifischen CSB-Fracht von 120 g/(EW*d) im Rohabwasser und einem Heizwert für Methan von 3,49 kWh/kg CSB berechnet sich der einwohnerspezifische Energieinhalt des Abwassers zu rund 150 kWh/(EW*a). Dieser theoretische Wert kann über das in Faulungsanlagen erzeugbare Klärgas nur zu etwa einem Drittel bzw. rund 50 kWh/(E*a) als Primärenergie nutzbar gemacht werden. Die Gründe hierfür sind die Veratmung organischer Substanz bei der biologischen Abwasserreinigung, der unvollständige Aufschluss des erzeugten Klärschlamms im Faulbehälter und der Austrag an gelöstem inerten CSB mit dem Kläranlagenablauf. Mit modernen KWK-Anlagen können aus dem Klärgas ca. 17 kWh/(E*a) an elektrischer Energie und etwa 27 kWh/(E*a) an thermischer Energie erzeugt werden.

Im Rahmen des INTERREG IVB-Projektes INNERS (INNovative Energy Recovery Strategies in the urban water cycle) wurde der Gesamtbedarf kommunaler Kläranlagen in nordwest-

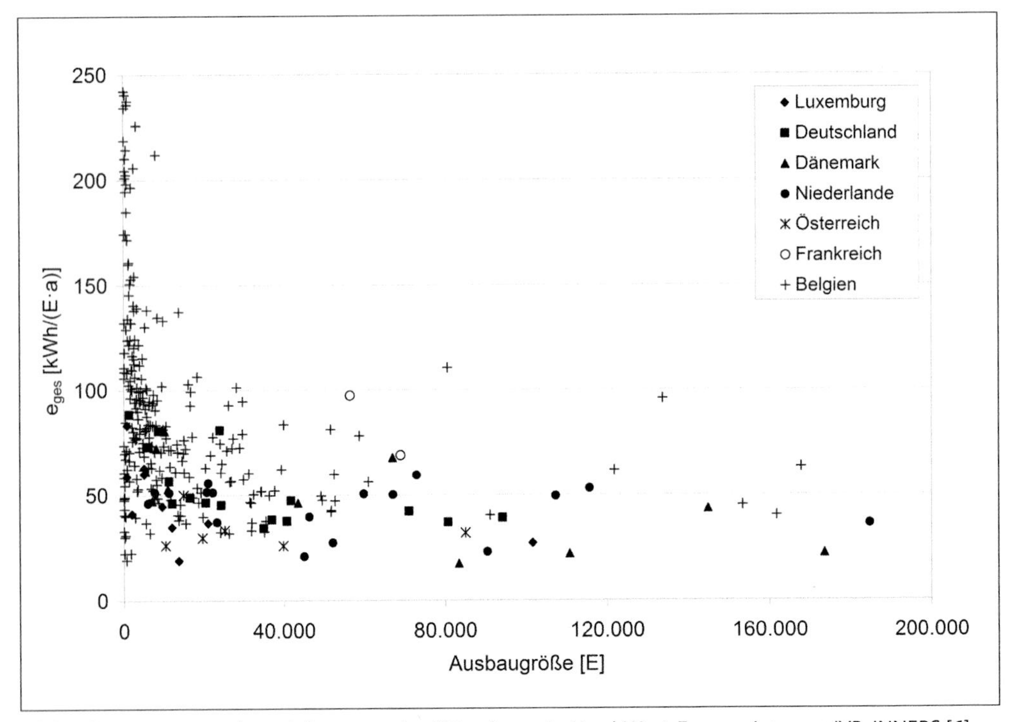

Bild 1: Gesamtstromverbrauch kommunaler Kläranlagen in Nord-West-Europa, Interreg IVB, INNERS [6]

europäischen Ländern an elektrischer Energie ermittelt (**Bild 1** [6]). Es zeigt sich eine eindeutige Abhängigkeit zwischen der Größe der Kläranlage und dem Energieverbrauch. Der untere Energieverbrauch liegt bei Kläranlagen mit Schlammfaulung, die heute ab einer Ausbaugröße von ca. 20.000 EW als wirtschaftlich angesetzt werden, bei etwa 20 bis 25 kWh/(E*a). Dieses Ergebnis wird durch Auswertungen von durchgeführten Energieanalysen bestätigt [7]. Interessanterweise wird der niedrige Stromverbrauch auch von kleineren Kläranlagen mit dann simultaner aerober Schlammstabilisierung erreicht. Dem erhöhten Energiebedarf der Stabilisierung steht bei diesen Anlagen die Einsparung bei der Schlammfaulung und bei einer landwirtschaftlichen Klärschlammverwertung auch der Schlammentwässerung gegenüber. Unter Ansatz eines unteren spezifischen Stromverbrauchs von 25 kWh/(E*a) und der möglichen Eigenproduktion von 17 kWh/(E*a) resultiert ein Eigendeckungsgrad für Strom von rund 70 % bzw. eine Deckungslücke von ca. 8 kWh/(E/a).

Für die Eigendeckung des Wärmebedarfs ergibt sich ein günstigeres Bild. In Österreich, der Schweiz und Deutschland, d. h. den Ländern in denen das Thema ‚Energie auf Kläranlagen' seit mittlerweile ca. 15 Jahren einen sehr breiten Raum einnimmt und eine Vielzahl an Energieanalysen durchgeführt wurden, liegen die Eigendeckungsgrade für Wärme auf Kläranlagen mit Schlammfaulung im Mittel deutlich über 90 % [6]. Nach Auswertungen von Kolisch et al. [7] liegt die spezifische Wärmeproduktion bei Kläranlagen diesen Typs zwischen etwa 20 und 50 kWh/(E*a). Unter Berücksichtigung eines Wärmebedarfs von ca. 20 kWh/(E*a) für eine Anlage mit Schlammfaulung [8] erscheint somit eine vollständige Eigendeckung an Wärme (d. h. die ‚wärmeautarke Kläranlage') – zumindest bei der Bilanzierung über das gesamte Jahr – möglich. In der Praxis können sich hier jedoch Probleme durch den sehr unterschiedlichen Wärmebedarf der Anlagen in Abhängigkeit von der Jahreszeit mit einem Wärmeüberhang insbesondere während der Sommermonate ergeben. Roediger [9] nennt für die Nutzung eines BHKWs mit einem thermischen Wirkungsgrad von 55 % im Jahresmittel einen Wärmeüberschuss von mehr als 10 kWh/(E*a), der diese Zahlen bestätigt.

3 Konzeption einer energieminimierten Kläranlage mit Schlammfaulung

Das größte Einsparpotenzial besteht bei der biologischen Stufe, die mit Belüftung, Durchmischung, Rücklaufschlammförderung und interner Rezirkulation in der Regel 60 bis 70 % des Gesamtstromverbrauchs der Kläranlage ausmacht. Erhöhte Energieverbräuche in diesem Bereich sind vielfach auf eine Kombination von überhöhtem Schlammalter, erhöhten Sauerstoffsollwerten oder ungünstigen Regelungen für die interne Rezirkulation sowie nicht effizienter Belüftungstechnik zurückzuführen. Das Potenzial in diesen Bereichen ist vielfach größer als das gesamte Einsparpotenzial in den nicht der biologischen Stufe zugeordneten Bereichen und unterstreicht die Bedeutung der betrieblichen Einstellungen (**Bild 2**). Neben der biologischen Stufe sind weiterhin alle Bereiche der Abwasserhebung sowie die Nutzung des produzierten Klärgases von besonderem Interesse. Zur Schließung der Deckungslücke für den Parameter Strom kann unter der Voraussetzung, dass die Kläranlage bereits weitgehend energetisch optimiert ist, nur versucht werden, die Klärgaserzeugung zu steigern und die Eigenstromerzeugung aus dem Klärgas zu verbessern. Möglichkeiten hierzu sind u. a. die Integration einer Teilstromdeammonifikation in Verbindung mit einer vermehrten Entnahme von Primärschlamm und der Einsatz moderner KWK-Anlagen mit erhöhtem elektrischem Wirkungsgrad.

Eine auf diese Weise betriebene Kläranlage mit Schlammfaulung kann unter günstigen Voraussetzungen in der Praxis einen mittleren Energiebedarf von ca. 20 bis 25 kWh/(E*a) und eine Stromeigendeckung von 70 bis über 80 % erreichen. Die verbleibende Deckungslücke kann durch eine Zugabe von biogenen Reststoffen in den Faulbehälter im Rahmen einer Co-Fermentation geschlossen werden. Der alleinige Einsatz einer BHKW-Anlage mit einem erhöhten elektrischen Wirkungsgrad von z. B. 40 % wird in der Regel nicht ausreichen, um den fehlenden Strombedarf abzudecken und ist zudem auf große Kläranlagen beschränkt. Für kleinere Kläranlagen ist auf Grund der Abhängigkeit des elektrischen Wirkungsgrades von der Leistungsgröße des BHKWs eher ein elektrischer Wirkungsgrad von ca. 30 % mit entsprechend niedrigerer Eigendeckung anzusetzen. Grundsätzlich ist aber davon auszugehen, dass durch die Kombination von Effizienzsteigerung, bedarfsorientierter Co-Fermentation und moderner KWK-Technik das Ziel eines wärme- und stromautarken Betriebs von Kläranlagen mit Schlammfaulung erreicht werden kann.

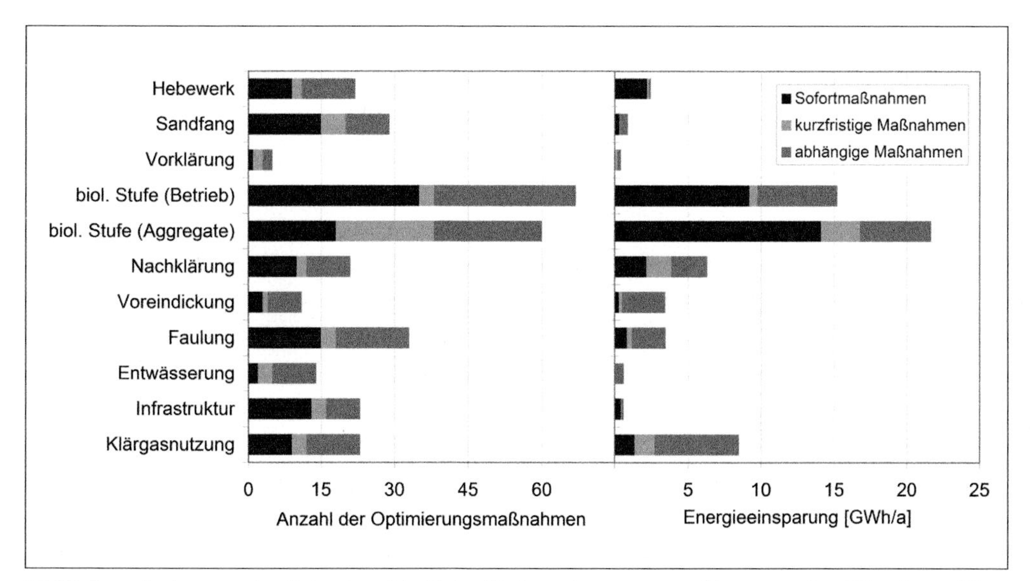

Bild 2: Energieeinsparpotential unterschiedlicher Verbrauchsgruppen auf kommunalen Kläranlagen [7]

4 Steigerung des Energiebedarfs durch zukünftige Anforderungen

Aktuell wird über eine über die Kohlenstoff- und Nährstoffelimination hinausgehende weitergehende Reinigung der Abwässer (insbesondere zur Entfernung von Mikroschadstoffen wie z. B. Arzneimittelrückständen) diskutiert. Die Integration dieser 4. Reinigungsstufe mit einer Ozonung oder Aktivkohlebehandlung des biologisch behandelten und nachgeklärten Abwassers ist mit einem erheblichen Mehraufwand an elektrischer Energie verbunden (**Tabelle 1**). Die Ozonung erfordert zur Elimination von gebildeten Metaboliten eine nachgeschaltete Sandfiltration, die Dosierung von pulverförmiger Aktivkohle (PAK) eine Flockungsfiltration zur Vermeidung eines Kohleeintrags in den Vorfluter. Die direkte Filtration über granulierte Aktivkohle (GAK) ist ebenfalls an ein Filterbauwerk gebunden. Zu beachten ist, dass Ozonung und Aktivkohleeinsatz auf Grund der unterschiedlichen Wirkungsweise energetisch nicht direkt miteinander verglichen werden können und die Aktivkohle mit erheblichen Energieverbräuchen aus der industriellen Erzeugung behaftet ist. Auch wenn diese Verfahren nicht flächendeckend eingesetzt werden, so beeinflussen sie die Energiebilanz auf den kommunalen Kläranlagen doch ganz erheblich. Der Zugewinn der Energieoptimierung wird bei beiden Verfahren teilweise oder ganz aufgezehrt und der Eigendeckungsgrad an Strom bei einer zuvor ‚energieautarken' Anlage leicht auf den ursprünglichen Wert von rund 70 % vermindert. Weitergehende Anforderungen unter Einsatz energieintensiver Technologien stehen daher dem Ziel einer energieautarken Kläranlage entgegen.

5 Kläranlagen als Teil der Energieinfrastruktur

Die Energieversorgung in Deutschland unterliegt derzeit einem erheblichen Wandel, der durch die verstärkte Nutzung erneuerbarer Energieträger wie Windenergie, Sonneneinstrahlung, Geothermie, Biomasse und Wasserkraft geprägt ist. In den letzten Jahren wurde der Wirkungsgrad der zugehörigen technischen Anlagen deutlich gesteigert und die insgesamt bereitgestellte regenerative elektrische Leistung erheblich ausgeweitet. Bis spätestens zum Jahr 2020 soll der Anteil der erneuerbaren Energien an der Stromversorgung mindestens 35 % betragen. Die CO_2-Emissionen sollen hierdurch um 40 % bezogen auf das Jahr 1990 verringert werden. Die installierte regenerative elektrische Leistung beträgt heute rund 70 GW [11] und ermöglicht damit an windreichen Sommertagen eine vollständige Deckung des deutschen Leistungsbedarfs von etwa 60 bis 80 GWh/h. Die technologischen Innovationen tragen dazu bei, dass die Energiewirtschaft zunehmend dezentraler und damit auch regionaler wird, gleichzeitig wächst der Bedarf an negativer oder positiver Regelenergie zum Ausgleich der Leistungsbilanz. Dies beinhaltet Möglichkeiten zur flexiblen Stromerzeugung sowie eines Lastma-

Tab. 1 | Energieeinsatz von Technologien zur Elimination von Mikroschadstoffen [10]

Verfahren	spezifischer Energiebedarf (günstige – ungünstige Rahmenbedingungen)	mittlerer Energiebedarf	mittlerer Energiebedarf+
	[kWh/m³]	[kWh/m³]	[kWh/(E*a)]
Ozonung	0,02 – 0,41	0,16	11,7
PAK-Dosierung	0,02 – 0,13	0,075	5,5
GAK-Filtration	0,06 – 0,17	0,11	8,0

+ unter Annahme eines spezifischen Abwasseranfalls inkl. Fremdwasser von 200 l/(E*d)

nagements unter Einbindung sogenannter virtueller Kraftwerke. Für die Bereitstellung von Regelenergie mit einem virtuellen Kraftwerk werden kleine dezentrale Anlagen, wie z. B. KWK-Anlagen, Notstromaggregate oder Wasserkraftanlagen, in der Regel ab wenigen hundert Kilowatt elektrischer Leistung mittels Informationstechnologie als Kraftwerkspool gebündelt. Die kommunalen Kläranlagen mit Schlammfaulung bieten sich mit ihren KWK-Anlagen, dem regenerativen Energieträger Klärgas und den Gasspeichern besonders für die Bereitstellung von Regelenergie im Rahmen virtueller Kraftwerke an.

Bei der direkten Nutzung von Stromüberschüssen im Versorgungsnetz aus der Produktion von Wind- oder PV-Strom wird die Eigenstromproduktion der KWK-Anlage zurückgefahren und es kann negative Regelenergie bereitgestellt werden [12]. Das erzeugte Klärgas wird temporär gespeichert und zeitversetzt in der KWK-Anlage verstromt. Der § 6 des EEG (2012) verpflichtet die Betreiber bereits heute zur Installation technischer Einrichtungen, mit denen KWK-Anlagen mit einer installierten Leistung von mehr als 100 Kilowatt bei Netzüberlastung ferngesteuert in ihrer Einspeiseleistung reduziert werden können. Stromüberschüsse aus Windkraft oder Photovoltaik können am Standort der kommunalen Kläranlage in gasförmige Produkte, wie z. B. Wasserstoff und Methan [13], umgewandelt werden. Unter Nutzung des Gasspeichers und der KWK-Anlage besteht dann die Möglichkeit, den Anteil der negativen Regelenergie zu vergrößern. In Urban und Heilmann [14] wurden Maßnahmen zur Lastvergleichmäßigung durch Speicherung von Druckluft auf kommunalen Kläranlagen untersucht, die ebenfalls eine Lastverschiebung und Lastspitzenabsenkung zum Ausgleich von Netzschwankungen ermöglichen. Weitergehende Ansätze zur Vernetzung von Energieträgern auf Kläranlagen finden sich daneben bei Stemplewski [15]. Unter Berücksichtigung der flächigen Verteilung von Kläranlagen mit Schlammfaulung besteht damit insgesamt ein hohes Potenzial für deren Einbindung in zukünftige Maßnahmen zur Energieinfrastruktur.

6 Fazit und Ausblick

Die derzeitige ‚Deckungslücke' zwischen Strombedarf und Eigenstromproduktion von rund 8 bis 10 kWh/(E*a) kann durch eine integrale energetische Optimierung der Abwasser- und Schlammbehandlung in Verbindung mit dem Einsatz einer bedarfsabhängigen Co-Fermentation sowie moderner, hocheffizienter BHKW geschlossen werden. Die Kläranlage kann damit in der Jahresbilanz sowohl ‚wärme- als auch stromautark' betrieben werden. Ob dieses Ziel in der Praxis jeweils technisch wie wirtschaftlich sinnvoll ist, muss unter Berücksichtigung der spezifischen Rahmenbedingungen im Einzelfall entschieden werden. Eine z. B. durch Faulung von externen Schlämmen oder sonstigen biogenen Reststoffen darüber hinaus gehende Mehrproduktion von Strom ist derzeit wirtschaftlich nicht sinnvoll, da die Erzeugungskosten der KWK-Anlage die Einspeisevergütung nach EEG übersteigen. Die derzeit diskutierte 4. Reinigungsstufe zur Elimination von Mikroschadstoffen ist mit einem erheblichen zusätzlichen Stromverbrauch verbunden, der das Ziel der ‚energieautarken' Kläranlage negiert.

Sinnvoller als das Ziel der Energieautarkie erscheint für die Zukunft die Einbindung von kommunalen Kläranlagen mit Schlammfaulung in integrierte Energiekonzepte in Kommunen. Gerade Kläranlagen mit Schlammfaulung bieten sich auf Grund der vorhandenen Gasspeicher und der KWK-Anlagen dazu an, bedarfsorientiert sowohl als Energiespeicher als auch als Produzent von Strom und Wärme zu fungieren. Die Rahmenbedingungen für das Mitwirken der einzelnen Anlagen in einem übergeordneten Energiemanagement unter Vermeidung zusätzlicher Kosten infolge differierender Bezugspreise und Einspeisevergütungen sind zu schaffen. Offene Fragen betreffen insbesondere den möglichen Verlust von Klärgas bei einem Überschreiten der Speicherkapazität und erhöhte Strombezugskosten bei der Bereitstellung von negativer Regelenergie.

Literatur

[1] Ministerium für Umwelt, Forsten und Verbraucherschutz Rheinland-Pfalz, Mainz, 2007: Ökoeffizienz in der Wasserwirtschaft – Steigerung der Energieeffizienz von Abwasseranlagen.

[2] GREDIK-HOFFMANN (2008): Energieautarke Kläranlagen – Vision oder Fiktion? In: Schriftenreihe GWA, Band 211, S. 8/1-8/12, ISA RWTH-Aachen, Aachen

[3] HARTWIG, P., GERDES, D., SCHREWE, N. (2010): Energieautarker Kläranlagenbetrieb. 14. Erfahrungsaustausch der Obleute norddeutscher Kläranlagennachbarschaften. Lüneburg

[4] KAPPELER, J., BLACH, T. (2012): Energieautarke Kläranlage. Aqua & Gas 7/8 / 2012

[5] PETRI, C. (2011): Die Kläranlage als Energiefabrik. Proceedings 25. Karlsruher Flockungstage 2011

[6] BECKER, M.; HANSEN, J. (2013): Is energy-independence already state of the art in NW-European wastewater treatment plants? Proceedings of the IWA Conference on Asset Management for Enhancing Energy Efficiency in Water and Wastewater Systems, Marbeilla

[7] KOLISCH, G., OSTHOFF, T., HOBUS, I., HANSEN, J. (2010): Steigerung der Energieeffizienz auf kommunalen Kläranlagen – eine Ergebnisbetrachtung zu durchgeführten Energieanalysen. KA, 57/10, S. 1028-1032

[8] Ministerium für Umwelt, Raumplanung und Landwirtschaft Nordrhein-Westfalen, Düsseldorf, 1999: Handbuch Energie in Kläranlagen.

[9] ROEDIGER, M.: Zielsetzung und Randbedingungen bei der Verfahrenswahl zur biologischen Schlammstabilsierung auf Kläranlagen kleiner und mittlerer Grösse. Manuskript zu den DWA-Klärschlammtagen 2013 (unveröffentlicht)

[10] KREBBER, K., PALMOWSKI, L., PINNEKAMP, J. (2013): Energieverbrauch der Verfahren zur Elimination von Spurenstoffen auf kommunalen Kläranlagen. In: GWA 232, S. 34/1-34/14, ISA RWTH Aachen, Aachen

[11] Bundesministerium für Umwelt, Naturschutz und Reaktorsicherheit, Berlin, 2012: Erneuerbare Energien in Zahlen.

[12] SCHMIEDESKAMP, C. (2011): Regelenergie aus virtuellen Kraftwerken – Chance für Betreiber von BHKW-Anlagen. In: Schriftenreihe SIWAWI TU Kaiserslautern, 30, S. 131-138, TU Kaiserslautern, Kaiserslautern

[13] STERNER, M., SAINT-DRENAN, Y.-M., GERHARDT, N., SPECHT, M., STÜRMER, B., ZUBERBÜHLER, U. (2010): Erneuerbares Methan. Ein innovatives Konzept zur Speicherung und Integration Erneuerbarer Energien sowie zur regenerativen Vollversorgung. Leibniz Institut LIFIS. download unter http://www.leibniz-institut.de

[14] URBAN, U., HEILMANN, A. (2012): Beiträge von Kläranlagen zur Energiewende. In: Landesverbandstagung 2012 Potsdam. Nachhaltige Wasserwirtschaft. DWA Nord-Ost, Magdeburg

[15] STEMPLEWSKI, J. (2012): Das Hybridkraftwerk Emscher in Bottrop. KA, 59/4, S. 325-329

Autoren

Prof. Dr.-Ing. Jo Hansen
Universität Luxemburg – Campus Kirchberg
Siedlungswasserwirtschaft und Wasserbau
6, rue R. Coudenhove-Kalergi
L-1359 Luxemburg
E-Mail: joachim.hansen@uni.lu

Dr.-Ing. Gerd Kolisch
Wupperverbandsgesellschaft für integrale
Wasserwirtschaft (WiW) mbH
Untere Lichtenplatzer Straße 100
42289 Wuppertal
E-Mail: kol@wupperverband.de

Mike Böge und Jürgen Knies

Die Energie ist unter uns
Wie Abwasserwärme stärker genutzt werden kann

Die nachträgliche Errichtung von Wärmenetzen in eng bebauten Städten ist nur eingeschränkt realisierbar, aber dennoch wirtschaftlich und energetisch sinnvoll. Ein bereits existierendes Nahwärmesystem wird meist nicht weiter beachtet – die Kanalisation. Kommunale Energiekonzepte können dies berücksichtigen.

1 Einleitung

Mit dem Einläuten der von der Bundesregierung formulierten „Energiewende" ist die Ausdehnung der Nutzung regenerativer Energieformen Wind, Sonne und Biomasse vornehmlich auf die Erzeugung von elektrischem Strom konzentriert. Bei der Betrachtung des Energiebedarfs am Beispiel eines Wohngebäudes in Deutschland wird deutlich, dass der Energiebedarf für die Wärmebereitstellung im Durchschnitt deutlich höher ist als der eigentliche Strombedarf.

Der Ausbau der Geothermie und die Abwärmenutzung der Gasverstromung von Biogasanlagen gehören zu den förderwürdigen Projekten, um künftig eine möglichst klimaschonende Energieversorgung zu generieren. Während in ländlichen Gebieten dezentrale Wärmeverteilungen möglich und sinnvoll erscheinen, ist eine nachträgliche Errichtung von Wärmenetzen in eng bebauten Städten nur eingeschränkt realisierbar, aber dennoch wirtschaftlich und energetisch sinnvoll. Ein bereits existierendes Nahwärmesystem wird hier meist nicht weiter beachtet – die Kanalisation.

Kommunales Abwasser ist ein durch häusliche und gewerbliche Prozesse aufgewärmtes Wasser. Es fließt über ein kommunales Leitungsnetz zu einer Kläranlage, wo es gereinigt und anschließend der Umwelt übergeben wird. Je nach Jahreszeit und Region schwankt die Temperatur des Abwassers zwischen 10 und 20 °C und bietet sich somit als Wärmequelle für eine Wärmepumpe an. Nur in wenigen Energiekonzepten von Kommunen (z. B. der Stadt Oldenburg) wird diese Energiequelle erwähnt.

2 Technische Lösungen

Die mittlerweile bewährte Technik zur Abwasserwärmegewinnung ist denkbar einfach. Auf dem Weg durch die Kanalisation kann dem Abwasser mit Hilfe von Abwasserwärmetauschern Wärme entzogen und über Anschlussleitungen beispielsweise einem kommunalen Gebäude zugänglich gemacht werden. Je nach vorhandenen Bedingungen können unterschiedliche Wärmetauschersysteme zum Einsatz kommen. Grundsätzlich unterscheidet man beim Kanalnetz in „Integrierte Wärmetauscher" und Wärmetauscher, die sich außerhalb des Kanals befinden.

2.1 Integrierte Wärmetauscher

Für den Freispiegelkanal existieren Rinnenwärmetauscher, die werkseitig oder nachträglich im Sohlbereich des Rohres eingebracht werden. Im späteren Kanalbetrieb wird der Wärmetauscher dann vom warmen Abwasser überströmt. Durch das kältere, zirkulierende Medium im Wärmetauscher wird dem Abwasser Wärme entzogen. Über Anschlussleitungen gelangt die so gewonnene Wärme zu einer Wärmepumpe, von wo aus das betreffende Gebäude geheizt werden kann. Auf Grund der guten Wärmeleiteigenschaften und des Widerstandsverhaltens gegenüber Abwasser kommen für die Rinnenwärmetauscher Systeme aus Edelstahl zum Einsatz (**Bild 1**).

Andere Wärmetauscher bestehen aus Kunststoffrohren mit außen liegenden Kollektoren. Derartige Systeme beziehen nur einen Teil der Wärme direkt aus dem Abwasser. Hier wird vielmehr die Wärme aus dem umliegenden Erdreich

Bild 1: Rinnenwärmetauscher während des Einbaus

bzw. der Leitungszone des Kanals gewonnen, ähnlich dem Prinzip der Geothermie.

Bei vollgefüllten Abwasserdruckrohrleitungen kann der gesamte Rohrmantel als effektive Wärmeübertragungsfläche verwendet werden. Hier bieten sich Doppelrohrsysteme an, bei denen das Wärmetauschermedium im Ringraum fließen und damit dem innenliegenden abwasserführenden Rohr die Wärme entziehen kann.

2.2 Wärmetauschersysteme außerhalb des Kanals

Wärmetauschersysteme, die außerhalb des Kanals angeordnet sind, werden mit einer speziellen Abwasserhebeanlage über einen Bypass gespeist. Der zuvor über einen Schacht entnommene Abwasserteilstrom wird nach der Wärmeabgabe wieder dem Hauptsammler zugeführt. Für die Beheizung der Gebäude wird analog zu den zuvor genannten Systemen eine Wärmepumpe verwendet, die über Anschlussleitungen vom Wärmetauscher gespeist wird.

Parallele Entwicklungen hierzu verfolgen den Ansatz, das Abwasser direkt einer Wärmepumpe zuzuführen, um die Energiegewinnung effektiver zu gestalten, weil der Wirkungsgradverlust durch den Wärmetauscher entfällt.

3 Anwendung

Die erste Abwasserwärmerückgewinnungsanlage in Deutschland wurde bereits Anfang der 1980er-Jahre im Ostteil Berlins betrieben. Es handelte sich um einen Doppelrohrwärmetauscher in einer Abwasserdruckrohrleitung. Seither ist die Umsetzung dieser Technologie in Deutschland ein Nischenfeld geblieben. Aktuell sind ca. 30 Pilotanlagen im Betrieb. Hier wollen die Kanalnetzbetreiber, aber auch die Kommunen und Wärmenutzer zunächst Erfahrungen im Hinblick auf Betriebssicherheit und Optimierungspotenziale sammeln. Denn wie alle Wärmetauscher leiden auch Abwasserwärmetauscher unter Leistungsreduzierung in Folge von Verschmutzungen. Insbesondere die durch das Abwasser bedingte Sielhautbildung kann zu einer Verringerung der Wärmeleistung von bis zu 50 % führen. Hier kann eine zeitlich abgestimmte Kanalreinigung sinnvoll sein, deren Intervall die Erfordernisse der Wärmegewinnung berücksichtigt.

Damit sich derartige betriebsbedingte Effekte auch im Nachgang der Installation rechtzeitig beurteilen lassen, wurde vom Institut für Rohrleitungsbau in Oldenburg (iro GmbH Oldenburg) ein Prüfprogramm entwickelt. Mit Hilfe von wärmetauscherspezifischen Leistungskennfeldern lässt sich die Wirkung eines Wärmetauschers in Abhängigkeit von den zu erwartenden Betriebsbedingungen darstellen und damit der sinnvolle Einsatz entsprechender Systeme planen. Bei der Ermittlung der Wärmeleistung von Abwasserwärmetauschern können im Prüfverfahren sowohl abwasserseitig als auch im Primärkreis der Wärmepumpe Veränderungen und deren Auswirkungen auf die Wärmeleistung der Systeme festgestellt werden. Anhand der so empirisch generierten Leistungskurven lässt sich zudem der optimale Betrieb des Wärmetauschers im Vorfeld identifizieren und eine aufwändige Optimierungsphase im Nachgang vermeiden (**Bild 2**).

4 Pilotanlage in Oldenburg

Für mehr Transparenz zum Thema „Wärmerückgewinnung aus Abwasser" dient ein Rinnenwärmetauscher in Oldenburg, an dem derzeit der Oldenburgische Ostfriesische Wasserverband (OOWV) als Kanalnetzbetreiber gemeinsam mit der iro GmbH Oldenburg den Einsatz von Abwasserwärmetauschern untersucht. Hierzu wurde im Februar 2012 eine Pilotanlage in Betrieb genommen, die das Bürogebäude des iro mit Wärme versorgt. Mit Hilfe der Anlage sowie einer intensiven messtechnischen Begleitung konnten Erfahrungen im Hinblick auf den Netzbetrieb als auch die Nutzung gesammelt werden. Neben einem guten zuverlässigen Betrieb sind Potenziale zur weiteren Steigerung der Effektivität zu verzeichnen, die im Zusammenhang mit einer wärmebedarfsorientierten Pumpensteuerung stehen.

In der Heizzentrale im Institutsgebäude der iro GmbH Oldenburg können sich Planer und

Bild 2: Wärmeleistungsermittlung am Institut für Rohrleitungsbau in Oldenburg

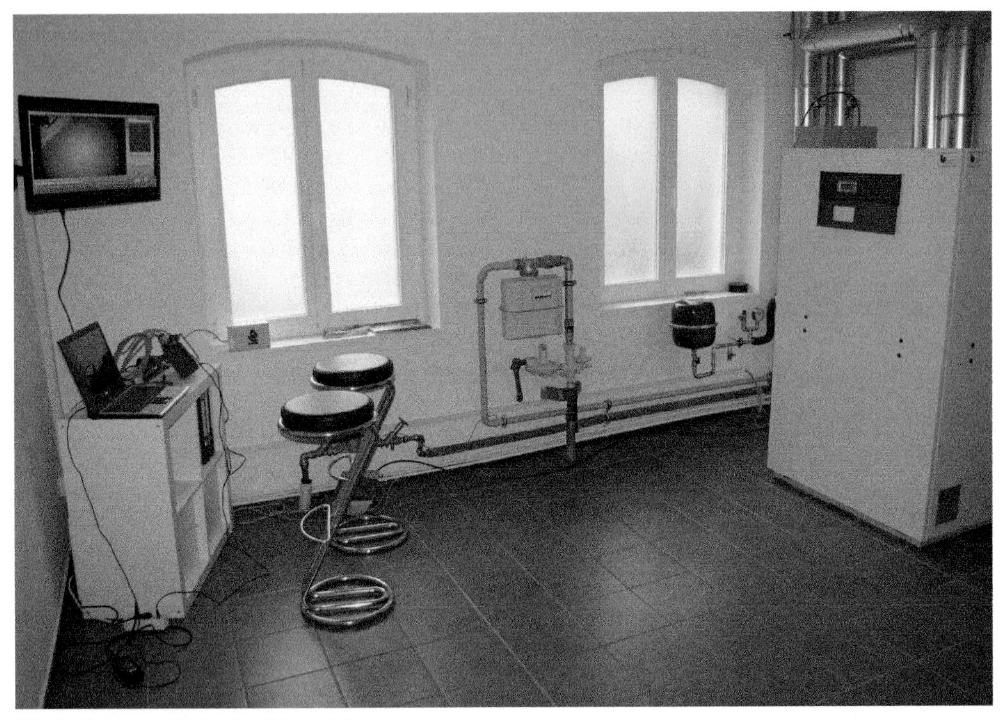

Bild 3: Heizzentrale des iro-Bürogebäudes

Anwender über das Thema „Abwasserwärmerückgewinnung" informieren (**Bild 3**).

5 Abwasserwärme im größeren Maßstab

Nicht nur die Weiterentwicklung der einzelnen Systeme selbst oder die Verbesserung von Dimensionierungshilfen können die Effektivität der Abwasserwärmetauschersysteme steigern. Integrierende Planungskonzepte können ebenfalls dazu führen, dass der Bau dieser Anlagen wirtschaftlicher im Vergleich zu anderen Energiequellen ist. Dies kann dann der Fall sein, wenn der Kanal ohnehin instandgesetzt oder erneuert werden muss und zeitnah eine anliegende Gebäudeheizungsanlage abgängig ist. Diese Synergieeffekte gilt es bereits im Vorfeld zu entdecken.

Für eine Einschätzung der Wirtschaftlichkeit und der Allokation geeigneter Standorte sind verschiedene Informationen notwendig, die beschafft werden müssen. Daten zu kommunalen Liegenschaften, Kanalnetzen, Nutzungsstrukturen, der Bevölkerungsdichte und -entwicklung stehen meist isoliert nebeneinander. Über den Raumbezug können die Daten miteinander in Beziehung gesetzt und einer Auswertung zugeführt werden. Hierzu bieten sich die Werkzeuge und Methoden der Geografischen Informationssysteme (GIS) an.

Im Rahmen einer Machbarkeitsstudie für die Stadt Osterholz-Scharmbeck (Niedersachsen) wurde eine räumliche Übersicht über die vorhandenen Nutzungsstrukturen, Kanaldaten und möglichen Wärmeabnehmern erstellt. Die Studie gehört zum Interreg IVB – Projekt „North Sea Sustainable Energy Planning" (http:// www.northseasep.eu/) abgeschlossen (**Bild 4**).

Für die räumliche Untersuchung wurden die Kriterien des Merkblatts DWA-M 114 herangezogen und die Nutzungsstrukturen innerhalb der Zonierung entsprechend analysiert.

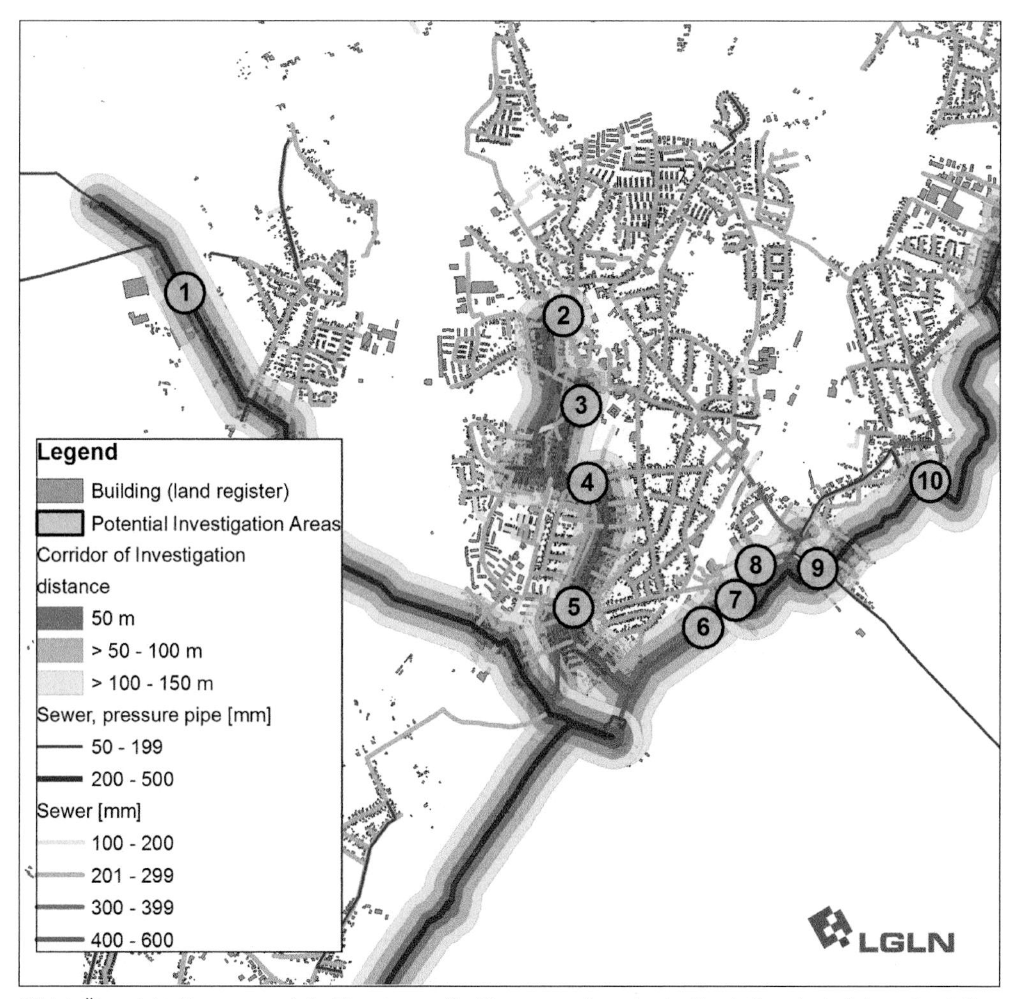

Bild 4: Übersicht über potenzielle Einsatzorte für Abwasserwärme in der Stadt Osterholz-Scharmbeck (Interreg IVB-Projekt „North Sea Sustainable Energy Planning")

6 Deutsch-Niederländisches Projekt zum Thema Abwasserwärme

Seit September 2012 ist das Projekt „DeNeWa" (Deutsch-Nederlanske Wassertechnologie) angelaufen, in dem die Nutzung von Abwasserwärme im Zentrum steht. Es wird Mitte 2014 abgeschlossen sein und von der iro GmbH Oldenburg und dem Oldenburgisch-Ostfriesischen Wasserverband (OOWV) durchgeführt.

Mit Unterstützung der Stadt Oldenburg wird an einer großräumigen Potenzialanalyse im Stadtgebiet gearbeitet. Im Projekt sollen Konzepte und Modelle erstellt werden, mit denen die Einsatzmöglichkeiten für unterschiedliche Wärmerückgewinnungstechnologien herausgearbeitet werden können.

Neben der Erstellung von wirtschaftlichen und technischen Konzepten, um eine Basis für eine Entscheidung zu haben, sollen zusammen mit Kommunen, Netzbetreibern und Dienstleistern fachliche Workshops durchgeführt werden. In diesen Workshops sollen Kriterien erarbeitet werden, die einen erfolgreichen Einsatz von Wärmerückgewinnungsansätzen und -technologien ermöglichen. Die auf Langfristigkeit ausgelegten Systeme und Infrastrukturen müssen dabei auch zukünftige Entwicklungen wie den demografischen Wandel, städtebauliche Entwicklungen, Klimaanpassungsstrategien und Wassernutzungskonzepte berücksichtigen. Auch ist zu berücksichtigen, dass sich die Qualität des Abwassers der Zukunft verändern kann.

Von besonderem Interesse wird die grenzüberschreitende Kooperation sein. So wird gemeinsam mit der Stadt Groningen und den Wasserbetrieben (Waterbedrijf Groningen) ein reger Austausch über verschiedene Lösungsansätze vorbereitet.

Das Projekt „DeNeWa" wird im Rahmen des INTERREG IV A-Programms Deutschland-Nederland mit Mitteln des Europäischen Fonds für Regionale Entwicklung (EFRE) und des Ministeriums für Wirtschaft, Arbeit und Verkehr des Landes Niedersachsen, des Ministerie van Economische Zaken, Landbouw en Innovatie der Niederlande, der Provinz Fryslân und der Provinz Groningen kofinanziert. Es wird begleitet durch das Programmmanagement INTERREG bei der Ems Dollart Region (EDR)

7 Ausblick

Das Nischendasein der Wärmenutzung aus Abwasser wird mit fortschreitenden technologischen Entwicklungen, vor allem aber durch die steigenden Energiekosten enden. Das Kanalsystem kann als großräumiges Energiesystem verstanden werden und eine wichtige Rolle bei kommunalen Energiestrategien einnehmen.

Neben der technischen Komponente sind folgende Fragen zu beantworten:

- Wie sieht sich ein Kanalnetzbetreiber in Zukunft und wird er bzw. kann er überhaupt die Rolle eines Energieversorgers wahrnehmen? Oder müssen hier andere vertragliche Regelungen und Kooperationen greifen?
- Können Kommunen mit Anreizsystemen die Nutzung von Wärme aus Abwasser unterstützen? Welche städtebaulichen Instrumente können hierfür herangezogen werden?
- Können geeignete Kanalabschnitte Ausgangspunkte für Nahwärmeinseln oder gar Nahwärmenetze darstellen oder wird weiterhin die Versorgung von Einzelgebäuden im Mittelpunkt stehen?
- Wie können neue energetische Partizipationsformen bei z. B. Quartiersentwicklungen eingesetzt werden, um das Potenzial optimal auszuschöpfen?
- Wie kann die Nutzung von Wärme aus Abwasser und die dazugehörende Wärmepumpentechnik in zukünftige Hybridnetze und Smart Grid-Konzepte integriert werden?

Autoren

Dipl.-Ing. Mike Böge
Ansprechpartner für
Anlagentechnik und Forschung
E-Mail: boege@iro-online.de

Dipl.-Landschaftsökol. Jürgen Knies MSc (GIS)
Ansprechpartner für das
Interreg-Projekt „DeNeWa"
E-Mail: knies@iro-online.de
iro GmbH Oldenburg
Ofener Str. 18
26121 Oldenburg

Matthias Naumann, Timothy Moss und Ross Beveridge

Nutzung gereinigten Abwassers zwischen globalem Anspruch und regionalen Realitäten

Vorgestellt werden die Möglichkeiten der Nutzung gereinigten Abwassers und einer Verbindung mit Energie als Ressource am Beispiel eines Forschungsprojektes in Berlin-Brandenburg. Dem internationalen Forschungsstand wird die spezifische Situation in der Region gegenübergestellt.

Einleitung

Klimawandel, Bevölkerungswachstum und Verstädterung, Verschmutzung von Ressourcen – zunehmend stellt Wasserknappheit ein globales Problem dar. In vielen Ländern wird die Nutzung von gereinigtem Abwasser als ein Weg gesehen, mit der Ressource Wasser effizienter umzugehen. Die Einsatzmöglichkeiten von gereinigtem Abwasser sind vielfältig: in der landwirtschaftlichen Bewässerung, in der Industrie (z. B. Kühlwasser), in städtischen Bereichen (z. B. Bewässerung von Grünflächen, Straßenreinigung) oder für die Bewässerung von touristisch oder für Sportaktivitäten genutzten Flächen [1]. Das Thema der Wiederverwertung von Abwasser rückt auch zunehmend auf die politische Agenda: Gegenwärtig erarbeitet die EU Regelungen für die Ausbringung von gereinigtem Abwasser auf landwirtschaftlich genutzten Flächen [2]. Ausgehend von der Initiative der EU wird die mögliche Nutzung gereinigten Abwassers auch in der Bundesrepublik diskutiert. Bislang liegen in den Bundesländern nur in Ausnahmefällen Genehmigungen für die Aufbringung gereinigten Abwassers vor. Ein Projekt des Umweltbundesamtes untersuchte aktuell die jeweiligen Rahmenbedingungen in verschiedenen Bundesländern [3].

Ausgehend von der internationalen Praxis der Nutzung gereinigten Abwassers und der aktuellen politischen Diskussion werden Erkenntnisse aus dem interdisziplinären Forschungsprojekt „ELaN" vorgestellt. Das Projekt untersuchte die Möglichkeiten und Grenzen der Wiederverwertung gereinigten Abwassers in der Region Berlin-Brandenburg sowie daraus entstehende Synergieeffekte mit anderen Bereichen, wie z. B. der Energieversorgung. Damit schließt „ELaN" an die Debatte um die notwendige Neuausrichtung von Infrastrukturen an einem „Water-Energy-Nexus" an, der die Wechselwirkungen zwischen Energie und Wasser in den Blick nimmt. Zunächst wird der internationale Forschungsstand zur Nutzung von gereinigtem Abwasser und zum „Water-Energy-Nexus" dargestellt. Anschließend werden das Projekt „ELaN" und die zentralen Ergebnisse des Projektes vorgestellt [4]. Ein Fazit mit Thesen zur Realisierung eines nachhaltigen Land- und Wassermanagements wird gezogen.

Internationale Debatten zur Nutzung gereinigten Abwassers und zum „Water-Energy-Nexus"

Die Möglichkeiten, aber auch Risiken der Nutzung gereinigten Abwassers sind nicht nur aktueller Gegenstand politischer Überlegungen, sondern auch Forschungsthema unterschiedlicher Fachdisziplinen. Darüber hinaus entstand in jüngerer Zeit unter dem Schlagwort „Water-Energy-Nexus" eine Debatte, die sich mit den vielfältigen Wechselwirkungen zwischen den beiden Ressourcen sowie deren Bewirtschaftung befasst.

„Water Reuse" als Thema der internationalen Forschung

Die Nutzung gereinigten Abwassers, vor allem

für die landwirtschaftliche Bewässerung, ist in vielen Ländern bereits Realität. Daran schließt unter den Schlagworten „Water Reuse" oder auch „Water Recycling" eine wissenschaftliche Debatte an, die sich den damit verbundenen Herausforderungen widmet.

Hinsichtlich der Nutzung gereinigten Abwassers bestehen erhebliche regionale Unterschiede. Vor allem in Ländern mit ausgeprägter Wasserknappheit, wie etwa in Australien, Südeuropa oder Israel, wird die Wiederverwertung von Abwasser bereits seit längerem praktiziert [5]. Demgegenüber steht die Diskussion in anderen Regionen der Welt, wie etwa der Bundesrepublik, noch am Anfang, und es existieren bislang nur einzelne Projekte. Ungeachtet dieser Unterschiede bestehen gemeinsame Erwartungen hinsichtlich der Vorteile der Wiederaufbringung von gereinigtem Abwasser. Dies umfasst in erster Linie eine effizientere Nutzung der Ressource Wasser, zum Beispiel durch eine verringerte Entnahme von Oberflächen- oder Grundwasser. Damit verbunden sind Aussichten auf die Erhöhung der landwirtschaftlichen Produktion sowie positive Auswirkungen für den Naturschutz und den Tourismus [6].

Diesen offenkundigen Vorteilen stehen aber auch verschiedene Schwierigkeiten und Bedenken gegenüber [1]. Erstens stoßen Projekte, die gereinigtes Abwasser verwenden, häufig auf fehlende Akzeptanz in der lokalen Bevölkerung. Ursache dafür sind Befürchtungen hinsichtlich negativer gesundheitlicher Auswirkungen, aber auch hinsichtlich möglicher Geruchsbelästigungen oder eines schlechten Images von Orten, in denen Abwasser wiederverwertet wird. Zweitens ist die Nutzung gereinigten Abwassers nicht immer kompatibel zu den bestehenden institutionellen Regelungen der Wasserbewirtschaftung. So fehlen mitunter die rechtlichen Grundlagen für die Aufbringung von gereinigtem Abwasser. Drittens stellen hohe Kosten und Risiken ökonomische Schwierigkeiten für die Wiederverwendung von Abwasser dar. Die Anwendung neuer Formen der Entsorgung ist daher häufig mit Unsicherheiten verbunden und auf finanzielle Unterstützung durch öffentliche Einrichtungen angewiesen. Schließlich stellt auch die Anpassung von Infrastrukturen, vor allem für den Transport und die Speicherung von gereinigtem Abwasser, eine technische Herausforderung dar.

Diese knappe Übersicht der mit der Nutzung von gereinigtem Abwasser verbundenen Vor- und Nachteile verdeutlicht, dass die Wiederverwertung von Abwasser eine komplexe Querschnittsaufgabe ist, die weit über technische Fragen hinausgeht. Es stellen sich Fragen nach der institutionellen Regelung, der Akzeptanz, der wirtschaftlichen Umsetzbarkeit und der künftigen Landnutzung, die auch weitere Sektoren berühren. Die wissenschaftliche Diskussion um einen „Water-Energy-Nexus" greift diese wechselseitigen Verbindungen auf.

Die Debatte zum „Water-Energy-Nexus"

Die enge Verzahnung von Energie- und Wasserinfrastrukturen liegt auf der Hand. So wird einerseits bei der Wasserversorgung Energie benötigt, andererseits weist der Energiesektor einen erheblichen Wasserbedarf auf. Somit steht auch eine nachhaltige Transformation beider Systeme in enger Wechselwirkung zueinander. Dagegen ist die politische Steuerung beider Sektoren immer noch stark voneinander getrennt. Hier setzt die Idee des „Water-Energy-Nexus" an und betont die wechselseitigen Abhängigkeiten zwischen Wasser, Energie und zunehmend auch dem Klimawandel. Der Nexus-Ansatz wird dabei nicht nur in der wissenschaftlichen Debatte, sondern auch von den Vereinten Nationen und dem World Business Council for Sustainable Development aufgegriffen. Der Nexus betrifft viele Bereiche und reicht von geopolitischen Fragen der Kontrolle von Ressourcen über neue Formen von Produktion und Konsum bis hin zu Hygiene und Partizipation [7]. Bislang steht eine umfassende Verwirklichung des Nexus-Gedankens in der politischen Steuerung jedoch noch aus [8].

Bild 1: Vom Rieselfeld zum Energiefeld – Einsatz von gereinigtem Abwasser bei Kurzumtriebsplantagen (Quelle: Benjamin Nölting)

Die Wiederverwertung von gereinigtem Abwasser kann eine praktische Umsetzung des Nexus-Gedankens darstellen, indem gezielt nach Synergien und sektorübergreifenden Innovationen gesucht wird. Im Projekt „ELaN" stehen somit nicht nur nachhaltige Transformationen in der Abwasserentsorgung im Fokus, sondern die Entwicklung eines integrierten Landmanagements insgesamt.

Das Projekt ELaN

Das Forschungsprojekt „Entwicklung eines integrierten Landmanagements durch nachhaltige Wasser- und Stoffnutzung in Nordostdeutschland (ELaN)" wurde von 2011 bis 2016 im Rahmen der Fördermaßnahme „Innovative Systemlösungen für ein nachhaltiges Landmanagement" vom Bundesministerium für Bildung und Forschung gefördert. Ziel des inter- und transdisziplinären Vorhabens war die Untersuchung der Nutzung gereinigten Abwassers, der Wiedergewinnung von Phosphor aus dem Klärschlamm und der Verwendung von Urin zur Bewässerung und Düngung. Am Beispiel von drei Flächenbausteinen, den ehemaligen Rieselfeldern in Hobrechtsfelde (bei Berlin), den ehemaligen Rieselfeldern in Wansdorf (bei Berlin) und einer Niedermoorfläche in Biesenbrow (Landkreis Uckermark), wurde gereinigtes Abwasser auf Oberflächen aufge-

Die Debatte um den „water-energy-nexus" geht davon aus, dass Wasser- und Energiesicherheit sowie die ihnen zugrunde liegenden natürlichen Ressourcen in Planung und Management zusammen gedacht werden müssen. Die Energieversorgung ist auf Wasser angewiesen, wie auch die Wasserversorgung energieintensiv ist. Eine nachhaltige Energie- und Wasserversorgung (und auch die Produktion von Nahrungsmitteln) bedingen sich somit gegenseitig.

Der Nexus-Ansatz steht für den Versuch, bislang voneinander getrennt behandelte Sektoren systematisch integriert zu betrachten und damit nachhaltige Transformationen zu ermöglichen. Eine wichtige Rolle spielt dabei die globale Ernährungssicherheit, weswegen häufig auch von einem „water-energy-food-nexus" gesprochen wird, der zunehmend auch Fragen des Klimaschutzes berücksichtigt.

Der Nexus betrifft damit verschiedene Sektoren wie auch unterschiedliche Ebenen politischer Steuerung. Er stellt sowohl eine politische Forderung zahlreicher internationaler Organisationen wie auch eine Agenda für die transdisziplinäre Forschung dar [11].

bracht. Die dafür notwendigen sozio-ökonomischen Rahmenbedingungen sowie Fragen der politischen Steuerung der Nutzung gereinigten Abwassers nahmen im Projekt ELaN einen wichtigen Platz ein. Produkte von ELaN sind unter anderem eine Empfehlung zum Risiko-basierten Management der Verwendung von gereinigtem Abwasser in der Landschaft, ein sozialwissenschaftlicher Orientierungsrahmen für strategische Entscheidungsprozesse, ein webbasiertes Entscheidungsunterstützungssystem zur Bewirtschaftung von Niedermooren und eine Visualisierung unterschiedlicher Landnutzungsszenarien. Diese Produkte sowie insgesamt neun ELaN Discussion Papers sind auf der Webseite des Projekts abrufbar [9].

Das Teilprojekt „Regionale Infrastrukturpolitik" untersuchte Infrastruktursysteme der Ver- und Entsorgung als wichtige Steuerungsinstanzen zur Kopplung von Wasser-, Stoffstrom- und Landmanagement. Ziel war es, die Potenziale von Abwasserentsorgungs- und Energieversorgungsunternehmen für ein nachhaltiges Wasser- und Landmanagement zu ermitteln. Hierfür wurden die Schlüsselfunktionen beider Infrastruktursysteme bei der Kopplung von land- und wasserbezogenen Stoffnutzungen in den Untersuchungsräumen analysiert und Anforderungen für politischen Handlungsbedarf ermittelt. Dabei wurde auf die veränderten Rahmenbedingungen infolge von Klimawandel, sozio-ökonomischem und demographischem Wandel besondere Rücksicht genommen [10].

Möglichkeiten und Grenzen der Nutzung gereinigten Abwassers in Berlin-Brandenburg

Wichtige Ausgangspunkte des Projektes „ELaN" waren die vielfältigen Potenziale der Nutzung gereinigten Abwassers in der Region Berlin-Brandenburg. Diese soll einen Beitrag zur lokalen Stabilisierung des Wasserhaushalts sowie zur Erhaltung von Feuchtgebieten leisten. Darüber hinaus, so ein Anliegen im Projekt, könnte gereinigtes Abwasser für die Bewässerung von Kurzumtriebsplantagen in der Biomasseerzeugung genutzt werden und damit einen Bezug zum Energiesektor herstellen (**Bild 1**). Die im Projekt identifizierten Flächenbausteine stellen Sonderstandorte dar, wie etwa ehemalige Rieselfelder oder Niedermoore, die durch die Aufbringung von gereinigtem Abwasser aufgewertet werden sollen. Weiterhin wurde im Projekt die Möglichkeit einer zusätzlichen Reinigung von Abwasser mittels Bodenpassage untersucht, die auch eine interessante, energieeinsparende Option für Aufgabenträger der Abwasserentsorgung werden könnte. Schließlich ging es im Projekt um die Entwicklung neuer Formen der Kooperation zwischen städtischen Räumen, wo größere Abwassermengen anfallen, und ländlichen Räumen, in denen die gereinigten Abwässer wiederverwertet werden könnten.

Die Realisierung dieser Potenziale traf jedoch auf verschiedene Hindernisse. Erstens verbietet der bestehende rechtliche Rahmen in Brandenburg eine Aufbringung gereinigten Abwassers. Für die Projektlaufzeit erteilte das Ministerium für Ländliche Entwicklung, Umwelt und Landwirtschaft des Landes Brandenburg (MLUL) lediglich eine zeitlich befristete Ausnahmegenehmigung mit der Auflage, das gereinigte Abwasser stark zu verdünnen. Es fehlt damit eine gesetzliche Grundlage für die Fortführung oder gar Verbreitung der Projekte. Zweitens besteht immer noch eine weitgehende Trennung der Sektoren der Energiever- und Abwasserentsorgung. Im Land Brandenburg gibt es nur wenige Verbundunternehmen, die beide Bereiche verantworten, und die politische Verantwortung ist zwischen dem MLUL für Abwasser und dem Wirtschaftsministerium für den Energiesektor aufgeteilt. Drittens fehlen bisher ökonomische Anreize für die Nutzung von gereinigtem Abwasser. Für die Aufgabenträger der Abwasserentsorgung würde erst eine Reduzierung der Einleitgebühren einen finanziellen Vorteil für die Aufbringung von gereinigtem Abwasser darstellen. Landwirte befürchten, dass die Nutzung gereinigten Abwassers negative Auswirkungen auf den Absatz ihrer Produkte haben könnte. Viertens steht eine Neuordnung des Stadt-Land-Verhältnisses durch eine sektoren- und länderübergreifende Infrastrukturplanung in Berlin-Brandenburg erst am Anfang. Während die Gemeinsame Landesplanungsabteilung zunehmend Fragen der Energieversorgung und des Klimaschutzes aufgreift, steht ein integrierter Zugang, z. B. unter Einbeziehung des Abwassersektors, noch aus. Fünftens stellt die notwendige Akzeptanz und Unterstützung für die Wiederverwertung von Abwasser auch in der Region Berlin-Brandenburg noch eine Herausforderung dar. So wird die künftige Ausrichtung der Energieversorgung in der Region breit und kontrovers diskutiert, eine vergleichbare Debatte um eine „Abwasserwende" gibt es bisher jedoch nicht.

Neben diesen institutionellen Hemmnissen bestehen auch technische Herausforderungen, wie etwa die Kompatibilität mit bestehenden Infrastrukturen der Abwasserentsorgung. Mitunter sind lange Transportwege von den Kläranlagen zu den Bewässerungsflächen notwendig. Darüber hinaus reichen die in den peripheren ländlichen Räumen im Land Brandenburg anfallenden Abwassermengen nicht aus, um einen relevanten Beitrag für die Stabilisierung des Wasserhaushalts oder den Erhalt von Feuchtgebieten leisten zu können.

Die in der internationalen Literatur identifizierten Schwierigkeiten bei der Nutzung gereinigten Abwassers wie auch bei der Umsetzung des Nexus-Gedankens lassen sich somit auch für die Region Berlin-Brandenburg nachvollziehen. Vor dem Hintergrund der im Projekt „ELaN" gemachten Erfahrungen und der wissenschaftlichen Debatte zur Wiederverwertung von Abwasser und zum „Water-Energy-Nexus" stellt sich abschließend die Frage nach der Zukunft eines nachhaltigen Land- und Wassermanagements.

Fazit

Im Forschungsvorhaben „ELaN" wurde der internationale Stand der Forschung zur Wiederverwertung von gereinigtem Abwasser und zur Umsetzung des „Water-Energy-Nexus" den konkreten Bedingungen in der Region Berlin-Brandenburg gegenübergestellt. Die dabei untersuchten Möglichkeiten und Grenzen der Nutzung von gereinigtem Abwasser zeigen erstens, dass nur sehr standortspezifische Aussagen darüber möglich sind. Die Aufbringung von gereinigtem Abwasser auf Oberflächen stellt daher keine „Systemlösung" dar, sondern ist abhängig von den jeweiligen lokalen Gegebenheiten, wie etwa den Standorten der Kläranlagen und stellt derzeit nur eine „Nischenlösung" dar.

Daran schließt zweitens an, dass ohne eine Änderung des rechtlichen Rahmens und ohne die Schaffung von ökonomischen Anreizen die Nutzung von gereinigtem Abwasser über einzelne Versuchsprojekte hinaus momentan keine Perspektive hat. Dennoch ist es notwendig, die vorhandenen Spielräume, z. B. für Ausnahmegenehmigungen, zu nutzen. Hierfür sind kontinuierliche Netzwerke notwendig, die für Unterstützung und Akzeptanz werben.

Drittens wird trotz der verschiedenen Hemmnisse deutlich, dass auch Nischenlösungen weitreichende Veränderungen auslösen können. So konnte das Projekt „ELaN" Impulse für eine weitergehende Debatte um ein nachhaltiges Land- und Wassermanagement in der Region geben. Der Ansatz, gereinigtes Abwasser als eine Ressource zu verstehen, die Potenziale für Synergien mit anderen Bereichen bietet, ist ein erster, aber wichtiger Schritt, den Gedanken des „Nexus" auf der regionalen Ebene zu verwirklichen.

Literatur

[1] Tim Fuhrmann, Holger Scheer und Peter Cornel: Hinweise zur Wasserwiederverwendung. Vielschichtige Fragestellungen angesichts international zunehmender Relevanz. 2012. Korrespondenz Abwasser, Abfall. Band 59, Heft 1, Seiten 52-56.

[2] EU-Kommission: Ein Blueprint für den Schutz der europäischen Wasserressource. Mitteilung der Kommission an das Europäische Parlament, den Rat, den Europäischen Wirtschafts- und Sozialausschuss und an den Ausschuss der Regionen. Brüssel, 2012. Europäische Kommission.

[3] UFOPLAN-Projekt „Rahmenbedingungen für die umweltgerechte Nutzung von aufbereitetem Abwasser zur landwirtschaftlichen Bewässerung" (FKZ: 371321232, UBA II 2.1)

[4] Benjamin Nölting et al.: Gereinigtes Abwasser in der Landschaft. Ein Orientierungsrahmen für strategische Entscheidungsprozesse. Müncheberg, 2015.

[5] Davide Bixio et al.: Wastewater Reuse in Europe. 2006. Desalination. Band 187, Seiten 89-101.

[6] Laura Alcalde Sanz und Bernd Manfred Gawlik: Water Reuse in Europe. Relevant guidelines, needs for and barriers to innovation. Luxemburg, 2014. JRC Science and Policy Reports.

[7] Joe Williams, Stefan Bouzarovski und Erik Swyngedouw: Politicising the nexus: Nexus technologies, urban circulation, and the co-production of water-energy. Brighton, 2014. The Nexus Network.

[8] Christian Stein, Jennie Barron und Timothy Moss: Governance of the nexus: from buzz words to a strategic action perspective. Stockholm, 2014. Nexus Network Think Piece Series, Paper 003.

[9] Projekthomepage ELaN: http://www.elan-bb.de

[10] Matthias Naumann und Timothy Moss: Neukonfiguration regionaler Infrastrukturen. Chancen und Risiken neuer Kopplungen zwischen Energie- und Abwasserinfrastrukturen. Müncheberg, 2012. ELaN Discussion Paper 1.

[11] Weitere Informationen zum Nexus-Ansatz: Schwerpunktheft der Online-Fachzeitschrift „Water Alternatives" aus dem Februar 2015 (http://www.water-alternatives.org/index.php/tp1-2/1888-vol8/288-issue8-1).

Autoren

Dr. Matthias Naumann
E-Mail: Matthias.Naumann@leibniz-irs.de

Dr. Timothy Moss
E-Mail: mosst@mailbox.org

Dr. Ross Beveridge
E-Mail: Ross.Beveridge@leibniz-irs.de

Leibniz-Institut für Raumbezogene Sozialforschung (IRS)
Flakenstraße 29 – 31, 15537 Erkner

Jürgen Knies

Durch Raumanalysen das energetische Potenzial von Abwasser heben

Die Nutzung von Wärme aus Abwasser kann ein Baustein einer kommunalen Gesamtstrategie zur Senkung des Primärenergiebedarfs sein und zur Reduktion des CO_2 – Ausstoßes beitragen. Im Vorfeld von Einzelentscheidungen, die Investoren und Bauwillige an konkreten Standorten zu treffen haben, kann eine strategisch ausgerichtete Standortauswahl genutzt werden, um zukünftige Interessen und Bauaktivitäten zu koordinieren. Ein Ansatz zur Unterstützung der Suche technisch einfach zu erschließender Standorte wird vorgestellt, der Entscheidungsträgern einen ersten Überblick bietet.

1 Einleitung und Projektrahmen

Anfang der 90er-Jahre hat die Europäische Union die Gemeinschaftsinitiative INTERREG ins Leben gerufen, um Entwicklungsdifferenzen zwischen den europäischen Regionen zu mindern und den ökonomischen Zusammenhalt zu stärken. INTERREG IVA zielt auf eine Förderung der grenzüberschreitenden Zusammenarbeit ab, der Wissensaustausch steht hierbei im Vordergrund. Gleichzeitig sollen Impulse für eine Marktstimulierung gesetzt werden.

Am Beispiel der Stadt Oldenburg wurde im Rahmen des Deutsch-Niederländischen INTERREG-Projektes „denewa – Deutsch-Nederlanske Wassertechnologie“ ein Modell für eine Entscheidungsunterstützung entwickelt und erprobt, von dem berichtet wird. Es läuft noch bis März 2015 (www.denewa.eu).

Der Oldenburgisch-Ostfriesische Wasserverband (OOWV) und die iro GmbH Oldenburg widmen sich in dem Teilprojekt „Wärme aus Abwasser“ unter dem Aspekt der Modell- und Konzeptentwicklung für eine Entscheidungsunterstützung. Das Projekt wurde im Umweltausschuss der Stadt Oldenburg (Oldbg.) vorgestellt, sie konnte als wichtige Unterstützerin des Projektes gewonnen werden. Das Institut Wetsus an der Hochschule Leeuwarden (NL) ist der leitende Partner des Gesamtprojektes. Die im Folgenden vorgestellte Methodik wurde in früheren Publikationen skizziert [1, 2] und auf Grund der neu vorliegenden Ergebnisse weiterentwickelt.

2 Theoretisches Potenzial für Oldenburg

Einen ersten Einstieg bietet die Ermittlung des theoretischen Potenzials, um prinzipiell das vorhandene Wärmepotenzial zu thematisieren. Für eine stadtweite Planung kann dieser Parameter herangezogen werden, um eine installierbare Anlagenkapazität als erste, unkritische Größenordnung aufzuzeigen. Der spezifische, nutzbare Wärmeinhalt des Abwassers bei 2 K Abkühlung entspricht 2,3 kWh/m^3 [1]. An der Oldenburger Kläranlage fallen durchschnittlich pro Tag 30.000-33.000 m^3 Abwasser an. Zur Sicherheit wird der untere Wert herangezogen, welcher 1.250 m^3/h entspricht. Das theoretische Wärmepotenzial im Abwasser in Oldenburg beläuft sich somit auf 1.250 m^3/h (Schmutz- und Mischwasser) * 2,3 kWh/m^3 = 2.875 kW.

Diese Größenordnung gibt einen ungefähren Rahmen für die installierbare Leistung im Kanalsystem der Stadt Oldenburg an. Das technische Potenzial kann sich anders verhalten, da z. B. geothermische Effekte, die im Kanalisationsverlauf für eine Wiedererwärmung sorgen, sowie die Verteilung wärmerelevanter Einleiter den Abkühlungsvorgang teilweise kompensieren können. Zusätzlich sind kritische Trockenwetterphasen vor allem während der Heizperiode zu berücksichtigen.

Die Auswirkungen auf die nachgelagerte Abwasserbehandlung sind ebenfalls zu berücksichtigen, wobei laut HAMMANN eine „Auskühlung

Tab. 1 | Einstufungen der Prioritäten

Einstufung	Beschreibung
Priorität A	Standorte / Bereiche, die im Hinblick der Gebäudesituation und der Kanalsituation mit großer Wahrscheinlichkeit als geeignet angesehen werden können.
Priorität B	Standorte / Bereiche, die in unmittelbarer Nähe zu interessanten Kanalabschnitten liegen.
Priorität C	Standorte / Bereiche, bei denen eine mit Hilfe von gesonderten Untersuchungen die Umsetzbarkeit zu prüfen ist.

der gesamten Abwasserzulaufmenge um 2 K eher die Ausnahme" darstellt 3, S. 83.

3 Konkretisierung des Potenzials

Das theoretische Potenzial sagt nur aus, dass es prinzipiell lohnt, sich über die Nutzung von Wärme aus Abwasser Gedanken zu machen. Um eine strategische Erschließung der Energiequelle zu ermöglichen, ist zunächst eine Festlegung von Randbedingungen notwendig, die die weiteren Entscheidungen unterstützen. Hierunter fallen raumbezogene, energetische und technisch-organisatorische Festlegungen, die im Folgenden weiter vorgestellt werden.

3.1 Konkretisierung des Potenzials im Raum

Mit Hilfe des Raumbezugs können Informationen und Daten aus unterschiedlichen Quellen und Zuständigkeitsbereichen zusammengetragen und zueinander in Beziehung gesetzt werden.

Basis für die weitere Arbeit waren das Kanalkataster des Oldenburgisch-Ostfriesischen Wasserverbandes (OOWV), die Liegenschaftskarte und die Daten über die kommunalen Liegenschaften. Festgelegt wurde, dass Kanalabschnitte, die verlässlich über eine ausreichende Abwasserfracht verfügen, sich in geringer räumlicher Distanz zu Liegenschaften und geplanten Quartiersentwicklungen befinden sollen, die einen ausreichend hohen, grundlastgeprägten Wärmebedarf aufweisen. Auf dieser Basis werden im Vorfeld zu kleine Kanäle, Einzelwohnhäuser sowie periphere Standorte ausgeschlossen.

Die vorhandene Heizlast sollte ab 100 kW liegen [4]. Neuere Einschätzungen gehen ab einer Heizlast von ca. 300 kW [5] für einen wirtschaftlichen Betrieb aus. Unter Berücksichtigung der aktuellen Aktivitäten hinsichtlich Wärmedämmung und Effizienzsteigerung in der Gebäudetechnik handelt es sich um bedeutende Größenordnungen.

Da die Abwasserfracht in den hydraulischen Modellen nur für konkret angefragte Standorte ermittelt werden konnte, wurde zunächst über die Nennweite eine Klassifizierung vorgenommen. Damit soll keine Vorwegnahme technischer Lösungen erfolgen, sondern es sollten potenziell ausreichend abwasserführende Haltungen vorausgewählt werden. Diese Vorgehensweise war erforderlich, da aktuell die hydraulischen Verhältnisse nur auf Abfrage zur Verfügung standen. In Zukunft wird die Vorauswahl über die Nennweite nicht erforderlich sein, da direkt auf den hydraulisch berechneten Trockenwetterabfluss zurückgegriffen werden kann. Somit wird zukünftig das Auswahlkriterium Nennweite eine nachrangige Rolle spielen. In Kommunen, in denen überwiegend Schmutzwasserkanäle verbaut sind, ist ein wirtschaftliches Potenzial auch in kleineren Nennweiten festzustellen [6].

Druckrohrleitungen wurden nicht weiter berücksichtigt, da das Pumpregime zu keinem kontinuierlichen Durchfluss führt. In größeren Städten können Druckrohrleitungen durchaus geeignet sein, wie das Beispiel des IKEA-Standortes in Berlin zeigt [7].

Pumpwerke mit großen Speicherbecken können ebenfalls für die Nutzung von Wärme aus Abwasser herangezogen werden. Hierzu wurden im Stadtgebiet Oldenburg Pumpwerke ausgewählt, die mindestens eine Jahresschmutzwassermenge von 700.000 m^3 aufweisen. Dies betrifft insgesamt

Tab. 2 | Prozesskette räumliche Konkretisierung

Prozess	Kriterien/Vorgehen	Einschätzung
Auswahl der Kanalabschnitte	Auswahl der mit < 600 mm Nennweite (Mischwasser/Schmutzwasser)	Priorität C
↓	Auswahl der Haltungen mit ≥ 600 mm Nennweite (Mischwasser/ Schmutzwasser)	
Umgebungs-analyse ↓	Pufferbereich in Zonen von 30, 90 und 120 m entlang der vorausgewählten Haltungen. Einzelne Puffer wurden entlang „natürlicher" Barrieren eingegrenzt (Wasserflächen, Bahnanlage, Autobahn gemäß ALK und Luftbild etc.).	
Pot. Wärme-abnehmer	Verschneidung der Pufferstreifen mit der Liegenschaftskarte (Gebäude)	
↓	Im Ergebnis liegt eine räumliche Übersicht über Gebäude vor, die in unmittelbarer Nähe zu interessanten Kanalabschnitten liegen. Die Pufferzonen ermöglichen eine erste Abschätzung des Erschließungsaufwandes.	Priorität B
Pot. gr. Wärme-abnehmer ↓	Vorauswahl großer und/ oder zusammenhängender Gebäudekomplexe sowie städtebaulicher Entwicklungsabsichten innerhalb des Pufferstreifens	
Auswahlliste ↓	Erstellung einer Liste der Haltungen, die in Frage kommen könnten, die vorausgewählten potentiellen großen Wärmeabnehmer mit Wärme zu versorgen.	
Hydraulisches Modell ↓	Prüfung des hydraulischen Modells auf einen ausreichenden Trockenwetterabfluss (>10l/s)	
Einzugsgebiet ↓	Prüfung des Einzugsgebietes auf oben liegende Einleitungssituation(Siedlungsumstrukturierungen, Gewerbeentwicklung etc.).	
Pot. Eignungsbereich	Abgrenzung von potentiellen Eignungsbereichen, indem sich zusammenhängende Gebäudekomplexe befinden.	
	Im Ergebnis liegt eine Übersicht von Bereichen vor, die im Hinblick der Gebäudesituation und der Kanalsituation mit großer Wahrscheinlichkeit als geeignet angesehen werden können.	Priorität A

Eine Übersicht der Bereiche der Priorität A kann Bild 1 entnommen werden.

sechs Pumpwerke, die ebenfalls mit einem Puffer von 120 m versehen worden sind. Die Pufferbereiche wurden hinsichtlich der Gebäudesituation und des angeschlossenen Einzugsgebiets überprüft. Im Ergebnis kann festgehalten werden, dass nur das Umfeld eines Pumpwerkes in die engere Auswahl kommt, welches mit dem Prüfbereich Nr. 4 (**Tabelle** 3) identisch ist.

Ziel der Untersuchung ist es, anhand dreier Abstufungen (**Tabelle 1**) übergeordnete Entscheidungsträger (z. B. Stadtplanung, Netzbetreibern etc.) in die Lage zu versetzen, die Wärmerückgewinnung aus Abwasser strategisch zu erschließen (**Tabelle 2**):

In **Tabelle 3** werden die Haltungen aufgelistet, die zu den jeweiligen potentiellen Eignungsbereichen herausgearbeitet worden sind. Die Angabe der Abwassermenge resultiert aus dem hydraulischen Modell, das Fremdwasserzuschläge, Einzugsgebiete etc. pauschal und rechnerisch berücksichtigt. Der Grunddatensatz stammt aus dem Jahr 2008.

3.1 Konkretisierung des energetischen Potenzials

Die räumliche Konkretisierung stellt einen ersten Schritt dar, Energiedargebot und Energiebedarf zusammenzubringen (**Bild 1**). In einem nächsten Schritt wird überprüft, inwieweit das vorliegende energetische Potenztial zu dem Wärmebedarf passt. Hierzu wird auf Basis der hydraulischen Modells ein theoretisches Wärmepotenzial ermittelt, um dieses mit dem Wärmebedarf des Gebäudes bzw. Gebäudekomplexes zusammenbringen. Die Daten über den Wärmebezug kommunaler Liegenschaften wur-

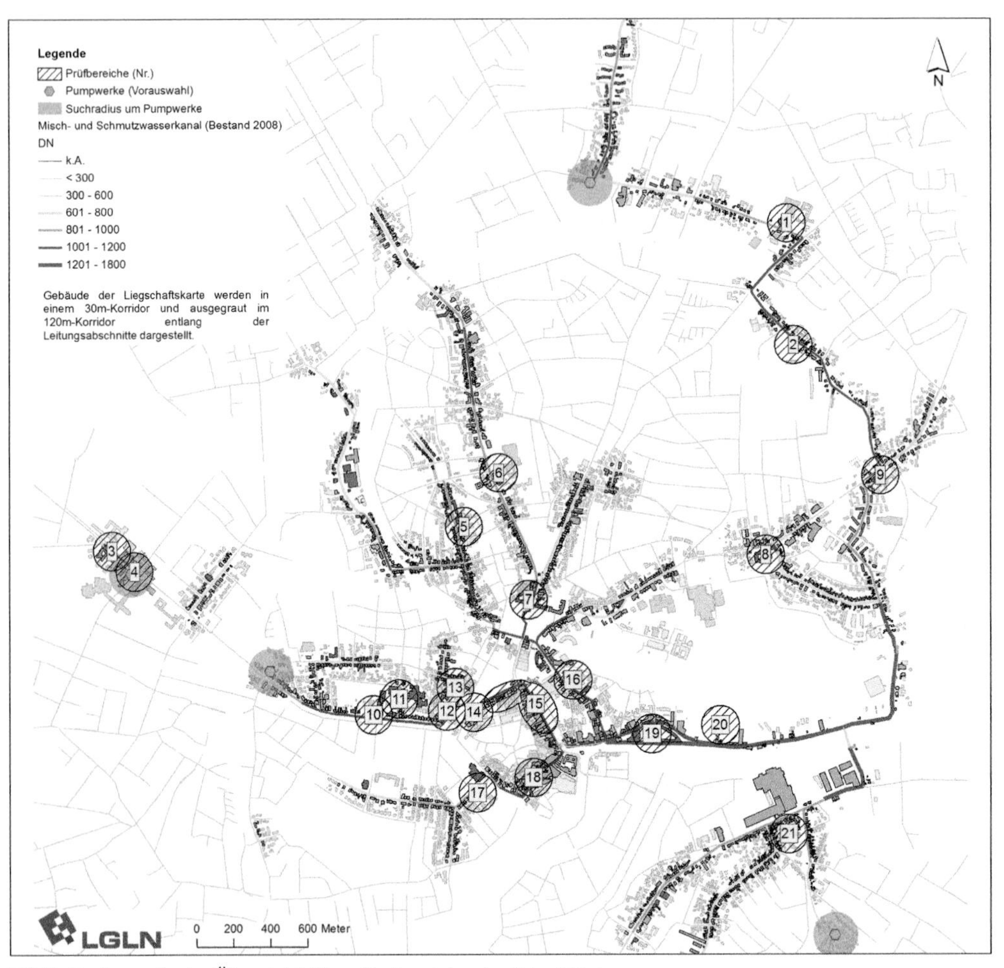

Bild 1: Kartografische Übersicht über die Bereiche der Priorität A (Quelle: Geoinformation Stadt Oldenburg, OOWV, Jürgen Knies)

den für das Projekt von der Stadt Oldenburg zur Verfügung gestellt.

Am Beispiel des Standortes 1 (IGS Flötenteich, Hochheider Weg) und des Standortes 9 (Grundschule Donnerschwee) wird dieses „matching" beispielhaft vorgestellt (**Tabelle** 3). Die zugehörenden Erläuterungen werden [8] entnommen:

Der angrenzende Kanal ist ein Schmutzwasserkanal mit einem Eiprofil und einer Nennweite von DN 900/600. Der Trockenwetterdurchfluss Q beträgt gemäß dem hydraulischen Modell 37 l/s und der angenommene Wert für die Temperaturabkühlung ΔT 2 Kelvin.

Das theoretische Wärmeleistungspotenzial liegt bei 306,36 kW:

$$1\,\frac{l}{s} = 3{,}6\,\frac{m^3}{h} \rightarrow 37\,\frac{l}{s} = 133{,}2\,\frac{m^3}{h}$$

$$133{,}2\,\frac{m^3}{h} \cdot 2{,}3\,\frac{kWh}{m^3} = 306{,}36\,kW$$

Ausgehend von der Nutzung einer Wärmepumpe mit einer Jahresarbeitszahl (JAZ) von 4, lässt sich folgende Gesamtheizleistung errechnen:

$$306{,}36\text{ kW} \cdot \frac{4}{4-1} = 408{,}48\text{ kW}$$

Für diesen Standort wurde ein witterungsbereinigter Verbrauch in Höhe von 1.448.027 kWh für das Jahr 2011 festgestellt. Um einen Bedarfswert zu errechnen, wird eine Abschätzung der Gebäudeheizlast aus dem vorhandenen Energie-

Tab. 3 | Auflistung der potentiellen Eignungsbereiche mit den jeweiligen Haltungen

Nr.	Bezeichnung	Haltung	Straße	DN	Min Q (l/s)	Anmerkung
1	IGS Flötenteich	48922612	Flötenstr.	Ei 900/600	37	
2	Entwicklungsbereich Donnerschweer Kaserne (Nord)	48927532	Ammergaustr.	Ei 1050/700	19	
3	Verwaltung Uni	45915052	Ammerl. Heerstr.	Ei 1050/700	15	
4	Pumpwerk Öko-Zentrum / Uni (Kanal im Uhlhornsweg)	45900022	Uhlhornsweg	600	15	
5	GS Röwekamp	479151611	Röwekamp	Ei 600/900	9	
6	OZ Alexanderstr.	47915641	Alexanderstr.	1000	19	
7	Neues Rathaus	47902581	Heiligengeiststr.	Ei 1050/700	28	
8	BfE	48917531	Unterm Berg	800	23	
9	GS Donnerschwee	49910022	Donnerschweer Str.	Ei 900/1350	57	
10	Jade Hochschule	Ofener15	Ofener Str.	1200	253	
11	Jade Hochschule / Evangel. Krankenhaus	46907981	Auguststr.	300	1	aktuell DN 1000, neuer Zuschnitt des Einzugsgebietes geplant
12	Jugendbücherei	Peter4	Peterstr. 1	1200	258	
13	PFL, GS Wallschule	47905971	Peterstr. 3	1000	5	
14	ZAD/Heiligengesitwall	47905681	Heiligengeistwall	Ei 1200/800	256	
15	Innenstadtbereich Heiligengeistwall / Staulinie	47908101	Staulinie	Ei 1200/800	256	
16	Stadtmuseum	47902531	Raiffeisenstr.	1200	66	
17	Altes Gymnasium	47890281	Roonstr.	1000	32	
18	Lambertimarkt / Altes Rathaus	47892511	Ritterstr.	Ei 1050/700	121	
19	Arbeitsagentur / LZB	48905061	Stau	1400	156	
19	Arbeitsagentur / LZB	48905621	Hafenpromenade	1500	506	
20	Entwicklungsgebiet Stadthafen	48905521	Stau	1400	156	
20	Entwicklungsgebiet Stadthafen	48905591	Stau	1500	506	
21	GS Drielake, Schule	48892781	Schulstraße	800	31	

verbrauch herangezogen und mit folgender Formel nach VDI 2067 Blatt 2 [9] ermittelt:

$$QN, Geb = \frac{QHA}{(fV \cdot bVH)}$$

mit:

$Q_{N'}Geb$ → Norm – Gebäudeheizlast (kW) = / (x),

Q_{HA} → Jahres – Heizwärmeverbrauch (kWh/a),

f_V → Umrechnungsfaktor (Standorte außerhalb Düsseldorf, für Oldenburg: 1,047),

b_{VH} → Vollbenutzungsstunden (Bezogen auf Düsseldorf).

Die Vollbenutzungsstunden werden überschlägig gemäß [9] ermittelt. Auf Grund eines zusätzlichen Verwaltungsgebäudes und einer Sporthalle wurde für diesen Standort der Wert „Schule, mehrschichtiger Betrieb“ auf 1.300 gesetzt. Dieser Wert wird anschließend mit dem Umrechnungsfaktor für Oldenburg multipliziert.

Somit lässt sich eine Abschätzung der Heizlast in Höhe von $\frac{1.448.027\ kWh/a}{(1{,}047 * 13000\ h/a)} \approx 1.064$ kW festhalten.

Im Ergebnis lässt sich mit Hilfe eines sogenannten Sankey-Diagrammes darstellen, ob und wie theoretisches Energiepotenzial und Wärmebedarf zueinander passen (**Bild 2**).

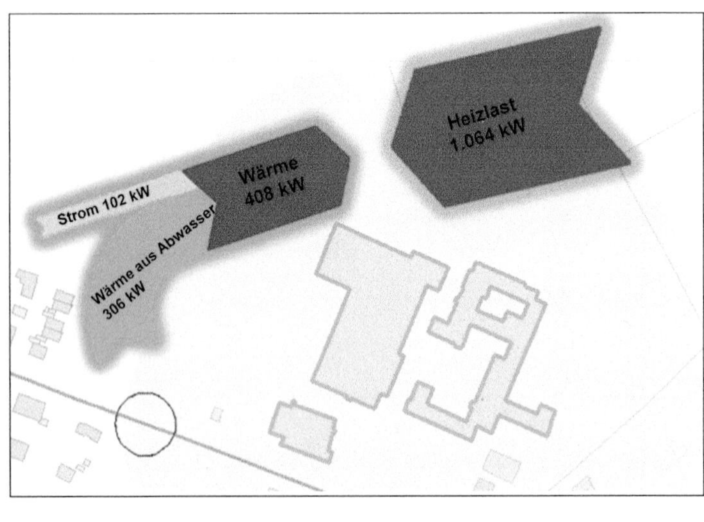

Bild 2: Standortanalyse IGS Flötenteich (Quelle: Geoinformation Stadt Oldenburg, OOWV, Jürgen Knies)

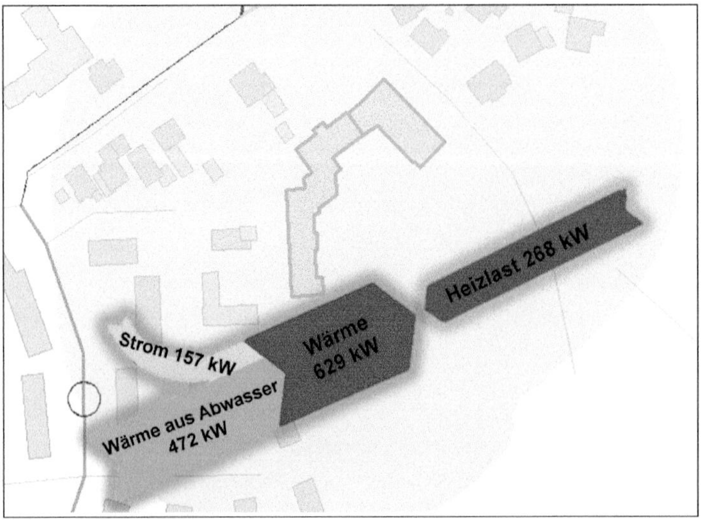

Bild 3: Standortanalyse Grundschule Donnerschwee (Quelle: Geoinformation Stadt Oldenburg, OOWV, Jürgen Knies)

Tab. 4 | Auflistung der potentiellen Eignungsbereiche mit den jeweiligen Haltungen

Nr.	Bezeichnung	DN	l/s Modell	l/s Mittel, Max., Min,.	Temp. Mittel, Max., Min.,	Zeitraum
1	IGS Flötenteich	Ei 900/600	37	72,0 179,1 10,9	17,1 18,8 15,6	28.09.2011 - 4.10.2011
6	OZ Alexanderstr.	1000	19	27,9 68,8 7,2	10,8 14,2 9,1	24.02.2014 - 03.03.2014
10	Jade Hochschule	1200	253	288,2 343,2 275,4	16,4 17,8 15,4	12.10.2011 - 17.10.2011
20	Entwicklungsgebiet Stadthafen	1500	506	374,6 503,1 211,1	12,8 13,4 11,9	26.04.2012 - 28.04.2012

Die einfache Gegenüberstellung zeigt deutlich, dass das Energiepotenzial bei weitem nicht den Energiebedarf abdeckt. Hier kann über eine Grundlastabdeckung auf Basis einer genauen Kenntnis über einen zeitlich aufgelösten Energiebedarf diskutiert werden.

Am Beispiel des Standortes 9 (Grundschule Donnerschwee, **Bild 3**) wird deutlich, dass auch das theoretische Energiepotenzial den Bedarf ausreichend decken kann.

3.4 Verifizierung durch Messungen

Die bisherigen Schritte haben dazu gedient, interessante Kanalabschnitte und geeignete Wärmeabnehmer zueinander in Beziehung zu setzen. Um im Weiteren eine Planungsgrundlage zu erhalten, muss das bisher nur grob abgeschätzte Wärmepotenzial mit Hilfe von Messungen im Kanal genauer untersucht werden.

Im Rahmen des Projektes und weiterer Aktivitäten im Vorfeld wurden Anfragen, die aus der kartografischen Übersicht resultierten, von Investoren und der Stadt Oldenburg aufgegriffen und an konkreten Kanalabschnitten Messungen durchgeführt. Anhand der Messungen kann das kanalseitige Potenzial genauer bestimmt werden. Gleichzeitig ermöglichen sie auch eine Überprüfung der Angaben des hydraulischen Modells in den Mischwasserkanälen (**Tabelle 4**):

Die Messergebnisse zeigen ein sehr heterogenes Bild:

Am Standort 1 (**Tabelle** 4) wurden sehr starke Schwankungen festgestellt, der Mittelwert ist weit oberhalb der Angaben des hydraulischen Modells. Diese Schwankungen wurden vor allem durch den Betrieb höher liegender Pumpwerke verursacht. Die Temperaturen sind nur bedingt aussagekräftig, da die Messungen im Herbst durchgeführt wurden und somit keine Wintersituation festgehalten wurde. Allerdings handelt es sich um einen Schmutzwasserkanal, bei dem ein starker Temperaturrückgang nicht zu erwarten ist.

Am Standort 6 (**Tabelle** 4) wird im Mischwasserkanal ebenfalls ein höherer Durchfluss festgestellt. Die Temperaturen geben die Situation während der Heizperiode gut wieder. Das Temperaturniveau ist für Nutzung von Wärme aus Abwasser noch ausreichend. Eine entsprechende Dimensionierung der Wärmetauscher bzw. eine angepasste Heizanlagenauslegung (z. B. bivalentes System zur Deckung der Grundlast) sind hier zu bedenken.

Am Standort 10 (**Tabelle** 4) reicht im Mischwasserkanal das hydraulische Modell nahe an die Messwerte heran. Da die Messungen im Herbst durchgeführt worden sind, sind die Temperaturangaben nur bedingt aussagekräftig. An der iro-Pilotanlage in unmittelbarer Nähe werden seit Oktober 2011 begleitend Messungen durchgeführt. Im März 2013 wurde eine mittlere Temperatur von 8 Grad Celsius festgestellt, bedingt durch starkes Schmelzwasseraufkommen [10].

Am Standort 20 (**Tabelle** 4) wurde im Durchschnitt deutlich weniger Mischwasser festgestellt, als vom hydraulischen Modell angegeben. Auch hier sind die Temperaturmessungen im Frühjahr nur bedingt verwendbar. Im Februar 2013 wurden wiederholt Messungen durchgeführt, die im Mittel bei ca. 9 Grad Celsius lagen. Die Werte verdeutlichen, dass in einem strengen Winter mit einem starken Schmelzwasseraufkommen der Energiebezug entsprechenden, kurzfristigen Schwankungen unterliegen kann.

Entweder kann dies durch den Einsatz bivalenter Systeme bzw. durch eine entsprechende Dimensionierung der Wärmetauscherfläche in Kombination mit einem zeitweise verstetigten Fahrplan der Anlage ausgeglichen werden.

4 Effizienz durch Abstimmung

Die effiziente Nutzung von Wärme aus Abwasser ist von einer Vielzahl von Rahmenbedingungen abhängig. Das theoretische und gemessene Potenzial an einem Standort allein reicht nicht aus, um einen sicheren und wirtschaftlichen Betrieb zu gewährleisten.

Im Rahmen des denewa-Projektes wurden im Jahr 2013 Workshops mit Anwendern, Planern und Herstellern durchgeführt, um kritische Aspekte herauszuarbeiten, die für eine gelungene Umsetzung von Projekten als essentiell erachtet werden. Überraschend ist, dass technische Aspekte als nachrangig erachtet werden. Vielmehr stehen Kommunikation und Abstimmung auf verschiedenen Ebenen und zwischen den Gewerken (Wärmetauscher, Wärmepumpe, Haustechnik) im Vordergrund. Im Folgenden werden die wesentlichen Ergebnisse vorgestellt.

4.1 Kanalbezogene Abstimmung

Der Einbau von Wärmetauschersystemen unterschiedlicher Bauart (Bypass-Systeme, Rinnenwärmetauscher etc. [11]) stellt eine Baumaßnahme dar, bei der ein Eingriff in einen bestehenden Kanal vorgenommen wird. Bei einer Abstimmung mit Sanierungsmaßnahmen können die notwenigen, bauseitigen Investitionen reduziert werden, was sich positiv auf die Wirtschaftlichkeit der Anlage auswirkt.

Bei werkseitig im Rohr integrierten Wärmetauschern in der Haltung liegt der Synergieeffekt auf der Hand. Der Einbau solcher Rohre kann auch als Angebotsplanung für eine zukünftige Nutzung von Wärme aus Abwasser entwickelt werden.

4.2 Abstimmung im Planungsprozess

Als bedeutend wurden folgende Aspekte herausgearbeitet:

- Transparente Entscheidung hinsichtlich Grundlastabdeckung und Dimensionierung am konkreten Objekt,
- Verbesserung der Transparenz von Anlagenspezifika,
- Verbesserung der Kommunikation unter Fachleuten für die einzelnen Gewerke,
- Schulung / Qualifizierung,
- Zielgruppenspezifische Ansprache (Kommunen / Industrie),
- Risikominimierung für den Anwender,
- Fortschreibung existierender Regelwerke und Definition von einander abhängiger Schnittstellen,
- Produktneutrale Erstberatung z. B. durch kommunale Effizienzberater.

Festzuhalten bleibt, dass es immer an die konkreten Umstände angepasste Lösungen geben muss, die alle Gewerke umfassen.

4.3 Abstimmung Bau und Betrieb

Als bedeutend wurden folgende Aspekte herausgearbeitet:

- Qualifizierung von Bauleitern / Baustellenüberwachung,
- Entwicklung neuer Wärmeversorgungskonzepte (Stichwort: Kalte Nahwärmenetze),
- Fernwartung bzw. differenzierte Störmeldung (einfache Fehlerbehebung), einfache Interpretationsmöglichkeiten für den Anwender,
- Zeitliche Abstimmung der Kanalreinigung vor dem Einsetzen der Heizperiode zur Erhöhung der Wärmeleitfähigkeit von Überströmungswärmetauschern [10].

Als Essenz wurde festgehalten, dass Anlagenanbieter ein neues Verständnis entwickelt haben und Systemlösungen anbieten. Außerdem wurde der Einsatz in neuen Anwendungsbereichen diskutiert: frostfreie Bauwerke (Brücken, Plätze, Weichen), neue Abnehmer (Treibhäuser), Kühlung etc.

Die weiteren Unterlagen können unter [12] eingesehen werden.

5 Ausblick

Die Workshopergebnisse stellen kein endgültiges Ergebnis dar, sondern sind vielmehr ein Arbeitsauftrag für die nahe Zukunft. Die Situation ist vergleichbar mit der der Windenergie vor rund 25 Jahren. Nach einer Phase erster Praxiserfahrungen muss nun eine Standardisierung von Komponenten und Schnittstellen zur Integration in die Systemlandschaft erfolgen, um auf Dauer die Technologie zu etablieren. In der Anfangsphase ist die strategische Erschließung von Standorten mit einem hohen Energiepotenzial notwendig, um die Lernkurve möglichst kosteneffektiv zu gestalten.

Eine kommende Herausforderung wird neben der Wärmegewinnung auch die Kühlung durch Abwasser sein. Abwasser stellt ein ideales Medium dar, um große Energiemengen aus überhitzten Stadtzentren abzutransportieren. Natürlich dürfen auch hier die Prozesse der Abwasserreinigung nicht beeinträchtigt werden.

Dazu kann es hilfreich sein, in Zukunft den Begriff zu erweitern und den Anwendungsbereich für die energetische Nutzung von Abwasser genauer zu definieren, um wirtschaftlich sinnvolle Einsatzorte und Anschlusspunkte strategisch zu erschließen. Hierunter wird nicht nur die Nutzung von Wärme aus Abwasser, sondern auch die Kühlung durch Abwasser sowie in letzter Konsequenz auch die Klärgasgewinnung verstanden, das nicht nur für thermische, sondern mittels Kraft-Wärme-Kopplung auch für elektrische Prozesse genutzt werden kann.

Die eingeleitete Aktualisierung des Merkblattes M-114 seitens der DWA ist ein wichtiger Schritt, um den Rahmen für effiziente und abwassersystemverträgliche Anlagen genauer zu definieren [13].

Danksagung
Das Deutsch-Niederländische INTERREG-Projektes „denewa – Deutsch-Nederlanske Wassertechnologie" wurde unterstützt durch mede mogelijk gemaakt door:

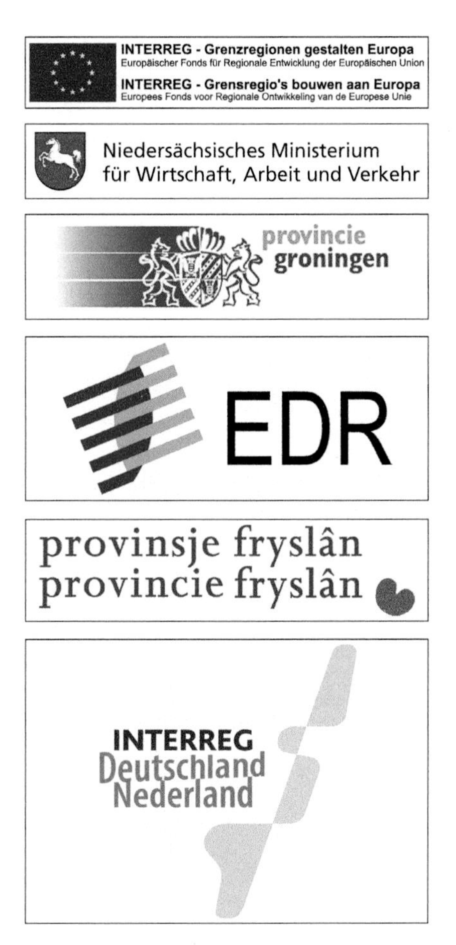

Literatur

[1] Böge, M., Knies, J. (2013): Faktoren für eine erfolgreiche Nutzung von Wärme aus Abwasser. In: KA – Korrespondenz Abwasser, Abfall, Nr. 10, S. 10-19.

[2] Knies, J. (2014): Potenzialanalyse für die strategische Nutzung von Wärme aus Abwasser in Oldenburg, In: 3R-Fachzeitschrift für sichere und effiziente Rohrleitungssysteme, 03/2014, ISSN 2191-9798, Vulkan Verlag GmbH, Essen, S. 84-87

[3] Hamann, A. (2014): Einfluss der Wärmeenergieversorgung aus öffentlichem Abwasser auf die Abwasserreinigung, In: 3R, Fachzeitschrift für sichere und effiziente Rohrleitungssysteme, 03/2014, S. 80-83, ISSN 2191-9798, Vulkan Verlag

[4] DWA Deutsche Vereinigung für Wasserwirtschaft, Abwasser und Abfall e. V. (2009): DWA-Regelwerk – Merkblatt DWA-M 114. Energie aus Abwasser – Wärme – und Lageenergie. Hennef.

[5] Stodtmeister, W. (2013): Abwasser ist eine lukrative Wärmequelle. Diese Energie wird von Kommunen immer häufiger genutzt. In: Business Geomatics, http://www.business-geomatics.com/download/pdf/BG-2-13.pdf (abgerufen am 16.06.2014)

[6] FiW – Forschungsinstitut für Wasser- und Abfallwirtschaft an der RWTH Aachen e. V. (2013): Potenziale und technische Optimierung der Abwasserwärmenutzung, Kurzbericht, http://www.lanuv.nrw.de/wasser/abwasser/forschung/pdf/Kurzbericht%20Abwasserwaerme_Nov_2013.pdf (abgerufen am 04.07.2014)

[7] Schitkowsky, A. (2010): Wärmerückgewinnung aus Abwasser (Vortrag), Berliner Wasserbetriebe, http://www.abwasserbilanz.de/downloads/2010/101213_schitkowsky.pdf (abgerufen am 17.06.2014)

[8] Feuereisen, S. (2014): Potenzialanalysen von Abwasserwärmerückgewinnungsanlagen als Baustein zukünftiger Hybridnetze, Bachelorarbeit an der Jade Hochschule, FB Bauwesen und Geoinformation

[9] VDI Verein Deutscher Ingenieure (1993): VDI-Richtlinien – VDI 2067 Blatt 2. Berechnung der Kosten von Wärmeversorgungsanlagen Raumheizung. (Beuth) Berlin.

[10] Böge, M. (2014): Betriebserfahrungen – Abwasserwärmenutzung in Oldenburg, Vortrag auf dem Rohrleitungsforum 2014, Oldenburg, http://www.energie-im-abwasser.de/ContentFiles/News/Documents/File1_7.pdf?id=715619614 (abgerufen am 16.06.2014)

[11] Hamann, A. (2012): Nachhaltige Immobilienwirtschaft am Beispiel der Abwasserwärmenutzung – Technische Grundlagen, Sachstand in Deutschland und wirtschaftliche Vergleiche unter Berücksichtigung der Anforderungen des EEWärmeGs und der EnEV, Oldenbourg Industrieverlag München

[12] http://energie-im-abwasser.de

[13] DWA Deutsche Vereinigung für Wasserwirtschaft, Abwasser und Abfall e. V. (2014): Vorhabensbeschreibung, Überarbeitung des Merkblattes DWA M 114 „Wärme – und Lageenergie aus Abwasser“ und Umbenennung in DWA M 114 „Abwasserwärmenutzung“, http://de.dwa.de/tl_files/_media/content/PDFs/Abteilung_WAW/mj/VB_M_114.pdf (abgerufen: 16.06.2014)

Autor

Dipl.-Landschaftsökol. Jürgen Knies MSc (GIS)
knies@iro-online.de
iro GmbH Oldenburg
Ofener Str. 18
26121 Oldenburg
www.iro-online.de

Peter Fahsing, Thomas Klenner, Andreas Bräutigam und Sascha Deylig

Modernisierung der Kläranlage Bremen-Farge

Optimierung der Energieerzeugung und der Klärschlammentsorgung

Die energetische Optimierung einer Abwasserreinigungsanlage ist eine komplexe Aufgabe. Anhand des Fließweges des Abwassers durch die Kläranlage Bremen Farge werden dort einige umgesetzte Maßnahmen vorgestellt. Die Energieerzeugung aus den Faulgasen der Klärschlammbehandlung steht hier im Mittelpunkt, ist aber nicht die einzige effektive Maßnahme.

1 Das Stadtgebiet Bremens nördlich der Lesum

Die Stadtentwässerung der Stadtgemeinde Bremen unterteilt sich in das Stadtgebiet südlich der Lesum mit ca. 400.000 Einwohnern und das Gebiet Bremen nördlich der Lesum mit ca. 150.000 Einwohnern. Das Einzugsgebiet nördlich der Lesum umfasst die Stadtteile Burglesum, Blumenthal und Vegesack sowie die angrenzenden Kommunen Lemwerder, Schwanewede und Ritterhude.

Mit 5 Siedlungsschwerpunkten verbindet das Stadtgebiet Bremen nördlich der Lesum die Metropolregion Bremen/Oldenburg über rd. 25 km entlang der Weser in Richtung Norden und Westen. Neben attraktivem Siedlungsraum an der südlich ausgerichteten Geestkante mit dem wirtschaftlichen Status eines Mittelzentrums befinden sich eine internationale Universität und ca. 10 stark nachgefragte Gewerbe- und Industriegebiete, die sowohl produzierendem Gewerbe als auch verarbeitendem Gewerbe als hochwertiger Standort dienen. Wesentliche Industrieunternehmen gehören dem Schiffbau, der Zulieferindustrie für KFZ-Produktionsanlagen sowie Hightech-Produktionszweigen wie hochpräzise Zerspanungstechnik, Micronisierung, Folienindustriedächer, hochfeste Leichtbauverbundtechnik, Farbgrundstoffverarbeitung und erneuerbare Energien an.

Die natürliche Entwässerung des Gebietes erfolgt über kleinere Vorflutsysteme in Richtung Weser. Ein geringer Teil des Altsiedlungsgebietes wird noch als Mischentwässerungsgebiet betrieben und führt somit Abwasser und Regenwasser zusammen in Richtung Kläranlage. In den neueren Siedlungsgebieten ist ein getrenntes Abwassersystem realisiert. Die angrenzenden Gemeinden sind mittels Freigefällekanal oder auch Pumpstation mit Weserdüker an das Kanalnetz angebunden.

Da sich die Kläranlage am nördlichen Punkt des Einzugsgebietes und sich der jeweils nächste Geländetiefpunkt an der Weser befindet, wird das Abwasser auf dem Weg zur Kläranlage mehrfach mittels ca. 40 Pumpwerken auf den Geestrücken um ca. 15 Höhenmeter angehoben, um dann die nächsten Kilometer in Richtung Kläranlage im freien Gefälle zu fließen (**Bild 1**).

2 Die Energiesituation der Kläranlage Farge

Der Energiebezug der Kläranlage Farge erfolgt seit vielen Jahren sowohl über das städtische Elektrizitätsnetz und eine Eigenstromerzeugung mit Blockheizkraftwerken (BHKW).

Bei dem 2005 am Kläranlagenstandort realisierten BHKW traten erste Schwierigkeiten bei kontinuierlicher, hoher Eigenstromerzeugung

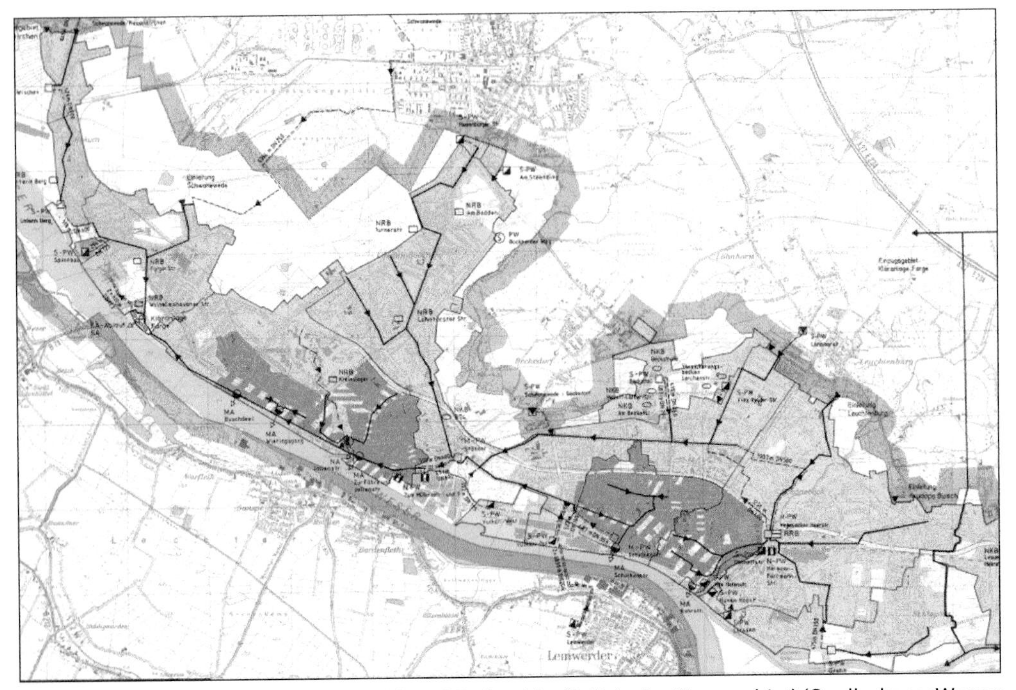

Bild 1: Kanalübersichtplan Bremen Nord (rot=Mischgebiet/Gelb/grün=Trenngebiet) (Quelle: hanseWasser Bremen GmbH)

auf. Dessen Ausfälle konnten durch ein weiteres, 20 Jahre älteres BHKW auf Grund der anhaltenden Probleme in der technischen Abstimmung zwischen Klärgaserzeugung, Gasspeicherung, fehlender Gasaufbereitung, unzureichender Gasmessstrecke und einer kontinuierlichen Stromerzeugung nicht angemessen abgefangen werden. Dies hatte eine deutliche Minderung der Eigenstromversorgung der KA Farge zur Folge (Monate 09/2012 auf ca. 20 % und 02/2013 auf ca. 35 %). Es musste vermehrt Klärgas über die Notfackel abgebrannt werden.

Die gesetzliche Maßgabe zur Klärgasnutzung einerseits und die Notwendigkeit zur Erhöhung der Wirtschaftlichkeit andererseits, mit deutlichem Fokus auf den Klimaschutz, führten zu der Entscheidung das bestehende BHKW zu erneuern.

Zum Ende des Jahres 2014 zeigt die Energiebilanz der Kläranlage Farge nach Fertigstellung einer neuen BHKW Anlage eine Eigenstromversorgung von 65-70 % (**Bild 2**). Damit liegt die aktuelle Energieerzeugung im Jahr 2014 insgesamt schon 5 % über den bisher aufgezeichneten Durchschnittswerten der Vorjahre.

Zusätzlich zur Erneuerung des bestehenden BHKW wurde die Projektierung eines weiteren, teilredundant ausgelegten BHKW angestoßen. Diese Projektierung wurde mit dem Einsatz eines zusätzlichen Heizkessels zur Nutzung des überschüssigen Klärgases verglichen, wobei insbesondere die technische und wirtschaftliche Betrachtung der Situation von Revisionszeiten und die Auswirkung der anstehenden Reparaturen bei nur einem verfügbaren BHKW zur Strom- und Wärmerzeugung betrachtet wurden. Erschwerend kamen die Diskussion um das Gesetz zur Kraft-Wärme-Kopplung und die damit einhergehende Unsicherheit über mögliche Vergütungssysteme hinzu. Eine Entscheidung zu diesen Varianten steht daher noch aus.

3 Die Kläranlage Bremen Nord – Farge

Längs des Abwasserfließweges wird die Kläranlage vorgestellt und werden die Ertüchtigungsmaßnahmen skizziert (**Bild 3**).

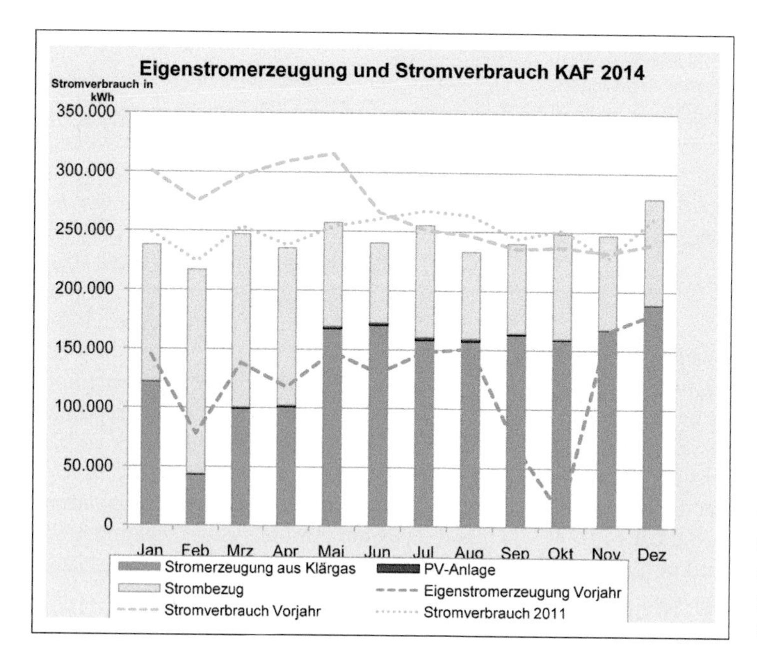

Bild 2: Eigenstromerzeugung und Stromverbrauch an der KA Farge (Quelle: hanseWasser Bremen GmbH)

3.1 Abwasserreinigung der Kläranlage Farge

Einzugsgebiet und Zulauf

Im Nordosten des Betriebsgeländes treffen sich die Zulaufströme aus Norden (Farge/ Schwanewede) und aus Süden (Blumental, Vegesack Burglesum, Lemwerder, teilw. Ritterhude (Weserparallelkanal) im Einlaufschacht der Kläranlage. In diesem Schachtbauwerk befinden sich zwei Schieber, von denen einer als Regelschieber ausgebildet ist und damit die Einjustierung des Kläranlagenzulaufs auf die nachgeschalteten Abwasserpumpen ermöglicht.

Rechengebäude/IDM/Sandfang

Im Rechengebäude werden zwei Lochrechen (Filterrechen) mit einem Lochdurchmesser von 6 mm betrieben. Die zugehörigen Bürstenantriebe und Abstreiferwalzen reinigen permanent den Rechen in Richtung eines Schneckenförderers, welcher das Rechengut über eine Rechengutpresse in einen Container abwirft. Das anschließende Einlaufbauwerk befördert das Rohabwasser über fünf Kreiselpumpen mit einer Leistungsfähigkeit von maximal 2540 m³/h. Hier wird mit Hilfe eines induktiven Durchflussmessers (IDM) die Gesamtzulaufmenge der Kläranlage festgehalten. Im folgenden Langsandfang wird mittels Wasserwalze,

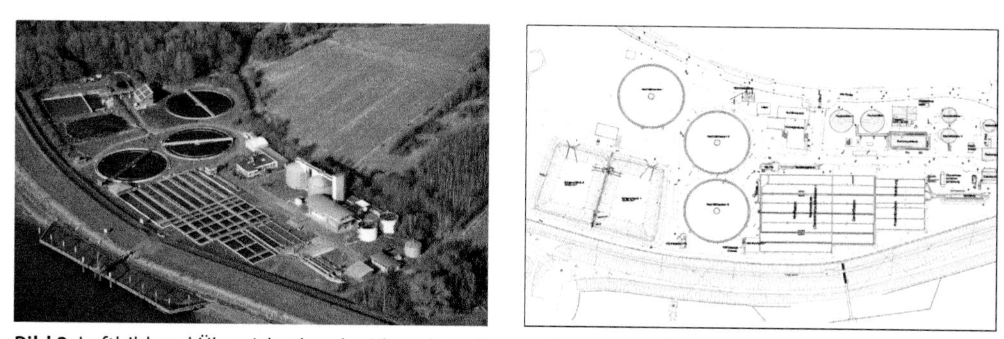

Bild 3: Luftbild und Übersichtplan der Kläranlage Farge – Bremen Nord (Quelle: hanseWasser Bremen GmbH)

die aus dem Ablauf der Vorklärung gespeist wird, die Sandabscheidung vorgenommen. Im Gegensatz zu dem Betrieb eines Sandfanges mittels Luftwalze entstehen so deutlich weniger Emissionen. Der Sand wird mittels Pumpe(Sandsaugräumer) über eine Sandwaschanlage gefördert, in einem Container gesammelt und anschließend deponiert.

Vorklärung

Über drei Verteilergerinne wird das Abwasser vor dem Eintritt in die Vorklärung aufgeteilt. Die Vorklärung der Kläranlage besteht aus drei Becken, die parallel beschickt werden. Am Kopfende und dortigen Boden eines jeden Beckens ist ein Trichter ausgebildet, in den der sich absetzende Schlamm mittels Balkenräumer geschoben und mittels Automatikprogramm in die Schlammsammelgrube abgezogen wird. In entgegengesetzter Richtung schieben die Räumerbalken die Schwimmstoffe einer Skimmrinne entgegen. Über diese kippbaren Skimmrinnen wird der Schwimmschlamm (Fett) ebenfalls in eine Schlammsammelgrube befördert. Der Austrag in Richtung Faulbehälter erfolgt mittels Pumpe.

Biologische Phosphatelemination

Nach dem Zumischen von Rücklaufschlamm gelangt das Abwasser in das Anaerobbecken. Zur Ergänzung der P-Elimination bei ungenügendem biologischen Abbau kann zur chemischen Fällung Eisen II Chlorid automatisch zudosiert werden. Anschließend wird eine „Vorgeschaltete Denitrifikation" betrieben, das heißt, einlaufendes Wasser strömt dem zurückgeführten bereits nitrifiziertem Wasser entgegen. Der für die Denitrifikation erforderliche Kohlenstoffgehalt (CSB/BSB5) wird so aus dem Abwasser selbst zur Verfügung gestellt. Die Denitrifikation erfolgt in Umlaufbecken.

Nitrifikation

Die anschließende Nitrifikation (bestehend aus vier Umlaufbecken mit jeweils vorgeschalteter Wechselzone) kann sowohl im nitrifizierenden als auch im denitrifizierenden Betrieb gefahren werden. Die einmalige tägliche kurzfristige Belüftung verhindert ein Zusetzen der Tellersuspenser (Lufteintrag).

Nachklärung

Der Ablauf der Belebung wird über ein Verteilerbauwerk auf drei Rundbecken der Nachklärung aufgeteilt, dessen Wehre gleichzeitig den Höhenstand der Belebung konstant halten. In den Nachklärbecken trennt sich das Schlamm/Wassergemisch. Der Schlamm wird über Trichter in das Rücklaufschlammpumpwerk geführt. Die abgezogene Schlammmenge wird über Schieber geregelt. Die Schieberregelung erfolgt über den IDM-Einlauf.

Der Rücklaufschlamm wird von zwei archimedischen Pumpen in ein Venturigerinne gepumpt. Von dort aus läuft ein Teilstrom hinter der Vorklärung zurück in den biologischen Kreislauf. Der Überschussschlamm wird mit einem Siebband mit Hilfe von Flockungsmitteln eingedickt und in die Schlammsammelgrube und von dort in den Faulbehälter gepumpt.

Kläranlagenauslauf in die Weser

Das gereinigte Abwasser läuft bei normalem Weserwasserstand in freiem Gefälle in den Vorfluter Weser. Bei Hochwasser stehen drei Pumpen zur Verfügung, um es gegen den Wasserdruck der Tide aus der Anlage zu pumpen. Im Hochwasserpumpwerk befindet sich der Ablaufprobennehmer.

3.2 Klärschlammbehandlung

Schlammbehandlung und Faulbehälter

Der in den Vorklärbecken abgezogene Primärschlamm und der eingedickte Überschussschlamm werden über Wärmetauscher auf ca. 35 °C aufgeheizt und in den Faulbehälter gepumpt. Es wird darauf geachtet, dass der Anteil an Überschussschlamm nicht überwiegt und eine Mischung beider Schlämme stattfindet.

Der Gesamtablauf der Methangärung setzt sich aus vier Teilreaktionen zusammen, an denen unterschiedliche Bakterien beteiligt sind. Zunächst werden von meist fakultativen Anaerobiern die polymeren Substanzen, Eiweiße, Fette und Kohlehydrate, hydrolysiert und in ihre monomeren Bausteine (Aminosäuren, Glyzerin, Fettsäuren und Monosaccaride) zerlegt (Acidogenese). Im weiteren Geschehen werden diese Monomeren zu Essigsäure metabolisiert (Acetogenese). Dabei entstehen als Nebenprodukte auch

Bild 4: Kondensatbehälter (Quelle: hanseWasser Bremen GmbH)

Kohlendioxid und elementarer Wasserstoff. Im dritten Abschnitt wird Essigsäure durch entsprechende Spezialisten zu Methan fermentiert und auf dem anderen Weg, ebenfalls durch Spezialisten, das Kohlendioxyd zu Methan reduziert.

Damit diese Reaktion ungehindert ablaufen kann, ist ein enger räumlicher Kontakt zwischen den beteiligten Bakterien nötig. Wird der Verbund z. B. durch starke Turbulenzen aufgebrochen, kommt es zur Anreicherung von Fettsäuren und die Methanbildung bricht zusammen (der Faulbehälter schlägt in saure Gärung um).

Zur Faulung stehen zwei Faulbehälter mit je 3.000 m³ Inhalt zur Verfügung. Sie werden in Reihe gefahren. Bei einem durchschnittlichen Eintrag von 300 m³ gemischtem Schlamm, liegt die Aufenthaltszeit bei ca. 20 Tagen.

In der Kläranlage Farge findet eine mesophile Faulung statt. Deren Temperaturoptimum liegt zwischen 35 und 37 °C. Größere Temperaturschwankungen müssen vermieden werden. Zum Beheizen der Faulbehälter wird die Abwärme des neuen Blockheizkraftwerkes genutzt. Reicht die Abwärme B. durch Ausfall der Maschinen nicht aus, steht ein Heizkessel zur Verfügung.

Die Faulbehälter werden über eine Heizschlammpumpe und Wärmetauscher beheizt. Die Heizschlammmenge beträgt täglich in etwa 2.800 m³. Gleichzeitig findet eine Umwälzung über eine Umwälzpumpe statt. Die Pumpe wälzt im Normalfall den Faulbehälter 1 um (1. in Reihe), wird aber wochentäglich für 2 Stunden auf Faulbehälter 2 umgestellt. Die gesamte umgewälzte Menge beträgt ca. 6.000 m³ am Tag. Als Überdrucksicherung dienen Wassertassen.

Faulgas

Das entstehende Methangas, im Jahr 2013 1.297.000 Nm³, wird über je eine Gasleitung bis zum 1. Kondensatbehälter getrennt geführt (**Bild 4**). In den Gasleitungen werden die Gasmengen gemessen und im Prozessleitsystem (PLS) angezeigt.

Vor dem Kondensatbehälter werden beide Gasleitungen zusammengeführt. In der zusammengeführten Leitung ist ein Gassicherheitsventil installiert. Das Gassicherheitsventil schließt, sobald im jeweiligen Faulbehälter ein Unterdruck oder ein Gasalarm in den Räumlichkeiten gemessen wird oder die Brandmeldeanlage ausgelöst hat. Das Gas gelangt über eine oberirdisch verlegte Rohrleitung zum Gasspeicher. Vor dem Gasspeicher ist ein 2. Kondensatbehälter installiert. Hier wird die restliche Feuchtigkeit abgeschlagen und es gelangt relativ trockenes Gas in den Gasspeicher. **Bild 5** zeigt den Rohrleitungsverlauf.

Gasbehälter und Aktivkohlefilter (neu)

Der Gasbehälter hat ein Volumen von 300 Nm³. Bei einem durchschnittlichen Faulgas-Volumenstrom von 130 m³/h kann mehr als 2 Stunden gepuffert werden. Der erzeugte Systemdruck durch den Gasspeicher beträgt 20 mbar.

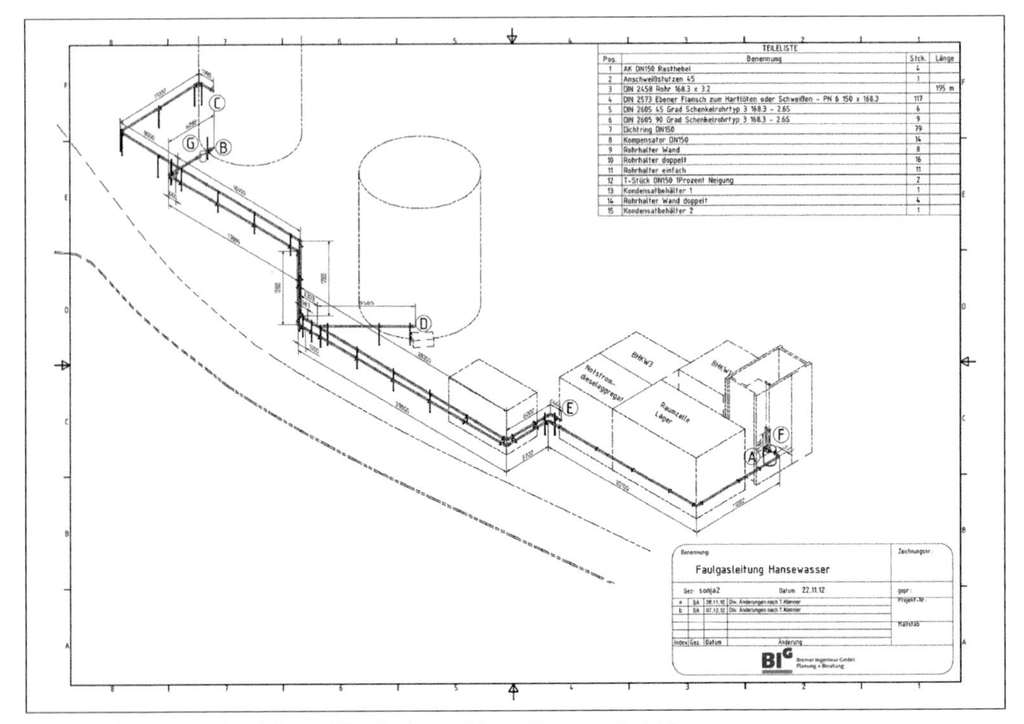

TEILELISTE			
Pos.	Benennung	Stck.	Länge
1	AK DN150 Rasthebel	4	
2	Anschweißstutzen 45	1	
3	DIN 2458 Rohr 168.3 x 3.2		195 m
4	DIN 2573 Ebener Flansch zum Hartlöten oder Schweißen - PN 6 150 x 168.3	117	
5	DIN 2605 45 Grad Schenkelrohrtyp 3 168.3 - 2.6S	6	
6	DIN 2605 90 Grad Schenkelrohrtyp 3 168.3 - 2.6S	9	
7	Dichtring DN150	79	
8	Kompensator DN150	14	
9	Rohrhalter Wand	8	
10	Rohrhalter doppelt	16	
11	Rohrhalter einfach	11	
12	T-Stück DN150 1Prozent Neigung	2	
13	Kondensatbehälter 1	1	
14	Rohrhalter Wand doppelt	4	
15	Kondensatbehälter 2	1	

Bild 5: Verlauf der Faulgasleitung (Quelle: hanseWasser Bremen GmbH)

Nach Austritt aus dem Gasspeicher gelangt das Faulgas in die Räumlichkeiten der Gastechnik. Auf dem Wege dahin ist eine Gasfackel installiert. Diese wird automatisch eingeschaltet, sobald ein Füllstand von 290 m³ überschritten wird. Somit ist sichergestellt, dass kein Faulgas in die Atmosphäre gelangt.

In der Gastechnik ist ein Aktivkohlefilter installiert. Dieser filtert Siloxane aus dem Faulgas. Ein übermäßig hoher Siloxan-Wert bildet bei der Verbrennung aus dem Rohgas im BHKW festes Siliciumdioxid (Sand), das zum Verschleiß der bewegten Teile der Anlagen führt. Siloxane werden bei einer Gastemperatur von ca. 35 °C gefiltert. Um das Gas auf diese Temperatur anzuheben, ist ein Wärmetauscher vor dem Aktivkohlefilter installiert.

Blockheizkraftwerke (Bestand und Neubau)

Mit Inbetriebnahme im Jahr 2005 war die KA Farge mit einem BHKW (BHKW 1) und der zugehörigen elektrischen Leistung von 345 kW ausgestattet. Zuvor wurde bereits das BHKW 3 (182 kW in Betrieb seit 1996) installiert. Der Betrieb beider Anlagen war wechselseitig vorgesehen. Das BHKW 1 wies häufige Störungen als Folge wechselnder Faulgasqualitäten auf, die trotz intensiver Optimierungsbemühungen an der Gaszuführungsmessung keine kontinuierlichere Einsatzfähigkeit ermöglichte. Dadurch wurde in der Vergangenheit ein erheblicher Teil des Faulgases ungenutzt in der Gasfackel verbrannt.

Zur Sicherstellung einer dauerhaften Faulgasnutzung wurde im Jahr 2013 von hanseWasser Bremen GmbH der Bau einer neuen BHKW-3-Anlage mit einer elektrischen Leistung von 360 kW in dem vorhandenen Gebäude vorgesehen. Durch die Inbetriebnahme des neuen BHKW-3 ist eine vollständige Nutzung des Faulgases sichergestellt. Alternativ wurde im Vorfeld auch der Einsatz eines Zündstrahlmotors geprüft.

Die zugehörige Niederspannungsverteilung wurde erneuert. Die vorhandene SPS-Steuerung wurde versetzt. Der Notstrombetrieb (Inselbetrieb) für die Kläranlage wird mit dem neuen Anlagenkonzept ebenfalls realisiert. Anpassungen

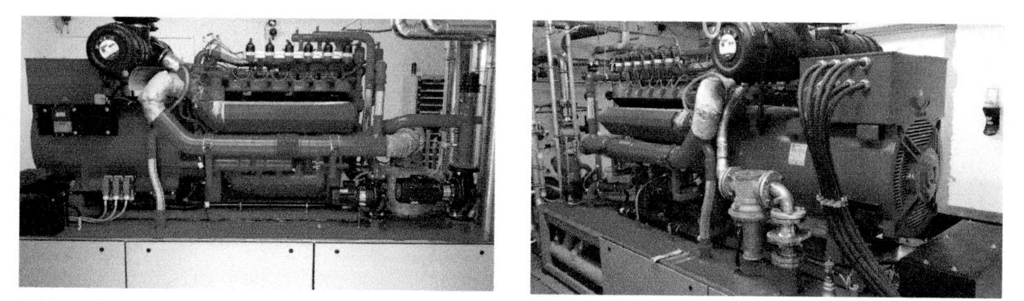

Bild 6: Blockheizkraftwerk (Anlage BHKW-3) (Quelle: hanseWasser Bremen GmbH)

an der Heizungsanlage und Notkühlung waren nicht erforderlich.

Zur Filterung des Rohgases wurden ein Aktivkohlefilter, die Faulgasanalyse und -mengenmessung neu installiert. Der vorhandene Gasverdichter wurde versetzt. Hinzu kam ein neuer redundanter Gasverdichter.

Das neue BHKW (360 kW Leistung), wird in Abhängigkeit vom Füllstand des Gasspeicherbehälters betrieben. Je voller der Gasspeicher ist, desto höher sind die Leistung des BHKW und die damit erzeugte Energiemenge. Der Regelbereich des BHKW liegt in den Grenzen von 180-360 kW. Das BHKW verfügt laut Hersteller über einen elektrischen Wirkungsgrad von 38,1 %. Die Gasfackel wird ab einem Füllstand von 290 m^3 ein- und bei 280 m^3 wieder ausgeschaltet. Alle Einschaltpunkte können im Prozessleitsystem zentral vorgegeben und geändert werden.

Die Stromerzeugung betrug 2013 mit insgesamt 1.456.170 kWh etwa 50 % des gesamten Stromverbrauches der Kläranlage. Mit der Abwärme des BHKW werden sowohl die Faulbehälter als auch die Räumlichkeiten der Kläranlage beheizt. Das BHKW hat einen thermischen Wirkungsgrad von 50 %.

Schlammförderung, -aufbereitung und -lagerung (Neubau)

Der Schlamm wird von Faulbehälter 1 in Faulbehälter 2 und von dort in die Nacheindicker verdrängt. Ein Pumpwerk im Betriebsgebäude der Kläranlage befördert den ausgefaulten Schlamm direkt zur Entwässerungszentrifuge, die in einem separaten Gebäude im westlichen Kläranlagenbereich untergebracht ist.

Die Zentrifuge (Maximaldurchsatz 33 m^3/h) entwässert den Schlamm auf TR-Werte über 20 %. Eine nachfolgende Dickstoffpumpe verbringt den entwässerten Schlamm in ein geschlossenes Silo (Fertigstellung 2015). Das Zentrat wird der Abwasserreinigung zugeführt.

Im Gebäude der Entwässerungszentrifuge wurde auch die Eindickungsanlage als Bandfilter für den Überschussschlamm untergebracht. Alle Anlagen stehen zusammen.

Festschlammlagerung und Verladung (im Bau)

Die Klärschlammsilo- und Verladeanlage der Kläranlage Farge wird im Sommer 2015 fertiggestellt sein (**Bild 7**). Diese Anlage umfasst ein Klärschlammsilo mit einem Speichervolumen von 500 m^3 sowie eine vollautomatische Verladeeinrichtung für LKW.

Der Klärschlamm wird nach dem First-In-First-Out-Prinzip zwischengelagert und verladen. Diejenige Klärschlammcharge, die zuerst in das Silo gehoben wird, verlässt das Silo auch wieder zuerst. Hierzu wird innerhalb des Silos der Klärschlamm durch einen hydraulisch betriebenen Schubboden zur mittleren Querachse des Silobodens geschoben. An dieser Stelle ist im Siloboden eine seelenlose Förderschnecke untergebracht, die den Schlamm aus dem Silo in eine Übergabestelle fördert, in der er von einer zweiten Schnecke gleicher Bauart in einem Winkel von ca. 25° nach oben zur Verladeöffnung gefördert wird.

An der Verladeöffnung angekommen, fällt der entwässerte Klärschlamm in die Mulde eines hierunter abgestellten LKW. Während der Beladung bewegt sich der LKW mit einer Geschwindigkeit von durchschnittlich 0,3 m/min rückwärts, um eine gleichmäßige Beladung des Fahrzeugs zu gewährleisten. Während des Beladevorgangs wird

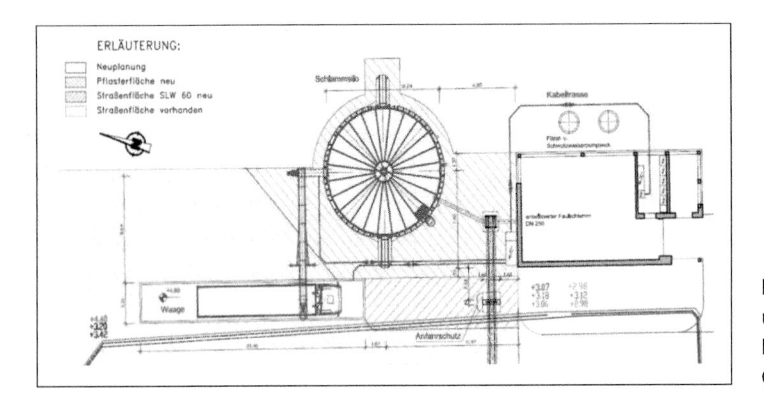

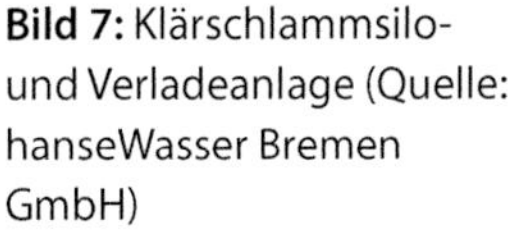

Bild 7: Klärschlammsilo- und Verladeanlage (Quelle: hanseWasser Bremen GmbH)

das Gewicht des LKW fortlaufend durch eine Fahrzeugwaage erfasst. Hierdurch wird der Beladevorgang automatisiert und beim Erreichen des zulässigen Gesamtgewichts des Fahrzeugs, nach ca. 30 min. beendet. Das Fahrzeug wird nicht überladen, aber das maximal zulässige Transportgewicht wird voll ausgeschöpft. Die Bedienung erfolgt durch den Fahrer des LKW, der jederzeit mittels Videokamera (übertragen auf einen Tablet PC) einen Überblick über die Beladung der Lademulde seines Fahrzeugs hat und die Beladung bei Unregelmäßigkeiten sofort stoppen kann. Das Ende der Beladung wird dem Fahrer durch ein Ampellichtsignal angezeigt. Damit entfallen die bisherige offene Lagerung und Verladung des Klärschlammes.

Der Klärschlamm wird in einer vertraglich langfristig gebundene Entsorgungsanlage verbrannt.

4 Fazit und Ausblick

Die Kläranlage Farge hat mit dem Neubau:

- der Klärgasreinigung,
- eines BHKW,
- der Schlammentwässerung,
- der Schlammlagerung und Verladung

eine deutliche Modernisierung erfahren. Die eigene Energieerzeugung erreicht bereits jetzt einen Anteil von 70 % am Eigenstrombedarf. Die Ausrüstung mit einem neuen BHKW hat dieses Ergebnis ermöglicht. Alle bisher umgesetzten Maßnahmen zur Steigerung der Eigenenergieproduktion konnten wirtschaftlich dargestellt werden.

Mit der geplanten Weiterführung der verfahrenstechnischen Optimierung der Abwasserreinigung, der neuen optimierten Geländebeleuchtung, der Erneuerung der Klärschlammbehandlung und -lagerung sowie den damit einhergehenden energetischen Optimierungsmaßnahmen sind weitere Voraussetzungen für eine deutliche Reduzierung des Energiebedarfes in Vorbereitung bzw. werden umgesetzt.

Nicht zuletzt geht mit allen Maßnahmen auch eine Reduzierung der Abwasser- und Treibhausgasemissionen einher. Auch die laufenden. Instandhaltungsarbeiten wirken sich hier positiv aus, denn bei neuen Bauteilen werden grundsätzlich nur jeweils energieeffizientere Komponenten eingesetzt.

Dem Ziel, deutlich weniger Energie pro je m^3 gereinigtem Abwasser zu benötigen, ist die hanseWasser Bremen GmbH so einen guten Schritt näher gekommen.

Autoren

Dipl.-Geogr. Peter Fahsing
Dipl.-Ing. Thomas Klenner
Dipl.-Ing. Andreas Bräutigam
B. Sc. Sascha Deylig

hanseWasser Bremen GmbH
Schiffbauerweg 2
28237 Bremen (FRG)
E-Mail: fahsing@hanseWasser.de
www.hanseWasser.de

Michael Hippe

Die Kostenvergleichsrechnung in der Kanalsanierung

Die Kostenvergleichsrechnung dient in der Kanalsanierung als Grundlage für die Entscheidung zwischen Reparatur, Renovierung und Erneuerung. Bei ihrer Anwendung ist eine Reihe von Besonderheiten zu beachten. Dies betrifft zum Beispiel die Wahl der Nutzungsdauern, die Prognose der Zustandsentwicklung und die Berücksichtigung nachrangiger oder nicht sichtbarer Schäden.

1 Einleitung

Für die Abwägung und Unterscheidung von Alternativen hat sich in der Entwässerungsplanung die dynamische Kostenvergleichsrechnung (KVR) als Standardwerkzeug etabliert. So kann zum Beispiel die Entwässerung durch Pumpstation und Druckleitung mit einem Freispiegelkanal verglichen werden, indem die jährlichen Kosten für Energie, Wartung und Reparaturen sowie die erforderlichen Reinvestitionen insbesondere für die Maschinen- und Elektrotechnik berücksichtigt werden und entsprechend ihres Kostenzeitpunktes abgezinst in die Berechnung einfließen.

In der Kanalsanierung dient die KVR regelmäßig als Grundlage für die Entscheidung zwischen Reparatur, Renovierung und Erneuerung. Auf den ersten Blick erscheint dies einfach: In beiden Fällen sorgt hinterher ein intakter Kanal für die Abwasserableitung – insofern kann man zunächst Nutzengleichheit unterstellen. Die Projektkostenbarwerte für die Varianten werden unter Berücksichtigung der unterschiedlichen Nutzungsdauern berechnet und auf dieser Grundlage die wirtschaftlichste Variante ermittelt.

Bei genauerem Hinsehen zeigt sich jedoch eine ganze Reihe von Problemen bei der sachgerechten Anwendung der KVR. Diese sollen nachfolgend aufgezeigt und – soweit möglich – entsprechende Lösungsansätze vorgestellt werden.

2 Derzeitiges Vorgehen

Die Nutzungsdauern für Erneuerungen und Renovierungen werden bei der KVR vielfach korrespondierend zu den in der jeweiligen Stadt bzw. Gemeinde festgelegten Abschreibungsdauern festgelegt. Die Abschreibungsdauern für neue Kanäle sind bei den einzelnen Städten und Gemeinden unterschiedlich und variieren in der Regel zwischen 50 und 80 Jahren. Die Abschreibungszeiträume von Renovierungen werden meist an diese Festlegungen angepasst, das heißt bei längeren Abschreibungsdauern für Neubau werden auch längere Dauern für Renovierungen gewählt (z. B. 25 : 50 und 40 : 80 Jahre). Dies entspricht den in den KVR-Leitlinien vorgesehenen Zeitspannen.

Die Nutzungsdauern für Reparaturen werden innerhalb des in den KVR-Leitlinien vorgesehenen Rahmens eher willkürlich festgelegt. Dabei findet der niedrigste Wert von 2 Jahren in der Praxis kaum Anwendung – die Spanne reicht in der Regel von 7,5 – 15 Jahren.

Die einfache Sanierungsabfolge besteht in der Wiederholung des jeweiligen Verfahrens bis zum Ende des Betrachtungszeitraums, d. h. eine entsprechende Reparatur bzw. Renovierung immer am Ende der jeweils festgelegten Nutzungsdauer. Die Diskussion über die Wiederholbarkeit von Reparaturen und Renovierungen hat dazu geführt, dass ggf. darüber hinaus Mischvarianten betrachtet werden, wie z. B.:

- Renovierung → Erneuerung,
- Reparatur → Renovierung und

- Reparatur → Reparatur → Renovierung.

Dabei wird zum Teil die Anzahl der zulässigen Wiederholung von Reparaturen vorgegeben.

3 Problemstellungen

Bei der Anwendung der KVR in der Kanalsanierung sind in der Praxis folgende Problemstellungen zu betrachten:

1. Zu den Nutzungsdauern der einzelnen Verfahren liegen bislang nur sehr begrenzte Erkenntnisse und Erfahrungen vor. Dies betrifft vor allem die Reparaturverfahren.
2. Das Ergebnis der KVR wird sehr stark durch die gewählten Nutzungsdauern für Reparatur und Renovierung beeinflusst. Ein gleiches Verhältnis der Nutzungsdauern zueinander führt jedoch bei unterschiedlichen Absolutdauern nicht zu gleichen Ergebnissen.
3. Bei einer Reparatur ist nicht allein die Nutzungsdauer der Reparaturstelle maßgeblich. Vielmehr ist ausschlaggebend, in welchem Umfang im Verlauf des Betrachtungszeitraums weitere Reparaturen erforderlich werden.
4. Teilweise sollen nicht alle Schäden, sondern nur die innerhalb bestimmter Zustandsklassen, z. B. 0 - 2 behoben werden. Der Umgang mit den nachrangigen Schäden in der KVR ist nicht geklärt.
5. Die Möglichkeiten der optischen Inspektion zur Zustandserfassung sind begrenzt. Dies betrifft vor allem die Dichtheit und die Rohrbettung.
6. Die möglichen Sanierungsabfolgen sind nicht klar und nicht geregelt.
7. Die Voraussetzung der Nutzensgleichheit ist nur bedingt erfüllt. Insbesondere bei älteren Kanälen sind Betriebssicherheit und Umweltschutz bei einer Reparatur ungünstiger als bei jüngeren Kanälen zu bewerten.
8. Die Mitsanierung zwischenliegender Haltungen mit höherwertigen Verfahren lässt sich in der Kostenvergleichsrechnung kaum betrachten.

4 Lösungsansätze

4.1 Absicherung der Nutzungsdauern der Verfahren

Bei den Renovierungsverfahren dominiert nach wie vor das Schlauchlining. Die ersten Liner wurden bereits 1971, also vor 43 Jahren eingebaut; eine breite Anwendung findet in Deutschland spätestens seit den 90er-Jahren statt. Obwohl die Ausschreibung, Ausführung und Überwachung des damaligen Linereinbaus mit dem heutigen Standard nicht vergleichbar ist, sind diese Liner zum weitaus überwiegenden Teil nach wie vor im Einsatz. Nach den Ergebnissen der flächendeckenden Inspektion ist der Liner selbst in der Regel schadensfrei. Vorgefundene Schäden betreffen am ehesten die Schachtanbindungen und vor allem die Einbindung der Seitenzuläufe.

Zur Qualitätssicherung bei der Linersanierung hat in den letzten Jahren eine starke Entwicklung stattgefunden. Aufbauend auf vorliegenden ZTV (Verband zertifizierter Sanierungsberater (VSB), Stadt Hamburg, süddeutsche Kommunen) wurde jetzt in Kooperation mit dem VSB das DWA-Merkblatt M 144-3 der DWA erstellt. Inzwischen ist das Schlauchlining genormt und viele Verfahren verfügen über eine DIBt-Zulassung. Vor diesem Hintergrund kann in der KVR ohne weiteres eine Nutzungsdauer von 30 – 40 Jahren angesetzt werden. Voraussetzung ist natürlich – wie bei der Erneuerung auch – die Beachtung der einschlägigen Regelwerke.

Deutlich schwieriger ist die Einschätzung bei den Reparaturverfahren. Hier hat zwar inzwischen bereits eine Konsolidierung stattgefunden, eine ähnliche Qualitätssicherung wie bei den Linern steht allerdings noch bevor. Zusätzliche Technische Vertragsbedingungen wurden durch den VSB für die wesentlichen Verfahren bereits erarbeitet und werden schrittweise in die Merkblattreihe M 144 der DWA überführt. Auch DIBt-Zulassungen liegen für einige Verfahren vor. Darüber hinaus hat der VSB einen positiv beschiedenen Normungsantrag gestellt, so dass in Zukunft auch Reparaturen auf genormter Basis durchgeführt werden.

Einen weiteren positiven Beitrag für die Entwicklung leisten die IKT-Warentests und der fachliche Austausch, z. B. auf dem Reparaturtag.

Wichtig ist dies – wie oben aufgeführt – auch für die Dauerhaftigkeit der Renovierungen. Im VSB wird zusätzlich in einer eigenen Arbeitsgruppe eine risikobasierte Bewertung einzelner Reparaturverfahren erarbeitet. Dies würde zunächst eine Grundlage für die Festlegung der Nutzungsdauern liefern. Für die bewährten Verfahren kann auch derzeit schon eine verfahrensbezogene Nutzungsdauer im oberen Bereich der angegebenen Spanne, d. h. 10 – 15 Jahre gewählt werden.

4.2 Verhältnis der Nutzungsdauern

Abschreibungszeiträume werden in der Praxis unterschiedlich und nicht ausschließlich nach der erwarteten Nutzungsdauer festgelegt. Vielmehr spielen auch finanzpolitische Überlegungen bei dieser Festlegung eine Rolle. Bei Erneuerungen ist der Einfluss auf das Ergebnis der Kostenvergleichsrechnung eher gering, da der Reinvestitionszeitpunkt weit in der Zukunft liegt. Werden aber die Zeiträume für Renovierung und Reparaturen bei den kurzen Abschreibungsdauern entsprechend nach unten angepasst, tritt eine Verzerrung zu Ungunsten von Reparatur und Renovierung ein. Aus diesem Grund sollten die vorgeschlagenen Nutzungsdauern für Reparatur und Renovierung so gewählt werden, dass sich ein vergleichbares Verhältnis der Kostenbarwerte ergibt. So liefert die Wahl einer Nutzungsdauer von 40 Jahren für die Renovierung bei einer Nutzungsdauer von 80 Jahren für die Erneuerung in etwa das gleiche Ergebnis wie die Nutzungsdauer von 30 Jahren für die Renovierung bei 50 Jahren für eine Erneuerung.

4.3 Nutzungsdauer des reparierten Kanals

Das größte Problem bei der Anwendung der KVR in der Kanalsanierung besteht darin, dass für den Variantenvergleich nicht die Nutzungsdauer des jeweiligen Reparaturverfahrens, sondern die Nutzungsdauer des reparierten Kanals maßgeblich ist. Diese wird zusätzlich dadurch bestimmt, wann und in welchem Umfang neue Schäden innerhalb der jeweiligen Haltung auftreten. Eine genaue Abschätzung oder gar Berechnung ist derzeit kaum möglich.

Für die strategische Sanierungsplanung kommen Prognosemodelle zum Einsatz, welche auf der Grundlage statistischer Verfahren und einer Kalibrierung anhand der bisherigen Zustandsentwicklung im Netz den weiteren Zustandsverlauf prognostizieren. Während die netzbezogene Auswertung inzwischen brauchbare Ergebnisse liefert, ist eine Anwendung für den konkreten Einzelfall weniger genau, da die statistische Streuung zu groß ist und die spezifischen Randbedingungen der jeweiligen Haltung nicht berücksichtigt werden.

Für die individuelle Abschätzung ist zunächst das Gesamtschadensbild zu betrachten. Anhand des Schadensbildes und der daraus abgeleiteten möglichen Schadensursache ist zu beurteilen, ob es sich um mehr oder weniger einmalige Schäden handelt oder um ein fortschreitendes Schadensbild. So ist z. B. ein nicht verschlossener Anschluss oder eine kreuzende Versorgungsleitung in dieser Hinsicht völlig anders zu beurteilen als eine Korrosion. Auch der alters- und abnutzungsbedingte Allgemeinzustand muss bei dieser Betrachtung berücksichtigt werden.

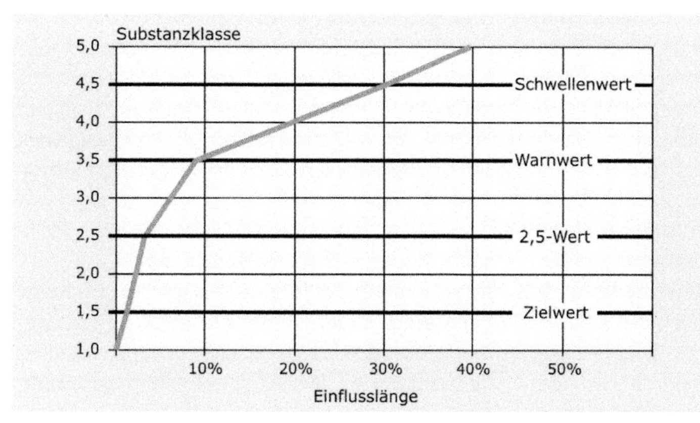

Bild 1: Normierungsfunktion Substanzklassifizierung

Tab. 1 | Wichtungsfaktoren Substanzklassifizierung

Zustandsklasse	0 und 1	2	3	4
Wichtung	100 %	30 %	9 %	2,7 %

Eine alternative Betrachtungsmethodik für den Allgemeinzustand stellt die Substanzklassifizierung dar, welche im strategischen Bereich verwendet wird. Sie zielt darauf, den noch vorhandenen Abnutzungsvorrat einer Haltung zu bestimmen und dient u. a. für Prognosemodelle als Grundlage. Im DWA-Leitfaden zur strategischen Sanierungsplanung wird eine solche Substanzklassifizierung vorgestellt (**Bild 1**).

4.4 Berücksichtigung nachrangiger Schäden

Bei der Sanierungsplanung, aber auch bei der Kostenvergleichsrechnung stellt sich immer wieder die Frage, wie mit Schäden geringerer Zustandsklasse bei Reparaturen umgegangen werden soll. In der Praxis werden drei Vorgehensweisen praktiziert:

1. Es werden nur die Schäden in den maßgeblichen Zustandsklassen behoben.
2. Zusätzlich werden die Schäden geringerer Zustandsklasse behoben, bei denen das gleiche Sanierungsverfahren zur Anwendung kommen kann.
3. Es werden alle Schäden in der zu sanierenden Haltung behoben.

Bei der Kostenvergleichsrechnung sind zunächst die je nach Variante zu behebenden Schäden direkt zu berücksichtigen. Sofern Schäden geringerer Zustandsklasse ganz oder teilweise nicht behoben werden, sind diese angemessen bei der weiteren Zustandsentwicklung und damit der Festlegung der Nutzungsdauer zu bewerten. Bei dem Modell der Substanzklassifizierung fließen sie mit einem Wichtungsfaktor in die Berechnung ein.

4.5 Berücksichtigung nicht sichtbarer Schäden

Die Möglichkeiten der optischen Zustandserfassung sind begrenzt. Nicht erkannt werden z. B. äußere Schäden, welche jedoch ohne innere Schäden selten auftreten. Eine mangelhafte Rohrbettung hat entweder bereits in Schadensbildern wie Lageabweichungen oder Längsrissen ihren Niederschlag gefunden oder muss z. B. bei größeren geplanten Renovierungsmaßnahmen stichprobenartig mit einer Künzelung oder ähnlichem überprüft werden.

Das größte Problem stellt die Frage der Dichtheit der Rohrverbindung dar. Sofern die betreffende Haltung nicht unter Grundwasser steht und Undichtigkeiten durch Infiltrationen sichtbar werden, ist eine zutreffende Beurteilung kaum möglich. Bei vielen älteren Haltungen ist bauartbedingt von einer Undichtigkeit der Rohrverbindung auszugehen. Bei der Erarbeitung der Kanalsanierungsstrategie für die Stadt Pulheim wurde auch eine Variante untersucht, diese Haltungen grundsätzlich durch Liner zu sanieren, um die Dichtheit herzustellen. Diese Variante wurde aus Kostengründen verworfen.

Für die Berücksichtigung der nicht sichtbaren Schäden sind zwei Aspekte zu betrachten:

1. Vorhandene Schäden können den späteren Sanierungsbedarf erhöhen.
2. Der derzeit noch tolerierte Zustand entspricht möglicherweise zukünftig nicht mehr den Regeln der Technik.

Nicht sichtbare Schäden können z. B. bei der Wahl der Sanierungsabfolge berücksichtigt werden (**Bild 2**). So kann eine Wiederholung der Reparatur abgelehnt und stattdessen eine direkt auf die Reparatur folgende Renovierung vorgesehen werden. Bei der vorgestellten Substanzklassifizierung wurden z. B. bei den Bewertungen für Erftstadt und Weilerswist bauartbedingte Undichtigkeiten analog zu einem Streckenschaden geringer Dringlichkeit modelliert.

4.6 Mögliche Sanierungsabfolgen

Kann man eine Reparatur reparieren und eine Renovierung renovieren? Diese Frage wird immer wieder diskutiert und lässt sich nicht eindeutig beantworten. Sie hängt vielmehr vom jeweiligen Verfahren und Schadensbild ab.

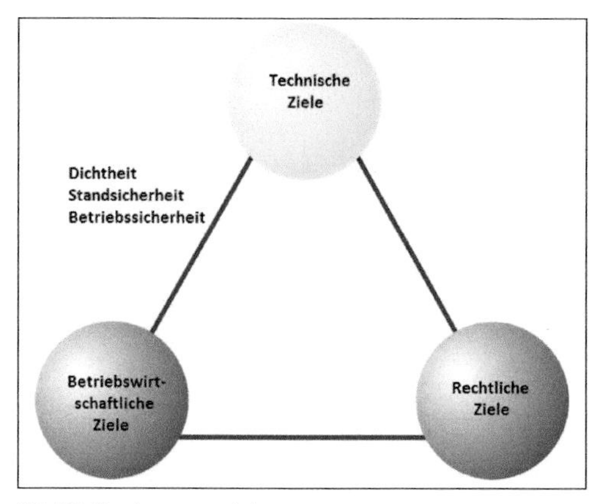

Bild 2: Sanierungsziele

Bei der Reparatur kann die Frage in der Regel mit „ja" beantwortet werden. So lassen sich mit Roboter, Packer oder ähnlichem sanierte Schadstellen problemlos nochmals, ggf. auch mit einem anderen Verfahren reparieren. Schwieriger ist dies bei Kurzlinern, Manschetten oder Hutprofilen, es sei denn, das Schadensbild besteht darin, dass diese sich von allein gelöst haben. Darüber hinaus ist zu berücksichtigen, dass es, wie bereits ausgeführt, in der Regel nicht um die Frage der wiederholten Reparatur eines Schadens, sondern um die Reparatur neu auftretender Schäden geht. Insofern hängt die ggf. auch mehrfache Wiederholung der Reparatur hauptsächlich vom prognostizierten Zustandsverlauf ab.

Eine erneute Renovierung ist dann nicht möglich, wenn der Liner statisch, z. B. in Form von Einbeulung, versagt hat. Allerdings ist dies nach Ablauf der Gewährleistung eher selten. Häufiger sind Undichtigkeiten innerhalb des Liners und vor allem an den Anbindungspunkten. Insofern erscheint – zumindest im Durchschnitt gesehen – eine einmalige Wiederholung der Renovierung durchaus realistisch. Voraussetzung ist natürlich, dass der Abflussquerschnitt danach immer noch eine ausreichende Dimension aufweist.

4.7 Nutzengleichheit

Voraussetzung für die Anwendung der KVR-Leitlinien ist die Nutzengleichheit der Varianten. Diese ist bei dem Vergleich von Reparatur, Renovierung und Erneuerung nicht ganz gegeben. So bietet ein neuer oder renovierter Kanal eine höhere Betriebssicherheit und insbesondere mit Blick auf nicht sichtbare oder sogar baubedingte Undichtigkeiten in den Rohrverbindungen einen besseren Umweltschutz. Allerdings sind die Unterschiede als eher gering einzustufen, sofern durch die Reparatur ein Kanalzustand nach den Regeln der Technik erreicht wird.

Von größerer Bedeutung ist die Beurteilung der Nachhaltigkeit, welche allerdings weniger für die einzelne Haltung, als vielmehr für die Gesamtsanierungstätigkeit relevant ist. So darf eine vermehrte Reparaturtätigkeit nicht dazu führen, dass ein schleichender Substanzverlust mit der Folge erhöhter Sanierungsaufwendungen für nachfolgende Generationen auftritt. Ansätze hierzu sind dem bereits zitierten Leitfaden zu entnehmen.

Von besonderer Bedeutung ist die Frage der Nutzengleichheit bei speziellen Aufgabenstellungen mit besonderen Sanierungszielen (**Bild 2**). So kann z. B. bei der Fremdwasserbeseitigung das Sanierungsziel Dichtheit vielfach nicht durch Reparaturen erreicht werden, da mit partieller Abdichtung an Stellen vorhandener Schichtenwasserzutritte vielfach lediglich eine Verlagerung der Eintrittsstellen erfolgt.

5.8 Zusammenfassung von Sanierungsstrecken

Bei der Planung von Sanierungen werden häufig Sanierungsmaßnahmen gebildet, in dem eine oder ggf. auch mehrere zwischenliegende Haltungen in einem Haltungsstrang mit einem höherwertigen Verfahren (Erneuerung bzw. Renovierung) saniert werden, obwohl bei alleiniger Betrachtung dieser Haltung eine Reparatur bzw. Renovierung ausreichend wäre. Obwohl es sich hierbei um eine sinnvolle Entscheidung handelt, würde auch bei Gesamtbetrachtung der Maßnahme die dynamische Kostenvergleichsrechnung regelmäßig ein anderes Ergebnis ausweisen. Hier sind – auch mit Blick auf die oben erwähnte Nutzengleichheit – die Grenzen dieses Vergleichsverfahrens erreicht. Eine sinnvolle Entscheidung kann in diesen Fällen nur auf der Grundlage entsprechender Ingenieurerfahrung getroffen werden.

5 Zusammenfassung

Die dynamische Kostenvergleichsrechnung ist ein anerkanntes Verfahren zur Abwägung verschiedener möglicher Alternativen. Dies gilt auch für die Kanalsanierung. Allerdings ist hierbei eine Reihe von Besonderheiten zu beachten, damit der Vergleich ein zutreffendes Ergebnis liefert. Dies betrifft vor allem die Wahl der Nutzungsdauern, die Prognose der Zustandsentwicklung und die Berücksichtigung nachrangiger oder nicht sichtbarer Schäden. Bei besonderen Aufgabenstellungen wird die Grenze der Anwendbarkeit dieses Vergleichsverfahrens erreicht.

Literatur

[1] DWA: Leitlinien zur Durchführung dynamischer Kostenvergleichsrechnungen, Juli 2012

[2] DWA-M 144-3: Zusätzliche Technische Vertragsbedingungen, für die Sanierung von Entwässerungssystemen außerhalb von Gebäuden, November 2012

[3] DWA-Themen: Leitfaden zur strategischen Sanierungsplanung von Entwässerungssystemen außerhalb von Gebäuden, September 2012

Autor

Michael Hippe, Dipl.-Ing. (TH)
Franz Fischer Ingenieurbüro GmbH
Holzdamm 8
50374 Erftstadt
E-Mail: michael.hippe@fischer-teamplan.de

Andreas Raganowicz

Der kritische Zustand von Abwasserkanälen

Die statistisch-stochastischen Modellierungen des kritischen Kanalnetzzustandes für Kanäle im und oberhalb des Grundwassers werden beschrieben. Der kritische Kanalzustand beschreibt den Übergang der Kanalhaltungen von der Reparatur- in die Sanierungszone, der für den Kanalbetrieb eine besonders wichtige Rolle spielt.

1 Einführung

Der Zweckverband zur Abwasserbeseitigung im Hachinger Tal betreibt ein Kanalnetz im Trennsystem mit einer Länge von 180 km. Dieses Netz entsorgt drei bayerische Gemeinden: Unterhaching, Taufkirchen und Oberhaching. Dank der günstigen Untergrundverhältnisse kann das anfallende Regenwasser in den Boden versickern. Das Hachinger Netz besteht im Wesentlichen aus Steinzeugkanälen DN 250 – 400 mm und zwei Hauptsammlern DN 600/1100, DN 800/1200 und DN 900/1350 mm aus Ortbeton. Eine weitere, wichtige Komponente des öffentlichen Netzes bilden 8.383 Grundstücksanschlüsse mit einer Gesamtlänge von 95 km (Stand: Januar 2013).

Statistisch-stochastische Modellierungen des kritischen Zustandes von Steinzeugkanälen mit Durchmesser DN 200 – 400 mm werden präsentiert, die auf der Korrelation zwischen dem baulichen Zustand und dem Alter der Kanäle basieren. Die Untersuchungsgrundlage bilden zwei repräsentative Stichproben. Die erste umfasst Kanalhaltungen, die in der Gemeinde Unterhaching oberhalb des Grundwasserspiegels errichtet sind. Die zweite besteht aus Kanalhaltungen, die sich in der Gemeinde Oberhaching unterhalb des Grundwasserspiegels befinden. Die Objekte der beiden Stichproben wurden im Jahre 2000 optisch inspiziert und deren baulicher Zustand nach dem damals gültigen Arbeitsblatt ATV-M 149 [1] klassifiziert. Diese Klassifizierung sieht fünf Zustandsklassen vor: von der besten Klasse (4) bis zur schlechtesten Klasse (0). Die vierte Zustandsklasse beschreibt Kanalhaltungen, die keine oder nur kleine Schäden aufwiesen. Die Haltungen der dritten und der zweiten Klasse benötigen Reparatur- und die Haltungen der letzten zwei Klassen Sanierungsmaßnahmen.

Als kritischer, baulicher Zustand ist der Übergang der Kanäle vom Reparatur- zum Sanierungszustand zu verstehen. Der Übergang kann in Form einer Grenze zwischen zwei Bereichen beschrieben werden, wobei der erste Bereich den Bedarf an Reparaturmaßnahmen und der zweite den Bedarf an Sanierungsmaßnahmen beschreibt. Diese Grenze lässt sich grafisch anhand einer Übergangskurve von der zweiten in die erste Zustandsklasse darstellen.

2 Statistische Modellierung des kritischen Zustandes

Die theoretische Übergangskurve von der zweiten in die erste Zustandsklasse wurde mit der zweiparametrigen Weibull-Verteilung bestimmt. Sie ist eine populäre statistische Verteilung, die bei den Zuverlässigkeitsanalysen von elektronischen, mechanischen sowie baulichen Anlagen sehr oft Anwendung findet. Die Weibull-Parameter wurden in der statistischen Untersuchungsphase mittels Gambel-Methode (GM) geschätzt. Diese Methode ist durch einen einfachen Algorithmus charakterisiert, was bei den späteren Simulationen der Weibull-Parameter mittels Monte-Carlo-Methode (MMC) von besonderer Bedeutung ist.

Die Zuverlässigkeitskurve, die den Übergang der Kanäle von der Reparatur- in die Sanierungszone darstellt, wurde anhand der Formel (2.1) bestimmt [2]

$$R(t) = \exp\left(-\frac{t}{T}\right)^b \quad (2.1)$$

mit t – statistische Variable, z.B.: Lebensdauer der Kanalhaltungen, a;
T – charakteristische Lebensdauer der Kanalhaltungen, die dem mittleren Verteilungswert entspricht, a;
b – Formparameter (Steilheit) der Verteilung.

Die Ermittlung der Weibull-Parameter erfolgte mittels Gambel-Methode [2]

$$\hat{b} = 0{,}577 / S_{\lg t} \quad (2.2)$$

$$\text{mit } S_{\lg t} = \left[1/(n-1)\left(\sum_1^n (\lg t_i)^2\right) - 1/n\left(\sum_1^n (\lg t_i)^2\right)\right]^{1/2} \quad (2.3)$$

mit t_i – Alter der Kanalhaltungen, a.

Nach Schätzung der Steilheit $\hat{b}$ konnte die charakteristische Lebensdauer $\hat{T}$ mit Hilfe der Formel (2.4) bestimmt werden

$$\lg\hat{T} = \overline{\lg t} + \frac{0{,}2507}{\hat{b}} \quad (2.4)$$

$$\text{mit } \overline{\lg t} = 1/n \sum_1^n \lg t_i \quad (2.5)$$

Um den kritischen Zustand der Kanalhaltungen statistisch zu modellieren, wurden im Rahmen der beiden Stichproben die drei besten Klassen ausgewählt und auf Grund dessen zwei neue Stichproben gebildet. Die Stichprobe Nr. 1 setzte sich aus 1122 oberhalb des Grundwasserspiegels betriebenen Haltungen zusammen. Die Stichprobe Nr. 2 beinhaltete 56 Haltungen, die unterhalb des Grundwasserspiegels arbeiteten. Die beiden Stichproben repräsentierten die dritte Sanierungspriorität(klasse) (SP 5-3), die für die Ermittlung von kritischen Übergangsfunktionen maßgebend war. Die allgemeine Charakteristik der beiden Stichproben sowie die Ergebnisse der Parameterschätzung nach Gambel-Methode (GM) wird in **Tabelle 1** dargestellt.

Werden die geschätzten Parameter in die Gleichung (2.6) oder (2.7) eingesetzt, so ergibt sich eine Funktion $\hat{F}$ zur Bestimmung der Ausfallwahrscheinlichkeit oder eine Funktion $\hat{R}$ der Zuverlässigkeitswahrscheinlichkeit [2]

$$\hat{F} = 1 - \exp\left(-t_i / \hat{T}\right)^{\hat{b}} \quad (2.6)$$

$$\hat{R} = \exp\left(-t_i / \hat{T}\right)^{\hat{b}} \quad (2.7)$$

3 Estimation der Weibull-Parameter mittels Monte-Carlo-Methode

Der Begriff Monte-Carlo bezieht sich nicht auf einen konkreten Algorithmus, sondern auf eine Gruppe von numerischen Methoden, die anhand der Zufallszahlen Approximationslösungen oder Simulationen von verschiedenen Prozessen ermöglichen. Monte-Carlo ist die einzige Methode, die im Rahmen einer vernünftigen Berechnungszeit gute Simulationsergebnisse gewährleistet. Umso länger die Berechnung dauert, desto genauer sind die Ergebnisse.

Für die Simulation der Weibull-Parameter wurde das sogenannte Inversionsverfahren verwendet. Dieses Verfahren ermöglicht es, die Simulationen $t_1,\ldots,t_n$ gemäß der gegebenen Verteilungsfunktion F zu erzeugen. Wenn $F : R \rightarrow [0;1]$ eine Verteilungsfunktion mit Quantilfunktion F^{-1} und $Y \approx U(0;1)$ eine gleichverteilte Zufallsvariable ist, wird $X := F^{-1}(Y)$ gesetzt. Somit ist $X \approx F$, d.h. die Verteilungsfunktion der Zufallsvariablen X ist tatsächlich F [3, 4, 5]. In dem Falle der Weibull-Verteilung wird die Lebensdauer der Haltungen durch die folgende Formel simuliert

$$t_i^{k^*} = \hat{T}\left(\ln\left(\frac{1}{1-U_i^{k^*}}\right)\right)^{\frac{1}{\hat{b}}} \quad (3.1)$$

mit: $i = 1, 2, \ldots, n$;
$k^* = 1, 2, \ldots, N$;
$t_i^{k^*}$ – simulierte Lebensdauer, a;
$\hat{b}$ – Steilheit der Weibull-Verteilung,
$\hat{T}$ – charakteristische Lebensdauer, a;
$U_i^{k^*}$ – gleichverteilte Zufallsvariable ($0 < U_i^{k^*} < 1$).

Um eine große Menge von Pseudozufallszahlen erzeugen zu können, wird ein Zufallszahlengenerator benötigt. Für die Zwecke der Weibull-Parameter Bestimmung wurde ein bekanntes Verfahren zur Erzeugung von gleichverteilten Pseudozufallszahlen - der Multiplicative Linear Congruential Generator verwendet [6]. Die Berechnungsformel der Zufallszahlen lautet

Tab. 1 | Allgemeine Charakteristik der Stichproben und Ergebnisse der Weibull-Parameter-Schätzung mittels GM

Stichprobe	Gemeinde	Anzahl der Haltungen der SP 5-1	Anzahl der Haltungen der SP 5-1	Länge (m)	Parameter $\hat{b}$ (-)	Parameter $\hat{T}$ (a)
Nr. 1	Unterhaching	1162	1122	38.623	2,1217	29,792
Nr. 2	Oberhaching	100	56	2,726	2,33	21,716

$$x_{i+1} = (ax_i + b)\text{mod}m \quad (3.2)$$

mit: $m = 2^{32}$,

$a = 69069$,

$b = 23606797$.

Häufig wird die Konstante $b = 0$ gewählt, und es muss gelten $0 < a < m$. Der Modul m gibt den Bereich an, in dem die Zahlen liegen. Die Periodenlänge beträgt in diesem Fall m. In Rahmen der stochastischen Untersuchungen wurden 1.000, 2.500, 5.000 und 10.000 Simulationen durchgeführt. Um die Werte von x_i zu generieren, wurden die folgenden Algorithmen verwendet:

- MMC(1000): $x_1 = 3000, x_2 = 3000 + 58, ..., x_{1000} = 3000 + 999*58$;
- MMC(2500): $x_1 = 1500, x_2 = 1500 + 22, ..., x_{2500} = 1500 + 2499*22$;
- MMC(5000): $x_1 = 1500, x_2 = 1500 + 12, ..., x_{2500} = 1500 + 4999*12$;
- MMC(10000): $x_1 = 500, x_2 = 500 + 6, ..., x_{10000} = 500 + 9999*6$;
- MMC(15000): $x_1 = 500, x_2 = 500 + 3, ..., x_{10000} = 500 + 9999*3$.

Anhand der gewonnen Datensätze rechnete man die Parameter b und T anhand der Formel (2.2 – 2.5) zurück. Die Ergebnisse der mathematischen Simulationen für die oberhalb des Grundwasserspiegels funktionierenden Leitungen sind in **Tabelle 2** und für die unterhalb des Grundwasserspiegels funktionierenden Leitungen in **Tabelle 3** dargestellt.

Die durchgeführten Berechnungen zeigen, dass die Werte der Steilheit b in Rahmen der mathematischen Simulationen, besonders bei der Stichprobe Nr. 2, sehr stark variieren. Erst ab 5.000 Simulationen nähern sich die b-Werte der gesuchten Steilheit. Die Anzahl der Simulationen ist generell für die Genauigkeit der Parameter-Schätzung entscheidend. Die b-Werte, die nach 15.000 Simulationen ermittelt wurden, wichen nur geringfügig von den Werten nach 10.000 ab. Die Abweichungen machten sich an der zweiten Stelle nach dem Komma bemerkbar. Es ist davon auszugehen, dass 10.000 Simulationen zuverlässige Ergebnisse gewährleisten. Auf Grund der nach 10.000 Simulationen geschätzten Weibull-Parameter wurden zwei kritische Übergangskurven ($R_2(t_i)$, $R_1(t_i)$) für die unter- und oberhalb des Grundwasserspiegels funktio-

Tab. 2 | Weibull-Parameter nach MMC für die oberhalb des Grundwasserspiegels funktionierenden Leitungen

Methode	b	T
GM	2,1217	29,0677
MCM(2500)	2,5636	27,8619
MCM(5000)	2,4147	29,6956
MCM(10000)	**2,3467**	**28,0677**

Tab. 3 | Weibull-Parameter nach MMC für die unterhalb des Grundwasserspiegels funktionierenden Leitungen

Methode	*b*	*T*
GM	2,3300	21,7160
MCM(1000)	3,6345	15,6280
MCM(2500)	3,3192	14,8285
MCM(5000)	2,6634	21,6330
MCM(10000)	**2,5871**	**21,3544**

nierenden Abwasserkanäle konstruiert (**Bild 1**).

Der Parameter b erreichte nach der Schätzung mittels Monte-Carlo-Methode für die Kanäle oberhalb des Grundwasserspiegels (Stichprobe Nr. 1) die Werte von 2,3467 bis 2,5636 und die charakteristische Lebensdauer T = 27,8619 – 29,6956 Jahre. Bei den Kanälen unterhalb des Grundwasserspiegels (Stichprobe Nr. 2) erreichte die Steilheit b = 2,5871 – 3,6345 und die charakteristische Lebensdauer T = 15,6280 – 21,3544 Jahre. Dem Bild 1 ist zu entnehmen, dass die Überlebenskurve für die Stichprobe Nr. 1 oberhalb der Überlebenskurve für die Stichprobe Nr. 2 verläuft. In Folge dessen weisen die Kanäle im Grundwasser einen wesentlich schlechteren baulichen Zustand als die Kanäle oberhalb des Grundwassers auf. Die Kurve $R_1(t_i)$ charakterisiert eine relativ kleine Neigung und eine längere Lebensdauer. Dadurch wird sie nach rechts, in Richtung der längeren Lebensdauer verschoben. Die Haltungen der Stichprobe Nr. 1 kön-

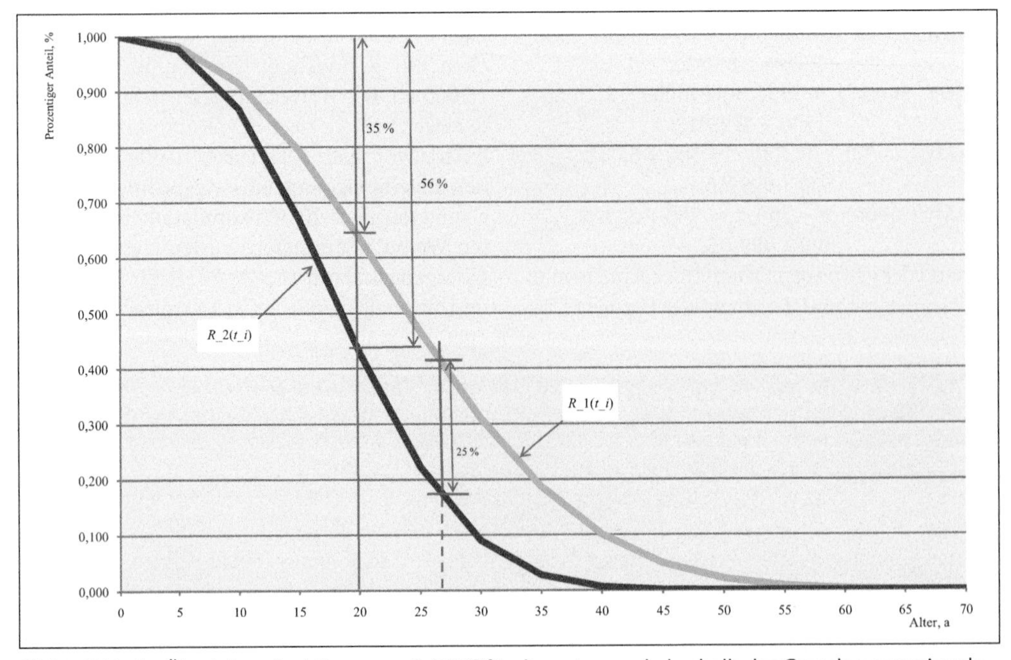

Bild 1: Kritische Überlebensfunktionen nach MMC für die unter- und oberhalb des Grundwasserspiegels funktionierenden Abwasserkanäle

nen eine Lebensdauer von 60 Jahren erreichen. In Rahmen dieser Analyse ist die Lebensdauer so zu verstehen, dass alle Haltungen nach deren Ablauf saniert werden sollten. Die Kurve $R_2(t_i)$ zeigt hingegen eine größere Neigung und eine wesentlich kürzere charakteristische Lebensdauer. Sie ist nach links verschoben, wodurch die Haltungen der Stichprobe Nr. 2 eine Lebensdauer von nur 45 Jahren erreichen können. Deshalb benötigen sie ein größeres Sanierungsvolumen als die Haltungen der Stichprobe Nr. 1. Den Unterschied an dem Sanierungsbedarf schildert sehr gut die Analyse der 20-jährigen Leitungen: denn 56 % der unter dem Grundwasser funktionierenden Haltungen und nur 35 % ohne Grundwasser sollten saniert werden. Der maximale Unterschied des Sanierungsbedarfs von 25 % wurde für die 27-jährigen Kanäle festgestellt.

Ähnliche Untersuchungen wurden am Ende der 90er-Jahre in Amerika für die Kanalisation der Stadt Indianapolis, in Anlehnung an das stochastische Markov-Modell (MM), durchgeführt [7]. Die amerikanischen Forscher versuchten unter anderem, den Einfluss des Grundwassers auf baulichen Zustand der Kanalrohre aus Beton (DN 1600 mm) festzustellen. Sie kamen auch zu der Überzeugung, dass die unterhalb des Grundwasserspiegels verlegten Kanäle eine Lebensdauer von 80 Jahren und die ohne Grundwasser von 100 Jahren erreichen konnten (**Bild 2**). Da die Lebensdauer der Kanäle direkt von ihrem baulichen Zustand abhängig ist, deutet die längere Lebensdauer auf einen besseren Zustand hin.

4 Fazit

Die durchgeführten Modellierungen des kritischen Zustandes der Steinzeugkanäle (DN 200 – 400 mm) bestätigten die allgemein bekannten betrieblichen Erfahrungen, dass die unter dem Grundwasserspiegel verlegten Haltungen einen wesentlich schlechteren baulichen Zustand aufweisen als die nicht im Grundwasser verlegten Haltungen. Diese Ergebnisse der Zustandsprognose können anhand der Schadenstheorie auch sehr gut begründet werden. Jeder Schaden, der zu Infiltration führt, bekommt automatisch die schlechteste Schadensklasse, die die Zustandsklasse sowie die Sanierungspriorität negativ beeinflusst. Ähnliche Schäden oberhalb des Grundwassers werden anders ausgewertet und klassifiziert. Sie haben eine andere Gewichtung und Bedeutung für den baulichen Zustand des Kanalnetzes sowie für die Sanierungsprioritäten. Die Austritte von Abwasser (Exfiltrationen) sind aus wasserwirtschaftlicher Sicht unerwünscht, weil sie in einem beschränkten Ausmaß den Untergrund und das Grundwasser verunreinigen können.

Nach der Analyse aller Altersgruppen von Kanälen kann der Sanierungsbedarf für das ganze Netz oder sein Teil ermittelt werden. Die Kenntnisse über den Sanierungsbedarf sind für die Netzbetreiber besonders wichtig, weil die Sanierung eine relevante und kostenintensive Komponente des Kanalbetriebs darstellt. Eine vollständige Realisierung des prognostizierten Sanierungsbedarfs gewährleistet den dauerhaften Erhalt des Substanzwertes des Kanalnetzes. Sollten

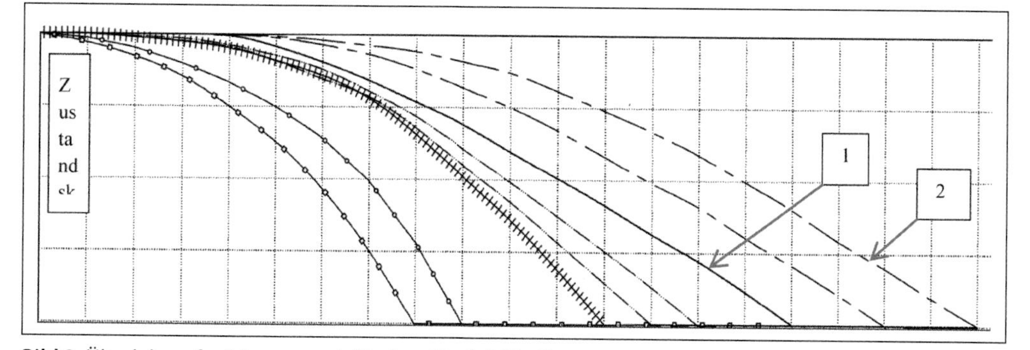

Bild 2: Überlebensfunktionen nach Markov-Modell für die unter- und oberhalb des Grundwasserspiegels funktionierenden Abwasserkanäle [7]: 1 – Kanäle im Grundwasser, 2 – Kanäle ohne Grundwasser

die notwendigen Sanierungsmaßnahmen nicht unmittelbar durchgeführt werden können, gibt die Kanalzustandsprognose eine gute Orientierung für einen wirtschaftlichen Kanalbetrieb. Sie ermöglicht einen genaueren Einblick in den baulichen Zustand und in die Alterungsprozesse der untersuchten Leitungen. Anhand der Übergangskurven und deren Formen lassen sich gewisse Zyklen der Betriebsphasen festlegen. Ein steiler Verlauf der Zuverlässigkeitskurve deutet auf eine schnelle Schadensentwicklung und Verschlechterung des baulichen Zustandes hin. Dem Bild 1 ist zu entnehmen, dass die untersuchten Kanalhaltungen ca. 20 Jahre ohne Intervention betrieben werden konnten.

Die Einführung des sog. „kritischen Zustandes“ ermöglicht es, die komplizierte Kanalzustandsprognose auf eine schlichte Zuverlässigkeitskurve zu reduzieren. Diese Kurve beschreibt einen, aus betrieblicher Sicht, sehr wichtigen Zeitpunkt, ab dem die Kanalhaltungen den Aufenthalt in der Schadensfreiheits-/Reparaturzone beenden und in die Sanierungszone übergehen. Trotz dieser Vereinfachung kann eine qualitative und quantitative Analyse des Kanalzustands erfolgen. Die Kombination der Weibull-Verteilung mit der Monte-Carlo-Methode erweist sich als eine effektive Methodik der Kanalzustandsprognose.

Literatur

[1] ATV-M 149, Zustandserfassung, -klassifizierung und -bewertung von Entwässerungssystemen außerhalb von Gebäuden, 1999.

[2] Wilker H.: Weibull-Statistik in der Praxis, Leitfaden zur Zuverlässigkeitsermittlung technischer Produkte, Verlag: Books on Demand GmbH, Norderstedt 2004.

[3] Cottin C., Döhler S.: Risikoanalyse – Modellierung, Beurteilung und Management von Risiken mit Praxisbeispielen, 2. Auflage, Springer Spektrum Wiesbaden 2009, 2013.

[4] Hengartner W., Theodorescu R.: Einführung in Monte-Carlo-Methode, Carl Hanser Verlag, München-Wien 1978.

[5] Müller-Gronbach T., Novak E., Ritter K.: Monte Carlo – Algorithmen, Springer-Verlag, Berlin Heidelberg 2012.

[6] Leisch F.: Computerintensive Methoden, LMU München, WS 2010/2011, 8 Zufallszahlen.

[7] Abraham D. M., Wirahadikusumah R.: Development of prediction models for sewer deterioration; Proceedings of the Eight International Conference on Durability of building materials and components, Ottawa 1999.

Autor

Dr. Andreas Raganowicz
Zweckverband zur Abwasserbeseitigung
im Hachinger Tal
Rotwandweg 16
D-82024 Taufkirchen
E-Mail: andreas.raganowicz@azvht.de

Andreas Raganowicz

Der Einfluss der Stichprobengröße auf die Ergebnisse der Kanalzustandsprognose

Der Einfluss der Stichprobengröße auf die Ergebnisse der Kanalzustandsprognose wird analysiert. Aus den statistisch-stochastischen Modellierungen ergibt sich, dass eine für die Kanalzustandsprognose repräsentative Stichprobe aus mindestens 500 Objekten bestehen sollte. Schlüsselwörter: Kanalnetz, Grundstücksanschluss, Kanalzustandsprognose, Weibullverteilung, Monte-Carlo-Methode.

1 Einführung

Die Ergebnisse einer Zustandsprognose von Grundstücksanschlüssen werden präsentiert. Die untersuchten Objekte werden vom Zweckverband zur Abwasserbeseitigung im Hachinger Tal betrieben, der die drei bayerischen Kommunen Oberhaching, Taufkirchen und Unterhaching abwassertechnisch betreut. Die Prognose basiert auf dem kritischen Zustand von Grundstücksanschlüssen, der als Übergang von Reparatur- zur Sanierungszustand zu interpretieren ist. Diese Zustands- bzw. Betriebsphase eines Grundstücksanschlusses hat für den Kanalnetzbetreiber eine außerordentliche Bedeutung, weil sie unter anderem eine Quantifizierung des Sanierungsbedarfs ermöglicht. Im Rahmen dieser Prognose wird der Einfluss der Stichprobengröße auf den technischen Zustand von Anschlussleitungen analysiert.

Die Modellierung des kritischen Zustandes von Grundstücksanschlüssen lehnt sich an die Korrelation zwischen dem technisch-betrieblichen Zustand und dem Alter der Grundstücksanschlüsse an. Anhand der optischen Inspektion wurde der technische Zustand und anhand der Baudokumentation das Alter der einzelnen Leitungen ermittelt. Aus der Erfahrung und aus der statistischen Sicht ist es zu erwarten, dass die älteren Objekte einen schlechteren technischen Zustand aufweisen.

2 Statistische Prognose des kritischen Zustandes von Grundstücksanschlüssen

Die Untersuchungsgrundlage bildete eine Stichprobe, die aus 868 Grundstücksanschlüssen bestand [1]. Sie werden in der Gemeinde Oberhaching oberhalb des Grundwasserspiegels betrieben. Jeder einzelne Anschlusskanal verbindet den öffentlichen Schmutzwasserkanal mit dem Revisionsschacht auf dem Grundstück. Die gesamte Länge der untersuchten Grundstücksanschlüsse (STZ, DN 150 mm) beträgt 7.151 m.

Der Schadens- und Zustandsklassifizierung lag eine optische Inspektion vom Jahre 2010 zugrunde. Die DIN 1986-30 [2] war maßgebend für die beiden Klassifizierungen. Sie sieht nur drei Schadensklassen (A, B, C) und drei Zustandsklassen (Sanierungsprioritäten: I, II, III) vor. Die größten Schäden werden mit der Schadensklasse A beschrieben, die geringsten mit Klasse C. Analog wird der technische Zustand klassifiziert: Die höchste Sanierungspriorität wird mit I und die geringste mit III beziffert. Einem Grundstücksanschluss wird beispielweise die Sanierungspriorität I (SP I) zugeordnet, wenn er einen Schaden der Klasse A oder zwei Schäden der Klasse B auf einer Leitungslänge von 10 m aufweist. Anhand dieser Klassifizierung wurde jedem Grundstücksanschluss eine entsprechende Zustandsklasse sowie anhand der Baudokumentation ein Alter zugeordnet. Daraus ergab sich die zu untersuchende Korre-

Tab. 1 | Charakteristik der untersuchten Stichproben

Stichprobe	Anzahl der GA	DN (mm)	Rohr-material	Länge L (m)	Anzahl der GA der SP I+II	Länge L_I (m)	Mittlere Tiefe (m)
1	200	150	STZ	1.647	164	1.347	2,83
2	400	150	STZ	3.212	312	2.486	2,76
3	600	150	STZ	4.969	452	3.731	2,79
4	868	150	STZ	7.151	674	5.504	2,81

Tab. 2 | Parameter-Schätzung nach der Gumbel-Methode

Stich-probe	Anzahl der GA der SP I+II	Parameter b (-)	Parameter T (a)
1	164	2,5105	29,0056
2	312	2,4887	27,3036
3	452	2,3032	27,7627
4	674	2,4139	27,6594

lation: Technischer Zustand/Alter, auf der die Zustandsprognose aufgebaut wurde.

Der Autor hat einen kritischen Zustand der Qualität des Grundstücksanschlusses definiert, um diese Prognose zu vereinfachen. Dieser Zustand beschreibt den Übergang der Grundstücksanschlüsse vom Reparatur- zum Sanierungszustand, der eine besonders wichtige Betriebsphase darstellt. In Bezug auf die DIN 1986-30 bedeutet das einen Übergang der Grundstücksanschlüsse von der Sanierungspriorität II zur höchsten Sanierungspriorität I. Die maßgebende Unterstichprobe für den kritischen Zustand, bestand aus denjenigen Leitungen, die die erste und die zweite Zustandsklasse aufwiesen.

Anschließend wurden aus der Ausgangsstichprobe (868 Objekte) vier Unterstichproben gebildet, die 200, 400, 600 und 868 Grundstücksanschlüsse beinhalteten. Die geplanten Modellierungen sollten den Einfluss der Stichprobengröße auf den kritischen Zustand von Grundstücksanschlüssen demonstrieren. Dann wurden für den kritischen Zustand (SP I + II) vier weitere Unterstichproben gebildet (**Tabelle 1**). Alle vier Stichproben sind sehr homogen, was den Durchmesser, das Rohrmaterial sowie die mittlere Verlegetiefe angeht. Diese Homogenität verspricht repräsentative Ergebnisse der geplanten Untersuchungen. Aus dem Grund kann unterstellt werden, dass diese Ergebnisse bei ähnlichen Randbedingungen auf andere Kanalnetze übertragen werden können.

In der Voruntersuchungsphase mussten die endgültigen Stichproben zuerst allgemein und dann statistisch beurteilt werden. Die statistische Beurteilung der Daten verlangt es, für jede Stichprobe eine empirische Dichtefunktion $f^*(t_i)$ sowie eine empirische Verteilungsfunktion $F^*(t_i)$ zu konstruieren. Eine Analyse dieser Funktionen zeigte, dass die Weibullverteilung für eine theoretische Darstellung der empirischen Daten besonders geeignet war. Diese exponentielle Verteilung gehört zur Familie der populärsten Lebensdauerverteilungen. Die zweiparametrige Weibullverteilung beschreibt die folgende Formel [3, 4]:

$$F(t) = 1 - \exp(-t / T)^b \qquad (1)$$

mit

t – Alter der Grundstücksanschlüsse, a,
T – charakteristische Lebensdauer, a,
b – Formparameter der Weibullverteilung.

Die Weibull-Parameter können grafisch und analytisch ermittelt werden, wobei die analytischen Methoden genauere Ergebnisse gewährleisten. Die beiden Parameter (b, T) wurden nach der Gumbel-Methode (GM) geschätzt, deren Berechnungsalgorithmus einen einfachen Aufbau darstellt. Diese Eigenschaft hat eine wichtige Bedeutung für die geplanten und zeitintensiven Parameter-Schätzungen mittels Monte-Carlo-Methode (MCM). Die Ergebnisse der statistischen Parameter-Schätzung nach Gumbel-Methode für alle vier Stichproben sind in der **Tabelle 2** dargestellt.

3 Mathematische Simulationen mittels Monte-Carlo-Methode

Um die Weibull-Parameter noch genauer ermitteln zu können, wurde das Alter der Grundstücksanschlüsse nach der Monte-Carlo-Methode mathematisch simuliert. Hierzu wurde das Inversionsverfahren angewendet, das zu Familie der Monte-Carlo-Algorithmen gehört und auf der Umkehrfunktion F^{-1} basiert. Dabei muss die Annahme gemacht werden, dass F^{-1} ungefähr gleich F ist. Nachdem die Verteilungsfunktion die Werte aus dem Bereich <0; 1> annimmt, kann sie durch eine beliebige Anzahl gleichverteilter Zufallszahlen U(0; 1) ersetzt werden. Für die Weibullverteilung wird die Umkehrfunktion (Quantilfunktion) gegeben durch

$$F^{-1}(U) = T(\ln(1/1-U))^{1/b} \quad (2)$$

mit

- b – Steilheit der Weibullverteilung nach Gumbel-Methode,
- T – charakteristische Lebensdauer nach Gumbel-Methode, a;
- U – gleichverteilte Zufallsvariable aus dem Bereich (0; 1).

Aufgrund dessen konnte das Alter der Grundstücksanschlüsse durch $T(\ln(1/1-U))^{1/b}$ simuliert werden.

Anhand dieser Vorgehensweise wurde für jede Stichprobe mit der Größe von 200, 400, 600 und 868 Objekten das Alter der Grundstücksan-

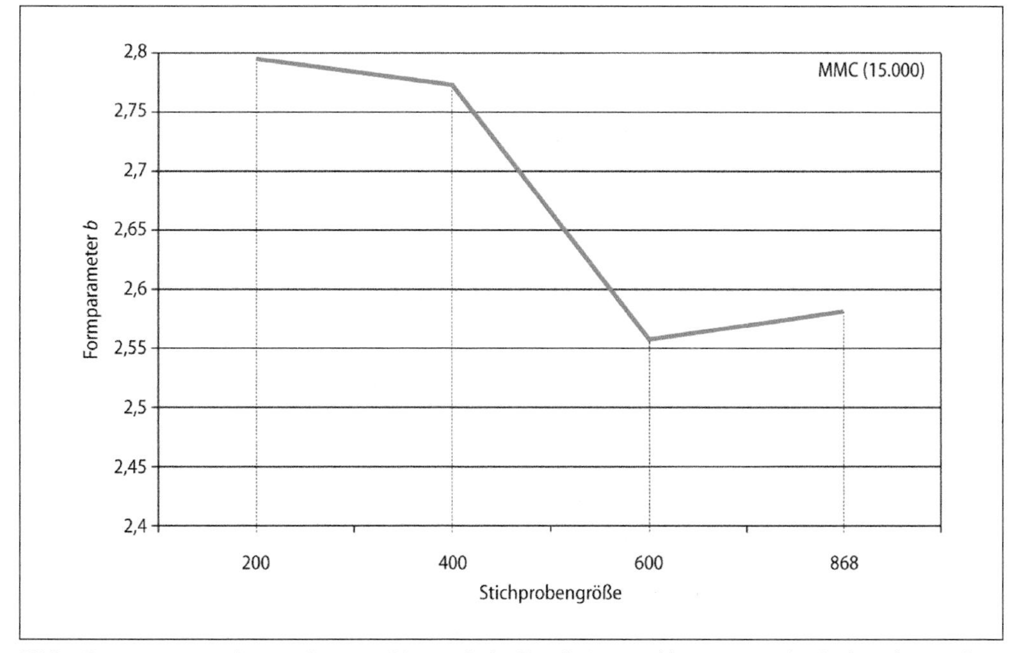

Bild 1: Formparameter b gemäß 15.000 Monte-Carlo-Simulationen abhängig von der Stichprobengröße (Quelle: Andreas Raganowicz)

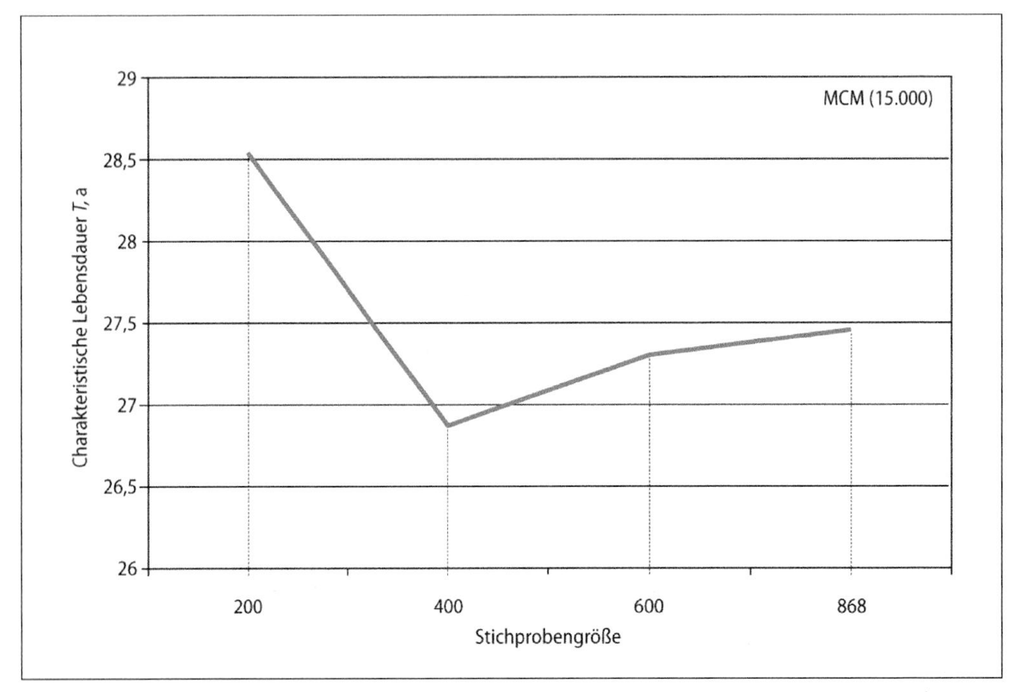

Bild 2: Charakteristische Lebensdauer T gemäß 15.000 Monte-Carlo-Simulationen abhängig von der Stichprobengröße (Quelle: Andreas Raganowicz)

Tab. 3 | Stichprobe 1: Parameter-Schätzung nach der Monte-Carlo-Methode

Methode	Kritischer Parameter b (-)	Kritischer Parameter T (a)
GM	2,5105	29,0056
MCM(1000)	3,2158	29,3649
MCM(2500)	3,1803	27,1730
MCM(5000)	2,8776	28,8868
MCM(10000)	2,7955	28,5403
MCM(15000)	**2,7954**	**28,5414**

Tab. 4 | Stichprobe 2: Parameter-Schätzung nach der Monte-Carlo-Methode

Methode	Kritischer Parameter b (-)	Kritischer Parameter T (a)
GM	2,4887	27,3036
MCM(1000)	0	0
MCM(2500)	3,1519	25,5651
MCM(5000)	2,8518	27,1925
MCM(10000)	2,7699	26,8644
MCM(15000)	**2,7702**	**26,8648**

schlüsse in Rahmen 1.000, 2.500, 5.000, 10.000 und 15.000 mathematische Simulationen bestimmt. Des Weiteren wurden, aufgrund der durchgeführten Simulationen, nach der Gumbel-Methode die kritischen Weibull-Parameter zurückgerechnet. Dieses Vorgehen erlaubte es, die vorhandenen Stichproben weitgehend stochastisch sogar bis zu der Größe von 15.000 Objekten

Tab. 5 | Stichprobe 3: Parameter-Schätzung nach der Monte-Carlo-Methode

Methode	Kritischer Parameter b (-)	Kritischer Parameter T (a)
GM	2,3032	27,7627
MCM(1000)	2,9609	28,1180
MCM(2500)	2,9095	25,8707
MCM(5000)	2,6314	27,6585
MCM(10000)	2,5561	27,2981
MCM(15000)	**2,5564**	**27,2986**

Tab. 6 | Stichprobe 4: Parameter-Schätzung nach der Monte-Carlo-Methode

Methode	Kritischer Parameter b (-)	Kritischer Parameter T (a)
GM	2,4139	27,6594
MCM(1000)	3,0367	28,1114
MCM(2500)	2,8165	26,2659
MCM(5000)	2,6814	27,7253
MCM(10000)	2,5813	27,4404
MCM(15000)	**2,5815**	**27,4409**

zu erweitern. Das hat für den Kanalbetrieb einen besonderen Wert, weil die Erhebung zuverlässiger Betriebsdaten sehr problematisch und aufwändig ist. Die Ergebnisse der stochastischen Schätzungen der Weibull-Parameter für die vier Stichproben sind in den **Tabelle**n 3, 4, 5 und 6 sowie die grafische Darstellung der durchgeführten Modellierungen in den Bildern 1 und 2 dargestellt. Der nach 15.000 Monte-Carlo-Simulationen bestimmte Formparameter b variierte abhängig von der Stichprobengröße von 2,7954 bis 2,5564 (**Bild 1**). Ab der Größe von 600 Objekten näherte er sich dem gesuchten Wert. Für die Stichprobengröße von 868 Objekten erreichte der Parameter b den Wert von 2,5815, wobei der Unterschied zur Stichprobengröße von 600 Objekten geringfügig war. Die charakteristische Lebensdauer T konnte direkt von dem Parameter b abgeleitet werden und variierte abhängig von der Stichprobengröße zwischen 26,8648 und 28,5414 Jahren (**Bild 2**). Wie auch beim Parameter b, nähert sich die charakteristische Lebensdauer T dem gesuchten Wert ab der Stichprobengröße von 600 Grundstücksanschlüssen.

4 Fazit

Die Ergebnisse der Modellierungen des kritischen technischen Zustandes von Grundstücksanschlüssen zeigen, dass die Größe der analysierten Stichprobe einen entscheidenden Einfluss auf die Ergebnisse der Zustandsprognose hat. Der Formparameter der b war für die Stichproben mit 200 und 400 Leitungen relativ instabil. Erst ab einer Stichprobengröße von 600 Grundstücksanschlüssen näherte er sich dem gesuchten Wert (Bild 1). Daher lässt sich festhalten, dass eine für die Kanalzustandsprognose repräsentative Stichprobe von Grundstücksanschlüssen mindestens 500 Objekte beinhalten sollte. Dies deckt sich völlig mit der in [6] festgelegten Stichprobengröße, die für die Durchführung einer erfolgreichen selektiven optischen Inspektion notwendig ist. Die festgelegte Stichprobengröße verlangt jedoch aufwändige Erhebungen sowohl von betrieblichen als auch von historischen Daten.

Die Kanalzustandsprognosen wurden am Anfang der neunziger Jahre entwickelt und fanden bis jetzt keine breite Anwendung. Die Ergebnisse einer Kanalzustandsprognose haben für Kanalbetrieb jedoch eine besondere Bedeutung. Auf die sich hieraus ergebende Quantifizierung des notwendigen Sanierungsbedarfs ist besonders hinzuweisen.

Die Kanalzustandsprognosen konnten sich bis heute aus vielen Gründen nicht richtig durchsetzen. Zu den Ursachen gehören mühsame Datenerhebungen sowie lange Berechnungszeiten. Die im Fachaufsatz vorgeschlagene Reduzierung der Kanalzustandsprognose auf den kritischen technischen Zustand stellt eine praktische Lösung dar, um die Methodik der Kanalzustandsprognosen zu vereinfachen und Kosten zu sparen. Die

„kritische" Variante der Kanalzustandsprognose bietet trotz der Reduzierung viele wichtige betriebliche Informationen. Leider haben bisher nur wenige deutsche Großstädte den aufwändigen Weg eingeschlagen, ihre Kanalnetze, gestützt durch eine Kanalzustandsprognose zu betreiben.

Literatur

[1] Zweckverband zur Abwasserbeseitigung im Hachinger Tal, Dokumentation der optischen Inspektion von Grundstücksanschüssen in der Gemeinde Oberhaching, 2010.

[2] DIN 1986-30, Entwässerungsanlagen für Gebäude und Grundstücke – Teil 30, Instandhaltung, 2012.

[3] Wilker H.: Band 3: Weibull-Statistik in der Praxis, Leitfaden zur Zuverlässigkeitsermittlung technischer Komponenten, Books on Demand GmbH, Norderstedt 2010.

[4] Timischl W.: Qualitätssicherung, statistische Methoden, 3. Überarbeitete Auflage, Hanser, München 2002.

[5] Cottin C., Döhler S.: Risikoanalyse – Modellierung, Beurteilung und Management von Risiken mit Praxisbeispielen, 2. Auflage, Springer Fachmedien Wiesbaden 2009, 2013.

[6] Müller K.: Strategien zur Zustandserfassung von Kanalisationen, Dissertation, Fakultät für Bauingenieurwesen der Rheinisch-Westfälischen Technischen Hochschule Aachen, 2005.

Autor

Dr. Andreas Raganowicz
Zweckverband zur Abwasserbeseitigung im Hachinger Tal
Rotwandweg 16
82024 Taufkirchen
andreas.raganowicz@azvht.de

Michael Berndt und Susanne Veser

EVaSENS – Neue Wege der Abwassertrennung im Siedlungsbestand

Klimadiskussion, Rohstoffmangel, ein sorgsamer Umgang mit der Ressource Wasser sowie das Vorbild aus der Abfallwirtschaft zwingen dazu, den aktuellen Stand der Abwassererfassung in der Siedlungswasserwirtschaft zu überdenken. Im Hinblick einer zukünftigen praktischen Umsetzung neuer Sanitär- und Ableitungssysteme (NASS) besteht nur dann die Option auf eine flächendeckende Marktdurchdringung, wenn die bestehenden Strukturen weiter genutzt, jedoch durch gelungene technische Erweiterungen aufgewertet werden.

1 Auf den Spuren der Kreislaufwirtschaft

In der Abfallwirtschaft hat sich das Prinzip der getrennten Erfassung von sortenreinen Abfällen durchgesetzt. Nur so können Rohstoffe gezielt zurück gewonnen werden, um damit einerseits Ressourcen zu schonen und andererseits die Kosten der Entsorgung zu reduzieren. In der Abwasserwirtschaft wird diese Herangehensweise bereits erfolgreich im Bereich der Industrieabwasserbehandlung umgesetzt. Die kommunale Siedlungswasserwirtschaft kämpft immer noch mit gemischten Abwasserfraktionen und den damit einhergehenden Problemen, obwohl auch hier Abwässer unterschiedlicher Herkunft individuelle Inhaltsstoffe bergen. So finden sich im Fäkalabwasser, auch bekannt als Schwarzwasser, überwiegend die anthropogen eingetragenen Nährstoffe wie Stickstoff, Phosphat und Kalium in einer geringen Verdünnung mit Spülwasser wieder. Gleichzeitig werden Problemstoffe wie Medikamentenreste ebenfalls überwiegend durch das Schwarzwasser eingetragen. Das sogenannte Grauwasser enthält wiederum nur sehr geringe Nährstoffkonzentrationen, dafür mehr Tenside, die über Reinigungsmittel in das Abwasser gelangen. Durch eine getrennte Erfassung dieser unterschiedlichen Fraktionen ließe sich neben einer gezielten und damit auch kostengünstigeren Reinigung auch eine effiziente Nährstoffrückgewinnung umsetzen, die ganz im Sinne des Koalitionsvertrags der neu gebildeten Bundesregierung stünde. Darin wird festgestellt: „Der Schutz der Gewässer vor Nährstoffeinträgen sowie Schadstoffen soll verstärkt und rechtlich so gestaltet werden, dass Fehlentwicklungen korrigiert werden. Wir werden die Klärschlammausbringung zu Düngezwecken beenden und Phosphor und andere Nährstoffe zurückgewinnen." [1]. Da Technologien zur kostengünstigen Nährstoffrückgewinnung aus traditionellem Klärschlamm zum jetzigen Zeitpunkt nicht verfügbar sind [2], empfiehlt es sich, den Weg der Stoffstromtrennung in der Siedlungswasserwirtschaft auch im Sinne der neuen Bundesregierung weiter zu verfolgen.

2 Neuartige Sanitärsysteme – NASS

Erste Überlegungen, das Abwassersystem umweltverträglicher und kostengünstiger zu gestalten, wurden in den 90er-Jahren des letzten Jahrhunderts hauptsächlich im universitären Umfeld propagiert und in einigen wenigen Pilotprojekten (z. B. http://www.flintenbreite.de/) realisiert. Bei den neuen Konzepten standen die Stoffströme und deren Nutzung im Vordergrund. So wurde etwa im Jahr 2004 in der DWA ein neuer Fachausschuss KA-1 „Neuartige Sanitärsysteme NASS" gegründet, mit dem Ziel, Überlegungen und Erfahrungen zu neuartigen Sanitärsystemen systematisch darzustellen und zu bewerten. Die Ergebnisse daraus wurden in einem Themenband im Jahr 2008 veröffentlicht [3]. Weitere Pilotprojekte folgten. Aktuell wird z. B. das Projekt Jenfeld des Hamburger Watercycles (http://www.hamburgwatercycle.de/index.php/das-quartier-jenfelder-au.html) mit einem NASS-System umgesetzt.

Alle angeführten Pilotprojekte haben jedoch eines gemeinsam: Sie werden und wurden alle in Neubauten bzw. Komplettsanierungen umgesetzt, wo das Vorsehen eines getrennten Ableitungsstrangs auf Vakuumbasis zur Schwarzwassererfassung unproblematisch ist. Für bestehende Gebäude gab es bisher keine funktionierende technische Lösung zur Abwassertrennung.

Dieser Herausforderung stellt sich seit Anfang 2012 nun eine Forschergruppe um Prof. Dr.-Ing. Jörg Londong (Bauhaus Universität Weimar) gemeinsam mit Partnern aus der Praxis, im vom BBSR geförderten Projekt mit dem Titel „EVaSENS". Dieser steht für: Einsatz von Vakuum-Inlinern im Bestand – Integration von Unterdruck-Sanitärtechnik im bestehenden Gebäude zur Etablierung von NASS-Systemen". Der Projektansatz zielt auf eine Integration innovativer Sanitärtechnik mittels einer technologischen Neuentwicklung der Fa. Brawoliner für Modernisierungsmaßnahmen im Bestand. Dazu wird als ein Novum die technische Möglichkeit einer Rohr-in-Rohr-Sanierung in Kombination mit Vakuumtechnik zunächst im Versuchstand entwickelt. Denn zur Trennung von Grau- und Schwarzwasser im Gebäudebestand bedarf es zweier separater Leitungen.

Bisher gestaltet sich die Verlegung eines zusätzlichen Rohrs im Bestand, im Gegensatz zur Verlegung im Neubau, als sehr aufwändig und kostspielig. Der Einbau eines neuen Rohres kann nur unter Öffnung der Installationsschächte erfolgen, was auf Grund der hohen Lärm- und Schmutzbelastung nur im unbewohnten Zustand möglich ist. Fraglich ist zudem, ob der vorhandene Platz im Installationsschacht für die Verlegung eines zweiten Rohres ausreicht. Neben der technischen Machbarkeit liegt weiter der ökonomische Aspekt im Fokus der Forschergruppe.

3 EVaSENS oder: Wie kommt das Rohr ins Rohr?

Grundlage für das Gelingen des Projekts ist das neu entwickelte Rohrleitungs-Sanierungsverfahren auf Schlauchliner Basis [4], welches auch kleine Querschnitte bis zu DN 40 problemlos bearbeiten lässt. Das Sanierungssystem BRAWOLINER® HT wurde speziell für die Inhouse-Sanierung entwickelt. Es erfüllt alle bautechnischen Anforderungen und hat darüber hinaus die DIBt-Zulassung für die Sanierung von Abwasserleitungen innerhalb von Gebäuden erhalten. Das Sanierungssystem besteht aus den temperaturbeständigen BRAWOLINER® HT-Linern und dem speziell formulierten BRAWO® HT-Harz.

Die zweite Säule des Konzepts ist der Einsatz der Vakuumtechnik, hier die Fa. Rödiger, die ihre Erfahrungen einbringt.

An dritter Stelle ist aber auch eine spezifische Gebäudestruktur anzuführen, die sich besonders für ein Inlinerkonzept zur Abwassertrennung eignet. In der zu Beginn des Projekts durchgeführten Recherche zum Wohnbaubestand schienen dabei besonders die Nachkriegsbauten als geeignet, sowohl in West- als auch Ostdeutschland. Diese in der Regel mehrgeschossigen Wohnbauten zeichnen sich durch eine pragmatische Architektur aus. Sie war im Wiederaufbau von Deutschland unabdingbar, um schnell und kostengünstig Wohnraum zu beschaffen. Die Anordnung der Versorgungsleitungen ist meist geradlinig, die Grundrisse der übereinander liegenden Wohneinheiten oft identisch. Mittlerweile sind diese Gebäude in die Jahre gekommen und stehen mitten in oder kurz vor ihrer Sanierung. So sieht sich z. B. die Gemeinnützige Wohnungsgenossenschaft e. G. in Weimar aktuell mit dieser Aufgabe konfrontiert, weswegen sie den Forschern Einblick sowohl in ihre Plan-Archive als auch in aktuelle Baumaßnahmen zur Komplettsanierung gewährte.

4 Der Projektablauf

Das Projekt besteht aus einer Recherche zum Gebäudebestand und dessen technischen Anforderungen, einer Vorplanung der Versuche, dem Aufbau des Versuchstandes, dem Durchspielen von verschiedenen Belastungsszenarien, der Auswertung der Ergebnisse sowie, im Erfolgsfall, der Implementierung in ein Test-Gebäude.

4.1 Ergebnisse der Recherche

Der größte Teil der heute bewohnten Wohnungen ist zwischen den Jahren 1949 – 1978 gebaut worden. In Gesamtdeutschland bilden Mehrfamilienhäuser, d. h. Wohngebäude ab drei Wohnungen einen bedeutenden Sektor im Gebäudebestand. Obwohl er anteilsmäßig nur ca. 17 % der deutschen Wohngebäude ausmacht, befinden sich in diesem Sektor ca. 53 % der Wohnungen [5]. Absolut betrachtet entspricht dies ca. 9.650.000 Wohneinheiten. Der hohe Standardisierungs- und Typisierungsgrad des industriellen Wohnungsbaus in der Nachkriegszeit sowohl in West- als auch Ostdeutschland und seine Häufigkeit stellen einen signifikanten Markt für die im Projekt zu entwickelnde Installationslösung dar.

4.2 Vorplanung der Versuche

Nach der Stoffstromtrennung im Bestandsrohr soll für das Grauwasser ein ausreichender Ableitungsraum (DN 70 bis fünf Geschosse) gewährleistet sein. Denn sowohl die DIN-Konformität der Entwässerungsanlage als auch die damit verbundene Einhaltung der Belastungsgrenze der Fallleitung müssen nach dem Einbau der Inliner weiterhin gewährleistet sein. Aus diesem Grund wurden zunächst die Grundlagen der Gebäudeentwässerung nach DIN EN 12056 und im Besonderen die Informationen zu Faktoren, die die Belastbarkeit der Fallleitung beeinflussen, zusammengestellt. Sie bildeten die Bedingung für die im inversierten Rohr notwendigen Verhältnisse zur Grauwasserableitung (**Tabelle 1**).

Von besonderer Bedeutung für die Vorplanung war die Frage, wie denn im Inlinerverfahren ein Rohr mit DN 40 in einem anderen Rohr befestigt werden könnte. Die Antwort auf diese Frage ergab sich aus der Idee der Doppelinversion [4]. Die ersten Versuche, noch im liegenden Rohr, waren vielversprechend (**Bild 1**).

Es zeigte sich, dass bei der Doppelinversion nur noch die zu beaufschlagenden Drücke bei der Einbringung zu optimieren sind, um die Vakuumleitung von einem Eiquerschnitt in einen runden Querschnitt verändern zu können. Auch die nachfolgende Prüfung auf Vakuumfähigkeit eines inversierten Rohres verlief positiv.

Tab. 1 | Tabelle 1: Verhältnis Wasser- zu Luftvolumenstrom auf die Nennweite bezogen [6]

DN	Q_{Wasser}	Q_{Luft}	Q_{Luft}/Q_{Wasser}
	l/min	l/min	
70	60	610	10,2
	100	630	6,3
100	50	1750	35,0
	100	2340	23,4
	200	2580	12,9
	300	2700	9,0
125	50	1730	34,6
	100	2960	29,6
	200	3850	19,3
	300	4500	15,0

4.3 Aufbau des Versuchstandes

Der Aufbau des anschließend errichteten, vertikalen Versuchstandes erfolgte in den Hallen der Materialforschungs- und -prüfanstalt an der Bauhaus-Universität Weimar (MFPA). Ein Aufbau wurde realisiert, an dem so gut wie möglich die Belastungssituation eines vier- bis fünfgeschossigen Gebäudes nachgebildet werden kann. Dies galt sowohl für die Belastung aus den „obenliegenden" Stockwerken als auch für die möglichen Zuläufe, anhand derer die Einbringungs- und Anbindungstechniken auf Tauglichkeit getestet werden sollen. Denn neben der Einbringung eines zweiten Leitungsstrangs in ein bestehendes Rohr und dem hydraulischen Nachweis eines störungsfreien Abflusses ist die Anbindung der zu entwässernden Einbauten die zweite große technische Herausforderung in diesem Vorhaben (**Bild 2**).

Im Versuch gelang es, sowohl das eingefügte Rohr mit dem Inliner ohne nennenswerte Volumenreduzierung zu fixieren, als auch einen Leitungsversatz mit zwei Inlinern ohne Verdrehungen, Quetschungen oder sonstige Durchflussbehinderungen zu bestücken. Zunächst wurde dabei der Schwarzwasserinliner durch einen vorher eingestülpten Kalibrierschlauch von oben in das Altrohr eingezogen. Beim Einbau war darauf zu

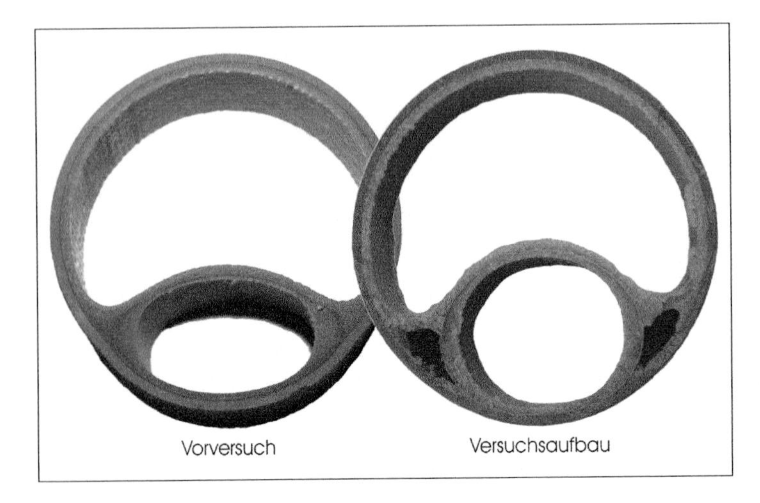

Bild 1: Querschnittsansicht zur Lage der Inliner im liegenden Altrohr im Vorversuch und im Versuchsaufbau

achten, dass der Kalibrierschlauch mit dem sich darin befindlichen Inliner (DN 50) in die richtige Position gebracht wird (**Bild 3**). Über ein Formstück HTEA DN 50/50 45° konnte das Inlinerrohr (DN 50) dann fixiert werden. Dazu wurde an gewünschter Stelle ein ausreichend großes Loch in das Altrohr gesägt und das Formstück

Bild 2: Versuchsaufbau vor der Inversion

beim Einziehen des Kalibrierschlauches in die Öffnung eingeführt (**Bild 4**). Danach erfolgte die Inversion des Grauwasserinliners. Innerhalb von 3 Tagen wurden drei Versuchsaufbauten invertiert und sämtliche Anschlüsse freigelegt.

Dieser Zeitrahmen bildet auch die Grundlage der späteren Wirtschaftlichkeitsbetrachtung. Eine anschließende Kamerabefahrung zeigte, dass sich beide Inliner hervorragend an das Altrohr angepasst hatten und sowohl die Abzweige als auch Umlenkungen problemlos passiert hatten. Eine Faltenbildung konnte nicht festgestellt werden. Das Herstellen der Anschlüsse für die Entwässerungsgegenstände verlief ebenfalls überraschend reibungslos. Mit der angewandten Methode konnten somit wie oben beschrieben gleichzeitig zwei Probleme gelöst werden. Diese so geschaffenen Anschlüsse wurden nun im weiteren Projektverlauf auf Dichtheit und hydraulische Belastbarkeit hin geprüft. Eine schematische Darstellung des Versuchsaufbaus zeigt das **Bild 5**.

4.4 Belastungstests

Die ersten hydraulischen Versuche verliefen ebenfalls vielversprechend. Grundlage waren folgende Bemessungsgrundsätze nach DIN 1986 – 100:

- „Der durch den Abflussvorgang verursachte Sperrwasserverlust darf die Geruchsverschlusshöhe um nicht mehr als 25 mm reduzieren.
- Das Sperrwasser darf weder durch Unterdruck abgesaugt noch durch Überdruck herausgedrückt werden.

Bild 3: Inversion des Schwarzwasserinliners

- Für Schmutzwasser- und Mischwasserleitungen sollte keine größere Nennweite als nach dieser Norm errechnet verwendet werden.
- Die Selbstreinigung der Abwasserleitung muss erreicht werden".

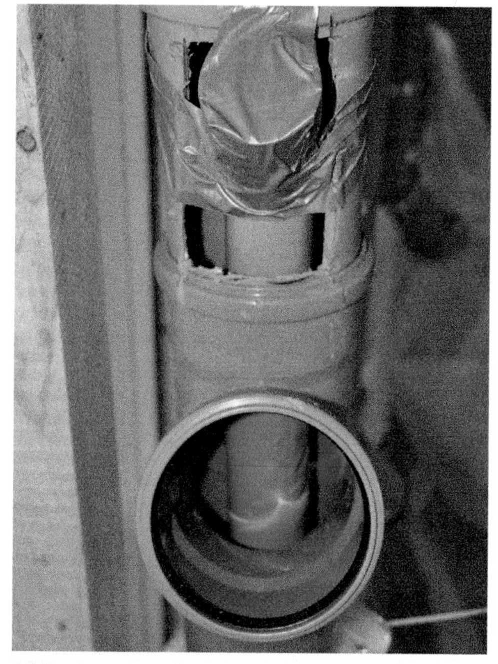

Bild 4: Inversion des Schwarzwasserinliners im Bereich des Formstücks

Bei der Ermittlung von Drücken an verschiedenen Punkten in der Leitung und den Abflussgeschwindigkeiten mit der zur Verfügung stehenden Messtechnik ergaben sich große Streubereiche und Ungenauigkeiten. Daher wurde die Belastungsgrenze durch die Ermittlung des Sperrwasserverlusts ersetzt [6]. Dazu wurde ein Ultraschallmessgerät (Ultrasonic Distance Measurement System) zur Wasserstandserfassung in Leitungen eingesetzt.

Die ersten Durchlaufversuche mit unreguliertem Durchfluss über die Schmutzwasserpumpe von ca. 3,4 l/s zzgl. dem Zulauf über die unterste Etage von 0,9 l/s wurden zunächst an dem inversierten Strang und danach an dem Standard-Rohr mit DN 70 durchgeführt.

Dabei konnte trotz einer überdimensionierten Belastung des inversierten Rohres lediglich ein geringer Sperrwasserverlust ermittelt werden (**Tabelle 2**).

5 Weitere Vorgehensweise

Mit einer Langzeit-Versuchsreihe ab Februar 2014 sollen die veränderten und optimierten Rohrverläufe geprüft werden. Erneut wird dabei ein Gebäude mit 5 Stockwerken simuliert, so dass der Wassereintrag am Hauptstrang bis auf 2,2 l/s einreguliert wird. Der Eintrag über die untere Etage bleibt DIN-konform bei 0,9 l/s.

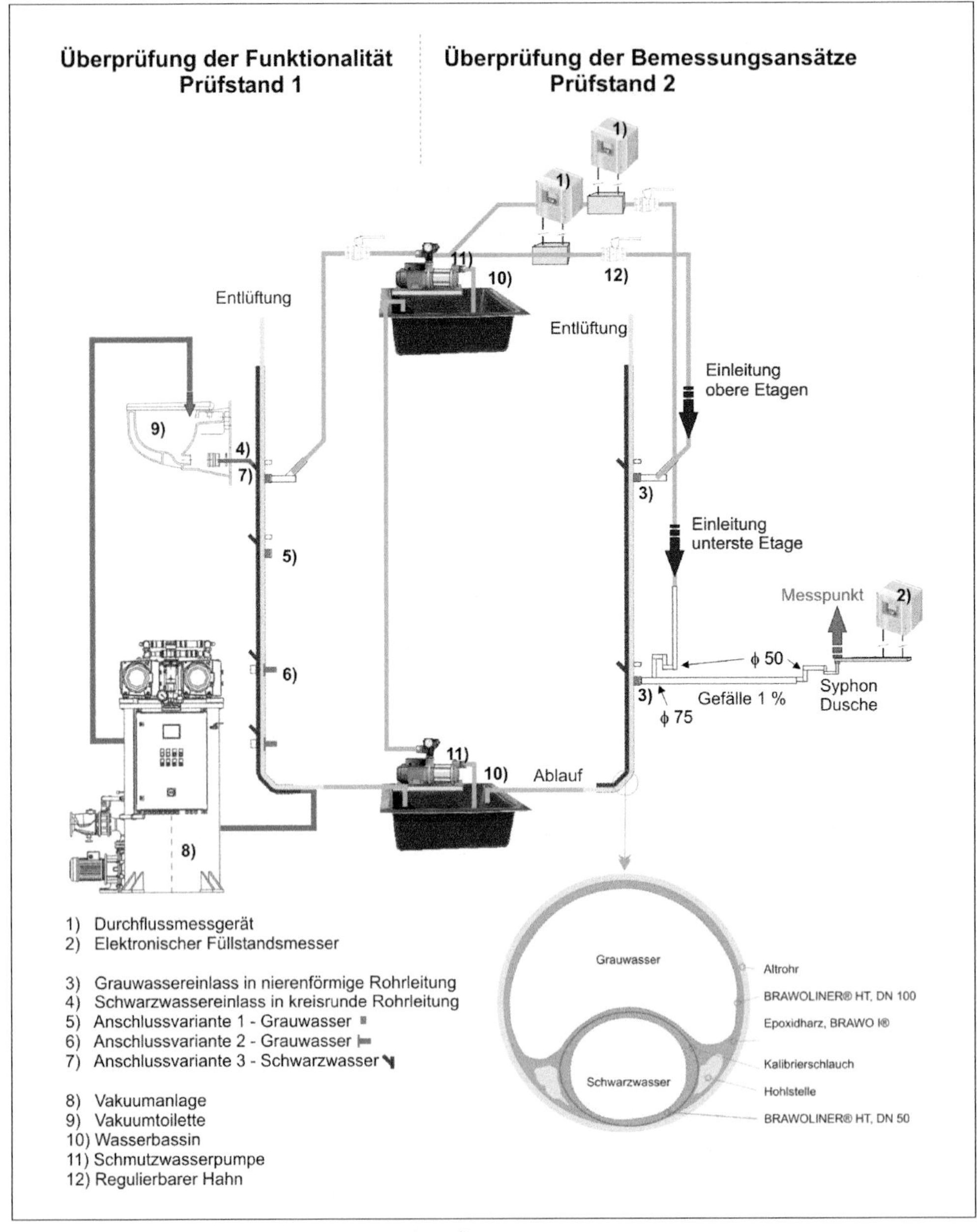

Bild 5: Schematische Darstellung des Versuchsaufbaus

Auf Grund der räumlichen Situation in der Versuchshalle konnte bislang nur bedingt eine praxisähnliche Belastung simuliert werden. Deshalb werden aktuell gerade Lösungen zur Verbesserung der Versuchssituation erarbeitet bzw. Aufbaumöglichkeiten in einem Versuchsgebäude in Weimar verhandelt. Auch sollen am Versuchstand der MFPA weitere Experimente zum Strömungsverhalten durchgeführt werden. So wurde ein nierenförmiges Rohr aus Plexiglas gebaut, welches ermöglicht, den Strömungsverlauf des Wassers in einer so ungewöhnlichen Geometrie

Tab. 2 | Ergebnisse Durchflussmessung vom 25.11.2013

Inversion	Start	Max	Stop	Sperrwasserverlust in mm
1.	270,7	290	286,1	15,4
2.	286,1	303	286,3	0,2
3.	286,3	298	288,2	1,9
Standard	**Start**	**Max**	**Stop**	**Sperrwasserverlust in mm**
1.	268,3	244	278,1	9,8
2.	278,1	255	281,4	3,3

zu beobachten. Eine anschließende Simulation der Strömungsverhältnisse im Rohr mit ANSYS Fluent soll als Abgleich zu dieser Sichtprüfung dienen und es ermöglichen, verschiedene Leitungsstrukturen, Geschosshöhen und Anbindungsszenarien abzubilden. Parallel dazu wird das Verfahren auf seine Wirtschaftlichkeit im Vergleich zu Standardsanierungsmaßnahmen und sein Anwendungsspektrum untersucht. Auch da scheinen die Ergebnisse nach ersten Kalkulationen positiv auszufallen.

6 Ausblick

Das Projekt EVaSENS scheint den Nachweis erbringen zu können, dass es heute bereits technische und bezahlbare Möglichkeiten gibt, unser Ableitungssystem in neue Konzepte zum effizienten und effektiven Umgang mit Abwasser zu integrieren. Dies kann langfristig sowohl die Diskussion um effizientere Reinigungsverfahren als auch um die kostengünstige Rückgewinnung von Nährstoffen aus dem Abwasser auf neue Pfade bringen, die sowohl den Geldbeutel der Bürger als auch die Natur schonen.

Literatur

[1] Deutschlands Zukunft gestalten, Koalitionsvertrag zwischen CDU, CSU und SPD, 18. Legislaturperiode, Seite 120 z.B.: auf der Homepage der Bundesregierung: http://www.bundesregierung.de

[2] Stellungnahme der Deutsche Vereinigung für Wasserwirtschaft, Abwasser und Abfall e. V. Themenband DWA vom 09.12.2013 an die Parteivorsitzenden von SPD, CDU und CSU

[3] Neuartige Sanitärsysteme, Ausgabe 12 2008, ISBN 978-3-941089-37-2

[4] BRAWOLINER® / Karl Otto Braun GmbH & Co. KG, Lauterstrasse 50, 67752 Wolfstein, T +49.6304.74-0, F +49.6304.74-476, info@brawoliner.de

[5] Diefenbach, Nikolaus; Cischinsky, Holger; Rodenfels, Markus; Clausnitzer, Klaus-Dieter (2010): Zusammenfassung zum Forschungsprojekt „Datenbasis Gebäudebestand – Datenerhebung zur energetischen Qualität und zu den Modernisierungstrends im deutschen Wohngebäudebestand"; online abrufbar: http://www.iwu.de/fileadmin/user_upload/dateien/energie/klima_altbau/Zusammenfassung_Datenbasis_Gebäudebestand.pdf (Tag des Abrufs: 22.04.2012)

[6] Heinrichs, Franz-Josef; Rickmann, Bernhard; Sondergeld, Klaus-Dieter; Störrlein, Karl-Heinz (2002): Gebäude- und Grundstücksentwässerung – Kommentar zu DIN EN 12056, DIN 1986 und DIN EN 1610, DIN-Normen und technische Regeln; Beuth Verlag GmbH; Berlin

[7] Feurich, Hugo (2005): Sanitärtechnik, Band 2; Krammer Verlag; Düsseldorf AG

Autoren

Dipl.-Ing. (FH) Susanne Veser
Björnsen Ingenieure
Maria Trost 3
56070 Koblenz
E-Mail: s.veser@bjoernsen.de

Dr.-Ing. Michael Berndt
Universität Weimar
Coudraystraße 9
99423 Weimar
E-Mail: michael.berndt@mfpa.de

Jörg Schaffner

Technologische Entwicklungen in der Misch- und Regenwasserbehandlung

Neuartige und bisher in Deutschland wenig genutzte Verfahren der Misch- und Regenwasserbehandlung in Entlastungsbauwerken werden vorgestellt. Dabei wird der Blick auf Technologien gerichtet, die im Ausland seit Jahren bewährt sind oder dort entwickelt wurden. Einsatzmöglichkeiten in Deutschland werden diskutiert.

1 Einleitung

Die Behandlung von Misch- und Regenwasserentlastungen nimmt seit Jahrzehnten einen hohen Stellenwert in der Siedlungswasserwirtschaft in Deutschland ein. Zahlreiche Technologien wurden hier entwickelt und haben sich im Laufe der Zeit etabliert. Doch ein gezielter Blick ins Ausland zeigt, dass sich dort z. B. Technologien der Regenwasserbehandlung zum Stand der Technik entwickelt haben, die sich in Deutschland nicht durchsetzen konnten oder völlig unbekannt sind. Einige dieser Verfahren der Misch- und Regenwasserbehandlung werden vorgestellt und Hinweise gegeben, wie diese in den deutschen Kanalbetrieb integriert werden können.

Niederschlag, der auf versiegelte Flächen, wie z. B. Dach-, Straßen-, Hof-, und Parkflächen trifft, wird häufig mit Schad- und Schmutzstoffen belastet. Bei kleineren Regenereignissen gelangt dieses Wasser über die Trenn- oder Mischkanalisation in den Vorfluter oder zur Kläranlage, wo es behandelt wird. Bei Starkregenereignissen kann es durch Entlastungen an Regenüberläufen direkt und ohne Vorbehandlung in die angeschlossenen Gewässer gelangen. Dies führt dann zu einer hydraulischen und stofflichen Belastung des betroffenen Gewässers. Dabei ist zwischen akuten Auswirkungen und verzögerten bzw. Langzeitwirkungen zu unterscheiden. Kurzfristig können z. B. hohe Sohlschubspannungen (hydraulisch) oder Sauerstoffzehrung (stofflich) einem Gewässer und den darin befindlichen Lebewesen große Probleme bereiten. Langfristig sind es dann toxische Wirkungen durch Schadstoffe in Sedimentablagerungen, die ein Gewässer nachhaltig schädigen.

Die Inhaltsstoffe urbaner Regenabflüsse können von künstlichen Schwimmstoffen wie z. B. Plastik über organisch abbaubare Stoffe, pathogene Bakterien bis hin zu Ölen und Fetten reichen. Ein großer Anteil von Schadstoffen ist an Schwebstoffen gebunden. **Tabelle 1** zeigt eine Übersicht von Untersuchungsergebnissen aus Frankreich.

Die Ziele der Regenwasserbehandlung sind unter anderem im Wasserhaushaltsgesetzt (WHG) und der Europäische Wasserrahmenrichtlinie (EUWRRL) definiert. Dabei soll die schrittweise Reduzierung von Einleitungen, Emissionen und Austausch von gefährlichen Stoffen zur Vermeidung einer weiteren Verschlechterung sowie Schutz und einer Verbesserung des Zustandes der aquatischen Ökosysteme beitragen.

Die Verfahren der Regenwasserbehandlung selbst können grundsätzlich in mechanische Verfahren, Filtration und chemische Verfahren untergliedert werden. Im Weiteren sind es dann die mechanischen Verfahren, die näher betrachtet werden sollen. Sommer [17] unterscheidet u. a. in folgende Untergruppen:

- Rechen/Siebe,
- Sandfänge,
- Regenklärbecken,
- Wirbelabscheider,
- Leichtstoffabscheider.

Unten werden die Wirbelabscheider eingehend betrachtet. Ein neues Verfahren zum Abzug von Schwimmstoffen in Regenüberlaufbauwerken wird vorgestellt.

Tab. 1 | Prozentsatz der an feste Partikel gebundenen Verschmutzungen [2]

Chem. Sauerstoffbedarf (CSB)	Biolog. Sauerstoffbedarf (BSB5)	Total Kjeldahl Nitrogen (TKN)	Kohlenwasserstoffe	Blei
83 - 91 %	77 - 95 %	48 - 82 %	82 - 99 %	79 - 100 %

2 Wirbelabscheider

2.1 Historische Entwicklung

Wirbelabscheider sind seit ca. 30 Jahren ein in Deutschland bekanntes Verfahren zur Misch- und Regenwasserbehandlung, jedoch finden sie hierzulande kaum Anwendung. Zurzeit sind etwa 29 Anlagen in Deutschland in Betrieb, während im benachbarten Ausland wie z. B. Frankreich der Wirbelabscheider deutlich stärker vertreten ist [18, 20]. In den USA, Kanada, Australien und England sind Wirbelabscheider mittlerweile Standartbauwerke, die z. B. vor Gewässerausläufen der Trennkanalisation zu finden sind. Im Jahr 2004 waren etwa 1.500 Wirbelabscheider weltweit in Betrieb, doch in den genannten Ländern sind aufgrund des gestiegenen Umweltbewusstseins, der großen Akzeptanz und des hohen Verbreitungsgrades die Zahlen in den letzten 10 Jahren vermutlich deutlich gestiegen [5].

Die Geschichte der Wirbelabscheider reicht zurück in die frühen 60er-Jahren des letzten Jahrhunderts. Bernard Smisson konstruierte und testete den ersten hydrodynamischen Wirbelabscheider im realen Kanaleinsatz in Kombination mit einem Regenüberlauf in Bristol, England. Diese erste Generation von Wirbelabscheidern war in der Lage ca. 70 % der Schadstofffracht zurückzuhalten [16]. Die Pionierarbeit von Smisson wurde in den 70er-Jahren von der American Water Works Association und der Environmental Protection Agency mit der Entwicklung der zweiten Generation von hydrodynamischen Wirbelabscheidern, dem „USEPA Swirl Concentrator", fortgesetzt. [19] Eine dritte Generation von hydrodynamischen Wirbelabscheidern wurde in den frühen 80er-Jahren mit Unterstützung von Bernard Smisson entwickelt, um die mittlerweile bekannten Probleme des „USEPA Swirl Concentrators" zu beheben. Das Ziel war dabei eine verbesserte Sedimentation von Partikeln am Boden des Abscheiders zu erreichen, den hydraulischen Verlust zu reduzieren sowie die generelle Reinigungsleistung zu steigern. Diese Version wurde anschließend unter der Bezeichnung „Storm King Overflow" patentiert und kommerziell vertrieben. In Deutschland wurden die ersten Wirbelabscheider in der Mitte der 80er-Jahre von der Firma UFT unter dem Namen „FluidSep" entwickelt. Der erste Einbau erfolgte dann im Jahre 1987 in der Stadt Tengen [21].

Hydrodynamische Wirbelabscheider waren seit den 80er-Jahren in Europa, Nordamerika und Japan der Gegenstand zahlreicher wissenschaftlicher Untersuchen bezüglich Absetzeigenschaften der im Regen- oder Mischwasser enthaltenen Partikel und deren Einfluss auf die Reinigungsleistung [1]. Zwei bekannte Untersuchungen in Deutschland wurden von Hübner [7] und Klepiszewski [9] durchgeführt, die unter anderem auch auf unterschiedliche Bezeichnungen und Ausführungsformen ausführlich eingehen.

Die Behandlungsziele von Wirbelabscheidern wurden in den letzten zwanzig Jahren auf den Rückhalt von Hygieneartikel ausgeweitet, welche die Ufer der angeschlossenen Gewässer verschmutzen. Die meisten Hygieneartikel fallen unter die Kategorie der Schwimm- und Schwebstoffe und werden üblicherweise nicht von bisherigen hydrodynamischen Abscheidern zurück gehalten [12]. Die aktuelle Generation von Wirbelabscheidern besitzt daher siebähnliche Gitternetze, die einen möglichst hohen Grad von Selbstreinigung aufweisen sollen [4, 15]. Im Jahr 2010 wurde im Rahmen eines Forschungsprojektes in einer deutsch-französischen Kooperation von den Firmen HydroConcept, Steinhardt sowie der Universität Strasbourg ein Wirbelabscheider entwickelt, der ein solches durchströmtes Gitter aufweist, um Schwimm- und Schwebstoffe zurück zu halten. Die Ausbildung der Strömungen und die damit

Bild 1: Wirbelabscheider mit Schmutzstoffen (Quelle: Fa. Hydroconcept aus Frankreich)

verbundene Reinigungsleistung des „HydroTwister" wurden vom Institut für Fluidmechanik der Universität Strasbourg in einem Labormodell und in dreidimensionalen numerischen Modellierungen untersucht. Ein besonderer Fokus lag dabei auf dem Selbstreinigungseffekt des Abscheidegitters [13, 14].

2.2 Einsatzgebiete

Die Aufgabe von Wirbelabscheidern ist zunächst die temporäre Speicherung von Regen- oder Mischwasser und das Abscheiden absetzbarer partikulärer Stoffe. Ebenso sollen Schwimmstoffe zurückgehalten und erst nach Abklingen des Regenzuflusses zu Kläranlage transportiert oder zwischengespeichert werden. Die möglichst hohe Selbstreinigung des Wirbelabscheiders während und nach der Füllung ist ein weiterer gewünschter Effekt. Das zu reinigende Misch- oder Regenwasser stammt häufig von versiegelten Flächen wie z. B. Straßen, Autobahnen, Industrieflächen oder hoch frequentierten Parkplätzen. **Bild 1** zeigt ein Beispiel der Füllung eines Wirbelabscheiders in England.

In Deutschland werden Wirbelabscheider hauptsächlich im Mischsystem eingesetzt während im Ausland das Trennsystem deutlich dominiert. Das Handbuch Wasser 4 der LfU Baden-Württemberg [10] gibt einen Überblick zu den grundsätzlichen Anordnungsmöglichkeiten für Wirbelabscheider im Haupt- und Nebenschluss. Die klassischen Anordnungen im Mischsystem sind ein einfacher Wirbelabscheider im Hauptschluss mit vor geschaltetem Notüberlauf und als Trennbauwerk (RÜ) vor einem Durchlaufbecken oder einem Fangbecken im Nebenschluss (**Bild 2**).

Im Trennsystem können Wirbelabscheider als Ersatz für Regenklärbecken dienen und in der Vorbehandlung von Regenwasser vor Bodenfiltern eingesetzt werden (**Bild 3**).

Das DWA Merkblatt M – 153 [3] beschreibt Wirbelabscheider lediglich als eine besondere Ausführungsform von Regenklärbecken ohne Dauerstau. In den nächsten Kapiteln wird aber deutlich, dass Wirbelabscheider in sehr unterschiedlichen Geometrien ausgeführt sein können, die auch einen Betrieb im Dauerstau, ohne direkten Anschluss an eine Kanalisation, beinhalten können. Der Leitfaden „Immissionsbetrachtungen" des Landes Hessen empfiehlt Wirbelabscheider als Maßnahmen, zur Reduzierung hydraulischer und stofflicher Belastungen bei Misch- und Regenwassereinleitungen in angeschlossene Gewässer [6].

2.3 Ausführungsformen

Wirbelabscheider können grundsätzlich in Anlagen mit und ohne Gitternetz unterschieden werden. Im Folgenden werden beide Ausführungsformen am Beispiel deutscher und ausländischer Produkte betrachtet.

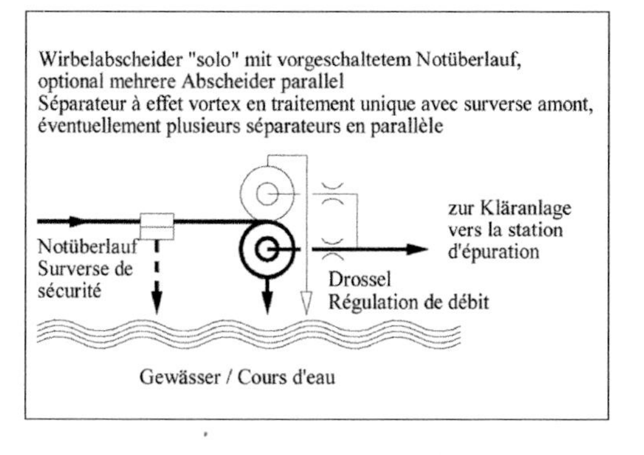

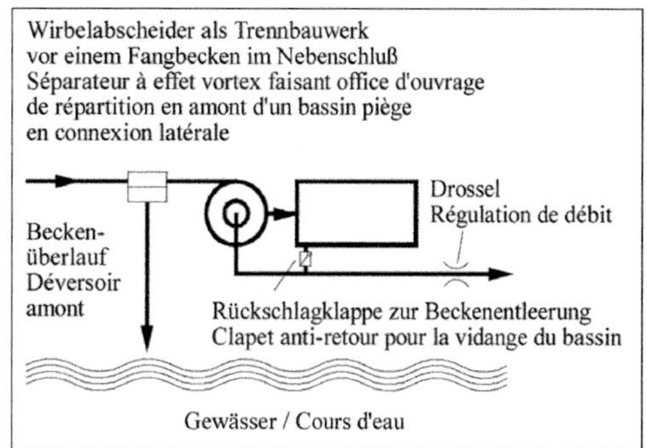

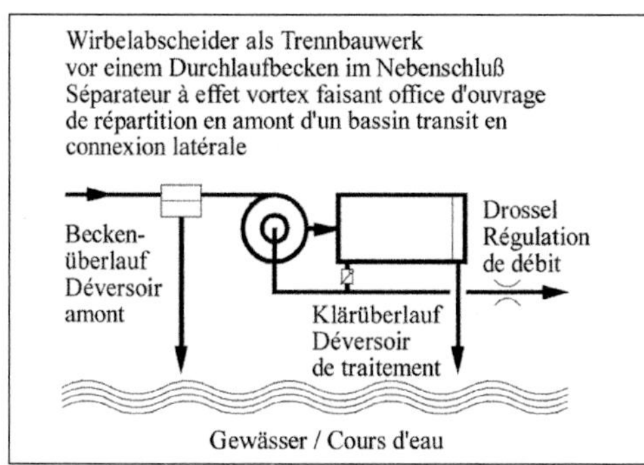

Bild 2: Wirbelabscheider im Mischsystem. [10]

Wirbelabscheider ohne Gitternetz

In Deutschland wurden Wirbelabscheider ohne Gitternetz von der Firma UFT aus Bad Mergentheim entwickelt (**Bild 4**). Aufgrund des mittig angeordneten Ablaufes mit Drosselfunktion werden diese Abscheider häufig im Mischsystem eingesetzt.

Bei Regenzufluss wird die Wirbelkammer von der nachfolgenden Abflussdrossel eingestaut und Rückhaltevolumen aktiviert. Der Zufluss zur Wirbelkammer erfolgt tangential und erzeugt aufgrund des mittig gelegenen Ablaufes eine Wirbelsenke. Dadurch können sich die absetzbaren Stoffe gut nach unten und die Schwimmstoffe nach oben bewegen. Es entsteht eine kräftige, am Boden des Wirbelabscheiders zur Mitte hin gerichtete Sekundärströmung, welche die abgesetzten Teilchen mit zum Ablaufsumpf nimmt. Damit die absetzbaren Stoffe nicht in das Überlaufwasser geraten, gibt es einen zylindrischen Leitapparat mit konischem Unterteil. Das Überlaufwasser entweicht senkrecht nach oben. Unter dem Deckel bildet sich auf Grund eines Belüf-

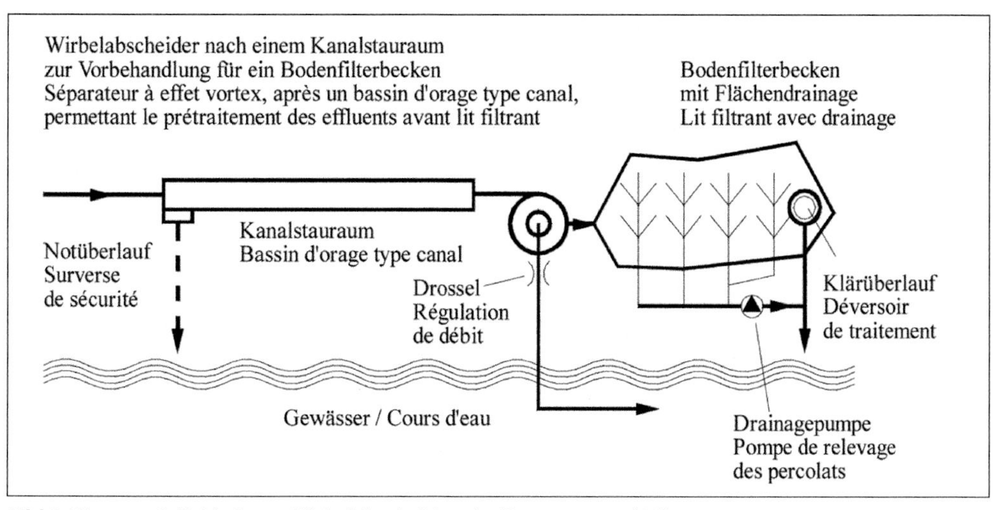

Bild 3: Einsatzmöglichkeit von Wirbelabscheidern im Trennsystem. [10]

tungsschnorchels ein Luftkissen, in dem sich die Schwimmstoffe sammeln. Sie werden bei der Entleerung des Wirbelabscheiders zur Kläranlage abgeführt. Regenereignisse mit kleinen Niederschlagsintensitäten führen meist nicht zur Entlastung durch die Ringschwelle, während bei mäßig starken Regen der Abscheider so weit gefüllt wird, dass eine Entlastung über die Ringschwelle erfolgt. Aufgrund der geringen Oberflächenbeschickung bei diesen Regenereignissen ist die Abscheidewirkung recht gut. Bei Starkregen ist die Abscheidewirkung laut Herstellerangaben geringer, da der hohe Zufluss eine große Oberflächenbeschickung erzeugt und eine starke Rotationsgeschwindigkeit in der Wirbelkammer entsteht. Diese begünstigt aber die Selbstreinigung des Wirbelabscheiders, so dass keine oder nur sehr geringfügige Ablagerungen liegen bleiben, die bei späteren Regenereignissen wieder aufgewirbelt werden könnten [21].

Ein im Ausland häufig im Trennsystem eingesetzter Wirbelabscheider ohne Gitternetz ist der „Downstream Defender“ der Firma HydroInternational aus England bzw. USA (**Bild 5**).

Der Regenzufluss wird auch hier tangential in den äußeren Ring zwischen Zylinderplatte und Bauwerkswand eingeleitet. Diese äußere Strömung ist nach unten gerichtet und sorgt dafür, dass sich Partikel auf der nach innen geneigten Ringberme absetzen und anschließend in den Sedimentsammelraum abgleiten. Zum Ablauf hin entsteht eine innere, nach oben gerichtete Sekundärströmung von gereinigtem Wasser um die zentrale Säule. Die am Boden des Sedimentsammelraums abgelagerten Partikel werden in der Regel nicht wieder aufgewirbelt, da sich hier eine strömungsberuhigte Ruhezone ausbildet, die auch mit Hilfe numerischer Modellierung (3-D) nachgewiesen werden konnte [8]. In der Regel wird dieser Wirbelabscheider im Dauerstau betrieben und muss in regelmäßigen Abständen entleert werden.

Wirbelabscheider mit Gitternetz

Der „HydroTwister“ Wirbelabscheider der französischen Firma HydroConcept aus Trappe und der Firma Steinhardt aus Taunusstein weist im Gegensatz zu den bereits beschriebenen Produkten ein wabenförmiges Gitternetz auf. Zuflüsse größer 80 l/s werden in einem Bauwerk mit externem Bypass behandelt (**Bild 6**). Bei kleineren Abflüsse findet eine Schachtlösung Anwendung. Das Einsatzgebiet ist aufgrund der Bauwerksgeometrie im Trennsystem angesiedelt.

Der Zufluss zum „HydroTwister“ erfolgt tangential in einen Sekundärschacht und erzeugt auf diese Weise eine Rotationsströmung um das Gitternetz, an welchem die Schwebstoffe abgeschieden werden. Schwimmstoffe werden durch das obere Ringblech zurück gehalten, während sich die Sedimente am Boden des Schachtes um einen unteren Betonring sammeln. Das gereinigte Wasser fließt vom inneren Zylinder durch ein Siphon nach oben zum Auslauf des Bauwerkes. Bei Starkregenereignissen kann der Zufluss über die Notentlastung im Zulauf und über das Ringblech im Sekundärschacht entlastet werden. Der Wirbel-

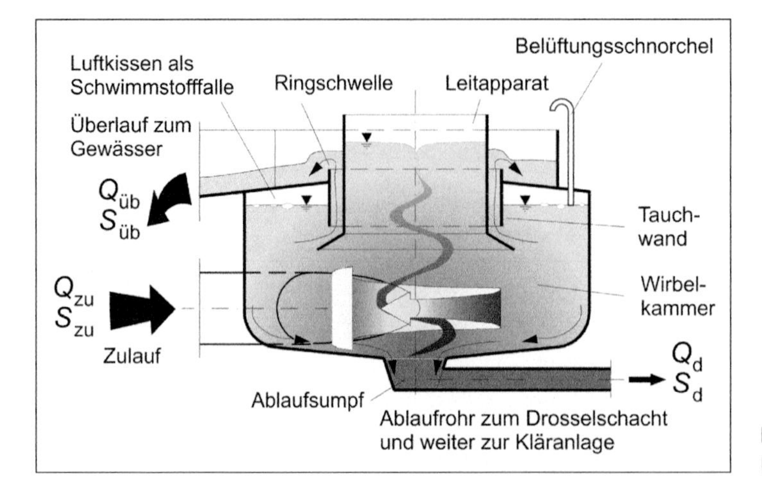

Bild 4: Wirbelabscheider UFT FluidSep [21]

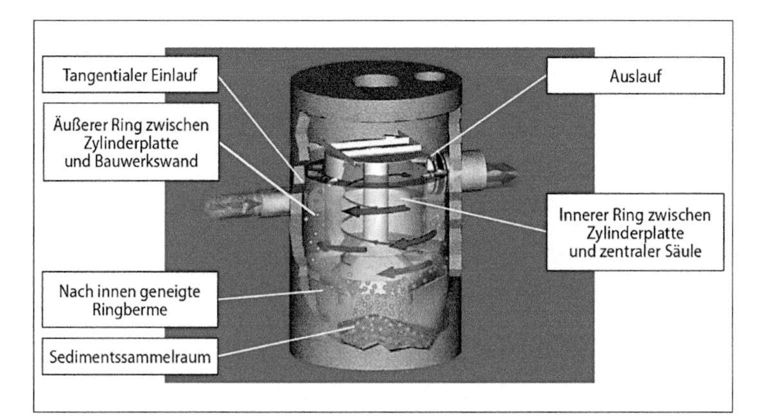

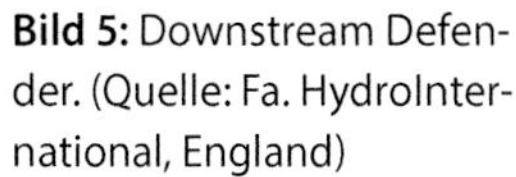

Bild 5: Downstream Defender. (Quelle: Fa. HydroInternational, England)

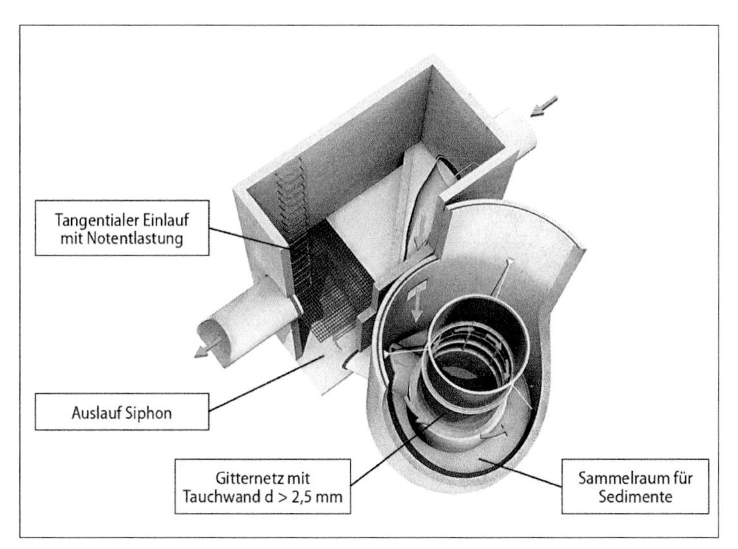

Bild 6: Funktionsschema HydroTwister. (Quelle: Fa. HydroConcept, Frankreich)

abscheider wird im Dauerstau betrieben und muss ebenfalls in regelmäßigen Abständen z. B. mit einem Saugwagen entleert werden.

Der „CDS SurfSep“ Wirbelabscheider wurde unter anderem in England von der Firma Copa Ltd. für den Einsatz im Trennsystem entwickelt. Nun befindet sich das Produkt unter dem Namen „CDS (Continuous deflective separation)“ im Vertrieb der Firma Contech in den USA. Dieser Wirbelabscheider besitzt neben dem Zufluss mit integriertem Notüberlauf ein tangential angeströmtes Gitternetz, das aber im Gegensatz zum zuvor beschriebenen HydroTwister, von innen nach außen angeströmt wird. Die abgetrennten Sedimente lagern sich am Boden des Schachtes ab, während das gereinigte Wasser zwischen dem Gitterzylinder und der Innenwand des Schachtes zum Ablauf fließt (**Bild 7**). Dieser Wirbelabscheider wird im Dauerstau betrieben und muss in regelmäßigen Abständen abgesaugt werden, um die abgelagerten Sedimente zu entfernen.

3 Grobstoffrückhalt an Entlastungsbauwerken der Mischwasserkanalisation

Die bekannten und üblichen Verfahren der Reinigung von Misch- oder Regenwasserentlastungen sind in einfachstem Falle Tauchwände unterschiedlichster Ausführung. Schwimm- und Schwebstoffe werden durch Tauchwände häufig nur unzureichend zurückgehalten. Bedingt durch die jeweilige Geometrie der Entlastungs-

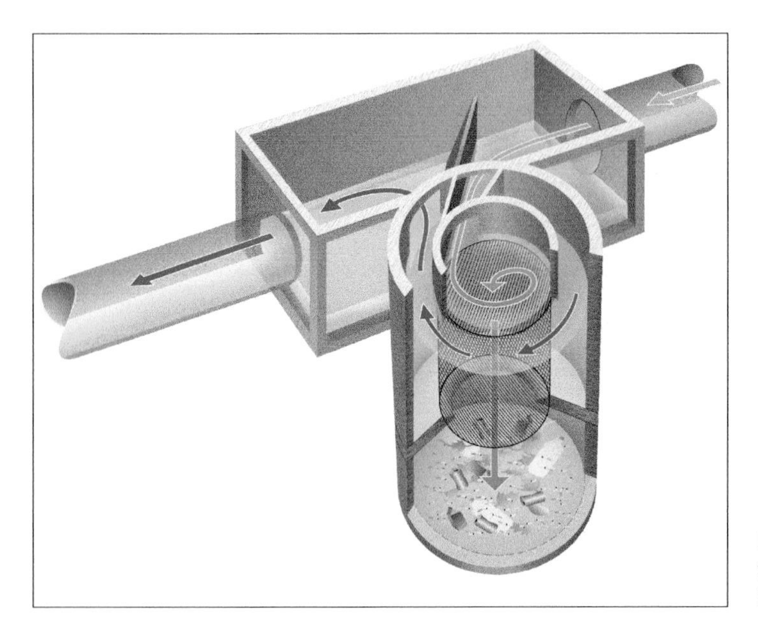

Bild 7: CDS SurfSep mit externen Überlauf. (Quelle: Fa. Copa Ltd, England)

bauwerke können ungünstige Strömungsverhältnisse entstehen und es werden im Entlastungsfall z. B. Kunststoffe, Hygieneartikel und Papier in die angeschlossenen Gewässer ausgetragen. Die Gewässer werden damit hohen hydraulischen und stofflichen Belastungen ausgesetzt. Zusätzlich werden die Uferbereiche der Gewässer ästhetisch verunreinigt.

Der nächste Schritt in der Reinigung von Mischwasserentlastungsabflüssen ist üblicherweise der Einsatz von horizontal oder vertikal angeordneten Feinstabrechen. Diese werden in der Regel mit elektro-hydraulisch angetriebenen Reinigungskämmen ausgestattet, die ein Verstopfen der Stäbe verhindern. Es werden aber auch fremdenergiefreie Systeme wie z. B. der Bürstenrechen eingesetzt oder wasserradgetriebene Feinstabrechen. Diese Systeme besitzen im Vergleich zu den zuvor genannten Tauchwänden meist eine hohe Reinigungsleistung, kosten in der Anschaffung aber auch ein Vielfaches der Tauchwände. Zusätzlich entstehen bei langfristigem Betrieb noch Stromkosten für den elektro-hydraulischen Antrieb sowie Wartungs- und Reparaturkosten. Tauchwände erzeugen praktisch keine Betriebskosten und müssen selten gewartet bzw. repariert werden. Die Reinigungsleistung ist jedoch stark von den lokalen Strömungsverhältnissen abhängig.

Einen Mittelweg geht hier der Schwimmstoffabzug „HydroSpin“ (engl. Water Surface Control Device), der vom japanischen Ingenieurbüro Nippon Koei und der Stadt Tokyo (Tokyo Metropolitan Government Bureau of Sewerage und Tokyo Metropolitan Sewerage Service Corporation) entwickelt wurde. Nippon Koei ist ein international arbeitendes Unternehmen und beschäftigt rund 1.300 Ingenieure weltweit. Neben dem Hauptsitz in Tokyo betreibt Nippon Koei in der Nähe von Tokyo ein Research & Development Center mit 250 Mitarbeitern, das in seiner Größe durchaus mit der Bundesanstalt für Wasserbau in Karlsruhe zu vergleichen ist. Man hatte sich in Japan die Aufgabenstellung gesetzt ein Verfahren zu entwickeln, das eine Akkumulation von Schwimm- und Schwebstoffen im Trennbauwerk vermeiden soll und einen kontinuierlichen Abzug dieser Stoffe auch während des Einstauens bzw. bei sinkendem Wasserspiegel gewährleistet. Diese Schwimm- und Schwebstoffe sollten im Kanal verbleiben und der Kläranlage zugeführt werden. Ein weiterer Fokus lag auf dem fremdenergiefreien Betrieb des Verfahrens, möglichst ohne bewegliche Teile bei größtmöglicher Selbstreinigung. Das Ergebnis der Forschung war dann der „HydroSpin“, der sowohl in neuen Bauwerke als auch im Bestand als Nachrüstung eingesetzt werden kann, sofern der Ablauf bzw. die Rohrdrossel

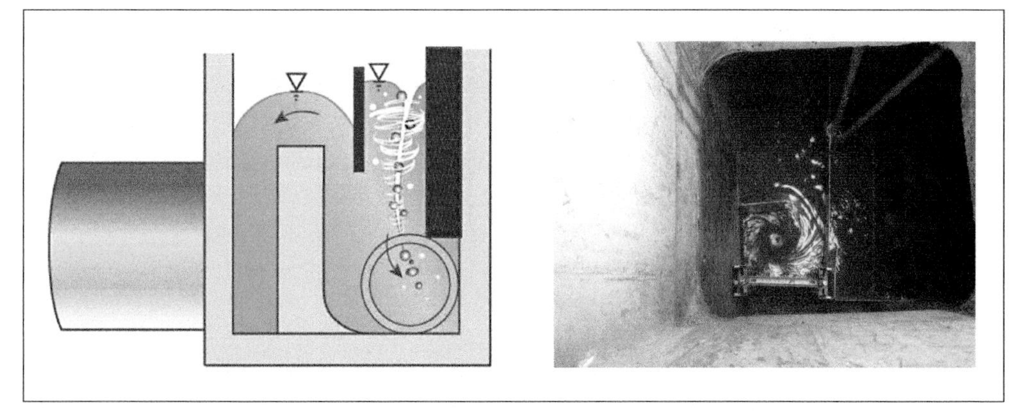

Bild 8: Funktionsweise HydroSpin Schwimmstoffabzug (Quelle: Nippon Koei, Japan) und Referenzanlage Wiesbaden Tannhäuser Straße (Steinhardt GmbH)

im Entlastungsfall als überstautes Rohr vorliegt (**Bild 8**).

Eine senkrecht zur Hauptströmung angeordnete vertikale Platte erzeugt einen stabilen Wirbel der kontinuierlich ankommende Schwimmstoffe nach unten in die Öffnung des Ablaufkanals in Richtung Kläranlage zieht. Die Zuführung der Schwimmstoffe erfolgt durch die Tauchwand, die in diesem Zusammenhang als Leitwand dient. Auf diese Weise können sich keine Schwimmstoffakkumulationen in Entlastungsbauwerk bilden, die bei fallendem Wasserspiegel möglicherweise unter der Tauchwand hindurch in das angeschlossene Gewässer transportiert werden könnten. Dieses einfache aber sehr effektive hydraulische Phänomen wurde zunächst in Labormodellen in Japan getestet, um dann später in realen Bauwerken der Mischwasserkanalisation eingesetzt zu werden. In Tokyo wurden während der Jahre 2002 – 2013 rund 1.500 Installationen durchgeführt. In Deutschland und Frankreich sind derzeit 17 Anlagen in Betrieb [18].

Eine wissenschaftliche Untersuchung des Japan Institute of Wastewater Engineering Technology, der Tokyo Metropolitan Sewerage Service Corporation sowie der Nippo Koei Ltd. analysierte den Schwimmstoffrückhaltes durch den HydroSpin bei 21 Installationen im Großraum Tokyo. Die Ergebnisse zeigten, dass bei 50 % der untersuchten Regenüberläufe nach Installation des „HydroSpin" ein Schwimmstoffrückhalt von mehr als 89 % erreicht wurde [11]. Aktuell ist der „HydroSpin" Gegenstand eines Forschungsvorhabens der Hochschule Münster und der Steinhardt GmbH (Vertrieb Europa), in dem mit Hilfe von Labormessungen und dreidimensionaler numerischer Modellierung die entstehenden Wirbelströmungen und deren Reinigungseffekte detailliert untersucht werden.

Wirbelabscheider sind eine Technologie, die sich schon seit vielen Jahren im Einsatz bewährt hat und in zahlreichen wissenschaftlichen Untersuchungen weiterentwickelt wurde. Vor allem im englischsprachigen Ausland zählen sie zu den Standardbauwerken, während sie sich in Deutschland bisher noch nicht durchsetzen konnten. Mit der fortschreitenden Verbreitung der Trennkanalisation könnte dies sich ändern. Die Einsatzszenarien sind für Deutschland in den gängigen Regelwerken klar definiert, lediglich in der planerischen und betrieblichen Praxis wurde dies bisher nur in geringem Maße umgesetzt. Im Mischsystem können Wirbelabscheider in Deutschland als Ersatz für Regenüberlaufbauwerke oder bei erhöhten Reinigungsanforderungen vor dem angeschlossenen Gewässer zur direkten Behandlung des Entlastungsabflusses eingesetzt werden. Im Trennsystem können sie, wie im Ausland auch, im Regenkanal vor der Einleitung in den Vorfluter eingeplant werden. Es ist aber auch möglich, den Wirbelabscheider als Alternative oder in Kombination mit einem Regenklärbecken zu verwenden. Der in Japan entwickelte Schwimmstoffabzug bildet eine Erweiterung der üblichen Tauchwand, dessen Effektivität in Untersuchungen und in der Praxis nachgewiesen werden konnte. Aufgrund des einfachen hydraulischen Prinzips und der kostengünstigen Nachrüstbarkeit bestehender Bauwerke könnte diese neuartige Technologie auch in Deutschland in der Zukunft häufiger zur Anwendung kommen.

Literatur

[1] Andoh, R. Y. G., Hides, S. P. und Saul, A. J. (2002), Improving Water Quality Using Hydrodynamic Vortex Separators And Screening Systems, 9th International Conference on Urban Drainage, Portland, Oregon, USA.

[2] Chebbo, G. (1992), Solides des rejets urbains par temps de pluie: caractérisation et traitabilité (Solids of stormwater runoffs : characterization and handling), Dissertation, Ecole nationale des Ponts et Chaussées, Paris, France.

[3] Deutsche Vereinigung für Wasserwirtschaft, Abwasser und Abfall e. V. (2007), Merkblatt DWA-M 153, Handlungsempfehlungen zum Umgang mit Regenwasser, Hennef.

[4] Faram, M. G., Andoh, R. Y. G. und Smith, B. P. (2000), Hydro-Jet Screen™: A Non-Powered Self-Cleansing Screening System for Storm Overflow Screening Applications, Wastewater Treatment: Standards and Technologies to Meet the Challenges of the 21st Century, CIWEM/AETT Millennium Conf., Leeds, UK, 4-6 April, pp 205-212.

[5] Faram, M. G., James, M. D. and Williams, C. A. (2004), Wastewater treatment using hydrodynamic vortex separators, Proceedings CIWEM 2nd National Conference, Wakefield, UK.

[6] HMUELV (Hessisches Ministerium für Umwelt, Energie, Landwirtschaft und Verbraucherschutz) (2012), Leitfaden zum Erkennen ökologisch kritischer Gewässerbelastungen durch Abwassereinleitungen, Kurzbezeichnung: Leitfaden „Immissionsbetrachtung", Wiesbaden.

[7] Hübner, M. (1997), Beurteilung und Ermittlung der Wirkungsweise von Anlagen zur Regenwasserbehandlung, Forum Siedlungswasserwirtschaft und Abfallwirtschaft, Universität GH Essen, Heft 10.

[8] Hynds Environmental (2006), Downstream Defender, Advanced Hydrodynamic Vortex Separation, Auckland, New Zealand.

[9] Klepiszewski, K., (2006), Analyse und modelltechnische Nachbildung der Reinigungswirkung eines kombinierten Bauwerks zur Mischwasserbehandlung, Dissertation am Fachbereich Architektur / Raum- und Umweltplanung / Bauingenieurwesen der Technischen Universität Kaiserslautern.

[10] Landesanstalt für Umwelt Baden-Württemberg (LFU BW) (1997), Handbuch Wasser 4, Wirbelabscheideranlagen, Karlsruhe.

[11] Nakamura et al. (2010), Study of Water Surface Control as a Debris Reduction Measure for the Improvement of the Combined Sewer System, Proceedings, Novatech 2010.

[12] Saul, A. J. (1998), CSO state of the art review: a UK perspective, UDM'98, Fourth Int. Conf. on developments in urban drainage modelling. September, London, UK.

[13] Schmitt V., Dufresne M., Vazquez J., Fischer M. und Morin A. (2013), Optimization of a hydrodynamic separator using a multiscale computational fluid dynamics approach, Water Science and Technology, 68(7).

[14] Schmitt V., Dufresne M., Vazquez J., Fischer M. und Morin A. (2014), Separation efficiency of a hydrodynamic separator using a 3D computational fluid dynamics multiscale approach, Water Science and Technology, 69(5).

[15] Smith, B. P. und Andoh, R. Y. G. (1997), New generation of hydrodynamic separators for CSO treatment, Proc. 2nd Int. Conf. on the Sewer as a Physical, Chemical and Biological Reactor, Aalborg, Denmark, 25-28 May.

[16] Smisson, B. (1967), Design, Construction and Performance of Vortex Overflows, Institute of Civil Engineers, Symposium on Storm Sewage Overflows, London, pp 99 –110.

[17] Sommer, H. (2007), Behandlung von Straßenabflüssen, Anlagen zur Behandlung und Filtration von Straßenabflüssen in Gebieten mit Trennsystemen, Dissertation an der Leibniz Universität Hannover.

[18] Steinhardt GmbH (2015), Referenzliste HydroTwister und HydroSpin, Stand 03/2015, Taunusstein.

[19] Sullivan R. H., Ure, J.E., Parkinson F. und Zielinski P. (1982), Swirl and Helical Bend Pollution Control Devices – Design Manual, EPA – 600/8-82-013.

[20] Weiss, G. (2015), Persönliche Korrespondenz zum Thema Wirbelabscheider, Bad Mergentheim.

[21] Weiss, G. und Brombach, H.-J., (2000), Regenwasserbehandlung mit Wirbelabscheidern, Korrespondenz Abwasser, Nr. 12-2000, Bad Hennef.

Autor

Dr.-Ing. Jörg Schaffner

Unger ingenieure
Ingenieurgesellschaft mbH
Julius-Reiber Straße 19
64293 Darmstadt
E-Mail: j.schaffner@unger-ingenieure.de

Falko Hartmann

Alte Fehler bei neuen Grundstücksentwässerungen
Wie kann man sie vermeiden?

Grundstücksentwässerungsanlagen müssen nach den allgemein anerkannten Regeln der Technik errichtet, betrieben und unterhalten werden. Fehler bei Planung und Ausführung von Entwässerungssystemen sind keine Seltenheit, die Gründe hierfür sind vielfältig. Vermeidbare Fehler und Lösungsansätze werden vorgestellt.

1 Einleitung

Zum Erhalt der Gesundheit der Bürgerinnen und Bürger ist ein funktionierendes Abwassersystem unabdingbar. Damit dies in unserem Land so bleibt, werden Milliardensummen in die öffentliche Sanierung der Abwasserkanäle investiert. Hierbei wird überdies ein nicht zu unterschätzender Beitrag geleistet, damit Deutschland auch zukünftig wirtschaftlich gut aufgestellt ist.

Über den Zustand privater Abwasserleitungen wurde und wird sehr viel diskutiert. Der Wasserwirtschaftler sieht das gesamte Netz und weiß, dass dieses nur so gut sein kann, wie sein schwächster Punkt. Erhaltungsmaßnahmen der Infrastruktur sind eine Investition in die Zukunft und es gilt abzuwägen, wo diese volkswirtschaftlich sinnvoll sind. Überzogene Forderungen führen zu Fehlinvestitionen. Sicherlich kann über die Einordnung von Schäden in die einzelnen Zustandsklassen diskutiert werden, dennoch hat die DIN 1986 Teil 30 mit ihrer Klassifizierung der Schäden und Festlegung von Sanierungszeiträumen einen guten Beitrag geleistet, um sinnvolle Entscheidungen zu treffen (**Tabelle 1**).

Entsprechend § 60 Abs. 1 des WHG sind Abwasseranlagen nach den allgemein anerkannten Regeln der Technik zu errichten, zu betreiben und zu unterhalten. Das intensiv diskutierte Thema bezüglich Betrieb und Unterhalt der Anlagen, welches die Überprüfung und Sanierung einschließt, hat in vielfältiger Weise aufgezeigt, welche Probleme bei nicht ordnungsgemäß erstellten Kanälen auftreten. Insbesondere die unzugängliche Verlegung von Leitungen führt immer wieder zu Problemen. Selbst modernste Inspektionskameras stoßen teilweise an ihre Grenzen. Angesichts der Unzugänglichkeit dieser Entwässerungssysteme sind bei erforderlichen Sanierungsmaßnahmen aufwändige Stemm- und Aufbrucharbeiten oftmals unumgänglich (**Bild 1**).

Inwieweit private Abwasserleitungen überhaupt untersucht werden, ist in den einzelnen Bundesländern, Kreisen bis hin zu den Gemeinden sehr unterschiedlich. Einige Abwasserbeseitigungspflichtige sehen keinen Bedarf tätig zu werden, andere wiederum sind sehr engagiert in diesem Bereich. Oftmals sind es einzelne Personen in den zuständigen Behörden, welche das Thema weit voranbringen und Vorreiter ihrer – oft selbst entwickelten – Modelle sind.

Funktionsstörungen in Abwasserkanälen sind so vielfältig wie ihre Auswirkungen. So können sich Fehlanschlüsse für den Einzelnen oftmals sogar positiv auswirken. Durch den illegalen Anschluss von Drainagewasser werden Grundstück und Gebäude trocken gehalten. Gleichzeitig kann dies bzw. die Summe dieser Anschlüsse erhebliche Probleme und Kosten im öffentlichen Netz sowie in Gewässern verursachen. Es besteht somit ein – Ausnahmen bestätigen die Regel – großes Interesse des Kanalnetzbetreibers, Fehlanschlüsse zu vermeiden.

Bei Verstopfungen privater Leitungen hingegen ist ausschließlich der Eigentümer bzw. Mieter betroffen. Im Falle von Rissen, Brüchen etc., welche zu Undichtigkeiten führen, kann, je nach

Tab. 1 | Sanierungspriorität, -umfang und Handlungsbedarf [DIN 1986-T30 – Ausgabe 02.2012, Tabelle B.1]

Priorität	Sanierungsumfang	Handlungsbedarf	Bemerkungen
I	sehr hoch / hoch	sofort/kurzfristig (bis maximal 6 Monate)	Bei der Sanierung sind unter Berücksichtigung der Wirtschaftlichkeit alle Schäden zu berücksichtigen.
II	mittel / nierdrig	mittelfristig (bis maximal 5 Jahre)	Im Einzelfall sind zusätzliche Prüfungen und/oder vorgezogene Reparaturen notwendig. Mit der gesamten Sanierung kann bis zu einer mittelfristig anstehenden Umbaumaßnahme gewartet werden, jedoch nicht länger als fünf Jahre.
III	sehr gering / klein	langfristig/kein (nächste Wiederholungs-prüfung)	Die Schäden an den Anlagen sind bis zur nächsten wiederkehrenden Prüfung nach **Tabelle** 2, soweit die zuständige Behörde keine anderen Regelungen getroffen hat, zu sanieren.

Lage, das öffentliche oder private Abwassernetz oder die öffentliche oder private Infrastruktur (**Bild 2**) betroffen sein.

Grundsätzlich kann somit festgestellt werden, dass niemand – mit Ausnahme einiger „schwarzer Schafe" – Interesse an einer nicht funktionsfähigen Abwasserentsorgung haben kann.

Schäden, gleich welcher Art, verursachen Kosten. Volkswirtschaftler mögen hier noch einen positiven Effekt sehen, derjenige, der diese zu tragen hat, wird anderer Meinung sein. Es sind hier nicht nur die extremen Schäden, welche zum Beispiel durch einen Rückstau entstehen, zu benennen. Es fängt im Grunde genommen schon bei Kleinigkeiten an. Wird eine Leitung zum Beispiel so unzugänglich verlegt, dass eine spätere geforderte Untersuchung länger dauert, ein festgestellter Schaden aufwändiger zu sanieren oder die Leitung regelmäßig zu spülen ist, so entstehen Kosten. Diese könn-

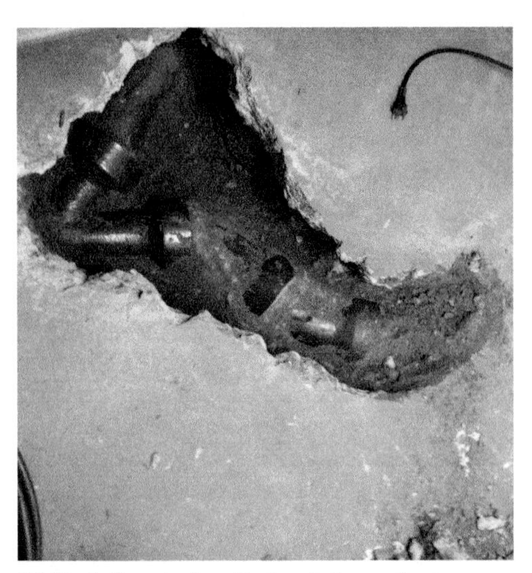

Bild 1: Aufbruch einer Bodenplatte zur Sanierung einer Grundleitung

Bild 2: Schaden im öffentlichen Straßenraum durch eine undichte Abwasseranschlussleitung

ten oftmals durch eine fachgerechte Planung vermieden werden.

Spätestens bei größeren Schäden, wie zum Beispiel eine durch Rückstau überflutete Kellerwohnung, wird nach Verantwortlichkeiten gefragt. So können ein paar unbedachte Striche, welche die Leitungen andeuten und einen Entwässerungsantrag darstellen, für den Planer sowie dessen Versicherung sehr teuer werden. Das Haftungsrisiko wird in vielen Fällen offensichtlich nicht erkannt.

Hier ist zwingend mehr Aufklärung erforderlich. Insbesondere Bauherren und Architekten sind zu sensibilisieren. Es wird wohl kaum einen Eigentümer geben, der die Gefahr eines Rückstaus billigend in Kauf nimmt, wenn er davon wüsste.

2 Erstellung neuer Abwasserleitungen

Auf Grund der bekannten Probleme im Altbestand ist es umso erstaunlicher, dass nach wie vor bei der Erstellung neuer Grundstücksentwässerungsanlagen unzählige Fehler gemacht werden. Schächte und Inspektionsöffnungen werden falsch oder gar nicht errichtet, Drainagen werden trotz Verbot angeschlossen. Wenn Rückstausicherungen überhaupt geplant bzw. installiert werden, sind Fehler bei der Auswahl der unterschiedlichen Systeme keine Seltenheit.

Die Ursache liegt im Wesentlichen an drei Faktoren:

1. mangelhafte Planungen,
2. mangelhafte Ausführungen,
3. unzureichende Kontrollen.

3 Wer plant?

Bevor mangelhafte Planungen betrachtet werden, gilt es zunächst festzustellen, wer Grundstücksentwässerungen plant. In der Regel sind dies:

1. Architekten,
2. Fachplaner der Technischen Gebäudeausrüstung (TGA-Planer),
3. Tiefbaufachplaner.

Insbesondere im Ein-, Zwei- und kleineren Mehrfamilienhausbereich plant meist der Architekt die Entwässerung des Gebäudes. Ein Architekt muss unzählige Dinge beherrschen. Angefangen vom Baurecht bis hin zu psychologischer Betreuung seiner Bauherren. Ein umfangreiches Wissen für eine fachgerechte Planung der unterirdischen Infrastruktur gehört oftmals jedoch nicht dazu. Dies ist insoweit auch verständlich, da dieser, nicht sichtbare, Teil des Gebäudes auch vom Bauherrn wohl mehr als notwendiges Übel angesehen wird. In den ersten Bauwochen verschwindet das private Abwassernetz in der aufgefüllten Baugrube und wird optisch nicht mehr wahrgenommen. Getreu dem Sprichwort: „aus den Augen aus dem Sinn".

Auch TGA-Planer müssen ein enormes Fachwissen vorweisen. Hinzu kommt, dass sich dieser Markt auf Grund seiner Innovationskraft schnell entwickelt. Gerade die Themen Energieeinsparung, erneuerbare Energie etc. haben sehr viele Veränderungen mit sich gebracht. Sicherlich gilt diese Aussage nicht für alle TGA-Planer, aber nur ein geringer Teil dieser Berufsgruppe setzt seinen fachlichen Schwerpunkt im Bereich der Grundstücksentwässerung.

Die überwiegende Anzahl der klassischen Tiefbaufachplaner ist im öffentlichen Bereich tätig. Hier bestehen gegenüber Privatgrundstücken jedoch andere Zwangspunkte, es gelten teilweise abweichende Normen und die Bauherrnschaft ist in der Regel weniger fachkundig. Zwar haben sich gerade in den letzten Jahren viele Büros verstärkt mit privaten Abwasseranlagen beschäftigt, jedoch ging es hierbei meistens um Bestandsanlagen.

Selbstverständlich gibt es Architekten, TGA-, Tief- und Hochbauplaner, welche Speziallisten auf dem Gebiet der Planung privater Abwasseranlagen sind, aber offensichtlich werden sie bei einer Unmenge von Baumaßnahmen nicht beauftragt. Die Planung und Ausführung von Grundstücksentwässerungen erscheint so einfach, das Speziallisten auf dem Gebiet kaum nachgefragt werden. Wofür soll ein privater Bauherr für ein „paar Striche auf dem Papier" Geld ausgeben. Das vermeintlich einfache Bauvorhaben teilweise jedoch sehr komplex sind, erkennen nur wenige.

4 Mangelhafte Planungen

Die Liste der Fehler ist vielfältig. Ein Punkt, der regelmäßig vernachlässigt wird, ist die ausreichende Zugänglichkeit. Ob normkonform bei nahezu jeder Richtungsänderung eine Inspektionsöffnung bzw. ein Schacht erstellt werden muss, sei dahingestellt. Die Anlage muss aber zumindest so ausgeführt werden, dass eine TV-Untersuchung durchführbar ist. Abwasserleitungen so zu planen, dass Prüfungen und gegebenenfalls erforderliche Sanierungen wirtschaftlich ausführbar sind, bedeutet nachhaltig zu bauen.

Die Leitungsführung in Lage und Höhe ist durch den Planer festzulegen und in Plänen darzustellen. Woher soll ansonsten das ausführende Unternehmen wissen, was es zu tun hat?

Vielen Planern scheint offensichtlich nicht bewusst zu sein, welchem enormen Haftungsrisiko sie sich aussetzen. Ein naheliegendes Beispiel ist ein nicht oder falsch geplanter Rückstauschutz. Ob in Wohn- oder Gewerbeimmobilien: das Schadenspotenzial ist oftmals enorm und gerade hier führen mangelhafte Planungen zwangsläufig zu Fehlern in der Ausführung.

5 Mangelhafte Ausführungen

Es ist erstaunlich, in welch teilweiser guter Qualität die Abwasseranlagen bereits vor mehr als hundert Jahren erstellt wurden. Hier waren wirkliche Fachleute am Werk. Leider ist die viel gepriesene Berufsehre im Bereich der Grundstücksentwässerungen nicht überall erkennbar. Dies ist auch insoweit verständlich, dass die Rohrverlegungsarbeiten auf Privatgrundstücken zu einem erheblichen Anteil von fachfremden (Fach-)arbeitern ausgeführt werden.

Das Fehlerpotenzial in der Ausführung wird von vielen Firmen unterschätzt und bei privaten Bauten kommt selbst der Klassiker unter den Fehlern – das Weglassen der Dichtringe – gelegentlich vor. Ein Rohrverleger weiß um die Wichtigkeit der Rohrbettung und Ummantelung. Ihm ist bekannt, dass Rohre und Ummantelung aufeinander abgestimmt sein müssen. Selbst ein guter Hochbauer muss dieses Wissen nicht zwingend teilen, geschweige denn ein Selbstbauer.

Besonders interessant ist bei vielen Bauvorhaben die Leitungsführung. Der Kreativität scheinen keine Grenzen gesetzt. Anstatt die Kanäle möglichst kurz und gradlinig aus dem

Bild 3: „Kreative Rohrverlegung"

Gebäude herauszuführen, werden Leitungen unter der Bodenplatte oder anderweitig vollkommen unzugänglich verlegt. Augenmerk sollte insbesondere bei der Verlegung von Leitungen von fetthaltigem Abwasser auf die Leitungsführung und die Verwendung von Bögen gelegt werden. Eine Leitung mit 90 bzw. 87° Bögen (**Bild 3**) lässt sich in der Regel nicht optimal reinigen.

6 Unzureichende Kontrollen

Wie im gesamten Bausektor sind Kontrollen erforderlich. Planungen müssen geprüft und wenn nötig abgelehnt werden. Die Ausführung muss überwacht und nach Fertigstellung der Zustand der Leitungen geprüft werden. Diese Prüfungen sind durch sachkundige Firmen durchzuführen und ausreichend zu dokumentieren.

Beim Neubau von öffentlichen Abwasserkanälen ist die Kamerauntersuchung und Dichtheitsprüfung eine Selbstverständlichkeit. Ohne eine Zustandskontrolle erfolgt keine Abnahme. Bei privaten Leitungen wird von vielen Kommunen mittlerweile zumindest eine Dichtheitsprüfung gefordert, eine TV-Untersuchung ist nach wie vor jedoch die Ausnahme. Das Kosten-Nutzen Verhältnis einer solchen Untersuchung ist enorm und in Hinblick der Geltendmachung von Gewährleistungsansprüchen ist der Verzicht hierauf völlig unverständlich. Selbst wenn Genehmigungsbehörden sich rechtlich außer Stande sehen, offensichtlichen Fehlplanungen die Genehmigung zu verwehren und Kontrolluntersuchungen abzuverlangen, so muss zumindest auf Fehler in den Anträgen hingewiesen werden.

In Nordrhein-Westfalen besteht mit dem aktuellen § 53 des Landeswassergesetzes für Gemeinden die Verpflichtung, die Grundstückseigentümer über ihre Pflichten nach §§ 60 und 61 des Wasserhaushaltsgesetzes zu unterrichten und zu beraten. Unterbleibt der Hinweis auf Fehler in den Planunterlagen, so kann die Beratungspflicht nicht ernsthaft ausgeführt worden sein.

Doch können die Genehmigungsbehörden eine sach- und fachgerechte Prüfung und Beratung überhaupt durchführen? Hier kommt es im Wesentlichen auf die Struktur der Behörde an. In vielen Kommunen sitzen ausgezeichnete Fachleute, doch mancherorts sind die technischen Stellen rar. Mit Recht wird die Sicherstellung der Sach- und Fachkompetenz in den technischen Verwaltungen vom BWK verstärkt angemahnt.

7 Der Planungscheck – Eine sinnvolle Lösung!

Eine fachgerechte Entwässerungsplanung ist für alle Beteiligten äußerst wichtig:

- Bauherren erwarten, dass die Entwässerung über Jahrzehnte funktioniert,
- Architekten gehen bei einer mangelhaften Planung ein erhebliches Haftungsrisiko ein,
- Kommunen möchten negative Einflüsse auf das öffentliche Abwassernetz durch private Anschlüsse ausschließen,
- Ausführende Unternehmen benötigen zwingend eine ordnungsgemäße Planung, um eine fachgerechte Entwässerungsanlage zu erstellen.

Es sollte jeden am Bau Beteiligten bewusst sein, dass selbst ein kleiner Fehler in der Entwässerungsplanung zu gravierenden Schäden, z. B. durch Vernässung oder Überflutung, führen kann. Aus Kostengründen auf eine fachgerechte Entwässerungsplanung zu verzichten, ist daher mehr als nachlässig.

So gilt es Bauherren, Planer, Genehmigungsbehörden und ausführende Unternehmen zu unterstützen. Hierfür wurde von der Kanalcheck7 GmbH gemeinsam mit der Universität Siegen Fachbereich Bauingenieurwesen, Abwasser- und Abfalltechnik der Planungscheck für Entwässerungsanlagen entwickelt. Dieser bietet eine neutrale und unabhängige technische Prüfung von Entwässerungsplanungen auf privaten Grundstücken nach einem standarisierten Verfahren.

Hierbei werden alle relevanten Punkte wie die Bemessung der Rohrleitungen, die Leitungsführung, die Darstellung in den Plänen, die Beachtung des Rückstauschutzes etc. überprüft. Als Ergebnis erhält der Auftraggeber einen umfassenden Bericht zur Entwässe-

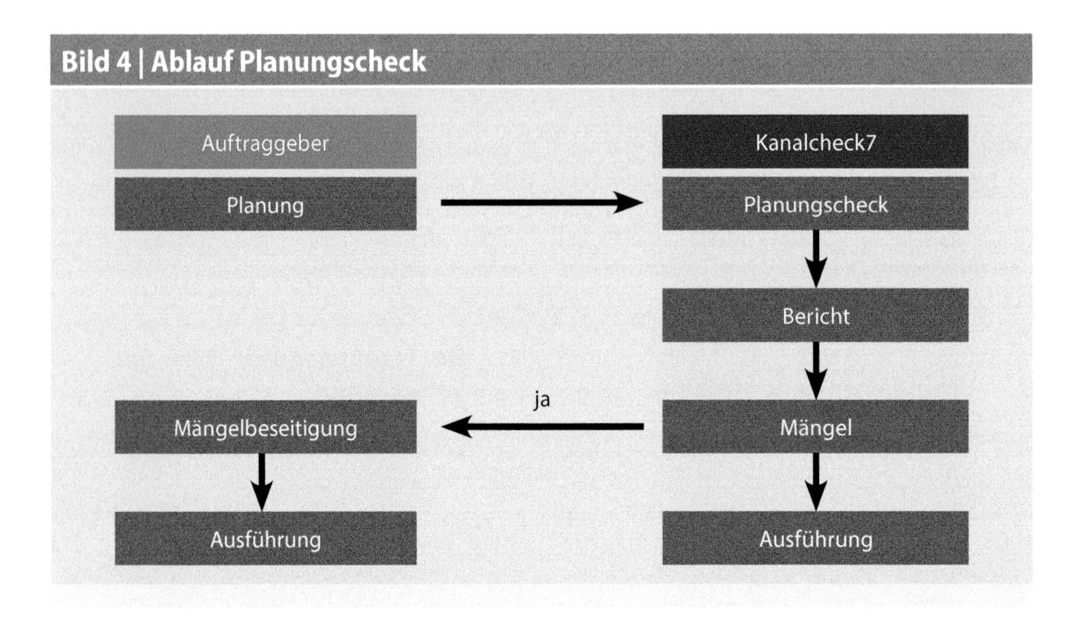

Bild 4 | Ablauf Planungscheck

rungsplanung. Die Planung kann anschließend in Eigenregie angepasst oder aber eine Überarbeitung beauftragt werden.

Das standarisierte Verfahren ermöglicht eine wirtschaftliche Überprüfung der Planung, hilft Fehlinvestitionen und Schäden zu vermeiden und das Haftungsrisiko zu reduzieren (**Bild 4**).

Was wird konkret geprüft?

Die Prüfung teilt sich in verschiedene Bereiche auf. Zunächst werden allgemeine Punkte der geplanten Leitungsführung geprüft. Hierbei werden triviale Dinge, wie zum Beispiel die Vermeidung von Bögen > 45°, aber auch die immer noch vielfach nicht beachtete Reduzierung von unzugänglich verlegten Leitungen (Grundleitungen) betrachtet.

Als nächster Schritt rückt die Zugänglichkeit in den Fokus, wobei die Anzahl, Lage und Dimension der geplanten Reinigungsöffnungen und Schächte geprüft werden. Eher für den gewerblichen Sektor erfolgt im Anschluss eine Betrachtung der Abscheideanlagen.

Ein separater Punkt ist die Prüfung des Rückstauschutzes und der eventuell erforderlichen Abwasserhebeanlagen. In diesem Zusammenhang wird auch der Einsatz von Bodenabläufen kritisch hinterfragt. Der sicherste Schutz gegen Rückstau bleibt nach wie vor der Verzicht auf Abläufe unterhalb der Rückstauebene.

Eine Risikoabwägung zwischen dem möglichen Auslaufen einer Waschmaschine, gegenüber dem Rückstau eines öffentlichen Mischwasserkanals, kann einen Bauherrn davon überzeugen, auf einen Bodenablauf zu verzichten oder die teurere Variante einer Hebeanlage zu wählen.

Außer der Gebäudeentwässerung erfolgt auch die Prüfung der Entwässerung auf dem Gesamtgrundstück. Je nach Örtlichkeit kann die Planung und Untersuchung komplexer werden als die des Gebäudeteils.

Neben der reinen Fehlersuche wird durch die Begutachtung eines Dritten die Eindeutigkeit der Plandarstellung geprüft. Diese Prüfung erfolgt, bevor der Plan auf der Baustelle in Gebrauch geht. Sie hilft daher die Abwicklung für das ausführende Unternehmen und damit auch für die Bauherren sachgerecht und damit wirtschaftlich durchzuführen. Nichts ist ärgerlicher als falsche Materialien auf der Baustelle, welche ausgetauscht oder im schlimmsten Fall „passend gemacht“ eingebaut werden.

8 Fazit

Grundstücksentwässerungsanlagen sind entsprechend WHG § 60 nach den allgemein anerkannten Regeln der Technik zu errichten. Eine wesentliche Voraussetzung ist hierfür eine fachgerechte Entwässerungsplanung.

Eine systematische Untersuchung der jeweiligen Planung der Entwässerungsanlagen gibt Planern, Bauherren und Genehmigungsbehörden die Möglichkeit abzuwägen, ob und inwieweit relevante Punkte der Entwässerung anzupassen sind. Dieser Planungscheck ersetzt zwar keine fachgerechte Planung, ermöglicht jedoch frühzeitig Fehler und Problembereiche aufzuzeigen.

Autor

Dipl.-Ing. (FH) Falko Hartmann

Kanalcheck7 GmbH
Ohlenhohnstraße 2b
53819 Neunkirchen-Seelscheid
E-Mail: hartmann@kanalcheck7.de
www.kanalcheck7.de

Abwasserbehandlung – Technisches

Hinnerk Bormann und Michael Sievers

Verfahren zur P-Rückgewinnung

In den vergangenen Jahren wurde in Deutschland eine Vielzahl von Verfahren zur Rückgewinnung von Phosphor aus Sekundärrohstoffen entwickelt und zum Teil bis zur Praxisreife geführt. Eine Übersicht wird gegeben.

1 Einleitung

Phosphor ist als essentieller Nährstoff ein begrenzender und nicht durch andere Stoffe substituierbarer Faktor zur Aufrechterhaltung jeglicher Lebensform. Der Großteil des globalen Phosphorangebotes wird für die Düngemittelproduktion eingesetzt. Auf Grund der rasant wachsenden Weltbevölkerung sowie einer stetig steigenden Verbesserung von Lebensstandards in Schwellenländern besteht zukünftig auch für Phosphor eine weiterhin stark ansteigende Nachfragesituation. Neben der Begrenztheit weltweit natürlich vorkommender Phosphatlagerstätten sorgt auch eine zunehmende Verunreinigung der abgebauten Phosphaterze mit Schwermetallen dafür, dass die Notwendigkeit eines ressourcenschonenden Umgangs sowie das Recycling von Phosphor aus urbanen Kreisläufen immer mehr an Bedeutung gewinnen.

In den vergangenen Jahren wurden sowohl auf nationaler als auch auf europäischer Ebene verschiedene Initiativen ergriffen, um die Entwicklung von Strategien und Verfahren zum Recycling von Phosphor voranzutreiben. So wurden beispielsweise in den Jahren 2004 – 2011 im Rahmen einer BMBF/BMU-Förderinitiative eine Reihe von Forschungs- und Entwicklungsprojekte gefördert, in denen neue Techniken und Verfahren zur Rückgewinnung von Phosphor im Labor- und Pilotmaßstab untersucht wurden. Auf Basis der Ergebnisse und Erkenntnisse aus diesen Initiativen wurden in Deutschland bereits konkretisierte Maßnahmen und Handlungsempfehlungen herausgegeben (Ressourceneffizienzprogramm der Bundesregierung „ProgRess“, 2012, [1] und LAGA-Bericht der Bund/Länder-Arbeitsgemeinschaft Abfall, 2012, [2]). Weitere verbindliche Rückgewinnungsgebote für Phosphor sind derzeit z. B. in Form einer „Phosphatgewinnungsverordnung“ (AbfPhosV) in Planung.

2 Ressourcen und Potenziale für die Phosphorrückgewinnung

Weltweit wurden 2012 ca. 210 Mio. t Rohphosphat (29 Mio. t P) zur Herstellung von Phosphor als Grundstoff für die chemische Industrie gefördert. Etwa 75 % dieser Abbaumenge stammt aus den Ländern China, USA, Marokko und Russland [3, 4]. Der größte Anteil mit 82 % des erzeugten Phosphats wird zur Herstellung von Düngemitteln, weitere 7 % in der Nahrungs- und Futtermittelindustrie und der Rest für andere industrielle Zwecke (Wasch- und Reinigungsmittel, Wasserenthärter, Flammschutzmittel, etc.) eingesetzt [5]. Die globalen Phosphatreserven wurden für 2012 auf ca. 67 Mrd. Tonnen geschätzt, woraus sich eine statistische Reichweite der derzeit wirtschaftlich abbaubaren Lagerstätten von 320 Jahren ergibt [6]. Dieser Wert ist jedoch eher als eine dynamische Größe anzusehen, da die Reserve- und Ressourcenerhebungen auf Grund neuer Lagerstättenexplorationen, Förder- und Aufbereitungstechniken großen Veränderungen unterliegen können [7]. Angesichts der Abhängigkeit Europas von Phosphorimporten und des ansteigenden globalen Phosphorbedarfs muss zukünftig dennoch eine nachhaltige Nutzung vorhandener geogener sowie auch sekundärer Phosphorressourcen angestrebt werden.

Der Inlandsabsatz von mineralischen P-haltigen Düngemitteln in Deutschland betrug im Wirtschaftsjahr 2011/2012 108.000 t P/a [8]. Wird der Verbrauch an Phosphor in anderen Branchen (Futter-, Nahrungs-, Wasch-, Pflege- und Reinigungsmittel, Trinkwasserversorgung, etc.) hinzugerechnet, so ergibt sich für Deutschland insgesamt ein P-Einsatz von ca. 170.000 t P/a [2].

Der jährliche Anfall P-haltiger Abfälle (z. B. Klärschlamm, Kompost, Tiermehl, ausgenommen Wirtschaftsdünger), die eine grundsätzliche Eignung für ein Phosphorrecycling besitzen, wird auf 200.000-390.000 t P/a geschätzt [9]. Obwohl der Phosphorgehalt dieser Abfälle theoretisch ausreichen würde, den Bedarf an Mineraldünger-P zu ersetzen, bleibt dieses Recyclingpotenzial u. a. auf Grund rechtlicher Restriktionen, Qualitätsanforderungen und hoher Aufbereitungskosten gegenwärtig noch weitgehend ungenutzt.

Die in Deutschland anfallende Klärschlammmenge von ca. 1,9 Mio. t Trockenmasse enthält etwa 60.000 t P und stellt damit einen bedeutenden Sekundärrohstoff zur Phosphorrückgewinnung dar. Davon werden derzeit mit rückläufiger Tendenz noch rd. 30 % direkt zur Düngung landwirtschaftlicher Flächen eingesetzt. Weitere 15 % werden für z. B. landschaftsbauliche Maßnahmen, Kompostierung etc. stofflich verwertet. Der verbleibende Anteil von 55 % wird vor allem auf Grund des Schadstoffpotenzials vieler Klärschlämme einer thermischen Behandlung zugeführt. Eine Rückgewinnung von Phosphor aus den Verbrennungsaschen ist hier nur bei der Klärschlammmonoverbrennung möglich, bei der Mitverbrennung in Kraftwerken, Zementwerken oder Abfallverbrennungsanlagen geht dieser Wertstoff auf Grund zu geringer Konzentrationen in der Asche unwiederbringlich verloren.

Bei der kommunalen Abwasser- und Klärschlammbehandlung bestehen verschiedene Möglichkeiten zur Integration von Verfahren zur Phosphorrückgewinnung, wobei sich je nach Konzentration und Volumen des zu behandelndem Ausgangsstoffs unterschiedliche Rückgewinnungspotenziale ergeben (**Tabelle 1**).

Hieraus wird ersichtlich, dass die Rückgewinnungsquote mit zunehmender Konzentrierung des Phosphors im Ausgangsstoff deutlich ansteigt. Allerdings muss berücksichtigt werden, dass im Hinblick auf die Nährstoffverfügbarkeit der zurück gewonnenen P-Verbindungen ein erhöhter technischer Aufwand bei den Verfahren für Klärschlammaschen betrieben werden muss als bei den Rückgewinnungsverfahren aus den wässrigen Phasen.

3 Verfahren zur P-Rückgewinnung

3.1 Technologieansätze

Vor allem in Deutschland sowie auch in einigen europäischen Nachtbarstaaten wurde innerhalb des letzten Jahrzehnts eine Vielzahl von unterschiedlichen Verfahrensansätzen untersucht und erprobt, die eine gezielte Rückgewinnung von Phosphor aus kommunalem und industriellen Abwässern und Klärschlämmen ermöglichen. Die entwickelten Rückgewinnungsprozesse basieren auf unterschiedlichen physikalisch-chemischen Verfahrensprinzipien und -kombinationen und liefern demzufolge auch unterschiedliche P-Recyclatqualitäten bzw. -zusammensetzungen (**Bild 1**).

Die hohe Anzahl möglicher Verfahrensvarianten hat bisher weltweit zu über 30 unterschiedli-

Tab. 1 | Potentiale der Phosphorrückgewinnung aus Kläranlagen (modifiziert nach [4])

Ausgangsstoff	Volumen/Massenstrom	P-Konzentration	Rückgewinnungspotential (in % der Zulauffracht)
Kläranlagenablauf	200 l/(E·d)	< 5 mg/l	max. 50 %
Schlammwasser	1 – 10 l/(E·d)	20 – 300 mg/l	max. 50 %
(Faul-)Schlamm	0,2 – 0,8 l/(E·d)	30 – 40 g P/kg TR	max. 90 %
Klärschlammasche	0,03 kg/(E·d)	60-80 g P/kg	max. 90 %

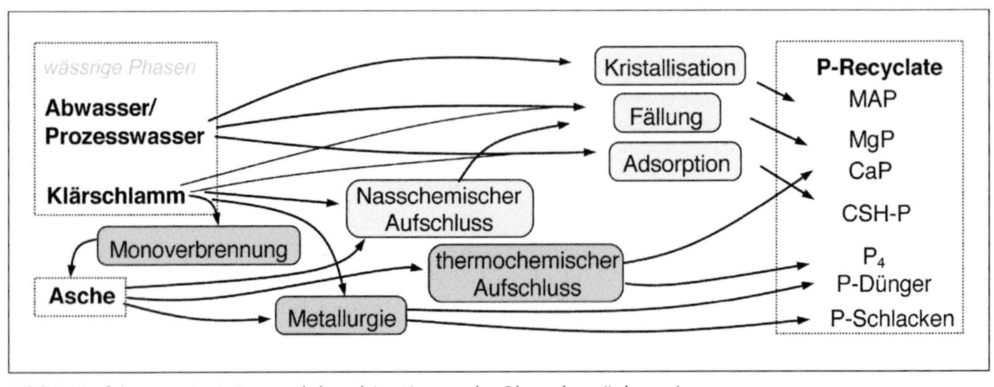

Bild 1: Verfahrensprinzipien und -kombinationen der Phosphorrückgewinnung

chen Einzelentwicklungen unter verschiedenen Markennamen geführt, die sich allerdings teilweise nur durch Modifikationen in der Verfahrensführung unterscheiden. Die **Tabelle 2** zeigt eine systematische Zuordnung dieser Prozesse hinsichtlich ihrer Verfahrensprinzipien und des jeweils behandelten Stoffstroms.

Die Rückgewinnung aus Abwasser und Prozess- oder Schlammwässern erfolgt bei den meisten Verfahren mittels Fällung und Kristallisation durch Zugabe von Fällsalzen (i.d.R. Mg- oder Ca-Verbindungen) oder auch mittels Adsorption und Kristallisation an geeigneten Trägermaterialien (z. B. Calcium-Silikat-Hydrat-Oberflächen, CSH). Der Vorteil dieser Verfahren liegt in einer vergleichsweise einfachen Prozessführung und in einer guten Pflanzenverfügbarkeit der abgetrennten Phosphorverbindungen. Als nachteilig sind die großen zu behandelnden Volumenströme mit relativ geringen P-Konzentrationen anzusehen. Eine P-Abtrennung im Schlamm erfolgt vorzugsweise während oder nach der Faulung, um während der anaeroben Behandlung rückgelöste Phosphate auszufällen. Die entstandenen Fällprodukte müssen jedoch anschließend vom Schlamm abgetrennt werden, was einen höheren technischen Aufwand oder eine geringere Rückgewinnungsquote zur Folge hat. Die auf den Kläranlagenzulauf bezogenen P-Rückgewinnungsraten liegen bei diesen Verfahren je nach Art der Phosphoreliminierung in der Abwasserbehandlung stoffstrombedingt im Bereich von 10 – 30 %. Durch die erhöhte P-Rücklösung aus dem Faulschlamm bei Anwendung einer vermehrt biologischen Phosphorelimination in der Belebung sowie dem Einsatz von thermischen Desintegrationsverfahren kann der rückgewinnbare P-Anteil auf ca. 50 % gesteigert werden.

Eine P-Rücklösung aus dem Klärschlamm in die wässrige Phase kann durch einen nasschemischen (Teil-) Aufschluss der Schlämme durch Zugabe von konzentrierten Säuren (Schwefel-, Salzsäure, Wasserstoffperoxid) erreicht werden. Bei dem nasschemischen Aufschluss kommt es jedoch neben der Phosphatrücklösung auch zu einer erhöhten Rücklösung unerwünschter Begleitstoffe (Schwermetalle, Fe- und Al-Salze), die vor der P-Fällung zur Gewinnung von Düngemittelkonzentraten aus der Lösung abgetrennt werden müssen. Mit diesen Verfahren können P-Rückgewinnungsgrade von bis zu 80 % erreicht werden, wobei dies nur durch Einsatz einer deutlich komplexeren Verfahrenstechnik sowie einen hohen Chemikalienbedarf zur Einstellung der notwendigen pH-Wert-Bereiche erreicht werden kann.

Die Rückgewinnung von Phosphat aus Klärschlammasche ist zwar sowohl auf nass-chemischen als auch auf thermisch-metallurgischem Wege sehr aufwändig, besitzt aber eine hohe Effektivität der Rückgewinnung von bis zu 90 % des im Kläranlagenzulauf vorhandenen Phosphats. Während bei den nass-chemischen Verfahren wie auch beim Klärschlamm eine Rücklösung des Phosphats in die flüssige Phase mit entsprechendem Chemikalieneinsatz notwendig ist, erfordern die thermisch-metallurgische Verfahren einen hohen Energieein-

Tab. 2 | Übersicht der Phosphorrückgewinnungsverfahren

Abwasser/Prozesswasser	Klärschlamm		Klärschlammasche	
Kristallisation, Fällung, Adsorption	ohne Aufschluss	Aufschluss nasschemisch		Aufschluss thermochemisch
MAP-Fällung, P-Roc, Prisa, Phostrip, DHV-Crystalactor, Ostara Pearl, Rephos, Phosnix, RecyPhos, Phosiedi, Peco, NuReSys, Kurita	AirPrex, Berliner Verf., FixPhos,	Seaborne, Aqua-Reci, Krepro, Phoxnan, Loprox, Cambi, Stuttgarter Verf.,	Pasch, Sephos, BioCon, Sesal-Phos, Leach-Phos, Bioleaching	AshDec/Susan, Mephrec, ATZ-Eisenbad, Thermphos, RecoPhos,

satz. Bei diesen Verfahren erfolgt eine Erhitzung der Aschen auf 950-1.500 °C. Die enthaltenen Schwermetalle werden dabei in die Gasphase überführt und in der Rauchgasreinigung abgeschieden. Der Phosphor verbleibt in der Schlacke und kann zu Düngemitteln weiterverarbeitet werden.

Der Einsatz von Verfahren zur Rückgewinnung aus Klärschlammasche ist nur an zentralen Standorten mit einer Klärschlammmonoverbrennung sinnvoll, wohingegen die nasschemische Rückgewinnung aus Klärschlamm auch dezentral an allen Standorten mit einer Schlammfaulung erfolgen kann. Das Rückgewinnungspotenzial von Phosphor aus Klärschlamm hängt demzufolge nicht nur vom Rückgewinnungsgrad der eingesetzten Verfahren, sondern auch wesentlich von dem Anteil des in Monoverbrennungsanlagen verwerteten Klärschlamm-Gesamtaufkommens Deutschlands ab.

3.2 Aktueller Stand der P-Rückgewinnung (Großtechnische Umsetzungen)

Für einige der vorgenannten Verfahrensentwicklungen ist in Deutschland bereits die großtechnische Umsetzung erfolgt. Dies sind für die P-Rückgewinnung aus den Stoffströmen Abwasser und Klärschlamm z. B. das AirPrex-Verfahren (Berlin-Waßmannsdorf und Mönchengladbach-Neuwerk), das Seaborne-Verfahren (Gifhorn), das Stuttgarter Verfahren (Offenburg) sowie weitere in [10, 11] aufgeführte Verfahren.

Das AshDec-Verfahren als ein Beispiel für die thermisch-metallurgischen Verfahren wurde bereits in Österreich (Leoben) im Pilotmaßstab umgesetzt. Eine weitere großtechnische Anlage dieses Verfahrens wird derzeit von der Firma Outotec im Raum Berlin/Brandenburg geplant. Auch für das Mephrec-Verfahren ist der Bau einer großtechnischen Anlage auf dem Klärwerk in Nürnberg in Planung.

Auch im Bereich der Lebensmittelindustrie haben sich bereits großtechnische Anlagen, die aus phosphathaltigen Produktionsabwässern Phosphor als Düngemittelkonzentrate zurückgewinnen (z. B. Rephos in Altentreptow).

Das **Bild 2** zeigt eine Übersicht der bereits erfolgten sowie der derzeit in Planung bzw. im Bau befindlichen großtechnischen Umsetzungen von Verfahren zur Phosphorrückgewinnung in Deutschland und den europäischen Nachbarländern.

4 Wirtschaftlichkeit und Synergieeffekte

Die Kosten der bisher entwickelten und technisch erprobten Rückgewinnungsverfahren von Phosphor aus Abwasser, Klärschlamm und -aschen liegen in einem Bereich von 2 bis 18 €/kg P. Bei einem derzeitigen Marktpreis für mineralische P-Dünger von ca. 1 bis 2 €/kg P ist somit kostenseitig der Einsatz dieser Verfahren allein durch die Vermarktung der zurück gewonnenen P-Recyclate in den meisten Fällen noch nicht wirtschaftlich möglich.

Werden andererseits weitere sekundäre Effekte der P-Rückgewinnung in die Wirtschaftlichkeitsbetrachtungen mit einbezogen, so ergeben sich für einige Verfahren schon zum jetzigen Zeitpunkt günstige Bedingungen, was nicht zuletzt auch die o. g. Beispiele einiger großtechnischer Realisierungen belegen (z. B. das AirPrex-

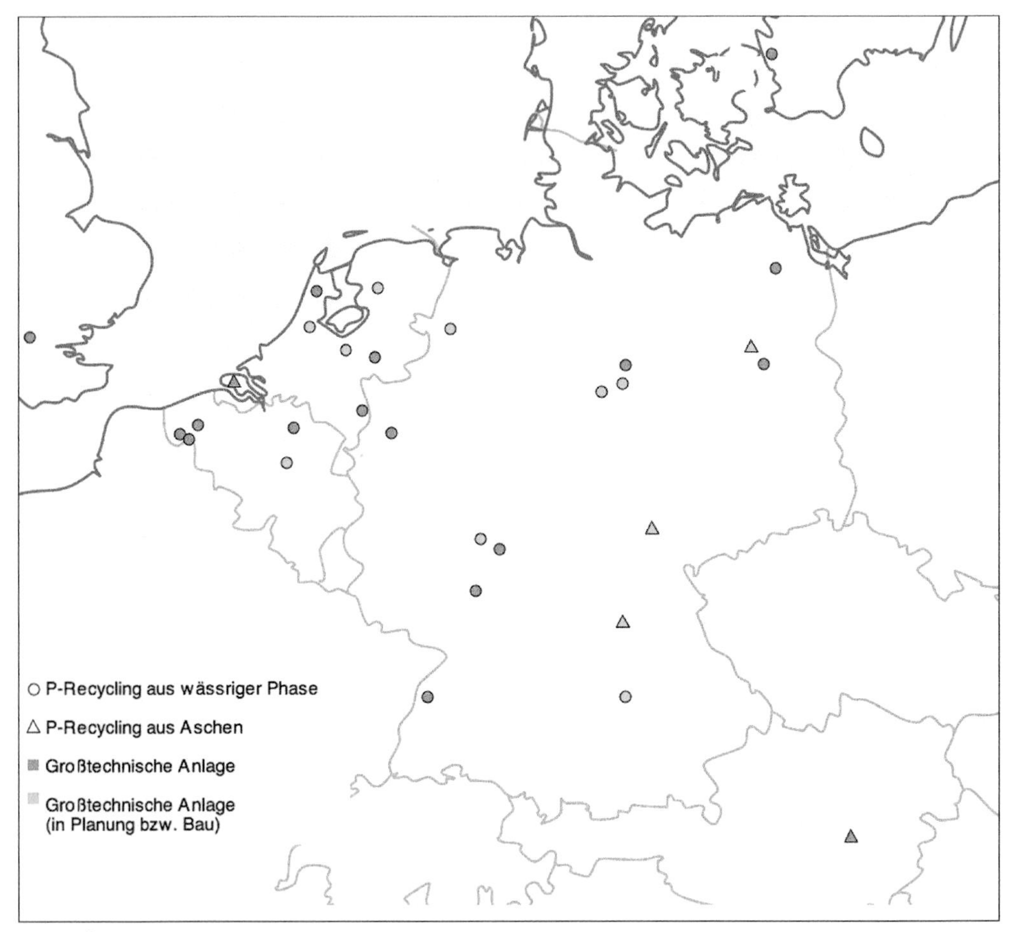

Bild 2: Übersicht großtechnischer Realisierungen und Planungen von Anlagen zur Phosphorrückgewinnung

Verfahren). Zu diesen sekundären Synergieeffekten bei der Phosphorrückgewinnung gehören:

- Kosteneinsparungen durch verringerte Nährstoffrückbelastungen der Kläranlage,
- Verbesserung der Klärschlammentwässerbarkeit,
- erhöhte Energieausbeute bei der Schlammfaulung,
- Reduzierung der zu entsorgenden Klärschlammmenge,
- Verringerung des Fällmittelverbrauchs,
- Vermeidung von Betriebsproblemen durch Verkrustungen,
- Erlöse aus der Annahme von Fremdschlämmen oder -aschen.

Mittelfristig ist für den Zeitraum 2014 bis 2020 jedoch davon auszugehen, dass durch ansteigende Rohphosphatpreise, Kostendegressionen im Anlagenbau durch größere Einheiten und Stückzahlen sowie Effizienzsteigerungen bei Prozessführung und Betriebsmitteleinsatz weitere Verfahren die Marktreife erreichen werden. Durch Schaffung zusätzlicher Anreizsysteme oder rechtliche Vorgaben z. B. in Form einer P-Rückgewinnungsquote kann diese Entwicklung unterstützt werden.

5 Fazit und Ausblick

In den vergangenen Jahren wurde in Deutschland durch intensive und öffentlich geförderte Forschungs- und Entwicklungsarbeiten eine Vielzahl von Verfahren zur Rückgewinnung von Phosphor aus Sekundärrohstoffen entwickelt und zum Teil bis zur Praxisreife geführt. Damit gehört Deutschland weltweit mittlerweile zu den Technologieführern im Bereich des Phosphor-Recyclings, was zukünftig für eine erfolgreiche Vermarktung deutscher Technologien und Anlagen im Ausland genutzt werden kann.

Literatur

[1] BMU; Deutsches Ressourceneffizienzprogramm (ProgRess), Programm zur nachhaltigen Nutzung und zum Schutz der natürlichen Ressourcen, Beschluss des Bundeskabinetts vom 29.02.2012; Hrsg.: Bundesministerium für Umwelt, Naturschutz und Reaktorsicherheit (BMU), 2012

[2] LAGA; Bewertung von Handlungsoptionen zur nachhaltigen Nutzung sekundärer Phosphorreserven, Bericht der Bund/Länder-Arbeitsgemeinschaft Abfall (LAGA), 2012

[3] Jasinski, S. M.; Mineral Commodity Summaries 2013, U.S. Geological Survey, Reston, Virginia: 2013

[4] DWA; Stand und Perspektiven der Phosphorrückgewinnung aus Abwasser und Klärschlamm, Zweiter Arbeitsbericht der DWA-Arbeitsgruppe KEK-1.1, KA Korrespondenz Abwasser, Abfall 2013 (60), Nr. 10

[5] Edixhoven, J. D.; Recent revisions of phosphate rock reserves and resources: reassuring or misleading? An indepth literature review of global estimates of phosphate rock reserves and resources, Earth Syst. Dynam. Discuss., 4, 1005–1034, 2013

[6] Scholz, R., Wellmer, F.-W.; Approaching a dynamic view on the availability of mineral recourses: What we may learn from the case phosphorus?; Global Environmental Change, 02/2013, 23(1), S. 11 – 27

[7] BGR: Phosphat – Mineralischer Rohstoff und unverzichtbarer Nährstoff für die Ernährungssicherheit weltweit, Hrsg.: Bundesanstalt für Geowissenschaften und Rohstoffe (BGR), Oktober 2013

[8] DESTATIS (2012): Statistisches Jahrbuch, Statistisches Bundesamt, Wiesbaden 2013

[9] Bundesgütegemeinschaft Kompost e. V.: Themenpapier P-Recycling, Düngemittel mit Recycling-P, Oktober 2013

[10] Pinnekamp, J, et al.; Phosphorrecycling – Ökologische und wirtschaftliche Bewertung verschiedener Verfahren und Entwicklung eines strategischen Verwertungskonzepts für Deutschland (PhoBe), Schlussbericht des BMBF-Verbundvorhaben FZK 02WA0805 -02WA0808, November 2011

[11] Kabbe, C.; Übersicht der Umsetzungen von Verfahren in Europa – Erfahrungen aus P-REX, Vortragsbeitrag auf der BMU/UBA-Informationsveranstaltung, Bonn 09.Oktober

Autoren

Dipl.-Ing. Hinnerk Bormann
Prof. Dr.-Ing. Michael Sievers
CUTEC Institut an der TU Clausthal
Leibnizstraße 21+23
38678 Clausthal-Zellerfeld
E-Mail: michael.sievers@cutec.de,
E-Mail: hinnerk.bormann@cutec.de

Michael Niedermeiser und Michael Sievers

Ressourcenschonende Abwasserbehandlung – Chemikalien auf Basis nachwachsender Rohstoffe

Biogene Chemikalien erreichen zunehmend auch die Wasserwirtschaft, weil gerade hier das Umweltbewusstsein eine wichtige Rolle spielt. Die Randbedingungen für deren Herstellung und Anwendung werden anhand von Beispielen aufgezeigt.

1 Einleitung

Begrenzte Verfügbarkeit, steigende Preise und die negativen Auswirkungen der Nutzung fossiler Rohstoffe auf das Klima fördern den Einsatz nachwachsender Rohstoffe. Durch die Substitution fossiler Rohstoffe können nachwachsende Rohstoffe einen wesentlichen Beitrag zur Erreichung der ambitionierten Klimaschutzziele Deutschlands und der Europäischen Union leisten [1]. Aus Sicht der Bundesregierung kann die nachhaltige Produktion und Nutzung nachwachsender Rohstoffe auch dazu beitragen, die Versorgungssicherheit sowie Wertschöpfung und Beschäftigung im ländlichen Raum als Ort der Rohstofferzeugung und Erstverarbeitung zu stärken. Nachwachsende Rohstoffe tragen zudem zur Einkommenssicherung für Landwirte bei. Die Effizienz des Biomasseeinsatzes kann durch innovative Technologien erhöht werden. Eine leistungsfähige Industrie und eine starke Forschungslandschaft bilden dafür in Deutschland gute Voraussetzungen [2]. Die Anbaufläche für nachwachsende Rohstoffe ist in den vergangenen Jahren immer weiter angestiegen bis zuletzt auf ca. 2,3 Mio. ha in 2014 [1]. Ein weiterer effizienter und nachhaltiger Ausbau des Biomasseanteils an der Rohstoffversorgung in Deutschland ist von Seiten der Bundesregierung vorgesehen [2]. Mit diesem als Rohstoffwandel bezeichneten Ziel soll zugleich die führende Rolle Deutschlands bei der Nutzung nachwachsender Rohstoffe gesichert und ausgebaut werden. Zudem sieht die Europäische Kommission den Markt für biobasierte Produkte als einen von sechs besonders aussichtsreichen Zukunftsmärkten an, zu deren Ausbau sie einen Aktionsplan im Rahmen der Leitmarktinitiative entwickelt hat [2].

2 Rohstoffwandel in der chemischen Industrie

Unter Rohstoffwandel wird der Übergang von fossilen hin zu biogenen Rohstoffen verstanden. Die Eigenschaften der biogenen Rohstoffe sind anders als die der auf fossilen Rohstoffen basierenden Chemikalien, so dass neue Syntheserouten identifiziert und verglichen werden müssen. Noch werden in der chemischen Industrie ca. 80 % der Endprodukte über Basis- und Plattformchemikalien auf Erdöl- bzw. Naphtha-Basis hergestellt. Die zunehmende Klimaproblematik erfordert den Rohstoffwandel auch in der chemischen Industrie. Derzeit werden in der chemischen Industrie über komplexe Wertschöpfungsketten mehr als 30.000 verschiedene Produkte produziert [3]. Die bereits vorhandenen Produktionsanlagen müssen deshalb schrittweise umgestellt werden.

Diese schrittweise Umstellung kann zukünftig gelingen, weil am Anfang der Wertschöpfung wenige Basischemikalien stehen stehen, die über Kohle, Erdgas, Erdöl, aber auch aus nachwachsender Biomasse über die Synthesegaserzeugung hergestellt werden können. Einzelheiten zu verschiedenen Verfahren und Potenzialen hierzu sind beispiels-

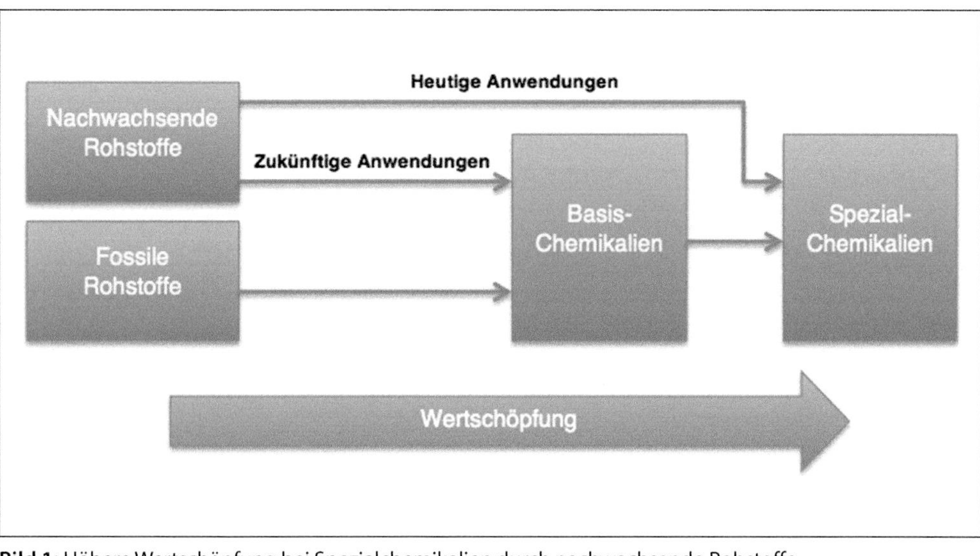

Bild 1: Höhere Wertschöpfung bei Spezialchemikalien durch nachwachsende Rohstoffe (**Quelle: [4]**, verändert)

weise in [4] zusammengefasst. Neben dieser möglichen Übergangslösung, die derzeit noch untersucht wird, gibt es heute bereits Anwendungen für Chemikalien auf Basis biogener Rohstoffe. Diese werden meist direkt für die Produktion von Spezialchemikalien eingesetzt, weil die Wertschöpfung bei Spezialchemikalien erheblich höher ist. Sie werden dort eingesetzt, wo sie technische und wirtschaftliche Vorteile gegenüber fossilen Einsatzstoffen bringen [1]. In **Bild 1** wird der genannte Zusammenhang verdeutlicht.

Der heutige Anteil nachwachsender Rohstoffe am Rohstoffmix der organischen Chemieproduktion liegt in Deutschland bei ca. 13 %. Weitergehende Informationen, z. B. Aufschlüsselung dieser Rohstoffe sind in [3, 5] nachzulesen.

Für die zukünftige Entwicklung wird eine Steigerung von 50 % des Anteils nachwachsender Rohstoffe bis 2030 erwartet [3], bei einem jährlichen durchschnittlichen Wachstum von 1,8 %. Dabei ist zu beachten, dass die Motivation in der Chemieindustrie für den Einsatz nachwachsender Rohstoffe darin liegt, innovative Produkte mit neuartigen Eigenschaften für neue Anwendungsgebiete zu entwickeln.

3 Märkte für biogene Spezialchemikalien

Von der Fachagentur Nachwachsende Rohstoffe (FNR) wurde von Mitte 2011 bis Anfang 2013 eine Marktanalyse zu den nachwachsenden Rohstoffen durchgeführt [1]. Demnach werden nachwachsende Rohstoffe derzeit noch hauptsächlich in den energetischen Märkten, wie Elektrizitätserzeugung, Wärmeerzeugung und Biokraftstoffe, eingesetzt. Die chemischen und sonstigen stofflichen Märkte nehmen in Deutschland derzeit noch eine untergeordnete Rolle ein, nicht zuletzt auch auf Grund des erheblichen Imports an Rohstoffen und weiterverarbeiteten Produkten. Unten werden die Ergebnisse der oben erwähnten Marktanalyse zu den stofflichen Märkten kurz zusammengefasst.

3.1 Überblick zu den stofflichen Märkten

Die **Tabelle 1** gibt einen Überblick zu den Einsatzmengen nachwachsender Rohstoffe in den stofflichen Märkten in Deutschland (2011).

3.1.1 Chemische Märkte

Der Einsatz von nachwachsenden Rohstoffen in der chemischen Industrie ist nach wie vor relativ gering. Rund 1,7 Mio. t nachwachsende Rohstof-

Tab. 1 | Stoffliche Märkte für nachwachsende Rohstoffe in Deutschland in 2011 [1]

Stoffliche Märkte	Einsatzmengen	Rohstoffe
Chemikalien (Fein- u. Spezialchemikalien)	ca. 1,66 Mio. t	Cellulose, Öle u. Fette, Zucker, Stärke
Kunst u. Werkstoffe	ca. 90 Tsd. t	Stärke, Rizinusöl, Naturfasern
Schmierstoffe	ca. 9-30 Tsd. t	Pflanzenöle, tierische Fette,
Wasch- u. Körperpflegemittel	ca. 530 Tsd. t	Palmöl, Kokosnussöl, tierische Fette, Getreide, Zuckerrüben, Melasse
Papier, Pappe u. Kartonage	ca. 6,3 Mio.	Holz, Stärke
Bauen u. Wohnen	ca. 53,7 Mio. t	Holz, Leinöl, Faserpflanzen
Pharmazeutische Produkte	ca. 31 Tsd. t	Arzneipflanzen

fe wurden in 2011 für die Produktion von Chemikalien, 530.000 t für Wasch- und Körperpflegemittel, rund 90.000 t für Kunst- und Werkstoffe sowie bis zu 30.000 t für Schmierstoffe eingesetzt. In der chemischen Industrie werden vor allem Zucker, Stärke, Cellulose, Öle und Fett Glyzerin, Proteine sowie Wachse und Harze eingesetzt. Nachfolgend sind einige Informationen zu den in der **Tabelle** 1 aufgeführten stofflichen Märkten zusammengestellt. Sämtliche Daten beziehen sich auf den deutschen Markt im Jahr 2011.

Die Fein- und Spezialchemikalien werden unter anderem in Farbstoffen, Schädlingsbekämpfungs- und Pflanzenschutzmitteln, Düngemitteln und Klebstoffen eingesetzt.

Es wurden knapp 80.000 t biobasierte Kunststoffe und 70.000 t naturfaserverstärkte Verbundwerkstoffe erzeugt. Für die Produktion der biobasierten Kunststoffe wurden ca. 60.000 t nachwachsende Rohstoffe eingesetzt. Die wichtigsten in Deutschland hergestellten Biokunststoffe sind Stärke- und PLA-Blends sowie biobasierte Polyamide und Cellulosederivate. Biokunststoffe werden unter anderem für Verpackungen, Konsumgüter, Baumaterialien, landwirtschaftliche Produkten, Arzneimittel und technische Anwendungen eingesetzt.

Die Bioschmierstoffe werden nach Herkunft des Materials, der Zusammensetzung sowie der biologischen Abbaubarkeit definiert. Je nach Definition lag das Marktvolumen (Oleochemie) zwischen 9.000 t und 30.000 t. Eingesetzt werden biogene Schmierstoffe z. B. für Motoren- und Getriebeöle, Metallbearbeitungsöle, sonstige Prozessöle und Schmierfette.

An Wasch- und Körperpflegemitteln wurden insgesamt ca. 2,7 Mio. t hergestellt. Für die Produktion wurden rund 260.000 t Tenside, 62.000 m^3 Alkohol und 29.000 t Citrate aus nachwachsenden Rohstoffen eingesetzt. Biobasierte Tenside werden aus Palmkern- oder Kokosölen, Alkohol (im Wesentlichen aus Stärke- oder Zuckerpflanzen) und Citraten aus Melasse oder Maisstärkehydrolysat hergestellt.

3.1.2 Sonstige stoffliche Märkte

Im Marktbereich „Bauen und Wohnen“ werden vor allem Holz, Leinöl u Faserpflanzen als biogene Rohstoffe eingesetzt. Es wurden knapp 54 Mio. m^3 Holz in der Säge- und Holzwerkstoffindustrie verarbeitet. Holzmöbel verzeichneten einen Anteil von ca. 66 % am gesamten Möbelmarkt.

Bei den pharmazeutischen Produkten gehören beispielsweise Pfefferminze, Kamille und Fenchel zu den bedeutenden Arzneipflanzen. Haupteinsatzgebiete für pharmazeutische Produkte sind pflanzliche Arzneimittel, Health Food und Naturkosmetik. Auf einer Fläche von 12.200 ha wurden Arznei-, Gewürz- und Aromapflanzen angebaut.

Im Marktsegment „Papier, Pappe und Kartonagen“ wurden rund 6 Mio. t Holz-, Papier- und Chemiezellstoff sowie Stärke abgesetzt. Wesentliche Einsatzgebiete sind Verpackungsmaterialien, Bürobedarf, Tapeten, Holz- und Zellstoff sowie Chemiezellstoff und sonstige Waren aus Papier, Karton und Pappe.

3.2 Neuer Markt Wasser- und Abwasseraufbereitung

Der Markt für den Einsatz von Spezialchemikalien auf Basis biogener Rohstoffe für die Wasser- und Abwasseraufbereitung befindet sich noch am Anfang der Entwicklung. Aussichtsreichste Anwendungsgebiete sind Koagulations- und Flockungsprozesse zur Unterstützung von (maschinellen) Fest-Flüssig-Trennverfahren. Dieser Markt wird derzeit noch von polymeren Flockungsmitteln auf Erdölbasis beherrscht. Eine Etablierung biogener Chemikalien in diesem Bereich ist nur bei technischen Vorteilen, unterstützender Gesetzgebung und bei Spezialanwendungen zu erwarten, da erdölbasierte Produkte in der Regel (noch) einen Preisvorteil haben.

Die Flockungstechnik ist ein wichtiger Teilschritt bei der Fest-/Flüssigtrennung und gehört zu den weltweit am meisten verbreiteten Verfahren in der Wasser- und Abwasseraufbereitung. Die **Tabelle 2** gibt einen beispielhaften Überblick zu den Anwendungspotenzialen.

In der Regel handelt es sich bei den eingesetzten synthetischen polymeren Flockungsmitteln um kationische oder anionische Polyelektrolyte, die hinsichtlich der Ladungsdichte, des Molekulargewichts und der Zusammensetzung variieren. Mehr dazu in [6].

Alternativ hierzu erfolgten in den letzten 15 Jahren einige Entwicklungen bezüglich des Einsatzes biogener Flockungsmittel. Zum Beispiel wurde 2001 in Ungarn ein nationales Forschungs- u. Entwicklungsprogramm auf dem Weg gebracht, um Biopolymere für die Wasser- und Abwasseraufbereitung weiterzuentwickeln [7]. Die Fachagentur Nachwachsende Rohstoffe (FNR) förderte von 2004 bis 2005 (FKZ 22008104) und von 2005 bis 2008 (FKZ 22018605) die Prüfung und Optimierung von ionischen Flockungsmitteln auf Stärkebasis [8, 9]. Einige Produktentwicklungen biogener Flockungsmittel, die dem Markt bereits zur Verfügung stehen, sind beispielsweise in [10, 11, 12] aufgeführt. Für einige Anwendungen haben sich die Effizienz- und Kostenunterschiede bereits angeglichen, so dass auch das Umweltbewusstsein bei der Produktauswahl eine zunehmende Rolle einnimmt, insbesondere in der Wasser- und Abwasseraufbereitung. Weitere Gründe für eine Produktauswahl zugunsten biogener Rohstoffe können z. B. sein: (1) einfachere Handhabung in der Aufbereitung, (2) bessere Wasserlöslichkeit, (3) höhere biologische Abbaubarkeit, (4) geringere Toxizität, (5) reduzierter Personalaufwand im Betrieb.

Für einen Rohstoffwandel in diesem Bereich sind auch zukünftig weitere umfangreiche Forschungs- und Entwicklungsarbeiten erforderlich. In der Vergangenheit haben unterschiedliche Rohstoffe und/oder Modifizierungswege auch unterschiedliche Produkte mit neuen Anwendungseigenschaften aufgezeigt. Gerade diese neuen Eigenschaften können dazu beitragen, erdölbasierte Produkte zu ersetzen. Dabei sind die derzeit wichtigsten Rohstoffquellen Cellulose, Chitin und Stärke. Diese können durch Funktionalisierung mit ladungstragenden Gruppen gezielt modifiziert und damit auf

Tab. 2 | Anwendungsbereiche der Flockungstechnik

Anwendungsbeispiele	Ziele	Apparate
Abwasserbehandlung ▪ Koagulation plus Flockung von Inhaltsstoffen Schlammbehandlung ▪ Schlammflockung Trinkwasseraufbereitung ▪ Feststoffflockung von Filterrückspül- u. Sandwaschwasser	Fest-Flüssig-Trennung ▪ Große partikuläre Agglomerate erzeugen ▪ Scherstabile Flocken ▪ Beschleunigen der Fest-Flüssig-Trennung ▪ hoher Abscheidegrad (> 90%)	Eindickung ▪ Sedimentationsbehälter ▪ Siebbänder ▪ Scheibeneindicker Entwässerung ▪ Kammerfilter u. Membranfilterpressen ▪ Zentrifugen ▪ Schneckenpressen

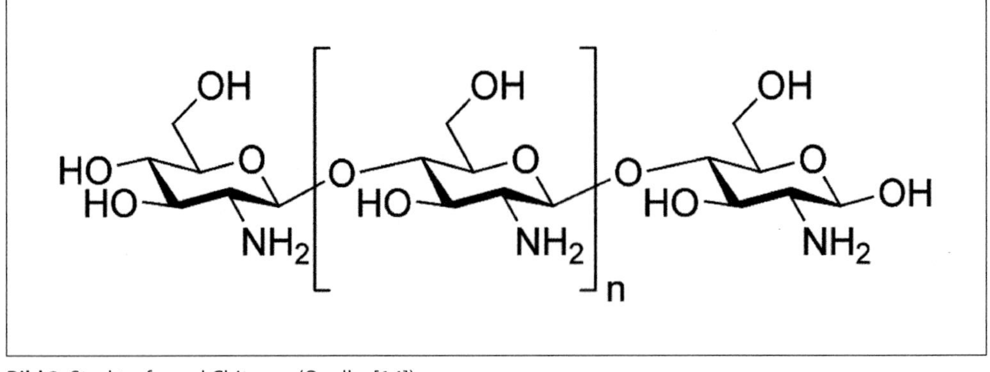

Bild 2: Strukturformel Chitosan (Quelle: [14])

die jeweilige Anwendung hin optimiert werden. Nachfolgend werden zwei Beispiele für native Flockungsmittel erläutert.

Beispiel 1: Chitosan – Herkunft, Struktur und Eigenschaften

Chitin, das in der Natur vor allem in den Panzern und Schalen von Insekten und Krebstieren sowie in Pilzen als Gerüststoff weit verbreitet ist und globale Ressourcen auf etwa 106 bis 107 Tonnen geschätzt werden, ist das zweithäufigste Polysaccharid nach der Cellulose, der es als Polymer von N-Acetylglucosamin strukturell ähnelt. Durch Abspalten der Acetyl-Gruppen mit Laugen (alkalische Hydrolyse) erhält man daraus das Chitosan (**Bild 2**), das in einigen Pilzen auch natürlich vorkommt. Mit seinen freien Aminogruppen, an die sich leicht positiv geladene Wasserstoff-Ionen anlagern, kann dieses Polysaccharid als Polykation fungieren, dessen verteilte positive Ladungen eine Vielzahl nützlicher Wechselwirkungen mit anderen Substanzen vermitteln [13].

Anwendungsbeispiele: In der Umwelttechnik wird Chitosan vor allem in Japan bereits in größerem Umfang zur Behandlung proteinhaltiger Abwässer aus der Verarbeitung von Früchten, Fleisch, Fisch oder Milch, sowie von Brauereien eingesetzt. Wie bei Fruchtsäften lässt es hier die Eiweißstoffe ausflocken. Außerdem schlägt es Schwermetall-Ionen aus den Abwässern verschiedenster Industriezweige nieder und enthärtet Wasser [15, 16]. Weitere Einsatzgebiete sind beispielsweise die Flockung von Algen [17], die Papier- sowie die Textilindustrie [18].

Beispiel 2: Stärke – Herkunft, Struktur und Eigenschaften

Stärke wird weltweit insbesondere aus den Samenkörnern verschiedener Getreidearten gewonnen. Die Hauptquellen von Stärke stellen Mais, Weizen, Kartoffeln, Reis und Maniok dar. Das Polysaccharid Stärke, das sich aus den beiden Komponenten Amylose und Amylopektin zusammensetzt, wird ausschließlich in Pflanzenzellen biochemisch erzeugt und in Reserveorganen der Pflanzen in Form von Körnern gespeichert. Neben den Hauptbestandteilen können ca. 10 – 20 % Wasser sowie eine Reihe Begleitsubstanzen wie Fette, Proteine, Phosphorsäure, Phosphate und mineralische Bestandteile eingebunden sein, welche die physikalischen und chemischen Eigenschaften der Stärke beeinflussen. Für die Nutzung in der Industrie werden die nativen Stärken allgemein physikalisch und/oder chemisch modifiziert, um bestimmte technische Applikationen zu erhalten [19]. Eine Modifizierung kann z. B. eine Kationisierung, Anionisierung und/oder Vernetzung beinhalten. Dabei werden beispielsweise OH-Moleküle durch Ladungsträger wie Chatmac substitu-

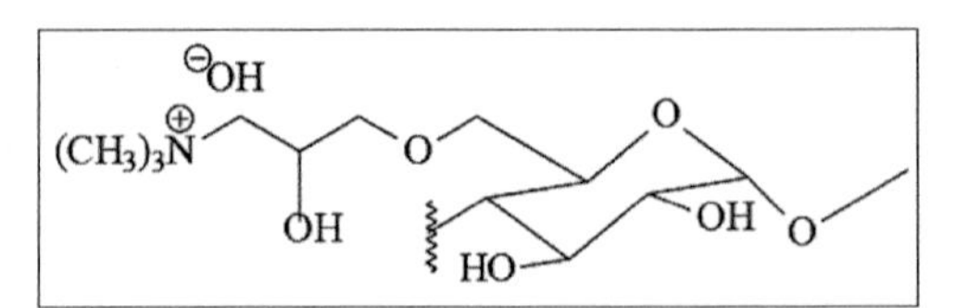

Bild 3: Strukturformel einer kationischen Stärke (Quelle: [20])

iert. In **Bild 3** ist die Strukturformel einer kationischen Stärke dargestellt.

Anwendungsbeispiele: Bei der Entwässerung in der Papierindustrie werden sie als Retentionsmittel eingesetzt [21]. Durch die positiven kationischen Stärken erfolgt eine Adsorption an die anionischen Cellulosefasern, so dass infolge der Flockenbildung eine verbesserte Retention von Füllstoffpartikeln und Fasern bei der Entwässerung der Papierstoffmasse erreicht wird. Bei der Papierherstellung werden sie als Additive eingesetzt, um u.a. eine Erhöhung der Trocken- und Nassfestigkeit sowie eine Verbesserung der Druckqualität durch eine Oberflächenmodifizierung des Papiers zu erzielen. In der Textilindustrie werden anionische Farbstoffe mithilfe kationisch modifizierter Stärke ausgeflockt [z. B. 22]. Des Weiteren können kationische Stärken zur Flockung von Mikroalgen eingesetzt werden [z. B. 23]. Begrenzt werden kationische Stärken auch in der Trinkwasseraufbereitung und Abwasserreinigung eingesetzt [z. B. 24].

4 Zukünftige Anwendungsmöglichkeiten

Die zuvor genannten Anwendungsbeispiele für biogene Flockungsmittel betreffen im Bereich der Wasser-/Abwasseraufbereitung hauptsächlich Sonderfälle beziehungsweise Nischenanwendungen. Zukünftige Möglichkeiten betreffen den Massenmarkt in der Schlammeindickung und mechanischen Entwässerung. Hier zeigte sich bereits, dass biogene Flockungsmittel auf Stärkebasis im Vergleich zu Flockungsmitteln auf Erdölbasis gleichwertig oder zum Teil besser sein können, wie anhand nachfolgender Beispiele näher erläutert wird.

Hafenschlickeindickung und Entwässerung

Auf der METHA-Anlage (**Bild 4**) der Hamburg Port Authority in Hamburg wurden zwei synthetische Polymere, eines für die Eindickung und das andere für die Entwässerung von Hafenschlick durch Stärkeprodukte ersetzt. Dabei wurden bei gleicher Wirkstoffdosis (insgesamt 0,8 bis 1 g/kg Trockensubstanz) ähnliche Eindick- und Entwässerungsergebnisse (ca. 20 % Trockensubstanz bei der Eindickung und ca. 64 % bei der Entwässerung) erzielt und die notwendigen Betriebsparameter für Restfeuchte, Scherstabilität und Kuchenwichte eingehalten. Darüber hinaus zeigten sich weitere betriebliche Vorteile in Bezug auf Filterkuchenablösung, Einmischbarkeit und Lagerstabilität des biogenen Flockungsmittels [8, 9, 25, 26].

Eindickung von Überschussschlamm

Technische Versuche zur Eindickung von Überschussschlamm auf einer Siebbandfilteranlage zeigten sowohl für die Lebensmittelindustrie als

Bild 4: METHA-Anlage zur mechanischen Trennung von Hafensedimenten (Quelle: Sievers, M., CUTEC Institut)

auch für eine kommunale Kläranlage, dass gegenüber konventionellen Polymeren ein etwas höherer Bedarf an Wirksubstanz erforderlich ist und dabei das Eindickergebnis geringfügig schlechter ist [27, 28].

Entwässerung von Faulschlamm

Erstmals wurde ein großtechnischer Vergleichsversuch zur Entwässerung von Faulschlamm auf einer Kammerfilterpresse durchgeführt. Dabei konnten mit einem Mehrbedarf von ca. 20 % an Stärkeprodukt im Vergleich zum verwendeten synthetischen Polymer vergleichbar gute Entwässerungsergebnisse erzielt werden [27, 28]. Langzeitversuche sollen die positiven Ergebnisse bestätigen. Anschließend ist eine Veröffentlichung sämtlicher Untersuchungsergebnisse durch den Kläranlagenbetreiber geplant.

5 Fazit und Ausblick

Der Einsatz von Chemikalien auf Basis nachwachsender Rohstoffe ist ressourcenschonend und bietet auch Vorteile hinsichtlich der Toxizität und biologischen Abbaubarkeit. Zudem kann es volkswirtschaftliche Vorteile bieten, indem die Wertschöpfung regional durch Landwirte im eigenen Land erfolgt.

Für den Bereich der Wasser- und Abwasserbehandlung zeigen aktuelle Fortschritte in der Produktentwicklung, dass die Leistungsfähigkeit konventioneller synthetischer Flockungsmittel bei einigen Anwendungsbeispielen durchaus erreicht werden kann. Zukünftige weitergehende Produktoptimierungen sind wegen einiger derzeit noch bestehender Nachteile, wie z. B. die Scherstabilität von Flocken, erforderlich.

Weitergehende Produktentwicklungen sind zu erwarten, da sich in Europa zunehmend mehr Stärkeproduzenten mit der Entwicklung von Flockungsmitteln befassen und der Wettbewerb so gestärkt wird.

Literatur

[1] FNR: Schriftenreihe Nachwachsende Rohstoffe | Band 34, Marktanalyse nachwachsende Rohstoffe, 2014.

[2] BMEL: Aktionsplan der Bundesregierung zur stofflichen Nutzung nachwachsender Rohstoffe, August 2009, http://www.bmel.de/SharedDocs/Downloads/Broschueren/AktionsplanNaWaRo.pdf?blob=publicationFile.

[3] Rothermel, J.: Nachwachsende Rohstoffe in der Chemie, Verband der chemischen Industrie, Oktober 2013.

[4] RWTH Aachen: Nachwachsende Rohstoffe in der chemischen Industrie, http://www.avt.rwth-aachen.de/AVT/index.php?id=768&showUid=206.

[5] FNR: Basisdaten biobasierte Produkte, Oktober 2014, http://mediathek.fnr.de/ media/downloadable/files/samples/b/a/basisdaten-biooekonomie_web-v01.pdf.

[6] Schwarz, S., Petzold, G., Mende, M., Zschoche, S.: Synthetische und natürliche Polymere als Flockungsmittel bei der Fest-Flüssig-Trennung, Leibniz- Institut für Polymerforschung Dresden e. V.

[7] Marton, G., University of Veszprém, Production and application of environment-friendly starch derivatives for the protection of the environment, National Research and Development Programme 2001, Hungary.

[8] Sievers, M., Niedermeiser, M., Schröder, C., Prüfung und Optimierung von ionischen Flockungshilfsmitteln auf Stärkebasis in technischen Prozessen unter Einbeziehung eines online-Sensors zur Flockungsanalyse, FNR: FKZ 22008104 (Teilvorhaben 1), 2004-2005.

[9] Sievers, M., Niedermeiser, M., Prüfung und Optimierung von ionischen Flockungs-hilfsmitteln auf Stärkebasis in technischen Prozessen unter Einbeziehung eines online Sensors zur Flockungsanalyse, FNR: FKZ 22018605 (Teilvorhaben 2), 2005-2008.

[10] Hydra 2002 Research, Development and Consulting Limited http:// www.hydra2002.hu/English/products.html.

[11] EMSLAND GROUP, Potentiale aus Klärschlamm nutzen – EMSLAND GROUP auf der 5. VDI-Fachkonferenz „Klärschlammbehandlung", http://www.emslandgroup.de/de/aktuelles/archiv/2014/potenziale+aus+klaerschlamm+nutzen+ emsland+group+auf+der+5+vdi-fachkonferenz.html.

[12] BioLog GmbH (Biotechnologie und Logistik GmbH), http://www.biolog-heppe.de/Produkte/Flockungsmittel/flockungsmittel.html.

[13] Martin, G., Chitin – nachwachsender Rohstoff mit breiten Anwendungspotential, Spektrum der Wissenschaft 8, Seite 21, 1993.

[14] http://de.wikipedia.org/wiki/Chitosan#mediaviewer/File:Chitosan2.jpg.

[15] H. Ratnaweera, E. Selmer-Olsen: Dairy wastewater treatment by coagulation with chitosan. – in: "Chemical Water and Wastewater Treatment IV", Proc. of the 7th Gothenburg Symposium, /H.H. Hahn, E. Hoffmann, H. Odegaard – Berlin : Springer Verlag (1996), S. 325-334.

[16] J. Roussy, M. Van Vooren, E. Guibal: J. Dispersion Sci. Techn. 25/5 (2004), S. 663-677.

[17] Divakaran, R., Pillai, V., Flocculation of algae using chitosan. Journal of Applied Phycology, 14: 419–422. doi: 10.1023/A:1022137023257.

[18] Dutta, P-K., Dutta, J., Tripathi, V-S., Chitin and Chitosan: Chemistry, proberties and applications, Journal of Scientific & Industrial Research, Vol. 63, January 2004, pp 20-31.

[19] Sievers, M., Schläfer, O., Niedermeiser, M., Jahn, K.: Biologisch abbaubare Konditionierungsmittel – Möglichkeiten und Grenzen, 8. DWA Klärschlammtage; 2013.

[20] Universität Darmstadt, Vorlesung 191 – Papieringenieurwesen, Stärke als Additiv.

[21] Müller, P. M., Gruber, E.: Teilhydrophobierte kationische Stärken für den Einsatz bei der Oberflächenleimung von Papier. Das Papier. 2000. 2: p. T22 – T28.

[22] KHALIL, M.I., ALY, A.A.: Use of cationic starch derivatives for the removal of anionic dyes from textile effluents, Journal of Applied Polymer Science, Volume 93, Issue 1, pages 227-234, 5 July 2004.

[23] Vandamme, D., Foubert, I., Meeschaert, B., Muylaert, K., Flocculation of microalgae using cationic starch, Journal of Applied Phycology, Vol. 22, no. 4, 2009.

[24] H.I. Heitner: Flocculating agents – in: "Kirk-Othmer Encyclopedia of Chemical Technology", 4th Edition, Vol. 11 – New York: John Wiley (1994), S. 61.

[25] Niedermeiser, M., Sievers, M., Döring, U., Detzner, H-D.: Stand der Entwicklung von Flockungsmitteln aus nachwachsenden Rohstoffen (Kartoffelstärke), DECHEMA Jahrestagung. ProcessNet, 2014.

[26] Sievers, M., Schläfer, O., Niedermeiser, M., Jahn, K.: Biologisch abbaubare Konditionierungsmittel – Möglichkeiten und Grenzen, 8. DWA Klärschlammtage; 2013.

[27] Sievers, M., Niedermeiser, M.: Klärschlammkonditionierung mit biologisch abbaubaren Polymeren auf Basis nachwachsender Rohstoffe, 5. VDI-Fachkonferenz Klärschlammbehandlung, Straubing, 2014.

[28] Sievers, M., Niedermeiser, M.: Praxiserfahrungen zum Einsatz kationischer Stärke als Flockungsmittel bei der Schlammentwässerung, DWA-Seminar "Aufbereitung und Einsatz von polymeren Flockungsmitteln zur Klärschlammkonditionierung" Kassel, 2014.

Autoren

Dipl.-Ing. Michael Niedermeiser
CUTEC Institut an der TU Clausthal
Leibnizstraße 21+23
D- 38678 Clausthal-Zellerfeld
E-Mail: michael.sievers@cutec.de
E-Mail: michael.niedermeiser@cutec.de

Martina Hertel, Peter Maurer und Heidrun Steinmetz

Auswahl und Überprüfung granulierter Aktivkohlen (GAK) für den Einsatz in kontinuierlich gespülten Filtern

Auf vielen kleineren bis mittelgroßen Kläranlagen sind kontinuierlich gespülte Sandfilter zur Verringerung des Feststoffaustrags im Einsatz. Erste Versuche im Versuchsmaßstab deuten darauf hin, dass diese mit geringer Modifikation auch mit granulierter Kohle zur parallelen Spurenstoffelimination betrieben werden könnten.

1 Einleitung

In den letzten Jahren wird die Gewässerbelastung mit organischen Spurenstoffen durch den Ablauf von Kläranlagen zunehmend in der Fachwelt und in der Öffentlichkeit diskutiert. Die im Gewässer in Konzentrationen von wenigen ng/l oder µg/l vorkommenden organischen Spurenstoffe sind zum größten Teil anthropogenen Ursprungs. Zu ihnen zählen z. B. Pharmaka, wie Lidocain oder Carbamazepin, aber auch Flammschutzmittel und synthetische Duftstoffe.

Zur gezielten Elimination organischer Spurenstoffe können verschiedene Verfahrenstechniken eingesetzt werden, die sich nach ihrem Wirkmechanismus (physikalisch, oxidativ, adsorptiv) unterteilen lassen. Zu den physikalischen Verfahren zählen die Nanofitration und Umkehrosmose. Das am häufigsten angewandte oxidative Verfahren ist der Einsatz von Ozon in einem nachgeschalteten Reaktor. Bei den adsorptiven Verfahren unterscheidet man den Einsatz von Pulveraktivkohle (PAK) und granulierter Aktivkohle (GAK). In Baden-Württemberg wird bei der großtechnischen Umsetzung einer gezielten Spurenstoffelimination bislang überwiegend Pulveraktivkohle eingesetzt (u. a. auf den Kläranlagen Albstadt-Ebingen, Böblingen-Sindelfingen, Langwiese, Stockacher Aach [1]). Üblicherweise wird die PAK nach der biologischen Reinigungsstufe in einen Kontaktreaktor gegeben und anschließend unter Zugabe von Fäll- und Flockungshilfsmitteln durch Sedimentation und eine nachgeschaltete Filterstufe vom gereinigten Wasser abgetrennt. Dieses Verfahren ist relativ teuer und somit für kleine und mittelgroße Kläranlagen nur bedingt geeignet.

Als verfahrenstechnische Alternative kann granulierte Aktivkohle (GAK) verwendet werden. Diese wird in einer Art Kornkohlefilter in einem Festbett eingesetzt, welches vom biologisch gereinigten Abwasser durchströmt wird. Ist die Kohle beladen, so wird sie gegen frische Kohle ausgetauscht und extern regeneriert. Bei dieser Technik sind weder Fäll- und Flockungshilfsmittel noch ein Kontaktbecken und nachgeschaltete Absetzbecken erforderlich. Als effiziente und kostengünstige Möglichkeit bietet sich hierbei die Verwendung von auf einigen Anlagen bereits bestehenden kontinuierlich gespülten Schnellsandfilter an, in denen an Stelle des üblichen Filtermaterials GAK eingesetzt wird, so dass Filtration (Feststoff-Abtrennung) und Mikroschadstoffelimination (Adsorption) simultan in einem einzigen Bauwerk erfolgen könnten.

Um granulierte Kohle in kontinuierlich gespülten Filtern einsetzen zu können, sind neben einer hohen Adsorptionskapazität für Spurenstoffe weitere Anforderungen wie Abriebfestigkeit zu erfüllen. Entsprechende Untersuchungen zur Eignung von GAK für den Einsatz in solchen Filtersystemen werden im Folgenden beschrieben.

2 Literaturübersicht

Die generelle Eignung von GAK zur Elimination von Spurenstoffen nach der biologischen Reinigungsstufe wurde bereits von zahlreichen Verfassern in halbtechnischen bis hin zu großtechnischen, diskontinuierlich gespülten Filtern untersucht. So führte u. a. NOWOTNY mit zwei handelsüblichen, für den Abwasserreinigungssektor konzipierten Aktivkohlen der Fa. Norit (GAC 1240 und SAE Super 1150) experimentelle Untersuchungen an Kleinfiltern sowie halbtechnischen Aktivkohleadsorbern durch [2]. Er ermittelte, dass ab einer EBCT (Empty Bed Contact Time) von > 0,4 h keine signifikante Steigerung der Adsorptionskapazität mehr erreicht werden kann, wobei er maximal erreichbare spezifische Durchsätze eines einzelnen Adsorbers für die untersuchten Spurenstoffe, bei denen es sich um AHTN, HHCB, TBEP, TCPP, Carbamazepin, Phenazon und Iopromid handelt, zwischen 170 m^3/kg GAK für TBEP und 3 m^3/kg GAK für Iopromid erzielte. Auch FAHLENKAMP et al. führten mit ähnlichem Versuchsaufbau halbtechnische Untersuchungen zur Ermittlung des Durchbruchverhaltens der Spurenstoffe aus einer Abwassermatrix durch [3]. Des Weiteren wurden auf den Kläranlagen Zuid-West sowie Hostermeer in den Niederlanden Untersuchungen an halbtechnischen GAK-Filtern durchgeführt [4, 5]. Auf der KA Zuid-West betrug die Laufzeit der Filters, bei einer mittleren ECBT von 10 Minuten, insgesamt 31.000 Bettvolumen (BV), wobei die Laufzeit zur Elimination der dort betrachteten pharmazeutischen Rückstände und Pestizide ein halbes Jahr beträgt, was 13.000 – 14.000 BV entspricht. Nach weniger als 1.000 BV sank die CSB-Elimination von 70 % auf 10 % [4]. Auf der KA in Hostermeer wurden Untersuchungen mit u. a. dem Ziel der Elimination von prioritären Stoffen gemäß EU-Wasserrahmenrichtlinie durchgeführt. Dabei betrugen die Eliminationsraten nach 4.600 BV zwischen 31 % und 82 % und nach 32.000 BV zwischen 0 % und 21 %, wobei von allen untersuchten Substanzen Metoprolol am besten eliminiert wurde [5]. Großtechnische Untersuchungen erfolgten auf dem Verbandsklärwerk „Obere Lutter", indem das Filtermaterial einer der Filterzellen gegen die GAK AquaSorb 5000 (Fa. Jacobi Carbons) ausgetauscht wurde. Parallel dazu wurde ein halbtechnischer Aktivkohleadsorber mit derselben GAK in Betrieb genommen und sowohl kontinuierlich als auch intermittierend betrieben. Je nach spezifischen Eigenschaften der organischen Spurenstoffe konnten mittlere Eliminationsleistungen von bis zu 95 % erreicht werden [6, 7]. Auch auf der Kläranlage Düren-Merken wurden sowohl halbtechnische als auch großtechnische Untersuchungen an Aktivkohle mit Fokus auf die Spurenstoffelimination durchgeführt, mit dem Ergebnis, dass nach 5.000 BV Eliminationsraten von unter 20 % für alle untersuchten Parameter vorlagen [8].

Im Rahmen der eigenen Arbeiten standen neben der Adsorptionsleistung, die Schwerpunkt auch der o.g. Studien war, Aspekte wie Rücklöseverhalten von Spurenstoffen, maximale Beschickungsrate, Anströmgeschwindigkeit und die Abriebfestigkeit für den Einsatz von GAK in einem kontinuierlich gespülten Filter im Vordergrund.

3 Versuchsdurchführung

3.1 Vorgehen

Im Rahmen der hier beschriebenen Untersuchungen wurden fünf GAK, die von verschiedenen Herstellern als für den Abwassereinsatz geeignet, aber zunächst anonymisiert zur Verfügung gestellt wurden (GAK A, B, C, D, E) bezüglich ihrer Korngrößenverteilung verglichen. Anschließend wurde die aus diesen Untersuchungen und aus der hier nicht beschriebenen Ermittlung der Adsorptionskapazität als am besten geeignete Kohle im kontinuierlichen Betrieb weiter getestet. Entscheidend für die Betriebsstabilität und -leistung des kontinuierlich gespülten Filters sind Aspekte wie das Rücklöseverhalten von Spurenstoffen sowie die maximale Beschickungsrate, Anströmgeschwindigkeit und die Abriebfestigkeit.

3.2 Untersuchungen zur Korngrößenverteilung

Die Einstellung einer optimalen Beschickungsrate eines kontinuierlich gespülten Filters ist abhängig von der Sinkgeschwindigkeit der Partikel und ist somit umso schwieriger einstellbar, je breiter die Korngrößenverteilung ist. Zur Bestimmung der Korngrößenverteilung der unterschiedlichen Aktivkohlen wurde deshalb eine Siebanalyse mit Hilfe einer elektromagnetischen Siebmaschine durchgeführt und anschließend die Rückstandssummenlinien erstellt.

3.3 Eignung der ausgewählten GAK für den Einsatz in kontinuierlich gespülten Filtern

Die im nachfolgenden Kapitel durchgeführten Untersuchungen wurden mit der GAK C durchgeführt, da diese bzgl. der Adsorptionskapazität (nicht Gegenstand dieses Beitrags) und der Korngrößenverteilung die besten Ergebnisse lieferte.

GAK Abrieb

Beim kontinuierlich gespülten Filter wird das Filterbett mehrfach am Tag umgewälzt, wodurch die GAK starken mechanischen Belastungen ausgesetzt ist, welche zu Kohleabrieb führen können. Dies kann die Korngrößenverteilung verändern und zu Aktivkohleverlusten und somit zu einer abnehmenden Menge an GAK im System führen. Da solch ein Filter im Normalfall die letzte Stufe in einer Kläranlage darstellt, würde mit dem Ablauf beladene A-Kohle in den Vorfluter gelangen. Um dies zu vermeiden, sollte die eingesetzte GAK hohe mechanische Stabilität und somit Abriebfestigkeit aufweisen. Um dies zu untersuchen, wurden 500 Gramm der GAK C mit Abwasser aus dem Ablauf Nachklärung (Abl. NKB) in einen kegelförmigen Behälter (Durchmesser: 20 cm; Höhe: 40 cm) gefüllt und mittels Mammutpumpe über 17 Tage (ca. 7.200-mal) umgewälzt, um so die Umwälzvorgänge während der Spülung eines kontinuierlich gespülten Filters nachzubilden. Alle 3 Tage wurde eine Probe der GAK entnommen, einer Siebanalyse unterzogen und die Korngrößenverteilung mit der vor Versuchsbeginn verglichen.

Einfluss der Kontaktzeit auf die Eliminationsleistung

Zur Bestimmung der für eine Adsorption einzuhaltenden Mindestkontaktzeit wurden 500 g der GAK C in Versuchssäulen (Durchmesser: 7 cm) gefüllt und kontinuierlich, mit einer Schlauchpumpe der Fa. Ismatec, mit 10 m/h im Aufstrom mit Abl. NKB beschickt. In definierten Zeitabständen wurden Proben des Ablaufs der Säulen gezogen und auf die Summenparameter DOC und SAK_{254}, als auch auf ausgewählte Spurenstoffe (genaueres siehe Kap. 3.4. „Spurenstoffanalyse") untersucht. Dabei erfolgte die Probenahme in folgenden Zeitabständen (Angaben in Minuten):

- Versuch 1: 15, 30, 60, 100, 150, 210, 290
- Versuch 2: 15, 30, 60, 120, 180, 210, 300, 360, 420, 480

Die Versuchsdauer des ersten Versuches ist kürzer, da dieser auf Grund eines Ausfalls der Beschickungspumpe unterbrochen werden musste.

Beladung und Eliminationsleistung

Die oben beschriebenen, mit GAK C gefüllten Versuchssäulen wurden über einen Zeitraum von 75 Tagen fortwährend mit einer Filtergeschwindigkeit von 10 m/h mit Abl. NKB beschickt. Die dabei insgesamt durchgesetzte Menge betrug 67.000 Bettvolumen (BV). Ein BV entspricht hierbei einem Durchsatz von 1 m^3 Abwasser je m^3 Filterschicht. In regelmäßigen Zeitabständen wurden Proben des Ablaufs der Säulen entnommen und diese auf die Summenparameter DOC und SAK_{254}, sowie auf Spurenstoffe (siehe Kap. 3.4. „Spurenstoffanalyse") untersucht. Dabei erfolgten die Probenahmen für die Analyse der Summenparameter während des ersten Versuchstages stündlich und wurden anschließend gemeinsam mit den Probenahmen für die Spurenstoffanalysen in einem Rhythmus von 24 Stunden wiederholt.

Rücklöseverhalten

Durch die kontinuierliche Spülung wird die in der Waschzelle von Feststoffen gereinigte, aber beladene GAK mit dem gereinigtem und wenig spurenstoffhaltigem Abwasser im Ablauf des Filters in Kontakt gebracht. Hier ist es wichtig, dass die beladene GAK bei Kontakt mit dem gereinigten Abwasser ihre bereits adsorbierten Stoffe nicht wieder abgibt und somit Desorptionsvorgänge stattfinden. Um dies zu prüfen, wurden die zuvor vollständig beladenen Versuchssäulen mit 4,7 m/h Trinkwasser beaufschlagt und das Trinkwasser durch regelmäßige Beprobung auf die Summenparameter DOC und SAK_{254} sowie auf Spurenstoffe (siehe Kap. 3.4.) analysiert. Dabei erfolgten die Probenahmen für die Analyse der Summenparameter während des ersten Versuchstages stündlich und anschließend wurden sie in einem Rhythmus von 24 Stunden wiederholt. Nach 2.635 BV wurde die Zulaufgeschwindigkeit der Versuchssäulen halbiert (2,3 m/h) mit dem Ziel einer Aufkonzentrierung der sich eventuell rücklösenden Stoffe. Für die Spurenstoffanalyse wurde jeweils eine Probe pro Zulaufgeschwindigkeit entnommen. Insgesamt lief der Versuch über 71 Tage, in welchen 9.191 BV durchgesetzt wurden.

3.4 Verwendetet Analysemethoden

CSB

Die photometrische Messung des CSB erfolgte aus der filtrierten Probe mit einem Küvettenschnelltest der Fa. Hach-Lange LCK 414 (DIN ISO 15705). Der Messbereich liegt bei 5 60 mg/l.

DOC

Die Analyse des DOC erfolgte mit dem multi N/C 3000 der Fa. Analytik Jena (DIN EN 1484). Der Messbereich liegt bei 1 – 10 mg/l.

Adsorptionsspektrum

Die Messungen des Absorptionsspektrums erfolgten mit einem UVSpektralphotometer der Fa. Shimadzu. Dabei wurde ein Spektrum zwischen 230 – 300 nm erfasst und bei einer Wellenlänge von 254 nm der Spektrale Adsorptionskoeffizient (SAK_{254}) abgelesen.

Spurenstoffanalyse

Die Analyse der Spurenstoffe erfolgte mit Hilfe der Flüssig-Flüssig-Extraktion. Mit Hilfe einer Gaschromatographie mit Massenspektrometrie-Kopplung (GC/MS) wurden anschließend, unter Verwendung spezieller Standards, die einzelnen Spurenstoffe in den Proben bestimmt. Dabei wurden die Eliminationsleistungen der GAK bezüglich Pharmaka (Lidocain und Carbamazepin), Flammschutzmitteln (TCPP und TCEP) und synthetischer Duftstoffe (HHCB und AHTN) ermittelt.

4 Ergebnisse

4.1 Auswahl einer geeigneten granulierten Aktivkohle (GAK)

Bild 1 zeigt die Sieblinien am Beispiel der untersuchten GAK. Während sich die Rückstandssummenkurven sowie die Korngrößenverteilungen der GAK C und E sowie GAK B und D ähneln, weicht die Kurve der GAK A von beiden Verläufen ab. Die feinste Körnung und somit größte Oberfläche ist bei der GAK C und E zu verzeichnen, weshalb sie die besten Reinigungsleistungen erwarten lassen. GAK B und D weisen gröbere Körnungen auf. Die breiteste Korngrößenverteilung wurde bei der GAK A festgestellt.

Alle A-Kohlen ließen sich gut mahlen, wobei sich GAK A in kürzester Zeit mahlen ließ und auch nach der Mahlung war der Anteil an noch verbliebenen gröberen Partikeln am geringsten. Das bedeutet aber gleichzeitig, dass sie die geringste mechanische Beständigkeit aufweist und somit ein Abrieb der Kohle bei kontinuierlicher Umwälzung zu erwarten ist. Weiterhin wies die GAK A von allen untersuchten A-Kohlen die breiteste Korngrößenverteilung auf, so dass Probleme bei der Abtrennung der A-Kohle aus der Lösung zu erwarten sind. Zusätzlich wird die Einstellung einer optimalen Beschickungsrate umso schwieriger je breiter die Korngrößenverteilung ist. Aus diesen Gründen wurde GAK A für den Einsatz im kontinuierlich gespülten Filter nicht weiter betrachtet.

GAK C wies neben der hier beschriebenen günstigen Korngrößenverteilung im Batch- Versuch auch sowohl im gemahlenen als auch ungemahlenen Zustand die höchsten Eliminationsraten bezogen aus DOC, CSB und SAK_{254} auf, so dass alle im Folgenden beschriebenen Ergebnisse sich auf Versuche mit dieser Kohle beziehen.

4.2 Eignung der ausgewählten GAK für den Einsatz in kontinuierlich gespülten Filtern

GAK Abrieb

Bild 2 zeigt die Auswertung der Siebanalysen der GAK C, welche bei der Untersuchung der Abriebfestigkeit erstellt wurden.

Trotz der langen Versuchsdauer und häufiger Umwälzung der Aktivkohleschüttung konnte keine Veränderung der Korngrößenverteilung und damit kein Abrieb festgestellt werden. Der insgesamt messtechnisch erfassbare Kohleverlust lag unter 1 % der eingesetzten Menge, wodurch mit sehr hoher Wahrscheinlichkeit davon ausgegangen werden kann, dass in einem kontinuier-

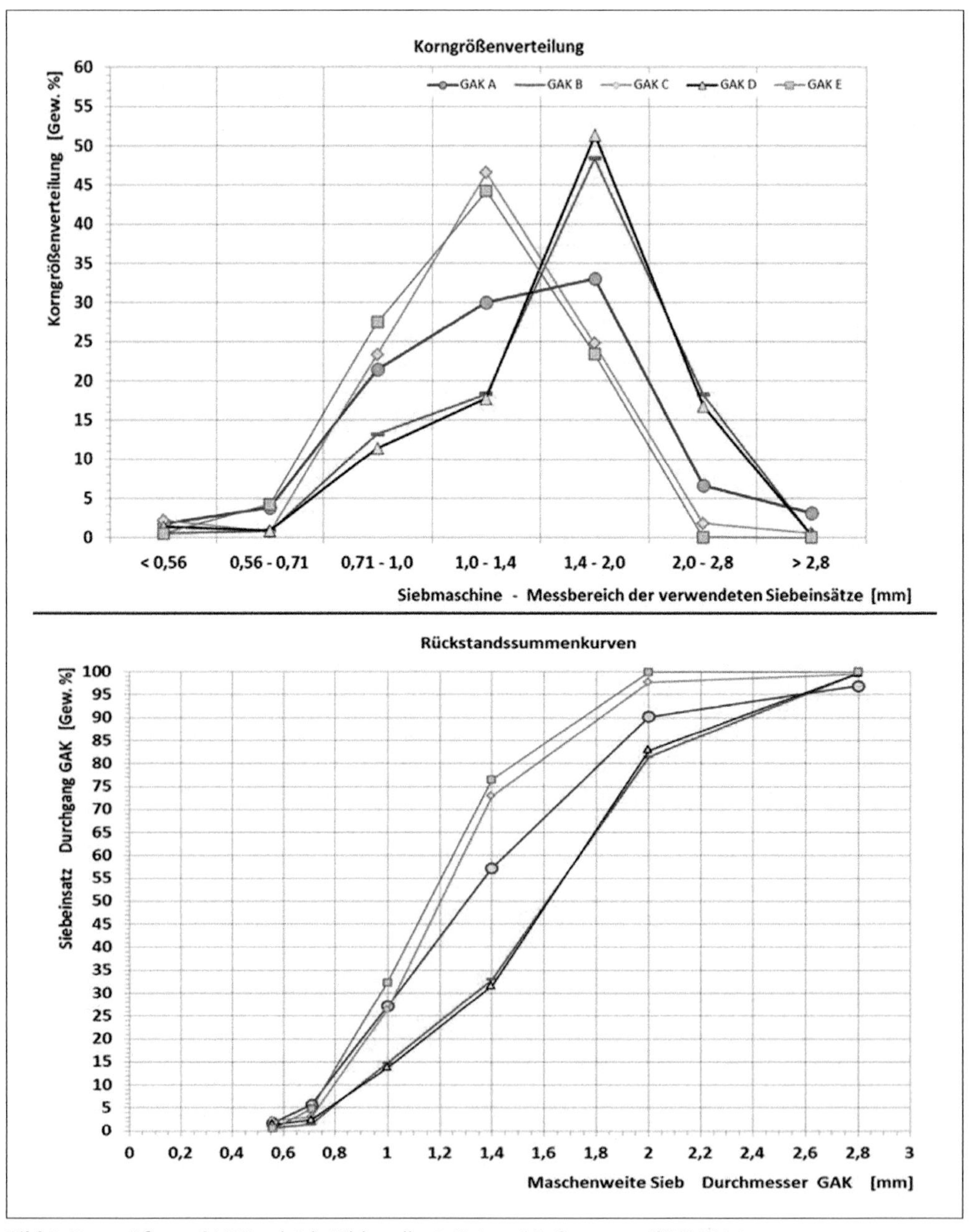

Bild 1: Korngrößen – GAK Vergleich. Bildquelle: © Universität Stuttgart, ISWA 2014

lich gespülten Filter beim Einsatz dieser Kohle kein relevanter Kohleabrieb stattfinden wird. Ein Nachweis im Dauerbetrieb muss in großtechnischen Versuchen erfolgen und ist auf der KA Emmingen- Liptingen in der anstehenden Versuchsphase geplant.

Einfluss der Kontaktzeit auf die Eliminationsleistung

Bei den Säulenversuchen konnten bei Kontaktzeiten von nur ca. 1,5 min Eliminationsraten von über 90 % beim SAK_{254} und bei den Spurenstoffen, bei über 100 durchgesetzten

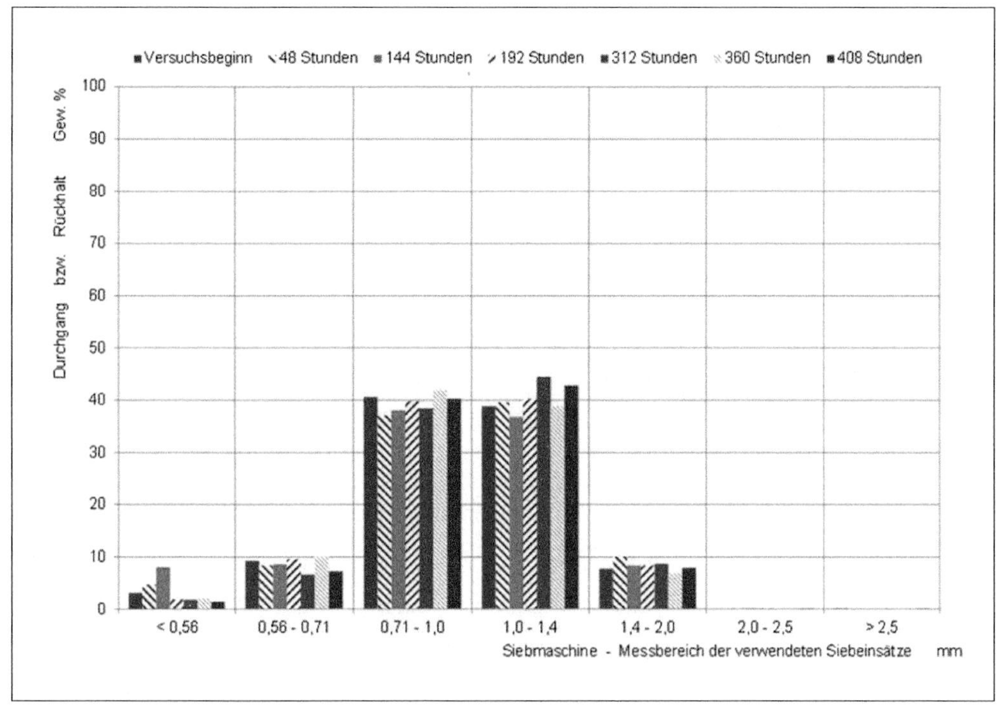

Bild 2: Abriebversuch – Sieblinien GAK C. Bildquelle: © Universität Stuttgart, ISWA 2014

BV, verzeichnet werden (**Tabelle 1**). Folglich ist die Mindestkontaktzeit beim Einsatz von GAK in einem kontinuierlich gespülten Filter kein relevanter Einflussparameter für die Spurenstoffadsorption. Da durch die Mindestkontaktzeiten theoretisch die maximal möglichen Filtergeschwindigkeiten bestimmt werden, ergeben sich aus den durchgeführten Versuchen Filterbettgeschwindigkeiten von maximal 30 m/h. In der Praxis sind die Filtergeschwindigkeiten mit ca. 10 m/h deutlich geringer.

Tab. 1 | Einfluss der Kontaktzeit auf die Eliminationsleistung (Säulenversuche)

Parameter	Einheit	Versuch 1	Versuch 2
Kohlemenge	[g]	500	480
Zulaufgeschwindigkeit	[m/h]	10	10
Kontaktzeit	[min]	1,5	1,5
SAK-Elimination[1)]	[%]	91[1)]	92[1)]
Carbamazepin-Elimination	[%]	99[2)]	97[3)]
Lidocain-Elimination	[%]	99[2)]	98[3)]
TCEP-Elimination %	[%]	93[2)]	93[3)]
TCPP-Elimination	[%]	98[2)]	93[3)]
HHCB-Elimination	[%]	98[2)]	96[3)]
AHTN-Elimination	[%]	94[2)]	94[3)]

1) nach rd. 20 BV 2) nach rd. 177 BV 3) nach rd. 280 BV

Beladung / DOC – SAK – Spurenstoffe

In **Bild 3** werden die Ergebnisse der im Kapitel 3.3 beschriebenen Säulenversuche zur Ermittlung der maximalen Beladung und Eliminationsleistung dargestellt. Zur besseren Übersicht wird die Eliminationsrate nur einer Substanz pro Stoffklasse der Spurenstoffe abgebildet, wobei die Pharmaka durch Lidocain (Kreise), die Flammschutzmittel durch TCPP (Raute) und die synthetischen Duftstoffe durch AHTN (Kreuze) dargestellt werden. Die Säulenversuche zeigen anhand des SAK_{254} deutlich, dass die Eliminationsleistung relativ schnell absinkt und nach ca. 5.000 BV auf Werte unter 20 bis 30 % reduziert wird. Ähnlich gering sind in diesem Bereich auch die Eliminationsraten des DOC.

Während aber die vollständige Beladung beim SAK_{254} erst nach ca. 65.000 BV erreicht ist, erschöpft die Kohle bzgl. des DOC bereits nach rd. 24.000 BV. Dies lässt darauf schließen, dass durch den SAK_{254} Substanzen erfasst werden, die nicht im DOC zum Ausdruck kommen oder auf Grund der hohen Konzentrationen des DOC keinen signifikanten Einfluss auf diesen haben, aber von der GAK dennoch adsorbiert werden.

Bei allen analysierten Spurenstoffen sind zu Versuchsbeginn Eliminationsraten von > 90 % zu verzeichnen. Diese nehmen während der Versuchsdauer kontinuierlich ab, wobei Pharmaka besser als die Duftstoffe und diese wiederum besser als die Flammschutzmittel adsorbieren. Während die umgesetzten BV, nach welchen die Eliminationsraten noch 50 % betragen, bei den Pharmaka bei rd. 12.000 (Carbamazepin) bis 20.000 (Lidocain) liegen, liegen sie bei den Duftstoffen bei rd. 8.000 (HHCB) bis 14.000 (AHTN) und den Flammschutzmitteln bei rd. 5.000 (TCEP) bis 6.000 (TCPP). Besonders auffällig ist die starke Beeinflussung der Ablaufkonzentration durch die Zulaufkonzentration.

Klar ersichtlich sind die über den Versuchszeitraum deutlich höheren Eliminationsraten der Spurenstoffe im Vergleich zu denen der SAK_{254} und DOC. Während ab 24.000 BV keine DOC Elimination mehr stattfindet, betragen die Eliminationsraten bei den Spurenstoffen noch parameterabhängig 20 bis 70 % und beim SAK_{254} rd. 25 %. Die maximal erreichten Beladungen der GAK während der hier durchgeführten Säulenversuche für die jeweiligen Spurenstoffe betragen nach rd. 67.000 BV ca. 23 µg/g GAK für Carbamazepin,

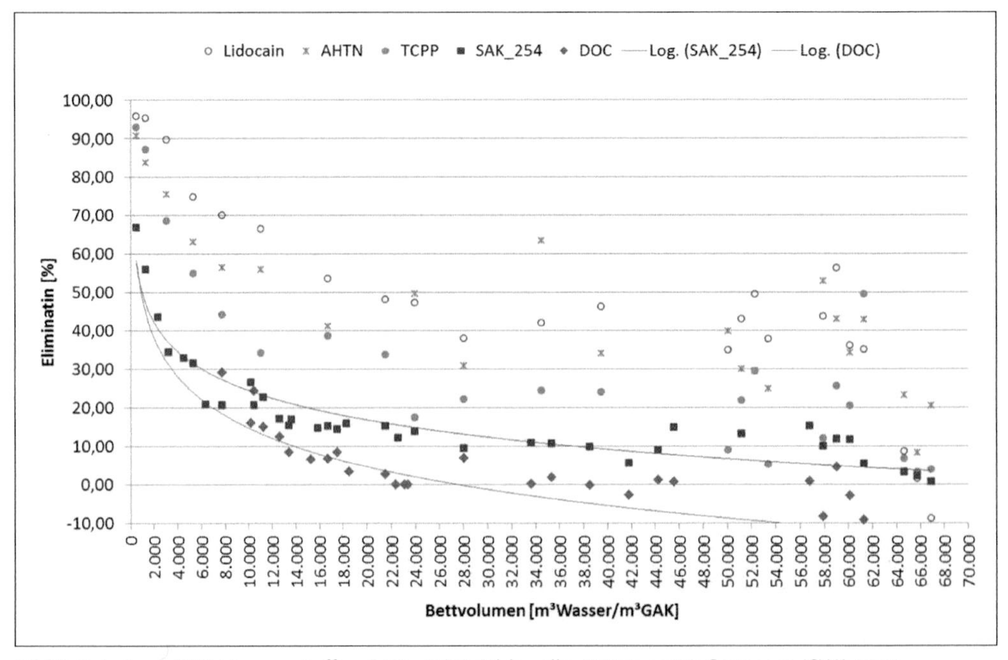

Bild 3: Beladung GAK / Spurenstoffe – SAK – DOC. Bildquelle: © Universität Stuttgart, ISWA 2014

Tab. 2 | Rücklöseverhalten GAK (Säulenversuch)

Parameter	Einheit	Abl. NKB[1)]		Trinkwasser 4,7 m/h[2]		Trinkwasser 2,3 m/h[3]	
		Zulauf Säule	Ablauf Säule	Zulauf Säule	Ablauf Säule	Zulauf Säule	Ablauf Säule
SAK	[1/m]	12	11	1,2	1,5	1,2	1,5
Carbamaze-pin	[ng/l]	623	647	< 1	32	< 1	35
Lidocain	[ng/l]	167	181	< 1	< 1	< 1	< 1
TCEP	[ng/l]	278	282	< 12	56	< 12	59
TCPP	[ng/l]	635	626	< 7	34	< 7	43
HHCB	[ng/l]	769	648	1	40	1	30
AHTN	[ng/l]	84	67	< 1	9	< 1	7

1) nach rd. 67.000 BV 2) nach rd. 2.640 BV 3) nach rd. 1.100 BV

9 µg/g GAK für Lidocain, 17 µg/g GAK für TCEP, 16 µg/g GAK für TCPP, 40 µg/g GAK für HHCB sowie 6 µg/g GAK für AHTN.

Die Ergebnisse zeigen deutlich, dass SAK und DOC nur bedingt geeignet sind, um Aussagen zur Elimination von Spurenstoffen mittels GAK zu treffen.

Rücklöseverhalten

In **Tabelle 2** sind die Ergebnisse der im Kapitel 3.2 beschriebenen Untersuchungen zum Rücklöseverhalten der untersuchten GAK C dargestellt. Um zu zeigen, wie stark die Versuchssäule beladen war, bevor sie mit Trinkwasser beschickt wurde, werden in der **Tabelle** 2 zusätzlich die zuletzt gemessenen Werte bei Beschickung der Säule mit Abl. NKB (nach rd. 67.000 BV) aufgeführt. Deutlich erkennbar ist die „vollständige Beladung" der Säule. Beide Versuche mit Trinkwasser weisen eine insgesamt geringe, aber dennoch im Vergleich zum Trinkwasser leicht erhöhte Konzentration an Spurenstoffen auf. Dies deutet auf eine geringfügige Rücklösung von Spurenstoffen hin. Wird aber berücksichtigt, dass bei kontinuierlicher Kohleförderung im Filter die GAK etwa 2x pro Tag vollständig umgewälzt wird und der Beladungsgradient der Spurenstoffe in der Filterschicht somit gering ist, ist die Rücklösung vernachlässigbar. Die Vermutung einer Aufkonzentrierung der sich rücklösenden Substanzen bei halbierter Beschickungsgeschwindigkeit hat sich nicht bestätigt.

5 Fazit

Die Ergebnisse zeigen, dass sich granulierten A-Kohlen bezüglich der Körnung und bezüglich der Adsorptionsleistungen (nicht Gegenstand dieses Beitrags) unterscheiden. Die hier beschriebenen Vorversuche legen nahe, dass einige granulierte Kohlen unter Beachtung einiger Randbedingungen, wie z. B. einer engen Korngrößenverteilung und hoher mechanische Stabilität, für den Einsatz in kontinuierlich gespülten Filtern geeignet sind. Auch stimmen die Ergebnisse der hier beschriebenen Untersuchungen an einem kontinuierlichen Filtersystem mit denen von Bornemann et al. MIKROFlock an einem Mehrschicht-Flockungsfilter durchgeführten im Wesentlichen gut überein. So wurden nach 5.000 BV für alle untersuchten GAK Eliminationsraten von nur 20 % für die organischen Summenparameter DOC, CSB und SAK festgestellt. Die hier untersuchte Kohle GAK C weist nach 5.000 BV ca. 25 % für DOC und 32 % für SAK auf. Bei den Spurenstoffen liegen sie parameterabhängig noch bei 49-75 %.

Eine weitere Erkenntnis, die aus den vorliegenden Untersuchungen gewonnen werden konnte, ist, dass mit GAK die Elimination des SAK stärker ausgeprägt ist als die des DOC. Ähnliches beschrieben auch Sontheimer et al., und begründeten dies damit, dass mit dem DOC zusätzlich Inhaltsstoffe erfasst werden, die schlechter adsorbieren [9].

Des Weiteren wurde in den vorliegenden Untersuchungen gezeigt, dass zwar eine geringfügige Rücklösung bzw. Desorptionsvorgänge an der vollständig beladenen GAK auftreten, diese aber für den Fall eines Einsatzes der GAK in einem kontinuierlich gespülten Filter vernachlässigbar sind. Abschließend lässt sich festhalten, dass Vorversuche zur Eignung der GAK für den Einsatz in kontinuierlich gespülten Filtern sinnvoll sind. Inwieweit sich im realen System der Einsatz von GAK bewährt, wird derzeit auf der KA Emmingen-Liptingen untersucht.

Dank

Die Autoren danken dem Umweltministerium Baden-Württemberg und dem Ingenieurbüro Dr.-Ing. Jedele und Partner GmbH für die finanzielle Förderung des Vorhabens und die außerordentlich gute Zusammenarbeit.

Literatur

[1] KOMS: http://www.koms-bw.de/ (Abgerufen am: 13.08.2014, 11.30 Uhr)

[2] NOWOTNY, N. (2008): Zur Bestimmung und Berechnung des Adsorptionsverhaltens von Spurenstoffen an Aktivkohle in biologisch gereinigten Abwässern. Dissertation, Fakultät Bio- und Chemieingenieurwesen der technischen Universität Dortmund, Shaker Verlag, Aachen.

[3] FAHLENKAMP, H.; NÖTHE, T.; NOWOTNY, N.; LAUNER, M. (2008): Untersuchungen zum Eintrag und zur Elimination von gefährlichen Stoffen in kommunale Kläranlagen – Phase 3. Abschlussbericht an das Ministerium für Umwelt und Naturschutz, Landwirtschaft und Verbraucherschutz des Landes Nordrhein-Westfalen. Fakultät Chemie- und Bioingenieurwesen der technischen Universität Dortmund. http://www.lanuv.nrw.de/wasser/abwasser/forschung/pdf/Abschlussbericht%20-%20Stand%20-%2020080327.pdf (Abgerufen am 12.08.2014, 9.30 Uhr)

[4] Stowa (2009): Nageschakelde zuiveringstechnieken op de AWZI Leiden ZuidWest – Verkenning actiefkooladsorptie en geavanceerde oxidatietechnieken, Rapport 33, ISBN: 978.90.5773.453.3, Stichting Toegepast Onderzoek Waterbeheer, Amersfoort, Niederlande. Zitiert in: MIKROFlock (2012)

[5] Stowa (2009): 1step® filter als effluentpolishingstechniek, Rapport 34, ISBN: 978.90.5773.456.4, Stichting Toegepast Onderzoek Waterbeheer, Amersfoort, Niederlande. Zitiert in: MIKROFlock (2012)

[6] NAHRSTEDT, A.; BARNSCHEIDT, I.; BURBAUM, H.; FRITZSCHE, J. (2011): CSB- und Spurenstoffadsorption am Aktivkohlefestbett. Abschlussbericht an das Ministerium für Umwelt und Naturschutz, Landwirtschaft und Verbraucherschutz des Landes Nordrhein-Westfalen. IWW Rheinisch-Westfälisches Institut für Wasser Beratungs- und Entwicklungsgesellschaft mbH. http://www.lanuv.nrw.de/wasser/abwasser/forschung/pdf/Abschlussbericht_AOL.pdf (Abgerufen am 14.08.2014, 15:26 Uhr)

[7] NAHRSTEDT, A.; BURBAUM, H.; BARNSCHEIDT, I.; FRITZSCHE, J. (2012): Spurenstoffelimination mit granulierter Aktivkohle auf dem Verbandsklärwerk „Obere Lutter". 45. Essener Tagung für Wasser und Abfallwirtschaft vom 14.03. – 16.03.2012 in Essen. In: Gewässerschutz – Wasser – Abwasser, Band 230, S. 55/1-55/14, ISSN 0342-6068, Hrsg.: PINNEKAMP, J., Aachen.

[8] MIKROFlock (2012): Projektbericht, Projekt Nr. 5: Ertüchtigung kommunaler Kläranlagen, insbesondere kommunaler Flockungsfiltrationsanlagen durch den Einsatz von Aktivkohle (MIKROFlock). Abschlussbericht an das Ministerium für Umwelt und Naturschutz, Landwirtschaft und Verbraucherschutz des Landes Nordrhein-Westfalen. http://www.lanuv.nrw.de/wasser/abwasser/forschung/pdf/Abschlussbericht_MikroFlock.pdf (Abgerufen am: 13.08.2014, 9.10 Uhr)

[9] SONTHEIMER; FRICK; FETTIG; HÖRNER; HUBELE; ZIMMER (1985): Adsorptionsverfahren zur Wasserreinigung. DVGW-Forschungsstelle am Engler-Bunte-Institut der Universität Karlsruhe (TH). ISBN: 3-922671-11-X, ZVGW-Verlag, Frankfurt/M

Autoren

Dipl.-Ing. Martina Hertel
E-Mail: martina.hertel@iswa.uni-stuttgart.de

Dipl.-Ing. Peter Maurer
E-Mail: peter.maurer@iswa.uni-stuttgart.de

Prof. Dr.-Ing. Heidrun Steinmetz
E-Mail: heidrun.steinmetz@iswa.uni-stuttgart.de
Institut für Siedlungswasserbau, Wassergüte- und Abfallwirtschaft der Universität Stuttgart
Bandtäle 2
70569 Stuttgart

Boris Diehm, Thomas Hauck, Margit Popp und Ralph Stetter

Automatisiertes Berichtswesen – Transparenz in der abwassertechnischen Kommunikation

Der Eigenbetrieb Stadtentwässerung Stuttgart betreibt vier Klärwerke. Die jeweiligen Betriebstagebücher wurden bisher manuell gepflegt. Ein automatisiertes Berichtswesen ermöglicht nun eine effiziente und zeitsparende Kommunikation nach innen und auch nach außen.

1 Einleitung

Bereits im Jahr 2003 wurde von der ATV-DVWK ein umfassendes Regelwerk herausgegeben [1], das darauf abzielt, die Vielzahl von betriebsrelevanten Daten, die in den auf Abwasserbehandlungsanlagen eingesetzten Prozessleitsystemen täglich anfallen, sinnvoll zu dokumentieren und auszuwerten. Auf Grund der Datenfülle, der Komplexität der Aufgaben und des dafür notwendigen Betriebspersonals können die im Regelwerk ausgearbeiteten Empfehlungen und Vorschläge zur Dokumentation und Datenanalyse allerdings von den Anlagenbetreibern meist nur im kleinen Stil umgesetzt werden. Zudem entstammen die für einen reibungslosen Abwasserbetrieb notwendigen Daten oftmals mehreren unterschiedlichen Quellen. Neben den automatischen Prozessmessungen sind unter anderem Laborwerte sowie anhand von Rundgängen protokollierte Kennzahlen zu archivieren. Als Sammelstelle dient dafür in der Regel das klärwerksinterne Betriebstagebuch (**Bild 1**).

Zweck dieser fortlaufenden Datenerfassung und -speicherung ist es, der Dokumentations-

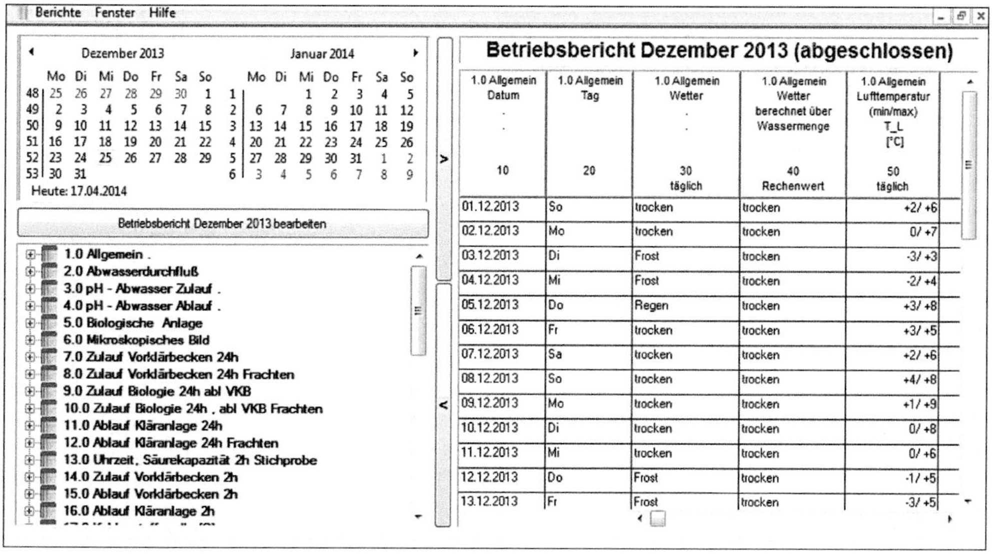

Bild 1: Auszug aus dem Betriebstagebuch. Bildquelle: Stadtentwässerung Stuttgart

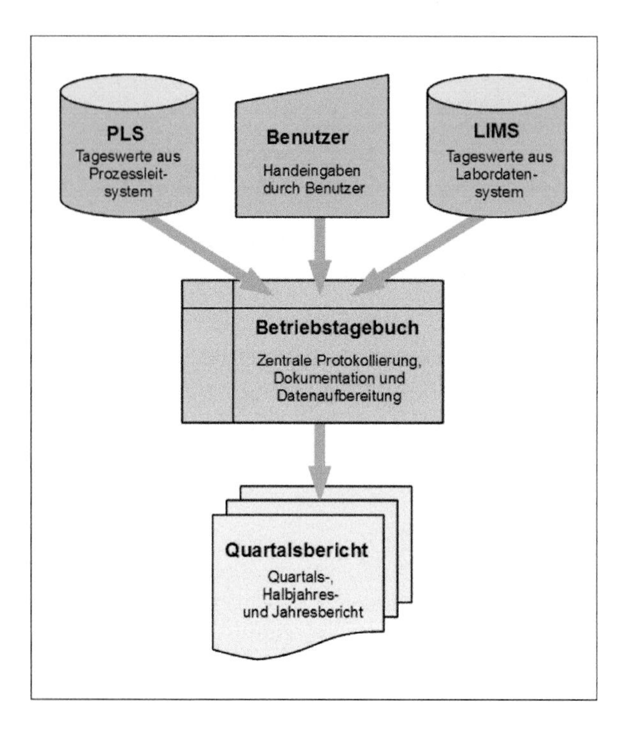

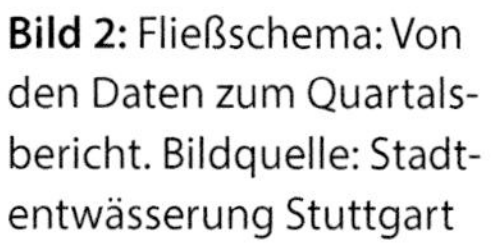
Bild 2: Fließschema: Von den Daten zum Quartalsbericht. Bildquelle: Stadtentwässerung Stuttgart

pflicht des Unternehmens nachzukommen und ein einheitliches transparentes Monitoring des Anlagenbetriebs, der Betriebsmittelverbräuche und der Anlagenemissionen zu garantieren. Auch wenn die im Betriebstagebuch verwalteten Daten meist problemlos etwa in ein **Tabelle**nkalkulations-Programm exportiert werden können, wird auf Grund des damit verbundenen erheblichen Zeitaufwands auf eine weiterführende Auswertung oftmals verzichtet.

Eine betriebsnahe und optimierte Anlagensteuerung kann aber nur erreicht werden, wenn die Vielzahl von Daten sinnvoll analysiert und die daraus resultierenden Erkenntnisse zeitnah umgesetzt werden. Ein von der Stadtentwässerung Stuttgart und ihren Partnern zu diesem Zweck konzipiertes und neu eingeführtes System ist das automatisierte Berichtswesen. Dieses ersetzt nicht die generell vom Prozessleitsystem gelieferten Auswertungen, sondern dient vielmehr dazu, langfristige und übergeordnete Trends zu erkennen.

2 Automatisiertes Berichtswesen

2.1 Grundlagen

Statt Daten aufwändig von mehreren Stellen, sei es das Prozessleitsystem oder das Betriebstagebuch abrufen zu müssen, ermöglicht das automatisierte Berichtswesen den Klärwerksbetreibern, sich rasch tabellarisch oder grafisch einen Überblick über alle wichtigen Werte zu verschaffen. Diese können als monatlicher, vierteljährlicher, halbjährlicher oder jährlicher Bericht abgebildet werden, wobei zudem ein Vergleich mit den Vorjahreswerten desselben Zeitraums geliefert wird. Mit Hilfe des automatisierten Berichtswesens wird der gewünschte Datenauszug erstellt, am Bildschirm angezeigt oder als PDF-Datei ausgegeben.

2.2 EDV-Umsetzung

Das Betriebstagebuch als zentrales Werkzeug der Protokollierung und Dokumentation kanalisiert über flexible Schnittstellen die anfallenden Informationen aus Prozessleitsystem, Labordatensystem und Handwerten unter einer einheitlichen und übersichtlichen Oberfläche (**Bild 2**).

24 h-VOLUMENSTROM				
	RSFA Hofen	RSFA Mühlhau.	Abschlag RÜB	HKW amtlich
Σ	13.971.711 m³	4.333.195 m³	72.234 m³	15.303.890 m³
∅ pro Tag	155.241 m³/d	48.147 m³/d		170.043 m³/d
Σ Trockenwetter				10.707.450 m³
Anzahl Trockentage				71
Anzahl Überlauftage			5	
Verhältnis Hofen/Mühlh.	1 : 0,31			
MOMENTAN ZULAUF				
15-min. Werte				Vorklärung
3 höchste Werte				7,2/7,1/7,0 m³/s
3 niedrigste Werte				0,6/0,6/0,6 m³/s
24 h-ZULAUF VKB				
	CSB	TOC	Abfiltr. Stoffe	P_{ges}
∅ Konzentrationen	543 mg/l	143 mg/l	266 mg/l	6,7 mg/l
3 höchste Werte	766/706/692 mg/l	218/211/203 mg/l	410/370/370 mg/l	9,7/9,2/9,0 mg/l
∅ Tagesfrachten	79.302 kg	23.236 kg	43.853 kg	1.081 kg

Bild 3: Auszug aus der Ergebnisliste (HKW Mühlhausen). Bildquelle: Stadtentwässerung Stuttgart

Bei der Entwicklung der Software für das automatisierte Berichtswesen wurde besonderer Wert auf einen hohen Automatisierungsgrad des Berichts bei gleichzeitiger Flexibilität gelegt. So passen z. B. intelligente Algorithmen die Skalierung der Grafiken und Ganglinien automatisch an den vorhandenen Wertebereich an. Der Inhalt der einzelnen Berichtsseiten wird im Vorfeld mit den Klärwerksbetreibern besprochen und kann auf die jeweiligen Bedürfnisse abgestimmt individuell gestaltet werden. Über ein speziell zugeschnittenes Zusatzprogramm ist es darüber hinaus möglich, Daten direkt aus den vor Ort eingesetzten Prozessleitsystemen in das automatisierte Berichtswesen zu übernehmen.

3 Ergebnisse

Das für die Klärwerke der Stadtentwässerung Stuttgart konzipierte automatisierte Berichtswesen besteht aus 11 Seiten für das Hauptklärwerk Mühlhausen und fünf bzw. sechs Seiten für die Außenklärwerke Möhringen und Plieningen sowie das Gruppenklärwerk Ditzingen. Die Berichtsseiten umfassen die relevanten Kennzahlen unter anderem aus den Bereichen:

- Zu- und Ablauf Klärwerk,
- Zu- und Ablauf Biologie,
- Schlammfaulung und -verbrennung,
- Betriebsstoffe, Reststoffe und
- Energie.

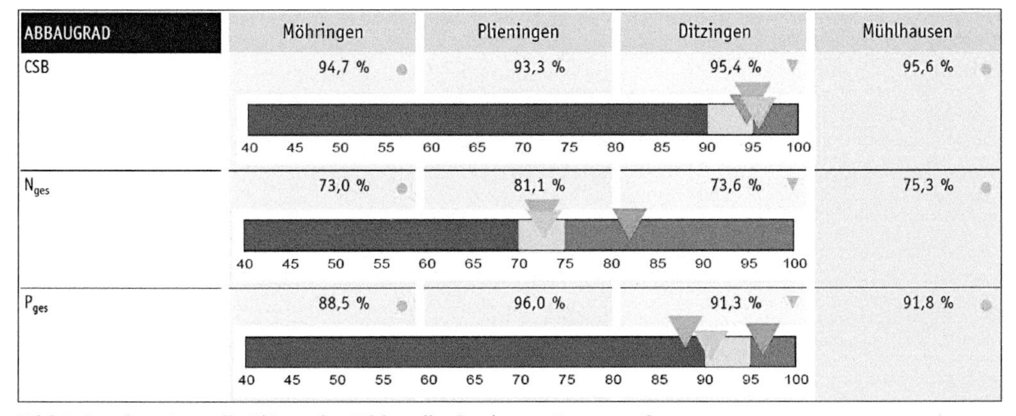

Bild 4: Sonderseiten alle Klärwerke. Bildquelle: Stadtentwässerung Stuttgart

Die in **Bild 3** farblich abgesetzten Dreiecke und Kreise spiegeln die Veränderung der Werte im Vergleich mit dem Vorjahr wider.

Darüber hinaus werden auf drei Sonderseiten (Auszug: **Bild 4**) die bei der Abwasserreinigung, der Schlammbehandlung und der Energieerzeugung auf den Klärwerken der Stadtentwässerung Stuttgart erzielten spezifischen Werte miteinander verglichen und den gesetzlichen Vorgaben und den im klärwerksinternen Benchmarking formulierten Normen gegenübergestellt.

4 Fazit

Das automatisierte Berichtswesen für die Klärwerke der Stadtentwässerung Stuttgart hat sich im täglichen Betrieb bewährt. „Quasi per Knopfdruck" ist es jeder Mitarbeiterin und jedem Mitarbeiter möglich, aktuelle statistische Werte und Grafiken aus den aufgezeichneten Daten abzurufen und für weitere Zwecke zu verwenden. Damit unterstützt das automatisierte Berichtswesen auf allen Entscheidungsebenen die strategische und operative Betriebsführung.

Literatur

[1] ATV-DVWK-M 260: Erfassen, Darstellen, Auswerten und Dokumentieren der Betriebsdaten von Abwasserbehandlungsanlagen mit Hilfe der Prozessdatenverarbeitung. ATV-DVWK-Regelwerk 02/2002, Hennef 2003.

Autoren

Dipl.-Ing. Boris Diehm
Dipl.-Ing. Thomas Hauck
Landeshauptstadt Stuttgart, Tiefbauamt, Eigenbetrieb Stadtentwässerung,
Hauptklärwerk S.-Mühlhausen
Aldingerstr. 212
70378 Stuttgart
E-Mail: boris.diehm@stuttgart.de
E-Mail: thomas.hauck@stuttgart.de

Dr. Margit Popp
Gesellschaft für Organisation und Entscheidung, Burgklinge 10
70839 Gerlingen
E-Mail: goe-stuttgart@arcor.de

Ralph Stetter
Kollotzek Software-Entwicklung
Kreuzstraße 23
74321 Bietigheim-Bissingen
E-Mail: rs@kollotzek.com

Thomas Uckschies, Klaus Kimmerle u.a.

Überarbeitete Methode zur hydraulischen Berechnung von Stabrechen

Der hydraulische Verlust von Feinrechenanlagen wird sehr oft über die Berechnungsmethode nach Kirschmer ermittelt. Vergleiche der Berechnungsergebnisse mit realen Messwerten ergaben Differenzen. Die bekannte Formel wurde erweitert und evaluiert.

1 Problemstellung

Die Auslegung von Feinrechen soll die Passage einer definierten Rohabwassermenge mit den enthaltenen Grobstoffen durch ein Stab- oder Lochgitter sicherstellen. Hierbei werden mittels Größenausschlussverfahren die Grobstoffe entsprechend der Trenngrenze des eingesetzten Feinrechens zurückgehalten. Dabei darf weder das Rechengerinne überstaut noch die Notumgehung in Anspruch genommen werden [1]. Um dies sicherzustellen, bedarf es einer verlässlichen Berechnung der lokalen hydraulischen Verluste am Feinrechen. Wie ein Vergleich von in realen Feinrechengerinnen aufgenommenen Messwerten mit den Berechnungsergebnissen nach Kirschmer [2] ergab, bestehen bereits für unbelegte Feinrechen zwischen den erfassten Messwerten und den Berechnungsergebnissen erhebliche Differenzen.

2 Diskussion der Berechnung des „Gefällsverlust" nach Kirschmer

Betrachtet man zunächst die Vorgehensweise bei der hydraulischen Berechnung einer Kläranlage, so muss die Bezeichnung „Verlust" in Frage gestellt werden. Die Berechnung der Hydraulik einer Kläranlage erfolgt sinnvoller Weise auf der Basis eines von Hochwassermarken definierten Ausgangswasserspiegels im Einleitgewässer rückwärts durch die gesamte Kläranlage bis zum Kläranlageneinlauf. Handelte es sich bei der Betrachtung „rückwärts" durch die Kläranlage beim Anstau vor der Feinrechenanlage um einen Verlust im eigentlichen Sinne, müsste der ermittelte Wert vom Wasserspiegel hinter dem Rechen abgezogen werden. Tatsächlich ergibt die Berechnung nach Kirschmer einen Zuschlag auf den Wasserspiegel, der sich hinter der Rechenanlage eingestellt hat und der letztendlich einen Verlust an Fließgeschwindigkeit im Zulauf zur Feinrechenanlage verursacht. Die Summe der Zuschläge je Verfahrensstufe ergibt dann den Wert, den die Wasserspiegeldifferenz vom Kläranlagenzulauf bis zum Kläranlagenauslauf haben muss, um ein Durchströmen des Abwassers im freien Gefälle zu ermöglichen.

Die Berechnung dieses Stauzuschlags für den unbelegten Rechen nach Kirschmer, das heißt einen Rechenrost frei von daran abgeschiedenem Rechengut, geht zurück auf wasserbauliche Laborversuche mit überwiegend groben Rechen. Die so durch Experimente ermittelte mathematische Beziehung basiert demnach auf Versuchen mit Rechen größerer Spaltweiten (8,7 – 64,5 mm) und Stabdicken (10 – 50 mm), die nicht den Spaltweiten und Stabdicken von Feinrechen nach dem heutigen Stand der Technik entsprechen. Mit Blick auf die Prozessoptimierung und Energiegewinnung ist davon auszugehen, dass auch zukünftig an die mechanische Abwasserreinigung mittels Feinrechen steigende Anforderungen gestellt werden. Es besteht daher der Bedarf, die mathematische Beziehung nach Kirschmer auf der Basis der heute verfügbaren Daten zu überprüfen.

Die Berechnung des Stauzuschlags für unbelegte Rechen nach Kirschmer erfolgt mit folgender Gleichung (zit. aus [2]):

$$h_{\omega} = \beta \cdot \left(\frac{s}{b}\right)^{\frac{4}{3}} \cdot \frac{v_1^2}{2 \cdot g} \sin \alpha \text{ aus [2]} \qquad \text{(Gl 1)}$$

β – Formbeiwert Rechenstab (-)
b – Spaltweite (in mm)
s – größte Stabdicke (in mm)

v_1 – Fließgeschwindigkeit vor dem Rechen (in m/s)
α – Neigungswinkel des Rechenrostes (in Grad)
h_ω – berechneter Stauzuschlag (in m)
g – Erdbeschleunigung (9,81 m/s²)

Die Berechnung des Stauzuschlags am Rechen nach Kirschmer gilt jedoch nur für Stabrechen und ist für Lochrechen ungeeignet. Für Lochrechen wird häufig die Gleichung nach Droste [3] angewendet (zit. aus [3]):

$$\Delta h = h_1 - h_2 = \frac{1}{2gC_d^2} \cdot \left(v_{sc}^2 - v^2\right) \text{ aus [3]} \qquad \text{(Gl 2)}$$

Δh – Stauzuschlag (in m)
h_1 – Wasserstand vor dem Rechen
h_2 – Wasserstand nach dem Rechen
g – Erdbeschleunigung (9,81 m/s²)
C_d – Verlustbeiwert des Rechens, typischer Wert 0,84
v_{sc} – Fließgeschwindigkeit zwischen den Stäben des Rechens
v – Fließgeschwindigkeit im Gerinne vor dem Rechen

Diese Berechnungsmethode wird hier nur der Vollständigkeit halber erwähnt, ist aber nicht Gegenstand der nachfolgenden Ausführungen.

Ursprünglich wird die Ausarbeitung von Kirschmer selbst als Untersuchung des Gefällsverlustes bezeichnet, die Bezeichnung Stauverlust hat sich im Sprachgebrauch bis heute durchgesetzt. Die von Kirschmer verwendete Versuchsanordnung weicht jedoch in einigen Punkten erheblich von den heute üblicherweise eingesetzten Feinrechenanlagen ab:

1. Die Ausarbeitung wurde für den Anwendungsfall einer Grobstoffentfernung bei einer Wasserentnahme aus angestauten Fließgewässern zum Zweck der Energieerzeugung verfasst. Dementsprechend wurde das Versuchsgerinne im Nebenschluss eines durchströmten Gerinnes angeordnet. Heutige Feinrechenanlagen hingegen sind direkt im Hauptschluss angeordnet, da sie die gesamte Wassermenge im Gerinne behandeln müssen.
2. Das damalige Versuchsgerinne war sehr schmal und sehr lang. Durch diese strömungsmechanisch vorteilhaften Proportionen bildet sich eine gerade, auf den Rechen zulaufende Strömung weitgehend ohne Turbulenzen aus. Diese an sich sehr vorteilhafte Anordnung wird in der Praxis nicht immer umgesetzt bzw. aus verschiedenen Gründen (Platzbedarf, Investitionsbedarf) nicht immer umsetzbar sein. Seitliche Zuflüsse in das Versuchsgerinne werden bei Kirschmer ausdrücklich nicht behandelt.
3. Die Zulaufwassermenge zum Rechengerinne konnte separat gedrosselt werden, so dass nur eine relativ kleine Wassermenge in das Rechengerinne gelangte. Die in oftmals kurzer Zeit hydraulisch stark differierenden Verhältnisse insbesondere bei Feinrechen im Mischsystem wurden nicht vollständig simuliert.
4. Im Abstrom der Versuchsanlage ist ein festes Wehr angeordnet. Dadurch wird nicht der gesamte Wasserkörper ungestört durchströmt. Dies hat zur Folge, dass sich Ober- und Unterwasserspiegel nicht wie in einem realen Feinrechengerinne einstellen. De facto wird dieses Wehr den Anstrom zum Rechen verlangsamen, daher ergeben sich sowohl bei der Messung des Stauzuschlags als auch der Fließgeschwindigkeiten vor und nach dem Rechen (v_1 und v_2) geringere Werte, als bei einem freien Gerinne.

Aus den genannten Differenzen zu real in Betrieb befindlichen Feinrechen müssen sich auch Abweichungen bei der Ermittlung des Verlustes an unbelegten Feinrechenanlagen ergeben. Diese Abweichungen müssen also über einen Vergleich von Messresultaten mit den Berechnungsergebnissen nach Kirschmer darstellbar sein.

3 Messung und Vergleich der Fließgeschwindigkeiten vor dem Feinrechen (v_1) und nach dem Feinrechen (v_2)

Die Gleichung (Gl 1) nach Kirschmer basiert auf der Vereinfachung, dass der Unterschied zwischen der Fließgeschwindigkeit vor und nach dem Rechen vernachlässigbar klein ist ($v_1 \approx v_2$). Zur Überprüfung dieser Vereinfachung wurden in insgesamt 21 Feinrechengerinnen die mittleren Fließgeschwindigkeiten vor und nach der Feinrechenanlage gemessen. Die Feinrechen arbeiteten dabei jeweils im Handbetrieb auf Dauerräumung, damit eventuelle Belegungen des Rechenrostes das Messergebnis nicht verfälschten.

Die Messungen der Fließgeschwindigkeiten vor dem Feinrechen (v_1) und nach dem Feinrechen (v_2) erfolgten sowohl in Gerinnen, die im freien Gefälle angeströmt werden, als auch in Gerinnen, die direkt über Pumpen beschickt werden. Die Messungen erfolgten teilweise bei Trockenwetter und teilweise bei Regenwetter. Die Stabbreiten der betrachteten Rechenanlagen liegen zwischen 3 mm und 10 mm, die Spaltweiten der Feinrechen zwischen 4 mm und 20 mm. Zu Vergleichszwecken wurden auch drei Messungen in Gerinnen mit Lochsiebrechen durchgeführt.

Die Profile der Fließgeschwindigkeitsverteilung im Rechengerinne wurden jeweils rund 50 cm vor und nach dem Rechen mittels eines mobilen Magnetisch-Induktiven-Durchflussmessers (MID) aufgenommen. Dabei erfolgten die Messungen für ein Profil jeweils an neun festgelegten Orten im Gerinne in einer Ebene, senkrecht zur Fließrichtung des Wassers.

Drei Punkte befanden sich verteilt über die Gerinnebreite knapp über der Sohle des Gerinnes, drei Punkte lagen in halber Höhe des durchflossenen Querschnitts und drei Messungen erfolgten nahe der Wasseroberfläche. Da hierbei trotz augenscheinlich stationärer Bedingungen deutlich messbare Messwertabweichungen auftraten, wurden für jeden dieser neun Punkte drei Messwerte der Fließgeschwindigkeit erfasst und dann der Mittelwert für jeden Messpunkt gebildet. Aus den Mittelwerten für die einzelnen Punkte im Gerinnequerschnitt wurde anschließend mit gleicher Gewichtung aller Mittelwerte die mittlere Fließgeschwindigkeit im Feinrechengerinne errechnet. Zu den Details der geometrischen Randbedingungen und den Bedingungen während der Messungen in den 21 Feinrechengerinnen siehe [4].

In **Bild 1** ist die mittlere gemessene Fließgeschwindigkeit des Abwassers im Zulauf zur Feinrechenanlage v_1 in [m/s] rot, die mittlere Fließgeschwindigkeit des Abwassers nach der Feinrechenanlage v_2 in [m/s] blau dargestellt. Zusätzlich ist der jeweilige Wert der gemessenen mittleren Fließgeschwindigkeiten oberhalb des Balkens angegeben.

Wie der Vergleich der mittleren Fließgeschwindigkeit vor dem Feinrechen v_1 mit der mittleren Fließgeschwindigkeit nach dem Feinrechen v_2 in Bild 1 zeigt, stimmt bei keinem der erfassten Feinrechengerinne weder bei Trockenwetterzufluss mit sehr geringen Wassermengen noch bei Regenwetter mit Maximalzufluss die Fließgeschwindigkeit vor dem Feinrechen v_1 auch nur näherungsweise mit der Fließgeschwindigkeit nach dem Feinrechen v_2 überein. Lediglich im Gerinne 20 ist die mittlere gemessene Geschwindigkeit vor und nach dem Rechen nahezu gleich.

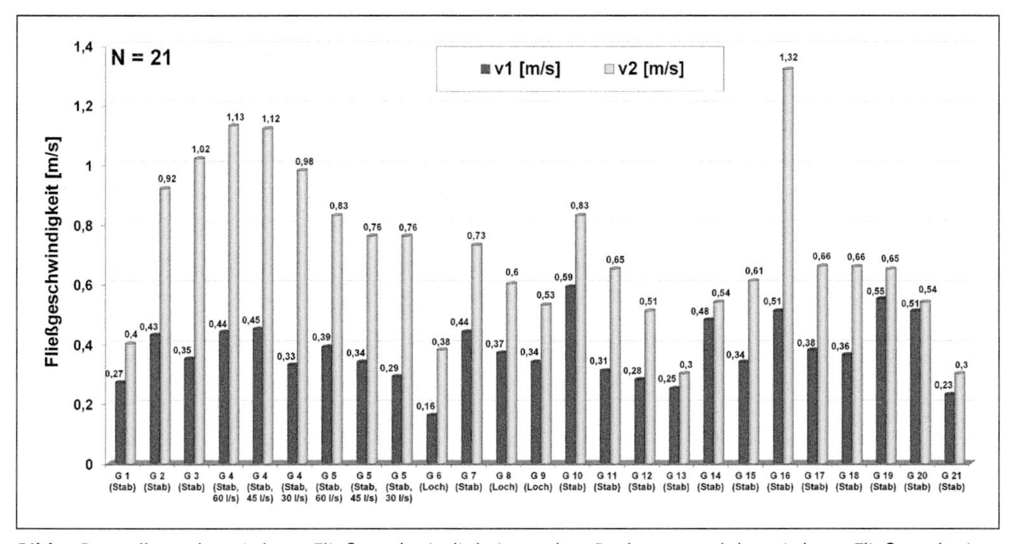

Bild 1: Darstellung der mittleren Fließgeschwindigkeit vor dem Rechen v_1 und der mittleren Fließgeschwindigkeit nach dem Rechen v_2 (Quelle: Thomas Uckschies)

Die Abweichung beträgt aber immer noch ~6 %. In diesem speziellen Fall wird dies durch massive Sandablagerungen vor diesem Feinrechen verursacht, die unsymmetrisch im Gerinne verteilt sind und so einen schmalen, seitlich im Gerinne liegenden Kanal mit ungleichmäßiger Anströmung des Feinrechens ausbilden.

Parallel zur Messung der Fließgeschwindigkeit erfolgte unter den beschriebenen Randbedingungen für die unbelegten Rechenroste eine Messung der Wasserstände h_1 vor dem Rechen und h_2 nach dem Rechen, ebenfalls etwa in einem Abstand von jeweils circa 50 cm. Aus diesen Messwerten wurde der in den **Bild 2** dargestellte gemessene Stauzuschlag ermittelt. Um mögliche Fehlerquellen, wie zum Beispiel temporäre Ablagerungen von Rechengut auszuschließen, wurden die Messungen analog zu den Messungen der Fließgeschwindigkeiten v_1 und v_2 ebenfalls drei Mal wiederholt und der Wasserspiegel bei jeder Messung über rund fünf Sekunden beobachtet.

4 Vergleich der Messergebnisse und Überarbeitung der Berechnung des Stauzuschlags

Die gemessenen Verluste von 10 der insgesamt 18 Feinrechengerinnen mit unbelegten Stabrechen, die in einer ersten Messreihe aufgenommen wurden, werden mit den Berechnungsergebnissen nach Kirschmer verglichen (Bild 2). Dabei wurde für die Ermittlung des Stauzuschlags nach Kirschmer die gemessene Geschwindigkeit v_2 nach dem Feinrechen verwendet, weil in den Untersuchungen von Kirschmer davon ausgegangen wird, dass es sich bei der Fließgeschwindigkeit vor dem Feinrechen v_1 um die Fließgeschwindigkeit im ungestörten Zulauf handelt. Da jedoch die Fließgeschwindigkeit im freien Gerinne v_2 die ungestörte Strömung darstellen muss, weil sie stets größer ist als v_1, wurde die gemessene Fließgeschwindigkeit v_2 für die Berechnung nach Kirschmer herangezogen. Die jeweiligen Stauzu-

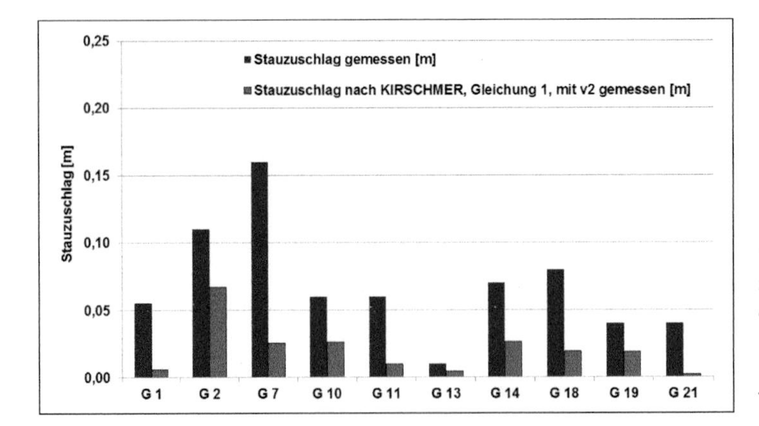

Bild 2: Vergleich des gemessenen realen Stauzuschlags von 10 Feinrechengerinnen mit berechneten Stauzuschlägen nach KIRSCHMER [2] (Quelle: Thomas Uckschies)

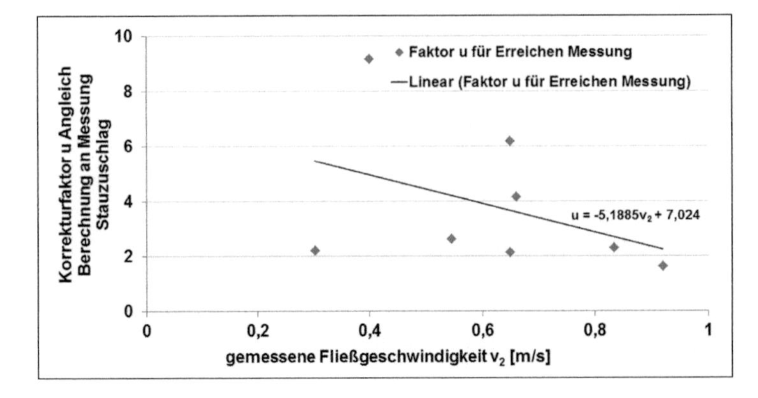

Bild 3: Korrekturfaktor u als Funktion von v_2 (Quelle: Thomas Uckschies)

Tab. 1 | Ermittlung des Korrekturfaktors u zum Angleichen der Berechnungsergebnisse an die Messresultate

Gerinne	Stauzuschlag gemessen [m]	Stauzuschlag berechnet [m]	Korrekturfaktor u
1	0,055	0,006	9,1673
2	0,11	0,0671	1,6392
7	0,16	0,0255	6,2791
10	0,06	0,0261	2,3005
11	0,06	0,0097	6,1917
13	0,01	0,0045	2,2252
14	0,07	0,0267	2,6221
18	0,08	0,0192	4,1610
19	0,04	0,0186	2,1450
21	0,04	0,0021	19,3777

schläge für die einzelnen Gerinne sind auf der Ordinate aufgetragen.

Erwartungsgemäß bestehen zwischen den gemessenen realen Stauzuschlägen und den Ergebnissen der Berechnung nach Kirschmer für die 10 Kläranlagen der ersten Messreihe erhebliche Unterschiede (Bild 2). Selbst eine näherungsweise Übereinstimmung mit den real gemessenen Werten ist in manchen Fällen überhaupt nicht gegeben. Bei Ansatz der gemessenen Fließgeschwindigkeit v_1 vor der Feinrechenanlage, wie eigentlich von Kirschmer vorgeschlagen, wären die Diskrepanzen noch größer. Insgesamt scheint jedoch der Berechnungsgang nach Kirschmer für Stabrechen tendenziell durchaus anwendbar zu sein, da die Berechnungsergebnisse immer kleiner sind, als die gemessenen Stauzuschläge. In der Praxis kann diese Differenz zwischen Berechnung und Realität jedoch die Ursache für ein Anspringen der Notumgehungen der Feinrechen bereits bei geringer Belegung und in größerer Häufigkeit sein. Daher ist eine Anpassung der Gleichung (Gl 1) nach Kirschmer erforderlich.

Die Ergebnisse dieser Berechnungen wurden mit den real gemessenen Stauverlusten beziehungsweise Stauzuschlägen verglichen. Anschließend wurde iterativ der Korrekturfaktor u bestimmt, mit dem der jeweilige nach Kirschmer berechnete Stauzuschlag multipliziert werden muss, um den gemessenen Stauzuschlag im entsprechenden Feinrechengerinne zu erreichen (**Tabelle 1**).

Die so ermittelten Daten wurden nochmals auf Plausibilität geprüft. Als Ergebnis dieser Plausibilitätsprüfung wurden zwei Feinrechengerinne aus dem Datenpool eliminiert. Das Gerinne 7 wurde im Weiteren nicht berücksichtigt, weil die Anströmung durch auftretende Turbulenzen so inhomogen war, dass an der Wasseroberfläche die Strömung zum Rechen hin führte, an der Gerinnesohle hingegen vom Rechen weg. Das Gerinne 21 wurde aus dem Datenpool entfernt, weil durch einen Rückstau aus dem Sandfang in das Rechengerinne ebenfalls keine reguläre Anströmung der Feinrechenanlage gegeben war. Dies äußert sich möglicherweise auch in dem immens erhöhten Faktor zum Angleichen des errechneten Stauzuschlags an den Messwert (**Tabelle 1**).

Im Anschluss wurde der Korrekturfaktor u als Funktion der gemessenen Fließgeschwindigkeit v_2 abgebildet (**Bild 3**). Zusätzlich wurde eine lineare Trendlinie eingefügt, die mit folgender Funktion mathematisch näherungsweise beschrieben werden kann:

$$u = 7 - 5{,}2 \cdot v_2 \qquad \text{(Gl 3)}$$

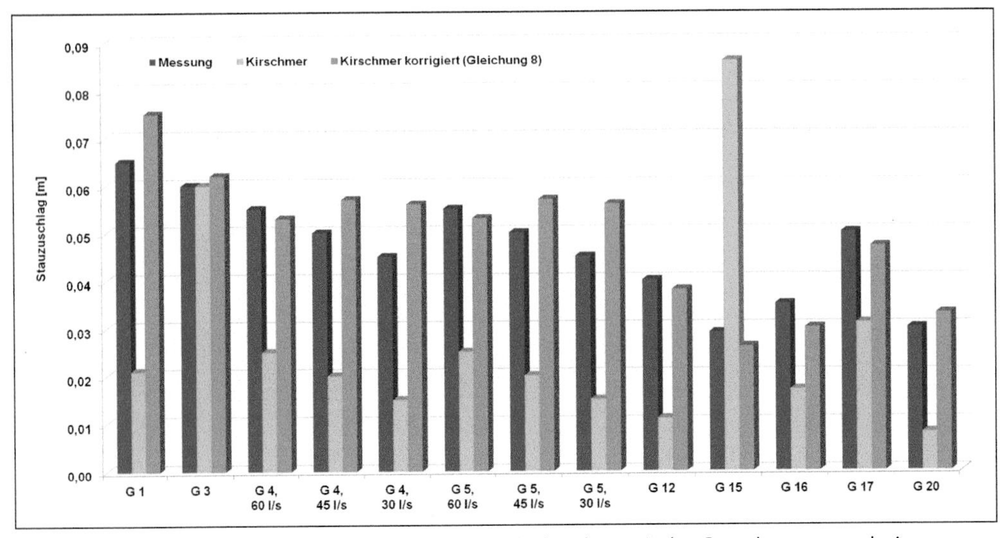

Bild 4: Darstellung der Stauzuschläge für 9 unbelegte Stabrechen mit den Berechnungsergebnissen nach KIRSCHMER und den Berechnungsergebnissen nach Gleichung (Gl 8) (Quelle: Thomas Uckschies)

Die genauen Werte der Trendlinie sind in Bild 3 ersichtlich.

Dementsprechend ist die Berechnung nach KIRSCHMER nach Gleichung (Gl 1) wie folgt zu ergänzen:

$$h_\omega = (7 - 5{,}2 \cdot v_2) \cdot \beta \cdot \left(\frac{s}{b}\right)^{\frac{4}{3}} \cdot \frac{v_2^2}{2 \cdot g} \cdot \sin\alpha \qquad \text{(Gl 4)}$$

Aus der Berechnung des Korrekturfaktors u gemäß Gleichung (Gl 4) können sowohl negative als auch positive Faktoren resultieren. Da es sich jedoch um einen Stauzuschlag zum Wasserspiegel h_2 nach dem Rechen handelt, ist die Berechnung des Korrekturfaktors u wie folgt anzupassen, damit nur der Betrag genutzt wird:

$$u = \sqrt{(7 - 5{,}2 \cdot v_2)^2} \qquad \text{(Gl 5)}$$

Somit ergibt sich die Formel zur Berechnung des Stauzuschlags für unbelegte Stabrechen zu:

$$h_\omega = \sqrt{(7 - 5{,}2 \cdot v_2)^2} \cdot \beta \cdot \left(\frac{s}{b}\right)^{\frac{4}{3}} \cdot \frac{v_2^2}{2 \cdot g} \cdot \sin\alpha \qquad \text{(Gl 6)}$$

Die in der Gleichung (Gl 6) enthaltene gemessene Fließgeschwindigkeit v_2 liegt jedoch in aller Regel bei der Konzeption einer Feinrechenanlage nicht vor. Daher gilt es, zunächst eine verlässliche Methode zur Bestimmung der Fließgeschwindigkeit im freien Gerinne zu finden. Bei der Berechnung der Fließgeschwindigkeit muss gelten, dass für ein und dasselbe Gerinne die Bestimmung der Fließgeschwindigkeit mittels verschiedener Methoden den gleichen Wert ergeben muss, [5]. Dies muss damit auch für die Berechnung der Fließgeschwindigkeit sowohl durch Bildung des Quotienten aus Zufluss und durchströmten Querschnitt, als auch nach der Formel von Manning-Strickler (zitiert in [6]), gelten. Dementsprechend ergibt sich:

$$v_b = \frac{Q}{A} = k_{st} \cdot r_{hy}^{2/3} \cdot I^{1/2} \qquad \text{(Gl 7)}$$

v_b – berechnete Fließgeschwindigkeit im Rechengerinne

k_{st} – Strickler-Beiwert für die Oberflächenbeschaffenheit in [$m^{1/3}/s$], Ansatz für Betongerinne $k_{St} = 65 m^{1/3}/s$, Ansatz für Stahlgerinne $k_{St} = 95 m^{1/3}/s$

r_{hy} – Hydraulischer Radius, gebildet aus: durchströmter Fläche A / benetztem Umfang U in [m], für A: Gerinnebreite·Wassertiefe, für U: Gerinnebreite + 2ˣWassertiefe

I – Fließgefälle, Höhe zu Länge [-] des jeweiligen Gerinnes

Da sowohl die durchströmte Fläche A wie auch der hydraulische Radius r_{hy} vom Gerinnequerschnitt abhängig sind, kann die Fließgeschwindigkeit nur iterativ ermittelt werden. Wenn also die Gerinnebreite als fester Wert gesetzt ist, muss der Wasserspiegel variiert werden, bis die Berechnungsmethoden mit Gleichung (Gl 7) eine Lösung ergeben. Dabei kann eine Rechengenauigkeit von ± 1 % ausreichen. Eine Berechnung mit höherer Genauigkeit ergibt keine signifikante Verbesserung.

Im Anschluss an die Ermittlung der Fließgeschwindigkeit v_b kann der Stauzuschlag für die jeweilige Rechenanlage gemäß Gleichung (Gl 8) ermittelt werden.

$$h_\omega = u \cdot \beta \cdot \left(\frac{s}{b}\right)^{\frac{4}{3}} \cdot \frac{v_2^2}{2 \cdot g} \cdot \sin\alpha =$$

$$\sqrt{(7 - 5{,}2 \cdot v_b)^2} \cdot \beta \cdot \left(\frac{s}{b}\right)^{\frac{4}{3}} \cdot \frac{v_b^2}{2 \cdot g} \cdot \sin\alpha \qquad \text{(Gl 8)}$$

Zur Verifizierung der aus den Messdaten entwickelten Gleichung (Gl 8) wurde die Methode an 8 weiteren Feinrechengerinnen überprüft. Zusätzlich wurde das Feinrechengerinne G 1 aus der ersten Gruppe (**Tabelle** 1) rechnerisch überprüft.

Der Vergleich der nach Gleichung (Gl 8) berechneten Stauzuschläge mit den Messresultaten ergab eine gute Übereinstimmung (Bild 4). Damit scheint die Ergänzung der Gleichung nach Kirschmer entsprechend Gleichung (Gl 8) eine geeignete Methodik zur Berechnung des Stauzuschlags vor Feinrechen zu sein. In Bild 4 sind die berechneten und gemessenen Stauzuschläge als Ordinate dargestellt und somit vergleichbar.

Diese Ergänzung der Berechnung des Stauzuschlags nach Kirschmer wurde für Stabrechen mit Spaltweiten von 3 – 20 mm durchgeführt. Die Stabdicken betrugen zwischen 3 und 10 mm, der Aufstellwinkel lag zwischen 30° und 90°. Der für die Korrektur der Stauzuschlagsberechnung betrachtete Bereich der Fließgeschwindigkeit im freien Feinrechengerinne lag zwischen 0,6 m/s und 1,4 m/s. Die im Feinrechengerinne angetroffenen Zuflüsse betrugen zwischen rund 10 % bis 110 % der maximalen Beschickungswassermenge. In diesem Gültigkeitsbereich ist die überarbeitete Berechnung des Stauzuschlags nach Gleichung (Gl 8) eine geeignete Methodik, um die Hydraulik einer unbelegten Feinrechenanlage zu berechnen.

5 Zusammenfassung

Aus den vorangegangenen Ausführungen lassen sich folgende Aussagen ableiten:

1. Die vielfach angewandte hydraulische Berechnung des Stauzuschlags von unbelegten Feinrechen nach Kirschmer ist auf heutige Feinrechen nicht allgemein zutreffend.
2. Bestimmend für den Stauzuschlag auf den Wasserspiegel vor dem Feinrechen ist nicht die Fließgeschwindigkeit direkt vor dem Feinrechen, sondern auch nach Kirschmer auch die Fließgeschwindigkeit im freien Gerinne, also im ungestörten Zulauf zur Feinrechenanlage.
3. Die Berechnung der Fließgeschwindigkeit im freien Gerinne nach dem Rechen ist iterativ möglich.
4. Die Ergebnisse von Berechnungen für unbelegte Stabrechen nach der experimentell ermittelten Ergänzung der Gleichung nach Kirschmer decken sich im angegebenen Gültigkeitsbereich bis auf eine Abweichung von im Mittel rund 10 % mit den Messwerten aus realen Feinrechengerinnen. Dies entspricht einer mittleren absoluten Abweichung zwischen Messung und korrigierter Stauzuschlagsberechnung nach Gleichung (Gl 8) von 5 mm. Dabei sind die Abweichungen bei extrem niedrigen Wassermengen größer als bei Wassermengen nahe am Maximum.

Eine allgemein gültige Überarbeitung und/oder Ergänzung der Gleichung nach Kirschmer für belegte Stabrechen existiert bisher nicht. Die Herleitung und Validierung einer entsprechenden Gleichung ist die Aufgabe weiterer Forschungen.

Literatur

[1] Thomas Uckschies, Klaus Kimmerle, Joachim Hansen, Manfred Greger: „Auslegung von Feinrechen auf kommunalen Kläranlagen", Korrespondenz Abwasser, Ausgabe 7/2014, S. 613ff

[2] Otto Kirschmer: „Untersuchungen über den Gefällsverlust an Rechen", Mitteilungen des Hydraulik Institut der

Technischen Hochschule München, Heft 1, S. 21 – 41, 1926
[3] Ronald L. Droste: „Theory and Practice of Water and Wastewater Treatment", John Wiley & Sons, Inc., 1997
[4] www.htwsaar.de/forschung/struktur/forschungseinrichtungen/ipp/ipp_allgemein/veroffentlichungen
[5] Robert Freimann: Hydraulik für Bauingenieure, München, Carl Hanser Verlag, 2012
[6] Gerhard Bollrich, Günter Preissler: Technische Hydromechanik, Teil1, 3. Auflage, Berlin, Verlag für Bauwesen GmbH, 1992

Autoren

Prof. Dr.-Ing. Joachim Hansen
Siedlungswasserwirtschaft und Wasserbau
Universität Luxemburg – Campus Kirchberg
6, rue R. Coudenhove-Kalergi
L – 1359 Luxemburg-Kirchberg
E-Mail: joachim.hansen@uni.lu

Prof. Dr.-Ing. Manfred Greger
Process Engineering
Universität Luxemburg – Campus Kirchberg
6, rue R. Coudenhove-Kalergi
L – 1359 Luxemburg-Kirchberg
E-Mail: manfred.greger@uni.lu

Prof. Dr.-Ing. Klaus Kimmerle
Hochschule für Technik und Wirtschaft des Saarlandes
Fakultät für Ingenieurwissenschaften, Institut für Physikalische Prozesstechnik
Goebenstraße 40
D-66117 Saarbrücken
E-Mail: klaus.kimmerle@htwsaar.de

Dipl.-Ing. Thomas Uckschies
Entsorgungsverband Saar
Postfach 10 01 22
D-66001 Saarbrücken
E-Mail: thomas.uckschies@evs.de

Mikroschadstoffe

Jörg Wagner

Mikroschadstoffe im Gewässer – Schritte zu einer nationalen Mikroschadstoffstrategie

Noch ist nicht bekannt, wie groß das Problem der Mikroschadstoffe in unseren Gewässern werden könnte. Das Umweltbundesamt hat hierzu ein Forschungsvorhaben durchgeführt, dessen Ergebnisse im Oktober 2015 auf einem Workshop im Bundespresseamt vorgestellt und mit den Ländern und Verbänden diskutiert. wurden. Der Bund möchte zusammen mit allen Verantwortlichen und Betroffene auf dieser Grundlage schrittweise eine nationale Mikroschadstoffstrategie erarbeiten.

Der EU-rechtliche Rahmen

Für die nationale Vorgehensweise gibt es schon jetzt einen Zwangspunkt zu beachten: wir haben die Regelungen der Europäischen Union umzusetzen. Die EU hat 2008 zur Konkretisierung von Art. 16 der Wasserrahmenrichtlinie die Richtlinie zu den Umweltqualitätsnormen (UQN-RL) erlassen [1]. 2013 wurde die UQN-RL fortgeschrieben, erweitert und punktuell verschärft [2].

Erwägungsgrund 1 führt dort aus: „Die chemische Verschmutzung von Oberflächengewässern stellt eine Gefahr für die aquatische Umwelt dar, die zu akuter und chronischer Toxizität für Wasserlebewesen, zur Akkumulation von Schadstoffen in den Ökosystemen, zur Zerstörung von Lebensräumen und zur Beeinträchtigung der biologischen Vielfalt führen kann, sowie für die menschliche Gesundheit dar."

Diesem europäischen Ansatz werden wir uns stellen. Der Entwurf der Oberflächengewässerverordnung wird diese Fortschreibung der Umweltqualitätsnormen-Richtlinie umsetzen. Auch die Länder sehen ergänzenden Handlungsbedarf des Bundes. So hat die Umweltministerkonferenz (UMK) im November 2015 formuliert: „Es bedarf … einer zwischen dem Bund und den Ländern abgestimmten Strategie zur Identifizierung und Priorisierung gewässerrelevanter Mikroschadstoffe"; des Weiteren: „Es bedarf im Rahmen der gemeinsamen Strategie eines koordinierten Vorgehens beim Monitoring und Austausch von Ergebnissen …" [3].

Projekt zur Entwicklung einer deutschen Mikroschadstoffstrategie

Daher hat der Bund vor einigen Wochen ein Projekt zur Entwicklung einer deutschen Mikroschadstoffstrategie gestartet. Es wird geleitet von einem Kollegen, der sich bereits mehrere Jahre mit der Planung von Kläranlagen für Klinikabwässer befasst.

Dennoch wird es in diesem Projekt gerade nicht nur um die Aufrüstung von Kläranlagen gehen: Die verpflichtende Einführung einer 4. Reinigungsstufe bei Kläranlagen erscheint zu kurz gesprungen. Die Aufrüstung von Kläranlagen wird zwar einen Baustein zum Umgang mit

Der mit einer nationalen Mikroschadstoffstrategie anzustrebende Soll-Zustand basiert auf der Vorgabe der WRRL, einen guten chemischen oder ökologischen Gewässerzustand zu erreichen. Wo Erkenntnislücken bestehen, wird auf den wasserrechtlichen Vorsorgegrundsatz abgestellt.

Mikroschadstoffen darstellen. Aber nicht alle Einträge von Mikroschadstoffen erfolgen über das Abwasser, nicht alle Mikroschadstoffe im Abwasser können über eine 4. Reinigungsstufe herausgefiltert werden, nicht alle Kläranlagen werden mit für den Bürger vertretbaren Investitionen aufgerüstet werden können. Aber ohne eine 4. Reinigungsstufe kann das Problem der Mikroschadstoffe ebenfalls nicht gelöst werden. Selbst wenn in der UQN-Richtlinie [2] in Erwägungsgrund 1 festgehalten ist: „In erster Linie sollten die Verschmutzungsursachen ermittelt und die Emissionen von Schadstoffen in wirtschaftlicher und ökologischer Sicht Hinsicht möglichst wirksam an ihrem Ursprung bekämpft werden."

Aber wollen wir, gegen die Pharma-Industrie, es wirklich darauf anlegen, einzelne Arzneimittel wegen ihrer Auswirkungen auf die Gewässer zu verbieten? Diese Strategie ginge zugleich zu Lasten der Gesundheit der Menschen. Oder wollen wir, gegen den Widerstand der Landwirtschaftslobby, den Einsatz von Antibiotika bei der Tiermast verbieten? Diese Strategie führte zugleich zu deutlich höheren Preisen für Fleisch. Oder wollen wir, gegen den Widerstand der Automobilindustrie, deren CO_2-Emissionsgrenzwerte auch von der Beschaffenheit der Reifen abhängen, den Reifenherstellern auferlegen, abriebfeste Reifenmischungen herzustellen? Diese Strategie ginge möglicherweise sogar zu Lasten der Verkehrssicherheit. Also allein auf das Verursacherprinzip abzustellen, wie es die Richtlinie scheinbar propagiert, wird daher nicht ausreichen.

Als Vorgabe für das Projekt wird deshalb ein kombinierter Ansatz für erforderlich gehalten, der sowohl beim Verursacher ansetzt als auch eine „End-of-pipe"-Lösung integriert.

Die folgenden Überlegungen zur Entwicklung einer nationalen Mikroschadstoffstrategie sind in die drei Schritte der Analyse der Situation, der Entwicklung einer Strategie und der ersten Umsetzungsschritte gegliedert.

Zunächst ist eine Bestandsaufnahme des Ist-Zustand erforderlich: Um welche Stoffe handelt es sich und auf welche Weise gelangen sie in die Gewässer? Dabei wird auf den Bericht der Länderarbeitsgemeinschaft Wasser (LAWA) „Mikroschadstoffe in Gewässern" aus dem Jahr 2015 abgestellt [4]. Abgeleitet hieraus wird dann ein Sollzustand formuliert, der gemeinschaftsrechtlich geprägt ist: Wie sollte der Gewässerzustand sein, den wir im Umgang mit den Mikroschadstoffen anstreben wollen?

Aus dieser Vorgabe soll eine Strategie entwickelt werden, mit welchen Maßnahmen in Deutschland dieser Sollzustand erreicht werden kann. Die Erarbeitung eines Katalogs grundsätzlich geeigneter Maßnahmen zum Umgang mit Mikroschadstoffen und der dabei zu berücksichtigenden Rahmenbedingungen ist der Kern des Projekts. Es erscheint geboten, diesen Katalog nicht allein, sondern in enger Zusammenarbeit aller Betroffenen in Deutschland zu erarbeiten. Hierzu soll ein extern moderierter „Stakeholder"-Prozess unter dem Dach des Bundesumweltministeriums etabliert werden. Einen Fachdialog, an dem alle Betroffenen aus der Wasserwirtschaft und aus ihrem Umfeld teilnehmen sollen.

Damit die von diesem Kreis erarbeitete Strategie aber nicht nur auf dem Papier besteht, bedarf es am Ende einer Verständigung, wie erste Umsetzungsschritte gemeinsam gegangen werden können. D. h. es bedarf eines abgestimmten Fahrplans, wer was umsetzt und wie die verschiedenen einzelnen Schritte von den Beteiligten zu einem sinnvollen Ganzen zusammengeführt werden können.

Dabei geht es nicht darum, von einzelnen progressiven Ländern bereits eingeleitete Aktivitäten zum Umgang mit Mikroschadstoffen zu übersteuern, sondern darum, für alle betroffenen Akteure in der Wasserwirtschaft einen geeigneten Rahmen für aufeinander abgestimmte Maßnahmen zu entwickeln. Die Länder, die schon weiter als der Bund sind, können sich hier konstruktiv einfügen und ihre eigenen Strategien um weitere Bausteine ergänzen. Die Länder, die noch nicht so weit sind, sollen durch das Projekt dagegen ermutigt werden, jetzt ebenfalls aktiv zu werden.

Rahmenbedingungen und Ziele des Projekts

Analyse

Die zu Beginn eines Projekts notwendige Analyse des Ist-Zustandes und der Rahmenbedingungen beginnt mit der Frage: Um welche Stoffe handelt es sich bei den Mikroschadstoffen, die in unsere Gewässer gelangen? Eine Beschreibung, wie sie 2015 die Arbeitsgruppe der LAWA getroffen hat, lautet: Bei Mikroschadstoffen „handelt es sich um Stoffe, die in sehr geringen Konzentrationen in unseren Gewässern vorkommen. Einige dieser Stoffe können bereits in sehr niedrigen Konzentrationen nachteilige Wirkungen auf die aquatischen Ökosysteme haben und/oder die Gewinnung von Trinkwasser aus dem Rohwasser negativ beeinflussen. Bei diesen Stoffen handelt es sich z. B. um Rückstände von Pflanzenschutzmitteln, Arzneimitteln, und Körperpflegeprodukten sowie Industrie- und Haushaltschemikalien."

Aus der Beschreibung der Stoffe, um die es bei der Strategie gehen soll, folgt die Frage: Auf welche Weise gelangen diese Stoffe in unsere Gewässer hinein? Auch hierzu äußert sich der Bericht der LAWA [4]. Arzneimittel für Menschen und Körperpflegeprodukte gelangen über das Abwasser und den Weg über die Kläranlage in unsere Gewässer, und zwar entweder über ihren Verbrauch oder über ihre Entsorgung über die Toilette, vereinzelt bereits bei der Produktion über Industrieabwässer. Das Grundwasser kann zudem durch undichte Kanäle verunreinigt werden, welche an sich die belasteten Abwässer in die Kläranlagen leiten sollen. Tierarzneimittel gelangen über aufgebrachte Gülle und Jauche auf die Äcker und von dort in das Grundwasser, und bei Starkregen über Abschwemmungen auch in die Oberflächengewässer. Pflanzenschutzmittel gelangen auf eben diese Weise nach Regenfällen in den Gewässerkreislauf. Wieder anders ist es bei den Industrie- und Haushaltschemikalien. Sie können bereits im Verlauf der Produktion unmittelbar über Industriekläranlagen in die Gewässer gelangen. Oder sie werden bei der Benutzung oder Entsorgung von Gebrauchsgegenständen, wie beim Abrieb von Autoreifen oder als Lackreste freigesetzt; sie gelangen dann ebenso bei Regen in die Gewässer.

Aus diesem Ist-Zustand ist ein Soll-Zustand abzuleiten. Wie sollte der Gewässerzustand sein, den wir im Umgang mit diesen Mikroschadstoffen anstreben sollten? Die Frage nach dem Sollzustand ist immer auch eine Frage der Bewertung. Als Anknüpfungspunkt dient hier das Gemeinschaftsrecht. Auf der Ebene der EU, nach der Wasserrahmenrichtlinie (WRRL) und ihrer Tochterrichtlinie, der Umweltqualitätsnormen-Richtlinie (UQN-RL), gibt es einzelne Umweltqualitätsnormen zu Mikroschadstoffen. Diese Normen geben im Rahmen der Vorgabe, einen guten chemischen Gewässerzustand zu erreichen, eine Bewertung über einzelne Stoffe ab. In den Richtlinien werden sie als prioritäre bzw. prioritäre gefährliche Stoffe bezeichnet. Und sie sind mit dem Gebot versehen, dass die vorgegebenen UQN-Werte in Gewässern von ihnen nicht überschritten werden dürfen. Bei einer Überschreitung ist ihr Eintrag zu reduzieren bzw. ihre Einleitung zu beenden. Ergänzend gibt es auch einzelne deutsche UQN für flussgebietsspezifische Schadstoffe. Sie dienen zur Beurteilung des guten ökologischen Zustands eines Gewässers. In Aufgreifen der Vorgaben der UQN-Richtlinie sind sie in der Oberflächengewässerverordnung (OGewV) geregelt. Letztlich geht es bei beiden Ansätzen darum, den guten Gewässerzustand zu erreichen. Dieser gute Gewässerzustand ist der anzustrebende Soll-Zustand.

Indes werden die meisten Mikroschadstoffe vom Unionsrecht oder der OGewV noch gar nicht erfasst. Das Bewertungssystem weist große Lücken auf. Wir tappen hier auf europäischer und nationaler Ebene im Dunkeln, eine Bewertung ist daher oft nicht möglich. Diese Unkenntnis ist der Grund, weshalb die UQN-Richtlinie regelmäßig fortgeschrieben wird und sich Deutschland hieran auf europäischer Ebene aktiv beteiligt – sobald neuere Erkenntnisse aus den Mitgliedstaaten zusammengetragen worden sind. Und sie ist zugleich der Grund für die so genannte Beobachtungsliste der Kommission zu den Arzneimitteln. Die Kommission will angesichts der zu erwartenden Diskussionen mit der Pharmaindustrie erst später bewerten, ob diese Mittel bei Aufnahme über das Trinkwasser oder die Nahrung für die menschliche Gesundheit gefährlich sind. Letztlich ist diese Unsicherheit auch der Grund dafür, dass die angekündigte Mikroschadstoff- und Arzneimittelstrategie der Europäischen Kommission trotz vergangener Ankündigungen säumig ist. Angesichts der Erkenntnislücken auf der Gemeinschaftsebene und in Deutschland werden wir bei der Frage nach dem Soll-Zustand im Übrigen, also soweit es keine Umweltqualitätsnormen gibt, auf den wasserrechtlichen Vorsorgegrundsatz der Wasserrahmenrichtlinie zurückgreifen müssen: „Wasser ist keine übliche Handelsware, sondern ein ererbtes Gut, dass geschützt, verteidigt und entsprechend behandelt werden muss" [5].

Der mit dem Projekt anzustrebende Soll-Zustand lässt sich damit wie folgt beschreiben: Er basiert auf der Vorgabe, einen guten chemischen oder ökologischen Gewässerzustand zu erreichen. Wo wir Erkenntnislücken haben, werden wir auf den wasserrechtlichen Vorsorgegrundsatz abstellen.

Ziel 1 einer nationalen Mikroschadstoffstrategie: Aufbereitung, Verknüpfung und bei Bedarf Weiterentwicklung des in Deutschland an verschiedenen Stellen vorhandenen Wissens zu den Mikroschadstoffen.

Strategie

Gerade das Nichtwissen in vielen Bereichen erfordert es, das Projekt für zukünftige Ergebnisse offen zu gestalten. Die zu erarbeitende nationale Mikroschadstoffstrategie sollte daher nicht zu eng gefasst werden, etwa eingeengt auf eine konkrete Maßnahme. Sondern sie sollte offen sein, was mögliche Ansatzpunkte bei den Verursachern oder am Ende bei den Kläranlagen angeht. Welche Ziele verfolgen wir dabei?

Zunächst bedarf es des Erwerbs von mehr Wissen über die Mikroschadstoffe, insbesondere hinsichtlich ihres Vorkommens und ihrer Wirkungen in unseren Gewässern. Dazu wollen wir in Gespräche mit allen Verantwortlichen in der Wasserwirtschaft treten: Welche Forschungsergebnisse liegen vor und wo wird weiterer Forschungsbedarf gesehen? Der aktuelle Wissensstand wird bei Bedarf um einzelne Forschungsprojekte ergänzt, die Bund und Länder dann untereinander abstimmen sollten. Die Aufbereitung und Verknüpfung und bei Bedarf die Weiterentwicklung des in Deutschland an verschiedenen Stellen vorhandenen Wissens zu den Mikroschadstoffen ist daher das erste Ziel des Projekts.

Mit einer bewusst weit gefassten Aufbereitung von Wissen kann zugleich den Prozess der Fortschreibung der UQN-Richtlinie unterstützt werden. Nur mit diesem Wissen kann die von der UMK vorgeschlagene Priorisierung vorgenommen sowie die Auswahl weiterer prioritärer und gefährlicher Stoffe auf europäischer Ebene beeinflusst werden.

Mit einem Priorisierungsvorschlag für die künftig zusätzlich zu regulierenden Stoffe wäre indes noch nicht geklärt, mit welchen Maßnahmen wir in Deutschland den schlechten Zustand unserer Gewässer in einen guten Zustand überführen wollen. Zumal wir uns bewusst sein sollten, dass sich durch die in der Richtlinie angelegte sukzessive Verschärfung der UQN-Anforderungen sich ein einmal in Deutschland erreichter guter Gewässerzustand auch wieder verschlechtern kann. Es besteht also fortlaufender Handlungsbedarf.

Über den Vorschlag der UMK hinausgehend soll daher in der Strategie ein Rahmen für einen Maßnahmenmix erarbeitet werden, der geeignet erscheint, der Belastung unserer Gewässer durch bekannte, insbesondere aber auch zukünftig erst ermittelte Mikroschadstoffe entgegenzuwirken. Die nationale Rahmensetzung für geeignete Maßnahmen zum Umgang mit Mikroschadstoffen ist daher unser zweites Ziel des Projekts.

Indes obliegt die Durchführung von Maßnahmen zum Erreichen eines guten Gewässerzustands nach dem Grundgesetz den Ländern. Warum soll sich der Bund überhaupt näher in die Entwicklung geeigneter Maßnahmen gegen Mikroschadstoffe einmischen? Würde es nicht ausreichen, wenn sich der Bund, wie von der UMK vorgeschlagen, darauf beschränkt, den Ländern beim Wissenserwerb und bei der Abstimmung des Priorisierungsvorschlags zu helfen? Ob End-of-pipe-Lösung, diese freiwillig und auf der Grundlage von Fördermitteln oder zwingend per landesweiter Regelung, ob zusätzliche Maßnahmen an der Quelle, bliebe dann allein unseren 16 Ländern überlassen. Der Bund beschränkt sich hingegen ausschließlich auf eine regelmäßige Fortschreibung der OGewV.

Jedoch erscheinen 16 divergierende Teilstrategien zur Umsetzung der UQN-Richtlinie ineffizient. Denn was ist, wenn sich die Teilstrategien nicht sinnvoll ergänzen, sondern sie sich mögli-

Ziel 2 einer nationalen Mikroschadstoffstrategie: Setzen eines Rahmens auf Bundesebene für geeignete Maßnahmen zum Umgang mit Mikroschadstoffen.

Ziel 3 einer nationalen Mikroschadstoffstrategie: Anstoßen von übergeordneten Maßnahmen des Bundes zur Vermeidung des Eintrags von Mikroschadstoffen in die Gewässer.

cherweise sogar widersprechen? Die Entwicklung eines nationalen Handlungsrahmens und auch eine Gesamtkoordination des Bundes bei der Entwicklung von grundsätzlich geeigneten Maßnahmen zum Umgang mit Mikroschadstoffen erscheint daher geboten. Der Bund benötigt hierzu die Unterstützung aller wesentlichen in der Wasserwirtschaft tätigen Institutionen, in erster Linie der Länder, aber auch die der Bundesressorts und der Verbände, des Weiteren die der Industrie, der Landwirtschaft und der sonstigen Verursacher. Welche dieser gemeinsam entwickelten Maßnahmen dann ein einzelnes Land im Rahmen der gemeinsamen Mikroschadstoffstrategie konkret ergreift, muss dieses natürlich jeweils für sich selbst entscheiden.

Außerdem kann auch der Bund selbst auf der übergeordneten Maßnahmenebene einiges bewegen. So könnten Gespräche mit der Wirtschaft zur Reduzierung der Mikroschadstoffe an der Quelle initiiert werden, mit gleicher Zielrichtung natürlich auch mit der Pharmaindustrie oder den Vertretern der Ressorts Landwirtschaft und Gesundheit. Oder der Bund verständigt sich mit den Ländern und der Industrie darauf, eine bundesweite Informationskampagne für die Öffentlichkeit zum Umgang mit Arzneimitteln zu entwickeln. Und natürlich kann der Bund das UBA zur Durchführung von Modellvorhaben beauftragen, also zu Identifikation der Erfolgsaussichten einer Maßnahme, bevor die Länder in die Fläche gehen. Eigene übergeordnete Maßnahmen zur Vermeidung des Eintrags von Mikroschadstoffen in unsere Gewässer anzustoßen ist daher das dritte Ziel des Projekts.

Und möglicherweise sollte am Ende vom Bund auch noch der Aspekt des Schutzes der Meere eingebracht werden, gerade weil die Auswirkungen der Teilstrategien der Länder über deren Binnengewässer hinaus auch die Gewässergüte in Nord- und Ostsee beeinflussen werden.

Um das damit sehr ambitionierte Projekt nicht zu überfrachten und in einem angemessenen zeitlichen Korridor zu halten, wird es jedoch auch einer Fokussierung bedürfen. Vermutlich wird die Strategie auf Stoffgruppen aggregiert werden können, um ein Abrutschen ins „Klein-Klein" der Betrachtung einzelner Stoffe zu verhindern. Möglicherweise können sogar bestimmte Gruppen von Stoffen ganz ausgeklammert werden oder es könnte zumindest eine Beschränkung auf die Untersuchung von Referenzstoffen aus den verschiedenen Stoffgruppen erfolgen. Dies sind aber schon Ausgestaltungsfragen, die erst im Anschluss an die derzeit laufende Analyse als erstes gemeinsam mit den maßgeblichen „Stakeholdern" im Projekt geklärt werden sollten.

Umsetzung

Die Strategie soll also einen Rahmen für grundsätzlich geeignete Maßnahmen zum Umgang mit Mikroschadstoffen setzen. Wer von den Verantwortlichen und Betroffenen letztlich welche Maßnahmen aus dem vorgeschlagenen Maßnahmenmix aufgreift, obliegt dann einer gemeinsamen Verständigung zum Ende des Projekts hin. Der Bund stellt sich daher zum Abschluss des Strategieprozesses die Verabredung eines gemeinsamen Umsetzungsfahrplans zur Mikroschadstoffstrategie vor, den der Bund zumindest in der Anfangszeit koordinieren und begleiten und später gemeinsam mit den originär Verantwortlichen evaluieren will.

Resümee und Ausblick

Das Ganze einer nationalen Mikroschadstoffstrategie soll deutlich mehr werden, als die Summe seiner Teile. Das Projekt soll daher in drei Schritten durchgeführt werden: dies sind die Analyse, die Entwicklung einer Strategie und deren Umsetzung. Zurzeit erfolgt die Analyse. Diese soll bis Ende 2015 abgeschlossen sein, und zwar zunächst intern durch das Bundesumweltministerium und das UBA. Die Überprüfung der Analyse und die Erarbeitung einer übergreifenden Mikroschadstoffstrategie sollen danach ab Frühjahr 2016 bis Mitte 2017 erfolgen, um sie vor der nächsten Bundestagswahl abzuschließen. Damit bestünde für den Bund die Möglichkeit, innerhalb des vereinbarten Rahmens eigene übergeordnete, allen nützende Maßnahmen zur Vermeidung von Mikroschadstoffen in die Koalitionsvereinbarung aufzunehmen. Aus der gemeinsamen Strategie abgeleitet, sollten schließlich aufeinander abgestimmte erste Umsetzungsschritte 2018 seitens der verschiedenen Verantwortlichen beginnen. Es spricht natürlich nichts dagegen und würde dem Umsetzungsprozess gut tun, schon vorzeitig mit einzelnen Maßnahmen zu beginnen, sofern diese frühzeitig von den „Stakeholdern" als sinnvoll identifiziert werden und der erst später zu verabschiedenden Strategie nicht zuwiderlaufen („No regret"-Maßnahmen).

Natürlich erhofft sich der Bund, dass eine solche Vorgehensweise auch in Europa Resonanz findet. Das, eher unausgesprochene, langfristige Ziel ist es, die Entwicklung im Umgang mit den Mikroschadstoffen auf der Ebene der Gemeinschaft mit zu beeinflussen. So soll einem europäischen und nationalen Problem entgegengewirkt werden, welches von Vielen als das zentrale Problem für unsere Gewässer angesehen wird.

Anmerkung: Der Beitrag geht zurück auf einen Vortrag, den der Autor am 25. November 2015 auf einer Tagung der Technischen Universität in Kaiserslautern gehalten hat.

Literatur

[1] Richtlinie 2008/105/EG des Europäischen Parlaments und des Rates vom 16. Dezember 2008 über Umweltqualitätsnormen im Bereich der Wasserpolitik und zur Änderung und anschließenden Aufhebung der Richtlinien des Rates 82/176/EWG, 83/513/EWG, 84/156/EWG, 84/491/EWG und 86/280/EWG sowie zur Änderung der Richtlinie 2000/60/EG, ABl. EU Nr. L 348 S. 84 ff.

[2] Richtlinie 2013/39/EU des Europäischen Parlaments und des Rates vom 12. August 2013 zur Änderung der Richtlinien 2000/60/EG und 2008/105/EG in Bezug auf prioritäre Stoffe im Bereich der Wasserpolitik, ABl. EU Nr. L 226 S. 1 ff.

[3] Beschluss Nr. 2 b. und c. zu TOP 30 der 85. Umweltministerkonferenz am 13.11.2015 https://www.umweltministerkonferenz.de/documents/endgueltiges_UMK-Protokoll_Augsburg_3.pdf

[4] Bund/Länder-Arbeitsgemeinschaft Wasser (LAWA), Mikroschadstoffe in Gewässern, beschlossen auf der 150. LAWA-Vollversammlung am 17./18. September 2015 in Berlin und der 85. Umweltministerkonferenz am 13.11.2015 (Beschluss Nr. 1 zu TOP 30, s. [3])

[5] Erwägungsgrund 1 der Richtlinie 2000/60/EG des Europäischen Parlaments und des Rates vom 23. Oktober 2000 zur Schaffung eines Ordnungsrahmens für Maßnahmen der Gemeinschaft im Bereich der Wasserpolitik, ABl. EG Nr. L 327, S. 1 (Wasserrahmenrichtlinie)

Autor

Ministerialdirigent Dr. Jörg Wagner
Leiter der Unterabteilung Wasserwirtschaft
Bundesministerium für Umwelt, Naturschutz, Bau und Reaktorsicherheit.
Robert-Schuman-Platz 3
53175 Bonn
E-Mail: Joerg.Wagner@bmub.bund.de

Henning Knerr, Gerd Kolisch und Thomas Jung

Mikroschadstoffe aus Abwasseranlagen in Rheinland-Pfalz

In der Nahe erfolgt eine frachtbasierte Bewertung der Gesamtemissionen für ausgewählte Mikroschadstoffe. Ein Überblick über die Ergebnisse der Messkampagnen im Ablauf fünf ausgewählter kommunaler Kläranlagen wird gegeben. Diese werden hinsichtlich des Einflusses der Siedlungscharakteristik auf die Emission von Mikroschadstoffen und deren Dynamik diskutiert [1].

1 Einleitung

Der Eintrag von Mikroschadstoffen stellt aktuell eine große Herausforderung für den Gewässerschutz in Deutschland und Europa dar. Als Mikroschadstoffe werden organische Substanzen bezeichnet, die in den Gewässern im Konzentrationsbereich von wenigen Nanogramm- bis Mikrogramm pro Liter anzutreffen sind. Darunter fallen synthetische Substanzen, wie z. B. Arzneimittelwirkstoffe, Lebensmittelzusatzstoffe, Inhaltsstoffe von Kosmetika und Körperpflegemittel, aber auch Stoffe natürlichen Ursprungs, wie z. B. Hormone. Diese Stoffe gelangen punktuell über Anlagen der Siedlungsentwässerung und über diffuse Einträge von landwirtschaftlich genutzten Flächen in die Gewässer [2].

Bei einem derzeitigen Anschlussgrad der deutschen Bevölkerung an kommunale Kläranlagen von etwa 96 % [3] kann von einem (nahezu) vollständigen Anschluss an Abwasserbehandlungsanlagen gesprochen werden. Die Anforderungen an das technische Niveau und die Reinigungsleistung an Abwasserbehandlungsanlagen in Deutschland sind sehr hoch. Dennoch reicht die Verfahrenstechnik von konventionellen mechanisch-biologischen Abwasserbehandlungsanlagen, die auf die Elimination von Feststoffen, sauerstoffzehrenden Stoffen und die Nährstoffe Stickstoff und Phosphor ausgelegt sind, nicht für eine weitergehende, vor allem aber nicht für eine zielgerichtete Elimination von Mikroschadstoffen aus. Persistente Substanzen – hierzu zählen eine Vielzahl von Humanarzneimitteln und Diagnostika – werden nur ungenügend entfernt und gelangen so über Kläranlagenabläufe in die als Vorfluter genutzten Oberflächengewässer, wo sie schon in sehr niedrigen Konzentrationen eine toxische und/oder endokrine Wirkung auf Lebewesen ausüben können [4, 5, 6].

Vor diesem Hintergrund wird gegenwärtig intensiv die Elimination von Mikroschadstoffen aus kommunalem Abwasser mittels weitergehender Reinigungsverfahren (Ozonung, Adsorption an Aktivkohle etc.) untersucht. Die emissionsmindernde Wirkung derartiger Verfahren kann anhand einer Zulauf-/Ablauf-Bilanzierung ermittelt werden. Die Notwendigkeit für die verfahrenstechnische Ergänzung kommunaler Kläranlagen hängt aber auch maßgeblich von der Grundbelastung der Gewässer ab. Erst aus der Überlagerung der punktuellen Emissionen aus den Siedlungsgebieten mit diffusen Einträgen aus der Landwirtschaft und den im Gewässer ablaufenden Abbau- und Transportmechanismen ergibt sich die Gesamtbelastung im Gewässer [4, 7, 8, 9].

In Rheinland-Pfalz wurde in den zurückliegenden Jahren an Gewässermessstellen in dicht besiedelten Einzugsgebieten eine Überschreitung des Jahresmittelwertes u. a. für Diclofenac von 0,1 µg/L festgestellt. Für eine fundierte fachliche Beurteilung der Belastungssituation und der Notwendigkeit für eine Einführung von weitergehenden Reinigungsstufen zur Elimination von Mikroschadstoffen und der damit letztlich erreichbaren Reduzierung der Belastungen fehlt jedoch eine bilanzielle Gesamtbetrachtung.

Im Rahmen des Forschungsprojektes „Mikro_N – Relevanz, Möglichkeiten und Kosten einer Elimination von Mikroschadstoffen auf kommunalen Kläranlagen in Rheinland-Pfalz" werden für das Referenzgewässer Nahe die Gesamtemissionen an ausgewählten Mikroschadstoffen anhand einer Bilanz überprüft. Hierzu wurde das Einzugsgebiet der Nahe mit einem georeferenzierten Modell abgebildet, sodass die räumliche Konzentrations- und Frachtverteilung in allen Gewässerabschnitten dargestellt werden kann.

Grundlage für die Bilanzierung stellen Messkampagnen zu einzelnen Stoffen im Ablauf von fünf ausgewählten Kläranlagen (Enkenbach-Alsenborn (25.000 EW), Kaiserslautern (210.000 EW), Landstuhl (56.000 EW), Lauterecken (32.000 EW) und Simmern (22.700 EW)) sowie an Gewässerpunkten im Bilanzraum dar. In diesem Beitrag werden die Ergebnisse der Messkampagnen an den Kläranlagen diskutiert und im Zusammenhang mit der Siedlungscharakteristik analysiert [1].

2 Ausgangssituation in Rheinland-Pfalz

Mit einer Bevölkerungsdichte von durchschnittlich rd. 200 E/km² ist Rheinland-Pfalz im Vergleich zu anderen Bundesländern kein extrem dünn besiedeltes Land; es liegt geringfügig unter dem Bundesdurchschnitt von 225 E/km². Allerdings ergeben sich innerhalb von Rheinland-Pfalz deutliche Unterschiede zwischen den einzelnen Landkreisen (**Bild 1**). Etwa 56 % der Landkreise weisen eine Bevölkerungsdichte teilweise deutlich unterhalb des Bundesdurchschnitts auf. Agglomerationsräume, mit Einwohnerdichten von 320 E/km² und größer finden sich im Wesentlichen entlang des Rheins (Bild 1). Rheinland-Pfalz ist jedoch in weiten Teilen ländlich geprägt: Etwa 86 % der Gemeinden haben weniger als 2.000 Einwohner, diese stellen aber nur 30 % der Gesamtbevölkerung. Diese Gemeindestruktur spiegelt sich auch in der Organisation der Abwasserbeseitigung mit einer Vielzahl kleinerer Kläranlagen wider. Die Kläranlagen der Ausbaugröße bis 10.000 EW stellen 78 % der Anlagenanzahl (686), weisen jedoch nur 17 % der Ausbaukapazität von 7,2 Mio. EW auf [10].

Trotz einer Vielzahl von Studien, die sich in den zurückliegenden Jahren mit der Thematik der Elimination von Mikroschadstoffen aus kommunalem Abwasser befasst haben [2, 4, 5, 7, 8 etc.], fehlt bislang eine umfassender Vergleich der zeitlichen Eintragscharakteristiken von Mikroschadstoffen aus kommunalen Kläranlagen in Abhängigkeit von der Siedlungsstruktur. Dieser ist jedoch für Rheinland-Pfalz als Flächenland als Grundlage für eine adäquate Erfassung und Bilanzierung von Emissionen an Mikroschadstoffen über Anlagen der Siedlungsentwässerung erforderlich.

3 Referenzparameter

In den Abläufen der fünf Kläranlagen wurden über einen Zeitraum von 12 bis 24 Monaten 14d-Mischproben genommen und auf insgesamt 78 Einzelsubstanzen analysiert. Die 14d-Mischproben wurden täglich aus 24h-Mischproben gewonnen und bis zur Analyse durch die Landwirtschaftliche Untersuchungs- und Forschungsanstalt Speyer (LUFA) tiefgekühlt in einer Gasflasche gelagert. Basierend auf diesem analytischen Screening wurden 14 gebietsspezifische Referenzsubstanzen identifiziert (**Tabelle 1**). Enthalten sind neben acht pharmazeutischen Wirkstoffen der Humanmedizin die Stoffe Carbendazim, Diuron, Isoproturon und Mecoprop, die im urbanen Bereich sowohl als Pflanzenschutzmittel als auch als Schutzmittel in verschiedenen Baumaterialien (Fassadenfarben, Dachmaterialien etc.) und im Sanitärbereich (Anti-Schimmelmittel) Anwendung finden (Biozide). Ebenso enthalten ist das im privaten und öffentlichen Bereich (Gehwege, Plätze etc.) eingesetzte Herbizid Glyphosat.

4 Auswertemethodik

Die Mikroschadstoffemissionen und deren Dynamik wurden mittels Tagesfrachten, basierend auf der behandelten Abwassermenge und den gemessenen Konzentrationen quantifiziert. Hierzu wurden die vorliegenden Analysen nach folgenden Kriterien ausgewertet: Parameter, für die mehr als 50 % der Messwerte unter der jeweiligen Bestimmungsgrenze (BG) bzw. Nachweisgrenze (NG) lagen, wurden bei der Frachtabschätzung nicht berücksichtigt. Für Parameter,

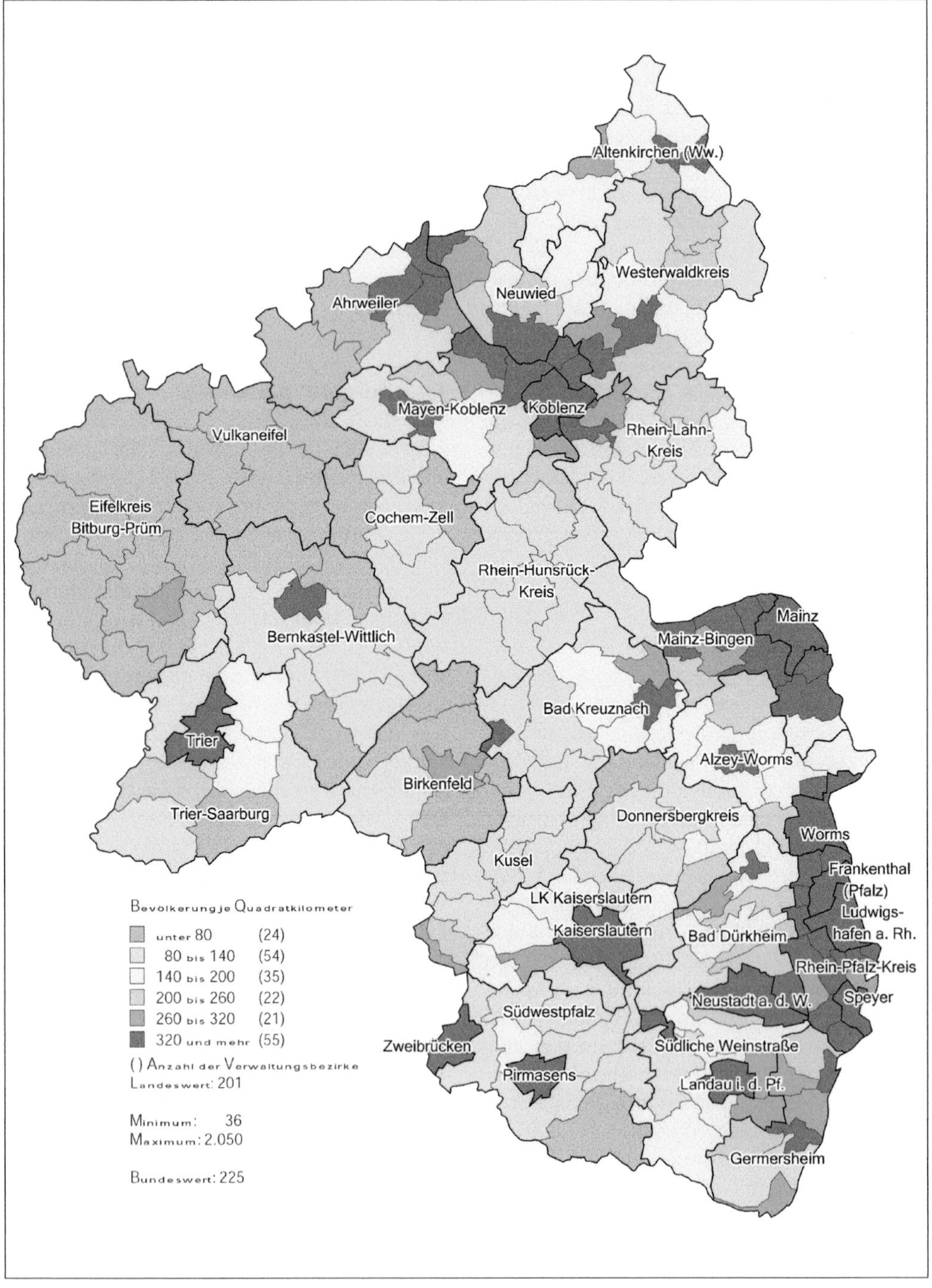

Bild 1: Bevölkerungsdichte in Rheinland-Pfalz nach Verwaltungsbezirken 2011 [11] (Quelle: Statistisches Landesamt RLP, www.destatis.de)

Tab. 1 | Referenzsubstanzen für das Flußgebiet der Nahe

Arzneimittelwirkstoffe	Pflanzenschutzmittel	Biozide (und Bau-Chemikalien)	Sonstige
Amidotrizoesäure (Röntgenkontrastmittel)	Carbendazim (Fungizid)	Carbendazim (Bad, Fassaden)	PFOS (Imprägnierungsmittel, Feuerlöschschaum)
Carbamazepin (Antiepileptikum)	Diuron (Herbizid)	Diuron (Fassaden)	
Diclofenac (Analgetikum)	Glyphosat (Herbizid)	Glyphosat (Schienen, Gehwege)	
Metoprolol (Betablocker)	Isoproturon (Herbizid)	Isoproturon (Fassaden)	
Sulfamethoxazol (Antibiotikum)	Mecoprop (Herbizid)	Mecoprop (Flachdächer, Fundament)	
Bezafibrat (Lipitsenker)		Terbutryn (Bad, Fassaden)	
DEET (Insektenabwehrmittel)			

für die weniger als 50 % der Messwerte unter der jeweiligen BG bzw. NG lagen, wurde eine Frachtabschätzung durchgeführt. Dabei wurden die Messwerte mit < BG bzw. < NG mit 50 % BG bzw. 50 % NG in die Berechnung einbezogen. Anhand der errechneten Tagesfrachten wurden einwohnerspezifische Frachten ermittelt. Für die Berechnung der einwohnerspezifischen Frachten wurde die tatsächlich an die jeweilige Kläranlage angeschlossene Einwohnerzahl verwendet.

5 Emission von Arzneimittelwirkstoffen

Infolge kontinuierlicher Medikamenteneinnahme durch die Bevölkerung gelangt eine Vielzahl von Arzneimittelwirkstoffen bzw. deren Rückstände nahezu kontinuierlich ins Abwasser und über das in kommunalen Kläranlagen gereinigte Abwasser in die Oberflächengewässer. Beispiele hierfür sind die Arzneimittelwirkstoffe Diclofenac und Carbamazepin und das Röntgenkontrastmittel Amidotrizoesäure, deren kumulierte Frachten in **Bild 2** aufgetragen sind. Aber auch natürliche und synthetische Östrogene weisen ähnliche Fracht-Verläufe auf. Für das Insektenabwehrmittel DEET kann hingegen ein ausgeprägter saisonaler Verlauf mit einer charakteristischen zeitlichen Dynamik festgestellt werden. Dies kann auf die von der Jahreszeit abhängige Anwendung dieser Substanz zurückgeführt werden. Neben dem in Bild 2 dargestellten Insektenabwehrmittel sind z. B. auch Medikamente gegen Grippe oder Erkältungen mit jahreszeitabhängigen Emissionen zu nennen [2, 10, 12, 13].

Die Emissionsdynamik der untersuchten Arzneimittelwirkstoffe ist weitgehend unabhängig von der Charakteristik des Einzugsgebietes (urban vs. ländlich) der Kläranlage. Die hier ausgewählten Beispiele der Kläranlagen Kaiserslautern (Einwohnerdichte: 350 E/km²; vorwiegend urban geprägtes Einzugsgebiet) und Lauterecken (Einwohnerdichte: 80 E/km²; vorwiegend ländlich geprägtes Einzugsgebiet) illustrieren diesen Zusammenhang.

Dagegen ist eine deutliche Abhängigkeit der gesamt emittierten Arzneimittelwirkstofffracht sowie der Frachtanteile einzelner Arzneimittelwirkstoffe an der gesamt emittierten Arzneimittelwirkstofffracht von der Siedlungsstruktur des Einzugsgebietes der Kläranlage (KA) zu erkennen. Absolut wie auch einwohnerspezifisch ergeben sich höhere Gehalte im Ablauf der KA Kaiserslautern (650 g/d bzw. 5,59 mg/(E · d)) gegenüber der KA Lauterecken (44 g/d bzw. 2,99 mg/(E · d)). Auffällig ist der hohe Anteil des Röntgenkontrastmittels Amidotrizoesäure im Ablauf der

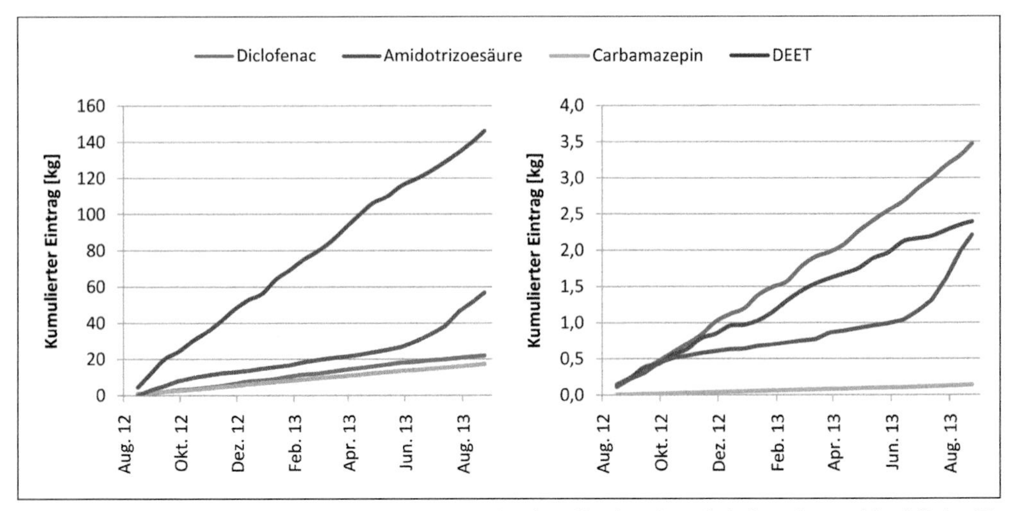

Bild 2: Emissionsdynamik ausgewählter Arzneimittelwirkstoffe über den Pfad Kläranlagenablauf (links: KA Kaiserslautern, rechts: KA Lauterecken), DEET 10-fach (KA Kaiserslautern) bzw. 5-fach (KA Lauterecken) überhöht (Quelle: [1]. © Technische Universität Kaiserslautern, siwawi 2014)

KA Kaiserslautern (379 g/d bzw. 3,26 mg/(E · d)), welches rd. 60 % der gesamt aus dieser KA emittierten Arzneimittelwirkstofffracht ausmacht. Dagegen beträgt der Gehalt an Amidotrizoesäure im Ablauf der KA Lauterecken lediglich rd. 14 %. Ursächlich ist das im Einzugsgebiet der KA Kaiserslautern gelegene Klinikum (Bettenzahl 949) zu sehen. In diesem wurden im Jahr 2013 121 kg des Röntgenkontrastmittels eingesetzt, was einem durchschnittlichen Verbrauch von 331 g/d entspricht. Amidotrizoesäure wird im menschlichen Körper nicht metabolisiert, infolgedessen nahezu unverändert wieder ausgeschieden (99 %) und zudem in konventionellen mechanisch-biologischen Kläranlagen nicht nennenswert reduziert [12, 13]. Folglich stammen ca. 90 % des über die KA Kaiserslautern emittierten Röntgenkontrastmittels aus dem Krankenhaus. Die

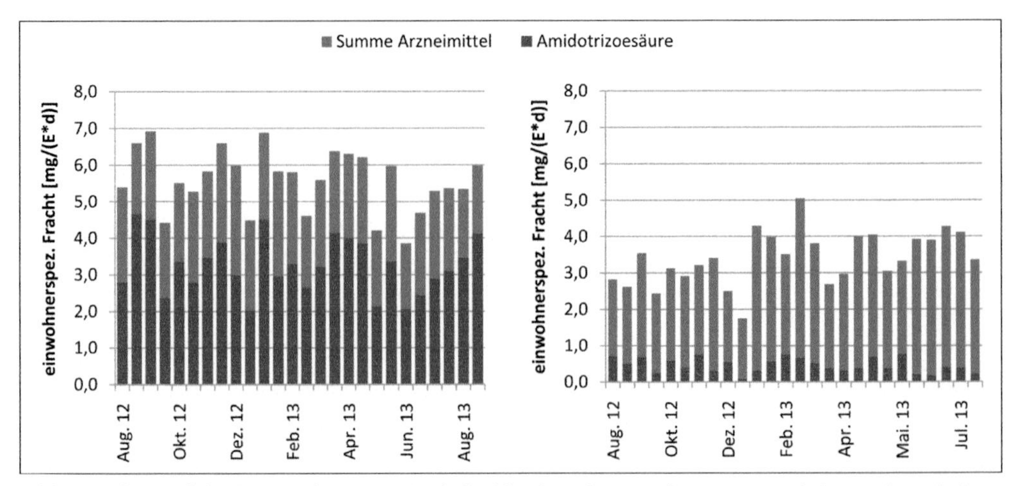

Bild 3: Frachtanteil des Röntgenkontrastmittels Amidotrizoesäure an der gesamt emittierten Arzneimittelwirkstofffracht im Kläranlagenablauf (links: KA Kaiserslautern, rechts: KA Lauterecken) (Quelle: © Technische Universität Kaiserslautern, siwawi 2014)

verbleibenden 10 % (48 g/d bzw. 0,41 mg/(E · d)) resultieren aus ambulanter Behandlung und Defäkation in privaten Haushalten.

Im Vergleich hierzu stammen nur ca. 10 % der aus der KA Kaiserslautern emittierten Carbamazepin-Fracht (i. M. 44,6 g/d bzw. 0,39 mg/(E · d)) aus dem Krankenhaus (1.605 g/a bzw. 4,40 g/d) und ca. 90 % aus dem Konsum in Privathaushalten im Einzugsgebiet der Kläranlage (40,2 g/d bzw. 0,35 mg/(E · d)). Wie auch schon für Amidotrizoesäure ergibt sich für Carbamazepin eine sehr gute Übereinstimmung der aus privaten Haushalten emittierten „Grundbelastung" (0,34 mg/(E · d)) mit den Werten aus Kaiserslautern.

6 Emission von Pflanzenschutzmitteln und Bioziden

Im Vergleich zu den Arzneimittelwirkstoffen zeigt die Emissionsdynamik von im Siedlungsbereich eingesetzten Pflanzenschutzmitteln und Bioziden eine deutliche Abhängigkeit von der Siedlungsstruktur des Einzugsgebietes der Kläranlage. Während diese Stoffe aus dem Einzugsgebiet der KA Kaiserslautern näherungsweise kontinuierlich ausgetragen werden, ergibt sich für die Emissionen aus dem Einzugsgebiet der KA Lauterecken eine sehr komplexe Emissionsdynamik.

In **Bild 4** sind die Emissionen für die Stoffe Glyphosat, Diuron, Terbytryn und Mecoprop über den Betrachtungszeitraum als kumulierte Frachten dargestellt. Zusätzlich ist der im Betrachtungszeitraum gefallende Niederschlag abgebildet. Bild 4 (links) verdeutlicht, dass die u. a. in Fassadenschutzmitteln angewendeten Stoffe Mecoprop, Terbutryn und Diuron im Einzugsgebiet der KA Kaiserslautern ganzjährig durch Regenereignisse mobilisiert und annähernd kontinuierlich über die Kläranlage in das Gewässer eingeleitet werden. Dagegen treten im Ablauf der KA Lauterecken (Bild 4 / rechts) saisonal Spitzen auf, die auf Einzelereignisse, z. B. Spritzenreinigung nach landwirtschaftlicher Anwendung als Pflanzenschutzmittel am Ende der Applikationszeit hindeuten. Glyphosat wird nur zu bestimmten Jahreszeiten angewendet und zeigt daher im ländlichen Raum einen sehr stark ausgeprägten saisonalen Verlauf mit hohen spezifischen Emissionen im Frühjahr und Sommer und geringeren Werten in den Wintermonaten (Bild 4). Eine weniger ausgeprägte Dynamik, ähnlich der im urban geprägten Einzugsgebiet, zeigen die Stoffe Diuron und Terbutryn.

Den Großteil der über den Pfad Kläranlagenablauf emittierten Fracht an Pflanzenschutzmitteln und Bioziden stellt unabhängig vom betrachteten Einzugsgebiet das Breitbandherbizid Glyphosat dar (Kaiserslautern 51 % bzw. 0,10 mg/(E · d), Lauterecken 67 % bzw. 0,45 mg/(E · d)) (**Bild 5**). Es wird deutlich, dass für Glyphosat wegen der Anwendung als Herbizid im urbanen Bereich der Eintragspfad „Kläranlagenablauf" von besonders hoher Relevanz ist. Die einwohnerspe-

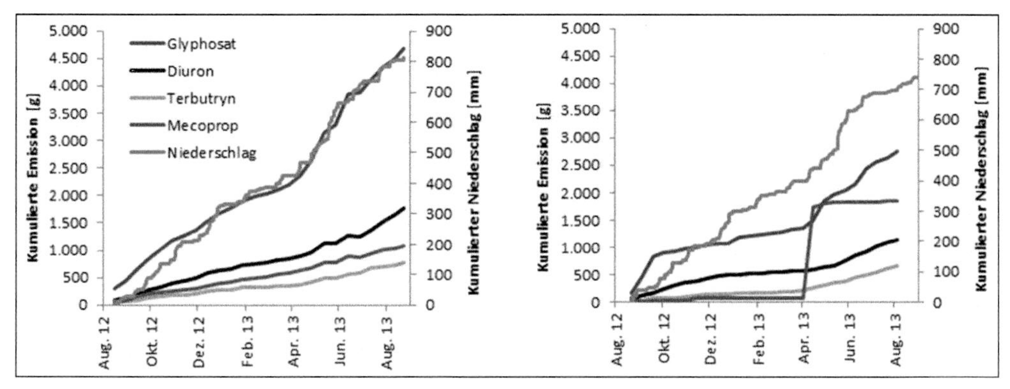

Bild 4: Emissionsdynamik ausgewählter Pflanzenschutzmittel und Biozide über den Pfad Kläranlagenablauf (links: KA Kaiserslautern, rechts: KA Lauterecken, Diuron und Terbutryn 10-fach überhöht) (Quelle: [1]. © Technische Universität Kaiserslautern, siwawi 2014)

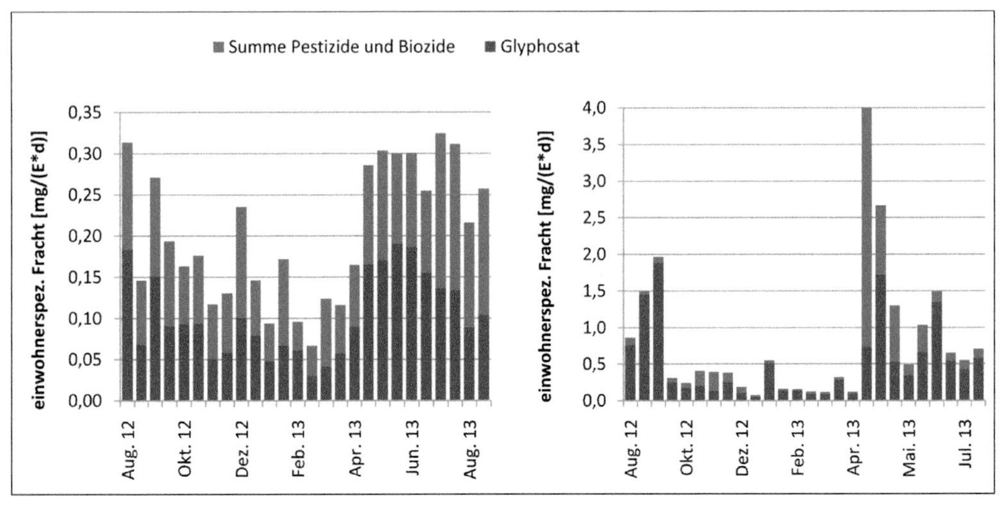

Bild 5: Frachtanteile des Breitbandherbizides Glyphosat an der gesamt emittierten Fracht an Pflanzenschutzmittel und Bioziden im Kläranlagenablauf (links: KA Kaiserslautern, rechts: KA Lauterecken) (Quelle: © Technische Universität Kaiserslautern, siwawi 2014)

zifischen Frachten für das vorwiegend ländlich geprägte Einzugsgebiet der KA Lauterecken sind im Mittel um den Faktor 4,5 höher, als im vorwiegend urban geprägten Einzugsgebiet der KA Kaiserslautern. Mecoprop hat mit 28 % an der aus der KA Lauterecken emittierten Fracht an Pflanzenschutzmitteln und Bioziden im Vergleich zu Kaiserslautern (12 %) einen höheren Anteil an dieser Stoffgruppe. Dieser Sachverhalt spiegelt sich auch in den einwohnerspezifischen Frachten wider, die in Lauterecken mit im Mittel 0,23 mg/(E · d) um den Faktor 10 größer sind als in Kaiserslautern (0,02 mg/(E · d)).

7 Gesamtemissionen

Bei Analyse der Gesamtemissionen kann eine Abhängigkeit der emittierten Gesamtfracht und der Frachtanteile der einzelnen Stoffgruppen an der Gesamtfracht von der Charakteristik der Kläranlage festgestellt werden. Während im Ablauf der KA Kaiserslautern über 90 % der täglich emittierten Frachten auf pharmazeutische Wirkstoffe (inkl. Röntgenkontrastmittel) zurückgeführt werden kann, beträgt der Anteil der Pflanzenschutzmittel und Biozide im Ablauf der KA Lauterecken bis zu 35 % an der Gesamtfracht.

8 Schlussfolgerungen und Ausblick

Die Ergebnisse zeigen, dass die Charakteristik des Einzugsgebietes einer Kläranlage wesentlichen Einfluss auf die emittierten Spurenstofffrachten haben. Die in den Gewässern vorkommenden Konzentrationen und Frachten können demzufolge je nach Ausprägung des Einzugsgebiets (urban, ländlich) einen mehr oder weniger ausgeprägten Anteil an Spurenstoffen aufweisen, die punktuell in das Abwassersystem eingeleitet werden und somit durch Separation und (Vor)Behandlung an der Quelle reduziert werden können.

Weiterhin zeigen die Untersuchungen, dass der urbane Raum durch kontinuierliche Einträge von Pflanzenschutzmitteln und Bioziden wesentlich zur Gewässerbelastung beiträgt. Die Siedlungscharakteristik hat hierbei einen wesentlichen Einfluss auf die einwohnerspezifisch emittierten Frachten der Pflanzenschutzmittel und Biozide. Hier liegt ein erhebliches Potenzial zur Vermeidung/Verminderung dieser Emissionen.

Auch konnte eine deutliche Abhängigkeit der Charakteristik des Einzugsgebietes einer Kläranlage von der Emissionsdynamik festgestellt werden. Während in Siedlungsgebieten eingesetzte Pflanzenschutzmittel und Stoffe aus Fassaden-

und Dachschutz in vorwiegend urban geprägten Einzugsgebieten näherungsweise kontinuierlich emittiert werden, zeigen diese Stoffe in vorwiegend ländlich geprägten Einzugsgebieten zeitlich komplexe Eintragsmuster, was bei der Erhebung und Bilanzierung dieser Stoffe berücksichtigt werden muss.

Für eine adäquate Bilanzierung von Spurenstoffemissionen in Gewässern in Rheinland-Pfalz müssen folglich neben den Quellen und Austragspfaden auch die Siedlungscharakteristik und die daraus resultierende Austragsdynamik berücksichtigt werden, da ansonsten bei der Risikobewertung der Gewässerbelastung die Gefahr der Fehleinschätzung (z. B. der Emissionsanteile verschiedener Verursacher oder der Belastungssituation) und damit die Gefahr der falschen Prioritätenfestlegung bei der Umsetzung von Umwelt entlastenden Maßnahmen (z. B. Einführung weitergehender Reinigungsstufen) besteht.

Basierend auf den Ergebnissen der Messkampagnen und den dabei gewonnenen Erkenntnissen erfolgt in einem nächsten Schritt die Analyse verschiedener Szenarien, in welchen z. B. der Ausbau von Kläranlagen mit einem weitergehenden Reinigungsverfahren zur Mikroschadstoffelimination, die Elimination von Mikroschadstoffen an relevanten Punktquellen (z. B. Krankenhäusern) oder die Verminderung bzw. Vermeidung des Mikroschadstoffeintrags durch verändertes Nutzerverhalten bilanziert wird. Die Ergebnisse dieses Arbeitsschrittes stellt die Basis zur Ableitung von Handlungsempfehlungen dar, die Konzepte zur Reduktion von Mikroschadstoffemissionen in Rheinland-Pfalz sowie Kosten und Nutzen dieser Maßnahmen zusammenfassen.

Danksagung

Für die finanzielle Unterstützung des Projektes Mikro_N sei an dieser Stelle dem Ministerium für Umwelt, Landwirtschaft, Ernährung, Weinbau und Forsten Rheinland-Pfalz (MULEWF) herzlich gedankt.

Ein besonderer Dank gilt auch dem Landesamt für Umwelt, Wasserwirtschaft und Gewerbeaufsicht Rheinland-Pfalz (LUWG) für die Bereitstellung der Messwerte.

An dem Forschungsprojekt Mikro_N arbeiten neben den Autoren folgende Personen mit, denen an dieser Stelle ebenfalls für ihren Einsatz herzlich gedankt werden soll: Prof. Dr. T.G. Schmitt, Oliver Gretzschel (tectraa, Technische Universität Kaiserslautern), Yannick Taudin (WiW mbH), Thomas Osthoff (ehem. WiW mbH) und Frank Angerbauer (LUWG).

Literatur

[1] Der vorliegende Artikel basiert auf einem Beitrag der Autoren Knerr, H., Gretzschel, O., Schmitt, T.G., Kolisch, G., Jung, T., Angerbauer, F. 2014: Der Einfluss der Siedlungscharakteristik auf die Emissionen von Spurenstoffen aus kommunalen Kläranlagen, Tagungsband Aqua Urbanica 2014 „Misch- und Niederschlagswasserbehandlung im urbanen Raum", 23. und 24. Oktober 2014, Innsbruck, Österreich.

[2] Abegglen, C. und Siegrist, H. 2012: Mikroverunreinigungen aus kommunalem Abwasser. Verfahren zur weitergehenden Elimination auf Kläranlagen. Bundesamt für Umwelt, Bern, Umwelt-Wissen Nr. 1214.

[3] Statistisches Bundesamt 2012: Öffentliche Wasserversorgung und Abwasserentsorgung nach Ländern, Anschlussgrad und Wasserabgabe, https://www.destatis.de (01.04.2013).

[4] Tränckner, J., Koegst, T. und Nowack, M. 2012: Auswirkungen des demografischen Wandels auf die Siedlungsentwässerung (Demowas). Abschlussbericht des gleichnamigen Forschungsprojektes gefördert vom BMBF.

[5] Metzger, S., Hildebrand, A. und Prögel-Goy, C. 2013: Mit Aktivkohle gegen Spurenstoffe im Abwasser. GWF Wasser Abwasser, 154(3), 348-352.

[6] Launay M, Kuch, B. und Dittmer, U. (2012): Spurenstoffe in einem urban geprägten Gewässer bei Regen- und Trockenwetter, Stuttgarter Bericht zur Siedlungswasserwirtschaft, Bd. 211, 49-64.

[7] Welker, A. 2005: Schadstoffströme im urbane Wasserkreislauf – Aufkommen und Verteilung, insbesondere in den Abwasserentsorgungssystemen, Habilitation, Technische Universität Kaiserslautern, Institut für Siedlungswasserwirtschaft, Schriftenreihe des Instituts für Siedlungswasserwirtschaft, Band 20.

[8] Welker A. 2013: Schadstoffminimierung im urbanen Wassersystem, Technische Universität Kaiserslautern, Institut für Siedlungswasserwirtschaft, Schriftenreihe des Instituts für Siedlungswasserwirtschaft, Bd. 36, 67-90.

[9] MULEWF 2012 (Hrsg.): Stand der Abwasserbeseitigung in Rheinland-Pfalz- Lagebericht 2012, http://mulewf.rlp.de (12.05.2014).

[10] Käseberg, T., Blumensaat, F., Zhang, J., Krebs, P. 2014: Stoffflussmodell zur Abschätzung der transportierten Antibiotika im Trocken- sowie Regenwetterfall, Tagungsband Aqua Urbanica 2014 – Misch- und Niederschlagswasserbehandlung im urbanen Raum, 23. und 24. Oktober 2014, Innsbruck, Österreich.

[11] Statistisches Landesamt Rheinland-Pfalz 2012 (Hrsg.): Bevölkerungsdichte am 09. Mai 2011 nach Verwaltungsbezirken https://www.destatis.de (01.04.2013).

[12] Götz, C.W., Kase, R., Hollender, J. 2010: Mikroverunreinigungen – Beurteilungskonzept für organische Spurenstoffe aus kommunalem Abwasser. Studie im Auftrag des BAFU. Eawag, Dübendorf.

[13] Götz, C., Bergmann, S., Ort, C., Singer, H., Kase, R. 2012:Mikroschadstoffe aus kommunalem Abwasser – Stoffflussmodellierung, Situationsanalyse und Reduktionspotenziale für Nordrhein-Westfalen. Studie im Auftrag des Ministeriums für Klimaschutz, Umwelt, Landwirtschaft, Natur- und Verbraucherschutz Nordrhein-Westfalen (MKULNV).

Autoren

Dr.-Ing. Henning Knerr
tectraa – Zentrum für innovative Abwassertechnologien
Fachgebiet Siedlungswasserwirtschaft, Technische Universität Kaiserslautern
Paul-Ehrlich Straße 14
D-6766 Kaiserslautern
E-Mail: henning.knerr@bauing.uni-kl.de

Dr.-Ing. Gerd Kolisch
Wupperverbandsgesellschaft für integrale Wasserwirtschaft mbH
Untere Lichtenplatzer Str. 100
D-42289 Wuppertal
E-Mail: kol@wupperverband.de

Dipl.-Ing. Thomas Jung
Ministerium für Umwelt, Landwirtschaft, Ernährung, Weinbau und Forsten, Rheinland-Pfalz
Kaiser-Friedrich-Straße 1
D-55116 Mainz
E-Mail: Thomas.Jung@mulewuf.rlp.de

Viktor Mertsch

Mikroschadstoffe aus kommunalem Abwasser

Konzeption Nordrhein-Westfalen

Die Entfernung von Mikroschadstoffen aus dem kommunalen Abwasser erlangt wegen ihrer weiten Verbreitung, ihrer Anreicherungsmöglichkeit entlang der Nahrungskette und ihrer Persistenz zunehmend an Bedeutung. Bei ihrer Entfernung ist ein Zusammenspiel passender Technologie, flankierendem Verwaltungshandeln und finanzieller Unterstützung angezeigt.

1 Einleitung

Mikroschadstoffe und deren Verminderung stellen aus Sicht vieler Institutionen, wie dem Umweltbundesamt (UBA), der Internationalen Kommission zum Schutz des Rheins (IKSR), der Bundesanstalt für Gewässerkunde (BFG), vieler Forschungseinrichtungen und auch dem Land NRW eine der großen wasserwirtschaftlichen Herausforderungen der nächsten Jahre dar. NRW teilt die Auffassung des UBA, dass Arzneimittel in der Umwelt eine globale Herausforderung darstellen, weil Hunderte Wirkstoffe und Abbauprodukte die Gewässer und Böden nahezu weltweit belasten, Arzneimittel in Gewässern die Umwelt schädigen und durch jährlich mehrere Hundert Tonnen an Arzneimitteln im Abwasser die Gewässer belasten und empfindliche Organismen wie Fische dauerhaft geschädigt werden [1]. Sofern sich anreichernde Mikroschadstoffe, wie beispielsweise PFT, in die Nahrungskette gelangen (beispielsweise über Fischgenuss oder Trinkwasser) stellen sie auch für Menschen ein gesundheitliches Risiko dar.

Insbesondere in NRW hat das Thema Mikroschadstoffe seit den PFT-Funden in der Ruhr eine herausragende Bedeutung. Die Landesregierung hat deshalb bereits 2008 das „Programm Reine Ruhr – zur Strategie einer nachhaltigen Verbesserung der Gewässer- und Trinkwasserqualität in Nordrhein-Westfalen" [2] erarbeitet und umfangreiche Gewässeruntersuchungen durchgeführt und erhebliche Belastungen der Gewässer mit Mikroschadstoffen festgestellt. Die Befunde sind auch deshalb relevant, weil NRW neben Berlin und Baden-Württemberg eines von 3 Bundesländern ist, in denen Trinkwasser vorwiegend aus Oberflächengewässern gewonnen wird (in NRW rund 60 % des Trinkwassers). Dem muss bei Bewirtschaftungsentscheidungen Rechnung getragen werden.

2 Belastung von Oberflächengewässern

Aktuell wird der gute ökologische Zustand in 90 Prozent der Gewässer Nordrhein-Westfalens nicht erreicht, unter anderem auf Grund von Verunreinigungen durch Mikroschadstoffe. Dazu gehören organische Schadstoffe wie Human- und Tierpharmaka, Kontrastmittel, Industriechemikalien, Körperpflegemittel, Waschmittel-Inhaltsstoffe, Nahrungsmittelzusatzstoffe, Additive in der Abwasser- und Klärschlammbehandlung, Pflanzenbehandlungs- und Schädlingsbekämpfungsmittel sowie Futterzusatzstoffe. Mit den Ursachen hat sich die Internationale Konferenz zum Schutz des Rheins (IKSR) auseinandergesetzt [3]. Sie hat für Humanarzneimittel, Röntgenkontrastmittel, Östrogene, Duftstoffe, Biozide, Korrosionsschutzmittel und Komplexbildner kritische Belastungen im Rheineinzugsgebiet identifiziert und kommunales Abwasser als maßgeblichen Eintragspfad ermittelt. Anlässlich der 15. internationalen Rheinministerkonferenz am 28. Oktober 2013 wurde festgestellt [4], dass Mikroschadstoffe eine neue Herausforderung darstellen, weil diese Stoffe in den heute üblichen kommunalen Kläranlagen nicht zurückgehalten werden.

Schließlich sind auch die direkten Auswirkungen der Gewässerbelastungen mit Mikroschadstoffen auf die Gewässerökologie belegt. Das Helmholtz-Institut Leipzig hat gemeinsam mit der EAWAG, Schweiz und der Universität Lorraine, Metz europaweit Gewässer untersucht [5] und festgestellt, dass Insekten, Krebse, Schnecken und zum Teil auch Fische in vielen Gewässern durch die Chemikalien beeinträchtigt und zum Teil gefährdet sind. Dies trifft auch auf das Rheineinzugsgebiet zu [6].

3 Rechtliche Grundlagen

Die Oberflächengewässerverordnung ist im Jahr 2011 von der Bundesregierung verabschiedet und am 25. Juli 2011 veröffentlicht worden. Diese Verordnung enthält für das Schutzgut Gewässer ökologisch bzw. ökotoxikologisch abgeleitete Umweltqualitätsnormen (UQN). Sie gibt jedoch für die Mehrzahl heute relevanter anthropogener Mikroschadstoffe keine einzuhaltenden Gewässerkonzentrationen vor. Im Wesentlichen werden EU-weite Vorgaben umgesetzt, die vielfach heute in Deutschland nicht mehr relevante Chemikalien betreffen. Dieses Defizit ist vom Deutschen Verein des Gas- und Wasserfaches (DVGW), der Deutschen Vereinigung für Wasserwirtschaft, Abwasser und Abfall e.V. (DWA) und der Wasserchemischen Gesellschaft bereits 2008 moniert worden. Daher erfolgt in NRW für relevante Mikroschadstoffe, für die keine gesetzlich verbindlichen UQN vorliegen, die Bewertung anhand von Qualitätszielen, die auf validierten UQN-Vorschlägen bzw. „Predicted no Effect Concentrations" (PNEC) beruhen.

Für das Schutzgut Trinkwasser hat das Land Nordrhein-Westfalen auf der Grundlage des GOW-Konzeptes des Umweltbundesamtes (Ableitung von gesundheitlichen Orientierungs- und Leitwerten) einen Vorschlag erarbeitet, der eine Bewertung von anthropogenen Stoffen im Einzugsgebiet von Trinkwassergewinnungsanlagen beinhaltet. Die Übernahme dieses Konzeptes mit vorgeschlagenen Vorsorgewerten von 0,1 µg/l bei völlig unbekannten Stoffeigenschaften bis hin zu 50 µg/l zum Ausschluss akuter Toxizität in die Oberflächengewässerverordnung hätte die Möglichkeit eröffnet, auf der Grundlage einer bundesweit einheitlichen und verbindlichen Methodik für neu auftretende Mikroschadstoffe schnell belastbare Anforderungen zu formulieren und in der Folge wasserbehördlich zu handeln.

Die Bewirtschaftung der Oberflächengewässer und des Grundwassers haben sich an den im Bewirtschaftungsplan festgelegten Zielen zu orientieren. Alle Erlaubnisse und Bewilligungen von Benutzungen gemäß § 12 WHG sowie die Planfeststellung oder Plangenehmigung eines Gewässerausbaus gemäß § 67 WHG und die Genehmigung von Anlagen in und an Gewässern nach § 99 Abs. 2 LWG sind darauf auszurichten. Dabei ist nicht nur die einzelne Zulassung zu betrachten, sondern es ist dafür Sorge zu tragen, dass alle an einem Wasserkörper oder an weiteren, auf den betrachteten Wasserkörper wirkenden Wasserkörpern in Summe erteilten Rechte die Zielerreichung nicht gefährden. Das gleiche gilt nach § 39 Abs. 2 WHG für die Gewässerunterhaltung.

Eine wasserrechtliche Zulassung kann nur erteilt werden, wenn sichergestellt ist, dass sie das Erreichen der Bewirtschaftungsziele nicht gefährdet. Auslaufende Rechte sind bei Verlängerung oder Neuerteilung an die Bewirtschaftungsziele anzupassen. Dann, wenn nicht alle Einzelziele für einen Wasserkörper erreicht werden können – z. B. eine Umweltqualitätsnorm nicht erreichbar ist – und Ausnahmen gemäß §§ 30, 31 WHG in Anspruch genommen werden, hat die Bewirtschaftungsbehörde dafür Sorge zu tragen, dass für die Oberflächengewässer der bestmögliche ökologische Zustand oder das bestmögliche ökologische Potenzial und der bestmögliche chemische Zustand erreicht werden und für das Grundwasser die geringstmöglichen Veränderungen des guten Grundwasserzustands erfolgen. Diese Anforderung gilt auch für die ubiquitär prioritären Stoffe.

Basierend auf den bundesgesetzlichen Grundlagen ist durch die Bewirtschaftungsbehörde für jeden der 1.727 Wasserkörper in den Oberflächengewässern von NRW zu prüfen, welche Maßnahmen erforderlich sind, um den guten ökologischen und chemischen Zustand bzw. das gute ökologische Potenzial zu erreichen. Sofern hierzu Maßnahmen an kommunalen Kläranlagen notwendig sind, sieht der Bundesgesetzgeber entsprechende Maßnahmen vor. Die Ergebnisse des 2. Monitorings zur Umsetzung der WRRL, die die Grundlage für die Erstellung der Maßnahmenprogramme sind, weisen aus, dass in vielen Fällen Kläranlageneinträge mitverantwortlich für das Verfehlen der Gewässerziele sind. In diesen Fällen müssen die Bewirtschaftungsbehörden prüfen, ob und welche Maßnahmen durchzuführen sind. Bereits im 1. Maßnahmenprogramm waren entsprechende Anforderungen formuliert worden.

4 Position des UBA und der Umweltministerkonferenz (UMK)

Das UBA hat ein UFOPLAN-Vorhaben „Maßnahmen zur Verminderung des Eintrags von Mikroschadstoffen in die Gewässer" durchgeführt [7]. Das wissenschaftliche Gutachten kommt zu dem Schluss, dass allein Vermeidungsmaßnahmen nicht ausreichen, um zukünftig eine ökologische Gewässerqualität zu erreichen. Als Ergebnis werden Maßnahmen in Kläranlagen empfohlen und als notwendig erachtet, um die Belastungen der Gewässer zu reduzieren.

Die UMK hat bereits 2006 anlässlich der 67. Umweltministerkonferenz folgenden Beschluss gefasst [8]:

1. „Die Umweltministerkonferenz begrüßt, dass die Entwicklung von Technologien zur Elimination von Spurenschadstoffen und Arzneimitteln bei kommunalen Kläranlagen soweit vorangeschritten ist, dass die Verfahren jetzt in der Praxis erprobt werden können. Die UMK steht daher einem Einsatz der weitergehenden Technik in den Ländern in begründeten Einzelfällen positiv gegenüber. Die Umweltministerkonferenz legt besonderen Wert darauf, dass dies in erster Linie über Anreizsysteme und weniger über das Ordnungsrecht erfolgen soll.
2. Die UMK beauftragt die LAWA, den Ausbau der Kläranlagen, die zur Elimination von Spurenschadstoffen und Arzneimitteln in den einzelnen Ländern ausgebaut werden, mit einem Untersuchungsprogramm im Rahmen der LAWA zu begleiten.
3. Die Umweltministerinnen und -minister, -senatorin und -senatoren der Länder bitten die Bundesregierung, auf europäischer und nationaler Ebene darauf hinzuwirken, dass bei Neu- oder Ersatzentwicklung von Wirkstoffen der Arzneimittel verstärkt auf deren umweltverträgliche Eigenschaften Wert gelegt wird."

5 Grundlagenuntersuchungen und Modellierungen

Zur Verifizierung der Befunde und zur Bewertung von möglichen Maßnahmen wurden in NRW 10 große Verbundprojekte unter Mitwirkung der großen Wasserverbände mit einem Gesamtbudget von rund 7 Mio. € durchgeführt. Folgende Themen wurden bearbeitet:

- Eintragspotenzial von Industriechemikalien durch Industriebetriebe am Beispiel des Eintragsgebietes der Ruhr,
- Analyse der Eliminations-/Vermeidungsmöglichkeiten von Industriechemikalien in Industriebetrieben,
- Analyse der Eliminationsmöglichkeiten von Arzneimitteln in den Krankenhäusern in Nordrhein-Westfalen,
- Ertüchtigung kommunaler Kläranlagen, insbesondere kommunaler Flockungsfiltrationsanlagen, durch den Einsatz von Aktivkohle,
- Elimination von Arzneimittelrückständen in kommunalen Kläranlagen,
- Ertüchtigung kommunaler Kläranlagen durch den Einsatz der Membrantechnik,
- Ertüchtigung kommunaler Kläranlagen durch den Einsatz von Verfahren mit UV-Behandlung,
- Volkswirtschaftlicher Nutzen der Ertüchtigung kommunaler Kläranlagen zur Elimination von organischen Spurenstoffen, Arzneimitteln, Industriechemikalien, bakteriologisch relevanten Keimen und Viren,
- Metabolitenbildung beim Einsatz von Ozon,
- Energiebedarf von Verfahren zur Elimination von Spurenstoffen.

Die Ergebnisse der Untersuchungsvorhaben werden auf den Internetseiten des LANUV veröffentlicht [9].

Das Bundesministerium für Bildung und Forschung hat 2012 weitere 12 große Verbundprojekte für das „Risikomanagement von neuen Schad-

Tab. 1 | Anzahl, Anschlussgröße und Ausbaugröße der Kläranlagen in NRW [15]

Bemessung EW	Anzahl der Anlagen	Anschlussgröße [E]	Ausbaugröße [E]
≤ 10.000	253	729.372	935.196
10.001 – 100.000	313	9.491.737	11.734.327
> 100.000	68	17.714.589	22.315.388
Gesamt	**634**	**27.935.698**	**34.984.911**

stoffen und Krankheitserregern im Wasserkreislauf mit einem Gesamtbudget von 30 Mio. € gefördert, unter anderem auch das Projekt „Sichere Ruhr".

Die Frage der Relevanz der Emissionen von Mikroschadstoffen aus kommunalen Kläranlagen wurde durch eine Stoffflussmodellierung für die Gewässer in NRW nachgewiesen [10]. Stoffeintragsmodellierungen für Arzneimittel wurden auch durch die Schweiz [11], Bayern [12] und Baden-Württemberg [13] durchgeführt. Die Befunde sind gleich, es wird ein erheblicher Handlungsbedarf festgestellt und es werden Minderungsmaßnahmen vorgeschlagen. Bayern hat darüber hinaus auch eine „Ermittlung des Potenzials weitergehender Abwasserreinigungsverfahren auf die Reduktion endokrin wirkender Substanzen" durchgeführt [14] und eine Reduktion östrogener Aktivitäten durch den Einsatz von Aktivkohle oder der Ozonung von über 90 % festgestellt.

6 Maßnahmen zur Mikroschadstoffentfernung

6.1 Handlungsbedarf

In NRW wird das Abwasser von 18 Mio. Menschen in 634 kommunalen Kläranlagen behandelt. Aus **Tabelle 1** ist zu entnehmen, dass die wesentliche Abwasserbelastung aus den Kläranlagen > 10.000 EW resultiert. Bei diesen Kläranlagen sollte die Möglichkeit einer Mikroschadstoffentfernung geprüft werden, insbesondere wenn der ökologische und chemische Gewässerzustand eine Verminderung des Eintrags von Mikroschadstoffe notwendig macht. 53 kommunale Kläranlagen liegen max. 10 km oberhalb von Trinkwassergewinnungsanlagen.

Eine zweite Besonderheit betrifft den durch die dichte Besiedlung bedingten sehr hohen Abwasseranteil in vielen Gewässern. Selbst für den Unterlauf des Rheins geht die IKSR von einem Abwasseranteil von 20 % aus. Je größer der Anteil der Einleitungsmenge im Vergleich zum mittleren Niedrigwasserabfluss des Gewässers ist, desto höher sind die Belastung und der Einfluss der Einleitung auf das Gewässer. Es kann von einer kritischen Belastung ausgegangen werden, wenn der Abwasseranteil mehr als 1/3 des Niedrigwasserabflusses der Gewässer entspricht. In Nordrhein-Westfalen trifft dies auf rund die Hälfte der kommunalen Kläranlagen zu (**Bild 1**) und betrifft insbesondere beispielsweise die Emscher, die Ruhr, die Niers und viele kleine Gewässer wie die Itter, die Wurm oder die Lutter mit großen Abwassereinleitungen.

6.2 Machbarkeitsstudien

Die Freiwilligkeit bei der Umsetzung von Maßnahmen wird angestrebt. Bei festgestellten Belastungsschwerpunkten muss zukünftig aber auch die Möglichkeit ordnungsrechtlichen Handelns ermöglicht werden.

Die Ertüchtigung kommunaler Kläranlagen zur Mikroschadstoffentfernung wird von NRW finanziell unterstützt. In einem 1. Schritt sollen Machbarkeitsstudien durchgeführt werden. In den Machbarkeitsstudien wird durch ein Ingenieurbüro basierend auf der örtlichen Belastungssituation geprüft, welche technische Variante für den Kläranlagenstandort die beste ist. Dabei werden im Regelfall die Varianten Pulveraktivkohlezugabe, Einsatz von granulierter Aktivkohle in vorhandenen Flockungsfiltern und die Ozonung bewertet. Die Machbarkeitsstudien umfassen einen technischen Vorschlag, eine Ermittlung der

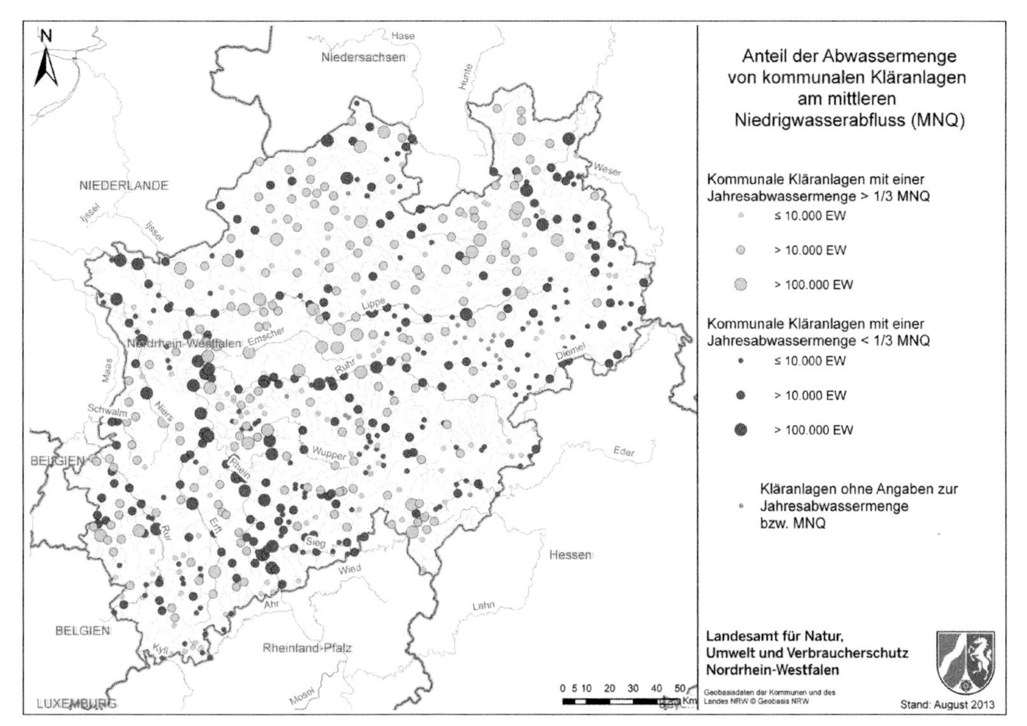

Bild 1: Anteil der Abwassermenge von kommunalen Kläranlagen am mittleren Niedrigwasserabfluss [15]. Bildquelle: Kompetenzzentrum Mikroschadstoffe NRW, www.masterplan-wasser.nrw.de

Investitions-, der Betriebs- und der Jahreskosten sowie der von der Kläranlage emittierten Mikroschadstoffe. Ergänzend zum Stoffscreening im Abwasserstrom werden bei Bedarf auch Gewässeruntersuchungen durchgeführt. Die Kosten der Machbarkeitsstudien liegen im Regelfall in einer Größenordnung von 20.000 € – 50.000 €. Die Durchführung der Machbarkeitsstudien wird mit 80 % gefördert. Die wesentlichen Ergebnisse werden im Internet veröffentlicht [16].

Bisher sind rd. 50 Machbarkeitsstudien erstellt worden. Bis heute werden bzw. wurden für die Kläranlagen Aachen-Soers, Altenberge, Bad Lippspringe, Bad Oeynhausen, Barntrup, Borken, Büren, Detmold, Drensteinfurt, Duisburg-Hochfeld, Emmerich, Ennigerloh, Espelkamp, Gescher-Harwick, Greven, Gütersloh, Harsewinkel, Herford, Hopsten, Höxter, Isselburg, Lage, Legden, Lemgo, Lengerich, Lichtenau-Grundstein, Löhne, Lübbecke, Mettingen, Minden-Leteln, Neukirchen-Wettringen, Neuss-Ost, Obere Lutter, Ochtrup, Paderborn, Rheda-Wiedenbrück, Rhede, Rheine-Nord, Rietberg, Sassenberg, Sassenberg-Füchtorf, Schöppingen, Stadtlohn, Südlohn, Verl-Sende, Verl-West, Warburg und Wesel Machbarkeitsstudien zur Ertüchtigung der Kläranlage zur Mikroschadstoffelimination durchgeführt (**Bild 2**).

6.3 Großtechnische Untersuchungen

Großtechnische Untersuchungen werden zur Optimierung der Verfahrenstechnik durchgeführt. Dies betrifft Fragen der Energieeinsparung, des Energieeintrags bei der Ozonung, der Erprobung neuer Technologien (Fuzzy-Filter) oder der Kombination von Ozonung und Aktivkohle. Großtechnische Untersuchungen werden vom Land gefördert. Folgende großtechnische Untersuchungen werden derzeit durchgeführt:

- Dülmen: Den Spurenstoffen auf der Spur – Untersuchungen des Aktivkohleeinsatzes auf der Kläranlage sowie zur möglichen Reduzierung der Einträge in die Umwelt über eine Verhaltensänderung der Bevölkerung und relevanter Akteure aus dem Gesundheitssektor,

- Düren-Merken: Untersuchungen an einer bestehenden Filterzelle mit dem Einsatz der Aktivkohle,
- Düsseldorf: Elimination von Spurenstoffen aus kommunalem Abwasser unter Einsatz von Aktivkohleschlämmen aus Trinkwasserwerken,
- Köln: Umrüstung der Kölner BIOFOR-Filtrationsanlagen auf Spurenstoffelimination,
- Wuppertal: Technische Erprobung des Aktivkohleeinsatzes zur Elimination von Spurenstoffen in Verbindung mit vorhandenen Filteranlagen,
- Detmold: Untersuchungen zur Kombination von Ozon mit nachgeschaltetem GAK-Filter (beides der vorhandenen Filtrationsstufe nachgeschaltet),
- Paderborn: Untersuchung der Kombination von Aktivkohle und Ozon (Ozonung vor dem vorhandenen Filter, der mit Aktivkohle befüllt wird) - geplant,
- Barntrup: Untersuchungen zur Elimination von Mikroverunreinigungen in Kombination mit dem System Fuzzyfilter,
- Aachen: Untersuchungen zur Ozonung zur Ertüchtigung der Kläranlage zur Spurenstoffelimination.

6.4 Kläranlagenausbau

In Nordrhein-Westfalen sind die Kläranlagen Bad Sassendorf, Duisburg-Vierlinden, Schwerte (Versuchsanlage), Obere Lutter und Gütersloh (Teilbetrieb) bereits zur Mikroschadstoffelimination ertüchtigt. Der Betrieb der Anlagen läuft störungsfrei. Die Eliminationsleistungen entsprechen den Erwartungen.

Der Ausbau der Kläranlagen Aachen-Soers, Bad Oeynhausen, Dülmen, Warburg, Harsewinkel und Rietberg ist in der Planung bzw. Ausschreibung.

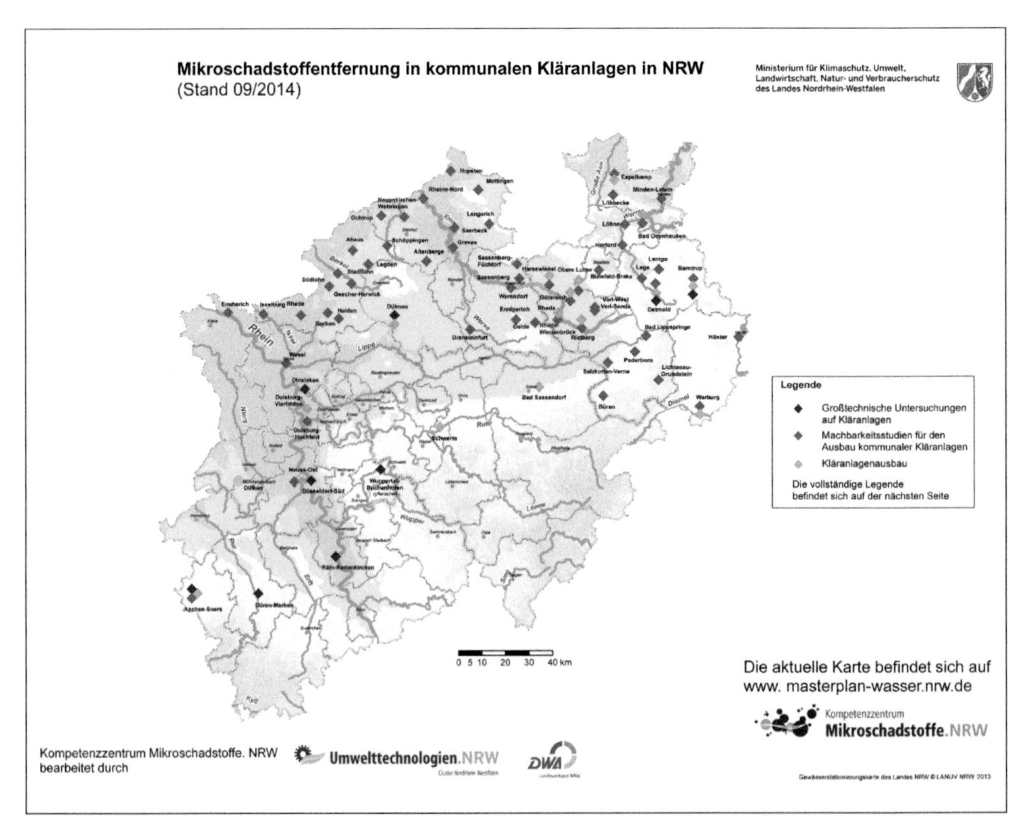

Bild 2: Mikroschadstoffelimination in NRW (Stand 07/2014) [16]. Bildquelle: Kompetenzzentrum Mikroschadstoffe NRW, www.masterplan-wasser.nrw.de

6.5 Förderung des Kläranlagenausbaus

Seit dem 1.01.2012 ist die Förderrichtlinie „Ressourceneffiziente Abwasserbeseitigung NRW" in Kraft [17]. Gefördert werden Maßnahmen zur Aus- oder Umrüstung von öffentlichen Abwasserbehandlungsanlagen mit innovativen Reinigungsverfahren wie z. B. Membrantechnologie, Ozonung, UV-Verfahren, Einsatz von Aktivkohle oder andere innovative Technologien mit gleichartiger Reinigungsleistung und mit dem Ziel der Elimination von Mikroschadstoffen. Zuwendungsempfänger sind Gemeinden und Wasserverbände. Die Förderung erfolgt mit einer Anteilsfinanzierung in Höhe von bis zu 70 % der zuwendungsfähigen Kosten.

7 Kosten

Zur Elimination von Arzneimitteln und weiteren Mikroschadstoffen sind in Deutschland insbesondere in Baden-Württemberg und in NRW bereits eine Reihe von Kläranlagen ertüchtigt worden. Die Maßnahmen in Bad Sassendorf, Duisburg-Vierlinden, Gütersloh, Bielefeld (Obere Lutter) und Schwerte haben nach hiesigen Erkenntnissen nicht zu einer Gebührenerhöhung geführt. Dies ist zum einen dem Engagement der Abwasserbeseitigungspflichtigen geschuldet, die entsprechende Kompensationsmaßnahmen für Mehrbelastungen vorgenommen haben und zum anderen der Landesförderung aus Mitteln der Abwasserabgabe in Höhe von 70 % der Investitionskosten.

Grundsätzlich ist die Ertüchtigung der Kläranlagen zur Mikroschadstoffelimination mit Mehrkosten verbunden; dabei sind in der Regel die spezifischen Kosten je Einwohner geringer, je größer eine Kläranlage ist. Im Wesentlichen können große Kläranlagen (>10.000 EW) betroffen sein, wenn der ökologische und chemische Gewässerzustand eine Verminderung von Mikroschad-

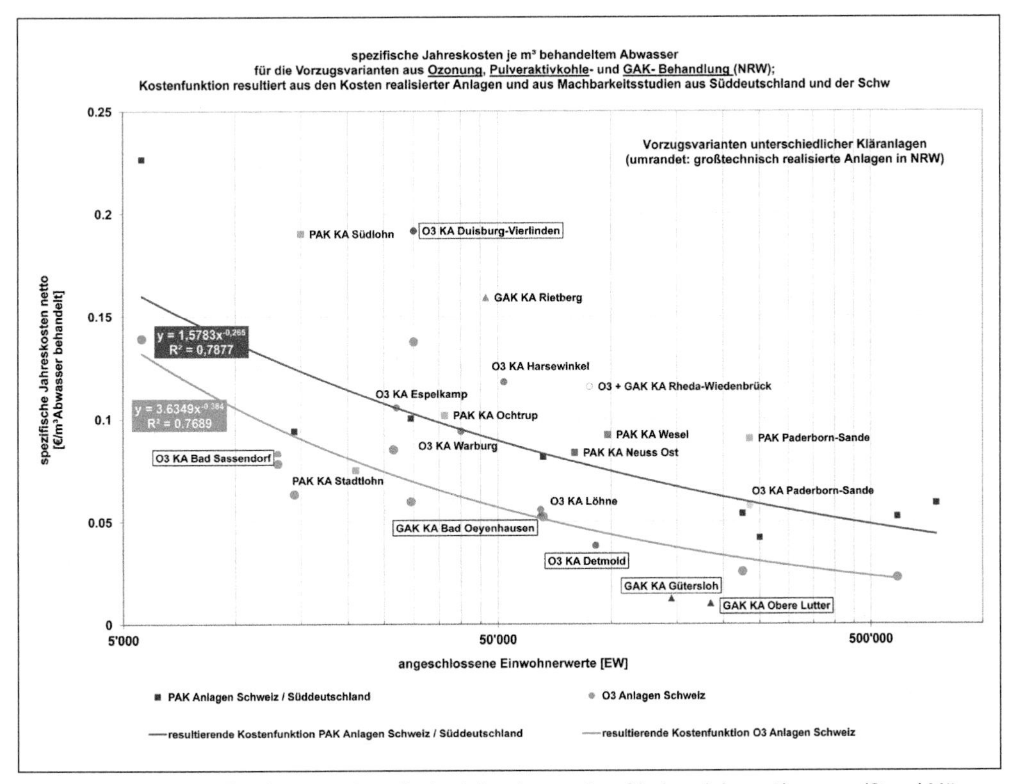

Bild 3: Mikroschadstoffentfernung: Spezifische Jahreskosten je m³ behandeltem Abwasser (Stand März 2014). Bildquelle: Kompetenzzentrum Mikroschadstoffe NRW, www.masterplan-wasser.nrw.de

stoffen notwendig macht, weil das Verhältnis von eingeleiteter Abwassermenge zur Wasserführung im Gewässer entscheidend ist für die Frage der Gewässerbelastung. Von den Kläranlagen in NRW (381 > 10.000 EW) wurden auf freiwilliger Basis inzwischen für 50 Anlagen Machbarkeitsstudien in Auftrag gegeben, in deren Rahmen auch die anfallenden Kosten untersucht werden. Insofern liegen umfangreiche und ausreichende Kostenbetrachtungen vor. Bezogen auf die Abwassergebühren wurden Kosten zwischen 2 ct/m³ (Obere Lutter) und max. 21-35 ct/m³ (Schwerte, Untersuchungen des Ruhrverbands) ermittelt. Bei den Kosten für die Kläranlage Schwerte ist zu beachten, dass hier zwei Systeme zur Mikroschadstoffelimination parallel errichtet wurden, um im Rahmen eines F+E-Vorhabens vergleichbare Erkenntnisse zu gewinnen. Zur Bewertung der Kosten kann auf die aktuellen Abwassergebühren in NRW hingewiesen werden, die im Mittel 2,88 €/m³ für Schmutzwasser sowie zusätzlich 0,79 €/m² für Niederschlagswasser betragen. Eine Auswertung der Jahreskosten der Mikroschadstoffentfernung hat das Kompetenzzentrum Mikroschadstoffe. NRW durchgeführt (**Bild 3**) [18].

Die positiven Erfahrungen haben dazu geführt, dass eine Reihe weiterer Kläranlagen zur Mikroschadstoffentfernung ausgebaut werden. Alle Maßnahmen wurden bisher auf freiwilliger Basis durchgeführt.

8 Zusammenfassung

In NRW hat das Thema Mikroschadstoffe seit den PFT-Funden in der Ruhr eine herausragende Bedeutung. Die Landesregierung hat deshalb das „Programm Reine Ruhr – zur Strategie einer nachhaltigen Verbesserung der Gewässer- und Trinkwasserqualität in Nordrhein-Westfalen“ erarbeitet [2]. Das Programm Reine Ruhr beinhaltet ein Multi-Barrieren-Konzept, dessen wesentliche Elemente Maßnahmen zur Vermeidung von Mikroschadstoffen, die Elimination von Mikroschadstoffen in kommunalen Kläranlagen sowie zusätzliche Maßnahmen bei der Trinkwasseraufbereitung darstellen.

Mikroschadstoffe werden vorwiegend über kommunale Kläranlagen in die Gewässer eingeleitet. Ihr Eintrag verhindert in vielen Gewässern die Erreichung eines guten ökologischen Zustands von Oberflächengewässern. Aktuell wird der gute ökologische Zustand in 90 Prozent der Gewässer Nordrhein-Westfalens nicht erreicht, unter anderem auf Grund von Verunreinigungen durch Mikroschadstoffe. Maßnahmen zum Rückhalt von Mikroschadstoffen in Kläranlagen sind deshalb erforderlich.

Techniken zur Mikroschadstoffentfernung in kommunalen Kläranlagen sind inzwischen wissenschaftlich untersucht und großtechnisch erprobt. Grundsätzlich bieten sich sowohl der Einsatz von Pulveraktivkohle und granulierter Aktivkohle als auch die Ozonung an.

Zur Elimination von Arzneimitteln und weiteren Mikroschadstoffen sind in NRW bereits eine Reihe von Kläranlagen ertüchtigt worden. Die Maßnahmen in Bad Sassendorf, Duisburg-Vierlinden, Gütersloh, Bielefeld (Obere Lutter) und Schwerte haben nach Erkenntnissen des Autors nicht zu einer Gebührenerhöhung geführt.

Grundsätzlich ist die Ertüchtigung der Kläranlagen zur Mikroschadstoffelimination mit Mehrkosten verbunden. Bezogen auf die Abwassergebühren wurden Kosten zwischen 2 ct/m³ (Obere Lutter) und 21-35 ct/m³ (Schwerte, Untersuchungen des Ruhrverbands) ermittelt. Zur Bewertung der Kosten kann auf die aktuellen Abwassergebühren in NRW hingewiesen werden, die im Mittel 2,88 €/m³ für Schmutzwasser sowie zusätzlich 0,79 €/m² für Niederschlagswasser betragen.

Bewährt hat sich die Erstellung von Machbarkeitsstudien. Machbarkeitsstudien stellen eine wesentliche Entscheidungsgrundlage für den Abwasserbeseitigungspflichtigen dar.

Literatur

[1] UBA- Pressemitteilungen vom 09.04.2014, 20.03.2013 und 08.02.2012

[2] Programm Reine Ruhr – zur Strategie einer nachhaltigen Verbesserung der Gewässer- und Trinkwasserqualität in Nordrhein-Westfalen (2014), Herausgeber: Ministerium für Klimaschutz, Umwelt, Landwirtschaft, Natur- und Verbraucherschutz des Landes Nordrhein-Westfalen

[3] Strategie Mikroverunreinigungen – Integrale Bewertung von Mikroverunreinigungen und Maßnahmen zur Reduzierung von Einträgen aus Siedlungs- und Industrieabwässern (2012), Herausgeber: Internationale Kommission zum Schutz des Rheins, Bericht 203

[4] Mikroverunreinigungen (2013), Herausgeber: Internationale Kommission zum Schutz des Rheins (Faltblatt)

[5] Egina Malay et. al.(2014), Organic chemicals jeopardize the health of freshwater ecosystems on the continental scale; Proceedings of the National Academy of Sciences;

[6] Beantwortung der Kleinen Anfrage 2487 (2014) „Zu viele Pestizide in europäischen Gewässern – Wie steht es um Flüsse, Bäche und Seen in Nordrhein-Westfalen?", Landtag NRW

[7] Thomas Hildebrandt, Stefan Fuchs, Snezhina Dimitrova (2014) „Maßnahmen zur Verminderung des Eintrags von Mikroschadstoffen in die Gewässer" Herausgeber: Umweltbundesamt (noch unveröffentlicht)

[8] Ergebnisprotokoll der 67. Umweltministerkonferenz (2006) Herausgeber: UMK

[9] http://www.lanuv.nrw.de/wasser/abwasser/forschung/abwasser.htm

[10] Christian Götz, Sabine Bergmann, Christoph Ort, Heinz Singer und Robert Kase, (2012), Mikroschadstoffe aus kommunalem Abwasser – Stofflussmodellierung, Situationsanalyse und Reduktionspotentiale für Nordrhein-Westfalen, Herausgeber: Ministerium für Klimaschutz, Umwelt, Landwirtschaft, Natur- und Verbraucherschutz des Landes Nordrhein-Westfalen

[11] Christian Götz, Juliane Holländer, Robert Kase (2011), Mikroverunreinigungen- Beurteilungskonzept für organische Spurenstoffe aus kommunalem Abwasser; Herausgeber EAWAG

[12] Jörg Klasmeier, Nils Kehrein, Jürgen Berlekamp, Michael Matthies: Mikroverunreinigungen in oberirdischen Gewässern: Ermittlung des Handlungsbedarf bei kommunalen Kläranlagen (2011), Herausgeber: Bayerisches Landesamt für Umwelt

[13] Spurenstoffbericht Baden-Württemberg 2012, Herausgeber Ministerium für Umwelt, Klima und Energiewirtschaft Baden-Württemberg

[14] Ermittlung des Potentials weitergehender Abwasserreinigungsmaßnahmen auf die Reduktion endokriner Substanzen (2013), Herausgeber: Bayerisches Landesamt für Umwelt

[15] Entwicklung und Stand der Abwasserbeseitigung in Nordrhein-Westfalen, 16. Auflage, (2014), Herausgeber: Ministerium für Klimaschutz, Umwelt, Landwirtschaft, Natur- und Verbraucherschutz des Landes Nordrhein-Westfalen

[16] http://www.masterplan-wasser.nrw.de/, www.masterplan-wasser.nrw.de/Karte/

[17] Richtlinien über die Gewährung von Zuwendungen für eine „Ressourceneffiziente Abwasserbeseitigung NRW", RdErl. d. Ministeriums für Klimaschutz, Umwelt, Landwirtschaft, Natur- und Verbraucherschutz – IV-7-025 088 0010 – v. 1.1.2012 Ministerialblatt (MBl. NRW.), Ausgabe 2012 Nr. 4 vom 23.2.2012 Seite 59 ff.

[18] Kompetenzzentrum Mikroschadstoffe NRW: Auswertung der Jahreskosten der Mikroschadstoffentfernung, c/o Grontmij GmbH, Graeffstr. 5, 50823 Köln, Deutschland, info@kompetenzzentrum-mikroschadstoffe.de, www.kompetenzzentrum-mikroschadstoffe.de

Autor

Dr. Viktor Mertsch

Referat IV-7 – Abwasserbeseitigung
Ministerium für Klimaschutz, Umwelt,
Landwirtschaft, Natur- und Verbraucherschutz
des Landes Nordrhein-Westfalen
Schwannstr. 3
40476 Düsseldorf
E-Mail: viktor.mertsch@mkulnv.nrw.de

Birte Hensen, Christina Faubel, Wolf-Ulrich Palm und Dieter Steffen

Vasodilatierende Substanzen in Kläranlagenabläufen und Oberflächengewässern

Im Einzugsgebiet der Fuhse (Niedersachsen) wurden Kläranlagenabläufe und Oberflächengewässer auf die vasodilatierenden Substanzen Sildenafil, Tadalafil und Vardenafil untersucht. Diese Substanzen gehören zur Stoffgruppe der Heterocyclen und sind in Potenzmitteln enthalten.

1 Einleitung

1.1 Stickstoffheterocyclen (N-HET)

Heterocyclen sind Verbindungen, bei denen im Ringsystem einer cyclischen Kohlenwasserstoffverbindung mindestens ein Kohlenstoffatom gegen ein Heteroatom, meist Stickstoff, Schwefel oder Sauerstoff, substituiert wird. Die Bedeutung grundlegender Strukturen der Heterocyclen, häufig als NSO-Heterocyclen bezeichnet, wurde in Deutschland in den letzten 15 Jahren im Besonderen im Vergleich zu den Polycyclischen aromatischen Kohlenwasserstoffen (PAK) in Altlasten eingehend untersucht [1 – 3]. Innerhalb der Gruppe der NSO-Heterocyclen stellen Stickstoffheterocyclen (N-HET) ein in der Natur weit verbreitetes, physiologisch grundlegendes Strukturelement dar wie z. B. in den Nucleinbasen oder den Hämen. Nicht überraschend werden N-HET häufig als Fragment in Pflanzenschutzmitteln oder Pharmazeutika angetroffen. Im Besonderen die aromatischen N-HET besitzen als Basen häufig pK_S-Werte im pH-Bereich 4 – 8 und eine z. T. wesentlich höhere Löslichkeit im wässrigen Milieu verglichen mit den analogen Kohlenwasserstoffen. Die Bedeutung der N-HET in Oberflächenwässern in Norddeutschland wurde kürzlich in [4] diskutiert. In Erweiterung dieser Messungen und Anwendung der empfindlichen Analytik über LC-MS/MS werden im Folgenden prospektive Untersuchungen der Verbindungen Sildenafil, Tadalafil und Vardenafil aus der Gruppe der vasodilatierenden Verbindungen in der Fuhse, einem typischen Fließgewässer in Norddeutschland, vorgestellt.

1.2 Vasodilatierende Verbindungen

Sildenafil und Tadalafil finden in der Behandlung der pulmonalen arteriellen Hypertonie Verwendung. Darüber hinaus werden Sildenafil, Tadalafil und Vardenafil als Wirkstoffe gegen die erektile Dysfunktion in den Potenzmitteln Viagra®, Levitra® und Cialis® verwendet (**Bild 1**).

Alle drei Verbindungen sind in Kläranlagenabläufen mit maximalen Konzentrationen von 18 ng/L für Sildenafil und jeweils 9 ng/L für Tadala-

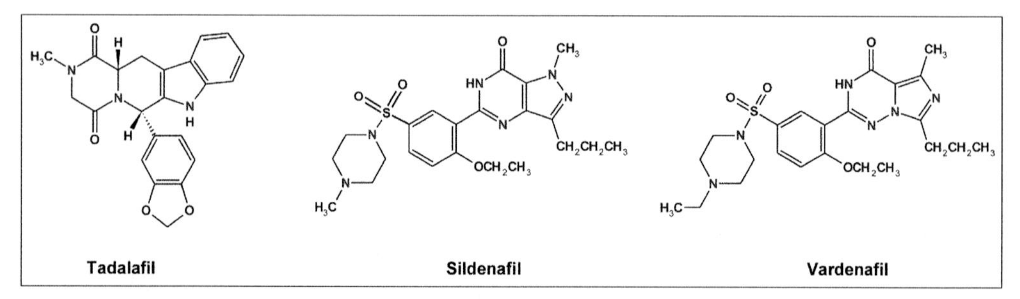

Bild 1: Strukturformeln der untersuchten Substanzen. (Quelle: Hensen, et al.)

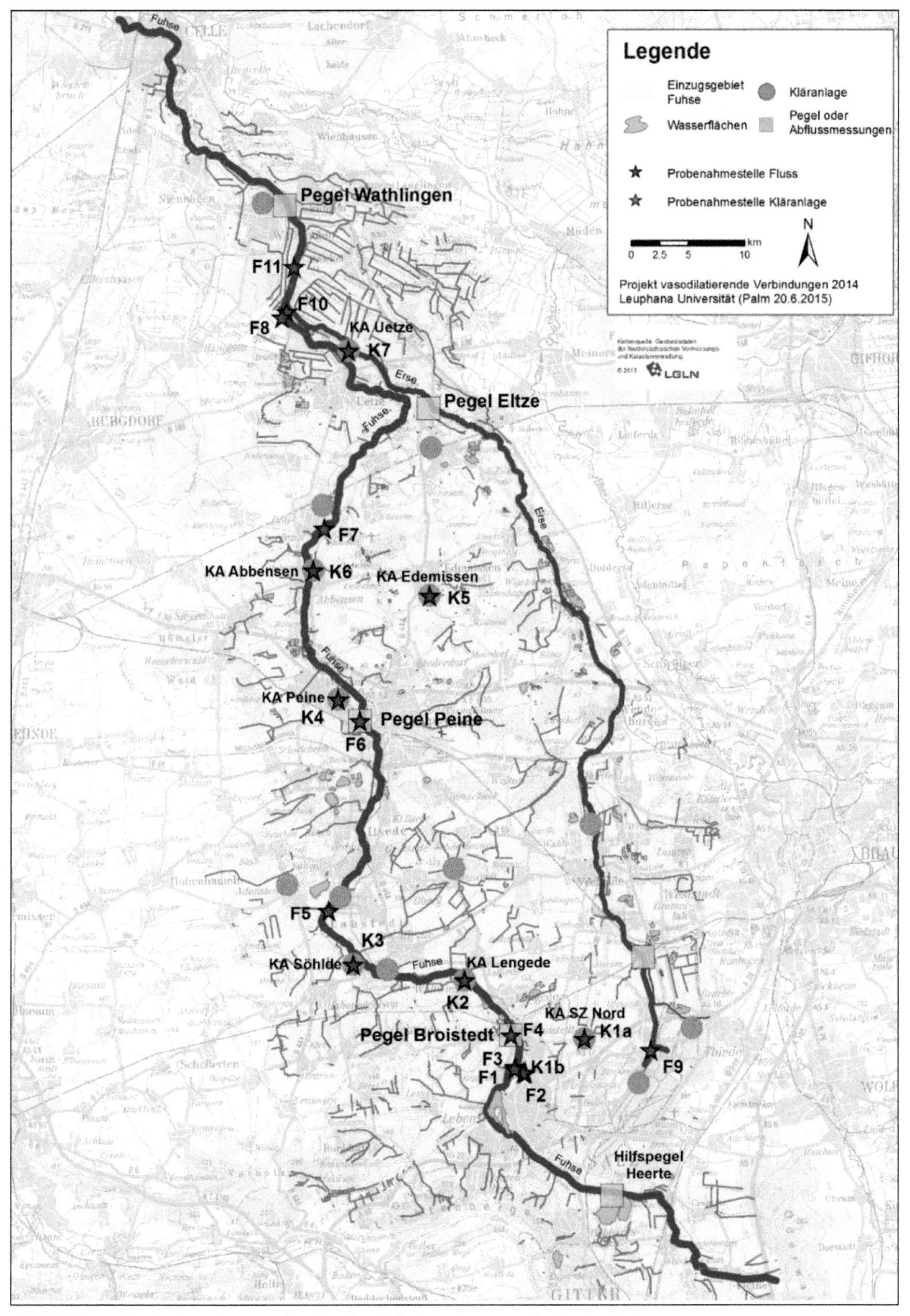

Bild 2: Karte der Probenahmestellen im Bereich des Einzugsgebiets der Fuhse. (Quelle: Hensen et al.)

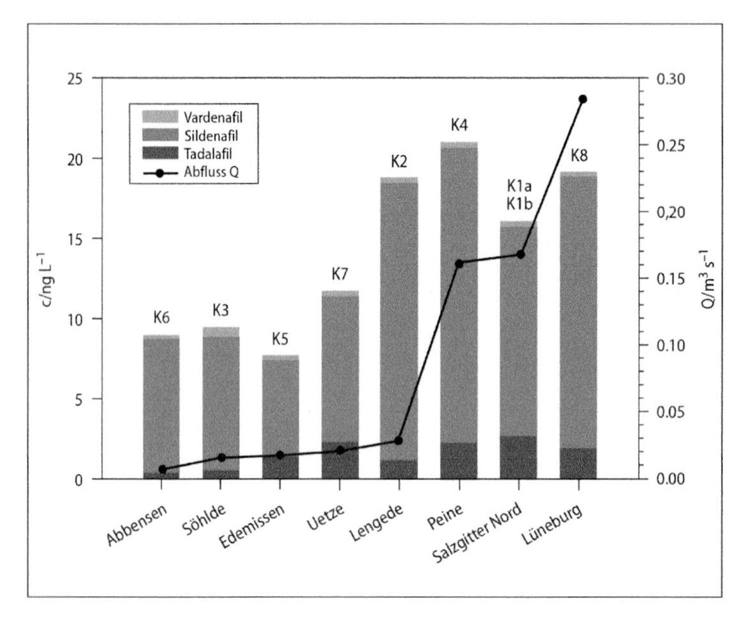

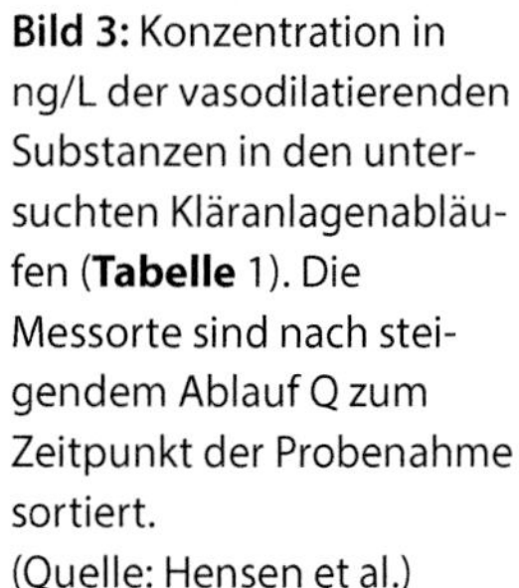
Bild 3: Konzentration in ng/L der vasodilatierenden Substanzen in den untersuchten Kläranlagenabläufen (**Tabelle** 1). Die Messorte sind nach steigendem Ablauf Q zum Zeitpunkt der Probenahme sortiert. (Quelle: Hensen et al.)

fil und Vardenafil gefunden worden [5 – 8]. In ersten Messungen 2006 in Deutschland konnte Sildenafil nicht in Oberflächenwässern gemessen werden [9], in Messungen 2009 und 2010 wurde Sildenafil in stark schwankenden Konzentrationen [8, 10, 11] zwischen < BG in englischen [8, 11] und bis zu 29 ng/L in einem spanischen Oberflächengewässer [10] nachgewiesen. Dagegen wurden Tadalafil und Vardenafil bisher in Oberflächengewässern nicht nachgewiesen.

2 Experimentelles

Proben wurden sowohl in Kläranlagen als auch in Oberflächengewässern in vier Kampagnen im Herbst und Winter 2014 im Gewässereinzugsgebiet der Fuhse (mit dem Zufluss Erse) genommen. Zum Vergleich erfolgte eine weitere Probenahme im Januar 2015 in der Kläranlage Lüneburg und in der Ilmenau (Daten hier nicht gezeigt). Details zu den Probenahmeorten sind im Ergebnisteil in der **Tabelle** 1 und für die Fuhse im **Bild 2** zusammengefasst.

Standards der analysierten vasodilatierenden Verbindungen wurden in Acetonitril angesetzt und bei – 16 °C gelagert. Der Sildenafil-Standard liegt als Citrat, Vardenafil als Hydrochlorid und Tadalafil unkomplexiert vor. Alle gemessenen Konzentrationen werden jedoch für die freie Base angegeben. Als interner Standard wurde Sildenafil-D8, als Extraktionsstandard Acridin-D9 verwendet. Für die Analytik wurden die organischen Verbindungen aus jeweils 1 L der wässrigen, filtrierten (Glasfaserfilter, 1,6 μm) Probe über ein SPE-Verfahren angereichert und nach Elution mit einem Gemisch aus Dichlormethan/Aceton (2:1 v:v) und einem Lösungsmittelwechsel auf Acetonitril über ein HPLC-Verfahren chromatographisch getrennt und über ein gekoppeltes Tandem-Massenspektrometer analysiert. Neben den organischen Komponenten wurden zur Charakterisierung der wässrigen Probe der pH-Wert, die Temperatur, Leitfähigkeit, Sauerstoffkonzentration sowie die Konzentrationen der Anionen Chlorid, Nitrat und Sulfat, der Schwebstoffgehalt und DOC ermittelt. Details zur Probenahme, den verwendeten Materialien und den Verbindungen sowie zur Analytik sind dem elektronischen Supplement zu entnehmen.

3 Ergebnisse und Diskussion

3.1 Konzentration in Kläranlagen

Die ermittelten Konzentrationen der vasodilatierenden Substanzen in den gemessenen Kläranlagenabläufen sind in der **Tabelle** 1 zusammenge-

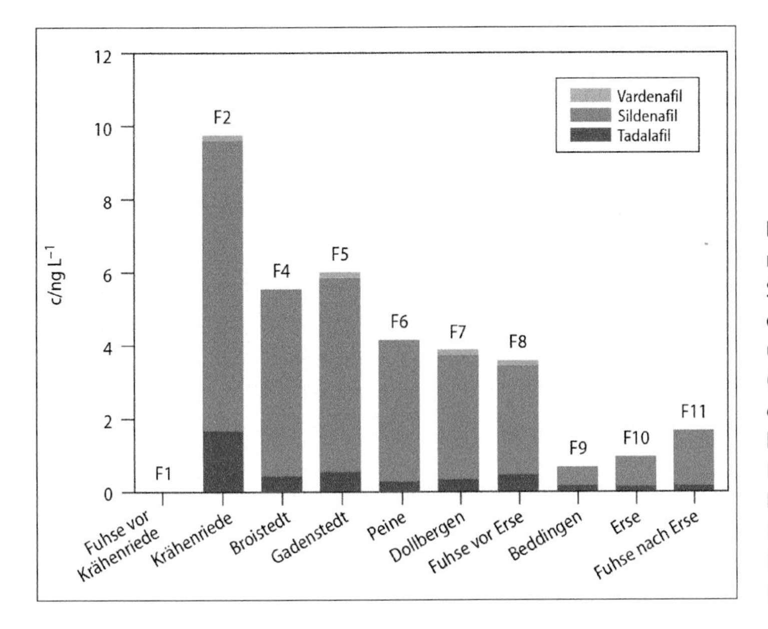

Bild 4: Konzentration in ng/L der vasodilatierenden Substanzen in der Fuhse, dem Zufluss Krähenriede und dem Nebenfluss Erse (**Tabelle** 1 mit der entsprechenden Nummer der Probestelle). Für F1 sind alle Konzentrationen < BG. Nicht gezeigt ist die als Fehlmessung interpretierte Probestelle F3. (Quelle: Hensen et al.)

fasst und im **Bild 3** dargestellt.

Die in den Kläranlagen im Gebiet der Fuhse gemessenen Konzentrationen wurden durch Vergleichsmessungen in der Kläranlage Lüneburg bestätigt. Im Mittel werden die Konzentrationen von Sildenafil um einen Faktor 8 höher verglichen zu Tadalafil und um einen Faktor 40 höher verglichen zu Vardenafil gefunden, es gilt demnach c(Sildenafil) > c(Tadalafil) > c(Vardenafil). Innerhalb der verfügbaren Proben weisen die einzelnen Verbindungen untereinander ähnliche Konzentrationsniveaus auf. Im Mittel wird eine Summenkonzentration von $c = (14,1 \pm 5,3)$ ng/L der untersuchten Verbindungen gemessen. Sildenafil wird mit der höchsten mittleren Konzentration von $c = (12,2 \pm 4,9)$ ng/L gefunden, die Konzentration an Tadalafil und Vardenafil beträgt im Mittel $c = (1,6 \pm 0,8)$ ng/L und $c = (0,3 \pm 0,1)$ ng/L. Bemerkenswerterweise liegen die gefundenen Konzentrationsniveaus und die Verhältnisse der Konzentrationen der einzelnen Substanzen in ähnlicher Größenordnung wie in bisher bekannten Messungen aus Kläranlagenabläufen [5 – 8].

Für die Kläranlagen mit den geringsten Abläufen (Uetze, Edemissen, Söhlde und Abbensen) zum Zeitpunkt der Probenahme wird für Sildenafil und Tadalafil (nicht jedoch für Vardenafil) ein um den Faktor 2 geringeres Konzentrationsniveau verglichen mit den Kläranlagen Vechelde, Salzgitter-Nord, Peine und Lüneburg gefunden. Die Ablaufmengen Q in den Kläranlagen zum Zeitpunkt der Probenahme unterscheiden sich jedoch um mehr als einen Faktor 30. Es wird demnach ein überraschend homogenes Konzentrationsniveau unabhängig von der Kläranlagengröße gemessen. Die erhaltenen Konzentrationen der Kläranlagenabläufe für alle Verbindungen liegen normalverteilt vor (Test nach Anderson-Darling) und Ausreißer (modifizierter Grubbs-Test) wurden nicht gefunden. Weiterhin wird, auch wenn unterschiedliche Messorte verglichen werden, über den Zeitraum von September 2014 bis Januar 2015 kein zeitlicher Trend erkannt. Nur wenige Messungen sind in der Literatur über den Abbau der hier untersuchten vasodilatierenden Verbindungen in Kläranlagen bekannt [12]. Anhand dieser Daten kann von einem ca. 2 bis 4-fach höherem Konzentrationsniveau im Zulauf der Kläranlagen verglichen zum Ablauf ausgegangen werden.

Wird das hier ermittelte Konzentrationsniveau für alle Kläranlagen in Niedersachsen unterstellt, so kann mit Daten der Jahresabwassermengen niedersächsischer Kläranlagen für das Jahr 2013 [12] die jährliche Gesamtfracht des Eintrags von Sildenafil, Tadalafil und Vardenafil aus Kläranlagenabläufen in Oberflächengewässer in Niedersachsen abgeschätzt werden. Über die gemittelte

Konzentration der beprobten Abläufe und den kumulierten Abwassermengen der gesamten Kläranlagen Niedersachsens (entsprechend 18,1 m^3/s für das Jahr 2013) ergibt sich in der Summe für Sildenafil, Tadalafil und Vardenafil eine Fracht von etwa 8 kg/Jahr, die über die Kläranlagenabläufe in niedersächsische Oberflächengewässer gelangt.

3.2 Konzentration in Oberflächengewässern

Die ermittelten Konzentrationen der vasodilatierenden Substanzen in den gemessenen Oberflächengewässern sind in der **Tabelle 1** zusammengefasst und im **Bild 4** dargestellt.

Die Messstelle F1 wird als Hintergrundmessstelle angesehen, da im Oberlauf der Fuhse bis zum Zulauf der Krähenriede (Vorfluter der Kläranlage Salzgitter-Nord) in die Fuhse keine Kläranlagen vorhanden sind. Tatsächlich wurde in dieser Probe keine der Verbindungen oberhalb der Nachweisgrenze nachgewiesen (d. h. c < 0,1 ng/L). Der Ablauf der Kläranlage Salzgitter-Nord liefert im Vorfluter Krähenriede (F2) nicht überraschend die höchsten gemessenen Konzentrationen der drei untersuchten vasodilatierenden Verbindungen im Oberflächengewässer. Aufgrund der Verdünnung wird an der Messstelle Broistedt (F4) eine geringere Konzentration (in Summe c = 5,6 ng/L) gemessen, verglichen mit der Messstelle in der Krähenriede bzw. natürlich in der Kläranlage Salzgitter-Nord selbst. Die Messung F3 ca. 50 m direkt hinter dem Zufluss der Krähenriede in die Fuhse liefert vergleichsweise geringe Konzentrationen (**Tabelle 1**). Diese Messung wird als ein Artefakt einer nicht homogenen Verteilung der Konzentration aus der Krähenriede in die Fuhse angesehen.

Die Konzentrationen der drei vasodilatierenden Verbindungen nehmen im Flussverlauf der Fuhse bis zum Zufluss der Erse um ca. 30 % ab (F5 – F8, Bild 2). Diese Konzentrationsabnahme kann über den Zulauf aus den Kläranlagen an der Fuhse und der zunehmenden Verdünnung durch den größeren Volumenstrom der Fuhse erklärt werden. Die Konzentrationen in der Erse (F9 und F10) sind aufgrund der geringen Anzahl kommunaler Kläranlagen (Wahle und Uetze) im Vergleich zur Fuhse geringer. Interessant ist die Messstelle F9 (Beddingen), die nur scheinbar ausschließlich durch die industrielle Kläranlage der

Tab. 1 | Probenahmestellen in den Kläranlagen (Nr.: K1 – K8) und im Oberflächengewässer der Fuhse und Erse (Nr.: F1-F11). Die exakten Positionen der Probenahmestellen in der Fuhse bzw. Erse sind im Bild 2 dargestellt. Angegeben ist das Datum und der Zeitpunkt der Messung (alle Proben sind ausnahmslos Stichproben), die ermittelten Konzen-

Nr	Name Gewässer, Name Probestelle	Datum
F1	Fuhse, vor Krähenriede	07.10.2014
F2	Krähenriede	07.10.2014
F3	Fuhse, nach Krähenriede	07.10.2014
F4	Fuhse, Broistedt	28.10.2014
F5	Fuhse, Gadenstedt	28.10.2014
F6	Fuhse, Peine	28.10.2014
F7	Fuhse, Dollbergen	28.10.2014
F8	Fuhse, vor Erse	28.10.2014
F9	Aue (Erse), Beddingen	23.09.2014
F10	Erse, vor Fuhse	28.10.2014
F11	Fuhse, nach Erse	28.10.2014
Nr	Name Kläranlage	Datum
K1a	SZ_Nord	23.09.2014
K1b	SZ_Nord (Krähenriede)	7.10.2014
K2	Lengede	2.12.2014
K3	Söhlde	2.12.2014
K4	Peine	2.12.2014
K5	Edemissen	2.12.2014
K6	Abbensen	2.12.2014
K7	Uetze	2.12.2014
K8	Lüneburg	27.01.2015

trationen (in ng/L) von Tadalafil (Tad), Sildenafil (Sil) und Vardenafil (Var) und die folgenden Parameter: T (in °C) = Temperatur. pH = pH-Wert. LF (in µS/cm) = Leitfähigkeit. $c(O_2)$ (in mg/L) = Sauerstoffkonzentration.
DOC (in mg/L) = Dissolved Organic Carbon. $c(Cl^-)$, $c(NO_3^-)$, $c(SO_4^{2-})$ (in mg/L) = Konzentrationen der Anionen Chlorid, Nitrat und Sulfat. SPM (in mg/L) = Masse des Schwebstoffs in der Wasserprobe. Q(Datum) (in m³/s) = Abfluss zum Zeitpunkt der Probenahme. $\bar{Q}$ (2013) bzw. $\bar{Q}$ (2014) = Mittlerer Jahresabfluss für das angegebene Jahr. Die zweite Probenahme aus dem Ablauf der Kläranlage Salzgitter Nord (Nr.: K1b) erfolgte direkt aus dem Ablaufrohr vor dem Einleiten in den Vorfluter Krähenriede.

Uhrzeit	Tad	Sil	Var	T	pH	LF	$c(O_2)$	DOC	$c(Cl^-)$	$c(NO_3^-)$	$c(SO_4^{2-})$	SPM	Q (Datum)	$\bar{Q}$ (2014)
	ng/L			°C		µS/cm	mg/L						m³/s	
11:50	0,0	0,0	0,0	12,2	8,14	1592	11,5	4,7	237,2	12,5	242,9	5,7	–	
11:20	1,7	8,0	0,1	16,7	7,64	1107	9,6	9,1	145,4	15,0	164,4	5,7	–	
12:02	0,2	0,8	0,0	13,0	7,97	1449	10,6	6,3	209,3	12,6	220,3	7,1	–	
11:11	0,5	5,1	0,0	11,5	8,19	1434	9,8	5,0	196,8	13,6	215,6	4,6	0,568	0,667
11:35	0,6	5,3	0,1	11,2	8,28	1394	10,2	4,9	192,0	12,6	207,4	5,5	–	
12:25	0,3	3,9	0,0	11,6	8,13	1360	8,7	5,1	187,9	11,8	218,8	6,3	0,836	0,972
12:55	0,4	3,4	0,1	11,7	8,08	1236	10,4	5,1	156,5	11,3	197,7	4,0	–	
7:21	0,5	3,0	0,1	10,7	8,13	1139	9,7	5,4	144,8	10,2	189,6	5,7	–	
11:10	0,2	0,5	0,0	24,5	6,23	1775	3,7	8,1	288,3	17,4	364,6	37,7	–	
13:37	0,2	0,8	0,0	11,2	7,52	1363	9,3	5,1	455,9	14,4	283,5	4,2	0,440	0,516
13:50	0,2	1,5	0,0	11,1	7,81	1194	9,9	5,3	237,5	10,5	223,7	7,1	–	

Uhrzeit	Tad	Sil	Var	T	pH	LF	$c(O_2)$	DOC	$c(Cl^-)$	$c(NO_3^-)$	$c(SO_4^{2-})$	SPM	Q (Datum)	$\bar{Q}$ (2013)
	ng/L			°C		µS/cm	mg/L						m³/s	
13:40	3,0	14,1	0,2	18,5	7,17	1248	8,3	7,5	149,8	14,7	178,8	5,3	0,227	0,200
10:53	2,3	12,2	0,3	18,1	7,24	1306	9,0	9,0	183,2	19,1	201,0	3,8	0,166	0,200
9:23	1,2	17,3	0,3	10,6	6,93	977	7,4	9,8	157,4	38,1	94,8	8,0	0,056	0,034
9:44	0,6	8,3	0,5	9,0	8,03	1130	3,3	7,4	184,7	3,9	125,2	4,7	0,017	0,021
10:25	2,2	18,5	0,3	6,3	7,19	1330	7,7	8,7	193,5	29,0	214,6	6,6	0,116	0,212
11:06	1,5	5,9	0,3	8,0	7,14	1004	4,3	7,9	137,6	12,6	145,7	8,7	0,012	0,020
11:29	0,3	8,4	0,2	9,0	7,15	970	4,4	8,3	145,0	18,9	130,0	7,5	0,020	0,007
11:50	2,3	9,1	0,3	10,8	6,37	1018	6,1	10,8	134,1	37,8	146,4	15,1	0,011	0,018
10:35	1,9	17,0	0,3	11,7	7,17	1022	10,5	10,3	137,7	24,4	70,4	5,0	0,356	0,287

Salzgitter Flachstahl AG beeinflusst wird. Tatsächlich wird diese Kläranlage für einige Stadtteile in Salzgitter auch zur Reinigung kommunalen Abwassers genutzt. Die gefundenen geringen Konzentrationen können daher aus dem Zufluss kommunaler Abwässer erklärt werden. Analoge, hier nicht näher diskutierte Konzentrationsverhältnisse wurden für das Pharmazeutikum Carbamazepin gefunden. Die geringere Konzentration in der Fuhse hinter dem Zufluss der Erse (F11), verglichen mit der Konzentration vor dem Zufluss der Erse (F8), ist aufgrund der Verdünnung durch die Erse und der geringen Konzentration in der Erse verständlich. Unter der Annahme, dass die in einem Zeitraum von 3 Monaten gemessenen Konzentrationen kombiniert werden können, wurden die Konzentrationen in den unterschiedlichen Flussabschnitten aus den Konzentrationen in den Abläufen aller Kläranlagen an der Fuhse und der Erse und den entsprechenden Volumenströmen in den entsprechenden Flussabschnitten berechnet. Unter Berücksichtigung aller Fehler werden befriedigende Übereinstimmungen im Bereich von im Mittel 30 % zwischen den gemessenen und aus dem einfachen Modell berechneten Konzentrationen im Oberflächengewässer bis zum Zufluss der Erse erhalten. Die übereinstimmenden Konzentrationen belegen auch die Güte der Analytik in den unterschiedlichen Matrices einerseits im Oberflächengewässer und andererseits im Ablauf der Kläranlagen. Da die Ergebnisse ohne Verlustprozesse der vasodilatierenden Verbindungen erhalten wurden, kann weiterhin von einem geringen Abbau bzw. von einer geringen Adsorption an Schwebstoffen im Zeitraum einiger Tage im Oberflächengewässer ausgegangen werden. Details zur Berechnung und die konkreten Ergebnisse sind im Begleitmaterial verfügbar (s. unten).

4 Schlussfolgerung

Die Summenkonzentrationen der vasodilatierenden Substanzen Sildenafil, Tadalafil und Vardenafil in niedersächsischen Kläranlagenabläufen mit dem Vorfluter Fuhse von im Mittel $c = (14{,}1 \pm 5.3)$ ng/L wurden ermittelt. Kläranlagenabläufe sind die alleinigen Quellen dieser Verbindungen in die Oberflächengewässer, weitere (diffuse) Quellen wurden nicht identifiziert. In allen Fällen wurde c(Sildenafil) > c(Tadalafil) > c(Vardenafil) in den Kläranlagenabläufen und in den Oberflächengewässern gefunden.

Inwieweit sich die in den Oberflächengewässern ermittelten Konzentrationen nachteilig auf die aquatischen Lebensgemeinschaften auswirken, wäre durch entsprechende ökotoxikologische Untersuchungen festzustellen.

Eventuelle Unterschiede des Abbaus der untersuchten Verbindungen in den Kläranalgen sind zurzeit nicht bekannt, die erhaltenen Konzentrationsniveaus stimmen jedoch mit qualitativen Daten der Verwendungsmengen überein. Sildenafil wird überwiegend sowohl in der pulmonalen arteriellen Hypertonie als auch gegen die erektile Dysfunktion eingesetzt, gefolgt von Tadalafil, das ebenfalls für beide Indikationen verwendet wird [13, 14]. Qualitative Anwendungsmengen für Tadalafil und Vardenafil liegen den Autoren jedoch nicht vor.

Zurzeit werden die Senken der Verbindungen (Hydrolyse, Photolyse, Adsorption an Schwebstoffen) in Labormessungen und in einem weiteren Fließgewässer untersucht und die Konzentrationsniveaus in weiteren Zu- bzw. Abläufen niedersächsischer Kläranlagen ermittelt.

Begleitmaterial

Begleitmaterial zu Details der Analytik, Informationen zu Eigenschaften der untersuchten Verbindungen und Ergebnisse zur einfachen Modellierung der Konzentrationen im Oberflächengewässern sind dem elektronischen Supplement zu entnehmen.

Danksagung

Wir bedanken uns für die finanzielle Unterstützung durch das Niedersächsische Ministerium für Umwelt, Energie und Klimaschutz und die fachliche Begleitung durch den Niedersächsischen Landesbetrieb für Wasserwirtschaft, Küsten- und Naturschutz (NLWKN). Weiterhin danken wir den Betreibern der untersuchten Kläranlagen für ihre Unterstützung und den Kolleginnen und Kollegen der NLWKN-Betriebsstellen Süd und Verden für die Mitteilung der Pegeldaten.

Autoren

Birte Hensen
Christina Faubel
Dr. Wolf-Ulrich Palm

Leuphana Universität Lüneburg
Institut für Nachhaltige Chemie und Umweltchemie
Arbeitsgruppe Umweltchemie und Stoffdynamik
Scharnhoststr. 1
21335 Lüneburg
E-Mail: birte.hensen@leuphana.de
E-Mail: christina.faubel@uni.leuphana.de
E-Mail: palm@uni.leuphana.de

Dr. Dieter Steffen

Niedersächsischer Landesbetrieb für Wasserwirtschaft, Küsten- und Naturschutz (NLWKN)
Betriebsstelle Hannover-Hildesheim
An der Scharlake 39
31135 Hildesheim
E-Mail: dieter.steffen@nlwkn-hi.niedersachsen.de

Literatur

[1] J. Blotevogel, A.-K. Reineke, J. Hollender, T. Held. Identifikation NSO-heterocyclischer Prioritärsubstanzen zur Erkundung und Überwachung Teeröl-kontaminierter Standorte. Grundwasser 13 (2008) 147 – 157.

[2] I. Schlanges, D. Meyer, W.-U. Palm, W. Ruck. Identification, quantification and distribution of PAC-metabolites, heterocyclic PAC and substituted PAC in groundwater samples of tar-contaminated sites from Germany. Polycycl. Aromat. Comp. 28 (2008) 320 – 338.

[3] P. Blum, A. Sagner, T. Tiehm, P. Martus, T. Wendel, P. Grathwohl. Importance of heterocylic aromatic compounds in monitored natural attenuation for coal tar contaminated aquifers: A review. J. Contam. Hydrol. 126 (2011) 181 – 194.

[4] A. K. Siemers, J. S. Mänz, W.-U. Palm, W. K. L. Ruck. Development and application of a simultaneous SPE-method for polycyclic aromatic hydrocarbons (PAHs), alkylated PAHs, heterocyclic PAHs (NSO-HET) and phenols in aqueous samples from German Rivers and the North Sea. Chemosphere 122 (2015) 105 – 114.

[5] A. Nieto, M. Peschka, F. Borrull, E. Pocurull, R. M. Marce, T. P. Knepper. Phosphodiesterase type V inhibitors: Occurrence and fate in wastewater and sewage sludge. Water Res., 44 (2010) 1607 – 1615.

[6] S. L. MacLeod, C. S. Wong. Loadings, trends, comparisons, and fate of achiral and chiral pharmaceuticals in wastewaters from urban tertiary and rural aerated lagoon treatments. Water Res. 44 (2010) 533 – 544.

[7] H. F. Schröder, W. Gebhardt, M. Thevis, Anabolic, doping, and lifestyle drugs, and selected metabolites in wastewater – detection, quantification, and behavior monitored by high-resolution MS and MSn before and after sewage treatment. Analyt. Bioanalyt. Chem., 298 (2010) 1207 – 1229.

[8] D. R. Baker, B. Kasprzyk-Hordern. Multi-residue analysis of drugs of abuse in wastewater and surface water by solid-phase extraction and liquid chromatography-positive electrospray ionisation tandem mass spectrometry. J. Chrom. A, 1218 (2011) 1620 – 1631.

[9] D. Kern, W. Lorenz. Rückstände ausgewählter Humanarzneimittel in Oberflächenwasserkörpern im Einzugsgebiet Halle (Saale). UWSF – Z Umweltchem Ökotox., 20 (2008) 97 – 101.

[10] R. Boleda, T. Galceran, F. Ventura. Validation and uncertainty estimation of a multiresidue method for pharmaceuticals in surface and treated waters by liquid chromatography–tandem mass spectrometry. In: J. Chrom. A, 1286 (2013) 146 – 158.

[11] D. R. Baker, B. Kasprzyk-Hordern. Spatial and temporal occurrence of pharmaceuticals and illicit drugs in the aqueous environment and during wastewater treatment. Sci. Total Environ., 454-455 (2013) 442 – 456.

[12] E. Bellack, D. Steffen, L. Knölke, U. Steinhoff, W. Haun (Bearb.). Die Beseitigung kommunaler Abwässer in Niedersachsen – Lagebericht 2015. Niedersächsisches Ministerium für Umwelt, Energie und Klimaschutz (Hrsg.), Hannover 2015.

[13] U. Schwabe, D. Paffrath (Hrsg.). Arzneiverordnungs-Report 2014. Springer, Berlin und Heidelberg, 2014.

[14] Gisela Maag (Kontakt). Stärken und Schwächen des „Tigers“: Sildenafil-Produkte zwei Jahre nach Viagra-Patentauslauf. IMS Health Medieninformation, Frankfurt, 18.06.2015.

Gewässerqualität

Elisabeth Müller-Peddinghaus, Mario Sommerhäuser und Thomas Korte

Bewertung sommertrockener Bäche des Tieflandes auf Basis des Makrozoobenthos

Für temporäre Fließgewässer wie die sommertrockenen Bäche gibt es bundesweit noch kein biologisches Bewertungsverfahren zur Erfassung des ökologischen Zustands. Innerhalb des Projektes dynaklim wurde ein solches Bewertungssystem entwickelt.

1 Einführung

Durch den Klimawandel können bedeutsame ökosystemare Veränderungen in den Fließgewässern bewirkt werden. So kann sich beispielsweise der ober- und unterirdische Abfluss durch Klimaerwärmung verändern [1] mit der Folge einer Zunahme von in den Sommermonaten austrocknenden, sogenannten temporären Fließgewässern (tFG). Insgesamt sind in Nordrhein-Westfalen (NRW) zurzeit 188 temporäre Gewässer aus 36 Kreisen gemeldet [2]. Im Tiefland durchlaufen tFG im Jahresverlauf typische Abflussphasen von einer deutlichen Fließphase im Herbst, Winter und Frühjahr über eine Stagnations-, Riffle-Pool-, Pool (Restpfützen)- bis hin zu einer Trockenphase in den Sommermonaten, vornehmlich im Juni bis August. Temporäre Fließgewässer des Tieflands können grundsätzlich natürliche Ursachen wie z. B. ein nur gering mächtiger Grundwasserhorizont über oberflächennahen, stauenden Schichten haben, werden aber auch durch anthropogene Eingriffe verursacht wie z. B. intensive Drainierungen in ländlichen Gebieten und verringerte Basisabflüsse durch hochgradig versiegelte Flächen im urbanen Raum. Der Austrocknungszeitpunkt der natürlich vorkommenden tFG wird maßgeblich durch die Vegetation bestimmt. Mit dem Einsetzen der Vegetationsphase nimmt die Menge des Grundwasserspeichers ab und im Juni/Juli kommt es zum vollständigen Trockenfallen der Gewässersohle [3].

Die aquatische Wirbellosengemeinschaft der Gewässersohle (Makrozoobenthos, MZB) ist in natürlich austrocknenden Fließgewässern an das periodische Austrocknen angepasst (Zusammenfassung zur Ökologie von temporären Fließgewässern siehe [4]).

Die Bewertung der Fließgewässer nach den Vorgaben der Europäischen Wasserrahmenrichtlinie (WRRL) wird in Deutschland u. a. anhand des Makrozoobenthos mit dem Bewertungsverfahren PERLODES [5] durchgeführt. Die Grundannahme ist, dass die Zusammensetzung der Makrozoobenthos-Lebensgemeinschaft die lokale Struktur, die Nutzung des Einzugsgebietes, den physikalisch-chemischen Zustand und den Kleinlebensraum im Bachbett widerspiegelt. Verschlechtern sich die Bedingungen, verändert sich vorhersagbar die Zusammensetzung der Lebensgemeinschaft entlang von Belastungsgradienten (z. B. gute bis schlechte Struktur). Dabei werden für jeden Fließgewässertyp bestimmte biologische Messgrößen (Metrics) angewendet, die den Grad der Verschlechterung messen. Als Referenz dienen die Metrics in natürlichen, vom Menschen unbeeinflussten Fließgewässern. Aktuell wird die Bewertung von tFG nach PERLODES in NRW nicht durchgeführt, da die besondere Situation der temporären Fließgewässertypen bei der Entwicklung des Verfahrens nicht berücksichtigt wurde. Die Wasserwirtschaftsverbände Emschergenossenschaft und Lippeverband (EG/LV) haben im Rahmen des F+E-Vorhabens „Dynamische Anpassung an die Auswirkungen des Klimawandels in der Emscher-Lippe-Region“ (dynaklim, FKZ 01LR0804J) temporäre Fließgewässer im Tiefland des Emscher-Lippe-Raums untersucht. Aus den erho-

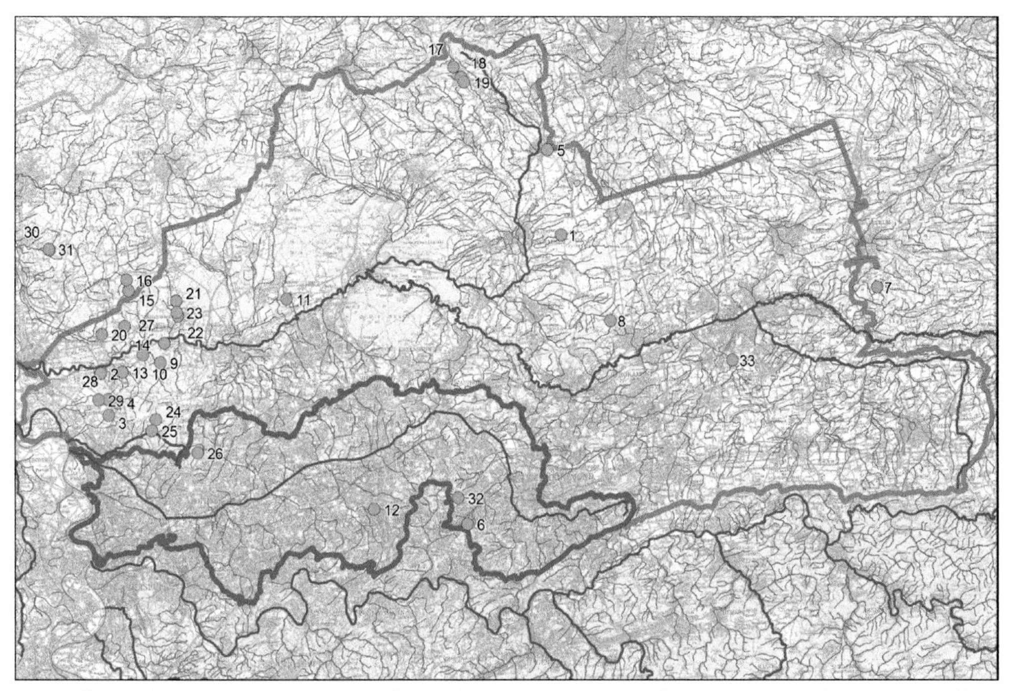

Bild 1: Übersichtskarte aller 33 Probestellen (PS) von temporären Fließgewässern; Emscher-Einzugsgebiet blau und Lippe-Einzugsgebiet grün umrandet; für Erklärung PS-Nummer siehe **Tabelle 1**.

benen Daten wurde ein Bewertungsverfahren entwickelt, welches angelehnt an die WRRL die ökologische Bewertung temporärer Fließgewässertypen erlaubt.

2 Methodik

2.1 Datengrundlage und Voruntersuchung

Für die Entwicklung des Bewertungssystems wurden überwiegend im Emscher- und Lippe-Einzugsgebiet und teilweise im IJssel-Einzugsgebiet 33 Probestellen aus 23 tFG untersucht, die im Sommer 2010 vollständig austrockneten (Trockenphase) oder nur noch kleinere Pfützen auf der Gewässersohle zeigten (Poolphase, siehe **Bild 1, Tabelle 1**). Sie gehören zu den Fließgewässertypen Typ 11 „Organisch geprägte Bäche", Typ 14 „ Sandgeprägte Bäche", Typ 16 „Kiesgeprägte Bäche", Typ 18 „Löss-lehmgeprägte Tieflandbäche" und Typ 19 „Kleine Niederungsgewässer in Fluss- und Stromtälern". Die Probestellen bildeten einen strukturellen Degradierungsgradienten ab, der von völlig unbeeinflussten natürlichen Probestellen (Referenzstellen, **Bild 2**) bis hin zu Probestellen reichte, die durch menschliches Handeln strukturell massiv geschädigt waren (Vollverbau, **Bild 3**). Die Definition von Referenzstellen (natürlich bis naturnah) erfolgte in Anlehnung an die Strukturgütekartierung [6] und berücksichtigte die vorherrschende Nutzungsform der Aue und acht Strukturgüteparameter der Gewässersohle und des Uferbereichs. Aus diesen Parametern wurde ein Strukturklasse-Index berechnet. Probestellen, die danach mit mindestens „gut" bewertet wurden, wurden als Referenzstellen (n = 13) ausgewiesen. Die 33 Probestellen wurden im März 2011 nach PERLODES beprobt und weiter bearbeitet. An den Probestellen wurden insgesamt 72 Umweltparameter aus den fünf Gruppen „Landnutzung im Einzugsgebiet", „Landnutzung in der Aue", „lokale Struktur an der Probestelle", „Mikrohabitat" (Art des besiedelbaren Substrats der Gewässersohle) und „physikalisch-chemischer Zustand" erhoben. Diese Daten dienten der Entwicklung des multimetrischen Index zur

Tab. 1 | Untersuchte temporäre Fließgewässer; PS-Nr. = Probestellennummer.

Ort	Gewässer	PS-Nr.
Bergkamen	Beverbach	1
Bottrop	Spechtsbach	20
Dinslaken	Schwarzer Siepen	32
Dinslaken	Schwarzer Siepen	25
Dorsten	Gecksbach	11
Dortmund	Dünnebecke	6
Dortmund	Volksgartenbach	30
Hamm	Wiescherbach	33
Hamminkeln	Veebach	7
Hamminkeln	Veebach	31
Hünxe	Bruckhausener Mühlenbach	3
Hünxe	Bruckhausener Mühlenbach	2
Hünxe	Bruckhausener Mühlenbach	4
Hünxe	Gartroper Mühlenbach	9
Hünxe	Gartroper Mühlenbach	28
Hünxe	Hofsteder Bach	12
Hünxe	Hünxer Bach	13
Hünxe	Langeforthsbach	15
Hünxe	Plankenbach	24
Hünxe	Stollbach	27
Hünxe	Stollbach	29
Lippborg	Frölicher Bach	10
Nottuln	Nonnenbach	17
Nottuln	Nonnenbach	19
Nottuln	Nonnenbach	18
Schermbeck	Lohbach	8
Schermbeck	Lohbach	16
Schermbeck	Schermbecker Mühlenbach	23
Schermbeck	Schermbecker Mühlenbach	21
Schermbeck	Schermbecker Mühlenbach	22
Schermbeck	Steinbach	26
Senden	Dümmer	5
Werne	Funne	14

Bild 2: Referenzstelle am Steinbach bei Schermbeck; Poolphase, Juli 2010.

Bild 3: Degradierte Probestelle am Nonnenbach in Nottuln; Fließphase, März 2011.

Beurteilung der „allgemeinen Degradation" für tFG des Tieflandes.

2.2 Vergleich der Lebensgemeinschaften temporärer und permanenter Fließgewässer

Zum Vergleich der Makrozoobenthos-Lebensgemeinschaften zwischen den Probestellen der tFG und den permanenten Fließgewässern (pFG) wurden aus dem Gewässerüberwachungssystem des Landes NRW (ELWAS-IMS) 15 Probestellen permanenter Fließgewässer ausgewählt, welche die ökologische Zustandsklasse „sehr gut" oder „gut" aufwiesen (Referenzstellen) und zu denselben fünf Fließgewässertypen gehörten wie die beprobten tFG. Diese Referenzstellen befanden sich zudem in einer vergleichbaren räumlichen Verteilung im Emscher- und Lippe-EZG und wurden im hydrologischen Winterhalbjahr (November bis April) nach PERLODES beprobt. Die Lebensgemeinschaften dieser Referenzstellen aus den pFG wurden mit den Lebensgemeinschaften der Referenzstellen der tFG verglichen.

Die Lebensgemeinschaften von pFG und tFG wurden auf Basis der operationellen Taxaliste nach PERLODES verglichen. Eine CLUSTER-Analyse mit anschließender SIMPROF-Analyse zur Signifikanz der gewonnenen Aufteilung berechnete die Ähnlichkeit zwischen den Referenzlebensgemeinschaften temporärer und permanenter Lebensgemeinschaften. Zusätzlich wurde eine Nicht-Metrische Multidimensionale Skalierung (NMDS) durchgeführt. Eine NMDS ordnet Daten entsprechend ihrer Ähnlichkeit in einer Fläche an. Je näher die Punkte (Probestellen) zueinander geordnet werden, desto ähnlicher sind sich die Lebensgemeinschaften und je weiter entfernt, desto unähnlicher sind sie sich. Die Clusteranalyse und die NMDS wurden mit dem Programm PRIMER v6 durchgeführt.

2.3. Entwicklung des multimetrischen Index (MMI)

Die Entwicklung des Bewertungssystems für die temporären Fließgewässer erfolgte in Anlehnung an Hering et al. [7]. Vereinfacht dargestellt umfasst die Entwicklung des Bewertungssystems die folgenden Schritte:

1. Berechnung von biologischen Messgrößen (Metrics, z. B. % Anteil Eintags-, Stein- und Köcherfliegen an der Lebensgemeinschaft) aus einer Taxaliste,
2. Korrelation dieser Metrics mit Umweltparametern, deren Veränderung einen messbaren Einfluss auf die Lebensgemeinschaft haben, z. B. % Anteil Wald im Einzugsgebiet,
3. Auswahl von Core-Metrics, die signifikant auf die Veränderung von Umweltparametern reagieren,
4. Definition von Ankerpunkten (Höchst- und Niedrigwerten für einen Metric) und Normalisierung des Datensatzes (ein Metric hat eine Spannweite zwischen 0 und 1) und
5. Berechnung des MMI aus den Core-Metric Werten (Mittelwertbildung auf Basis des normalisierten Datensatzes aus Schritt 4) und Definition von Klassengrenzen.

Mittels der Bewertungssoftware Asterics (Version 3.3.1) des PERLODES-Verfahrens wurden 188 relevante Metrics für die untersuchten Probestellen berechnet. Aus diesen Kandidaten-Metrics wurden jene ausgewählt, die signifikant auf zunehmende Fließgewässerdegradation reagieren.

Um die Umweltparameter mit dem größten Erklärungsanteil innerhalb einer Gruppe (s. o.) festzustellen, wurden für jede Gruppe einzeln eine Hauptkomponentenanalyse (PCA) durchgeführt. Die Umweltparameter mit dem längsten Gradienten, die nicht mit einander korreliert waren, wurden für die weitere Analyse ausgewählt.

Mittels Spearman-Rang-Korrelationen wurde die Stärke des Zusammenhangs zwischen den Umweltparametern und den Metrics berechnet. Auswahlkriterium war ein starker Zusammenhang, ausgedrückt durch einen Korrelationskoeffizient $R > +/- 0{,}55$ und ein Signifikanzniveau $(p) < 0{,}05$.

Die Auswahl der Core-Metrics, die letztendlich der Berechnung des multimetrischen Index dienen, stützte sich auf zwei Kriterien.

1. Der Zusammenhang zwischen Kandidaten-Metric und Umweltfaktor sollte eine gleichmäßige Verteilung der Probestellen entlang des Stressor-Gradienten darstellen. Dies wurde durch Punktdiagramme überprüft und führte zum Ausschluss aller physikalisch-chemischen Stressoren, da es nur sehr wenige Probestellen mit physikalisch-chemischer Belastung gab.
2. Ebenso sollten die ausgewählten Core-Metrics aus den vier Metric-Gruppen 1. Artzusammensetzung/Abundanz, 2. Reichtum/Biodiversität, 3. Sensitivität/Toleranz und 4. Funktion zusammengesetzt sein.

Die Ankerwerte für die einzelnen Core-Metrics bilden die biologische Variationsbreite der Probestellen bei unterschiedlichen Belastungssituationen ab. Als oberen Ankerpunkt (Referenzbedingungen) wurde das 75 % Perzentil der jeweiligen Spannweite der Core-Metric Werte gewählt, während der untere Ankerpunkt das gemessene Minimum war. Dann erfolgte eine Normalisierung der Daten, um die Vergleichbarkeit unterschiedlicher Skalenniveaus zu ermöglichen. Der MMI einer Probestelle ist der berechnete Mittelwert aus den „normalisierten" Core-Metric Werten dieser Probestelle und hat immer einen Wert zwischen 0 und 1. Da die ökologische Bewertung nach WRRL in fünf Klassen erfolgt, wurde diese Spannweite an Werten analog PERLODES wie folgt eingeteilt: „sehr guter" Zustand $\geq 0{,}8$, „guter" Zustand $\geq 0{,}6 < 0{,}8$, „mäßiger" Zustand $\geq 0{,}4 < 0{,}6$, "unbefriedigender" Zustand $\geq 0{,}2 < 0{,}4$ und „schlechter" Zustand $< 0{,}2$.

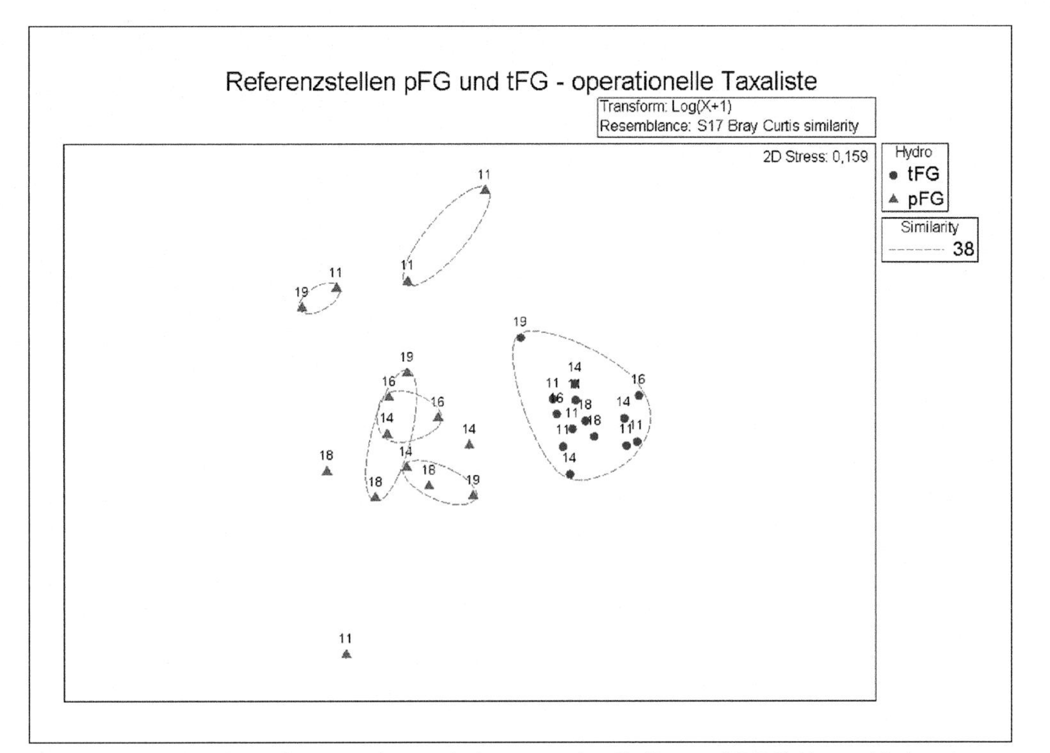

Bild 4: Ergebnisplot der Nicht-Metrischen Multidimensionalen Skalierung (NMDS); Unterschiede zwischen den Lebensgemeinschaften temporärer und permanenter Fließgewässer; Bestimmungsniveau operationelle Taxaliste; Zahlen im Plot entsprechen Fließgewässertyp (Erklärung siehe Datengrundlage); pFG = permanente Fließgewässer, tFG = temporäre Fließgewässer; Similarity = Ähnlichkeit der umkreisten Probestellen.

2.4 Evaluierung des neuen MMI für temporäre Fließgewässer

Eine erste Validierung des neuen MMI für tFG erfolgte, indem aus den Taxalisten der Probestellen der tFG sowohl der neue MMI als auch der aktuelle MMI nach PERLODES (Asterics 3.3.1) berechnet wurden. Für den Vergleich der beiden MMI-Ergebnisse wurden die Taxalisten der strukturell voreingestuften Referenzstellen („sehr gut" und „gut") der tFG herangezogen und mit beiden Verfahren bewertet.

3 Ergebnisse

3.1 Vergleich der Lebensgemeinschaften tFG und pFG

Die Lebensgemeinschaften der Referenzstellen der tFG ähneln sich zu 38 % untereinander und unterscheiden sich deutlich von den Lebensgemeinschaften der pFG (**Bild 4**). Innerhalb der Gruppe der tFG gab es keine Auftrennung nach Fließgewässertyp.

3.2 Entwicklung des MMI

Aus den untersuchten Umweltparametern wurden auf Grundlage der Hauptkomponentenanalysen und des beschriebenen Auswahlverfahrens insgesamt elf Umweltstressoren aus den vier Gruppen ausgewählt (**Tabelle 2**). Die Korrelationen dieser Umweltstressoren mit den Kandidaten-Metrics nach den genannten Kriterien führten zur Auswahl von insgesamt vier Core-Metrics (**Bild 5**). Anschließend erfolgten die Ankerpunktsetzung und die Bestimmung der Klassengrenzen der einzelnen Core-Metrics (**Tabelle 3**).

Tab. 2 | Übersicht der zur weiteren Analyse ausgewählten Umweltstressoren; EZG = Einzugsgebiet, Anz. = Anzahl, CPOM = grob partikuläres organisches Material (z.B. Blätter), FPOM = fein partikuläres organisches Material.

Mikrohabitat	Lokale Struktur	Landnutzung Aue & EZG
Anteil CPOM	Breite Uferrandstreifen	% Acker i. Aue
Anteil FPOM	Anz. kleines Holz	% Bebauung i. Aue
	Anz. Geäst	% Anteil Acker i. EZG
	Anz. Stämme	% Wald i. EZG
	Anz. unterschiedl. Tiefen/Breiten	

Tab. 3 | Übersicht über die Ankerpunkte und Klassengrenzen (KG) der Core-Metrics des multimetrischen Index für tFG; 1 = „sehr gut", 2 = „gut", 3 = „mäßig", 4 = „unbefriedigend", 5 = „schlecht".

Core Metric	oberer Ankerp.	unterer Ankerp.	KG 1/2	KG 2/3	KG 3/4	KG 4/5
[%] Plecoptera	20	0	16	12	8	4
[%] Passive Filtrierer	23	0	18	14	9	5
Anzahl Trichoptera-Arten	6	0	4,8	3,6	2,4	1,2
EPT/Diptera	0,82	0,14	0,68	0,55	0,41	0,28

3.3 Evaluierung des neuen MMI für temporäre Fließgewässer

Der neue MMI bewertete in zehn von 13 Fällen eine Probestelle ebenfalls als Referenzstelle („sehr gut" oder „gut") wie der Strukturindex. In den verbleibenden drei Fällen fällt die Bewertung schlechter aus. Die Bewertung nach PERLODES weist sieben von 13 Stellen als Referenzstellen aus und stuft in sechs Fällen strukturelle Referenzstellen schlechter ein (**Tabelle 4**).

4 Diskussion

4.1 Vergleich der Lebensgemeinschaften tFG und pFG

Die Lebensgemeinschaften von naturnahen, temporären Fließgewässern unterscheiden sich deutlich von denen in naturnahen, permanenten Fließgewässern. Die Gründe sind, dass naturnahe temporäre Fließgewässer einerseits von speziell an Trockenheit angepassten Arten besiedelt werden und andererseits die Lebensgemeinschaft durch einen hohen Anteil von euryöken Arten gekennzeichnet ist [4, 8 – 11].

Typische Arten der tFG sind z. B. im Vergleich zu Arten aus pFG besonders dadurch gekennzeichnet, dass deren Flugzeiten (terrestrische Phase) in den Frühjahrs- und Sommermonaten liegen [11]. Auf der Ebene der Lebensgemeinschaften wurde gezeigt [11], dass in naturnahen, temporären, sandgeprägten Tieflandbächen (Typ 14) die Anzahl an Köcherfliegen und der %-Anteil von Eintags-, Stein- und Köcherfliegen an der Lebensgemeinschaft geringer ist als in vergleichbaren pFG desselben Typs.

4.2 Entwicklung MMI

Der neue MMI für tFG des Tieflands reagiert in erster Linie auf lokale strukturelle Belastungen und Belastungsfaktoren aus dem Einzugsgebiet. Chemisch-physikalische Belastungen werden

Tab. 4 | Vergleich Ergebnisse Referenzstellen (Strukturgüte Index Klasse „sehr gut (1)" oder „gut (2)") des neuen multimetrischen Index (MMI) mit aktueller PERLODES-Bewertung (Asterics 3.3.1); 3 = mäßig, 4 = unbefriedigend.

PS-Nr.	Gewässer	Voreinstufung, Strukturklasse Index	MMI neu [Klasse]	Erg. akt. PERLODES MMI [Klasse]
9	Gartroper Mühlenbach	1	1	2
10	Frölicher Bach	1	1	3
26	Steinbach	1	1	3
27	Stollbach	1	2	2
32	Schwarzer Siepen	1	2	3
30	Volksgartenbach	1	3	2
14	Funne	1	4	4
8	Lohbach	1,5	1	1
20	Spechtsbach	1,5	3	3
28	Gartroper Mühlenbach	2	1	2
15	Langeforthsbach	2	1	3
24	Plankenbach	2	2	2
7	Veebach	2	2	2

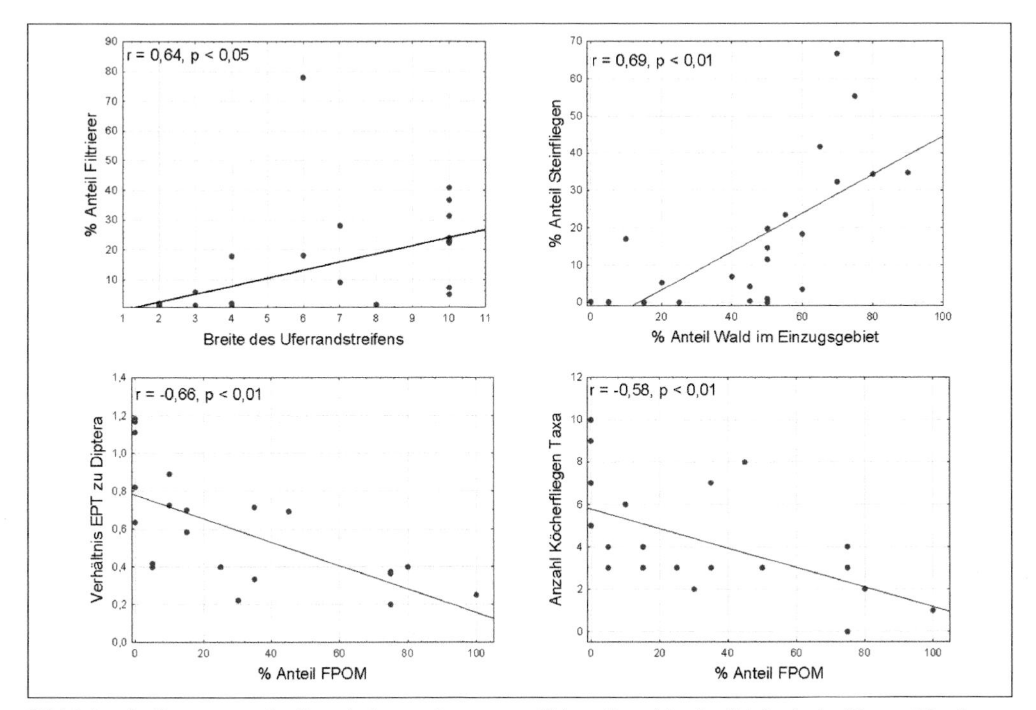

Bild 5: Punktdiagramme der Korrelationen der ausgewählten Core-Metrics (biologische Messgrößen) aus den Bereichen Landnutzung der Aue und EZG, lokale Struktur und Kleinlebensraum (Mikrohabitat) für die Bewertung tFG; r = Spearman-Korrelationskoeffizient, p = Signifikanzniveau.

nicht erfasst (s. o.). Um zu prüfen, ob der neue MMI auch physikalisch-chemische Belastungen anzeigt, müsste ein größerer Datensatz an Probestellen aus temporären Fließgewässern vorhanden sein, der längere Gradienten von physikalisch-chemischen Belastungen aufweist.

Für die Entwicklung des MMI wurden häufig Probestellen berücksichtigt, deren Einzugsgebiet < 10 km² betrug (26 von 33 PS). Nach WRRL sind Gewässer mit einem Einzugsgebiet unter 10 km² nicht relevant für die Bewertung. Zur weiteren Evaluierung des MMI sollte dieser gezielt auf temporäre Fließgewässer mit einem Einzugsgebiet größer 10 km² angewendet werden.

4.3 Evaluierung des neuen MMI für temporäre Fließgewässer

PERLODES und der neue MMI bewerten dieselben Probestellen unterschiedlich (Übereinstimmung in der Bewertung insgesamt 60 %), weil größtenteils unterschiedliche Core-Metrics genutzt werden und bei denselben Core-Metrics die Klassengrenzen für tFG niedriger sind. Bei der Auswertung unseres Datensatzes zeigte sich, dass andere Metrics mit den herrschenden Umweltparametern an tFG besser korrelieren als die Metrics, die aktuell im PERLODES Verfahren angewendet werden. Nur der Metric „Anzahl Trichoptera-Arten" wird sowohl im den neuen MMI für tFG als auch im PERLODES-MMI für alle untersuchten Fließgewässertypen benutzt. Für diesen Metric ist die Klassengrenze im neuen MMI für den „sehr guten" Zustand mit sechs Arten allerdings deutlich niedriger als z. B. für die Typen 16 (12 Arten) und 11 (neun Arten).

5 Fazit

Im Zuge des Klimawandels werden Veränderungen im Abflussverhalten von Fließgewässern erwartet, die zu einer Zunahme von temporären Kleingewässern führen würden [1]. Das deutsche Bewertungsverfahren PERLODES wird in NRW auf diese Fließgewässer nicht angewendet. Im Rahmen des Projektes dynaklim wurde von Emschergenossenschaft und Lippeverband ein Bewertungssystem für temporäre, sommertrockene Fließgewässer des Tieflands mittels der Wirbellosenlebensgemeinschaft (MZB) entwickelt, das sich an den Vorgaben der WRRL orientiert. Das Verfahren nutzt biologische Messgrößen, die anthropogen bedingte Veränderungen im Gewässerökosystem auf der Ebene des Einzugsgebietes, der Struktur der Probestelle und des Mikrohabitats anzeigen. Der neu entwickelte multimetrische Index (MMI) sollte im nächsten Schritt einem Praxistest unterzogen werden, um die Ergebnisse zu überprüfen bzw. auf eine breitere Datenbasis zu stellen.

Dank

Den Mitarbeitern aus dem Kooperationslabor von Emschergenossenschaft/Lippeverband und Ruhrverband möchten wir für die Auswertung der PERLODES-Proben und der chemischen Analysen danken. Der Arbeitsgruppe Aquatische Ökologie der Universität Duisburg-Essen danken wir für den fachlichen Austausch.

Literatur

[1] Höke, S., Denneborg, M. & C. Kaufmann-Boll (2011): Klimabedingte Veränderung des Bodenwasser- und Stoffhaushaltes und der Grundwasserneubildung im Einzugsgebiet der Emscher. Dynaklim-Publikation Nr.11. www.dynaklim.de/dynaklim/index.html, Stand: 01. April 2013.

[2] Wasserinformationssystems des Landes Nordrhein-Westfalen (ELWAS-IMS). www.elwasims.nrw.de, Stand: 10. Oktober 2012.

[3] Sommerhäuser, M. (2000): Sommertrockene Fließgewässer aus dem nordrhein-westfälischen Tiefland – Lebensraumbedingungen und Lebensgemeinschaften. In: NUA-Seminarbericht, Bd. 5: Gewässer ohne Wasser? Ökologie, Bewertung, Management temporärer Gewässer, 101-114.

[4] Naturschutz- und Umweltschutz- Akademie des Landes Nordrhein-Westfalen (NUA) (Hrsg.) (2000): Gewässer ohne Wasser? Ökologie, Bewertung, Management temporärer Gewässer. NUA-Seminarbericht, Bd. 5. Recklinghausen: Druck- und Verlagshaus Bitter GmbH & Co.

[5] Meier, C., Hasse, P., Rolauffs, P., Schindehütte, K., Schöll, F., Sundermann, A. & D. Hering (2006): Methodisches Handbuch Fließgewässerbewertung, Handbuch zur Untersuchung und Bewertung von Fließgewässern auf der Basis des Makrozoobenthos vor dem Hintergrund der EG-Wasserrahmenrichtlinie, 2006. www.fliessgewaesserbewertung.de, Stand: 23. Oktober 2012.

[6] Landesamt für Natur-, Umwelt- und Verbraucherschutz NRW (LANUV, Hrsg.) (2012): Gewässerstruktur in Nord-

rhein-Westfalen, Kartieranleitung für die kleinen bis großen Fließgewässer, Arbeitsblatt 18, Recklinghausen.

[7] Hering, D., Feld, C. K., Moog, O. & T. Ofenböck (2004): Cook book for the development of a Multimetric Index for biological condition of aquatic ecosystems: experiences from the European AQEM and STAR projects and related initiantives. Hydrobiologia, 566, 311-324.

[8] Reisinger, W., Bauernfeind, E. & E. Loidl (2002): Entomologie für Fliegenfischer: Vom Vorbild zur Nachahmung. Verlag Ulmer, Stuttgart.

[9] U. Kampwerth (2010): Zur Ökologie von Glyphotaelius pellucidus (Retzius 1783) (Trichoptera: Limnephilidae). Ergebnisse aus Langzeitstudien. Lauterbornia 71. Dinkelscherben: 93–112.

[10] Bohle H.W., Dietrich, M., Hecht, M., Floss, E. & M. Sommerhäuser (2002): „Austrocknende Bäche- wertvolle Lebensräume" – temporäre Fließgewässer in Mitteleuropa. In: Arbeitskreis „Temporäre Gewässer" der Deutschen Gesellschaft für Limnologie e. V. (Hrsg.): Biotop des Jahres: Der Bach 96/97. Merkblätter zum Naturschutz 16, Naturschutz-Zentrum Hessen.

[11] Bias, N. (2012): Vergleich von benthischen Maktroinvertebratenlebensgemeinschaften in permanenten und temporären sandgeprägten Tieflandbächen und Untersuchungen zur Vulnerabilität benthischer Makroinvertebraten unter dem Einfluss des Klimawandels. Bacherlorarbeit an der Fakultät für Biologie und Biotechnologie der Ruhr-Universität Bochum. Unveröffentlicht.

Autoren

Dipl.-Biol. Dr. Elisabeth Müller-Peddinghaus
Bengerpfad 12
47802 Krefeld

Dipl.-Umweltwiss. Dr. Thomas Korte
Emschergenossenschaft/Lippeverband
Kronprinzenstraße 24
45128 Essen
E-Mail: korte.thomas@eglv.de

Dr. Mario Sommerhäuser
Emschergenossenschaft/Lippeverband
E-Mail: mario.sommerhaeuser@eglv.de

Carsten Scheer, Nikolai Panckow und Katharina Pinz

Sandbelastung der Fließgewässer in Niedersachsen

In Niedersachsen wurde ein übermäßiges Vorkommen von Sand in kiesgeprägten Fließgewässern des norddeutschen Tieflands als eine wichtige regionale Wasserbewirtschaftungsfrage identifiziert. Grund hierfür ist, dass beweglicher Sand die Tier- und Pflanzenwelt im Gewässer nachhaltig beeinträchtigt und insbesondere in kiesgeprägten Fließgewässern ökologisch großen Schaden anrichtet.

1 Einleitung und Zielsetzung

Bisher lagen in Niedersachsen keine systematischen, fundierten und vor allem flächendeckenden Informationen zur Belastungssituation der Fließgewässer durch Sand vor. Diese Wissenslücke sollte mit Hilfe einer Studie zur großräumigen Belastung der Fließgewässer mit Sand geschlossen werden. Das Problem wird dabei räumlich und in der Intensität der Belastung dargestellt. Als räumliche Auflösung zur Bewertung der Sandbelastung wurden die Oberflächenwasserkörper gewählt, von denen es in Niedersachsen mehr als 1.600 gibt. Sand wird durch einen Korngrößendurchmesser von 0,063 bis 2 mm innerhalb der Kornfraktionen des Feinbodens definiert [1]. Andere Feinsedimente wie Tone und Schluffe waren, obgleich sie in weiten Teilen Südniedersachsens auch für Probleme sorgen, nicht Gegenstand dieser Studie. Nicht näher behandelt wurden die ökologischen Folgen und Auswirkungen der Sandbelastung sowie Themen im Zusammenhang mit Maßnahmen, um Sandfrachten zukünftig zu reduzieren.

Im Ergebnis sollte die Studie die Belastungsschwerpunkte (Hot Spots) durch Sand in den Fließgewässern Niedersachsens aufzeigen. Ziel war es, das Ausmaß des Problems zu verdeutlichen und Verantwortliche für das Thema zu sensibilisieren. Die vorliegenden Informationen sind eine Grundlage für weiterführende Diskussionen und Untersuchungen, dienen aber auch zum Anstoß konzeptioneller Maßnahmenplanungen.

Grenzen der Studie: Auf Grund der verwendeten Maßstabsebene bestand nicht der Anspruch, im Detail „die absolute Wahrheit" über die Sandproblematik niedersächsischer Fließgewässer abzubilden. Die Ergebnisse werden daher zukünftig auch mit weiteren Informationen – wie z. B. mit der zurzeit in Niedersachsen laufenden Detailstrukturkartierung oder mit Informationen zu transportierten Sandmengen in Gewässern – abzugleichen und zu verifizieren sein.

2 Ursachen der Sandbelastung und Probleme durch Sandeinträge

Aus geringer bis großer Entfernung wird nutzungsbedingt und ereignisabhängig bei besonderer Witterung über die Oberfläche Sand schubweise in ein Fließgewässer eingeschwemmt. Dieser, im Gewässer häufig mobile Sand, beeinträchtigt die Habitatqualität des Lückensystems insbesondere von kiesigem Hartsubstrat (**Bild 1**).

Die Lebensgemeinschaften des Bachgrundes werden wesentlich beeinträchtigt, ein Rückgang empfindlicher Arten ist die Folge. Der Umfang des erosionsbedingten Eintrages ist u. a. abhängig von der Bodenart, der Art der seitlichen Nutzungen und der vorhandenen Topografie (Hanglänge, Hangneigung, Rinnenstrukturen, Nähe zum Gewässer). Steile Randlagen und vegetationsfreie Rohböden stellen ein besonderes Risiko dar (**Bild 2**). Neben den genannten Einschwemmungen können darüber hinaus zusätzliche Belastungspotenziale durch Winderosion, aus Siedlungsbereichen und Straßenabflüssen sowie über defekte Dränagen usw. entstehen. Auch

Bild 1: Anzeichen für eine erhebliche Sandbelastung im Gewässer ist eine Rippelbildung im Gewässerbett durch starken Sandtransport

eine intensive Gewässerunterhaltung mit freiliegenden Uferbereichen und ebener, instabiler Sohle führt zu einer immer wiederkehrenden Mobilisation von Sand. Ein weiteres, bislang nur wenig beachtetes und schwer zu fassendes Problem ist der Sandeintrag durch die gewässerinterne Erosion (Tiefenerosion der Gewässersohle sowie Breitenerosion der Uferbereiche). Hinzu kommt, dass auf Grund verringerter Schleppkraft des Wassers eingetragener Sand nicht weitertransportiert wird, sondern sich vermehrt auf der Gewässersohle ablagert. Ursache ist der Gewässerausbau mit überdimensionierten Gewässerprofilen und Gefälleminderung.

3 Erfassung und Bewertung der Sandbelastung

Als Grundlage für die Erfassung und anschließende Bewertung der Belastungssituation der Fließgewässer durch Sand wurde eine umfangreiche Befragung der Unterhaltungsverbände und Landkreise (Untere Wasser-, Untere Naturschutzbehörden) durchgeführt. Hierdurch konnte deren Wissen und Ortskenntnis über den Zustand der Gewässer und zu möglichen Sandquellen für die Projektbearbeitung genutzt werden. Bei einer sehr hohen Rückmeldungsquote konnten für die nachfolgende Bewertung Informationen zur Sandbelastung der Fließgewässer nahezu flächendeckend für Niedersachsen berücksichtigt werden.

Nach den Erkenntnissen dieser Studie sind deutlich erhöhte (unnatürliche) Sandbelastungen in den Fließgewässern in Niedersachsen weit verbreitet. Insbesondere in einem sehr breiten Streifen, der vom Südwesten bis zum Nordosten quer durch Land verläuft, treten Sandbelastungen häufig auf.

Bild 3 zeigt das Ergebnis der Bewertung der Sandbelastung der niedersächsischen Fließgewässer auf Ebene der insgesamt etwa 1.600 Wasserkörper (WK) in Niedersachsen. Die Grundlage für diese Bewertung stellen die Erkenntnisse der oben genannten Umfrage dar. Die vergebenen

a

b

c

Bild 2a/2b/2c: Weitere Ursachen der Sandbelastung neben flächenhafter Wassererosion (2a: Uferabbruch, gewässerinterne Erosion; 2b: Gewässerunterhaltung; 2c: linienhafte Wassererosion)

Klassen der Sandbelastung sind folgendermaßen zu verstehen:

- Klasse -1: Fließgewässer unbelastet
- Klasse 0a und 0b: keine Sandbelastung gemeldet
- Klassen 1 bis 5: schwache bis massive Sandbelastung

Deutlich zu erkennen sind einige großflächig zusammenhängende Bereiche mit der höchsten Belastungsklasse 5. Hierbei handelt es sich um WK, die in den Einzugsgebieten (EZG) Ilmenau, Meiße sowie Hase und Bever liegen (Unterhaltungsverbände 10, 55 und 96). Weitere flächenmäßig relevante Bereiche (größer 100 km²) mit der höchsten Belastungsklasse 5 liegen in den EZG Luhe, Seeve, Böhme, Lachte, Mittelaller, mittlere Hase und obere Oste.

Insgesamt fallen 357 WK, die 28,1 % der Fläche Niedersachsens ausmachen, in die drei höchsten Belastungsklassen 3 bis 5 und sind somit stark bis massiv mit Sand belastet. Daneben wurden auch große Bereiche, in denen die Gewässer unbelastet von Sand sind, verzeichnet (fast 40 % des Gewässernetzes, entspricht ca. 19.000 km). Entsprechend wurden 487 WK als unbelastet bewertet. Sie betreffen insbesondere die Marsch, das Weser-Leinebergland und den Harz.

4 Sandbelastung in kiesgeprägten Fließgewässern

Insbesondere in den Grund- und Endmoränen der Alt- und Jungmoränenlandschaft treten in Niedersachsen kiesgeprägte Fließgewässer, vor allem kiesgeprägte Tieflandbäche (Gewässertyp 16) recht häufig auf. Charakterisiert sind sie durch das (natürlicherweise) dominierende kiesige Sohlsubstrat sowie eine Vielzahl von Kleinlebensräumen. Typisch für diesen Bachtyp ist eine artenreiche Fischfauna. Dieses kiesige Sohlsubstrat hat eine wichtige Bedeutung als Lebensraum von Kleintieren und als „Kinderstube" vieler Fische. Eine erhöhte Sandbelastung bewirkt folglich in kiesgeprägten Gewässern, dass dieser wichtige Lebensraum, das Interstitial, verstopft oder gar überdeckt und somit in seiner Funktion zerstört wird. Auf Grund dieser besonders ungünstigen Auswirkungen erhöhter Sandbelas-

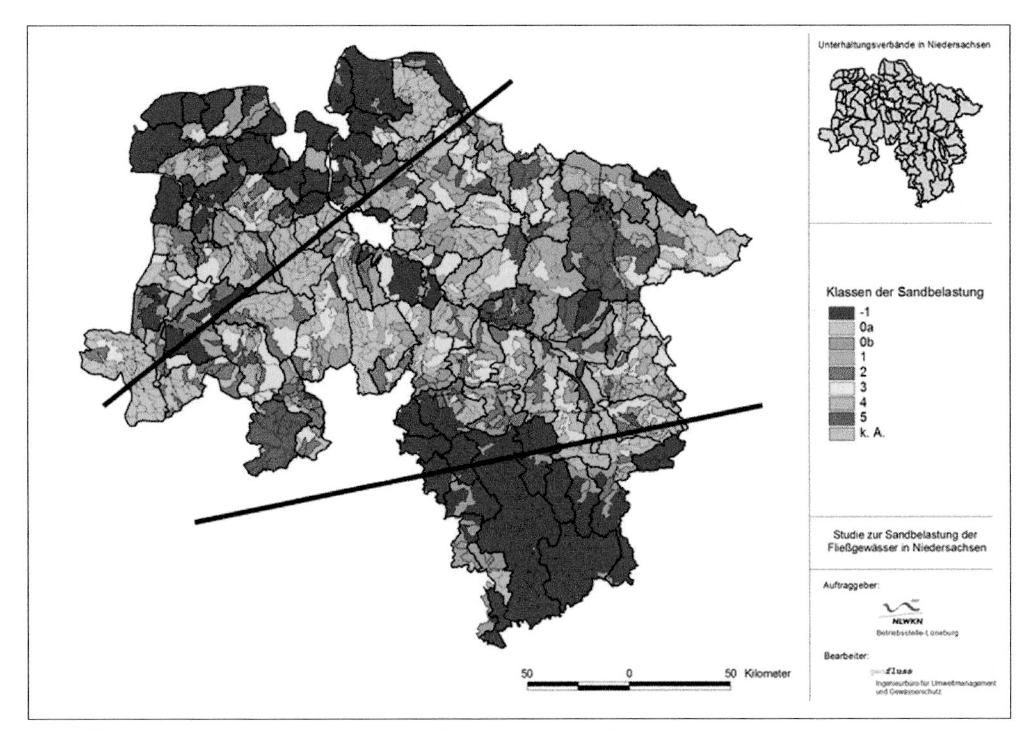

Bild 3: Bewertung der Sandbelastung nach Wasserkörpern in Niedersachsen

tungen auf kiesgeprägte Fließgewässer besteht hier einerseits besonderer Handlungsbedarf, andererseits rechtfertigen sie auch eine gesonderte Bewertung; letztere führt dazu, dass eine zusätzliche Sandbelastungsklasse – Klasse 6 – eingeführt wurde.

Bild 4 zeigt, dass sich ein Großteil der insgesamt 229 kiesgeprägten WK in der Lüneburger Heide befindet und dass viele von ihnen erheblich sandbelastet sind. Die (neue) höchste Belastungsklasse 6 tritt dabei insbesondere in den Einzugsgebieten obere und mittlere Ilmenau, Meiße und Böhme auf.

5 Sandeintragsgefährdung über den Pfad Wassererosion

Eine mögliche Ursache für erhöhte Sandbelastungen in den Fließgewässern liegt in hohen Sandeinträgen über den Pfad Wassererosion. Über die Auswertung verschiedener, niedersachsenweit bereits vorliegender Fachdaten (z. B. Enat-Stufen der Wassererosionsgefährdung von Ackerflächen, Sandgehalt im Oberboden und Gewässernetz zur Berücksichtigung der Gewässerdistanz) wurde in einem mehrstufigen Verfahren die Sandeintragsgefährdung über diesen Pfad bewertet (wiederum auf Ebene der WK). Zu beachten ist, dass ausschließlich flächenhafte Einträge berücksichtigt wurden. Für die Bewertung der lokal ebenfalls relevanten linienhaften Einträge ist eine hochaufgelöste Betrachtung erforderlich (Basis z. B. DGM 5, d. h. eine andere Maßstabsebene als eine niedersachsenweite Betrachtung); dies konnte und sollte im Rahmen dieser Studie nicht geleistet werden.

Bild 5 zeigt das Resultat der Bewertung der Sandeintragsgefährdung über den Pfad Wassererosion auf Ebene der Wasserkörper. Zu beachten ist dabei, dass ausschließlich die Wasserkörper dargestellt sind, in denen nach den Erkenntnissen (Kapitel 3) eine Sandbelastung vorliegt. Folglich weist die höchste Belastungsstufe 5 in Bild 5 auf die Wasserkörper hin, in denen ein Zusammenhang zwischen festgestellter Sandbelastung und erosiven Sandeinträgen als Ursache dafür am wahrscheinlichsten ist. Entsprechend ist ein sol-

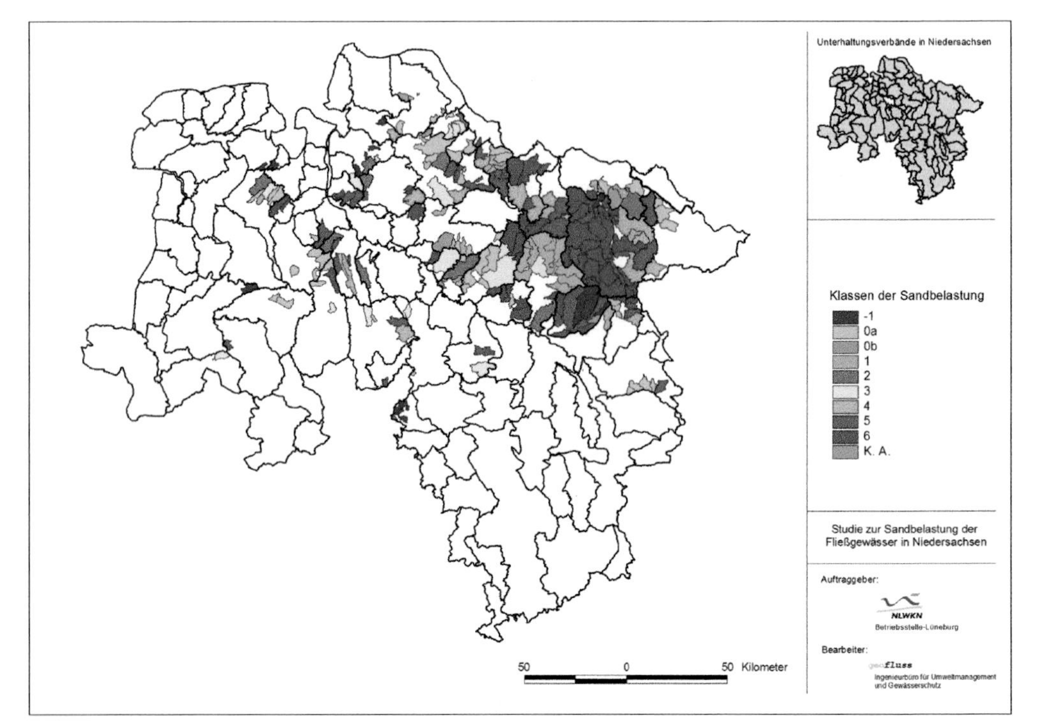

Bild 4: Bewertung der Sandbelastung der kiesgeprägten Wasserkörper in Niedersachsen

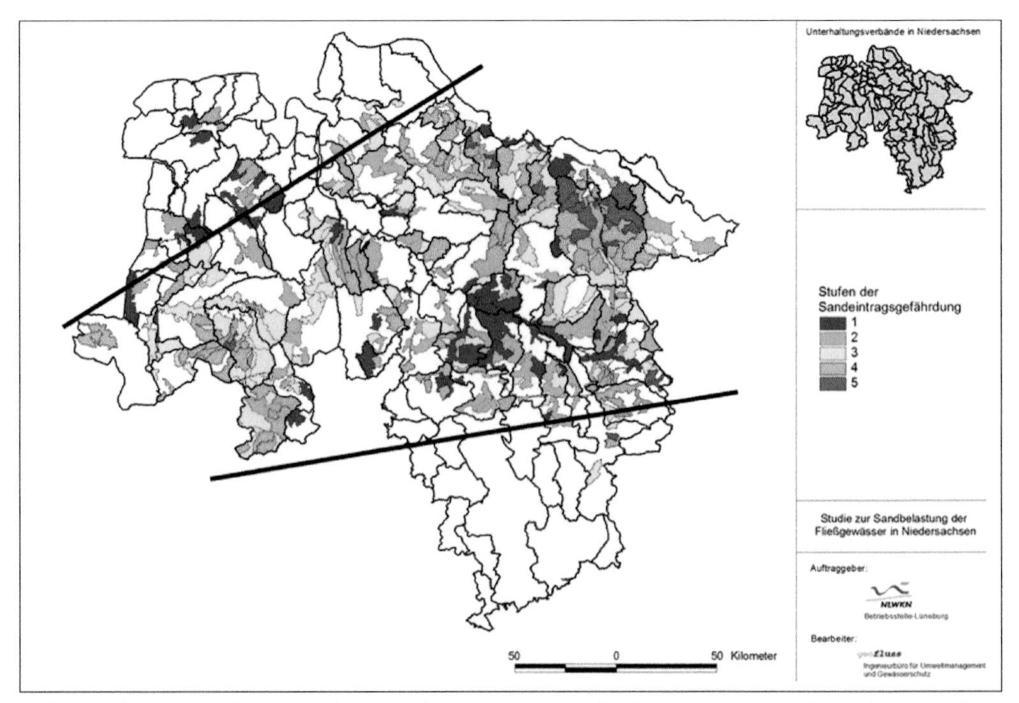

Bild 5: Sandeintragsgefährdung über den Pfad Wassererosion für die Wasserkörper mit erhöhter Sandbelastung in Niedersachsen

cher Zusammenhang bei der Belastungsstufe 1 am geringsten (und die festgestellte Sandbelastung wahrscheinlich durch andere Pfade verursacht).

Wie Bild 5 zeigt, tritt die höchste erosiv bedingte Sandeintragsgefährdung demnach im EZG der Ilmenau auf. Daneben weisen aber auch weitere Gebiete vor allem in der Heide (z. B. EZG Luhe, Böhme, Seeve, Este und obere Oste), aber auch z. B. im Südwesten Niedersachsens (z. B. EZG Hase, Bever und Große Aa) eine großflächig relativ hohe Gefährdungsstufe auf. Naturräumlich sind hiervon insbesondere die Lüneburger Heide inklusive Wendland, die östliche Hälfte der Stader Geest, die Ems-Hunte-Geest und Dümmer-Geestniederung sowie das Osnabrücker Hügelland betroffen. Dagegen treten hohe Gefährdungsstufen in der Börde nicht so verbreitet, im Weser-Aller-Flachland vereinzelt, in der Ostfriesisch-Oldenburgischen Geest nur im Übergang zur Ems-Hunte-Geest und im Marschgebiet gar nicht auf.

Insgesamt wird beim Vergleich von Bild 3 und Bild 5 deutlich, dass die für viele WK festgestellte Sandbelastung (wahrscheinlich) zumindest zu einem mehr oder weniger relevanten Anteil durch den Pfad Wassererosion verursacht wird (Stufen 3 bis 5). Daneben treten aber auch Bereiche auf, in denen die Sandbelastung in den Fließgewässern kaum auf erosive Sandeinträge zurückgeführt werden kann (Stufen 1 und 2).

Zu beachten ist, dass für eine konkrete Bewertung von Sandeintragspfaden eine weitergehende Untersuchung mit erhöhter Auflösung unumgänglich ist. Dabei müssen die einzelnen Ackerschläge Untersuchungsgegenstand sein und ihre tatsächliche Anbindung an die Gewässer sowie Rinnenstrukturen im Gelände erfasst werden; hierzu sind Ortsbegehungen erforderlich. Wie hierbei genau vorzugehen ist und wie die tatsächlich relevante erosive Sandeinträge in Fließgewässer verursachenden Ackerschläge erfolgreich identifiziert werden können, wurde anhand zweier Studien an der oberen Luhe gezeigt [2, 3]. Die dort entwickelte Methodik ist problemlos auf andere Einzugsgebiete übertragbar und für die Minderung der Sandbelastung der Fließgewässer zielführend. Ausgewählte Ergebnisse dieser Studien werden nachfolgend vorgestellt.

5.1 Exkurs: Kleinräumige Ausweisung von Sandbelastungen durch Wassererosion

In der zweiteiligen „Studie zur Ermittlung von Feinsedimenteinträgen in den Oberlauf der Luhe und deren Nebengewässer" wurde ein eigenständiges Werkzeug realisiert, mit dem die Belastung durch Sandeinträge auf Ebene von kleineren Einzugsgebieten erfasst werden kann. Zudem ermöglicht es dieses Instrumentarium, die Belastungsschwerpunkte kleinräumig und zuverlässig zu lokalisieren, insbesondere durch die etablierten Erweiterungen der Modelltechnik, der erhöhten Auflösung wichtiger Eingangsdaten sowie der vor Ort gewonnenen Erkenntnisse.

Im ersten Schritt wurden die Sandeinträge durch wasserbürtige Erosion mit einem ursprünglich im Auftrag des Niedersächsischen Umweltministeriums entwickelten Modell [4, 5] ermittelt, wobei als wesentliche Neuerung die Gewässeranbindung erosiver Flächen Berücksichtigung findet. Hierdurch ermöglicht es das Modell nicht nur, den erosiven Bodenabtrag zu ermitteln, sondern zudem den Anteil des Bodenabtrages abzuleiten, der ein Gewässer tatsächlich erreicht. Dabei wurde dieser Ansatz um die spezifischen Bedingungen im Untersuchungsgebiet (die als typisch für die Heideregion und allgemein für weite Teile der Geest anzusehen sind) erweitert und die eintragsmindernde Wirkung von Barrieren explizit berücksichtigt. Damit wurde die Schutzwirkung von Grünland- bzw. Waldflächen oder sonstige Nutzungen zwischen den erosiven Flächen und dem Gewässer realitätsnah berücksichtigt. Erst diese Modellerweiterung ermöglicht es, die Belastungsschwerpunkte im Untersuchungsgebiet von den restlichen erosiven Flächen zu separieren.

Im zweiten Teil der Studie wurden die auf der oben genannten Basis ermittelten Belastungsschwerpunkte überprüft. Dieses erfolgte durch zahlreiche Begehungen vor Ort, bei denen wichtige Parameter für die Ermittlung der Sandeinträge in das Gewässersystem der oberen Luhe konkret kartiert wurden (Abstand von Gräben zu den Ackerflächen, Gestaltung bzw. Ausprägung von vorhandenen Randstreifen bzw. Übergangsbereichen zwischen Acker und Gewässer, nicht in ATKIS verzeichnete neue Gräben, Nutzungsänderungen, räumliche Änderungen von Ackerschlägen sowie veränderte Gewässerverläufe).

Durch die hohe Genauigkeit der vor Ort aufgenommenen Daten, insbesondere zur eintragsbestimmenden tatsächlichen Gewässerdistanz, war es gerechtfertigt, den gesamten Berechnungsansatz für erosive Sandeinträge in einer erhöhten Auflösung abzubilden. Die räumliche Auflösung der Berechnung wurde daher erheblich verbessert (Verkleinerung der Rasterkantenlänge von 50 auf 5 m, Verwendung des DGM 5 statt DGM 50, schlagbezogene Berücksichtigung der erosiven Hanglänge, Ableitung eintragsrelevanter Ackerteilflächen).

Insgesamt konnte die Genauigkeit der berechneten Sandeinträge durch die Erkenntnisse vor Ort sowie die Modifikationen im Berechnungsansatz erheblich erhöht werden.

Somit konnte einerseits gezeigt werden, dass unter den vorherrschenden Bewirtschaftungsbedingungen im Untersuchungsgebiet relevante Sandfrachten über Wassererosion in das Gewässernetz der oberen Luhe verfrachtet werden. Andererseits wurde dargelegt, in welchem Ausmaß die Sandeinträge in das Gewässersystem von möglichen Nutzungsänderungen und den Niederschlagsbedingungen abhängen.

Zur Ausweisung der Belastungsschwerpunkte über den Pfad Wassererosion wurde ein mehrstufiges Bewertungsverfahren verwendet, das es erlaubt, die Hot Spots für diesen Eintragspfad im Untersuchungsgebiet kleinräumig (auf Ebene der in ATKIS ausgewiesenen Ackerschläge) zu lokalisieren. Die hierbei erzielten Ergebnisse sind **Bild 6** zu entnehmen.

Folglich erlauben die Modellergebnisse räumlich differenzierte Aussagen über die Belastungssituation im Untersuchungsgebiet. Es wurden die Gebiete identifiziert, von denen besonders hohe Belastungen durch Sandeinträge ausgehen. Zudem können folgende Fragen beantwortet werden:

- unter welchen Randbedingungen stellt eine erosive Fläche einen Belastungsschwerpunkt dar,
- wie hoch sind die resultierenden Sandeinträge in Abhängigkeit der Randbedingungen,

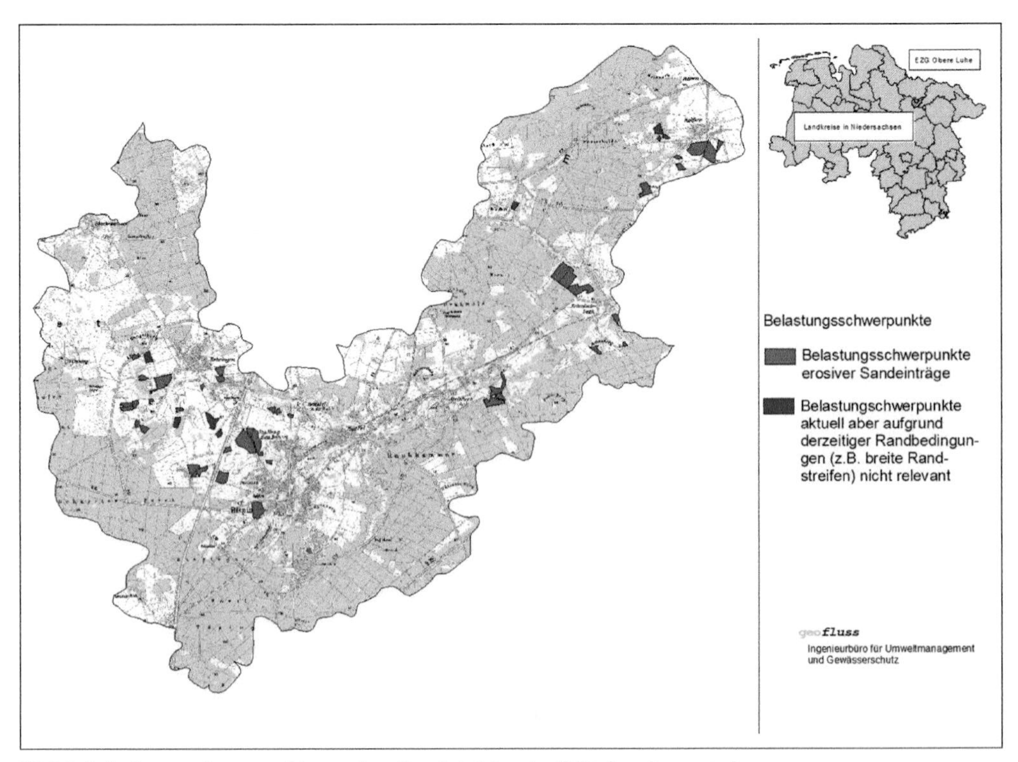

Bild 6: Belastungsschwerpunkte erosiver Sandeinträge im EZG der oberen Luhe

- welche Maßnahmen sind auf welcher Fläche besonders zielführend hinsichtlich einer Belastungsverminderung und
- welche Flächen verursachen so geringe Sandeinträge, dass Maßnahmen nicht erforderlich sind?

Somit kann dieses speziell zur Ermittlung von Sandeinträgen entwickelte Instrumentarium als anwenderfreundliches Modell im Flussgebietsmanagement bei der Erarbeitung von Lösungsstrategien und bei einer zielgerichteten Maßnahmenplanung behilflich sein.

Die im Rahmen dieser Studie erarbeiteten Ergebnisse wurden anschließend als Grundlage für eine konkrete Maßnahmenplanung zur Verminderung der Sandproblematik in der oberen Luhe verwendet. Hierzu steht eine Vielzahl von Maßnahmen zur Verfügung, die sich entsprechend der unterschiedlichen Wirkungsweisen verschiedenen Gruppen zuordnen lassen: sie reichen von Maßnahmen direkt auf der erosiven Fläche zur Verminderung des Bodenabtrags über Maßnahmen zum Rückhalt des Sandes außerhalb des Gewässersystems (z. B. durch Gewässerrandstreifen) bis hin zum Rückhalt im Gewässer selbst (z. B. durch Sandfänge). Nach Wunsch des Auftraggebers wurden für die ermittelten 28 Belastungsschwerpunkte Schutzstreifen bzw. Gewässerrandstreifen verortet und kartografiert. Die einzelnen Randstreifen wurden dabei in Abhängigkeit der zu erwartenden Sandeinträge und der spezifischen Bedingungen des betroffenen Ackerschlages sehr unterschiedlich dimensioniert.

Insbesondere bei Ackerschlägen, die wegen ihrer Geländeform einen großen Anteil des Oberflächenabflusses über einen schmalen Abschnitt entwässern, wurde eine spezielle Form der Randstreifen vorgesehen. Zudem wurde in einigen Fällen auf eine zu empfehlende zusätzliche Gestaltung bzw. Modellierung hingewiesen.

Erst eine derart differenzierte Gestaltung und Dimensionierung von Gewässerrandstreifen ermöglicht einen effektiven Rückhalt erosiver Sandeinträge; standardisierte Randstreifen von z. B. 10 m Breite sind dagegen oftmals nur eingeschränkt geeignet.

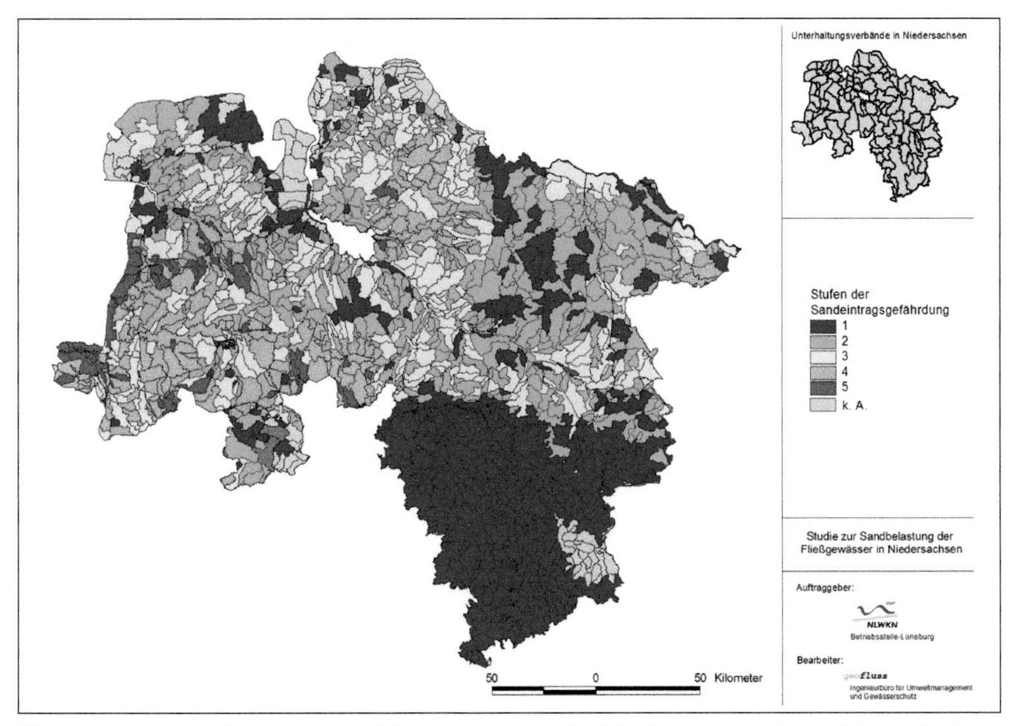

Bild 7: Bewertung der Sandeintragsgefährdung über den Pfad Winderosion nach Wasserkörpern in Niedersachsen

6 Sandeintragsgefährdung über den Pfad Winderosion

Als weitere mögliche Ursache für erhöhte Sandbelastungen in den Fließgewässern wurde der Eintragspfad Winderosion näher betrachtet. Wiederum auf Grundlage vorliegender Daten (Enat-Stufen der Winderosionsgefährdung für Ackerflächen wurde in einem mehrstufigen Verfahren die Sandeintragsgefährdung über diesen Pfad bewertet (erneut auf Ebene der WK).

Bild 7 zeigt die ermittelte Sandeintragsgefährdung über Winderosion für die WK Niedersachsens. Deutlich zu erkennen sind große Bereiche mit hohen Gefährdungsstufen, die erwartungsgemäß vor allem in der Geest liegen. Insbesondere ein Streifen südlich einer Linie Papenburg – Oldenburg erweist sich mit den Stufen 4 und 5 als besonders gefährdet.

In den Landkreisen (LK) Emsland, Cloppenburg und der Grafschaft Bentheim wurde die Mehrzahl der WK mit den beiden höchsten Gefährdungsstufen 4 und 5 bewertet. Aber auch in den LK Vechta, Rothenburg/Wümme, im südlichen LK Diepholz, im südwestlichen LK Nienburg/Weser, sowie in Teilen der LK Osnabrück, Oldenburg, Verden, Stade, Lüchow-Dannenberg und Cuxhaven erhielten flächenmäßig relevante Anteile die höchsten Gefährdungsstufen.

Dagegen sind in den blau gekennzeichneten WK (Sandeintragsgefährdungsstufe 1) relevante Sandeinträge in die Fließgewässer über Winderosion unwahrscheinlich.

7 Zusammenfassung und Ausblick

Mit dieser Studie wurde erstmals eine systematische und flächendeckende Information zur Belastungssituation der Fließgewässer durch Sand erstellt. Auffallend viele sandbelastete Fließgewässer wurden für die Lüneburger Heide mit dem Wendland und das Osnabrücker Hügelland gemeldet. Von den Unterhaltungsverbänden und Landkreisen wurden die Fließgewässer insgesamt auf über 4.100 km als zumindest deutlich sandbelastet eingestuft. Dieses entspricht etwas mehr als 10 % der abgefragten Gewässerstrecke (ATKIS-Gewässernetz).

Die Bewertung der Sandbelastung in den niedersächsischen Fließgewässern erfolgte auf Ebene der etwa 1.600 Wasserkörper (WK). Hierfür wurde ein System entwickelt, dass es erlaubt, die Sandbelastung differenziert in verschiedenen Klassen zu bewerten. Abgestuft wurde dabei in 5 Sandbelastungsklassen (von 1 schwach belastet bis 5 massiv belastet).

Im Ergebnis wurden insgesamt 357 WK als stark bis massiv mit Sand belastet bewertet (Klasse 3 bis 5). Diese 357 WK nehmen 28,1 % der Fläche Niedersachsens ein. Folglich kann von einer weiten Verbreitung einer übermäßigen (unnatürlichen) Sandbelastung in Niedersachsens Fließgewässern gesprochen werden. Die höchste Belastungsklasse 5 tritt dabei insbesondere in der Lüneburger Heide und im Osnabrücker Hügelland auf. Die zweithöchste Belastungsklasse 4 kommt dagegen im gesamten Geestbereich vor.

Die kiesgeprägten Fließgewässer wurden einer zusätzlichen Bewertung unterzogen, da erhöhte Sandbelastungen hier besonders ungünstige Auswirkungen haben (das Interstitial als wichtiger Lebensraum wird verstopft oder gar überdeckt und somit in seiner Funktion zerstört). Diese Bewertung hat gezeigt, dass zahlreiche kiesgeprägte Fließgewässer erheblich mit Sand belastet sind, die (neue) höchste Belastungsklasse 6 tritt insbesondere in den Einzugsgebieten der oberen und mittleren Ilmenau, Meiße und Böhme auf.

Für den Eintragspfad Wassererosion wurde bezogen auf die sandbelasteten WK deutlich, dass die höchste erosiv bedingte Sandeintragsgefährdung im EZG der Ilmenau auftritt. Daneben weisen aber auch weitere Gebiete vor allem in der Heide (z. B. EZG Luhe, Böhme, Seeve, Este und obere Oste), aber auch im Südwesten Niedersachsens (z. B. EZG Hase, Bever und Große Aa) eine großflächig relativ hohe Gefährdungsstufe auf.

Zu beachten ist, dass für eine konkrete Bewertung von Sandeintragspfaden eine weitergehende Untersuchung mit erhöhter Auflösung unumgänglich ist. Wie hierbei genau vorzugehen ist und wie die tatsächlich relevante erosive Sandeinträge in Fließgewässer verursachenden Ackerschläge erfolgreich identifiziert werden können, wurde anhand zweier Studien an der oberen Luhe vorgestellt [2, 3]. Die dort entwickelte Methodik ist problemlos auf andere Einzugsgebiete übertragbar und für die Minderung der Sandbelastung der Fließgewässer zielführend. Für den Eintragspfad Winderosion ergaben sich bei der Bewertung große Bereiche mit hohen Gefährdungsstufen, die erwartungsgemäß vor allem in der Geest liegen.

Um zukünftig weitergehende Informationen zur Sandbelastung der Fließgewässer zu erhalten, ist es empfehlenswert, die Ergebnisse dieser Studie auch mit den Informationen der zurzeit in Niedersachsen laufenden Detailstrukturkartierung abzugleichen und weiter zu verifizieren. Darüber hinaus würde es eine Dokumentation der aus den Sandfängen entnommenen Sandmengen erlauben, die im Gewässer anfallende Sandfracht quantitativ abzuschätzen, diese Sandfracht bestimmten Gewässerabschnitten zuzuordnen und so die Eintragsquellen zu lokalisieren. Auf einer solchen Grundlage könnten zudem Modellergebnisse mit den dann vorhandenen Sandfrachten abgeglichen und die Modellansätze kalibriert werden. Hierfür müssten bei der Räumung der Sandfänge die entnommene Sandmenge und der Zeitpunkt der Räumung vermerkt werden. Dieses erscheint mit geringem Aufwand möglich.

Weitere Erhebungen zur qualitativen und quantitativen Erfassung der gewässerinternen Erosion sind erforderlich. Dieser in vielen Gewässern sicherlich relevante Eintragspfad kann bisher nur durch Ortsbegehungen und Kartierungen der besonders gefährdeten Gewässerabschnitte lokalisiert werden, da die Ursachen für einen Sandeintrag unter Umständen auf lokal sehr begrenzte Bedingungen zurückzuführen sind.

Das Problem der Sandbelastung ist insgesamt komplex und im Einzelfall von den Ursachen vielschichtig zu betrachten. Da ein guter ökologischer Zustand aber in vielen Fällen nur zu erreichen ist, wenn auch die Sandbelastung in den Gewässern maßgeblich reduziert wird, ergibt sich angesichts des dargestellten Ausmaßes ein großer Handlungsbedarf.

Autoren

Dr. Carsten Scheer
Dr. Nikolai Panckow
geofluss, Ingenieurbüro für
Umweltmanagement und Gewässerschutz
Zur Bettfedernfabrik 1
30451 Hannover
E-Mail: scheer@geofluss.de
panckow@geofluss.de

Dr. Katharina Pinz
Niedersächsischer Landesbetrieb für
Wasserwirtschaft, Küsten- und Naturschutz
Betriebsstelle Lüneburg, Geschäftsbereich III
Adolph-Kolping-Straße 6
21337 Lüneburg
E-Mail: katharina.pinz@nlwkn-lg.niedersachsen.de

Literatur

[1] AD-HOC-AG-BODEN (2005): Bodenkundliche Kartieranleitung. 5. Auflage, Bundesanstalt für Geowissenschaften und Rohstoffe, Hannover.

[2] GEOFLUSS (2009A): Studie zur Ermittlung von Feinsedimenteinträgen in den Oberlauf der Luhe und deren Nebengewässer – Umsetzung der Wasserrahmenrichtlinie in Niedersachen. Teil 1: Übersichtsbetrachtung. Erstellt im Auftrag der Gebietskooperation 28, Lüneburg.

[3] GEOFLUSS (2009B): Studie zur Ermittlung von Feinsedimenteinträgen in den Oberlauf der Luhe und deren Nebengewässer – Umsetzung der Wasserrahmenrichtlinie in Niedersachen. Teil 2: Detailbetrachtung. Erstellt im Auftrag der Gebietskooperation 28, Lüneburg.

[4] SCHEER, C., PANCKOW, N. & KUNST, S. (2007): Entwicklung eines optimierten Bilanzierungsmodells zur Quantifizierung diffuser Nährstoffeinträge als Instrument zur Umsetzung der EG-WRRL. Abschlussbericht zum gleichnamigen F+E-Vorhaben im Auftrag des Niedersächsischen Umweltministeriums. Unveröffentlicht.

[5] PANCKOW, N. (2008): Entscheidungsunterstützungssystem im Flussgebietsmanagement: Emissionsmodellierung signifikanter Nährstoffeinträge aus der Fläche. Dissertation, Institut für Freiraumentwicklung, Leibniz Universität Hannover.

Carsten Scheer, Nikolai Panckow und Katharina Pinz

Feinsedimenteinträge in die Fließgewässer Südostniedersachsens

Für Südostniedersachsen wurden Karten zur Feinsedimenteintragsgefährdung erstellt. Auf Grund der verbreitet hohen Feinsedimentbelastung ergibt sich zur Erreichung eines guten ökologischen Zustands in den Gewässern Südostniedersachsens ein großer Handlungsbedarf.

1 Einleitung und Zielsetzung

Südostniedersachsen ist bedingt durch das hügelige Relief die Region Niedersachsens, in der die höchsten erosiven Feinsedimenteinträge in die Fließgewässer zu verzeichnen sind. Während in vielen Bereichen Niedersachsens eine relevante Belastung der Fließgewässer durch Sand vorliegt, handelt es sich in Südostniedersachsen auf Grund der Bodenbeschaffenheit überwiegend um die besonders feinen Bodenarten Schluff, Lehm und Ton, welche nach [1] durch Korngrößendurchmesser von kleiner 0,063 mm innerhalb der Kornfraktionen des Feinbodens definiert sind. Diese erosiven Feinsedimenteinträge führen in Südostniedersachsen weit verbreitet zu einer Beeinträchtigung der Fließgewässerbiozönosen (z.B. durch Trübung des Gewässers oder Verstopfung des Lückensystems der Gewässersohle).

Im Auftrag des NLWKN Lüneburg sollte daher auf Basis verschiedener, niedersachsenweit bereits vorliegender Fachdaten eine Karte der Feinsedimenteintragsgefährdung durch Lehm, Schluff und Ton in Ergänzung zu der Studie zur Sandbelastung der Fließgewässer in Niedersachsen [2] erarbeitet werden. Hierzu ist der potenzielle Eintrag von Feinsediment von außen in die Gewässer (nur über den Pfad Wassererosion) näherungsweise zu erfassen und zu bewerten.

Die Belastungsschwerpunkte (Hot Spots) der Feinsedimenteintragsgefährdung in Südostniedersachsen sollten auf Ebene der Wasserkörper (WK) aufgezeigt werden. Anhand der Ergebnisse wird das Problem der Feinsedimentbelastung verdeutlicht. Damit können Verantwortliche für das Thema sensibilisiert und eine systematische Grundlage für eine erforderliche Maßnahmenplanung geschaffen werden. Zu berücksichtigen ist dabei, dass die im Rahmen dieses Auftrags erzielten Erkenntnisse als Basis für weitere Diskussionen zu sehen sind. Sie können insbesondere auf Grund der verwendeten Maßstabsebene nicht den Anspruch haben, im Detail „die absolute Wahrheit“ über die Feinsedimentproblematik der Fließgewässer in Südostniedersachsen abzubilden.

Nicht näher behandelt wurden die ökologischen Folgen und Auswirkungen der Feinsedimentbelastung sowie Themen im Zusammenhang mit Maßnahmen, um Feinsedimentfrachten zukünftig zu reduzieren.

2 Vorgehensweise

Der Untersuchungsraum Südostniedersachsen umfasst die niedersächsischen Anteile der Bearbeitungsgebiete 08, 10, 12, 15, 16, 18, 19, 20, 21, 36, 37, 38, 41 und 42 (**Tabelle** 1). Für dieses Gebiet wurden die potenziellen Feinsedimenteinträge über den Pfad Erosion von Ackerflächen unter Verwendung niedersachsenweit vorliegender Fachdaten in einem mehrstufigen Verfahren für das Bezugsjahr 2011 auf Schlagebene modellgestützt berechnet. Die hierbei erzielten Ergebnisse stellen die Grundlage für die anschließende Bewertung der Feinsedimenteintragsgefährdung dar; sie erfolgt aggregiert auf Ebene der insgesamt 516 Wasserkörper.

Zur Berechnung der potenziellen Feinsedimenteinträge sind u. a. folgende Eingangsparameter für jede Ackerfläche erforderlich:

- potenzielle Wassererosionsgefährdung,
- InVeKoS-Daten von 2011,
- die Anbindung der Ackerflächen an die Gewässer und
- der Feinsedimentgehalt im Oberboden (ohne den Sandanteil).

Die potenzielle Wassererosionsgefährdung bildet relevante Faktoren der Allgemeinen Bodenabtragsgleichung (ABAG) ab [3], berücksichtigt sind die Bodenerodierbarkeit (K-Faktor), die Hangneigung (S-Faktor) und die Regenerosivität (R-Faktor). Diese Angaben liegen in Form von E_{nat}-Stufen vor, denen nach [4] jeweils potenzielle Bodenabträge zugewiesen sind. Ihr jeweiliger Mittelwert geht als Kennwert in die Berechnung der Feinsedimenteintragsgefährdung pro Ackerschlag ein.

Über die InVeKoS-Daten sind die Lage der Ackerflächen sowie die pro Feldblock in 2011 angebauten Kulturarten bekannt. Diese Kulturarten dienen dazu, den C-Faktor (Bedeckungs- und Bearbeitungsfaktor) der ABAG zu ermitteln und zu berücksichtigen.

Der Anbindung von erosiven Ackerflächen an die Gewässer fällt eine entscheidende Rolle bei der Ermittlung der Feinsedimenteinträge zu. Die Berücksichtigung der Gewässeranbindung ermöglicht es, die Ackerflächen zu separieren, von denen tatsächlich ein erosiver Bodeneintrag in die Gewässer zu erwarten ist. Dagegen wird für Ackerflächen, auf denen zwar ein Bodenabtrag und eine mögliche Bodenverlagerung stattfinden, die aber auf Grund einer hohen Distanz zum nächsten Gewässer keine Gewässeranbindung aufweisen, kein Feinsedimenteintrag ausgewiesen. Für die Ermittlung der Gewässeranbindung ist neben der Lage der Ackerflächen ein hochaufgelöstes Gewässernetz inklusive des Grabensystems wie z. B. aus ATKIS DLM 25/3 zwingend erforderlich. Als Ergebnis dieses Arbeitsschrittes kann jedem Feldblock in Abhängigkeit der ermittelten Distanz eine Gewässeranbindung zugeordnet werden. Hierbei wird in 5 Stufen differenziert; sie reichen von einer sehr geringen bis zu einer sehr hohen Anbindung.

Der Feinsedimentgehalt im Oberboden (A-Horizont ohne den Sandanteil) wird für die einzelnen Bodenarten der BÜK 50n nach Angaben von [5] abgeleitet und für jeden Ackerschlag flächenanteilig ermittelt. Demnach liegen im mittleren und südlichen Bereich des Untersuchungsgebietes verbreitet sehr hohe Feinsedimentanteile von über 85 % vor. Dagegen sind im nördlichen Untersuchungsgebiet oftmals nur geringe Feinsedimentanteile von unter 25 % zu verzeichnen; hier liegt entsprechend ein hoher Sandanteil in den Böden vor.

Neben dem Bezugsjahr 2011, welches den IST-Zustand abbildet, werden 2 Szenarien berechnet, die die Spannweite der zu erwartenden Feinsedimenteinträge bei Anbau der gängigen Kulturarten darstellen. In Szenario 1 wird für alle Ackerflächen eine vergleichsweise hohe Bodenbedeckung angesetzt, was über einen geringen C-Faktor berücksichtigt wird (C-Faktor von 0,04 charakterisiert den Anbau von Wintergerste). Das resultierende Ergebnis spiegelt die untere Grenze der zu erwartenden Feinsedimentgefährdungen unter dem Anbau gängiger Kulturarten wider. Mit Szenario 2 wird entsprechend die obere Grenze abgebildet. Dazu wird ein relativ hoher C-Faktor von 0,28 angesetzt, der näherungsweise für den Anbau von Mais, Zuckerrüben oder Kartoffeln typisch ist.

Zu beachten ist, dass bei der Bearbeitung der Fragestellung bereits etablierte Maßnahmen (zur Minderung der Feinsedimenteinträge) nicht berücksichtigt werden konnten, da die hierfür erforderlichen Informationen nicht flächendeckend vorlagen.

3 Bewertung der Feinsedimenteintragsgefährdung

Durch Erosion von Ackerflächen können erhebliche Feinsedimentmengen in ein Gewässersystem eingetragen werden. Dieses gilt insbesondere für die Ackerflächen, die eine ungenügende Bodenbedeckung, eine hinreichende Hangneigung, einen hohen Feinsedimentgehalt im Oberboden und vor allem eine hohe Anbindung an das Gewässernetz aufweisen. Lokal können auch relevante erosive Feinsedimenteinträge etwa durch Baumaßnahmen, unbefestigte Wege oder defekte Dränagen usw. vorkommen; sie sind auf der hier berücksichtigten Skalenebene – Betrachtung von Südostniedersachsen – nicht zu ermitteln und bleiben unberücksichtigt.

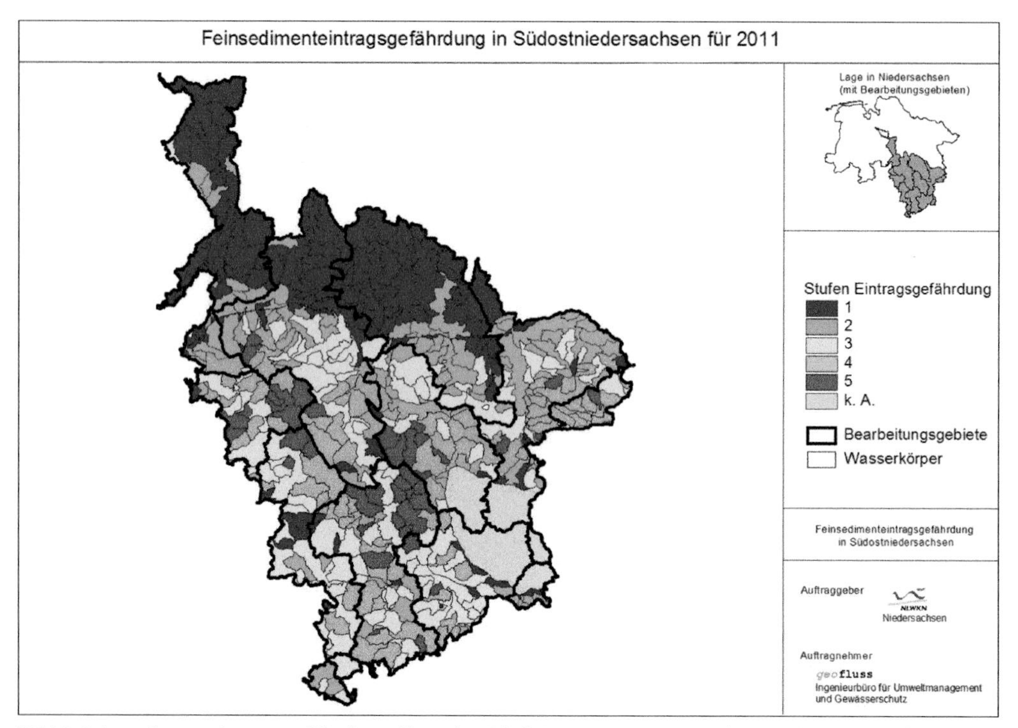

Bild 1: Feinsedimenteintragsgefährdung über den Pfad Wassererosion in Südostniedersachsen für 2011. Bewertung pro Wasserkörper bezogen auf die gesamte Fläche des Wasserkörpers

Die Feinsedimenteintragsgefährdung über den Pfad Wassererosion von Ackerflächen auf Ebene der Wasserkörper wird in einem 5-stufigen System (von Stufe 1: sehr geringe bis Stufe 5: sehr hohe Feinsedimenteintragsgefährdung) bewertet. Dabei werden für jeden WK – jeweils auf Grundlage der ermittelten und pro WK aggregierten potenziellen Feinsedimenteinträge – verschiedene Kriterien einbezogen. Hierbei handelt es sich um die mittlere flächenbezogene Feinsedimenteintragsgefährdung bezogen auf einerseits die gesamte Fläche des WK und andererseits auf die Ackerfläche des WK. Die erzielten Ergebnisse für die genannten Kriterien werden nachfolgend vorgestellt.

Feinsedimenteintragsgefährdung für 2011

In **Bild 1** ist die Bewertung der Feinsedimenteintragsgefährdung über den Pfad Erosion von Ackerflächen in Südostniedersachsen für 2011 pro Wasserkörper bezogen auf die Fläche der WK dargestellt. Gut zu erkennen ist dabei eine sehr deutliche Differenzierung der Feinsedimenteintragsgefährdung. Im nördlichen Untersuchungsgebiet, welches weitgehend im Naturraum Weser-Aller-Flachland liegt, ist die Feinsedimenteintragsgefährdung deutlich am geringsten; hier ist fast flächendeckend die Stufe 1 zu verzeichnen (blau in Bild 1, betrifft den Großteil des Bearbeitungsgebietes Weser/Meerbach sowie die nördlichen Anteile der Bearbeitungsgebiete Fuhse/Wietze und Leine/Westaue).

Eine besonders hohe Feinsedimenteintragsgefährdung ist dagegen im mittleren und nordwestlichen Bereich des Weser- und Leineberglandes sowie im südöstlichen Bereich der Börde festzustellen (orange und rot in Bild 1). Flächenmäßig treten die beiden höchsten Gefährdungsstufen 4 und 5 (hohe und bzw. sehr hohe Feinsedimenteintragsgefährdung) am häufigsten in den großen Bearbeitungsgebieten Leine/Ilme, Innerste und Leine/Westaue auf. Daneben sind aber auch in den Bearbeitungsgebieten Weser/Emmer, Oker, Weser/Nethe, Rhume und Großer Graben relevante Flächenanteile den beiden höchsten Gefährdungsstufen zuzuordnen.

Tabelle 1: Anteil der ermittelten Gefährdungsstufen der Feinsedimenteintragsgefährdung pro Bearbeitungsgebiet in % der Gebietsfläche

Nr.	Bezeichnung	Größe [km²]	Anteil Gefährdungsstufe [% der Fläche]					
			1	2	3	4	5	k. A.
08	Weser/Nethe	1099	6,0	7,3	55,8	23,8	7,1	0,0
10	Weser/Emmer	686	2,1	4,7	33,7	29,4	30,2	0,0
12	Weser/Meerbach	1494	75,7	17,7	1,1	5,4	0,0	0,0
15	Oker	1567	10,8	34,6	19,4	20,8	2,8	11,6
16	Fuhse/Wietze	1901	66,5	23,1	8,6	1,9	0,0	0,0
18	Leine/Ilme	1472	2,2	6,7	35,1	32,1	23,9	0,0
19	Rhume	1036	4,7	2,3	38,1	19,7	3,4	31,9
20	Innerste	1265	1,5	4,5	25,7	39,3	13,0	15,9
21	Leine/Westaue	2282	31,2	16,3	25,9	23,0	3,5	0,0
36	Großer Graben	240	0,1	4,4	23,2	64,7	7,6	0,0
37	Bode und Rappbode	50	2,5	0,0	0,0	0,0	0,0	97,5
38	Helme/Unstrut	127	11,3	28,7	0,0	0,0	0,0	60,0
41	Werra	59	7,9	4,4	87,7	0,0	0,0	0,0
42	Fulda	99	1,5	68,0	30,5	0,0	0,0	0,0

Tabelle 1 zeigt die prozentuale Verteilung dieser ermittelten Feinsedimenteintragsgefährdungsstufen für die einzelnen Bearbeitungsgebiete. Dabei wird deutlich, dass mit etwa 72 % der höchste Flächenanteil der Gefährdungsstufen 4 und 5 im Gebiet Großer Graben vorliegt. Danach folgt mit einem Anteil von fast 60 % das Gebiet Weser/Emmer, in dem mit 30 % auch der höchste Anteil der Gefährdungsstufe 5 auftritt. Ebenfalls sehr hohe prozentuale Anteile der Gefährdungsstufen 4 und 5 von über 50 % weisen zudem die beiden Gebiete Leine/Ilme und Innerste auf. Relevante Flächenanteile dieser hohen Gefährdungsstufen zwischen etwa 23 und 31 % sind weiterhin in den Bearbeitungsgebieten Weser/Nethe, Leine/Westaue (südliche Hälfte), Oker und Rhume zu verzeichnen.

Insgesamt wurde für 141 Wasserkörper (28 % der Untersuchungsfläche) eine hohe bzw. sehr hohe Feinsedimenteintragsgefährdung festgestellt (Gefährdungsstufen 4 und 5), sehr geringe bzw. geringe Feinsedimenteintragsgefährdungen der Stufen 1 bzw. 2 liegen demnach in 257 Wasserkörpern (etwa 47 % der Untersuchungsfläche) vor.

Zu beachten ist, dass die hier vorgestellten Feinsedimenteintragsgefährdungen auf die jeweilige Größe der WK bezogen sind und somit die mittlere Gefährdung der WK ausdrücken. Folglich können die in Bild 1 dargestellten WK mit eher geringen Gefährdungsstufen durchaus (einzelne) Ackerschläge mit sehr hoher Gefährdung enthalten, die bei dieser mittleren Betrachtung jedoch nicht in Erscheinung treten.

Bild 2 zeigt die Bewertung der Feinsedimenteintragsgefährdung über den Pfad Erosion von Ackerflächen in Südostniedersachsen für 2011 pro Wasserkörper bezogen nur auf die Ackerfläche der WK. Diese Darstellungsform ermöglicht u. a. Informationen darüber, in welchen WK der Anteil von Ackerflächen mit hoher Feinsedimenteintragsgefährdung der Stufe 4 und besonders der Stufe 5 dominiert. Es können dadurch – im Gegensatz zu der oben vorgestellten Bewertung – WK eine hohe Gefährdungsstufe erzielen, in denen nur ein geringer Flächenanteil mit Ackernutzung vorliegt, diese Ackerflächen aber eine hohe Feinsedimenteintragsgefährdung aufweisen und somit (lokal) unter Umständen von großer Bedeutung für Feinsedimenteinträge sind.

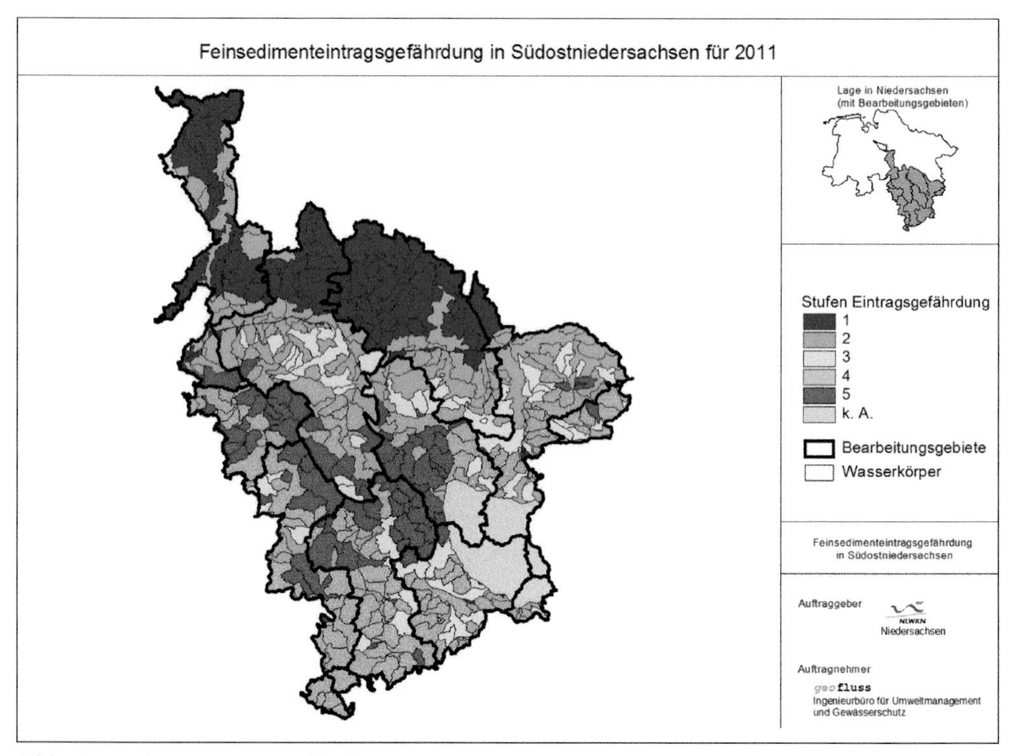

Bild 2: Feinsedimenteintragsgefährdung über den Pfad Wassererosion in Südostniedersachsen für 2011. Bewertung pro Wasserkörper bezogen nur auf die Ackerfläche des Wasserkörpers

Wie Bild 2 zu entnehmen ist, kommen Ackerflächen mit der höchsten Feinsedimenteintragsgefährdung besonders häufig im zentralen Bereich des Untersuchungsgebietes (LK Hameln-Pyrmont, südliche Hälfte vom LK Hildesheim, nordöstlicher Bereich vom LK Holzminden, nördlicher und westlicher Bereich des LK Northeim) vor. Darüber hinaus treten relevante Anteile der Gefährdungsstufe 5 im südlichen Bereich des LK Schaumburg, im östlichen LK Goslar und im LK Helmstedt (Elmvorland) auf. Im restlichen südlichen Untersuchungsgebiet (Weser-Leine-Bergland und Börde südöstlich des Deisters und südlich vom Elm) liegt neben der Gefährdungsstufe 5 überwiegend die Gefährdungsstufe 4 vor. Lediglich vereinzelt treten dazwischen geringere Stufen (vor allem Gefährdungsstufe 3) auf. Im gesamten nördlichen Untersuchungsgebiet dominieren dagegen erwartungsgemäß die geringen Gefährdungsstufen 1 und 2.

Insgesamt werden nach diesem Bewertungskriterium 206 WK (44 % der Gesamtfläche) die Feinsedimenteintragsgefährdungsstufen 4 bzw. 5 zugeordnet. Sehr geringe bzw. geringe Feinsedimenteintragsgefährdungen der Stufen 1 bzw. 2 liegen dagegen in 199 Wasserkörpern (40 % der Untersuchungsfläche) vor.

Bei der Interpretation der Bewertungsergebnisse zur Feinsedimenteintragsgefährdung ist folgendes zu beachten:

- die angegebenen Gefährdungsstufen geben den mittleren Wert des WK wieder. Somit können auch bei einer kleinen Stufe zumindest einzelne Ackerschläge lokal sehr hohe Feinsedimenteinträge verursachen.
- eine hohe Gefährdungsstufe ist nicht mit tatsächlich hohen Feinsedimenteinträgen bzw. einer hohen Feinsedimentbelastung im Gewässersystem gleichzusetzen. Inwieweit ein erosiver Feinsedimentabtrag überhaupt das Gewässersystem erreicht, hängt sehr stark von der Anbindung an das Gewässernetz ab; diese Anbindung kann auf dem erforderlichen Skalenniveau bei Betrachtung von ganz Süd-

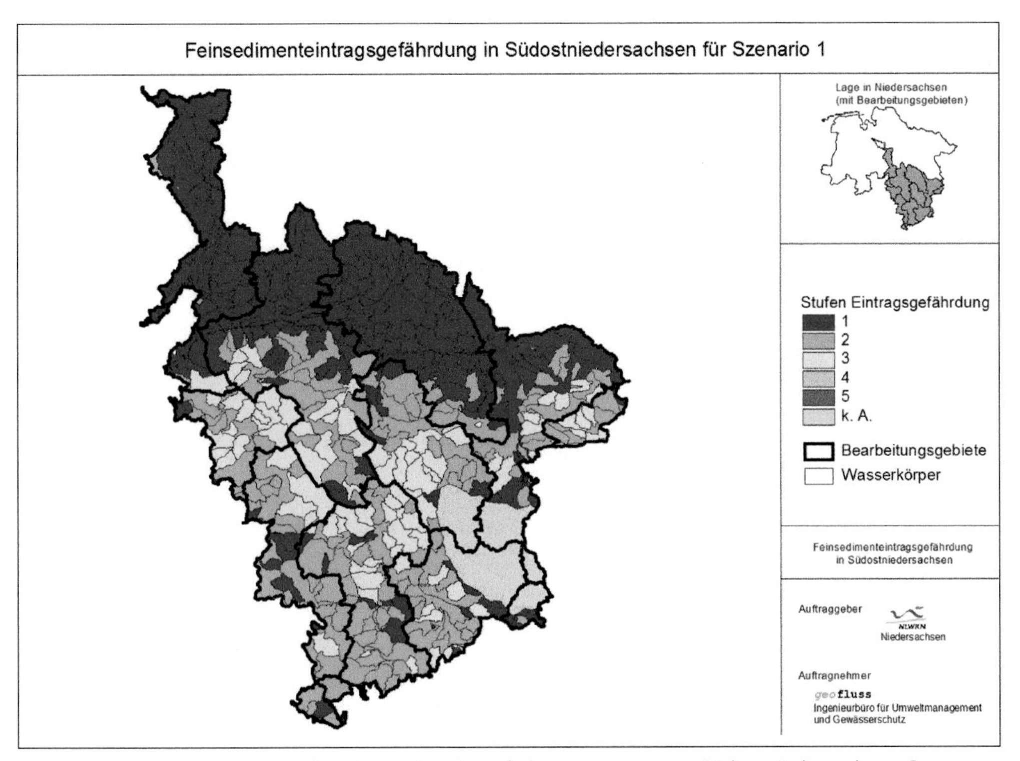

Bild 3: Feinsedimenteintragsgefährdung über den Pfad Wassererosion in Südostniedersachsen: Bewertung pro Wasserkörper bezogen auf die gesamte Fläche des Wassers. Ergebnis für Szenario 1

ostniedersachsen nur vereinfacht abgebildet werden. Darüber hinaus können lokale Gewässerschutzmaßnahmen wie z.B. Gewässerrand- oder -schutzstreifen, über die keine konkreten Informationen vorlagen, einen Eintrag unter Umständen effektiv mindern.

- da selbst das verwendete hochaufgelöste Gewässernetz nach ATKIS nicht alle Gräben beinhaltet, können (deutlich) mehr Ackerschläge eine Anbindung an die Gewässer aufweisen als hier erfasst werden konnten. Dadurch kann die Feinsedimenteintragsgefährdung in den betroffenen WK höher sein als hier ausgewiesen.
- mit dem verwendeten Berechnungsansatz, dem die ABAG zu Grunde liegt, können keine linienhaften Einträge z.B. über Rinnenerosion, die zumindest lokal von erheblicher Bedeutung für den Feinsedimenteintrag sind, abgebildet werden. Hierzu wäre eine hochaufgelöste Betrachtung erforderlich (Basis z.B. DGM 5, d.h. eine ganz andere Maßstabsebene als eine Betrachtung von Südostniedersachsen); dies konnte und sollte im Rahmen dieser Arbeit nicht geleistet werden.

4 Feinsedimenteintragsgefährdung nach Szenario 1 und Szenario 2

Bei den beiden Szenarien wurden die C-Faktoren derart variiert, dass näherungsweise die obere und untere Grenze und somit die Spannweite der zu erwartenden Feinsedimentgefährdungen unter dem Anbau gängiger Kulturarten widergespiegelt werden. **Bild 3** und **Bild 4** zeigen die entsprechenden Ergebnisse exemplarisch für die Bewertung der Feinsedimenteintragsgefährdung in Südostniedersachsen pro Wasserkörper bezogen auf die jeweiligen Gesamtflächen der WK. Sehr deutlich sind die erheblichen Unterschiede zwischen den beiden Szenarien zu erkennen. Nach Szenario 1 (gut bodendeckende Kulturart, also sehr geringer C-Faktor, Bild 3) geht die Feinsedimenteintragsgefährdung im Vergleich zum IST-Zustand in 2011 (Bild 1) beträchtlich zurück. Die Gefährdungsstufe 5 tritt gar nicht mehr und die Stufe 4 nur noch vereinzelt auf. Unter derartigen Anbaubedingungen ließe sich demnach die Feinsedimentbelastung insbesondere im Weser- und Leinebergland aber auch in Teilen der Börde erheblich vermindern. Dieses Ergebnis deutet auf eine hohe Effektivität geeigneter Maßnahmen zur Minderung von Feinsedimentbelastungen hin. Neben der hier berücksichtigten Maßnahme (gut bodendeckende Kulturart am Beispiel Wintergerste) können derartige Verminderungen auch durch weitere Maßnahmen wie z.B. Mulchsaat, konservierende Bodenbearbeitung, Zwischenfruchtanbau, (überjährige) Untersaaten oder ausreichend dimensionierte Randstreifen erreicht werden [6, 7]. Das bedeutet zudem, dass für die WK, in denen aktuell bereits großräumig entsprechende Maßnahmen durchgeführt wurden, auch (eher) die Ergebnisse von Szenario 1 als die des vorgestellten IST-Zustandes gelten.

Unter den Bedingungen von Szenario 2 (weniger gut bodendeckende Kulturart, also relativ hoher C-Faktor, Bild 4) nimmt dagegen die Feinsedimenteintragsgefährdung erwartungsgemäß im Vergleich zum IST-Zustand deutlich zu. Unter diesen Bedingungen wäre in einem Großteil des Weser- und Leineberglandes sowie in relevanten Anteilen der Börde von hohen bis sehr hohen, in einigen WK sogar von extrem hohen (neue Gefährdungsstufe 6) Feinsedimenteintragsgefährdungen auszugehen.

Auch für das zweite Bewertungskriterium (Feinsedimenteintragsgefährdung pro WK bezogen auf die Ackerfläche des WK) ergeben die Szenarien 1 und 2 prinzipiell die oben geschilderten Veränderungen der Gefährdungsstufen im Vergleich zu den Bedingungen in 2011.

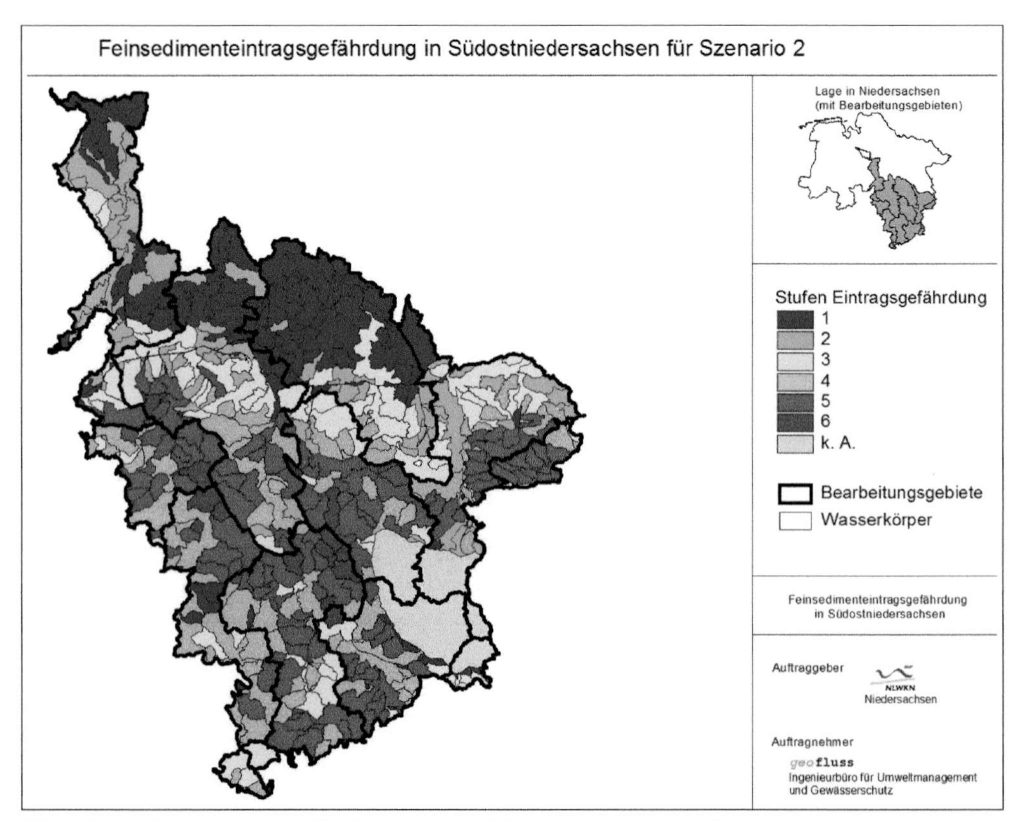

Bild 4: Feinsedimenteintragsgefährdung über den Pfad Wassererosion in Südostniedersachsen: Bewertung pro Wasserkörper bezogen auf die gesamte Fläche des Wasserkörpers. Ergebnis für Szenario 2

5 Zusammenfassung

Im Rahmen dieser Studie wurde die Feinsedimenteintragsgefährdung flächendeckend für Südostniedersachsen untersucht und auf Ebene der insgesamt 516 Wasserkörper bewertet. Betrachtet wurden dabei der Eintragspfad Erosion von Ackerflächen sowie ausschließlich die besonders feinen Bodenarten Schluff, Lehm und Ton, die in Südostniedersachsen weit verbreitet zu einer Beeinträchtigung der Fließgewässerbiozönosen – durch Trübung des Gewässers oder Verstopfung des Lückensystems der Gewässersohle – führen. Weiterhin wurde die Anbindung erosiver Ackerflächen an das Gewässersystem (vereinfacht) berücksichtigt, wodurch die Ackerflächen identifiziert werden konnten, von denen tatsächlich ein (relevanter) erosiver Bodeneintrag in die Gewässer zu erwarten ist. Dagegen wird den Ackerflächen, die auf Grund einer hohen Distanz zum nächsten Gewässer keine Gewässeranbindung haben, kein Feinsedimenteintrag zugewiesen.

Die Bewertung der Feinsedimenteintragsgefährdung erfolgte in Gefährdungsstufen, differenziert wurden dabei die Stufen 1 bis 5 (sehr geringe bis sehr hohe Feinsedimenteintragsgefährdung).

Für das Jahr 2011 (IST-Zustand) ergab die Bewertung der Feinsedimenteintragsgefährdung erwartungsgemäß eine sehr deutliche Differenzierung im Untersuchungsgebiet. Eine besonders hohe Feinsedimenteintragsgefährdung ist demnach im mittleren und nordwestlichen Bereich des Weser- und Leineberglandes sowie im südöstlichen Bereich der Börde festzustellen, im nördlichen Untersuchungsgebiet (weitgehend Naturraum Weser-Aller-Flachland) dominiert hingegen eine sehr geringe Feinsedimenteintragsgefährdung. Bezogen auf die Gesamtfläche der WK sind die höchsten Flächenanteile der Gefährdungsstufen 4 und 5 in den Bearbeitungsgebieten Großer Graben, Weser/Emmer, Leine/Ilme und Innerste zu verzeichnen. Weitere relevante Flächenanteile dieser hohen Gefährdungsstufen sind zudem den Bearbeitungsgebieten Weser/Nethe, Leine/Westaue (südliche Hälfte), Oker und Rhume zuzuordnen. Werden dagegen ausschließlich die Ackerflächen der WK bewertet, tritt die höchste Feinsedimenteintragsgefährdung besonders häufig im zentralen Bereich des Untersuchungsgebietes auf (LK Hameln-Pyrmont, südliche Hälfte vom LK Hildesheim, nordöstlicher Bereich vom LK Holzminden, nördlicher und westlicher Bereich des LK Northeim). Darüber hinaus sind relevante Anteile dieser Gefährdungsstufe 5 im südlichen Bereich des LK Schaumburg, im östlichen LK Goslar und im LK Helmstedt (Elmvorland) zu verzeichnen.

Die berechneten Szenarien, die näherungsweise die obere und untere Grenze und somit die Spannweite der zu erwartenden Feinsedimentgefährdungen unter dem Anbau gängiger Kulturarten widerspiegeln, zeigen deutlich, dass das Ausmaß der Feinsedimenteintragsgefährdung erheblich beeinflusst werden kann. Unter den Bedingungen von Szenario 1 (flächendeckend eine hohe Bodenbedeckung) ließen sich die Feinsedimenteinträge (insbesondere im Weser- und Leinebergland aber auch in Teilen der Börde) deutlich verringern. Dieses Szenario zeigt exemplarisch, dass geeignete Maßnahmen (hierzu zählen u.a. auch Mulchsaat und ausreichend dimensionierte Randstreifen) zur Verminderung von Feinsedimenteinträgen sehr erfolgsversprechend sind. Szenario 2 dagegen macht deutlich, dass sich bei bestimmten Entwicklungen (wie z. B. weiter zunehmenden Maisanbau auf erosiven Ackerflächen) die Feinsedimenteinträge im Vergleich zum IST-Zustand sogar noch relevant erhöhen können.

Abschließend lässt sich festhalten, dass ein guter ökologischer Zustand in den Gewässern in Südostniedersachsen in vielen Fällen nur zu erreichen sein wird, wenn in ihnen auch die Feinsedimentbelastung deutlich reduziert wird. Bei dem dargestellten Ausmaß der Feinsedimenteintragsgefährdung ergibt sich folglich ein großer Handlungsbedarf.

Literatur

[1] Ad-hoc-AG Boden (2005): Bodenkundliche Kartieranleitung. 5. Auflage, Bundesanstalt für Geowissenschaften und Rohstoffe, Hannover.

[2] geofluss (2011): Studie zur Sandbelastung der Fließgewässer in Niedersachsen. Erstellt im Auftrag des NLWKN Lüneburg.

[3] Schwertmann, U., Vogl, W. & Kainz, M. (1987): Bodenerosion durch Wasser. Vorhersage des Abtrags und Bewertung von Gegenmaßnahmen. 2. Aufl., Ulmer Verlag, Stuttgart.

[4] Schäfer, W., Sbresny, J. & Thiermann, A. (2010): Methodik zur Einteilung von landwirtschaftlichen Flächen nach dem Grad ihrer Erosionsgefährdung durch Wasser gemäß § 2 Abs. 1 der Direktzahlungen-Verpflichtungenverordnung in Niedersachsen. Landesamt für Bergbau, Energie und Geologie, Hannover.

[5] NLfB (2004): Auswertungsmethoden im Bodenschutz. Dokumentation zur Methodenbank des Niedersächsischen Bodeninformationssystems. Arbeitshefte Boden 2004/2. Hannover.

[6] VDLUFA (2001): Mögliche ökologische Folgen hoher Phosphatgehalte im Boden und Wege zu ihrer Verminderung. VDLUFA-Standpunkt, 10.12.2001.

[7] Landesumweltamt Nordrhein-Westfalen (2004): Maßnahmen zur Minderung von Bodenerosion und Stoffabtrag von Ackerflächen. Abschlussbericht des NRW-Verbundvorhabens "Boden- und Stoffabtrag von Ackerflächen – Ausmaß und Minderungsstrategien". Materialien zur Altlastensanierung und zum Bodenschutz, Band 19. Landesumweltamt Nordrhein-Westfalen, Essen.

Autoren

Dr.-Ing. Carsten Scheer
Dr.-Ing. Nikolai Panckow
geofluss, Ingenieurbüro für Umweltmanagement und Gewässerschutz
Zur Bettfedernfabrik 1
30451 Hannover
E-Mail: info@geofluss.de

Dr. Katharina Pinz
Niedersächsischer Landesbetrieb für Wasserwirtschaft, Küsten- und Naturschutz
Betriebsstelle Lüneburg, Geschäftsbereich III
Adolph-Kolping-Straße 6
21337 Lüneburg
E-Mail: Katharina.Pinz@nlwkn-lg.Niedersachsen.de

Markus Quirin, Martin Hoetmer und Thorsten Hartung

Wirkung des Niedersächsischen Kooperationsmodells zum Trinkwasserschutz

Ein Schwerpunkt des vorsorgenden Trinkwasserschutzes in Niedersachsen ist die Verringerung der Nitrateinträge in das Grundwasser. Mit dem Niedersächsischen Kooperationsmodell werden diese Einträge vermindert.

In den Trinkwassergewinnungsgebieten des Niedersächsischen Kooperationsmodells werden den dort wirtschaftenden Landwirten seit 1992 sogenannte Freiwillige Vereinbarungen und eine Wasserschutzzusatzberatung angeboten. Ziel dieser Gewässerschutzmaßnahmen ist die Sicherung der Grundwasserqualität, damit die Versorgung der Bevölkerung mit qualitativ hochwertigem Trinkwasser dauerhaft erhalten bleibt. Dabei liegt der Schwerpunkt der Aktivitäten in der Verminderung der Nitrateinträge in das Grundwasser. Interessenkonflikte zwischen dem Schutz des Grundwassers und der Landbewirtschaftung sollen durch eine vertrauensvolle Zusammenarbeit von Wasserversorgungsunternehmen und Landbewirtschaftern thematisiert und gelöst werden. Koordiniert werden die Aktivitäten des Kooperationsmodells vom Niedersächsischen Landesbetrieb für Wasserwirtschaft, Küsten- und Naturschutz (NLWKN).

Im Jahr 2014 umfasste das Niedersächsische Kooperationsmodell 377 Trinkwassergewinnungsgebiete mit einer landwirtschaftlich genutzten Fläche von rund 298.000 ha, was ca. 11 % der landwirtschaftlich genutzten Fläche Niedersachsens entsprach (**Bild 1**).

Die Ausgaben für freiwillige Vereinbarungen beliefen sich im Jahr 2014 auf rund 11,5 Mio. Euro sowie ca. 6 Mio. Euro für die Wasserschutzzusatzberatung. Davon stammten 14,5 Mio. Euro aus der Wasserentnahmegebühr und 3 Mio. Euro von der Europäischen Union.

Die Wirksamkeit und Effizienz der Gewässerschutzmaßnahmen wird durch den NLWKN kontinuierlich überprüft. Hierzu werden jährlich Einzeldaten aus den Trinkwassergewinnungsgebieten abgefragt, landesweit ausgewertet und in entsprechenden Berichten dargestellt [1, 2].

1 Nitratbelastung des Grund- und Rohwassers in den Trinkwassergewinnungsgebieten des Niedersächsischen Kooperationsmodells

In den Trinkwassergewinnungsgebieten des Niedersächsischen Kooperationsmodells unterscheiden sich die Nitratgehalte im Grundwasser, sehr deutlich von den Nitratgehalten im geförderten Rohwasser. So lag der mittlere Nitratgehalt der 1.415 Erfolgskontrollmessstellen des Niedersächsischen Kooperationsmodells im Jahr 2014 bei 40,9 mg/l. Die Qualitätsnorm für die Nitratkonzentration im Grundwasser, die gemäß Grundwasserrichtlinie auf 50 mg/l festgelegt wurde [3], wurde im Jahr 2014 in 38 % der kleiner 10 m unter Grundwasseroberfläche (GWOF) verfilterten Erfolgskontrollmessstellen überschritten (**Bild 2**). Diese sehr flachen Erfolgskontrollmessstellen ermöglichen die Güteüberwachung des jungen, neu gebildeten Grundwassers. Mit zunehmender Filtertiefe ging die Nitratbelastung des Grundwassers zurück, was an dem zurückgehenden Anteil an Messstellen mit Nitratgehalten über 50 mg/l deutlich wird. Dieser Anteil lag bei den 10 bis 30 m unter GWOF verfilterten Messstellen bei 28 % und bei den über 30 m unter GWOF verfilterten Messstellen bei 11 % (Bild 2). Im Gegensatz zu dem hohen mittleren Nitratgehalt im Grundwasser und dem hohen Anteil an Grundwassermessstellen mit Nitratgehalten über 50 mg/l, lag die fördermengengewichtete Nitratkonzentration des Rohwassers im Jahr 2014 in Niedersachsen bei 5,2 mg/l und nur 1,4 % der Förderbrunnen bzw. nur 0,4% des landesweit geförderten Rohwassers wies einen

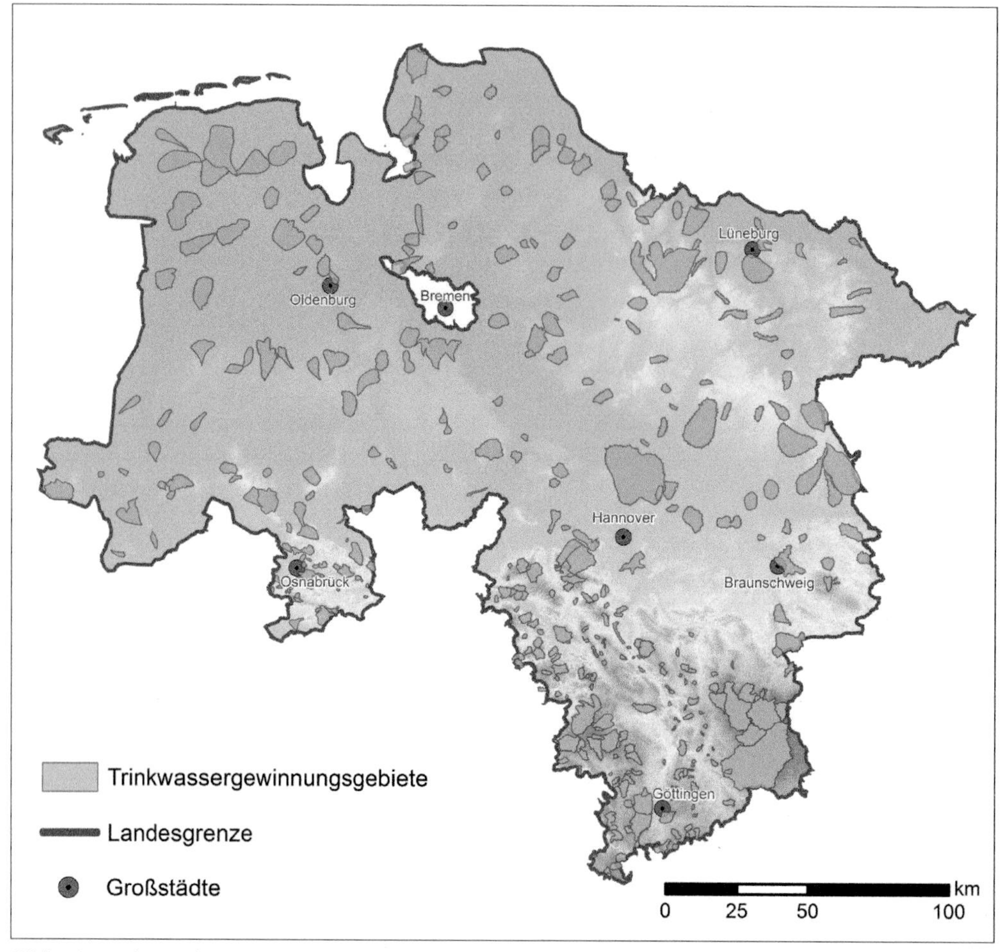

Bild 1: Lage der Trinkwassergewinnungsgebiete des Niedersächsischen Kooperationsmodells im Jahr 2014 (Quelle: Markus Quirin)

Nitratgehalt von über 50 mg/l auf (Bild 2). Aber auch in diesen Fällen wurde der Grenzwert von 50 mg/l der Trinkwasserverordnung (2001) in dem an die Bevölkerung abgegebenen Trinkwasser eingehalten, indem das mit Nitrat belastete Rohwasser mit unbelastetem Rohwasser gemischt wurde. Die geringe Nitratkonzentration im Rohwasser, im Vergleich zu der hohen Nitratbelastung im Grundwasser, ging vor allem auf die Denitrifikation, einem endlichen Nitratabbauprozess im Grundwasserleiter, sowie auf die großen Fördertiefen zurück.

2 Erfolgskontrolle im Rahmen des Kooperationsmodells

Die Grundwasserschutzmaßnahmen (Freiwillige Vereinbarungen und Wasserschutzzusatzberatung) zielen vor allem auf eine Verringerung der Nitratbelastung im Grund- und Rohwasser ab. In den Grundwassermessstellen und den Förderbrunnen ist der Rückgang der Nitratgehalte in Abhängigkeit vom Flurabstand, der Durchlässigkeit der Bodenschichten und des Grundwasserleiters sowie der Fließgeschwindigkeit jedoch erst mit entsprechender Zeitverzögerung zu erwarten. Damit die Wirksamkeit der Grundwasserschutzmaßnahmen auch frühzeitig erkannt und bewertet werden kann, werden weitere Methoden der Erfolgskontrolle eingesetzt. Ein Erfolgsparameter, der die Wirksamkeit der Grundwasserschutzmaßnahmen auf der Ebene eines landwirtschaftlichen Betriebes direkt nach Ablauf des Wirtschaftsjahres anzeigt, ist der Stickstoff-Hoftorbilanzsaldo.

Die Stickstoff-Hoftorbilanzsalden der Trinkwassergewinnungsgebiete und die Nitratgehalte im Grundwasser werden in ihrer zeitlichen Entwicklung und im Vergleich zu Referenzbetrieben bzw. Referenzmessstellen, die sich außerhalb der Trinkwassergewinnungsgebiete wirtschaften befinden, dargestellt. Hierbei ist zu berücksichtigen, dass die Nitratgehalte, die aktuell in den Erfolgskontrollmessstellen gemessen werden, Ausdruck der Bewirtschaftung und der Grundwasserschutzmaßnahmen der vergangenen Jahre sind.

2.1 Stickstoff-Hoftorbilanzsalden

Bei einer Stickstoff-Hoftorbilanz wird die Stickstoffmenge, die den landwirtschaftlichen Betrieb über pflanzliche und tierische Produkte verlässt, von der Stickstoffmenge subtrahiert, die dem Betrieb in Form von Handelsdüngern, Futtermitteln, dem Import von Wirtschaftsdüngern u. ä. zugeführt wird. Von dem so ermittelten Hoftorbilanzsaldo werden in der Netto-Stickstoff-Hoftorbilanz, zusätzlich gasförmige Stall-, Lagerungs- und Ausbringungsverluste von Wirtschaftsdüngern in Abzug gebracht. Durch den Abzug der gasförmigen Stickstoffverluste in die Atmosphäre ermöglicht die Netto-Hoftorbilanz eine Abschätzung der potenziellen Stickstoffeinträge in die Hydrosphäre. Daher beziehen sich die nachfolgenden Ausführungen zur Beurteilung der Wirksamkeit von Grundwasserschutzmaßnahmen ausschließlich auf die Netto-Stickstoff-Hoftorbilanz.

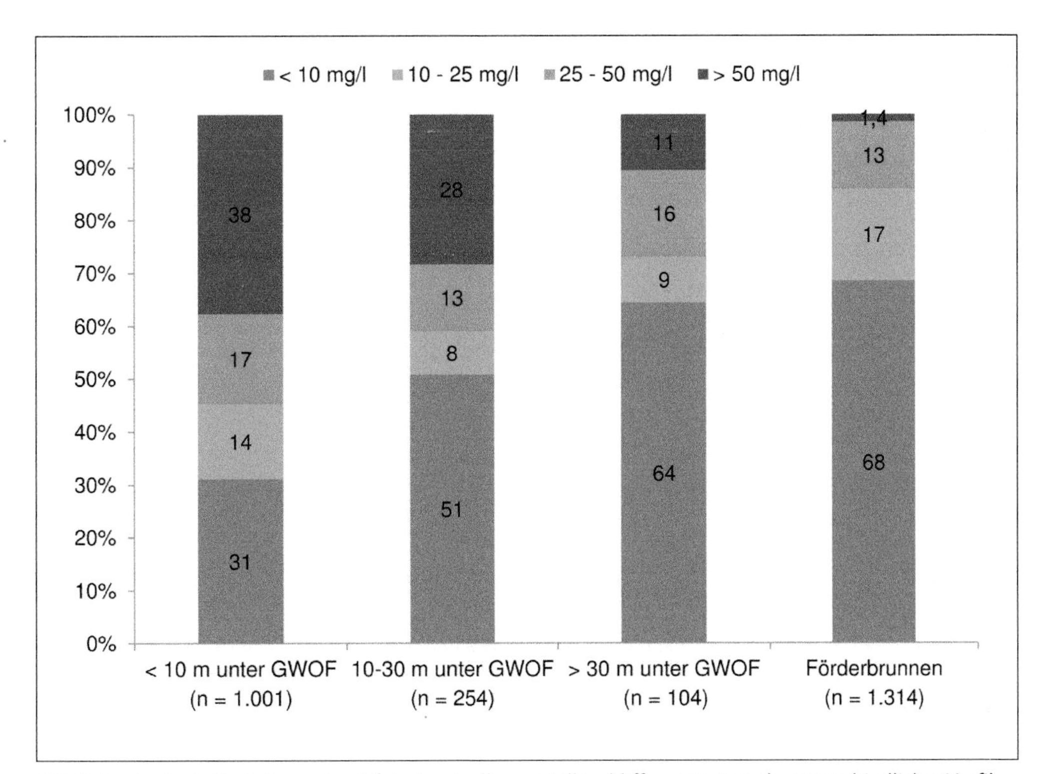

Bild 2: Prozentuale Verteilung der Erfolgskontrollmessstellen (differenziert nach unterschiedlicher Verfilterungstiefe) sowie der Förderbrunnen in den Trinkwassergewinnungsgebieten des Niedersächsischen Kooperationsmodells im Jahr 2014 auf 4 Klassen unterschiedlicher Nitratgehalte (Quelle: Markus Quirin)

In den Trinkwassergewinnungsgebieten des Niedersächsischen Kooperationsmodells lag der Anteil an Hoftorbilanzen, mit einer nahezu lückenlosen Datenreihe zwischen 1998 und 2013, landesweit bei ca. 50 % der landwirtschaftlich genutzten Fläche. Für die Trinkwassergewinnungsgebiete Nordwest Niedersachsens liegen bisher keine Hoftorbilanzen vor. In den landesweiten Mittelwerten werden diese Gebiete dennoch berücksichtigt, indem die Mittelwertbildung flächengewichtet anhand der Werte der einzelnen Wirtschaftsdüngerklassen erfolgt [2].

Der Hoftorbilanzsaldo nahm in den Trinkwassergewinnungsgebieten des Niedersächsischen Kooperationsmodells zwischen 1998 und 2013 um 29 kg N/ha von 95 kg N/ha auf 66 kg N/ha ab. Eine wesentliche Bilanzgröße der Stickstoff-Hoftorbilanz stellt der Zukauf an mineralischem Stickstoffdünger dar. Diesen zu reduzieren und damit den eingesetzten Wirtschaftsdünger besser anzurechnen ist bei gleichbleibendem Wirtschaftsdüngeranfall eines der Hauptziele der Wasserschutzberatung. Zwischen 1998 und 2013 ging der N-Mineraldüngerzukauf in den Trinkwassergewinnungsgebieten landesweit um 23 kg N/ha von 139 auf 114 kg N/ha zurück (**Bild 3**).

Zur Bewertung von Grundwasserschutzmaßnahmen sind nicht nur die Entwicklung der Hoftorbilanzsalden und des Mineraldüngerzukaufs in den Trinkwassergewinnungsgebieten von Interesse, sondern auch die Entwicklung außerhalb der Trinkwassergewinnungsgebiete. Hier wurde eigens ein Modell- und Pilotprojekt durchgeführt, das die Ermittlung dieser Referenzwerte zum Ziel hatte [5]. Aufgrund unterschiedlicher Faktoren, die die Hoftorbilanzsalden beeinflussen, wie z. B. Standortfaktoren, Bewirtschaftung, Beteiligung der Betriebe am Projekt, sind die Hoftorbilanzsalden der Referenzbetriebe nicht direkt mit den Hoftorbilanzsalden in den Trinkwassergewinnungsgebieten vergleichbar. Aus diesem Grund wurde in **Bild 4** die prozentuale Entwicklung der Hoftorbilanzsalden in Bezug zum Ausgangswert aus dem Jahr 1998 (= 100 %) dargestellt. Dieser Vergleich zeigt, dass die Stickstoffüberschüsse in den Trinkwassergewinnungsgebieten des Niedersächsischen Ko-

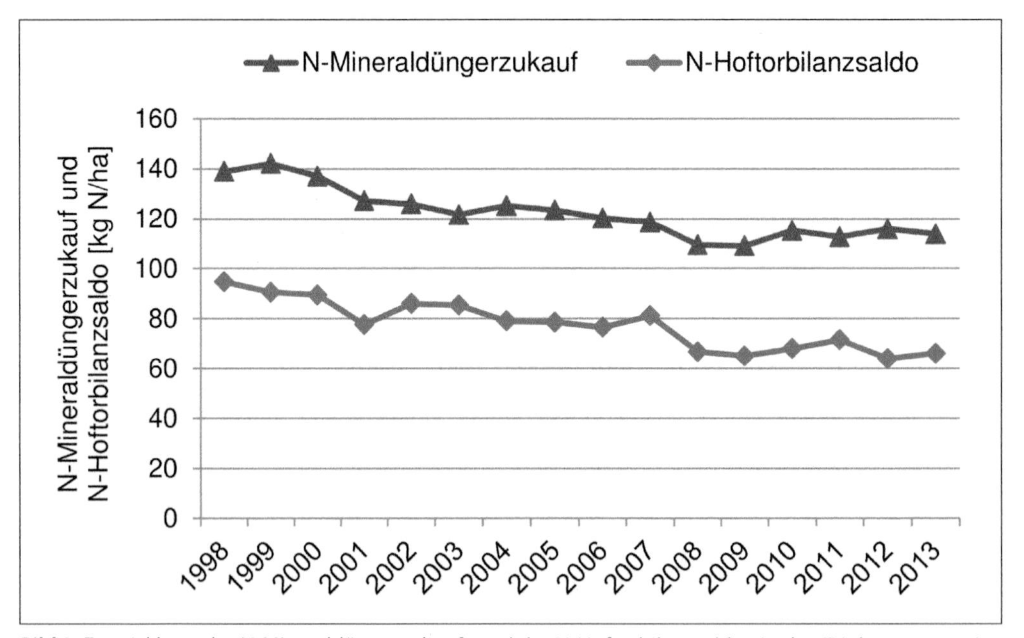

Bild 3: Entwicklung des N-Mineraldüngerzukaufs und der N-Hoftorbilanzsalden in den Trinkwassergewinnungsgebieten des Niedersächsischen Kooperationsmodells zwischen 1998 und 2013 (Quelle: Markus Quirin)

operationsmodells zwischen 1998 und 2012 um etwa ein Drittel zurückgingen, während in den Referenzbetrieben kein Rückgang zu verzeichnen war. In den Referenzbetrieben variierten die Hoftorbilanzsalden zwischen ca. 80 und 120 % und im Jahr 2012 erreichten sie mit 96 % nahezu wieder den Ausgangswert von 1998 (Bild 4).

Auch der mineralische Stickstoffdüngerzukauf war in den Referenzbetrieben zwischen 1998 und 2012 nicht rückläufig, während er in den Trinkwassergewinnungsgebieten im gleichen Zeitraum um 32 % zurückging [4]. Die positive Entwicklung der Stickstoffüberschüsse und des Einsatzes an stickstoffhaltigem Mineraldünger in den Beratungsgebieten, im Vergleich zur Stagnation außerhalb der Beratungsgebiete, sind ein Indiz für den Erfolg der intensiven Beratung und der umgesetzten flächenbezogenen Grundwasserschutzmaßnahmen innerhalb der Beratungsgebiete.

2.2 Erfolgskontrolle im Grundwasser

Zur Erfolgskontrolle im Grundwasser wurden 412 Erfolgskontrollmessstellen von insgesamt 1.415 Erfolgskontrollmessstellen herangezogen. Für diese 412 Erfolgskontrollmessstellen liegen überwiegend vollständige Datenreihen der Nitratgehalte für die Jahre 2000 bis 2014 vor, und die Nitratgehalte dieser Messstellen liegen im Mittel über 5 mg/l.

Ähnlich den Hoftorbilanzsalden, bei denen die Entwicklung in den Trinkwassergewinnungsgebieten mit der Entwicklung außerhalb der Trinkwassergewinnungsgebiete verglichen wurden, wurden den Erfolgskontrollmessstellen innerhalb der Trinkwassergewinnungsgebiete sogenannte Referenzmessstellen gegenübergestellt, die außerhalb der Trinkwassergewinnungsgebiete liegen. Auch dieser Vergleich erfolgt relativ zueinander (Nitratgehalt im Jahr 2000 = 100 %), da die Nitratgehalte der Erfolgskontrollmessstellen aufgrund von Unterschieden bzgl. der Verfilterungstiefe oder des Nitratabbaus durch Denitrifikation, evtl. nicht direkt mit den Nitratgehalten der Referenzmessstellen vergleichbar sind. Analog zu den Erfolgskontrollmessstellen, weisen die Referenzmessstellen überwiegend vollständige Datenreihen der Nitratgehalte für die Jahre

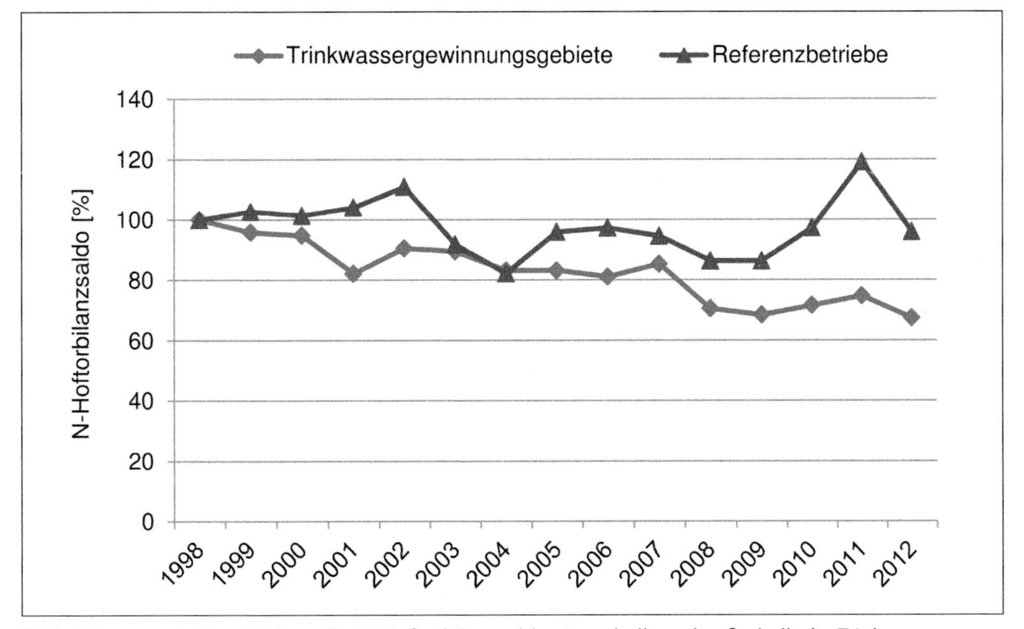

Bild 4: Prozentuale Entwicklung der N-Hoftorbilanzsalden innerhalb und außerhalb der Trinkwassergewinnungsgebiete des Niedersächsischen Kooperationsmodells zwischen 1998 und 2012 (N-Hoftorbilanzsaldo im Jahr 1998 = 100 %) (Quelle: [4])

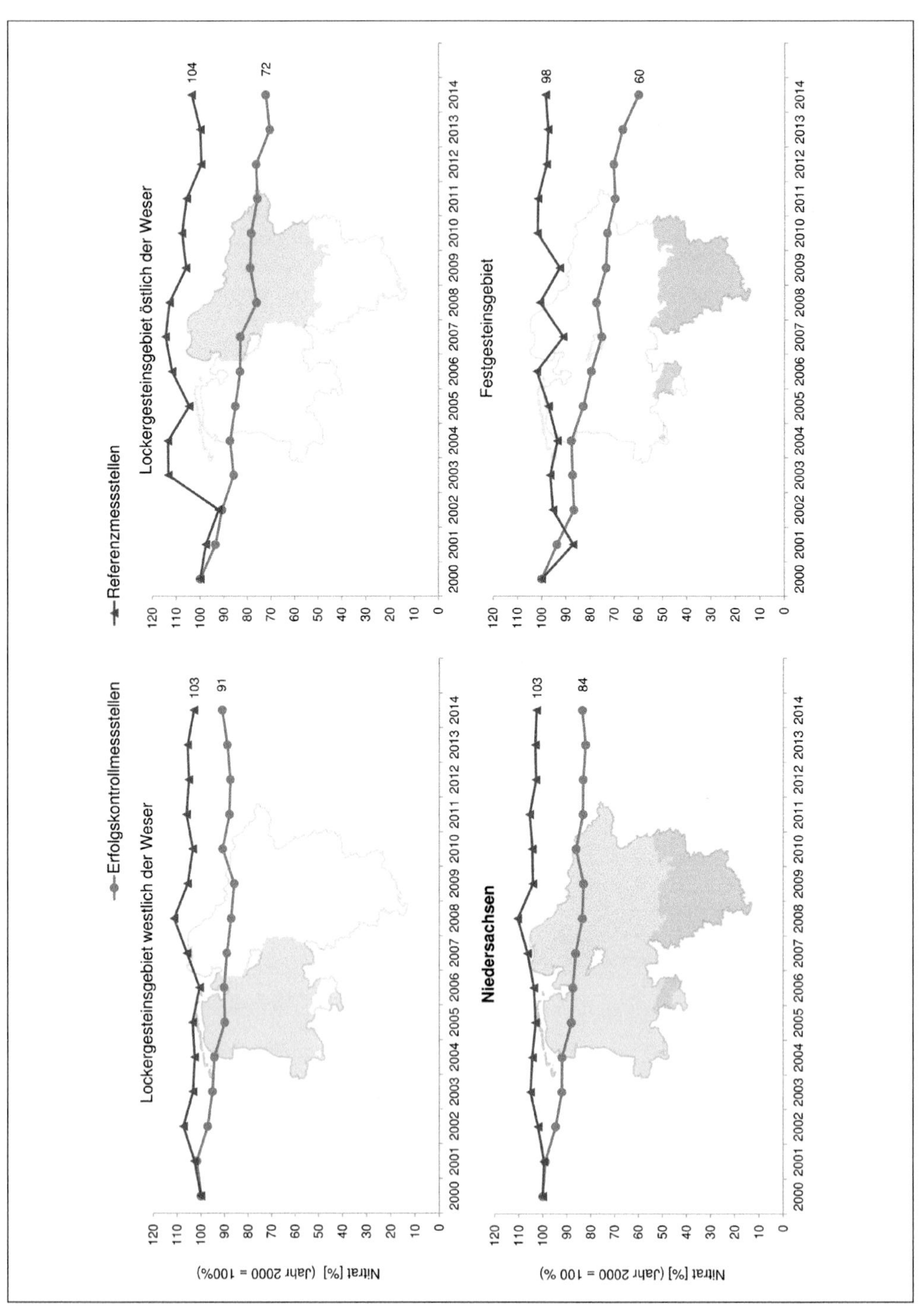

Bild 5: Prozentuale Entwicklung der Nitratgehalte von Erfolgskontrollmessstellen innerhalb und von Referenzmessstellen außerhalb der Trinkwassergewinnungsgebiete des Niedersächsischen Kooperationsmodells zwischen 2000 und 2014 (Messstellen mit Nitratgehalten > 5 mg/l; Nitratgehalt im Jahr 2000 = 100 %; 412 Erfolgskontroll- und 170 Referenzmessstellen) (Quelle: Markus Quirin)

2000 bis 2014 auf und die Nitratgehalte liegen im Mittel über 5 mg/l. Damit die Referenzmessstellen nicht durch die Einflüsse der Trinkwassergewinnungsgebiete beeinträchtigt werden, sind sie mindestens 100 m von der Außengrenze der Trinkwassergewinnungsgebiete entfernt. Damit sich die Referenzmessstellen nicht in Regionen befinden, in denen keine Erfolgskontrollmessstellen vorkommen, sind sie maximal 30 km von der nächsten Erfolgskontrollmessstelle entfernt.

Die Nitratgehalte der Erfolgskontrollmessstellen mit einer Nitratkonzentration von über 5 mg/l waren in den Trinkwassergewinnungsgebieten des Niedersächsischen Kooperationsmodells landesweit zwischen 2000 und 2014 um 16 % rückläufig. Dieser Rückgang vollzog sich vor allem im Zeitraum 2000 bis 2008, während sich die Nitratgehalte seit dem kaum veränderten. Auch in allen drei Großräumen Niedersachsens (Großräume sind in Bild 5 farbig hinterlegt) war die Nitratkonzentration zwischen 2000 und 2014 insgesamt rückläufig, wenn auch auf unterschiedlichem Niveau. So gingen die Nitratgehalte im Festgesteinsgebiet zwischen 2000 und 2014 um 40 % zurück, während sie im Lockergesteinsgebiet westlich der Weser lediglich um 9 % zurückgegangen sind. Im Vergleich zu dem Rückgang der Nitratgehalte innerhalb der Trinkwassergewinnungsgebiete, veränderten sich die Nitratgehalte in den Referenzmessstellen außerhalb der Trinkwassergewinnungsgebiete zwischen 2000 und 2014 kaum, weder landesweit noch in den einzelnen Großräumen. So lagen die Nitratgehalte der Referenzmessstellen im Jahr 2014 in den einzelnen Großräumen etwa bei 100 % vom Ausgangswert aus dem Jahr 2000 (**Bild 5**).

Der Rückgang der Nitratgehalte in den Trinkwassergewinnungsgebieten bei gleichbleibenden Nitratgehalten außerhalb der Trinkwassergewinnungsgebiete ist auf die Arbeit im Rahmen des Kooperationsmodells zurückzuführen.

Die Betrachtung des Trendverhaltens der 412 Erfolgskontrollmessstellen in den Trinkwassergewinnungsgebieten des Niedersächsischen Kooperationsmodells mit mittleren Nitratgehalten über 5 mg/l ergab, dass der größte Anteil der Messstellen zwischen 2009 und 2014 landesweit keinen signifikanten Trend aufwies (55 %, **Tabelle** 1). Entsprechend der geringen Veränderung der mittleren Nitratgehalte seit 2008 (Bild 5), lag der Anteil an Erfolgskontrollmessstellen mit signifikant fallendem Trend (25 %) zwischen 2009 und 2014 in der gleichen Größenordnung, wie der Anteil an Erfolgskontrollmessstellen mit signifikant steigendem Trend (21 %). Besonders im Fokus stehen die Messstellen mit Nitratgehalten über 50 mg/l.

Tab. 1 | Anteil an Erfolgskontrollmessstellen in den Trinkwassergewinnungsgebieten des Niedersächsischen Kooperationsmodells mit signifikant fallenden, signifikant steigenden sowie gleichbleibenden Nitratgehalten zwischen 2009 und 2014 (Messstellen mit Nitratgehalten > 5 mg/l; n = 412)

Land/Großraum	signifikant fallend [%]	signifikant steigend [%]	ohne sig. Veränderung [%]
Niedersachsen	**25**	**21**	**55**
davon mit Nitratgehalten > 50 mg/l	**11**	**13**	**26**
Lockergestein westlich der Weser	22	28	50
davon mit Nitratgehalten > 50 mg/l	14	19	28
Lockergestein östlich der Weser	22	10	68
davon mit Nitratgehalten > 50 mg/l	8	5	28
Festgestein	44	8	48
davon mit Nitratgehalten > 50 mg/l	6	4	6

Quelle: Markus Quirin

Von diesen Messstellen wiesen mehr Erfolgskontrollmessstellen einen signifikant steigenden Trend (13 %) als einen signifikant fallenden Trend auf (11 %). Regional unterscheidet sich das Trendverhalten der Nitratkonzentration deutlich. So lag der Anteil an Erfolgskontrollmessstellen mit signifikant steigendem Trend im Lockergesteinsgebiet westlich der Weser mit 28 % deutlich höher als im Lockergesteinsgebiet östlich der Weser (10 %) und im Festgesteinsgebiet (8 %) (**Tabelle 1**).

Die hier vorgenommene Trendanalyse erfolgte nach Artikel 5 und Anhang IV der Grundwasser-Tochterrichtlinie, die in einem NLWKN-Leitfaden umgesetzt wurde [5].

3 Fazit und Ausblick

Den Grundwasserschutzmaßnahmen des Kooperationsmodells stehen in Niedersachsen Entwicklungen gegenüber, die zusätzliche Nitrateinträge in das Grundwasser zur Folge haben und somit der erzielten Stickstoffminderung des Kooperationsmodells entgegenwirken. Zu nennen sind hier der zu hohe Wirtschafts- und Mineraldüngereinsatz, die Abnahme des Grünland- und Bracheanteils sowie der hohe Maisanteil und das hohe Aufkommen an Gärresten infolge des Betriebes von Biogasanlagen. Die Nitratgehalte im Grundwasser werden zusätzlich noch durch die Fließzeiten sowie den Nitratabbau durch die Denitrifikation beeinflusst. Das Zusammenspiel aller genannten Faktoren führte in den Trinkwassergewinnungsgebieten des Niedersächsischen Kooperationsmodells zwischen 1998 und 2012 im Mittel zu einem Rückgang der Stickstoff-Hoftorbilanzen (Bild 3) und zwischen 2000 und 2014 zu einem Rückgang der mittleren Nitratkonzentration im Grundwasser (Bild 5), während die Hoftorbilanzsalden und die Nitratgehalte im Grundwasser außerhalb der Trinkwassergewinnungsgebiete in diesen Zeiträumen nicht zurückgegangen sind (Bilder 4 und 5). Dies ist Ausdruck dafür, dass die positiven Wirkungen der Maßnahmen des Kooperationsmodells in den Trinkwassergewinnungsgebieten überwogen haben und spricht für seinen Erfolg. Dabei fielen die Erfolge der Wasserschutzzusatzberatung und der Freiwilligen Vereinbarungen in den einzelnen Kooperationen unterschiedlich aus.

Die Notwendigkeit zum vorsorgenden Trinkwasserschutz in den Trinkwassergewinnungsgebieten auch zukünftig Maßnahmen gegen Nitrateinträge in das Grundwasser umzusetzen, besteht jedoch weiterhin. Einerseits vor dem Hintergrund der genannten Faktoren, die den Erfolgen des Kooperationsmodells entgegenstehen und zum anderen aufgrund der hohen Nitratbelastung im Grundwasser. So wiesen im Jahr 2014 ca. 38 % der < 10 m unter Grundwasseroberfläche verfilterten Erfolgskontrollmessstellen eine Nitratkonzentration von über 50 mg/l auf (Bild 2) und die Nitratgehalte wiesen in 21 % der Erfolgskontrollmessstellen mit mittleren Nitratgehalten über 5 mg/l zwischen 2009 und 2014 einen signifikant steigenden Trend auf (**Tabelle** 1).

Kooperation und Freiwilligkeit bei der Maßnahmenumsetzung haben in Niedersachsen eine lange Tradition. Die strikte Umsetzung und Kontrolle der örtlichen Wasserschutzgebietsverordnungen, der landesweiten Schutzgebietsverordnung und des landwirtschaftlichen Fachrechtes sowie die jeweilige Sanktionierung bei Verstößen sind jedoch die Basis für einen erfolgreichen Grund- und Trinkwasserschutz. Nur wenn die Schutzgebietsverordnungen und das landwirtschaftliche Fachrecht eingehalten werden, können die ergänzenden Maßnahmen des Kooperationsmodells sinnvoll darauf aufgesattelt werden.

Literatur

[1] NLWKN (2011): Trinkwasserschutzkooperationen in Niedersachsen. Grundlagen des Kooperationsmodells und Darstellung der Ergebnisse. Grundwasser Band 13. Norden

[2] NLWKN (2015a): Trinkwasserschutzkooperationen in Niedersachsen. Grundlagen des Kooperationsmodells und Darstellung der Ergebnisse. Grundwasser Band 19. Norden

[3] EG (2006): GWRL 2006 /118/EG zum Schutz des Grundwassers vor Verschmutzung und Verschlechterung vom 12.12.2006, zuletzt geändert am 20.06.2014

[4] NLWKN (2015b): Erfolgskontrolle von Grundwasserschutzmaßnahmen mit Hoftorbilanzsalden eines Referenzbetriebsnetzes außerhalb der Trinkwassergewinnungsgebiete und der WRRL-Beratungskulisse. Grundwasser Band 25. Norden

[5] NLWKN (2009): Leitfaden für die Bewertung des chemischen Zustands der Grundwasserkörper in Niedersachsen und Bremen nach EG-Wasserrahmenrichtlinie (WRRL). Aurich

Autoren

Dr. Markus Quirin
Martin Hoetmer
Thorsten Hartung
Niedersächsischer Landesbetrieb für Wasserwirtschaft, Küsten- und Naturschutz (NLWKN),
Betriebsstelle Süd
Alva-Myrdal-Weg 2
37085 Göttingen
E-Mail: markus.quirin@nlwkn-goe.niedersachsen.de

Bertram Kuch, Claudia Lange und Heidrun Steinmetz

Verhalten organischer Mikroverunreinigungen in einem kleinen urban überprägten Gewässer

Umfassende Untersuchungen an einem urban überprägten Fließgewässer zeigen, dass auf Grund der starken zeitlichen und räumlichen Konzentrationsschwankungen die Berechnung von Jahresdurchschnittswerten und die Auswahl repräsentativer Messstellen auf Basis nur vereinzelter Messungen an wenigen Gewässerabschnitten mit großen Unsicherheiten behaftet sind.

1 Einleitung

In der aquatischen Umwelt werden – nicht zuletzt auch wegen der immer empfindlicher werdenden instrumentellen Analytik – immer mehr anthropogene organische Mikroverunreinigungen nachgewiesen. Das Spektrum dieser Substanzen reicht von pharmazeutischen Wirkstoffen über Weichmacher und Flammschutzmittel bis hin zu synthetischen Duftstoffen, Korrosionsschutzmitteln, Süßstoffen und Pestiziden. Toxikologische und ökotoxikologische Aspekte der einzelnen Substanzen und ihre Effekte bei den in der Umwelt vorkommenden Konzentrationsbereichen sind nur in den wenigsten Fällen bekannt. Dies gilt umso mehr für mögliche chronische Effekte oder die Wirkungen des Gesamtcocktails. Dennoch werden aus Vorsorgegründen Maßnahmen zur Verringerung des Umwelteintrags angestrebt und umgesetzt.

Eine Verringerung des Stoffeintrags in die Umwelt kann prinzipiell über die Quellenvermeidung (Verbot oder Ersatz von Substanzen), dezentrale Ansätze (z.B. separate Behandlung von Krankenhausabwässern) und end of pipe-Ansätze (z.B. Einsatz weitergehender Abwasserreinigungstechnologien in kommunalen Kläranlagen) erfolgen. Die Kenntnis von Eintragsarten, Eintragsmengen, Transport- und Umweltverhalten ist allerdings eine Grundvoraussetzung für die Einleitung zielgerichteter und – auch in ökonomischer Hinsicht – effektiver Maßnahmen zur weitergehenden Elimination organischer Mikroverunreinigungen.

Auf Grund ihrer unterschiedlichen Anwendungsbereiche und Anwendungsarten gelangen die Substanzen über verschiedene Eintragspfade in die Umwelt. Die individuellen chemisch-physikalischen Eigenschaften der Substanzen sind dafür verantwortlich, ob sie in partikelgebundener Form oder ausschließlich in Wasser gelöst transportiert werden. Dieses unterschiedliche Transportverhalten entscheidet letztendlich über den Verbleib der Substanzen und die Ansätze zu ihrer Elimination. Ebenso von Bedeutung ist, ob die Mikroverunreinigungen persistent oder biologisch abbaubar sind oder auf Grund des kontinuierlichen Eintrags in die Umwelt trotz ihrer Abbaubarkeit als quasi-persistent zu bezeichnen sind.

Bezüglich der Ertüchtigung kommunaler Kläranlagen, die in diesem Falle als Punktquellen für abwasserbürtige organische Mikroverunreinigungen wie z.B. pharmazeutische Wirkstoffe zu definieren sind, entscheidet das über die chemisch-physikalischen Eigenschaften der Substanzen festgelegte Verhalten darüber, ob eine Elimination durch Verbesserung der Partikelabtrennung oder – bei wassergelösten und wenig abbaubaren Verbindungen – weitergehende Maßnahmen wie z.B. der Einsatz von Pulveraktivkohle oder von Ozon notwendig werden. Als problematisch erweist sich die Erfassung und Behandlung von Stoffen unterschiedlicher Eintragspfade in die aquatische Umwelt.

Als Extremfall zählen hier die diffusen Einträge persistierender Mikroverunreinigungen wie z.B. polycyclische aromatische Kohlenwasserstoffe (PAK), die bei unvollständigen Verbrennungsprozessen gebildet werden und in partikelgebundener Form transportiert werden. Für diese gesetzlich regulierten Verbindungen – Vertreter sind in der Liste der prioritären Stoffe der EU-Wasserrahmenrichtlinie aufgeführt und mit Umweltqualitätsnormen belegt [1] – können für Oberflächengewässer (teil)-effektive Maßnahmen nur an Entlastungsbauwerken ansetzen, die bei Mischwasserentlastungen eine wesentliche Quelle für diese Substanzen darstellen. Der Eintrag in Oberflächengewässer über gereinigte kommunale Abwässer ist für PAK von untergeordneter Bedeutung. Landwirtschaftlich eingesetzte Pestizide wiederum sind anwendungsbedingt einer anderen Transportebene zuzuordnen und stellen auf Grund der teilweise extremen Saisonalität ihres Auftretens andere Anforderungen für eine gezielte Reduktion ihres Umwelteintrags.

Grundlage für die Bewertung einer Belastungssituation mit organischen Mikroverunreinigungen sind vorhandene Messdaten. Bislang werden Mikroverunreinigungen meist nur sporadisch im Rahmen von bestenfalls wenigen Stichproben pro Jahr und nur an wenigen Gewässerstellen untersucht und daraus Aussagen zur Belastung des Gewässers abgeleitet. Gemäß Oberflächengewässerverordnung [2] sind für zahlreiche Substanzen Jahresmittelwerte einzuhalten. Daher ist die Monitoringstrategie (Probennahmeorte, Art der Probennahme, Probennahmeintervalle) bedeutsam für die aus Messergebnissen ableitbare Aussage und die Bewertung von Eintragspfaden.

Im Folgenden werden anhand von Untersuchungen an einem kleinen urban überprägten Gewässer (Körsch) das Vorkommen von organischen Mikroverunreinigungen sowie ihre zeitlichen und örtlichen Konzentrationsschwankungen dargestellt, da bei diesen Gewässern mit größeren saisonalen Effekten und starken Einflüssen der Wasserführung zu rechnen ist.

Es wird aufgezeigt, in wie weit sich aus Messreihen Aussagen über den Eintragspfad ableiten lassen. Eine der Herausforderungen für Beurteilungskonzepte sind saisonale Konzentrationsschwankungen, wie sie z.B. bei Pestiziden auftreten, und die Erfassung von Mischwasserentlastungen. Für die Erfassung dieser phasenweisen Einträge sind ereignisorientiert erhobene und zeitlich hoch aufgelöste Messdaten notwendig.

2 Beschreibung des Einzugsgebietes

Das Einzugsgebiet der im Großraum Stuttgart gelegenen Körsch umfasst 127 km². Bei einer Gesamtwasserführung von 0,6 – 1,8 m³/s nimmt die Körsch im Oberlauf bis zur Einmündung in den Neckar das gereinigte Abwasser von acht kommunalen Kläranlagen mit über 400000 Einwohnergleichwerten auf. Bei Starkregenereignissen wird die Körsch zusätzlich über Mischwasserentlastungsbauwerke belastet; allein im Stuttgarter Stadtgebiet befinden sich 29 Regenüberläufe und 23 Regenüberlaufbecken. Der nördliche und östliche Bereich des Einzugsgebiets sind urban geprägt, während insbesondere der Süden, der dem Einzugsgebiet des Nebenflusses Sulzbach entspricht, in intensiv landwirtschaftlich genutzte Bereiche übergeht (**Bild 1**). Auf Grund des hohen Abwasseranteils, der bei Niedrigwasser bis zu 90 % betragen kann, kann die Körsch als Modellgewässer für stark urban geprägte Regionen dienen.

3 Probenahme und Analytik

Die Probennahme erfolgte von Mitte 2010 bis Mai 2011 in monatlichen Abständen an acht Probennahmestellen über Stichproben, die in Fließrichtung der Körsch genommen wurden (Bild 1, P1 bis P8). Der Nebenfluss Sulzbach (Bild 1, P9) wurde zeitgleich kurz vor der Einmündung in die Körsch beprobt. Im Dezember 2010 und von Februar bis Mai 2011 wurden die Beprobungen auf Grund der regelmäßigen Konzentrationsverläufe in der Körsch auf jeweils vier Stellen (Bild 1, P1, P6, P8, P9) reduziert.

Die Proben des Oberflächengewässers wurden auf Standardparameter wie Leitfähigkeit,

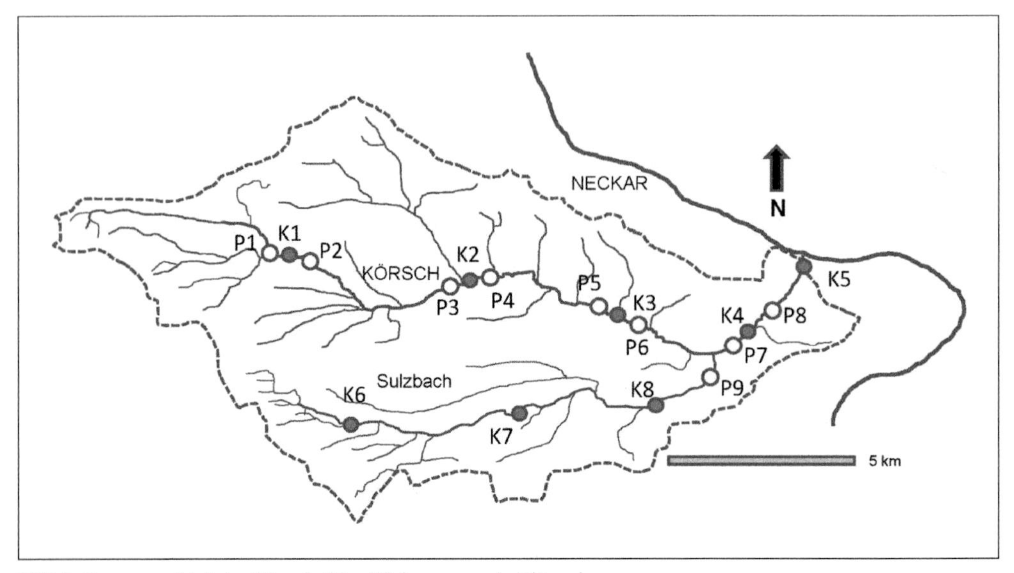

Bild 1: Einzugsgebiet der Körsch, K1 – K8: kommunale Kläranlagen; P1 - P9: Probennahmepunkte Juni 2010 – Mai 2011

pH- Wert und Temperatur hin untersucht sowie auf ausgewählte Spurenstoffe. Zur Erfassung partikelgebundener Anteile organischer Mikroverunreinigungen, wie auch als Vorgehensweise für Monitoring in der Oberflächengewässerverordnung beschrieben [2], wurden die Proben unfiltriert einer flüssig/flüssig-Extraktion unterworfen. Das nachfolgende GC/MS-Screening berücksichtigte Analyten mit unterschiedlichem Eintrags- und Transportverhalten und chemisch-physikalischen Eigenschaften, die für das Umweltverhalten organischer Mikroverunreinigungen von entscheidender Bedeutung sind.

4 Ergebnisse und Diskussion

Aus dem Analytenspektrum wurden stellvertretend vier Verbindungen ausgewählt, die ein unterschiedliches Verhalten bezüglich Löslichkeit, Abbaubarkeit und Eintragspfad aufweisen.

Die Leitfähigkeit der Proben als Indiz für Beeinflussungen des Wasserkörpers durch Zuflüsse zeigt allgemein die für die Körsch typische Erniedrigung nach Einleitung der weicheren kommunalen Abwässer. Auffällige Änderungen der Leitfähigkeit wie im August, November und Dezember 2010 und im Januar 2011 wurden durch Niederschläge verursacht, die zum Teil kurz vor und während der Probennahmen erfolgten. Leitfähigkeitsspitzen im Dezember 2010 lassen sich auf den Eintrag größerer Salzmengen zurückführen.

Als typischer Vertreter aus dem Bereich der personal-care-Produkte ist der synthetische Duftstoff HHCB (Galaxolid®, 4,6,6,7,8,8-Hexamethyl-1,3,4,6,7,8-hexahydrocyclopenta[g]isochromen) zu nennen, der in Waschmitteln und Kosmetika eingesetzt wird. Auf Grund seiner Anwendungsart und -mengen ist HHCB für häusliche Abwässer charakteristisch. Der Duftstoff wird im Verlauf der kommunalen Abwasserbehandlung hauptsächlich durch Sorption und zu einem Anteil durch biologischen Teilabbau eliminiert und stellt mit Restkonzentrationen im Bereich von 0,5 – 1,0 µg/L einen typischen Abwassermarker dar. Das Konzentrationsprofil in der Körsch (**Bild 2**) identifiziert die Kläranlagen als Haupteintragsquelle; in geringen Mengen schon oberhalb der ersten Einleitungsstelle nachzuweisendes HHCB kann auf diffuse Einträge über z.B. Kanalleckagen hindeuten. Der Konzentrationsverlauf ist über das Jahr als gleichmäßig zu betrachten. Abweichungen, wie sie im Dezember 2010 auftreten, wurden

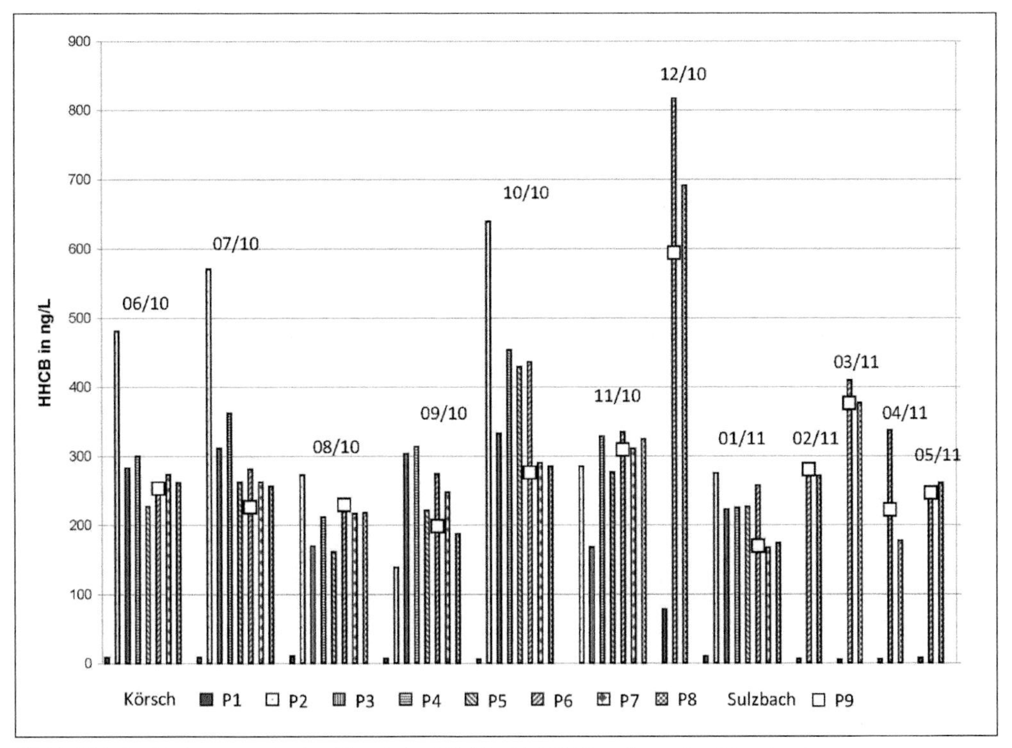

Bild 2: HHCB – Vorkommen in der Körsch Juni 2010 – Mai 2011 entlang der Fließstrecke

mit großer Wahrscheinlichkeit durch die Regenereignisse verursacht, die vor und während der Beprobung stattfanden. Die Beeinflussung der Wasserführung äußert sich auch in der erhöhten Leitfähigkeit der Proben, die auf den Eintrag von Streusalzen zurückzuführen ist. Höhere HHCB-Konzentrationen oberhalb der ersten Einleitungsstelle im Dezember 2010 können auch als Indiz für Mischwasserentlastungen gewertet werden. Anzumerken ist, dass die Substanzbestimmungen in Abweichung von anderen Untersuchungsprogrammen in den unfiltrierten Gewässerproben durchgeführt wurden. Damit werden die partikelgebundenen Anteile der Analyten – HHCB weist eine ausgeprägte Tendenz zur Partikelbindung auf – mit erfasst. Die als abfiltrierbare Stoffe (AFS) bestimmten Partikelgehalte erhöhten sich während des Ereignisses im Dezember 2010 auf bis zu 300 mg/L, während sie im Oktober 2010 als Beispiel für Trockenwetterbedingungen bei ca. 5 mg/L, im November zwischen 7 und 14 mg/L und im Januar 2011 zwischen 11 und 50 mg/L lagen.

Ester der Phosphorsäure werden in großen Mengen als Lösemittel, Weichmacher und als Flammschutzmittel in Baumaterialien und Schaumstoffen eingesetzt. Stellvertretend für diese Gruppe von Industriechemikalien wird das Flammschutzmittel Tris-(chlorpropyl)-phosphat (TCPP) herangezogen. Das Flammschutzmittel ist wie der synthetische Duftstoff HHCB ebenfalls in der Körsch oberhalb der ersten Einleitungsstelle nachweisbar (**Bild 3**). Die Konzentrationsspitze von über 400 ng/L an dieser Probennahmestelle im Dezember 2010, die einer Versechsfachung der üblicherweise vorherrschenden Konzentrationen entspricht, weist ebenfalls auf den Einfluss von Niederschlagsereignissen und Mischwasserentlastungen hin. Bei Trockenwetter allerdings erfolgt der Eintrag von TCPP in das Oberflächengewässer überwiegend über die gereinigten kommunalen Abwässer. Das regelmäßige Auftreten der Verbindung identifiziert diese ebenfalls als charakteristisch für gereinigte kommunale Abwässer. Interessanterweise unterscheidet sich der Konzentrationsverlauf der

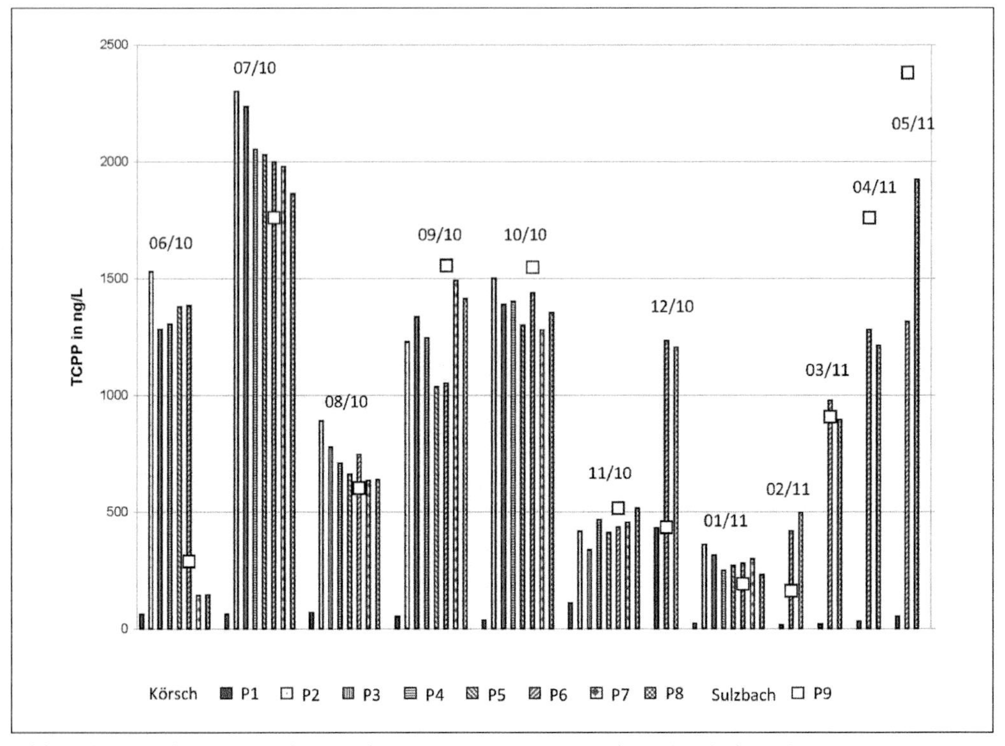

Bild 3: TCPP – Vorkommen in der Körsch Juni 2010 – Mai 2011 entlang der Fließstrecke

Industriechemikalie über die Probennahmekampagnen vom Verhalten des synthetischen Duftstoffes HHCB. Im Fließgewässer sollten die Konzentrationen beider Substanzen auf Verdünnungseffekte auf Grund von Regenereignissen ähnlich reagieren. TCPP scheint allerdings eine stärker ausgeprägte Abhängigkeit von der Wasserführung aufzuweisen. Dies kann auf die unterschiedlichen Anwendungsbereiche und damit andere Eintragscharakteristik der Substanzen zurückführbar sein, zum anderen bedingen die unterschiedlichen chemisch-physikalischen Eigenschaften – HHCB neigt zur Bindung an Partikel und TCPP liegt überwiegend wassergelöst vor – ein unterschiedliches Verhalten bei äußeren Einflüssen.

Bei der Betrachtung von Vertretern der Gruppe der Pestizide ist zu beachten, dass ein großer Teil der Substanzen hauptsächlich landwirtschaftlich eingesetzt wird und damit anwendungsbedingt die Konzentrationen in Oberflächengewässern erheblichen saisonalen Schwankungen unterworfen sein können. Die Auswahl der Probennahmezeit wird damit von entscheidender Bedeutung für die Darstellung einer Belastungssituation sowohl bezüglich der jahresdurchschnittlichen Konzentrationen als auch der zulässigen Höchstkonzentrationen. Bei Pestiziden, die auch im urbanen Raum u.a. als Biozide in Isolierungen oder in Fassadenfarben eingesetzt werden, ist eine Nivellierung der saisonalen Konzentrationsschwankungen zu beobachten. Als Beispiele sind das Herbizid Mecoprop und das Algizid Terbutryn zu nennen [3 – 5]. Auf Grund ihres Anwendungsbereichs sind sie an die Eintragserfassung über das Mischwassersystem gekoppelt; damit verbunden sollte ein erhöhter Eintrag bei Regenereignissen zu erwarten sein. Am Beispiel von Terbutryn wird deutlich, dass das Algizid schon oberhalb der ersten Abwassereinleitung in Konzentrationen von weniger als 10 ng/L nachweisbar ist (**Bild 4**), der hauptsächliche Eintrag in das Oberflächengewässer aber über das gereinigte kommunale Abwasser erfolgt. Im landwirtschaftlich beeinflussten Nebenfluss Sulzbach ändern sich die

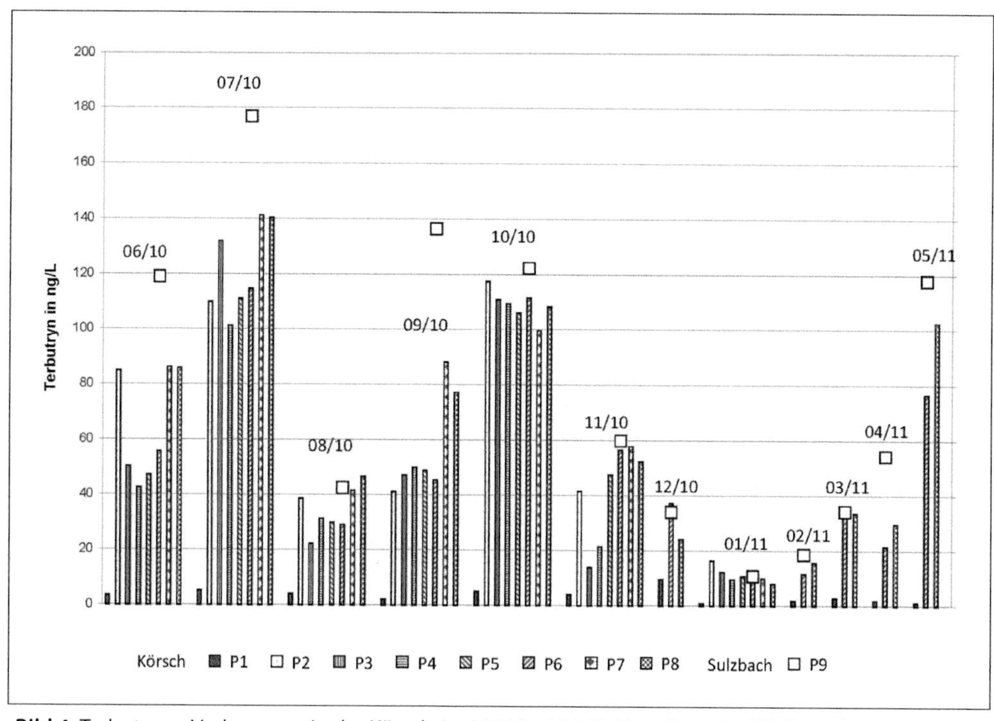

Bild 4: Terbutryn – Vorkommen in der Körsch Juni 2010 – Mai 2011 entlang der Fließstrecke

Konzentrationen von Terbutryn über die Probennahmen im Wesentlichen vergleichbar zur Körsch oberhalb des Zusammenflusses (Bild 4). Interessanterweise erhöhen sich die Konzentrationen von Terbutryn wie bei den oben genannten Substanzen im Dezember 2010 in der Körsch oberhalb der ersten Einleitungsstelle ebenfalls. Allerdings ist der Effekt bei weitem geringer ausgeprägt und auch nach der Einleitung der kommunalen Abwässer treten keine Konzentrationsspitzen auf. Dies kann allerdings auf die individuelle Charakteristik des Ereignisses zurückführbar sein.

Das als Bodenherbizid eingesetzte Propyzamid, das hier stellvertretend für verschiedene andere Pestizide – vergleichbar verhalten sich in der Körsch u.a. die Pestizide Metazachlor, Dimethenamid, Boscalid und Ethofumesat – betrachtet wird, weist auf Grund seines landwirtschaftlichen Einsatzes ein im Vergleich zum Urbanbiozid Terbutryn gänzlich unterschiedliches saisonales Verhalten auf. Bei der überwiegenden Anzahl der monatlichen Probenserien wird die Körsch erst nach der Einmündung des Sulzbachs mit dem Herbizid belastet. Neben der regiospezifischen Einleitung sind vor allem die extremen, anwendungsbedingten Konzentrationsschwankungen mit Spitzen von bis zu 5 µg/L in den Proben vom Mai 2011 bemerkenswert (**Bild 5**).

Das Verhalten des Urbanbiozids Terbutryn und des Herbizids Propyzamid weist ausdrücklich auf die unterschiedlichen Eintragspfade der Substanzen und damit auf die Problematik bei der Erfassung von jahresdurchschnittlichen Konzentrationen hin, die für eine Bewertung der Gewässerqualität notwendig sind. Für Terbutryn wurde 2012 von der EU-Kommission für Binnen- und Oberflächengewässer eine Jahresdurchschnittsumweltqualitätsnorm (JD-UQN) von 0,065 µg/l vorgeschlagen [6]. Dieser Wert wird in der Körsch bei immerhin fünf von 11 Probenkampagnen – insbesondere in den Sommermonaten und bei Niedrigwasser – überschritten. Am Beispiel der beiden Pestizide wird deutlich, dass für die Erfassung und damit auch Überwachung der Qualitätsnormen ein über die Jahreszeiten durchgeführtes Monitoring mit hoher zeitlicher Auflösung notwendig ist.

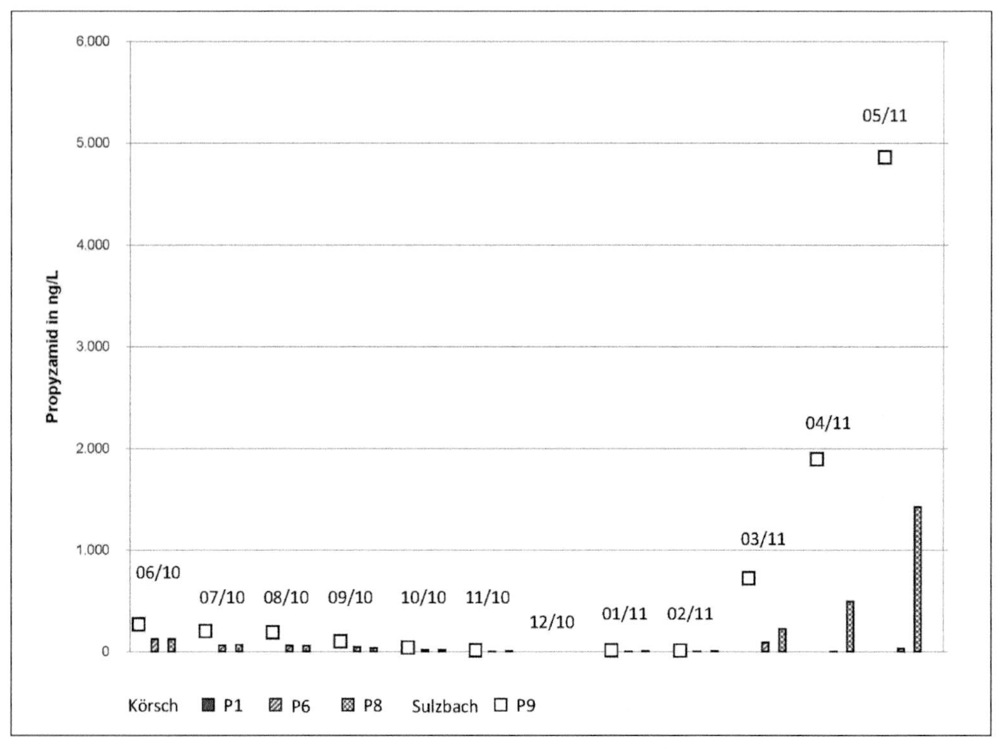

Bild 5: Propyzamid – Vorkommen in der Körsch Juni 2010 – Mai 2011, dargestellt sind jeweils nur Proben aus der Körsch (P1, P6, P8) und aus dem Sulzbach (P9)

5 Schlussfolgerungen

Schon anhand der vier behandelten organischen Mikroverunreinigungen wird deutlich, dass die Auswahl von Substanzen für ein Monitoringprogramm zur Darstellung von Belastungssituationen von entscheidender Bedeutung ist. Die unterschiedlichen Anwendungsbereiche und Anwendungsarten führen zu unterschiedlichen Konzentrationsverläufen und Abhängigkeiten von äußeren Ereignissen wie z.B. Niederschlägen. Sowohl die Probennahmepunkte als auch die Untersuchungsintervalle können auf Grund regionaler und saisonaler Effekte Mittelwertberechnungen, die für die Bewertung von Belastungen herangezogen werden, erheblich beeinflussen. So sind die Berechnung von Jahresdurchschnittswerten und die Auswahl repräsentativer Messstellen laut Oberflächengewässerverordnung [2] auf Basis nur vereinzelter Messungen an wenigen Gewässerabschnitten mit großen Unsicherheiten behaftet. Am Beispiel der Körsch zeigt sich, dass die Dichte der Datenerhebung auf Grund der Variabilität der Konzentrationen sogar erhöht werden müsste, obwohl die Fließstrecke der Körsch mit 26 km relativ kurz ist. Dies wäre auch eine Grundvoraussetzung für die zuverlässige Darstellung von zeitlichen Trends über einen längeren Zeitraum.

Unabdingbar ist zusätzlich die Erfassung von konventionellen Parametern wie z.B. Leitfähigkeit und Summenparametern wie DOC, TOC, Trübung, Färbung und äußeren Bedingungen wie Niederschlägen.

Abhängig von ihren Anwendungsbereichen, ihrer Eintragsart und ihren chemisch-physikalischen Eigenschaften wird der Eintrag organischer Mikroverunreinigungen bei Niederschlagsereignissen und damit verbundenen Mischwasserentlastungen unterschiedlich beeinflusst. So wird HHCB im kommunalen Klärprozess gut eliminiert, hauptsächlich durch Sorption an den Schlamm, während das hauptsächlich wassergelöste Flammschutzmittel TCPP nur in untergeordnetem Ausmaß eliminiert wird. Dies bedeutet, dass bei Mischwasserentlastungen, über die ungereinigtes Abwasser in das Oberflächengewässer gelangt, im Verhältnis größere Mengen des partikelgebundenen Duftstoffs HHCB eingetragen werden, der sonst in der Kläranlage teilweise eliminiert wird. Noch ausgeprägter sind Konzentrationsanstiege durch Mischwasserentlastungen bei biologisch sehr gut abbaubaren Substanzen wie z.B. Coffein. Bei der Probennahme im Dezember 2010 wurden in der Körsch oberhalb der ersten Einleitungsstelle 5300 ng/L gemessen, zu den restlichen Zeiten lagen die Konzentrationen im Wesentlichen in einem Bereich unterhalb von 100 ng/L. Die Substanz eignet sich damit als empfindlicher Indikator für Mischwasserentlastungen [7]. Ob Niederschlagsereignisse zu Verdünnungseffekten oder Stoßbelastungen mit starken Konzentrationssteigerungen führen, wird damit von den individuellen Eigenschaften der Substanzen und der individuellen Art des Ereignisses vorgegeben. Eine Verallgemeinerung zum Verhalten der Gesamtheit von organischen Mikroverunreinigungen in der aquatischen Umwelt ist nicht möglich. Allerdings sollte es möglich sein, mit Hilfe von Stellvertretersubstanzen und konventionellen Parametern das Verhalten von Stoffgruppen mit ähnlichen Eigenschaften beschreiben zu können.

Literatur

[1] Richtlinie 2000/60/EG des europäischen Parlaments und des Rates vom 23. Oktober 2000 zur Schaffung eines Ordnungsrahmens für Maßnahmen der Gemeinschaft im Bereich der Wasserpolitik (ABl. L 327, 1, 22.12.200)

[2] Verordnung zum Schutz der Oberflächengewässer / Oberflächengewässerverordnung – OGewV (BGBl. I, 1429, 20. Juli 2011)

[3] Irene Wittmer, Koautor: Michael Burkhardt: „Dynamik von Biozid und Pestizideinträgen". Juni 2009, EAWAG News 67d/Juni 2009, Seite 8 -11

[4] Information über Mecoprop in Bitumen-Dachbahnen, Bern 30.04.2009 Eidgenössisches Departement für Umwelt, Verkehr, Energie und Kommunikation UVEK, Bundesamt für Umwelt BAFU, Eawag: Das Wasserforschungs-Institut des ETH-Bereichs Abteilung Siedlungswasserwirtschaft

[5] Christian Götz, Robert Kase und Juliane Hollender: Mikroverunreinigungen – Beurteilungskonzept für organische Spurenstoffe aus kommunalem Abwasser. Dübendorf, 2010, Studie im Auftrag des BAFU. Eawag, Dübendorf

[6] Europäische Kommission: Richtlinie des Europäischen Parlaments und des Rates zur Änderung der Richtlinien 2000/60/EG und 2008/105/EG in Bezug auf prioritäre Stoffe im Bereich der Wasserpolitik. Brüssel, 31.1.2012.

[7] Heidrun Steinmetz, Asya Drenkova-Tuhtan, Bertram Kuch, Claudia Lange. "Methodology to develop reference substances for measurement of organic micropollutants in wastewater systems and surface waters." Istanbul, 2013, Istanbul International Solid Waste, Water and Wastewater Congress, Turkey, Istanbul, 22.-24.05.2013, Book of Abstracts, Seite 523-524.

Autoren

Dr. rer.-nat. Bertram Kuch
E-Mail: bertram.kuch@iswa.uni-stuttgart.de

Prof. Dr. Ing. Heidrun Steinmetz
E-Mail: heidrun.steinmetz@iswa.uni-stuttgart.de

Dipl.-Chem. Claudia Lange
E-Mail: claudia.lange@iswa.uni-stuttgart.de
Institut für Siedlungswasserbau,
Wassergüte- und Abfallwirtschaft
Universität Stuttgart
Bandtäle 2
70569 Stuttgart (Büsnau)

Dagmar Daehne, Michael Feibicke und Constanze Fürle

Risiken durch Antifouling-Einsatz bei Sportbooten vorhersagen

Die Ergebnisse einer flächendeckenden Erhebung der Sportboothäfen und Liegeplätze werden vorgestellt. In ausgesuchten Häfen werden Wasserkonzentrationen aktueller Antifoulingwirkstoffe mit Modellvorhersagen verglichen.

1 Erfassung des Sportbootsbestandes in Deutschland und Schätzung des Biozideintrags

Um Aufwuchs auf Bootsrümpfen zu verhindern, werden im Sportbootbereich in großem Umfang Beschichtungen mit hochwirksamen Antifouling-Wirkstoffen eingesetzt (AF-Wirkstoffe). Sie werden ihrem Funktionsprinzip folgend aus der Beschichtung freigesetzt und gelangen so in den angrenzenden Wasserkörper. Insbesondere bei Sportboothäfen mit dichten Liegeplatzbeständen und geringem Wasseraustausch können hohe Konzentrationen im Hafenbecken erreicht werden. Diese Stoffe verteilen sich auch in das angrenzende Gewässer mit den dort lebenden Wasserorganismen.

Die Zulassung von Unterwasserbeschichtungen mit bioziden AF-Wirkstoffen unterliegt EU-weit der Biozid-Verordnung (EU) Nr. 528/2012 [1]. In einem 2-stufigen Zulassungsverfahren wird in der 1. Stufe zunächst der AF-Wirkstoff im Rahmen einer Risikobewertung federführend bewertet. Zentraler Bestandteil für den Umweltbereich ist ein Vergleich der erwarteten Umweltkonzentration im Wasser (z. B. in Sportboothäfen) mit den aus ökotoxikologischen Tests abgeleiteten Wirkungsschwellen wie z. B. Algen, Kleinkrebsen oder Fischen [2]. Werden die Risiken für Mensch und Umwelt insgesamt als gering bewertet und erfüllt der Wirkstoff seine bestimmungsgemäße Funktion, so wird er zugelassen. In der 2. Zulassungsstufe wird das Produkt geprüft, das neben dem Wirkstoff weitere Zusatzstoffe enthält. Die Prüfung der Umweltverträglichkeit basiert auf den produktspezifischen Eigenschaften wie z. B. der Wirkstoffkonzentration und Aufwandmenge.

Um die Risikobewertungen einheitlich zu gestalten und um nicht ausreichende Messdaten für AF-Wirkstoffe in Sportboothäfen zu kompensieren, werden die erwarteten Umweltkonzentrationen für die Risikobewertung mit Hilfe von Computer-Modellen wie z. B. MAMPEC [3] berechnet. Für dieses Emissionsszenarium stehen EU-weit eine Reihe von Sportboothafenmodellen zur Verfügung, die überwiegend auf Küstengewässer zugeschnitten sind [4].

Die Repräsentativität dieser Modellhäfen für die Situation in Deutschland wurde bisher nicht überprüft. Vergleichende EU-weite Studien an Sportboothäfen liegen bisher nur vereinzelt für den Küstenbereich vor [5]. Ob diese EU-Szenarien für Sportboothäfen auch für deutsche Brack- und Süßwassergebiete geeignet sind, war bisher nicht überprüfbar.

Daher wurde ein 3-jähriges Forschungsprojekt [6] (2012 – 14) vom Umweltbundesamt initiiert. Ziel war es, eine bundesweit flächendeckende Inventur der Sportboothäfen durchzuführen. Zusätzlich waren Strukturdaten wie u. a. Hafengröße, Lage und weitere Hafeninfrastruktur sowie die maximale Anzahl an Bootsliegeplätzen zu erfassen. Darüber hinaus waren regionale Ballungsräume zu identifizieren.

Zusätzlich waren an 50 Sportboothäfen wasserchemische Untersuchungen der erlaubten AF-Wirkstoffe durchzuführen, sowie die aktuelle Bootsbelegung und weitere Infrastruktureinrichtungen zu erheben. Die Detaildaten dieses Screening gaben einen ersten Überblick zur aktuellen Belastung mit AF-Wirkstoffen und bildeten die weitere Datenbasis für den letzten Projektabschnitt.

Zum Abschluss wurde die Eignung des Prognosemodells MAMPEC, V. 2.5 (Marine Antifou-

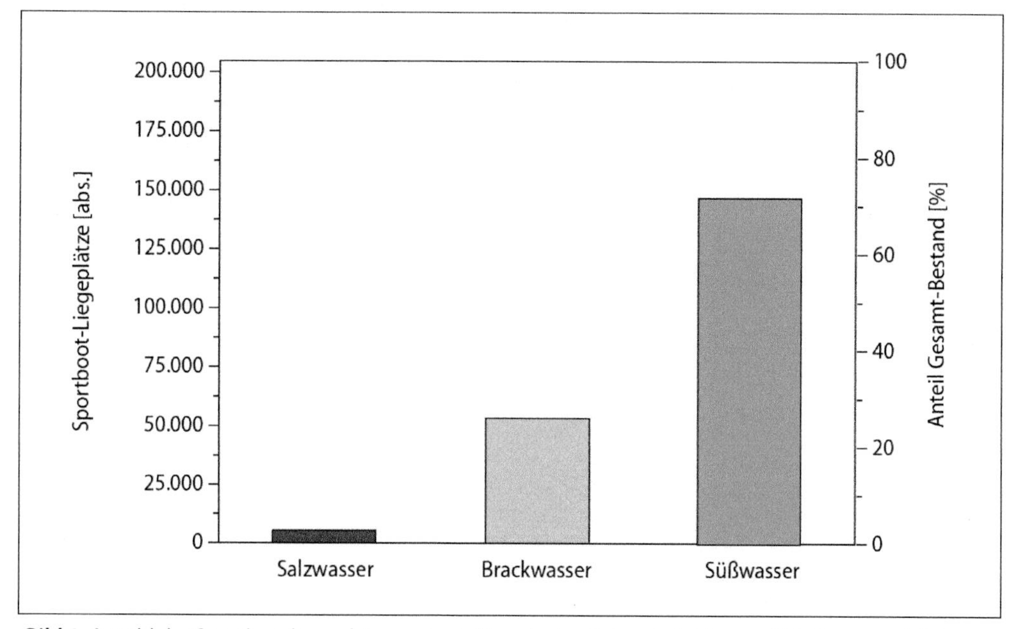

Bild 1: Anzahl der Sportbootliegeplätze, unterteilt nach den Salzgehaltsklassen Süß, Brack- und Salzwasser (Quelle: Watermann, B., Daehne, D., Fürle, C., Thomsen, A. (2015): Verlässlichkeit der Antifouling-Expositionsschätzung sicherstellen. Abschlussbericht zu UFOPLAN FKZ 3711 67 432. In prep., 157 S.)

lant Model to Predict Environmental Concentrations) geprüft. Hier war anhand ausgesuchter Wirkstoffe und Kenndaten von realen Küsten- und Binnenhäfen zu prüfen, inwieweit sich verlässliche AF-Wirkstoffkonzentrationen im Wasser als ‚realistic worst-case' im Vergleich zu Realmessungen vorhersagen lassen.

Im Folgenden wird ein Überblick der wichtigsten Ergebnisse präsentiert.

2 Anzahl der Sportbootliegeplätze und -häfen und ihre Verteilung

Da besonders im Meeresbereich ein hartschaliger Aufwuchs i.d.R. durch den Einsatz spezifischer AF-Beschichtungen mit höheren Wirkstoffgehalten verhindert werden soll, wurden die Häfen drei Salzgehaltsklassen (Süß-, Brack- und Salzwasser) zugeordnet. Als Brackwasser wurden Standorte mit 1 – 18 ‰ Salinität definiert. Diese Bereiche umfassen die Flussästuare an der Nordsee sowie die Ostsee mit ihren Förden und Bodden.

Anhand von Luftbildauswertungen wurden bundesweit insgesamt ca. 206.000 Sportbootliegeplätze gezählt, wovon etwa 146.000 (71,0 %) auf Süßwasserreviere, 54.000 (26,2 %) auf Brackwasser- und nur knapp 5.800 Liegeplätze (2,8 %) auf Salzwasserreviere entfielen (**Bild 1**).

Bundesweit wurden 3.091 Sportboothäfen ermittelt, die sich ähnlich wie die Liegeplätze zu 80 % auf Süß-, zu 18 % auf Brack- und nur zu 2 % auf Salzwasserhäfen verteilten.

Eine bundesweite Karte der Liegeplätze weist regionale Schwerpunkte Deutschlands aus (**Bild 2**), die mindestens 10.000 Liegeplätze umfassen. Die größten Ballungsgebiete fanden sich im Großraum Berlin-Brandenburg sowie entlang der Ostseeküste mit ca. 40.000 bzw. 43.000 Liegeplätzen, gefolgt von der Mecklenburger Seenplatte mit ca. 19.000 und den bayerischen Voralpenseen mit 23.000 Liegeplätzen. Auf das Rhein-Ruhrgebiet, Hamburg mit Unterelbe und Elbästuar sowie die Nordseeküste mit ihren Ästuaren entfallen nur jeweils etwa 10.000 Liegeplätze. Die hier vorgestellten Ballungsräume stellen etwa 76 % der bundesweit ermittelten Liegeplätze.

Die Hafengröße und -struktur unterscheiden sich zwischen Küste und Binnenland. Typische Sportboothäfen im Inland haben etwa 40 Liege-

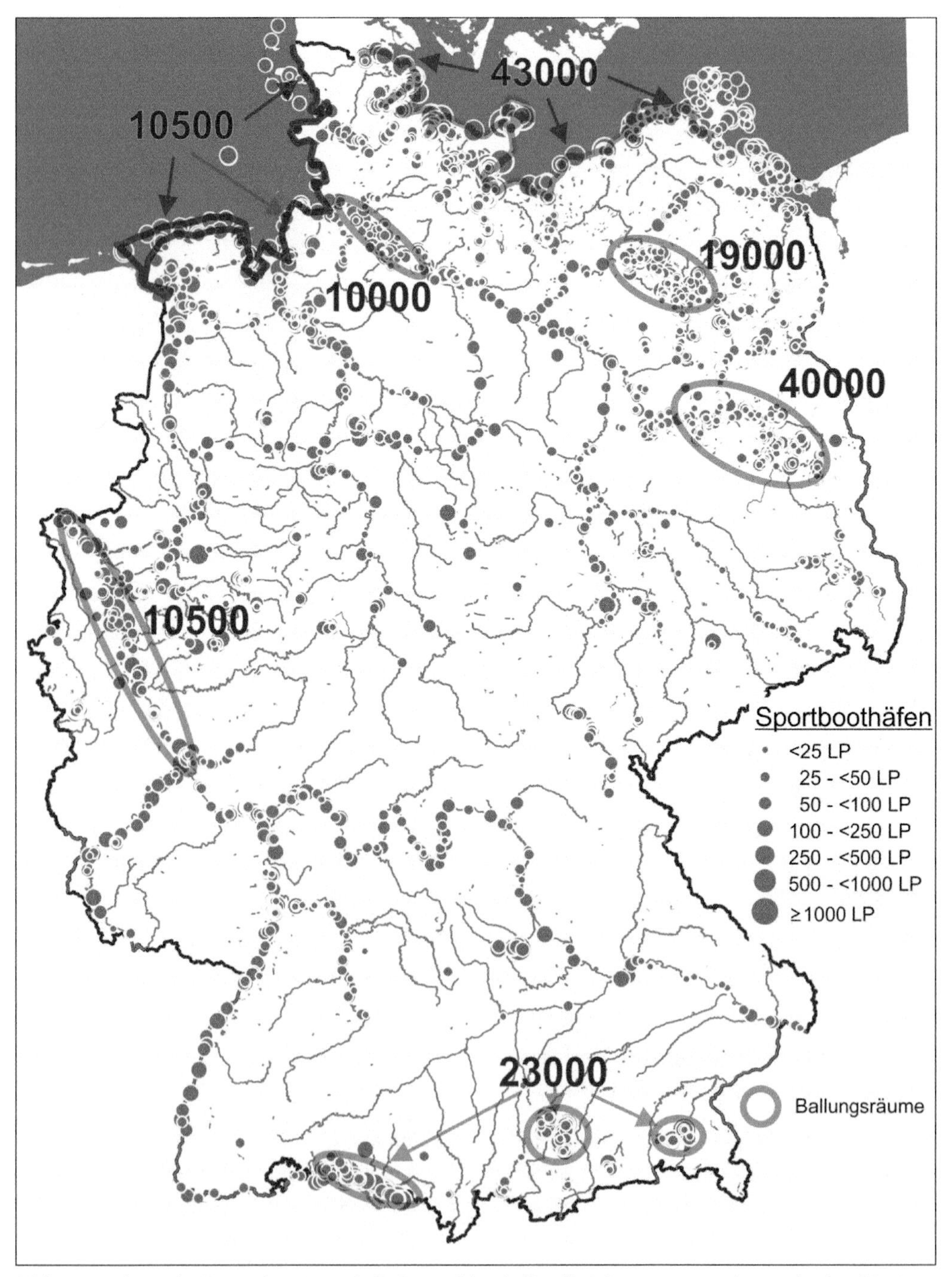

Bild 2: Verteilung der Liegeplätze innerhalb Deutschlands (Quelle: Watermann et al. 2015 (s.o.) auf Basis von: Umweltbundesamt 2013, Geodatenbasis DLM1000 © BKG 2013)

plätze und sind kleiner als die an der Nordsee mit 70 Plätzen (jeweils Median). Im Gegensatz zu den oft eingedeichten „Schutzhäfen" an der Küste sind 79 % der Inlandhäfen weitgehend offen und damit zum Gewässer nicht abgegrenzt. Im Inland werden sie ausschließlich für den Sportbetrieb genutzt und sind geringer mit Hafeninfrastrukturen ausgestattet als Seehäfen. Die Hafengrößen variieren im Süß- und Brackwasser zwischen Anlagen mit einzelnen Stegen bis zu Groß-Marinas mit mehr als 1.000 Liegeplätzen, während an der Nordsee maximal 270 Liegeplätze ermittelt wurden. Im Inland reihen sich die Liegeplätze nebeneinander liegender Vereine entlang von Flussabschnitten und Seebuchten oft perlschnurartig auf, so dass dadurch ebenfalls lokale Bestände mit über 1.000 Booten erreicht werden, wie z. B. an den Berliner Flussseen Wannsee und Stössensee.

3 Antifoulingbiozide in Wasseruntersuchungen von 50 Häfen

Die Auswahl der 50 Häfen für die Detailerhebung orientierte sich an der bundesweiten Verteilung mit 34 Standorten im Süß-, 11 im Brack- und 5 im Salzwasser. Zusätzliche Kriterien waren offene und geschlossene Hafenbecken, mit kleinen bis großen Wasservolumina, Häfen mit wenigen bis vielen Liegeplätzen sowie strömungsreiche bis strömungsarme Standorte. Zusätzlich wurden an Standorten, wo Vorbelastungen durch externe Einträge zu erwarten waren, Referenzproben außerhalb des Hafenbeckens untersucht. Die analysierten AF-Wirkstoffe mit ihren Abbauprodukten und Konzentrationskenngrößen sind in **Tabelle 1** aufgeführt.

Die Wirkstoffe Zineb, Cu- und Zn-Pyrithion sowie DCOIT (Isothiazolinon, Sea-Nine 211) mit ihren jeweiligen Abbauprodukten lagen stets unter der jeweiligen analytischen Bestimmungsgrenze.

Im Gegensatz zu den Wirkstoffen Dichlofluanid und Tolylfluanid konnten die jeweiligen Abbauprodukte DMSA und DMST in 70 % bzw. 54 % der untersuchten Proben quantifiziert werden. Während die Mediane von DMSA in allen drei Salzgehaltszonen bei etwa 0,02 µg/L lagen, stiegen die Maxima vom Salz- bis zum Süßwasser von 0,03 auf 0,28 µg/L an. Beim DMST wurden der höchste Median und Maximalwert im Brackwasser nachgewiesen. Die Referenzproben an vorbelasteten Standorten lagen fast immer unter der Bestimmungsgrenze.

Bei Cybutryn waren 78 % der untersuchten Proben und bei seinem Abbauprodukt M1 46 % quantifizierbar. Während die Mediane für Mutter- und Tochtersubstanz allgemein um 0,005 µg/L lagen, stiegen die Maxima für Cybutryn von 0,006 im Salzwasser bis auf 0,110 µg/L im Süßwasser an. Dort wurde mit 0,071 µg/L auch der höchste Gehalt an M1 gemessen.

Die Metalle Kupfer und Zink waren in nahezu allen Proben präsent. Die höchsten Gehalte wurden jeweils im Brackwasser ermittelt, wo für Kupfer 20 µg/L und für Zink 27 µg/L aus der filtrierten Probe nachgewiesen wurden. Bei Zink lag der Maximalwert im Salzwasser annährend so hoch wie Brackwasser, während die Maxima bei beiden Metallen im Süßwasser deutlich kleiner waren. Bei Standorten mit Referenzproben lagen die Konzentrationen zwischen 2 – 20 µg/L für Kupfer und 2 – 16 µg/L für Zink.

Terbutryn war insgesamt nur in wenigen Häfen nachweisbar. An Standorten mit Referenzproben unterschieden sich die Konzentrationen nicht von denen des jeweiligen Hafenbeckens.

4 Modellierungen mit MAMPEC

Für die stark eingedeichten Häfen im Salzwasser zeigten die errechneten Konzentrationsbereiche der AF-Wirkstoffe eine gute Übereinstimmung mit den real gemessenen Werten aus dem Screening. In den meist offeneren Sportboothäfen im Brack- und besonders im Süßwasser war die Übereinstimmung zwischen Modellprognose aus MAMPEC mit den analytisch vor Ort gemessenen Wasserkonzentrationen oft nur gering. Häufig lagen die gemessenen unterhalb der minimal prognostizierten Konzentrationen.

5 Diskussion

In Deutschland gibt es keine zentrale Zulassungspflicht für Sportboote. Eine Erfassung der Kennzeichen kann dezentral bei den jeweiligen Wasser- und Schifffahrtsämtern erfolgen. Existieren-

Tab. 1 | Median- und Maximal-Konzentrationen von AF-Wirkstoffen und ihren Abbauprodukten (AP) im Wasser von Salz-, Brack- und Süßwassersportboothäfen (Angaben in µg/L; BG: Bestimmungsgrenze; n.d.: nicht untersucht; -/-: nicht ermittelbar)

Wirkstoff / Abbauprodukt	Salz	Brack	Süss
Dichlofluanid	< BG	< BG	< BG
AP: DMSA, N'-dimethyl-N-phenyl-sulphamid	0,024 (0,031)	0,021 (0,105)	0,020 (0,280)
Tolylfluanid	< BG	< BG	< BG
AP: DMST, N,N-Dimethyl-N'-(4-methylphenyl)-sulfamid	0,021 (0,028)	0,035 (0,110)	0,020 (0,100)
SeaNine 211, DCOIT, Dichloroctylisothiazolinon	< BG	< BG	< BG
AP: NNOA, N-(n-Octyl)-acetamid	< BG	< BG	< BG
AP: NNOOA, N-(n-Octyl) oxamidsäure	< BG	< BG	< BG
AP: NNOMA, N-, N-(n-Octyl) malonamidsäure	< BG	< BG	< BG
Cu-Pyrithion	< BG	< BG	< BG
Zn-Pyrithion	< BG	< BG	< BG
AP: PSA, Pyridinsulfonsäure	< BG	< BG	< BG
Zineb	n.d.	n.d.	n.d.
AP: ETU, Ethylenthioharnstoff	< BG	< BG	< BG
AP: EU, Ethylenharnstoff	< BG	< BG	< BG
Irgarol, Cybutryn	0,005 (0,006)	0,005 (0,029)	0,006 (0,110)
AP: M1, GS26575	0,005 (-/-)	0,002 (0,005)	0,007 (0,071)
Terbutryn	0,009 (-/-)	0,002 (0,003)	0,005 (0,014)
Cu (filtriert)	7 (14)	5 (20)	4 (14)
Zn (filtriert)	6 (25)	6 (27)	3 (10)

Quelle: verändert nach Watermann et al. 2015

de Bestandserhebungen oder -schätzungen umfassen nur einzelne Regionen [7, 8] oder basieren auf hochgerechneten Befragungen. Auf lokaler Ebene gibt es jedoch auf sehr vielen Gewässern regionale Zulassungs- und Kennzeichnungspflichten, die in den jeweiligen Befahrensverordnungen festgelegt sind. Beispiele dafür sind alle bayrischen Seen, der Bodensee, der Ratzeburger See und die Berliner Gewässer.

Daher wurden im Projekt schwerpunktmäßig Luftbilder zur bundesweiten Auswertung von Sportbootliegeplätzen herangezogen. Etwa 206.000 Liegeplätze wurden ermittelt, die bundesweit einem mindestens ebenso großen Bootsbestand entsprechen. Bei dieser Inventur sind Kleinboote (Jollen, Ruderboote und Dinghies), die i. d. R. keine AF-Beschichtung aufweisen, bewusst nicht erfasst worden. Die Anzahl an Schiffen sogenannter „Trailerkapitäne" ohne festen Liegeplatz sowie die Boote an Kleinsthäfen und Einzelstegen, die vom Luftbild meist nicht erfassbar waren, lassen sich nur schätzen und liegen maximal bei 37.000 Booten. Die hier erhobenen Daten liegen damit deutlich unter den bisher publizierten Gesamtzahlen für den Sportbootbestand in Deutschland. So veröffentlichte Mell [9] Hochrechnungen auf Basis von Befragungen, nach denen 2008 ca. 320.000 Liegeplätze in

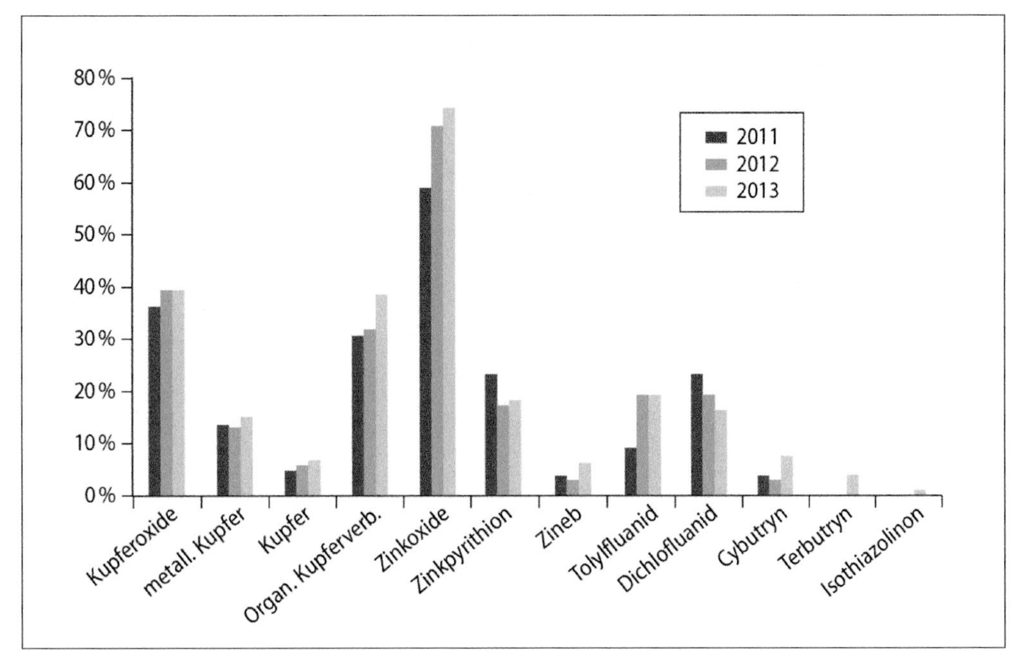

Bild 3: Zusammensetzung der AF-Produkte (Quelle: Watermann, B., Daehne, D., Fürle, C., Thomsen, A. (2015): Verlässlichkeit der Antifouling-Expositionsschätzung sicherstellen. Abschlussbericht zu UFOPLAN FKZ 3711 67 432. In prep., 157 S.)

Deutschland vorhanden waren und gab als Vergleich 150.000 ausgezählte Liegeplätze aus offiziellen Quellen an, wie z. B. dem Wassertourismus-Guide www.vivawasser.de. Bei Hochrechnungen des Sportbootbestandes in Deutschland kam Mell auf 500.000, wovon ca. 300.000 auf Motorboote und 200.000 auf Segelboote entfielen. Die nun vorliegende Erhebung kann als wesentlich zuverlässiger gelten und für zukünftige Planungen eine fundierte Unterlage liefern.

Der große Anteil von 71 % an Liegeplätzen in Süßwasserrevieren ist auf das sehr umfangreiche Wasserstraßennetz in Deutschland zurückzuführen. Die für Sportboote schiffbaren Bundes- und Landeswasserstraßen haben eine Gesamtlänge von ca. 10.000 km, so dass Deutschland zu den interessantesten Wassersportrevieren in Europa zählt. Größere Städte nahe einer Seen- oder Flusslandschaft, wie der Berliner Raum oder die großen Voralpenseen, bieten für den Wassersport optimale Bedingungen. Die geringe Zahl an Liegeplätzen an der Nordseeküste lässt sich auf eine allgemein geringere Bevölkerungsdichte und dem tidenbedingt schwierigeren Sportbootsrevier zurückführen. Die deutsche Ostseeküste bietet gute Segelbedingungen mit einem engen Netz an Hafenanlagen, die das Gebiet auch für Wasserwanderer und Küstenfahrtensegler interessant macht.

Auf der Basis jährlich aktualisierter Recherchen [10, 11] zu AF-Produkten für Sportboote auf dem deutschen Markt sind die prozentualen Anteile der verschiedenen AF-Wirkstoffe an der Gesamtanzahl biozidhaltiger AF-Produkte dargestellt. Danach beinhalten die meisten Produkte zwei bis vier AF-Biozide (**Bild 3**). Die Anzahl der einzelnen Biozide in den Produkten lassen keine Rückschlüsse auf den Verwendungsgrad auf den Bootsrümpfen oder ihrem Marktanteil zu. Verkaufsmengen von AF-Produkten oder Wirkstoffen sind weder EU-weit noch national verfügbar.

Die hier erstmalig ermittelten Wasserkonzentrationen des Wirkstoffs Cybutryn, der im Gewässer nur sehr langsam zerfällt, zeigen an einigen Standorten eine Gefährdung der Umwelt an: An 35 von 50 Sportboothäfen lag die aktuelle Konzentration über dem Grenzwert der aktuellen EU-Richtlinie 2013/39/EU [12] von

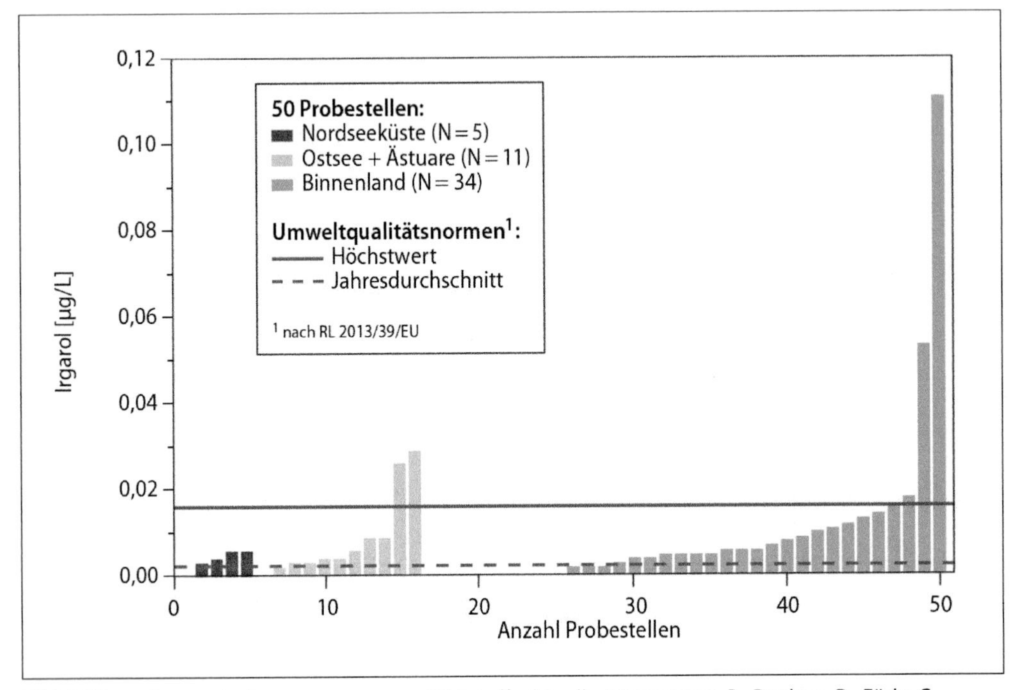

Bild 4: Wasserkonzentrationen gemessener Wirkstoffe (Quelle: Watermann, B., Daehne, D., Fürle, C., Thomsen, A. (2015): Verlässlichkeit der Antifouling-Expositionsschätzung sicherstellen. Abschlussbericht zu UFOPLAN FKZ 3711 67 432. In prep., 157 S.)

0,0025 µg/L, der als Jahresdurchschnitt dauerhaft nicht überschritten werden darf. An 5 Standorten lagen Konzentrationen sogar über der zulässigen Höchstkonzentration von 0,016 µg/L der EU-Umweltqualitätsnorm, die nicht ein einziges Mal überschritten werden darf. Die höchste Konzentration von 0,119 µg/L wurde in einem Binnensportboothafen gemessen (**Bild 4**).

Terbutryn ist kein erlaubter AF-Wirkstoff und wird u.a. in Fassadenanstrichen eingesetzt. Die nahezu gleichen Konzentrationen in den Häfen und ihren Referenzstandorten außerhalb weisen daher auf externe Regenwasser- und Kläranlageneinträge hin.

Die Kupfer- und Zinkgehalte zeigen zum einen ihren Einsatz in AF-Produkten für Sportboote an, zum anderen gelangen sie aber auch durch andere Anwendungen in die Umwelt.

Wird für Zink und Kupfer einen Effekt-Schwellenwert (PNEC: Predicted Environmental Effect Concentration) als sog. HC5 nach EU-Risikobewertungen von je knapp 8 µg/L zugrunde gelegt [13, 14], bei dem erst bei Überschreitung dieses Wertes und in Abhängigkeit von pH-Wert und Wasserzusammensetzung Gefährdungen der aquatischen Umwelt auftreten können, so wurde dieser Wert für Kupfer an 6 und für Zink an 9 von 50 untersuchten Standorten überschritten. Erhöhte Konzentrationen wurden vor allem in relativ großen und gut abgegrenzten Marinas gefunden und erreichten Maximalwerte von 20 µg Cu/L bzw. 27 µg Zn/L. Die Werte beziehen sich jeweils auf die filtrierte Fraktion ohne den an Schwebstoffen gebundenen Anteil. Es ist davon auszugehen, dass der an Schwebstoffe gebundene Metallanteil mittelfristig sedimentiert und sich im Hafenboden langfristig anreichert.

Die Konzentrationen einiger organischer Biozide lagen unter der Bestimmungsgrenze. Für die AF-Biozide DCOIT (= Isothiazolinon) sowie die Abbauprodukte von Zineb überraschte dies nicht, da diese vornehmlich in AF-Produkten der professionellen Schifffahrt zu finden sind, jedoch selten in Sportbootprodukten (Bild 3). Die Wirkstoffe Dichlofluanid und Tolylfluanid konnten nicht quantifiziert werden, da sie im Wasser rasch zerfallen (Halbwertzeit DT50: ca. 3 – 48 h bzw. 1,6 – 6 h). Ihre Abbauprodukte DMSA und DMST waren jedoch nachzuweisen, da sie im Wasser relativ stabil sind (die DT50 des DMST beträgt 42,1 bis 75,8 d) und deuten somit im Salz-, sowie Brack- und Süßwasser auf aktuelle Einträge im Jahr 2013 hin. Diese Abbauprodukte sind aber ökotoxikologisch in den nachgewiesenen Konzentrationen nicht relevant.

Auffällig ist, dass in dieser Untersuchung Kupfer- und Zinkkonzentrationen vom Salz- bis zum Süßwasser abnehmen, aber die Konzentrationen von Cybutryn, M1 und DMSA zum Süßwasser hin zunehmen. Das bedeutet nicht, dass mehr Biozide in das Süßwasser eingetragen werden, aber die durch Sportboote eingetragenen Biozide werden vermutlich bei geringerer Strömung und geringerem Wasseraustausch weniger verdriftet. Wird von den verfügbaren Daten über die für den deutschen Sportbootmarkt angebotenen AF-Produkte ausgegangen [11], ist festzustellen, dass über 90 % der angebotenen Beschichtungen für die Anwendung im Salz- und Brackwasser entwickelt werden. Produkte, die ausschließlich für den Süßwasserbereich empfohlen werden und entsprechend geringere Anteile an Bioziden enthalten, machen weniger als 10 % aus. Es ist daher zu vermuten, dass häufig zu hoch wirksame Antifoulingprodukte im Süßwasser eingesetzt werden.

Von den derzeit etwa 11 auf dem deutschen Markt verfügbaren AF-Wirkstoffen (Bild 3) werden aktuell auf Länderebene nur Cybutryn, Kupfer und Zink im Rahmen der Gewässerüberwachung regelmäßig, aber außerhalb der Sportboothäfen untersucht.

Da für Sportboothäfen im Regelfall keine ausreichenden Messdaten für Antifouling-Wirkstoffe vorliegen, werden Umweltkonzentrationen, die für die Risikobewertung benötigt werden, mit Hilfe von Computer-Modellen wie z. B. MAMPEC berechnet. Dabei wird u.a. die Hafensituation (Größe, Wasseraustausch, Umfang und Art des Bootsbestandes, Wasserzusammensetzung, usw.) im Modell vereinfacht abgebildet und das Umweltverhalten des Wirkstoffes simuliert. Für die Risikobewertung werden Bedingungen eines fiktiven Hafens so gewählt, dass sie einen „realistic worst case" abbilden. Die zur Verfügung stehenden prototypischen Modell-Sporthäfen sind fast durchweg auf marine Umweltbedingungen ausgelegt. Keines dieser Modelle wurde bisher daraufhin überprüft, ob es deutsche Sportboothäfen an der Küste und im Inland im Rahmen dieser Risikobewertung repräsentativ abbildet. Wie die Ergebnisse, der hier vorgelegten Untersuchung zeigen, lassen sich die geschlossenen Küstenhäfen gut modellieren, während sich insbesondere in den Binnenhäfen eine große Varianz in den Konzentrationen zeigt und die Modellierung von der Realität abweichen kann. Dies liegt vor allem an der Struktur und Hydrologie dieser Häfen, die bisher beide in der Modellentwicklung nicht genügend berücksichtigt wurden.

6 Ausblick

Die Ergebnisse aus dem bundesweiten Wirkstoff-Screening an 50 Sportboothäfen belegen den Einsatz von Antifoulingbioziden im Süßwasser, die vorwiegend nur für Salz- und Brackwasser notwendig sind [15]. Sie zeigen darüber hinaus in einigen Fällen für Cybutryn deutliche Überschreitungen der Umweltqualitätsnormen. Diese Befunde unterstreichen die Notwendigkeit, alle Möglichkeiten auszuschöpfen, um die Umwelt zu entlasten, da der tatsächliche Anteil der Boote im Süßwasser über 70 % ausmacht. Daher sollte geprüft werden, ob in Binnengewässern überhaupt der Einsatz von biozidhaltigen Antifoulingprodukten notwendig ist, zumal einige biozidfreie Alternativen zur Verfügung stehen. Zurzeit laufen z. B. in einem DBU-Projekt Testreihen, in denen im Süßwasser Beschichtungen ganz ohne Biozide eingesetzt und gereinigt werden [16].

Die Methoden zur Abschätzung der Umweltkonzentrationen von AF-Wirkstoffen in Gewässern müssen verbessert und ausgebaut werden. Mit dieser Studie liegen erstmals flächendeckende Basisdaten von Sportboothäfen vom Inland bis zur Küste vor. Die Ergebnisse sollen als deutscher Beitrag in die EU-Risikobewertungen im Rahmen der Biozid-Verordnung einfließen. Ferner stellen die Ergebnisse für die nationale Biozid-Produktzulassung eine belastbare Datenbasis dar, um vorhandene Szenarien zur Risikobewertung von AF-Wirkstoffen für bundesdeutsche Verhältnisse anzupassen und damit auch der besonderen Bedeutung der Binnengewässer für die Bundesrepublik Deutschland Rechnung zu tragen.

Literatur

[1] Verordnung (EU) Nr. 528/2012 des Europäischen Parlaments und des Rates vom 22. Mai 2012 über die Bereitstellung auf dem Markt und die Verwendung von Biozidprodukten. http://eur-lex.europa.eu/legal-content/DE/TXT/HTML/?uri=OJ:L:2012:167:FULL&from=DE

[2] European Commission (2003): Technical Guidance Document on Risk Assessment in support of. Commission Directive 93/67/EEC on Risk Assessment for new notified. Part II: Environmental risk assessment. https://echa.europa.eu/documents/10162/16960216/tgdpart2_2ed_en.pdf

[3] Hattum, B. van, Baart, A.C. & Boon, J.G. (2002). Computer model to generate predicted environmental concentrations (PECs) for antifouling products in the marine environment – 2nd ed. accompanying the release of MAMPEC version 1.4. IVM Report (E-02/04). Institute for Environmental Studies, VU University, Amsterdam.

[4] European Commission Directorate-General Environment (ed.) 2004: Harmonisation of environmental emission scenarios: An emission scenario document for antifouling. Final Report 9M2892.01. http://echa.europa.eu/documents/10162/16908203/pt21_antifouling_products_en.pdf

[5] University of New Castle (2013): Defining typical regional pleasure craft marinas in the EU for use in environmental risk assessment of antifouling products. Version 3. http://echa.europa.eu/documents/10162/16908203/pt21_regional_marina_scenario_study_en.pdf

[6] Umweltbundesamt (2015): Sicherung der Verlässlichkeit der Antifouling-Expositionsschätzung im Rahmen des EU-Biozid-Zulassungsverfahren auf Basis der aktuellen Situation in deutschen Binnengewässern für die Verwendungsphase im Bereich Sportboothäfen. UFOPLAN FKZ 3711 67 432. www.umweltbundesamt.de

[7] PLANCO Consulting (2008): Standortkonzept Sportboothäfen. Reviere Kieler Bucht, Fehmarn und Lübecker Bucht. Schwerin, 23 S.

[8] IGKB (Internationale Gewässerschutzkommission für den Bodensee) (2011): Statistik der Schifffahrtsanlagen. Stand 01.01.2011. www.igkb.org/fileadmin/user_upload/dokumente/publikationen/wissenschaftliche_berichte/statistik_der_schifffahrtsanlagen_stand_01_01_2011.pdf

[9] Mell, W.D. (2008): Strukturen im Bootsmarkt. FVSF-Forschungsbericht Nr.1. Forschungsvereinigung für die Sport- und Freizeitschifffahrt e. V. (FVSF), Köln, 131 S.

[10] Bewuchs-Atlas e.V. (2012): Antifouling Handbuch. Hamburg, 180 S.

[11] LimnoMar (2013): Antifouling-Produktliste. Hamburg, 148 S.

[12] Richtlinie 2013/39/EU des Europäischen Parlaments und des Rates vom 12. August 2013 zur Änderung der Richtlinien 2000/60/EG und 2008/105/EG in Bezug auf prioritäre Stoffe im Bereich der Wasserpolitik. http://eur-lex.europa.eu/LexUriServ/LexUriServ.do?uri=OJ:L:2013:226:0001:0017:DE:PDF

[13] ECI (European Copper Institute) (2008): Voluntary risk assessment of copper, copper II sulphate pentahydrate, copper (I) oxide, copper (II) oxide, dicopper chloride trihydroxide. European Chemicals Agency (ECHA). http://echa.europa.eu/de/copper-voluntary-risk-assessment-reports/-/substance/464/search/+/term

[14] Europäische Union (2010): Risk Assessment Report. Zinc metal. JRC Scientific and Technical Reports. EUR 24587 EN, 710 pp.

[15] Daehne, D., Watermann, B., Hornemann, M. (2012): Reinigung als Alternative zu biozidhaltigen Antifouling-Beschichtungen. Wasser & Abfall 3, 2 – 6.

[16] Daehne, B., Watermann, B., Fürle, C., Daehne, D., Thomsen, A. (2014): Abschlussbericht zum DBU-Projekt. Erprobung von Reinigungsverfahren der Unterwasserbereiche von Sportbooten und küstenoperierenden Schiffen als Bewuchsschutzalternative. Materialbelastung, Effektivität und Gewässerbelastung. Hamburg, 159 S.

Autoren

Dagmar Daehne, Constanze Fürle

LimnoMar, Marine Versuchsstation Norderney,
Am Hafen 10, 26548 Norderney,
E-mail: dagmar.daehne@limnomar.de
Internet: www.limnomar.de

Dr. Michael Feibicke

Umweltbundesamt,
Versuchsfeld Berlin-Marienfelde,
Schichauweg 58,
12307 Berlin
E-Mail: michael.feibicke@uba.de
Internet: www.uba.de

Catrina Cofalla

Hydrotoxikologie – Interdisziplinäre Bewertungsstrategie für kohäsive und schadstoffbelastete Sedimente

Die Erosion abgelagerter feiner Sedimente kann als Quelle für Schadstoffeinträge in unsere Gewässersysteme verstanden werden. Insbesondere kohäsive Sedimente weisen ein erhöhtes Potential an Schadstoffbindung auf. Bioverfügbarkeit und Biozugänglichkeit der vorhandenen Schadstoffe können sich mit variierenden Umweltbedingungen im Gewässer ändern und aquatische Organismen unter Umständen schädigen. Dies beschreibt ein interdisziplinäres Problem, das seither keine ganzheitliche Bearbeitung erlaubt.

1 Einleitung

1.1 Motivation

Änderungen des hydrologischen Kreislaufs in Europa durch globale Auswirkungen des Klimawandels können an der Entwicklung der Niederschlagsmengen und den damit zusammenhängenden Hochwasserereignissen aufgezeigt werden [1, 2, 3]. Es kann zu einer Verschiebung der saisonalen Auftretenswahrscheinlichkeit sowie einer Änderung in Intensität und Frequenz von Hochwässern kommen [4, 5]. Solche klimatischen und hydrologischen Änderungen haben Einfluss auf die Erosion abgelagerter Sedimente in unseren Gewässern.

Die häufige Anhaftung von Schadstoffen an feine Sedimente liegt in der Oberflächeneigenschaft der Partikel und den Interaktionen zwischen den Partikeln begründet [6]. Besonders industriell geprägte Räume weisen eine erhöhte Konzentration an Schadstoffen in abgelagerten Sedimenten auf und stellen damit eine zunehmende Gefahr für die Qualität der aquatischen Umwelt und die Gesundheit des Menschen dar [7]. Wechselwirkungen aufgrund des Chemismus des Wassers und weiterer Umweltbedingungen können zu einer Freisetzung von Schadstoffen führen und so die Bioverfügbarkeit sowie Biozugänglichkeit der anwesenden Schadstoffgruppen für die aquatischen Organismen beeinflussen.

Es ist bekannt, dass unterschiedliche Parameter im betrachteten Gewässer die ökotoxikologischen Risiken beeinflussen können. Diese ökotoxikologischen Risiken können durch die auftretenden Prozesse von belasteten und kohä-

(Quelle: IWW)

Hydrotoxikologie
Die hydrotoxikologische Methodik beinhaltet die experimentelle Verknüpfung der beiden Fachgebiete „Wasserbau und Wasserwirtschaft" sowie „Ökotoxikologie". Zur Abschätzung der sedimentologischen und ökologischen Risiken in Folge von Resuspensionsereignissen wird dabei eine umfassende Analyse der Sedimentdynamik, der Bioverfügbarkeit der vorkommenden Schadstoffgruppen sowie die Erfassung sämtlicher relevanter Wechselwirkungen im betrachteten Gesamtsystem durchgeführt.

siven Sedimenten mit deren Umwelt verändert werden.

Eine Identifikation der hauptsächlich beteiligten Fachgebiete Bauingenieurwesen / Wasserbau und Wasserwirtschaft sowie Biologie / Ökotoxikologie ermöglichte den Aufbau einer neuen Methode. Bisherige Methoden erlauben nur eine beschränkte Betrachtung auf ein Fachgebiet der vorgestellten Problematik und führen damit zu unzureichenden Ergebnissen. Die hydrotoxikologische Methodik bietet den Vorteil, dass bei interdisziplinär definierten Randbedingungen relevante Parameter experimentell abgebildet werden können und die resultierenden Prozesse zeitgleich erfasst werden. Durch die isolierte Betrachtung einzelner Parameter kann der Einfluss bestimmt und anhand der beobachteten Auswirkungen der Prozesse erfolgt eine kombinierte Risikobetrachtung in den beiden genannten Fachgebieten.

Die Hydrotoxikologie bietet derzeit eine einzigartige neue methodische Vorgehensweise an, die von der Konzeptentwicklung bis zur experimentellen Umsetzung stets die Interdisziplinarität als Herausforderung angenommen und akzeptiert hat.

1.2 Fragestellung

Ein methodisches Vorgehen zur nachhaltigen und umfangreichen Bewertung schadstoffbelasteter Sedimente soll entwickelt werden. Hierbei

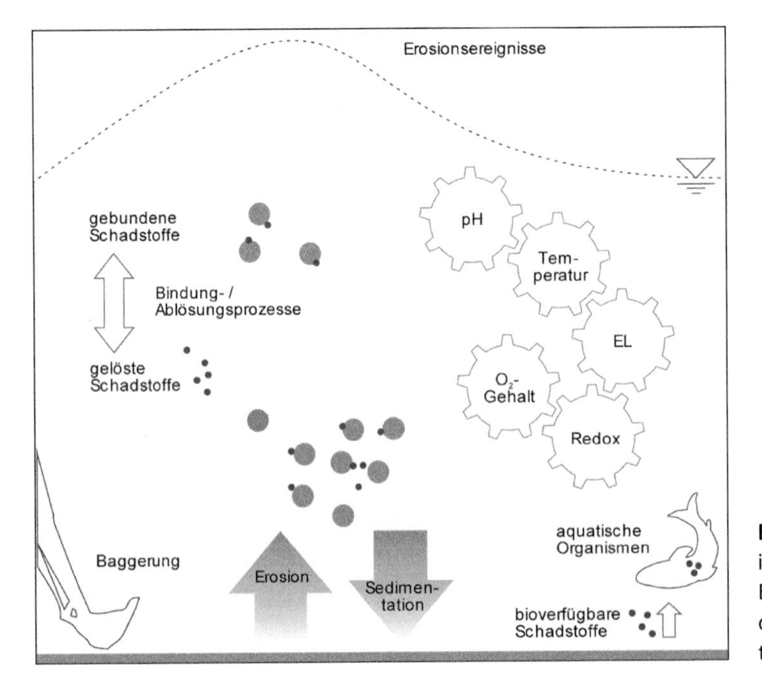

Bild 1: Prozesskreislauf identifizierter Parameter im Betrachtungsraum bei hydrotoxikologischer Betrachtung (Quelle: [8])

spielen insbesondere das interdisziplinäre Vorgehen und die systematische Abbildung der beteiligten Parameter eine entscheidende Rolle. So wird das Ziel verfolgt, unter interdisziplinären Randbedingungen einen Betrachtungsraum rheologisch, hydraulisch und ökotoxikologisch zu beschreiben.

Ein wichtiger Schritt zur Beschreibung und Bewertung des definierten Betrachtungsraums ist die Identifikation relevanter Parameter. Erst eine theoretische Aufstellung beteiligter Parameter und deren experimentelle Erfassung können die Entwicklung einer Rangordnung hinsichtlich der Relevanz der Parameter im Betrachtungsraum erlauben. Zur Verknüpfung der fachgebiete sind die etablierten Methoden in ihrer ursprünglichen Form nicht anwendbar und bedürfen einer Anpassung und Optimierung hinsichtlich der Abbildung der Parameter und deren messtechnischer Erfassung.

Zur detaillierten Betrachtung des Transports und Verbleibs kohäsiver schadstoffbehafteter Sedimente bei gleichzeitiger ökotoxikologischer Beurteilung ist es notwendig, beeinflussende Parameter und resultierende Prozesse zu definieren und voneinander abzugrenzen. Dabei ist es wichtig, Parameter unterschiedlicher Bereiche und Disziplinen in die Betrachtung mit einzubeziehen, um ein ganzheitliches Bild der Wechselwirkungen zwischen Sediment, Wasser, Schadstoff und Organismus während der Erosion aufbauen zu können.

Die betrachteten Parameter kommen aus den Bereichen Rheologie, Hydrodynamik, Ökotoxikologie, Schadstoffbewertung und Hydrochemie. Die Beschreibung der Parameter und Prozesse kann in fünf Parametergruppen (Sedimente, Hydrodynamik, Schadstoffe, Organismen und Umweltbedingungen) untergliedert werden, die den Sediment- und Schadstofftransport nach der Erosion beeinflussen bzw. davon beeinflusst werden. Die Beschreibung der nachfolgenden Parameter und deren Wechselwirkungen bezieht sich ausschließlich auf limnische Gewässersysteme (**Bild 1**).

2 Methodische Vorgehensweise

2.1 Umsetzung der hydrotoxikologischen Methodik

Die Fachgebiete leisten unter monodisziplinären Gesichtspunkten einen unzureichenden Beitrag zur Beantwortung der Fragestellung, ob eine umfangreiche Bewertung schadstoffbelasteter kohäsiver Natursedimente umsetzbar ist, so dass eine Verknüpfung als zielführend angesehen wird.

Eine Verknüpfung erlaubt die gegenseitige Nutzung der fachspezifischen Stärken und Expertisen, so dass durch Wissensmehrung die jeweiligen Schwächen für die beiden betroffenen Fachgebiete Ingenieurwissenschaften (Wasserbau und Wasserwirtschaft) sowie Biologie (Ökotoxikologie) reduziert werden können (**Bild 2**).

2.2 Definition der Hydrotoxikologie

Die Kopplung der beiden unterschiedlichen Fachgebiete ermöglicht den Aufbau einer neuen Expertise im Bereich des integrativen Sediment-

Ingenieurwissenschaften (Wasserbau und Wasserwirtschaft)	Biologie (Ökotoxikologie)
Stärken	
✓ Hydrodynamisches Verständnis ✓ Rheologie und Morphodynamik ✓ Großskalige Experimente ✓ Experimente mit kohäsivem Sediment	✓ Identifizierung von Umweltparametern ✓ Chemische Sedimentanalytik ✓ Biomarker und Analyse ✓ Umgang mit Organismen
Schwächen	
– Verbleib und Transport von Schadstoffen – Effekte auf Organismen – Bioverfügbarkeit von Schadstoffen	– Einfluss der Strömung auf Organismus und Toxizität – Erfahrung mit großskaligen Experimenten – Umgang mit Variabilität von Parametern

Bild 2: Darstellung der fachspezifischen Stärken und Schwächen für die Fachgebiete Ingenieurwissenschaften und Biologie (Quelle: Catrina Cofalla)

managements und dem neu eingeführten Forschungsgebiet der Hydrotoxikologie unter Anwendung der hydrotoxikologischen Methodik, welche einen experimentellen Weg beschreitet (s. Kasten).

2.3 Experimentelle Umsetzung

Bei der Realisierung eines geeigneten Versuchstands stand besonders die ganzheitliche Darstellung sämtlicher relevanter Parameter im Betrachtungsraum im Vordergrund. Besonders wichtig war dabei das Vorhandensein eines ausreichenden Wasser- und Sedimentvolumens, eine kontinuierliche Strömungsgenerierung zur nativen Entwicklung von Erosionsprozessen und weiteren Prozessen (z. B. Entwicklung des pH-Werts). Die Anpassung des bestehenden Kreisgerinnes am Institut für Wasserbau und Wasserwirtschaft der RWTH Aachen University an die Randbedingungen hydrotoxikologischer Experimente wurde durch die Weiterentwicklung der Messtechnik erreicht (**Bild 3**).

2.4 Ergebnisse und Interpretation

2.4.1 Sedimentherkunft

Die verwendeten natürlichen Sedimente wurden im Rhein (Entnahmeposition: Koblenz- Ehrenbreitstein Fluss-km 591 bei 50°21‘ 12“ N, 7°36‘ 27“ E, Entnahmedatum: April 2011) und in der Mosel (Entnahmeposition: Staustufe Palzem, Stadtbredimus, Luxemburg bei 49°33‘ 54“ N, 6°22‘ 8“ E, Entnahmedatum: Juni 2012) entnommen. Die Entnahme der Sedimente an beiden Gewässern erfolgte mit Hilfe eines Schiffs und Baggern.

2.4.2 Durchgeführte Experimente

Insgesamt sind zwölf Experimente zur Validierung der neu aufgebauten Methodik Hydrotoxikologie konzipiert und durchgeführt worden. Die Vorstudie (Gruppe A), die zum konzeptionellen Aufbau der Experimente durchgeführt wurde, wird hier nicht vorgestellt. Die nachfolgenden Experimente lassen sich in zwei Hauptgruppen gliedern (**Tab. 1**). Die Gruppe B konzentriert sich auf die Untersuchung des Sedimentverhaltens

Bild 3: Das Kreisgerinne als Versuchstand für hydrotoxikologische Experimente mit angepasster Messtechnik (kleine Bilder: oben – Probennehmer, unten – Messzelle (Quelle: [8])

Tab. 1 | Darstellung Versuchsprogramm (gekürzte Fassung)

		Gruppe	Nr.	Sedimenttyp/ Herkunft	Belastung	pH-Wert
Hydrotoxikologische Experimente	Sedimentologischer Schwerpunkt	B	1	natürlich / Rhein	nativ	–
			2	natürlich / Rhein	Cu	–
			3	natürlich / Rhein	Cu	6.5
			4	natürlich / Rhein / Mosel	nativ	–
			5	natürlich / Mosel	nativ	–
	Ökotoxikologischer Schwerpunkt	C	1	natürlich / Rhein	nativ	–
			2	natürlich / Rhein	Cu	–
			3	natürlich / Rhein	Cu	6.5
			4	natürlich / Rhein / Mosel	nativ	–
			5	natürlich / Mosel	nativ	–
		D				
		K	–	–	nativ	–

(Quelle: Catrin Cofalla)

unter Strömungsangriff. Die Experimente, die der Gruppe C zugeordnet sind, fokussieren sich auf die ökotoxikologischen Auswirkungen der erodierten und zum Teil belasteten Sedimente durch Exposition von Organismen (hier: Regenbogenforellen). Um den Einfluss einzelner Parameter (z. B. pH-Wert) zu identifizieren, werden diese gezielt variiert. In Experimenten mit den Nummern 2 und 3 wird der Einfluss des Schwermetalls Kupfer und in den Experimenten mit den Nummern 4 und 5 wird der Einfluss einer natürlichen organischen Belastung untersucht.

Der Einfluss der Strömung (D) und der Hälterungsanlage als Nullversuch (K) werden in separaten Gruppen ermittelt.

2.4.3 Zeitlicher Ablauf der Experimente

Um die vorgestellten spezifischen Parameter beobachten und quantifizieren zu können, wurden das gewonnene Sediment und eine entsprechende Wassermenge in das Kreisgerinne gegeben. Nach einer kurzen Mischphase zur Homogenisierung des Wasser-Sediment-Gemischs folgt eine siebentägige Konsolidierungsphase. Nach Besatz der Fische beginnt die eigentliche experimentelle Phase. Im Verlauf von sieben Tagen werden acht unterschiedliche Sohlschubspannungen τ eingestellt mit einer Stufenlänge von 21 Stunden und einem Stufenanstieg von je 0,05 N/m^2, so dass eine maximale Sohlschubspannung τ von 0,4 N/m^2 erreicht wird (**Bild 4**).

2.4.4 Ergebnisse

Die Durchführung der ersten hydrotoxikologischen Experimente mit der Verwendung natürlicher Parameter kann als erfolgreich eingestuft werden [9, 10]. Die Isolation einzelner Parameter konnte realisiert werden und erlaubte die anschließende Identifikation von Prozessen und Wechselwirkungen zwischen den Parametern.

Ergebnisse zum untersuchten Sedimenttransport

Allgemein gilt, dass das Sediment in allen Experimenten erodiert werden konnte. Die stufenweise Erhöhung der Sohlschubspannung resul-

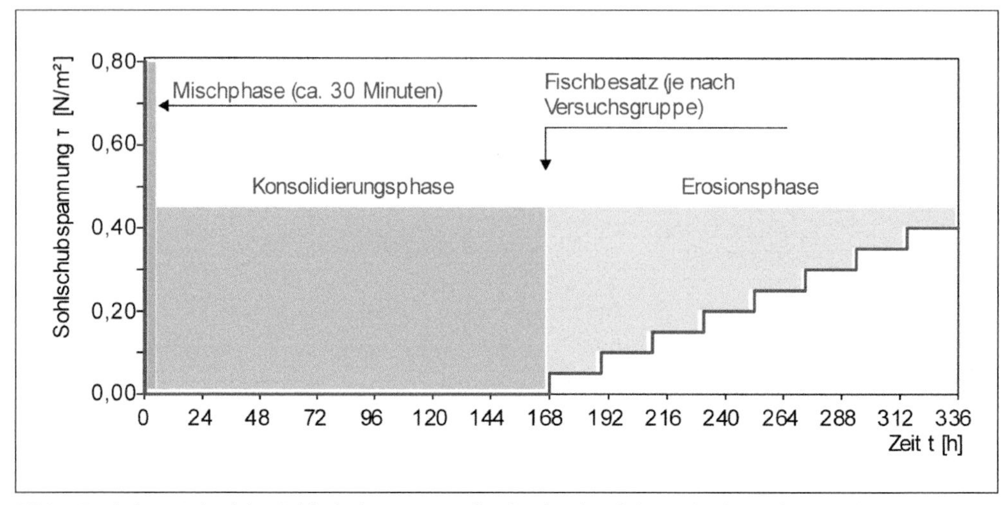

Bild 4: Zeitlicher Verlauf der Sohlschubspannung für die durchgeführten hydrotoxikologischen Experimente (Quelle: Catrin Cofalla)

tiert am Ende jeder Stufe in einem stationären Zustand der gemessenen Konzentration gelöster Stoffe (SPM). Die Entwicklung während der Experimente zeigt unterschiedliches Erosionsverhalten, was auf unterschiedliche Sedimentmischungen, sich ändernde pH-Werte, anwesende Schadstoffe und die ausgesetzten Fische zurückzuführen ist. Die beobachtete Erosion konnte in allen Versuchen als Oberflächenerosion identifiziert werden. Die Masse erodierten Sediments unterschied sich jedoch, was für die untersuchten Sedimente verschiedene Erosionstiefen zur Folge hatte (**Bild 5**). Das Moselsediment weist den geringsten Erosionswiderstad auf; von dieser Sedimentschicht werden 11,59 mm erodiert. Sowohl das Sediment des Rheins, als auch die

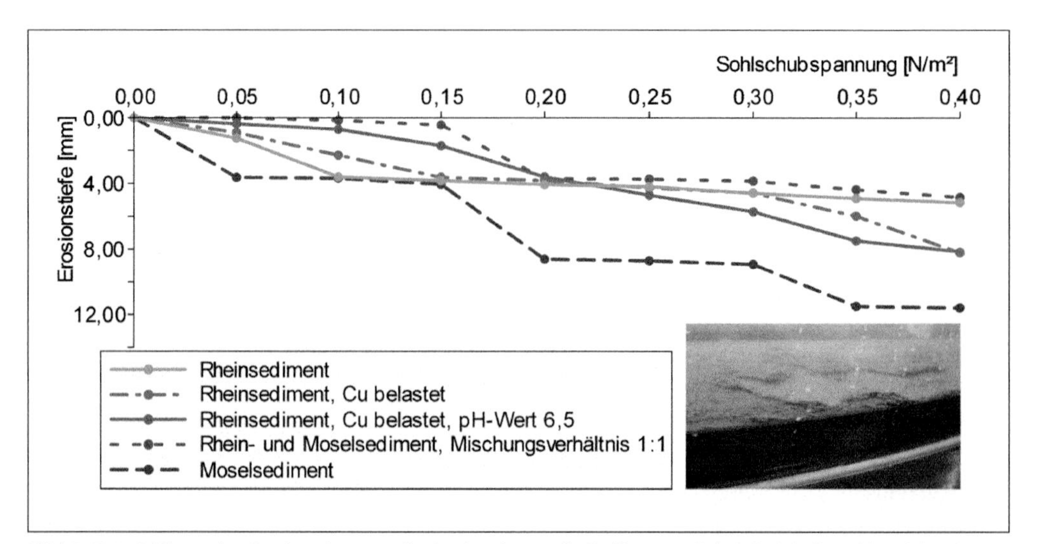

Bild 5: Entwicklung der Erosion dargestellt als abnehmende Sedimentmächtigkeit in [mm] in Abhängigkeit der wirkenden Sohlschubspannung [N/m²]; unten rechts: Eingesetztes Sediment aus dem Rhein bei beginnender Erosion (Quelle: [8])

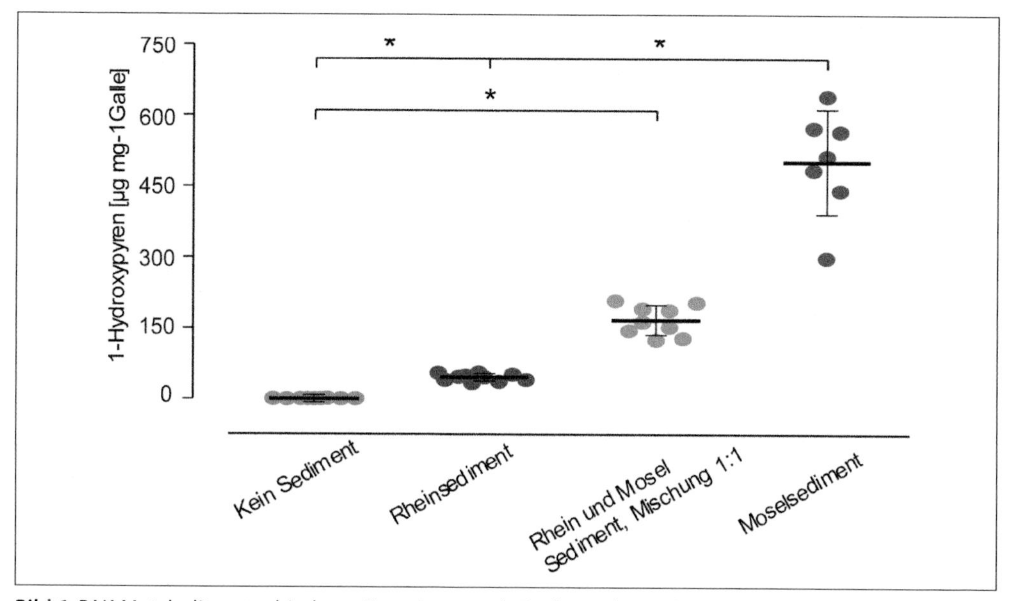

Bild 6: PAK-Metabolite verschiedener Experimente als Funktion der Sedimente; statistische Abhängigkeiten angegeben (Quelle: [1])

Sedimentmischung (Rhein:Mosel 1:1) zeigten einen höheren Erosionswiderstand. Die Versuche endeten mit einer Erosionstiefe von 5,10 mm bzw. 4,85 mm nach Ende des jeweiligen Experiments.

Ergebnisse im Fachbereich Biologie (Ökotoxikologie)

Die Exposition der Fische wurde durchgeführt, um die ökotoxikologische Wirkung natürlicher erodierter Sedimente nachzuweisen. Dazu wurden geeignete Biomarker ausgewählt (EROD-Aktivität, GST-Aktivität, Mikronuclei). Die Konzentration der PAK-Metaboliten in der Galle ist beispielsweise ein Biomarker, um das Vorhandensein von PAKs im Sediment nachzuweisen. Die Ergebnisse zeigten einen signifikanten Anstieg der PAK-Metaboliten mit ansteigender Belastung des Wasserkörpers (**Bild 6**). Eine statistische Signifikanz kann für die Experimente ohne Sediment (Leitungswasser, 0.97±0.38 µg/ml), für das Moselsediment (502.57 ± 110.83 µg/ml) und die Sedimentmischung (168.31 ± 31.91 µg/ml) nachgewiesen werden. Darüber hinaus gibt es eine statistische Signifikanz für die Experimente mit 100 % Rhein- (46.47 ± 7.34 µg/ml) und 100 % Moselsediment.

Hydrotoxikologische Interpretation der Ergebnisse

Die Ergebnisse bestätigten, dass es möglich ist, die neu entwickelte Methodik im verwendeten Versuchsaufbau durchzuführen. Des Weiteren zeigen die Ergebnisse, dass die ablaufenden Prozesse und Wechselwirkungen Parameter mit der neuen Methode identifiziert und bestimmt werden können. Die Auswahl der gewählten Parameter kann als relevant für die Beurteilung schadstoffbehafteter Sedimente und deren Prozesse im Betrachtungsraum eingestuft werden. Dabei sind die folgenden Parameter von besonderer Wichtigkeit und zeigen die höchste Signifikanz und beeinflussen viele Prozesse: Schwebstoffkonzentration, Sohlschubspannung, pH-Wert, Wasserhärte, Schadstoffkonzentration in der Schwebstofffracht, Aktivität der Ethoxyresorufin-O-deethylase (EROD), Messung der PAK-Metabolite in der Galle sowie Induktion der Mikrokernrate.

3 Zusammenfassung und Ausblick

Die Erosion schadstoffbehafteter und kohäsiver Sedimente sowie die mögliche Freisetzung von Schadstoffen stellen ein akutes interdisziplinäres

Problem im Bereich des nachhaltigen Sedimentmanagements dar. Bisher ist kein integrierter Ansatz verfügbar, der zur Identifizierung relevanter Parameter und damit resultierender Prozesse sowie Folgenabschätzungen des schadstoffbehafteten Sedimenttransports unter Berücksichtigung ökotoxikologischer Auswirkungen geeignet ist. Die hydrotoxikologische Methode wurde am Institut für Wasserwirtschaft und Wasserbau der RWTH Aachen University entwickelt und erstmalig durchgeführt.

Zur Validierung der hydrotoxikologischen Methodik sind zwölf Experimente im Kreisgerinne des Instituts für Wasserbau und Wasserwirtschaft der RWTH Aachen University durchgeführt worden. Die Ergebnisse belegen die erfolgreiche Umsetzung der hydrotoxikologischen Methodik. Die Auswahl der Parameter kann daher als relevant und zielführend zur Bewertung schadstoffbehafteter Sediment eingestuft werden. Die ersten Experimente weisen neben der Eignung des Versuchsstands für die Hydrotoxikologie auch einige Potentiale und Optimierungsmöglichkeiten für eine Weiterführung der bisherigen Methodik auf.

Die ersten hydrotoxikologischen Experimente konzentrieren sich auf Sedimente aus limnischen Gewässersystemen. Um Sedimente auf ihrem Weg von der Quelle bis zur Mündung verfolgen zu können, sollte in zukünftigen Untersuchungszielen auch der Bereich der marinen Sedimente berücksichtigt werden.

Die neue Methode bietet des Weiteren die Möglichkeit, kontaminierte Sedimente genauer zu erfassen und zu vergleichen, um in Zukunft eine solide Datenbasis, inklusive ökotoxikologischer Daten, zu haben. Diese könnte genutzt werden, um eine integrierte Struktur für das Sedimentmanagement zu erstellen, die in der Lage ist, die verschiedenen Wechselwirkungen zwischen den relevanten Parametern darzustellen. Wird die Methode in Zukunft auf industriell vorbelastete Standorte angewandt, so ist es wichtig, ein integriertes und nachhaltiges Sedimentmanagement zu installieren, um mit den verschiedenen variierenden Voraussetzungen zurechtzukommen.

Literatur

[1] Arnell, N.W. (1999): Climate change and global water resources. Global Environmental Change, 9 (Supplement 1), p.31–49.

[2] Frei, C.; Davies, H.; Gurtz, J. & Schär, C. (2000): Climate dynamics and extreme precipitation and flood events in Central Europe. Integrated Assessment, 1(4), p.281–300.

[3] Parry, M. L.; Canziani, O. F.; Palutikof, J. P.; van der Linden, P. J. & Hanson, C. E. (eds.) (2007): Contribution of Working Group II to the Fourth Assessment Report of the Intergovernmental Panel on Climate Change, 2007. Cambridge, United Kingdom and New York, NY, USA: Cambridge University Press.

[4] Milly, P.C.D.; Wetherald, R.T.; Dunne, K.A. & Delworth, T.L. (2002): Increasing risk of great floods in a changing climate. Nature, 415(6871), p.514–517.

[5] Middelkoop, H. & Kwadijk, J.C.J. (2001): Towards integrated assessment of the implications of global change for water management – the Rhine experience. Physics and Chemistry of the Earth, Part B: Hydrology, Oceans and Atmosphere, 26(7-8), p.553–560.

[6] Calmano, Ahlf, Baade, Förstner (1988): Transfer of heavy metals from polluted sediments under changing environmental conditions. Lisbon: Technische Universität Harburg, Verfahrenstechnik. Umwelttechnik und Energiewirtschaft V-9; S. 501–6.

[7] Owens, P. (2005): Conceptual Models and Budgets for Sediment Management at the River Basin Scale. Journal of Soils and Sediments, 5(4), p.201–212.

[8] Cofalla, C. (2015): Hydrotoxikologie – Entwicklung einer experimentellen Methodik zur Charakterisierung und Bewertung kohäsiver schadstoffbehafteter fluvialer Sedimente. Dissertation. Aachen: RWTH Aachen University.

[9] Brinkmann, M.; Hudjetz, S.; Cofalla, C.; Roger, S.; Kammann, U.; Giesy, J.; Hecker, M.; Wiseman, S.; Zhang, X.; Wölz, J.; Schüttrumpf, H.; Hollert, H. (2010): A combined hydraulic and toxicological approach to assess re-suspended sediments during simulated flood events. Part I-multiple biomarkers in rainbow trout. Journal of soils and sediments, 10 (7), p.1347–1361.

[10] Cofalla, C.; Hudjetz, S.; Roger, S.; Brinkmann, M.; Frings, R.; Wölz, J.; Schmidt, B.; Schäffer, A.; Kammann, U.; Hecker, M.; Hollert, H. & Schüttrumpf, H. (2012): A combined hydraulic and toxicological approach to assess re-suspended sediments during simulated flood events—part II: an interdisciplinary experimental methodology. Journal of Soils and Sediments, 12(3), p.429–442.

Autorin

Dr.-Ing. Catrina Cofalla

Institut für Wasserbau und Wasserwirtschaft,
RWTH Aachen University
Mies-van-der-Rohe-Str. 17
52056 Aachen
E-Mail: cofalla@iww.rwth-aachen.de

Gabriele Stiller, Friederike Eggers, Annegret Holm und Michael Trepel

Biologische Erfolgskontrolle Gewässerunterhaltung

Die Erfolgskontrolle zur Gewässerunterhaltung an fünf Pilotstrecken in Schleswig-Holstein zeigt, dass es durch Einführung einer Stromstrichmahd zu positiven Veränderungen der Wasserpflanzenbestände und einzelner Strukturparameter kommt. Auf die hiermit verbundene Erhöhung der Lebensraumvielfalt hat die Wirbellosenfauna mit signifikanten Zunahmen fließgewässertypischer Arten und einer Verbesserung des ökologischen Zustands reagiert.

Mit der Einführung der EG-Wasserrahmenrichtlinie wird dem Schutz der Gewässer als Lebensraum für Pflanzen und Tiere eine große Bedeutung geschenkt. Bis 2027 soll der gute ökologische Zustand bzw. das gute ökologische Potenzial in allen Gewässern erreicht sein. Derzeit sind die Gewässer in Schleswig-Holstein noch weit davon entfernt. Defizite bestehen vor allem bei der Hydromorphologie, den diffusen Nährstoffeinträgen und der fehlenden Durchgängigkeit. Besonders negativ sind dabei der fehlende Gehölzbewuchs am Gewässer, die mangelnde Substrat- und Strukturvielfalt im Gewässerbett sowie die Folgen einer häufig zu intensiven Gewässerunterhaltung.

Vor diesem Hintergrund wurde die „Optimierung der Gewässerunterhaltung" als flächendeckende konzeptionelle Maßnahme in die Bewirtschaftungspläne der Flussgebietseinheiten Schleswig-Holsteins aufgenommen. Dabei bestehen bei den unterschiedlichen Nutzern aufgrund der bisherigen Praxis und des geringen Gefälles vieler Fließgewässer Bedenken, dass eine schonende Gewässerunterhaltung zu einem Anstieg der Wasserstände führt und damit der ordnungsgemäße Abfluss und die angrenzenden Nutzungen nicht mehr sichergestellt sind.

Die Notwendigkeit einer Veränderung der Unterhaltungspraxis wurde bereits im Jahr 2005 für Schleswig-Holstein dokumentiert [1]. Außerdem haben Auswertungen zu Wasserpflanzenvorkommen in Schleswig-Holstein im Jahr 2006 gezeigt, dass die Unterhaltungsart und -intensität Einfluss auf den ökologischen Zustand der Wasserpflanzengemeinschaften haben [2]. Um weitere Erkenntnisse bei der Umstellung der Unterhaltung zu erlangen und deren Wirkung auf die Vielfalt der Fließgewässervegetation und der Wirbellosenfauna unter Berücksichtigung des ordnungsgemäßen Abflusses zu untersuchen, wurde 2009 ein Projekt zur Einführung einer schonenden Gewässerunterhaltung in Form einer Erfolgskontrolle gestartet [3]. Hierzu wurden fünf Fließgewässerstrecken auf einer Länge von jeweils 500 m, in denen auf eine schonende und naturschutzgerechte Gewässerunterhaltung umgestellt wurde, über einen Zeitraum von fünf Jahren im Hinblick auf Flora, Fauna und Strukturen untersucht.

Pilotstrecken

Gemeinsam mit umstellungsbereiten Wasser- und Bodenverbänden wurden fünf Gewässer für das Projekt ausgesucht. Hierbei handelt es sich um Treene und Beste mit Breiten von 7 – 8 m sowie Eider, Mühlenbarbeker Au und Linau mit Breiten von 3 – 4 m, die sich über die Fließgewässerlandschaften Geest und Östliches Hügelland in Schleswig-Holstein verteilen. Die Gewässerstrecken sind durchweg ausgebaut und strukturell verarmt. Während die Pilotstrecken von Eider und Linau den kiesgeprägten Fließgewässern zugeordnet sind (LAWA-FG-Typ 16), gehören die Strecken an Treene, Mühlenbarbeker Au und Beste zu den sandgeprägten Tieflandbächen (LAWA-FG-Typ 14). Die Pilotstrecken von Treene, Eider und

Mühlenbarbeker Au liegen in FFH-Gebieten. Außerdem sind die fünf Gewässer im Bereich der Pilotstrecken und teils darüber hinaus als Vorranggewässer für eine oder mehrere der biologischen Qualitätskomponenten in Schleswig-Holstein eingestuft [4].

Untersuchungskonzept und Methoden

Das Untersuchungskonzept zum Nachweis der Wirkung einer veränderten Gewässerunterhaltung auf Flora und Fauna beinhaltet neben einer Strukturgütekartierung und den WRRL-Untersuchungsmethoden für die Qualitätskomponenten Wasserpflanzen (Makrophyten = MP) und Wirbellosenfauna (Makrozoobenthos = MZB) auch speziell für die Erfolgskontrolle entwickelte Detailuntersuchungen über den Gewässerquerschnitt. Letztere dienen dazu auch kurzfristige Veränderungen zu erfassen. Die Probenahmebereiche wurden in einem Untersuchungsdesign für alle Pilotstrecken standardisiert festgelegt (**Bild 1**).

Während die Erfassung der Makrophyten nach dem PHYLIB-Verfahren [5] erfolgte, kam zur Bewertung des ökologischen Zustands außer PHYLIB auch das Schleswig-Holstein-eigene BMF-Verfahren [6] zur Anwendung. Bei den Detailuntersuchungen über den Gewässerquerschnitt wurden Pflanzenarten und Deckungsanteile zur Erfassung von Veränderungen des Arteninventars, der räumlichen Verteilung sowie des strukturellen Aufbaus der Wasserpflanzenbestände erhoben. Die WRRL- konforme Beprobung des Makrozoobenthos erfolgte mittels Multi-Habitat-Sampling [7] und die Bewertung des ökologischen Zustands nach PERLODES. Beim Detailverfahren wurde die Wirbellosen-

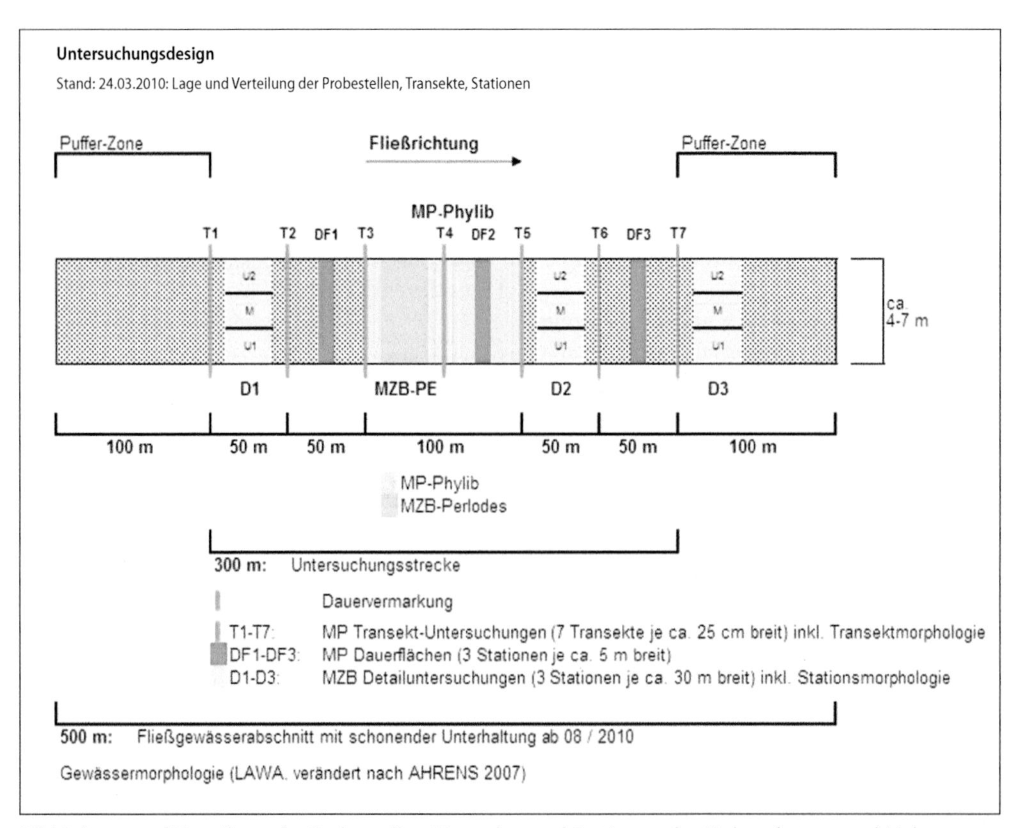

Bild 1: Lage und Verteilung der Probestellen, Transekte und Stationen der Makrophyten- und Makrozoobenthos-Untersuchungen an den Pilotstrecken (Quelle: Gabriele Stiller)

fauna mit je einer Probe aus den Uferbereichen und einer aus der Gewässermitte erfasst. Ausgewertet wurde hierbei ausschließlich die Gruppe der Insekten.

Im Rahmen der Detailuntersuchungen von Flora und Fauna wurden außerdem die für die Wirbellosenfauna relevanten Strukturparameter Substrat, Tiefe und Strömung [8] über den Gewässerquerschnitt erfasst. Zur Dokumentation von Veränderungen der Gewässermorphologie im Bereich der Pilotstrecken wurde außerdem jeweils eine Strukturkartierung zu Beginn und mit Abschluss des Projektes durchgeführt [9, 10].

Die statistischen Auswertungen erfolgten mit dem Programm STATeasy 2013 [11]. Zur Signifikanzprüfung der untersuchten Parameter vor und nach Umstellung der Unterhaltung kamen je nach Stichprobenart der t-Test oder der Wilcoxon-Test zum Einsatz.

Nachdem in den Jahren 2009 und 2010 der Ist-Zustand der Gewässerstrukturen sowie der Wasserpflanzen und Wirbellosenfauna aufgenommen worden war, erfolgte in den Jahren 2011 – 2013 die Erfassung von Veränderungen indem das komplette Untersuchungsprogramm jährlich erneut durchgeführt wurde.

Ergebnisse

Umstellung der Gewässerunterhaltung

Im Jahr 2009 wurde die Gewässerunterhaltung an den Pilotstrecken „wie bisher" durchgeführt. In Abstimmung mit den zuständigen Wasser- und Bodenverbänden und den ausführenden Lohnunternehmern wurden die Unterhaltungsmaßnahmen vor Ort begleitet. Dabei wurden Art, Umfang und eingesetzte Geräte dokumentiert. Hiernach konnten die fünf Pilotstrecken drei Gruppen zunehmender Intensität der Unterhaltung zugeordnet werden: Ehemals bereits relativ schonend wurde an der Linau mit der Handsense weniger als zwei Drittel der Sohle gekrautet. Die in Schleswig-Holstein häufigste Art der Unterhaltung, nämlich Sohlmahd mit Mähkorb wurde bei Treene, Eider und Beste angewandt. An der Mühlenbarbeker Au fand die Unterhaltung in Form einer Sohlräumung mit Grabenschaufel und Schlegeln der Böschung statt. Die Böschungsmahd wurde mit Ausnahme an der Eider (**Bild 2**) an allen Gewässern einseitig durchgeführt.

Nachdem für die fünf Pilotstrecken bis 2009 eine weitgehend intensive Unterhaltung mit viel „Beifang" an Wirbellosen und Wirbeltieren dokumentiert worden war, wurde die Unterhaltung

Bild 2: Pilotstrecke Eider: links Gewässerunterhaltung bis 2009: beidseitige Böschungs- und komplette Sohlmahd in einem Arbeitsgang – rechts Gewässerunterhaltung ab 2010: durch wechselseitiges Krauten der Sohle mit abschnittsweiser Böschungsmahd auf der Arbeitsseite hat sich ein schlängelnder Stromstrich entwickelt (Quelle: Gabriele Stiller)

im Herbst 2010 umgestellt. Dabei wurde an allen fünf Gewässern zur Herstellung eines schlängelnden Stromstrichs ein wechselseitiges Krauten der Sohle durchgeführt (**Bild 3**). Zur ordnungsgemäßen Ausführung der Arbeiten wurde dort, wo die Sohle auf der Arbeitsseite gekrautet wurde, jeweils die Uferböschung vorab gemäht, um dem Baggerfahrer freie Sicht auf die Sohle zu ermöglichen.

Ferner wurde darauf geachtet, dass die Sohle und die unmittelbaren Uferbereiche am Böschungsfuß durchweg geschont wurden, indem die Mindest-Schnitthöhe von 10 – 20 cm sowohl beim Krauten der Sohle als auch beim Mähen der Böschung eingehalten wurde (Bild 2). Nach jedem Arbeitsgang wurde das Mähgut außerhalb des Gewässerprofils abgelegt und der Mähkorb entsprechend leer ins Gewässer eingetaucht. Somit wurde nicht nur der Unterhaltungsumfang durch die Stromstrichmahd reduziert, sondern auch die Arbeiten schonend ausgeführt [1, 13, 14].

Seit Umstellung der Gewässerunterhaltung in 2010 gab es nahezu keinerlei „Beifang" an größeren Wirbellosen- und Wirbeltieren und es wurde kein Substrat aus der Sohle entnommen. Schließlich kam es im gesamten Zeitraum seit Einführung der schonenden Gewässerunterhaltung zu keinerlei Abflussproblemen an den bzw. durch die Pilotstrecken, so dass Art und Umfang der Unterhaltung ausreichend waren.

Die Dokumentation des Zeitaufwands seit Beginn des Projekts zeigt, dass der Bearbeitungsaufwand für die schonende Gewässerunterhaltung an vier der fünf Gewässer im Jahr 2013 teils deutlich unter dem der herkömmlichen Unterhaltung in 2009 liegt. Somit führt eine schonende Unterhaltung nicht zu Mehrkosten, sondern kann sogar günstiger sein als herkömmliche Unterhaltung.

Über die Jahre konnten die Unterhaltungsarbeiten trotz Wechsel der Bearbeiter und/oder der Geräte an allen Gewässern im Wesentlichen nach den erstmals in 2010 ausgeführten Bearbeitungsplänen „Stromstrichmahd" durchgeführt und damit das räumliche Muster gefestigt werden. An einigen Stellen waren die Unterhaltungswechsel und damit der Stromstrich im Verlauf des Monitorings zunehmend gut erkennbar (Bild 2).

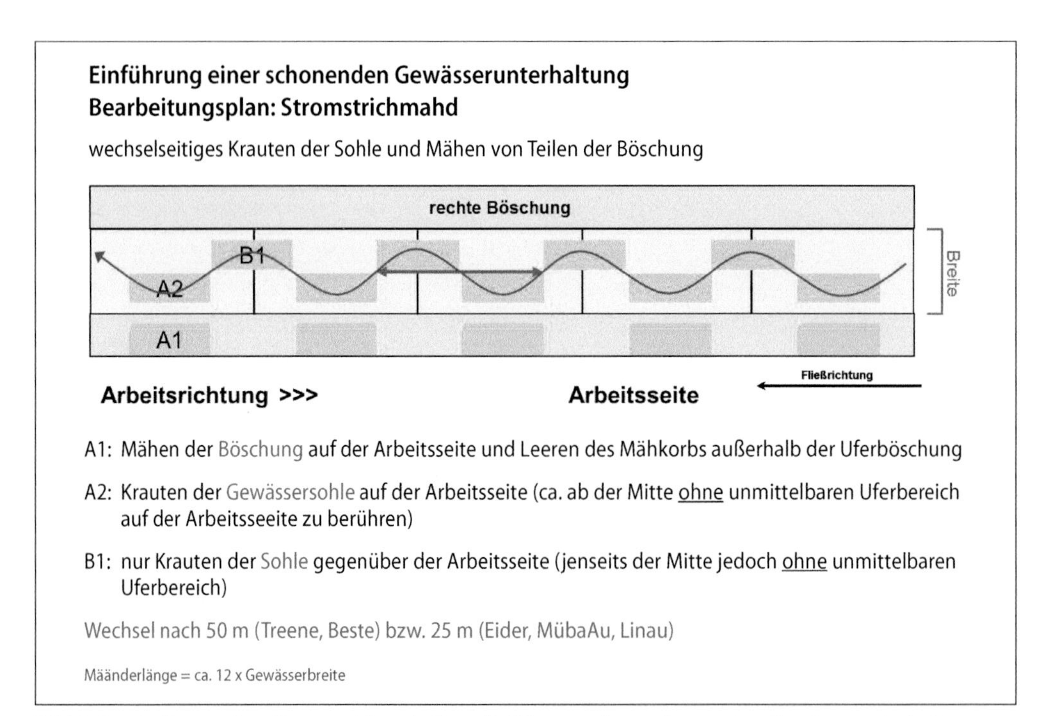

Bild 3: Bearbeitungsplan „Stromstrichmahd" zur Einführung einer schonenden Gewässerunterhaltung an den fünf Pilotstrecken – Hinweise zur Mäanderlänge aus [12] (Quelle: Gabriele Stiller)

Gewässerstruktur

Von den im Rahmen der Strukturkartierung untersuchten 32 Parametern haben sich bis zum Jahr 2013 nachweislich sechs Einzelparameter signifikant und über alle Gewässer hinweg verbessert: Längsbänke, Strömungsdiversität und Tiefenvarianz, Substratzusammensetzung und Substratdiversität sowie Uferbewuchs. Ihre Verbesserungen haben zu einer Aufwertung der Hauptparameter Laufentwicklung, Längsprofil, Sohlenstruktur und Uferstruktur geführt. Hierüber ergeben sich Verbesserungen in den Bereichen Sohle und Ufer, während der Bereich Land keine Veränderungen erfährt, da er von der Gewässerunterhaltung nicht direkt beeinflusst ist. Die Verbesserungen der Einzelparameter schlagen sich im Endergebnis der Strukturgütebewertung lediglich in den Nachkommastellen nieder, da „nur" diese 6 der 32 Einzelparameter direkt von der Unterhaltung betroffen sind.

Auslöser für die Entwicklungen ist, dass durch die seit 2010 durchgeführte wechselseitige Gewässerunterhaltung mit schonen der Uferböschungen insbesondere im Mittelwasserbereich schwimmende Röhrichtmatten entstanden sind. Diese haben sich durch Sedimentation von Feinsedimenten zunehmend gefestigt und grenzen sich heute teils deutlich vom übrigen Gewässerbett ab, wie am Beispiel der Pilotstrecke Linau besonders deutlich wird (**Bild 4**). Die uferparallelen Röhrichtbänke sorgen für Einengung des Gewässerlaufs bei Mittel- und Niedrigwasser, was zur Erhöhung von Strömungsdiversität und Tiefenvarianz und in der Folge zur Substratsortierung geführt hat. Insbesondere diese gehören zu den strukturgebenden bzw. relevanten Parametern für Flora und Fauna, so dass ihre Verbesserungen zu den nachgewiesenen Aufwertungen der Makrophyten und des Makrozoobenthos an den Pilotstrecken geführt haben.

Wasserpflanzen (Makrophyten)

Die ökologische Zustandsklasse der Makrophytenbestände der fünf Pilotstrecken zeigt sowohl nach dem BMF-Verfahren als auch nach dem PHYLIB-Verfahren seit der Erstkartierung bzw. der Umstellung der Gewässerunterhaltung keine Tendenz – weder zur Verschlechterung noch zur Verbesserung. Die Bewertung liegt für Treene und Mühlenbarbeker Au bei „mäßig" (Zustandsklasse 3) und für Eider, Linau und Beste bei „unbefriedigend" (4), so dass die Makrophyten an allen Pilotstrecken das Ziel der WRRL, den guten ökologischen Zustand, trotz Unterhaltungsumstellung noch verfehlen. Betrachtet man die einzelnen dem PHYLIB-Verfahren bei der Bewertung zugrunde liegenden Indices, wie die Eveness als Maß für die Vielfalt der Pflanzenbestände und den Referenzindex, so zeigen sich jedoch erste positive Tendenzen. Danach haben die Vielfalt der Makrophytenbestände und der Referenzindex unter Berücksichtigung der Mittelwerte über

Bild 4: Pilotstecke Linau im November 2009 (links) und im Frühjahr 2014 (rechts): Beispiel für die Entwicklung von uferparallelen Längsbänken durch die wechselseitige Unterhaltung (Quelle: Gabriele Stiller)

alle Pilotstrecken betrachtet nach Unterhaltungsumstellung signifikant leicht zugenommen.

Bei den Dauerflächen- und Transektuntersuchungen zeichneten sich bei Treene und Mühlenbarbeker Au bereits in 2012 erste Entwicklungen ab, die sich auch in 2013 fortgesetzt haben. So konnten Zunahmen von Gütezeigern und/oder Leitbild-konformen untergetaucht lebenden Wasserpflanzenarten festgestellt werden bei gleichzeitigem Rückgang von Störzeigern (z. B. Kleinlaichkräuter). Insgesamt sind die Bestände vor allem in ihrem strukturellen Aufbau vielfältiger geworden. An allen Pilotstrecken kann das Aufkommen von amphibischen Makrophytenarten *(Myosotis scorpioides, Nasturtium microphyllum, Rorippa amphibia)* im Wasserwechselbereich und die zunehmende Entwicklung von uferparallelen Röhrichtsäumen (= emerse MP) positiv bewertet werden. Diese wirken als Strömungslenker und haben Verbesserungen einzelner Strukturparameter bewirkt.

Bild 5 zeigt den Zusammenhang zwischen wechselseitiger Unterhaltung und der Entwicklung von emersen Makrophyten, Substratsortierung und Tiefenvarianz am Beispiel von Transekt T6 an der Pilotstrecke Eider. Vor Umstellung der Unterhaltung herrschte hier 2010 auf der Sohle Sand, zu den Rändern hin auch Schlamm, vor. Die Tiefe über den Querschnitt war einheitlich ausgebildet. Am Ufer fanden sich schmale Röhrichtsäume. Nach Unterhaltungsumstellung ergab die Untersuchung von Transekt T6 im Jahr 2012 ein leichtes Einschneiden in die Gewässersohle. Im Jahr 2013 wies das Querprofil eine asymmetrische Tiefenverteilung und deutliche Substratsortierung auf: Dort, wo nicht unterhalten worden war (links), hatten sich emerse Makrophyten ausgedehnt, aufgrund der hier ufernah verringerten Strömung für Sedimentation von Feinsubstrat und Auflandung mit verringerten Gewässertiefen gesorgt. Durch die emersen Makrophyten wurde der Querschnitt eingeengt und das Wasser auf die rechte Hälfte der Sohle gelenkt, wo es sich bedingt durch höhere Fließgeschwindigkeiten bis zum lagestabilen Kies eingeschnitten und den Stromstrich vertieft hat.

Wirbellosenfauna (Makrozoobenthos)

Die Makrozoobenthosuntersuchungen zeigen, dass die Artenzahlen an allen Pilotstrecken nach Umstellung der Gewässerunterhaltung signifikant zugenommen haben (**Bild 6a**). Dabei betrug der Anstieg bei der Eider das Dreifache des Ausgangswertes vor Unterhaltungsumstellung. Steigende Artenzahlen sind jedoch nicht allein ausschlaggebend für die Bewertung der Regene-

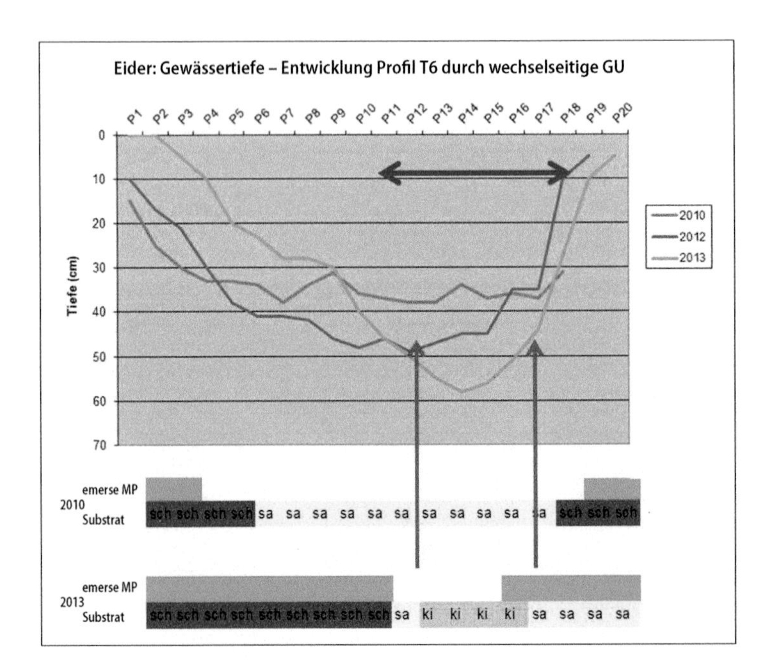

Bild 5: Zusammenhang und Entwicklung von emersen Makrophyten (MP, grün), Substratsortierung und Tiefenvarianz am Beispiel von Transekt T6 an der Pilotstrecke Eider: wechselseitige Gewässerunterhaltung (GU) hier auf der rechten Seite (blauer Pfeil) – Legende: ki = Kies, sa = Sand, sch = Schlamm (Quelle: Gabriele Stiller)

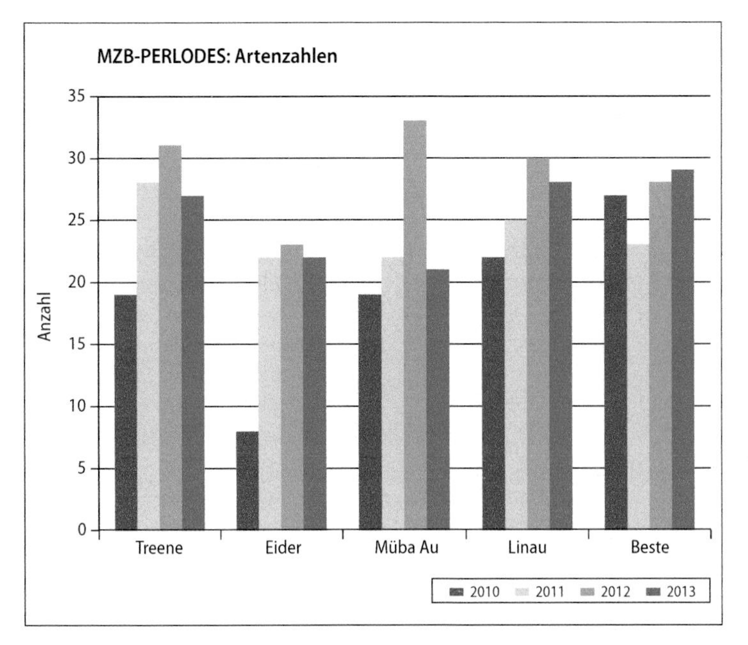

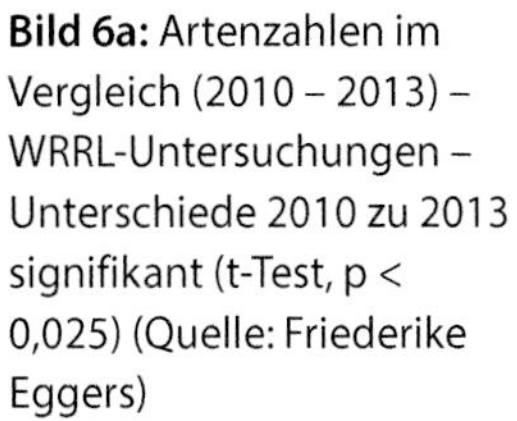
Bild 6a: Artenzahlen im Vergleich (2010 - 2013) - WRRL-Untersuchungen - Unterschiede 2010 zu 2013 signifikant (t-Test, p < 0,025) (Quelle: Friederike Eggers)

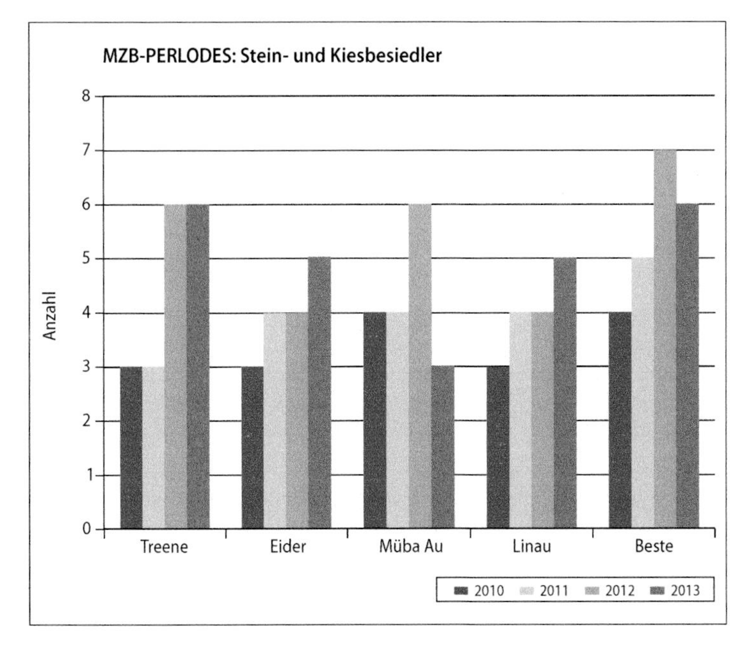

Bild 6b: Anzahl der Stein- und Kiesbesiedler im Vergleich (2010 - 2013) - WRRL-Untersuchungen - Ökologische Angaben aus PERLODES - Unterschiede 2010 zu 2013 signifikant (t-Test, p < 0,05) (Quelle: Friederike Eggers)

ration der Wirbellosenfauna. Aus diesem Grund wurde das Arteninventar auch im Hinblick auf die Zunahme von wertgebenden bzw. fließgewässertypischen Arten hin ausgewertet. Hiernach wurden in allen Gewässern nach Einführung der Stromstrichmahd signifikant mehr strömungsliebende Arten nachgewiesen - gleiches gilt mit Ausnahme der Mühlenbarbeker Au für die Stein- und Kiesbesiedler (**Bild 6b**).

Aufgrund der Zunahme der fließgewässertypischen Arten hat sich die Bewertung

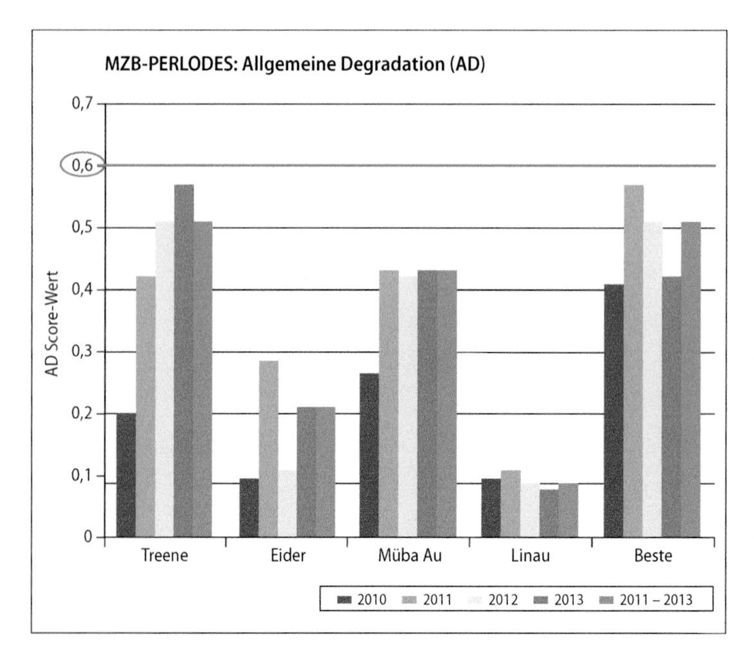

Bild 7: Makrozoobenthos: Score-Werte der Allgemeinen Degradation (AD) über die Untersuchungsjahre im Vergleich sowie Darstellung des Medianwertes (2011 – 2013) – WRRL-Untersuchungen – grüne Linie = Grenze zum guten ökologischen Zustand gemäß PERLODES (Quelle: Friederike Eggers)

des ökologischen Zustands der Wirbellosengemeinschaft anhand des PERLODES-Verfahrens an der Treene bereits seit dem ersten Jahr nach Umstellung der Unterhaltung von „schlecht" (Zustandsklasse 5) vor der Umstellung auf „mäßig" (3) für die Jahre danach verbessert. Die Einstufung der Mühlenbarbeker Au verbessert sich von „unbefriedigend" (4) auf „mäßig" (3). Die Bewertung der Wirbellosenfauna der Eider schwankt unabhängig von der Unterhaltungsumstellung zwischen „schlecht" (5) und „unbefriedigend" (4). Die Bewertung der Linau liegt durchgängig bei „schlecht" (5), die der Beste bei „mäßig" (3).

Während die Zustandsklassen seit Umstellung der Gewässerunterhaltung bei einigen der Pilotstrecken unverändert sind, sind bei der Betrachtung der Entwicklung der einzelnen Indices, aus denen sich die ökologische Zustandsklasse nach PERLODES zusammensetzt, zum Teil deutliche und anhaltende Verbesserungen zu erkennen. Dies gilt für die Allgemeine Degradation für alle Gewässer mit Ausnahme der Linau (**Bild 7**) und für den German Fauna Index, dessen Werte bei den drei sandgeprägten Gewässern Treene, Mühlenbarbeker Au und Beste über den Untersuchungszeitraum deutlich angestiegen sind. Gleiches gilt für den Parameter „Trichoptera" (= Köcherfliegenlaven) nach dem die Lebensgemeinschaften der Treene und der Beste bereits den sehr guten ökologischen Zustand erreichen, aber auch alle anderen Gewässer nach Unterhaltungsumstellung positive Entwicklungen zeigen.

Auch der Saprobienindex verbessert sich in Treene, Mühlenbarbeker Au und Beste von „mäßig" (3) auf „gut" (2) nach der Unterhaltungsumstellung, was auf die positive Entwicklung des Makrozoobenthos als Folge der Strukturveränderungen durch die Stromstrichmahd zurückzuführen ist, da sich die Wasserqualität nicht verändert hat. Bei Eider und Linau weist der Saprobienindex durchgängig die Stufe „mäßig" (3) auf und spiegelt die nachgewiesenen anhaltenden stofflichen Belastungen der beiden Gewässer wider.

Die Ergebnisse der im Detailverfahren untersuchten Insekten bestätigen die mit den WRRL-Untersuchungen erzielten Ergebnisse hinsichtlich der Zunahme der fließgewässertypischen Arten durchweg. Was die Verteilung der Arten über den Gewässerquerschnitt anbelangt, ergibt sich für die kiesgeprägten Gewässer ansatzweise eine kontinuierliche Zunahme der strömungsliebenden Spezies in den gekrauteten Bereichen.

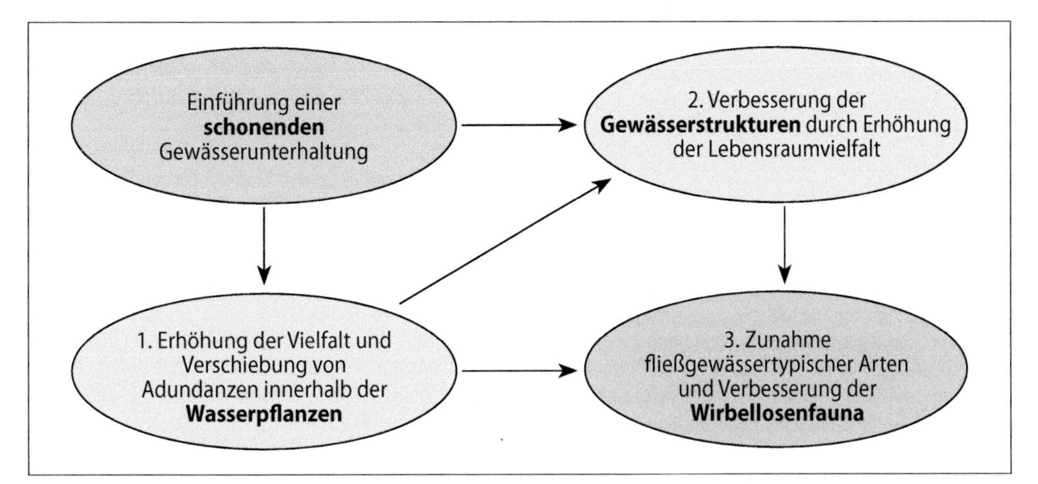

Bild 8: Darstellung der Wirkung einer schonenden Gewässerunterhaltung auf die Gewässerstrukturen sowie die Qualitätskomponenten Wasserpflanzen und Wirbellosenfauna (Quelle: Gabriele Stiller)

Fazit

Trotz der relativ kurzen Projektlaufzeit von fünf Jahren zeigen sich anhand der bisherigen Ergebnisse erste positive Entwicklungen der Gewässerstrukturen, der Makrophyten und auch des Makrozoobenthos (**Bild 8**): So konnten mit der Einführung der schonenden Gewässerunterhaltung Verschiebungen der Abundanzen innerhalb der vorkommenden Wasserpflanzen festgestellt werden. Dies hat zu strukturellen Veränderungen innerhalb der Vegetationsbestände und in der Folge zu Veränderungen der Gewässerstrukturen (Erhöhung der Tiefenvarianz und der Substratdiversität) geführt. Diese haben je nach herrschenden Standortbedingungen bzw. Beeinträchtigungen sowie Wiederbesiedlungspotenzial zu einer unterschiedlich starken Regeneration der Wirbellosenfauna mit teils signifikanten Zunahmen fließgewässertypischer Arten und damit teils zur Verbesserung des ökologischen Zustands der Qualitätskomponente geführt.

Einziger über den Monitoringzeitraum gezielt veränderter Einflussfaktor an allen fünf Pilotstrecken ist die Umstellung der Gewässerunterhaltung. Darüber hinaus konnten augenscheinlich und auch anhand von projektbegleitenden chemischen Analysen keine gravierenden Veränderungen der herrschenden Einflussfaktoren festgestellt werden. Somit kann die Unterhaltungsumstellung als Auslöser für die nachgewiesenen Veränderungen angesehen werden.

Dabei haben die kleinen kiesgeprägten Fließgewässer Eider und Linau offenbar schneller mit strukturellen Verbesserungen auf die Umstellung der Unterhaltung reagiert als die sandgeprägten bzw. großen Gewässer Mühlenbarbeker Au, Treene und Beste. Dennoch sind in allen Gewässern Verbesserungen der Makrophyten- und der Makrozoobenthosbesiedlung zu verzeichnen. Trotz teils signifikanter Strukturverbesserungen können die biologischen Qualitätskomponenten jedoch nur weiter regenerieren, wenn die Wasserqualität sowie das Wiederbesiedlungspotenzial auch „stimmen", so dass hier bei einigen der Gewässer unabhängig von der Umstellung der Gewässerunterhaltung Handlungsbedarf besteht.

Um weitere Erkenntnisse über die Entwicklungen zu gewinnen – auch da derart umfangreiche Erfolgskontrollen bislang kaum vorliegen [13] – und um die gesammelten Erfahrungen auf andere Gewässerstrecken übertragen zu können, wurde das Projekt um vier Jahre bis zum Jahr 2017 verlängert. Aufgrund der guten Ergebnisse der „Erfolgskontrolle Gewässerunterhaltung" hat das Land Schleswig-Holstein bereits 2011 ein weiteres Projekt zur Einführung einer schonenden Gewässerunterhaltung aufgelegt [15]. Hiermit sollen die Unterhaltungspflichtigen über die an den fünf Pilotstrecken nachgewiesenen positiven Effekte der schonenden Gewässerunterhaltung informiert und zum Mitmachen motiviert werden, um landesweit möglichst flächendeckend durch Umstellung der Gewässerunterhaltung zur Verbesserung des ökologischen Zustands der Gewässer beizutragen bzw. andere durchgeführte Maßnahmen zu unterstützen.

Literatur

[1] Landesamt für Natur und Umwelt (2005): Hinweise zur Regeneration von Fließgewässern. – Anlage 3: Hinweise zur schonenden Gewässerunterhaltung. 15 S.

[2] Stiller, G. & M. Trepel (2010): Makrophyten und Gewässerunterhaltung – Einfluss der Gewässerunterhaltung auf die Zusammensetzung und Vielfalt der Fließgewässervegetation in Schleswig-Holstein. – Natur und Landschaft 85 (6), 239 – 244.

[3] Stiller, G. & F. Eggers (2014): Erfolgskontrolle Gewässerunterhaltung 2009 – 2013. Untersuchungen zur Wirkung einer schonenden Gewässerunterhaltung auf die Zusammensetzung und Vielfalt der Fließgewässervegetation und der Wirbellosenfauna – Endbericht. – Gutachten i. A. des Landesverbandes der Wasser- und Bodenverbände S-H, Rendsburg, 99 S. + Anh.

[4] Ministerium für Landwirtschaft, Umwelt und ländliche Räume des Landes Schleswig-Holstein (2014): Erläuterungen zur Umsetzung der Wasserrahmenrichtlinie in Schleswig-Holstein – Ermittlung von Vorranggewässern, Aktualisierung Juni 2014, 13 S.

[5] Schaumburg, J., C. Schranz, D. Stelzer, A. Vogel & A. Gutowski (2012): Verfahrensanleitung für die ökologische Bewertung von Fließgewässern zur Umsetzung der EG-Wasserrahmenrichtlinie: Makrophyten und Phytobenthos. (Version: 13.08.2012) – Bayerisches Landesamt für Umwelt, München, 192 S.

[6] Biologen im Arbeitsverbund (2013): Verfahrensanleitung zur Bewertung der makrophytischen Fließgewässervegetation in Schleswig-Holstein. Typisierung der Fließgewässervegetation als Grundlage für die ökologische Zustandsbewertung gemäß WRRL – BMF-Verfahren. – Gutachten i. A. des Landesamtes für Natur und Umwelt S-H, Flintbek, 58 S. + Anh.

[7] Meier, C., Haase, P., Rolauffs, P., Schindehütte, K., Schöll, F., Sundermann, A. & D. Hering (2006): Methodisches Handbuch Fließgewässerbewertung – Handbuch zur Untersuchung und Bewertung von Fließgewässern auf der Basis des Makrozoobenthos vor dem Hintergrund der EG-Wasserrahmenrichtlinie – Endfassung – Stand Mai 2006, 79 S. + Anh.

[8] Lietz, J. & M. Brunke (2008): Zusammenhänge zwischen Strukturparametern und Wirbellosenfauna in kiesgeprägten Bächen des Norddeutschen Tieflands – erste statistische Analysen. – Jahresber. 2007/2008 des Landesamtes für Natur und Umwelt S-H, 213 – 220.

[9] Ahrens, U. (2007): Gewässerstruktur: Kartierung und Bewertung der Fließgewässer in Schleswig-Holstein. – Jahresber. 2006/2007 des Landesamtes für Natur und Umwelt S-H, 115 – 126.

[10] LAWA (2000): Gewässerstrukturgütekartierung in der Bundesrepublik Deutschland – Verfahren für kleine und mittelgroße Fließgewässer. – Kulturbuch – Verlag, Berlin, 22 S. + 3 Anhänge.

[11] Lozán, J. L. & H. Kausch (2007): Angewandte Statistik für Naturwissenschaftler. – Wissenschaftliche Auswertungen, Hamburg, 303 S.

[12] Madsen, B. L. & L. Tent (2000): Lebendige Bäche und Flüsse: Praxistipps zur Gewässerunterhaltung und Revitalisierung von Tieflandgewässern. - Edmund Siemers Stiftung, 156 S.

[13] DWA (2010): Merkblatt DWA-M 610 – Neue Wege der Gewässerunterhaltung – Pflege und Entwicklung von Fließgewässern. – Deutsche Vereinigung für Wasserwirtschaft, Abwasser und Abfall e. V., Hennef, 237 S.

[14] Ministerium für Landwirtschaft, Umwelt und ländliche Räume des Landes Schleswig-Holstein (2013): Empfehlungen für eine schonende und naturschutzgerechte Gewässerunterhaltung – Kiel, Broschüre, 28 S.

[15] Stiller, G. (2013): Planung und Durchführung einer Beratung zur Einführung einer schonenden Gewässerunterhaltung in Schleswig-Holstein – 2011 bis 2013. – Endbericht 2013. – Gutachten i. A. des Landesamtes für Landwirtschaft, Umwelt und ländliche Räume des Landes S-H, Flintbek, 22 S. + Anh.

Autoren

Dipl.-Biol. Gabriele Stiller
Biologische Kartierungen und Gutachten
Jaguarstieg 6
22527 Hamburg
E-Mail: gabriele.stiller@t-online.de

Dipl.-Biol. Friederike Eggers
EGGERS BIOLOGISCHE GUTACHTEN
Friedensallee 63
22763 Hamburg
E-Mail: eggers@biologische-gutachten.de

Dipl. Biol. Annegret Holm
Landesamt für Landwirtschaft,
Umwelt und ländliche Räume Schleswig-Holstein
Hamburger Chaussee 25
24220 Flintbek
E-Mail: annegret.holm@llur.landsh.de

PD Dr. Michael Trepel
Ministerium für Energiewende,
Landwirtschaft, Umwelt und ländliche Räume des Landes Schleswig-Holstein
Mercatorstraße 3
24106 Kiel
E-Mail: michael.trepel@melur.landsh.de

Hans Georg Edel, Matthias Rapf und Vera Sehn

Verfahren zur Denitrifikation bei der Grundwassersanierung

Ein Verfahren zur biologischen Nitratentfernung für die Grundwassersanierung wurde als Festbettverfahren mit einem biologisch abbaubaren Polymergranulat realisiert, welches gleichzeitig als Trägermaterial und Kohlenstoffquelle fungiert. Das Verfahren wurde mit der konventionellen Denitrifikation mit Ethanol als Kohlenstoffquelle verglichen. Empfehlungen zur Dimensionierung und zum Betrieb des Denitrifikationsreaktors für zukünftige Sanierungsfälle werden gegeben.

1 Einleitung

Derzeit wird in etwa 14 % der Grundwassermessstellen in Deutschland der Nitratgrenzwert von 50 mg/L NO_3- bzw. 11,3 mg/L NO_3-N überschritten [1]. Vor diesem Hintergrund gibt es immer mehr Grundwasserschadensfälle oder Bauwasserreinigungen mit erhöhten Nitratkonzentrationen, die im Falle einer notwendigen Grundwassersanierung auch eine Nitrateliminierung erforderlich machen. Diese erfolgt nach dem sogenannten Pump and treat Verfahren, wobei die Nitratelimination mit anderen Aufbereitungsschritten kombinierbar ist.

Bei der heterotrophen Denitrifikation fungiert eine organische Verbindung als Kohlenstoffquelle und als Elektronendonator. Dafür werden meistens flüssige Substrate, wie Ethanol, Methanol oder Essigsäure verwendet, wobei die Bakterien auf inerten Trägermaterialen sitzen. Es können aber auch feste Substrate eingesetzt werden, die gleichzeitig als Trägermaterial und als Kohlenstoffquelle genutzt werden. Ein großer Vorteil beim Einsatz von festen Substraten ist, dass die Dosierung von flüssigem Substrat entfällt und der Prozess regelungstechnisch wesentlich einfacher wird. In den 80er-Jahren gab es die ersten Untersuchungen mit Stroh und Rindenmulch. In Deutschland wurde eine Denitrifikationsanlage zur Trinkwasseraufbereitung mit einem Strohfilter realisiert; allerdings kommt es zu einer hohen organischen Belastung im Ablaufwasser [2].

Danach wurden Denitrifikationsversuche zur Trinkwasseraufbereitung mit biologisch abbaubaren Polymeren, wie Polyhydroxybuttersäure (PHB) und Polycaprolacton (PCL) durchgeführt [3, 4, 5]. Die Biopolymere zeigten eine erwünschte kontinuierliche Substratfreisetzung auf, ohne dass zu hohe DOC-Werte im Ablauf erzeugt wurden. Der Vorteil von PCL gegenüber PHB liegt darin, dass PCL nicht anaerob, also ohne das Vorhandensein von Nitrat, abgebaut werden kann. Das bedeutet, dass im Falle einer Betriebsstörung, wie zum Beispiel durch Ausfall der Zulaufpumpe, der Kohlenstoff nicht fermentiert wird.

Für die Nitratelimination in der Grundwassersanierung wurde PCL als Substrat ausgewählt, da es zu diesem Zeitpunkt von den in Frage kommenden Festsubstraten am kostengünstigsten erhältlich ist und da seine Eigenschaft, nicht anaerob umgesetzt werden zu können, einen Vorteil für die Betriebssicherheit darstellt. Um das Verfahren bewerten zu können, wurden Vergleichsversuche mit einem konventionellen Denitrifikationsverfahren mit Ethanol als C-Quelle und Blähton als Bakterienaufwuchsfläche durchgeführt.

2 Methode

Die Untersuchungen wurden in zwei parallel geschalteten, im Aufstrom betriebenen Säulenreaktoren mit einem Packungsvolumen von jeweils etwa 13,5 Litern durchgeführt. Für den PCL-Reaktor wurde PCL als monodisperses Granulat mit einem Partikeldurchmesser von 3 mm und einer Kornrohdichte von 1150 kg/m^3 verwendet. Außerdem wurde ein PCL Typ ohne Hydrolysestabilisator ausgewählt, da sich ein wassergefährdender Stoff im Stabilisator befindet. Für das Blähtonfestbett wurde ein polydisperses Granulat mit einer Korngrößenverteilung zwischen 4 und 8 mm und einer Dichte von 1300 kg/m³ ausgewählt (**Bild 1**).

Die Bioreaktoren werden jeweils mit Hilfe einer Membrandosierpumpe mit nitrathaltigem Wasser beschickt, wobei in den Zulauf der F2-Säule als C-Quelle noch Ethanol als 1 %ige Lösung zugegeben wird. Am unteren Säulenende kann außerdem ein Schlauch mit Verbindung zum Trinkwassernetz angeschlossen werden, so dass die Reaktorsäule rückgespült werden kann.

Bild 1: Versuchsanlage für vergleichende Untersuchungen zur Denitrifikation mit Blähton/Ethanol (hintere Säule) und mit PCL (vordere Säule) (Quelle: Vera Sehn)

Die Versuche wurden mit Modellwasser gefahren, wofür mit Kaliumnitrat, Eisensulfat und Dinatriumhydrogenphosphat versetztes Trinkwasser verwendet wurde. In einer zweiten Testphase konnten die Ergebnisse mit Nitrat angereichertem Grundwasser verifiziert werden.

Die Versuchsanlage wurde in einem mobilen 10-Fuß-Container installiert, welcher sich für die Versuche mit Modellwasser in einer Montagehalle und für die Versuche mit Grundwasser im Freien befand. Da die Versuche im Zeitraum von Winter bis Sommer durchgeführt wurden, erhöhte sich die Wassertemperatur im Versuchsverlauf von 12 auf 20 °C. Außerdem traten gelegentlich Temperaturschwankungen auf.

Zu Beginn des Betriebs der Versuchsanlage mit Modellwasser wurden die Reaktoren mit verdünntem Denitrifikationsschlamm geimpft. Nach der Innokulation wurde der Durchfluss schrittweise erhöht und die Aufenthaltszeit verkürzt, um die Leistungsfähigkeit der Denitrifikationsverfahren zu testen. Gleichzeitig wurden Erfahrungen zum Biomassewachstum, zur Rückspülung, zur Reaktion auf Betriebsschwankungen und zu weiteren Betriebsparametern gesammelt.

Die Probenahme erfolgte manuell einmal pro Arbeitstag. Dadurch sind die Ergebnisse nur Stichproben, was eine mögliche Fehlerquelle darstellt. Der Nitratgehalt wurde mit Küvettentests der Firma Hach Lange bestimmt.

3 Ergebnisse

Nachdem sich eine denitrifizierende Biozönose ausgebildet hatte, konnten die Abbauleistungen der beiden Reaktoren miteinander verglichen werden. Die Zulaufkonzentration der beiden Bioreaktoren war über die Zeit beinahe konstant und entsprach im Mittel 22,6 mg/L NO_3-N bzw. 100 mg/L NO_3^-.

Für den PCL-Reaktor werden in **Bild 2** der Verlauf des Nitratabbaugrades sowie die der Nitratfracht des Zulaufes dargestellt. Demnach funktioniert die Denitrifikation bei kleinerer Nitratfracht von 100 mg/h NO_3-N stabil und erreicht ei-

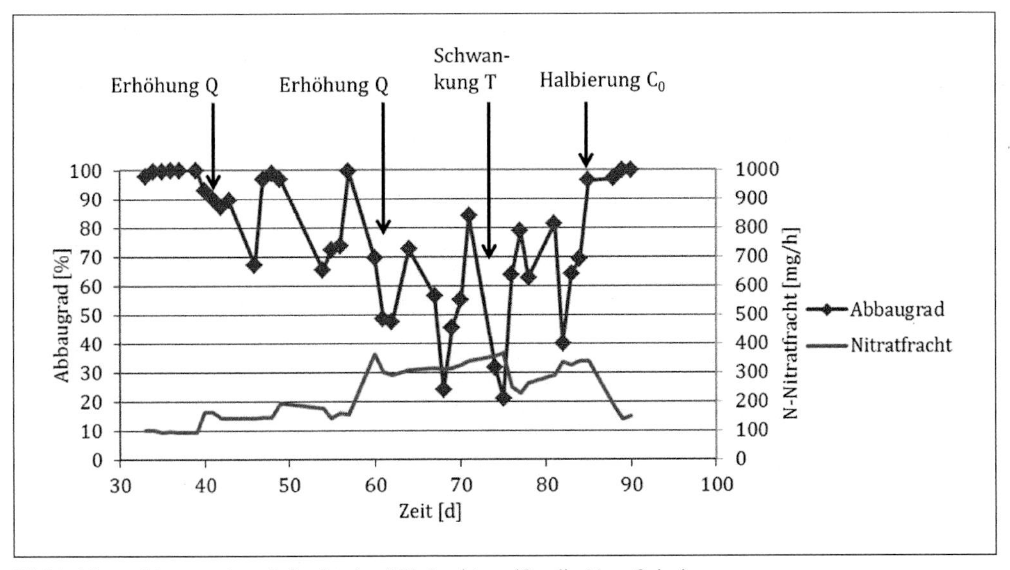

Bild 2: Nitratabbaugrad und -fracht des PCL-Reaktors (Quelle: Vera Sehn)

nen Abbaugrad von nahezu 100 %. Je größer die Fracht ist, desto größer sind ebenfalls die Schwankungen im Nitratabbaugrad. Ereignisse die zu Störungen geführt haben, sind Erhöhungen des Durchflusses Q und eine Schwankung der Temperatur T (siehe Pfeile in Bild 2). Bei den letzten drei Messwerten wurde die Nitratzulaufkonzentration C_0 halbiert, um zu sehen, ob sich der Abbaugrad wieder verbessert. Die plötzlichen Verschlechterungen des Abbaugrades sind meistens auf die Empfindlichkeit des Systems gegenüber Betriebsveränderungen zurückzuführen. Dieser Effekt trat bei höherer Beaufschlagung ab Versuchstag 60 umso deutlicher auf, wodurch Schwankungen im Abbaugrad zwischen 80 und 25 % auftraten.

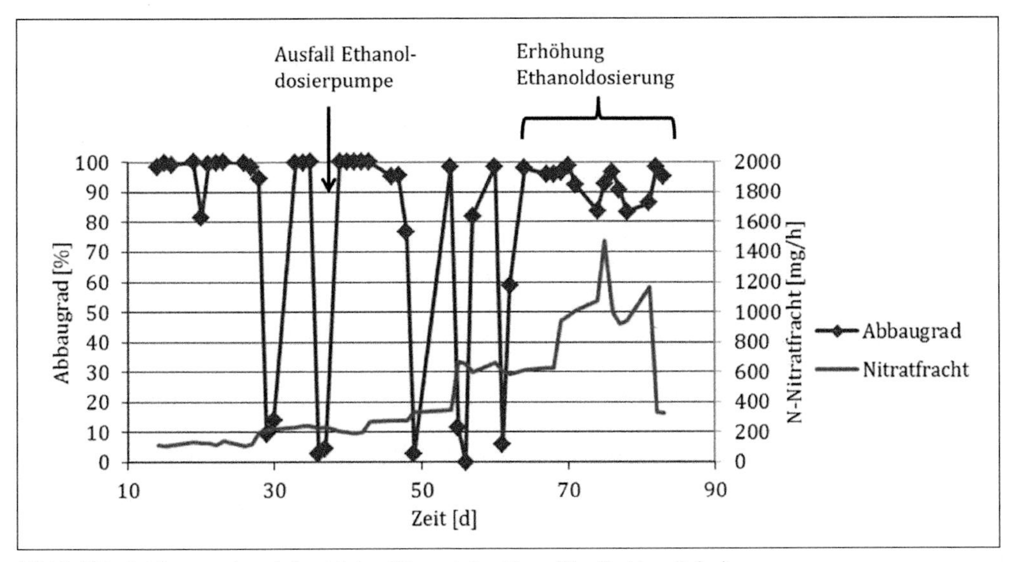

Bild 3: Nitratabbaugrad und -fracht des Ethanol-Reaktors (Quelle: Vera Sehn)

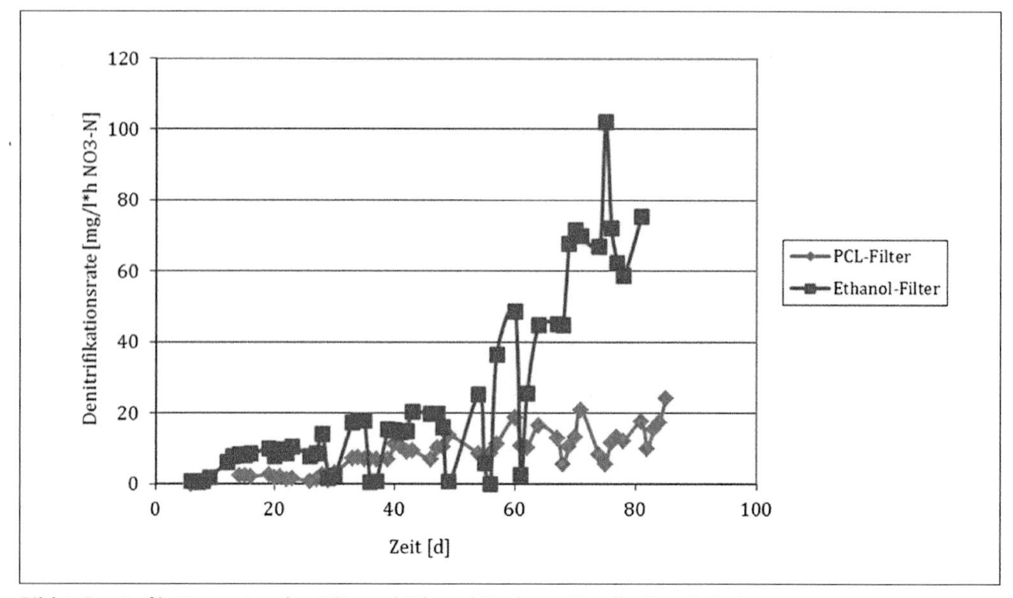

Bild 4: Denitrifikationsraten des PCL- und Ethanol-Reaktors (Quelle: Vera Sehn)

In **Bild 3** werden von dem Ethanolreaktor der Verlauf des Nitratabbaugrads und der Fracht über die Versuchszeit dargestellt. Hier waren die Störungen im Nitratabbaugrad vorwiegend mit der Ethanolzugabe gekoppelt. Von Versuchstag 1 bis 60 wurde Ethanol wegen einer erst später festgestellten Störung der Membrandosierpumpe unterdosiert. Im Mittel wurden in dieser Phase Ethanol mit einem C/N-Verhältnis von 1,0 dosiert. Theoretisch benötigt der Prozess ein C/N-Verhältnis von 1,05, aber in vorangegangenen experimentellen Untersuchungen wird das benötigte C/N-Verhältnis mit 2,0 angegeben [3]. Ab Versuchstag 60 wurde die Ethanolzugabe verdoppelt, was zur Folge hatte, dass es nur noch geringe Schwankungen im Nitratabbaugrad gab. Bis Tag 60 hatte eine Frachterhöhung meistens einen Abfall des Nitratabbaus zur Folge. Daraus lässt sich schließen, dass das System bei einer Unterversorgung mit Ethanol empfindlich auf Frachterhöhungen reagiert und dass allgemein die Betriebssicherheit des Verfahrens stark von der Ethanolzugabe abhängig ist.

Die Denitrifikationsgeschwindigkeit der beiden Reaktoren über die Versuchsdauer ist in **Bild 4** dargestellt. Ein Vergleich der Denitrifikationsraten der beiden Verfahren zeigt, dass die Abbaurate des Ethanolreaktors Werte bis 102 mg/(L*h NO_3-N) erreicht, wohingegen das PCL-Verfahren Abbauraten von maximal 24 mg/(L*h NO_3-N) aufweist. Die Leistung des PCL-Verfahrens ist begrenzt und zeigte nur bis zu einer Fracht von circa 300 mg/h NO_3-N eine akzeptable Abbauleistung auf.

Bei beiden Verfahren ist, abhängig von der Nitratfracht im Zulauf, eine mehr oder weniger starke Vermehrung der Biomasse zu beobachten, welche die einzelnen Granulatteilchen miteinander verbinden und einen Biomassepfropfen bilden kann. Da sich in und unter dem Biomassepfropfen Gasblasen ansammeln, kann es zur ungleichmäßigen Durchströmung des Betts und zum Aufschwimmen eines Teils des Bettmaterials kommen. Eine regelmäßige Luft- und Wasserspülung mit anschließender Schlammabtrennung des Überschussschlammes ist daher erforderlich. Siehe dazu das folgende Kapitel.

Außerdem ist zu beachten, dass das PCL-Granulat durch die denitrifizierenden Bakterien abgebaut wird und dadurch im Laufe der Betriebsdauer an Masse und Volumen verliert. Um diesen Massenverlust zu bestimmen, wurde vor Beginn der Versuchsreihe das in die Säule gefüllte Material gewogen, was einen Wert von 10,4 kg ergab. Am Ende der Versuchsreihe wurde das Bettmaterial gewaschen, bei 35 °C getrocknet und gewo-

C-Quelle	Kohlenstoffquelle, organisches Substrat
C/N-Verhältnis	Molares Verhältnis von Kohlenstoff zu Stickstoff, entscheidend für die Stoffwechselaktivität von Mikroorganismen
DOC	Dissolved Organic Carbon – gelöster organischer Kohlenstoff
NO3-N	Nitrat-Stickstoff
PCL	Poly-ε-Caprolacton, ein aus Erdöl erzeugter biologisch abbaubarer Kunststoff
PHB	Polyhydroxybuttersäure, ein biologisch erzeugter biologisch abbaubarer Kunststoff

gen. In den 124 Versuchstagen wurden 3,3 kg PCL Material abgebaut, was 32 % der Masse des Bettmaterials entspricht. Berechnet man mit dieser Masse den PCL-Verbrauch, so erhält man einen Wert von 12,2 kg PCL/kg NO_3-N. In der Literatur sind Werte von 1,7 kg PCL/kg NO_3-N zu finden [5].

4 Diskussion

Die Versuchsreihen haben gezeigt, dass prinzipiell sowohl das Denitrifikationsverfahren mit PCL als auch das mit Ethanol als C-Quelle für die Grundwassersanierung geeignet sind.

Mit dem Ethanolreaktor sind jedoch viermal größere Frachten als mit dem PCL-Reaktor theoretisch abbaubar. Allerdings ist bei den sich daraus ergebenden hohen Denitrifikationsraten die Biomassebildung so groß, dass die erforderliche Häufigkeit an Rückspülungen zu viele Nachteile mit sich bringt. Eine Grundwassersanierungsanlage sollte ohne tägliche Kontrolle betrieben werden können, deswegen ist eine Rückspülung während der einwöchentlichen Wartung anzustreben. Als optimaler Betriebspunkt ist eine Denitrifikationsrate von 45 mg NO3-N/(L*h) zu nennen, was einer Nitratfracht von 630 mg NO3-N/h entspricht.

Bei dem PCL-Reaktor hingegen war der optimale Betriebspunkt nur sekundär vom Biomassezuwachs beeinflusst; er lag bei einer Nitratfracht von 340 g NO_3-N/h und einer Denitrifikationsrate von 20 mg NO_3-N/(L·h). Diese Betriebsweise entspricht der fast maximal möglichen Leistung des PCL-Verfahrens. Es können bei schnellen Änderungen im Betrieb Schwankungen in der Abbauleistung auftreten. Mit einem geringeren Durchsatz bzw. einer kleineren Denitrifikationsrate wären auch diese Schwankungen geringer, jedoch muss aus wirtschaftlichen Gründen das Leistungsmaximum als optimaler Betriebspunkt anvisiert werden. In der Realität treten bei Grundwassersanierungsfällen aber kaum Betriebsschwankungen oder schnelle Änderungen der Zulaufkonzentration auf, wodurch der Nitratabbau ebenfalls einfacher auf einem konstanten Niveau gehalten werden kann.

Die unterschiedlichen Denitrifikationsraten sind größtenteils auf die unterschiedliche Verfügbarkeit der Substrate zurückzuführen. Mit Ethanol als leicht abzubauendem Kohlenstoff ist die Nitratelimination mikrobiologisch einfacher. Um PCL als C-Quelle verwerten zu können, müssen die Bakterien zuerst Exoenzyme ausscheiden, welche wiederum das Polymer hydrolysieren und zerkleinern. Der Abbau der PCL-Polymere zu Monomeren erfolgt mit Lipasen und Esterasen [6]. Der Weg vom Polymer zum verfügbaren Kohlenstoff stellt bei dem PCL-Verfahren einen zusätzlichen Zeitfaktor dar.

Werden die Stofftransportvorgänge in den beiden Reaktoren betrachtet, so ist das PCL-Verfahren diesbezüglich komplexer. Bei dem Ethanolverfahren werden das Nitrat und die C-Quelle durch Konvektion zum Biofilm auf dem Blähtongranulat und zum Teil per Diffusion in den Biofilm transportiert, wo dann der Stoffumsatz zu N_2 stattfinden kann. Im PCL-Reaktor finden mehrere Vorgänge gleichzeitig statt: Das Nitrat wird durch Konvektion zur Grenzschicht des Biofilmes übertragen, Exoenzyme im Inneren des Biofilmes spalten das PCL-Polymer in bakterienverfügbare Fragmente auf. Es findet eine Diffusion von Nitrat und PCL-Fragmenten ins Innere des Biofilmes statt. Erst wenn diese drei Vorgänge im kinetischen Gleichgewicht stehen, kann ein vollständiger Stoffumsatz stattfinden. Deshalb reagiert der PCL-Verfahren träge und mit Schwankungen im Abbaugrad auf Betriebsveränderungen, wohingegen es bei dem Ethanolverfahren bei ausreichender Dosierung kaum zu Schwankungen kommt.

Aus verfahrenstechnischer Sicht hat das PCL-Verfahren jedoch mehr Vorteile, da hier keine zusätzliche Dosierstation notwendig ist und es somit kein Risiko der Über- oder Unterdosierung oder eines Ausfalles der Dosierpumpe gibt. Durch die physikalischen Eigenschaften der Festbettpartikel (Dichte, Partikeldurchmesser) ist die Rückspülung des PCL-Reaktors einfacher und weniger energieintensiv.

Allerdings wurde ein sehr hoher PCL-Verbrauch festgestellt, welcher dadurch zustande kommen könnte, dass hier erstmals PCL ohne Hydrolysestabilisator verwendet wurde, wodurch möglicherweise zu viel löslicher Kohlenstoff bei dem Betrieb der Reaktorsäule oder bei dem Reinigen und Trocknen des Materials freigesetzt wurde.

5 Ausblick

Für die Auslegung einer Grundwassersanierungsanlage ist zu beachten, dass das Verhältnis aus Nitratabbau zu Raum und Zeit beim PCL-Verfahren ungünstiger ist als das des Ethanolverfahrens, was ein größeres Reaktorvolumen erfordert.

Bedingt durch das größere Reaktorvolumen beim PCL-Verfahren und die höheren Kosten des Bettmaterials wird eine Grundwassersanierungsanlage mit PCL höhere Invest- und Verbrauchskosten verursachen als eine mit Ethanoldosierung. Da die Verbrauchskosten maßgeblich von dem PCL-Verbrauch abhängen, sollte der Materialverbrauch in weitergehenden Untersuchungen überprüft werden, wobei zusätzlich der DOC im Ablauf untersucht werden sollte.

Das PCL-Verfahren könnte dann bevorzugt werden, wenn ein möglichst wartungsarmer Betrieb bei einer moderaten Denitrifikationsrate gefordert wird. In weiteren Untersuchungen sollten die Ergebnisse der Versuche im halbtechnischen Maßstab bei einer großtechnischen Grundwassersanierung überprüft und verifiziert werden.

Literatur

[1] Keppner, L. et al. (2012). Nitratbericht 2012. Bonn: BMU und BMELV.

[2] Gimbel, R. et al. (2004). Biologische Verfahren der Trinkwasseraufbereitung in DVGW Lehr- und Handbuch Wasserversorgung Bd. 6 – Wasseraufbereitung – Grundlagen und Verfahren. Bonn: Oldenbourg Industrieverlag. S. 339-397.

[4] Höll, W., et al. (2009). Land Use and Groundwater Quality: Simultaneous Elimination of Nitrates and Pesticides from Groundwater in Sustainable Land Use and Ecosystem Conservation. Peking: Unesco, International Conference. S. 303-316.

[5] Kieninger, M. (2013). Untersuchungen zum Einsatz von biologisch abbaubaren Kunststoffen im Roto-Bioreaktor zur Denitrifikation und Elimination von organischen Schadstoffen in der Trinkwasseraufbereitung. Stuttgart: Dissertation, Universität Stuttgart.

[3] Müller, W.-R. et al. (2001). Trinkwasseraufbereitung mit biologisch abbaubaren Polymeren, ein Einfachverfahren zur Denitrifikation und Elimination organischer Schadstoffe. München: Oldenburg Industrieverlag.

[6] Tokiwa, Y. et al. (2009). Biodegradability of Plastics. International Journal of Molecular Sciences, Ausgabe-Nr.: 10, S. 3722-3742.

Autoren

Vera Sehn
(Entwicklungsingenieurin)
Robert-Koch-Straße 83
70563 Stuttgart
E-Mail: verasehn@t-online.de

Matthias Rapf
(Wissenschaftlicher Mitarbeiter)
Universität Stuttgart
Institut für Siedlungswasserbau
Wassergüte- und Abfallwirtschaft
Bandtäle 2
70569 Stuttgart
E-Mail: rapf@iswa.uni-stuttgart.de

Dr. Hans Georg Edel
(Leiter F&E und Öffentlichkeitsarbeit)
Züblin Umwelttechnik GmbH
Otto-Dürr-Straße 13
D-70435 Stuttgart
E-Mail: Hans-Georg.Edel@zueblin.de

Gewässersanierung

Stephan Hannappel, Thomas Will und Klaus-Dieter Fichte

Grundwasserförderung für eine temporäre Befüllung der Penkuner Seen in zukünftigen Niedrigwasserzeiträumen

Für die Schlossseenkette bei Penkun im Südosten Mecklenburg-Vorpommerns ist eine Anhebung der Seewasserspiegellagen vorgesehen. Standorte für mögliche Grundwasserentnahmen wurden hydrogeologisch erkundet. Veranlassung für diese Überlegungen war der Rückgang des Seewasserspiegels der Schlosssee-Seenkette.

1 Einführung und Zielstellung

Im Rahmen des von der EU geförderten Projektes zur „Restaurierung und Sanierung der Penkuner Seenkette" sieht der Maßnahmenplan für die drei Teilseen der Schloßsee-Seenkette (Oberer, Mittlerer und Unterer Schlosssee) bei Penkun im Landkreis Vorpommern-Greifswald eine Anhebung der Seewasserspiegellagen vor. Gleichzeitig wurden mehrere Standorte für mögliche Grundwasserentnahmen vorgeschlagen, an denen die benötigten Mengen gefördert werden sollten.

Der Rückgang des Seespiegels betrug etwa 4 cm/a bei einem Absolutbetrag des Rückgangs von etwa 1 Meter von 1996 bis 2009 (**Bild 1**).

Die Gründe für den Rückgang des Wasserspiegels in dem hydraulisch nicht an das Grundwasser angebundenem See [1] (**Bild 2**) sind klimatisch auf Grund unterdurchschnitt-

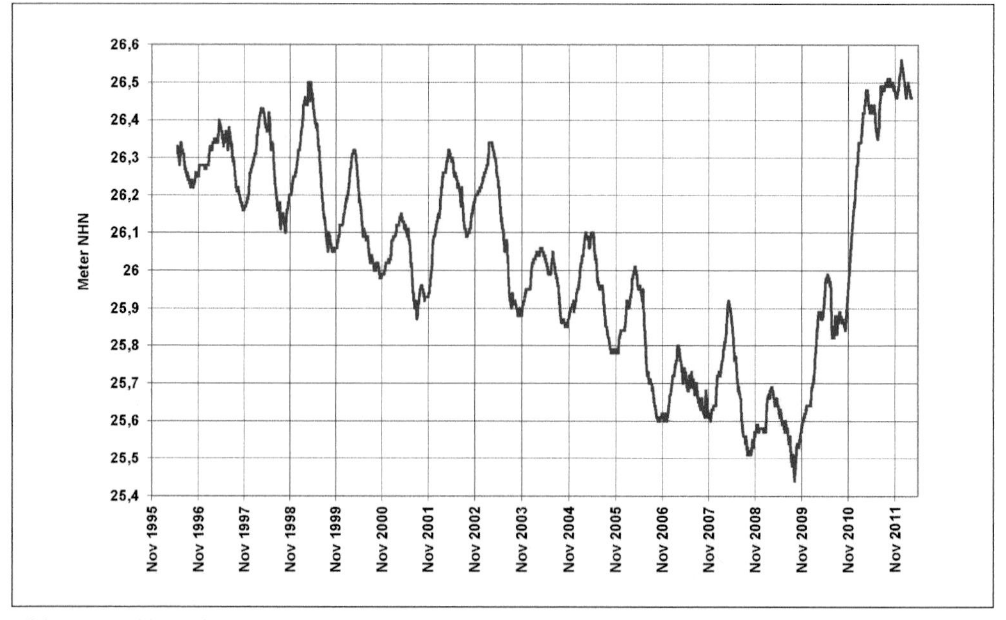

Bild 1: Entwicklung der Wasserstände des Unteren Schloßsees und des Bürgersees von 1996 bis 2010 (Datenerhebung und Übermittlung durch das StALU Vorpommern)

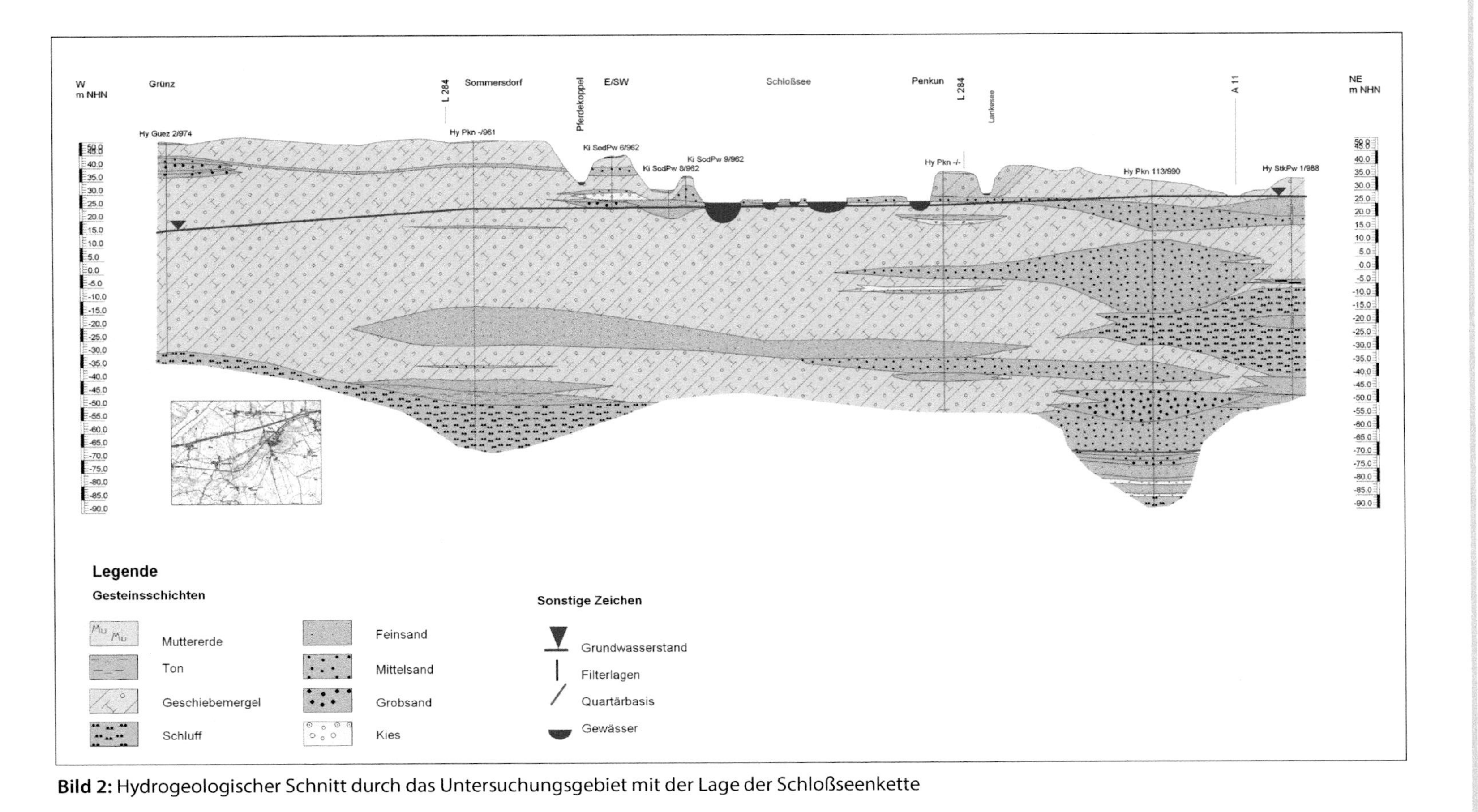

Bild 2: Hydrogeologischer Schnitt durch das Untersuchungsgebiet mit der Lage der Schloßseenkette

licher regionaler Niederschläge in den Jahren 1996 bis 2007 und in der negativen klimatischen Wasserbilanz (**Tabelle 1**) in der Region bedingt [2, 3]. Deutlich wird das – im Umkehrschluss – auch durch den seit 2010 erkennbaren markanten Anstieg der Wasserstände auf Grund der ergiebigen Niederschläge in den Jahren 2010 und 2011. Zusätzlich wurde ein Durchlass zum unterlagernden See temporär gesperrt und die Zulaufbedingungen im Oberlauf des Sees verbessert.

Ziel der Untersuchungen war es, auf Grundlage des hydrogeologischen Kenntnisstandes durch geotechnische Standorterkundungen zu klären, ob es grundsätzlich möglich ist, die Seenkette in zukünftigen Trockenzeiten mit Grundwasser aus dem bedeckten und tief liegenden Grundwasserleiter zu befüllen [4]. Die angestrebte Befüllung der Seenkette mit Grundwasser soll zukünftige Schwankungen des Niederschlagsverhaltens für Trockenzeiten ausgleichen.

2 Grundlagenermittlung

Der Erfolg der Auffüllung der Seen mit Grundwasser hängt im Wesentlichen von zwei Faktoren ab: einerseits der Ergiebigkeit der Grundwasservorräte und andererseits der Beschaffenheit des Grundwassers. Hierzu wurde der lokale und regionale Kenntnisstand zusammengetragen und zwar:

- die Auswertung geologischer und hydrogeologischer Kartenwerke,
- die Recherche von Informationen zu den oberirdischen Gewässern (z. B. Seekataster des Landes M-V, Beschaffenheitsdaten vom StALU Vorpommern etc.),
- die Recherche geologischer Schichtenverzeichnisse aus dem Landesbohrdatenspeicher des LUNG sowie
- die Bewertung hydrogeologischer Erkundungsberichte zum Bau des ehemaligen Wasserwerkes in Penkun.

Die wichtigsten Ergebnisse der Grundlagenermittlung waren:

- Grundwasser zur Auffüllung des Seewasserspiegels aus gespannten und hydraulisch nicht mit dem See in Verbindung stehenden Grundwasserleiter steht zur Verfügung;
- Mögliche Entnahmemengen müssen durch Erkundungsbohrungen verifiziert werden, da aktuell keine Förderanlagen (Brunnen) mehr zur Verfügung stehen;
- Standort der Bohrungen sollte die alte und im Jahr 2002 eingestellte Wasserfassung am Schlossberg sein, da hier der beste Kenntnisstand vorhanden ist und die benötigten Mengen voraussichtlich gefördert werden können;
- Qualitative Aspekte des förderbaren Grundwassers zur Einleitung in den See sollten in ökologischer und chemischer Hinsicht (Eisen, Mangan, Chlorid, Sulfat) geklärt werden;
- Pumpversuche sollten an Bohrungen und Messstellen durchgeführt und Proben für Siebanalysen sowie hydrochemische Grundwasseranalysen entnommen werden;
- Erste Angaben zu den benötigten Fördermengen an Grundwasser sowie zu den zu erwartenden Kosten für den aperiodischen Betrieb der Förderanlage sollten erarbeitet werden.

Ein Ergebnis der Grundlagenermittlung zum hydrogeologischen Kenntnisstand ist, dass das bisherige Wissen nicht ausreicht, um die Frage

Tab. 1 | Kenndaten zur klimatischen Wasserbilanz innerhalb der Einzugsgebiete der Uecker und der Randow

Einzugsgebiet	Niederschlag (mm/a)			pot. Verdunstung (mm/a)			Klimat. Wasserbilanz		
	MIN	**MW**	MAX	MIN	**MW**	MAX	MIN	**MW**	MAX
Uecker	469	**513**	567	580	**584**	588	-116	**-71**	-14
Randow	498	**521**	542	580	**585**	587	-89	**-64**	-39

Bild 3: Fotos der geotechnischen Feldarbeiten (Bohrungen und Schichtansprache) im Frühjahr 2012

der Realisierungsmöglichkeit der Seebefüllung mit Grundwasser beantworten zu können. Aus diesem Grund war die Durchführung lagekonkreter geotechnischer Feldarbeiten notwendig. Hierfür wurden am Standort einer alten Wasserfassung am Schlossberg in Penkun drei Erkundungsbohrungen bis jeweils 80 m Tiefe abgeteuft und eine davon zu einer Grundwassermessstelle ausgebaut, geohydraulische Pumpversuche zur Durchführung der Ergiebigkeit des Grundwasserleiters durchgeführt, Sedimentproben entnommen und Siebanalysen angefertigt sowie Grundwasserproben entnommen und im Labor hydrochemisch analysiert. Mit den dadurch gewonnenen Detailinformationen konnte eine Bewertung der Realisierungsmöglichkeit der Seebefüllung durchgeführt werden.

3 Geotechnische Feldarbeiten

Die geotechnischen Feldarbeiten zum Abteufen der Erkundungsbohrungen und zur Errichtung der neuen Messstelle wurden im Zeitraum von April bis Juni 2012 durchgeführt. Die Arbeiten wurden kontinuierlich geologisch begleitet. Alle Bohrungen wurden im Spülbohrverfahren niedergebracht. Eine Gesteinsprobenentnahme zur Aufnahme des geologischen Schichtenverzeich-

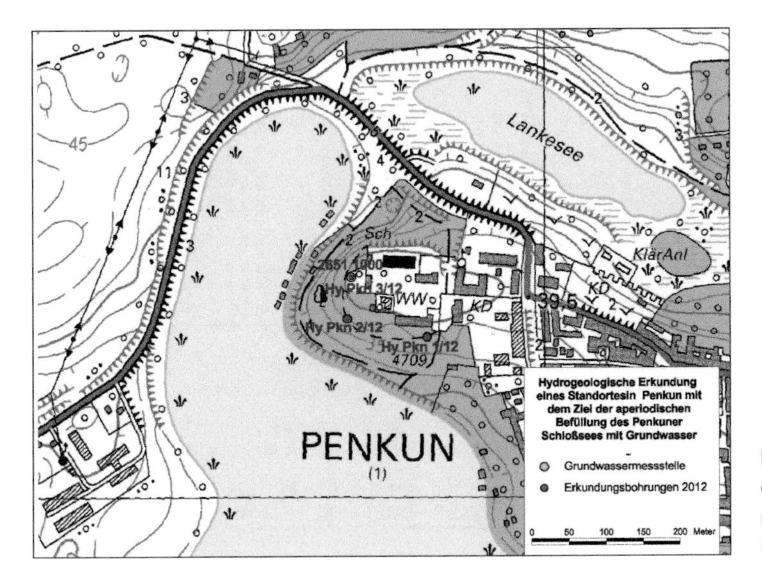

Bild 4: Lageplan der geologischen Erkundungsbohrungen am Schloßberg in Penkun

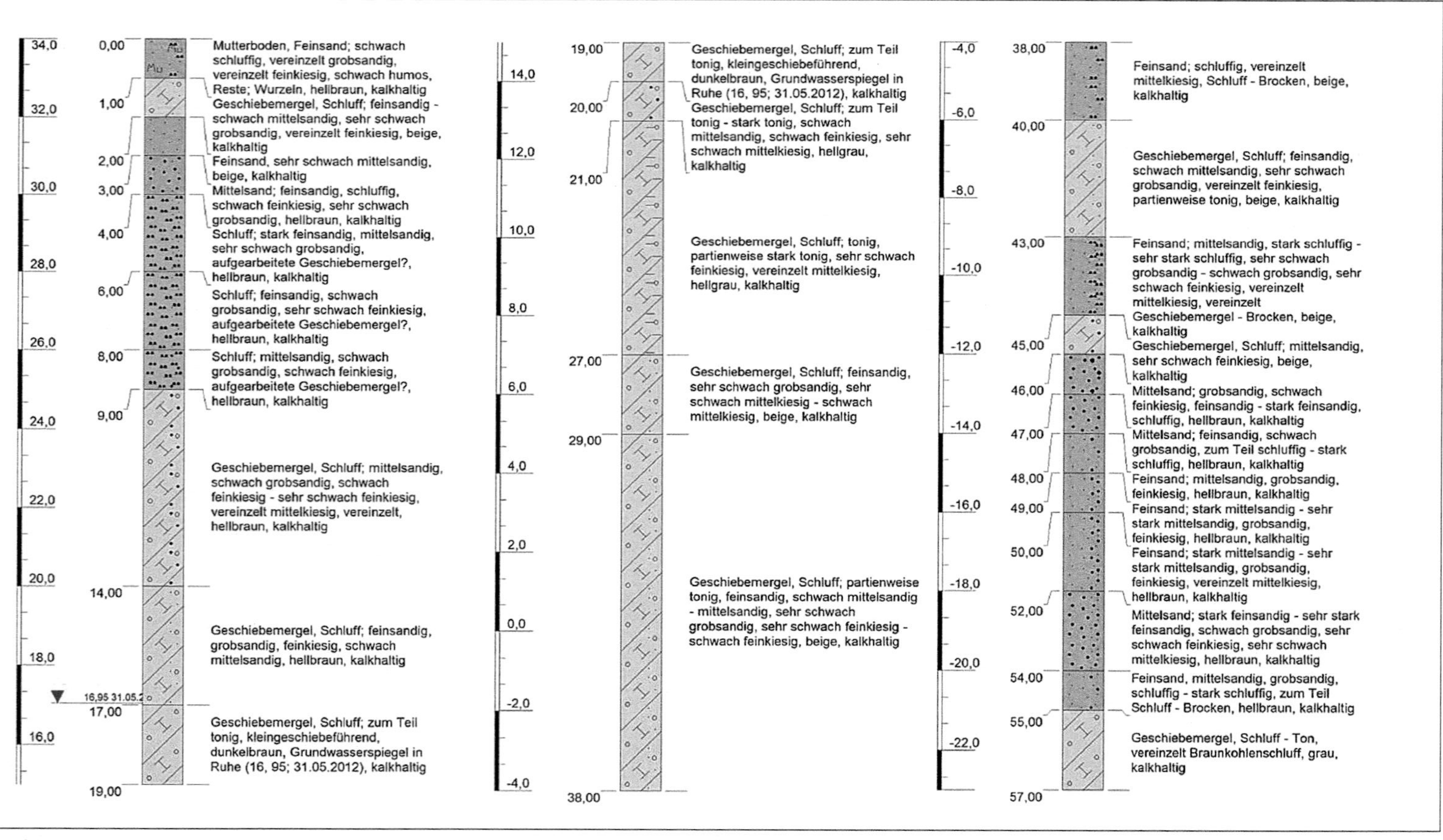

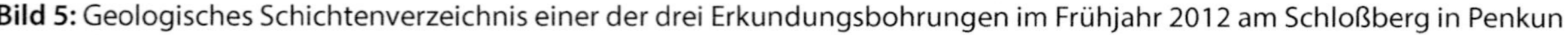
Bild 5: Geologisches Schichtenverzeichnis einer der drei Erkundungsbohrungen im Frühjahr 2012 am Schloßberg in Penkun

nisses nach DIN 4022 und eine durchgehende Gewinnung nichtgekernter Proben für Zwecke der Geschiebeanalyse im Labor des LUNG Güstrow waren damit möglich. **Bild 3** zeigt die eingesetzten Gerätschaften (links) und ausgelegte Proben (rechts) während der Bauphase am Schlossberg in Penkun in unmittelbarer Nähe zum Oberen Schlosssee (**Bild 4**).

Die erbohrten Schichtenfolgen bestätigten die aus den Altunterlagen abgeleiteten Vermutungen zum Aufbau des Untergrundes. **Bild 5** zeigt exemplarisch dazu das geologisch aufgenommene Schichtenverzeichnis von einer der drei Bohrungen. Bei dieser wurde in einer Tiefenlage von 46 bis 55 m unter Gelände ein potenziell ergiebiger, fein- bis mittelsandig ausgebildeter Grundwasserleiter angetroffen. Er enthielt nur sehr untergeordnet schluffige Bestandteile und wurde daher als geeignet für die geplante Förderung bewertet.

Die Bohrungen wurden anschließend alle bohrlochgeophysikalisch vermessen. Eine der Bohrungen wurde zu einer Grundwassermessstelle für das zukünftige Monitoring ausgebaut. Bei allen drei Bohrungen wurden während des Bohrprozesses Zwischenpumpversuche zur Feststellung der hydraulischen Ergiebigkeit der angetroffenen grundwasserleitenden Schichten inklusive der Messung des Wiederanstieges durchgeführt. Aus den potenziell ergiebigen Schichten wurden meterweise Sedimentmischproben entnommen und im Labor Siebanalysen zur Bestimmung des Korngerüstes durchgeführt. Daraus sollten Daten zur hydraulischen Durchlässigkeit bzw. Empfehlungen für die Bemessung der Filterkiesschüttungen nach W 113 bei einem späteren Ausbau zu einem Brunnen abgeleitet werden. Zudem wurden insgesamt 5 Grundwasserproben zur chemischen Analytik bei gleichzeitiger Messung der vor-Ort-Parameter entnommen. Die chemischen Analysen dazu umfassten die notwendigen Milieuparameter vor Ort (Temperatur, elektrische Leitfähigkeit, pH-Wert, Sauerstoff) und alle zur Anfertigung einer Ionenbilanz nötigen Haupt- und Nebeninhaltsstoffe sowie die Redoxspannung, DOC und TOC.

4 Bewertung der geotechnischen Feldarbeiten

4.1 Auswertung der geohydraulischen Pumpversuche

Tabelle 2 enthält die Ergebnisse der vier Pumpversuche (Auswertung nach dem Cooper-Jacob-Verfahren). Demnach ergibt sich Folgendes:

Der über eine Dauer von 4 Stunden mit einer konstanten Förderrate von 7,2 m³/h gefahrene Zwischenpumpversuch bei der Bohrung Hy Pkn 1/12 führte zu einer maximalen Absenkung des Ruhewasserspiegels von 4,01 m. Der anschließende Wiederanstieg wurde eine halbe Stunde beobachtet, in diesem Zeitraum stieg das Wasser wieder um 3,03 m an, es fehlten also noch 0,98 m bis zum Ruhewasserspiegel vor dem Pumpvorgang. Die Auswertung nach dem Cooper-Jacob-

Tab. 2 | Hydraulische Kennwerte der 4 Pumpversuche bei den drei Bohrungen und der Grundwassermessstelle

Standort	FiOk*	FiUk*	Ruhe-Wsp.	Datum	Förder-rate	max. Absen-kung	Dauer	T*	M*	k_f*
Einheit	*m u G*	*m u G*	*m u. GOK*		*m³/h*	*u. R.-Wsp.*	*h*	*m²/s*	*m*	*m/s*
HyPkn 1/12	73,0	78,0	18,80	24.05.12	7,2	4,01	4 h	$5{,}7*10^{-4}$	9	$6{,}4*10^{-5}$
HyPkn 2/12	49,0	54,0	16,95	31.05.12	7,0	3,53	4 h	$6{,}1*10^{-4}$	8	$7{,}7*10^{-5}$
HyPkn 3/12	71,5	73,5	16,38	25.05.12	5,0	2,00	2 h	$9{,}1*10^{-4}$	13	$7{,}5*10^{-5}$
26511000	71,5	73,5	16,22	04.06.12	5,0	5,10	6 h	$3{,}7*10^{-4}$	13	$3{,}5*10^{-5}$

*: FiOk/FiUk: Filterober- bzw. -unterkante, T: Transmissivität, M: Mächtigkeit, kf: Durchlässigkeitsbeiwert der GWL

Verfahren mit der straight-line-Methode ergab die in **Tabelle** 2 dokumentierten T- und kf-Werte.

Der über eine Dauer von 4 Stunden mit einer konstanten Förderrate von 7,0 m^3/h gefahrene Zwischenpumpversuch bei der Bohrung Hy Pkn 2/12 führte zu einer maximalen Absenkung des Ruhewasserspiegels von 3,53 m. Der anschließende Wiederanstieg wurde 70 Minuten beobachtet, in diesem Zeitraum stieg das Wasser wieder bis zum Ruhewasserspiegel vor dem Pumpvorgang an.

Der über eine Dauer von 2 Stunden mit einer konstanten Förderrate von 5,0 m^3/h gefahrene Zwischenpumpversuch bei der Bohrung Hy Pkn 3/12 führte zu einer maximalen Absenkung des Ruhewasserspiegels von 2,00 m. Der anschließende Wiederanstieg wurde 2 Stunden beobachtet, in diesem Zeitraum stieg das Wasser wieder um 1,88 m an, es fehlten also nur noch 0,12 m bis zum Ruhewasserspiegel vor dem Pumpvorgang.

Der über eine Dauer von 6 Stunden mit einer konstanten Förderrate von 5,0 m^3/h gefahrene Zwischenpumpversuch bei der ausgebauten Messstelle 2651 1000 führte zu einer maximalen Absenkung des Ruhewasserspiegels von 5,10 m. Der anschließende Wiederanstieg wurde 70 min beobachtet, in diesem Zeitraum stieg das Wasser wieder um 4,49 m an, es fehlten also nur noch 0,61 m bis zum Ruhewasserspiegel vor dem Pumpvorgang.

Aus den Altunterlagen in den Erkundungsberichten sind aus Pumpversuchen an den ehemaligen Brunnenbohrungen der Wasserfassung Penkun bei Pumpraten von bis zu 25 m^3/h Transmissivitäten (T-Werte) von $4*10^{-4}$ m^2/sec und Durchlässigkeitsbeiwerte des Grundwasserleiters (kf-Werte) von $2*10^{-5}$ m/sec bekannt.

Die kf-Werte der vier Pumpversuche liegen zwischen 3,5 und 7,7*10-5 m/sec und damit im Vergleich zur Schichtansprache etwas niedriger, passen aber zu den aus den Altunterlagen – auch anhand von Pumpversuchsauswertungen – bekannten Werten. Neben der Unterschätzung der Feinkornanteile bei der Schichtansprache auf Grund des Einflusses der Bohrspülung drückt sich hier auch die integrale Einschätzung der Ergiebigkeit des gesamten Grundwasserleiters durch die Pumpversuche aus. Dieser ist in der Region Penkun lateral begrenzt und am Bohrungsstandort vermutlich optimal ausgeprägt, so dass den etwas niedrigeren Werten die höhere Sicherheit zugeordnet werden kann.

4.2 Siebanalysen

In **Tabelle 3** sind aus den meterbezogenen sandigen Proben die Ergebnisse der Siebanalysen sowie die geologische Ansprache der Schichten vor Ort dokumentiert. Die aus den Körnungslinien der Siebanalysen abgeleiteten Durchlässigkeitsbeiwerte (kf-Werte) zeigen mit Werten von $1*10^{-4}$ bis $1*10^{-3}$ m/s gut durchlässige Mittel- bis Grobsande bzw. Feinkiese an und bestätigen damit die geologische Ansprache. Im Vergleich zu den Pumpversuchsauswertungen zeigen sie etwas höhere Werte an. Das liegt an der systematischen Unterschätzung der feinen Bestandteile (Schluffe) bei der Gewinnung von Proben durch Spülbohrungen. Den Pumpversuchsdaten kann eine höhere Gewichtung beigemessen werden. Zusammen mit den hydrochemischen Daten liegt also eine gute Datenbasis vor, um eine Empfehlung zur Auswahl des Brunnenstandortes vorzunehmen.

4.3 Beschaffenheitsdaten des Grundwassers

Die Stellungnahme der Firma Bioplan zu den Möglichkeiten sowie den Risiken einer möglichen Einleitung von Grundwasser betont die Nährstoffgehalte, vor allem die Phosphatgehalte, da diese für Seen die entscheidende Rolle spielen [5]. Es sollte nur Wasser in Standgewässer eingeleitet werden, dessen Gesamtphosphatgehalt im Jahresmittel dauerhaft unter 80 µg/l P liegt, da höhere P-Gehalte zu Eutrophierungserscheinungen führen. Da das Wasser zudem in Trockenzeiten im Sommer eingeleitet würde und zu diesem Zeitpunkt die P-Werte auch in eutrophierten Seen in der Regel deutlich niedriger liegen [6], solle als Grenzwert für eine Zuleitung von Grundwasser ein P-Grenzwert von 50 µg/l P herangezogen werden [5].

Die Schlossseenkette war in den vergangenen zehn Jahren auf Grund von langjährigen Abwassereinleitungen aus der Zeit vor 1998 (schrittweiser Anschluss an die Kanalisation), daraus resultierenden Beschaffenheitsproblemen wie z. B. Blaualgenmassenentwicklungen, sommerlichen Sichttiefen von < 0,5 m, hohen Sedimentationsraten und einem starken Nutzungsinteresse Gegenstand intensiver Untersu-

Tab. 3 | Zusammenfassung der Kennwerte der Kornverteilungskurven nach DIN 18 123-5 aus den Siebanalysen

Bohrung bzw. Tiefe der Probe	geologische Ansprache vor Ort	Bodenart Siebanalyse*	k_f (Beyer) m/s	resultierende Filterkörnung W 113
		HyPkn 1/12		
70 bis 71 m	fS, U	fS, mS¯, u', gS'	1,4*10^{-4}	0,71 bis 1,25 mm
71 bis 72 m	fS, ms, u'	mS, fs¯, gs'	1,2*10^{-4}	1,0 bis 2,0 mm
72 bis 73 m	mS, fS, gs'	mS, fs¯, gs'	1,2*10^{-4}	1,0 bis 2,0 mm
73 bis 74 m	mS, fg', gS', u'	mS, fs¯, gs'	1,2*10^{-4}	1,0 bis 2,0 mm
74 bis 75 m	mS, fg', gS', u'	mS, fs, gs', fg'	2,1*10^{-4}	2,0 bis 3,15 mm
75 bis 76 m	mS, fg', gS', u'	mS, fs¯, gs'	2,0*10^{-4}	1,0 bis 2,0 mm
76 bis 77 m	mS, fg', gS', u'	mS, fs¯, gs', fg'	1,9*10^{-4}	1,0 bis 2,0 mm
77 bis 78 m	mS, gs, fs, fg'	mS, fs, gs, fg	2,1*10^{-4}	1,0 bis 2,0 mm
78 bis 79 m	mS, gs, fs, fg'	mS, fs, gs, fg'	2,1*10^{-4}	2,0 bis 3,15 mm
		HyPkn 2/12		
47 bis 48 m	mS, fs, gs', u', u¯	mS, fs¯, gs, fg'	1,4*10^{-4}	1,0 bis 2,0 mm
48 bis 49 m	fS, ms, gS, fg	mS, fs¯, gs, fg'	1,4*10^{-4}	1,0 bis 2,0 mm
49 bis 50 m	fS, ms¯, gs, fg	S, fg'	1,5*10^{-4}	1,0 bis 2,0 mm
50 bis 51 m	fS, ms¯,gs,fg, mg'	mS, fs, gs, fg'	2,4*10^{-4}	2,0 bis 3,15 mm
51 bis 52 m	fS, ms¯, gs,fg mg'	mS, gs, fs, fg'	2,4*10^{-4}	2,0 bis 3,15 mm
52 bis 53 m	mS,fs¯,gs',fg',mg'	mS, gs, fs, fg'	2,5*10^{-4}	2,0 bis 3,15 mm
53 bis 54 m	mS,fs¯,gs',fg',mg'	mS, fs, gs	2,4*10^{-4}	2,0 bis 3,15 mm
		HyPkn 3/12		
70 bis 71 m	gS, ms, fg, u'	gS, fg¯, ms	1,9*10^{-3}	16 bis 31,5 mm
72 bis 73 m	mS, gs, fs, fg'	mS, gs, fs'	4,0*10^{-4}	2,0 bis 3,15 mm
75 bis 76 m	mS, gs¯, fg', u	gS, ms¯, fg, fs'	6,6*10^{-4}	3,15 bis 5,6 mm

*: „'": schwach, „¯": stark ausgeprägtes Körnungsglied in der Schicht (s. Anhänge 8 und 16)

chungen und Maßnahmen. So wurde 2001 der Bau einer Phosphor-Eliminierungsanlage mit einem zweistufigen Bodenfilter bei einem Jahresdurchsatz von etwa 400.000 m³ und einer Filterkapazität über 10 Jahre realisiert. Die Anlage wurde über Bodenfilter am Westufer des Unteren Schlosssees mit einer Entnahme von Seewasser im südlichen Bereich und einer Wiederzuführung nach der Bodenpassage über die Filtersedimente etwa 500 m weiter nördlich realisiert. Der Betrieb der Anlage wurde inzwischen aus Kostengründen eingestellt, sie ist aber im Gelände noch vorhanden und könnte durch den erneuten Einbau der Pumpen reaktiviert werden. Die P-Konzentrationen im Unteren Schlosssee haben sich durch den Betrieb der Anlage erkennbar verringert.

Vom StALU Vorpommern wurden alle in den vergangenen Jahren gemessenen Konzentrationen der wichtigsten hydrochemischen Parameter an den Messstellen in den verschiedenen Teilen des Schlosssees übermittelt. Diese Daten

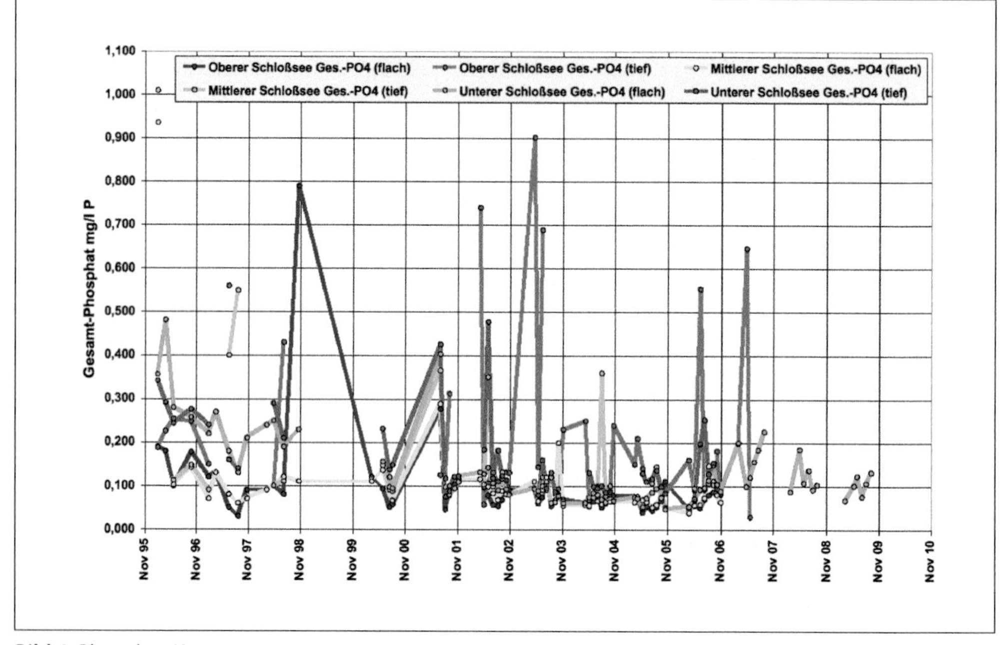

Bild 6: Phosphat-Konzentrationen in verschiedenen Tiefenstufen in den drei Schloßseen von 1996 bis 2009 (Daten zur Verfügung gestellt vom StALU Vorpommern)

wurden dafür verwendet, einen Vergleich des Chemismus der drei Teile des Schlosssees mit den untersuchten Grundwässern durchzuführen. **Bild 6** zeigt für Gesamtphosphat-P die Ganglinien der in den drei See-Teilen und in unterschiedlichen Tiefenstufen gemessenen Konzentrationen von 1995 bis 2010. Erkennbar sind sehr starke Schwankungen der gemessenen Konzentrationen. Bei den tieferen Entnahmen liegen die Werte deutlich höher im Vergleich zu den oberflächennah (0,5 m Tiefe) entnommenen Proben. Ein zeitlicher Trend ist im Oberen und Mittleren Schlosssee nicht erkennbar. Im Unteren Schlosssee hingegen zeigen sich nach Inbetriebnahme der P-Eliminationsanlage zurückgehende Konzentrationen. Sie liegen allerdings auch im Zeitraum 2008/2009 in einem Konzentrationsbereich um 100 µg/l P. Der Mittelwert aller Werte der fünf Jahre seit 2008 liegt bei allen Proben im Unteren Schlosssee bei 114 µg/l P. Damit liegen die aktuellen Gesamtphosphat-Konzentrationen im Schlosssee immer noch in einem deutlich erhöhten Bereich, der ein unerwünschtes Wachstum der Biomasse (Algen) nicht verhindern kann.

In **Tabelle 4** sind für die wichtigsten Parameter jeweils charakteristische statistische Kennwerte zu den Grundwasserproben und zu den drei oberirdischen Teilgewässern der Schlosseenkette zusammengefasst.

Die Leitfähigkeiten sowohl des Grundwassers als auch des Seewassers zeigen eine erhöhte Mineralisierung an. Das war auch bereits anhand der Altunterlagen der hydrogeologischen Erkundungen und des Wasserwerksbetriebs bis 2002 bekannt. Die Ursache für die erhöhten Werte in den tiefliegenden bedeckten Grundwasserleitern ist nicht eindeutig geklärt, eine anthropogene Beeinflussung erscheint jedoch auf Grund der sehr hohen Schutzfunktion der Deckschichten und der daraus resultierenden sehr langen Verweilzeiten des Sickerwassers nicht wahrscheinlich. Ausgeschlossen werden kann sie jedoch nicht mit Sicherheit, da durch Stauchungserscheinungen die Schichten in keiner ungestörten Lagerung vorliegen und somit eine unkontrollierbare und zeitlich nicht quantifizierbare Versickerung möglich sein kann. Die etwas niedrigere Mineralisation des Grundwassers der Bohrung HyPkn 2/12, die in einem

Tab. 4 | Statistische Kennzahlen ausgewählter hydrochemischer Parameter der 5 Proben des Grundwassers (GW; 3 Proben aus Zwischenpumpversuchen der Bohrungen, 2 Proben aus dem Pumpversuch an der neu gebauten Messstelle 2651 1000) sowie Mittelwerte von Proben aus den drei Schloßseen im Zeitraum von 1996 bis 2010

Stoffparameter	Einheit	Minimum GW	Maximum GW	Mittelwert GW	MW Ober. Schloßsee	MW Mittl. Schloßsee	MW Unt. Schloßsee
elektr. Leitfähigkeit	µS/cm	1390	1860	1625	937	929	923
Wassertemperatur	°C	10,6	11,0	11,4	12,6	14,2	14,9
pH-Wert		6,98	7,03	7,005	7,8	8,1	8,22
Sauerstoff-gel.	mg/l	0,05	0,78	0,415	4,5	6,5	7,4
Chlorid	mg/l	106	173	139,5	88	92	96
Sulfat	mg/l	159	301	235	205	203	191
Nitrat-Stickstoff	mg/l N	< 0,5	<0,5	<0,5	0,05	0,03	0,04
Ammonium-N	mg/l N	2	1,18	1,59	1,91	1,01	0,43
Eisen-ges.	mg/l	6,6	12,6	8,45	0,08	0,04	0,06
Mangan	mg/l	0,16	0,26	0,21	0,06	0,11	0,08
DOC	mg/l	5,1	7,6	6,3	18,4	19,1	19,8
TOC	mg/l	6,1	12,4	9,2	21,6	23,6	25,8
ortho-Phosphat	mg/l P	0,17	0,2 2	0,195	0,07	0,03	0,02
ges. PO_4	mg/l P	0,16	0,28	0,22	0,16	0,12	0,14
ges. PO_4 (0,5 m)	mg/l P	–	–	–	0,07	0,09	0,12
ges. PO_4 (> 0,5 m)	mg/l P	–	–	–	0,24	0,15	0,17

höheren Niveau verfiltert war, könnte ein Indiz für eine primär geogene Ursache der erhöhten Mineralisierung im Grundwasser durch Tiefenwassereinfluss sein.

Die Temperaturen des Grundwassers sind durch den Pumpvorgang bereits leicht mit Werten um 10° C angestiegen. Vor allem in den Sommermonaten besteht zwischen der Temperatur des geförderten Grundwassers und den Seewassertemperaturen eine Differenz von mehr als 10° C, die sich allerdings durch die geplante oberirdische Zuführung des Wassers über einen künstlich angelegten Graben mit der angestrebten Belüftung und Sauerstoffaufnahme wieder etwas reduzieren kann.

Die pH-Werte liegen im neutralen Bereich (7,0) und können damit zu einer Verbesserung der Qualität des Seewassers beitragen.

Das Grundwasser ist in seiner natürlichen Lagerungsposition unter dem mächtigen Geschiebemergel nahezu sauerstofffrei, die Konzentrationen liegen durchweg unterhalb von 1 mg/l; im Seewasser differieren die Werte stark in Abhängigkeit von der Entnahmetiefe, liegen aber auch im Mittel über alle drei Seen deutlich oberhalb von 5 mg/l und damit etwa bei 70 % Sättigung. Die Sauerstofffreiheit des Grundwassers muss in jedem Fall vor der Einleitung in den See behoben werden.

Die Chloridkonzentration des Grundwassers liegt etwas höher als im Seewasser, was die erhöhte Mineralisation des Grundwassers belegt. Salinarer Tiefenwassereinfluss liegt jedoch vermutlich nicht vor. Das wurde bereits in den Altunterlagen für die quartären Grundwasserleiter ausgeschlossen und kann auch anhand genetischer

Bewertungen auf der Basis von Ionenverhältnissen mit den aktuellen Daten nicht bestätigt werden. Hohe Konzentrationen wurden vor allem bei den beiden Bohrungen HyPkn 1/12 und HyPn 3/12 angetroffen. Bei der Bohrung HyPkn 2/12 hingegen liegt die Konzentration mit 106 mg/l nur geringfügig über den Seewasserwerten.

Die Sulfat-Konzentrationen sind vor dem Hintergrund der Lagerungsverhältnisse relativ hoch und deuten auf Neubildungseinfluss in den gestauchten Zonen hin, da Sulfat noch weitestgehend unreduziert vorliegt. Die Konzentration des Wassers aus der flacheren Bohrung HyPkn 2/12 ist etwas niedriger als im See (159 gegenüber etwa 200 mg/l), während sie bei den übrigen beiden Bohrungen mit Werten über 250 mg/l höher liegt. Das ist von Bedeutung, da zu hohe Sulfatgehalte durch eine dadurch induzierte H_2S-Bildung unerwünschte Auswirkungen haben könnten.

Sowohl Grund- als auch Seewasser sind nahezu nitrat- und auch nitritfrei, hier läge also kein Hindernis für eine Einleitung des Tiefenwassers in den See.

Bei Ammonium liegen die Konzentrationen des Grundwassers bei den beiden Bohrungen HyPkn 1/12 und HyPn 3/12 höher als im Seewasser, bei der Bohrung HyPkn 2/12 hingegen im gleichen Bereich wie im See.

Die Kalium-Werte im Grundwasser liegen bei allen Proben deutlich erhöht vor, mit 15,8 mg/l sind sie bei der Bohrung HyPkn 2/12 mit Abstand am höchsten. Das kann als Hinweis auf eine anthropogene Herkunft der Beeinflussung gedeutet werden. Zum See liegen keine Vergleichsdaten zu Kalium vor.

Die Eisen- (Gesamt und gelöst) sowie Mangankonzentrationen im Grundwasser sind geogen bedingt deutlich höher als im See und würden zu Verfärbungen der oberirdischen Gewässer beitragen. Durch die Belüftung kann dies abgestellt werden. Ökologisch betrachtet sind erhöhte Eisengehalte jedoch eher unproblematisch, da sie als potenzielle Bindungspartner für Phosphor zu einer Festlegung des eutrophierungsrelevanten Nährstoffes Phosphors am Gewässergrund beitragen könnten [5].

Die Gehalte an gelöstem (DOC) bzw. gesamtem organischen Kohlenstoff (TOC) sind in allen drei Brunnen zwar im Vergleich mit den für Grundwasser in der Region typischen Werten relativ hoch. Sie liegen aber durchgehend niedriger als im See vor und stellen daher kein Einleitungshindernis dar.

Die für die ökologische Relevanz entscheidenden Gesamt-Phosphatgehalte liegen in allen fünf Proben oberhalb der aktuell im Untersee gemessenen Konzentrationen. Im Unteren Schlosssee lagen die Werte im Mittel das Jahres 2011 bei 108 µg/l P (Entnahmetiefe 0,5 m) und im Durchschnitt der vergangenen Jahre – über alle Tiefen hinweg – bei 140 µg/l P (**Tabelle** 4). Im Grundwasser lagen die Konzentrationen bei der Bohrung HyPkn 1/12 bei 277 und bei der Bohrung HyPkn 3/12 bei 160 µg/l P.

Anhand des Pumpversuchs an der Messstelle wurde getestet, inwiefern sich die Zusammensetzung des Grundwassers nach größeren Entnahmeraten signifikant ändert bzw. ob sich die Konzentrationen der kritischen Parameter ändern. Zum Vergleich dienen die Werte der an der Bohrung HyPkn 3/12 gewonnenen Proben sowie die an der Messstelle nach Pumpzeiten von 4 bzw. 6 Stunden entnommenen Proben. Die Werte zeigen, dass es zu keiner deutlichen Veränderung gekommen ist, die Konzentrationen von Gesamt-Phosphat z. B. verblieben mit 228 bzw. 232 µg/l P im gleichen Bereich. Auch die Leitfähigkeiten und die übrigen Stoffe änderten sich nicht deutlich in ihren Konzentrationsbereichen.

Die erhöhten Phosphat-Werte können mit dem erhöhten organischen Anteil in den Grundwasserleitern (TOC-Gehalte und angetroffene Braunkohleschmitzen) in Verbindung stehen, da organische Anionen die Sorption von Phosphor an die festen Bestandteile blockieren und damit zu einer Freisetzung in die gelöste Phase beitragen können. Bei der Bohrung HyPkn 2/12 in einem anderen Tiefenniveau hingegen wurden diese Bestandteile nicht erbohrt und die DOC/TOC-Gehalte liegen auch etwas niedriger. Eine endgültige Klärung der Herkunft der erhöhten Phosphatgehalte ist also mit der derzeitigen Datenlage nicht möglich.

Eine direkte Einleitung des geförderten Grundwassers in den See wurde aus hydrochemischen bzw. ökologischen Gründen nicht befürwortet, da hierdurch der schlechte

Trophiestatus des Sees weiter gefestigt würde. Durch geeignete Maßnahmen (Belüftung, Eisenausfällung, Phosphatelimination) muss vielmehr die Qualität vor der Einleitung deutlich verbessert werden, damit sowohl der ökologische Zustand als auch die Nutzungsmöglichkeit der oberirdischen Gewässer für die Bevölkerung erhalten bleibt bzw. verbessert wird. Nötig ist eine Oxidierung und damit verbundene Reduzierung der gelösten Eisenionen durch eine oberirdische Grabenführung des Wassers vom Entnahmestandort (Brunnen) zum See bei einer Entfernung von etwa 60 m und einem Höhenunterschied von etwa 10 m.

Zudem muss eine weitergehende Phosphatelimination durchgeführt werden, um Gesamt-Phosphat-Konzentrationen des Einleitwassers im Bereich von 50 bis 80 µg/l P zu erreichen. Zu klären ist, ob dies technisch durch die Festlegung von Phosphor an der Oberfläche von Eisenhydroxidpartikeln in sog. „Filtersäcken" erreicht werden kann, mit denen im Zulauf zum See eine "Nährstoff-Falle" errichtet würde. In Wasser gelöst vorliegende Phosphat-Ionen würden in einem ersten Schritt adsorptiv an eine geeignete Oberfläche gebunden. In einer nachfolgenden Reaktion (Eisenhydroxid zu Eisensulfat) würde dann die Umwandlung zu stabilem Eisenphosphat und damit die Phophatelimінierung aus dem Wasser erfolgen.

5 Empfehlungen zu weiterführenden Arbeiten

Nach Durchführung der hydrogeologischen Erkundung des Standortes am Schlossberg zur aperiodischen Befüllung steht anhand der gewonnenen Daten fest, dass es möglich wäre, einen Brunnen zu errichten, mit dessen gefördertem und aufbereitetem Rohwasser der Untere Schlosssee in zukünftigen Bedarfszeiten, also bei niedrigen Wasserständen im Sommer, ortsnah mit Grundwasser befüllt werden kann.

Es liegen Informationen dazu vor, wie viel Grundwasser durch einen Brunnen gefördert werden könnte und welche Qualität dieses Wasser voraussichtlich beinhaltet. Letzterer Aspekt ist von großer Bedeutung, um die Seenkette durch das zugeführte Wasser nicht einer zusätzlichen Belastung auszusetzen. Daher müssen hier technische Lösungen gefunden werden, die zu einer Reduzierung der P-Belastung auf das empfohlene Konzentrationsniveau von 50 bis 80 µg/l P führen.

Zudem muss der mengenmäßige Aspekt näher untersucht werden. Bekannt ist, dass das unterirdische Einzugsgebiet am Standort des ehemaligen Wasserwerkes am Schlossberg ein natürliches Grundwasserdargebot von 443 m³/d bietet. Dieses Wasser würde dem tief liegenden, gespannten Grundwasserleiter entnommen, der keinen hydraulischen Anschluss an den Seewasserkörper enthält, so dass ein „hydraulischer Kurzschluss" durch die Förderung und anschließende Einleitung vermieden wäre.

Berechnet werden muss, zu welcher Aufhöhung des Wasserspiegels des Unteren Schlosssees bzw. der Schlossseenkette insgesamt eine oberirdische Einleitung in welchem Zeitraum führen würde. Hierzu gibt es bisher nur erste Abschätzungen im Rahmen der Grundlagenermittlung (z. B. eine Aufhöhung um 10 cm bei einer Entnahme des durchschnittlichen Grundwasserdargebots von 18 m³/h über einen Zeitraum von 189 Tagen), die durch hydraulische Modellrechnungen einer numerischen Grundwassermodellierung näher untersetzt werden müssen. Dabei muss das gesamte unterirdische Einzugsgebiet der Seenkette berücksichtigt werden, auch deren oberirdische Zuflüsse (z. B. über die Pferdekoppel) sowie die Grundwasserzutritte.

Zugleich wird damit untersucht, welche Auswirkungen die geplante Entnahme auf den gespannten Grundwasserleiter hat. Diese Erkenntnisse können für die notwendige Bewilligung der Grundwasserentnahme durch die Untere Wasserbehörde des Landkreises genutzt werden. Eine neue Bewilligung ist erforderlich, denn die bisherige Genehmigung der Förderung in Penkun ist inzwischen erloschen, weil die Förderung durch den Zweckverband Süd-Ost seit nunmehr 9 Jahren eingestellt ist.

Die Untersuchungen wurden im Rahmen des von der EU geförderten Projektes zur „Sanierung und Restaurierung der Penkuner Seenkette" durchgeführt.

Literatur

[1] Ermittlung grundwasserbeeinflusster oberirdischer Gewässer in Mecklenburg-Vorpommern.- Gutachten der HYDOR Consult GmbH im Auftrag des Landesamtes für Umwelt, Naturschutz und Geologie Mecklenburg-Vorpommern, Berlin, 2010, unveröff.

[2] LUA (2001): Zur Dynamik des Grundwasserstandes im deutschen Oder-Einzugsgebiet.- Landesumweltamt Brandenburg, Außenstelle Frankfurt (Oder), unveröff.

[3] Germer et al.: Sinkende Seespiegel in Nordostdeutschland: Vielzahl hydrologischer Spezialfälle oder Gruppen von ähnlichen Seesystemen? In: Aktuelle Probleme im Wasserhaushalt von Nordostdeutschland, 2010, Herausgeber: Geoforschungszentrum Potsdam.

[4] Machbarkeitsuntersuchungen zur Förderung von Grundwasser zur temporären Befüllung der Penkuner Seen in Niedrigwasserzeiträumen. – Technische Dokumentation der HYDOR Consult GmbH im Auftrag des Amtes Löcknitz-Penkun 2012, Berlin, unveröff.

[5] Fachliche Stellungnahme zur bedarfsweisen Auffüllung der Penkuner Seen mit Grundwasser in Niedrigwassersituationen. Stellungnahme der bioplan GmbH vom 21.03.2011, unveröff.

[6] Regionalisierung der Nährstoffbelastung in Oberflächengewässern in Mecklenburg-Vorpommern.- Gutachten des BIOTA Instituts für ökologische Forschung und Planung GmbH Bützow im Auftrag des Landesamtes für Umwelt, Naturschutz und Geologie Mecklenburg-Vorpommern, unveröff.

Autoren

Dr. Stephan Hannappel
HYDOR Consult GmbH
Am Borsigturm 40
13507 Berlin
E-Mail: hannappel@hydor.de

Dipl. Ing. Thomas Will
KUTIWA projekt gmbh
Pasewalker Str. 18
17098 Friedland

Dipl.-Ing. Klaus-Dieter Fichte
Staatliches Amt für Landwirtschaft und Umwelt Vorpommern
Kastanienalle 13
17373 Ueckermünde

Conrad Ludewig und Gunther Weyer

Entschlammung von Flachseen am Beispiel des Steinhuder Meeres

Die Verlandung von Flachseen ist ein natürlicher Vorgang, der mitunter für die verschiedenen Gewässernutzer Nachteile mit sich bringt. Die Entschlammung in kritischen Bereichen stellt bei der Gewässerunterhaltung hohe Anforderungen an die Entnahme des Sediments. Abfallrechtliche Vorgaben entscheiden dabei über den Umgang mit dem entnommenen Baggergut.

1 Naturraum Steinhuder Meer

Das Steinhuder Meer in Niedersachsen ist mit einer Fläche von ca. 29,1 km² der größte See Nordwestdeutschlands. Der im Durchschnitt nur 1,35 m tiefe und maximal 2,90 m tiefe Flachsee ist erdgeschichtlich gesehen ein eher junges Gewässer, entstanden nach der letzten Eiszeit vor etwa 12.000 Jahren durch Thermokarst. Thermokarst bezeichnet das Einsinken der Landoberfläche durch wiederholtes Gefrieren und Auftauen von im Boden vorhandenem Wasser, wodurch es zu Volumenverlusten im Sediment und Einsenkungen in der Landoberfläche kam, in denen sich nachfolgend Wasser bildete. Das Steinhuder Meer war bei seiner Bildung etwa dreimal so groß, was sich heute noch in den umfangreichen Mooren im Randbereich wiederspiegelt. Wegen seiner geringen Wassertiefe setzte die Verlandung bereits nach der Entstehung ein. Dies ist belegt durch Untersuchungen an Sedimenten in schon seit längerer Zeit verlandeten Bereichen. Je näher diese Untersuchungen an die Seegrenze heranrücken, desto jüngere Sedimente bilden den heutigen Verlandungsstreifen.

Der ca. 30 km von Hannover gelegene Binnensee ist das Herzstück des Naturparks Steinhuder Meer und wegen seiner geschützten Naturbereiche und vielfältiger Erholungs- und Wassersportmöglichkeiten ein überregionales Ausflugsziel und ein bedeutender Wirtschaftsfaktor für die Region um die Städte Wunstorf und Neustadt. Das Steinhuder Meer befindet sich in der Großlandschaft der Hannoverschen Moorgeest und ist mit den umliegenden Landflächen als bedeutendes Brut-, Überwinterungs- und Durchzugsgebiet für viele Wat- und Wasservogelarten bekannt und als Feuchtgebiet mit internationaler Bedeutung eingestuft. Es ist ein Vogelschutz- und FFH-Gebiet und umgeben von zahlreichen Natur- schutz- und Landschaftsschutzgebieten. Tourismus, Wassersport und Natur erleben sorgen dafür, dass an Sommertagen teilweise mehr als 50.000 Tagesgäste das Steinhuder Meer besuchen. Das Steinhuder Meer ist Eigentum des Landes Niedersachsen und wird vom Amt für regionale Landesentwicklung Leine-Weser (Domänenverwaltung) in Hildesheim verwaltet. Die anstehenden Unterhaltungsarbeiten werden vom Niedersächsischen Landesbetrieb für Wasserwirtschaft, Küstenschutz und Naturschutz (NLWKN), Betriebsstelle Sulingen, durchgeführt oder begleitet.

Das Steinhuder Meer gehörte früher dem Fürstenhaus Schaumburg-Lippe, später je zur ideellen Hälfte dem Fürstenhaus und dem Land Schaumburg-Lippe (später Land Niedersachsen) und seit 1973 allein dem Land Niedersachsen, wobei die Insel Wilhelmstein noch heute fürstlich ist.

Niedersachsens größtes Binnengewässer wird überwiegend von Grundwasser gespeist, wobei das Einzugsgebiet mit ca. 76 km² vergleichsweise klein ist. Regenfälle auf die 29,1 km² große Wasserfläche stützen die Wasserbilanz des Sees wie auch untergeordnet die Wasserzufuhr des einzig nennenswerten Zuflusses, des Winzlarer Grenzgrabens, der aus den Rehburger Bergen kommt. Trotz der erheblichen Verdunstung aufgrund der großen Seefläche im Verhältnis zur Tiefe hält sich der Wasserspiegel verhältnismäßig konstant. Wasserüberschüsse fließen über ein Wehr in den einzigen Abfluss Meerbach, der bei Nienburg in die Weser mündet. Das Steinhuder Meer ist gemäß Einstufung nach Wasserrahmenrichtlinie stark eutroph mit eher geringer Nährstoffbelastung. Die theoretische Wasseraufenthaltszeit im See beträgt 2,3 Jahre.

2 Das Sediment im Steinhuder Meer

Wie jeder See produziert auch das Steinhuder Meer Schlamm, vor allem bestehend aus Resten abgestorbener Organismen. Die Schlammneubildung wird mit 30.000 bis 40.000 m³ jährlich angenommen. Der Schlamm des Steinhuder Meeres ist wasserreich. Die oberste Schicht ist dünnflüssig mit ca. 95 % Wasser und als „Treibmudde" ständig in Bewegung, was eine fast ganzjährige Trübung des Wasserkörpers zur Folge hat. Der darunter liegende Schlamm mit ca. 90 – 93 % Wassergehalt wird nur bei größeren Windstärken mit entsprechenden Wellenhöhen aufgewirbelt. Die eher schlechte Entwässerung des Schlamms ist auf den hohen Anteil organischer Substanz zurückzuführen. Auch der geringe Kalkgehalt ist hier als Grund aufzuführen. Der durch die biologischen Abbauprozesse ausgefällte Kalk wird fast vollständig rückgelöst. Der hohe organische Anteil deutet allerdings nicht auf eine geringe Abbaurate hin, sondern ist eher dem geringen Anteil anorganischer Substanzen geschuldet.

Eine weitere Eigenart des Schlamms im Steinhuder Meer ist sein erhöhter Gehalt an Schwermetallen (z. B. Blei, Cadmium, Chrom, Zink), was wiederum seine Ursache im hohen Organikanteil hat. Diese Schwermetallproblematik relativiert sich, wenn man sie in Beziehung zum Anteil organischer Verbindungen setzt. Die Schwermetalle sind im sauerstoffarmen Schlamm wasserunlöslich festgelegt, haben also keine negativen Auswirkungen auf die Wasserqualität.

Die unterschiedliche Ausdehnung und Ablagerung der Sedimente am Seegrund ist mit der ausgesprochenen Flachheit des Gewässers zu erklären. Durch die große Gewässerausdehnung bei geringer Tiefe ist das Wasser bzw. der Schlamm am Seegrund den Winden stärker ausgesetzt, die vor allem in Längsausdehnung des Gewässers von Südwest kommend wirken. Die Wirkung der Winde reicht häufig bis auf den Seegrund und wirbelt, unterstützt vor allem durch eine ebenfalls regelmäßig bis auf Grund wirkenden Wellenbewegung, die Sedimente auf. Vorherrschende Winde bewegen die Wassermassen ostwärts. Dadurch entsteht am Seegrund eine ausgleichende Rückströmung. Diese Rückströmung stellt sich als System von Strömungskreiseln dar, was bedingt durch höhere Strömungsgeschwindigkeiten in Teilbereichen zu Vertiefungen am Seegrund, den sog. Deipen, führt. Dies bewirkt, dass das Steinhuder Meer im Gegensatz zu vielen anderen Seen nicht von unten her flacher wird, sondern vorrangig vom windabgewandten Westufer her verlandet. Durch die Flachheit und die Windanfälligkeit des Sees ist ein Teil des Sediments, die o. g. „Treibmudde", ständig im See unterwegs und macht, wie eingangs beschrieben, die Trübung des Binnensees aus. Die Treibmudde ist charakteristisch für Flachseen und an sich kein übermäßiges Problem für Tourismus, Wassersport und Stegbetreiber, solange sie nicht übermäßig und punktuell sedimentiert. Die Menge wird im Steinhuder Meer auf ca. 170.000 bis 180.000 m³ geschätzt. Das Gesamtschlammvolumen liegt bei ca. 17 Mio. m³, das Wasservolumen bei ca. 40 Mio. m³. Durch das bis auf wenige Ausnahmejahre Fehlen einer nennenswerten Unterwasservegetation ist der Seegrund einer übermäßigen Erosion ausgesetzt, was einen aufgelockerten Schlamm mit hohem Wassergehalt und großem Volumen zur Folge hat. Bei vorhandener Unterwasservegetation, die als Entwicklungsziel eines makrophytendominierten Flachsees gemäß EG-WRRL anzustreben ist, wären Schlammerosion und -verlagerung reduziert und der Schlamm könnte entsprechend entwässern und sich verfestigen. Auswirkungen auf die Sedimentbewegung und -ablagerung haben dauerhaft oder zumindest saisonal die zahlreichen Stege und Boote/Bootsliegeplätze am Steinhuder Meer, die künstliche Strömungshindernisse, sogenannte „Schlammfallen" darstellen. Gleiches gilt für eine 1975 künstlich geschaffene Badeinsel am Südufer und den Bau von Grachten und Promenaden, ebenfalls am Südufer. Auch die Entstehung und Formveränderung von Schilfinseln und die Beseitigung von Ufervegetation haben die gegebenen Strömungsmechanismen nachhaltig verändert, was lokale Schlammablagerungen zur Folge hat.

3 Entschlammung und Schlammlagerung

Dauerhaft wirksame Maßnahmen zur Entschlammung und gegen die Verlandung können bei Flachseen in bedeutsamen Umfang nur an den Ursachen ansetzen, also an einer Reduzierung der Produktivität des Sees, vorrangig über die Verminderung von Nährstoffeinträgen und ggf. durch eine Reduzierung des Sedimenteintrags über die Zuläufe. Auch im Hinblick auf den Naturschutz und den immensen Finanzaufwand scheidet eine Komplettentschlammung aus.

Nachdem die Einleitungen aus Kläranlagen in den See Anfang der 70er-Jahre beendet wurden und im Jahr 2011 ein Regenrückhaltebecken mit integriertem Retentionsbodenfilter am Nordufer bei Mardorf errichtet wurde, stellen lediglich noch die punktuellen Einleitungen der Oberflächenentwässerungen aus den am Südufer gelegenen Ortschaften Steinhude und Großenheidorn nennenswerte anthropogene Eintragspfade von Nährstoffen dar. Bei der Verlängerung der Erlaubnisse gemäß § 10 WHG zur Einleitung von Oberflächenwasser sollen als Sofortmaßnahmen hier zeitnah kleinräumige Retentionsbereiche durch Schilfbeete angelegt werden. Um die Ziele eines guten ökologischen Zustands gemäß EG-WRRL für das Steinhuder Meer mittelfristig zu erreichen und sicherzustellen, werden zudem einerseits eine weitestgehende Umleitung und andererseits eine Behandlung von phosphorreichen Regenabwässern mittels eines Retentionsfilters geprüft. Um zusätzlich diffuse Nährstoffeinträge in das Steinhuder Meer zu reduzieren, ist eine Identifizierung und Modellierung der Nährstoffeintrittspfade im Einzugsgebiet geplant. Die Ergebnisse sollen insbesondere die Grundlage für eine effiziente landwirtschaftliche Beratung sein.

Entschlammungen sind bei einem großen Flachsee wie dem Steinhuder Meer nur in kritischen Teilbereichen möglich, um die aktuelle Nutzung (z. B. Steg- und Hafenbenutzung, Tourismus, Personenschifffahrt, Wasser- und Segelsport) aufrecht zu erhalten. Ein Zusammenhang mit einer Seesanierung besteht dabei in der Regel nicht. Eine Seesanierung ist allenfalls im Einzelfall bei kleinen Seen durch Entschlammungsmaßnahmen möglich, wenn dadurch eine Verbesserung der Trophie und der Lebensbedingungen der am Gewässergrund lebenden Organismen erzielt werden kann. Bei der Schlammentnahme, der entnommene Schlamm bezeichnet dann als „Baggergut", handelt es sich nur um eine Unterhaltungsmaßnahme zur Aufrechterhaltung bestimmte Nutzungen. Ein Sonderfall stellt lediglich das Umlagern im Gewässer dar, um z. B. durch gezielte Anlandungen Uferstrukturen zu modellieren, definierte Lebensräume zu schaffen oder Schilfschutz zu betreiben, wie zeitweise am Dümmer im Landkreis Diepholz, Niedersachsens zweitgrößtem Binnengewässers, punktuell mit Sand- oder Sand/Schlammgemisch-Aufspülungen geschehen. Im Einzelfall wird zudem Sand an Badestellen aufgespült, was am Steinhuder Meer wie auch am Dümmer nach Absprache mit den örtlichen Kommunen erfolgt.

Entschlammungsmaßnahmen bedürfen grundsätzlich keiner wasserrechtlichen Zulassung, da es sich nicht um eine wesentliche Umgestaltung eines Gewässers handelt. Technische Verfahren zur Schlammentnahme sind die Spülbaggerung, die Nassbagerung und im Einzelfall auch Trockenverfahren. Trockenverfahren, d.h. Entnahmen nach Ablassen des Wassers, kommen bei einem großen Gewässer wie dem Steinhuder Meer nicht in Frage. Partielle Sandentnahmen in leicht mit schwerem Gerät erreichbaren Hafenbereichen, z. B. durch Langarmbagger, können im Einzelfall durchgeführt werden. Die Nassbaggerung im größeren Umfang scheidet aber wegen der eingeschränkten Zugänglichkeit, der Dünnflüssigkeit des Schlamms und vor allem auch aus ökologischen Gründen aus, so dass für ökologisch sensible Seen wie das Steinhuder Meer unter den vorzufindenden Rahmenbedingungen nur das Saugspülverfahren in Frage kommt (**Bild 1**). Dabei wird mit einem Schneidkopf der über ein Saugrohr mittels einer Kreiselpumpe angesaugte dünnflüssige Schlamm über Rohrleitungen zu Spülfeldern transportiert. Mit dem Schneidkopf ist es möglich, die Entnahmetiefe genau zu bestimmen und gezielt Schlamm zu entnehmen, ohne diesen nennenswert aufzuwirbeln. Es stellt also die Art der Sedimententnahme mit der geringsten ökologischen Belastung dar.

Am Steinhuder Meer wird der Schlamm zurzeit in zwei Schlammpolder gespült (**Bild 2**), die am Nord- und am Südufer angelegt sind. Die Polder wurden in den Jahren 2000 und 2004 mit einer

Bild 1: Saugbagger der Firma Schilder, Entschlammungsmaßnahme Steinhuder Meer 2015 (Quelle: Amt für regionale Landesentwicklung Leine-Weser)

Bild 2: Einspülen des Schlamms in den Schlammpolder mittels Rohrleitung (Quelle: NLWKN Sulingen)

Größe von ca. 8 ha bzw. ca. 12,6 ha und Fassungsvermögen von 80.000 m³ bzw. 270.000 m³ angelegt. Für die Anlage wurden seinerzeit Genehmigungsverfahren zur Langzeitlagerung gemäß § 4 Bundes-Immissionsschutzgesetz durchgeführt Diese Genehmigungsverfahren hatten Bündelungswirkung und regeln somit auch baurechtliche, wasserrechtliche, bodenschutzrechtliche, abfallrechtliche und naturschutzrechtliche Belange. Für die Rückführung des Überstandswassers aus dem Polder war eine Erlaubnis nach § 10 des Niedersächsischen Wassergesetzes erforderlich.

Die Schlammentnahmen aus dem Steinhuder Meer reichen bis 1980 zurück. Von 1980 bis 1997 wurde der entnommene Schlamm landwirtschaftlich verwertet. Anfang der 90er-Jahre erfolgte zweimal eine Umlagerung im See. Seit 1997 wird der Schlamm entnommen und in Polder verspült. Ein Polder ist inzwischen stillgelegt und der Sukzession überlassen. Seit dem Jahr 2000 bzw. 2004 werden die beiden noch in Betrieb befindlichen Polder beschickt. Insgesamt wurden seit 1980 über 700.000 m³ Schlamm bzw. Sand entnommen.

Beide Polder liegen im Wassereinzugsgebiet des Steinhuder Meeres, was mit Blick auf die anzulegenden abfallrechtlichen Anforderungen an die Lagerung bedeutsam ist (vgl. unten Nr. 4). Die Rahmenbedingungen sind anspruchsvoll. Es wird dünnflüssiger Schlamm gepumpt, die Polder liegen grundwasser- und gewässernah und entwässern langsam, vor allem bei gewollten „guten" Wasserständen des Meeres. Zudem agiert man in einem sensiblen Umfeld, wie oben beschrieben. Der Haushaltsansatz von ca. 540.000 € jährlich für die Unterhaltung des Steinhuder Meeres deckt neben der Entschlammung, der Polderüberwachung und -pflege zeitweise auch Arbeiten an Verwallungen und Wegen sowie die Ingenieurdienstleistungen des NLWKN ab. Außerhalb des Sees wird der Schlamm zu Abfall. Als Folge der Baggerguteigenschaften (Brennwert, hoher organischer Anteil) sind eine Deponierung außerhalb des Wassereinzugsgebietes und andere Verwertungsmöglichkeiten (z. B. Deponieabdeckung, Haldenabdeckung, landbauliche Verwertung, Verschneidung, Monodeponie, Verbrennung) nicht konkret in Sicht oder wirtschaftlich nicht tragbar.

Die Entschlammungsstrategie zielt daher aktuell weiter auf eine Polderung ab, ggf. auch unter Umwandlung eines der Polder zur Deponie. Beide vorhandenen Polder können nach der Entwässerungsphase noch weitere Schlammmengen aufnehmen, aber die Lagerkapazität ist endlich. Momentan ist das Land Niedersachsen bemüht, am Nordufer des Steinhuder Meeres zusätzliche Polderflächen zu akquirieren und die Option einer Poldererweiterung am vorhandenen Standort am Südufer offenzuhalten, was beim derzeitigen Druck auf dem Bodenmarkt kein Selbstläufer ist. Die vorgegebene Beschränkung der Suche auf das Wassereinzugsgebiet tut ihr Übriges.

4 Abfallrechtliche Betrachtung der Entschlammung

Die heute praktizierte Langzeitlagerung von Baggergut am Steinhuder Meer sowie die ins Auge gefasste Umwidmung eines der Polder zu einer Deponie ist nur aufgrund von abfallrechtlichen Regelungen zulässig, die speziell für den Umgang mit Baggergut im Abfallrecht geschaffen wurden. Denn seit Inkrafttreten des Ablagerungsverbotes für Abfälle mit einem erhöhten organischen Anteil zum 01.06.2005 ist die Ablagerung von organikreichen Abfällen auf Deponien außerhalb spezieller Ausnahmeregelungen nicht mehr zulässig.

Die zur Beendigung der Deponierung von Hausmüll, Klärschlamm, hausmüllähnlichen Gewerbeabfällen und organikreichen Industrieabfällen durch Rechtsverordnung festgelegten niedrigen Zuordnungswerte für den organischen Kohlenstoffgehalt (gesamt und löslich) hatte zunächst auch die Ablagerung von Baggergut ausnahmslos erfasst und gelten auch für die Langzeitlagerung. Nachstehend werden der allgemeine abfallrechtliche Hintergrund sowie die nach dem Jahr 2005 sukzessive geschaffenen Spezialregelungen für den Umgang mit Baggergut aus Gewässern bezogen auf das Beispiel der Bewirtschaftung des Steinhuder Meers dargestellt.

4.1 Allgemeiner abfallrechtlicher Hintergrund und Folgerungen für die Lagerung

Baggergut aus Gewässern ist Abfall im Sinne des Kreislaufwirtschaftsgesetzes (KrWG), da die Gewinnung von Baggergut nicht Zweck der Gewässerbewirtschaftung ist und insoweit abfallrechtlich ein Entledigungsvorgang vorliegt (§ 3 Abs. 1 bis 3 KrWG).

Ausgenommen von der Anwendung der abfallrechtlichen Vorschriften ist die Umlagerung von Sedimenten in Gewässern, für die in § 2 Abs. 2 Nr. 12 KrWG eine ausdrückliche Anwendungsbereichsausnahme vorgesehen ist. Hierunter fallen Sedimente, die zum Zweck der Bewirtschaftung von Gewässern, der Unterhaltung oder des Ausbaus von Wasserstraßen sowie der Vorbeugung gegen Überschwemmungen oder der Abschwächung der Auswirkungen von Überschwemmungen und Dürren oder zur Landgewinnung innerhalb von Oberflächengewässern umgelagert werden, sofern die Sedimente nachweislich nicht gefährlich sind.

Diese Ausnahme vom Anwendungsbereich des Abfallrechts greift auch dann, wenn die Sedimente, also das betreffende Baggergut, im Zuge der Umlagerungsmaßnahme zeitweise an Land gelagert werden. Dies gilt auch für das sonst bei der Lagerung von Abfällen bestehende immissionsschutzrechtliche Genehmigungserfordernis und zwar selbst dann, wenn die Lagerung über einen Zeitraum von mehr als einem Jahr erfolgt. Beides wurde in der Neufassung der 4. Verordnung zum Bundes-Immissionsschutzgesetz (4. BImSchV) vom 2. Mai 2013 [4] in den Nummern 8.12 und 8.14 des dortigen Anhangs 1 ausdrücklich unter Nennung der Sedimente nach § 2 Abs. 2 Nr. 12 KrWG klargestellt. Schon danach entfiel die immissionsschutzrechtliche Genehmigungsbedürftigkeit der Lagerung des Baggerguts für die Sedimente nach § 2 Abs. 2 Nr. 12 KrWG. Das gilt auch für die Langzeitlagerung über ein Jahr hinaus, die in Nummer 8.14 des Anhangs 1 zur 4. BImSchV erfasst ist. Voraussetzung für die Geltung der Anwendungsbereichsausnahme ist, dass es sich um nicht gefährliche Sedimente im Sinne des Abfallrechts handelt (vgl. unten).

Zwischenzeitlich ist der o.g. Wortlaut in den Nummern 8.12 und 8.14 des Anhangs 1 der 4. BImSchV durch Artikel 3 Nummer 2 Buchstabe a der „Verordnung zur Umsetzung von Artikel 14 der Richtlinie zur Energieeffizienz und zur Änderung weiterer umweltrechtlicher Vorschriften“ vom 28. April 2015 [5] zwar gestrichen worden, aber gemäß dem dortigen Buchstaben o durch eine für die hier betrachtete Fallkonstellation das gleiche bewirkende Regelung im Vorspann des Anhangs 1 der 4. BImSchV ersetzt worden. Dieser Begriffsbestimmung zufolge betrifft der Begriff „Abfall“ in den Nummern 8.2 bis 8.15 des Anhangs 1 der 4. BImSchV nunmehr generell „jeweils ausschließlich Abfälle, auf die die Vorschriften des Kreislaufwirtschaftsgesetzes Anwendung finden“. Damit sind auch die zur Umlagerung bestimmten und deshalb nach § 2 Abs. 2 Nr. 12 KrWG vom Anwendungsbereich des Kreislaufwirtschaftsgesetz ausgeschlossenen Sedimente weiterhin auch von der immissionsschutzrechtlichen Genehmigungsbedürftigkeit bei der zwischenzeitigen zeitweiligen Lagerung oder Langzeitlagerung ausgenommen, die sich ohne die betreffende Einschränkung im Vorspann sonst aus den neugefassten Nummern 8.12 und 8.14 des Anhangs 1 der 4. BImSchV ergäbe. Die Änderung der 4. BImschV hatte die Erfassung weiterer Fallkonstellationen zum Ziel, die für die vorliegende Betrachtung aber nicht von Interesse sind, wie z. B. die Lagerung von solchen bergbautypischen Abfällen oder tierischen Nebenprodukten, deren Entsorgung nicht unter das KrWG fällt.

Die Nichtanwendung des Abfallrechts auf die Lagerung von Baggergut und die diesbezügliche Ausnahme vom immissionsschutzrechtlichen Genehmigungsbedürfnis gilt nach dem Wortlaut des § 2 Abs. 2 Nr. 12 KrWG dagegen nicht, wenn das Baggergut nicht im Zuge der geplanten Umlagerung im Gewässer, sondern vor einer späteren externen Verwertung oder einer Beseitigung gelagert wird. In diesem Fall ist nur die Bereitstellung bis zu maximal einem Jahr von der immissionsschutzrechtlichen Genehmigungsbedürftigkeit ausgenommen. Diese Bereitstellung ist in Nummer 8.12 des Anhangs 1 zur 4. BImSchV als „zeitweilige Lagerung auf dem Gelände der Entstehung der Abfälle“ vom immissionsschutzrechtlichen Genehmigungsbedürfnis ausgenommen, nicht jedoch bei der sogenannten Langzeitlagerung von mehr als einem Jahr (Nr. 8.14 des Anhangs 1 zur 4. BImSchV).

Insoweit war die derzeit betriebene, längerfristig angelegte Polderung des Baggergutes aus Entschlammungsmaßnahmen am Steinhuder Meer als Langzeitlager im Sinne der 4. BImSchV zu genehmigen (vgl. Nr. 8.14 des Anhangs 1 zur heutigen Fassung der 4. BImSchV).

Auf die Langzeitlagerung finden bezüglich der technischen Anforderungen im Grundsatz die Anforderungen der Deponieverordnung (DepV) Anwendung, die für Langzeitlager entsprechend gelten (§ 23 Abs. 1 DepV). Danach sind Langzeitlager wie eine Deponie mit einer geologischen Barriere und mit einem Basisabdichtungssystem zu errichten.

In diesem Zusammenhang ist eine weitere Spezialregelung für den Umgang mit Baggergut aus Gewässern beachtlich, die bei der vorliegenden Langzeitlagerung im Wege der Polderung am Steinhuder Meer Anwendung fand. Diese findet sich im Deponierecht. Nach § 1 Abs. 3 Nr. 2 DepV entfallen die deponierechtlichen Anforderungen, wenn Baggergut entlang von den Wasserstraßen oder oberirdischen Gewässern gelagert oder abgelagert wird, aus denen es ausgebaggert wurde. Die Voraussetzung des Gewässerbezuges zum Lagerungsort ist aus dem Sach- und Regelungszusammenhang heraus weit zu fassen und u. a. maßgeblich an dem Einzugsgebiet des Herkunftsgewässers festzumachen (vgl. auch nachfolgend Nr. 4.2). Auch diese Regelung gilt nur für Baggergut, das nach der Abfallverzeichnis-Verordnung (AVV) in den Abfallschlüssel 17 05 06 „Baggergut mit Ausnahme desjenigen, das unter 17 05 05 fällt“ [1] eingestuft werden kann, weil es keine gefahrenrelevanten Eigenschaften im Sinne des Abfallrechts aufweist. Dies ist bei dem in den Poldern gelagerten Baggergut aus dem Steinhuder Meer der Fall.

4.2 Dauerhafte Ablagerung

Mit Blick auf die angedachte „Umwidmung“ eines Polders zur dauerhaften (zeitlich unbegrenzten) Ablagerung ist Folgendes abfallrechtlich zu beachten:

Abfallrechtlich stellen die Polder in diesem Fall eine Deponie im Sinne des KrWG dar (§ 3 Abs. 27 KrWG). Hieraus folgt, dass die Zulassung zur dauerhaften Lagerung (Ablagerung) in einem Planfeststellungsverfahren nach § 35 KrWG zu erfolgen hat, das heißt unter anderem mit Öffentlichkeitsbeteiligung und Umweltverträglichkeitsprüfung (UVP). Dies gilt auch für die Ablagerung „entlang“ des Gewässers, an dem das Baggergut ausgehoben wurde, denn die Ausnahmeregelung nach § 1 Abs. 3 Nr. 2 DepV stellt nur von den Anforderungen der DepV frei, nicht jedoch von den übergreifenden Regelungen des KrWG.

Mit Blick auf die an die Ablagerung zu stellenden Anforderungen können auch innerhalb des Deponierechts, also wenn die vollständige deponierechtliche Anwendungsbereichsausnahme für die Ablagerung an Gewässern nicht greift, die sonst für Deponien geltenden Anforderungen soweit reduziert werden, wie es für das begrenzte Gefährdungspotential der Monoablagerung nicht gefährlich belasteter Sedimente angemessen und ausreichend ist. Die betreffenden Prüfungen sind als Voraussetzung zur Gewährung herabgesetzter Anforderungen vorzunehmen, wenn der Ort der Ablagerung räumlich nicht so zu dem bewirtschafteten Gewässer liegt, dass die Maßnahme noch als Ablagerung „entlang des Gewässers“ eingeordnet werden kann. Die Begrifflichkeit der Lagerung oder Ablagerung „entlang des Gewässers“ ist in der DepV nicht näher konkretisiert, dürfte im Sachzusammenhang aber wasserwirtschaftlich zu verstehen sein [2].

Für die sachgemäße Behandlung von Anlagen zur Langzeitlagerung und zur Ablagerung von Baggergut aus Gewässern, bei denen eine Ausnahme vom Anwendungsbereich des Deponierechts nicht greift, wurden in der DepV die beiden nachfolgend erläuterten Spezialregelungen geschaffen.

So kann die zuständige Behörde nach Anhang 1 Nr. 3 DepV bei einer Monodeponie für Baggergut aus Gewässern nach einer Bewertung der Risiken für die Umwelt entscheiden, dass die Anforderungen an die geologische Barriere, die Basisabdichtung und die Oberflächenabdichtung gegenüber den sonst geltenden Anforderungen herabgesetzt werden. Der Spielraum ist grundsätzlich nicht beschränkt und reicht – bei Vorliegen der o.g. Voraussetzung – z. B. bis hin zum Entfall der Abdichtungskomponenten in der Basis- und Oberflächenabdichtung. Die u. a. ausdrücklich auf „Baggergut aus Gewässern“ bezogene Ausnahmemöglichkeit für Monodeponien und vergleichbare Langzeitlager wurde im Rahmen der novellierten Deponieverordnung vom 27. April 2009 geschaffen [6].

Nach Anhang 3 Tab. 2 Fußnote 3 DepV kann die zuständige Behörde ferner auch Überschreitungen bei den Zuordnungswerten für den organischen Anteil (TOC) einschließlich des löslichen organischen Kohlenstoffgehaltes (DOC) in dem zur Ablagerung vorgesehenen Baggergut zulassen. Voraussetzung ist, dass die Überschreitungen ausschließlich auf natürliche Bestandteile des Baggergutes zurückgehen und keine durch chemische Belastungen verursachten gefährlichen Eigenschaften des Baggergutes im Sinne des Abfallrechtes vorliegen.

Die betreffende Ausnahmeregelung wurde im Rahmen der Ersten Verordnung zur Änderung der Deponieverordnung vom 17. Oktober 2011 geschaffen und sollte den Ermessensspielraum der zuständigen Behörde erhöhen (vgl. BT-Drs. 17/6641, S. 28). Dieser bei Baggergut aus Gewässern eingeräumte Ermessensspielraum ist weitreichender als bei den Ausnahmenmöglichkeiten für sonstige organikreiche Abfälle (vgl. Anhang

3 Nr. 2 Sätze 10 und 11 DepV), bei denen das umweltpolitische Ziel im Vordergrund stand, diese Abfälle möglichst ausnahmslos einer Verwertung oder einer Behandlung unter Nutzung des Energiegehaltes zuzuführen, anstatt sie abzulagern. Letzteres stellt sich bei Baggergut aus Gewässern naturgemäß regelmäßig nicht als technisch und wirtschaftlich gangbare Option dar.

5 Fazit

Aufgrund der zwischenzeitlich geschaffenen Spezialvorschriften im Deponierecht ist es möglich, auch für nicht verwertbare organikreiche Sedimente, wie sie beim Ausbaggern des Steinhuder Meeres anfallen, verordnungskonforme Lösungen für deren Beseitigung zu finden. Eine Verwertung scheitert in vielen Fällen daran, dass die Schadstoffgehalte des Bodenschutzrechtes für ein Einbringen in die durchwurzelbare Bodenschicht nicht eingehalten werden (§ 12 BBodSchV i.V.m. § 7 BBodSchG), z. B. weil Cadmium aus der landwirtschaftlichen Phosphatdüngung über Zuflüsse (einschließlich Gräben und diffuse Einträge) in das Gewässer gelangt und sich im Sediment angereichert hat.

Für die Verwertung in technischen Bauwerken sind – gemessen an der einschlägigen Mitteilung 20 „Anforderungen an die stoffliche Verwertung von mineralischen Abfällen – Technische Regeln" der Bund/Länder-Arbeitsgemeinschaft Abfall (LAGA) – höhere Konzentrationen an Schadstoffen zulässig [3]. Das Material überschreitet jedoch oft einen organischen Anteil, wie er für die Verwendung in technischen Bauwerken (z. B. Lärmschutzwall) technisch und unter Umweltschutzgesichtspunkten vertretbar ist. Dies gilt gleichermaßen für die Verfüllung von Abgrabungen zu Rekultivierungszwecken, wie sie mit Bodenaushub regelmäßig durchgeführt wird.

Literatur

[1] Erlass des Niedersächsischen Ministeriums für Umwelt und Klimaschutz vom 13. September 2010 – Az. 36-62810/100/4 – betreffend „Abgrenzung von Bodenmaterial und Bauschutt mit und ohne schädliche Verunreinigungen nach der Abfallverzeichnisverordnung (AVV)", unveröffentlicht.

[2] WEYER, GUNTHER, Kommentierung zu § 1 DepV , Ergänzungslieferung 4/12 – XII-12 zur Loseblattsammlung „Recht der Abfallbeseitigung", Hrsg. VON LERSNER/WENDENBURG/VERSTEYL, Erich Schmidt Verlag Berlin.

[3] Mitteilung 20 der Länderarbeitsgemeinschaft Abfall „Anforderungen die Verwertung von mineralischen Abfällen", Technische Regel Boden, Stand: 5.11.2004.

[4] Vierte Verordnung zur Durchführung des Bundes-Immissionsschutzgesetzes (Verordnung über genehmigungsbedürftige Anlagen – 4. BImSchV) vom 2. Mai 2013 (BGBl. I S. 975, berichtigt S. 3756), die durch Artikel 3 der Verordnung vom 28. April 2015 (BGBl. I S. 670) geändert worden ist.

[5] Verordnung zur Umsetzung von Artikel 14 der Richtlinie zur Energieeffizienz und zur Änderung weiterer umweltrechtlicher Vorschriften vom 28. April 2015, BGBl. I S. 670.

[6] Verordnung über Deponie und Langzeitlager (Deponieverordnung – DepV) vom 27. April 2009 (BGBl. I S. 900), zuletzt geändert durch Verordnung vom 2.5.2013 (BGBl. I S. 973)

Autoren

Dr. Conrad Ludewig

Amt für regionale Landesentwicklung Leine-Weser
Bahnhofsplatz 2-4
31134 Hildesheim

Gunther Weyer

Niedersächsisches Ministerium für Umwelt, Energie und Klimaschutz
Archivstraße 2
30169 Hannover

Hartmut Wassmann und Roman Klemz

Ökologische Baubegleitung bei der Teilentschlammung des Schäfersees in Berlin-Reinickendorf

Für hochbelastete Gewässer kann eine Schlammentnahme eine unvermeidbare Maßnahme der Gewässerunterhaltung sein. Durch eine ökologische Baubegleitung können ökologisch-kritische Situationen vermieden, Kosten verringert und dadurch die Akzeptanz wasserwirtschaftlicher Maßnahmen gesteigert werden.

1 Einleitung

Eine Entschlammung ist mit hohen Kosten verbunden, insbesondere im Falle von urbanen Gewässern wie dem Schäfersee in Berlin-Reinickendorf, wenn die zu entnehmenden Ablagerungen gefährlichen Abfall darstellen, der kostenaufwändig entsorgt werden muss. Erstmalig in Berlin wurde für derartige Gewässer am Schäfersee eine Teilentschlammung mit einer ökologischen Baubegleitung durchgeführt. Zunächst wurde nur der besonders problematische Bereich bis 3,5 m Wassertiefe mit einer sehr behutsamen Technik entschlammt. Schlamm bildet sich in Gewässern durch Sedimentation organischer oder mineralischer Ablagerungen am Gewässerboden. Der Schlamm kann von außen über die Zuflüsse oder Einleitungen eingetragen werden oder sich im Gewässer selbst bilden, indem mineralische Nährstoffe zu pflanzlicher Biomasse (z. B. Algen) umgesetzt werden und dann sedimentieren. Eine wesentliche Quelle der Schlammbildung urbaner Gewässer können Einleitungen der Regenkanalisation verdichteter städtischer Einzugsgebiete sein.

Wenn die organischen Stoffe in einem Gewässer nicht mehr vollständig aerob abgebaut werden können, lagert sich Faulschlamm am Gewässerboden ab. Faulschlamm stellt eine permanente Sauerstoffzehrungsquelle dar, die nahezu alle weiteren Prozesse im Gewässer nachteilig beeinflusst. So kann durch Nährstofffreisetzung aus diesen Sedimenten der Algenwuchs beschleunigt und ein rasanter Eutrophierungsprozess durch interne Düngung gefördert werden. Grundfunktionen des Gewässerlebens werden durch die permanente Belastung des Sauerstoffhaushaltes beeinträchtigt.

Allgemein zählt die Entschlammung zu den klassischen Restaurationsverfahren, die im Gegensatz zu Sanierungsmaßnahmen im Gewässer selbst ansetzen (müssen) und die Folgen übermäßiger externer Belastung dämpfen sollen. Sie sind aber insbesondere dann zur Erhaltung ökologischer Funktionen unverzichtbar, wenn sich die Gewässerbelastungen aus langfristig gewachsenen Entwässerungsstrukturen urbaner Bestandsgebiete nicht kurzfristig und dann nur mit sehr großem Kostenaufwand abstellen lassen.

1.1 Entschlammung urbaner Gewässer in Berlin

Entschlammung wird schon seit längerem als notwendige Bewirtschaftungsmaßnahme in der Gewässerunterhaltung Berlins praktiziert. In den 1970er-Jahren wurden Entschlammungen regelmäßig vornehmlich an Kleingewässern als Maßnahme zur Reinhaltung der Berliner Seen durchgeführt. Etwa 40 Gewässer wurden so in der Dekade 1970 – 1980 mit einem Kostenaufwand von knapp über 10 Mio. DM entschlammt [1].

Auch bei Landseen wie dem Grunewaldsee, dem Lietzensee oder dem Plötzensee [2] haben sich Schlammentnahmen als notwendig erwiesen. Weitere größere Maßnahmen bei Gewässern 1. Ordnung wurden am Rummelsburger See (einem Teilabschnitt der Spree), dem Kleinen Müggelsee oder dem Teltowkanal durchgeführt. Bei den zuletzt durchgeführten Entschlammungsmaßnahmen Rummelsburger See [3] oder Plötzensee wurde eine sehr aufwändige Aufbereitung des Filtrats vorgenommen, die sich aus hohen Anforderungen an die Beschaffenheit des zurückgeleiteten Wassers ergab. Diese Anforderungen wie die Entsorgung von üblicherweise kontaminiertem Schlamm urbaner Gewässer sorgten für eine enorme Kostensteigerung. Die Rahmenbedingungen für eine sachgerechte und ordnungsgemäße Gewässerunterhaltung haben sich dadurch maßgeblich verschärft.

Im Jahr 2014 wurde beim Schäfersee in Berlin-Reinickendorf eine Teilentschlammung zur Entlastung der Uferbereiche von sauerstoffzehrenden Ablagerungen ausgeführt.

1.2 Der Schäfersee

Der Schäfersee befindet sich in nördlicher Randlage des Zentrums im Stadtbezirk Reinickendorf und wird durch seine Lage im umgebenden Schäferseepark vielfältig als Erholungsgewässer genutzt. Der Schäfersee ist ein dimiktischer See mit folgenden morphometrischen Kenngrößen (Tab. 1, aus [4]):

- Fläche: 41.395 m^2,
- Umfang: 760 m,
- Volumen: 171.508 m^3,
- größte Tiefe: 7,22 m,
- mittlere Tiefe: 4,14 m.

Mit der Einbindung in das städtische Entwässerungsnetz verschlechterte sich sein Zustand zusehends. Wille beschreibt den Schäfersee schon in den 1970er-Jahren als ein „Sorgenkind bei den Wasserwirtschaftlern", bei dem „das natürliche biologische Gleichgewicht des Sees gestört wurde. Schuld daran war ein benachbarter Industriebetrieb, der mutwillig Biertreberabfälle in das Gewässer einleitete" [5]. Es muss davon ausgegangen werden, dass die Zustandsverschlechterung wie beim Weißen See in Berlin [6] nicht nur auf Einzelereignisse, sondern auf die stoffliche Gesamtlast aus einem etwa 230 ha großen Einzugsgebiet (**Bild 1**) zurückzuführen war. Die erst kurz zuvor errichtete Kanalisation (Trennsystem) hinterließ schon frühzeitig deutliche Spuren auch in diesem Gewässer.

Wille berichtet weiter über die nachteiligen Auswirkungen der Regen(ab)wassereinleitungen in den Schäfersee. „Je nach Intensität fließen über diese künstlichen Kanäle Wassermengen von befestigten Straßen-, Hof- und Dachflächen in das Gewässer, wobei die mitgeführten festen Bestandteile auf den Grund des Sees sinken. Dieser leider nicht zu verhindernde äußere Einfluss führte dazu, dass der Schäfersee schon zweimal nach dem Kriege entschlammt werden musste. Außerdem sollen voraussichtlich 1974 mit einem Kostenaufwand von 450.000 DM Leitwände an den Uferzonen des Schäfersees eingebaut werden, die die Wasserqualität positiv beeinflussen. Im Gegensatz zu dem bisher radial einfließenden Wasser wird die Einströmung dann tangential erfolgen, wobei die eingebrachten Schwebestoffe sich unter geringstmöglicher Zehrung des im Wasser gebundenen Sauerstoffs auf dem Seegrund absetzen."

Die Leitwände trugen sicherlich maßgeblich dazu bei, dass wesentliche Anteile der partikulären Fracht nicht in den Tiefenbereich (Hypolimnion) verfrachtet wurden, sondern oberflächennah verblieben. Durch diese besondere technische Maßnahme wurde sicherlich die Option erhalten, den Schlamm überhaupt wieder aus dem Gewässer entnehmen zu können. Zum anderen lagerte sich die Schmutzfracht vorzugsweise in einem Gewässerbereich ab, in dem zumindest zeit- und teilweise noch Sauerstoff für einen auch aeroben Abbau zur Verfügung stand. Dennoch war nach einem Zeitraum von 40 Jahren wieder eine zunehmende Zustandsverschlechterung zu bemerken, die sich in Fischsterben und Geruchsbelästigung ausdrückte und zu Klagen der Anlieger führte.

Eine Abkopplung des Einzugsgebietes, wie sie wirkungsvoll beim Weißen See in Berlin-Pankow durchgeführt wurde [6], oder auch andere zumindest (teil)entlastende Maßnahmen lassen sich in diesem urbanen Bestandsgebiet nicht umsetzen, so dass eine erneute Entnahme der schädlichen Sedimente unumgänglich war.

1.3 Belastungssituation

Hydraulische Belastung

In den Schäfersee münden heute fünf Einleitungen der Regenkanalisation. Einen oberirdischen naturbelassenen Zufluss hat der Schäfersee nicht

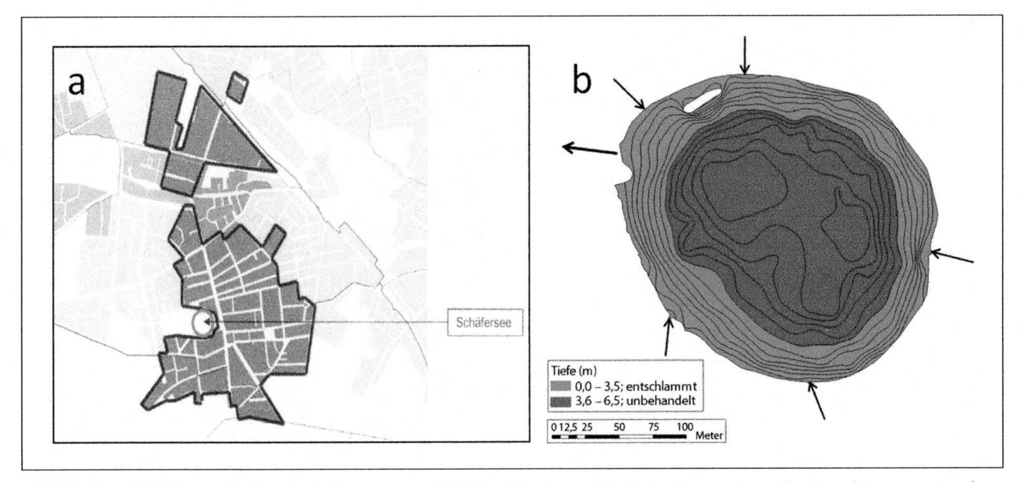

Bild 1: Der Schäfersee in Berlin Reinickendorf. a) Das Einzugsgebiet der Regenkanalisation (Trennsystem) hat eine Größe von 230 ha [7]. b) Der Schäfersee hat fünf Einleitungsstellen und einen Ablauf (Pfeile). Der entschlammte Bereich bis 3,5 m ist blau, die unbehandelte Zone darunter in rot dargestellt. Tiefenlinien sind in 0,5 m Abstufungen dargestellt [10]. (Quelle: Autoren)

mehr. Der Abfluss aus dem Schäfersee erfolgt über den Schwarzen Graben zum Hohenzollernkanal. Das Einzugsgebiet der Regenkanalisation (Trennsystem) hat eine Größe von 230 ha (Bild 1, [7]).

Bezogen auf die Seefläche errechnet sich daraus ein Umgebungsfaktor des Gewässers von etwa 56, d. h. auf eine Flächeneinheit der Gewässeroberfläche entfällt die etwa 56-fache Fläche hochversiegelten innerstädtischen Einzugsgebietes. Mit der Charakteristik dieser hydraulischen und stofflichen Last der Regenkanalisation (Trennsystem) muss der Schäfersee als einer der exponiertesten Landseen Berlins gewertet werden.

Die jährliche Zuflussmenge beläuft sich auf ca. 550.000 m^3/a [7]. Gemessen am Volumen des Sees (rund 171.000 m^3) errechnet sich eine hydraulische Belastung von 12 $m^3/m^2/a$ bzw. ein etwa dreifacher theoretischer jährlicher Wasseraustausch des Sees.

Hochwasserschutzfunktion

Im siedlungswasserwirtschaftlichen Regime hat Schäfersee eine unverzichtbare Ausgleichsfunktion für den Süden Reinickendorfs. Nach [8] soll er einen Spitzenzufluss von bis zu 8,6 m^3/s auf einen Abfluss von höchstens 0,2 m^3/s drosseln. Die langjährigen Messreihen der Senatsverwaltung für Stadtentwicklung und Umwelt zeigen, dass der Wasserstand im See unter dem Einfluss von Extremregen bis zu 1 m ansteigen kann.

Stoffliche Belastung

Die Regenzuflüsse sind auch stofflich als extreme Belastungsquelle mit Nähr-, Schad- und Zehrstoffen zu sehen; ökologische Funktionen werden in vielfältiger Weise gestört.

Legt man Angaben des Abwasserbeseitigungsplanes von Berlin [9] für ein Einzugsgebiet von 230 ha Fläche zugrunde, so erreicht den Schäfersee jährlich eine Fracht von allein 127 t/a CSB, 22 t/a BSB5 und 142 t/a AFS. Auch mit dem Eintrag von 1,3 t/a NH_4-N ist ein erhebliches Sauerstoffzehrungspotential verbunden. Berechnet aus den morphometrischen Kenngrößen des Sees [10] weist der Schäfersee selbst bei angenommener, vollständiger Sauerstoffsättigung einen Sauerstoffinhalt von nur knapp 2 t O_2 auf. Der tatsächliche Sauerstoffinhalt liegt im Mittel deutlich unter 1 t O_2, er kann allerdings bis zu 84 kg O_2 absinken.

Die nach [7, 9 und 11] berechnete Jahresfracht von 276 bis 920 t/a P stellt zudem ein erhebliches Eutrophierungspotenzial für den nur 4,1 ha großen See dar. Auf das von der Regenkanalisation ausgehende, erhebliche Eutrophierungsrisiko für den Schäfersee – wie auch für andere Gewässer in Berlin – weist [12] hin. Unter diesen Randbedingungen war mit einem hochgradig mit Schadstoffen belasteten Gewässer zu rechnen, das zwar regelmäßig Sauerstoffmangel aufwies, aber auch zu Massenentwicklungen von Algen fähig war.

Im See befindet sich eine im Mittel 0,50 m dicke Schicht aus überwiegend organischen Ablagerungen. Unter der oberen Schlammschicht sind weitere organisch-faserige Ablagerungen, zum Teil mit feinsandigen Anteilen, mit einer mittleren Schichtdicke von 1,10 m erkundet worden. Die Ablagerungen wurden als gefährlicher Abfall mit Grenzwertüberschreitungen insbesondere bei den Parametern MKW, EOX, Summe PAK, Kupfer, Zink und Sulfat (Eluat) ermittelt.

2 Gewässerzustand vor der Teilentschlammung – Auswertung von Altdaten

Von 1979 bis 1997 liegen monatlich Daten über verschiedene Gewässergüteparameter vor. Untersuchungen des Tiefenwassers fehlten für die Bauvorbereitung vollständig.

Sauerstoff

Unter dem Einfluss der Regenzuflüsse zeichnet sich der Schäfersee durch einen überaus angespannten Sauerstoffhaushalt aus, der zudem von hoher Fluktuation zwischen sehr niedrigen aber auch übermäßig hohen Sauerstoffgehalten geprägt ist (**Bild 2a**). Generell ist für den Sauerstoffgehalt ein abnehmender Trend zu beobachten (Bild 2a). Waren es in den Jahren von 1979 – 89 im Mittel 9,7 mg/l, mittelte sich der O_2-Gehalt in den Jahren ab 1990 auf 8,2 mg/l O_2. Spitzenwerte über 20 mg/l O_2 wurden ab 1990 nicht mehr gemessen.

Der Schäfersee weist an der Oberfläche häufig sehr kritische Gehalte von Sauerstoff auf, was das regelmäßige Fischsterben erklärt. Im Jahresverlauf kommt es – mit Ausnahme der Frühlingsmonate – immer wieder zu geringen O_2-Gehalten unter 4 mg/l. Während der Herbstzirkulation im Oktober und November liegen ca. 75 % aller gemessenen Werte unterhalb dieser Grenze (Bild 2b).

Die Teilentschlammung war nach dieser Datenlage in einem äußerst problematischen

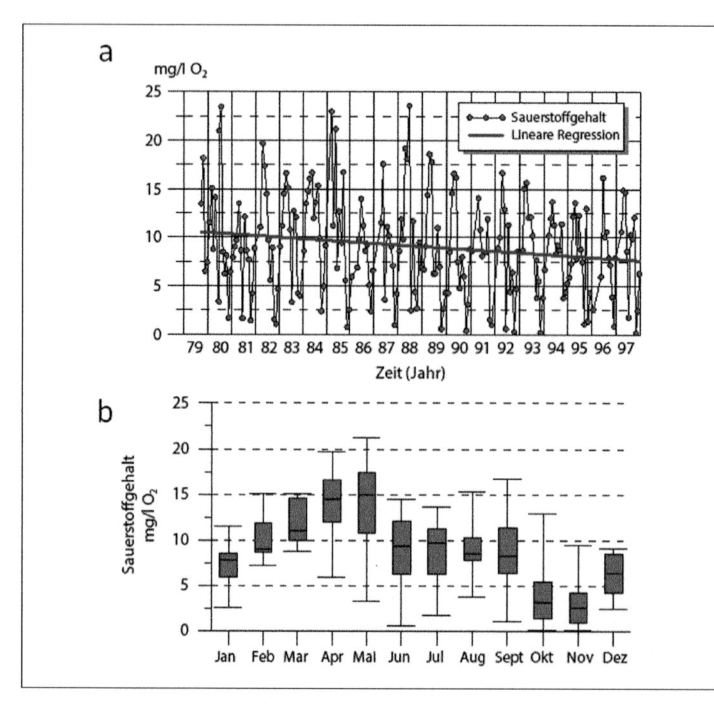

Bild 2: Sauerstoffgehalt an der Oberfläche im Schäfersee in Jahren 1979–1997. a) Durchschnittliche jährliche Abnahme von ca. 0,2 mg/l O_2. b) Monatlicher Sauerstoffgehalt über die Jahre von 1979–1997. Im November liegen über 75 % der Messwerte unterhalb von 4 mg/l O_2. (Quelle: Autoren)

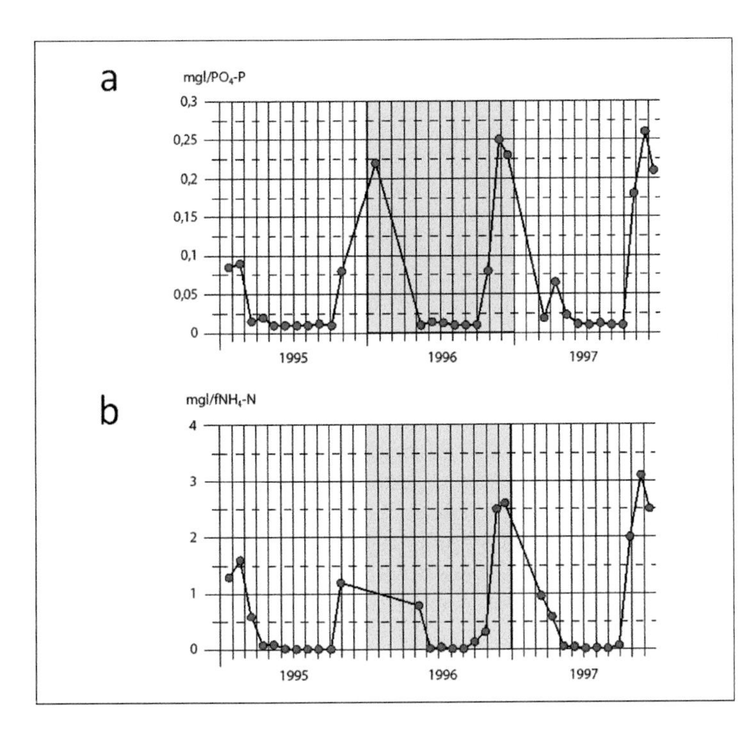

Bild 3: Nährstoffe im Schäfersee (Oberfläche) in den letzten drei Jahren der Altdaten. a) Gelöstes Phosphat (Orthophosphat) erreicht zur Zeit der Herbstzirkulation Werte von über 250 µg/l PO_4-P. b) Ammonium-Stickstoff steigt während der Herbstzirkualation jährlich auf Werte bis zu 3 mg/l NH_4-N. (Quelle: Autoren)

Gewässer durchzuführen und kritische Situationen vor allem für den Fischbestand mussten bei einer Entschlammung einkalkuliert werden.

Nährstoffe

Phosphor (PO_4-P) und Stickstoff liegen als monatliche Messungen der gelösten Fraktionen von 1979–97 vor. Die Konzentrationen gelösten Phosphors sind jeweilig in der Jahresmitte gering (unter 10 µg/l), steigen allerdings zum Jahreswechsel auf hohe Konzentrationen von über 250 µg/l an. Ähnlich verhielt es sich beim Ammonium, welches in Zeiten geringen Sauerstoffgehalts stark anstieg (**Bild 3**).

Chlorophyll

Chlorophyll-a Daten lagen nur für die Jahre 1983–1993 vor. In dieser Zeit wurden für den Gehalt an Chlorophyll-a regelmäßig Entwicklungen in den Frühjahrs- und teils auch Sommermonaten Spitzen mit bis zu 200 µg/l registriert, die das hohe trophische Potenzial des Sees belegen. Es war zu erwarten, dass auch die so gebildete Algenbiomasse erheblich zur Sauerstoffzehrung im See beiträgt.

3 Die Teilentschlammung 2014

Die Teilentschlammung wurde im Zeitraum Januar bis September 2014 durchgeführt. Mittels Saugspülverfahren wurde der Schlamm in den Uferbereichen bis zu einer Tiefe von 3,5 m entnommen und vor Ort maschinell entwässert. Das bei der Schlammentwässerung anfallende Wasser wurde von absetzbaren Stoffen befreit, belüftet und zur Stabilisierung des Wasserstandes in den See zurück geleitet. Zur Unterstützung der Feststoffabtrennung wurden bei der Schlammentwässerung Flockungshilfsmittel eingesetzt. Weitere aufwändige Aufbereitungsmaßnahmen, wie zum Beispiel eine Phosphatelimination, waren schon deshalb nicht vorzusehen, weil aufgrund der unvermeidbar anhaltenden Belastung ein dauerhafter Effekt derart kostspieliger Maßnahmen für die Gewässerentwicklung nicht zu erwarten war.

Bei der Bauausführung in dem hochbelasteten Gewässer war zwangsläufig mit kritischen Situationen und unvermeidbaren Beeinträchtigungen des Naturhaushaltes zu rechnen. Auf der Grundlage vorhandener Daten und eigener Erhebungen sollten die entstehenden Beeinträchtigungen ermittelt und bewertet werden. Dazu wurden im

Rahmen der ökologischen Baubegleitung umfassende Untersuchungen vor, während und nach Abschluss der Baumaßnahme durchgeführt.

3.1 Aufgaben der ökologischen Baubegleitung

Die zu erwartenden Beeinträchtigungen betrafen neben dem Wasserkörper selbst auch die Avifauna und den Uferbereich des Schäfersees sowie die Bäume im Bereich der Baustelleneinrichtungsfläche. Bei der Baudurchführung hatte die ökologische Baubegleitung folgende Aufgaben:

- Vorausschauende Gefahren- und Risikoabschätzung,
- Erarbeitung von Vorschlägen zur Minimierung festgestellter Beeinträchtigungen und ggf. Erarbeitung von flankierenden ökologischen Schutzmaßnahmen,
- Vermeidung der bauzeitlichen Inanspruchnahme von ökologisch wertvollen Flächen und ordnungsgemäßer Schutz von Bäumen und Sträuchern vor Baubeginn,
- Kennzeichnung von Flächen, die für die Bauarbeiten nicht in Anspruch genommen wer-den dürfen bzw. Kontrolle der Tabuzonen im Gelände,
- Kennzeichnung der Uferbereiche, in denen keine Entschlammung durchgeführt werden darf,
- Beobachtung und Beurteilung der Auswirkung der Einleitung des Rücklaufwassers in den Schäfersee, ggf. Erarbeitung von Vorschlägen für die Minimierung negativer Auswirkungen,
- Kontrolle der Einhaltung von Vermeidungs- und Schutzmaßnahmen im Zuge der Bauarbeiten, Beweissicherung in Schadensfällen.

Die ökologische Baubegleitung führte ihre Aufgabe in enger Zusammenarbeit mit dem Auftraggeber, der Bauüberwachung bzw. Bauoberleitung, dem Sicherheits- und Gesundheitskoordinator und der bauausführenden Firma aus.

4 Empfehlungen und Vorsichtsmaßnahmen der ökologischen Baubegleitung

4.1 Voruntersuchungen des Gewässers

Die ersten Analysen des Gewässers wurden vor Beginn der Baumaßnahme ab Juli 2013 durchgeführt. Dabei zeigte sich der Schäfersee als ein dimiktischer See mit sehr stabiler, thermischer Schichtung in den Sommermonaten und bemerkenswert niedrigen Temperaturen um 7 °C unterhalb von 5 m (**Bild 4**). Wie die Auswertung der Altdaten vermuten ließ, entwickelte sich im Sommer eine extrem schlechte Sauerstoffsituation des Hypolimnions. Im Juli war der gesamte Wasserkörper unterhalb von 3 m sauerstoffleer (Bild 4), im August 2013 sogar unterhalb von 2,5 m. Diese vor Baubeginn festgestellte extrem kritische Situation führte zu weiteren Empfehlungen und Vorsichtsmaßnahmen.

4.2 Baubegleitende Untersuchungen und Maßnahmen

Ab Februar 2014 wurde eine Messstation für die kontinuierliche Aufzeichnung des Sauerstoffgehalts im Schäfersee eingerichtet. Oberflächennah wurden Wassertemperatur und Sauerstoffgehalt aufgezeichnet. In Verbindung mit den tagesaktuellen Wetterdaten ließen sich charakteristische Merkmale des Schäfersees bezüglich Produktivität bzw. Zehrung feststellen und so wichtige Erkenntnisse über das Belastungsmuster ableiten. Insbesondere konnte so auch die Behutsamkeit der Schlammentnahmetechnik bestätigt werden. Signifikant nachteilige Auswirkungen auf das Gewässer waren nicht festzustellen.

Kontinuierliche Überwachung des Rücklaufwassers

Arbeitstäglich wurde das Rücklaufwasser (Filtrat) für die Parameter Temperatur, Sauerstoffgehalt und Leitfähigkeit kontinuierlich überwacht.

Befischung des Schäfersees durch das Fischereiamt

Voruntersuchungen verdeutlichten, dass der Weißfischbestand im Schäfersee unnatürlich hoch war und die Entschlammung eine bedrohliche Situation für die Fischfauna hervorrufen könnte. Die vorsorgliche auch vom Fischereiamt angeregte Befischung konnte das Risiko eines Fischsterbens mindern.

Eisfreihaltung

Die Überwachungsmessungen im Schäfersee wiesen im Winter einen drastischen Rückgang der Sauerstoffkonzentration aus. Durch die Installation von drei Eisfreihaltungsgeräten konnten

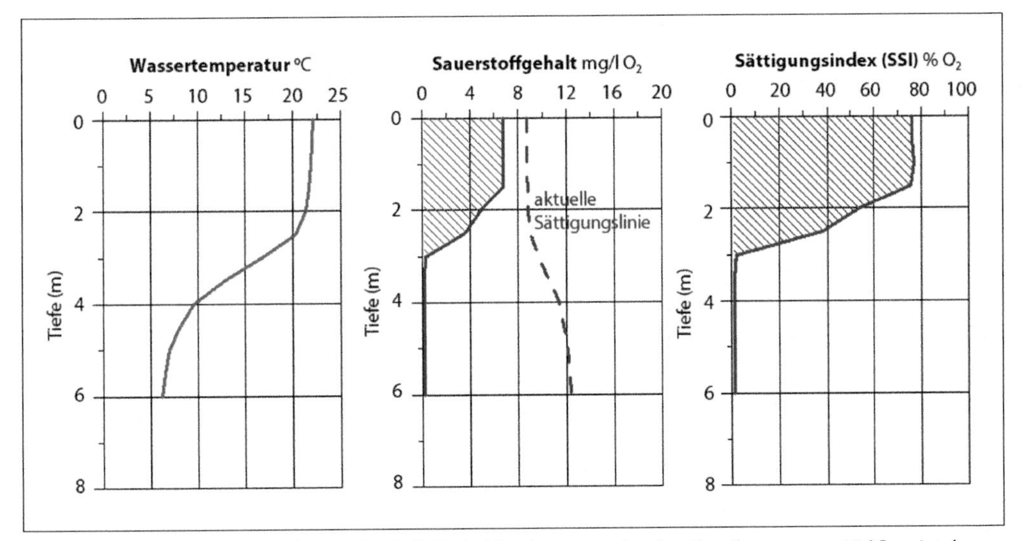

Bild 4: Tiefenprofile des Schäfersees im Juli 2013. Mit einem maximalen Gradienten von 17 °C weist der See eine ausgeprägte thermische Schichtung auf. Die maximale Sättigung ist an der Oberfläche mit knapp 75 % recht gering und schon unterhalb von 3 m ist der Wasserkörper sauerstoffleer. (Quelle: Autoren)

ca. 30 % der Seefläche dauerhaft eisfrei gehalten werden. Sauerstoff konnte weiterhin in das Gewässer diffundieren, kritische Situationen für die Fischfauna konnten so vermieden werden. Es ergab sich daraus der durchaus erwünschte Nebeneffekt, dass die Bautätigkeit auch bei Eisbedeckung nicht unterbrochen werden musste.

Variable Ableitung des Rücklaufwassers

Das Rücklaufwasser wies hohe Werte für die Sauerstoffsättigung auf. Mit einer Ableitung in den Tiefenbereich des Sees unter 5 m wurde eine Verbesserung des besonders kritischen Sauerstoffbudgets im Hypolimnion erreicht und zugleich gezielt eine gewisse Minderung der Schichtungsstabilität (Destratifikation) herbeigeführt.

Die voranschreitende Erwärmung des Rücklaufwassers im Frühling 2014 führte dann zu der Entscheidung, die Ableitung in das Hypolimnion zu beenden und das Wasser oberflächennah einzuleiten. Die Ausbildung einer thermischen Schichtung sollte nicht gänzlich verhindert werden, da bei steter Erwärmung des Hypolimnion mit nachteiligen Effekten gerechnet werden musste. Diese flexible Prozesssteuerung setzte eine sehr intensive Beobachtung des Geschehens im See voraus.

„Rest"schlamm

Die ökologische Baubegleitung wird eine Empfehlung zum Umgang mit den verbleibenden Ablagerungen unterhalb 3,5 m Wassertiefe entwickeln. Ziel ist die Vermeidung einer extrem kostenträchtigen Entschlammung des tieferen Gewässerbereiches.

5 Ergebnisse und Ausblick

Die ökologische Baubegleitung konnte dazu beitragen, dass eine sehr behutsame Entschlammung in einem äußerst problematischen Gewässer ohne Ausfälle und Schäden durchgeführt werden konnte. Durch Monitoring und Prozesssteuerung konnten die Kosten für verzichtbare und kostspielige Aufbereitungsschritte des Rücklaufwassers erübrigt werden. Erste Ergebnisse weisen eine insgesamt verbesserte Sauerstoffsituation nach der Entschlammung aus. Durch die Verringerung der permanenten Sauerstoffzehrung aus den Sedimenten entwickelt sich ein insgesamt höheres Niveau im Sauerstoffgehalt (**Bild 5a**). Auch die Reaktionen auf anhaltende Regenereignisse fallen deutlich gemäßigter aus (Bild 5b und 5c). Offensichtlich kann hier eine erhebliche Dämpfung erfolgen.

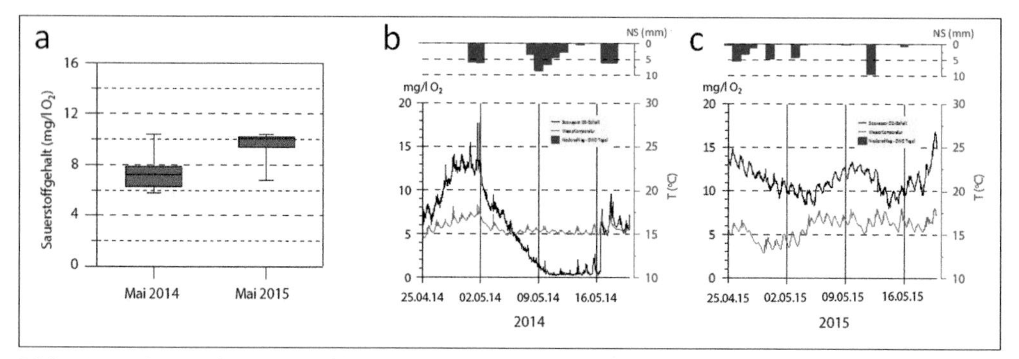

Bild 5: Veränderung der Sauerstoffsituation nach der Teilentschlammung im Schäfersee. a) Vergleich des Sauerstoffgehaltes im Epilimnion von 0–3 m im Mai 2014 und Mai 2015. b–c) Abhängigkeit des Sauerstoffgehaltes (ca. 1 m Tiefe) von Niederschlagsereignissen. Im Vergleich zum Mai 2014 zeigt sich die Sauerstoffsituation im Mai 2015 wesentlich robuster. (Quelle: Autoren)

Aus dem Monitoring der ökologischen Baubegleitung wird ein Konzept erarbeitet, mit dem eine weitere kostenträchtige Entschlammung der tiefer im Wasserkörper gelegenen Sedimente vermieden werden kann. Zumindest (teil)entlastende Maßnahmen werden zur langfristigen Verbesserung der Gewässersituation empfohlen.

Die bewusste enge Kopplung von Baugeschehen und ökologischer Prozesssteuerung bietet sich als ein Zukunftsmodell an, um Kosten notwendiger Entschlammungsmaßnahmen zu senken, zielgerichtet in die Prozesse eingreifen zu können, die Auswirkungen auf das Gewässer zu überwachen und mit einer auch ökologisch erfolgreichen Baumaßnahme die Akzeptanz in der Bevölkerung für die wasserwirtschaftlich notwendige Maßnahmen zu steigern.

Literatur

[1] Kloos, R. (1981): Maßnahmen zur Reinhaltung der Berliner Seen. Senator für Stadtentwicklung und Umweltschutz. Dez. 1981, 2. Auflage.

[2] Güssbacher, D., Klein, M. (1997): Seenrestaurierung. Nachhaltige Sanierung eines übernutzten Badegewässers am Beispiel Plötzensee in Berlin-Wedding. Sonderdruck aus wwt Heft 1, Januar 1997, S. 29-35.

[3] Senatsverwaltung für Stadtentwicklung (2001): Hilfe für den Rummelsburger See – Ein Maßnahmenprogramm zur ökologischen Stabilisierung

[4] Senatsverwaltung für Stadtentwicklung (2005); Gewässeratlas von Berlin

[5] Wille, K. D. (ca. 1974): Berliner Landseen II. Vom Heiligensee zur Krummen Lanke. Berlinische Reminiszenzen Nr. 41.

[6] Wassmann, H. (1996); Der Weiße See – Sanierung eines innerstädtischen Badegewässers. Wasser & Boden, 48. Jg., Heft 8, S. 55-59.

[7] Digitaler Umweltatlas Berlin, Senatsverwaltung für Stadtentwicklung, www.stadtentwicklung.berlin.de/umwelt/umweltatlas

[8] Kloos, R. (1973): Die Stadt der Seen. Senator für Bau- und Wohnungswesen Berlin.

[9] Senatsverwaltung für Stadtentwicklung (2001): Abwasserbeseitigungsplan Berlin – unter besonderer Berücksichtigung der Immissionszielplanung. Stand Oktober 2001.

[10] Wassmann, H. (2001): Auswertung hydrographischer Vermessungskampagnen Berliner Gewässer im Auftrag der Senatsverwaltung für Stadtentwicklung und Umweltschutz, veröffentlicht im Gewässeratlas von Berlin, siehe [4]

[11] Klein, G., Wassmann, H. (1986); Phosphoreinträge in den Tegeler See aus Niederschlag und Regenkanalisation und deren Einfluß auf die Sanierung. WaBoLu-Hefte 2/1986. Schriftenreihe des Instituts für Wasser-, Boden- und Lufthygiene.

[12] Wassmann, H. (1995): Grundlagen einer immissionsorientierten Regenwasserbewirtschaftung in Ballungsräumen – dargestellt am Beispiel des Landes Berlin. Umweltbundesamt. TEXTE 76/95

Autoren

Hartmut Wassmann
Dr. Roman Klemz
Büro Wassmann
Breitscheidstraße 28, OT Borgsdorf
16556 Hohen Neuendorf
E-Mail: info@cya-no.com
www.buero-wassermann.de

Hans-Heinrich Schuster, Jörg Prante und Rudolf Gade

Sanierung des Dümmer Sees und seines Umlandes

Der Dümmer See (Dümmer) im Südwesten Niedersachsens gehört zu den typischen Flachseen der Norddeutschen Tiefebene. Sein Einzugsgebiet wird intensiv landwirtschaftlich genutzt. Die Dümmerniederung hat für den Naturschutz überregionale Bedeutung. Gleichzeitig ist der Dümmer Anziehungspunkt für den Wassersport und den Tourismus. Der See ist stark eutrophiert. Seit mehr als 30 Jahren wird an der Seesanierung gearbeitet.

1 Einleitung

Der Dümmer ist mit einer Wasserfläche von 12 km^2 nach dem Steinhuder Meer der zweitgrößte See in Niedersachsen (**Bild 1**). Im Bundesvergleich der großen Seen mit mehr als 6 km^2 Wasserfläche ist er das flachste Gewässer. Der Dümmer wird von der Hunte durchflossen, die im Wiehengebirge nordöstlich von Osnabrück entspringt und bei Elsfleth in die Weser mündet. Die theoretische Wasseraufenthaltszeit beträgt im Winter 46 Tage und im Sommer 85 Tage. Eigentümer des Dümmers ist das Land Niedersachsen (**Bild 2**). Bis in die 70er-Jahre des letzten Jahrhunderts zielten die wasserwirtschaftlichen Aktivitäten in der Dümmerregion darauf ab, die landwirtschaftlichen Produktionsbedingungen zu verbessern und den Hochwasserschutz in der Hunteniederung bis Diepholz sicher zu stellen. Zu diesem Zweck wurde der See 1953 eingedeicht. Er wird seitdem als Hochwasserrückhaltebecken genutzt. Mit dieser Maßnahme konnten gleichzeitig die Bedingungen für den Wassersport verbessert werden (Sommerstau).

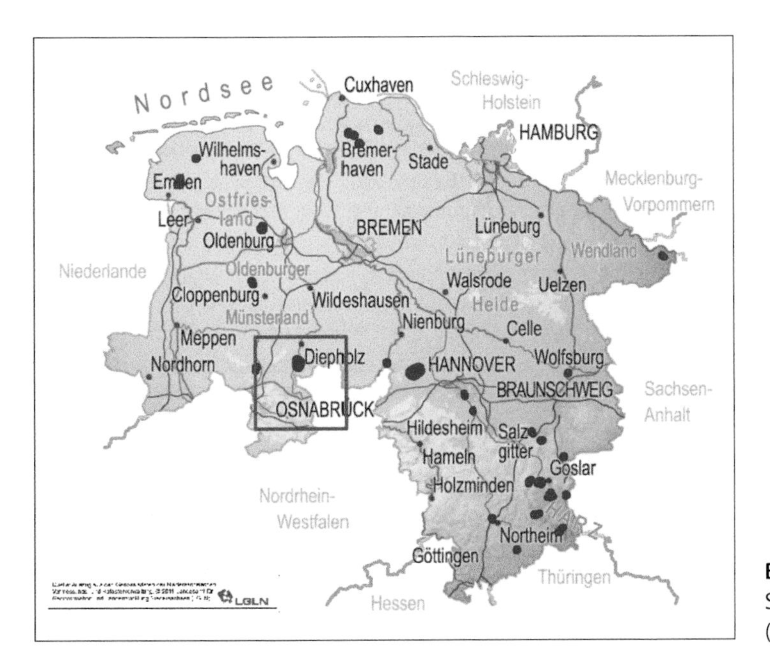

Bild 1: Lage des Dümmer Sees in Niedersachsen (Quelle: NLWKN)

Bild 2: Der Dümmer See (Quelle: NLWKN)

2 Konzept zur langfristigen Sanierung des Dümmerraumes

Ab 1974 rückte die Bedeutung der Region für den Naturschutz stärker in den Vordergrund und führte zu Konflikten mit der Landwirtschaft. Gleichzeitig verschlechterte sich die Wasserqualität des Sees u. a. aufgrund der zu hohen Nährstofffrachten aus dem Einzugsgebiet des Dümmers erheblich. Der Dümmerbewirtschaftungsplan von 1974 leitete eine Verschiebung des Arbeitsschwerpunktes ein, die mit einem landschaftspflegerischen Gutachten zum Dümmerbewirtschaftungsplan und einem limnologischen Gutachten der TU Berlin (1982) untermauert wurde. 1987 beschloss die Niedersächsische Landesregierung ein „Konzept zur langfristigen Sanierung des Dümmerraumes", das seitdem umgesetzt wird. Dadurch wurde die Wasserwirtschaftsverwaltung mit der Erhaltung einer offenen Wasserfläche des Sees sowie der Verbesserung der Gewässergüte der Oberflächengewässer und des Grundwassers durch das Fernhalten hochbelasteter Wasserströme, die Reduzierung diffuser Einträge und die Reinigung bestimmter Wasserströme beauftragt. Im Zuge der Umsetzung des Konzeptes wurden umfangreiche Maßnahmen zur Reduzierung der Nährstoffzuflüsse durchgeführt. Dazu gehörten als wesentlicher Bestandteil des limnologischen Gutachtens der TU Berlin die Umleitung eines Nebengewässers (Bornbach) und der Ausbau der Abwasserbeseitigung (Kap. 3). Ein wesentlicher Baustein des limnologischen Gutachtens von 1982, die Errichtung eines Großschilfpolders, wurde bisher nicht umgesetzt. Die Erfahrungen zeigen jedoch, dass diese und weitere Maßnahmen erforderlich sind.

3 Bisherige wasserwirtschaftliche Maßnahmen des Dümmersanierungskonzeptes

3.1 Bornbachumleitung

Mit der im Jahre 2009 umgesetzten Bornbachumleitung wurde ein wesentlicher Nährstoffeintragspfad abgestellt. Bei rund 19 Prozent Anteil am Zufluss zum See lieferte er gut 55 Prozent der Gesamtphosphatfracht. Die Umleitung war favorisiert worden nachdem alternative Möglichkeiten zur Eliminierung von Nährstoffen, zum Beispiel auf biologischem Wege (Schilfpolder) oder mittels Flusskläranlage (chemische Fällung) aus diversen Gründen (Zeit, Kosten, fehlende Planungsdaten) ausgeschlossen werden mussten.

Nach der Grundsatzentscheidung legte die Landesregierung abschließend 1992 die bauliche Ausgestaltung fest. Das hierfür 1998 eingeleitete Genehmigungsverfahren musste jedoch wegen problematischer Auswirkungen auf das Ochsenmoor ausgesetzt werden und eine Anpassung der Genehmigungsunterlagen wurde notwendig. Erst 2004 konnten die Maßnahmenträger, der Hunte-Wasserverband und die Vechtaer Wasseracht, mit den Ausbauarbeiten beginnen. Die Baukosten betrugen 10 Millionen Euro.

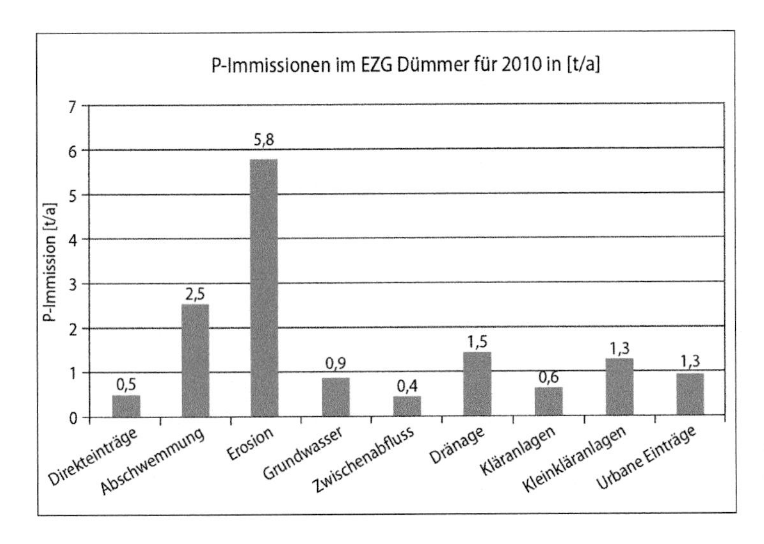

Bild 3: Phosphoremissionen im Einzugsgebiet des Dümmers (Quelle: NLWKN)

3.2 Abwasserbehandlung, Kläranlagen und biologische Maßnahmen

1987 waren im Einzugsgebiet des Dümmers rund 68 Prozent der Einwohner an die zentrale Abwasserbehandlung angeschlossen. Insbesondere die Gemeinden Damme, Bohmte, Ostercappeln und Bad Essen wiesen hier jedoch noch erhebliche Defizite auf. Als Folge der Einführung der Phosphatfällung als dritte Reinigungsstufe in den Kläranlagen konnte die Phosphatfracht bis heute von rund 9 Tonnen pro Jahr weniger als auf ein Zehntel reduziert werden.

Bei der Entscheidung zur Umleitung des Bornbaches wurden auch biologische Maßnahmen zur Gewässerreinigung in Betracht gezogen, die jedoch wegen fehlender Bemessungsgrundlagen und Erfahrungen über ihre Wirksamkeit nicht zum Tragen kamen. Zur Klärung offener Fragen wurde von 1990 bis 1994 ein Versuchsschilfpolder an der Oberen Hunte betrieben. Die Anlage hat die grundsätzliche Eignung des Systems belegt; gleichwohl sind Ungewissheiten geblieben, die nun im Zusammenhang mit dem 16-Punkte-Plan (Kap. 5) weiterverfolgt werden.

3.3 Einschränkung diffuser Nährstoffeinträge und naturnaher Gewässerausbau

Zur Vermeidung diffuser Nährstoffeinträge aus der Landwirtschaft sind an den rund 22 Kilometer langen Ausbaustrecken der Bornbachumleitung Gewässerrandstreifen von mindestens fünf Metern Breite ausgewiesen worden. Auch im weiteren Einzugsgebiet der Oberen Hunte wurden bei entsprechender Verfügbarkeit Randstreifen erworben.

Der Ausbau von Hunte, Randkanal, Kreisgrenzgraben und der Umleitungsstrecken des Bornbaches ist naturnah ausgeführt worden.

Gegenwärtig wird an der Oberen Hunte durch den zuständigen Unterhaltungsverband „Obere Hunte" der Entwurf für eine naturnahe Umgestaltung bearbeitet. Außerdem sind unter anderem im Bereich Bohmte und am Wimmer Bach bereits Renaturierungen umgesetzt worden.

3.4 Dümmerentschlammung

Die Beseitigung der sogenannten „schwarzen Mudde" aus dem Westteil des Dümmers war einer der ersten Schritte auf dem Weg zur Dümmersanierung.

Die 1975 bis 1984 durchgeführten Baggerungen zielten darauf ab, das Sedimentvolumen zu reduzieren. Das Dümmersanierungskonzept von 1987 sah eine Fortsetzung der Entschlammung nicht als vordringlich an, solange die Maßnahmen zur Gewässergüteverbesserung im Einzugsgebiet nicht greifen. Es sollten lediglich Grundstücke gesichert werden, um später Schlammdeponien errichten zu können.

Diese Einschätzung wurde durch die Fortschreibung des Konzeptes dahingehend geändert, dass insbesondere zur Aufrechterhaltung der touristischen Nutzung und der offenen Wasserfläche des Sees Schlamm in der Größenordnung der geschätzten jährlichen Neubildung entnommen werden sollte.

In diesem Zusammenhang wurde dann auch die Dümmerschlammdeponie Rüschendorfer Moor errichtet beziehungsweise erweitert. Insgesamt wurden dem See seit 1974 bis heute 2,12 Millionen Kubikmeter Schlamm entnommen und dafür knapp 13 Millionen Euro aufgewendet.

4 Aktuelle limnologische Situation des Dümmers

Die vom Menschen verursachte steigende Nährstoffbelastung der Gewässer im Einzugsgebiet der Oberen Hunte verursachte eine Intensivierung der Primärproduktion (Eutrophierung) und hat in den vergangenen Jahrzehnten zu dramatischen strukturellen Veränderungen im Ökosystem Dümmer geführt.

Mit den zunehmenden Massenentwicklungen planktischer Algen wurde vor etwa 55 Jahren ein Wirkungsmechanismus in Gang gesetzt, der zur Verarmung der ökologischen Vielfältigkeit des Dümmers führte. Zahlreiche Arten und Organismengruppen und sogar ganze Lebensgemeinschaften sind ausgefallen oder verschwunden. Die ehemals ausgedehnte Unterwasservegetation im Dümmer ist in der zweiten Hälfte der fünfziger bis Anfang der sechziger Jahre des vorigen Jahrhunderts vollständig zurückgegangen. Parallel dazu verschwanden zahlreiche Binseninseln und es kam zu einem Rückgang der Schilfrohrbestände.

Die heutige Situation ist gekennzeichnet durch ganzjährig andauernde Massenentwicklungen schwebender Algen. Diese werden verursacht durch ein stetiges überreichliches Angebot von Pflanzennährstoffen (Phosphor- und Stickstoffverbindungen), wobei Phosphat die entscheidende Rolle spielt (**Bild 4**).

Auffällig waren zudem ein deutlicher Bestandsrückgang bei den Fischen, was zu Umstrukturierungen im aquatischen Nahrungsnetz führte mit einer zunehmenden Präsenz großer Wasserflöhe *(Daphnia magna, D. pulicaria)*, einer massenhaften Vermehrung von Zuckmücken und einer Massenentwicklung planktischer Blaualgen mit der dominanten Art *(Apanizomenon flos-aquae)* seit 2001. Infolge des mikrobiellen Abbaus der Blaualgenmassen kam es anschließend zu Sauerstoffmangel und starker Geruchsbelästigung im Gewässer bis hin zu mehrmaligen massenhaften Fischsterben, eine Kalamität, der in den Abflüssen

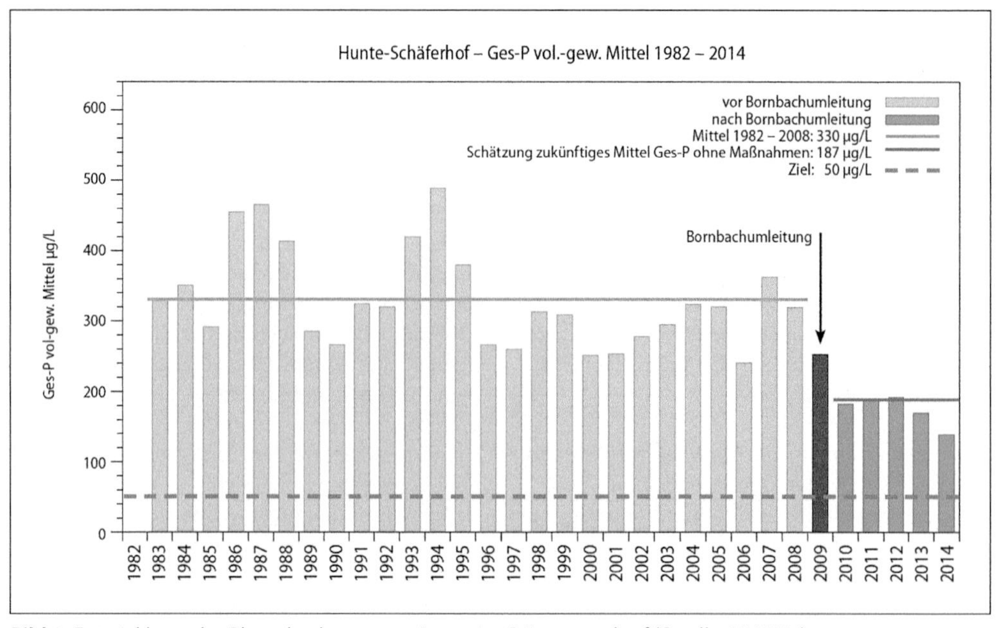

Bild 4: Entwicklung der Phosphorkonzentrationen im Dümmerzulauf (Quelle: NLWKN)

Lohne und Grawiede und in den Jahren 2011 und 2012 auch in Randbereichen des Dümmers mehrere tausend Fische zum Opfer fielen.

Durch die hohe Filtrationsleistung der Wasserflöhe klarte das Wasser im Frühjahr auf, so dass der Seegrund in den Jahren 2012 – 2014 über Wochen sichtbar war. Dieses günstige Lichtklima im Wasserkörper führte zu einer aus gewässerökologischer Sicht erfreulichen Entwicklung der Unterwasservegetation in den letzten Jahren, so dass deren Bestände im Jahr 2014 fast die gesamte nördliche Hälfte des Sees besiedelten.

Im aktuellen Jahr dominieren feinfädige Blaualgen, die bereits im zeitigen Frühjahr zu einer starken Eintrübung des Wasserkörpers und extremen Verschlechterung des Lichtklimas führten. In Gegenwart einer nach wie vor zu hohen Phosphorbelastung des Dümmers kann sich eine stabile Unterwasservegetation erwartungsgemäß nicht langfristig etablieren. Das diesjährige vollständige Zusammenbrechen der Unterwasservegetation belegt dies eindrucksvoll. Aktuelle Untersuchungsergebnisse dokumentieren eine artenarme bodenlebende Wirbellosenfauna mit einem flächenhaften Ausfall der Großmuschelbestände, was ebenfalls als deutlicher Hinweis auf den hocheutrophen Zustand des Dümmers zu deuten ist.

Die limnologische Bewertung des ökologischen Zustandes erfolgt gemäß Europäischer Wasserrahmenlinie (EG-WRRL) auf Grundlage der für die Belastung sensibelsten biologischen Qualitätskomponenten, wobei das Phytoplankton – also die Zusammensetzung und Häufigkeit der planktischen Algen – der geeignetste Parameter zur Beurteilung der Trophie eines Stillgewässers ist. Im Gesamtergebnis wird der Dümmer erwartungsgemäß mit einem „schlechten ökologischer Zustand“ beurteilt. Es besteht also dringlicher Handlungsbedarf, da nach der EG-WRRL und dem Wasserhaushaltsgesetz der gute ökologische Zustand das normative Ziel für die Bewirtschaftung der Seen ist.

5 16-Punkte-Plan und Rahmenentwurf

Die ab 2011 im Dümmer durch Algenblüten und Fischsterben aufgetretenen Probleme veranlassten die Landesregierung, einen Rahmentwurf zur Fortsetzung der Dümmersanierung zu beauftragen. Die wesentlichen Prüfinhalte wurden in einem 16-Punkte-Plan zusammengefasst. Gleichzeitig richtete die Landesregierung einen Dümmerbeirat ein, der seitdem regelmäßig tagt und als Multiplikator dient.

Der 16-Punkte-Plan umfasste folgende Einzelpunkte:

- Überprüfung und Aktualisierung der Vorplanung über die Errichtung eines Schilfpolders, insbesondere hinsichtlich Kosten und Realisierungsmöglichkeit in Bezug auf Flächenerwerb, Unterhaltung und Betrieb sowie Entsorgung anfallender Abfälle. Beurteilung der Erfolgsaussichten eines Schilfpolders.
- Überprüfung der Errichtung mehrerer kleiner dezentraler Schilfpolder in Belastungsschwerpunkten anstelle eines großen Schilfpolders.
- Darstellung und Diskussion alternativer (innovativer) Möglichkeiten zur Bekämpfung der Eutrophierung im Dümmer und zur Vermeidung akuter Beeinträchtigungen des Fremdenverkehrs.
- Fortsetzung von Entschlammungsmaßnahmen.
- Darstellung und Einschätzung der genehmigungsrechtlichen Aspekte.
- Kostenermittlung.
- Aktuelle Nährstoffbilanzierung bezogen auf den Wasserkörper „Dümmer“, einschließlich der atmosphärischen Deposition.
- Identifizierung von lokalen Nährstoffeintragspfaden im Einzugsgebiet der Oberen Hunte unter Verwendung der im NLWKN vorliegenden Nährstoffbilanzierungsmodelle.
- Maßnahmen zur Reduzierung des Nährstoffeintrags aus Dränungen.
- Schaffung von Gewässerrandstreifen in Abstimmung mit den Landkreisen Osnabrück, Diepholz und Vechta und den Unterhaltungsverbänden. Überprüfung, ob und welcher Erschwernisausgleich an Gewässern dritter Ordnung zulässig ist.
- Gewässerentwicklungs- und Renaturierungsmaßnahmen im Bereich der oberen Hunte.
- Weitere Maßnahmen im Bereich der Landwirtschaft im Einzugsgebiet des Dümmers in Abstimmung mit der Landwirtschaftskammer Niedersachsen.

- Maßnahmen im Bereich der Fischerei in Abstimmung mit der Fischereiverwaltung.
- Installierung einer Gewässerschutzberatung im Einzugsgebiet des Dümmers.
- Ausweisung eines Wasserschutzgebietes für besonders nährstoffgefährdete Bereiche im Dümmereinzugsgebiet (einschl. Kalkulation anfallender Ausgleichzahlungen für Bewirtschaftungseinschränkungen).
- Extensivierungsmaßnahmen in besonders überschwemmungsgefährdeten Bereichen im Dümmereinzugsgebiet.

Der hiernach vorgelegte Rahmenentwurf zur Fortsetzung der Dümmersanierung wurde im Februar 2013 von der Landesregierung beschlossen.

6 Sofortmaßnahmen

Durch die hohe Dichte und die Dominanz von Cyanobakterien kam es im August und September 2011 stellenweise zum plötzlichen Absterben der Algen und zu einer sehr hohen Sauerstoffzehrung in Randbereichen des Dümmers. Da das Wasser bzw. die aufschwimmenden Algen anaerob wurden, sind auch größere Mengen von Fischen verendet. Am Strand, in den Hafenanlagen der Segler und im Abfluss aus dem Dümmer, der Lohne, kam es zu Fäulnisprozessen und einer erheblichen Geruchsbelästigung.

Da die Sanierungsmaßnahmen im Einzugsgebiet des Sees, die zu einer deutlichen Nährstoffentlastung und einer Verbesserung des gewässerökologischen Zustandes führen werden, erst mittelfristig umgesetzt werden können und greifen, wurden bereits im Rahmen des 16-Punkte-Plans alternative (innovative) Möglichkeiten zur Bekämpfung der Eutrophierung im Dümmer und zur Vermeidung akuter Beeinträchtigungen des Fremdenverkehrs betrachtet und die Ergebnisse einer Kosten-Nutzen-Analyse unterzogen. Im Jahr 2012 kam bei extremen Sauerstoffmangel ($O_2 <$ 1 mg/l) und einsetzender intensiver Geruchsbelästigung eine gezielte Nitratbehandlung des anaeroben Wasserkörpers zum Einsatz. Der Nitrat-Sauerstoff mindert bzw. stoppt die Fäulnisbakterien (Faulgasbildung), da der nitratgebundene Sauerstoff den Abbau von abgestorbenen Blaualgen über „Nitrat-veratmende" Bakterien fördert. Der Stickstoff aus dem Nitrat wird vollständig in gasförmigen, elementaren Luftstickstoff umgewandelt und entweicht schadlos in die Atmosphäre. Im See selbst verbleiben keine schädlichen Rückstände, so dass auch keine düngende Wirkung durch das Nitrat eintreten kann.

Insgesamt wurden durch den NLWKN (Betriebsstelle Sulingen) weniger als 300 kg Nitratstickstoff in Form von granuliertem Kalksalpeter (Calciumnitrat) in betroffene Uferbereiche von einem Boot aus appliziert. Nachdem es auch im Seeabfluss Lohne zu Sauerstoffmangel und sogar in der 10 km entfernten Kreisstadt Diepholz zu erheblichen Geruchsbelästigungen kam, wurde zudem bereits am Ablassbauwerk des Sees bedarfsorientiert eine flüssige Calciumnitratlösung (Nutriox) über einen Zeitraum von 3 Wochen dosiert. Die Geruchsbelästigungen konnten durch diese Maßnahme beseitigt und die Sauerstoffgehalte im Abfluss verbesserten sich deutlich. Die Nitratbehandlungen wurden durch ein regelmäßiges Monitoring begleitet.

Der positive Effekt der Maßnahme „Gezielter Nitrateintrag" funktioniert jedoch nur für Bereiche mit hoher Sauerstoffarmut und wurde daher auf diese beschränkt. Sie ist nicht vergleichbar mit dem flächenhaft diffusen Nitrat-Eintrag aus Düngern in das Grundwasser bzw. die Oberflächengewässer, wo in Gegenwart von Sauerstoff das Nitrat nicht abgebaut wird.

Die Geruchsbelästigung durch Faulgase konnte durch diese Maßnahme erfolgreich beseitigt werden. Die Nitratgabe erfolgte in Kombination mit der Einbringung von Tauchwänden, die zum Schutz von Badestellen, Häfen etc. vor aufrahmenden und antreibenden Blaualgenmassen installiert wurden. Seit dem Jahr 2013 sind die betroffenen Kommunen vor Ort für die Umsetzung der Sofortmaßnahmen zuständig.

7 Monitoring

Um die Nährstoffeinträge im Einzugsgebiet der oberen Hunte zu dokumentieren und die zukünftige Entwicklung der Nährstoffimmissionen zu verfolgen, betreibt die Betriebsstelle Sulingen des NLWKN seit 2014 ein umfangreiches Erkundungs- und Erfolgs-Monitoring. Dabei gilt dem Phosphor als limitierendes Nährelement für die Produktivität in Seen (Trophie) besonderes Interesse.

An 20 Probeentnahmestellen im Einzugsgebiet des Dümmers werden die Vor-Ort-Parameter Temperatur, Sauerstoff, pH, und Leitfähigkeit erfasst und zudem wöchentlich Schöpfproben entnommen, die im Labor auf die Gehalte an gelösten Phosphat-Phosphor, Gesamtphosphor und abfiltrierbare Stoffen untersucht werden. Zusätzlich sind mobile Probenehmer an den Zuflüssen aus Teileinzugsgebieten installiert, die im Rahmen einer Modellierung der Nährstoffeintrittspfade bereits als Belastungsschwerpunkte im Einzugsgebiet mit besonders hoher Phosphorimmission bilanziert wurden (**Bild 5**). In diesen Gebieten werden die P-Eintragspfade dominiert durch Erosion, Abschwemmung oder Dränagen. Zusammen mit installieren Pegelanlagen und regelmäßigen Abflussmessungen werden einerseits die aktuellen P-Frachten aus diesen Belastungsschwerpunkten bestimmt. Andererseits soll der Erfolg der landwirtschaftlichen Gewässerschutzmaßnahmen sowie weiterer wasserwirtschaftlicher Maßnahmen in den nächsten Jahren dokumentiert werden.

Parallel dazu wird jährlich der chemische und biologische Zustand des Sees durch ein intensiviertes zweiwöchiges Monitoring innerhalb der Vegetationsperiode untersucht.

Ziel dieses umfangreichen Monitoringprogramms ist es, die Reduzierung der Phosphorimmissionen im Einzugsgebiet der oberen Hunte und die gewässerökologische Entwicklung des Dümmers kontinuierlich zu beobachten. Die positive Reaktion des Sees in Richtung eines guten ökologischen Zustandes wird letztendlich den Ausbaugrad des für eine erfolgreiche Sanierung notwendigen Schilfpoldersystems bestimmen.

8 Schilfpolder

Künstliche Feuchtgebiete (constructed wetlands) können als horizontal überströmte Freiwasserfeuchtgebiete (HFW – Horizontal Flow Wetlands) angelegt werden und sind nicht mit vertikal durchströmten Systemen (z. B. Schilfbeete in Pflanzenkläranlagen) zu verwechseln. Weltweit sind ca. 500 künstliche Freiwasserfeuchtgebiete bekannt, das derzeit Größte ist mit 165 km² das Everglades Protection Project in South Florida.

In einem Schilfpolder wird das einströmende Wasser durch die Verringerung von Fließgeschwindigkeit und Turbulenzen durch langsame Sedimentation zunächst von seinen Trübstoffen befreit, in welchen auch Nährstoffe wie Phosphor und Stickstoff gebunden sind. Gelöste Stoffe werden vor allem vom Aufwuchs aus Algen und Bakterien aufgenommen. In geringerem Umfang findet auch eine teilweise Aufnahme in das wachsende Schilf statt. Durch die hohe Ansammlung von organischer Substanz bilden sich im Schilfpolder auch sauerstoffarme Zonen aus, in denen Nitrat aus dem Wasser durch Denitrifikation in molekularen, gasförmigen Stickstoff umgewandelt wird. In der Summe hat das aus dem Polder ablaufende Wasser eine deutlich geringere Konzentration an Trübstoffen, Phosphor und Stickstoff (**Bild 6**).

Wesentliche Planungsgrundlage für das aktuell konzipierte Schilfpoldersystem ist der bereits in den Jahren 1990 – 1994 am Schäferhof mit Wasser aus der Hunte erfolgreich betriebene Versuchspolder. Die Sedimentation ist dabei der Hauptretentionsprozess. Durch den hohen Anteil von partikulär gebundenem Phosphor kann das Wasser der Hunte besonders effektiv durch einen Schilfpolder gereinigt werden. Die P-Retention im Versuchspolder wurde vor allem durch die Wasseraufenthaltszeit bestimmt. Bei einer mittleren Aufenthaltszeit von $\geq 1{,}8$ Tagen führte dies zu einer P-Retention von über 50 % bei einer flächenhaften P-Belastung von > 30 mg P/(m² · d).

Die maßgeblichen Bemessungsparameter für die geplante Anlage sind die hydraulische und stoffliche Belastung. Dabei wird vorausgesetzt, dass durch geeignete Maßnahmen im Einzugsgebiet eine 30 %ige P-Reduktion gegenüber der ordnungsgemäßen Landwirtschaft bewirkt wird. Da gegenwärtig nicht ab-

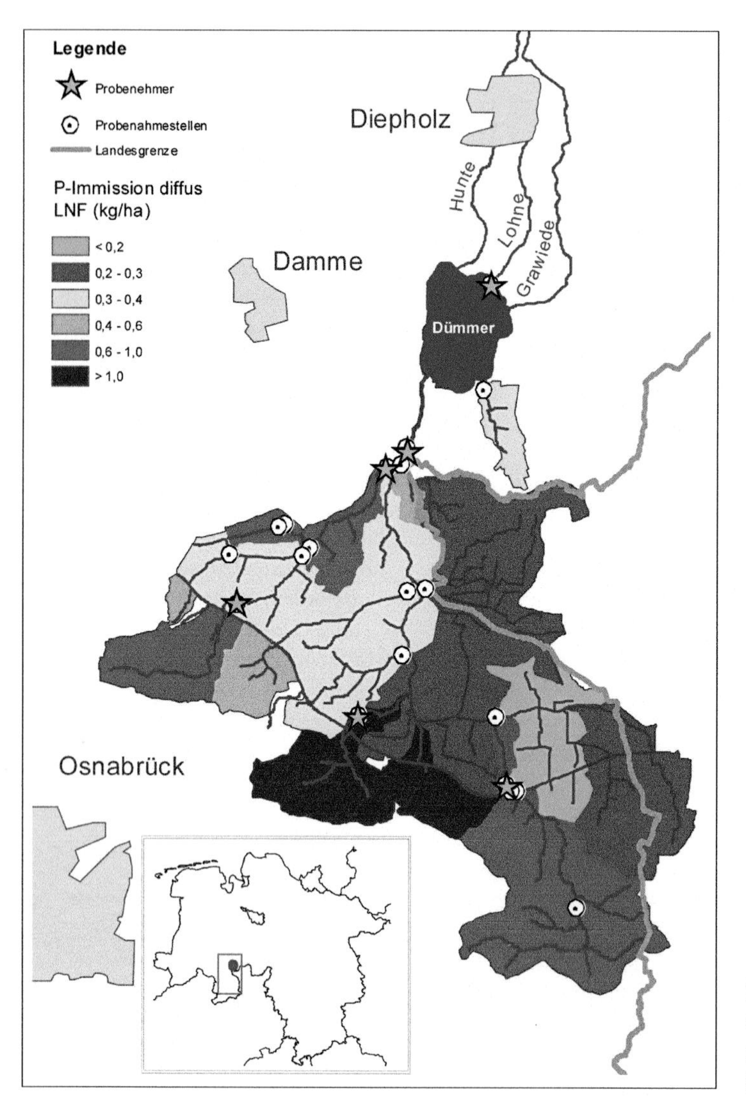

Bild 5: Diffuse Phosphoremissionen im Einzugsgebiet des Dümmers (Quelle: NLWKN)

schätzbar ist, ob dieses Ziel erreicht wird und auch die Reaktion des Dümmers als komplexes Ökosystem nur begrenzt vorherzusagen ist, soll ein stufenweiser Ausbau realisiert werden. Dabei ist die 1. Ausbaustufe mit rund 120 ha Gesamtfläche alternativlos; die Entscheidung über die weiteren Ausbaustufen mit einer maximalen Gesamtfläche von 215 ha leitet sich aus der Entwicklung des ökologischen Zustandes im See ab. Die Entwurfs- und Genehmigungsplanung einschließlich Rechtsverfahren sind jedoch bereits auf einen Endausbau ausgerichtet.

9 Maßnahmen im Bereich der Landwirtschaft

Neben den wesentlichen Bausteinen „Bornbachumleitung“ und „Großschilfpolder“ des Konzepts zur langfristigen Sanierung des Dümmerraumes von 1987 sehen der 16-Punkte-Plan und der Rahmenentwurf zur Fortsetzung der Dümmersanierung von 2012/2013 eine flächendeckende Reduzierung des Phosphoreintrages in die Oberflächengewässer im Einzugsgebiet der oberen Hunte und damit in den Dümmer vor. Diese soll unter Berücksichtigung der guten fach-

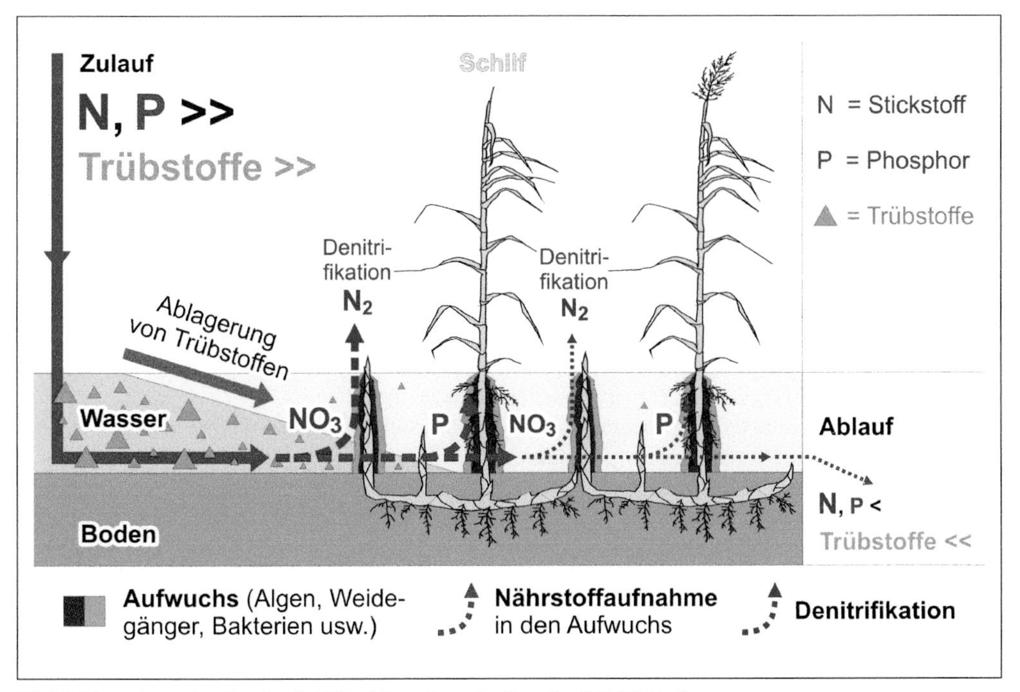

Bild 6: Phosphorretention im Schilfpolderaufwuchs (Quelle: K.D. Wolter)

lichen Praxis in der Landwirtschaft mit einer angepassten Überwachungsintensität, der Einrichtung einer Gewässerschutzberatung sowie freiwilligen flächenbezogenen Maßnahmen zur Minderung des Phosphoreintrages erreicht werden.

Dieses Maßnahmenbündel soll eine mindestens 30 prozentige Phosphorreduktion bewirken und ist entsprechend bei der Dimensionierung des Schilfpolders eingeflossen. Das Konzept hierzu ist Bestandteil des Rahmenentwurfes. Es wurde von der Landwirtschaftskammer Niedersachsen (LWK) unter Beteiligung des Landesamtes für Bergbau, Energie und Geologie (LBEG) erstellt. Die Maßnahmen werden von der Landwirtschaft im Einzugsgebiet der oberen Hunte grundsätzlich unterstützt. Es wird insbesondere erwartet, dass sich damit der Flächenbedarf in der Region zum Bau des Großschilfpolders bei dem aktuell vorherrschenden Flächendruck in der Landwirtschaft reduzieren lässt.

Die Gewässerschutzberatung durch zwei Mitarbeiter der Landwirtschaftskammer Niedersachsen wird daher gut angenommen, sie soll mittelfristig weitergeführt und durch Bereitstellung von zusätzlichen Haushaltsmitteln neben den Möglichkeiten der bestehenden Agrarumweltprogramme zusätzlich unterstützt werden.

10 Ausblick

Die wasserwirtschaftlichen Erfolge bei der Zentralisierung und Verbesserung der kommunalen Kläranlagen im Einzugsgebiet des Dümmer Sees und die Bornbachumleitung waren wesentliche erste Schritte hin zu seiner erfolgreichen Sanierung.

Da eine nachhaltige Sanierung des gesamten Einzugsgebiets aufgrund der aktuellen Rahmenbedingungen in absehbarer Zeit nicht realisierbar ist, sieht das Umsetzungskonzept eine Vielzahl additiver landwirtschaftlicher und wasserwirtschaftlicher Maßnahmen vor mit dem Ziel die Phosphorimmissionen auf ein für den See verträgliches Maß zu reduzieren. Der Schaffung eines künstlichen Feuchtgebietes (constructed wetland) als zentrales Schilfpoldersystem kommt dabei besondere Bedeutung zu. Erst durch Inbetriebnahme des Schilfpolders können die Gesamtphosphorkonzentrationen im Zulauf des Sees auch im Frühjahr auf 50 µg/l abgesenkt werden, was zu mit einer deutlichen Verringerung der Phytoplanktondichte und zu einer nachhaltigen Etablierung einer Unterwasservegetation führen wird.

Bis diese Verbesserung des gewässerökologischen Zustandes des Dümmers erreicht ist, sollen optionale Sofortmaßnahmen die touristischen trophiebedingten Beeinträchtigungen an den Uferbereichen des Sees begrenzen.

Letztendlich kann dieses anspruchsvolle Sanierungsprojekt nur in enger und transparenter Zusammenarbeit aller beteiligten Akteure aus Landwirtschaft, Naturschutz, Wasserwirtschaft und Tourismus gelingen.

Literatur

[1] Rahmentwurf zur Fortsetzung der Dümmersanierung. NLWKN 2012. http://www.nlwkn.niedersachsen.de/startseite/wasserwirtschaft/ fluesse_baeche_seen/seen_duemmer_und_steinhuder_meer/seenkompetenzzentrum/duemmersanierung/der-duemmer-kranker-see-was-tun-115112.html

[2] Dümmersanierung – Rückblick und Ausblick. Herausgeber: Niedersächsisches Ministerium für Ernährung, Landwirtschaft, Verbraucherschutz und Landesentwicklung sowie Niedersächsisches Ministerium für Umwelt, Energie und Klimaschutz. Hannover, Oktober 2012

[3] Kursbuch Dümmer – Niedersachsens zweitgrößter Binnensee mit Perspektive. Herausgeber: Dümmer-Museum Lembruch. Schröderscher Buchverlag, Diepholz 2014. ISBN 978-3-89728-081-6

Autoren

Dipl.-Biol. Hans-Heinrich Schuster
Niedersächsischer Landesbetrieb für Wasserwirtschaft, Küsten- und Naturschutz
Am Bahnhof 1
27232 Sulingen
E-Mail: hans-heinrich.schuster@nlwkn-su.niedersachsen.de

Dipl.-Ing. Jörg Prante
Niedersächsischer Landesbetrieb für Wasserwirtschaft, Küsten- und Naturschutz
Am Bahnhof 1
27232 Sulingen
E-Mail: joerg.prante@nlwkn-su.niedersachsen.de

Dipl.-Ing. Rudolf Gade
Niedersächsisches Ministerium für Umwelt, Energie und Klimaschutz
Archivstraße 2
30169 Hannover
E-Mail: rudolf.gade@mu.niedersachsen.de

Volker Thiele, Klaudia Lüdecke und Ralf Koch

Ökologische Sanierung eines naturschutzfachlich hochsensiblen, niedermoorgeprägten Tieflandflusses

Großflächige ökologische Fließgewässersanierungen im Niedermoorbereich sind technologisch schwierig durchzuführen und bedürfen wegen der zahlreichen geschützten Lebensräume und Arten einer intensiven naturschutzfachlichen Betreuung. An einem naturschutzfachlich hochsensiblen Abschnitt der „Nebel" ist auf einer Länge von ca. 2,5 km eine solche Sanierung durchgeführt worden.

1 Einleitung

Die mittelmecklenburgische Nebel ist mit ca. 60 km Fließlänge bedeutendster Nebenfluss der Warnow und hat ein Einzugsgebiet von 927,9 Quadratkilometern. Von ihrer Quelle im Malkwitzer See bis zur Mündung in die Warnow durchfließt sie die glaziale Serie von Süd nach Nord [1]. Der Fluss ist in vielen Bereichen durch einen schnellen Wechsel der Fließgewässerausprägungen (Typen) gekennzeichnet [2]. Bis zum heutigen Tage sind viele Bereiche der Nebel naturnah erhalten geblieben. Es gibt aber auch einzelne Abschnitte, in denen eine Rodung der Wälder mit nachfolgender Entwässerung der zumeist moorgeprägten Niederungen erfolgte. Auf solchen Flächen wird heute v.a. Grünlandwirtschaft mit allen bekannten Folgen betrieben. (u. a. Mineralisierung des Torfes, erhöhten Austrägen von Nährstoffen, notwendig werdende Gewässerunterhaltung, Einschränkung der Lebensraumfunktionen).

Mit Inkrafttreten der Wasserrahmenrichtlinie [3] gelten erhöhte Anforderungen im nationalen wie europäischen Gewässerschutz. Bei natürlichen Oberflächengewässern ist in der Richtlinie als übergeordnetes Ziel die Erreichung oder Beibehaltung einer zumindest guten ökologischen Qualität und eines guten chemischen Zustandes festgelegt. Die Gewährleistung einer möglichst hohen ökologischen Funktionalität des Gewässers, die Schaffung der ökologischen Durchgängigkeit, die Minimierung des Nähr- und Schadstoffeintrages sowie die Verbesserung des Zustandes der vom Gewässer abhängigen Landökosysteme stehen dabei im Mittelpunkt der Bemühungen.

In diesem Sinne werden an der Nebel seit Mitte der 1990er-Jahre ökologische Sanierungen durchgeführt [4, 5, 6], die bisher insgesamt 22 km Fließlänge umfassen. Nach der Errichtung erster Fischaufstiegsanlagen wurden anschließend komplexe ökomorphologische Sanierungen längerer Fließgewässerabschnitte durchgeführt, die im Wesentlichen über die Einbindung in oder Initiierung von Flurneuordnungsverfahren realisiert worden sind [7] (vgl. **Bild 1**). Ein weiterer Abschnitt wird derzeit vorbereitet. Die sanierten Bereiche befanden sich überwiegend auf niedermoorgeprägten Flächen. Dies war einerseits eine technologische Herausforderung, stellte die Vorhabenträger aber andererseits auch naturschutzfachlich vor große Probleme [8].

Am komplexesten gestaltete sich bisher die ökologische Sanierung der Nebel in einem stark degradierten Grünlandbereich zwischen Linstow und Dobbin (eingetieft, begradigt, nur wenige standorttypische Strukturelemente). Der Grünlandbereich ist stark quellig und bildet einen sensiblen Lebensraum für zahlreiche national wie europäisch geschützte Arten [1]. Dieser ca. 2,5 km lange Niederungsbereich gehört zudem zu einem FFH- (DE 2239-301) und SPA-Gebiet (DE 2339-02). Deshalb ist auch Ende der 1990er-Jahre in einem Pflege- und Ent-

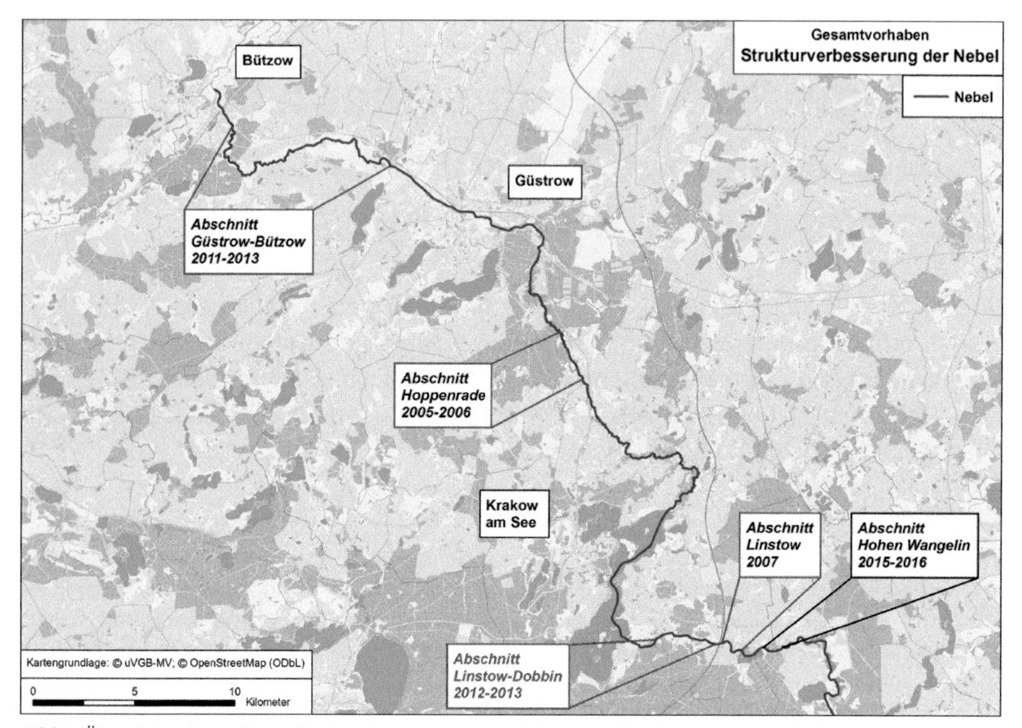

Bild 1: Übersichtsdarstellung der bereits umgesetzten Planungsabschnitte innerhalb des Gesamtvorhabens „Strukturverbesserung der Nebel", mit Jahresangabe der baulichen Umsetzung

wicklungsplan [9] festgelegt worden, dass die Unterhaltung ausgesetzt werden sollte. Das führte aber im ökologisch unsanierten Zustand zunehmend zu Problemen auf den randlich angrenzenden landwirtschaftlichen Flächen. Es bestand somit großer Handlungsbedarf. Zusätzlich befindet sich stromabwärts eine Fischzucht, die von den potenziell durchzuführenden Bauaktivitäten unvermeidlich durch eine Stoffdrift (insbesondere Torf und Sand) betroffen sein würde. Es galt somit ein Konzept zu finden, dass sowohl eine durchgreifende ökologische Sanierung sicherte, als auch die zahlreichen naturschutzfachlichen Restriktionen (europäischer wie nationaler Flächenschutz, geschützte Lebensraumtypen und Arten) mit in die Umsetzung einbezog. Zusätzlich mussten auch die Ansprüche der Flächeneigentümer berücksichtigt und die weitere fisch- und landwirtschaftliche Nutzung auf angrenzenden Flächen sichergestellt werden.

Im Folgenden werden die Ergebnisse und Erfahrungen aufgeführt und diskutiert.

2 Lage, Charakteristika, Schutz und Nutzung des Gebietes

Der Planungsraum liegt im Oberlauf der Nebel. Er wird von den Ortslagen Linstow (Brücke der BAB A19) und Dobbin begrenzt (Landkreis Rostock). Nach Durchfließen des Linstower Sees quert die Nebel im Planabschnitt pleistozäne Sande, in denen sich in den Flusstalungen holozän Niedermoore gebildet haben [10]. Aus einer quelligen Kuppe (Bruchwerder) bekommt die Nebel etwa noch einmal so viel Wasser hinzu, wie sie bereits führt. Durch diese Grundwasserprägung ist der Bach sommerkalt (ca. 10-15 Grad C) [1]. Unterhalb des Plangebietes fließt er dann durch das tiefgründige Dobbiner Niedermoor (Naturschutzgebiet), bevor er durch ein Wehr rückgestaut in den Krakower Obersee eintritt (**Bilder 1 und 2**).

Aus typologischer Sicht ordnete sich der Sanierungsabschnitt ursprünglich in die teilmineralischen Niedermoorfließgewässer ein. Durch die anthropogen bedingten Degradierungen und

Bild 2: Ausgebaute Nebel im Bereich des Bruchwerders im Jahre 2010

dem damit verbundenen Sandeintrag ist er aber bereichsweise zu einem Fließgewässer der Sander und sandigen Aufschüttungen geworden. Im unterhalb gelegenen Dobbiner Niedermoor wird die Nebel dem Typus der vollorganischen Niedermoorfließgewässer zugeordnet. Sie weist im Planabschnitt durch Ausbau, Entwässerung des Umlandes, Fehlen von essentiellen Gewässer- und Niederungsstrukturen sowie die randliche Grünlandnutzung starke Degradationen auf (Fließgewässerstrukturgüteklasse 4 – 5, Bild 2). Die Erhebung der biologischen Gewässergüte ergab 2010 die in **Tabelle 1** genannten Einordnungen in die Güteklassen 3 und 4. Für den Planungsraum bestand somit dringlicher ökologischer Sanierungsbedarf.

Zwei europäische Schutzgebiete (FFH: Nebeltal mit Zuflüssen, verbundenen Seen und angrenzenden Wäldern, SPA: Nossentiner/Schwinzer Heide) liegen im Bereich des Planungsraumes. Nördlich angrenzend befindet sich das NSG „Krakower Obersee" (GVOBl. M-V 2000, S. 574). Neben Lebensraumtypen (LRT, hier insbes. 91E0) sind für das Gebiet auch die FFH-Arten Kriechender Scheiberich, Gemeine Flussmuschel, Schmale und Bauchige Windelschnecke, Große Moosjungfer, Fluss- und Bachneunauge, Bitterling, Steinbeißer, Schlammpeitzger, Kammmolch, Rotbauchunke und Fischotter im FFH-Standarddatenbogen ausgewiesen.

3 Vorbereitung des Vorhabens

Im Vorfeld der Planungen mussten vornehmlich eigentumsrechtliche wie naturschutzfachliche Fragestellungen abgeklärt werden. Zudem waren Driftversuche notwendig, die die Wirkungen der Sedimentdrift (v. a. Torf) auf die unterhalb lebenden geschützten Tiere und die Fischwirtschaft abklären sollten.

3.1 Verantwortlichkeiten und Einordnung in Bodenordnungsverfahren

Das Vorhaben wurde über die Förderrichtlinie für Gewässer und Feuchtlebensräume [11] gefördert. Als Projektträger konnte der Förderverein des Naturparkes „Nossentiner/Schwinzer Heide" gewonnen werden. Die Planung sah u. a. vor, eine tiefer liegende „Sekundäraue" herzustellen, um einerseits dem Fließgewässer genügend Raum für die Entwicklung von Gewässerlauf und Gewässernahbereich zu geben [12, 13], anderseits aber die landwirtschaftliche Nutzung so wenig wie möglich zu beeinträchtigen. Dazu musste ein Entwicklungskorridor von ca. 40 – 50 m zur Verfügung gestellt werden. In diesem Zusammenhang waren Niederungsbereiche von beiderseits 20 bis 30 m längs des Nebellaufes aus der Nutzung zu nehmen. Dieser Landbedarf konnte nur teilweise über die Inanspruchnahme von Landesflächen gedeckt werden. Zusätzlich wurde deshalb das

Tab. 1 | Einstufungen in die biologischen Güteklassen nach den PERLODES- und Standorttypieindex-Verfahren (Qk = Qualitätskomponente, Ig = Indikationsgruppe) für drei Abschnitte des Gewässers und der Niederung (2010)

Probestelle	Qk: Makrophyten (Gewässer)	Qk Makrozoobenthos (Gewässer)	Ig: Lepidopteren (Niederung)
Nebel bei Linstow (Planungsraum)	Güteklasse 3	Güteklasse 4	Güteklasse 4
Nebel im Dobbiner Niedermoor (unterhalb Planungsraum)	Güteklasse 1	Güteklasse 2	Güteklasse 2

Mittel der Flurneuordnung mit einbezogen. Zwei zum Planungszeitpunkt noch nicht abgeschlossene Bodenordnungsverfahren (Linstow und Dobbin-Glave) wurden für die notwendige Flächenbereitstellung herangezogen. Der Bürgermeister wie der Hauptbewirtschafter der Flächen (Rinderzucht Baldermann GbR) schufen durch ihr verantwortungsvolles Handeln wichtige Voraussetzungen für ein Gelingen des Vorhabens. Zusätzlich wurde durch Hinzuziehung von Ausgleichsmitteln der Deutschen Bahn AG der Kauf von weiteren Korridorflächen ermöglicht.

3.2 Sedimentdrift

Bei der ökologischen Sanierung der Nebel im Niedermoorbereich stand zu erwarten, dass Trübungen durch schwebenden Torf und Detritus in der fließenden Welle auftreten würden. Die daraus entstehenden Ablagerungen in der nachfolgenden Strecke können für Fische und weitestgehend sessile Arten (insbesondere Großmuscheln) über eine längere Zeit schädigend wirken. Während der gesamten Bauzeit wurden daher die Schwebstoffe (in Form der abfiltrierbaren Stoffe, DIN EN 872) 2-3 x täglich in verschiedenen Bereichen des 3 km flussabwärts liegenden Dobbiner Niedermoores erhoben (zeitnahes Alarmsystem). Dazu kam der vom Gesetzgeber in der Fischgewässerverordnung [14] festgelegte Wert von 25 mg/l zur Anwendung.

Was mit diesen Analysen nicht sicher bestimmt werden konnte, war das Absetzverhalten der Schwebstoffe in Abhängigkeit von den konkreten hydraulischen und physiko-chemischen Verhältnissen im Planungsraum und unterhalb davon (Prognose). Deshalb sind aufwändige Vorversuche durchgeführt worden, die das Driftverhalten der Schweb- und gelösten Stoffe verdeutlichen sollten. Dazu ist zu zwei Zeitpunkten eine Bautätigkeit von ca. einer Stunde (hier nicht weiter be-

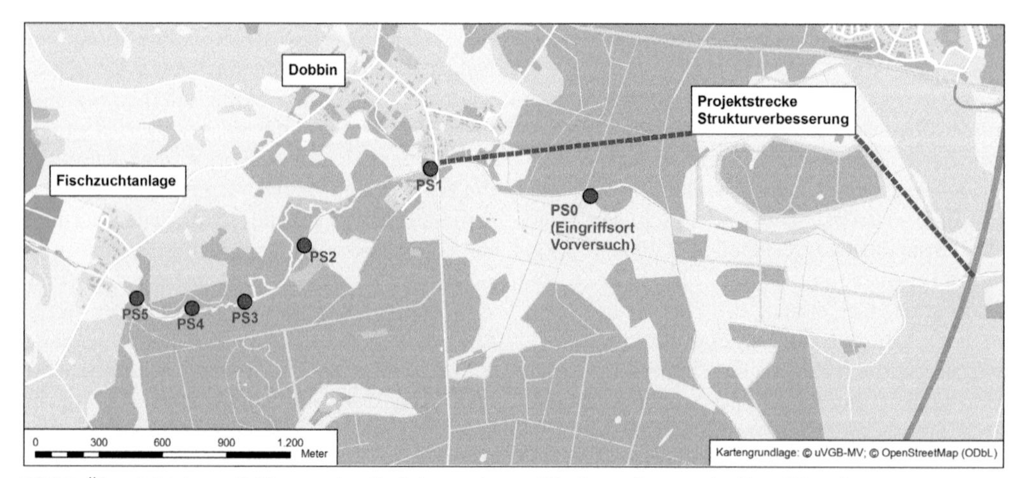

Bild 3: Übersichtskarte Driftversuch – Projektstrecke und Probestellen sowie „Eingriffsort"

trachtet) bzw. 8 Stunden (mit 1 h Pause) direkt im Sohlbereich des Flusses simuliert worden. Über die gesamte, optisch wahrnehmbare Driftzeit sind an fünf, quasi äquidistant über eine Fließlänge von 3 km verteilten Stationen unterhalb des „Eingriffs" (Bild 3) physikalische Messwerte (Leitfähigkeit, pH-Wert, Sauerstoffsättigung, Sichttiefe) im Stundentakt erhoben worden. Zudem wurden parallel Wasserproben gezogen und die Schwebstoffe sowie die Trübung analysiert. **Bild 4** zeigt, dass sich bei einer vorherrschenden Strömungsgeschwindigkeit von 0,3 – 0,5 m/s nach kurzer Zeit eine „Welle" von Driftmaterial entwickelt. Diese flacht aber bereits ca. 1,5 km vom Ursprungsort entfernt stark ab und unterschreitet bei den Schwebstoffen den Wert von 25 mg/l deutlich. Grund dafür sind Verdünnungs- und Absetzerscheinungen. So wurde beobachtet, dass die schwebenden Torfpartikel sukzessive auf den Boden sinken, durch die Schleppkraft der fließenden Welle transportiert und teilweise agglomeriert werden. Sie rollen dann vielfach auf der Sohle entlang und bleiben oft in Bereichen mit geringerer Strömungsgeschwindigkeit liegen. Unter den konkreten Bedingungen in der Nebel dauerte die detektierbare Drift für den beobachteten Abschnitt von 3 km ca. 8 Stunden an. Die Schichtdicke der auf den Boden abgesunkenen bzw. rollenden Torf-Teilchen konnte 0,5 cm erreichen. Dadurch wäre es ohne Gegenmaßnahmen wahrscheinlich gewesen, dass Muscheln, Klein- und Jungfische bzw. ihr Lebensraum mehr oder weniger stark beeinträchtigt werden. Die Trübung, vorwiegend durch aufgewirbelte feinpartikuläre Stoffe und Huminsäuren verursacht, wurde hauptsächlich durch Verdünnungserscheinungen des nachströmenden Wassers gedämpft.

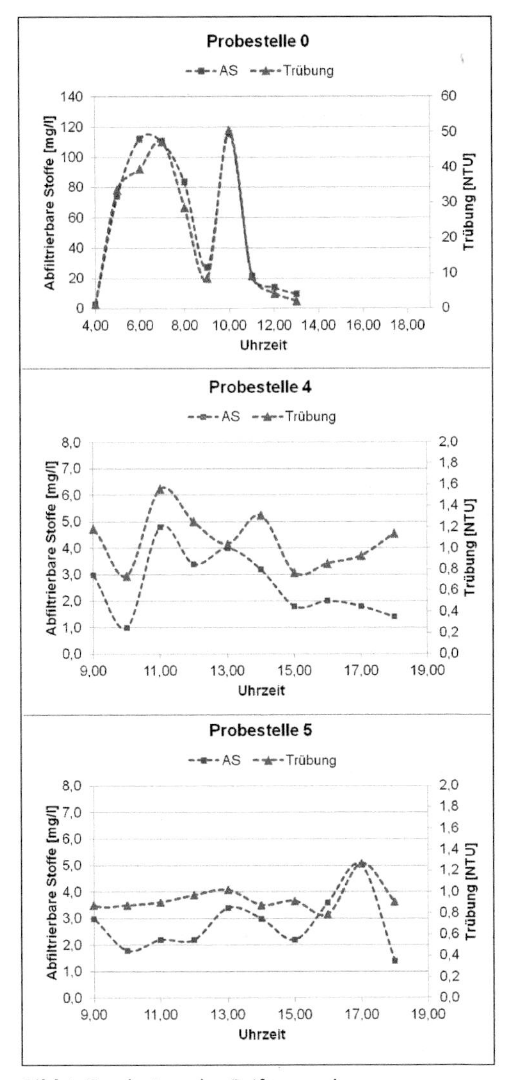

Bild 4: Ergebnisse des Driftversuches (8 h simulierter Eingriff mit 1-stündiger Pause), Darstellung der Messergebnisse abfiltrierbare Stoffe und Trübung über die Zeit (Beachte: unterschiedliche Skalierung der Achsen)

Für die Technologie des Bauens ergaben sich daraus zwei Konsequenzen:

1. Wird an der baubegleitend betriebenen Probestelle ein Wert für die abfiltrierbaren Stoffe von 0,15 ... 0,20 mg/l überschritten („Alarmwert"), so folgt eine sofortige Unterbrechung des Baugeschehens. Diese sollte mindestens 1 Stunde andauern, um den Nachstrom „klaren" Wassers aus der fließenden Welle zu ermöglichen („Freispülen" der Fließstrecke in der restlichen Zeit).
2. Steht zu erwarten, dass in einem stark niedermoorgeprägten Abschnitt eine sehr hohe Substratdrift durch die Baggertätigkeiten ausgelöst wird, so ist zu prüfen, ob mit Mitteln der Wasserhaltung/-umleitung über parallel verlaufende, auszubauende Gräben ohne die Inanspruchnahme der fließenden Welle gebaut werden kann. Ist der Aufwand zu hoch, so wird der Abschnitt auf einer möglichst kurzen Strecke nicht

Tab. 2 | Kartierergebnisse zu den europäisch geschützten Lebenraumtypen und Arten mit Hauptverbreitung im Gebiet, Ausprägung des LRT/Population sowie Maßnahmen der ökologischen Baubegleitung

Geschützte LRT/Art	Hauptverbreitung/ Ausprägung	Maßnahmen der ökologischen Baubegleitung
LRT 3260 „Fließgewässer mit Unterwasservegetation"	▪ nördlicher Bereich und Dobbiner Niedermoor/ gute Ausprägung	▪ gut ausgeprägte Bereiche von Eingriffen ausschließen ▪ natürliche Sukzession durch Etablierung standorttypischer Strukturen fördern
LRT 91E0* „Erlen und Eschenwälder sowie Weichholzauenwälder an Fließgewässern" (prioritärer LRT von gemeinschaftlichem Interesse)	▪ nördlicher Bereich und Dobbiner Niedermoor/ gute bis sehr gute Ausprägung	▪ gut ausgeprägte Bereiche von Eingriffen ausschließen ▪ Auswirkungen von Eingriffen durch enge Kooperation mit der Bauleitung so gering wie möglich halten
LRT 6430 „Feuchte Hochstaudenfluren"	▪ nördlicher Bereich und Dobbiner Niedermoor/ gute Ausprägung	▪ Bereiche kennzeichnen und von Bauarbeiten ausschließen (sind sehr kleinräumig, 0,02 ha)
Unio cassus (Kleine Flussmuschel)	▪ nicht nachgewiesen	▪ keine Maßnahmen notwendig ▪ für andere Großmuscheln: sofortiges Absammeln durch Auseinanderharken des Aushubes
Vertigo moulinsiana (Bauchige Windelschnecke)	▪ 17 Habitate im gesamten Untersuchungsbereich, besonders parallel der Nebel/guter Erhaltungszustand	▪ Ausgrenzung der Habitate mit Flatterband ▪ partielle Umsiedlung mit den Pflanzenbulten
Vertigo angustior (Schmale Windelschnecke)	▪ nicht nachgewiesen	▪ keine Maßnahmen notwendig
Lampetra planeri (Bachneunauge)	▪ wenige Querder, isoliertes Vorkommen, da Wehr, Population ist im Aufbau begriffen	▪ Abfischen der Querder vor Eingriff ▪ zusätzlich sofortiges Absammeln durch Auseinanderharken des Aushubes
Lampetra fluviatilis (Flussneunauge)	▪ nicht nachgewiesen	▪ keine Maßnahmen notwendig ▪ wenn vereinzelte Exemplare vorhanden sind, werden diese bei der Suche nach Querdern gefunden und zurückgesetzt
Cobitis taenia (Steinbeißer)	▪ nicht nachgewiesen	▪ keine Maßnahmen notwendig ▪ wenn vereinzelte Exemplare vorhanden sind, werden diese bei der Suche nach Querdern gefunden und zurückgesetzt
Rhodeus amarus (Bitterling)	▪ nicht nachgewiesen	▪ keine Maßnahmen notwendig ▪ wenn vereinzelte Exemplare vorhanden sind, werden diese bei der Suche nach Querdern gefunden und zurückgesetzt
Misgurus fossilis (Schlammpeitzger)	▪ nicht nachgewiesen	▪ keine Maßnahmen notwendig ▪ wenn vereinzelte Exemplare vorhanden sind, werden diese bei der Suche nach Querdern gefunden und zurückgesetzt
Triturus cristatus (Kammmolch)	▪ keine hinreichenden Habitate	▪ keine Maßnahmen notwendig
Bombina bombina (Rotbauchunke)	▪ keine hinreichenden Habitate	▪ keine Maßnahmen notwendig
Lutra lutra (Fischotter)	▪ gesamter Lebensraum wird genutzt, guter Erhaltungszustand	▪ nach den Erfahrungen wird die Baustelle vom Otter umgangen ▪ nach ökologischer Sanierung existieren bessere Ökosystemverhältnisse
Apium repens (Kriechender Scheiberich)	▪ keine hinreichenden Habitate	▪ keine Maßnahmen notwendig

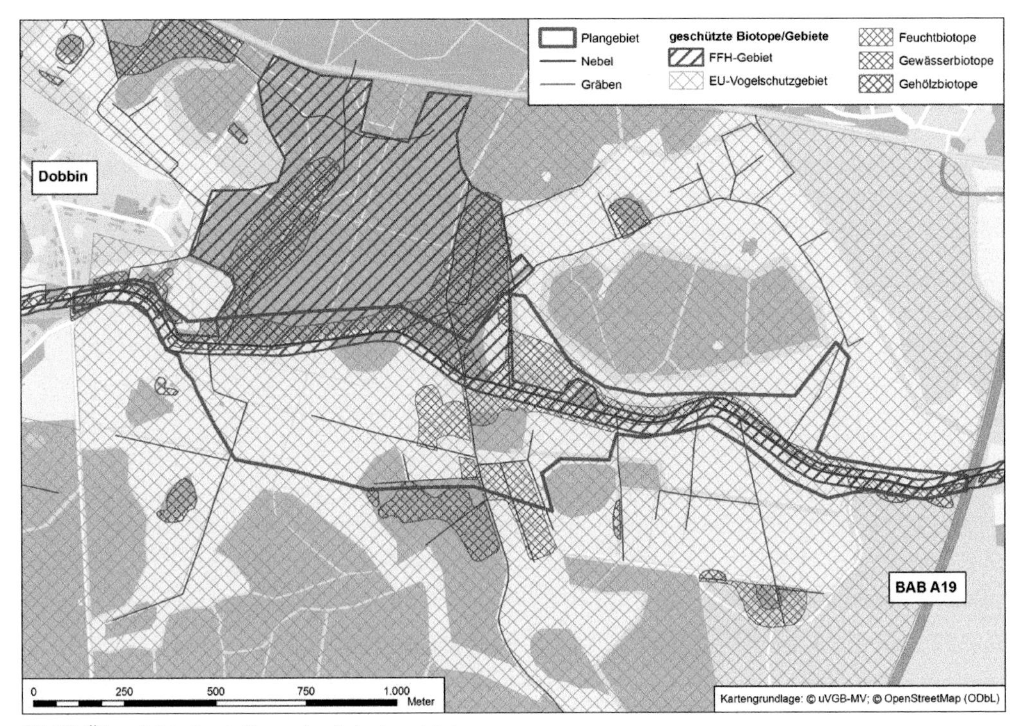

Bild 5: Übersichtsdarstellung der Schutzgebiete

saniert. Der stromaufwärts liegende Bereich ist dann nach Möglichkeit so zu bearbeiten, dass die Wirkung in den unsanierten Bereich hineinreicht und ihn über die Zeit hinweg „sanft“ saniert.

3. Beide Maßnahmen werden über eine ökologische Baubegleitung so koordiniert, dass es zu keiner nachhaltigen Schädigung sohlgebundener Organismen bzw. zu Beeinträchtigungen der Fischzucht kommt.

3.3 Geschützte Lebensraumtypen und Arten

Für die ökologische Sanierung waren in dem europäisch geschützten Gebiet eine FFH/SPA-Vorprüfung sowie eine spezielle artenschutzrechtliche Prüfung (saP) notwendig [15, 16]. Zudem mussten die nationalen Rechtskategorien des § 44 BNatSchG Beachtung finden. Somit wurden ein Jahr vor Beginn der konkreten Planungen Kartierungen durchgeführt, die alle im Standarddatenbogen aufgeführten Lebensraumtypen und geschützten Arten (**Tabelle 2, Bild 5**) betrafen. Zudem wurden national geschützte Biotope kartografisch abgegrenzt sowie streng und besonders geschützte Pflanzen und Tiere erhoben. **Tabelle 2** weist die Ergebnisse und daraus resultierenden Maßnahmen aus. Letztgenannte wurden kontinuierlich während der Bauphase umgesetzt.

4 Planerische und bauliche Umsetzung

Zur Verbesserung der Gewässerstruktur wurde eine Neuprofilierung der Nebel auf etwa 2.500 m Länge realisiert. Die Nutzung von eigendynamischen Prozessen schied als Sanierungsmethode aus, da für eine hinreichende Eigendynamik die Voraussetzungen fehlten (zu geringes Gefälle).

Um den bedeutsamen seitlich zutretenden Wasserzustrom in der hydraulischen Bemessung des Plan-Gerinnes berücksichtigen zu können, wurden projektbezogen Durchflussmessungen entlang der Planstrecke durchgeführt. Weiterhin wurden die Daten des direkt unterhalb des Plangebietes befindlichen Pegels Dobbin/Nebel (04443.1) herangezogen. Mit Hilfe des Programmes HEC-RAS sind die nach Sanierung erforderlichen Gerinnegeometrien modelliert worden.

Unter Berücksichtigung der Randbedingungen und der Einhaltung der zuvor abgestimmten Zielwasserspiegel bei verschiedenen Durchflussereignissen wurden überwiegend Verkleinerungen des zu groß ausgebauten, bestehenden Querprofils vorgesehen. Begleitende Abgrabungen zur Herstellung einer ein- bzw. zweiseitigen Wasserwechselzone (WWZ) sollten innerhalb des bereitgestellten 40-m-Korridors die typspezifische „Kontaktzone Wasser-Land" bilden (**Bilder 6, 7**). Im Zuge dieser geplanten Neuprofilierung wurde die Sohle innerhalb längerer Strecken mit ausgeglichenem Gesamtgefälle gestaltet. Dabei wurde sie abschnittsbezogen bis zu 0,4 m angehoben, wodurch zwei lokale Gefällesprünge (Sohlgleiten mit gewässertypfremder Steinschüttung) entfallen konnten. Als Sofortmaßnahme ist Totholz in Form längerer Stämme mit und ohne Wurzelteller eingebaut worden. Langfristig sollen derartige Strukturbildner durch natürlich anfallendes

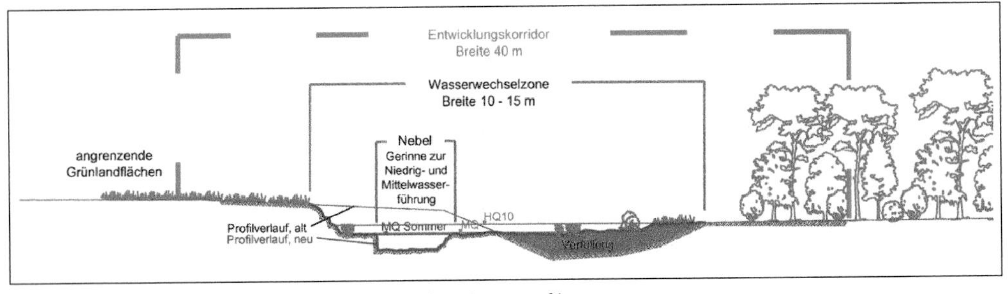

Bild 6: Im Zuge der Bauarbeiten realisiertes Plan-Querprofil

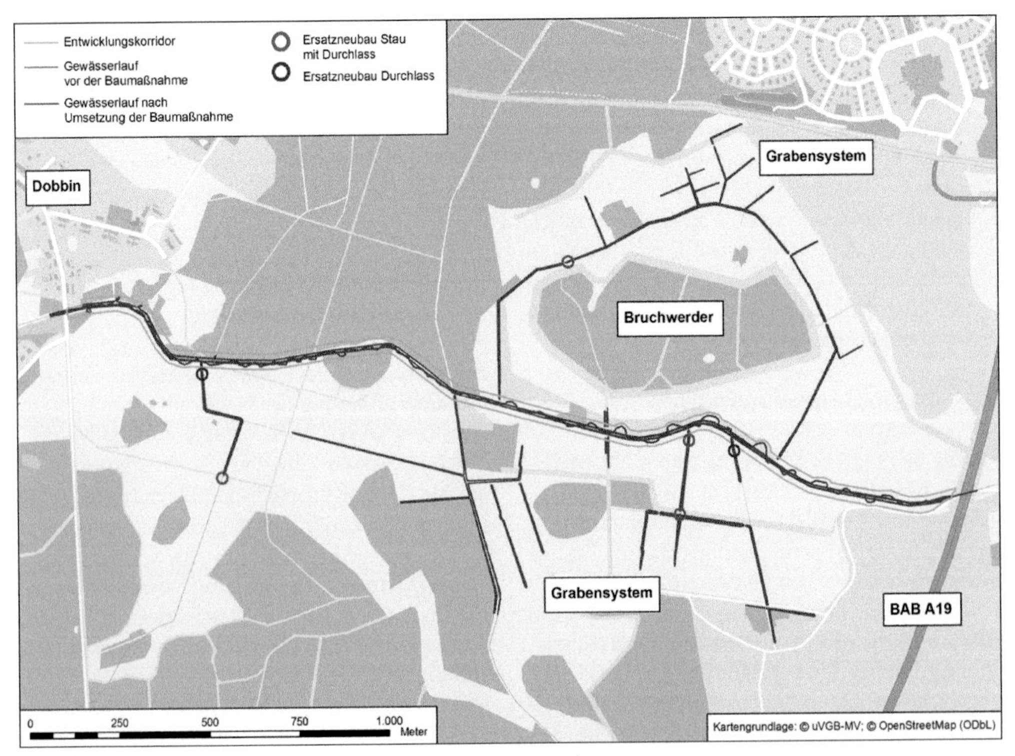

Bild 7: Darstellung der Maßnahmen im vereinfachten Lageplan

Totholz gewährleistet werden. Auf Grund der von Ost nach West führenden Fließrichtung der Nebel wurde die Bepflanzung überwiegend südseitig realisiert (mittelfristige Beschattung des Wasserkörpers, Eingrenzung des Makrophytenwachstums). Der überschüssige Aushubboden aus der Herstellung der WWZ wurde in Abstimmung mit dem Landwirt und den Fachbehörden im angrenzenden Grünland in Schichtdicken von maximal 0,2 m einplaniert.

Entgegen der sonst vielfach üblichen Praxis wurde „in Fließrichtung" gearbeitet, um die unterhalb liegende, noch zum Planabschnitt gehörende Fließstrecke für die Minimierung der Drift zu nutzen. Wurden im Rahmen der täglichen Überwachung und Analyse der Drift erhöhte Werte an der Probestelle ermittelt, sind die Arbeiten in der fließenden Welle unterbrochen worden (Herbeiführung einer Regeneration). Auf diese Art und Weise konnten etwa zwei Drittel der Strecke saniert werden.

Bei den letzten 900 m Projektstrecke mussten auf Grund der extremen Niedermoorverhältnisse und der damit im Zusammenhang stehenden erhöhten Drift von Torf und Detrituspartikeln andere Methoden angewendet werden. Zudem war eine Beeinträchtigung der Wasserqualität für die Fischzuchtanlage nicht mehr auszuschließen. Aus diesem Grunde wurde operativ durch Vorhabenträger, Planer und Baubetrieb in Abstimmung mit den örtlichen Projektbeteiligten beschlossen, das Wasser der Nebel über ein als Bypass geführtes Gerinne/vorhandene Gräben zu leiten. Im „Umlaufgerinne" sind vor Inbetriebnahme mehrere Treibselfänge eingerichtet worden, um eine Drift von lockeren Materialien ins Unterwasser zu vermeiden. Die „Rückflutung" des neuen Nebelbettes wurde sukzessive vorgenommen. Somit konnten weitere 500 m Gewässerlauf leitbildgerecht gestaltet werden. In den verbleibenden 400 m der Fließstrecke erfolgten punktuell die Profilierung und der Totholzeinbau.

Die **Bilder 8, 9 10 und 11** zeigen exemplarisch den Bauablauf sowie erste Entwicklungen für den Bereich etwa 800 m oberhalb der Brücke Dobbin.

Projektbegleitend mussten noch weitere Probleme, vornehmlich zur Akzeptanzsteigerung des Vorhabens sowie zum Erhalt der Bewirtschaftbarkeit angrenzender Flächen, gelöst werden. U. a. waren das

- die Optimierung von Flächenzuschnitten über Flächentausch,
- die Sicherung und Verbesserung der Erreichbarkeit landwirtschaftlicher Flächen (Errichtung von Überfahrten und Furten),
- eine Anpassung des meliorativen Systems zur Verbesserung des Wasserrückhaltes in den Flächen (Einbau von Grabenstauen) und
- der Ausgleich von durch die Sanierung aufgetretenen Schäden aus der Bautätigkeit (finanzielle Entschädigung und Sachleistungen).

5 Ökologische Baubegleitung

Während der gesamten Bauphase ist eine ökologische Baubegleitung erfolgt. Dazu wurden zuerst die geschützten Biotope und LRT sowie Flächen mit wenig vagilen, geschützten Arten (z. B. *Vertigo moulinsiana*) ausgepflockt. Je nach Baufortschritt sind Teile des Flusses und betroffener Gräben abgefischt worden. Daneben wurden die Analysen der abfiltrierbaren Stoffe sichergestellt und ein „Alarmsystem" für den Fall von Überschreitungen entwickelt. Bei Arbeiten im Sohl- und Uferbereich standen zwei Spezialisten zur Verfügung, die den Aushub durchharkten und betroffene Individuen in und an oberhalb gelegene unbeeinträchtigte Flussabschnitte zurücksetzten. Dabei handelte es sich neben Fischen vor allem um Amphibien, Ringelnattern, Großmuscheln und andere Wirbellose. Um bei den Großmuscheln befriedigende Rücksetzungsergebnisse zu erreichen, musste teilweise ein Tag gewartet werden, da erst dann die Kriechspuren im Aushub zu detektieren waren. In der Summe konnten Hunderte von Tieren rückgesetzt werden.

Danksagung
Die Autoren danken dem Förderverein des Naturparkes Nossentiner/Schwinzer Heide e. V. sowie dem Wasser- und Bodenverband „Nebel" für die umfangreiche Unterstützung des Vorhabens. Frau Dr. Börner und Herrn Bittl (Staatliches Amt für Landwirtschaft und Umwelt Mittleres Mecklenburg) soll an dieser Stelle herzlich für die Hilfe bei der organisatorischen Vorbereitung und

Bild 8: Ausgebaute Nebel im Jahre 2010

Bild 9: Herstellung der neuen Gewässergeometrie ohne fließende Welle und unter Einsatz von Baggermatratzen, März 2013

Bild 10: „Neuer" Nebellauf, April 2013

Bild 11: „Neuer" Nebellauf etwa ein halbes Jahr später, September 2013

Durchführung des Vorhabens gedankt werden. Unser Dank gilt weiterhin den Herren Wilfried und Olaf Baldermann, die bei der Flächenbereitstellung großes Entgegenkommen bewiesen.

Literatur

[1] Mehl, D. & Thiele, V. (1995): Ein Verfahren zur Bewertung nordostdeutscher Fließgewässer und deren Niederungen unter besonderer Berücksichtigung der Entomofauna. Nachr. entomol. Ver. Apollo, Suppl. 15: 1-276

[2] Thiele, V., Gräwe, D., Berlin, A., Degen, B., Mehl, D. & Blumrich, B. (2009): Bilder eines Flusses. Blaues Band „Nebel". Ein Natur- und Wanderführer.- Güstrow (Eigenverlag LPV „Krakow am See/Mecklenburgische Schweiz und biota), 97 S.

[3] WRRL (2000): Richtlinie 86/280/EWG des Rates zur Schaffung eines Ordnungsrahmens für Maßnahmen der Gemeinschaft im Bereich der Wasserpolitik. – 6173/99 ENV 50 PRO-COOP 31

[4] Thiele, V. (2008): Ökologische Effektivität von hydromorphologischen Verbesserungen an Fließgewässern am Beispiel der Nebel bei Hoppenrade. – Expertenworkshop 14./15.02.2008 im Umweltbundesamt Berlin, Materialien des UBA: 31-33.

[5] Kaussmann, J. & Mehl, D. (2005): Nebel bei Hoppenrade: Vorbereitung, Planung und Durchführung einer Fließgewässersanierung nach WRRL. – Universität Rostock, Agrar- und Umweltwissenschaftliche Fakultät, Tagung „Aktuelle Probleme und Lösungen im kulturtechnischen Wasserbau", 23.-24.11.2005 in Rostock, Tagungsband: 48-68.

[6] Mehl, D., Lüdecke, K., Vökler, F., Schönfeld, J., Bera, G., Schreiber, M., Börner, R. & Bast, H.-D. (2007): Eine beispielhafte Fließgewässersanierung nach Europäischer Wasserrahmenrichtlinie in Mecklenburg-Vorpommern. – KA – Abwasser, Abfall 54 (5): 458-460.

[7] Mehl, D. & Bittl, R. (2005): Der Beitrag integrierter ländlicher Entwicklungskonzepte und der Flurneuordnung zur Umsetzung von FFH- und Wasserrahmenrichtlinie in Mecklenburg-Vorpommern. – zfv – Zeitschrift für Geodäsie, Geoinformation und Landmanagement 130 (2): 63-69.

[8] Thiele, V. (2006): Umsetzung naturgeschützter Tiere an Sanierungsstrecke der Nebel. – angeln in Mecklenburg-Vorpommern 3/2006, S. 16.

[9] biota (1998): Erarbeitung eines Pflege- und Entwicklungsplanes für 6 Naturschutzgebiete im Bereich des Naturparkes Nossentiner/Schwinzer Heide. – Auftraggeber: Landesnationalparkamt Mecklenburg-Vorpommern und Naturpark Nossentiner Schwinzer Heide: 134 S.

[10] GLA M-V (1995): Geologische Karte von Mecklenburg-Vorpommern. Übersichtskarte. – Schwerin (Geologisches Landesamt Mecklenburg-Vorpommern)

[11] Richtlinie zur Förderung der nachhaltigen Entwicklung von Gewässern und Feuchtlebensräumen (FöRiGeF), Verwaltungsvorschrift des Ministeriums für Landwirtschaft, Umwelt und Verbraucherschutz, 7. Februar 2008, AmtsBl. M-V 2008 S. 116, zuletzt geändert durch Verwaltungsvorschrift vom 06.06.2011 (AmtsBl. M-V 2011 S. 322

[12] Thiele, V., Lüdecke, K. & Wanke, H. (2007): Nutzung und Stimulierung der Eigendynamik bei der ökologischen Sa-

nierung von Fließgewässern – Prinzipien, Erfolge und Probleme am Beispiel des Klosterbaches (Nordvorpommern, Mecklenburg-Vorpommern). – Wasser und Abfall 9 (10): 14-19.
[13] Thiele, V., Berlin, A., Degen, B., Gräwe, D. & Wanke, H. (2009): Dynamik der Wiederbesiedlung eines stark degradierten Gewässerabschnittes bei unterschiedlichen Sanierungsverfahren (Nordvorpommern, Mecklenburg-Vorpommern). – Wasser und Abfall 11 (5): 50-55.
[14] FGVO – Fischgewässerverordnung – Verordnung über die Qualität von Süßwasser, das schutz- oder verbesserungsbedürftig ist, um das Leben von Fischen zu erhalten, Mecklenburg-Vorpommern, 23. Oktober 1997, GVOBl. M-V 1997 S. 684; 22.12.2003 / 2004 S. 14
[15] biota (2010): Strukturverbesserung der Nebel zwischen Linstow und Dobbin-Walkmöhl. Biologische Untersuchungen und Bewertungen. – Im Auftrage des Fördervereins des Naturparkes Nossentiner/Schwinzer Heide: 72 S.
[16] biota (2010): FFH-/SPA-Vorprüfung zur Strukturverbesserung der Nebel zwischen Linstow und Dobbin-Walkmöhl. – Im Auftrage des Fördervereins des Naturparkes Nossentiner/Schwinzer Heide: 32 S.

Autoren

Dr. Volker Thiele

Dipl.-Ing. Klaudia Lüdecke

Institut biota GmbH
Nebelring 15
18246 Bützow
E-Mail: postmaster@institut-biota.de

Ralf Koch

Förderverein Naturpark Nossentiner/Schwinzer Heide e. V.
Ziegenhorn 1
19395 Karow
E-Mail: ralf.koch@lung.mv-regierung.de

Gudrun Dreisigacker, Jürgen Decker und Stefan Poß

Naturnahe Gewässerentwicklung des Eisbachs in Obrigheim (Pfalz)

Im Zusammenhang mit dem Maßnahmenprogramm nach WRRL wurden Maßnahmen zur Renaturierung eines Gewässers auf den Weg gebracht. Mit der Erhöhung der hydraulischen Leistungsfähigkeit geht eine deutliche Aufwertung der Habitatqualität einher.

1 Einleitung

Der Eisbach ist ein kleines Gewässer in Rheinland-Pfalz. Er entspringt im nördlichen Pfälzerwald bei Ramsen in einer Höhe von rd. 251 müNN und fließt auf einer Länge von gut 36 km in gestrecktem Lauf in östlicher bzw. nordöstlicher Richtung dem Rhein zu. Südlich von Worms mündet er bei etwa 87 müNN in den Rhein. Er hat ein Einzugsgebiet von rund 146 Quadratkilometern. Nur das westlichste Drittel davon bietet allerdings ergiebige und auch über das Jahr anhaltende Quellschüttungen aus dem vom Buntsandstein geprägten Bergland des Pfälzerwaldes. Im übrigen Verlauf quert er in einem oft kaum 3 km breiten Korridor den fast waldfreien, trockenwarmen Südrand des Rheinhessischen Hügellandes, die letzten 3 km verläuft er durch das Tiefgestade des Rheins. Sein durchschnittliches Fließgefälle beträgt 0,46 %.

Nach dem Gewässertypenatlas Rheinland-Pfalz ist der Eisbach im Bereich des Pfälzer Waldes und der vorgelagerten Lößriedellandschaft als Auetalgewässer anzusprechen, im letzten Drittel bis zur Mündung als Flachlandgewässer.

Bis auf einige Abschnitte im Pfälzer Wald ist die Strukturgüte dieses Baches häufig stark bis sehr stark verändert, in den zahlreichen Ortslagen auch vollständig verändert. Dies ist vor allem auf die Begradigungen und hierdurch verursachte Störungen des Geschiebegleichgewichts zurückzuführen. Durch die resultierende Tiefenerosion wird die mit den Ausbaumaßnahmen in der vergangenen Zeit beabsichtigte Fesselung des Gewässers weiter verstärkt.

Verglichen mit anderen Fließgewässern der Region hat der Eisbach eine recht gleichmäßige Wasserführung. Dies spiegelt sich auch in den früher zahlreich vorhandenen Mühlen wieder. Ab dem Eintritt in die dicht besiedelte und intensiv landwirtschaftlich genutzte Oberrheinebene steigt die organische Belastung des Eisbachs deutlich an. Durch die Modernisierung der Kläranlagen und Mischwasserentlastungen sowie einer optimierten Behandlung des Wassers aus der Produktion der Zuckerfabrik Offstein hat sich die Gewässergüte in den letzten Jahren verbessert.

2 EG-Wasserrahmenrichtlinie als Motor der Entwicklung

Die Idee, den Eisbach in Obrigheim zu renaturieren reicht zurück bis ins Jahr 2001, als der Zweckverband für die Gewässerunterhaltung im Eisbachgebiet einen Gewässerpflege- und -entwicklungsplan vorlegte. Im Jahr 2002/2003 bot sich für die Verbandsgemeinde Grünstadt-Land die Möglichkeit, in einem laufenden Bodenordnungsverfahren Flächen zu erwerben. Dann war erst mal Pause.

Die Umsetzung der EG-Wasserrahmenrichtlinie (WRRL) band seit ihrem Inkrafttreten im Jahr 2000 die Kapazitäten der Wasserwirtschaftsverwaltung zuerst einmal mit Erfassungs- und Bewertungsarbeiten, Ausarbeiten von Leitbildern und Strategien. Für den ersten Bewirtschaftungszyklus 2009–2015 fanden 2008 die Informationsveranstaltungen und bilateralen Fachgespräche der Struktur- und Genehmigungsdirektion Süd (SGD Süd / Obere Wasserbehörde) zur Aufstellung des Bewirtschaftungsplans und der Maßnahmenprogramme statt. Das Abstimmungsgespräch zwischen SGD Süd, der Verbandsgemeinde Grünstadt-Land und der Stadt Grünstadt verlief konstruktiv. Für den Eisbach wurde ein ganzes Maßnahmenbündel vereinbart:

- die Umgestaltung von Querbauwerken für die Durchgängigkeit,
- der Erwerb von Uferrandstreifen für die eigenständige Laufentwicklung,
- die Optimierung der Abwasserbehandlung und die Ertüchtigung von Mischwasserbehandlungsanlagen zur Verbesserung der Gewässergüte und
- die Renaturierung des Eisbachs auf einer rd. 1,3 km langen Strecke in Obrigheim zwischen Inselmühle und dem Kühlteich der Südzucker AG (siehe **Bild 1**) als großflächige Maßnahme.

Durch das Engagement des Ortsbürgermeisters von Obrigheim Stefan Muth und des Bürgermeisters der Verbandsgemeinde Grünstadt-Land Reinhold Niederhöfer sowie des Leiters der Bauabteilung bei der Verbandsgemeinde Erwin Fuchs konnte das ins Stocken geratene Projekt nun erfolgreich vorangetrieben werden.

3 Bestandssituation am Eisbach in Obrigheim vor der Renaturierung

Der gesamte Bereich war im letzten Jahrhundert als langgestrecktes, gleichförmiges Trapezprofil ausgebaut und hierbei an den Rand der Talmulde gelegt worden (**Bild 2**).

Auch die Tiefenlage von bis zu 2 m unter Gelände entsprach in keiner Weise einem naturnahen Gewässer. Auf der Südseite hatte sich zuvor eine Gehölzgalerie entwickelt, die auch standortgerechte Arten enthielt (Schwarzerle, Eschen, Weiden) aber auch eine eigendynamische Entwicklung des Gewässers verhinderte.

Im Renaturierungsbereich gab es keine Wanderhindernisse für Fische und Kleinlebewesen. Restriktionen für die Gewässerentwicklung waren im westlichen Teilabschnitt durch die angrenzende Bebauung gegeben. Auch eine Bahnunterquerung, eine Fußgängerbrücke sowie der Auslauf eines Regenwasserkanals und der Überlauf im Bereich der Kläranlage stellten feste Größen dar, die bei der Gewässerentwicklung zu berücksichtigen waren. Von der Fließgewässerzonierung her ist der östliche Abschnitt des Eisbaches in der VG Grünstadt-Land der Äschenregion zuzuordnen (d. h. Leitart bzgl. der Zonierung wäre die Äsche). Typische Begleitarten in dieser Region sind Elritze, Schmerle, Lachs, Nase, Quappe, Hasel, Schneider, Döbel und Gründling. Da die Äsche im Eisbach keine geeigneten Lebensraumbedingungen wie z. B. Kiesbänke zum Laichen vorfindet, wurde der Gründling als Leitart angenommen.

Das ökologische Leitbild der Umgestaltungsmaßnahme ist das Auetalgewässer. So wurde das Ziel formuliert: Wiederherstellung eines mäandrierenden, sich verzweigenden, strukturreichen, flachen Gewässerverlaufs und die Entwicklung einer gewässertypischen Vegetation – soweit die

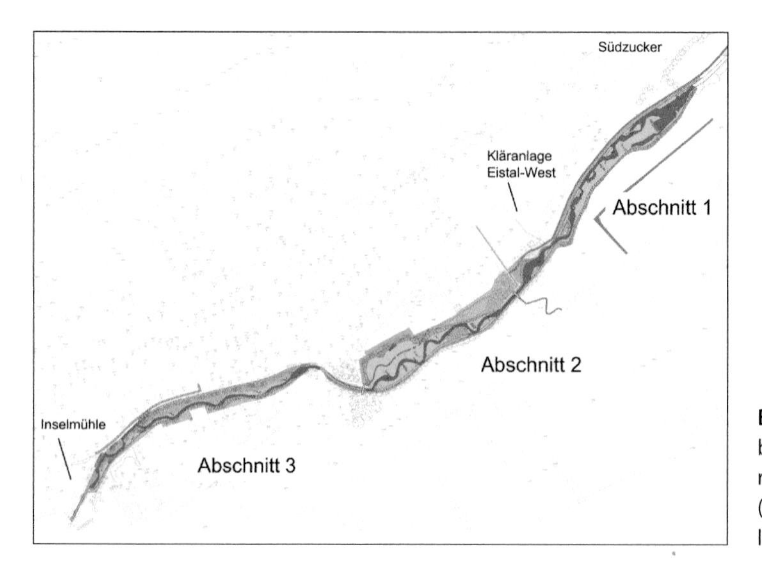

Bild 1: Lageplan der Eisbachrenaturierung in Obrigheim (Pfalz) (Quelle: Planungsbüro Valentin 2010)

Bild 2: Eisbach in Obrigheim vor der Renaturierung (Quelle: Planungsbüro Valentin 2004)

Rahmenbedingungen das zulassen. Hierbei wurde in starkem Maße auf die selbstständige Regeneration bzw. auf das abflussbedingt relativ starke Entwicklungspotenzial des Eisbachs gesetzt.

4 Maßnahmenumsetzung in drei Abschnitten

Die Maßnahme wurde in drei Abschnitte untergliedert, die vom Charakter her unterschiedlich gestaltet sind. In allen Abschnitten wurde eine Aufweitung des Profils bei gleichzeitiger Herstellung eines mäandrierenden Niedrigwasserbetts (ca. 0,3 bis 0,4 m^3/s) vorgenommen. Die Strömungsdiversität wird gefördert durch die gezielte Platzierung von Grobschotterriegeln, fixierten Sturzbäumen im Gewässerseitenbereich und durch Störsteine im Niedrigwasserbett.

Das Niedrigwasserbett wurde durch eine 25 cm hohe Schotterschicht gegen Tiefenerosion gesichert (**Bilder 3a** und **3b**).

Während in den unteren zwei Abschnitten das alte Gewässerbett jeweils einseitig stark aufgeweitet wurde, war im Ortsrandbereich oberhalb der alten Bahntrasse eine Gewässerverzweigung sinnvoller, um die vorhandenen Weiden und Eschen sowie einzelne Schwarzerlen weitgehend zu erhalten. In diesem Abschnitt dient das alte Gewässerbett nicht nur als Hochwasserreserve, sondern wird auch für den Mittelwasserabfluss genutzt. Um diesen in naturnaher Weise auszubilden und eine gewisse Entwicklungsfähigkeit des Gewässers zu ermöglichen, wird in der oberen Hälfte des Abschnitts das Wasser durch Querriegel aus Flussbausteinen abwechselnd in das neue und das alte Bachbett gelenkt. Bei höheren Abflüssen nach größeren Regenereignissen, wie sie mehrfach im Jahr auftreten, werden die Riegel überströmt und damit beide Gewässerzweige genutzt (**Bilder 4a** und **4b**).

In diesem Abschnitt war es möglich, eine Sohlanhebung durchzuführen. Um jedoch eine Anhebung des Grundwasserstandes in dem direkt an die Bebauung grenzenden Bereich auszuschließen, wurde in den bachbegleitenden Weg und in das Freigelände der Inselmühle eine Dränage auf dem Niveau der Sohlhöhe des alten Bachbettes eingebaut. Diese entwässert in den alten Teil des Gewässerbetts, in dem – außer im Hochwasserfall – nur noch ein geringer Wasserabfluss vorhanden ist. Die Wirksamkeit dieser Maßnahme wird durch Beobachtungsbrunnen überprüft.

Insgesamt ist der renaturierte Bereich hydraulisch deutlich leistungsfähiger. Die Be-

Bild 3a: Niedrigwasserinne im oberen, dritten Bauabschnittabschnitt, November 2012 (Quelle: Planungsbüro Valentin)

Bild 3b: Niedrigwasserinne im oberen, dritten Bauabschnittabschnitt, Juni 2014 (Quelle: Planungsbüro Valentin)

pflanzung wurde auf ein Mindestmaß reduziert, um eine Spontanbesiedlung zu ermöglichen. Der Bach ist für Erholungssuchende in den unteren Abschnitten durch begleitende Wege erschlossen, die an das bestehende Wegenetz für Erholungssuchende angeschlossen wurden. Im mittleren Abschnitt wurde ein Naturerlebnisbereich mit Trittsteinen angelegt („Bacherlebnisweg", **Bild 5**).

5 Gewässerentwicklung nach den Bauarbeiten

Die Bauarbeiten wurden im Wesentlichen von Oktober 2012 bis August 2013 durchgeführt, die Pflanzarbeiten erfolgten im Herbst 2013. Mit einer ökologischen Baubegleitung wurde sichergestellt, dass die im Fachbeitrag Naturschutz festgelegten Anforderungen an die Bauarbeiten auch wirksam eingehalten wurden.

Bereits im Frühjahr 2013 gab es ein Hochwasser, das sofort seine gestalterische Kraft gezeigt hat: Es bildeten sich Kies- und Sandbänke, Treibholz lagerte sich ab. Es hat sich zwischenzeitlich eine starke Spontanbegrünung von Weiden, Pappeln und Erlen eingestellt (**Bild 6b**).

Im Rahmen eines Gewässerentwicklungsplans für den renaturierten Bereich wurde festgelegt, welche Entwicklungen erwünscht und welche unerwünscht sind und ein Eingreifen erfordern. Eine Gewässerunterhal-

Bild 4a: Dritter Bauabschnitt (Ortsrandbereich) im Bau, April 2013 (Quelle: Planungsbüro Valentin)

Bild 4b: Dritter Bauabschnitt (Ortsrandbereich) nach Fertigstellung, September 2014 (Quelle: SGD Süd)

Bild 5: Naturerlebnisbereich mit Trittsteinen (Quelle: Planungsbüro Valentin August 2013)

Bild 6a: Erster Bauabschnitt, Oktober 2012 (Quelle: Planungsbüro Valentin)

Bild 6b: Erster Bauabschnitt, September 2014 (Quelle: SGD Süd)

tung ist somit nur in geringfügigem Maße notwendig.

Eine Kartierung für den Renaturierungsbereich zeigt, wo unerwünschter Pflanzenaufwuchs auftritt, um eine Dominanz von Pappeln oder Neophyten auszuschließen. In Zusammenarbeit mit örtlichen Naturschutzverbänden wurden beispielsweise schon einige Pflegemaßnahmen zur Bekämpfung des Staudenknöterichs durchgeführt.

Die Strukturvielfalt im Gewässer entwickelt sich sehr vielversprechend.

6 Zusammenfassung und Fazit

Bereits 2001 wurde mit der Vorlage eines Gewässerpflege- und -entwicklungsplans durch den Gewässerzweckverband für das Eisbachgebiet die Grundlage für die morphologische Sanierung des Eisbachs geschaffen. Erste Flächenankäufe für eine Renaturierung in der Gemeinde Obrigheim erfolgten bereits 2002/2003, aber erst mit der Umsetzung der WRRL kam Schwung in die Sache. 2011 wurde die wasserrechtliche Genehmigung erteilt für die Renaturierung des Eisbaches auf einer Länge von 1,3 km von der Inselmühle in Obrigheim bis zu den Kühlteichen der Südzucker AG in der Verbandsgemeinde Grünstadt-Land.

Ziel war die Wiederherstellung eines mäandrierenden, sich verzweigenden, strukturreichen, flachen Gewässerverlaufs und die Entwicklung einer gewässertypischen Vegetation. Eine selbstständige Regeneration konnte durch das abflussbedingt relativ starke Entwicklungspotenzial des Eisbachs erwartet werden. Maßnahmen waren u.a. die Aufteilung des Profils bei gleichzeitiger Herstellung eines mäandrierenden Niedrigwasserbetts und die Förderung der Strömungsdiversität durch die gezielte Platzierung von Grobschotterriegeln, fixierten Sturzbäumen im Gewässerseitenbereich und durch Störsteine im Niedrigwasserbett. Die Naherholungsfunktion konnte durch die Anlage eines Bacherlebnisbereichs mit Trittsteinen deutlich gesteigert werden. Auch die Wegeverbindungen wurden neu geordnet und verbessert.

Nach einer Bauzeit von Oktober 2012 bis August 2013 wurden im Herbst 2013 die Pflanzarbeiten vorgenommen. Die Gesamtkosten mit Flächenerwerb von rd. 25.000 m^2 lagen bei 670.000 Euro und wurden vom Land Rheinland-Pfalz mit einem Fördersatz von 90 % im Rahmen des Landesprogramms Aktion Blau Plus gefördert.

Das Vorhaben ist in jeder Hinsicht gelungen und erfreut sich hoher Akzeptanz bei den Bürgern vor Ort. Dies wurde möglich durch das starke Engagement des Projektträgers, die enge und konstruktive Zusammenarbeit zwischen Projektträger und SGD Süd, durch die Flächenbereitstellung mit Hilfe der Bodenordnung und vor allem durch die Wasserrahmenrichtlinie als Umsetzungsmotor zusammen mit der hohen Förderquote des Landes. Es glückte die naturnahe Umgestaltung und Eigenentwicklung des Eisbachs in einer Gegend mit hoher Flächenkonkurrenz. Auch zusätzliche Rückhalteräume für Hochwasser konnten geschaffen werden.

Die Strukturvielfalt im Gewässer entwickelt sich sehr vielversprechend. Mit Hilfe eines Gewässerentwicklungsplanes für die renaturierten Abschnitte am Eisbach können unerwünschte Entwicklungen rechtzeitig erkannt und entsprechende Gegenmaßnahmen ergriffen werden. Diese umfassen derzeit vor allem die Beseitigung von übermäßigem Pappel- und Robinienaufwuchs sowie von bisher nur punktuell vorkommenden Beständen des Indischen Springkrautes und des Staudenknöterichs.

Die neu geschaffenen, attraktiven Erlebnisräume für die Naherholung runden das Projekt ab.

Dank

Wir danken dem Planungsbüro Valentin Landschafts- und Freiraumplanung in 67280 Ebertsheim für die großzügige Bereitstellung von Planunterlagen, Dokumentationen und bildern.

Autoren

Gudrun Dreisigacker
Jürgen Decker
Stefan Poß

Struktur- und Genehmigungsdirektion (SGD) Süd
Regionalstelle Wasserwirtschaft, Abfallwirtschaft und Bodenschutz
Karl-Helfferich-Straße 22
67433 Neustadt an der Weinstraße
Gudrun.Dreisigacker@sgdsued.rlp.de
Jürgen.Decker@sgdsued.rlp.de
Stefan.Poss@sgdsued.rlp.de

Frank Hömme und Elmar Gatzen

Die Offenlegung des Schantelbaches in Leiwen

Die Sanierung des Schantelbaches in Leiwen an der Mosel ist ein Beispiel für die durchgängige Offenlegung und naturnahe Gestaltung eines über Jahrhunderte massiv veränderten Fließgewässers in einer alten eng bebauten Ortslage. Neben den fachlichen Herausforderungen sind vor allem die enge Kommunikation mit den Anliegern, der Bevölkerung, den politisch Verantwortlichen, dem Maßnahmeträger sowie den Fachbehörden wesentliche Faktoren für die Umsetzung.

1 Beschreibung des Gewässersystems

Der Schantelbach ist ein kleines Gewässer, dessen gesamtes oberirdisches Einzugsgebiet (6,0 km^2) sich auf der Fläche der Verbandsgemeinde Schweich befindet. Er entspringt auf einer Quellhöhe von 385 Meter ü. NN im Köwericher Wald und mündet nach einer Fließlänge von rund 5,4 Kilometern auf einer Mündungshöhe von 114 Meter ü. NN in der Ortslage Leiwen in die Mosel. Das mittlere Sohlgefälle beträgt somit rund 5 %.

Beim Schantelbach handelt es sich um ein für die Region typisches, kleines Seitengewässer der Mittelmosel. Die Flächennutzung im Einzugsgebiet ist ausgeprägt räumlich gegliedert. In den oberen Zweidritteln des Einzugsgebiets dominieren Waldflächen. Das untere Drittel ist geprägt von Weinbaunutzung und den Siedlungsflächen der Ortslage Leiwen.

Im Einzugsgebiet ist der Untergrund von devonischen Gesteinen geprägt. Die Quellbereiche des Schantelbaches befinden sich im Bereich der Zerf-Schichten mit quarzitischen Sandsteinen und sandigen Tonschiefern. Im mittleren und unteren Teil des Einzugsgebietes steht Hunsrückschiefer (Tonschiefer) an. Im Bereich der Ortslage Leiwen ist das Devon stellenweise von sandig-kiesigen Sedimenten der Mittelterrasse der Mosel überlagert. Auf dem Gestein haben sich vor allem Ranker und – zum Teil podsolierte – Braunerden entwickelt. Die vorherrschende Bodenart ist Lehm.

Biozönotisch ist der Schantelbach als Typ 5: Grobmineralreiche silikatische Mittelgebirgsbäche einzustufen. Die Gewässergüte weist mit Werten von 1,5 – 1,79 (= gering belastet) im Unterlauf eine mittlere Qualität auf. Die Gewässerstrukturgüte bewegt sich in im Ober- und Teilen des Mittellaufs im Wesentlichen in den Strukturgüteklassen 3 – 4. Dort, wo sich Teichanlagen im Hauptschluss befinden oder im Bereich von Wochenendgrundstücken umfangreiche Ufer- und Sohlsicherungen vorgenommen wurden, wird die Gewässerstrukturgüte mit den Klassen 5 – 7 bewertet.

Im Bereich oberhalb und in der Ortslage Leiwen bewegt sich die Gewässerstrukturgüte durchgängig in den Klassen 5 – 7 (**Bild 1**).

2 Ausgangsituation und Anlass für die Gewässerrenaturierung

Die Gesamtsituation des Gewässersystems war geprägt durch Problemlagen, wie sie typisch sind für zahlreiche kleinere Fließgewässer in Ortslagen bzw. stark anthropogen überprägten landwirtschaftlich oder weinbaulich genutzten Bachtälern – deren Intensität und Varianz hier jedoch besonders ausgeprägt waren. Zu nennen sind insbesondere:

- zahlreiche Gewässerabschnitte mit erheblichen Defiziten im Bereich der Gewässermorphologie (gestreckter Verlauf, Ausbau im Trapezprofil, Tiefenerosion, Uferverbau, kein Ausuferungsvermögen, Auennutzung),

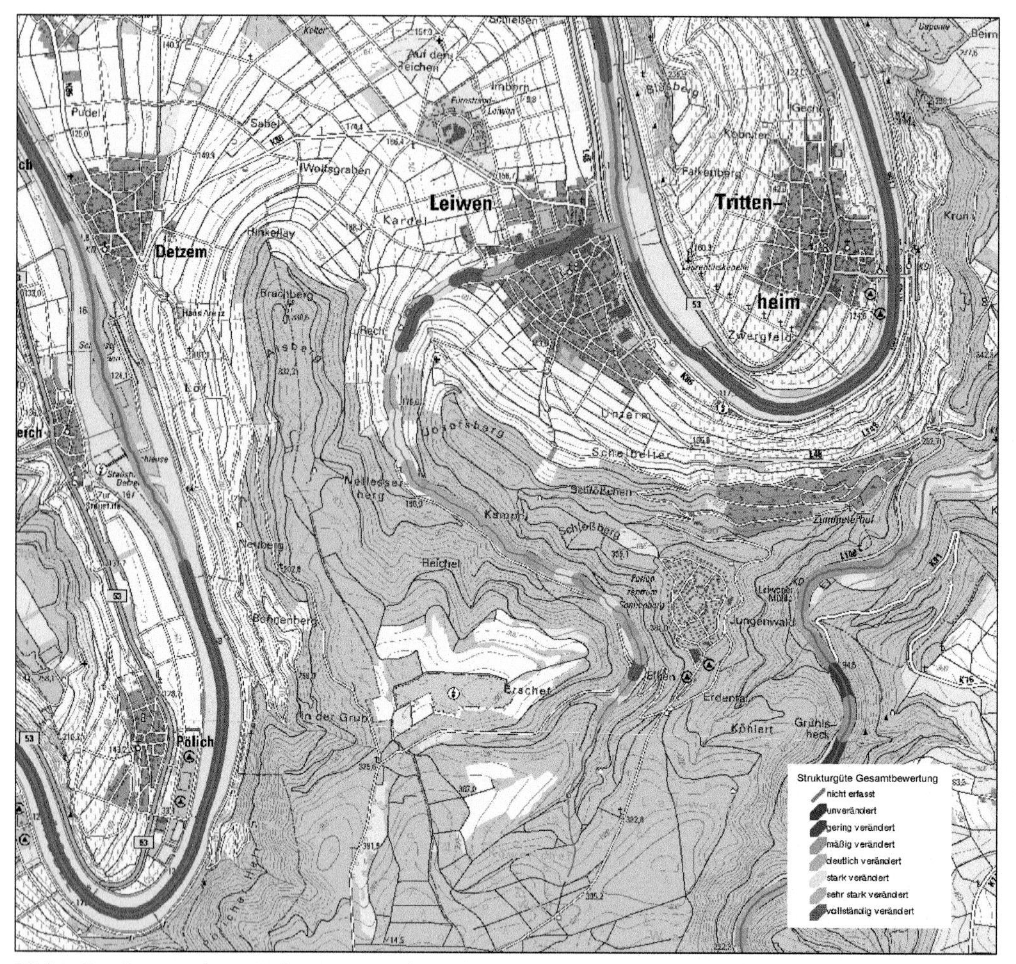

Bild 1: Gewässerstrukturgütekartierung Schantelbach (Quelle: Landesamt für Vermessung und Geobasisinformation Rheinland-Pfalz)

- erhebliche Defizite im Bereich der biologischen Durchgängigkeit (Verrohrungen, Überbauungen, Querbauwerke, Sohl- und Uferverbau),
- zahlreiche Teichanlagen im Haupt- und Nebenschluss,
- Freizeitnutzungen und bauliche Anlagen in der Gewässeraue,
- Aufschüttungen und Lagerplätze in der Gewässeraue,
- diverse abfallrechtliche Tatbestände,
- die Hochwasserproblematik in der Ortslage Leiwen, insbesondere nach sommerlichen Starkregenereignissen.

Der Umfang der Problemlagen, die Komplexität der örtlichen Situation, der Eingriff in vermeintliche „Gewohnheitsrechte" der Gewässeranlieger und Nutzer, der immense finanzielle Aufwand zur Beseitigung der Defizite sowie die fehlende Erfahrung im Umgang mit dieser Thematik verhinderten ein aktives Herangehen von Fachbehörden sowie der Verbandsgemeinde Schweich als unterhaltungspflichtiger Gebietskörperschaft an die Renaturierung des Schantelbaches.

Insbesondere die Anhebung der Förderquote im Rahmen der „Aktion Blau" des Landes Rheinland-Pfalz auf bis zu 90 % der förderfähigen Kosten und die Ermutigung der Struktur- und Genehmigungsdirektion Nord (obere Wasserbehörde) zur Umsetzung von Maßnahmen am Gewässer führte schließlich zur Beauftragung einer Machbarkeitsstudie.

3 Maßnahmenumsetzung zwischen 2010 und 2015 in Bauabschnitten

Zentrale Ziele der Machbarkeitsstudie waren die Erfassung, Beschreibung, Bewertung und Systematisierung der wasserwirtschaftlichen Situation im Schantelbachtal. Auf dieser Grundlage wurden vor dem Hintergrund der aktuellen Ziele der Gewässerentwicklung Entwicklungspotenziale aufgezeigt, verortet und schließlich in einer umsetzungsorientierten Gesamtstrategie gebündelt.

Das Gewässer wurde im Hinblick auf die folgenden Kriterien untersucht:

- vergleichbare wasserwirtschaftliche Problemlagen,
- Flächennutzung im Gewässerumfeld,
- Zugänglichkeit,
- Parzellenstruktur, Anzahl der Eigentümer (schmale vs. breite Parzellen, viele vs. wenige Eigentümer),
- Eigentümerstruktur (öffentliche vs. private Eigentümer),
- Kostenaufwand der Maßnahmen.

Zunächst wurde für jedes Einzelkriterium eine Abgrenzung von Gewässerabschnitten vorgenommen. In einem zweiten Schritt wurden die über die Einzelkriterien gebildeten Gewässerabschnitte übereinandergelegt und miteinander verschnitten. Dabei wurde die abschließende Abgrenzung in einem diskursiven Prozess so gewählt, dass die Unterschiede innerhalb der gebildeten Gewässerabschnitte möglichst gering und zwischen den Gewässerabschnitten möglichst groß sind.

Dieses Vorgehen ermöglichte vor dem Hintergrund einer Gesamtbetrachtung des Gewässers die Beschreibung von abschnittsbezogenen inhaltlichen Lösungsansätzen sowie die Festlegung konkreter Umsetzungsstrategien für einzelne Gewässerabschnitte.

Die notwendige Sanierung des Gewässersystems konnte nur unter aktiver Mitwirkung der Grundstückseigentümer und der örtlichen Bevölkerung realisiert werden. Dieses setzte voraus, dass die Sinnhaftigkeit und Wichtigkeit des Vorhabens erkannt wird und die Veränderungen am Schantelbach als Bereicherung wahrgenommen werden.

Zu Beginn wurde daher ein etwa 1.100 Meter langer Gewässerabschnitt ausgewählt, der eine entsprechende Signalwirkung entfalten sollte:

- Länge und Lage des Abschnitts direkt oberhalb der Ortslage sorgen dafür, dass die Renaturierung wahrgenommen wird,
- die Veränderungen sind deutlich sichtbar (Rückbau einer ca. 100 Meter langen Verrohrung DN 1400 entlang der Tennisplätze, Neutrassierung des Gewässers im Bereich des Grillplatzes und vorhandener Weinbergsbrachen),
- die Wirksamkeit in Bezug auf den Hochwasserschutz ist relativ groß,
- relativ viele Grundstückseigentümer (i.d.R. Leiwener Bürger) werden im Planungsprozess eingebunden, über die Maßnahmen informiert und werden zu Multiplikatoren,
- es werden sowohl Defizite beseitigt, die von privaten als auch von öffentlichen Grundstückseigentümern „verursacht" wurden – daher sind in diesem Gewässerabschnitt alle Akteure eingebunden,
- die Komplexität der Problemlagen und Randbedingungen erschienen beherrschbar (optimales Konfliktniveau).

Dieser erste Bauabschnitt wurde 2010 zusammen mit punktuellen Maßnahmen am Oberlauf umgesetzt. Weitere Gewässerabschnitte folgten in den Jahren 2011 (ca. 200 Meter) und 2012 (ca. 180 Meter). Damit wurde endgültig der eng bebaute Bereich der Ortslage Leiwen erreicht. 2013 bis 2014 wurde ein weiterer rund 180 Meter langer Abschnitt umgesetzt. Gegenwärtig werden der letzte, ca. 400 Meter lange Gewässerabschnitt bis zur Mündung des Schantelbaches in die Mosel und weitere punktuelle Maßnahmen realisiert.

Nach Abschluss der aktuellen Baumaßnahme ist das Gewässersystem bis auf einzelne Teichanlagen im Mittellauf biologisch durchgängig und in einen naturnahen Zustand versetzt.

4 Gestaltungs- und Maßnahmenkonzept

Der Schantelbach ist schon aufgrund natürlicher Gegebenheiten ein Gewässer mit einer ausgeprägten Abflussdynamik: in niederschlagsarmen Zeiten geht die Wasserführung auf bis zu 7 l/sec. (MNQ) zurück. Die mittlere Wasserführung liegt bei 52 l/sec. (MQ), bei HQ5 wird bereits eine Wassermenge von 1,8 m^3/sec. erreicht.

Diese natürliche Dynamik wird durch anthropogene Einflüsse entlang fast der gesamten Fließstrecke verstärkt: z. B. führen die Teichanlangen zu einer hohen Verdunstungsrate in den Sommermonaten und damit der Phase der Niedrigwasserführung; Aufschüttungen in der Aue vermindern das Retentionsvermögen des Schantelbaches und führen zu schnellen Abflüssen und damit hohen Wasserständen nach Starkregenereignissen, mit erheblichen Gefahrenpotentialen für die Ortslage Leiwen.

Eine Renaturierung des Schantelbaches muss daher, neben den obligatorischen Zielsetzungen, wie die Wiederherstellung der biologischen Durchgängigkeit und die Entwicklung eines möglichst naturnahen Gewässersystems, zwei zentrale Schwerpunktsetzungen beinhalten:

Oberhalb der Ortslage Leiwen geht es in erster Linie um die Entwicklung von Retentionspotentialen. Hierunter sind alle Maßnahmen zu verstehen, die dazu geeignet sind, Wasser zurückzuhalten, wie die Anlage von Flutmulden, die Wiederherstellung naturnaher Auenbereiche, die Entwicklung eines rauen Bachbettes oder die Verlängerung der Fließstrecke. Die Abflussspitzen werden gekappt und die Bodenspeicher der Bachauen in niederschlagsreichen Zeiten gefüllt. Dieses Wasser wird dem Bachlauf in trockenen Perioden wieder zugeführt. Renaturierungsmaßnahmen oberhalb der Ortslage tragen somit nicht nur zum Hochwasserschutz bei, sondern verbessern insgesamt den Wasserhaushalt des Fließgewässers durch eine ausgeglichenere Wasserführung.

In der Ortslage steht die Wiederherstellung der biologischen Durchgängigkeit im Bereich der Gewässersohle und der unmittelbaren Uferböschungen im Mittelpunkt. Darüber hinaus sind die Ge-

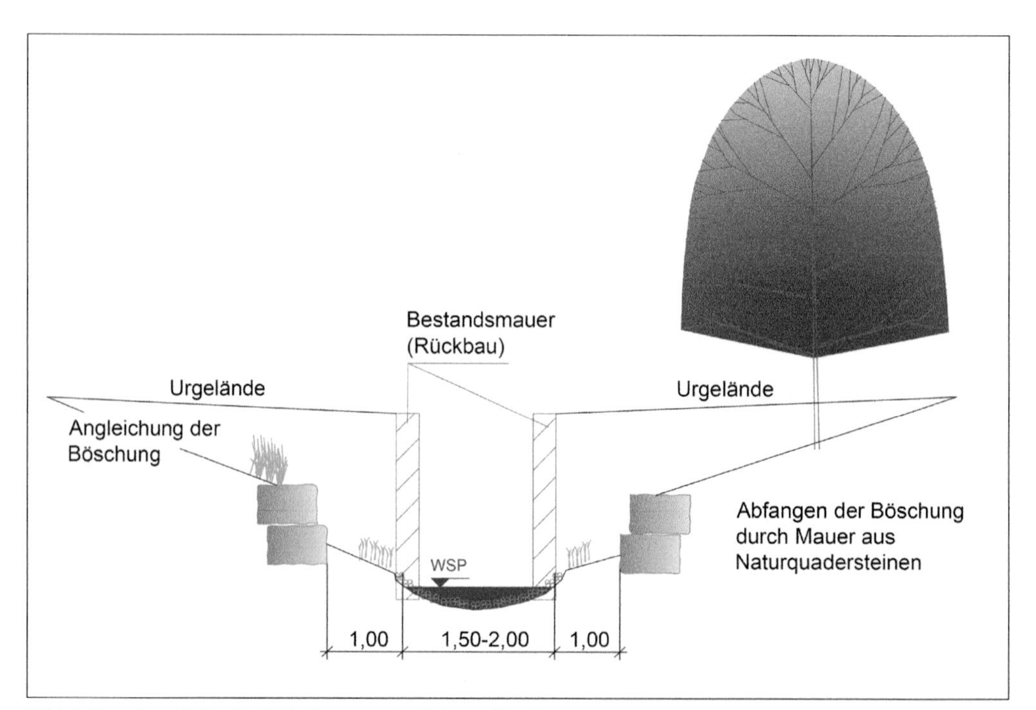

Bild 2: Regelprofil für die Offenlegung des Schantelbaches (Quelle: Planungsbüro Hömme GbR)

fahrenpunkte und Engpässe zu beseitigen und dem Gewässer ausreichend Raum für einen schadlosen Hochwasserabfluss zur Verfügung zu stellen. Als Nebeneffekt ergibt sich eine Aufwertung des Ortsbildes durch die Neugestaltung des Bachlaufs und die harmonische Einbindung in den Bestand.

Um diese Ziele zu erreichen wurde auch in Absprache mit der Struktur- und Genehmigungsdirektion festgelegt, in der beengten Ortslage das schmale und in großen Abschnitten überbaute und verrohrte Gewässer offenzulegen. Dem Gewässer wird ein 4 Meter breiter (in kurzen Restriktionsstrecken 3 Meter) Entwicklungskorridor zur Verfügung gestellt. In diesem Bereich wird das Gewässer mit einer Sohlbreite von 1 – 2 Metern naturnah angelegt, so dass sich insgesamt eine 2 – 3 Meter breite Wasserwechselzone ergibt. Dieser Bereich bleibt im Wesentlichen der Gewässerentwicklung überlassen, es wird nur punktuell steuernd eingegriffen. Der Übergang vom Gewässerentwicklungskorridor zu den Privatgärten erfolgt im Idealfall über flache Böschungen, häufig jedoch war es erforderlich, den vorhanden Höhenunterschied über Schwergewichtsmauern aus Natursteinblöcken zumindest teilweise abzubauen (**Bild 2**).

Die für die Renaturierung benötigten Flächen werden von den Grundstückseigentümern freiwillig und unentgeltlich zur Verfügung gestellt und verbleiben in deren Eigentum (**Bild 3**).

5 Projektmanagement

Von Beginn an wurde die Information und Kommunikation mit den Anliegen und der örtlichen Bevölkerung als wichtiger Erfolgsfaktor für die erfolgreiche Umsetzung des Projektes angesehen. So wurde in einem ersten Schritt im Rahmen einer Bürgerversammlung die Ergebnisse der Machbarkeitsstudie vorgestellt und diskutiert.

Während der gesamten Planungs- und Bauzeit bestand ein intensiver Dialog mit den Grundstückseigentümern/Anliegern, in dem Lösungen für die individuellen Grundstückssi-

Bild 3: Umsetzung des Regelprofils (Quelle: Planungsbüro Hömme GbR)

tuationen und die Nutzungen am Gewässer und im Gewässerumfeld gefunden und entwickelt wurden. Der persönliche Dialog wurde im Rahmen der Vor-, Entwurfs- und Ausführungsplanung sowie während der Bauausführung geführt, auch um sicherzustellen, dass die Maßnahmen in ihrem späteren Erscheinungsbild und in den Auswirkungen von den Anliegern verstanden und akzeptiert werden. Die Gespräche mit den Anliegern wurden von der Verbandsgemeinde Schweich und dem Planungsbüro durchgeführt, in Einzelfällen wurden die Gespräche durch Mitarbeiter der Unteren Wasserbehörde bei der Kreisverwaltung Trier-Saarburg und der Struktur- und Genehmigungsdirektion Nord unterstützt.

Die Ergebnisse des Dialogs mit den Anliegern sind in Planunterlagen sowie einem schriftlichen Gestattungsvertrag festgehalten und wurden Bestandteil des Antrags auf wasserrechtliche Genehmigung.

Die Komplexität der Durchführung derart umfangreicher Wasserbaumaßnahmen in eng bebauten Ortslagen macht während der Planung und insbesondere während der Bauphase eine intensive und enge Abstimmung mit verschiedenen Fachplanern wie Statikern, Bodengutachtern und Bausachverständigen, aber auch Trägern von Ver- und Entsorgungsinfrastrukturen erforderlich. So wurde aufgrund unvorhersehbarer Sachverhalte oft eine kurzfristige und flexible Anpassung an neue Gegebenheiten erforderlich, die auch hohe Anforderungen an die Arbeitsweise der beauftragten Baufirmen stellte. Auch hier erfolgte eine umfangreiche Beteiligung und Unterstützung seitens der Fachbehörden, des Auftraggebers und auch der Ortsgemeinde Leiwen.

Trotz des gewählten Vorgehens kam es auch zu Problemen, die einerseits aus faktischen Schäden (z. B. Wassereintritt in Keller) aber auch aus Missverständnissen im Kommunikationsprozess resultierten. Hier war eine schnelle und umsichtige Reaktion erforderlich, die neben den fachlichen Aspekten auch die individuellen Belange der Betroffenen und deren Wahrnehmung im Auge behält – dies vor dem Hintergrund, dass die Stimmung zum Projekt insgesamt kippen und die Bereitschaft der Anlieger zur aktiven Mitgestaltung für die kommenden Bauabschnitte nachlassen könnte.

6 Bauliche Umsetzung

Bislang wurden 3 Bauabschnitte abgeschlossen, der 4. Bauabschnitt befindet sich in der Umsetzung. Die bearbeitete Gesamtlänge der Maßnahmen beträgt ca. 2.100 Meter, wovon sich rund die Hälfte innerhalb der bebauten Ortslage befindet. Nach Fertigstellung des 4. Bauabschnittes, ist das Gewässer bis auf wenige Teichanlagen im Mittellauf, die noch zurückgebaut werden müssen, ökologisch durchgängig.

Im Rahmen der Umsetzung wurden insgesamt rund 460 Meter Gewässerüberbauungen und -verrohrungen zurückgebaut, rund ein Viertel der Gesamtlänge. Als Ersatz für die verloren gegangenen Überfahrtsmöglichkeiten wurden 6 Haubenkanäle aus Stahlbetonfertigteilen sowie 4 Stahl-/Holzstege errichtet. Im öffentlichen Straßenraum wurden 6 Rohrdurchlässe durch Haubenkanäle ersetzt, so dass nunmehr sämtliche Gewässerkreuzungen biologisch durchgängig sind.

Beim Rückbau von Ufermauern und Verdohlungen wurden insgesamt rund 1.050 cbm Beton und Mauerwerk abgebrochen. Zum Ausgleich des Höhenunterschiedes zwischen Sohle des in der Regel 4 Meter breiten Gewässerkorridors und angrenzenden Gartennutzungen mussten ca. 2.100 m² Schwergewichtsmauern aus Natursteinblöcken errichtet werden.

Für den Aufbau einer naturnahen Gewässersohle wurde Natursteinmaterial unterschiedlicher Korngrößen in einer Gesamtmenge von 5.000 t eingebaut.

Insgesamt wurden 4 Nebengebäude, die sich über dem Bachlauf, bzw. im unmittelbaren Gewässerumfeld befanden abgebrochen. Davon wurde ein Gebäude durch die Verbandsgemeinde erworben, die anderen Gebäude wurden im Einvernehmen mit den Eigentümern rückgebaut.

Die im folgenden näher dargestellten Situationen spiegeln exemplarisch die Defizite und gefundenen Lösungen wieder.

6.1 Gestaltung des Bachlaufes oberhalb der bebauten Ortslage

Oberhalb der bebauten Ortslage Leiwen verläuft der Schantelbach durch ein weiträumiges Grill- und Freizeitgelände der Ortsgemeinde sowie entlang einer Tennisanlage. Im Bereich der Wiesenfläche ist der Bachlauf in der Vergangenheit aus

Bild 4: Grill- und Freizeitgelände vorher (links) und nachher (rechts) (Quelle: Planungsbüro Hömme GbR)

dem Taltiefsten an die rechte Talflanke verlegt worden und verlief dort in Halbschalen. Zusätzlich waren die Uferböschungen beidseitig mit Betonsteinpflaster befestigt. Durch die Lage des Gewässers bestand das rechte Ufer aus einer mehrere Meter hohen steilen Böschung, die vom oberhalb liegenden Wirtschaftsweg bis direkt an die Halbschalentrasse fiel. Der Hang war dicht mit standortfremden Nadelgehölzen bestanden. Das linksseitige Ufer war überhöht und ging direkt in die Wiesenflächen des Grillplatzes über.

Im Rahmen der Umsetzung wurde der Bach zurück in die Talmitte verlegt und als neu modelliertes naturnahes Gerinne leicht geschwungen harmonisch in die Freizeitanlage der Ortsgemeinde Leiwen integriert. Flache Böschungen ermöglichen einen gefahrlosen Zugang zum Gewässer. Die erforderliche Pflege der Fläche berücksichtigt einerseits die Möglichkeit einer freien Zugänglichkeit zum Gewässer auch als Spielraum für Kinder, zum anderen wird das Aufkommen von bachtypischen Gehölzstrukturen und anderer Pflanzen zugelassen. Die standortfremden Nadelgehölze wurden gerodet und der Talraum somit freigestellt (**Bild 4**).

Die beschriebene Situation stammt aus dem ersten Bauabschnitt, der aufgrund seiner positiven Wahrnehmung bei der Bevölkerung dazu beigetragen hat, die Akzeptanz für die Renaturierung des Gewässers zu erhöhen.

6.2 Sichtbarmachung des Bachlaufes im öffentlichen Raum

Unmittelbar nach dem Eintritt in die bebaute Ortslage verlief der Schantelbach in einem von Betonufermauern begrenzten ca. 1 – 1,5 Meter breiten Rechteckgerinne geradlinig zwischen angrenzenden Privatgrundstücken. Teilweise war das Gerinne mit Betonplatten abgedeckt und in Bereichen durch eine Garage überbaut. Auch die Ortsstraße verlief unmittelbar entlang der Ufermauer.

Der Eigentümer der Garage erkannte das Potenzial der Offenlegung des Baches entlang seines Grundstückes und bot von sich aus an, die Garage abzubrechen und den entstehenden Raum dem Gewässer zur Verfügung zu stellen. Auch die Ortsgemeinde stimmte einer Verschmälerung der Ortstraße zu, so dass der Bach in diesem Bereich großzügig aufgeweitet werden konnte und wieder als lineares Strukturelement im Ortsbild wahrgenommen werden konnte.

Die alten Betonufermauern wurden im Bereich der Grenze zum Privatanlieger abgebrochen und durch eine weiter zurückversetzte Natursteinmauer ersetzt. Linksseitig des Gewässers konnte aufgrund der aktivierten Flächen vollständig auf eine Ufermauer verzichtet und naturnahe flache Böschungen angelegt werden (**Bild 5**).

6.3 Der Bachlauf im Bereich eines innerörtlichen Wirtschaftsbetriebes

Mitten in der Ortslage Leiwen befindet sich ein holzverarbeitender Betrieb, der auf beiden Seiten des Gewässers über Betriebsflächen verfügt. Der Bachlauf war in diesem Bereich verdohlt, so dass eine zusammenhängend nutzbare Betriebsfläche vorhanden war. Nach intensiven Verhandlungen stimmte der Eigentümer einer Offenlegung und Aufweitung des Gewässers auf seinem Grund-

Bild 5: Urbanusstraße vorher (oben) und nachher (unten) (Quelle: Planungsbüro Hömme GbR)

stück zu. Er verzichtete damit freiwillig und unentgeltlich auf einen rund 4 Meter breiten Geländestreifen quer durch seine Betriebsfläche. Um die Nutzbarkeit der jetzt durch den Bach unterbrochenen Betriebsfläche zu gewährleisten, wurde ein mit LKW befahrbarer Haubenkanal errichtet (**Bild 6**).

Die Gebäudemauern der Betriebshalle befanden sich unmittelbar auf der alten Ufermauer. Im Rahmen der Offenlegung musste diese abschnittsweise unterfangen und gesichert werden um Schäden am Gebäude in Folge der Offenlegung zu vermeiden. Im Verlauf der Renaturierung wurde der Bachlauf im Bereich von drei weiteren ehemals zusammenhängenden Betriebsflächen im Einvernehmen mit den Eigentümern offengelegt und die Betriebsfläche zugunsten des Gewässerkorridors verkleinert.

6.4 Offenlegung des Gewässers im öffentlichen Straßenraum

Im Unterlauf des Schantelbaches war das Gewässer auf einer Länge von ca. 150 Metern überbaut und der so entstehende Raum zumindest teilweise der Verkehrsfläche zugeschlagen. Der ehemalige Bachverlauf ist in **Bild 7** (links) noch durch den straßenbegleitenden Grünstreifen nachvollziehbar.

Durch den Abriss eines Nebengebäudes konnte der für eine vollständige Offenlegung der

Bild 6: Holzverarbeitender Betrieb in der Ortslage vorher (links) und nachher (rechts) (Quelle: Planungsbüro Hömme GbR)

Bild 7: Ortsstraße zum Feuerwehrgerätehaus vorher (links) und nachher (rechts) (Quelle: Planungsbüro Hömme GbR)

Überbauung erforderliche Raum zur Verfügung gestellt werden. Im Bereich von Straßenkreuzungen werden schwerlastfähige, belichtete Rahmenprofile eingebaut. Die gewässerparallele auch als Zufahrt zum Feuerwehrgerätehaus dienende Ortsstraße konnte mit Zustimmung der Ortsgemeinde auf die unbedingt erforderliche Breite reduziert werden. Zur Sicherung der Befahrbarkeit der Straße mit Lkw wurde der ca. 1,5 Meter betragende Höhenunterschied zur Bachsohle mit schwerlastfähigen schmalen Mauerscheiben überbrückt. Die Böschungen zu den Privatgrundstücken konnten teilweise als naturnahe Böschungen angelegt werden, wo eine Zustimmung hierzu nicht erreicht werden konnte wurden Schwergewichtmauern aus Natursteinblöcken errichtet. Wegen angrenzender (Wein)keller und der Gefahr einer mangelnden Abdichtung der Altbauten gegen drückendes Wasser wurde die Gewässersohle unterhalb der Natursteinschüttung mittels einer geotextiler Dichtungsbahn abgedichtet (Bild 7).

Derzeit befindet sich dieser Abschnitt im Bau, so dass Bild 7 lediglich einen Zwischenstand der Bauausführung darstellt. Im Wesentlichen fehlen noch die Wiederherstellung des Straßenbelages aus Natursteinpflaster, das Geländer entlang der Straße sowie die endgültige Strukturierung der Bachsohle.

7 „Aktion Blau Plus" ermöglicht Umsetzung komplexer Projekte im urbanen Raum

Der Beginn der planerischen Bearbeitung der Renaturierung des Schantelbaches geht auf das Jahr 2002 zurück. Damals verfügte keiner der beteiligten Akteure über ausreichende Erfahrung bei der Umsetzung eines derart komplexen innerörtlichen Projektes. Zu dieser Zeit betrug die Maximalförderung für Renaturierungsmaßnahmen im Rahmen der „Aktion Blau" des Landes Rheinland-Pfalz 60 %. Angesichts der zu erwartenden erheblichen Kosten war eine Umsetzung dieses Projektes damals politisch nicht darstellbar.

Mit der Erhöhung der Förderquote auf bis zu 90 % und vor dem Hintergrund inzwischen gesammelter Erfahrungen und positiver Ergebnisse in kleineren Renaturierungsmaßnahmen entschloss sich die Verbandgemeinde Schweich die Umsetzung anzugehen. Entscheidend für den Erfolg war das entschlossene und konsequente Vorantreiben der Projektumsetzung durch die unterhaltungspflichtige Gebietskörperschaft. Insbesondere die zeitintensiven und teilweise zähen Verhandlungen mit den Grundstückseigentümern am Schantelbach wurden durch die zuständigen Mitarbeiter intensiv und ausdauernd geleitet.

Zusätzliche Potentiale entstehen durch die neue „Aktion Blau Plus", in deren Rahmen es möglich ist, weitere inhaltliche Vernetzungsaspekte zu integrieren. So wird im Rahmen des aktuellen Bauabschnittes auf einem zwischen der Grundschule Leiwen und dem Schantelbach gelegenen gemeindeeigenen Grundstück ein „Blaues Klassenzimmer" errichtet. In diesem Lern- und Erlebnisraum wird den Schülerinnen und Schülern durch Spiel- und Lernangebote das Ökosystem Fließgewässer nähergebracht. Bestandteile des Angebots sind eine Wasser- und Matschspielanlage, ein aus Natursteinblöcken halbkreisförmig angeordneter Lernraum sowie die Spiel- und Erlebnismöglichkeit direkt im und am Gewässer.

Mit zunehmender Annäherung an die bebaute Ortslage traten fortwährend weitere fachliche Anforderungen auf und mussten mit bearbeitet werden. Dies führte zu einer Integration zusätzlicher Fachplaner in den Planungsprozess.

Die innerorts vielfältigen Nutzungen entlang des Gewässers machten die Einbindung zahlreicher weiterer örtlicher Akteure (z. B. Feuerwehr, Schule, Verbände und Vereine) erforderlich, was die Komplexität der Projektsteuerung zusätzlich erhöhte.

Bauen in alten, über Jahrhunderte gewachsenen Dorfkernen ist trotz Auswertung aller verfügbaren Bestandsunterlagen ein nicht abschließend planbarer Prozess. Gerade bei Bachläufen kam es immer wieder zu erheblichen Veränderungen: alte Nutzungen wurden aufgegeben, neue Nutzungen kamen hinzu, Grundstücksgrenzen und angrenzende bauliche Anlagen wurden verändert, Gewässer wurden verlegt, aufgestaut, kanalisiert, Einleitungen bzw. Drainagen kamen hinzu, fielen weg oder wurden angepasst, kreuzende Ver- und Entsorgungsleitungen kamen hinzu oder wurden aufgegeben. Alle diese Veränderungen sind in der Regel nicht dokumentiert. Baumaßnahmen entlang von Gewässern legen diese Relikte offen und erfordern ein schnelles Reagieren im Bauablauf.

Die Aufzählung macht deutlich, wie konfliktträchtig die Umsetzung von Renaturierung im urbanen Raum ist. Umso wichtiger ist nicht nur die permanente Kommunikation mit den Betroffenen sondern auch die frühzeitige und regelmäßige Einbindung der politischen Entscheidungsträger und Gremien.

Autoren

Dipl.-Geogr. Frank Hömme

Dipl.-Ing. (FH) Elmar Gatzen

Planungsbüro Hömme GbR
Ingenieurbüro für Wasserbau und Wasserwirtschaft
Römerstraße 1
54340 Pölich
E-Mail: frank.hoemme@hoemme-gbr.de
E-Mail: elmar.gatzen@hoemme-gbr.de

Egon Prexl

Erosions-Baggerverfahren zur Minderung der Umweltbelastung

Die Gewässervertiefung greift in das Ökosystem eines Gewässers ein. Der Lockerung der Sedimente kommt hier besondere Bedeutung zu. Durch Aufbringen von Schwingungen kann die Sedimentlockerung effektiv und mit geringen Schäden am Ökosystem erfolgen, so dass die Sedimententnahme leichter und mit geringen Umweltschäden erfolgen kann.

1 Einleitung

Nass-Baggerarbeiten, insbesondere zur Vertiefung der Schifffahrtsstraßen und Häfen, sind im hohen Maße umweltbelastend, kostenintensiv und wirken sich vor allem auf nahgelegene Lebensräume für Mensch und Tier aus. Um den Großteil unserer Güter über die Schifffahrtswege in die Häfen transportieren zu können, besteht seit Jahrzehnten die Notwendigkeit, Flüsse und Häfen zu vertiefen. Jedoch sind bislang im Hinblick auf Nachhaltigkeit, Umweltschutz und Effizienz keine signifikant wirksamen Verbesserungen der Baggertechniken erfolgt. Vorgestellt wird ein Baggerverfahren, das effektiv ist und dabei die Umweltauswirkungen reduziert.

Vor allem in den befahrenen Flüssen und auch im Tidebereich ist die Vertiefung der Fahrrinnen notwendig, um die Befahrbarkeit durch moderne Containerschiffe mit zunehmender Abladetiefe sicherzustellen. Zur Vertiefung der Fahrrinnen kommen noch die aufwändigen Vertiefungsarbeiten der anliegenden Häfen hinzu, um tideunabhängigen Schiffsverkehr zu ermöglichen.

Die Kosten für diese Baggerarbeiten steigen erheblich und werden durch weitere Vertiefungen noch weiter ansteigen. Von 2007 bis 2012 sind die Kosten in Deutschland um ca. 100 % (bezogen auf €/m³) auf über 150 Mio. € angestiegen.

2 Das Erosions-Baggerverfahren

Mit einem neuen Erosions-Baggerverfahren können festsitzende sandig/schluffige und auch schlickige Sedimente durch Nutzung von natürlich vorhandenen physikalischen Gegebenheiten wie:

- Thixotropie,
- überstehendem Wasserdruck,
- Strömungsenergie und
- Resonanzfrequenz

durch den Einsatz energiesparender Vibration fließfähig gemacht und so schonend erodiert werden. Diese Vibrationstechnik wird im Übrigen auch beim Einlassen von Monopiles und Bohrungen erfolgreich im maritimen Bereich eingesetzt. Kosteneinsparungen und eine Schonung der maritimen Umwelt zeichnen sich auch hier ab.

Das unten beschriebene Erosions-Baggerverfahren kann, nach den Ergebnissen eines Großversuchs im Amerika-Hafen, Cuxhaven (**Bild 1**), eine jährliche Ersparnis von Baggerkosten in einer Größenordnung von 10 bis 20 Mio. €/a in den Schifffahrtsstraßen und in den Häfen 1 bis 3 Mio. €/a erzielen. Neben dem ökonomischen Vorteil ergeben sich ein besserer Umweltschutz und eine erhebliche Energieersparnis.

Das Erosions-Baggerverfahren kann in der Regel in Kombination mit bekannten hydropneumatischen Verfahren, wie etwa dem Saugbagger-Verfahren (**Bild 2**, Fig. 1) oder dem Wasser-Injektionsverfahren (Bild 2, Fig. 2) sowie auch autark angewandt werden. Bei beiden hydropneumatischen Verfahren erfolgt eine Umlagerung aus einer teilstabilen Lage durch Wasserdruck bzw. Wassersog.

Saugbagger-Verfahren eignen sich für fast alle Arten von Ablagerungen (Sedimente). Gebräuchlich sind heute solche Verfahren, bei denen das angesaugte Gemisch fester und flüssiger Bestandteile im Laderaum der Schiffe teilweise getrennt

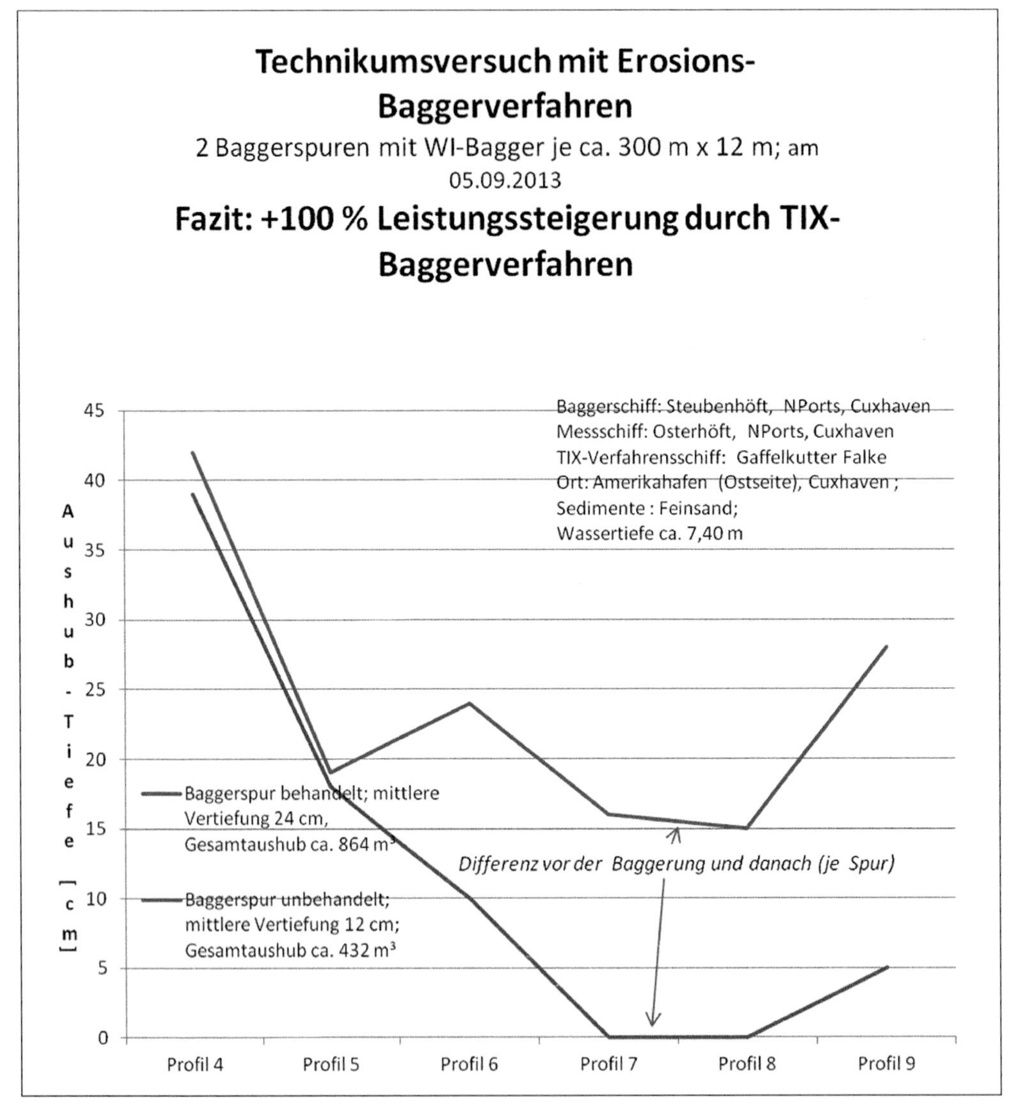

Bild 1: Ergebnisse des Großversuchs mit dem TIX-Baggerverfahren im Amerika-Hafen, Cuxhaven (Quelle: Egon Prexl)

wird, so dass ein Teil des angesaugten Wassers direkt in das Gewässer zurückgeführt werden kann (Suction Hopper Dredging).

Bei den Wasserinjektions-Verfahren wird in die zu entfernende Oberflächenschicht des Gewässerbodens Wasser mit geringem Druck über Düsen gespritzt, um die Kohäsion und Viskosität dieser Schicht zu verringern, ohne sie durch Aufwirbeln zu zerstören. Die so behandelte Schicht (auch als Dichteschicht bezeichnet) kann über einen geeigneten Niveauunterschied oder durch Strömung am Gewässerboden abfließen [1].

Baggerungen mit dem Wasserinjektionsgerät und dem Hopperbagger kommen insbesondere bei sandigen/gering schluffigen Sedimenten, mit einer linearen Kornverteilungskurve (insbesondere des Sandanteils), an die Grenzen ihrer Leistungsfähigkeit. Unter „sandig/schluffig“ wird hier die Anwesenheit von Feinsanden zusammen mit Tonpartikeln verstanden.

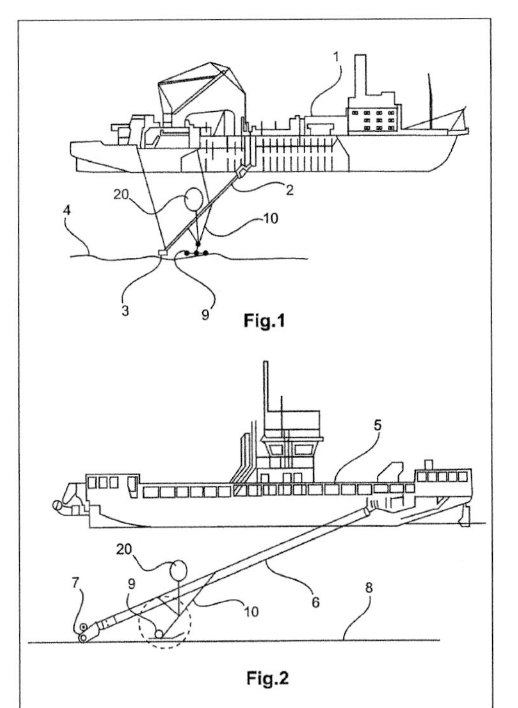

Bild 2: Komponenten des Erosions-Baggerverfahrens (Quelle: Egon Prexl)

Legende Bilder 2 und 3:

1. Saugbagger
2. Saugleitung
3. Ansaugvorrichtung
4. Sedimentoberfläche
5. Wasserinjektionsbagger (WI-Bagger)
6. Spülleitungen
7. Wasserinjektionsrohr mit Injektionsdüsen
8. Sedimentoberfläche
9. Rüttelplatten
10. hievbare Streben für die Rüttelplatten
11. Abkantungen der Rüttelplatten
12. Bereich für die Befestigung der Rüttelmotoren
13. Rüttelplatten
14. Bewegliche Befestigung für Strebe
15. Rüttelplatten
16. Flansche zur Übertragung der Energie der Rüttler
20. Variable Auftriebskörper für die Rüttelplatten

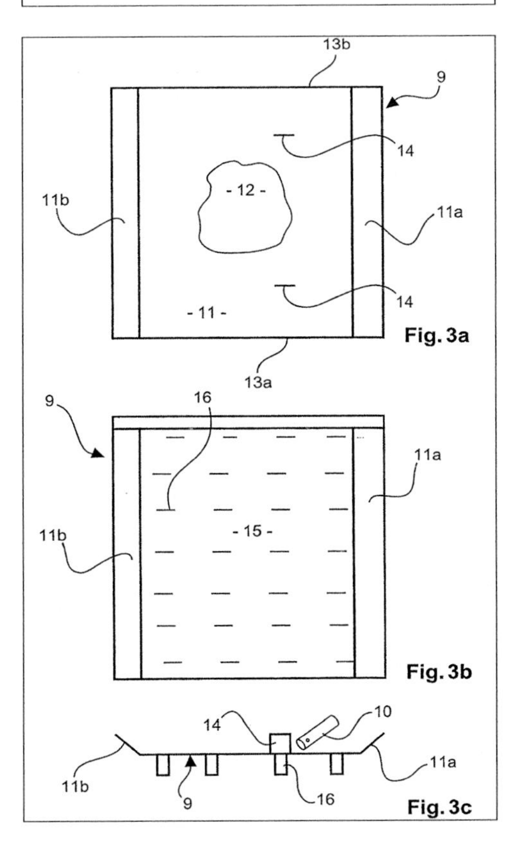

Bild 3: Rüttelplatte (Quelle: Egon Prexl)

Sedimente mit linearer Kornverteilung der schluffigen Feinsande kommen, schon wegen der natürlich ablaufenden Längsklassierung, häufig vor. Sie sind mit den hydropneumatisch wirkenden Baggerverfahren zeit-, energie- und kostenaufwändig zu mobilisieren. Durch die längere Bearbeitungsdauer werden aus den Dichteströmen der transportierten Sedimente mehr Schwebstoffe mobilisiert, was aus Gründen der Gewässergüte zu vermeiden ist.

Die bei der Arbeit mit dem Hopperbagger durch den Sog der Kreiselpumpen geförderten Organismen werden zum Großteil durch die Pumpen zerschlagen, was an den Fragmenten und der Schaumbildung durch deformiertes Eiweiß zu erkennen ist. Beim Wasserinjektions-Verfahren werden Wasserorganismen durch die Pumpen zerstört, selbst wenn die Pumpen eine Förderleitung von nur ca. 7.000 – bis 14.000 m³/h aufweisen. Außerdem wird der Schiffsverkehr durch lange Einsatzzeiten der Baggerarbeiten behindert, was das Risiko von Unfällen erhöht.

Während bei schlickartigen (feinen, wenig sandhaltigen) Sedimenten die Umlagerung mit geringerem Zeitaufwand erfolgt, ist speziell bei schluffigen Sanden der Zeitaufwand im Hinblick auf die Baggerleistung groß, was die Kosten und der Eingriff in die Natur immens erhöht. Derartige Sedimente werden nach einer Zeit der Konsolidierung am Boden durch die Kornverdichtung sehr fest. Bei der bereits angeführten geradlinigen Kornverteilung werden die Porenzwischenräume im hohen Maße gefüllt; Filtrationsversuche belegen praktisch vollkommene Dichtheit. Das spezifische Gewicht nimmt vergleichsweise deutlich zu. Die sich berührenden Kornoberflächen werden sehr groß, was hohe Reibung und Festigkeit zur Folge hat. Die Kohäsion kann durch gerichteten mechanischen Krafteintrag durch den Einsatz eines Rüttlers überwunden werden, der im Vergleich zu hydrostatischem (diffus wirkenden) Druck mit wesentlich geringerem Energieeinsatz auskommt. Die Wirkung auf die Mobilisierung der Sedimente ist somit bei dynamisch mechanischem Krafteintrag [2], wie im Erosions-Baggerverfahren praktiziert, wesentlich effizienter und umweltschonender als beim Einsatz hydraulisch wirkender Verfahren.

3 Prinzip und Wirkungsweise des Erosions-Baggerverfahrens

Die Rüttelplatten (**Bild 3**) werden über Streben vom Baggerschiff auf den Sedimentboden gefiert. Über einen Erreger werden mechanisch dynamische Impulse im Resonanzbereich des Sediments in den Boden induziert. Im Verbund werden mehrere Rüttelplatten in ausreichend großen Abständen vor dem Ansaugrohr (3) des Hopperbaggers oder vor dem Wasserinjektionsbalken (7) des Wasserinjektionsgerätes über Gelenke auf den Gewässergrund herabgelassen (Bild 2).

Die Rüttelplatten sind aus Stahlplatten gefertigt, ab 1m² groß und ab 8 mm stark. An der vorderen und rückwärtigen Seite sind die Bleche abgekantet, so dass diese über den Boden gleiten können ohne in das Sediment hineingezogen zu werden. Mehrere dieser Rüttelplatten werden beweglich in Fahrtrichtung befestigt und über die Sedimente am Grund gezogen bis zur Arbeitsspurbreite der Baggerschiffe. Die Größe, Stärke und somit Gewicht der Rüttelplatten können je nach der Sedimentbeschaffenheit und Fahrtgeschwindigkeit variieren. Die Auflast wird durch Auftriebskörper (20) geregelt. Diese können aus handelsüblichen aufblasbaren Rund-Fendern bestehen und können z. B. von wenigen kg bei Schlick bis 250 kg bei festsitzenden Feinsanden variieren.

An der dem Sediment zugewandten Seite der Rüttelplatten sind Stahlflansche (16) in unterschiedlichen Abständen und Abmessungen längs zur Zugrichtung der Baggerschiffe angeschweißt. Die Abmessungen und die Abstände werden so gewählt, dass diese beim Aufliegen auf dem Sediment vollkommen dort eindringen und so das überstehende Wasser überwiegend seitlich der Rüttelplatten tangential in das aufgelockerte Sediment eindringen kann. Der gerichtete Druck des überstehenden Wasserkörpers unterstützt wesentlich die Kraft des jeweils auf den Rüttelplatten befestigten Exzenters, Rüttler oder anderweitigen mechanischen Impulserzeugern. Durch deren zyklische Impulse wird der Porenwasserdruck sukzessiv erhöht, das Sedimentvolumen wächst an, der Korn-zu-Korn-Druck, die

Scherfestigkeit und somit die innere Reibung nehmen ab. Eine quasi Bodenverflüssigung entsteht [1], durch die eine Erosion und Umlagerung wesentlich erleichtert wird. Dadurch werden konsolidierte, harte thixotrope wie auch andere Sedimente in der wassergesättigten Zone schneller, großflächiger, umweltschonender und leichter mit dem Wasserinjektionsverfahren umgelagert.

Der Hopperbagger fördert über die Pumpen eine feststoffreichere Suspension. Somit gelangen wesentlich geringere Mengen an Transportwasser in den Laderaum, der schneller mit Sedimenten gefüllt wird. Ebenso muss eine geringere Menge an schwebstoffbeladenem Transportwasser über Bord gefördert werden, sodass eine Trübung und die Sauerstoffzehrung im Gewässer verringert wird.

Wird ausschließlich das Erosions-Baggerverfahren eingesetzt, so kann im Gewässer die Sedimentation unter Einfluss von Strömungsenergie verringert werden. Das hinsichtlich der Organismen sanftere Baggerverfahren ist während und nach der Fischbrut schonend einsetzbar.

Um die Makroorganismen vor Zerstörung bzw. Beschädigung durch Pumpen zu schützen, werden die Rüttelplatten soweit vor dem zu starken Wassersog und -druck angebracht, dass die Makroorganismen aufgescheucht werden und fliehen können.

Um Schwärme von Kleinfischen nach der Laichzeit vor dem Pumpensog zu schützen, kann die Baggerarbeit in der relevanten Zeit nur mit der Rüttelplatte ohne Einsatz von hydropneumatischem und zerstörendem Krafteinsatz durchgeführt werden. Dabei wirken die Strömungen bei Tidegewässer und die jeweilige Schleppkraft gegen die Sedimentation. Das Entstehen von Untiefen, durch die die Schifffahrt behindert wird, kann so vermieden werden.

Beispielsweise kann so in Elbe und Weser der Sedimentation an den dortigen, partiell schnell wachsenden kleinen Sandriffeln entgegengewirkt werden [3].

Die Rüttler können vorzugsweise bei festen sandigen, aber auch bei schlickigen Böden eingesetzt werden. Kennzeichnend für festsitzende Sedimente sind überwiegend Feinsandanteile, die eine gerade Kornverteilung aufweisen. Neben den Feinsanden befinden sich in diesen Sedimenten bis zu einem Drittel Tonanteile, welche die thixotropen Eigenschaften bewirken und sich ähnlich wie Feder- und Dämpfungselemente verhalten [1]. Zu deren Lockerung wird ein höherer Druck auf die Sedimentoberfläche notwendig, der durch das Eigengewicht der Rüttelplatte und der vom Schiff ausgehenden Strebe bewirkt wird. So kann mit dem Erosions-Verfahren mit vergleichsweise geringem Energieeintrag (ca. 0,2 KW pro m^2) die Fließfähigkeit aller gängigen Sedimente vergrößert werden.

Bei Aufbringen der materialspezifischen Resonanzfrequenz kann auch bei Sedimenten mit minimaler Energie die Materialverformung besonders vergrößert werden. Zur Minimierung des Energieeinsatzes zum quasi Verflüssigen des Sediments wird beim Erosions-Baggerverfahren das Aufbringen der Resonanzfrequenz der umzulagernden Sedimente angestrebt. Nach ersten Messungen bewegen sich die Resonanzfrequenzen im Bereich von 9 bis 20 Hz.

4 Technikumsversuch mit dem Erosions-Baggerverfahren

4.1 Vorgehensweise

Am 05.09.2013 wurde im östlichen Bereich des Amerika-Hafens in Cuxhaven ein Versuch mit dem Erosions-Baggerverfahrens im Technikumsmaßstab durchgeführt. Dabei wurde an den Gaffelkutter „Falke" über eine absenkbare Strebe von 12 m Länge eine ca. 1 m^2 große Rüttelplatte auf den Sedimentboden abgesenkt (**Bild 4**). An der Unterseite – der zum Sediment zugewandten Seite – waren 16 Flacheisen (80 x 50 x 8 mm) angeschweißt. An beiden Enden war die Strebe beweglich befestigt. Auf der Platte war ein elektrisch betriebener Rüttelmotor mit 0,19 kW befestigt.

Das Wasserinjektions-Baggerschiff „Steubenhöft" von NPorts hat zwei Spuren mit ca. 300 m Länge und 10 m Breite gefahren. Eine Spur wurde original belassen. Die unmittelbar angrenzende Spur, nahe der östlichen Uferbefestigung des Amerikahafens, wurde

Bild 4: Rüttelplatte (Quelle: Prexl)

nach einer Behandlung mit dem Erosions-Verfahren mit dem Rüttler des Gaffelkutters „Falke“ flächig bis ca. 30 % bearbeitet. Es wurden 3 Spuren von 1 m Breite mit dem Rüttler in der vom Baggerschiff zu bearbeitenden Spur mit einer Geschwindigkeit von ca. 0,5 kn befahren.

Vom Messschiff „Osterhöft“ von NPorts wurde jeweils vor der Maßnahme, nach dem Rütteln und nach dem Baggern die Sedimentoberfläche der beiden Spuren mit dem Fächer-Echolot gemessen und die Signale aufgezeichnet (6 Querprofile).

4.2 Versuchsergebnisse

Den aufgenommenen Querprofilen ist zu entnehmen, dass in der gesamten bearbeiteten Baggerspur eine 100 % größere Mobilisierung der festsitzenden, schluffigen Feinsande (Bild 1) gegenüber der nicht bearbeiteten Baggerspur stattgefunden hat. Bemerkenswert ist, dass bei der gerüttelten Spur nur ca. 30 % der Fläche bearbeitet wurde.

Die Massenbetrachtung bestätigt die Ergebnisse: Ein Sedimentvolumen von ca. 1.300 m³ wurde ausgebaggert. Die grafische Auswertung der Querprofile ergab, dass in den mit dem Erosions-Baggerverfahren bearbeiteten Bereich 864 m³ und im unbehandelten Bereich 436 m³ sandige Sedimente in die Elbe umgelagert wurde. Eine Verdoppelung der Baggerleistung, bei praktisch gleicher Kornverteilung der Sande in beiden Bereichen.

Durch den Einsatz des Erosions-Baggerverfahrens bei der Bearbeitung von ca. 30 % der Fläche kann bei einem Stundenumsatz losgerissenen Materials von 428 m³/h und bei Kosten von 2,5 € pro m³ entnommenem Baggergut ein geldwerter Vorteil rd. 1079 €/h generiert werden.

5 Zusammenfassung und Anwendungsbereiche

Beim Erosions-Baggerverfahren wird der hydrostatische Druck des aufliegenden Wasserkörpers tangential um das Rüttelblech in die gelockerten Porenzwischenräume geleitet, um das Sediment fließfähig zu machen. Die besonders energiearme Lockerung des Sediments erfolgt durch Impulse im Resonanzbereich der zu bearbeitenden Sedimente. Dabei wirken die Rüttelplatten für die Makroorganismen gleichsam auch als Scheuchvorrichtung, so dass sie beim späteren Ausbaggern nicht angesaugt und zerstört werden.

Erste Technikumsversuche haben gezeigt, dass die Baggerleistung auch bei schwer zu mobilisierenden feinsandigen Sedimenten um 100 % erhöht wird. Die Wirkung bei andersartigen Sedimenten muss noch nachgewiesen werden. Das Verschlechterungsverbot der WRRL und die Gewässerqualität werden trotz der Arbeiten am Sediment gestützt.

Die quer über das Flussbett auftretenden stabilen Riffelbildungen der Sande im Sediment, z. B. in der Elbe, bilden sich schnell und fest und können die Schifffahrt massiv behindern. Die Sedimentformationen (Sedimentkuppen und -täler) können dabei einen Höhenunterschied von bis zu 10 m aufweisen und müssen häufig schnell geglättet werden. Die Kuppen werden häufig mit den Baggergeräten abgetragen und in die Vertiefungen umgelagert. Mit dem Erosions-Baggerverfahren kann in diesen Bereichen schnell, großräumig und preiswert gearbeitet werden, was bei tidebeeinflussten Strömungen mit eingegrenzten Arbeitszeiten von Bedeutung ist.

Ob das Erosions-Baggerverfahren zum Erodieren der Sedimente in Fährstraßen im Watt genutzt werden kann (z. B. nach Juist), ist mit Blick auf den sensiblen Untergrund noch zu prüfen.

Literatur

[1] Meyer-Nehls: Das Wasserinjektionsverfahren, Ergebnisse aus dem Baggeruntersuchungsprogramm, Heft 8, 10.2000 FHH.

[2] Studer, Laue, Koller: Bodendynamik, Springer 2007.

[3] BfG: Ästuare und Küstengewässer der Nordsee 6./7 11. 2013, Bundesanstalt für Gewässerkunde.

[4] BfG: Einsatz der Wasserinjektionsbaggertechnik in Deutschland Veranstaltung 2/2011, Bundesanstalt für Gewässerkunde.

Autor

Dipl. Ing. Egon Prexl
Unabhängiger Sachverständiger für
Wasser und Abfall
Akazienweg 4
21762 Otterndorf
E-Mail: egon.prexl@gmx.de

Jürgen Lang

Bauweisen und Auslegung ungesteuerter Hochwasserrückhaltemaßnahmen an kleineren Gewässern

Anhand existierender Anlagen werden zwei prinzipielle Konzepte zur Durchlassgestaltung kleinerer Hochwasserrückhalteräume hinsichtlich ihrer hydraulischen Wirkung gegenübergestellt.

1 Problemstellung

Bei Planung und Bau von Rückhaltemaßnahmen an Gewässern geht es immer darum, eine möglichst gute Hochwasserschutzwirkung bei gleichzeitig schonendem Umgang mit der Landschaft und Ökologie sowie vertretbaren Kosten zu erreichen. Technisch aufwändige Lösungen (Dammhöhe, Durchlassgestaltung, Betriebskonzept) bedingen in der Regel hohe Kosten und meist auch einen erheblichen Eingriff in die Natur. Die wasserwirtschaftlichen Planer stehen damit immer vor dem Problem, „wieviel Technik ist für die Zielerreichung Hochwasserschutz zwingend", aber auch „wieviel Technik ist unter ökologischen und landschaftsgestalterischen Aspekten vertretbar". Unter den vielfältigen Möglichkeiten „kleinerer" Hochwasserrückhalteanlagen werden nachfolgend zwei prinzipielle Konzepte betrachtet und gegenübergestellt:

- Vorlandwall mit offener Scharte im Gewässerbereich (**Bild 1**),
- Damm mit offenem Durchlassbauwerk und Querwand (**Bild 2**).

Beide Durchlassbauarten sind ökologisch durchgängig. Bei einem Bauwerk entsprechend Bild 1 mit bewusst minimierter Technik erfolgt ein Einstau der Rückhaltefläche ohne Regelungsmöglichkeit ausschließlich durch „Aufstau infolge Engpasswirkung" bei großen Abflüssen. Bei einem Bauwerk entsprechend Bild 2 wird durch die eingebaute Querwand ein höherer Aufstau forciert. An der Querwand kann eine Regelungsplatte zur Korrektur des Abflusses vorgesehen werden (ohne dass im Einstaufall tatsächlich eine Regelung erfolgen muss). Beide Konzepte haben sich mittlerweile für kleinere Hochwasserrückhaltemaßnahmen bewährt und der jeweils erforderliche Eingriff in die Landschaft hält sich in Grenzen. Bei einer konzeptionellen Entscheidung sind im jeweiligen Einzelfall Vor- und Nachteile unter den Gesichtspunkten „hydraulische Wirkung und erreichbarer Hochwasserschutzgrad, Landschaftseinbindung, Kosten und betriebliche Aspekte (wie. z. B. die Versatzgefahr)" zu bewerten.

2 Durchlassbauweisen und zugehörige Hydraulik

Wenn begründet durch landschaftsgestalterische und ökologische Gesichtspunkte eine Bauwerksgestaltung entsprechend Bild 1 erfolgen soll, ist die Durchlassbreite mittels hydraulischer Berechnungen so festzulegen, dass bei einem vorgegebenen Bemessungshochwasserabfluss eine möglichst gute Retentionsraumaktivierung oberhalb des Vorlandquerwalls erfolgt. Der sich einstellende Aufstau ist damit nur über die gewählte Öffnungsbreite und bedingt durch die strömungstechnische Ausbildung des Zuflussbereichs (Eintrittsverlust) zu beeinflussen. Die zugehörigen hydraulischen Gesetzmäßigkeiten sind seit langem bekannt. Je nach örtlicher Situation und Einengungsgrad erfolgt der Abfluss durch die Engstelle strömend oder schießend (**Bild 3** aus [1]).

Bei strömendem Durchfluss kann die Volumenaktivierung im Oberwasser des Engpasses nach [1] aus einer Aufstauformel ermittelt werden. Bei einem höheren Einengungsgrad und daraus resultierend schießendem Abfluss in der

Bild 1: Durchgängiges Bauwerk Scharte an der Lauter bei Kaiserslautern (Quelle: Jürgen Lang)

Engstelle wird die Grenztiefe durchschritten. Die hydraulische Berechnung kann dann unter Anwendung des Extremalprinzips erfolgen. In beiden Fällen gilt, es den jeweils auftretenden Einlaufverlust zutreffend zu erfassen.

Durch den Einbau eines Querriegels entsprechend der in Bild 2 dargestellten Durchlassausbildung wird der Oberwassereinstau ab Erreichen der Querwandunterkante verstärkt. Das zugehörige Abflusssystem wird in der Hydraulik als „Grundstrahl" oder „Ausfluss unter einem Schütz" berechnet. In **Bild 4** sind die beiden Abflusssituationen mit den zugehörigen Abflusskurven Q(h) dargestellt.

In beiden Fällen erfolgt der Abfluss bei Mittelwasser und „kleinen" Hochwasserereignissen (MQ - HQ_2) durch das Querbauwerk mehr oder weniger ungestört und die ökologische Durchgängigkeit ist gegeben. Bei ansteigendem Hochwasserzufluss beginnt jeweils der Vorlandeinstau, wobei im zweiten Fall mit Querwand eine größere Einstauwirkung erzielbar ist. Durch die Querplatte verändert sich ab einem bestimmten Wasserstand die Abflusskennlinie Q(h). Das Abflusssystem „Engstelle" wird überlagert durch das Abflusssystem „Abfluss unter Schütz" mit einem hydraulischen Grundzusammenhang $Q=f(h^{1/2})$.

Mit dem Abflusssystem „Schütz" ist damit eine exaktere Einstellung eines im Unterwasser zulässigen Abflusses möglich. Bei Hochwasserrückhalteanlagen unmittelbar oberhalb gefährdeter bebauter Bereiche wird deshalb die Entscheidung in der Regel für dieses System fallen müssen, ggf. sogar mit einer Regelung des Stauraumabflusses während eines Ereignisses. Letzteres bedingt selbstverständlich den Einbau eines steuerbaren Regelorgans (z. B. Schütztafel). Bei einer Retentionsraumaktivierung ohne die Forderung nach exakter Einhaltung eines Zielabflusses stellt dagegen die erstgenannte Bauweise „Wallscharte" eine zeitgemäße und besonders landschaftsverträgliche Lösung dar. Nachfolgend werden beide Lösungen exemplarisch für das Gewässer Lauter betrachtet.

3 Retentionsmaßnahmen an der oberen Lauter

3.1 Maßnahmenbeschreibung

Die Lauter entspringt im Osten der Stadt Kaiserslautern und mündet nach einer Fließstrecke von ca. 40 km durch das Lautertal in Lauterecken in den Glan. Nach Europäischer Wasserrahmenrichtlinie ist sie dem Bearbeitungsgebiet Mittelrhein zugeordnet.

Hinsichtlich des Abflussgeschehens ist die große abflussintensive Fläche der Stadt Kaiserslautern am Flussbeginn von ausschlaggebender Bedeutung. Das anschließende Lautertal ist hochwassergefährdet und immer wiederkehrende Hochwasserschäden lösten schon vor Jahrzehn-

Bild 2: Durchgängiges Bauwerk mit Querwand am Kleebach bei Gießen (Quelle: Jürgen Lang)

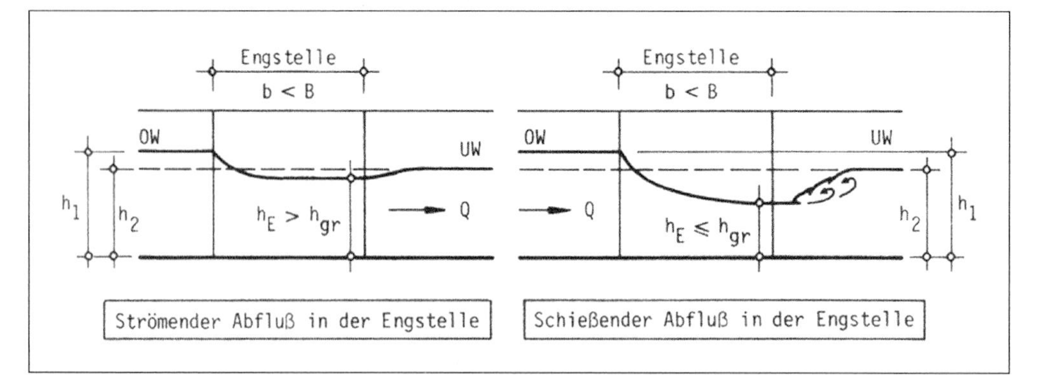

Bild 3: Engstelle – strömender und schießender Abfluss [1] (Quelle: Jürgen Lang)

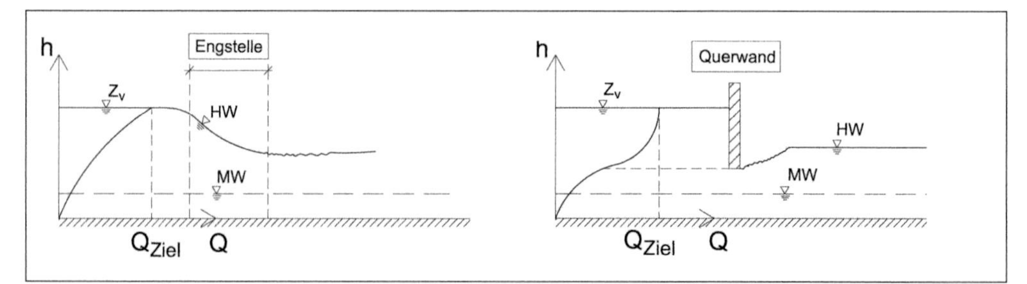

Bild 4: prinzipieller Q(h) Verlauf – „Engstelle" und „Grundstrahl unter Querwand" (Quelle: Jürgen Lang)

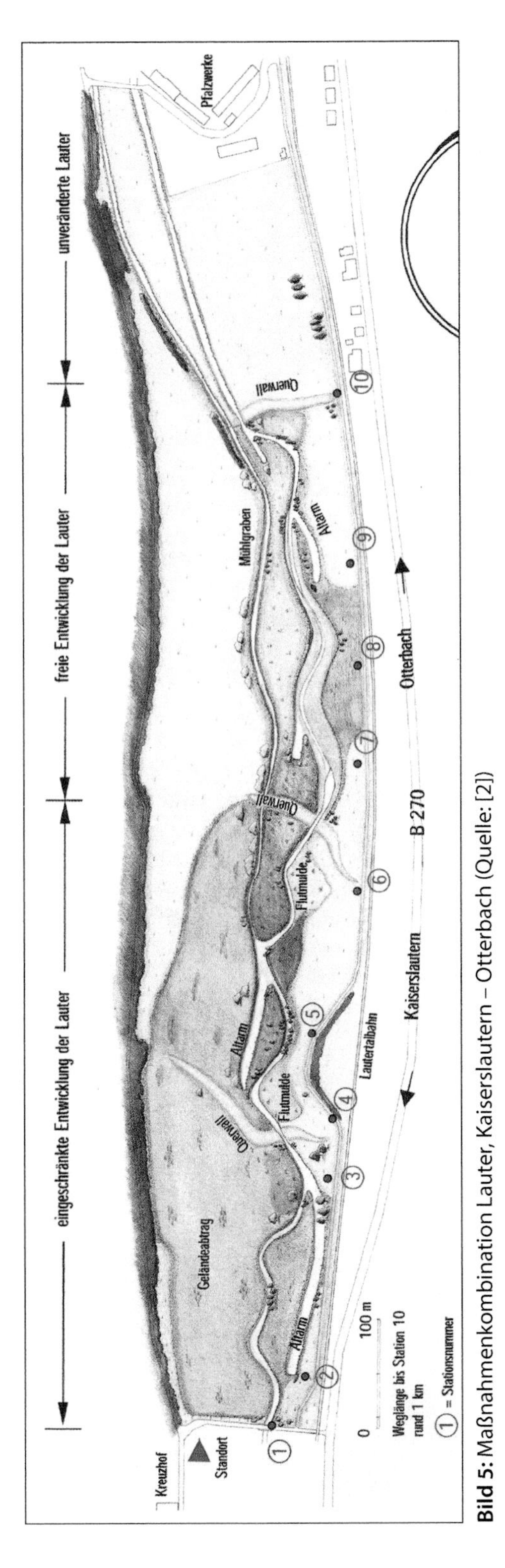

Bild 5: Maßnahmenkombination Lauter, Kaiserslautern – Otterbach (Quelle: [2])

ten vehemente Forderungen nach wirksamem Hochwasserschutz aus. Aus wasserwirtschaftlicher Sicht ist eine Rückhaltemaßnahme unmittelbar unterhalb des Entstehungsortes einer Hochwasserwelle sehr gut geeignet, um die aus dem jeweiligen Gebiet auftretenden Abflussspitzen abzumindern. Im Falle der Lauter gilt das besonders, da unmittelbar unterhalb der Stadt Kaiserslautern ca. 37 % des Gesamteinzugsgebietes mit ca. 65 % der gesamten bebauten Fläche des Einzugsgebietes erfasst werden. Im Jahre 2000 wurde deshalb ein zwischen Wasserwirtschaft und Natur- bzw. Landschaftsschutz konsensfähiges Konzept umgesetzt. Die dabei durchgeführte Maßnahmenkombination umfasst die Renaturierung der Lauter unmittelbar unterhalb der Stadt Kaiserslautern bis nach Otterbach über eine Strecke von ca. 1,2 km mit einer Laufverlängerung von ca. 10 %, eine Vergrößerung des vorhandenen Retentionsraumes durch flächigen Geländeabtrag und den Bau dreier talquerender Vorlandwälle mit Wirkung als ungesteuerte Rückhalteanlagen (**Bild 5**). Das damit zusätzlich erzielte Retentionsvolumen beträgt ca. 65.000 m^3 [3].

Bereits wenige Jahre nach Durchführung der baulichen Maßnahmen war eine eindeutig positive Wirkung der Renaturierung auf den ökologischen Zustand der Lauter nachweisbar. Die inzwischen vorhandenen Erfahrungen haben gezeigt, dass die umgestaltete Talaue von der Bevölkerung zur Naherholung überaus gut angenommen wird. Da die Maßnahme eine gelungene Symbiose zwischen Natur- und Hochwasserschutz darstellt, erfolgt alljährlich eine Ortsbegehung im Rahmen der studentischen Ausbildung des Master-Studienganges „Bauingenieurwesen-Zug Infrastrukturplanung“ der Hochschule Kaiserslautern.

3.2 Ursprüngliche hydraulisch-hydrologische Bemessung

Wasserwirtschaftliche Zielsetzung der im Jahre 2000 umgesetzten Rückhaltemaßnahmen war die Schaffung eines Ausgleichs für die im Siedlungsgebiet der Stadt Kaiserslautern entstandenen Abflussverschärfungen. Hierzu sollte die steile städtisch geprägte Hochwasserwelle in ihrem Scheitel soweit abgemindert

Tab. 1 | Kerndaten der Teilretentionsräume

Querwall	Oben	Mitte	Unten	Gesamt
Zusatzvolumen (m^3)	36.000	17.000	12.000	65.000
Durchlassbreite (m)	3,0	2,8	3,0	
Höhe über Gelände (m)	1,4	1,5	1,4	

werden, dass sich zumindest für die unmittelbaren Unterlieger eine relevante Entlastung bei Hochwasser ergibt.

Durch die Querwälle wird in einer dreistufigen Speicherkaskade Retentionsraum aktiviert. Basis für die hydraulische Auslegung der zugehörigen Durchlassbauwerke war seinerzeit eine durch die Genehmigungsbehörde aus Pegelmessungen abgeleitete Bemessungswelle mit einer Abflussspitze von $Q_{max} = 30,9\ m^3/s$ [4]. Die drei Durchlassbreiten wurden so bemessen, dass die zugehörigen Einstauräume bei der vorgegebenen Hochwasserwelle jeweils vollständig gefüllt werden. Zur Quantifizierung der erreichbaren Abflussminderung erfolgte eine Retentionsberechnung unter Berücksichtigung aller Umgestaltungsmaßnahmen einschließlich der Geländeabgrabungen im Vorlandbereich. Als Bemessungsergebnis ergaben sich bei einer jeweiligen Wallhöhe von ca. 1,5 m über Gelände und Walllängen zwischen 110 m und 180 m erforderliche Durchlassbreiten von jeweils ca. 3 Metern. Die wichtigsten Bemessungsdaten sind in **Tabelle 1** zusammengefasst.

Insgesamt wurde ein Einstauvolumen von 105.000 m^3 aktiviert, davon 65.000 m^3 zusätzlich durch die neuen Querwälle. Die für die vorgegebene Bemessungswelle berechnete Retention der Wellenspitze wurde zu ca. 17 % angegeben.

3.3 Erweiterte hydraulisch-hydrologische Betrachtung

Für die unten dargelegte Überrechnung wurde zunächst als Geometriezustand 1 die heutige Gelände- und Ausbausituation „Renaturierung mit Querwällen" angesetzt. Für diesen Zustand wurden Retentions- und Wasserspiegellagenberechnungen durchgeführt. Für die Retentionsberechnung wurde einerseits die alte Zuflusswelle mit $Q_{max} = 30,9\ m^3/s$ berücksichtigt, andererseits wurden Wellen der gleichen Form, aber mit den für die Erzeugung der Hochwassergefahrenkarten im Rahmen des Programms TIMISFLOOD angesetzten T_n-jährlichen Abflussspitzen überprüft. Zum Einsatz kamen der Hochschule Kaiserslautern für Lehr- und Forschungszwecke zur Verfügung gestellte Simulationsprogramme der BGS Wasser GmbH, Darmstadt.

Bild 6 zeigt das Ergebnis der Retentionsberechnung, wobei die alte Zuflussganglinie zum oberen Becken und alle drei daraus entstehenden Abflussganglinien der drei Teilretentionsräume dargestellt sind. **Tabelle 2** beinhaltet die für die unterschiedlichen Belastungswellen berechnete abflussspitzenbezogene Retentionswirkung ΔQ.

Die Berechnungsergebnisse zeigen eine gute Retentionswirkung im hohen Abflussbereich und bestätigen die ursprünglichen hydraulisch-hydrologischen Berechnungen vollstän-

Tab. 2 | Retentionswirkung für unterschiedliche Zuflusswellen

	Bemessungswelle 2000	Abflüsse nach TIMISFLOOD				
	Q_{max}	$T_n = 10$ a	$T_n = 25$ a	$T_n = 50$ a	$T_n = 100$ a	HQ_{Extr}
HQ (m^3/s)	30,9 → 23,9	18,1 → 15,4	24,5	29,3	34,1 → 25,7	43,3
ΔQ (%)	22,7	15,0			24,6	
V_{Bek} (m^3)	105.000	39.000			125.000	

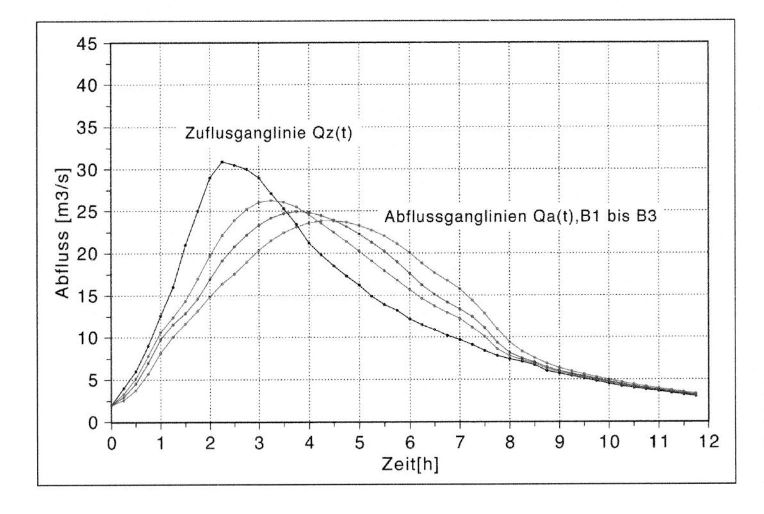

Bild 6: Retentionsberechnung alte Bemessungswelle, Istzustand 2014 (Quelle: Jürgen Lang)

dig. Die sich in den drei Teilbecken für die Bemessungswelle einstellenden Wasserspiegellagen bestätigen darüber hinaus den ursprünglichen Bemessungsgedanken „Vollfüllung beim Bemessungsereignis" und die damit gewählten Durchlassbreiten. Bei „geringeren" Hochwasserabflüssen, wie dem hier zusätzlich überprüften 10-jährlichen Hochwasser, erfolgt entsprechend dem Bemessungsgedanken nur ein Teileinstau.

Schließlich wurde als weiterer Beleg für die gute Wirkung der Querwälle ein Geometriezustand 2 „Renaturierung ohne Querwälle" überprüft. Die zugehörigen Berechnungsergebnisse sind in **Tabelle 3** zusammengefasst und zeigen eine erheblich geringere Retentionswirkung. Für die ursprüngliche Bemessungswelle ergibt sich zum Beispiel eine Abflussspitzenminderung von 6,8 % ohne Querwälle im Vergleich zu 22,7 % mit den Querwällen.

Wie damit gezeigt, wurde durch die seinerzeit gewählte Durchlassdimensionierung für hohe Abflüsse im Bereich des Bemessungsereignisses eine optimale Auslegung mit einer guten Retentionswirkung erreicht. Bei mittleren Hochwasserabflüssen im Bereich von HQ_{10} erfolgt dagegen nur eine Teilfüllung. Im letzten der drei Teilbecken liegt der Einstau bei diesem Hochwasser nur noch geringfügig über dem Geländeeinstau ohne Querwall.

Exemplarisch wurde deshalb die Wirkung einer Querplatte (entsprechend Bild 2) im Durchlass des letzten Teilbeckens untersucht. Der einfache Grundcharakter des Durchlassbauwerkes und die ökologische Durchgängigkeit würden dabei erhalten bleiben. Durch die Querplatte verändert sich entsprechend den Ausführungen aus Kapitel 2 ab einem bestimmten Wasserstand die Abflusskennlinie Q(h) (**Bild 7**). Bei gleichem Zufluss stellt sich bei Wasserspiegellagen ab Errei-

Tab. 3 | Retentionswirkung für Renaturierung ohne Querwälle

	Bemessung 2000	Abflüsse nach TIMISFLOOD	
	Q_{max}	T_n = 10 a	T_n = 100 a
HQ (m³/s)	30,9 → 28,8	18,1 → 16,5	34,1 → 31,9
ΔQ (%)	6,8	8,8	6,5
V_{Bek} (m³)	55.000	30.000	61.000

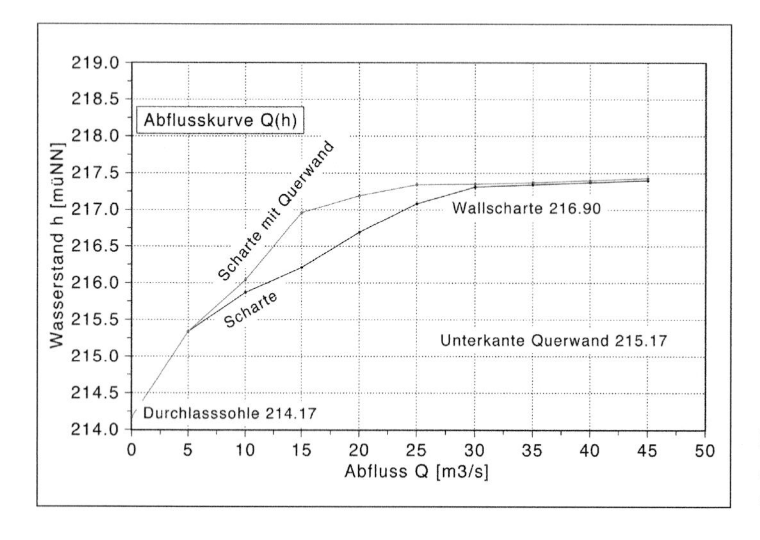

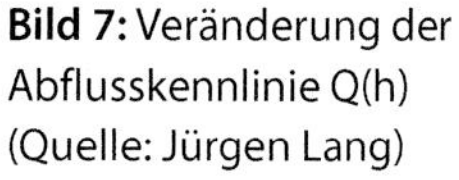
Bild 7: Veränderung der Abflusskennlinie Q(h) (Quelle: Jürgen Lang)

chen der Unterkante der Querplatte ein höherer Einstau ein.

Eine für dieses veränderte hydraulische System erneut durchgeführte Retentionsberechnung ergab für HQ_{10} einen Wasserspiegelanstieg im Stauraum um ca. 35 cm, damit ein zusätzlich aktiviertes Volumen von über 10.000 m^3 und eine Verbesserung der Retention von 15 % auf knapp 22 %. Der letzte Teilstauraum wäre damit bei mittleren Hochwasserereignissen deutlich besser ausgenutzt. Gleichzeitig verändert sich aber auch das Retentionsverhalten bei sehr hohen Hochwasserabflüssen. Bei HQ_{100} springt durch den bewusst verstärkten Einstau die Hochwasserentlastung an und die zugehörige Abflussspitzenreduktion wird von 24.6 % auf 21,5 % verschlechtert.

4 Schlussbetrachtung

Inzwischen hat die Stadt Kaiserslautern noch oberhalb des hier betrachteten Retentionsgebietes zusätzliches Retentionsvolumen geschaffen. Damit wurde die Belastung der Lauter weiter reduziert. Generell sind bei allen Überlegungen zur optimalen Umsetzung von Hochwasserrückhaltemaßnahmen wasserwirtschaftliche, landschaftsgestalterische, ökologische und wirtschaftliche Belange zu betrachten. Beide hier betrachteten Durchlassgestaltungen gewährleisten die ökologische Durchgängigkeit. Bei Wahl eines Durchlasses mit Querwand stehen der besseren hydraulischen Wirkung bei mittleren Hochwasserabflüssen höhere Kosten, eine höhere Versatzgefahr und eine andere optische Wirkung gegenüber. Für die Entscheidung besonders relevant ist der jeweils verhinderte Schaden.

Literatur

[1] Schröder, Technische Hydraulik, Kompendium für den Wasserbau, Springer Verlag, 2003.

[2] Schaupfad Lauteraue, Aktion Blau Gewässerentwicklung in Rheinland Pfalz, Stadt und Landkreis Kaiserslautern, 2000.

[3] Hässler-Kiefhaber, Naturnahe Gestaltung der Lauter statt Bau eines Hochwasserrückhaltebeckens, Forum für Hydrologie und Wasserbewirtschaftung, Heft 19, Fachgemeinschaft Hydrologische Wissenschaften in der DWA, 2007.

[4] Stadtentwässerung Kaiserslautern, Renaturierung der Lauter, Beilage hydraulische Berechnung, Arcadis Asal Ingenieure GmbH 1997.

Autoren

Prof. Dr. -Ing. Jürgen Lang
Hochschule Kaiserslautern
Fachbereich Bauen und Gestalten
Fachgebiet Wasserbau, Wasserwirtschaft
Schoenstraße 6
67659 Kaiserslautern
E-Mail: juergen.lang@hs-kl.de

Andreas Engels, Falko Hartmann und Christian Jokiel

Untersuchungen zum Befestigen von Totholzelementen in Fließgewässern

Totholz stellt in Fließgewässern eine bedeutende Rolle als Lebensraum und Nahrungsgrundlage dar. Bei einer Unterhaltungsmaßnahme im Jahr 2011 sind verschiedene Möglichkeiten der Verankerung des Totholzes umgesetzt worden. Die ausgeführten Varianten und die dazugehörige Bewertungsmatrix werden im Folgenden erläutert.

1 Einleitung und Zielsetzung

Totholz beeinflusst insbesondere die Morphologie, Ökologie, Hydraulik und den Stoffhaushalt von Fließgewässern sowie die umgebende Flora und Fauna. Es bietet Schutz- und Lebensraum und dient vielen Lebewesen als Nahrungsgrundlage. Ein natürlicher Eintrag findet in vielen Gewässern jedoch nicht oder nur unzureichend statt. Im Rahmen von Trittsteinkonzepten wird daher vermehrt Totholz künstlich in Fließgewässern eingebracht. Um zu verhindern, dass das Holz abdriftet und direkt oder indirekt Schäden an Bauwerken, Schiffen oder sogar zu einer Gefahr für Menschenleben führt, ist oftmals eine Befestigung erforderlich.

Im Jahr 2011 wurden in Zusammenarbeit zwischen dem Aggerverband – Gummersbach und der Ingenieurbüro Holzem & Hartmann GmbH – Neunkirchen-Seelscheid, im Zuge der „NRW-Lachslaichgewässer Bröl, Umsetzung KNEF, 1. Phase" vier Abschnitte des Waldbrölbaches im Bergischen Land (NRW – Einzugsgebiet Sieg) renaturiert. Bei dem Gewässer handelt es sich um einen „Talauenbach des Grundgebirges". Im Rahmen der Maßnahme wurde Totholz auf verschiedene Arten am bzw. im Gewässer befestigt.

2 Varianten der Totholzbefestigung

Im Rahmen der Renaturierung wurden 16 Totholzelemente mit sechs unterschiedlichen Varianten befestigt. Dabei wurden Bäume, teilweise mit Wurzelballen, teilweise mit Baumkronen verwendet. Der Einbauzustand im Jahr 2011, der Befestigungszustand im Jahr 2014 und die morphologischen Wirkung auf das Gewässer der jeweiligen Einbauvariante wurden untersucht und die Varianten im Rahmen einer Bachelorarbeit bewertet.

2.1 Variante I – Rundhölzer am Ufer

Das Totholzelement wird schräg in Fließrichtung eingebracht, sodass die Krone in das Fließgewässer ragt. Der Wurzelballen des Baumes ist zu entfernen. Befestigt wird das Totholz am Ufer des Gewässers mittels Rundhölzern, die in den Boden eingeschlagen werden (**Bild 1**).

Zustand der Befestigung nach drei Jahren

Die eingeschlagenen Rundhölzer und Schraubverbindungen weisen kaum Verwitterungserscheinungen auf.

Totholzzustand

Landseitig ist das Totholz gut erhalten. Der in das Gewässer ragende Teil der Krone ist hingegen nur noch teilweise vorhanden.

Wirkung

Aufgrund des schlechten Zustandes des Totholzes ist die Wirkung nur noch sehr gering.

2.2 Variante II – Eingraben gegen Fließrichtung

Der Totholzstamm wird schräg gegen die Fließrichtung eingebracht. Dabei ragt die Wurzel in das Gewässer, der Stamm wird ohne Krone in das Ufer eingegraben. Einige größere Äste des Baumes bleiben vorhanden, um einen größeren Widerstand gegen das Herausziehen zu leisten (**Bild 2**).

Bild 1: Variante 1 – Einbauzustand (Quelle: IB Holzem & Hartmann)

Bild 2: Variante 2 – Totholzzustand (Quelle: Engels, Andreas)

Zustand der Befestigung nach drei Jahren

Der Boden zwischen Wurzelballen und Ufer ist abgetragen worden, wodurch der eingegrabene Stamm mittlerweile ca. 1 m freiliegt. Die Befestigung ist nach wie vor standsicher.

Totholzzustand

Der eingebrachte Wurzelballen ist mittlerweile vollständig bewachsen. Die sich am Ufer befindenden Pflanzen haben sich dort angesiedelt. Kleinere Wurzelstränge wurden abgetragen (Bild 2).

Wirkung

Durch alle eingebrachten Elemente dieser Befestigungsvariante wird eine Strömungsdiversität hervorgerufen. Die Verringerung der Gewässerbreite durch die Wurzeln führt zu einer Beschleunigung der Fließgeschwindigkeit. Zudem bilden sich hinter den Wurzelballen Kehrwasserbereiche.

Dort ist es zu Sedimentationen und Ablagerungen von organischem Material gekommen. Dieser Bereich schafft einen neuen Lebensraum am Ufer und dient als Nahrungsgrundlage. Durch die zuvor angesprochene Erhöhung der Fließgeschwindigkeit hat sich in der Gewässermitte ein Kolk gebildet.

2.3 Variante III – Findlinge

Das Totholzelement besteht aus einem Baum ohne Wurzelballen. Je Stamm werden drei Findlinge am Totholz befestigt. Hierfür werden Reaktionsanker in zuvor erstellte Bohrungen in die Steine eingebracht und anschließend jeweils eine Ringmutter auf die Anker aufgeschraubt. Vor der Befestigung der Stämme mittels Stahlseilen, werden die Findlinge komplett in die Gewässersohle eingegraben (**Bild 3**).

Befestigungszustand nach drei Jahren

Die Befestigungen sind stabil. In einigen Fällen hat sich das Stahlseil geringfügig gelockert, eine Verdriftung ist jedoch nicht zu befürchten. Bei den Findlingen sind Auswaschungen des Sohlmaterials festzustellen. Die Lagestabilität ist derzeit noch gegeben, muss aber weiter beobachtet werden.

Totholzzustand

Die Hölzer sind drei Jahre nach Ihrem Einbau gut erhalten. Der Großteil der Krone ist noch vorhanden und weist keinen hohen Zerfallsgrad auf.

Wirkung

Besonders der Kronenbereich des Totholzes weist bei allen eingebauten Elementen eine große rück-

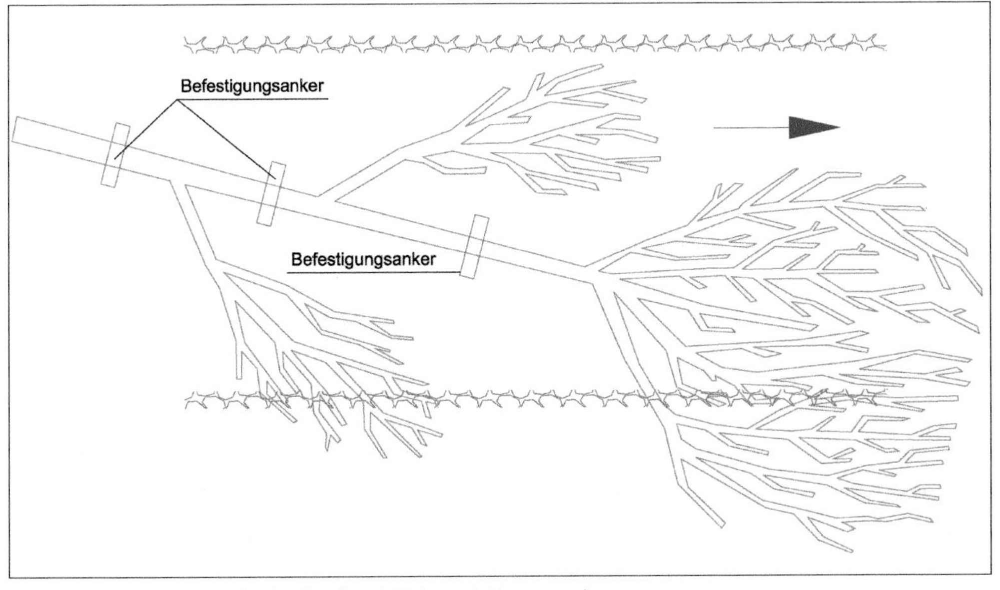

Bild 3: Variante 3 – Draufsicht; Quelle: IB Holzem & Hartmann)

haltende Wirkung auf. Im dichten und strukturreichen Bereich sammeln sich Blätter und feines Totholz. Außerdem haben sich, vor allem unter der Krone, Schotterbänke gebildet. Die Elemente fördern die Tiefendiversität sowie die gewünschte Ufererosion innerhalb der Bereiche.

2.4 Variante IV – Fels

Die Ausführung der vierten Variante ähnelt der Variante 3 in Bezug auf die Befestigungsart. Allerdings werden keine Findlinge eingebracht, sondern die Reaktionsanker werden direkt in anstehenden Fels gebohrt. Das Totholz wird mittels eines Stahlseils und einer Stahlseilklemme verspannt. Das Stahlseil wird durch die Ringmutter und um den Stamm gelegt (**Bild 4**).

Befestigungszustand nach drei Jahren

Die Befestigungen weisen keine Versagenserscheinungen auf und sind weiterhin stabil.

Totholzzustand

Die Totholzelemente weisen kaum sichtbare Veränderungen auf. Lediglich kleine Äste der Krone sind nicht mehr vorhanden.

Wirkung

Ähnlich wie bei der zuvor beschriebenen Variante 3 kommt es bei dieser Variante durch die rechenartige Wirkung der Krone zu Ablagerungen von organischem Material. Zudem sind auch hier hinter und unter dem Totholz Schotterbänke entstanden.

2.5 Befestigungsvariante V – Anbinden an Baum

Der Totholzbaum wird schräg in Fließrichtung in das Gewässer eingebracht. Die Krone wird am Baum belassen und der Wurzelballen entfernt. Das Totholzelement ist an einem ufernahen Baum mittels eines Stahlseils zu befestigen. Dabei ist zu beachten, dass das Wachstum des Baumes nicht beeinträchtigt wird. Mit Hilfe von Stahlseilklemmen ist das Element zu verspannen. Zum Schutz des Baumes wird der Stamm mit einem Jutegewebe umwickelt und ein PE-Rohr um das Stahlseil gelegt. Alternativ können zur Befestigung Baumgurte verwendet werden (**Bild 5**).

Befestigungszustand

Die Befestigungen sind in allen Fällen sehr gut erhalten. An den „lebenden" Bäumen sind keine Beeinträchtigungen zu erkennen. Die Stahlseile liegen bei allen Elementen locker an. Dadurch hat das Totholz die Möglichkeit sich etwas zu bewegen. In der Regel wird das Totholz ausreichend festgehalten, allerdings sind zwei Tothölzer offensichtlich durch die Schlaufen gerutscht und abgetrieben. Demnach ist auf eine ausreichende Sicherung des Stahlseils zu achten.

Totholzzustand

Die noch vorhandenen Elemente haben sich innerhalb der drei Jahre kaum verändert. Die Kronen sind etwas lichter und die Stämme mit Moos und anderen Pflanzen bewachsen.

Bild 4: Variante 4 – Einbauzustand II (Quelle: IB Holzem & Hartmann)

Bild 5: Variante 5 – Einbauzustand II (Quelle: IB Holzem & Hartmann)

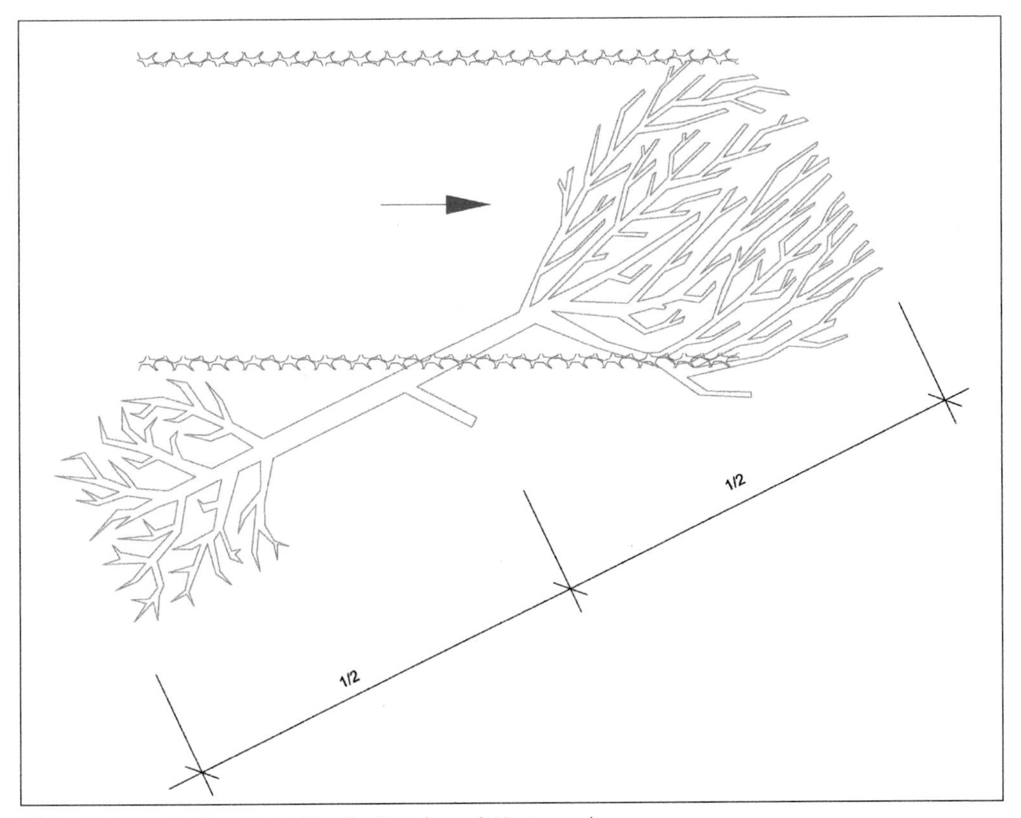

Bild 6: Variante 6 – Draufsicht (Quelle: IB Holzem & Hartmann)

Wirkung

Die vorhandenen Tothölzer haben sich teilweise in der Lage geändert. Die gewünschte Bewegungsfreiheit führt dazu, dass sich die Elemente an das Ufer anlegen. Teilweise entstehen Stillwasserbereiche zwischen Ufer und Totholz. Die Strömung wird durch das Totholz umgeleitet und organisches Material kann sich im ruhigeren Bereich anlagern. Durch die Strömungsumleitung kann das Ufer bei Hochwasser vor Erosion geschützt werden. Des Weiteren haben sich hinter einigen Totholzelementen Schotterbänke ausgebildet. In den Kronen wird organisches Material zurückgehalten. Morphologisch gesehen verursachen die mit dieser Variante befestigten Elemente nur geringe Veränderungen.

2.6 Variante VI – Eingraben in Fließrichtung

Die Befestigungsart der sechsten Variante ähnelt der Zweiten. Hierbei kann entweder der Wurzelballen oder die Krone in das Fließgewässer eingebracht werden. Die Wurzel oder Krone zeigt dabei schräg in Fließrichtung, während der Rest des Totholzbaumes im Ufer eingegraben wird (**Bild 6**).

Befestigungszustand nach drei Jahren

Der Zustand der Befestigung ist als sehr gut zu beschreiben. Das Ufer wurde teilweise abgetragen, allerdings nicht so stark wie es bei Variante 2 der Fall ist. Die Befestigung entspricht annähernd dem Einbauzustand und ist nicht beeinträchtigt.

Totholzzustand

Die Zustände der eingebrachten Elemente sind sehr unterschiedlich. Einige sind vollkommen bewachsen, andere wiederum sind frei von größerem Bewuchs. Das Totholz ist in allen Fällen fast vollständig vorhanden.

Wirkung

Die Strömung wird durch das Totholz abgelenkt und beschleunigt und führt zur Erosion der Gewässersohle. Somit initiiert diese Variante eine Tiefendiversität innerhalb des eingebrachten Bereichs. Während die Strömung am Totholz entlang abgeleitet wird, bildet sich hinter dem Element ein Kehrwasserbereich. Dort lagert sich organisches Material und Sediment an. Unter den Elementen sind zum Teil ebenfalls kleinere ausgespülte Bereiche entstanden. Im Wurzelballen selbst sind zeitweise Vögel aufzufinden, die entweder Material für ihr Nest suchen oder das Totholz direkt als Nest benutzen.

2.7 Weitere Befestigungsvarianten

Meist werden gegenüber den vorgestellten Varianten hierbei zusätzliche Befestigungen angebracht. Bei einigen Elementen, wie zum Beispiel dem Einsatz von Faschinen oder dem Einbau von Doppelbuhnen, handelt es sich eher um massive wasserbauliche Maßnahmen als um Totholzelemente.

Erwähnenswert ist auch das Einbringen von Totholz in das Gewässer ohne weitere Befestigung. Hierbei sind die Wurzeln oder Bäume so groß, dass das Eigengewicht ein Abdriften verhindert. Bei solchen Elementen ist jedoch zu prüfen, ob zum Beispiel größere Äste etc. separat gesichert werden müssen.

Tab. 1 | Kriterienübersicht

Kriterium	Gewichtung
Kosten	**10 %**
Dauerhaftigkeit	40 %
Lagestabilität	60 %
Vandalismus	10 %
Verwitterung	20 %
Erneuerungsfähigkeit	**20 %**
Befestigungserneuerung	30 %
Totholzerneuerung	70 %
Totholzarten	**10 %**
Wirksamkeit	**20 %**

3 Bewertung der Varianten

Um die Varianten sachgerecht beurteilen zu können, wurden fünf Hauptkategorien und teilweise weitere Unterkategorien aufgestellt. In **Tabelle 1** sind die für die Bewertung herangezogenen Kriterien und deren Gewichtung dargestellt.

Eine Bewertungsmatrix wurde erstellt, innerhalb der die unterschiedlichen Varianten miteinander verglichen wurden (**Tabelle 2**). Bei den dort angegebenen Kosten handelt es sich um den Mittelwert des Ausschreibungsergebnisses aus dem Jahr 2011. Für die Variante „Anbinden" wurde noch die Zusatzvariante 5a mit zusätzlicher Lagesicherung bewertet. So kann zum Beispiel durch einen zusätzlichen Anker am Totholzbaum ein Abdriften verhindert werden.

Zu beachten ist, dass diese Matrix nicht in Form einer allgemeinen Rangordnung zu lesen ist, da bei einer spezifischen Bewertung die jeweiligen örtlichen Randbedingungen berücksichtigt werden müssen. So lässt sich die Variante des „Anbindens" selbstverständlich nur dort einsetzen, wo am Ufer Bäume vorhanden sind und eine Zustimmung des Eigentümers vorliegt. Variante „Fels" kann nur dort umgesetzt werden, wo Fels in der Sohle vorhanden ist.

4 Fazit

Durch das Einbringen von Totholz in ein Gewässer, wird eine Vielzahl positiver Effekte erzielt. Die künstlich eingebrachten Elemente müssen in der Regel befestigt werden. Im Rahmen einer Bachelorarbeit wurden verschiedene Varianten der Totholzbefestigung betrachtet.

Eine Bewertungsmatrix wurde entwickelt, mit der die Varianten miteinander verglichen werden können. Diese stellt jedoch keine Klas-

Tab. 2 | Variantenbewertung – Befestigung innerhalb des Gewässers

	Variante I „Rundhölzer"		Variante II „Eingraben"		Variante III „Findlinge"		Variante IV „Fels"		Variante V „Anbinden"		Variante VI „Eingraben"	
	Pkt.	Pkt.*	Pkt.	Pkt.*	Pkt.	Pkt.*	Pkt.	Pkt.*	Pkt.	Pkt.*	Pkt.	Pkt.*
Kosten [10 %]	**3,00**	**0,30**	**4,00**	**0,40**	**2,00**	**0,20**	**3,00**	**0,30**	**4,00**	**0,40**	**4,00**	**0,40**
ungefähre Nettokosten	**ca. 790,00 €**		**ca. 490,00 €**		**ca. 1.010,00 €**		**ca. 780,00 €**		**ca. 600,00 €**		**ca. 530,00 €**	
Dauerhaftigkeit [40 %]	**4,50**	**1,80**	**4,10**	**1,64**	**4,10**	**1,64**	**3,70**	**1,48**	**2,80**	**1,12**	**4,10**	**1,64**
Lagestabilität [60 %]	5,00	3,00	5,00	3,00	5,00	3,00	4,00	2,40	3,00	1,82	5,00	3,00
Vandalismus [10 %]	5,00	0,50	5,00	0,50	5,00	0,50	5,00	0,50	2,00	0,20	5,00	0,50
Verwitterung [20 %]	5,00	1,00	3,00	0,60	3,00	0,60	4,00	0,80	4,00	0,80	3,00	0,60
Erneuerungsfähigkeit [20 %]	**3,40**	**0,68**	**0,00**	**0,00**	**4,40**	**0,88**	**4,70**	**0,94**	**5,00**	**1,00**	**0,00**	**0,00**
Befestigungserneuerung [30 %]	2,00	0,60	0,00	0,00	3,00	0,90	4,00	1,20	5,00	1,50	0,00	0,00
Totholzerneuerung [70 %]	4,00	2,80	0,00	0,00	5,00	3,50	5,00	3,50	5,00	3,50	0,00	0,00
Totholzarten [10 %]	**1,00**	**0,10**	**3,00**	**0,30**	**4,00**	**0,40**	**4,00**	**0,40**	**3,00**	**0,30**	**3,00**	**0,30**
Wirksamkeit [20 %]	**1,00**	**0,20**	**5,00**	**1,00**	**4,00**	**0,80**	**3,00**	**0,60**	**3,00**	**0,60**	**4,00**	**0,80**
Gesamt	**3,08**		**3,34**		**3,92**		**3,72**		**3,42**		**3,14**	

sifizierung im herkömmlichen Sinne dar, da die einzusetzenden Befestigungen abhängig von den örtlichen Bedingungen sind. Weiterhin sind die gewünschten Wirkungen auf das Gewässer zu berücksichtigen, die durch das Einbringen des Totholzes erzielt werden sollen.

Autoren

B. Eng. Andreas Engels
Grabenweg 5
53859 Niederkassel

Dipl.-Ing. (FH) Falko Hartmann
Ingenieurbüro Holzem & Hartmann GmbH
Sankt-Franziskus-Weg 2
53819 Neunkirchen-Seelscheid
Tel. 02247/9167-0
Fax. 02247/9167-20
neunkirchen@ibholzem-hartmann.de

Prof. Dr.-Ing. Christian Jokiel
Lehr- und Forschungsgebiet Wasserbau und Wasserwirtschaft
Leiter Labor für Wasser und Umwelt (LWU)
Institut für Baustoffe, Geotechnik, Verkehr und Wasser (BGVW)
Fakultät für Bauingenieurwesen und Umwelttechnik
Betzdorfer Straße 2
50679 Köln

Johanna Lietz, Angela Bruens und Achim Pätzold

Auswirkung strukturverbessernder Maßnahmen an Fließgewässern auf das Makrozoobenthos

In Schleswig-Holstein werden seit mehreren Jahren zahlreiche Maßnahmen zur ökologischen Aufwertung von Fließgewässern durchgeführt. An vier Gewässern werden die Veränderungen auf die Wirbellosenfauna (Makrozoobenthos) durch strukturverbessernde Maßnahmen dargestellt und diskutiert. Basierend auf den Erkenntnissen werden Empfehlungen für Effizienzkontrollen und Maßnahmenplanungen abgeleitet.

Die Gewässer des Landes Schleswig-Holstein sind weit entfernt von einem guten ökologischen Zustand gemäß der EG-Wasserrahmenrichtlinie (WRRL). Die Lebensgemeinschaften der Fische, der Wirbellosenfauna und der Gewässerflora der meisten Fließgewässer werden nach WRRL als „mäßig" bis „schlecht" bewertet. Ein Grund für diesen Zustand ist der intensive Gewässerausbau in der zweiten Hälfte des letzten Jahrhunderts: Nach dem 2. Weltkrieg benötigte Schleswig-Holstein aufgrund knapper Nahrungsmittel fruchtbares Land. Durch die Vertiefung und Begradigung der Bäche und Flüsse und durch die Entwässerung der angrenzenden Flächen konnte das Land nutzbar gemacht werden.

Inzwischen haben sich die Prioritäten verändert. Der Schutz der Umwelt und ihrer Lebensgemeinschaften hat einen höheren Stellenwert, die Europäische Gemeinschaft fordert die Mitgliedsländer auf, ihre Gewässer in einen guten ökologischen und chemischen Zustand zu bringen. Zudem gehören Süßwasserlebensräume zu den Ökosystemen mit einer überproportional hohen Abnahme der Biodiversität [1]. Aus diesem Grund werden in Schleswig-Holstein zahlreiche und umfangreiche Maßnahmen zur ökologischen Aufwertung der Fließgewässer durchgeführt. Wie sich diese Maßnahmen auf die Struktur und die Wirbellosenfauna auswirken, wurde in einem fünfjährigen Monitoring an mehreren Gewässern untersucht [2].

Methode und Beschreibung der untersuchten Gewässer

Zur Effizienzkontrolle wurden vier Gewässer ausgewählt, an denen strukturverbessernde Maßnahmen geplant waren. Jedes Gewässer wurde einmal vor und über drei Jahren nach Durchführung der Maßnahmen beprobt. Untersucht wurden die Struktur und die Wirbellosenfauna innerhalb und oberhalb der Maßnahmenstrecke. Die Station oberhalb diente als Referenzprobestelle. Sie wurde so gelegt, dass hinsichtlich Struktur und organischer Belastung vergleichbare Bedingungen vorherrschten. Je nach Länge der Maßnahmenstrecke wurden zwei bis sechs Untersuchungsstellen in dem überplanten Abschnitt untersucht. Dieser Aufbau des Monitorings (Before-After-Control-Impact-Design) entspricht den Empfehlungen der LAWA zur Erfolgskontrolle von Maßnahmen [3].

Die Strukturkartierung wurde nach der in Schleswig-Holstein üblichen Methodik durchgeführt [4], die sich im Wesentlichen auf die Methode der Bund/Länder-Arbeitsgemeinschaft Wasser [5] begründet.

Die Wirbellosenfauna wurde nach der zur Umsetzung der WRRL entwickelten Methode PERLODES [6] erfasst und bewertet. Hierzu werden einmal pro Jahr auf einem Abschnitt von 20 m alle vorhandenen Substrate proportional zu ihrem Vorkommen abgekeschert und quantitativ ausgewertet. Die Bewertung erfolgt anhand eines multimetrischen Index, hier das Modul „Allgemeine

Tab. 1 | Kenngrößen der in Schleswig-Holstein untersuchten Gewässer zur Ermittlung der Maßnahmeneffizienz

Gewässer	Typ	Länge der Umgestaltungsstrecke	Zahl der Probestellen	Einzugsgebiet
Stör	14	2.400 m	7	265 km²
Eider	19	700 m	3	110 km²
Radesforder Au	14	800 m	3	31 km²
Grinau	14	900 m	4	22 km²

Quelle: Lietz/Bruens/Pätzold

Degradation". Die Einzelmetrics (z. B. Fauna-Index, relativer Anteil der Eintags-, Stein- und Köcherfliegen (EPT-Arten), Zahl der Köcherfliegen) werden dazu in einen Score von 0 bis 1 überführt, wobei 0 das schlechteste und 1 das bestmögliche Ergebnis repräsentiert.

Vor Umsetzung der Maßnahmen wurde ein differenziertes Leitbild bezüglich Struktur und Wirbellosenfauna entwickelt. Dabei wurden z. B. Ziele hinsichtlich des Sand- und Kiesanteils oder der Artenzusammensetzung festgelegt.

Drei Gewässer gehören zum Typ 14 (Sandgeprägte Tieflandbäche) und ein Gewässer zum Typ 19 (Kleine Niederungsgewässer in Fluss- und Stromtälern) (**Tabelle 1**).

Im Folgenden wird anhand des Gewässers Stör die Durchführung der Effizienzkontrolle und deren Ergebnisse dargestellt. Die anderen drei Gewässer werden zusammenfassend beschrieben.

Beispiel Stör

Die Stör entspringt im Südosten von Neumünster und mündet nach ca. 83 km Lauflänge bei Glückstadt in die Elbe. Die strukturverbessernden Maßnahmen liegen ca. 10 km unterhalb von Neumünster (**Bild 1**), Das Einzugsgebiet ist landwirtschaftlich geprägt. Im Oberlauf überwiegt Ackernutzung, der Talraum, in dem die Maßnahmen durchgeführt wurden, wird als Grünland genutzt. Die an die Umgestaltungsstrecke angrenzenden Flächen werden extensiv bewirtschaftet, die vorherrschende Bodenart ist Sand.

Vor der Umgestaltung war die Stör in der Maßnahmenstrecke begradigt und mit steilen Uferböschungen, die mit Faschinen oder Blöcken befestigt waren naturfern ausgebaut. Das Sohlsubstrat war instabiler Sand. Im Sommer bildeten sich größere flutende Wasserpflanzenbestände, beschattendes Ufergehölz fehlte weitgehend.

Bild 1: Untersuchungsabschnitt der Stör unterhalb von Arpsdorf mit Verteilung der Probestellen für Wirbellose (Quelle: Geo-BasisDE/LVermGeo SH – Datengrundlage: DOP40)

Die Parameter „Tiefenvarianz“, „Substratzusammensetzung“ und „Besondere Laufstrukturen“ spielen eine Schlüsselrolle für das Makrozoobenthos [7]. Als Leitbild für die Stör wurde eine gute Struktur mit einem mäßig geschwungenen bis mäandrierenden Lauf und einer mittleren bis hohen Breiten- und Tiefenvarianz und größere Strömungsvariabilität festgelegt. Das Sohlsubstrat sollte aus mindestens 10 % Kies und über 12 % Totholz bestehen, wie es für sandgeprägte Bäche typisch ist ([8], abgeleitet aus der Skizze S. 173). Im Nachhinein scheint das Ziel hinsichtlich der Struktur etwas zu hoch gesteckt zu sein. Dahm et al. [10] fordern für den guten ökologischen Zustand im sogenannten „Kernlebensraum“ von sandgeprägten Tieflandbächen insgesamt mindestens eine Strukturgüte von „mäßig“ mit einer mäßigen Strömungsdiver sität, Breiten- und Tiefenvarianz, einem Kiesanteil von > 10 % und einem Totholzanteil von 5 bis 10 %. Für die Makrozoobenthosbesiedlung wurde ein Fauna-Index (DFI 14/16, Indikator für eine typspezifische Artenzusammensetzung) von 0,8, ein Individuenanteil an Eintags-, Stein- und Köcherfliegen (EPT-Arten) von über 50 % und mehr als 10 Köcherfliegenarten angestrebt

Auf einer Strecke von 2,4 km wurden 30 einzelne Maßnahmen durchgeführt. Diese bestanden aus Verschwenkungen um ein bis zwei Sohlbreiten mit Kiesschwellen, Einbringen von Kiesdepots und dem Einbau von Totholz in Form von quer zur Strömung liegenden Baumstämmen. Als Material für die Kiesschwellen und -depots diente das bei den Bodenarbeiten angefallene steinige Substrat aus der ehemaligen Böschungssicherung. Es wurde durch Geröll und Kies verschiedener Körnungen ergänzt. Die Abstände der Einzelmaßnahmen zur Strömungslenkung entsprachen denen der ursprünglichen Mäanderschleifen (50 bis 150 m). Im Vorwege wurden ober- und unterhalb der Maßnahmenstrecke zwei Sandfänge gebaut, um die Sanddrift zu reduzieren. Am Ufer wurden abschnittsweise Gehölze gepflanzt (Erle, Esche, Stieleiche und Flatterulme). Die angrenzenden Flächen werden überwiegend als halboffene Weidelandschaft genutzt.

Weitere Gewässer

Die Radesforder Au im Kreis Segeberg ist ein kleiner sandgeprägter Bach, der im Untersuchungsabschnitt tief in das Gelände eingeschnitten ist. Die Maßnahmen beschränkten sich hier aufgrund fehlender Flächenverfügbarkeit auf das Bachbett, sog. „Instream-Maßnahmen“: Anlage von Kiesdepots, Einbau von Baumstämmen zur Strömungslenkung. Die angrenzenden Flächen wurden teilweise von Acker in weiterhin intensiv genutztes Grünland umgewandelt.

Die Eider südlich von Kiel fließt im Bereich der Umgestaltungsstrecke durch eine breite Niederung, die als offene Weidelandschaft extensiv genutzt wird. Auf einer Strecke von 700 m wurden verschiedene Strukturelemente (Pfahlbuhnen, Geröllbuhnen, Baumstämme quer) eingebracht und am Ufer einzelne Erlen gepflanzt.

Die Grinau, ein kleiner sandgeprägter Bach im Südosten von Schleswig-Holstein, wies vor der Umgestaltung einen begradigten und im Trapezprofil mit steilen Böschungen ausgebauten Verlauf auf. Auf einer Strecke von 900 m wurde das Gewässerbett verschwenkt, Kiesschwellen angelegt und Baumstämme längs und quer eingebaut. Einseitig wurde ein 10 m breiter Entwicklungsstreifen angelegt, die gegenüberliegende Seite wird streckenweise extensiv beweidet.

Ergebnisse und Diskussion

Die Stör

Vor der Umgestaltung erreichte die Strukturgüte insgesamt die Wertstufe 4 („unbefriedigend“). Die Sohle wurde als „unbefriedigend“ bis stellenweise „mäßig“ (Wertstufen 4 bis 3), das Ufer als „unbefriedigend“ (Wertstufe 4) eingestuft. Durch den Einbau zahlreicher Einzelmaßnahmen hat sich die Struktur verbessert. Tiefen- und Breitenvarianz haben zugenommen. Die Strömungsdiversität blieb dagegen unverändert. Das Ziel, an einigen Stellen eine hohe Varianz dieser Parameter herzustellen, wurde bislang nicht erreicht. Im Hinblick auf die Substratverteilung haben sich geringfügige Änderungen ergeben. Der Sandanteil lag nach wie vor bei 65 bis 75 %, der Kiesanteil hatte sich aufgrund der Zugaben auf 5 bis 10 % erhöht (**Bild 2**). Der Anteil an Totholz betrug auch drei Jahre nach Umsetzung noch weniger als 5 %. Insgesamt wurde die Sohle nach drei Jahren noch mit „unbefriedigend“ bewertet, hatte sich jedoch geringfügig um eine halbe Wertstufe verbessert. Die Auf-

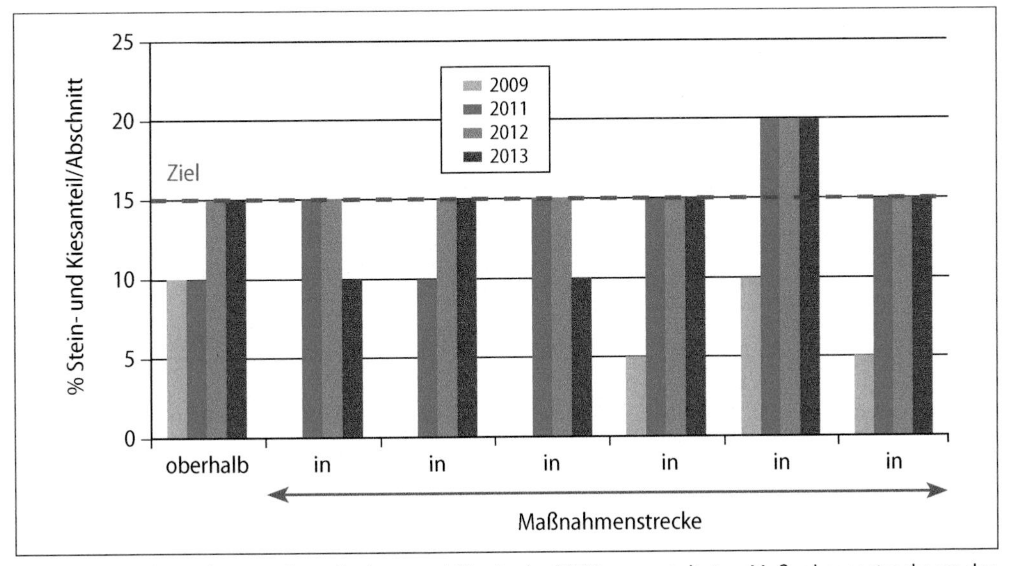

Bild 2: Entwicklung des Anteils an Steinen und Kies in der 2010 umgestalteten Maßnahmenstrecke an der Stör, rote Linie = Entwicklungsziel (Quelle: Lietz/Bruens/Pätzold)

wertung des Ufers war vor allem auf das künstliche Einbringen von „Sturzbäumen" zurückzuführen, hier war eine Verbesserung um fast eine Wertstufe auf „mäßig" zu verzeichnen. Die angepflanzten Ufergehölze hatten sich am Ende des Untersuchungszeitraums noch zu spärlich entwickelt, um das Gewässer zu beschatten und den Anteil an Totholz auf natürliche Weise zu erhöhen.

Die Wirbellosenfauna wurde an der Stör vor der Umgestaltung mit „mäßig" (Wertstufe 3) bewertet. Das weist darauf hin, dass die Struktur in Bezug auf die Anforderungen des Makrozoobenthos möglicherweise etwas zu streng bewertet wird. Das Besiedlungspotenzial war vergleichsweise hoch. Damit hatte die Stör gute Voraussetzungen, den guten ökologischen Zustand tatsächlich zu erreichen.

Die Wirbellosenfauna hat sich in der Umgestaltungsstrecke positiv entwickelt. Viele typspezifische Arten, die vor Umsetzung der Maßnahme nur an einzelnen Probestellen und in geringer Individuendichte vorkamen, traten schon ein Jahr nach der Umgestaltung in hoher Zahl auf. Dazu gehörten z. B. die Flussnapfschnecke *(Ancylus fluviatilis)*, die Gebänderte Prachtlibelle *(Calopteryx splendens)*, die Steinfliege *Isoperla grammatica* sowie verschiedene Hakenkäfer und Köcherfliegen. Deutlich wurde dies an der Entwicklung des relativen Anteils der Eintags-, Stein- und Köcherfliegen (EPT-Arten). Für strömungsliebende Taxa stand vor der Umgestaltung nur wenig geeignetes Substrat zur Verfügung. Nach der Umgestaltung hatten sich durch die Erhöhung des Hartsubstratanteils und die kleinräumig höhere Diversität von Substrat und Strömung die Bedingungen für typspezifische Arten verbessert, so dass der Anteil vor allem an den Stellen angestiegen ist, an denen er vorher vergleichsweise niedrig war (**Bild 3**). Die absoluten Häufigkeiten strömungsliebender Arten (z. B. die Eintagsfliegen *Ephemera danica, Caenis rivulorum, Seratella ignita*) waren in der Maßnahmenstrecke angestiegen. Dagegen hatte die Eintagsfliege *Centroptilum luteolum*, die als Störzeiger gilt, in ihrer Individuendichteabgenommen.

Der Fauna-Index verhielt sich ähnlich. Im Bereich der Umgestaltung stieg der HDFI bei der ersten Nachuntersuchung an fast allen Stellen an und pendelte sich dann auf einem Niveau ein, welches i.d.R. deutlich über dem vor der Umgestaltung lag. Diese Entwicklung war an der Referenzstelle oberhalb der Maßnahme nicht zu erkennen. Es zeigte sich auch, dass die positive Entwicklung relativ schnell einsetzte. Dies könnte auf das gute Besiedlungspotenzial zurückzuführen sein, wie es auch in vergleichbaren Untersuchungen festgestellt wurde [10].

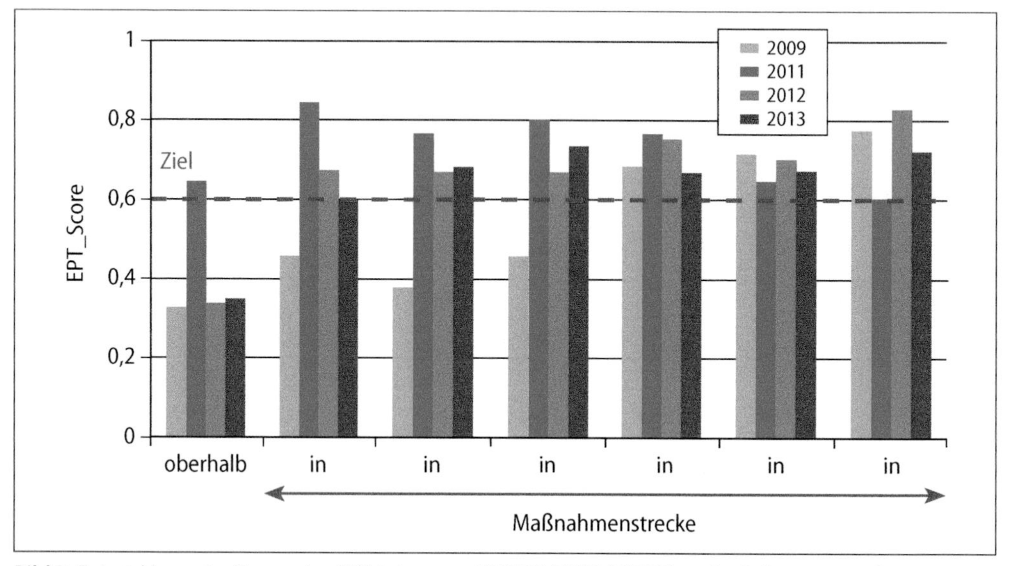

Bild 3: Entwicklung des Scores der EPT-Arten gemäß PERLODES (WRRL) an der Stör von 2009 bis 2013, rote Linie = Entwicklungsziel (Quelle: Lietz/Bruens/Pätzold)

Die Ziele hinsichtlich des DFI und der EPT-Arten wurden bereits im Jahr 2011 an den meisten Probestellen nahezu erreicht. Die Artenzahl der Köcherfliegen hatte sich noch nicht stabilisiert. Mögliche Gründe hierfür sind die methodisch bedingte Beschränkung auf eine Probenahme pro Jahr und Populationsschwankungen zwischen den Jahren. Eventuell spielt auch das noch nicht ausreichend entwickelte Ufergehölz und somit das Fehlen von Ansammlungen von Laub und Zweigen in strömungsberuhigten Bereichen als wichtiger Teillebensraum eine Rolle.

Weitere Gewässer

An der Radesforder Au haben sich nur geringfügige Verbesserungen der Struktur bezüglich der Parameter Sohle, Ufer und Land ergeben. Der Zustand der Wirbellosenfauna hat sich von „unbefriedigend" auf „mäßig" bis „gut" erhöht. Auch an der Referenzstelle oberhalb der Umgestaltung zeigten sich entsprechende Verbesserungen, allerdings nicht in dem Maße wie in der Maßnahmenstrecke. Hier hat sich vermutlich auch die seit Jahren durchgeführte schonende Gewässerunterhaltung in Form von Stromstrichmahd positiv auf die wirbellose Fauna ausgewirkt.

An der Eider hat sich die Bewertung der Strukturparameter Sohle und Ufer im Umgestaltungsabschnitt geringfügig verbessert. Die Wirbellosenfauna hat sich im ersten Jahr nach der Maßnahme zunächst verschlechtert. Drei Jahre nach der Umgestaltung zeigte sich dann eine Verbesserung auch gegenüber dem Zustand vor der Umgestaltung. Ein Grund für die langsame Entwicklung könnte in einem relativ schlechten Wiederbesiedlungspotenzial liegen. Gut besiedelte Abschnitte liegen mehrere Kilometer entfernt oberhalb des Untersuchungsbereichs. Weiterhin ist die Eider aus Belastungsquellen oberhalb des Untersuchungsraums zeitweise saprobiell beeinträchtigt. Hierdurch könnte die Abwertung bei der ersten Nachuntersuchung verursacht sein, da sich gleichzeitig auch die Referenzstelle verschlechtert hatte.

Die ursprünglich schlechte Struktur der Grinau wurde durch den Umbau verbessert. Die Zahl der besonderen Uferstrukturen und Längsbänke hatte sich erhöht, Breiten- und Tiefenvarianz, Strömungsdiversität, Tiefenerosion, Krümmungserosion und Substratdiversität waren angestiegen. Die Wirbellosenfauna zeigte jedoch sowohl in der Umgestaltungsstrecke als auch an den Referenzstellen keine stabile Besiedlung. Dies ist wahrscheinlich auf starke Wasserstandsschwankungen

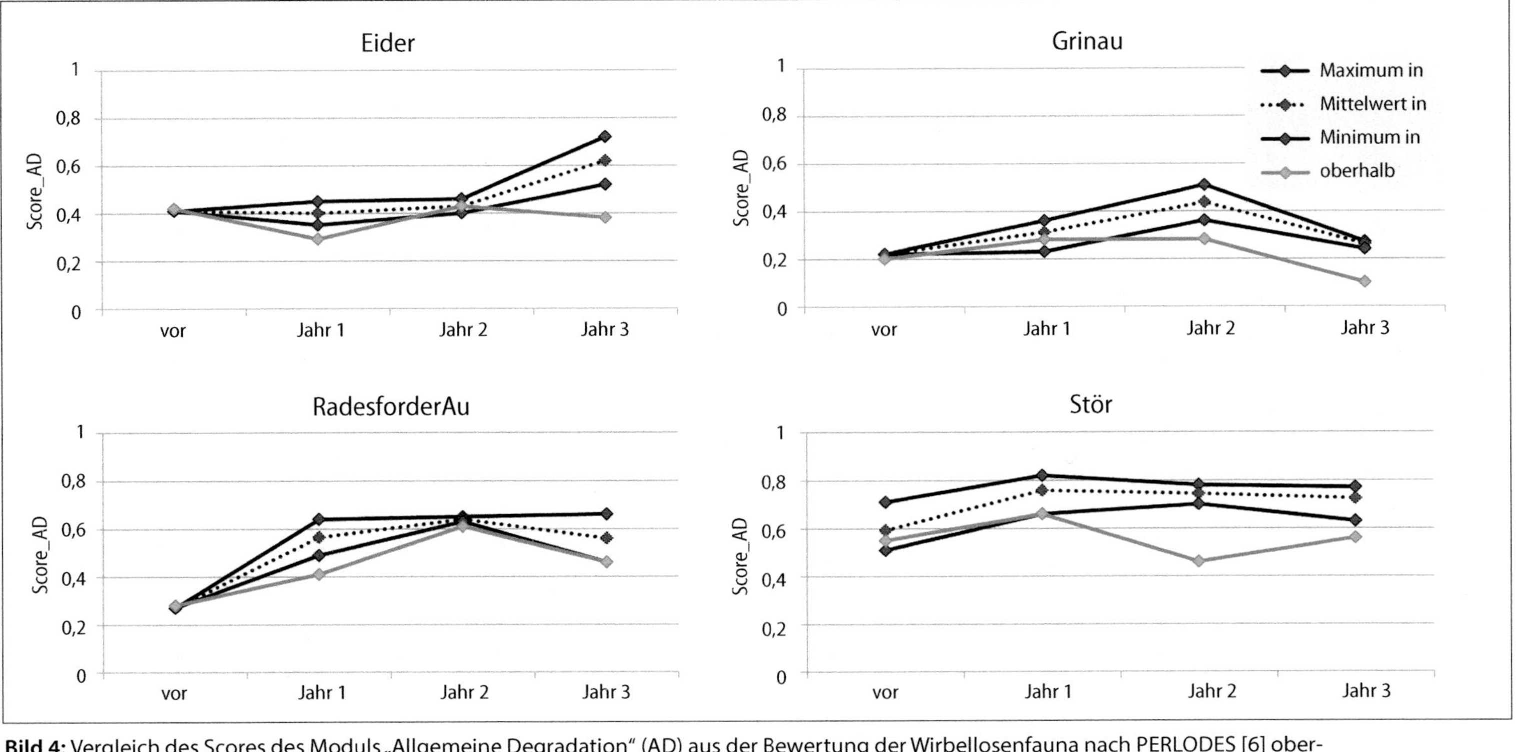

Bild 4: Vergleich des Scores des Moduls „Allgemeine Degradation" (AD) aus der Bewertung der Wirbellosenfauna nach PERLODES [6] oberhalb und in der Maßnahmenstrecke vor und nach Durchführung der Maßnahme (vor: 2009; Jahr 1: 2011; Jahr 2: 2012; Jahr 3: 2013) an vier Fließgewässern in Schleswig-Holstein (Quelle: Lietz/Bruens/Pätzold)

zurückzuführen. Während im Winter zeitweise sehr hohe Wasserstände mit starker Strömung zu beobachten sind, ist der Abfluss im Sommer extrem gering, der Bach trocknet stellenweise sogar aus. Hinzu kommen hohe Nährstoffgehalte, die zu Algenwuchs auf den Steinen führen und damit die Möglichkeiten der Besiedlung einschränken. Auch Pflanzenschutzmittel wurden nachgewiesen. Insgesamt zeigt auch dieses Gewässer eine Verbesserung der Besiedlung im Bereich der Maßnahmenstrecke, wenn auch auf sehr niedrigem Niveau.

Gewässerübergreifende Betrachtungen

Gewässerstruktur

Bei der ersten Nachuntersuchung nahm die Strukturvielfalt in den Untersuchungsgewässern durch die Einbauten und Materialzugaben deutlich zu. Als Folge der eingebauten Strömungslenker wurden mehr Lauf- und Uferstrukturen festgestellt, die Substratdiversität verbesserte sich durch die Kiesschwellen und Kiesdepots. Gleichzeitig erhöhten sich Strömungsdiversität und Breitenvarianz. Der Anteil an Sand und Schlamm war in der Regel geringer als bei der Voruntersuchung, während sich der Anteil von Kies und Steinen durch das eingebrachte Material erhöht hatte.

Im zweiten Jahr nach der Umgestaltung entwickelte sich das Gewässerbett durch Eigendynamik weiter. Breiten-/Ufer- und Krümmungserosion nahmen zu. In strömungsberuhigten Abschnitten lagerten sich neue Längsbänke ab, zumeist aus Sand, seltener auch aus Kies oder Schlamm. Mit den Uferabbrüchen erhöhte sich die Breitenvarianz geringfügig, es entstanden neue Aufweitungen. Bezogen auf die Gesamtstrecke ist jedoch anzumerken, dass die meist kleinräumigen Veränderungen vor allem in den durch die Maßnahmen umgestalteten Fließstrecken stattfanden und nicht zu einer deutlichen Aufwertung der Struktur über längere Abschnitte geführt haben.

Bei der letzten Nachuntersuchung waren positive Veränderungen nur noch in geringem Umfang festzustellen, teilweise deutete sich eine rückläufige Entwicklung an. Die Erosion nahm wieder ab, die Verlagerung von Substraten erfolgte nur noch in geringem Maße. In der Sohle war der Kiesanteil unverändert bis rückläufig, während sich der Sand- und Schlammanteil in einigen Abschnitten wieder leicht erhöhte. Dies ist wahrscheinlich durch die Sandfrachten in den betrachteten Gewässern bedingt. Weiterhin führt die bisher in allen Maßnahmenbereichen noch fehlende Beschattung durch Gehölze teilweise zu einem sommerlichen Algenaufwuchs auf den Hartsubstraten, die den Lebensraum beeinträchtigten.

Wirbellosenfauna

Wird die allgemeine Degradation – das Maß für die strukturelle Belastung im Rahmen der Bewertung nach WRRL [6] – vor und nach Umsetzung der Maßnahmen verglichen, so haben sich alle Gewässer tendenziell positiv entwickelt (**Bild 4**). Im Vergleich zu den Stellen oberhalb der Maßnahmenabschnitte lag der Score der allgemeinen Degradation nach 3 Jahren im Mittel um 0,1 bis 0,2 höher, das entspricht einer halben bis einer ganzen Bewertungsklasse. An der Stör konnte eine schnelle faunistische Aufwertung nach schon einem Jahr nach Fertigstellung der Maßnahmen beobachtet werden (Bild 2). Die Verbesserung blieb auch in den nächsten beiden Jahren über dem Niveau der oberhalb liegenden Referenzstation. An der Eider zeigten sich Verbesserungen der Besiedlung erst drei Jahre nach Durchführung der Maßnahmen. An der Radesforder Au dagegen hatte sich der faunistische Zustand nach einem Jahr sowohl in als auch oberhalb der Umgestaltungsstrecke verbessert, und im Maßnahmenabschnitt war die Verbesserung in zwei von drei Jahren nach Fertigstellung stärker als oberhalb. In der Grinau hingegen lag der Grad der faunistische Aufwertung auf sehr niedrigem Niveau.

Die typspezifischere Besiedlung ist vor allem auf die Herstellung von gut überströmten Strecken mit Kies oder Geröll zurückzuführen, die vorher in den Gewässern kaum vorhanden waren. Dies hat in der Regel zu einer Erhöhung des Individuenanteils strömungsliebender Arten geführt. Defizite sind jedoch weiterhin bei den Arten festzustellen, die auf Ansammlungen von Totholz und Detritus in strömungsberuhigten Randbereichen angewiesen sind. Die angepflanzten Ufergehölze sind bisher zu klein, um einen entsprechenden Beitrag zum Substrat zu leisten.

Es hat sich auch gezeigt, wie wichtig der Vergleich zu einer nahegelegenen Station außerhalb der Maßnahme und die Untersuchung über mehrere Jahre ist (Bild 4). An der Stör war die Differenz zwischen Referenz- und Maßnahmenstrecke am größten, wobei sich die Referenzprobestelle weitgehend unverändert besiedelt zeigte. An der Radesforder Au hat sich der Zustand des Makrozoobenthos sowohl in als auch oberhalb des umgestalteten Abschnitts insgesamt deutlich verbessert, dies relativiert die deutliche Aufwertung zwischen Vor- und dritter Nachuntersuchung. An der Eider dagegen hat sich die faunistische Besiedlung oberhalb des Untersuchungsabschnitts eher verschlechtert, dies wertet die leichte Verbesserung in der Maßnahmenstrecke im Vergleich zur Referenzstation auf.

Empfehlungen für Monitoring und Maßnahmenplanungen

Durch die nach dem „Before-After-Control-Impact-Design" durchgeführte Wirkungskontrolle konnte in allen untersuchten Gewässern nachgewiesen werden, dass durch die strukturverbessernden Maßnahmen die Wirbellosenbesiedlung tendenziell aufgewertet wurde. Der zeitliche Verlauf war an den Gewässern unterschiedlich: Einige Gewässer zeigten sich bereits im ersten Jahr verbessert, andere benötigten zwei bis drei Jahre, bis sich eine positive Entwicklung abzeichnete. Anhand der außerhalb der Maßnahme liegenden Probestellen wurde gezeigt, dass die Aufwertung durch strukturverbessernde Maßnahmen durch andere sowohl positive als auch negative Faktoren im Einzugsgebiet überlagert werden können.

Für ein maßnahmenbegleitendes Monitoring ist es sinnvoll, die Untersuchungen über mehrere aufeinanderfolgende Jahre durchzuführen und mindestens eine oberhalb liegende Messstelle als Referenz mit einzubeziehen. Nur so können Entwicklungen aufgezeigt und diese den eingebrachten Strukturen zugeordnet werden. Im Rahmen des operativen Monitorings nach WRRL, welches eine Untersuchung alle drei Jahre mit ggf. nur einer repräsentativen Probestelle pro Wasserkörper vorsieht, ist dies kaum möglich.

Auch kleinere Instream-Maßnahmen können Verbesserungen für das Makrozoobenthos initiieren, sofern diese von nahe gelegenen Wiederbesiedlungsquellen aus erreichbar sind. Der „gute ökologische Zustand" wurde nur an der Stör erreicht, wo aufgrund ausreichender Flächenverfügbarkeit Verschwenkungen des Gewässerlaufs möglich waren. Es war ein entsprechendes Wiederbesiedlungspotenzial vorhanden, außerdem boten Hydrologie, Wasserqualität und Nutzung des Gewässerumfelds gute Voraussetzungen.

Alle anderen untersuchten Gewässer haben höchstens eine „mäßige" ökologische Zustandsklasse erreicht, die Besiedlung der Grinau ist weiterhin nur „unbefriedigend". Einen großen Einfluss hat hier die Nutzung des Einzugsgebietes [11, 12]. Die Anlage ausreichend breiter Gewässerrandstreifen oder im Optimalfall eines großräumig extensiv bewirtschafteten oder nicht genutzten Gewässerumfeldes kann die Beeinträchtigungen durch intensive landwirtschaftliche Nutzung wie Sand-, Nähr- und Schadstoffeintrag reduzieren [12, 13] und ein wichtiger Baustein zur Verbesserung des ökologischen Zustands der Fließgewässer sein.

Literatur

[1] Geist, J. (2011): Integrative freshwater ecology and biodiversity conservation. – Ecological Indicators 11(6): 1507-1516.

[2] BBS (2014): Ökologische maßnahmenbegleitende Untersuchungen 2009-2013. Untersuchung der Veränderung der Besiedlung (Makrozoobenthos) ausgewählter Bäche nach strukturverbessernden Maßnahmen. – Endbericht 204 pp.

[3] UBA (2008): Ökologische Effektivität hydromorphologischer Maßnahmen an Fließgewässern. – UBA-Texte 21/8

[4] Ahrens, U. (2007): Gewässerstruktur: Kartierung und Bewertung der Fließgewässer in Schleswig-Holstein. – LANU Jahresbericht 2006/2007, 115 – 126.

[5] LAWA (2000): Gewässerstrukturgütekartierung in der Bundesrepublik Deutschland, Verfahren für kleine und mittelgroße Fließgewässer. – Kulturbuchverlag.

[6] Meier, C., P. Haase; P. Rolauffs; K. Schinderhütte; F. Schöll; A. Sundermann & D. Hering (2006): Methodisches Handbuch Fließgewässer. Handbuch zur Untersuchung und Bewertung von Fließgewässern auf der Basis des Makrozoobenthos vor dem Hintergrund der EG-Wasserrahmenrichtlinie. – Stand Mai 2006, 79 pp.

[7] Lietz, J. & M. Brunke (2008): Zusammenhänge zwischen Strukturparametern und Wirbellosenfauna in kiesgeprägten Bachen des Norddeutschen Tieflands – erste statistische Analysen. – LANU Jahresbericht 2007/2008, 213-220.

[8] Sommerhäuser, M. & H. Schuhmacher (2003): Handbuch der Fließgewässer Norddeutschlands. – ecomed, 278 pp.

[9] Dahm, V., Kupilas, B., Rolauffs, P., Hering, D., Haase, P., Kappes, H., Leps; M., Sundermann, A., Döbbelt-Grüne, S., Hartmann, C. Koenzen, U., Reuwers, C., Zellmer, U., Zins, C.(2014): Strategien zur Optimierung von Fließgewässer-Renaturierungsmaßnahmen und ihrer Erfolgskontrolle. - UBA-Texte 43/2014

[10] Sundermann, A., S. Stoll & P. Haase (2011). River restoration success depends on the species pool of the immediate surroundings. - Ecological Applications 21(6): 1962-1971.

[11] Lorenz, A. W. & C. K. Feld (2013): Upstream river morphology and riparian land use overrule local restoration effects on ecological status assessment. - Hydrobiologia 704(1): 489-501.

[12] Sundermann, A.; M. Gerhardt; H. Kappes & P. Haase (2013). Stressor prioritisation in riverine ecosystems: Which environmental factors shape benthic invertebrate assemblage metrics? - Ecological indicators 27: 83-96.

[13] Lietz, J. & M. Brunke (2015): „Funktionaler Schutz für Seen und Fließgewässer – Der Nutzen von Randstreifen für den Gewässerschutz." - Bauernblatt: 48-50.

Autoren

Dipl. Biol. Johanna Lietz
Landesamt für Landwirtschaft,
Umwelt und ländliche Räume Schleswig-Holstein,
Hamburger Chaussee 25, 24220 Flintbek
E-Mail: johanna.lietz@llur.landsh.de

Dipl. Biol. Angela Bruens
Büro BBS, Russeer Weg 54, 24111 Kiel
E-Mail: BBS.Greuner-Poenicke@t-online.de

Dr. Achim Pätzold
Landesamt für Landwirtschaft,
Umwelt und ländliche Räume Schleswig-Holstein,
Hamburger Chaussee 25, 24220 Flintbek
E-Mail: achim.paetzold@llur.landsh.de

Ilke Borowski-Maaser, Uta Sauer und Suzanne van der Meulen

Grenzübergreifende Vechte-Region: Zahlungsausgleich für Ökosystem-dienstleistungen

Kosten und Nutzen von Auenrenaturierung sind nicht immer gleichmäßig verteilt. In der deutsch-niederländischen Vechte-Region haben die lokalen Akteure die Grenzen aufgezeigt, die mit einem Ansatz für einen finanziellen Ausgleich zwischen den Kosten und Nutzen von Ökosystemdienstleistungen verbunden sind.

1 Hintergrund und Zielsetzung

Wer kennt die Bilder nicht: Auen, die Hochwasserwellen abfangen; naturnahe Flüsse, die das Herz der Erholungssuchenden aufgehen lassen; fruchtbare Flächen, die Nahrungsmittel produzieren. Ökosysteme stellen der Gesellschaft umfangreiche Leistungen zur Verfügung. Oft ist eine naturnahe Gestaltung wichtig, damit diese Leistungen in vollem Umfang zur Geltung kommen. Dabei können die Leistungen auch in Konkurrenz zueinander stehen: zeitweise überflutete Flächen können nur bedingt zur Beweidung genutzt werden. Um das allgemeine Bewusstsein für diese Leistungen zu fördern und ihren Wert zu ermitteln, wurde das Konzept der Ökosystemleistungen (Ecosystem Services, ES) und des Zahlungsausgleichs für (veränderte) Ökosystemleistungen (Payments for Ecosystem Services, PES) entwickelt. Ihre Umsetzung kann auch den Schutz von Ökosystemen und ihre Fähigkeit verbessern, gesellschaftsrelevante Leistungen zu produzieren.

In der öffentlichen Gewässerbewirtschaftung besteht die Erwartung, dass die ES / PES Konzepte ein Werkzeug bieten, mit dem die Priorisierung von Renaturierungen gegenüber anderen regionalen Interessen (z. B. Kinderbetreuung, Verkehrsinfrastruktur) gerechtfertigt werden kann. Wasserbehörden müssen auch zeigen, dass Maßnahmen sowohl effektiv als auch effizient sind, auch über die wasserwirtschaftlichen Ziele hinaus. Zusätzlich besteht die Hoffnung, dass ein Zahlungsausgleich für Ökosystemleistungen dabei hilft, zusätzliche Finanzmittel für die Umsetzung solcher Maßnahmen zu generieren. Denn ein PES-Vertrag soll die Kosten und Nutzen ausgleichen, die (wasserwirtschaftliche) Maßnahmen durch die Änderung von Ökosystemen und ihren Leistungen verursachen. Ein PES-Vertrag wird zwischen denjenigen geschlossen, die die Maßnahme umsetzen bzw. vorwiegend Kosten durch sie haben, und denen, die von der Maßnahme profitieren. Wichtig ist der enge Bezug zu einer tatsächlichen Änderung im Ökosystem: die Zahlung erfolgt nur in dem Fall, wenn die Maßnahme andernfalls nicht umgesetzt wird und keine Änderungen in der Bereitstellung der ES entstehen würden. D. h. die Maßnahme würde ohne Zahlung nicht umgesetzt werden.

In der 2. Phase des Forschungsprojekts „Vecht-PES“ wurde untersucht, wie die regionalen Akteure zu einem hypothetischen Zahlungsausgleich stehen. Daher werden zunächst kurz die Kosten und Nutzen dargestellt, wie sie von den Akteuren vor Ort erwartet werden. Dann werden die unterschiedlichen Schritte für eine PES-Entwicklung vorgestellt und mit Erfahrungen aus der Fallstudie verknüpft. Eine Darstellung der Ergebnisse findet sich unter [2, 3].

2 Methodisches Vorgehen der Fallstudie

Anknüpfend an die erste Phase des Projekts [1, 2] wurde in der vorliegenden Fallstudie ein partizipativer Forschungsprozess anhand einer in der Planung befindlichen grenzübergreifenden Auenrenaturierung umgesetzt. Aufbauend auf

Bild 1: Entwurf der grenzübergreifenden Auenrenaturierung für die Vechte zwischen Laar (Deutschland) und Hardenberg (Niederlande). Zur Verfügung gestellt von der Waterschap Velt en Vecht (jetzt: Vechtstromen), August 2013

einem Planungsentwurf der Maßnahme haben die regionalen Akteure in Experteninterviews und zwei Workshops Kosten und Nutzen identifiziert, die sie mit der Umsetzung der Maßnahme erwarten. In einem zweiten Schritt wurde untersucht, ob finanzielle Ressourcen über einen Zahlungsausgleich generiert werden könnten, um z. B. das wasserwirtschaftliche Budget zu erweitern. Dazu wurde in einem abschließenden Workshop eine Verhandlung simuliert: Würden die Akteure einen finanziellen Beitrag zu der Umsetzung der Maßnahme unter der Voraussetzung, dass die Maßnahme andernfalls nicht durchgeführt wird, beitragen? Dazu wurden die Workshopteilnehmer aufgefordert, einen Anteil von 90.000 € hypothetisch unter sich aufzuteilen. Dieser Anteil entsprach etwa dem erwarteten Eigenanteil auf deutscher Seite sowie den Kosten für bestimmte zusätzliche Anpassungen der Maßnahme für eine touristische Nutzung. Ohne diese 90.000 € würde die Maßnahme nicht umgesetzt werden.

3 Fallstudiengebiet: Grenzübergreifende Vechte – Region

Das Fallstudiengebiet erstreckt sich von Gramsbergen in den Niederlanden bis in die Gemeinde Laar in Deutschland. Es handelt sich um landwirtschaftlich genutzte Flächen, die durch die Vechte geprägt werden. Die im Rahmen der Fallstudie betrachtete Auenrenaturierung ist Teil des internationalen Maßnahmenprogramms der Vechte-Strategie, die bis 2050 umgesetzt werden soll. Hauptziel der Maßnahme ist es, einen naturnahen Fluss mit Mäandern zu entwickeln. Der Erhalt des aktuellen Hochwasserschutzniveaus ist dabei verpflichtend. Planungs- und Baukosten werden insgesamt auf knapp zwei Millionen Euro geschätzt (**Bild 1**).

4 Ausgewählte Ergebnisse: Kosten und Nutzen

Bei der Erfassung der Kosten und Nutzen ging es vor allem um die Bereiche außerhalb der Wasserwirtschaft. Die Ausgestaltung der Maßnahme wurde durch den Kontext der WRRL sowie die grenzübergreifenden Verträge als feststehend angenommen.

Die Kosten und Nutzen, die für andere gesellschaftliche Interessengruppen generiert werden, sind zum Teil mit hohen Unsicherheiten verknüpft: wie genau wird die Bewirtschaftbarkeit von Weideflächen beeinträchtigt? Wie reagieren Erholungssuchende auf die veränderte Landschaft? Welche Arten siedeln sich in den neuen Gebieten an? Außerdem lassen die Kosten und

Nutzen sich nur schwierig bis gar nicht quantifizieren, da die Auswirkungen einer einzelnen Maßnahme sehr lokal sind und zeitlich wahrscheinlich erst mehrere Jahre nach Umsetzung der Maßnahme zum Tragen kommen (z. B. Landschaftsattraktivität). Bei einigen Nutzen spielen die Ausgestaltung der Maßnahme und weitere Rahmenbedingungen (z. B. Förderung touristischer Infrastruktur) eine maßgebliche Rolle. In der Darstellung in **Bild 2** wurden daher Bedingungen integriert, die zu einem potenziellen Zusatznutzen bzw. zu einer Reduzierung der Kosten führen können.

Die Kosten und Nutzen, die von der Auenrenaturierung erwartet werden, können wie folgt zusammengefasst werden:

1. NATURSCHUTZ erhält ausschließlich Nutzen durch die Umsetzung der Maßnahme; ob dieser Nutzen auch nachhaltig ist, hängt von der Entwicklung der (touristischen) Nutzung ab.
2. Für die LANDWIRTSCHAFT entstehen vorwiegend Kosten durch den Verlust von Fläche. Diese könnten ggf. teilweise kompensiert werden, wenn die Landwirte den Tourismus als neue Einkommensquelle entwickeln.
3. Der Nutzen einer „erhöhten Landschaftsattraktivität" für den TOURISMUS ist von einer Reihe von Rahmenbedingungen abhängig und daher mit starken Unsicherheiten behaftet. Dieser kann zudem den Nutzen „erhöhte Artenvielfalt" und „ökologische Aufwertung" für den NATURSCHUTZ reduzieren.
4. Der Nutzen „erhöhte Landschaftsattraktivität" für den TOURISMUS kann evtl. auch die Kosten "Verlust der landwirtschaftlich nutzbaren Fläche" für die LANDWIRTSCHAFT erhöhen.

Werden die Kosten und Nutzen im Hinblick auf bestehende Ungleichgewichte und eines damit erforderlichen Zahlungsausgleichs betrachtet, wird deutlich, dass die Wasserwirtschaft breiten gesellschaftlichen Nutzen generiert. Reicht dieser Nutzen, um Zahlungen für die Umsetzung der Maßnahme zu generieren?

Um diese Fragestellung zu untersuchen, wurde sowohl für einen grenzüberschreitenden Vertrag als auch für jeweils niederländische und deutsche Konstellationen ein PES-Schema vorgeschlagen. Im Folgenden werden die Leitfragen bei der PES Entwicklung dargestellt. Für jede Frage werden dabei kurz die wesentlichen Schlussfolgerungen aus der Fallstudie formuliert.

1. Was steht "zum Verkauf"? Welche Ökosystemleistungsänderungen und welche potenziellen Nutzen sind interessant für einen möglichen Käufer? Was kann von dem Verkäufer angeboten werden?

Eine wesentliche Komponente beim PES ist die Nutzenorientierung: Ein Vertrag wird nur geschlossen, wenn die Nutznießer bestimmter Leistungen für ihre Bereitstellung zahlen würden. Was trivial klingen mag, stellt für die Anwendung von PES eine deutliche Barriere dar. In der vorliegenden Fallstudie wurde die Maßnahme von der Wasserverwaltung/-Behörden initiiert und die Finanzierung sichergestellt. Mit Umsetzung der Maßnahme kommt es zu bestimmten Änderungen in der Bereitstellung der ES z. B. bezüglich der Artenvielfalt, Landschaftsattraktivität, des Erholungswertes. D. h. die Maßnahme wird für bestimmte Interessengruppen Nutzen generieren. Damit ein PES-Schema funktioniert, muss für die (öffentlichen und privaten) Nutzer deutlich sein, dass der Nutzen durch die Änderungen in der Bereitstellung von Ökosystemleistungen nur durch ihre Co-Finanzierung in die Gewässerentwicklung entsteht.

Zur Ausgestaltung des PES wird klar, dass der Verhandlungsgegenstand genau definiert werden muss. Nur dann können Kosten und Nutzen abgeschätzt werden.

2. Wer sind die Vertragspartner? Wer zahlt? Wer wird bezahlt?

In der Fallstudie waren es vor allem öffentliche Akteure, die als Nutzer identifiziert wurden und sich in dem Beteiligungsprozess engagierten. Bei der Identifikation der Vertragspartner spielt auch der räumliche Bezug des Vertrags eine Rolle: Welche identifizierten Kosten und Nutzen werden einbezogen? Nur die lokalen oder auch Kosten und Nutzen, die weiter flussaufwärts oder -abwärts entstehen? Von Projektseite wurde ein enger lokaler Bezug vorgeschlagen: es werden die lokalen Nutzen der Auenrenaturierung an die lokalen Nutznießer verkauft. Das entspricht dem lokalen Beteiligungsprozess innerhalb des Projekts.

3. Wie kann der Preis bestimmt werden? In welchen Einheiten wird für ES gezahlt? Wie können die Änderungen in den ES (und die damit

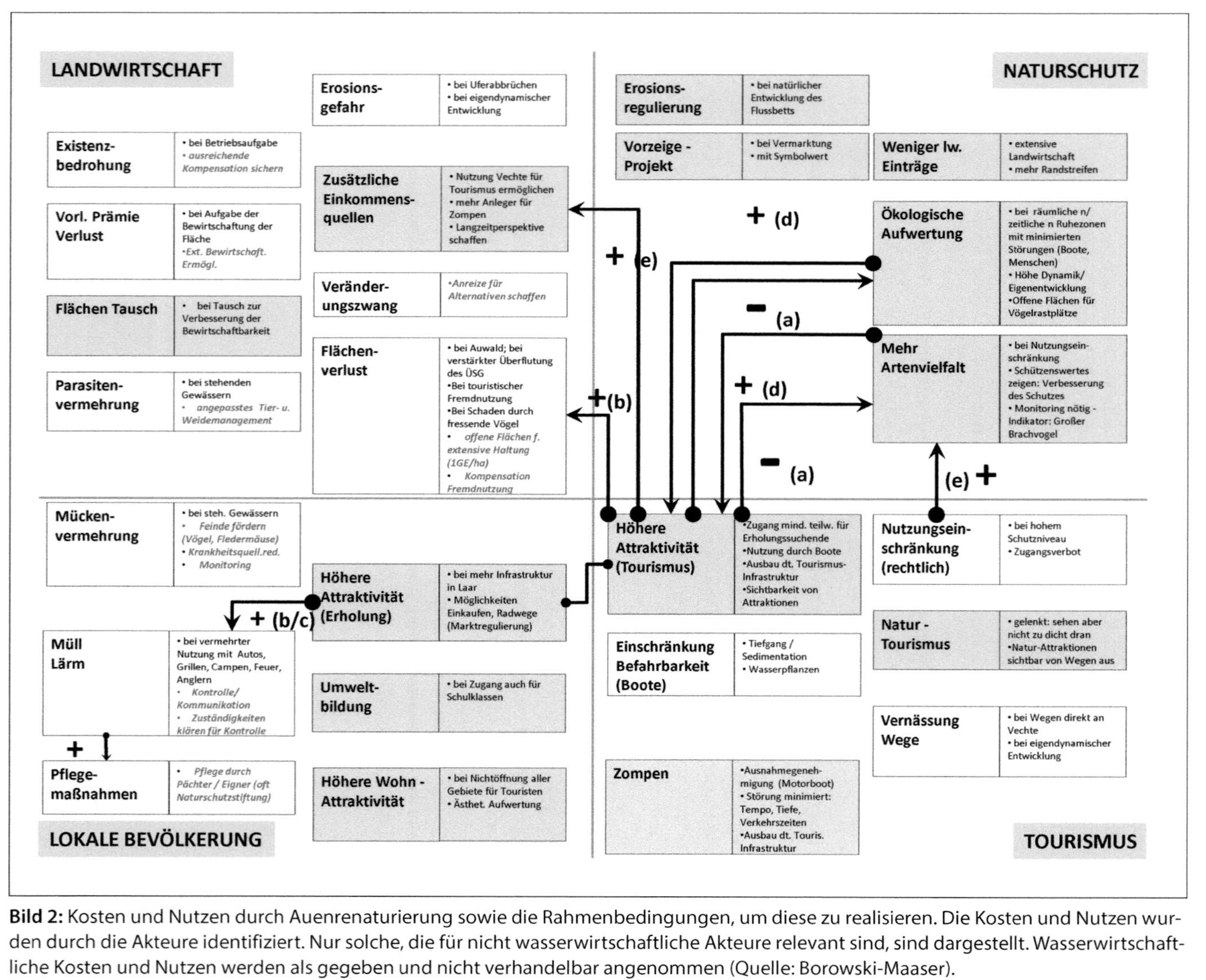

Bild 2: Kosten und Nutzen durch Auenrenaturierung sowie die Rahmenbedingungen, um diese zu realisieren. Die Kosten und Nutzen wurden durch die Akteure identifiziert. Nur solche, die für nicht wasserwirtschaftliche Akteure relevant sind, sind dargestellt. Wasserwirtschaftliche Kosten und Nutzen werden als gegeben und nicht verhandelbar angenommen (Quelle: Borowski-Maaser).

Legende:

Kästchen: Kosten weiß, Nutzen grün, Interessengruppen grau; Violett: zentrales lokales Projekt in Wechselwirkung mit Maßnahme.

Rechte Felder: Rahmenbedingungen der Kosten und Nutzen bzw. zur Optimierung der Maßnahme;

Pfeile: Abhängigkeiten (+ = je mehr...desto mehr; – = je mehr...desto weniger); (a) bei starker Nutzung; bei flussnahen Wegen; (b) bei erhöhter Nutzung, mehr Müll, Wildcampen; (c) bei uneingeschränkter Nutzung, fehlenden Kontrollen; (d) mehr Vögel erhöhen Attraktivität; (e) Langfristige Entwicklungen im Blick behalten.

verbundenen Kosten und Nutzen) transparent gemacht werden? (Monitoring)

Um die PES-Verträge einschließlich z. B. der Höhe der Zahlungen zu entwickeln, ist eine direkte Verhandlung zwischen den Akteuren erforderlich. Bei den simulierten Verhandlungen waren nicht alle Akteure anwesend, die von der Maßnahme betroffen wären. Zum Beispiel fehlten regionale Institutionen, die oft auch auf lokaler Ebene finanzielle Unterstützung leisten (wie die niederländische Region oder die niedersächsische Landesverwaltung). Auch vom Naturschutz waren keine deutschen Vertreter anwesend. Dies kann der Grund dafür sein, dass es zu keinem hypothetischen Vertragsabschluss innerhalb der simulierten Verhandlung gekommen ist, und das erforderliche Budget nicht durch die anwesenden Akteure vollständig generiert werden konnte. Trotzdem wurde deutlich, dass neben dem Nutzen, den die Akteure der Durchführung der Maßnahme zuschreiben, auch die empfundene Gerechtigkeit im Hinblick auf die Abgabe von Angeboten der anderen Akteure wesentlich ist für eine finanzielle Beteiligung. Die durch die fehlende Generierung des Mindestbudgets nun simulierte Nicht- Umsetzung wurde von den Akteuren teilweise zwar bedauert, hat aber trotzdem nicht zu einer Erhöhung ihres Angebotes geführt, damit die Maßnahme trotzdem durchgeführt werden kann.

In der Simulation ging es um die Umsetzung der Renaturierungsmaßnahme als ganzes, auch wenn nur ein Teil der Maßnahmenkosten erbracht werden musste. Die Beiträge der Akteure wurden in Geldwerten festgehalten. Teilweise wurde auch die Erbringung von Arbeiten als Beitrag angeboten, z. B. die Umschichtung von Erdreich. Hier war für den Verhandlungsprozess wichtig, diesen Leistungen einen bestimmten Wert zuzuschreiben, um die Gesamtverteilung zwischen den Akteuren einschätzen zu können.

5 Abschließende Bemerkungen

Die Anwendung der ES- und PES-Konzepte bei der grenzübergreifenden Auenrenatuierung hat deutlich gemacht, wieviel Nutzen wasserwirtschaftliche Maßnahmen für bestimmte gesellschaftliche Gruppen generieren. Diese Nutzen als Basis eines PES-Vertrages zur Generierung zusätzlicher Finanzmittel zugrunde zu legen hat in der vorliegenden Fallstudie nur zum Teil funktioniert. Gründe lagen dafür zum Teil in der Maßnahme und der fehlenden Beteiligung bestimmter Akteure. Zum Teil war ein Grund aber auch in der Schwierigkeit, einerseits Kosten und Nutzen nur auf Basis einer festgelegten Maßnahme abschätzen zu können, andererseits aber in der Planung offen zu bleiben, um Anpassungen auf Grundlage der Verhandlungen zwischen den Akteuren vorzunehmen.

Neben der Landwirtschaft, die eine präzise Vorstellung ihrer potenziellen Einbußen als Kosten bzw. als Ausgleich angegeben haben, waren vor allem die Orts- und Gemeindevertreter bereit, die Maßnahmenumsetzung anteilig nach Anzahl der beteiligten Akteursbereiche zu unterstützen. Als Grund nannten sie insbesondere ihr Interesse an der Umsetzung der Maßnahme, um die Vorteile der lokalen Bevölkerung durch eine Steigerung der Lebensqualität zu generieren. Dennoch wurden bei der simulierten Verhandlung unter den aufgestellten Restbudget-Annahmen nicht ausreichend Mittel für eine Umsetzung der Auenrenaturierung offeriert. Dabei spielten hohe Unsicherheiten bezüglich potenzieller Effekte und die Kleinskaligkeit der Maßnahme eine wesentliche Rolle. Aus Gerechtigkeitsgründen waren Ort und Gemeinden aber nicht bereit, eine weitere Angebotsaufstockung durchzuführen, ohne dass der Naturschutz und der Tourismusbereich investieren. Da aber z. B. seitens des Naturschutzes nur ein ehrenamtlicher Vertreter aus den Niederlanden anwesend war, konnte der Naturschutz sein Angebot nicht anpassen. Neben der Begründung von fehlendem Budget wurden die Zahlungen sowohl im Tourismus als auch im Naturschutzbereich, aber auch von einer möglichen Anpassung der Ausgestaltung der Maßnahme abhängig gemacht. Hier zeigte sich, dass eine explizite Berücksichtigung des Konflikts zwischen Tourismus und Naturschutz in der Maßnahmenplanung deutlich hätte werden müssen, damit der (niederländische) Naturschutzvertreter zu mehr Unterstützung bereit gewesen wäre. Eine Schlussfolgerung daraus ist, das Maßnahmendesign bis zum Schluss der Verhandlungen anpassungsfähig zu halten, um auf Anforderungen reagieren zu können. Auf

Grund der Unsicherheiten bezüglich der Rahmenbedingungen, die die Auswirkungen der Maßnahme für den Tourismusbereich stark beeinflusst, war eine Quantifizierung und damit auch eine Bewertung der mit der Umsetzung der Maßnahme entstehenden Kosten und Nutzen nicht möglich.

Für die jeweilige Identifizierung konkreter Kosten und Nutzen für die Akteure in Verbindung mit der Maßnahmenumsetzung ist eine detaillierte Ausgestaltung der Maßnahme eine wichtige Voraussetzung. Andernfalls ist es schwierig, Interessenvertreter in einen Verhandlungsprozess zu involvieren. Die lokalen Akteure der Fallstudie haben wiederholt betont, dass eine Reihe von Kosten und Nutzen schwierig abzuschätzen seien. Insbesondere für den Tourismus war die Maßnahme räumlich zu klein, um Kosten und Nutzen der renaturierten Aue zu quantifizieren. Dabei würden einige Nutzen nur generiert, wenn weitere Investitionen getätigt werden würden.

Zum Beispiel ist es für eine Ausweitung des Tourismus wesentlich, die touristische Infrastruktur zu verbessern, wie z. B. in Radwege oder Erholungsplätze zu investieren, um die landschaftliche Attraktivitätssteigerung überhaupt nutzen zu können. Wenn das vorliegende PES zur Maßnahmenfinanzierung als Vertrag über eine Einmalzahlung angelegt ist, würde die aktuelle Maßnahmenausgestaltung zumindest für den Tourismus nicht ausreichen für eine Zahlung. Die lokalen Interessenvertreter haben deutlich gemacht, dass ein PES–Vertrag Mechanismen einschließen muss, der Zahlungen ggf. in Abhängigkeit von dem Effekt der Maßnahme anpasst.

Danksagung

Ohne die Teilnahme der lokalen Vertreterinnen und Vertreter in der grenzübergreifenden Vechteregion wäre die Durchführung der Fallstudie nicht möglich gewesen. Wir bedanken uns daher für ihr konstruktives Engagement in den Interviews und während der Workshops. Unser besonderer Dank geht an die Vertreter der Wasserbehörden, den Landkreis Grafschaft Bentheim und die Waterschap Vechtstromen (früher Waterschap Velt en Vecht) für die Möglichkeit, den laufenden Planungsprozess in unserem Projekt zu nutzen. Wir bedanken uns auch bei dem niederländischen Ministerie voor Infrastructuur en Milieu und dem Bundesministerium für Umwelt, Naturschutz, Bau und Reaktorsicherheit. Sie haben uns im Rahmen ihrer Aktivitäten zur Umsetzung der Convention on the Protection and Use of Transboundary Watercourses and International Lakes (adopted 1992 in Helsinki, kurz: Water Convention) maßgeblich unterstützt. Nicht zuletzt geht unser Dank an das Niedersächsische Ministerium für Umwelt, Energie und Klimaschutz, das uns sowohl finanziell als auch durch ihre aktive Teilnahme am Projekt sehr geholfen hat.

Literatur

[1] Ilke Borowski-Maaser, Uta Sauer, Jörg Cortekar, Suzsanne van der Meulen: Final Report (DII.6 – V4) on Phase II of an ecosystem services project in the Vecht basin: Developing a proposal for a regional scheme on payments for ecosystem services. Hannover, 2014. Verfügbar unter www.interessen-im-fluss.de

[2] Ilke Borowski-Maaser, Linda Neubauer: Ökosystemdienstleistungen der grenzübergreifenden Vechte. In: WASSER UND ABFALL 3/2013. S. 40 – 43

[3] Suzanne van der Meulen, Linda Neubauer, Jos Brils, Ilke Borowski-Maaser: Towards practical implementation of the ecosystem services (ES) concept in transboundary water management. Deltares, 2012

Autorinnen

Dr. Ilke Borowski-Maaser
Interessen im Fluss
Helstorfer Straße 29
30625 Hannover
E-Mail: bm@interessen-im-fluss.de
www.interessen-im-fluss.de

Dr. Uta Sauer
Department für Agrarökonomie und Rurale Entwicklung,
Abteilung Umwelt- und Ressourcenökonomik
Platz der Göttinger Sieben 5
D-37073 Göttingen
E-Mail: usauer@uni-goettingen.de

Suzanne van der Meulen
Deltares
Princetonlaan 6-8
3584 CB Utrecht
P.O. Box 85467
3508 AL Utrecht
Te.: +31 (0)88 335 7730
E-Mail: suzanne.vandermeulen@deltares.nl

Frank Spundflasch, Rolf Johannsen und Tim Schiemenz

Erfahrungen beim Bau von Fischaufstiegsanlagen

Fischaufstiegsanlagen sollen die Biotope der Gewässerfauna längs des Gewässers miteinander verbinden. Vorgaben für Planung und Ausführung sind zwar vorhanden, sie müssen aber an die jeweiligen Gegebenheiten angepasst werden.

1 Veranlassung und Ziele

Das DWA-Merkblatt 509 [1] macht detaillierte Vorgaben zur Planung und Ausführung von Fischaufstiegsanlagen. Von den Verfassern wurden in den letzten Jahren zahlreiche derartige Anlagen geplant und die Ausführung überwacht. Hierbei mussten verschiedene Probleme gelöst werden, um die Ziele des Biotopverbundes unter den unterschiedlichen Rahmenbedingungen zu erfüllen.

Ein besonderer Schwerpunkt der Arbeiten war die Anpassung von Raugerinne – Riegel – Beckenpässen an die unterschiedlichen Baugrundverhältnisse und hydrologischen Gegebenheiten sowie deren Feineinstellung und Reparatur. Hier hat sich eine Kombination der Natursteinbauweisen mit Stulpwänden bewährt (**Bild 1**).

Weiterhin mussten beim Ersatz von Abstürzen durch Sohlgleiten in der Nähe von Gebäuden die Veränderungen der Grundwasserstände beachtet werden. Dies erfolgte durch parallel geführte Stau- und Dränsysteme. In der freien Landschaft sollte beim Umbau von Sohlschwellen und Kulturwehren auch eine Abwägung zwischen den im Merkblatt 509 detailliert formulierten Anforderungen an eine Fischaufstiegsanlage und dem Ziel einer eigendynamischen Gewässerentwicklung erfolgen.

2 Weiterentwicklung des Raugerinne – Riegel – Beckenpasses

Der Raugerinne – Riegel – Beckenpass ist eine häufig favorisierte Alternative von Fischaufstiegsanlagen, weil hierbei die biologisch-technische Funktion gut mit der Einpassung in das Landschaftsbild kombiniert werden kann. Gute Erfahrungen wurden bisher mit der Bauweise im Gebirgswasserbau bei grobkörnigem Untergrund und geringen Abflussschwankungen der Bemessungsabflüsse Q330 / Q30 erzielt. Die Bauweise kann aber zu folgenden Problemen führen:

- Bei feinsandigen, weichen, bindigen oder torfigen Böden kann die geplante, hydraulisch wirksame Riegel- und Schlitzstruktur durch Setzungen, Erosion und Suffusion nachteilig verändert werden.
- Mächtige Steinriegel und Steindeckwerke der Sohlgleiten können bei Gewässern mit stark schwankendem Abfluss und sehr geringen Niedrigwasserabflüssen bereichsweise monatelang trockenfallen, so dass die Q30-Bedingungen des Merkblattes 509 nicht erfüllt werden (danach darf die ökologische Funktion nur an den trockensten 30 Tagen eines mittleren Abflussjahres nicht erfüllt werden).
- Ein bautechnisch gut gesetzter Steinverbund lässt sich bei der In-Betriebnahme der Anlage nicht ohne größeren Bauaufwand verändern, wenn sich herausstellt, dass die hydraulische Funktion nicht ausreichend ist.
- Sowohl Hochwasser mit Treibholz, Vereisungen, bei kleineren Steingrößen auch Kinderspiel können zu Veränderungen der Riegelstrukturen und damit zum Verlust der planmäßigen hydraulischen Funktion führen.

Zur Lösung der genannten Probleme hat sich bei Projekten der Verfasser die Kombination der Raugerinne – Riegel – Beckenpässe mit Holzstulpwänden im Riegelbereich bewährt (in Anlehnung an [2 und 3]). Hierzu wird der Kronenbereich der Riegel durch zwei übergreifende Bohlenreihen festgelegt. Die Bohlen können gerammt werden – dann mit einseitig abgeschräg-

Bild 1: Riegelbeckenpass in Steinsatz-/Stulpwandbauweise in Funktion

ter Stirnfläche, oder sie werden in einen schmalen Graben gestellt und ausgerichtet. Danach wird der Graben mit filterstabilem Kiessand verfüllt. Die Riegel werden beidseitig durch erosionsstabile Steinpackungen gesichert und verkleidet. Danach werden die Becken planmäßig mit einer Steinschüttung auf Kiesfilter verfüllt. In erosionsanfälligem oder weichem Baugrund wurden die Stulpwände so tief gegründet, dass Verformungen nicht mehr zu erwarten sind. Die **Bilder 2 bis 5** illustrieren die wasserbautechnischen Lösungen.

Die Bohlen werden in Höhe der geplanten Riegelkronen abgesägt. Schlitze werden bis 0,3 m unter das geplante Sohlsubstrat eingeschnitten, um Makrozoobenthoswanderungen zu ermöglichen.

Bei der Inbetriebnahme der Anlage konnten sowohl die Kronenhöhen als auch die Schlitzwei-

Bild 2: Lageplanausschnitt eines Riegel-Beckenpasses in Steinsatz-/Stulpwandbauweise

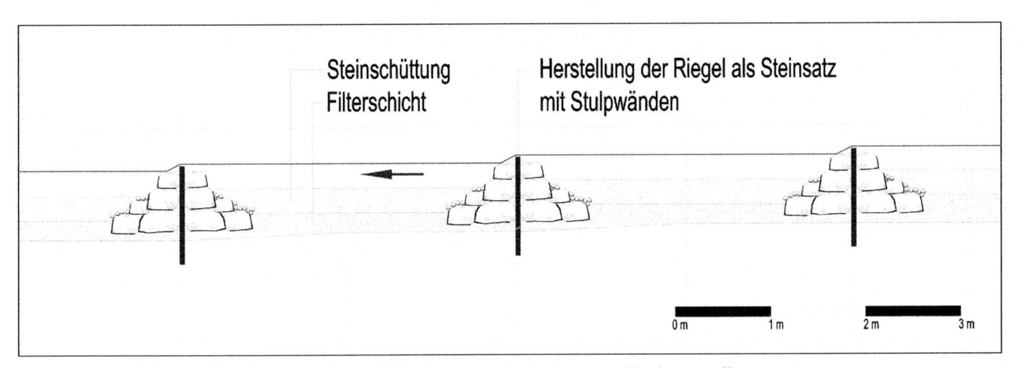

Bild 3: Längsschnitt durch einen Riegel-Beckenpass in Steinsatz-/Stulpwandbauweise

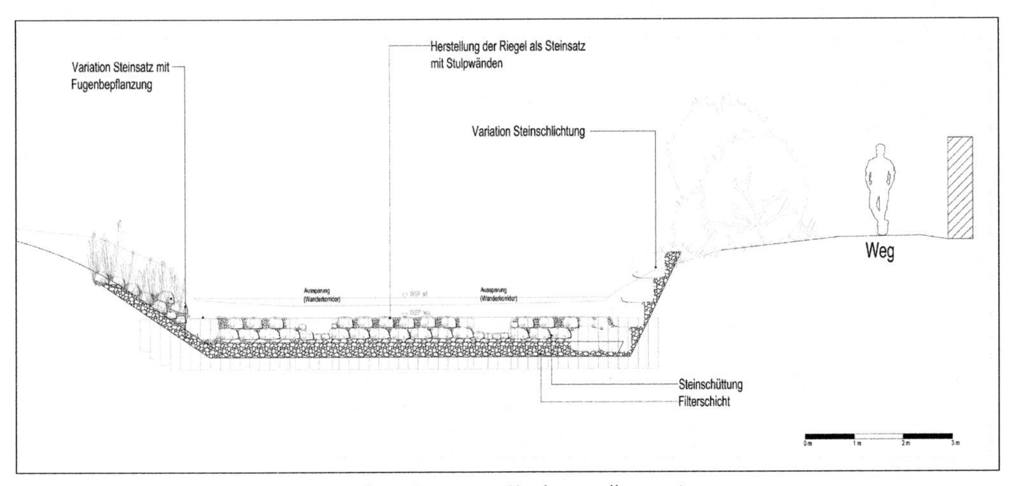

Bild 4: Querschnitt durch einen Riegel aus Steinsatz-/Stulpwandbauweise

ten durch weiteres Aussägen oder Aufnageln von Bohlenteilen an die speziellen hydraulischen Anforderungen angepasst werden. Die Parameter Wasserspiegelhöhendifferenz und Fließgeschwindigkeit im Schlitz sollten dabei vor Ort gemessen werden. Beobachtungen haben gezeigt, dass sich die tatsächliche Fließgeschwindigkeit im Schlitz nicht befriedigend anhand des Aussehens der Oberflächenströmung abschätzen lässt (**Bild 6**).

Selbst wenn die Steinpackungen durch Hochwasser oder Kinderspiel verlagert werden, so ist eine Instandsetzung durch die Facharbeiter der Gewässerunterhaltung leicht möglich, da die geplante Form durch die Stulpwandoberkante vorgegeben wird.

Für den Stulpwandbau eignen sich unbehandelte Holzbohlen aus Eiche, Lärche und Kiefer.

3 Veränderung der gewässernahen Grundwasserstände

Beim Umbau oder Rückbau von Wehren und Sohlabstürzen kommt es örtlich zur Veränderung der Sohlenlage und des Wasserspiegels, was wiederum auf den gewässernahen Grundwasserstand Einfluss haben kann. In der Nähe von Gebäuden oder anderen intensiven Flächennutzungen kann die Änderung der gewässernahen Grundwasserstände, die beim Umbau von Sohlabstürzen in flache Sohlengleiten entstehen, eine haftungsrelevante Rolle spielen.

Wenn die Krone der neuen Sohlengleite an der Stelle der alten Wehrkrone bzw. Absturzkante liegt, ergibt sich im Verlauf der Sohlengleite eine Erhöhung der Grundwasser-

Bild 5: Riegelbeckenpass in Steinsatz-Stulpwandbauweise im Bauzustand

Bild 6: Funktionsprüfung durch Messung der Strömungsgeschwindigkeit in den Öffnungen

stände. Kann dies auf Grund der benachbarten Gebäude nicht toleriert werden, so kann die Sohlengleite randlich längs durch eine Stauwand eingefasst werden. Auf der Gebäudeseite wird eine Dränung angelegt, die den Grundwasserstand auf dem Niveau vor dem Ausbau hält, in dem diese an den Unterwasserstand anschließt (**Bild 7**).

Wird die Krone der neuen Sohlengleite in das Oberwasser verlagert, so entsteht im gewässernahen Bereich eine Grundwasserabsenkung. Ob hierdurch Setzungsschäden an flach gegründeten Gebäuden auf Auelehm entstehen können, sollte ggf. ein Baugrundgutachter beurteilen.

4 Zielkonflikt in der freien Landschaft

Die fachplanerische Optimierung von Fischaufstiegsanlagen gemäß DWA-M 509 [1] führt bei Erfüllung der Q330 und Q30-Bedingungen häufig zu technischen Bauwerken, auch mit fixiertem Doppeltrapezprofil. Hierdurch werden vor allem in der freien Landschaft Fixpunkte geschaffen, die in Form und Funktion erhalten werden müssen und mittelfristig einer eigendynamischen naturgemäßen Gewässerentwicklung im Wege stehen. Daher sollte beim

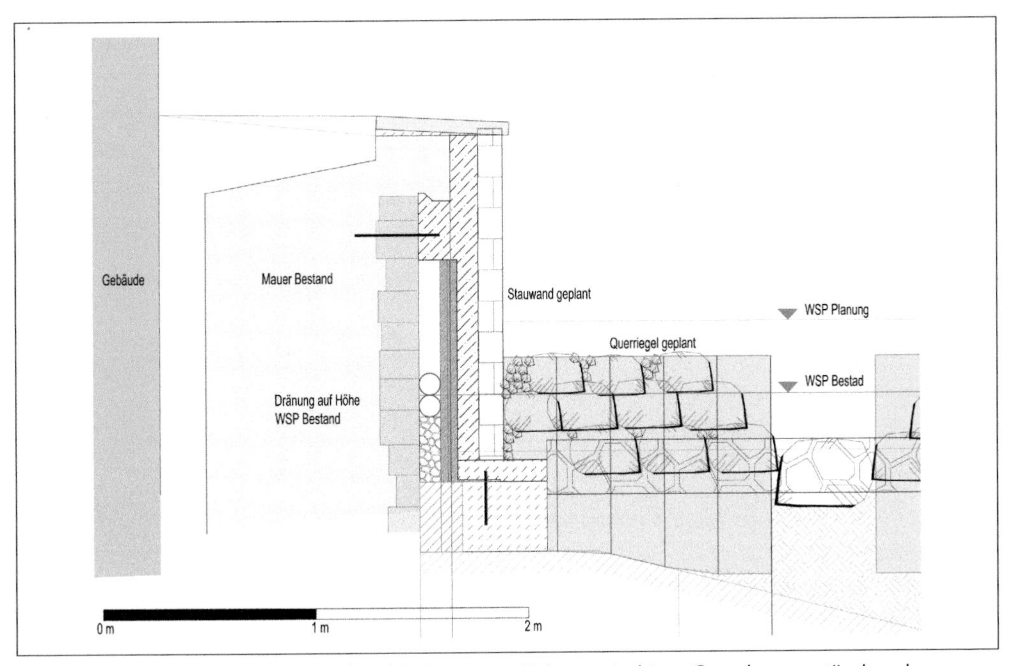

Bild 7: Detailschnitt einer Stauwand und Dränung zur Haltung niedriger Grundwasserstände neben einem Gebäude

Umbau von Sohlschwellen und Kulturstauen in der freien Landschaft geprüft werden, ob nicht der Höhenunterschied durch neu angelegte Gewässerkurven in Kombination mit flachen Schüttsteinsohlgleiten und hydraulisch rauer Ufergestaltung durch Lebendbau so ausgeglichen werden kann, dass hiermit beide Ziele, Biotopverbund und Gewässerentwicklung, verwirklicht werden können, selbst wenn hierbei die strengen Bedingungen des Merkblattes nicht ganz erfüllt werden.

Ein Beispiel ist die gemäß DWA 509 geforderte Wassertiefe in Beckenpässen oder auf Sohlengleiten. Die Forderungen können bei kleinen Bächen z. B. deutlich über die ober- und unterhalb der Aufstiegsanlage natürlich vorhandenen Wassertiefen hinausgehen. Hier sollte im Einzelfall eine sinnvolle Parameteranpassung abgestimmt werden.

Literatur

[1] DWA-M 509 Entwurf: Fischaufstiegsanlagen und fischpassierbare Bauwerke. DWA – Deutsche Vereinigung für Wasserwirtschaft, Abwasser und Abfall e.V. Hennef

[2] Gutsche, F. u. a. (1972): Taschenbuch der Melioration. Praktischer Meliorationsbau. VEB Deutscher Landwirtschaftsverlag Berlin (DDR)

[3] Simmer, K. (1985): Grundbau. Teubner Verlag

Autoren

Dipl.-Ing. Frank Spundflasch
Dipl.-Ing. Tim Schiemenz
Büro für Ingenieurbiologie, Umweltplanung und Wasserbau Kovalev und Spundflasch
Windmühle 1
99718 Oberbösa
E-Mail: Biw-21@t-online.de

Prof. Dipl.-Ing. Rolf Johannsen
Fachhochschule Erfurt
Studiengang Landschaftsarchitektur
Leipziger Straße 77
99085 Erfurt
E-Mail: johannsen@fh-erfurt.de

Gewässer-
durchgängigkeit

Clemens Gantert und Michael Dembinski

Erfolgskontrolle einer Wanderhilfe für Fische

Untersuchungen an einem modifizierten Schlitz-Pass

Mit der Wanderhilfe aquaLEB-Pass wird Technik für die Fische mit den Ansprüchen der Wirbellosen kombiniert, um den Bedürfnissen aller Wasserbewohner gerecht zu werden. Vorgestellt werden die Ergebnisse von Untersuchungen für die Bewertungsparameter Hydraulik, Fische, Wirbellosenfauna und Pflanzenaufkommen.

1 Einführung

In der Brookwetterung, einem Zufluss zur Dove-Elbe in Hamburg-Bergedorf, wurden im Winter 2009/2010 an den Stauanlagen „Neue Brookwetterung" und „Rehwinkel" zwei neuartige Wanderungshilfen für Fische und andere Gewässerorganismen eingebaut.

Die Gestaltung der Bauwerke orientiert sich an der bekannten Ausführung des Schlitzpasses (Vertical-Slot-Pass). Besondere Eigenschaften der Bauwerke sind durchströmbare Trennwände aus mit verschiedenen Materialien befüllten Drahtgitterkörben zwischen den einzelnen Becken sowie eine durchgängige Sohle aus lückigem Material. So soll zusätzlich zu der Durchwanderbarkeit für Fische die Wanderung für die Wirbellosenfauna ermöglicht werden. Die lückigen Strukturen der Sohle und die durchströmten Trennwände im aquaLEB-Pass bieten zudem neue Lebensraumstrukturen im Gewässer.

An der Wanderungshilfe in der Stauanlage „Rehwinkel" wurden im Jahr 2011 umfassende Untersuchungen im Rahmen eines Monitorings zur Erfassung der sich ändernden Verhältnisse durchgeführt. Die wesentlichen Ergebnisse werden dargestellt.

1.1 Die Brookwetterung

Die Brookwetterung ist ein über weite Teile ausgebauter Bach, der den Norden der Vierländer Elbmarsch entwässert. Das Gewässer beginnt in den Borghorster Elbwiesen und mündet schließlich bei Hamburg-Bergedorf in die Dove-Elbe. Die Gesamtlänge des Gewässers beträgt ca. 9,7 km [1]. Das Einzugsgebiet der Brookwetterung umfasst 28,94 km^2. Davon befinden sich 26,74 km^2 (ca. 92 % der Fläche) auf schleswig-holsteinischem Gebiet.

Die Brookwetterung liegt in der Gewässerlandschaft „Aue im Norddeutschen Tiefland, Höhe < NN + 2,00 m". Dabei wird der Ober- und Mittellauf dem Fließgewässertyp 19 „Kleine Niederungsfließgewässer in Fluss- und Stromtälern" und der Unterlauf dem Fließgewässer(sub)typ 22.1 „Gewässer der Marschen" zugeordnet.

An mehreren Stellen in der Brookwetterung bestehen Hindernisse für wandernde Organismen. Um zunächst an den Stauanlagen „ Neue Brookwetterung" und „Rehwinkel" die Durchgängigkeit herzustellen, wurden hier zwei Wanderhilfen errichtet.

1.2 Der aquaLEB-Pass

Der aquaLEB-Pass ist eine Weiterentwicklung des herkömmlichen Schlitzpasses (Vertical-Slot) und dient den aquatischen Lebewesen (Fische und Wirbellosenfauna) als Wanderungshilfe zur Umgehung von Querbauwerken in Fließgewässern. Geeignet ist die Konstruktion vor allem für staueregulierte Gewässer der Marschen und der Niederungen mit geringen Wasserstandsdifferenzen. Für das Gesamtbauwerk und die Einzelmodule (z. B. durchströmte Wände) besteht Gebrauchsmusterschutz (Nr. 20 2009 004 668.0). [2]

Der aquaLEB-Pass wird als Stahlrahmenkonstruktion mit einer wasserdichten Rinne aus z. B. PE-HD werkfertig im Lizenzbau hergestellt und kann als Gesamtbauwerk auf ein vorbereitetes Planum eingebracht werden. Durch die Werksfertigung entfallen aufwändige Maßnahmen vor Ort, wodurch Bauzeit und somit Kosten reduziert werden können. Bei größeren Lauflängen ist auch das Verbinden mehrerer Bauteile oder der Einsatz von anderen Werkstoffen (z. B. Beton) möglich.

In die Rahmenkonstruktion werden Edelstahlkörbe eingesetzt, die vor Ort mit durchlässigem Material (Kies, Weidenäste o. ä.) gefüllt werden. Die Füllung wird durch das Geflecht am Austreten gehindert und kann bei Bedarf mit geringem Aufwand gewechselt werden. Die Sohle des Bauwerks wird durchgängig aus lückigem Material aufgebaut. Die durchlässigen Trennwände und die Sohlkonstruktion ermöglichen es, dass nicht nur Fische oder die Spezialisten unter den Wirbellosen, sondern alle in der Gewässersohle angesiedelten Lebewesen den aquaLEB-Pass durchwandern können.

Beispiel: Fischpass am Rehwinkel-Stauwehr

Der in der Neuen Brookwetterung am Rehwinkel-Stauwehr installierte aquaLEB-Pass überwindet auf einer Gesamtlänge von 9,7 m eine Wasserspiegeldifferenz von ca. 0,33 m, was einem einheitlichen Gefälle von ca. 3,3 % entspricht (**Bild 1**). Die fünf Becken des Passes besitzen inklusive der 0,2 m breiten wasserdurchlässigen Stauwände jeweils eine Länge von 1,7 m und eine Breite von 1,2 m. Der rechtsseitig angeordnete Schlitz zwischen Umlenkblock und wasserdurchlässiger Stauwand hat eine Breite von 0,18 m. Ausgelegt ist die Anlage für einen Abfluss von ca. 80 l/s.

Die Füllung der Edelstahlkörbe besteht aus Kies sowie Blähton mit unterschiedlichen Durchmessern und Volumenanteilen. Die Sohle der Anlage wird zu gleichen Anteilen aus Wasserbausteinen CP 40/250 sowie Kies 2/64 gestaltet.

Die Bemessung der Anlage richtete sich dabei einerseits nach dem Fischbestand und insbesondere den Leitarten, andererseits mussten auch wasserwirtschaftliche Zwänge beachtet werden (z. B. Wasserentnahme von HamburgWasser zur Bewässerung). So konnten die in der Literatur angegebenen Schlitzbreiten und Wassertiefen auf Grund des eingeschränkten Abflussdargebots nicht eingehalten werden. Daher musste eine Größenselektion bei den aufsteigenden Fischen auf Grund geringerer Schlitzbreite in Kauf genommen werden, um das Bauwerk mindestens 300 Tage im Jahr funktionsfähig zu halten. Es wird mit einem Durchsatz von ca. 75 % der von unten aufsteigenden Fische gerechnet.

Bild 1: aquaLEB-Pass in der Brookwetterung am Stauwehr Rehwinkel

2 Untersuchungsergebnisse am Rehwinkel-Stauwehr

2.1 Hydraulik

Die hydraulischen Verhältnisse innerhalb einer Wanderungshilfe stellen die maßgebliche Randbedingung für die Funktionsfähigkeit der Anlage dar. Die Geschwindigkeiten im Schlitz dürfen einerseits nicht zu groß sein, um auch Schwachschwimmern den Aufstieg zu ermöglichen, anderseits muss eine ausreichende Leitströmung vorhanden sein. Durch die Geometrie und Einbauten (Trennwand, Umlenkblock) im Schlitzpass entsteht zudem eine Turbulenz in den Becken, die sich störend auf die sich dort aufhaltenden Fische auswirken kann. Die sogenannte Energiedissipation sollte 200 W/m² nicht übersteigen.

Die Auswirkungen der durchströmten Wände (wdS) auf die Schlitz- und Beckenströmung wurden mit den Verhältnissen bei undurchlässigen Wänden (wuS) verglichen. Hierzu fanden bei beiden Konstruktionen Ultraschallmessungen mittels Acoustic Doppler Velocimeter und Oberflächengeschwindigkeitsmessungen mittels Schwimmkörpern statt.

Methodik

Die Ultraschallmessungen mittels Acoustic Doppler Velocimeter dienten der Erfassung der Strömungsgeschwindigkeiten im Raum (x-, y-, z-Achse). Die x-Achse entspricht dabei der horizontalen Strömung in Fließrichtung, die y-Achse der horizontalen Strömung quer zur Fließrichtung und die z-Achse der vertikalen Strömung in die Tiefe. Es wurden 3 der 5 Becken untersucht. Hierzu wurden diese in ein 0,15 m x 0,15 m-Raster eingeteilt. Die Messungen erfolgten an den Rasterpunkten in 3 verschiedenen Tiefen (z1 = 0,25 m ü. Sohle, z2 = 0,15 m ü. Sohle, z3 = 0,05 m ü. Sohle). Die Bewertung der 3D-Fließgeschwindigkeitsmessung erfolgt u. a. durch die Einteilung jedes Messpunktes in 4 Quadranten (x-y-Richtung). Bei einer Ausrichtung in Hauptfließrichtung ist dies als positiv im Sinne einer Wanderungseignung für Fische und Wirbellose einzuordnen [3].

Zur Erfassung der Oberflächenströmung und der Messung der Oberflächengeschwindigkeit wurden Driftkörper auf die Gewässeroberfläche gegeben, welche entsprechend der Fließgeschwindigkeit des Wassers transportiert werden. Die Messung wurde mit Kunststoffkugeln durchgeführt und mit einer Kamera aufgezeichnet. Die Auswertung erfolgt anhand der Betrachtung der benötigten Zeit zwischen zwei Punkten. So lässt sich näherungsweise die Fließgeschwindigkeit des Wassers für diesen Streckenabschnitt ermitteln.

Ergebnisse

Die Auswertung der 3D-Fließgeschwindigkeitsmessungen zeigt eine Vergleichmäßigung der Strömung und eine Abnahme der Beckenturbulenz bei durchlässig gestalteten Wänden. Durch die Sekundär(Sicker-)-strömung aus den Wänden wirkt eine zusätzliche Kraft in die Hauptfließrichtung, die die rotierenden Wasserbewegungen aufnimmt und positiv ablenkt (**Bild 2**).

In den Schlitzen (Leitströmungszone) reduziert sich zudem die Fließgeschwindigkeit, da der Durchfluss auf gesamter Breite des Passes stattfindet und daher eine geringere Menge durch den Schlitz fließt (**Bild 3b**). Die Oberflächenfließgeschwindigkeit der Driftkörper betrug zum Untersuchungszeitpunkt in der Leitströmung mit wasserdurchlässiger Wand 0,6 m/s und mit wasserundurchlässiger Stauwand 0,72 m/s. Weiterhin zieht sich der Stromstrich bei einem herkömmlichen Schlitzpass (undurchlässige Stauwände) (**Bild 3a**) deutlich weiter in die Ruhezone, was zu einer höheren Turbulenz führt. [3]

Fazit

Die Strömungsverhältnisse in den Becken und im Schlitz verändern sich durch die durchlässigen Wände gegenüber den undurchlässigen Wänden positiv. Durch die Sekundärströmung aus den Wänden werden die Strömungen und die Turbulenzen im Becken „abgefedert" und gleichmäßiger. So können die Becken deutlich besser von Fischen und anderen Organismen als Ruhe- und Lebensraum genutzt werden.

2.2 Fische

Um die Funktionsweise und Leistungsfähigkeit des aquaLEB-Passes zu untersuchen, wurde 2011 am Rehwinkel-Stauwehr ein Fischmonitoring durchgeführt. Hierzu fanden Reusen- und Elektrobefischungen statt.

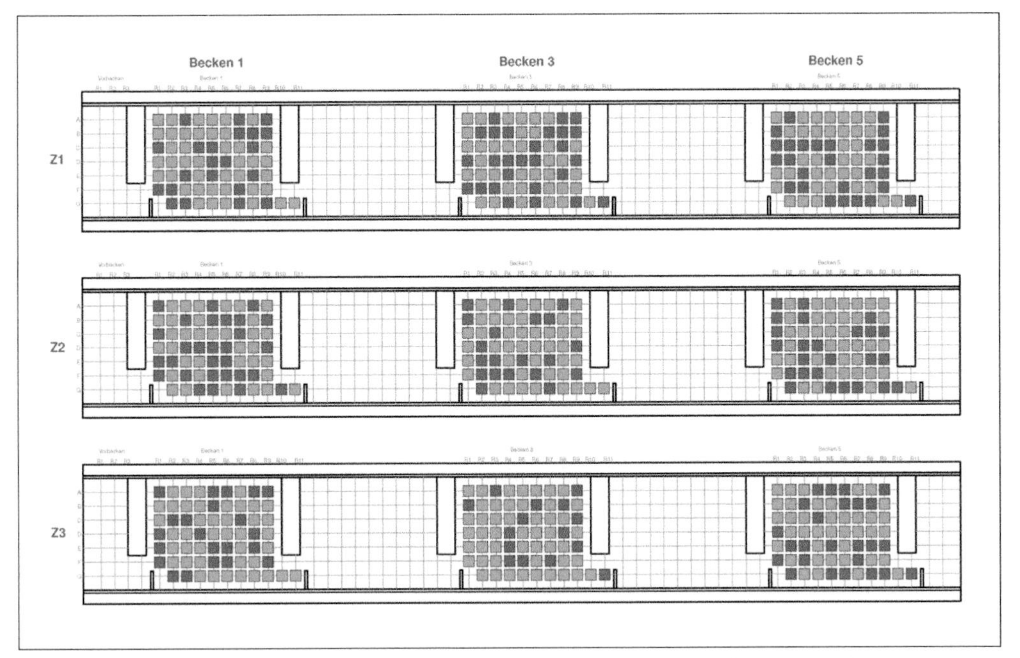

Bild 2: Positive (grün) und negative (rot) Richtungsänderungen der Strömung beim aquaLEB-Pass im Vergleich zur undurchlässigen Wand

Bild 3: Oberflächenströmung ohne (links, Bild 3a) und mit (rechts, Bild 3b) durchströmter Wand [3]

Methodik

Im Frühjahr/Frühsommer 2011 wurden Untersuchungen [4] gemäß den Methodenstandards für die Funktionsüberprüfung von Fischaufstiegsanlagen (BWK-Fachinformation 1/2006) [5] durchgeführt. Auf eine weitere Untersuchungsphase im Spätherbst und Winter wurde verzichtet, da in der Neuen Brookwetterung auf Grund der stark eingeschränkten Durchgängigkeit der unterhalb gelegenen Tatenberger Schleuse kaum mit dem Auftreten von Winterlaichern (wie z. B. Flussneunauge, Quappe oder Wanderform des Dreistachligen Stichlings) zu rechnen war.

Die Untersuchungen wurden für das Pass-Bauwerk mit einer Reusenbefischung an 21 Tagen und einer Elekrobefischung an einem Tag sowie für den unterhalb liegenden Gewässerabschnitt mit einer Elektrobefischung an 3 Tagen durchgeführt.

Zur Einordnung der Funktionsfähigkeit der Aufstiegshilfe ist es dabei wichtig, welche Arten wandern sowie welches Längenspektrum dieser Arten anzutreffen ist. Die Länge der Fische gibt dabei Hinweise sowohl zu den Strömungsverhältnissen (für Schwachschwimmer) als auch zur ausreichenden Dimensionierung (für geschlechtreife Individuen), insbesondere des Schlitzes.

Ergebnisse

Bei der Reusenbefischung des Passes wurden 13 Fischarten erfasst (**Tabelle 1**), darunter eine Zope als Erstnachweis in der Neuen Brookwetterung. Die Elektrobefischung im Unterlauf ergab 20 Arten.

Die Befischungen der Neuen Brookwetterung sowie die Reusenkontrollen des aquaLEB-Passes konnten alle in diesem Gewässerabschnitt erfassten Arten nachweisen. Zudem wurden Dreistachliger Stichling, Hasel, Neunstachliger Stichling, Rotfeder, Schleie und Zope sowie die Goldorfe, eine in Zierteichen gehaltene Variante des Alands, nachgewiesen. Gemäß der Referenzzönose wären noch die Wanderform des Dreistachligen Stichlings, der Bitterling, die Flunder, die Karausche, die Quappe und der Schlammpeitzger zu erwarten, diese wurden jedoch nicht nachgewiesen. Ein Grund hierfür könnte in der eingeschränkten Durchgängigkeit zur Elbe an der Tatenberger Schleuse liegen.

Das Längenspektrum der im aquaLEB-Pass gefangenen Arten ist ähnlich dem der unterhalb liegenden Brookwetterungsabschnitte (**Bild 4**). Für die Leitart Brassen konnte anhand des größten gefangenen Güsters (25 cm) der Nachweis der Durchgängigkeit erbracht werden, da in dieser Größe bereits Laichreife vorliegt.

Fazit

Der Nachweis von juvenilen Fischen und Kleinfischarten sowie rheophiler Spezies belegt, dass der Fischpass auch von Individuen mit geringen Schwimmleistungen überwunden werden kann, dass die Leitströmung von strömungsliebenden Arten erkannt wird und die Leitströmung attraktiv ausgebildet ist. Für den aquaLEB-Pass am Rehwinkel-Stauwehr wurde gemäß BWK-Standard-Verfahren [5] ein Funktionsindex von 3,85 Punkten ermittelt. Dieser liegt im oberen Bereich dieser Güteklasse (Maximalpunktzahl 4). Somit ist der aquaLEB-Pass hinsichtlich der Durchwanderbarkeit für Fische als gut zu bewerten.

2.3 Morphologie der Anlage und Eignung als Lebensraum für Wirbellose

Die Eignung des Bauwerks als Lebensraum für Wirbellose wurde durch ein biologisches Monitoring der Sohl- und Wandstrukturen am Rehwinkel-Stauwehr überprüft. Das Besondere an dem Aufbau des aquaLEB-Passes ist die Sohle aus lückigem Material. Während die Seitenwände aus glattem Material einem klassischen Schlitzpass entsprechen, sind die durchströmbaren Wände eine Neuentwicklung, die auf Grund ihrer Strukturen dem Lückensystem einer Gewässersohle nachempfunden sind und vielfältigen Lebensraum bieten.

Methodik

Etwa eineinhalb Jahre nach Einbau des Passes wurde das Makrozoobenthos in Anlehnung an das offizielle Verfahren zum Monitoring gemäß EG-WRRL [6] untersucht [7]. Beprobt wurden die Sohle und die Monitoring-Box einer Querwand. In einzelne Querwände wurden extra zu diesem Zweck herausnehmbare Kästen eingebaut, die mit dem gleichen Substrat gefüllt sind wie die übrigen Wände und daher ein vollständiges Erfassen der Besiedlung ermöglichen.

Tab. 1 | Artenfang im Vergleich zu früheren Untersuchungen

Art	Spezies	Kohla 2005	aquaLEB 2011	Unterwasser 2011
Aal	*Anguilla anguilla* (L.)	x	x	x
Aland	*Leuciscus idus* (L.)	x	x	x
Brassen	*Abramis brama* (L.)	x	x	x
Dreist. Stichling	*Gasterosteus aculeatus* L.			x
Flussbarsch	*Perca fluviatilis* L.	x	x	x
Goldorfe	*Leuciscus idus* (L.)	x	x	x
Gründling	*Gobio gobio* (L.)	x	x	x
Güster	*Abramis björkna* (L.)	x	x	x
Hasel	*Leuciscus leuciscus* (L.)			x
Hecht	*Esox lucius* L.	x		x
Kaulbarsch	*Gymnocephalus cernuus* (L.)	x	x	x
Moderlieschen	*Leucaspius delineatus* (HECKEL)	x		x
Neunst. Stichling	*Pungitius pungitius* (L.)			x
Rapfen	*Aspius aspius* (L.)	x		x
Rotauge	*Rutilus rutilus* (L.)	x	x	x
Rotfeder	*Scardinius erythrophthalmus* (L.)		x	x
Schleie	*Tinca tinca* (L.)		x	x
Steinbeißer	*Cobitis taenia* L.	x	x	x
Ukelei	*Alburnus alburnus* (L.)	x	x	x
Zander	*Sander lucioperca* (L.)	x		x
Zope	*Abramis ballerus* (L.)		x	
Gesamtartenzahl		**14**	**13**	**20**

Weiterhin wurden makroskopisch erfassbare Strukturen wie Wasserpflanzen, abgelagertes Material und Insektenbauten an der Sohle und den Wänden aufgenommen und der Deckungsgrad in Prozent abgeschätzt.

Mit Hilfe eines Markierungsversuches wurde untersucht, ob wirbellose Organismen in den aquaLEB-Pass aufsteigen können. Hierzu wurden im Unterwasser an 4 aufeinanderfolgenden Tagen Lebewesen entnommen und mit dem Farbstoff Neutralrot eingefärbt. Der Farbstoff ist ungiftig und wird innerhalb von ca. 7 Tagen im Körper abgebaut. Die Krebse aus den Gruppen der Amphipoda und Isopoda wurden anschließend am Böschungsfuß unterhalb des Passes ausgesetzt. Am jeweils folgenden Tag wurde die Bauwerkssohle abgekeschert.

Ergebnisse

Strukturen und Besiedlung

Im Bereich der Sohle in den Becken haben sich vereinzelt Ansätze von Pflanzenpolstern gebildet, die einerseits als biologische Qualitätskomponente (Makrophyten) selbst positiv aus Sicht der Gewässerökologie zu sehen sind und zum anderen eine wichtige Struktur für weitere Lebewesen darstellen. Die Blätter und Stängel sind mit Kieselalgen bewachsen und bieten Schnecken, Kriebelmücken und anderen wasserlebenden Wirbellosen einen Lebensraum. Diese Strukturen, verbunden mit der variablen Strömungsgeschwindigkeit, sind geeignet, sowohl die strömungsliebenden Organismen als auch die typischen Bewohner der langsam fließenden Marsch- und Niederungsgewässer zu beherbergen. Im biologischen Monitoring wurden in der Sohle insgesamt 71 taxonomische Gruppen

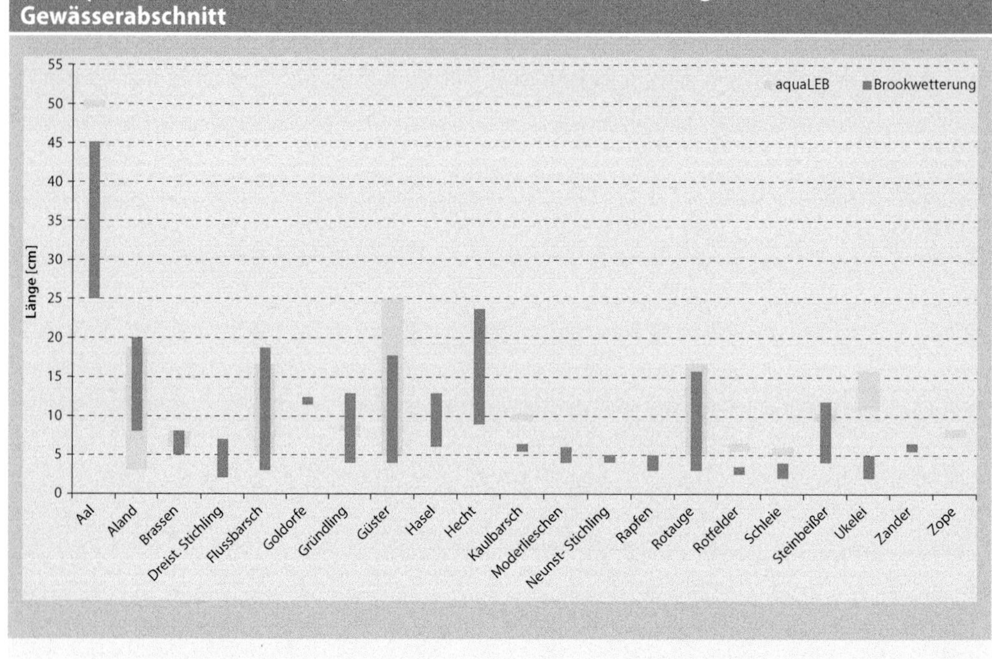

Bild 4 | Längenspektrum im aquaLEB-Pass und im unterhalb liegenden Gewässerabschnitt

(Taxa), davon 33 sicher zu unterscheidende Arten bestimmt. Neben den in der Brookwetterung zu erwartenden Arten der eher langsam fließenden Gewässer (z. B. Muscheln, Schnecken, Wenigborster, Asseln (Gattungen Asellus und Proasellus) und die Eintagsfliegen der Gattung Caenis und Cloeon) wurden auch Arten/Taxa gefunden, die schnell fließendes Wasser bevorzugen oder benötigen [7]. Typische Vertreter sind beispielsweise die Steinfliegen, die Kriebelmücken und die netzbauende Köcherfliege der Gattung Hydropsyche (**Bild 5**).

Die durchströmten Querwände sind von Insektenbauten übersät. An den der Strömung zugewandten Seiten waren Pflanzenteile, Zweige und Falllaub an den Gittern zu beobachten. In den Poren verfangen sich mitgeführte Schwebstoffe, so dass hier ein reichhaltiges Nahrungsangebot für die aquatische Wirbellosenfauna vorhanden ist.

Die Strukturen und das Nahrungsangebot werden von einer Vielzahl von Organismen genutzt: In den Boxen fanden sich sowohl strömungsliebende Tiere wie z. B. mehrere Arten der Gattung Simulium (Kriebelmücken), die netzbauende Köcherfliege Hydropsyche angustipennis, zwei Steinfliegenarten, die Eintagsfliege Baetis rhodani, als auch Arten, die für Marsch- und Niederungsgewässer typisch sind (z. B. 5 verschiedene Schneckenarten und Muscheln der Gattung Sphaerium) [7]. In den Querwänden wurden insgesamt 75 Taxa, davon 37 sicher zu unterscheidende Arten gefunden. Das sind nahezu doppelt so viele wie 2008 im Rahmen des biologischen Monitorings in der Brookwetterung nachgewiesen werden konnten (Probestelle oberhalb: 29 Taxa, davon 20 unterscheidbare Arten; Probestelle unterhalb: 21 Taxa, davon 14 unterscheidbare Arten) [7].

Eindeutig sind die Ergebnisse, wenn die Individuenzahlen in den Boxen auf Individuen pro m^2 umgerechnet werden. Die Werte liegen bei mindestens 50.000 Tieren pro m^2 und damit mehr als 50-mal höher als die Werte der Probestellen in der Brookwetterung im Rahmen der Untersuchungen von 2008. Auch die Werte aller bisher im Rahmen des biologischen Monitorings erfassten Probestellen in Hamburg werden um ein Vielfaches überschritten.

Bild 5: Detailaufnahme eines Steines (Vergrößerung: x10) mit Cladophora spec., frühes Larvenstadium einer netzbauenden Köcherfliege (Hydropsyche spec.) mit Resten des Netzes

Wanderungsverhalten

Mit Hilfe eines Markierungsversuches wurde untersucht, ob angefärbte und unterhalb der Anlage ausgesetzte Organismen in den aquaLEB-Pass einwandern können. Durch Abkeschern der Bauwerkssohle konnten trotz der schweren Auffindbarkeit der gefärbten Tiere unter den Massen an insgesamt gefangenen Tieren immerhin 6 eingefärbte Isopoden gefunden werden, so dass belegt ist, dass eine Aufwärtswanderung stattfindet und die Besiedelung des Passes nicht nur durch Verdrift von oben erfolgt.

Fazit

Nach etwa 18 Monaten „Standzeit" waren die Seitenwände, die Sohle und die Trennwände mit makroskopisch sichtbaren Strukturen bewachsen. Deckungsgrade bis 60 % wurden festgestellt. Deutlich zu erkennen waren Insektenbauten wie Köcher und Puppen von Zuckmücken (Familie der Chironomidae) und Netze von Köcherfliegen (Gattung Hydropsyche), fädige Grünalgen (Gattung Cladophora) und Kieselalgen (Diatomeen). In strömungsberuhigten Bereichen waren in einigen Becken Zweige verhakt und es hatten sich einzelne Ansätze von Pflanzenpolstern aus höheren Pflanzen (Gattungen Elodea und Ceratophyllum) gebildet. Trotz regelmäßiger Störung der Aufstiegsanlage durch die Untersuchungen im Jahr 2011 konnten sich demnach Strukturen und eine Primärbesiedlung entwickeln, die weiteren Organismen Lebensraum bietet.

Die durchströmbaren Wände weisen zudem eine große Bedeutung als Lebensraum für aquatische Wirbellose auf. Diese Biomasseproduktion fördert auch die Fischfauna, die auf diese Nahrungsgrundlage angewiesen ist.

Die aquatischen Wirbellosen gelangen dabei nicht nur durch Abdrift oder Eiablage in den aquaLEB-Pass, sondern erreichen ihn auch durch eine aktive Aufwärtsbewegung.

3 Zusammenfassung

Die Ergebnisse der Untersuchungen zur Funktionswirkung des aquaLEB-Passes am Rehwinkel-Stauwehr belegen, dass durch die durchströmbare Gestaltung der Querwände eine wesentliche Aufwertung der Wanderungshilfe im Vergleich zum klassischen Vertical-Slot-Pass erfolgt. Alle untersuchten Parameter können mit gut (Fische, Hydraulik) bis sehr gut (Strukturen und Lebensraum) bewertet werden.

Durch die durchströmten Wände werden die Strömungsverhältnisse im gesamten Pass positiv beeinflusst und die Turbulenzen in den Becken so reduziert, dass auch Fischarten mit einer geringen Schwimmleistung und einer geringen Stressresistenz die Aufstiegshilfe deutlich besser nutzen können. Auch für die Wirbellosen-Fauna stellen die Veränderungen der Struktur gegenüber der klassischen Gestaltung eines Schlitzpasses eine deutliche Verbesserung dar. So ist es einem großen Artenspektrum und insbesondere einer großen Individuen-Dichte möglich, den Pass als Lebensraum zu nutzen. Darüber hinaus ist es im Vergleich mit der klassischen Bauwerksgestaltung für deutlich mehr Arten möglich, innerhalb der Beckenstrukturen zu wandern. Die im Bereich des aqua-LEB-Passes nachgewiesenen Individuenzahlen der Wirbellosen übersteigen um ein Vielfaches die Nachweise an den angrenzenden Probestellen in der Brookwetterung.

Gerade in degradierten, strukturarmen Gewässern kann auf diese Weise ein derartiges Bauwerk ein Trittsteinbiotop darstellen – sowohl für strömungsliebende Arten als auch für Charakterarten der Marsch- und Niederungsgewässer.

Literatur

[1] BWS GmbH (2010): Gewässerentwicklung Brookwetterung – Herstellung eines hydraulisch geeigneten Gewässerprofils. Im Auftrag der FHH, Landesbetrieb Straßen, Brücken und Gewässer, Abt. Gewässer und Hochwasserschutz.

[2] aqua-Service Unger GmbH; Hamburger Straße 29, D-24576 Bad Bramstedt; E-Mail: badbramstedt@abwassertechnik-unger.de

[3] Gütling, A. (2011): Biologische und hydraulische Bewertung einer modifizierten Wanderungshilfe für aquatische Lebewesen (aquaLEB-Pass) in der Neuen Brookwetterung. – Diplomarbeit HCU Hamburg.

[4] Limnobios (2011): Funktionsüberprüfung des aquaLEB-Passes (Aufstiegshilfe Brt 4) an der Neuen Brookwetterung. – Untersuchung im Auftrag der FHH, Bezirksamt Bergedorf, Hamburg.

[5] Methodenstandard für die Funktionskontrolle von Fischaufstiegsanlagen, BWK-Fachinformationen 1/2006, Hrsg.: Bund der Ingenieure für Wasserwirtschaft, Abfallwirtschaft und Kulturbau (BWK) e. V., 1. Auflage, Mai 2006.

[6] Meier, C.; Haase, P.; Rolauffs, P.; Schindehütte, K.; Schöll, F.; Sundermann, A. & Hering, D. (2006): Methodisches Handbuch Fließgewässerbewertung – Handbuch zur Untersuchung und Bewertung von Fließgewässern auf der Basis des Makrozoobenthos vor dem Hintergrund der EG-Wasserrahmenrichtlinie – Endfassung – Stand Mai 2006, 79 S. + Anhänge, http://www.fliessgewaesserbewertung.de

[7] Eggers Biologische Gutachten (2011): Untersuchung der Makrozoobenthos im Rahmen der Erfolgskontrolle eines Schlitzpasses mit durchströmten Wänden in der neuen Brookwetterung im Bezirk Hamburg-Bergedorf, Kommentierte Artenliste. – Untersuchung im Auftrag der FHH, Bezirksamt Bergedorf, Hamburg.

Autoren

Dipl.-Ing. Clemens Gantert
BWS GmbH
Gotenstraße 14, 20097 Hamburg
E-Mail: clemens.gantert@bws-gmbh.de

Dipl.-Biol. Michael Dembinski
Planula
Neue Große Bergstraße 20, 22767 Hamburg
E-Mail: demi@planula.de

Imke Böckmann, Boris Lehmann und Andreas Hoffmann und Markus Kühlmann

Fischabstieg: Verhaltensbeobachtungen vor Wanderbarrieren

Fische zeigen Verhaltensweisen zur Wahrnehmung ihrer Umgebung. Für das Verhalten der Fische bei abwärtsgerichteten Fischwanderungen vor Wanderbarrieren sind im Vergleich zur Aufwärtspassage noch große Kenntnislücken offensichtlich. Verhaltensbeobachtungen geben wichtige Hinweise für die Positionierung und konstruktive Entwicklung von Fischabstiegsanlagen.

1 Biologische Notwendigkeit der Migration

Fische führen Migrationswanderungen aus unterschiedlichsten Gründen und zu unterschiedlichsten Zeiten durch [1]. Die zurückgelegten Wanderdistanzen variieren zwischen wenigen Metern bis hin zu vielen 1.000 Kilometern. Diadrome Arten wie Aal und Lachs wandern vor allem, um ihre artspezifischen Laichgebiete aufzusuchen bzw. um optimale Entwicklungschancen und Nahrungsangebote für die Juvenilen zu gewährleisten. Potamodrome Arten, von denen einige ebenfalls weite Entfernungen zurücklegen [2], wandern saisonal, um Laichhabitate, Nahrungsgründe, Jagdreviere sowie Sommer- und Winterlager zu erreichen [3]. Auch Beutevorkommen oder die Präsenz von Räubern (Prädationsdruck) können Wanderaktivitäten auslösen [4].

Das Migrationsverhalten kann durch verschiedene abiotische Parameter wie Fließgeschwindigkeit, Wasserstand (Abfluss) und Temperatur sowie Tageslänge oder Mondperiode beeinflusst werden [5, 6].

2 Migrationsbehinderungen durch Wanderbarrieren

Wanderbarrieren in Fließgewässern, z. B. unpassierbare Abstürze, Turbinen, Stauwehre, haben negative Auswirkungen auf die Entwicklung von Teilpopulationen und den Artbestand insgesamt [7]. Am deutlichsten wird dies bei den Langdistanzwanderfischen (z. B. Lachs, Meerforelle, Neunauge, Aal).

Um die isolierende Wirkung von Barrieren zu beseitigen, sind in den letzten 20 Jahren verstärkt Anstrengungen unternommen worden, die Gewässer wieder durchgängig zu gestalten. Die Beseitigung einer Barriere ist aus rein fischökologischer Sicht dabei am zielführendsten. Dem stehen jedoch die Nutzungsansprüche einer stark anthropogen geprägten Umwelt mit überwiegend Kulturgewässern entgegen, z. B. Grundwasserhaltung, Wasserkraftnutzung, Schifffahrt, Denkmal- oder Eigentumsschutz. Daher wurden an zahlreichen Wanderbarrieren diverse Aufstiegsanlagen ergänzt, wohingegen für Schutz- und Abstiegsanlagen derzeit nur einige Erfahrungen von Pilotanlagen vorliegen.

3 Fischphysiologische Grundlagen

Fische besitzen ein Sinnesorgan, das allen an Land lebenden Wirbeltieren fehlt, das sog. Seitenlinienorgan. Dieses rezipiert Druckwellen aus dem den Fisch umgebenden Wasserkörper. Das Organ besteht aus mehreren Hundert bis Tausend hochempfindlichen Rezeptoren, welche sich auf beiden Körperseiten und teilweise auch am Kopf der Fische befinden. Bei dem in **Bild 1** dargestellten Schneider ist das Seitenlinienorgan deutlich zu erkennen.

Die Rezeptoren befinden sich in Kanälen unter den Schuppen und sind von einer Gallerte umhüllt. Feinste hydrostatische und hydrodynamische Druckunterschiede zwischen den Rezeptoren können wahrgenommen werden, woraus sich für den Fisch eine hochaufgelöste Erfassung

Bild 1: Schneider mit deutlich erkennbarer Seitenlinie (Bild mit freundlicher Genehmigung des Landesfischereiverbandes Westfalen und Lippe e. V., Münster)

der Strömungssignaturen im Nah- und Fernfeld ergibt. Das Seitenlinienorgan wird daher auch als Ferntastsinn bezeichnet.

Mit diesen Informationen ist aus sicherer Entfernung unterscheidbar, ob die Umgebung bedrohlich oder ungefährlich sein kann. Somit können auch durch „ertasten und interpretieren“ der Strömungsänderungen entlang der Schwimmwege die Strömungsbedingungen an einer gewässerabwärts gelegenen Barriere beurteilt werden.

Dies wird im Folgenden an einigen Verhaltensbeobachtungen und Erkenntnissen aus unterschiedlichen Projekten erläutert.

4 Verhaltensbeobachtungen und Erkenntnisse

4.1 Wasserkraftanlage Gengenbach

In Gengenbach an der Kinzig (Baden-Württemberg) wurde das sog. bewegliche Krafthaus hinsichtlich verschiedener fischschutzrelevanter Fragestellungen im Rahmen eines EU-Life Projektes im Auftrag des Elektrizitätswerkes Mittelbaden Wasserkraft GmbH & Co. KG untersucht [8, 9]. Von Interesse war das Abstiegsverhalten insbeson-

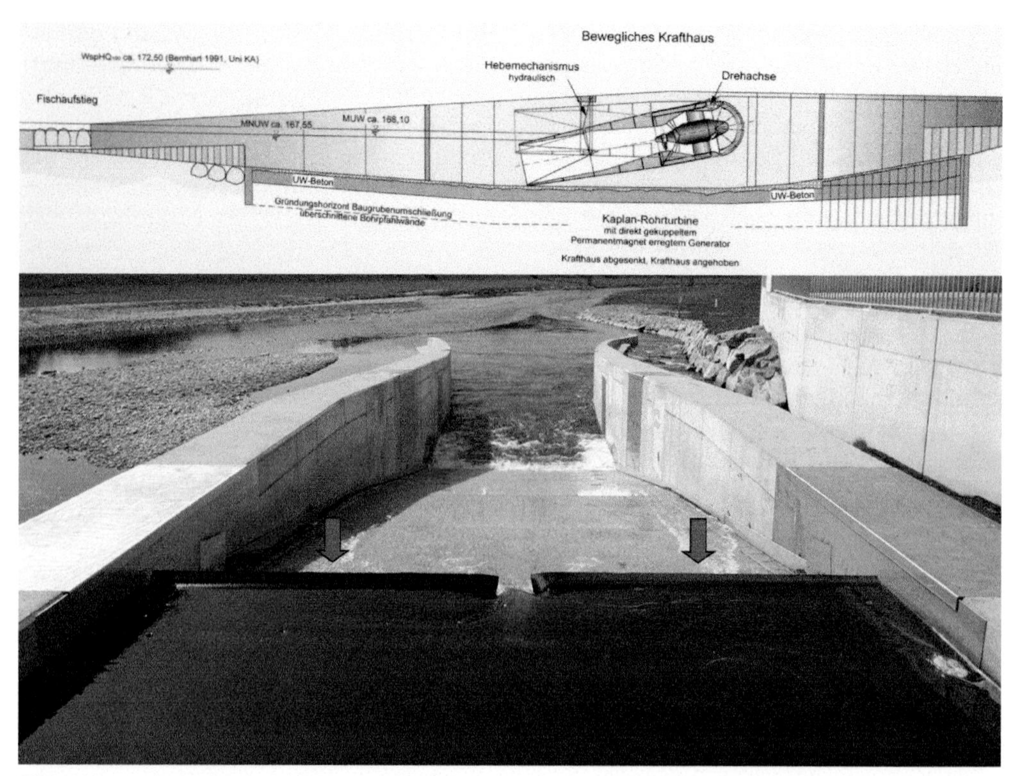

Bild 2: Längsschnitt durch das hängende Krafthaus mit der Turbinenanlage (oben, Darstellung: Hydro-Energie Roth GmbH) sowie Segmentklappen auf dem beweglichen Krafthaus (rote Pfeile)

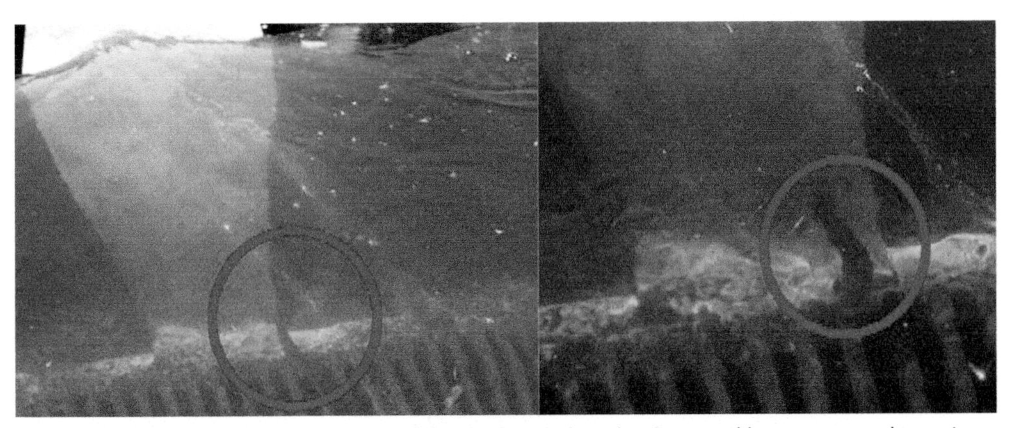

Bild 3: Lachssmolt schwimmt rückwärts auf den Spalt zwischen den Segmentklappen zu, um dann wieder ins Oberwasser zu flüchten (visuelle Beobachtung am Tag).

dere von Lachssmolts über das Krafthaus hinweg.

Das bewegliche Krafthaus besteht aus dem rundbogenförmigen Feinrechen, der Turbine und dem Generator und ist um eine Drehachse schwenkbar in einem Trogbauwerk gelagert. Durch Aufschwenken des Krafthauses kann so die Hochwasserentlastung und der Geschiebetransport gewährleistet werden (**Bild 2**).

Das zur Beobachtung des Fischverhaltens eingesetzte DIDSON-Sonar gewährleistete eine störungsfreie Beobachtung vor der WKA bei Dämmerung bzw. in der Nacht [10]. Bei Tag konnte rein visuell beobachtet werden. Als Untersuchungszeitraum wurde der Abwanderzeitraum des Lachssmolts gewählt (Frühjahr 2011, ca. 60 Untersuchungsstunden).

Die maximale Anströmgeschwindigkeit vor dem Rundbogenrechen (15 mm Stababstand) lag im Untersuchungszeitraum bei ca. 0,58 m/s. Unterstrom des Rechens befanden sich zwei Segmentklappen: Im Spalt dazwischen wurden Fließgeschwindigkeiten bis ca. 2 m/s ermittelt.

Eine grundlegende Fragestellung der Studie war, ob oberflächennah absteigende Lachssmolts (Wiederansiedlungsprogramm) den Spalt zwischen den beiden Klappen für den Abstieg ins Unterwasser nutzen.

Die jungen Lachse zeigten ein eindeutiges Sondierungsverhalten. Die Smolts näherten sich dem Spalt rückwärts, um bei einer Annäherung bis in den Spalt hinein wieder in strömungsärmere Bereiche vor den Klappen bzw. über dem Rechen zu flüchten [9] (**Bilder 3 und 4**). Das Sondierungsverhalten war teilweise über viele Stunden hinweg zu beobachten. Aktive Durchtritte von Smolts durch den Spalt waren eher selten.

Mittels DIDSON (**Bild 4**) konnte das Sondierverhalten auch nachts identifiziert werden. Besonders ausgeprägt waren die Aktivitäten nach Mitternacht und in der Morgendämmerung (**Bild 5**). Im gesamten Untersuchungszeitraum konnten 123 Sondierungen beobachtet werden.

4.2 Lippewehr in Hamm-Uentrop

Am Lippewehr bei Hamm-Uentrop werden zurzeit Grundlagenuntersuchungen mittels DIDSON zur Entwicklung eines Registrierungssystems von

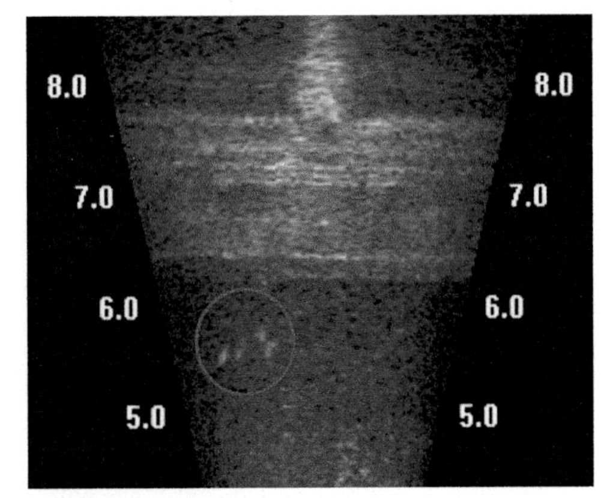

Bild 4: Lachssmolts (im roten Kreis) schwimmen rückwärts auf den Segmentklappenspalt zu, um dann wieder ins Oberwasser zu flüchten (Nachtbeobachtung mittels DIDSON).

Bild 5 | Sondierungsverhalten von Lachssmolts am Rechen in zwei Nächten im Frühjahr 2011 [9]

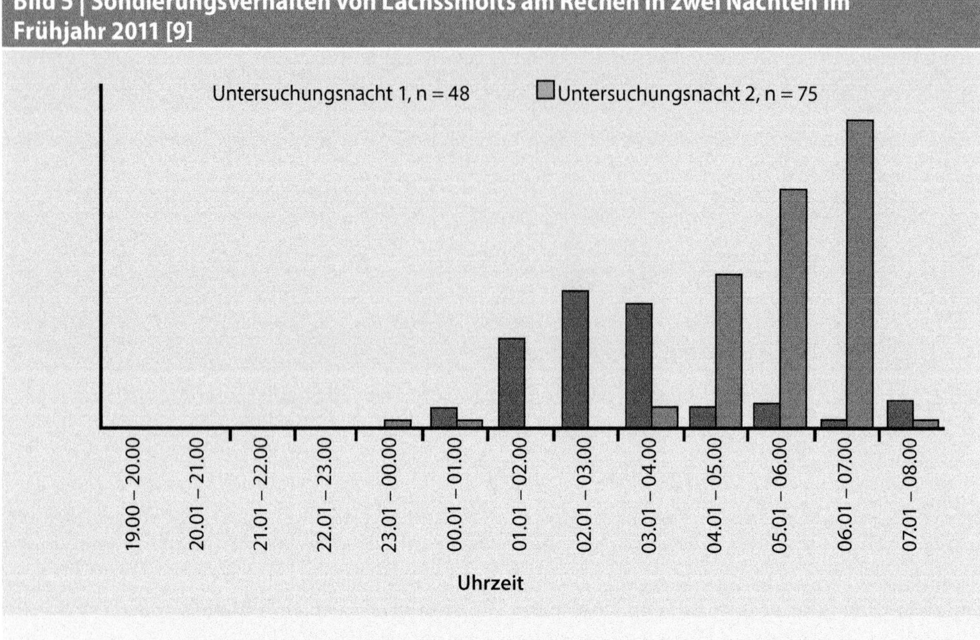

Fischwanderungen durchgeführt. Aktivitäten der Fische werden vor dem Wehrkörper und der Wasserkraftanlage detektiert (Forschungsvorhaben „EtWas“, seit 2011 durch die Bezirksregierung Düsseldorf und RWE Innogy GmbH gefördert und koordiniert). Die hier relevanten Ergebnisse zum Fischverhalten resultieren aus Zeiträumen mit Wehrüberströmung.

Bei den Untersuchungen konnten zahlreiche große Fische registriert und deren Verhaltensweisen beobachtet werden. Die Fische schwammen entweder direkt oder in einem Halbkreis auf die Wehrkante zu, um dann ab einem bestimmten Punkt umzudrehen und wieder ins Oberwasser zurück zu schwimmen (**Bild 6**). Bei der Auswertung von DIDSON-Files können bisher Aale und Welse artspezifisch identifiziert werden. Alle anderen Fische müssen derzeit noch als „nicht identifizierbar“ klassifiziert werden. Bild 6 zeigt das Sondierungsver-

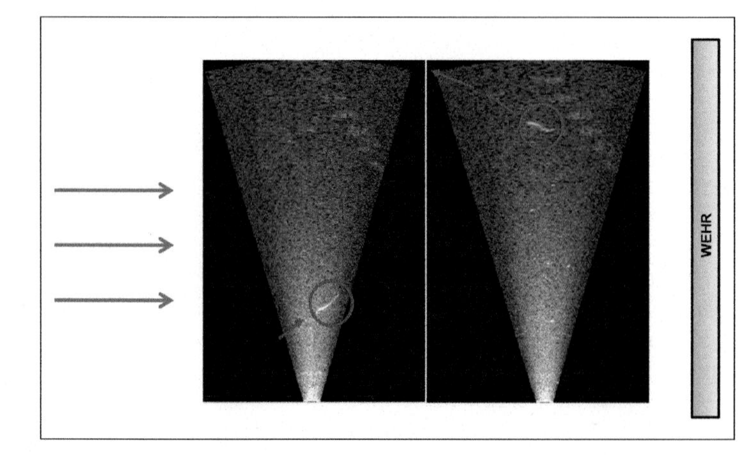

Bild 6: Halbkreisförmiges Anschwimmen eines Aals an das Wehr und anschließendes Vermeidungsverhalten durch Schwimmen ins Oberwasser, blaue Pfeile stellen die Fließrichtung dar. Die Wehrkante befindet sich ca. 5 m rechts vom Schallkegel des DIDSON-Sonars.

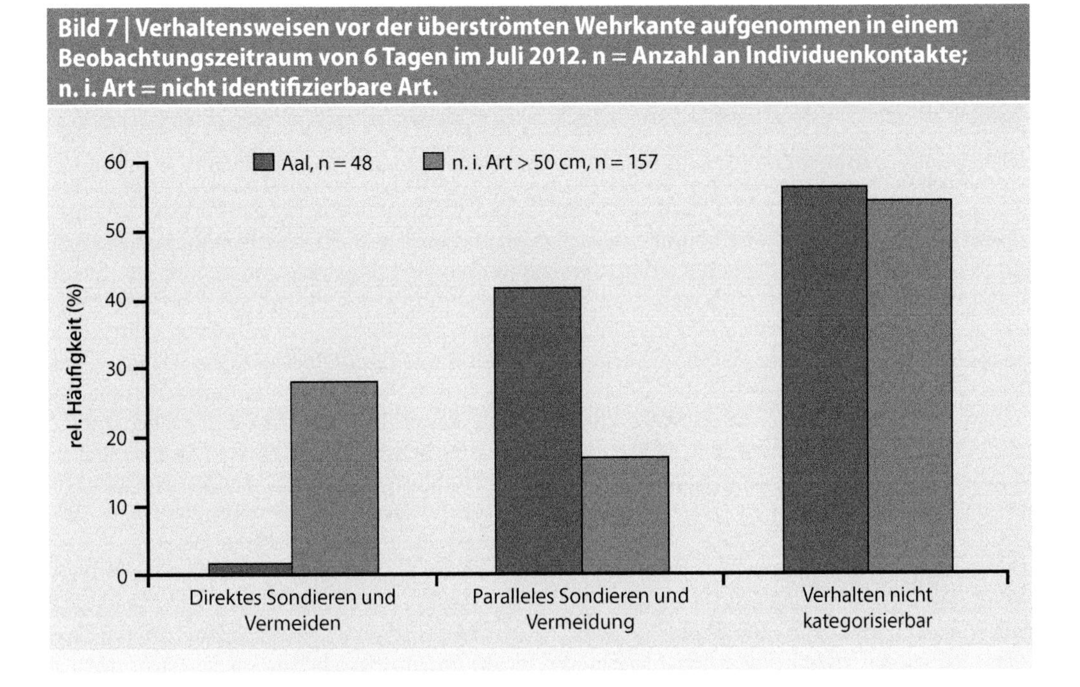

Bild 7 | Verhaltensweisen vor der überströmten Wehrkante aufgenommen in einem Beobachtungszeitraum von 6 Tagen im Juli 2012. n = Anzahl an Individuenkontakte; n. i. Art = nicht identifizierbare Art.

halten eines ca. 90 cm großen Aals vor dem überströmten Wehr. Bei starker Überströmung wurden vermehrt Aalkontakte registriert. Der Aal nähert sich dem Wehr ebenfalls halbkreisförmig und schwimmt anschließend wieder ins Oberwasser zurück.

In **Bild 7** wird das beobachtete Verhalten der Aale sowie der sonstigen Fische vor dem Wehr kategorisiert dargestellt. Es zeigt sich, dass bei ca. 40 % der registrierten Aalkontakte und ca. 20 % der sonstigen Fischkontakte (n. i. Art) das Verhalten vor dem Wehr als „paralleles Sondieren und Vermeidung" bewertet werden kann, wobei Vermeidung immer das Zurückschwimmen in das Oberwasser bedeutet.

In diese Kategorie ist auch die Verhaltensweise eines halbkreisförmigen Anschwimmens eingegangen. Das direkte Anschwimmen (Sondieren) mit anschließender Vermeidung ist bei den registrierten Aalen seltener (ca. 2 %) zu beobachten gewesen, während die sonstigen Fische dieses Verhalten häufiger zeigten (ca. 28 % der Fischkontakte). Besonders Aale sondieren anscheinend selten direkt und nähern sich Barrieren in einem bestimmten Abstand parallel.

In ca. 50 % der Fälle waren Verhaltensweisen nicht zuzuordnen. Der Grund hierfür ist, dass die Fische auch außerhalb des Sichtfeldes des Sonars schwimmen können und dadurch nur kurz beim Streifen des Schallkegels oder nur beim An- oder Abschwimmen registriert werden. Daher kann auch nicht quantitativ festgestellt werden, wie viele von den Fischen, deren Verhalten hier nicht eindeutig kategorisierbar ist, ebenfalls das Sondierungsverhalten gezeigt haben. Ob Tiere den Wehrüberfall außerhalb des Schallkegels nutzen, ist daher derzeit ungewiss.

4.3 Kraftwerk Möhnebogen

Ein ähnliches Verhalten wie bei den Lachsen in Gengenbach und den Fischen vor dem Wehr in Hamm konnte im Rahmen von Untersuchungen zu Auswirkungen von langsam laufenden Kaplanturbinen bei Aalen in einem Turbinenschacht in der Wasserkraftanlage Möhnebogen beobachtet werden [11, 12, 13]. Das Projekt wurde vom Ministerium für Klimaschutz, Umwelt, Landwirtschaft, Natur- und Verbraucherschutz des Landes Nordrhein-Westfalen (MKULNV NRW) beauftragt und fachlich vom Landesamt für Natur, Umwelt und Verbraucherschutz NRW (LANUV NRW) begleitet.

Aale, die dabei in einen Turbinenschacht eingebracht wurden, testeten jeweils durch rückwärtiges oder seitliches Anschwimmen die Strömungsverhältnisse in der Beschleunigungsstrecke [13, 14]. Auch hier handelt es sich um Sondierungsverhalten. Es konnte wiederum mittels DIDSON beobachtet werden, dass das Sondieren jeweils im Bereich von ca. 1,0 bis 1,4 m/s abgebrochen wurde und eine Flucht entgegen der Strömung in strömungsärmere Bereiche erfolgte. Hintergrund der Untersuchungen war die Prüfung von Evakuierungsmöglichkeiten insbesondere von Klein- und Jungfischen, die in Wasserkraftanlagen hinter den Rechen gelangen können.

4.4 Laboruntersuchungen

Weitergehende ethohydraulische Untersuchungen zum Verhalten und der Evakuierung von Jung- und Kleinfischen zwischen Rechenanlage und Turbinenleitapparat wurden im Theodor-Rehbock-Wasserbaulabor des Karlsruher Institut für Technologie (KIT) im Auftrag des MKULNV NRW unter fachlicher Begleitung des LANUV NRW durchgeführt. Bei den am KIT getesteten Fischen handelte es sich überwiegend um Wildfische aus den Fließgewässern Möhne, Lippe und Werre. Bei der Bachforelle wurden sowohl Wildfänge als auch Zuchtbachforellen verwendet, Lachse entstammten der Zucht.

Das Versuchssetup war mit den Randbedingungen im Turbinenzulauf des Kraftwerkes Möhnebogen vergleichbar (**Bild 8**). An der engsten Stelle der Laborrinne herrschten je nach Versuchssetup Fließgeschwindigkeiten zwischen 1 m/s und 2 m/s. Dort, wo in der Realität hinter der Strömungseinengung der Turbinenleitapparat angeordnet ist, erfolgte im ethohydraulischen Versuch eine plötzliche Aufweitung des Fließquerschnittes mit einem gewellten Wechselsprung. Für die Tiere im Labortest stellten sich somit die Strömungsverhältnisse bezüglich der Geschwindigkeitsbeschleunigung realitätsgerecht dar; eine Gefahr für die Tiere bei Durchschwimmen der Engstelle bestand jedoch nicht.

Im Rahmen der ersten Versuchsreihen konnten für die Testfische folgende reproduzierbare Verhaltensweisen nachgewiesen werden:

Fast alle Fische richteten sich direkt nach Versuchsbeginn rheotaktisch mit dem Kopf entgegen der Hauptströmung aus. Nach einer kurzen Phase der Orientierung begannen die Fische mit der Sondierung ihrer Umgebung, indem sie sich rückwärts mit der Strömung stromabwärts treiben ließen. Sobald eine Stelle erreicht wurde, an der die Strömungsgeschwindigkeit stark zunahm, beendeten die Fische die Sondierung und schwammen entgegen der Strömung in Bereiche mit ruhigerer und gleichmäßigerer Strömung zurück und verharrten dort.

Die Verhaltensweise des Sondierens und des Verharrens konnte bei insgesamt 11 bzw. 12 Ar-

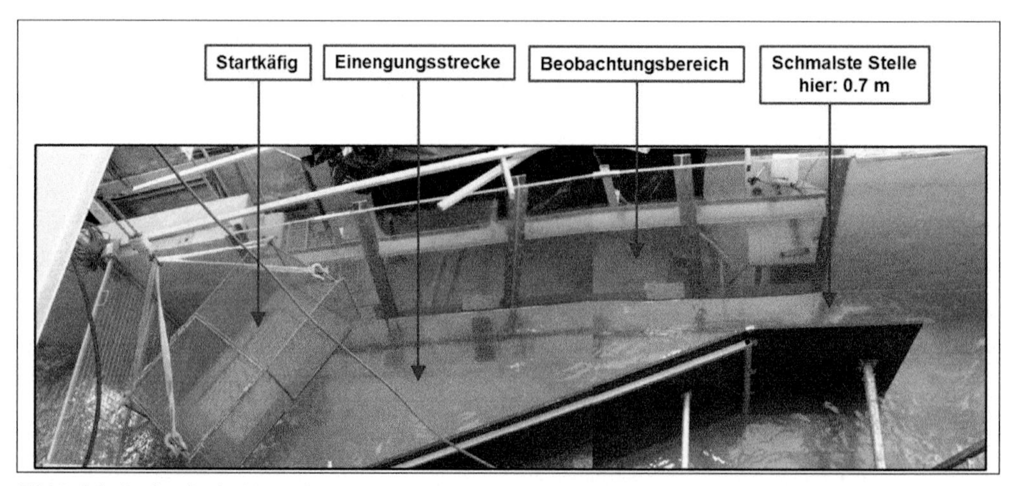

Bild 8: Ethohydraulische Versuchsrinne am KIT

Tab. 1 | Artspezifische Verhaltensweisen von Testfischen im Strömungsgradienten sowie verhaltenssteuernde Fließgeschwindigkeiten (Setup V3)

Art	Sondieren	Verharren	point of return	Verharrungsbereich
Aal	+	k. E.	0.56 – 1.70 m/s	k. E.
Äsche	+	+	0.28 – 0.89 m/s	0.27 – .059 m/s
Bachforelle	+	+	0.30 – 1.70 m/s	0.27 – 0.33 m/s
Barbe	+	+	0.28 – 0.59 m/s	0.27 – 0.45 m/s
Elritze	+	+	0.27 – 0.45 m/s	0.27 – 0.37 m/s
Gründling	k. E.	+	k. E.	0.30 m/s
Hasel	+	+	0.28 – 0.58 m/s	0.27 – 0.59 m/s
Koppe	-	+	k. E.	0.29 – 0.30 m/s
Lachs	+	+	0.29 – 0.89 m/s	0.27 – 0.45 m/s
Nase	+	+	0.28 – 0.89 m/s	0.27 – 0.33 m/s
Quappe	+	+	0.33 – 1.70 m/s	0.27 – .30 m/s
Rotauge	+	+	0.28 – 0.59 m/s	0.27 – 0.31 m/s
Schmerle	+	+	0.29 – 0.56 m/s	0.27 – 0.45 m/s

Sondieren: Verhalten, bei dem sich die Fische zunächst mit der Strömung mittreiben lassen bis eine bestimmte Strömungsgeschwindigkeit erreicht ist (point of return), gegen die dann wieder angeschwommen wird
Verharren: Aufhalten der Fische an einem Ort im Versuchsstand
k.E.: keine Ergebnisse

ten festgestellt werden (**Tabelle 1**). Im Verlauf der Untersuchungen wurde beobachtet, dass es unterschiedliche Toleranzbereiche für die verschiedenen Arten in Bezug auf die präferierten und tolerierbaren Fließgeschwindigkeiten gibt (Verteilmuster von Bachforellen und Elritzen in **Bild 9**). Wie weit und wie häufig die Fische entlang des Strömungsgradienten sondierten und anschließend in Bereichen geringerer Strömung verharrten, war dabei artspezifisch.

Über 90 % der Aufenthalte der Bachforellen wurden etwa 3 m vor der Engstelle und bei Fließgeschwindigkeiten von etwa 0,3 m/s notiert. Zu Beginn der Untersuchung sondierten die Fische noch häufiger in Richtung der Engstelle bis hin zu Fließgeschwindigkeiten von 1,7 m/s. Die Elritzen hielten sich, bis auf einige Ausnahmen (4 %), über den gesamten Versuchsverlauf am oberstromigen Ende des Versuchsstandes auf. Hier lag die Fließgeschwindigkeit bei ca. 0,3 m/s.

Die Versuche wurden mit insgesamt 16 Arten und 376 Individuen durchgeführt. In **Tabelle** 1 sind die Ergebnisse zusammengefasst (Verhaltensweisen Sondieren und Verharren, ohne Bachneunauge, Brassen, Hecht). Darüber hinaus ist dargestellt, bei welcher Fließgeschwindigkeit das Sondieren abgebrochen wurde (point of return, POR) und eine Rückkehr in den Verharrungsbereich erfolgte.

Anhand der Verhaltensweisen in **Tabelle** 1 wird deutlich, dass mit Ausnahme der Koppe alle betrachteten Fischarten ein Sondierungsverhalten zeigen. Neben dem Sondieren konnte ebenfalls ein Verharren bei bestimmten Fließgeschwindigkeiten beobachtet werden. Für den Aal können keine genauen Aussagen getroffen werden.

Es wird deutlich, dass die Arten Aal, Bachforelle, Äsche sowie Lachs und Nase als schwimmstarke Fischarten die höchsten Werte für den point of return aufweisen; die maximalen Werte liegen

Laktat: Stoffwechselprodukt des Abbaus von Zuckern (Glukose) unter anaeroben Bedingungen. Es entsteht in nicht ausreichend mit Sauerstoff versorgten Zellen (z. B. in Muskelzellen). Erhöhte Laktatwerte im Blut finden sich u. a. bei körperlicher Überbelastung.

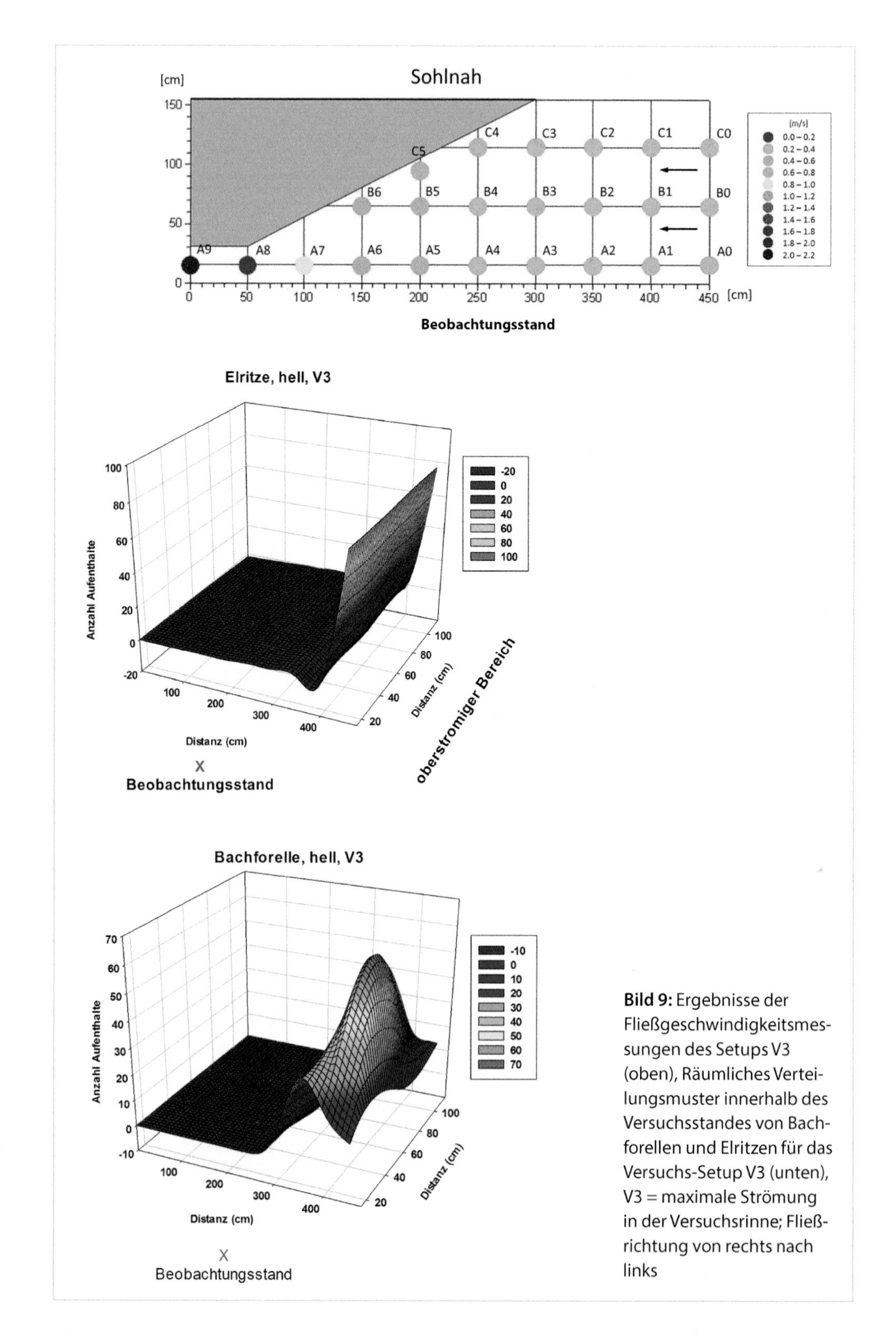

Bild 9: Ergebnisse der Fließgeschwindigkeitsmessungen des Setups V3 (oben), Räumliches Verteilungsmuster innerhalb des Versuchsstandes von Bachforellen und Elritzen für das Versuchs-Setup V3 (unten), V3 = maximale Strömung in der Versuchsrinne; Fließrichtung von rechts nach links

Bild 10 | Sondierungsversuche ausgewählter Fischarten innerhalb eines 30 minütigen Versuchszeitraumes pro Proband, Setup V3, hell, n = Anzahl an Probanden

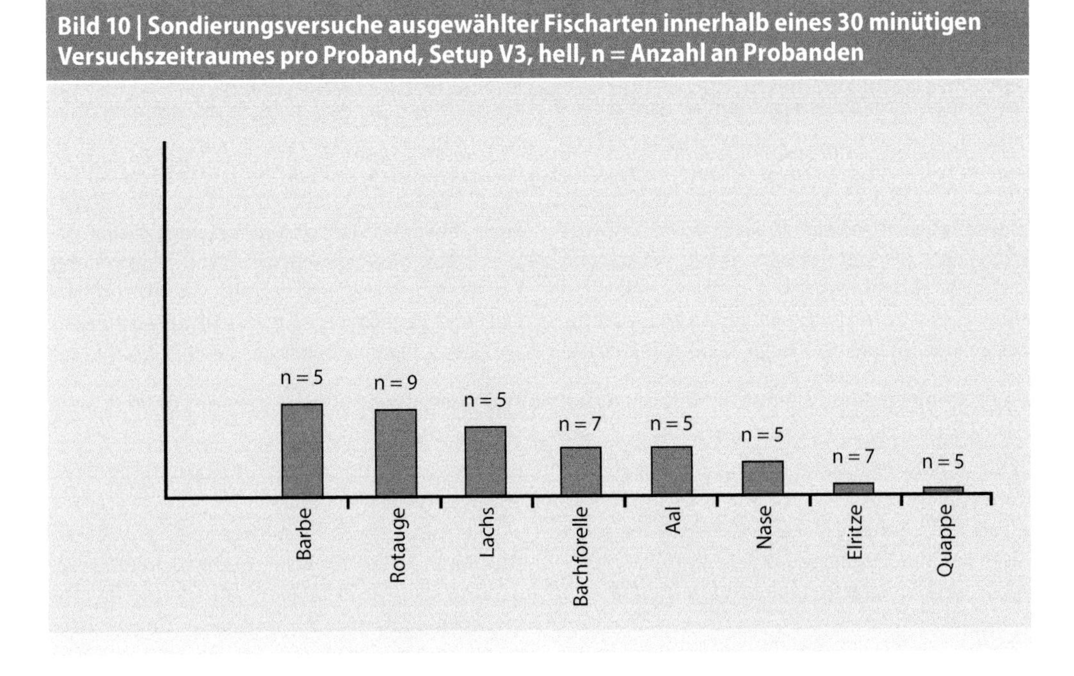

zwischen 0,89 und 1,70 m/s. Auffällig ist auch, dass die Quappe als relativ schwimmschwache Art mit 1,70 m/s mit den höchsten Wert für den POR zeigte (20 %). Eine biologische Erklärung steht zum jetzigen Zeitpunkt noch aus.

Das Sondierungsverhalten wurde artspezifisch mit unterschiedlicher Intensität registriert. Hierbei ist besonders zu berücksichtigen, dass bei jedem Sondierungsversuch Energie verbraucht wird [15]. Nach mehreren Sondierungsversuchen wurden Fische vergleichsweise häufiger durch die Engstelle gezogen [16]. **Bild 10** zeigt die Häufigkeit des „Sondierens" pro Proband innerhalb einer 30-minütigen Untersuchung. Demnach führte die Äsche am häufigsten ein Sondierungsverhalten durch. Über den 30-minütigen Untersuchungsverlauf konnten bei dieser Art etwa 40 Sondierungen pro Proband beobachtet werden. Es folgen die Arten Barbe und Rotauge mit etwa 11 Sondierungen pro Proband. Elritzen und Quappen zeigten das Sondierungsverhalten am seltensten. Umgerechnet bedeutet das Ergebnis, dass die Äschen im Schnitt je einen Sondierungsversuch pro Minute durchführten, bei den Barben, Rotaugen und Lachsen lag die Zeitspanne zwischen den Sondierungsversuchen bei ca. 3 Minuten.

Bei den Sondierungsversuchen wird Energie verbraucht. Dies wiederum führt dazu, dass Fischen, die dieses Verhalten häufiger zeigen, irgendwann nicht mehr genug Energie zur Verfügung steht, um sich aus dem Bereich des POR zu lösen, so dass sie mit der Strömung mitgerissen werden. Dies konnte in Karlsruhe im ethohydraulischen Versuch vergleichsweise häufig beobachtet werden [16].

Um zu prüfen, ob es tatsächlich zu erhöhten Kraftanstrengungen durch das Sondierungsverhalten kam, wurde den Versuchsfischen im Rahmen einer vom Land NRW unterstützten Bachelorarbeit Blut abgenommen und die Laktatwerte mit solchen Fischen verglichen, die als Kontroll-

DIDSON: Das Dual-Frequency IDentification SONar bietet die Möglichkeit, Fische und ihr Verhalten in situ zu erfassen und als „Filmsequenzen" aufzuzeichnen [10]. Es handelt sich um ein akustisches System, das unabhängig von Lichtverhältnissen oder Gewässertrübung einsetzbar ist (http://www.soundmetrics.com).

gruppe keiner Strömung ausgesetzt waren. Mit Ausnahme der bodenorientiert lebenden Koppe zeigten alle getesteten Fische nach einem Testdurchlauf mit Sondierungsverhalten deutlich erhöhte Laktatwerte [15]. Dieses Ergebnis zeigt, dass sich Fische vor Barrieren abarbeiten, um wieder ins Oberwasser zurück zu schwimmen. Entkräftet gelangen sie schließlich z. B. über die Wehrkante ins Unterwasser. Damit wäre auch nachvollziehbar, dass der Abstieg in Bereichen ohne Rückschwimmmöglichkeit (Kanal zu lang, Tunnel oder Rohre im Kanal) auch über Bypasssysteme mit stark zunehmendem Gradienten gut beobachtet werden kann.

Zusammenfassend zeigen die Ergebnisse, die in den ethohydraulischen Tests in Karlsruhe gewonnen wurden:

- Fast alle Fischarten zeigen die Verhaltensweisen des Sondierens und des Verharrens.
- Die Sondierungsfrequenz unterscheidet sich artspezifisch.
- Mittels Sondierung werden kritische Strömungen registriert, die dann gemieden werden.
- Häufiges Sondieren führt dazu, dass die Rate an Fischen steigt, die durch die Engstelle der Versuchsrinne gezogen wird.
- Die kritischen Strömungsgeschwindigkeiten, die gemieden werden, sind artspezifisch und liegen zwischen 0,27 und 1,70 m/s.

Die Befunde geben deutliche Hinweise darauf, dass alle Querbauwerke, an denen die Wassersäule abreißt oder die Fließgeschwindigkeit zu sehr ansteigt, für Fische eine abwärtsgerichtete Barriere darstellen, die freiwillig nicht überschwommen wird.

5 Alternative Abstiege

Auf diesen Erkenntnissen aufbauend wurde am KIT versucht, Fische in Bereiche mit geringen Fließgeschwindigkeiten bis max. 0,5 m/s abzuleiten. Keiner der eingesetzten Fische ließ sich jedoch durch Saugströmungen in Abstiegskorridore hinein zu einem Abstiegsverhalten verleiten.

Diese Erkenntnis führte zu dem Versuch, die Strömungsrichtung umzukehren. Anstelle einer Saugströmung erfolgte im ethohydraulischen Versuch nun die Dotation einer Leitströmung aus dem Abstiegskorridor hinaus in den eigentlichen Versuchsraum mit Hauptströmung. Diese Tests zeigten, dass die Richtungsumkehr der Strömung ein zielführender Ansatz ist. Fische nahmen diese Strömungen positiv auf und folgten diesen auch in neue räumliche Situationen. Im Analogschluss zum Verhalten von Fischen vor Fischaufstiegsanlagen, bei denen jahrelange Forschungsarbeit ergeben hat, dass eine entsprechend positionierte Leitströmung ein Kriterium für die Auffindbarkeit eines Fischpasses ist, wird klar, dass der Fischabstieg funktionieren kann, wenn Fische die Möglichkeit bekommen, über ihr Seitenlinienorgan den Einstieg zum Abstieg in gleicher Weise wie beim Aufstieg zu „sehen“. Dies ist nur bei einer gerichteten, moderaten Leitströmung ohne Strömungsabriss der Fall.

Allerdings ist mit einer Strömungsumkehr ein Abstieg im herkömmlichen Sinne nicht realisierbar. Die Fische müssen dann am Zurückschwimmen gehindert werden und nach Unterwasser transferiert werden.

6 Zusammenfassung der Erkenntnisse

Die Ergebnisse aus verschiedenen Untersuchungen im Freiland und im Labor zeigen vergleichbare Verhaltensmuster von Fischen in Strömungsgradienten.

Die Freilandversuche mittels DIDSON zeigen, dass Fische bei der stromabwärts gerichteten Annäherung an eine Barriere den vor ihnen liegenden Weg mittels Ferntastsinn sondieren. Statt sich jedoch über die Barriere treiben zu lassen oder diese aktiv zu überschwimmen, zeigen die Fische ein eindeutiges Meideverhalten.

Diese Reaktion ist nachvollziehbar, denn der Ferntastsinn kann Fischen keine Informationen zu den Bedingungen hinter der Wehrkannte geben, da das Wasser nach unten wegfällt, das Bild quasi abreißt. Der Fisch hat daher keine Information darüber, was ihn erwartet. Das Risiko in den „unsichtbaren“ Bereich einzuschwimmen ist zu groß.

Es muss beim Anschwimmen entschieden werden, wann die Fließgeschwindigkeit erreicht ist, gegen die der Fisch ohne Risiko aus eigener Muskelkraft wieder anschwimmen kann. Beim

Überschwimmen dieses Punktes läuft der Fisch Gefahr mitgerissen zu werden, da das individuelle Sprintvermögen überschritten ist.

7 Auswirkung auf die Konstruktion von Fischabstiegsanlagen

In den letzten 10 Jahren wurden Bypässe und Ableitungssysteme entwickelt, zu denen die Fische vor oder an den Barrieren bzw. auch an Wasserkraftanlagen gelangen und an diesen vorbei ins Unterwasser geleitet werden. Zur Effizienz der Abstiege liegen unterschiedliche Ergebnisse vor. Sichtet man die Ergebnisse unter Berücksichtigung der Untersuchungsmethodik, so wird bei den meisten Untersuchungen dargestellt, dass die Strömungsverhältnisse ausschlaggebend für einen Erfolg bzw. Misserfolg der Maßnahme sind [17, 18, 19, 20]. Allerdings ist bei allen Untersuchungen zu berücksichtigen, dass Erfolg oder Misserfolg an der Anzahl der im Rahmen eines Monitorings nachgewiesenen Fische bewertet wird. Unberücksichtigt bleibt der Vergleich mit der Grundgesamtheit wanderwilliger Fische. Ein weiterer Punkt, der bislang kaum Berücksichtigung gefunden hat, betrifft die artspezifischen Unterschiede im Abstiegsverhalten von Fischen.

Bereits ermüdete Fische können nicht vorab detektiert werden. Besonders große Erfolge scheinen Anlagen aufzuweisen, bei denen das Zurückschwimmen z. B. auf Grund der großen Rückschwimmdistanzen kaum möglich ist, z. B. an längeren Zulaufkanälen.

Es hat sich auch gezeigt, dass die kontinuierliche Steigerung der Strömung bis zu dem Punkt, an dem die artspezifische oder individuelle Sprintgeschwindigkeit überschritten wird, nur sehr eingeschränkt bzw. gar nicht zielführend ist. Spezielle Untersuchungen auch mit moderaten Saugströmungen in den Abstiegskorridor hinein haben gezeigt, dass die Fische diese Bereiche meiden [16].

Literatur

[1] Schwevers, U. (1998): Die Biologie der Fischabwanderung.- In: Bibliothek Natur & Wissenschaft, Band 11, VNW Verlag Natur & Wissenschaft Solingen

[2] Ovidio, M.; Parkinson, D.; Philippart, J.-C.; Baras, E. (2007): Multiyear homing and fidelity to residence areas by individual barbell (*Barbus barbus*). Belg. J. Zool. 137 (2): pp. 183-190

[3] Zahn, S.; Scharf, J.; Borkmann, I. (2010): Landeskonzept zur ökologischen Durchgängigkeit der Fließgewässer Brandenburgs – Ausweisung von Vorranggewässern. Institut für Binnenfischerei e.V. (IFB) Potsdam-Sacrow

[4] Heermann, L. & Borcherding, J. (2006): Winter short-distance migration of juvenile fish between two floodplain water bodies of the Lower River Rhine. *Ecology of Freshwater Fish* 15: pp. 161-168

[5] Lucas, M.C. (2000): The influence of environmental factors on movements of lowland-river fish in the Yorkshire Ouse system. *The science of Total Environment* 251 252: pp. 223-232

[6] Acou, A.; Laffaille, P.; Legault, A. (2008): Migration pattern of silver eel (*Anguilla anguilla*, L.) in an obstructed river system. *Ecology of Freshwater Fish* 17: pp. 432-442

[7] Werth, S.; Weibel, D.; Alp, M.; Jubker, J.; Karpati, T.; Peter, A.; Scheidegger, C. (2011): Lebensraumverbund Fliessgewässer: Die Bedeutung der Vernetzung.- In: Wasser Energie Luft, 103. Jahrgang, Heft 3, S. 224 – 234, Schweizerischer Wasserwirtschaftsverband

[8] Blasel, K. (2011): Demonstration Plant in the Kinzig River: Moveable Hydroelectric Power Plant for Ecological River Improvements and Fish Migration Reestablishment – Fischereibiologisches Monitoring nach dem Umbau der Querbauwerke in Gengenbach und Offenburg.- Büro für Fischereibiologie & Ökologie, im Auftrag des Elektrizitätswerks Mittelbaden Wasserkraft GmbH & Co. KG

[9] Büro für Umweltplanung, Gewässermanagement und Fischerei und LFV Hydroakustik GmbH (2011): Fischereiliche Untersuchung des beweglichen Krafthauses in der Kinzig in Gengenbach.- Teilbeitrag zum Monitoring: Demonstration Plant in the Kinzig River: Moveable Hydroelectric Power Plant for Ecological River Improvements and Fish Migration Reestablishment (Blasel 2011), im Auftrag des Büros für Fischereibiologie & Ökologie

[10] Schmidt, M.B. (2008): Echolote und Sonare in der Binnenfischerei – Möglichkeiten und Perspektiven. *VDSF-Schriftenreihe Fischerei und Gewässerschutz* 3, 35-37.

[11] Büro für Umweltplanung, Gewässermanagement und Fischerei, 2008: Untersuchungen zum Einfluss von Turbinen mit großem Laufraddurchmesser und geringer Fallhöhe auf Klein- und Jungfische – Vorversuch im Auftrag von Herrn Dr. Walters, Brilon

[12] Kühlmann, M. (2009): Experimentelle Untersuchungen zur Schädlichkeit einer Kleinwasserkraftanlage mit Kaplanturbine und geringer Fallhöhe für Jung- und Kleinfische sowie Rundmäuler.- Diplomarbeit der Europäischen Berufs- und Wirtschaftsakademie, St. Gallen

[13] HOFFMANN, A.; SCHMIDT, M.; LEHMHAUS, B.; LANGKAU, M.; KÜHLMANN, M.; JESSE, M.; KLINGER, H.; BELTING, K. & WEIMER, P. (2010): Fischschutzmöglichkeiten an Wasserkraftanlagen. Natur in NRW 4, 21-25.
[14] HOFFMAN, A. & KLINGER, H. (2012): Fisch- und Gewässerschutz im Bereich von Wasserkraftanlagen – Projekte und Perspektiven in NRW.- In: GWA 230, 45. Essener Tagung für Wasser- und Abfallwirtschaft vom 14.3. – 16.3.2012 in Essen, S. 60ff
[15] GAYK, J. (in Vorbereitung): Stress bei Fischen in Wasserkraftanlagen.
[16] Karlsruher Institut für Technologie & Büro für Umweltplanung, Gewässermanagement und Fischerei: Ethohydraulische Untersuchungen zum Fischschutz an Wasserkraftanlagen – Untersuchungen zum Verhalten und der Evakuierung von Jung- und Kleinfischen im Bereich zwischen Rechenanlage und Turbinenleitapparat bei Wasserkraftanlagen. Im Auftrag des Ministerium für Klimaschutz, Umwelt, Landwirtschaft, Natur- und Verbraucherschutz des Landes Nordrhein-Westfalen (in Vorbereitung)
[17] LECOUR, CH. & RATHCKE, P.-C. (2006): Abwanderung von Fischen im Bereich von Wasserkraftanlagen. Niedersächsisches Landesamt für Verbraucherschutz und Lebensmittelsicherheit – Institut für Fischerei Cuxhaven – Binnenfischerei
[18] TRAVADE, F. & LARINIER, M. (2006): French Experience in downstream migration devices Vortrag – Internationales DWA-Symposium zur Wasserwirtschaft. DWA-Themen: Durchgängigkeit von Gewässern für die aquatische Fauna. Deutsche Vereinigung für Wasserwirtschaft, Abwasser und Abfall e. V., Berlin
[19] FIEDLER, K. & ACHE, M. (2008): Aalabstiegsanlage Dettelbach – Schlussbericht. Technische Universität München, Lehrstuhl und Versuchsanstalt für Wasserbau und Wasserwirtschaft, Department für Tierwissenschaften – Fachgebiet Fischbiologie
[20] HARTMANN, G. & SEIFFERT, K. (2009): Fischfreundliche Wasserkraftnutzung mit VLH-Turbinen? Vortrag anlässlich der 20. SVK-Fischereitagung, Fulda

Autoren

Dr. Andreas Hoffmann
M. Sc. Imke Böckmann
Büro für Umweltplanung Gewässermanagement und Fischerei
Krackser Straße 18 b
33659 Bielefeld
E-Mail: info@bugefi.de

Dr. Boris Lehmann
Institut für Wasser und Gewässerentwicklung
Engesserstraße 22
76131 Karlsruhe
E-Mail: B.Lehmann@kit.edu

Dipl.-Sachverständiger
Markus Kühlmann
Ruhrverband
Abt. Flussgebietsmanagement
Fischwirtschaft/Fischökologie
Seestraße 48
59519 Möhnesee

Susanne C. K. Vaeßen und Denise Herrmann

Entwicklung einer fischpassierbaren Krebssperre

Zugewanderte, nicht heimische Flusskrebse bedrohen die europäischen Arten durch Übertragung von Krankheiten und Konkurrenz. Ihre Ausbreitung wird durch die angestrebte Durchgängigkeit der Binnengewässer gefördert. Selektive Barrieren sollen die Krebse in der Ausbreitung hindern, ohne die Fischwanderung zu stören.

1 Einleitung

Der starke Rückgang heimischer Flusskrebsarten ist neben der allgemeinen Biotopzerstörung zu einem Großteil auf das Eindringen gebietsfremder Flusskrebsarten zurückzuführen, welche neben allgemeiner ökologischer Konkurrenz insbesondere durch die Übertragung der Krebspest (*Aphanomyces astaci*), einer für heimische Flusskrebse tödlichen Pilzinfektion, die Bestände stark dezimiert haben. Zunehmender Schiffsverkehr und gewässerverbindende Kanalbauten haben dabei zusätzlich zur Verbreitung der Fremdarten beigetragen, so dass sich die Artenzahl der wirbellosen Neozoen im Rhein seit der Jahrhundertwende verfünffacht hat [1]. Die letzten Rückzugsgebiete des häufigsten heimischen Flusskrebses, dem streng geschützten Edelkrebs (*Astacus astacus*), liegen heute in isolierten Gewässern wie z.B. Kleinseen und Talsperren, vor allem aber in Oberläufen von Fließgewässern [2,3], während die Unterläufe größerer Wasserstraßen bereits mit gebietsfremden Flusskrebsarten – insbesondere dem Amerikanischen Kamberkrebs (*Orconectes limosus*) – besiedelt sind [4, 5, 6].

Dem Nordamerikanischen Signalkrebs (*Pacifastacus leniusculus*) kommt bei dieser Invasion eine besondere Bedeutung zu, da er auf Grund seiner Temperaturtoleranz – im Gegensatz zum Kamberkrebs – in der Lage ist, bis in die kühleren Oberläufe der Fließgewässer vorzudringen. Dabei stellen selbst krebspestfreie Populationen dieser besonders großen Art eine Gefahr für heimische Krebse dar, da sie aggressiver sind, höhere Reproduktionsraten aufweisen und schneller wachsen. Selbst ohne die Übertragung der Krebspest werden einwandernde Signalkrebse eine Edelkrebspopulation auf Dauer verdrängen [7, 8]. Die EG-Wasserrahmenrichtlinie fordert einen „guten ökologischen Zustand" der europäischen Binnengewässer. Dabei soll die größtmögliche Durchgängigkeit eines Fließgewässers erreicht werden, die durch Längs- und Querbauwerke häufig eingeschränkt wird. Es gilt also diese Barrieren zurückzubauen oder zumindest passierbar zu gestalten [9]. Obwohl diese Zielsetzungen zunächst positiv zu bewerten sind, bringen sie zu Zeiten biologischer Invasionen aber auch Probleme mit sich. Die geografische Isolation von Fließgewässerabschnitten durch Wehre und Dämme stellt vielerorts den letzten wirksamen Schutz der darin vorkommenden heimischen Krebsbestände dar [10,11]. Optimal wäre es, Fremdpopulationen von Flusskrebsen selektiv zu isolieren, so dass die Durchgängigkeit des Gewässers für andere Spezies – insbesondere für Fische – erhalten bleibt.

Versuche zur Entwicklung einer solchen selektiven Barriere hat es bereits gegeben. Nennenswert sind die Untersuchungen von ELLIS [12]. In dieser Studie wurde eine physikalische Barriere erprobt, die Restpopulationen des stark bedrohten Shasta-Flusskrebses (*Pacifastacus fortis*) in den Oberläufen eines Fließgewässersystems in Kalifornien vor einwandernden Signalkrebsen schützen sollte. Das einzige Modell, das sich als passierbar für Fische, jedoch nicht für Krebse erwies, bestand in einer vertikalen Barriere mit Überhang.

Diese Barriere war allerdings nur für Freiwasserfische wie Regenbogenforellen (*Oncorhynchus mykiss*) passierbar. Bodenfische wie Groppen (*Cottus gobio*) überquerten sie nur, wenn sie aufgescheucht wurden und niemals aus eigenem Antrieb. Offensichtlich stellte die Sperre für die Tiere eine Verhaltensbarriere dar [12].

Auch das Schwimmverhalten von Signalkrebsen zur Sperrenüberwindung wurde untersucht, indem 44 Tiere für mehrere Wochen in einem Becken untergebracht wurden, von dem die eine Hälfte, in der sich die Tiere befanden, durch eine in sich geschlossene Aluminium-Bande abgegrenzt wurde. Weder Futter, noch ein Sauerstoffgradient oder Aufschrecken der Tiere konnte diese zum Überschwimmen der Barriere bringen, sodass davon ausgegangen wurde, dass Krebse diese Fortbewegungsmethode nicht zur Überwindung nutzen und sie ausschließlich zur Flucht einsetzen [12]. Grundsätzlich deckten sich Ellis' Befunde mit den Aussagen der relevanten Literatur, laut denen der Schwimmreflex eines Flusskrebses durch einen anterioren visuellen Stimulus ausgelöst und nur selten und dann sehr kurz spontan gezeigt wird [13-17].

Ellis' Studie zeigte außerdem, dass jede kleinste Unebenheit in Barrieren – sowohl in Fließrinnen- als auch in Stillwasserversuchen – eine Überwindung durch Überklettern ermöglichte, die Barriere also vollkommen glatt sein muss, um einen erfolgreichen Rückhalt der Tiere zu gewährleisten [12].

In den vorliegenden Arbeiten wurde eine fischpassierbare Krebsbarriere entwickelt, wie sie später in festen wasserbaulichen Strukturen wie z. B. Fischtreppen eingebaut werden könnte. Dabei wurde im Gegensatz zur vertikalen Barriere von Ellis [12] gezielt eine sanft ansteigende Barrierenwand angestrebt, um auch Bodenfischen wie Groppen eine Überwindung zu ermöglichen. Zunächst wurden erforderliche Neigungswinkel glatter Flächen ermittelt, die die Passage von Flusskrebsen gerade noch verhindern. Zusätzlich wurden Überwindungsstrategien der Krebse beobachtet – insbesondere das Schwimmverhalten – und die Bedeutung der Sperrenrauheit untersucht [18].

Im Anschluss daran wurde das Barrierendesign mit Hilfe von numerischen Simulationen verfeinert. Durch die Visualisierung räumlicher Strömungsverteilungen konnte eine als erfolgreich einzustufende Variante der Krebsbarriere konstruiert werden, die in anschließenden Versuchen mit Signalkrebsen und Groppen erprobt wurde.

2. Material und Methode

2.1 Versuche zum benötigten Barrierenneigungswinkel und zur Sperrenrauheit

Die Versuche zum benötigten Barrierenneigungswinkel fanden in der Versuchshalle des Instituts für Wasserbau und Wasserwirtschaft der RWTH Aachen unter biologischer Betreuung des Lehr- und Forschungsgebiets Ökosystemanalyse statt. In einer 30 m langen, 1 m hohen und 1 m breiten Fließrinne wurden zwei Versuchskammern mit einer Länge von jeweils 3 m durch Trenngitter abgegrenzt. In jeder Versuchskammer wurde eine im Anstellwinkel verstellbare, an den Wänden dicht abschließende Barriere aus PVC (1,5 cm stark, 35 cm hoch) installiert, welche die Kammern nochmals in je einen Start- und Zielbereich unterteilten. Der 1 m² große Startbereich wurde mit Krallmatten ausgelegt, um den Tieren Halt zu gewähren, wie er auch in einem

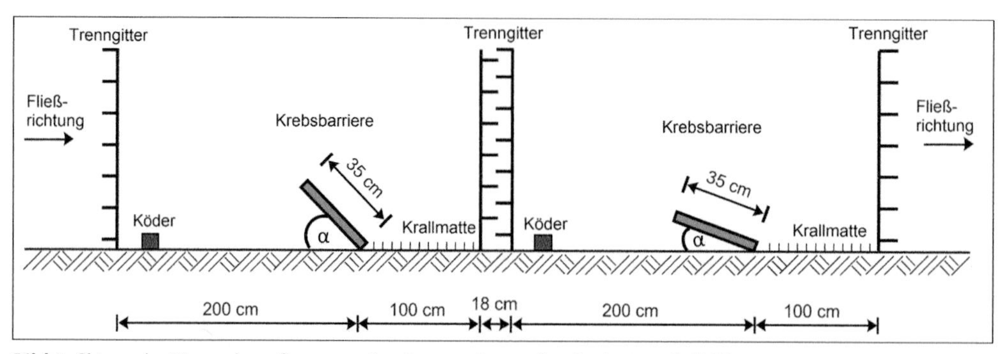

Bild 1: Skizze des Versuchsaufbaus zur Barrierenneigung (verändert nach [18])

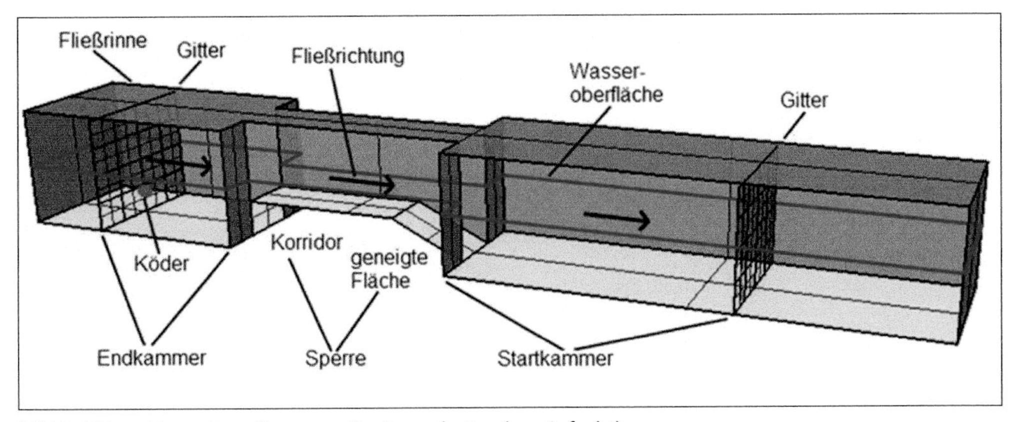

Bild 2: Skizze: Versuchsaufbau zum Barrierendesign (vereinfacht)

Bachbett gegeben wäre. Der 2 m lange Zielbereich wurde mit Köderkörbchen (Hundefutter) für die Tiere attraktiver gemacht. Ebenso wie der übrige Rinnenboden war er mit PVC-Platten beschichtet worden. **Bild 1** zeigt eine Skizze des Versuchsaufbaus in der Fließrinne.

In den Versuchen wurden bei unterschiedlichen Strömungsgeschwindigkeiten und Abflusswerten jeweils in 8°-Schritten ansteigende Sperrenneigungswinkel von $\alpha = 0°$ (flach aufliegend) bis $\alpha = 48°$ erprobt. Jeder Versuch lief über 48 Stunden, wenn es den Tieren nicht bereits vorher gelang, die Sperre zu überwinden. In diesem Fall wurde der Versuch vorzeitig abgebrochen. Alle Versuche wurden mit Infrarotkameras überwacht und abschließend ausgewertet.

Zusätzlich wurden einige Messreihen mit einer aufgerauten Sperrenplatte durchgeführt. Dazu wurde ihre Oberfläche mit Schmirgelpapier beklebt. Ebenso fanden einige Stillwasser-Versuche in einem Aquarium mit gerasterter Bodenscheibe (Maschenweite 1 cm^2) statt, bei denen die Tiere gezielt über Fluchtreaktionen zum Schwimmen gebracht und die erreichten Geschwindigkeiten gemessen wurden. Die Auswertung erfolgte anhand von Videoaufnahmen, über die sich die zurückgelegte Wegstrecke pro Sekunde feststellen ließ.

Als Versuchstiere kamen Signalkrebse ab einer Körpergröße von 9,0 cm (Spitze des Rostrums bis Ende des Schwanzfächers) zum Einsatz. Es wurden sowohl körperlich intakte als auch Tiere mit fehlenden Gliedmaßen eingesetzt.

2.2 Versuche zum Barrierendesign

Um die Wirksamkeit der Krebssperre zu steigern, wurde im Wasserbaulabor der Hochschule Ostwestfalen-Lippe, Abt. Höxter, ein Modell auf der Grundlage numerischer Strömungssimulationen entwickelt und in der Versuchsrinne mit Krebsen untersucht. Mit der numerischen Modelltechnik konnten die Geschwindigkeitsverhältnisse, die für die Wirksamkeit der Sperre entscheidend sind [18], im Raum detailliert visualisiert werden.

Die numerischen Simulationen umfassten zunächst die Analyse von zwei Varianten aus der grundlegenden Versuchsreihe (Kapitel 2.1), für die auch Videosequenzen zu den voran gegangenen Versuchen vorlagen. Somit war ein direkter Vergleich von Strömungsbildern und der Einfluss der Strömung auf das Wanderverhalten möglich. Ausgewählt wurde jeweils die Variante,

- bei der den Krebsen ein Überschwimmen der Sperre gelang (Rampenneigung 24,3°, 0,50 m/s Fließgeschwindigkeit über Rampenkante) und
- bei der es den Krebsen nicht gelang, diese durch Kletter- oder Schwimmversuche zu überwinden (Rampenneigung 32,4°, 0,44 m/s Fließgeschwindigkeit über Rampenkante).

Basierend auf den Erkenntnissen, die sich durch den Vergleich der Strömungsbilder mit den Videosequenzen ergaben, wurden weitere Varianten ausgearbeitet und getestet, um die Konstruktion zu optimieren.

Die numerische Untersuchung der Strömungsbedingungen im Bereich der Krebssperre erfolgte mit einem virtuellen Volumenmodell, dessen Geometrie mit einem 3D-Volumenmodellierer

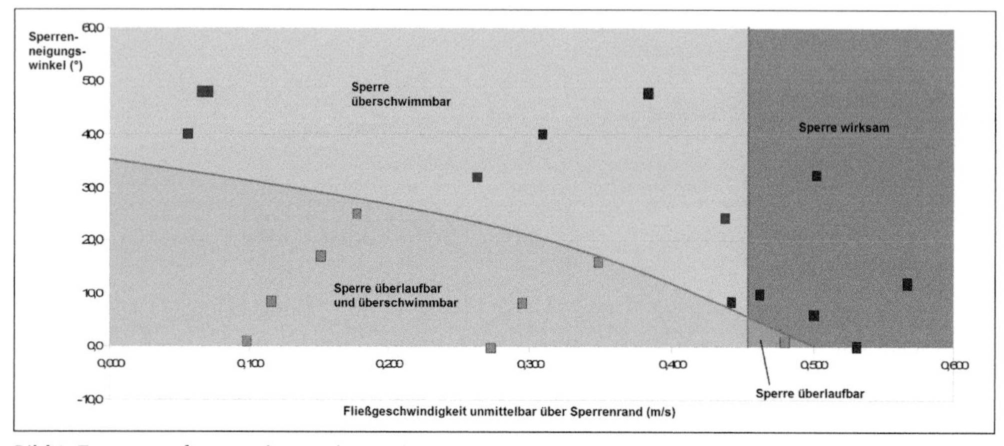

Bild 3: Zusammenfassung der Ergebnisse (Grenzen geschätzt, Quadrate: blau = Sperre überschwommen, grün = Sperre überklettert, rot = Sperre wirksam - verändert nach [18])

erzeugt wurde. Bei der darauffolgenden Vernetzung und Berechnung der Strömungsbedingungen wurden turbulente Strömungsbedingungen sowie die Wandreibung entsprechend der im hydraulischen Modellversuch benutzten Materialien berücksichtigt. Zur Einsparung von Rechenzeit im Rahmen der Variantenfindung wurde auf die Nachbildung einer freien Wasserspiegeloberfläche verzichtet und mit einer geschlossenen, aber reibungsfreien Modellberandung an der Oberfläche gearbeitet. Die Zuflussrandbedingung wurde über die Fließgeschwindigkeit v_{ZU} = 0,15 m/s vorgegeben, die Wassertiefe unterhalb der Sperre wurde mit h_{UW} = 0,36 m festgelegt. Diese Werte entsprachen etwa den Versuchsbedingungen wie in Kapitel 2.1 beschrieben.

Nach Abschluss der Vorstudien wurde die ausgewählte Variante dem Versuch mit lebenden Krebsen unterzogen. Die hydraulischen Untersuchungen fanden in der ca. 7,00 m langen und 0,60 m breiten Kipprinne des Wasserlabors in Höxter statt. Auch hier wurde innerhalb der Rinne eine Versuchskammer mit Gittern abgegrenzt, so dass die Versuchsstrecke aus den Abschnitten Sperre, Startkammer und Endkammer bestand. **Bild 2** zeigt eine vereinfachte Skizze des Ver-

Bild 4: Signalkrebse vor, bzw. auf der Sperre

suchsaufbaus. Insgesamt war die Konstruktion 1,00 m lang, 0,60 m breit und 0,50 m hoch. Die eigentliche Sperre bestand aus einer Holzkonstruktion mit einer geneigten Platte und einem anschließenden ebenen Korridor. Alle Barrierenoberflächen waren mit Aluminium beschichtet, um den Krebsen keinen Halt zu gewähren. Zusätzlich gab es zur Anhebung der Fließgeschwindigkeiten eine Verengung von beiden Seiten, sodass sich die Breite der Rampe und des Korridors auf 0,25 m belief. Die geneigte Fläche war 0,25 m breit und 0,35 m lang. Mit einem Winkel von 25,40° überbrückte sie die Höhe des Korridors (0,15 m). Der Aufbau der Start- und Endkammer sowie die Versuchszeiten und Abbruchbedingungen entsprachen den Versuchen zum erforderlichen Neigungswinkel (s.o.). Sobald die Fließgeschwindigkeit als wirksam und damit als nicht passierbar galt, wurde sie für den nächsten Versuch gedrosselt.

Als Versuchstiere wurden Signalkrebse aus dem regionalen Fanggebiet eingesetzt. Es fanden sechs Versuche statt. Zunächst wurden 8 Tiere pro Versuch eingesetzt. Später wurde die Besatzdichte auf 15 Exemplare erhöht, um einen zusätzlichen Dichtestress zu erzeugen. Die Überwachung des gesamten Versuches erfolgte durch Infrarotkameras, um das Verhalten der Tiere nachträglich auswerten zu können.

Im Anschluss an die Versuchsreihe wurde die Krebsbarriere bei gleichbleibenden Bedingungen auf ihre Passierbarkeit von Groppen überprüft. In einem Zeitraum von 24 h wurde zunächst die Fließgeschwindigkeit getestet, bei der es keinem Krebs gelungen war, die Sperre zu überwinden. Nachdem eine Groppe die Barriere komplett überschwommen hatte, wurde der Versuch beendet und als erfolgreich eingestuft.

3 Ergebnisse und Diskussion

Wie erwartet ergab sich eine deutliche Korrelation zwischen Abfluss/Strömungsgeschwindigkeit und erforderlichem Sperrenneigungswinkel in Bezug auf die Passierbarkeit. Bei starker Strömung reichte ein geringer Neigungswinkel aus, um eine Überwindung der Sperre durch Krebse zu verhindern. So war bei einer Strömungsgeschwindigkeit von 0,53 m/s (gemessen unmittelbar über der Barriere) bereits eine flach aufliegende glatte Sperrenplatte ein wirksames Hindernis. Bei extrem langsamen Geschwindigkeiten von 0,07 m/s war dagegen eine 48° steile Sperre noch überlaufbar.

Bei einer Aufrauung der Sperrenplatte verschoben sich wirksame Strömungs- und Winkelverhältnisse zugunsten der Krebse. Hier konnten sowohl höhere Strömungsgeschwindigkeiten als auch steilere Sperrenwinkel überwunden werden. Dies verdeutlicht die Notwendigkeit einer regelmäßigen Wartung und Reinigung der Sperrenoberfläche in der Praxis.

Das überraschendste Ergebnis der Versuchsreihen stellte das Verhalten der Signalkrebse dar, die – im Gegensatz zu der Studie von Ellis [12] – hier das eigentlich als Fluchtreaktion bekannte Schwimmverhalten gezielt einsetzten, um die Sperre zu überwinden.

Zeigte das Hochklettern an der Sperrenwand keinen Erfolg, brachen einzelne Tiere die Kletterversuche ab, drehten sich mit dem Schwanz zur Sperre und beförderten sich rückwärts in die Wassersäule darüber und auf die andere Seite.

Bis zu Strömungsgeschwindigkeiten von 0,44 m/s wurde in den Versuchen ein erfolgreiches Schwimmverhalten gezeigt. Inwieweit ein Überschwimmen oberhalb dieses Wertes möglich ist, kann nicht mit Sicherheit gesagt werden. In den Aquarien-Versuchen zur Schwimmgeschwindigkeit, bei denen die Tiere aufgeschreckt und schwimmend über einen gerasterten Bodengrund getrieben wurden, wurden lediglich Geschwindigkeiten von maximal 0,34 m/s erreicht, womit die Tiere weit hinter den in der Fließrinne gezeigten Leistungen zurück blieben.

Bild 3 fasst die Ergebnisse der Neigungswinkelversuche zusammen. Bei den eingezeichneten Linien handelt es sich um Schätzungen. Es wird deutlich, dass das Schwimmverhalten eine weitaus größere Rolle spielt, als zunächst angenommen. Bei Fließgeschwindigkeiten, die ein Überschwimmen der Sperre zulassen, ist der Neigungswinkel praktisch irrelevant. Zwar kam es unterhalb dieses Strömungswertes auch zum erfolgreichen Rückhalt der Krebse, dies sagt aber lediglich aus, dass die Tiere keinen erfolgreichen Schwimmversuch unternahmen. Ist die kritische Strömungsgeschwindigkeit überschritten, sind bereits sehr geringe Anstellwinkel der Sperre wirksam, was aus dem kleinen dunkelgrünen Bereich in der Abbildung ersichtlich wird. Somit kommt der Fließgeschwindigkeit über der Sperrenkante letztlich eine größere Bedeutung zu als dem Anstellwinkel.

Um auch bei geringeren Abflüssen die erforderliche Fließgeschwindigkeit zu gewährleisten, ergab sich in den anschließenden Versuchen zum Barrierendesign folgende Konstruktion: Die Sperre bestand aus einer geneigten Fläche. Ein anschließender waagerechter Korridor diente als Verlängerung und verhinderte, dass Krebse die Sperre in einer Etappe überschwimmen konnten. Der Querschnitt der Barriere wurde eingeengt, um höhere Fließgeschwindigkeiten in der gesamten Sperre zu erzielen (Werte s.o.).

In allen Versuchen steuerten die Krebse nach Versuchsbeginn sofort auf die Schräge zu und versuchten, diese zu überqueren. **Bild 4** zeigt die Flusskrebse vor und auf der Sperre. Wenn sich mehrere Exemplare gleichzeitig auf der Schräge befanden, überkletterten sie sich gegenseitig, bildeten somit eine Art „Räuberleiter" und gelangten meistens bis zum Ende der Schräge. Nur wenige Probanden erreichten die obere Kante ohne diese Vorgehensweise. Letztendlich schaffte es kein Krebs in den Korridor zu klettern, um von dort aus in die Endkammer zu kommen. Alle Versuche wurden als nicht passierbar eingestuft.

Während der Versuche wurden die Krebse vereinzelt aufgeschreckt, um zu überprüfen, ob sie im Falle eines Fluchtversuches über die Sperre schwimmen würden. Die Schwimmbereitschaft war im Allgemeinen sehr gering. Nur ein einziger Krebs versuchte ohne direkte äußere Anreize über die Sperre zu schwimmen. Dabei drehte er sich am Fuß der geneigten Fläche mit dem Schwanz zur Wasseroberfläche, schwamm auf diese zu und ließ sich über der oberen Kante der Schräge nieder. Von dort aus schaffte er es jedoch nicht, den Korridor zu passieren und rutschte wieder in die Startkammer zurück. Die Fließgeschwindigkeit in diesem Versuch betrug 0,07 m/s (innerhalb der Sperre: auf der Sohle und an der Wasseroberfläche). Diese geringe Strömung dürfte theoretisch kein Hindernis darstellen, nachdem die Krebse zuvor gegen Strömungen von bis zu 0,44 m/s anschwimmen konnten. Es gelang keinem Tier die Sperre zu überwinden.

Groppen waren in der Lage, die Sperre zu überschwimmen (getestet bei 0,41 m/s). Jedoch handelte es sich um lediglich einen Versuch, der abgebrochen wurde, nachdem ein Exemplar die Barriere überschwommen hatte. Die Schwimmbereitschaft wurde durch Aufschrecken erhöht. Untersuchungen, ob diese Krebsbarriere auch ohne äußeren Antrieb für Fische durchgängig ist, sind geplant. In dem Einzelversuch ging es lediglich darum, zu prüfen, ob die Groppe diese Kombination aus Höhe und Fließgeschwindigkeit überwinden kann.

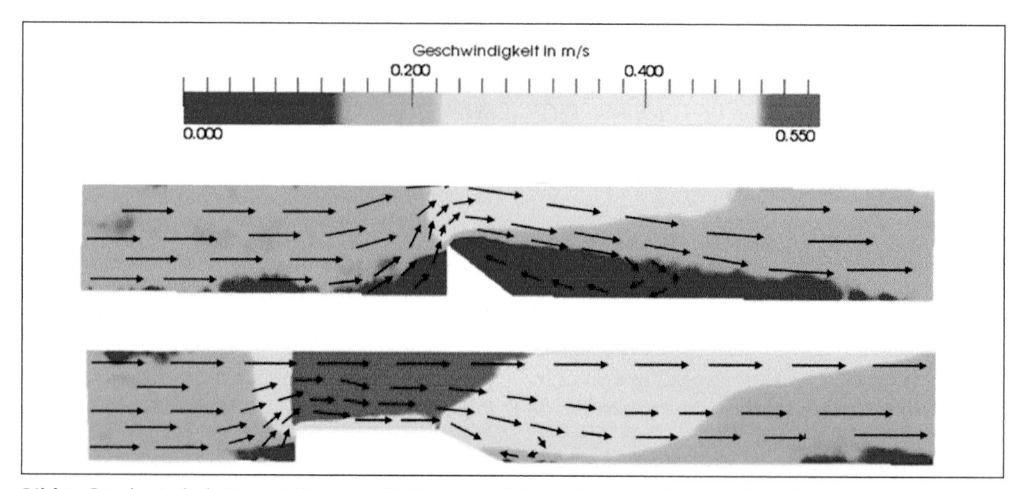

Bild 5: Geschwindigkeitsverteilung mit Strömungspfeilen: oben: „nicht passierbare" Variante, unten: entwickelte Krebssperre

Für die Krebse spielen die Turbulenzen an der Sperre scheinbar eine größere Rolle, als die Fließgeschwindigkeit selbst. **Bild 5** zeigt die Geschwindigkeitsverteilungen der „nicht passierbaren" Variante aus der grundlegenden Versuchsreihe im Vergleich zu der weiter entwickelten Krebssperre. Zur besseren Übersicht wurden die Turbulenzen in Form von Pfeilen nachträglich ins Strömungsbild eingezeichnet. Ihre Stärke hängt im Wesentlichen von der Strömungsgeschwindigkeit und der Querschnittserweiterung, bzw. von der Änderung der Neigungswinkel und der Schärfe der Kanten ab. Je schneller das Wasser fließt und je plötzlicher und extremer sich der Querschnitt ausweitet, desto stärker bilden sie sich aus. In der „nicht passierbaren" Variante folgt nach einer plötzlichen Querschnittsverengung unmittelbar die Querschnittsaufweitung. Als Folge bildet sich eine Walze, die dazu führen kann, dass die Krebse die Schräge hinauf gedrückt werden. Videoaufnahmen aus den grundlegenden Versuchen bestätigen diese Aussage. Im Korridor der Sperre pendeln sich die Strömungen mehr oder weniger „parallel" ein, sodass sich eine kleinere Walze hinter der Querschnittsaufweitung bildet. Des Weiteren wurde in dieser Versuchsreihe beobachtet, dass die Krebse nur bis zur oberen Kante der Schräge gelangten. Das Strömungsbild verdeutlicht, wie sich hier die Strömungsrichtung für den Krebs ändert. Sie kommt von schräg oben und könnte z. B. die Scheren der Krebse niederdrücken.

Es stellt sich also die Frage, wie Signalkrebse Strömungen bzw. Strömungsrichtungen wahrnehmen, wie sie sich dementsprechend orientieren und ob Turbulenzen der entscheidende Faktor sind, um gebietsfremde Flusskrebse an einer flussaufwärts gerichteten Wanderung zu hindern.

Die hier entwickelte Krebsbarriere hat sich als unüberwindbar für Signalkrebse erwiesen und ermöglichte gleichzeitig eine Passage durch Groppen. Ihre abgeschrägte Bauweise lässt erwarten, dass letztere auch ohne zusätzliche Motivation die Sperre überwinden, was bei einer senkrechten Barriere nicht der Fall war. Dies ist aber in weiteren Versuchen noch zu überprüfen, um die Sperre vollständig praxistauglich zu gestalten. Der entwickelte Barrierentyp lässt jedoch erwarten, dass ein Schutz der Oberläufe gegen invasive Flusskrebsarten bei gleichzeitiger Durchgängigkeit für Fische durchaus möglich ist.

Danksagung

Diese Studien fanden im Rahmen des durch den Fischereiverband NRW beauftragten Pilotprojekts „Maßnahmen zum nachhaltigen Schutz der heimischen Flusskrebsbestände vor invasiven gebietsfremden Flusskrebsen" statt, welches durch das Edelkrebsprojekt NRW durchgeführt und durch den Europäischen Fischereifonds der Europäischen Union finanziert wird. Wir danken für die technische Unterstützung bei den Fließrinnenversuchen in Aachen den Mitarbeitern der RWTH Mario Czogallik, Manfred Kriegel und Irene Ohligschläger, sowie in Höxter dem Mitarbeiter der HS-OWL Dieter Loy. Großer Dank gilt außerdem Marcus Zocher (Edelkrebsprojekt NRW), Wilhelm Schecht (Fischereigemeinschaft Herste e.V.) und der Landschaftsstation im Kreis Höxter e.V. für die Beschaffung der Versuchstiere und Imke Evers (RWTH Aachen) für deren Betreuung außerhalb der Versuche. Nicht zuletzt gilt unser Dank Jeff Cook von der Spring Rivers Foundation in Kalifornien für die Bereitstellung unveröffentlichter Forschungsergebnisse und anregende Diskussionen.

Literatur

[1] Boye, P. (2003) Neozoen. In: Kowarik, I. (ed.) Biologische Invasionen – Neophyten und Neozoen in Mitteleuropa. Ulmer, Stuttgart, 380 S.

[2] Blanke, D. (1998) Flußkrebse in Niedersachsen. Informationsdienst Naturschutz Niedersachsen 18: 146-147.

[3] Blanke, D., Schulz, H. K. (2002) Situation des Edelkrebses (Astacus astacus L.) sowie weiterer Flusskrebsarten in Niedersachsen. In: DGL e. V. (ed.) DGL/SIL Jahrestagung 2002. Eigenverlag der DGL, Werder, Braunschweig, S. 385-389.

[4] Momot, W. T. (1988) Orconectes in North America and elsewhere. In: Holdich, D. M., Lowery, R. S. (eds.) Freshwater crayfish: biology, management and exploitation. Croom Helm, London, S. 262-282.

[5] Troschel, H., Dehus, P. (1993) Distribution of crayfish species in the Federal Republic of Germany with special references to Austropotamobius pallipes. Freshwater crayfish 9: 390-398.

[6] Dehus, P., Phillipson, S., Bohl, E., Oidtmann, B., Keller, M., Lechleiter, S. (1999) German conservation strategies for native crayfish species with regard to alien species. In: GHERARDI, F., HOLDICH, D. M. (eds.) Crayfish in Europe as alien species. A. A. Balkema, Rotterdam, S. 149-159.

[7] Söderbäck, B. (1991) Interspecific dominance relationship and aggressive interactions in the freshwater crayfishes Astacus astacus (L.) and Pacifastacus leniusculus (Dana). Canadian Journal of Zoology 69: 1321-1325.

[8] Westman, K., Savolainen, R., Julkunen, M. (2002) Replacement of the native crayfish Astacus astacus by the introduced species Pacifastacus leniusculus in a small, enclosed Finnish lake: a 30-year study. Ecography 25: 53-73.

[9] Richtlinie 2006/60/EG des Europäischen Parlaments und des Rates vom 23. Oktober 2000 zur Schaffung eines Ordnungsrahmens für Maßnahmen der Gemeinschaft im Bereich der Wasserpolitik.

[10] Bohl, E. (1987) Crayfish stock and culture situation in Germany. Report from the workshop on crayfish culture 16-19 November, Trondheim, S. 87-90.

[11] Gross, H. (2003) Lineare Durchgängigkeit von Fliessgewässern – ein Risiko für Reliktvorkommen des Edelkrebses (Astacus astacus, L.)? Natur und Landschaft 78: 33-35.

[12] Ellis, M. J. (2005) Crayfish Barrier Flume Study – Final Report. United States Fish and Wildlife Service, Spring Rivers Ecological Sciences, Contract Number 101812M634.

[13] Wine, J. J., Krasne, F. B. (1972) The organization of escape behavior in the crayfish. Journal of Experimental Biology 56: 1–18.

[14] Webb, P. W. (1979) Mechanics of escape responses in crayfish (Orconectes virilis). Journal of Experimental Biology 79: 245–263.

[15] Holdich, D. M., Reeve, I. D. (1988) Functional morphology and anatomy. In: Holdich, D. M., Lowery, R. S. (eds.) Freshwater crayfish. The University Press, Cambridge, S. 11–51.

[16] Holdich, D. M. (2002) Background and functional morphology. in: Holdich, D. M. (ed.) Biology of freshwater crayfish. Blackwell Science Ltd., Oxford, S. 3–29.

[17] Light, T. (2002) Behavioral effects of invaders: alien crayfish and native sculpin in a California stream – Chapter 3 in Invasion Success and Community Effects of Signal Crayfish (Pacifastacus leniusculus) in Eastern Sierra Nevada Streams. Ph.D. Dissertation, Graduate Group in Ecology, University of California, Davis, 146 S.

[18] Roy M. Frings, Susanne C.K. Vaessen, Harald Gross, Sebastian Roger, Holger Schüttrumpf, Henner Hollert, A fish-passable barrier to stop the invasion of non-indigenous crayfish, Biological Conservation, Volume 159, March 2013, Pages 521-529

Autoren

Dipl. Gyml. Susanne Vaeßen
Lehr- und Forschungsgebiet Ökosystemanalyse, Institut für Umweltforschung, RWTH Aachen
Worringerweg 1
52074 Aachen
E-Mail: susanne.vaessen@rwth-aachen.de

B. Eng. Denise Herrmann
Wilmersiek 14
32657 Lemgo
E-Mail: herrmann.denise@gmx.net

Koautoren

Dr. Burkhard Beinlich
Landschaftsstation im Kreis Höxter
(Steinernes Haus)
Zur Specke 4
34434 Borgentreich
E-Mail: beinlich@landschaftsstation.de

Dr. Roy M. Frings
Institut für Wasserbau und Wasserwirtschaft, RWTH Aachen
Mies-van-der-Rohe-Straße 1
52056 Aachen
E-Mail: frings@iww.rwth-aachen.de

Dr. Harald Groß
Edelkrebsprojekt NRW
Neustraße 7
53902 Bad Münstereifel
E-Mail: info@edelkrebsprojektNRW.de

Prof. Dr. Henner Hollert
Lehr- und Forschungsgebiet Ökosystemanalyse, Institut für Umweltforschung, RWTH Aachen
Worringerweg 1
52074 Aachen
E-Mail: henner.hollert@bio5.rwth-aachen.de

Prof. Dr. Klaas Rathke
Fachgebiet Hydraulik/Quantitative Wasserwirtschaft, Fachbereich Umweltingenieurwesen und Angewandte Informatik, Hochschule Ostwestfalen-Lippe, Standort Höxter
An der Wilhelmshöhe 44
37671 Höxter

Prof. Dr. Holger Schüttrumpf
Institut für Wasserbau und Wasserwirtschaft, RWTH Aachen
Mies-van-der-Rohe-Strasse 1
52056 Aachen
E-Mail: schuettrumpf@iww.rwth-aachen.de

Jürgen Rommelmann und Dirk Drescher

Eignung einer Aufstiegsfalle für Makrozoobenthos

Wenn bei der biologischen Funktionskontrolle von Fischaufstiegsanlagen das Makrozoobenthos Bestandteil der Untersuchungen ist, sollten Aufstiegsfallen eingesetzt werden, denn nur sie erfassen den aktiv stromaufwandernden Teil der Wirbellosenpopulation. Hierdurch kann über die Aufstiegsfalle eine Aussage getroffen werden, ob sie einen Korridor zwischen Unter- und Oberwasser darstellten.

1 Einleitung

Die Errichtung von Querbauwerken hat vielerorts die Durchgängigkeit von Fließgewässern beeinträchtigt. Die Wiederherstellung dieser Durchgängigkeit für Fische findet mittlerweile bei der Entschärfung solcher Aufwanderungshindernisse Berücksichtigung, indem Querbauwerke durch die Anlage von Aufstiegshilfen (z. B. Umgehungsgerinne, Fischschleusen) erweitert und entschärft werden. Über die flussaufwärtige Bewegung von Fischen hinaus ist auch von den meisten der benthischen Makroinvertebratengruppen ein stromaufwärts gerichtetes Wanderverhalten dokumentiert [1], das der Wiederbesiedlung verarmter Gewässerabschnitte, dem Ausweichen vor negativen Umwelteinflüssen und der Suche nach Nahrungsquellen und geeigneten Fortpflanzungshabitaten dient. Obwohl die Funktionsfähigkeit derartiger Aufstiegshilfen für die Fischfauna in vielen Arbeiten dokumentiert ist, gibt es nur wenige Untersuchungen zur Funktion derartiger Fischaufstiege für das Makrozoobenthos [z. B. 2, 3, 15].

Am Marienthaler Wehr nordwestlich des Hamelner Stadtteils Afferde wurde im Herbst 2006 ein Umgehungsgerinne errichtet, mit dem die ökologische Durchgängigkeit der Hamel an diesem Querbauwerk hergestellt werden sollte.

Im Rahmen der Untersuchungen zur Funktionskontrolle des Umgehungsgerinnes für das Makrozoobenthos wurde auch eine Aufstiegsfalle installiert. Damit sollte der Teil der aktiv aufwärts wandernden Wirbellosen erfasst werden. In der Vergangenheit wurde dieser spezielle Aspekt bei Funktionskontrollen kaum berücksichtigt. Die dafür geeigneten Fangeinrichtungen sind sogenannte Benthosboxen und Benthosrohre [2, 4] sowie eine speziell entwickelte Aufstiegsfalle [3]. Letztere kam auch bei dieser Untersuchung zum Einsatz.

Inwieweit Aufstiegsfallen in der hier eingesetzten Bauweise im Rahmen einer Funktionskontrolle für das Makrozoobenthos grundsätzlich geeignet sind und der damit untersuchte Aspekt der Aufstiegserfassung obligatorischer Bestandteil einer Funktionskontrolle sein sollte, wird anhand der Ergebnisse dieser Untersuchung erörtert. Die Studie wurde von der Stadt Hameln in Auftrag gegeben und durch das NLWKN, Betriebsstelle Hannover-Hildesheim, kofinanziert.

2 Beschreibung der örtlichen Gegebenheiten

Die Hamel entspringt am Ostrand des Süntelberges auf ca. 184 m ü. NN und mündet bei Hameln auf ca. 67 m ü. NN in die Weser. Sie hat eine Lauflänge von ca. 27 km und eine Einzugsgebietsgröße von ca. 207 km² [5].

Das insgesamt ca. 190 m lange und im Sohlbereich 4-5 m breite Umgehungsgerinne wurde im Herbst 2006 an der Ostseite des Marienthaler Wehres errichtet. Dieses liegt zwischen dem Stadtteil Afferde und dem entlang der Fluthamel verlaufenden Gewerbegebiet der Stadt Hameln (**Bild 1**).

Im oberen Teil ermöglicht ein Rohr-Durchlass (Hamco-Maulprofil) den Übergang zwischen den

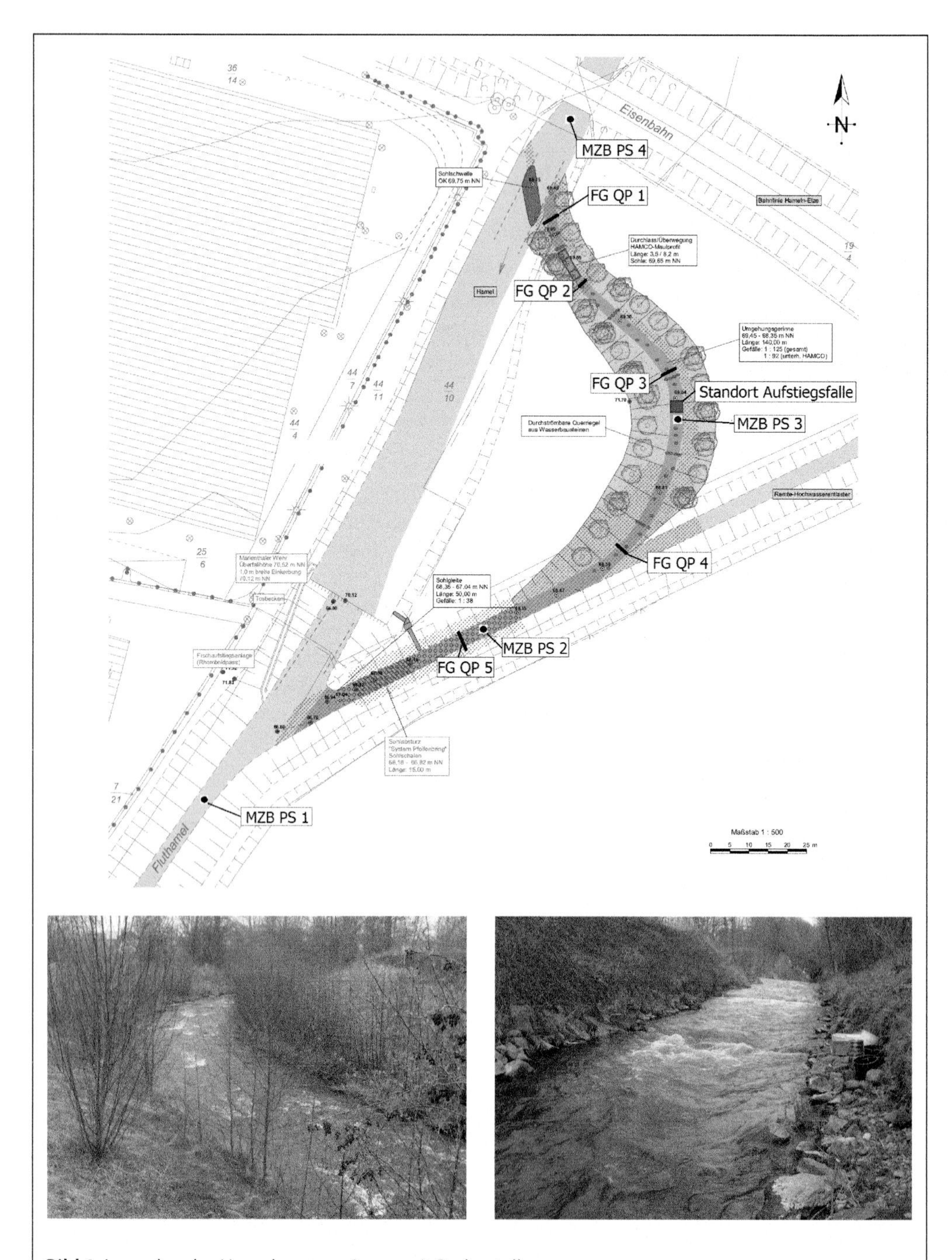

Bild 1: Lageplan des Umgehungsgerinnes mit Probestellen
Erläuterungen: MZB PS 1-4: Makrozoobenthos-Probestellen 1-4; FG QP 1-5 = Querprofile 1-5 für die Fließgeschwindigkeitsmessungen: Aus: GEUM.tec GmbH; Projekt: Wiederherstellung der Durchgängigkeit der Hamel am Marienthaler Wehr, Lageplan, Originalmaßstab 1:500 (Bereitgestellt durch die Stadt Hameln). Foto links: Umgehungsgerinne im mittleren Bereich; Foto rechts: ehemaliger Sohlabsturz, zur Sohlgleite umgebaut im unteren Bereich des Umgehungsgerinnes

Ufern. Oberhalb des Profils beträgt das Gefälle 1: 125 und unterhalb 1:92. Zur Erosionssicherung wurden im Abstand von ca. 20 m durchströmte Querriegel aus Wasserbausteinen eingebaut. Die Sohle besteht aus Kies der Korngröße 8-32 mm mit Überkorn in einer Mächtigkeit von 10-20 cm. In unregelmäßigen Abständen wurden Störsteine eingebracht. Im weiteren Verlauf bis zur Mündung in die Fluthamel unterhalb des Wehres wurde auf einer Länge von ca. 50 m der ehemalige Pfeifenbringsche Sohlabsturz zu einer Sohlgleite mit Querriegeln und versetzten Durchlassstellen einem Gefälle von 1:38 umgebaut. Es wurden Störsteine eingebaut, die mäandrierende Strömungsverhältnisse erzeugen sollen.

3 Methodik

3.1 Erfassung der Makrozoobenthosbesiedlung an vier Probestellen

Das Makrozoobenthos wurde an vier Terminen (08.04.2010, 07.06.2010, 07.10.2010, 15.03.2011) an vier Probestellen in der Hamel und dem Umgehungsgerinne (Bild 1) quantitativ nach der Methodik des „Multi-Habitat-Sampling“ (MHS) mit anschließender Lebendsortierung erfasst (Beschreibung der Methodik bei [6]). Im Freiland wurden von den physikochemischen Gewässerparametern die Wassertemperatur, pH-Wert, elektrische Leitfähigkeit und der Sauerstoffgehalt mit mobilen Messgeräten gemessen.

Die Untersuchung der Besiedlung der Aufstiegsfalle erfolgte ebenfalls quantitativ, d.h. sämtliche Individuen im gesamten Substrat des inneren Kastens wurden erfasst und ausgezählt. Auf Grund der Füllhöhe des Substrates von bis zu 20 cm ergibt sich somit für die Besiedlungsdichte eine methodisch bedingte eingeschränkte Vergleichbarkeit zu den MHS-Beprobungen, da hier die vertikale Erfasssungstiefe wesentlich geringer ist und sich die Aufsammlung auf die Oberfläche des Sedimentes beschränkt. Die Besiedlungsdichten wurden auf 1 m^2 umgerechnet und für diese Publikation mit der aktuellsten Version der Asterics-/Perlodes-Software (Version 3.3.1) ausgewertet.

3.2 Erfassung der flussaufwärtsgerichteten Wanderung von Wirbellosen

Die Benthos-Aufstiegsfalle wurde etwa auf halber Strecke des Umgehungsgerinnes installiert (Bild 1). Die Falle wurde in Anlehnung an die von [7] eingesetzte Bauart mit entsprechenden Anpassungen unter Berücksichtigung der örtlichen Gegebenheiten konstruiert (**Bild 2**). Detaillierte bauliche Daten (z. B. Maße der Kästen, Maschenweiten der verwendeten Gitter) können bei den Autoren erfragt werden.

Die Aufstiegsfalle wurde am 3.05.2010 installiert und zunächst nach unterschiedlichen Expositionsdauern von 2-8 Wochen kontrolliert bzw. geleert. Auf Grund der in der Falle festgestellten geringen Organismenzahl wurde das nächstfolgende Intervall wesentlich verlängert und am 6.09.2010 geleert (8 Wochen Expositionszeit). In dieser Zeit verursachte ein Hochwasserereignis am 26./27.08.2010 einen starken Feinsedimenteintrag, durch den das Substrat im inneren Kasten fast vollständig zusedimentiert wurde. Somit war die Falle ab diesem Zeitpunkt bis zur nächsten Leerung nicht mehr funktionsfähig. Das nächste Intervall wurde deshalb wieder auf vier Wochen verkürzt, die Falle wurde letztmalig am 7.10.2010 geleert und anschließend abgebaut.

3.3 Ergänzende Untersuchungen zur Fließgeschwindigkeit

Begleitend zu beiden vorgenannten Untersuchungsmodulen wurden an fünf Terminen von Mai 2010 bis März 2011 Fließgeschwindigkeitsmessungen an fünf festgelegten Querprofilen im Umgehungsgerinne durchgeführt (Bild 1). Die Messungen erfolgten mit einem Gerät der Fa. Greisinger Modell GMH 3350 mit Strömungsmesssonde FMP 5W (Messbereich: 0,05 bis 5,0 m/sec) in horizontalen Abständen von 50-100 cm entlang der Querprofillinie und bei entsprechender Wassertiefe auch in vertikalen Abstufungen.

4 Ergebnisse

4.1 Physikalisch-chemische Kennwerte

Die gemessenen Wassertemperaturen sind charakteristisch für sommerkühle Gewässer, die maximale Temperatur lag Anfang Juli bei 18,3 °C. Die pH-Werte lagen im schwach alkalischen Bereich ≥ 8,0. Die Leitfähigkeiten schwankten zwischen den Terminen teilweise erheblich und reichten von 440 (7.06.2010) bis zu 945 µS/cm (5.07.2010). Ebenso waren die Schwankungen der Sauerstoffgehalte teilweise beträchtlich. Während im April 2010 bzw. März 2011 eine Sauerstoffübersättigung des Wassers festgestellt wurde, trat im Juli und September mit ca. 33 % ein erhebliches Sauerstoffdefizit auf. Ursache können starke Sauerstoffzehrungsprozesse durch organische Belastungen oder die Zersetzung der sommerlichen Algenblüten im Rückstaubereich des Wehres sein. Gerätebedingte Messfehler sind grundsätzlich nicht auszuschließen, wobei Kontrollmessungen an anderen Stellen am gleichen Tag keine Anhaltspunkte dafür lieferten.

4.2 Fließgeschwindigkeitsmessungen und Abflüsse im Umgehungsgerinne

Die maximalen Fließgeschwindigkeitswerte wurden im Querprofil 2 (QP 2) (1,61 m/s) und im QP 3 (1,45 m/s) gemessen (Bild 1). Außerhalb der Querprofile wurden Spitzenwerte im Hamco-Profil mit bis zu 2,19 m/sec gemessen.

Beim Vergleich der mittleren Fließgeschwindigkeiten in den Querprofilen ergaben sich die höchsten Werte im QP 3 (mittlerer Teil des Umgehungsgerinnes, Ø 0,89 m/s) gefolgt von QP 4 (vor dem Zusammenfluss mit dem Hochwasserentlastungsbauwerk, Ø 0,58 m/s), QP 2 (unterhalb des Hamco-Profils, Ø 0,45 m/s), QP 5 (im Sohlgleitenabschnitt, Ø 0,41 m/s) und QP 1 des Oberwassereinlaufs, Ø 0,32 m/s).

4.3 Makrozoobenthos

Besiedlung der Probestellen

An allen vier Probestellen (Bild 1) sowie in der Aufstiegsfalle wurden insgesamt 120 Taxa nachgewiesen (**Tabelle 1**). Diese konnten 14 Tiergruppen bzw. systematischen Klassen zugeordnet werden. Mit jeweils 76 Taxa erwiesen sich die Probestelle 4 (PS 4) in der Hamel und die Probestelle 1 (PS 1) in der Fluthamel als artenreichste Probestellen, eng gefolgt von der oberen Probestelle im Umgehungsgerinne (PS 3) mit 75 Taxa. Die geringste Taxazahl war im Sohlgleitenabschnitt des Umgehungsgerinnes (PS 2) mit 61 Taxa zu verzeichnen. In der Aufstiegsfalle konnten 64 Taxa nachgewiesen werden.

Von diesen 64 aquatischen Taxa wurden 6 ausschließlich in der Aufstiegsfalle, nicht aber an den PS 1-4 gefunden. Zusammen mit 9 Taxa, die nur an den Referenzprobestellen und in der Aufstiegsfalle vorkamen, wurden demnach 15 Taxa nur über den Falleneinsatz im Umgehungsgerinne nachgewiesen.

Strömungspräferenzen und Ernährungstypen

Die Einstufung zu Strömungspräferenzen und Ernährungsweisen folgt den autökologischen Angaben nach [12] bzw. [13].

Hinsichtlich der Strömungspräferenzen fehlten erwartungsgemäß an allen Probestellen Arten, die eng an Stillgewässer (limnobiont) gebunden sind. Strömungsmeidende Spezies (limnophil) und die in träge bis langsam fließenden Gewässern vorkommenden limno- bis rheophilen Arten blieben meist unter 5 % oder erreichten nur im Rückstaubereich der Hamel einen höheren Anteil von über 23 %: Letztere Gruppe war auch in der Aufstiegsfalle häufiger (10,2 %) vertreten.

Die Gruppen mit mittleren Anteilen waren die rheo- bis limnophilen bzw. rheophilen Organismen. Anteile bis gut 25 % waren festzustellen. Sie waren in der Aufstiegsfalle mit 21,6 % bzw. 14,0 % vertreten. Rheobionte Arten mit einer starken Bindung an schnell fließende Gewässer fanden sich vor allem im oberen Teil des Umgehungsgerinnes und in der Fluthamel. In der Aufstiegsfalle waren sie kaum zu finden.

Die indifferenten Arten, die keine Präferenz für bestimmte Strömungsverhältnisse aufweisen, waren insgesamt stark vertreten und machten im oberen Teil des Umgehungsgerinnes fast die Hälfte des Bestandes aus. Die Anteile dieser Gruppe lagen an den Referenzprobestellen in der Fluthamel und Hamel und in der Aufstiegsfalle deutlich niedriger (**Tabelle 2**).

Die Sedimentfresser waren an allen MHS-Probestellen und in der Aufstiegsfalle der dominierende Ernährungstyp, die sich mit Anteilen bis um 50 % in der Hamel und in der Aufstiegsfalle deutlich von den Anteilen der anderen Ernährungstypen absetzten. In der Dominanz folgten die Weidegänger, die an den Probestellen der Fluthamel und im Umgehungsgerinne Anteile um 20 % erreichen. In der Hamel und in der Aufstiegsfalle erreichen sie mit 6,2 und 9,3 % deutlich geringere Anteile. Nächststärkste Gruppe waren die Filtrierer (aktive und passive), deren Anteile sich zwischen 11,3 % (Aufstiegsfalle) und 18,1 % (oberes Umgehungsgerinne) bewegen. Relativ häufig waren auch die räuberischen Arten, die im Vergleich der Probestellen in der Aufstiegsfalle mit 14,4 % und in der Fluthamel mit 11,0 % am stärksten vertreten waren.

5 Bewertung, Diskussion und Vorschläge zur Optimierung der Untersuchungsmethodik mit Benthos-Aufstiegsfallen

5.1 Bewertung und Diskussion der Untersuchungsergebnisse

Die beiden Referenzprobestellen in der Fluthamel und Hamel hatten eine identische Taxazahl und wurden in der Strömungspräferenz von der Gruppe der rheo- bis limnophilen Arten mit sehr ähnlichen Anteilen dominiert (**Tabelle** 2). Bedingt durch den Rückstaueffekt in der Hamel war hier eine reduzierte Taxazahl im Hinblick auf die strömungsliebenden Taxa zu verzeichnen. Beim Vergleich der absoluten Zahlen nachgewiesener Makrozoen der MHS-Probestellen (PS 1-4) waren diese nur im Sohlgleitenbereich des Umgehungsgerinnes geringer, während im oberen Teil des Umgehungsgerinnes die Artenvielfalt nur wenig unter der der Referenzprobestellen lag. Damit war im Umgehungsgerinne keine durchgängige Reduzierung der Artenzahl festzustellen, sondern es ergaben sich partielle Differenzen, die auf morphologische Unterschiede zwischen dem oberen Teil und dem Sohlgleitenbereich im unteren Teil des Umgehungsgerinnes zurückzuführen sind. Diese kleinräumigen Besiedlungsdifferenzen dürften auch für die Akzeptanz der Aufstiegsfalle gelten, die mit 64 Taxa zwar weniger Arten aufweist als die Referenzprobestellen, aber die Diversität des Sohlgleitenbereichs im Umgehungsgerinne erreicht.

(weiter S. 445)

Bild 2: Einsatzbereite Aufstiegsfalle mit den ineinander gestellten Außen- und Innenkasten in Frontal- und Seitenansicht. (Bilder oben), ohne Deckel (unten links) und nach Einbau in das Umgehungsgerinne (Bild unten rechts)

Tab. 1 | Gesamtliste des Makrozoobenthos in Fluthamel, Hamel, Umgehungsgerinne sowie der Aufstiegsfalle 2010-2011 Erläuterungen zu Abkürzungen und Zahlen siehe Tabelle unten

		Probestellen/Probenahmetermine																
		Probestelle 1				Probestelle 2				Probestelle 3				Probestelle 4				Aufstiegs-falle 5Termine
		08.04.10	07.06.10	07.10.10	15.03.11	08.04.10	07.06.10	07.10.10	15.03.11	08.04.10	07.06.10	07.10.10	15.03.11	08.04.10	07.06.10	07.10.10	15.03.11	
Anzahl Wirbellosentaxa/PS		76				61				75				76				64
Art/Taxon	RL																	
Strudelwürmer (Turbellaria)																		
Dugesia gonocephala							X				X							
Dugesia lugubris			X	X	X							X						X
Planaria torva								X										X
Schnurwürmer (Nematomorpha)																		
Gordius spec.											X							X
Schnecken (Gastropoda)																		
Ancylus fluviatilis		X	X	X	X		X	X		X	X	X			X			X
Anisus vortex															X			
Bathyomphalus contortus						X		X						X				X
Bithynia tentaculata			X													X		X
Galba truncatula						X				X								
Gyraulus albus					X													
Lymnaea stagnalis																		X
Physa fontinalis											X							X
Planorbis planorbis						X										X		X
Potamopyrgus antipodarum		X	X	X	X	X	X	X	X	X	X	X	X	X	X		X	X
Radix balthica (früher: ovata)			X	X	X		X			X						X		X
Radix labiata (früher: peregra)		X		X		X		X		X	X			X	X		X	
Segmentina nitida																		X
Stagnicola corvus				X														
Valvata piscinalis		X	X	X	X		X	X		X	X	X			X	X		X
Muscheln (Bivalvia)																		
Pisidium casertanum		X	X	X	X	X	X			X	X		X	X	X		X	X
Pisidium subtruncatum				X			X				X				X			X
Pisidium spec.		X	X		X			X	X		X	X	X	X	X	X	X	X
Sphaerium corneum										X						X	X	X
Ringelwürmer (Annelida)																		
Dero cf. obtusa							X					X						
Eiseniella tetraedra				X	X								X					
Limnodrilus claparedeianus			X								X				X			
Limnodrilus hoffmeisteri		X	X	X		X		X	X		X	X	X	X	X	X	X	X
Lumbriculus variegatus		X	X		X	X	X	X	X	X	X	X	X	X	X		X	
Lumbricus rubellus			X		X							X	X		X		X	X
Naididae gen. spec.							X	X			X							X
Potamothrix hammoniensis					X				X	X							X	
Psammoryctides barbatus			X	X	X								X			X	X	X
Tubifex tubifex		X	X	X									X	X	X		X	X
Egel (Hirudinea)																		
Cystobranchus pawlowskii																X		
Erpobdella octoculata			X	X	X		X	X	X	X	X	X	X	X	X	X	X	X
Glossiphonia complanata			X	X	X			X		X	X	X	X	X	X	X	X	X
Helobdella stagnalis			X												X		X	X
Hemiclepsis marginata				X												X		
Krebstiere (Crustacea)																		
Asellus aquaticus		X	X	X	X		X				X	X	X	X	X	X	X	X
Gammarus pulex		X	X	X	X	X	X	X	X	X	X	X	X	X	X	X	X	X
Gammarus roeseli		X	X	X	X	X	X	X	X	X	X	X	X	X	X	X	X	X
Gammarus spec. juv.			X	X	X		X	X			X	X	X		X	X	X	
Niphargus spec.					X	X												
Ostracoda gen. spec.			X				X				X				X			X
Copepoda gen. spec.															X		X	X
Cladocera gen. spec.																		X

		Probestellen/Probenahmetermine																
		Probestelle 1				Probestelle 2				Probestelle 3				Probestelle 4				Aufstiegsfalle 5Termiwne
		08.04.10	07.06.10	07.10.10	15.03.11	08.04.10	07.06.10	07.10.10	15.03.11	08.04.10	07.06.10	07.10.10	15.03.11	08.04.10	07.06.10	07.10.10	15.03.11	
Anzahl Wirbellosentaxa/PS		76				61				75				76				64
Art/Taxon	RL																	
Milben (Acari)																		
Acari gen. spec.			X	X	X		X	X	X		X	X	X		X	X	X	
Eintagsfliegen (Ephemeroptera)																		
Baetis fuscatus			X															
Baetis rhodani		X		X	X	X	X	X	X	X	X	X	X				X	X
Baetis scambus	3		X				X				X							X
Baetis vernus							X				X							X
Baetis spec.		X	X	X	X		X	X	X	X	X	X	X				X	X
Caenis beskidensis	3												X					
Serratella ignita			X				X				X				X			
Netzflügler (Neuroptera)																		
Sialis lutaria										X				X				X
Libellen (Odonata)																		
Calopteryx splendens															X			X
Wasserkäfer (Coleoptera)																		
Elmis aenea		X	X	X	X	X	X	X		X	X	X	X					
Elmis spec.-L.		X	X	X	X	X	X	X	X	X	X	X	X	X	X		X	X
Hydraena cf. belgica	3							X										
Hydraena cf. gracilis					X													
Hydroporinae gen. spec.-L.			X															
Limnius cf. volckmari	3											X	X					
Limnius spec.-L.			X	X	X				X		X	X	X				X	
Nebrioporus elegans			X		X									X	X		X	
Nebrioporus spec.-L.															X			X
Orectochilus villosus-L.				X				X				X	X				X	
Oulimnius tuberculatus	3		X		X		X				X	X	X					
Oulimnius tuberculatus.-L.	3	X	X	X	X		X	X	X		X	X	X	X	X	X	X	X
Platambus maculatus											X							
Platambus maculatus-L.																X		X
Riolus subviolaceus	2				X							X	X					
Scirtidae gen. spec.-L.										X								X
Stictotarsus spec.-L.																		X
Köcherfliegen (Trichoptera)																		
Anabolia nervosa									X					X			X	X
Athripsodes cf. albifrons						X												X
Athripsodes cinereus			X				X				X				X			X
Ceraclea spec.					X									X				
Chaetopteryx villosa			X									X			X			
Glyphotaelius pellucidus																	X	
Goera pilosa							X											
Halesus digitatus/tessultatus										X								
Halesus radiatus																	X	
Hydropsyche instabilis										X								
Hydropsyche pellucidula				X				X				X				X		
Hydropsyche siltalai		X	X	X	X	X	X	X	X	X	X	X	X			X	X	X
Hydroptila spec.			X	X	X		X	X			X	X		X	X		X	X
Lasiocephala basalis															X			
Lepidostoma hirtum	3		X	X	X		X				X	X			X			X
Limnephilidae gen spec.			X		X	X			X	X							X	
Mystacides azurea			X				X											

		Probestellen/Probenahmetermine																
		Probestelle 1				Probestelle 2				Probestelle 3				Probestelle 4				Aufstiegsfalle 5Termiwne
		08.04.10	07.06.10	07.10.10	15.03.11	08.04.10	07.06.10	07.10.10	15.03.11	08.04.10	07.06.10	07.10.10	15.03.11	08.04.10	07.06.10	07.10.10	15.03.11	
Anzahl Wirbel-losentaxa/PS		76				61				75				76				64
Art/Taxon	RL																	
Mystacides longicornis															X			X
Oecetis ochracea				X	X		X	X							X			
Polycentropus flavomaculatus			X	X		X						X		X		X	X	X
Potamophylax cingulatus					X													X
Potamophylax luctuosus										X								
Rhyacophila nubila		X	X	X	X	X	X	X	X	X	X	X	X				X	
Tinodes pallidulus	3										X							
Tinodes unicolor	3						X									X		
Tinodes waeneri														X	X	X		
Fliegen und Mücken (Diptera)																		
Anopheles spec. (Culic.)												X						
Antocha spec. (Limon.)										X	X		X					X
Atherix ibis			X	X	X	X	X	X	X		X	X	X		X	X	X	X
Atrichops crassipes															X			X
Ceratopogonidae gen. spec.		X	X	X	X	X	X			X	X		X	X	X		X	X
Chironomidae gen. spec.		X	X	X	X	X	X	X	X	X	X	X	X	X	X	X	X	X
Prodiamesa olivacea			X					X		X	X			X	X		X	X
Tanypodinae gen. spec.		X	X			X	X		X	X	X			X	X		X	X
Chironomini gen. spec.			X	X	X	X	X				X			X	X	X	X	X
Tanytarsini gen. spec.		X	X		X	X	X	X			X		X	X	X		X	X
Dolichopeza albipes (Tipul.)					X									X				
Dolichopodidae gen. spec.														X				
Eloeophila spec. (Lim.)					X													
Empididae L. + P.		X	X	X	X	X	X	X		X	X		X	X	X			X
Limnophora spec. (Musc.)				X														
Limoniidae gen. spec.					X								X				X	
Lonchoptera spec. (Lonch.)																		X
Pilaria spec. (Dolichop.)				X														
Prosimulium spec.		X			X				X	X			X				X	
Psychodidae gen. spec.		X		X	X						X		X	X	X		X	
Sciomycidae gen. spec.																		X
Simulium spec.		X	X	X	X	X	X		X	X	X	X	X				X	
Simulium (Wilhelmia) spec.			X				X				X							
Stratiomyidae gen. spec.				X										X			X	
Tipulidae gen. spec.				X		X												
Wiedemannia cf. bistigma (Emped)												X						

Erläuterungen:

RL = Rote Listen für Niedersachsen
[8] Altmüller & Clausnitzer (2010): Libellen
[9] Reusch & Haase (2000): Eintags-, Stein- und Köcherfliegen
[10] Haase (1996): Wasserkäfer
[11] Binot et al. (1998): Muscheln

Bei naturräumlicher Differenzierung der Roten Listen (Eintags- Stein- und Köcherfliegen sowie Wasserkäfer) gelten die Einstufungen für das niedersächsische Berg- und Hügelland

Gefährdungskategorien
0 = Ausgestorbene oder verschollene Art
1 = Vom Aussterben bedrohte Art
2 = Stark gefährdete Art
3 = Gefährdete Art
R = Extrem seltene Arten oder Arten mit geographischer Restriktion
V = Art der Vorwarnliste
D = Daten defizitär

X = nachgewiesen an der jeweiligen Probestelle;

Für die Gesamtaxazahlen der Probestellen wurden Larvenstadien und adulte Käfer einer Gattung als ein Taxon behandelt.

Tab. 2 | Strömungspräferenzen des Makrozoobenthos

	PS 1	PS 2	PS 3	PS 4	Aufstiegsfalle
Präferenztyp	%	%	%	%	%
LB	0,0	0,0	0,1	0,0	0,0
LP	0,3	3,3	0,5	5,2	0,0
LR	3,5	4,2	1,1	23,3	10,2
RL	18,6	12,0	7,1	24,5	21,6
RP	25,3	20,0	19,4	5,7	14,0
RB	8,7	4,8	10,4	0,9	1,0
IN	28,0	34,0	49,0	20,6	16,0
kA	15,6	21,7	12,5	19,8	37,3

Nach [12]: LB = Limnobiont: an Stillgewässer gebunden; LP = Limnophil: strömungsmeidend; LR = limno- bis rheophil: Stillwasserart, die auch in träge bis langsam fließenden Gewässern vorkommt; RL = rheo- bis limnophil: Präferenz für langsam bis träge fließende Gewässer; RP = Rheophil: strömungsliebend, bevorzugt in Fließgewässern; RB = Rheobiont, strömungsgebunden, Schwerpunkt in schnell fließenden bis reißenden Gewässern; IN = Indifferent, kA = es liegen keine Präferenzangaben vor; % = relativer Anteil; erstellt nach Asterics-/Perlodes-Auswertung (Version 3.3.1) „Current preference"

Wird die Aufstiegsfalle einbezogen, so sind im Umgehungsgerinne 101 der insgesamt 120 Taxa nachgewiesen, d. h. der größte Teil der benthischen Makrozoen nutzt das Umgehungsgerinne als Aufstiegshilfe oder Lebensraum.

Die Verteilung der Ernährungstypen zeigte, dass in der Fluthamel und dem Umgehungsgerinne sehr ähnliche Lebensbedingungen herrschen. Dies gilt besonders für die stark dominanten Gruppen wie Sedimentfresser, Weidegänger und bedingt auch für die Räuber. Für die Weidegänger sorgte vor allem der an PS 1 und 3 flache Wasserkörper dafür, dass das Licht bis auf den Boden des Gewässers durchdringen und sich ein Algenfilm entwickeln kann, der von den Tieren abgeweidet wird. Durch den höheren Wasserstand im Rückstaubereich der Hamel bzw. die Abdunklung des Sohlsubstrates in der Aufstiegsfalle wurde an diesen Stellen der Lichteinfall und damit der Aufwuchs geringer und der prozentuale Anteil dieses Ernährungstyps ging im Vergleich mit den anderen Probestellen sehr deutlich zurück. Stattdessen profitierten dort die Sedimentfresser, die auf Grund der strömungsreduzierten Verhältnisse und der erhöhten Ablagerungsrate von Feinpartikeln ein größeres Nahrungsangebot vorfanden.

5.2 Generelle Eignung und Optimierung der Untersuchungsmethodik mit Benthos-Aufstiegsfallen

In der Aufstiegsfalle wurden 53 % der in Untersuchungsgebiet vorkommenden Makrozoobenthostaxa nachgewiesen, was den Anteilen aufwandernder Arten in der Untersuchung von [14] entspricht. Mit 88 % der vorkommen Taxa konnten [3] einen höheren Prozentsatz aufwandernder Benthosbewohner feststellen, was sehr wahrscheinlich auf die längere Expositionsdauer von insgesamt zwei Vegetationsperioden und eine in deren Fall wesentlich geringeren Gesamtzahl von 59 Taxa zurückzuführen ist. Eine Auswertung der Besiedlung in der Aufstiegsfalle zeigte somit sehr deutlich, dass die meisten Vertreter der im Gewässerabschnitt vorkommenden Tiergruppen in der Lage sind, eine gegen die Strömung gerichtete Aufwärtsbewegung im Umgehungsgerinne durchzuführen. Hier spielen offenbar die im Umfeld der Aufstiegsfalle gemessenen höheren Fließgeschwindigkeiten keine wesentliche Rolle; vielmehr ist davon auszugehen, dass die Strömung an der Substratoberfläche und im Lückensystem des Bodens soweit abgebremst wird, das sie sich nicht hemmend auf die bachaufwärts gerichteten Wanderungsbewegungen auswirkt. Vorteilhaft dürften sich dahingehend auch das überwiegend grobkörnige Sediment der Gewässersohle und die eingesetzten Störsteine auswirken, die insgesamt für ein breites und kleinräumig variierendes Strömungsbild zumindest in den bodennahen Schichten sorgen.

Die Abwesenheit von Vertretern der langsam kriechenden, gleitenden Tiergruppen, wie Egel oder Strudelwürmer in der Aufstiegsfalle, wie sie [3] festgestellt hatten, konnte in dieser Untersuchung nicht bestätigt werden. Sowohl Egel als auch Strudelwürmer waren in der Aufstiegsfalle mit mehreren Arten vertreten, obwohl ein vergleichbares Leerungsintervall von vier Wochen, wie bei [3] gewählt wurde. Nach Auffassung von [14] waren Muscheln in deren Untersuchung unterrepräsentiert, was vermutlich auf das mit zwei Tagen sehr kurze Leerungsintervall zurückzuführen war.

Die autökologische Analyse zeigt, dass mit Ausnahme der limnophilen, strömungsmeidenden Arten sämtliche im Umgehungsgerinne auftretenden Strömungspräferenztypen auch in der Aufstiegsfalle vorkamen. Alle in der Untersuchung auftretenden Ernähungstypen wurden auch in der Aufstiegsfalle festgestellt.

Die Beobachtung von [3] nach der v. a. die kleinen Jugendstadien eine hohe Mobilität und Wanderungsaktivität aufweisen, konnte bestätigt werden. Auch diese Aufstiegsfalle wurde vorwiegend von jüngeren Entwicklungsstadien besiedelt.

Durch den Einsatz der Aufstiegsfalle konnten Nachweise von 15 Taxa erbracht werden, die bei MHS-Aufsammlungen im Umgehungsgerinne nicht erfasst wurden. Folglich liefert die Falle zusätzliche Daten, die für die Beurteilung der Funktionalität des Umgehungsgerinnes wichtig sind. Bei den nur in der Aufstiegsfalle gefundenen Arten handelt es sich um seltene Taxa mit niedriger Siedlungsdichte, bei denen die Nachweiswahrscheinlichkeit durch die längere Expositionszeit der Falle höher ist als bei der einmaligen MHS-Beprobung.

Die Aufstiegsfalle wird als eine grundsätzlich geeignete und notwendige Untersuchungshilfe angesehen, um den aktiv aufwandernden Teil des Makrozoobenthos zu erfassen und ihn von demjenigen Teil der Besiedler des Umgehungsgerinnes abzugrenzen, der sich auch aus passiv abdriftenden Organismen rekrutieren kann.

Würde die Funktionskontrolle ohne Falle durchgeführt, wäre nur eine Aussage darüber möglich, ob sich das Umgehungsgerinne als vollwertiger Lebensraum im Vergleich zum Hauptgewässer eignet. Die Bewertung der Funktionalität als Korridor zwischen Ober- und Unterwasser kann nur durch eine entsprechende Fangvorrichtung ermittelt werden. Sofern das Makrozoobenthos in die Funktionskontrolle einer Fischaufstiegsanlage bzw. eines Umgehungsgerinnes mit einbezogen wird, sollte deshalb der Einsatz einer Aufstiegsfalle implementiert werden.

Aus methodenkritischer Sicht sind folgende Verbesserungen beim Einsatz einer Benthos-Aufstiegsfalle zu empfehlen:

- Jede Falle muss entsprechend den lokalen Gegebenheiten des Untersuchungsgewässers konstruiert werden. Ein wichtiges Konstruktionskriterium ist die Berücksichtigung der Schwankungen der Gewässertiefe im Jahresverlauf, um sicherzustellen, dass die Falle während der Untersuchungsphasen ständig untergetaucht bleibt. In flachen Gewässern muss die Höhe der Falle daher so weit wie möglich minimiert werden. Dies hat auch den Vorteil, dass das Gesamtgewicht der Konstruktion geringer ist und die Handhabung beim Einbau in das Gewässer sowie die folgende regelmäßige Entnahme, Leerung und Wiedereinsetzen des inneren Kastens vereinfacht wird. Auf diesen Aspekt wurde auch bereits hingewiesen [3].
- Die Expositionszeit sollte 3-4 Wochen betragen. Kürzere Zeiten haben sich als unzureichend für aussagekräftige Daten erwiesen.
- Nach jedem Hochwasser ist die Falle zu leeren, um eingespültes Feinsediment und eine Verstopfung des Lückensystems zu verhindern, unabhängig vom normalen Rhythmus der Leerungen.
- Die Eingangsöffnung in den inneren Kasten sollte 5 cm oberhalb der Bodenplatte beginnen; in die dadurch entstehende Bodenwanne wird das lokale Substrat eingefüllt und kann bei den Leerungen quantitativ ausgewertet werden, da diese Substrathöhe der durchschnittlichen Erfassungstiefe bei einer MHS-Beprobung entspricht. Damit ist eine Auswertung über das Asterics-Perlodes-Programm und somit eine vollwertige Vergleichbarkeit mit anderen MHS-Proben einschließlich verschiedener biozönotischer Kenngrößen möglich.
- Bei einer Abwägung der Probenahmemethodik zwischen MHS (quantitative Erfassung der Besiedlungsdichten) und DIN 38410 (halbquantitative Erfassung der Besiedlungsdichten) sollte der MHS-Beprobung (Labor- oder Lebendsortierung) aus den gleichen Gründen der vereinfachten Auswertung der Vorrang gegeben werden.

Literatur

[1] Söderström, O. (1987): Upstream movements of invertebrates in running waters: A review. Archiv für Hydrobiologie 111: 197-208.

[2] Adam, B. (1996): Zur Berücksichtigung von Wirbellosen beim Bau von Fischaufstiegsanlagen. Österreichs Fischerei 49: 186-190.

[3] Schmidt, W. D.; Kaiser, I. & K. Schmidt (1999): Zur gewässerökologischen Funktion von Aufstiegshilfen: Untersuchungen mit einer Aufstiegsfalle für Makrozoobenthos.- Wasserwirtschaft 89 (3): 130-135.

[4] Quast, J.; Ritzmann, A.; Thiele, V. & K. Träbing (1997): Ökologische Durchgängigkeit kleiner Fließgewässer. – Biologische und ingenieurwissenschaftliche Grundlagen für nachhaltig wirkende Fischaufstiegsanlagen. In: Steinberg, C.; Calmano, W.; Wilken, R.-D. & H. Klapper (Hrsg.):Handbuch angewandte Limnologie, 4 Erg.-Lief. 11/97: 1-58.

[5] Geum Tec (2007: Modellprojekt Hamel – Vorgezogenes Projekt zur Umsetzung der EG-Wasserrahmenrichtlinie. , Hannover. http://www.wasserblick.net/servlet/is/42357/Modellprojekt_Hamel_Kap_1_bis_6.pdf?command=downloadContent&filename=Modellprojekt_Hamel_Kap_1_bis_6.pdf

[6] Meier, C.; Haase, P.; Rolauffs, P.; Schindehütte, K.; Schöll, F.; Sundermann A. & D. Hering (2006): Methodisches Handbuch Fließgewässerbewertung. Handbuch zur Untersuchung und Bewertung von Fließgewässern auf der Basis des Makrozoobenthos vor dem Hintergrund der EG-Wasserrahmenrichtlinie. Stand Mai 2006.

[7] Schubert, J. & A. Hagge (2000): Funktionsüberprüfung der neuen Fischaufstiegsanlage am Elbewehr bei Geesthacht.- Gutachten im Auftrag der Arbeitsgemeinschaft für die Reinhaltung der Elbe, der Umweltstiftung der Hamburgischen Electricitäts-Werke AG und des Wasser- und Schifffahrtsamtes Lauenburg (Hrsg.). 1-59, Hamburg.

[8] Altmüller, R. & Clausnitzer, H.-J. (2010): Rote Liste der Libellen Niedersachsens und Bremens. – Informationsdienst Naturschutz Niedersachsen 30 (4): 211-238.

[9] Reusch, H. & P. Haase (2000): Rote Liste der in Niedersachsen und Bremen gefährdeten Eintags-, Stein- und Köcherfliegenarten. – Informationsdienst Naturschutz Niedersachsen 20 (4): 182-200.

[10] Haase, P. (1996): Rote Liste der in Niedersachsen und Bremen gefährdeten Wasserkäfer mit Gesamtartenverzeichnis. 1. Fassung vom 1.2.1996. Informationsdienst Naturschutz Niedersachsen 16(3): 81-100.

[11] Binot, M.; Bless, R.; Boye, P.; Gruttke H. & P. Pretscher (1998): Rote Liste gefährdeter Tiere Deutschlands. Schriftenreihe für Landschaftspflege und Naturschutz 55.

[12] Schmedtje, U. & M. Colling (1996): Ökologische Typisierung der aquatischen Gewässerfauna. Informationsberichte des Bayerischen Landesamtes für Wasserwirtschaft, Heft 4/96, 1-543.

[13] Moog, O. (Hrsg.) (2002): Fauna Aquatica Austriaca. Katalog zur autökologischen Einstufung aquatischer Organismen Österreichs. 2. Lieferung. Wasserkataster, Bundesministeriums für Land- und Forstwirtschaft, Umwelt und Wasserwirtschaft. Wien.

[14] Schroeder, A.; Meyer, E.I. & H. Schimmer (2005): Untersuchungen zur Durchgängigkeit der Fischaufstiegsanlage Telgte für das Makrozoobenthos. Deutsche Gesellschaft für Limnologie, Tagungsbericht 2004 (Potsdam): 272-275.

[15] Nolte, J. & E. J. Meyer (2005): Untersuchungen zu ökologischen Durchgängigkeit kleine Fließgewässer mit Hilfe von Fallen. Deutsche Gesellschaft für Limnologie, Tagungsbericht 2004 (Potsdam): 267-271.

Autoren

Dipl.-Biol. Jürgen Rommelmann
Dipl.-Biol. Dirk Drescher
c/o LIMNA Wasser & Landschaft
Rosdorfer Weg 14
D-37073 Göttingen
E-Mail: limnainfo@yahoo.de

Klimaschutz und Wasserwirtschaft

Christian Pacher, Andreas Kohn und Roland Geres

Klimapolitische Instrumente – Projekte für die Wasser- und Abfallwirtschaft

Der Klimawandel ist eine doppelte Herausforderung: Zum einen sind enorme Emissionsminderungen nötig, um das 2°-Ziel zu erreichen. Zum andern muss Anpassung bereits heute geleistet werden. Auch Wasser- und Abfallwirtschaft sind von beiden Aspekten betroffen. Umso wichtiger ist die Auseinandersetzung mit den klimapolitischen Instrumenten – denn sie bergen unternehmerische Risiken, bieten aber ebenso Chancen.

1 Einleitung

Die Emissionstrends sprechen eine eindeutige Sprache: Der globale Treibhausgasausstoß steigt Jahr für Jahr weiter an. Um die Klimaerwärmung auf 2 °C über präindustriellem Niveau zu begrenzen, ist eine schnelle Umkehr dieses Trends nötig. Für Deutschland etwa bedeutet das, im Jahr 2050 mindestens 80 % weniger CO_2e ($CO_{2\text{-Äquivalente}}$) zu emittieren als noch 1990. Um dieses Ziel zu erreichen, müssen Produktions- und Lebensweisen massiv umgestaltet werden. Deutschland und die EU insgesamt erheben einen globalen klimapolitischen Führungsanspruch – und sie versuchen, diese Ziele mit Vehemenz zu erreichen. Als Leitinstrument dazu dient der EU-Emissionshandel. Aber auch andere Mechanismen und Instrumente spielen dabei eine wichtige Rolle.

Doch nicht nur im europäischen Raum findet aktive Klimapolitik statt. China etwa, der Staat mit den höchsten Emissionen der Welt, hat eine Klimapolitik, die ganz vergleichbar der EU auf Ausbauziele für erneuerbare Energien, Einspeisevergütungen, Projektmechanismen und nicht zuletzt den Emissionshandel setzt. Letzterer soll ab 2015 auf Landesebene eingeführt werden. Viele andere Staaten führen den Emissionshandel gegenwärtig bereits ein, z. B. Australien (2015), Südkorea (2015) und Kalifornien (2013). Bestehende Systeme gibt es neben der EU im Großraum Tokyo, in vielen Gliedstaaten der USA und Kanadas, in der Schweiz sowie in Neuseeland.

Die USA hingegen – seit 2009 Emittent Nr. 2 nach China – setzen auf den regulatorischen Ansatz. Auf Grund der Pattsituation im Kongress und einer übermäßig ideologisierten Debatte über den Klimawandel bleibt der Obama-Administration kein anderer Weg. Dennoch ist denkbar, dass die USA ihr selbst gesetztes Klimaschutzziel (Reduktion der Emissionen um 17 % bis 2020 im Vergleich zu 2005) voraussichtlich erreichen.

Für all diese Staaten gilt: Sie legen einen Preis für Treibhausgasemissionen fest. Der Emissionshandel hat dabei einen entscheidenden Vorzug, der in der englischen Bezeichnung als „Cap and Trade" bezeichnet wird: Die Menge an Emissionen im System kann begrenzt und Jahr für Jahr reduziert werden. Bei einer CO_2-Steuer ist dies nicht möglich.

Der Emissionshandel und seine Instrumente – vor allem die Projektmechanismen – spielen aber auch eine zentrale Rolle bei der Anpassung an den Klimawandel, und zwar in der Mittelgenerierung. So kommen die Mittel für die aus dem „Adaptation Fund" der Vereinten Nationen finanzierten Anpassungsmaßnahmen bislang zum größten Teil aus Abgaben aus dem „Clean Development Mechanism" (CDM, siehe zu diesem und anderen verwendeten Begriffen das Glossar am Ende). Dieser Projektmechanismus hat den Zweck, Minderungskosten zu senken, indem Emissionen in Entwicklungsländern reduziert werden, und zugleich Nachhaltige Entwicklung zu unterstützen, gepaart mit Technologietransfer und Kapazitätsaufbau. Doch CDM-Projekte tragen nicht nur über Abgaben zur Finanzierung der Anpassung an den Klimawandel bei. Durch viele Minderungsprojekte wird, wie an späterer Stelle dargelegt wird, auch direkt Anpassung geleistet.

2 Klimapolitik – Trends und Implikationen für die Wirtschaft

1992 wurde auf dem Erdgipfel in Rio de Janeiro die globale Klimapolitik begründet. Zentrales Vertragswerk ist die Klimarahmenkonvention (UNFCCC), der bislang 194 Staaten beigetreten sind. In der Konvention verpflichten sich die Staaten, ihrer „gemeinsamen aber unterschiedlichen Verantwortung" gerecht zu werden, um gefährlichen Klimawandel zu vermeiden. Es ist inzwischen breiter Konsens in Politik und Wissenschaft, die Schwelle von 2 °C Erwärmung über vorindustrielles Niveau als den Übergang zu gefährlichem Klimawandel gleichzusetzen.

1997 wurde mit dem Kyoto-Protokoll das erste internationale Vertragswerk geschaffen, das für eine Gruppe von Industrienationen rechtsverbindliche Minderungsziele vorsieht. Hierfür wurden Instrumente wie der internationale Emissionshandel und die Flexibilitätsmechanismen CDM und JI geschaffen. Der Bereich der Anpassung kam erst viel später hinzu, vor wenigen Jahren, weshalb seine Mechanismen auch noch weit weniger ausgeprägt sind als die zur Minderung.

Die erste Periode von Kyoto endet 2012, eine Folgeperiode wurde im Dezember 2011 bei der Weltklimakonferenz in Durban vereinbart. Allerdings deckt diese nur mehr ca. 11 % der weltweiten Treibhausgasemissionen ab. Der Versuch, ein umfassendes Folgeabkommen zu vereinbaren, ist 2009 in Kopenhagen gescheitert. Stattdessen einigten sich die zahlreichen anwesenden Staats- und Regierungschefs auf eine freiwillige Selbstverpflichtung für die Zeit von 2013-2020, mit der insgesamt 85 % der globalen Emissionen erfasst sind. Um das 2 °C-Ziel zu erreichen sind diese Ziele allerdings ungenügend. In Durban wurde für diese Ziele nun ein Kontrollmechanismus vereinbart, sodass eine gewisse Verbindlichkeit hergestellt ist. Insbesondere die beiden großen Kontrahenten China und die USA betreiben somit erstmals Klimaschutz „auf Augenhöhe". Zugleich ist ein neuer Marktmechanismus ähnlich dem CDM vereinbart worden, dessen Details gegenwärtig ausgearbeitet werden. Dieser Mechanismus wird voraussichtlich die Einführung sektoraler Ziele in Entwicklungs- und Schwellenländern erlauben. Darüber hinaus wurde die Verständigung auf ein Mandat erreicht, bis 2015 ein globales Abkommen auszuhandeln, das 2020 in Kraft tritt und möglichst alle globalen Emissionen erfasst.

Deutlich fortgeschrittener ist die EU, die bereits seit langer Zeit ihre Klimapolitik rechtlich bindend durch die Emissionshandelsrichtlinie festgelegt hat. Auch besteht die Bereitschaft, das Minderungsziel für das Jahr 2020 gegenüber dem Basisjahr 1990 von derzeit -20 % auf -30 % anzuheben, wenn andere Staaten dies ebenfalls tun. Damit wäre man auf einem Minderungspfad für das 2 °C-Ziel. Zudem gibt es Bestrebungen, eine Anhebung des Ziels auch unilateral durchzusetzen. Eine derartige Entscheidung würde zusätzliche Minderungsmaßnahmen in den Sektoren der Industrie erforderlich machen, die dem Emissionshandel unterliegen. Zugleich würde möglicherweise die erlaubte Zukaufsquote für im Ausland geleistete Minderungen erhöht. Eine derartige Entscheidung hätte also Konsequenzen nicht nur für die Industrie in Europa, sondern auch für CDM-Projektentwickler und -träger und möglicherweise auch Industriesektoren in anderen Ländern – in einzelnen Fällen kann dies auch die Wasser- und Abfallwirtschaft sein –, wo Nachfrage für Minderungen aus dem neuen sektoralen Minderungsmechanismus erzeugt würde. Dies gilt natürlich auch für mögliche Nachfrageimpulse aus anderen und neuen Emissionshandelssystemen jenseits der EU. Eine besondere Rolle spielen dabei auch nationale Projekte wie JI unter dem Kyoto-Protokoll oder sogenannte „Domestic Offset Projects" in anderen Systemen. Diese erlauben es, den wirtschaftlichen Wert einer Emissionsminderung zu heben.

Im Gesamtbild ergibt sich eine immer unübersichtlichere Weltkarte klimapolitischer Regulierung und Gesetzgebung. Diese kann übersetzt werden in eine Weltkarte der CO_2-Preise (**Bild 1**). Weltweit gibt es sehr unterschiedliche CO_2-Preise: Die höchsten Preise gelten in der Schweiz (auf Brennstoffe), Australien (CO_2-Steuer) und in Kalifornien ("CCA"). Erst danach kommt die EU („EUA"). Im System einiger Staaten an der US-Ostküste („RGA") ist der Preis marginal. Im

CDM werden derzeit geringe Preise erzielt („sCER“, „pCER“), noch unter denen aus dem sog. Gold Standard im freiwilligen Markt („GS VER“) und freiwilligen Waldschutzprojekten („REDD VCS“). Alle Preise unterliegen tagesaktuellen Schwankungen. In den Projektmechanismen können zudem projektabhängig sehr unterschiedliche Preise erzielt werden. In Bild 1 fehlen indirekte CO_2-Preise, wie sie in einigen Ländern erhoben werden.

3 Klimaschutzprojekte im Bereich Wasser und Abfall

Klimaschutzprojekte spielen auch im Bereich der Abwasser- und Abfallwirtschaft eine stetig wachsende Rolle. Insbesondere Deponiegasprojekte stehen hierbei im Fokus von Projektentwicklern, da diese Projekte durch Vermeidung von Methangasemissionen eine große Anzahl an Zertifikaten in einer kosteneffizienten Art und Weise generieren. Andere Projekttypen befinden sich entweder derzeit noch in einer untergeordneten Rolle oder in der Entwicklung. Durch die bisher gültigen Rahmenbedingungen des CDM und JI sind viele Projekttypen aber auf Grund von hohen Investitionskosten oder fehlender Erfüllung von spezifischen Kriterien (z. B. Zusätzlichkeit der Emissionsreduktion) nicht darstellbar.

Dabei stellt gerade die Abfallwirtschaft zahlreiche Verfahren zur Verfügung, die unter dem derzeitigen Stand der Technik zu einer Reduktion von Treibhausgasen führen können. Dies können neben der energetischen Nutzung von Deponiegasen thermische oder mechanisch-biologische Verfahren verbunden mit einer Rückgewinnung von Metallen und Kunststoffen sein oder klassische Recyclingverfahren. Zahlreiche Studien in Europa, aber auch im Speziellen in Deutschland haben gezeigt, dass nicht jedes Verfahren uneingeschränkt sinnvoll ist, sondern das jeweilige Entsorgungsverfahren abhängig von den landesspezifischen Rahmenbedingungen und den möglichen technischen Alternativen zu wählen ist.

Sowohl das europäische Emissionshandelssystem, als auch CDM und JI haben bisher nicht

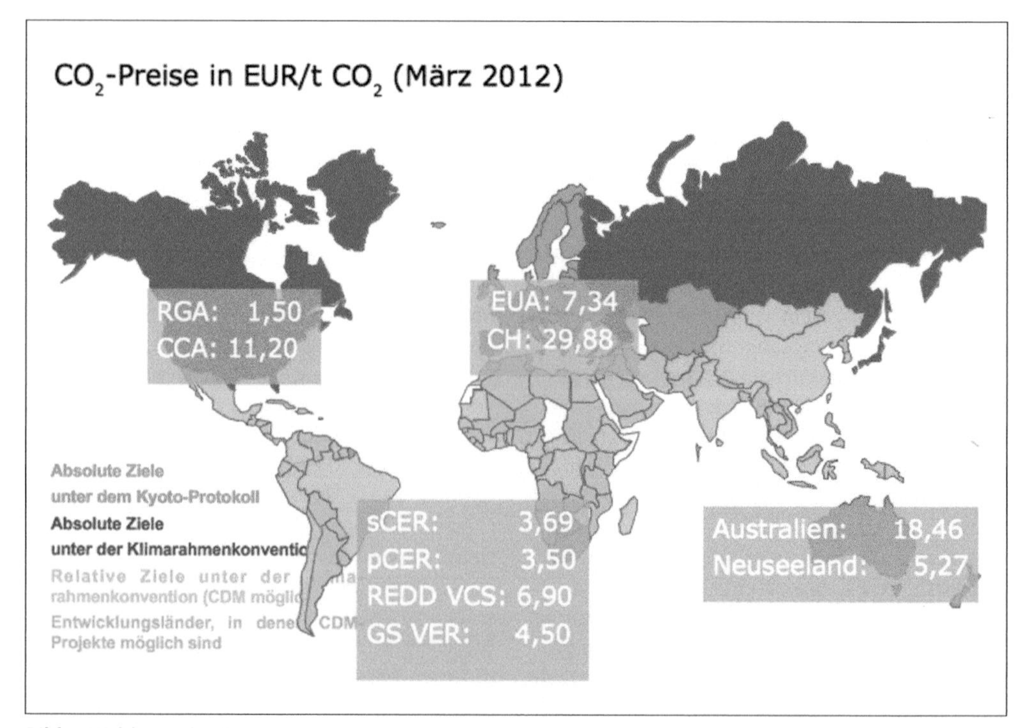

Bild 1: Weltkarte der CO_2-Preise

dazu führen können, dass solche alternativen Ansätze angemessen berücksichtigt werden. Hierbei sollten neben den tatsächlichen Treibhausgasemissionen und Emissionsreduktionen auch wichtige sonstige ökologische Bewertungsparameter stehen, wie beispielsweise die Beanspruchung von Deponieflächen, die Reduktion der zu deponierenden Gesamtabfallmenge, die direkte Wiedernutzung oder Aufbereitung von Abfällen.

Tab. 1 | Liste aktuell anerkannter Methodologien mit Bezug zur Abfall-, Abwasser- oder Wassergütewirtschaft

Methodology Number	Methodology Title
AM0020	Baseline methodology for water pumping efficiency improvements
AM0025	Avoided emissions from organic waste through alternative waste treatment processes
AM0039	Methane emissions reduction from organic waste water and bioorganic solid waste using co-composting
AM0057	Avoided emissions from biomass wastes through use as feed stock in pulp and paper production or in bio-oil production
AM0073	GHG emission reductions through multi-site manure collection and treatment in a central plant
AM0080	Mitigation of greenhouse gases emissions with treatment of wastewater in aerobic wastewater treatment plants
AM0083	Avoidance of landfill gas emissions by in-situ aeration of landfills
AM0086	Installation of zero energy water purifier for safe drinking water application
AM0093	Avoidance of landfill gas emissions by passive aeration of landfills
ACM0001	Consolidated baseline and monitoring methodology for landfill gas project activities
ACM0010	Consolidated methodology for GHG emission reductions from manure management systems
ACM0014	Mitigation of greenhouse gas emissions from treatment of industrial wastewater
ACM0020	Co-firing of biomass residues for heat generation and/or electricity generation in grid connected power plants
AMS-II.M.	Demand-side energy efficiency activities for installation of low-flow hot water savings devices
AMS-III.D.	Methane recovery in animal manure management systems
AMS-III.E.	Avoidance of methane production from decay of biomass through controlled combustion, gasification or mechanical/thermal treatment
AMS-III.F.	Avoidance of methane emissions through controlled biological treatment of biomass
AMS-III.G.	Landfill methane recovery
AMS-III.H.	Methane recovery in wastewater treatment
AMS-III.I.	Avoidance of methane production in wastewater treatment through replacement of anaerobic systems by aerobic systems
AMS-III.L.	Avoidance of methane production from biomass decay through controlled pyrolysis
AMS-III.Y.	Methane avoidance through separation of solids from wastewater or manure treatment systems
AMS-III.AF.	Avoidance of methane emissions through excavating and composting of partially decayed municipal solid waste (MSW)
AMS-III.AJ.	Recovery and recycling of materials from solid wastes
AMS-III.AO.	Methane recovery through controlled anaerobic digestion
AMS-III.AU.	Methane emission reduction by adjusted water management practice in rice
AMS-III.AV.	Low greenhouse gas emitting water purification systems
AMS-III.AX.	Methane oxidation layer (MOL) for solid waste disposal sites

Quelle: UNFCCC [1]

Die Projektaktivitäten im CDM und JI orientieren sich an festen, zugelassenen, tätigkeitsspezifischen sog. Methodologien. Derzeit existieren 20 vom UN-Klimasekratriat zugelassene Methodologien im Bereich Abfall-, Abwasser- und Wassergütewirtschaft. Diese können auch mit anderen Methodologien kombiniert werden, beispielsweise wenn eine Stromerzeugung aus der Abfallverbrennung herkömmlichen, auf fossilen Brennstoffen basierenden Strommix ersetzt. Die meisten Methodologien basieren auf der kosteneffizienten Erfassung von Deponiegasen, die eine wilde Ablagerung von Abfällen im jeweiligen Gastland ersetzt. Hierbei spielt oftmals eine in Deutschland übliche energetische Nutzung des Deponiegases keine Rolle, da allein die Erfassung und das Abfackeln des Abgases eine entsprechend hohe Emissionsreduktion und damit auch eine ausreichend hohe Rendite verspricht. Auch Projekte zur Abwasserbehandlung spielen eine entsprechende Rolle (**Tabelle 1**).

Neben den im Kyoto-Protokoll genannten Flexibilitätsmechanismen CDM und JI hat sich ein sogenannter freiwilliger Markt entwickelt, über den ebenfalls Emissionszertifikate generiert werden können. Diese sind allerdings nicht für Emissionshandelsverpflichtungen einzusetzen, sondern werden für freiwillige Kompensationsmaßnahmen herangezogen (beispielsweise zur Kompensation von Reiseemissionen bei Flügen). Die entsprechenden Standards und Methodologien im freiwilligen Markt werden durch die jeweiligen Registerverantwortlichen festgelegt. Sie ähneln stark denen aus CDM und JI.

Wichtige Register im freiwilligen Markt sind der Voluntary Carbon Standard (VCS) und die Climate Action Reserve (CAR). In der CAR sind derzeit auch einige Standards für den Abfallbereich definiert und ermöglichen demnach auch im freiwilligen Markt die Umsetzung von Abfallprojekten (**Tabelle 2**). Abwasserthemen sind hier bisher nicht explizit über eigene Protokolle und Standards festgelegt worden.

Die **Bilder 2, 3 und 4** geben einen Überblick zu den laufenden Projektaktivitäten im Bereich Abfallwirtschaft. Entsprechend der etablierten Methodologien beziehen sich rund die Hälfte aller registrierten CDM-Projekte auf die Reduktion von Treibhausgasen durch Deponiegaserfassung, vorrangig durch Fassung und Abfackeln der Deponiegase ohne weitere energetische Nutzung des abgefackelten Deponiegases (**Bild 2**).

Im JI-Mechanimus spielt die energetische Nutzung eine größere Rolle als beim CDM – wenig überraschend, schließlich entstehen in Industriestaaten wesentlich mehr Abfälle (**Bild 3**).

Im freiwilligen Voluntary Carbon Standard (VCS) und dem American Carbon Registry (ACR) dominieren derzeit auch Deponiegas- bzw. Methanreduktionsprojekte die Projektlandschaft (**Bild 4**).

4 Projektbeispiele aus der Praxis

4.1 Reisanbau mit angepasstem Bewässerungsmanagement in Indonesien

In Kooperation mit Bayer CropScience entwickelte FutureCamp die neue CDM-Methodologie „AMS-III.AU“, die vom CDM-Exekutivrat des UN-Klimasekretariats im April 2011 genehmigt wurde. Die Methodologie wird somit zukünftigen CDM-Projekten im Bereich Reisanbau als wesentliche Grundlage zur Berechnung von Minderungen (Vermeidung von Methanemissionen) zur Verfügung stehen. Bemerkens-

Tab. 2 | Übersicht über anerkannte Protokolle im freiwilligen Register der Climate Action Reserve im Bereich Abfallwirtschaft (Quelle: Climate Action Reserve) [2]

Protokoll	Verabschiedet am	State
Landfill – US	December 2, 2009	Approved
Landfill – Mexico	July 1, 2009	Approved
Organic waste digestion	October 7, 2009	Approved
Organic waste composting	30 June 2010	Approved

Bild 2 | Registrierte und zur Validierung/Registrierung beantragte CDM-Projekte im Abfallbereich (Abwasserprojekte hier nicht berücksichtigt), Stand März 2012

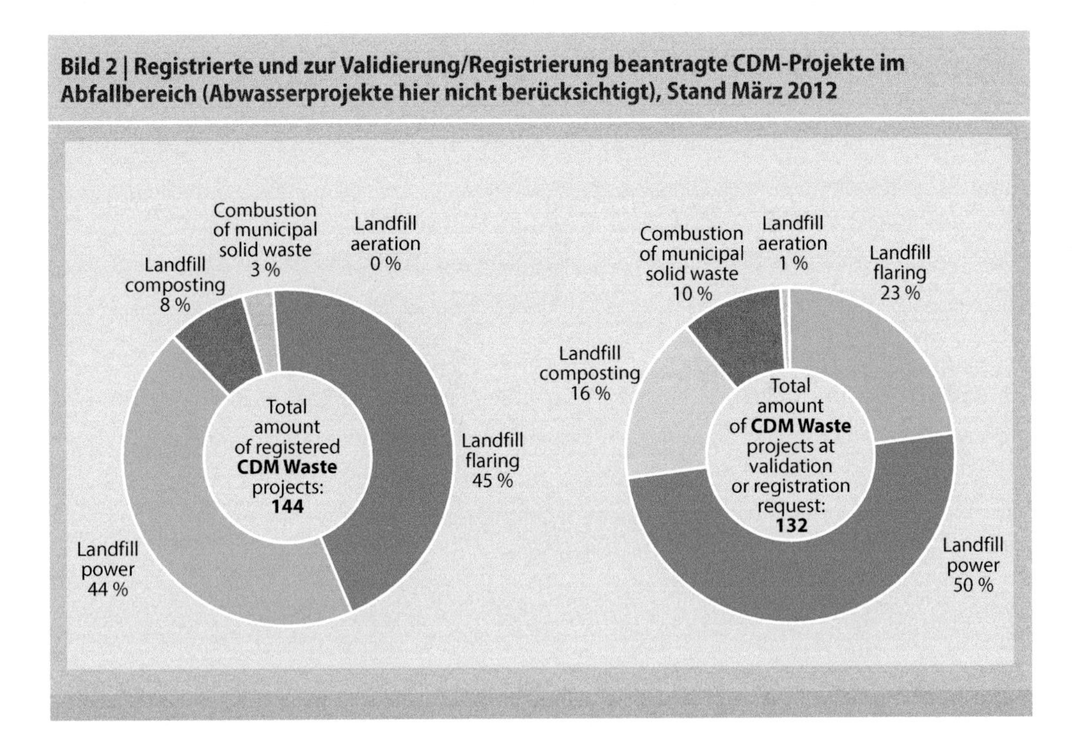

Bild 3 | Registrierte und zur Validierung/Registrierung beantragte JI-Projekte im Abfallbereich (Abwasserprojekte hier nicht berücksichtigt), Stand März 2012

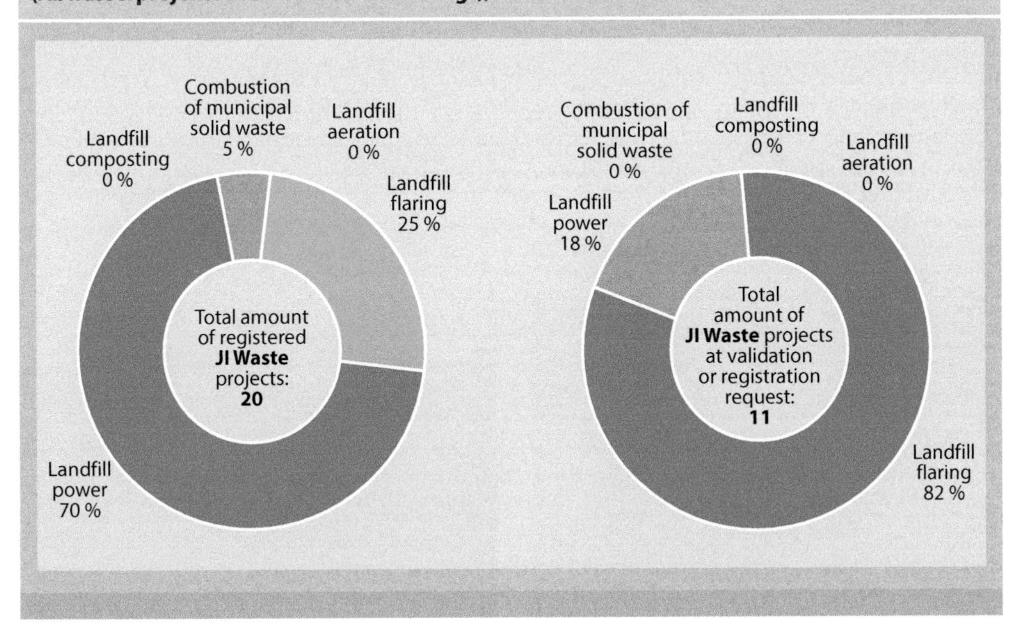

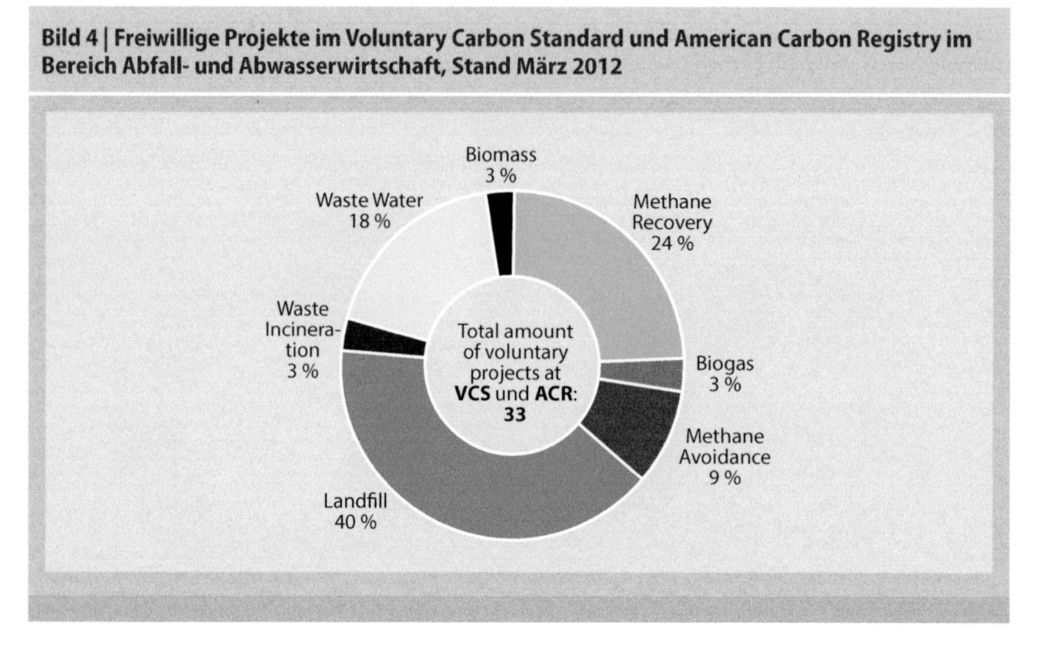

Bild 4 | Freiwillige Projekte im Voluntary Carbon Standard und American Carbon Registry im Bereich Abfall- und Abwasserwirtschaft, Stand März 2012

wert ist zudem, dass die Methode zwar den Hauptzweck der Minderung verfolgt, zugleich aber auch die Anpassung an den Klimawandel unterstützt. Dies rührt daher, dass durch die Umstellung des Anbauverfahrens in großem Umfang Wasserressourcen eingespart werden – auch in Regionen, in denen sich die für die Landwirtschaft benötigten Niederschläge auf Grund des Klimawandels verändern. Hinzu kommt als Anpassungseffekt, dass so auch zusätzlichen Risiken für Ernteerträge auf Grund des Klimawandels entgegengewirkt wird (**Bild 5**). Rund 1,5 % der weltweiten Treibhausgasemissionen stammen aus dem Reisanbau und sollen durch den neuartigen Projektansatz in wesentlichem Maße reduziert werden. Dies soll durch die Einschränkung der Überflutungszeiten der Reisfelder ermöglicht werden. Die neue Methode wird erstmals im CDM-Projekt „Bayer Tabela Direct Seeded Rice (DSR) in Java: Reduction of Methane Emissions by Switching from Transplanted to Direct Seeded Rice with Adjusted Water Manage-

Bild 5: Reisanbau mit optimiertem Bewässerungskonzept in Java/Indonesien

ment“ zum Einsatz kommen. Durch das Projekt sollen jährlich knapp 50.000 t CO_2e gemindert werden.

4.2. Deponiegasprojekt Mamak in Ankara/Türkei

Die ITC Invest Trading & Consulting AG entwickelte das Mamak Deponiegasprojekt in Ankara. Die Projektaktivitäten umfassen die Erfassung des Deponiegases auf der örtlichen Deponie, die Installation von Gasmotoren mit einer Leistung von 40 MW und eines Fermenters zur Behandlung des Bioabfalls. Das entstehende Biogas aus dem Fermenter steht anschließend der weiteren Stromerzeugung zur Verfügung.

Das Abfallbehandlungsprojekt Mamak zeichnet sich in mehrfacher Hinsicht durch ökologische Innovation und Nachhaltigkeit aus. So ist es Ziel, die Umwelteffekte aus der bestehenden Deponie wie auch der laufenden Müllbeseitigung auf ein Minimum zu reduzieren. Hierfür wurde einerseits die Grube abgeschlossen, um gezielt Gas zur energetischen Verwertung aus der seit 20 Jahren gewachsenen Deponie abzusaugen. Dies vermeidet direkte Methanemissionen (CH_4) und senkt CO_2-Emissionen aus dem türkischen Stromnetz durch klimafreundliche Substitution des größtenteils fossil erzeugten Stroms. Jährlich werden rund 11 GWh Strom ausgespeist. Andererseits werden neue Abfallmengen dem Recycling zugeführt und der biogene Anteil (etwa 60 % der täglich gelieferten 3.500 t Abfall) über Biogasanlagen behandelt und energetisch genutzt (**Bild 6**).

Das Projekt ist unter dem Gold Standard registriert und damit nicht für die Rückgabeverpflichtungen im Rahmen des Europäischen Emissionshandels qualifiziert. Die aus diesem Projekt generierten Gold Standard VERs werden aber im Rahmen freiwilliger Kompensationsmaßnahmen eingesetzt. Die Berechnung der Emissionsreduktionen erfolgt auf Basis der im CDM anerkannten Methodologie ACM0001 und wurde vom TÜV Süd als externen Verifizierer überprüft. Jährlich werden über die Projektaktivitäten rund 570.000 t CO_2e reduziert.

Im Jahr 2010 wurden Emissionsminderungszertifikate aus diesem Projekt verwendet, um den Gemeinschaftsmessestand von FutureCamp und der ITAD (Interessengemeinschaft der Thermischen Abfallbehandlungsanlagen in

Bild 6: Deponiegasprojekt in Ankara/Türkei

Deutschland e. V.) auf der IFAT ENTSORGA klimaneutral zu stellen. Die Höhe der Emissionen, die durch den Betrieb des Messestandes entstanden, wurde bilanziert und anschließend durch den Kauf und die Stilllegung der entsprechende Menge an Zertifikaten kompensiert. Zusätzlich hatten Standbesucher die Möglichkeit, ihre Emissionen durch An- und Abreise sowie den Hotelaufenthalt kostenfrei kompensieren zu lassen.

5 Zukunft der Klimaschutzinstrumente im Bereich Wasser und Abfall

Einen wesentlichen Einfluss auf die Umsetzbarkeit von Klimaschutzprojekten innerhalb der europäischen Abfallwirtschaft wird neben der generellen Ausgestaltung der zukünftigen Instrumente CDM, JI etc. vor allem auch die internationale Abfallgesetzgebung haben. Die Regelung international verbindlicher Emissionsgrenzwerte wird derzeit noch stark diskutiert, da einige Mitgliedsstaaten auf Flexibilität und Eigenverantwortung drängen, während andere Mitgliedsstaaten wie beispielsweise Deutschland auf Grund ihrer bereits hohen Emissionsstandards einheitliche strenge Grenzwerte festsetzen wollen. Für die Entwicklungsländer sind solche Grenzwertregelungen derzeit noch nicht absehbar, so dass dort die Umsetzung von Klimaschutzprojekten nicht in diesem Maße von gesetzlichen Regelungen, sondern eher von den einhergehenden Projektkosten berührt wird. Entsprechend werden zur Deponierung alternative Verwertungswege weiterhin eine untergeordnete Rolle spielen, sofern nicht zukünftig alternative Vorgaben (z. B. sektorale Minderungsziele oder Vorgabe bestimmter technischer Vorgaben wie Abfallsortierung, Recycling oder energetische Verwertung) klar definiert werden.

Für Abfallprojekte kann auch der freiwillige Markt ebenfalls eine Rolle spielen, da dort vorrangig erneuerbare Energien im Bewusstsein von Zertifikateinteressenten sind, und hochwertige Abfallprojekte wie das vorgestellte Mamak-Deponiegasprojekt mit Bioabfallverwertung einen stark positiven Bezug zu Nachhaltigkeit nachweisen können.

Der wichtige Zukunftsmarkt wird aber weiterhin der Compliance-Markt sein, der durch weitere Emissionshandelssysteme (USA, Kanada, Australien, China, Japan) eine größere Nachfrage generieren kann. Derzeit ist allerdings noch nicht abzusehen, in welchen Emissionshandelssystemen welche Arten an Zertifikaten einsetzbar sein werden. Eine globale Anerkennung nachhaltiger Projekte könnte hier zu einer erhöhten Nachfrage führen, von der letztlich auch die Abfall- und Abwasserwirtschaft profitieren könnte.

Bereits jetzt ist aber klar, dass die hier beschriebenen Instrumente für Akteure der Wasser- und Abfallwirtschaft relevant sind und v. a. bei konkreten Projektplanungen frühzeitig in die Betrachtung einbezogen werden sollten.

Literatur

http://cdm.unfccc.int/methodologies/index.html (2 April 2012)

http://www.climateactionreserve.org/how/protocols/ (22 December 2009)

Autoren

Christian Pacher
Klimaschutzprojekte, Klimaneutralstellung und Emissionshandel

Andreas Kohn
Klimapolitik

Dr. Roland Geres
Geschäftsführender Gesellschafter
FutureCamp Holding GmbH
Aschauerstr. 30
81549 München
E-Mail: roland.geres@future-camp.de
www.future-camp.de

Glossar Klimastrategie und Emissionshandel

Clean Development Mechanism (CDM)	Mechanismus nach Art. 12 des *Kyoto-Protokolls*. Beim CDM beteiligt sich ein *Annex-I-*Staat (Industrieland) an einem emissionsmindernden Projekt in einem *Non-Annex-I-*Staat (Entwicklungs- oder Schwellenland), welches das *Kyoto-Protokoll* ratifiziert hat. CDM-Projekte haben die Generierung von Emissionsminderungsgutschriften *(CER)* zum Ziel. CERs sind im Rahmen des EU-Emissionshandels zur Erfüllung der Reduktionsverpflichtungen in der zweiten und dritten Handelsperiode nur begrenzt einsetzbar.
Domestic Offset Projects (DOP)	Die novellierte EU-Emissionshandelsrichtlinie (Art. 24a) erlaubt es EU- Mitgliedsstaaten in eigener Souveränität, über den Erlass von Durchführungsmaßnahmen nationale Minderungsprojekte für THG-Emissionen zu ermöglichen, die vom Gemeinschaftssystem nicht erfasst sind. Das Kriterium der *Doppelzählung* ist hierbei zu berücksichtigen.
EU-Emissionshandelsrichtlinie	Richtlinie 2003/87/EG des europäischen Parlaments und des Rates vom 13. Oktober 2003 über ein System für den Handel mit Treibhausgasemissionszertifikaten *(EU-Allowances)* in der Gemeinschaft und zur Änderung der Richtlinie 96/61/EG des Rates. Mit dieser Richtlinie wird ein EU-weites Emissionshandelssystem geschaffen, um auf kosteneffiziente Weise eine Verringerung von *Treibhausgasemissionen* zu erzielen. Im Jahr 2009 wurde die Richtlinie novelliert (2009/29/EG) was u. a. zu einer Ausweitung der betroffenen Sektoren, namentlich Luftverkehr, geführt hat. Zudem stellt die novellierte Richtlinie die Etablierung sogenannter *Domestic offset projects* (DOP) in Aussicht. Die Verknüpfung mit den projektbezogenen *Kyoto-Mechanismen JI* und *CDM* ist in der *EU-Linking Directive* geregelt.
Gold Standard Verified Emission Reductions (GS-VER)	Gold Standard VER sind Gutschriften für Emissionsminderungen, die nach dem Gold Standard verifiziert sind. Dieser Standard wurde 2002 von 40 Nichtregierungsorganisationen gegründet, darunter WWF und SouthSouthNorth. Die Zertifikate werden in einem eigenen Register geführt, in dem Informationen zur Projektentwicklung und –verifizierung ebenso öffentlich einsehbar sind wie Daten zu Transfer und Stilllegung der Gutschriften. Hierdurch werden hohe Transparenz, Qualität und Sicherheit gewährleistet, was dazu führt, dass GS-VER im freiwilligen Markt als sehr seriös eingeschätzt werden.
Joint Implementation (JI)	Klimaschutzprojekte in Ländern, die sich im *Kyoto-Protokoll* zu einer Begrenzung ihrer Emissionen verpflichtet (Industrie- und Transformationsländer) und das Kyoto-Protokoll ratifiziert haben. Sie haben die Erzeugung und den Transfer von *ERUs* zum Ziel.
Klimarahmenkonvention (United Nations Framework Convention on Climate Change, UNFCCC)	Auf der Umweltkonferenz „Umwelt und Entwicklung" 1992 von 189 Staaten unterzeichnete und 1994 in Kraft getretenes Rahmenabkommen der Vereinten Nationen über Klimaänderungen mit dem Ziel, die Treibhausgase in der Atmosphäre auf einem Niveau zu stabilisieren, bei dem eine gefährliche, vom Menschen verursachte Störung des Klimasystems verhindert wird. Grundlage für das *Kyoto-Protokoll*.
Kyoto-Protokoll	Anlässlich der 3. Vertragsstaatenkonferenz wurde 1997 das der Klimarahmenkonvention angeschlossene Kyoto-Protokoll verabschiedet. Das völkerrechtlich bindende Abkommen legt verbindliche Reduktionsziele für Industrie- und Transformationsländer (*Annex B*) fest und regelt die *Flexiblen Mechanismen*. Es ist 2005 mit der Ratifizierung Russlands in Kraft getreten.
Methodologie	Gibt bei der Entwicklung von *JI-* und *CDM*-Projekten vor, wie die *Baseline* für einen speziellen Projekttyp festgestellt wird und wie die Überwachung der tatsächlichen Emissionsminderungen *(Monitoring)* zu erfolgen hat. Neue Methodologien sind für CDM-Projekte vom *CDM Executive Board*, für *JI*-Projekte entweder vom *JI Supervisory Committee* oder von den beteiligten Länderbehörden (Designated Focal Point, *DFP*) zu genehmigen.
Secondary CER	Neben dem projektgebundenen Erwerb besteht die Möglichkeit, *CERs* losgelöst vom Projekt zu erwerben. Mit dem Vertragsabschluss sichert der Verkäufer dem Käufer die Lieferung von *CERs* zu einem bestimmten Zeitpunkt zu. Die Lieferung ist unabhängig von einzelnen Projekten, die Beschaffung der *CERs* bleibt dem Verkäufer überlassen. Dadurch fallen für den Käufer keine Projektrisiken an; diese werden vom Verkäufer übernommen und mittels Pooling-Effekten diversifiziert.
Verified Emission Reduction (VER)	Emissionsminderungsgutschrift über 1 metrische Tonne *CO_2e* aus einem freiwilligen Emissionsminderungsprojekt, das nicht oder noch nicht als *JI-* oder *CDM*-Projekt anerkannt ist, aber von einem unabhängigen Prüfer validiert bzw. determiniert wurde. VERs sind weder für Verpflichtungen im EU-Emissionshandel noch unter dem *Kyoto-Protokoll* anrechenbar.

Michael Feller, Susanne Grobe und Hans-Christian Sorge

Klimawandel und demografischer Wandel

Gemeinsamkeiten, Unterschiede und Auswirkungen auf die Trinkwasserverteilung

Für Deutschland werden neben nassen und mäßig kalten Wintern insbesondere heißere und trockenere Sommer mit längeren und häufiger auftretenden Trockenperioden sowie wiederkehrenden Starkregenereignisse prognostiziert. Im Verbundprojekt dynaklim wird die dynamische Anpassung regionaler Planungs- und Entwicklungsprozesse an die Auswirkungen des Klimawandels am Beispiel der Emscher-Lippe-Region in Nordrhein-Westfalen untersucht. Erste Ergebnisse werden vorgestellt.

1 Klimawandel in Deutschland

Im Verbundprojekt dynaklim werden u. a. die Auswirkungen der genannten Klimaentwicklungen auf die Sicherheit, Qualität und die Kosten für die Wasserverteilung (Förderanlagen, Rohrleitungsnetz, Armaturen) inklusive der Wasserspeicherung untersucht. Bereits im Vorfeld hat sich hierbei gezeigt, dass zugehörige Lösungen nicht allein auf Basis von Klimaprojektionen abgeleitet werden sollten, sondern auch sozio-ökomische Wandelprozesse wie z.B. der demografische Wandel oder die Wirtschaftsentwicklung in die Betrachtungen mit einbezogen werden sollten. Diese Wandelprozesse sind aktuell nicht nur in der Emscher-Lippe-Region spürbar, sondern verändern je nach Region stärker oder schwächer Wirtschafts-, Gesellschafts- und Siedlungsstrukturen in weiten Teilen Deutschlands.

Anlagen der öffentlichen Trinkwasserversorgung werden üblicherweise für eine lange Nutzungsdauer von mehreren Jahrzehnten (ca. 80 – 100 Jahre) geplant, gebaut und betrieben. Umso wichtiger ist es daher, wichtige Einflussgrößen wie Klimawandel, Demografie und Wirtschaftsentwicklung auf sich ändernde Rahmenbedingungen bei Planung und Betrieb bestehender bzw. künftiger Anlagen zu berücksichtigen. Im Rahmen des Verbundprojektes dynaklim wurden Auswirkungen dieser Wandelprozesse auf die Rohwasserqualität und die netzgebundene Trinkwasserverteilung näher untersucht.

2 Klimawandel und Trinkwasserversorgung

2.1 Klimaprognosen

Gemäß dem 4. Sachstandsbericht des Intergovernmental Panel on Climate Change (IPCC) hat sich die globale Durchschnittstemperatur zwischen den Jahren 1906 bis 2005 um 0,74 °C erhöht und soll bis zum Jahr 2100, je nachdem welches Szenario den globalen Berechnungsmodellen zu Grunde gelegt wird, um 1,1 bis 6,4 °C ansteigen [1]. Entsprechend der globalen Klimasimulationen wird auch für Deutschland die Wahrscheinlichkeit für das Auftreten von Extremwetterereignissen wie Stürme, Starkregen und Trockenperioden ansteigen. Mit Hilfe von regionalen Klimamodellen (z. B. REMO, WETTREG, STAR, CLM) lassen sich die Erkenntnisse, die seitens der globalen IPCC-Szenarien ermittelt wurden, durch Einbezug realer regionaler Klimadaten auf Deutschland übertragen und bis in die regionale Ebene konkretisieren. In **Tabelle 1** sind die Ergebnisse der vier genannten regionalen Modelle für ganz Deutschland hinsichtlich der beiden Hauptfaktoren Temperatur und Niederschläge für die nahe (2021-2050) und die ferne Zukunft

(2071-2100) zusammengefasst (im Klimamodell STAR nur für den Zeitraum 2021-2050).

Es zeigt sich, dass die Jahresdurchschnittstemperaturen deutschlandweit im Schnitt bis zum Jahr 2100 kontinuierlich ansteigen können und dass mit heißeren und trockneren Sommern zu rechnen ist. Die Winter werden in Zukunft insgesamt milder und feuchter sein. Dabei ist jedoch zu beachten, dass die klimatischen Veränderungen regional sehr unterschiedlich ausgeprägt sein können und es im Gegensatz zu den allgemeinen Trends auch zu gegenläufigen Entwicklungen kommen kann [3]. Um belastbarere Aussagen zu den Auswirkungen des Klimawandels in einzelnen Regionen treffen zu können, sollten daher für jedes Modellgebiet individuelle Klimamodelle konstruiert werden.

2.2 Einfluss auf die Trinkwasserqualität

Eine klimabedingte Erwärmung des Trinkwasserverteilungsnetzes ist gerade während sommerlicher längerer Hitzeperioden und in stark versiegelten Bereichen mit geringem Durchfluss in den Leitungen zu erwarten. Den größten Einfluss üben dabei erwärmte obere Bodenschichten aus, wobei dieser Effekt durch höhere Rohwassertemperaturen, die zu einem Temperaturanstieg im Trinkwasser am Wasserwerksausgang führen können, verstärkt wird [4].

In aquatischen Systemen ist die Wassertemperatur, aber auch der Nährstoffgehalt ein wichtiger Umweltfaktor, der das Überleben und das Wachstum von Bakterien bestimmt. Untersuchungen an ausgewählten Trinkwassernetzen im Ruhrgebiet im Rahmen von dynaklim zeigten, dass Trinkwasserleitungen unter hoch versiegelten Flächen – wie z. B. dem Innenstadtbereich mit einem geringen Beschattungsgrad – deutlich stärker erwärmt wurden als Bereiche, die durch waldartigen Baumbestand mit einem vergleichsweise hohen Beschattungsgrad sogar eine Abnahme der Trinkwassertemperatur im Vergleich zum Wasserwerksausgang zeigten. Die gewonnenen mikrobiologischen Daten des untersuchten nährstoffarmen Trinkwassers zeigten bezüglich der nach TrinkwV festgelegten Parameter keine temperaturabhängige Verschlechterung der mikrobiologischen Befunde.

Im Biofilm an wasserbenetzten Oberflächen wurde in der Regel kein gehäuftes Auftreten hygienisch relevanter Mikroorganismen durch Temperaturerhöhung im Trinkwasser nachgewiesen.

Die Ergebnisse lassen jedoch vermuten, dass coliforme Bakterien bei erhöhten Temperaturen vermehrt im Biofilm nachgewiesen werden können. Ein Kontaminationspotenzial für die Wasserphase durch die sog. Biofilme ist dementsprechend nicht vollständig auszuschließen. Zusätzlich wurde festgestellt, dass die Belegung der Oberflächen mit Bakterien in einem nährstoffarmen Trinkwasser nur geringfügig mit steigender Trinkwassertemperatur zunahm. Die Belegung war zudem materialabhängig, so dass sich auf EPDM-Proben bis zu zwei Zehnerpotenzen mehr Bakterien ansiedelten als auf PE-Leitungsproben [5].

Es ist davon auszugehen, dass während sommerlicher längerer Hitzeperioden in Zukunft wie auch bereits heute ein verstärkter temporärer Wasserverbrauch eintreten wird. Dies führt im Leitungssystem zu höheren Durchflüssen (kürzere Verweilzeiten), was wiederum einer Erwärmung des Trinkwassers in den erdverlegten Leitungen in diesem Zeitraum entgegenwirken kann.

2.3 Einfluss auf die Nutzungsdauer des Rohrleitungsnetzes

Rohrleitungen sind ein wesentlicher Bestandteil von Wasserversorgungssystemen. Daher beziehen sich nachfolgende Betrachtungen zunächst hauptsächlich auf Leitungen, weniger auf Bauteile wie z. B. Armaturen. Die technische Nutzungsdauer von Trinkwasserleitungen wird durch eine Vielzahl von Einflussfaktoren bestimmt [6]. Hierzu gehörend auch diejenigen Faktoren, die in stärkerem Maße auch von klimabedingten Einflüssen abhängig sind (Temperatur, Niederschlag, ggf. Verbrauchsverhalten). Sie sollten daher näher untersucht werden. Die zugehörigen Zusammenhänge zeigt **Bild 1**. Mögliche Auswirkungen dieser klimabedingten Einflüsse können erhöhte Schadens- und Wasserverlustraten sein, was letztendlich zu verkürzten Nutzungsdauern und höheren Instandhaltungskosten führt.

Modellsimulationen zum zukünftigen Boden-Wasser-Haushalt und zu Bodenverformungen (Schrumpfungen) haben ergeben, dass

Bild 1 | Kausalketten möglicher klimabedingter Einflüsse auf Zustand und Nutzungsdauer von Trinkwasserleitungen

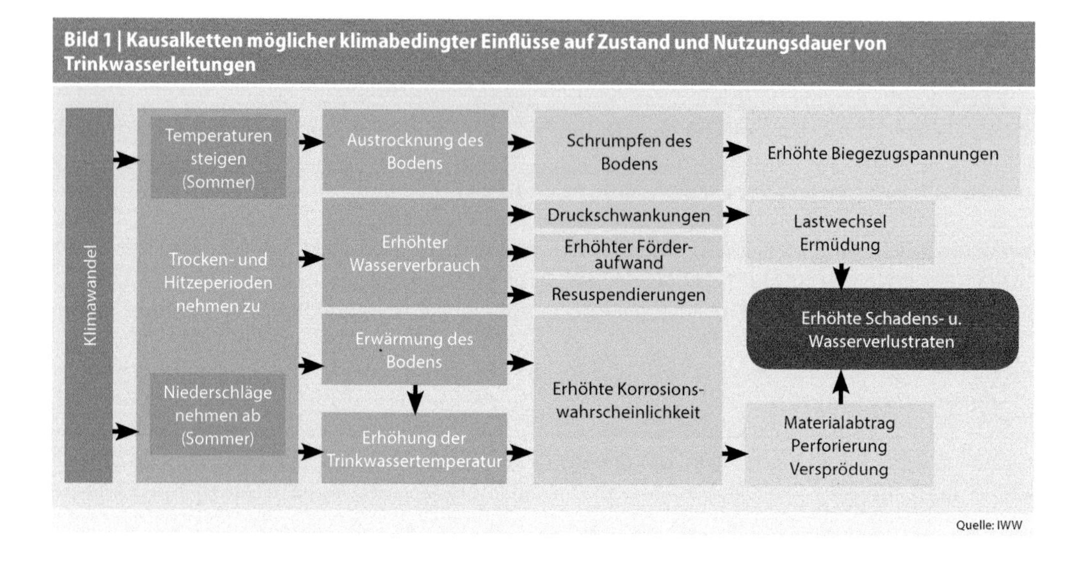

diese in kürzeren Zeitintervallen und mit zunehmender Intensität auftreten können als bisher. Unter ungünstigen Verlegebedingungen könnte daher die Auftretenshäufigkeit von Schadensereignissen (Querbrüche, Muffenaustrieb) am Leitungssystem ansteigen. Es konnte jedoch auch bestimmt werden, dass eher spröde Rohrleitungen (insbesondere Leitungen aus Grauguss) schadensanfällig gegenüber den zu erwartenden höheren Biegezugspannungen aus Bodenverformungen sind. Für aktuell eingesetzte Rohrleitungsmaterialien (v. a. Stahl, Duktilguss und Polyethylen) werden auf Grund ihrer Elastizität und längskraftschlüssigen Verbindungstechnik dagegen keine negativen Folgen erwartet.

2.4 Wasserbedarf in Abhängigkeit der Außentemperatur

Höhere Lufttemperaturen während lange andauernder Hitzeperioden sind maßgeblich dafür verantwortlich, dass überdurchschnittlich große Mengen an Trinkwasser aus dem öffentlichen Netz bezogen werden. Da während diesen (noch) relativ seltenen klimatischen Ereignissen keine lange andauernden Niederschläge auftreten, sind Hitzeperioden meist immer mit Trockenperioden verbunden (z. B. Juli/August 2003, Juni/Juli 2006, Juni/Juli 2010). Trockenperioden können hingegen auch in kälteren Jahreszeiten auftreten. Des Weiteren sind auch lokal und zeitlich begrenzte Starkregenereignisse während Hitzeperioden nicht auszuschließen.

Basierend auf der Auswertung historischer Daten von Wasserversorgungsunternehmen ist erkennbar, dass der durchschnittliche Trinkwasserverbrauch seit Jahren zwar rückläufig ist, in bestimmten Monaten bzw. an bestimmten Tagen im Sommer der Bedarf jedoch ungewöhnlich stark ansteigt. Diese Spitzenwerte sind unter Umständen höher, als die Werte, für welche das Netz ursprünglich ausgelegt wurde. **Bild 2** zeigt deutlich die Zunahme des Wasserverbrauchs in Abhängigkeit der Außentemperaturen. Hier lässt sich sehr gut erkennen, dass mit der Temperaturzunahme an Hitzetagen (Tagesmaximaltemperatur ≥ 30 °C) der Spitzenwert annähernd exponenziell ansteigt (im Jahr 2010 bedingt durch den sehr heißen Juli). Bekannt ist, dass neben dem Trinkwasserverbrauch der Haushalte auch wasserintensive und an das Versorgungsnetz angeschlossene Industrieunternehmen einen wesentlichen Anteil an höheren bzw. stark variierenden Spitzenwerten haben können. Die Zunahme von zukünftigen Trocken- und Hitzeperioden gemäß den Klimamodellen lassen demnach eine weitere Verschärfung der Problematik höherer Spitzenwerte erwarten. Der Wasserversorger wird sich hinsichtlich der klimatischen Veränderungen daher darauf einstellen müssen, dass sich die Schwankungen in der täglichen Wassernachfrage in Zukunft verstärken werden.

Tab. 1 | Mögliche künftige Klimaänderungen in Deutschland im Vergleich zum Referenzzeitraum 1961-1990; Winterhalbjahr = Oktober bis März; Sommerhalbjahr = April bis September [2]

Hauptfaktoren	Nahe Zukunft (2021 – 2050)	Ferne Zukunft (2071 – 2100)
mögliche regionale Temperaturänderungen	+1,0°C bis +2,2°C im Jahresmittel	+2,0 bis +4,0°C im Jahresmittel +3,5 bis +4,0°C im Wintermittel
mögliche regionale Niederschlagsänderungen	0 bis -15 % in der Jahressumme (v.a. im Osten Deutschlands) -5 % bis -25 % in der Sommersumme 0 bis +25 % in der Wintersumme	um 0% in der Jahressumme -15 % bis -40 % in der Sommersumme 0 bis +55 % (regional maximal: +70 %) in der Wintersumme

In Bezug auf die Wasserverteilungssysteme könnte dieser Effekt wiederholt kurzzeitig:

- eine höhere Belastung des Rohrmaterials durch größere Druckschwankungen im Netz hervorrufen,
- höhere Fließgeschwindigkeiten erzeugen und dadurch höhere Schubspannungen an der Rohrwand verursachen (was zu höheren Ab- und Austragungsraten von Teilen des Biofilms und von An- und Ablagerungen führt),
- energetisch ungünstige hydraulische Bedingungen im Netz entstehen lassen, die zu einer nicht optimalen Auslastung der Förderanlagen führen.

3 Demografischer Wandel und Trinkwasserverteilung

In vielen Regionen Deutschlands stellt der demografische Wandel für Wasserversorgungsunternehmen zurzeit eines der Hauptprobleme für die Planung von Sanierungs- und Erneuerungsmaßnahmen in der Wasserverteilung dar. Eine besondere planerischere Herausforderung besteht darin, Wasserversorgungssysteme, die auf Betriebsdauern von ca. 80 – 100 Jahren ausgelegt sind, an sich teilweise innerhalb weniger Jahre ändernde Durchschnittverbräuche anzupassen. In **Tabelle 2** sind mögliche Faktoren auf sich ändernde Wasserverbräuche sowie deren Auftretenswahr-

Tab. 2 | Mögliche künftige demografische und wirtschaftliche Wandelprozesse mit Auswirkungen auf Trinkwasserverbräuche (Beispiele, kein Anspruch auf Vollständigkeit).

Einflussfaktor	resultierende Tendenz des Trinkwasserverbrauchs	Zeitlicher Rahmen	Auftretens-wahrscheinlichkeit
sinkende Geburtenraten	sinkend	mittel- bis langfristig	sehr sicher (zumindest mittelfristig)
Ab- und Zuwanderungen innerhalb Deutschlands	generell sinkend aber auch lokal steigend	kurz- bis langfristig	sehr sicher
Wirtschaftswachstum oder Wirtschaftsabschwung	sinkend oder steigend (lokal unterschiedlich ausgeprägt)	kurz- bis langfristig	sehr sicher
Etablierung neuartiger Trinkwasser- und Sanitärsysteme (NATSS)	sinkend	kurz- bis mittelfristig	unsicher
(politisch geförderte) Einwanderungsbewegungen	steigend	mittel- bis langfristig	unsicher

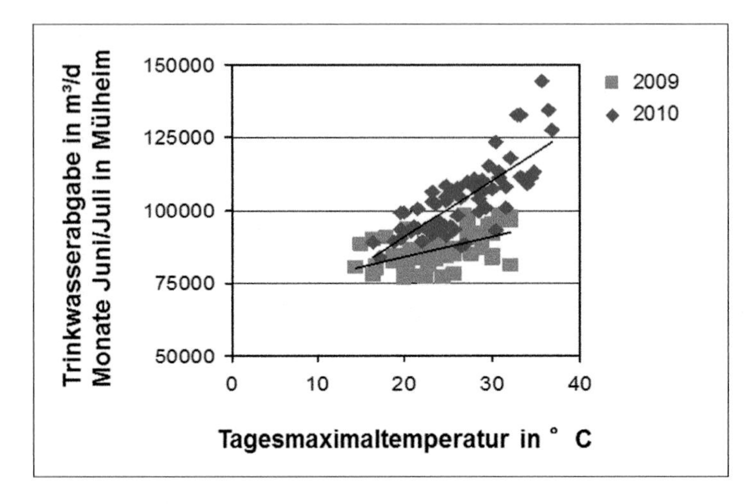

Bild 2: Trinkwasserabgabe für Mülheim a. d. Ruhr im Juni/Juli in den Jahren 2009 und 2010; Quelle: RWW.

scheinlichkeit dargestellt, welche den Versorger vor erhebliche Planungsunsicherheiten bei der Auslegung seiner Netze stellen können. Momentan wird auf tendenziell sinkende Wasserverbräuche im Rahmen einer sog. Zielnetzplanung im Regelfall mit einer Verkleinerung der Rohrleitungsdimensionen reagiert („Durchmesseroptimierung"). Überlagert werden die Planungsunsicherheiten durch aktuelle Diskussionen um die Zuständigkeit und Verrechnung der Löschwasserbereitstellung über das städtische Trinkwassernetz [7].

Die momentan tendenziell sinkenden Wasserverbräuche können bei nicht angepasster Trinkwasser-Infrastruktur (Aufbereitung, Verteilung) in der Regel mit Auswirkungen auf die Wasserqualität verbunden sein. Eine Bevölkerungsabnahme bedingt zudem eine geringere Hausanschlussdichte und Abnahmemengen bei nahezu gleichbleibenden Unterhalts- und Investitionskosten für die Trinkwasserversorgung, was die Budgetplanung zusätzlich erschwert und zu steigenden Wasserpreisen führen kann. Weitere mögliche negative Auswirkungen auf die Versorgungsqualität bei nicht angepassten Trinkwasser-Infrastrukturen können sein:

- Qualitätsbeeinträchtigungen („Rostwasserbildung" und sonstige Trübungserscheinungen, hygienische Beeinträchtigungen),
- energetisch ungünstiger Auslastungsgrad bzw. Betrieb der Versorgungsanlagen.

Eine auf das Versorgungsgebiet zugeschnittene belastbare Wasserbedarfsprognose unter Einbeziehung von Klima, Demografie und Wirtschaft ist für sämtliche zukünftige Planungen daher unerlässlich. Auf Grund der teilweise großen Unsicherheiten bezüglich der Wahrscheinlichkeit künftiger Entwicklungen (**Tabelle** 2) sollten z. B. im Rahmen von Zielnetzplanungen mögliche Szenarien und Entwicklungen simuliert werden, um zumindest ein Gespür für mögliche Auswirkungen auf die Versorgungsqualität zu erhalten.

4 Ausblick

Klimatische Veränderungen werden für die nahe und ferne Zukunft eine Vielzahl neuer Herausforderungen an die Akteure der Trinkwasserversorgung stellen. Zusätzlich könnte der sich abzeichnende demografische Wandel in vielen Regionen Deutschlands die zu erwartenden Auswirkungen des Klimawandels in einigen Fällen noch verstärken, in anderen wiederum abmildern. Es genügt daher nicht, Anpassungsstrategien allein anhand von Klimaprognosen abzuleiten. Vielmehr sollten weitere Faktoren mit einbezogen werden, die sich in Zukunft auf Wasserversorgung und Wasserverbrauch auswirken könnten [8]. Um auf diese Wandelprozesse vorbereitet zu sein, werden im Rahmen des dynaklim-Projekts nicht nur klimatische Veränderungen untersucht, sondern auch regional bezogene strukturelle, wirtschaftliche und demografische Entwicklungen. Basierend auf diesen Erkenntnissen, der Leistungsfähigkeit, Effizienz und der Vulnerabilität

Bild 3 | Vorgehensweise zur schrittweisen Anpassung eines Wasserversorgungsunternehmens an mögliche zukünftige klimatische, demographische und ökonomische Veränderungen

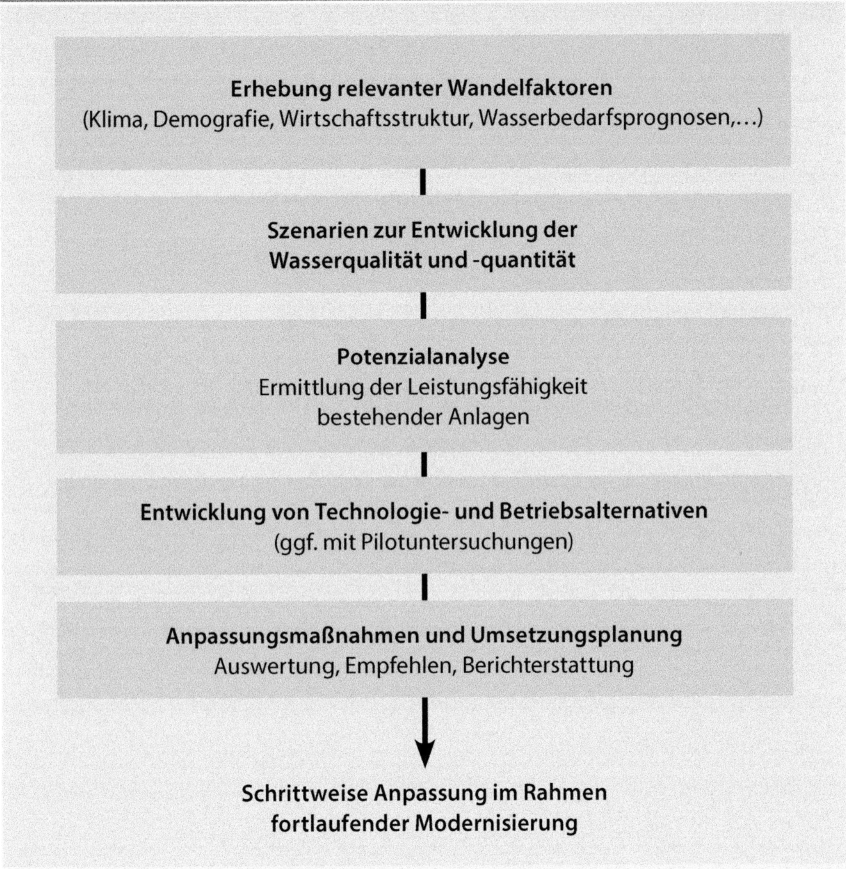

Erhebung relevanter Wandelfaktoren
(Klima, Demografie, Wirtschaftsstruktur, Wasserbedarfsprognosen,...)

Szenarien zur Entwicklung der Wasserqualität und -quantität

Potenzialanalyse
Ermittlung der Leistungsfähigkeit bestehender Anlagen

Entwicklung von Technologie- und Betriebsalternativen
(ggf. mit Pilotuntersuchungen)

Anpassungsmaßnahmen und Umsetzungsplanung
Auswertung, Empfehlen, Berichterstattung

↓

Schrittweise Anpassung im Rahmen fortlaufender Modernisierung

Quelle: IWW

der Anlagenkomponenten (Gewinnung, Aufbereitung, Speicherung, Verteilung) eines Versorgers werden schrittweise Strategien ausgearbeitet, um damit einen Beitrag zur Anpassung der Trinkwasserversorgung an veränderte Rahmenbedingungen zu leisten (**Bild 3**).

Danksagung

Das Forschungsvorhaben „Dynamische Anpassung regionaler Planungs- und Entwicklungsprozesse an die Auswirkungen des Klimawandels am Beispiel der Emscher-Lippe-Region“ – (dynaklim) wird durch das Bundesministerium für Bildung und Forschung (BMBF) unter dem Kennzeichen 01LR0804L im Rahmen des KLIMZUG-Programms (www.klimzug.de) gefördert. Teile der hier beschriebenen Untersuchungen wurden durch die RWW Rheinisch-Westfälische Wasserwerksgesellschaft mbH, insbesondere durch deren Netzbereich unterstützt. Allen Beteiligten wird hiermit gedankt.

Literatur

[1] Solomon, S; Qin, D; Manning, M; Chen, Z; Marquis, M; Averyt, K; Tignor, M; Miller, H L (2007): Contribution of Working Group I to the Fourth Assessment Report of the Intergovernmental Panel on Climate Change. http://www.ipcc.ch/publications_and_data/ar4/wg1/en/contents.html (Stand 05.11.2012).

[2] Bundesumweltministerium (2008): Deutsche Anpassungsstrategie an den Klimawandel -Hintergrundpa-

pier-. http://www.bmu.de/files/pdfs/allgemein/application/pdf/das_hintergrund.pdf (Stand 05.11.2012).

[3] Petry, D (2009): Klimawandel und Trinkwasserversorgung: Auswirkungen, Handlungsbedarf, Anpassungsmöglichkeiten. Energie Wasser Praxis 2009 (10), S. 48-54.

[4] Blokker, M; Pieterse-Quirijns, E J (2013): Modeling temperature in the drinking water distribution system. Journal – American Water Works Association (Volume 105 – Number 1), E11-E19.

[5] Grobe, S, Wingender, J (2011): Mikrobiologische Trinkwasserqualität in der Wasserverteilung bei veränderten Temperaturen aufgrund des Klimawandels. dynaklim-kompakt No.7, 7 S.

[6] Sorge, H-C (2008): Technische Zustandsbewertung metallischer Wasserversorgungsleitungen als Beitrag zur Rehabilitationsplanung. Verlag Dr. Müller, Saarbrücken, 278 S.

[7] Cichowlas, S; Oeltjebruns, H (2013): Zielnetzentwicklung eines städtischen Trinkwassernetzes. GWF Wasser/Abwasser, 154(6), 590-598.

[8] Kropp, I; Marschke, L (2006): Szenarien des demographischen Wandels und deren Auswirkungen auf einen nachhaltigen Netzbetrieb. In: Rohrleitungen – für eine sich wandelnde Gesellschaft, Oldenburg Institut für Rohrleitungsbau (Hrsg.), Vulkan-Verlag, Essen, 84-92.

Hinweis

Weitere Informationen zu dynaklim sind unter www.dynaklim.de, zum KLIMZUG-Programm unter www.klimzug.de zu finden.

Autoren

Dipl.-Ing. Michael Feller
IWW Rhein-Main

Dr.-Ing. Hans-Christian Sorge
IWW Rhein-Main
Justus-von-Liebig-Str. 10
64584 Biebesheim am Rhein
E-Mail: c.sorge@iww-online.de

Dr.-Ing. Susanne Grobe
IWW Mülheim
Moritzstr. 26
45476 Mülheim an der Ruhr
E-Mail: s.grobe@iww-online.de

Theide Wöffler und Holger Schüttrumpf

Ein Sicherheitskriterium für Halligwarften

Die nordfriesischen Halligen stellen nicht nur naturräumlich eine Besonderheit dar, sondern müssen auch im Rahmen von Risiko- und Gefährdungsanalysen speziell betrachtet werden. Ziel der vorgestellten Untersuchungen ist es, ein Sicherheitskriterium für Halligwarften zu entwickeln. Mit diesem soll eine Vergleichbarkeit der jeweiligen Gefährdung infolge von Sturmflutereignissen ermöglicht werden.

Allgemeines

Die zehn Halligen im nordfriesischen Teil des UNESCO-Weltnaturerbes Wattenmeer sind in ihrer Art weltweit einzigartig. Aufgrund ihrer Abgeschiedenheit sowie der fehlenden externen Hilfe im Extremfall sind auf den Halligen spezielle Hochwasserschutzkonzepte wie Warften und Schutzräume für Extremereignisse entwickelt worden. Infolge des steigenden Meeresspiegels sowie der vermuteten Zunahme von Sturmfluthäufigkeit und -intensität werden die Halligen in Zukunft stark vom Klimawandel betroffen sein. Um bei zukünftig notwendig werdenden Verstärkungsmaßnahmen an den Halligwarften eine Priorisierung durchführen zu können, bedarf es einer Quantifizierung des derzeitigen Sicherheitsstandards der Halligwarften. Im Rahmen erster Untersuchungen zur Hochwassersicherheit von Halligwarften wurde ein einfacher Ansatz zur Quantifizierung des Sicherheitsstandards der Warften entwickelt [1, 2]. Die Festlegung der Sicherheitskriterien dieser Untersuchungen erfolgte dabei in Anlehnung an die Einteilung infolge zulässiger kritischer Wellenüberlaufraten bei Landesschutzdeichen nach den Empfehlungen für die Ausführung von Küstenschutzbauwerken [3]. Da jedoch das diesen Untersuchungen zu Grunde liegende Sicherheitskriterium für Landesschutzdeiche nur bedingt zur Quantifizierung des Sicherheitsstandards der Warften geeignet ist, muss für diese speziellen Hochwasserschutzbauwerke der Halligen ein eigenes Sicherheitskriterium entwickelt werden. Ziel der hier vorgestellten Untersuchungen ist es, ein belastbares Sicherheitskriterium zur Quantifizierung des Sicherheitsstandards für Halligwarften vorzustellen. Mit diesem Sicherheitskriterium wird eine Vergleichbarkeit der jeweiligen Gefährdung von Halligwarften infolge von Sturmflutereignissen hergestellt.

Untersuchungsgebiet

Halligen

Die zehn Halligen liegen im nördlichen Küstengebiet der Deutschen Bucht im nordfriesischen Wattenmeer (**Bild 1**). Sie erheben sich nur wenige Meter über das Mittlere Tidehochwasser (MThw) und werden regelmäßig bei Sturmflutwasserständen überflutet, da sie nicht eingedeicht sind. Zum Schutz vor dem Wasser werden die Häuser auf künstlich angelegten Erhöhungen, den sogenannten Warften, errichtet. Die Halligen haben eine Gesamtfläche von 2317 ha und verfügen über eine Gesamtküstenlänge von etwa 61 km [4].

Seegangsverhältnisse

Mit dem Orkan Xaver vom 05. und 06.12.2013 liegen erstmalig Naturmessungen der Seegangsverhältnisse auf einer Hallig zum Zeitpunkt eines Landunters vor. Diese auf Nordstrandischmoor gewonnenen Daten werden zunächst dazu genutzt, um das numerische Seegangsmodell für das südliche nordfriesische Wattenmeer zu kalibrieren. Bild 1 zeigt die Positionen der Seegangsmessungen und Wasserstandspegel des LKN-SH während des Orkans Xaver. Die Messstationen Rütergat, Norderhever, Süderhever und Süderaue waren im Zeitraum des Sturmtiefs nicht bestückt, so dass für die weiteren Untersuchungen und die Bestimmung der Randbedingungen des numerischen Modells Daten der Seegangssta-

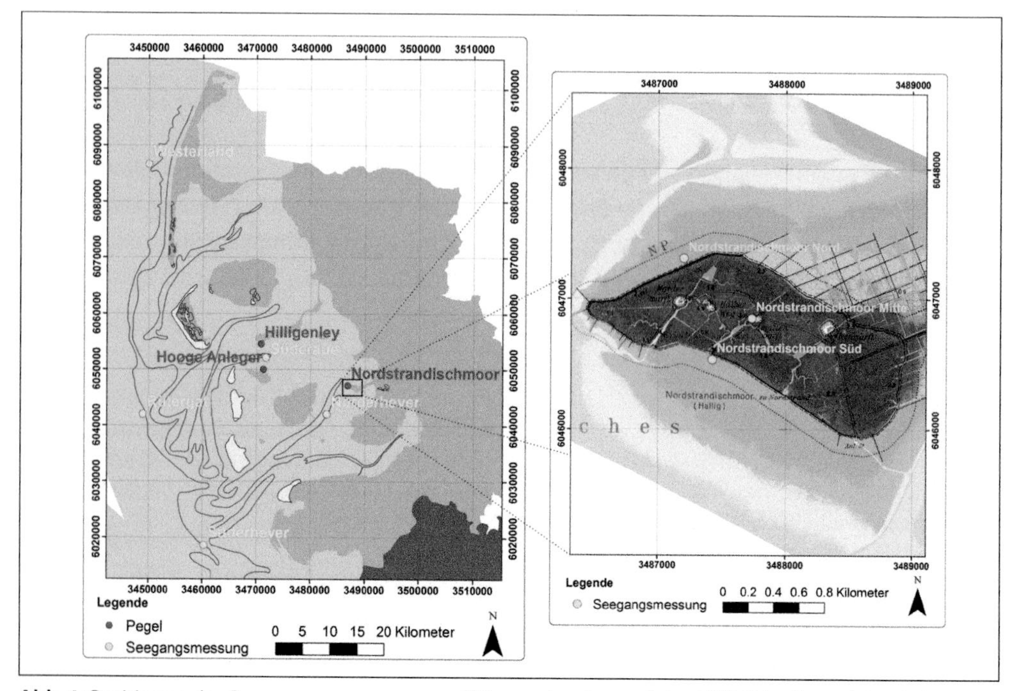

Abb. 1: Positionen der Seegangsmessungen und Wasserstandspegel des LKN-SH während des Orkans Xaver am 05./06.12.2013 (Quelle: Institut für Wasserbau und Wasserwirtschaft (IWW) der RWTH Aachen University; Karten basieren auf ATKIS-Daten und DGM1 des LVermGeo SH)

tion Westerland verwendet werden müssen. Die höchsten Wasserstände wurden bei der zweiten Sturmflut in den frühen Morgenstunden des 06.12.2013 am Pegel Nordstrandischmoor mit NHN + 4,46 m gemessen, womit ein Wasserstand von 2,87 m über dem MThw erreicht worden ist. Am Pegel Hooge Anleger und Langeneß-Hilligenley wurden zu dieser zweiten Sturmflut ebenfalls die maximalen Wasserstände mit jeweils NHN + 3,99 m erreicht. In **Bild 2** sind die signifikanten Wellenhöhen an den Messpunkten Westerland, Nordstrandischmoor Nord, Nordstrandischmoor Mitte und Nordstrandischmoor Süd während des Orkans Xaver dargestellt. Im Zeitraum der zweiten Sturmflut wurden an der Messstation Westerland signifikante Wellenhöhen von über 6 m gemessen. Die maximale signifikante Wellenhöhe, die während des Landunters der zweiten Sturmflut auf Nordstrandischmoor ermittelt wurde, beträgt 0,65 m. Die mittlere Wellenperiode $T_{m1,0}$ erreicht an der Station Westerland während der Sturmtiefs Werte zwischen 10 s und 12 s. Die mittleren Wellenperioden vor und auf der Hallig Nordstrandischmoor betragen ca. 3 s bis 6 s.

Warften

Warften sind in der gesamten Halliggeschichte ein entscheidendes Element, da sie das dauerhafte Leben auf den Halligen während erhöhter Wasserstände und Sturmfluten ermöglichen. Es handelt sich dabei um künstlich aufgeschüttete flächenhafte Siedlungshügel, die jeweils über den zu erwartenden Sturmflutwasserständen (**Tabelle 1**) liegen und somit bei Sturmflutereignissen aus den Fluten herausragen. Nach dem Generalplan Küstenschutz des Landes Schleswig-Holstein aus dem Jahr 2012 sollte die Höhe der Warften 0,5 m größer als der jeweilige Referenzwasserstand sein. Dabei müssen bei der Errichtung der Warft mögliche lokale Setzungen und Sackungen sowie der Anstieg des Meeresspiegels in die Bemessung einbezogen werden [4].

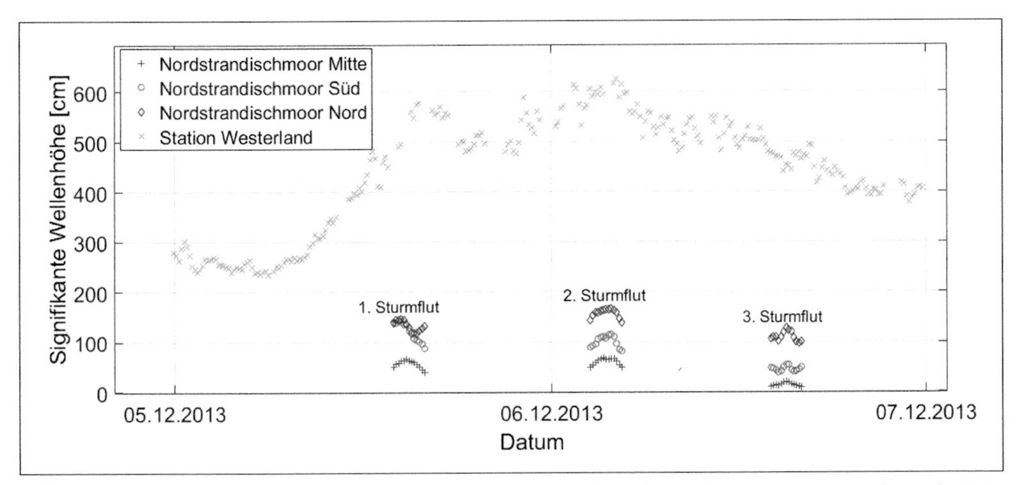

Abb. 2: Signifikante Wellenhöhen an den Messpunkten Westerland, Nordstrandischmoor Nord, Nordstrandischmoor Mitte und Nordstrandischmoor Süd vom 05.12.2013 bis zum 07.12.2013 (Quelle: Institut für Wasserbau und Wasserwirtschaft (IWW) der RWTH Aachen University; Daten bereitgestellt vom LKN-SH)

Daten und Methoden

Numerisches Modell

Zur Modellierung der Hydrodynamik und des Seegangs im Untersuchungsgebiet des nordfriesischen Wattenmeeres wird ein numerisches Gezeitenmodell der Nordsee aufgebaut. Das Rechengitter des Nordseemodells besteht aus 306 x 287 quadratischen Zellen, die jeweils eine Höhe und Breite von 5.000 m aufweisen. Die eingesteuerten Randbedingungen des Nordseemodells stammen aus dem globalen Gezeitenmodell TPXO7.2 Global Inverse Tide Model. Es berück-

Tab. 1 | Regionalisierte Referenzwasserstände für das Untersuchungsgebiet (bereitgestellt vom LKN-SH) in Bezug zu NHN und MThw

	MThw	HW_{20}		HW_{50}		HW_{100}		HW_{200}		BHW_{100}	
	[m ü. NHN]	[m ü. NHN]	[m ü. MThw]	[m ü. NHN]	[m ü. MThw]	[m ü. NHN]	[m ü. MThw]	[m ü. NHN]	[m ü. MThw]	[m ü. NHN]	[m ü. MThw]
Langeneß Ost, Mitte	1.48	4.55	3.07	4.85	3.37	5.05	3.57	5.2	3.72	5.55	4.07
Langeneß West	1.38	4.4	3.02	4.65	3.27	4.85	3.47	5.1	3.72	3.35	3.97
Hooge	1.36	4.3	2.94	4.6	3.24	4.75	3.39	4.9	3.54	5.25	3.89
Oland	1.5	4.65	3.15	4.95	3.45	5.15	3.65	5.3	3.8	5.65	4.15
Gröde	1.59	4.7	3.11	5	3.41	5.2	3.61	5.4	3.81	5.7	4.11
Südfall	1.55	4.8	3.25	5.1	3.55	5.3	3.75	5.5	3.95	5.8	4.25
Nordstrandischmoor	1.6	4.85	3.25	5.2	3.6	5.4	3.8	5.6	4	5.9	4.3
Norderoog	1.35	4.3	2.95	4.6	3.25	4.75	3.4	4.9	3.55	5.25	3.9
Süderoog	1.41	4.45	3.04	4.75	3.34	4.8	3.39	4.9	3.49	5.3	3.89
Habel	1.61	4.75	3.14	5.05	3.44	5.3	3.69	5.4	3.79	5.8	4.19
Hamburger Hallig	1.64	4.85	3.21	5.15	3.51	3.35	3.71	5.55	3.91	5.85	4.21

Quelle: Institut für Wasserbau und Wasserwirtschaft (IWW) der RWTH Aachen University

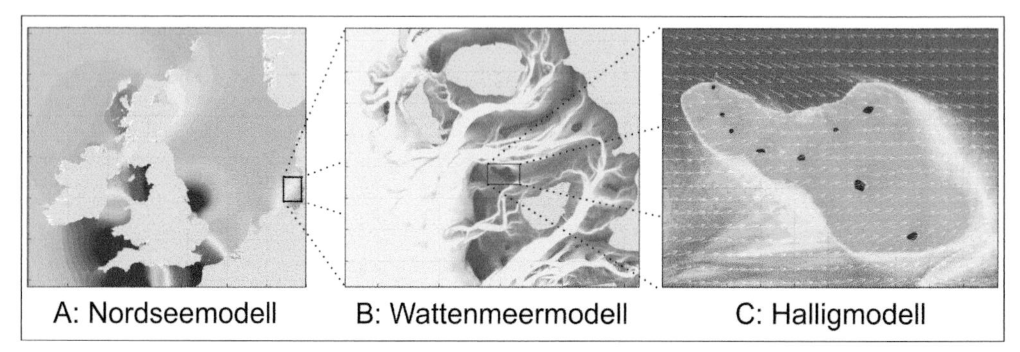

Abb. 3: Modellkette der numerischen Nordsee-, Wattenmeer- und Halligmodelle (Quelle: Institut für Wasserbau und Wasserwirtschaft (IWW) der RWTH Aachen University)

sichtigt acht primäre Partialtiden (M2, S2, N2, K2, K1, O1, P1, Q1), zwei langperiodische (Mf, Mm) und drei nicht lineare (M4, MS4, MN4) harmonische Komponenten. Die Partialtiden wurden an den offenen Modellrändern eingesteuert. **Bild 3** zeigt exemplarisch die Modellkette der unterschiedlichen numerischen Modelle. Dabei liefert das mit Delft Dashboard erzeugte Gezeitenmodell der Nordsee (Bild 3A) die Randbedingungen für das über eine Rechengitterweite von 100 m x 100 m verfügende Wattenmeermodell (Bild 3B). Zur Modellierung der Wasserstände, der Strömungen und des Seegangs im Bereich des südlichen nordfriesischen Wattenmeeres wurden Peildaten des Landesbetriebs für Küstenschutz, Nationalpark und Meeresschutz des Landes Schleswig-Holstein (LKN-SH) und Seegrundkarten des Bundeamtes für Seeschifffahrt und Hydrographie (BSH) bereitgestellt. Das Wattenmeermodell stellt wiederum die Randbedingungen für ein hochaufgelöstes numerisches Modell der einzelnen Halligen bereit, mit dessen Hilfe unter anderem Sensitivitätsanalysen zur hydrodynamischen Wirksamkeit unterschiedlicher Küstenschutzmaßnahmen durchgeführt worden sind (Bild 3C). Die Delft3D-Wave Komponente zur Modellierung der Seegangsverhältnisse verwendet das phasengemittelte Seegangsmodell SWAN (Simulating Waves Nearshore) der TU Delft in der Version 40.72 [5]). Damit können realistische Abschätzungen bestimmter Wellenparameter in Küstenregionen, Seen und Ästuaren getroffen werden, die aus Wind-, Boden-, und Strömungsbedingungen resultieren. Ein Vorteil von SWAN gegenüber anderen Seegangsmodellen ist die richtungsunabhängige Modellierung der Ausbreitung des Seegangs. Dies ist gerade im Untersuchungsgebiet des nordfriesischen Wattenmeeres mit den teilweise starken Gezeitenströmen von Bedeutung [6]. Das Seegangsmodell des südlichen nordfriesischen Wattenmeeres bildet bei jeder Simulation das übergeordnete Modell, aus dem die Detailmodelle der einzelnen Halligen die Randbedingungen erhalten. Das Kopplungsintervall zwischen dem hydrodynamischen Modell und dem Seegangsmodell beträgt 20 Minuten.

Wasserstände

Die Referenzwasserstände für alle Halligen werden vom LKN-SH zur Verfügung gestellt und sind in Tabelle 1 angegeben. Die Werte HW_{20} bis HW_{200} sind Referenzwasserstände für den aktuellen Zustand ohne Klimazuschlag. Das BHW_{100} setzt sich aus dem HW_{100} und einem Klimazuschlag von 0,5 m zusammen und wird in einem späteren Schritt zur Kontrolle des aufgestellten Sicherheitskriteriums und zur Bemessung neuer Maßnahmen an den Warften verwendet. Alternativ könnten auch regionalisierte Wasserstände, z. B. in [7], verwendet werden. Die in der 1 dargestellten Referenzwasserstände stellen die Scheitelwerte der numerisch simulierten Sturmflutganglinien da.

Berechnung der Wellenüberlaufraten an Warften

In der folgenden Auswertung werden die Formeln des EurOtop-Manuals für Wellenüberlaufraten bei Wellenspektren nach Pullen et al. (2007) verwendet [8]. Zur deterministischen Bemessung und der Durchführung von Sicherheitsanalysen wird die folgende Formel zur Berechnung der Wellenüberlaufraten empfohlen:

$$\frac{q}{\sqrt{g \cdot H_{m0}^3}} = \frac{0{,}067}{\sqrt{\tan\alpha}} \gamma_b \cdot \xi_{m-1,0} \cdot \exp\left(-4{,}75 \frac{R_C}{\xi_{m-1,0} \cdot H_{m0} \cdot \gamma_b \cdot \gamma_f \cdot \gamma_\beta \cdot \gamma_v}\right) \quad (1)$$

Das Maximum ist dabei definiert als:

$$\frac{q}{\sqrt{g \cdot H_{m0}^3}} = 0{,}2 \cdot \exp\left(-2{,}6 \frac{R_C}{H_{m0} \cdot \gamma_f \cdot \gamma_\beta}\right) \quad (2)$$

mit:

q = Mittlere Wellenüberlaufrate $[m^3/(s \cdot m)]$

g = Erdbeschleunigung $[m/s^2]$

H_{m0} = Signifikante Wellenhöhe [m]

α = Böschungsneigung der Luv-Seite [°]

$\xi_{m-1,0}$ = $\tan\alpha/(H_{m0}/L_{m-1,0})^{1/2}$ Brecherparameter [-]

R_C = Freibordhöhe [m]

γ_b = Empirischer Beiwert für den Einfluss einer Berme [-]

γ_f = Empirischer Beiwert für den Einfluss der Böschungsrauheit [-]

γ_β = Empirischer Beiwert für den Einfluss der Wellenangriffsrichtung [-]

γ_v = Empirischer Beiwert für den Einfluss einer Kronenmauer [-]

Bei einer negativen Freibordhöhe setzt sich die Menge des auf die Warft gelangenden Wassers aus dem Überströmen ($q_{\text{überströmen}}$) und dem Wellenüberlauf ($q_{\text{wellenüberlauf}}$) zusammen. Die nachfolgende Formel (3) gibt für diesen Vorgang eine grobe Annäherung:

$$q = q_{\text{überströmen}} + q_{\text{wellenüberlauf}} = 0{,}6 \cdot \sqrt{g \cdot |-R_C^3|} + 0{,}0537 \cdot \xi_{m-1,0} \cdot \sqrt{g \cdot H_{m0}^3} \quad (3)$$

für: $\xi_{m-1,0} < 2{,}0$

Dabei verliert der Anteil des Wellenüberlaufs am Gesamtvolumen mit größer werdender Überströmtiefe R_C an Bedeutung. Anhand der Fallrichtung wird die Warft in acht Ausrichtungsklassen von je 45° unterteilt. Die Ausrichtung ist von Bedeutung, da je nach Wellenangriffsrichtung die Wellenüberlaufraten unterschiedlich stark abgemindert werden. Das maßgebende Profil zur Berechnung der Wellenüberlaufraten befindet sich an der Stelle mit der geringsten Kronenhöhe. Die mittlere Wellenperiode T_m, die signifikante Wellenhöhe H_S am Warftfuß und die Wellenangriffsrichtung werden aus den Ergebnissen der mit Delft3D durchgeführten numerischen Simulationen für unterschiedliche Szenarien ermittelt. Die Freibordhöhe R_C ergibt sich aus der Differenz der Geländehöhe der Warftoberkante und dem jeweiligen Wasserstand.

Sicherheitskriterium für Halligwarften

Allgemein

Nach den Empfehlungen für die Ausführung von Küstenschutzbauwerken [3] gehen die Küstenschutzstrategien der Bundesländer von der Zielvorgabe aus, dass die auszugestaltenden Hoch-

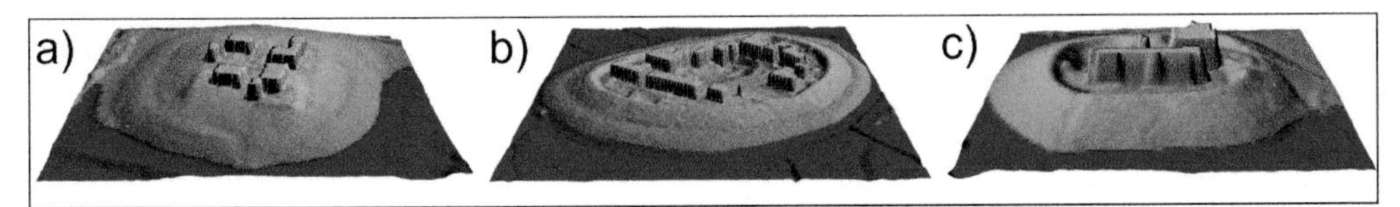

Abb. 4: Beispiele der drei Warftkategorien (basierend auf DGM1 und ALKIS-Daten des LVermGeo SH): a) Warft ohne Ringdeich (Westerwarft auf Hooge); b) Warft mit geschlossenem Ringdeich (Ockenswarft auf Hooge); c) Warft mit nicht durchgängigem Ringdeich (Süderhörn auf Langeneß) (Quelle: Institut für Wasserbau und Wasserwirtschaft (IWW) der RWTH Aachen University)

wasserschutzanlagen alle zu erwartenden Sturmflutwasserstände sicher abwehren können. Dabei muss der Bemessungswasserstand mit den zu berücksichtigenden hydrographischen Komponenten des Seegangs und des säkularen Meeresspiegelanstiegs sowie bautechnischer Vorgaben (Profil, Konstruktion, zulässige Wellenüberlaufrate) dem als Sicherheitsstandard definierten Schutzziel genügen beziehungsweise vom Küstenschutzbauwerk gekehrt werden können. Zusätzlich zu diesen Komponenten müssen ebenfalls Eigenschaften der eingesetzten Baustoffe (Sackung) und der Baugrundverhältnisse berücksichtigt werden. Da die bei Landesschutzdeichen angesetzte zulässige Wellenüberlaufrate von 2 l/(s·m) auf Grund der baulichen und geographischen Besonderheiten nicht einfach auf Warften übertragbar ist, wird in diesem Kapitel die Entwicklung eines Sicherheitsstandards vorgestellt, der zusätzlich die Besonderheiten von Halligwarften berücksichtigt.

Halligwarften können im Allgemeinen in drei unterschiedliche Kategorien unterteilt werden. Diese Kategorisierung sieht eine Aufteilung in (a) Warften ohne Ringdeich, (b) Warften mit durchgängigem Ringdeich und (c) Warften mit nicht durchgängigem Ringdeich vor (**Bild 4**). Die einzelnen Kategorien implizieren ein unterschiedliches hydraulisches Verhalten der Warften bei Wellenüberlauf- und Überströmereignissen. Während bei Warften ohne Ringdeich und mit nicht durchgängigem Ringdeich das Wasser beziehungsweise ein Teil des Wassers wieder abfließen kann, wird eine Warft mit durchgängigem Ringdeich allmählich aufgefüllt. Aus diesem Grund stellt die berechnete Wellenüberlaufrate q allein kein geeignetes Kriterium zur Bemessung und zur Überprüfung des Sicherheitsstandards von Halligwarften dar. Die Gefährdung der Standsicherheit des Ringdeiches hingegen kann wiederum anhand der mittleren Wellenüberlaufrate q beurteilt werden. Bei den Ringdeichen der Halligwarften ist wie bei den Landesschutzdeichen von einer Gefährdung ab einer mittleren Wellenüberlaufrate von 2 l/(s · m) auszugehen.

Auch weitere aus der Wellenüberlaufrate q direkt ableitbare Kriterien, wie das gesamte Überlaufvolumen für ein bestimmtes Szenario (stationär oder instationär) oder die mittlere Wassertiefe auf der Warft, stellen kein belastbares Sicherheitskriterium dar. Die aufsummierten Überlaufvolumina berücksichtigen nicht die individuellen Geometrien einer jeden Warft und bei einem Kriterium der mittleren Wassertiefe besteht die Gefahr, dass einzelne tiefgelegene Objekte nicht berücksichtigt werden. Das Sicherheitskriterium der Zeit bis zur kompletten Füllung der Warft lässt sich nur bei Warften mit einem geschlossenen Ringdeich ermitteln. Ein geeignetes Sicherheitskriterium, das an jeder Warft angewendet und verglichen werden

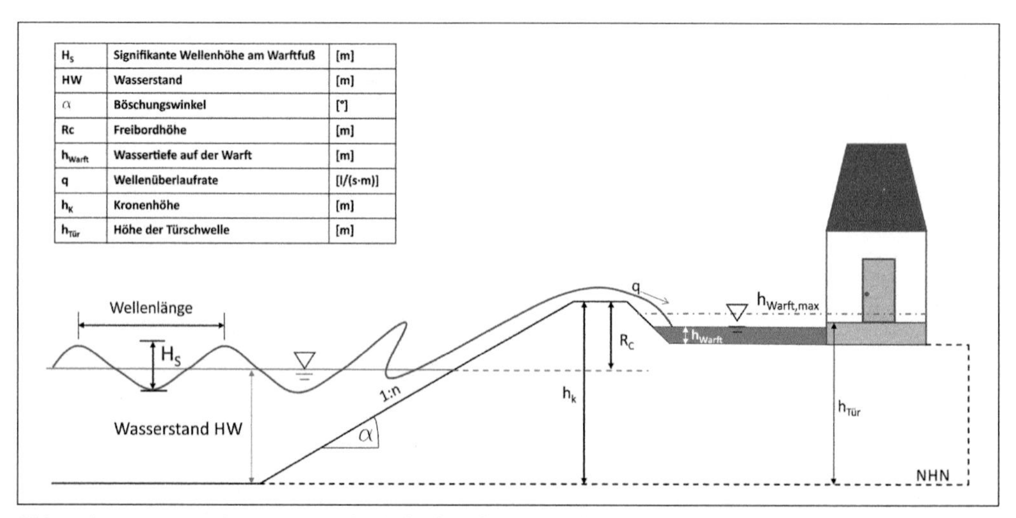

Abb. 5: Parameter zur Bestimmung des Sicherheitskriteriums $h_{Warft,max}$ (Quelle: Institut für Wasserbau und Wasserwirtschaft (IWW) der RWTH Aachen University)

Tab. 2 | Festgelegte Grenzwerte für das Sicherheitskriterium $h_{Warft,max}$ für Halligwarften

	$h_{Warft,max}$ [m]
HW_{20}	0,2
HW_{50}	0,35
HW_{100}	0,5
HW_{200}	0,75

Quelle: Institut für Wasserbau und Wasserwirtschaft (IWW) der RWTH Aachen University)

kann, ist die durch Wellenüberlauf beziehungsweise Überströmen verursachte Wassertiefe h_{Warft}. **Bild 5** fasst die wesentlichen Parameter zur Bestimmung des Sicherheitskriteriums $h_{Warft,max}$ für Halligwarften zusammen. Da die Wassertiefe h_{Warft} eine dynamische Größe ist, die sich im Verlauf eines Sturmflutereignisses verändert, muss diese über die gesamte Dauer eines Szenarios ermittelt werden und unterhalb einer festgelegten Wassertiefe $h_{Warft,max}$ bleiben. Die Einhaltung der jeweiligen Wassertiefe wird an den Positionen der Türschwellen überprüft. Die **Tabelle 2** zeigt die Aufteilung dieser aufgestellten Sicherheitskriterien, die gemeinsam mit dem Landesbetrieb für Küstenschutz, Nationalpark und Meeresschutz Schleswig-Holstein (LKN-SH) festgelegt worden sind. Auf Grundlage der berechneten Wellenüberlaufraten für die Warften werden mit Hilfe numerischer Simulationen Wassertiefenkarten und Zeitreihen der Wassertiefen für unterschiedliche Sturmflutereignisse erstellt.

Berechnung der Wassertiefen auf der Warft

Da es sich beim DGM1 um ein digitales Geländemodell handelt, müssen zunächst die Gebäude in das Geländemodell integriert werden, um so ein digitales Oberflächenmodell der Warft zu erhalten. Aus diesem Grund werden Daten des Amtlichen Liegenschaftskataster-Informationssystems (ALKIS®) des Landesamtes für Vermessung und Geoinformation Schleswig-Holstein (LVermGeo SH) verwendet, um die Höhenbereiche der Warften, in denen sich Gebäude befinden, dementsprechend anzupassen (Bild 4). Dieses Modell der Warftoberfläche wird für die numerische Überflutungssimulation verwendet, um damit Wassertiefen auf der Warft infolge von Wellenüberlauf bei einem Sturmflutszenario zu ermitteln. Ein einfaches Ausspiegeln der Wassertiefen würde auf Grund der Topographie der Warft zu ungenauen Ergebnissen führen, da sich mit dem Fething im Zentrum der Warft dort meist der tiefste Punkt befindet und die Warft somit von ihrem jeweiligen Zentrum aus geflutet werden würde. Daher werden dynamische 2D-Simulationen mit Delft3D aufgebaut, bei denen im Bereich der Warftkronen beziehungsweise Ringdeichkronen die zuvor berechneten Wellenüberlaufraten für die jeweilige Richtungskategorie eingesteuert werden. Das Rechengitter ist quadratisch und hat sowohl in x- als auch in y-Richtung eine Auflösung von einem Meter.

Ergebnisse

Die Ergebnisse werden am Beispiel der Hanswarft auf Hooge vorgestellt. Die Berechnungen der mittleren Wellenüberlaufraten über die Dauer eines gesamten Sturmflutereignisses ermöglichen in einem weiteren Schritt die Berechnung der Wassertiefen auf den Warften infolge von Wellenüberlauf und Überströmen. Diese berechneten Wassertiefen stellen die Grundlage der Überprüfung des aufgestellten Sicherheitskriteriums für Halligwarften dar. In **Bild 6** ist die Wassertiefenkarte für ein HW_{100} auf der Hanswarft für den Zeitschritt 120 min nach Beginn des ersten Wellenüberlaufes dargestellt. Zur Überprüfung des aufgestellten Sicherheitskriteriums ist es notwendig, die genauen Höhen der Türschwellen der Hallighäuser zu ermitteln und in das numerische Modell zu implementieren. Die Höhendaten der Türschwellen basieren auf terrestrischen Vermessungen des LKN-SH und sind ebenfalls in der Abbildung dargestellt. Für die Positionen 15 und 23 liegen keine Daten vor. Die Türschellen an den Positionen 5, 6, 7 und 18 liegen im Höhenbereich zwischen NHN + 4,27 m und NHN + 4,43 m und besitzen damit die niedrigsten Türschwellenhöhen auf der Hanswarft. Das Sicherheitskriterium $h_{Warft,max,HW_{100}} = 0,5$ m wird an den Türschwellen 5, 6, 7 und 22 nicht eingehalten und mit Wassertiefen von 0,7 m um bis zu 0,2 m überschritten.

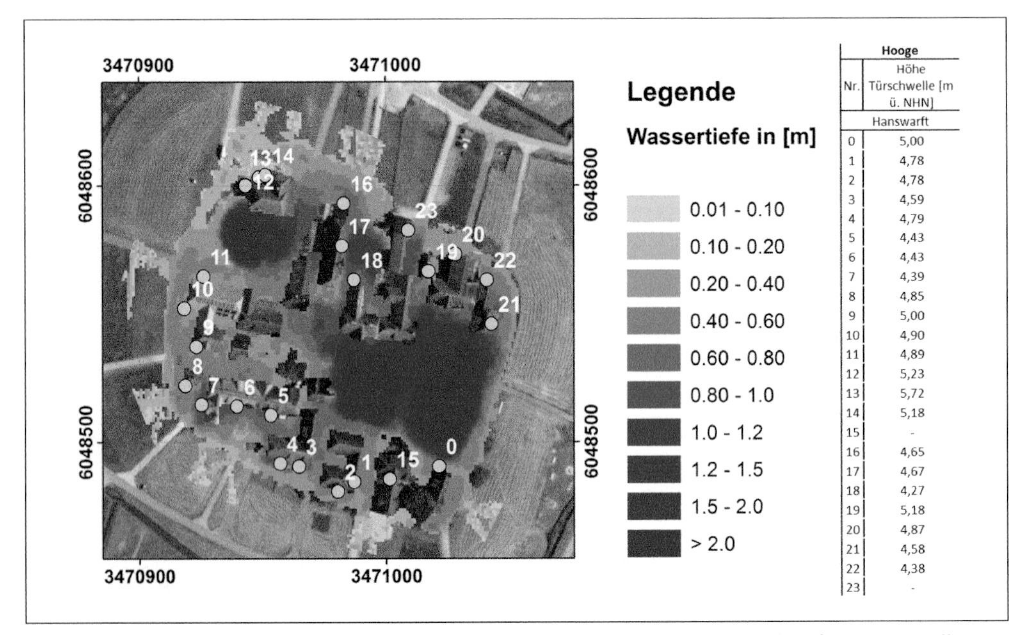

Hooge	
Nr.	Höhe Türschwelle [m ü. NHN]
	Hanswarft
0	5,00
1	4,78
2	4,78
3	4,59
4	4,79
5	4,43
6	4,43
7	4,39
8	4,85
9	5,00
10	4,90
11	4,89
12	5,23
13	5,72
14	5,18
15	-
16	4,65
17	4,67
18	4,27
19	5,18
20	4,87
21	4,58
22	4,38
23	-

Abb. 6: Türschwellenhöhen und Wassertiefen bei einem HW100 auf der Hanswarft auf Hooge (Quelle: Institut für Wasserbau und Wasserwirtschaft (IWW) der RWTH Aachen University; Digitales Orthophoto des LVermGeo SH)

Zusammenfassung und Ausblick

Ziel der Untersuchungen war es, ein belastbares Sicherheitskriterium für Halligwarften zu entwickeln. Auf Grundlage der instationären Berechnungen der Wassertiefen auf den Warften während verschiedener Sturmflutereignisse wurde in Abstimmung mit dem LKN-SH das vorgestellte Sicherheitskriterium für Halligwarften aufgestellt, das an die speziellen Gegebenheiten der Warften angepasst ist und von den Bewohnern der Halligen akzeptiert wird. Mit ihm können sowohl Priorisierungen von durchzuführenden Maßnahmen an den Warften erfolgen als auch die Wirksamkeiten unterschiedlicher Maßnahmen evaluiert werden. Das Sicherheitskriterium wird durch die Wassertiefe h_{Warft} beschrieben, die sich durch Wellenüberlauf beziehungsweise Überströmen im Verlauf einer Sturmflut auf der Warft einstellen kann. In Abhängigkeit der Wahrscheinlichkeit eines Sturmflutereignisses erfolgt eine Abstufung der jeweils zulässigen Grenzwassertiefen $h_{Warft,max}$ für ein HW_{20}, HW_{50}, HW_{100} und HW_{200}. Die Überprüfung dieses Sicherheitskriteriums hat ergeben, dass bei den verwendeten Referenzwasserständen viele der untersuchten Warften die Kriterien nicht erfüllen und Maßnahmen zur Erhöhung der Hochwassersicherheit erforderlich sind. Unsicherheiten bestehen bei den verwendeten Referenzwasserständen und der geringen Datengrundlage zur Kalibrierung des Seegangsmodells. Durch die Verwendung der jeweils niedrigsten Kronenhöhe pro Richtungsklasse ist jedoch eine zusätzliche Sicherheit in den Berechnungen enthalten. In einem weiteren Schritt können für ausgewählte Warften unter Berücksichtigung eines Klimazuschlags von 0,5 m Vorschläge zur Erhöhung der derzeitigen Hochwassersicherheit erarbeitet werden. Diese Maßnahmen stellen allerdings keine endgültige Bemessung dieser Warften dar, da keine geotechnischen Aspekte berücksichtigt werden.

Literatur

[1] Wöffler, T.; Schüttrumpf, H.; Häussling, R.; von Eynatten, H.; Arns, A.; Jensen, J. (2014): Evaluation and Development of coastal protection measures for small islands in thewadden sea. In: Proceedings of 34rd Conference on Coastal Engineering, 2014. Seoul, Korea.

[2] Jensen, J.; Arns, A.; Schüttrumpf, H.; Wöffler, T.; Häußling, R.; Ziesen, N., Jensen, F.; Strack, H.; Karius, V.; Schindler, M.; Deicke, M. & von Eynatten, H. (2015): Entwicklung von nachhaltigen Küstenschutz- und Bewirtschaftungsstrategien für die Halligen unter Berücksichtigung des Klimawandels (ZukunftHallig); Die Küste; (submitted).

[3] EAK (2002): Empfehlungen für die Ausführung von Küstenschutzbauwerken durch den Ausschuss für Küstenschutzbauwerke der Deutschen Gesellschaft für Geotechnik e.V. und der Hafenbautechnischen Gesellschaft e.V.; In: Die Küste; Heft 65.

[4] MELUR-SH (2012): Generalplan Küstenschutz des Landes Schleswig-Holstein. Fortschreibung 2012.

[5] Deltares (2011): User manual Delft3D-WAVE – Simulation of short-crested waves with SWAN, Version 3.04; Delft: Deltares.

[6] Mai, S., Praesler, C., Zimmermann, C. (2004): Wellen und Seegang an Küsten und Küstenbauwerken mit Seegangsatlas der Deutschen Nordseeküste, Vorlesungsergänzungen des Lehrstuhls für Wasserbau und Küsteningenieurwesen Franzius-Institut, Universität Hannover, 2004.

[7] Arns, A., Wahl, T., Haigh, I.D., Jensen, J. (2015): Determining return water levels at ungauged coastal sites: a case study for northern Germany, Ocean Dynamics, invited paper for the Coastal Dynamics special issue of Ocean Dynamics.

[8] Pullen, T.; Allsop, N.W.H.; Bruce, T.; Kortenhaus, A.; Schüttrumpf, H.; van der Meer, J. W. (2007): EurOtop. Wave Overtopping of Sea Defences and Related Structures: Assessment Manual. Heide in Holstein: Boyens Medien GmbH & Co. KG (Die Küste, 73).

Autoren

Dipl.-Geogr. Theide Wöffler
Univ.-Prof. Dr.-Ing. Holger Schüttrumpf

Lehrstuhl und Institut für Wasserbau und Wasserwirtschaft der RWTH Aachen University (IWW)
Mies-van-der-Rohe Str. 17
52056 Aachen
E-Mail: woeffler@iww.rwth-aachen.de

Rainer Suckau und Sonja Horstmann

Hochwasserschutz und Klimawandel

Als Folge des Klimawandels werden zukünftig höhere Wasserstände erwartet, die Intensität von Sturmfluten wird zunehmen. Küstennahe Regionen müssen sich auf steigende Wasserstände einstellen und ihre Schutzeinrichtungen anpassen.

1 Einführung

Große Teile, ca. 85 % des Bremischen Stadtgebietes, sind bei Eintreten eines Bemessungshochwassers überflutungsgefährdet. Ohne Eindeichung wäre eine Besiedelung dieses Gebietes nicht möglich.

In Bremen besteht eine zweifache Gefahr des Eintretens erhöhter Hochwasserstände. Ein Gefahrenpotenzial stellen Sturmfluten aus der Nordsee dar. Daneben besteht die Gefahr eines Binnenhochwassers, welches von Ober- und Mittelweser ausgeht.

Ein altes Sprichwort sagt: „Wer nich will dieken, mut wieken." (Wer nicht deichen will, muss weichen.) Inzwischen ist die Stadt Bremen auf einer Strecke von 155 km durch Hochwasserschutzbauwerke gesichert. Bei rund 60 km hiervon handelt es sich um die Landesschutzdeichlinie.

Am Institut für Küstenforschung im Forschungszentrum Geesthacht (GKSS) werden für die Zukunft bis zu 1,10 m höhere Sturmflutwasserstände prognostiziert. Um hierfür gerüstet zu sein, wurden die Berechnungsgrundlagen zur Ermittlung der vorgeschriebenen Hochwasserschutzhöhen aktualisiert. Die neuen Bemessungswasserstände und Deichbesticke wurden von der Forschungsstelle Küste des Niedersächsischen Landesbetriebes für Wasserwirtschaft, Küsten- und Naturschutz (NLWKN) sowie für einen Teil des Stadtgebiets Bremen vom Franzius-Institut der Leibniz-Universität Hannover ermittelt. Innerhalb der nächsten Jahre müssen nun alle Deiche und Küstenschutzbauwerke an die neuen Bestimmungen angepasst werden.

2 Hochwasserschutz in der Stadt Bremen

2.1 Geschichte des Hochwasserschutzes

Mit dem Bau von Weserdeichen wurde im 11. Jahrhundert in den Marschen um Bremen herum begonnen. Eine planmäßige Eindeichung begann aber wahrscheinlich erst in der zweiten Hälfte des 12. Jahrhunderts. Bis dahin waren nur die Häuser und Siedlungen durch ihre Errichtung auf Warften vor Hochwasser geschützt. Bei den ersten planmäßigen Deichen handelte es sich um Schutzwälle, zu deren Errichtung sich Bauern zusammenschlossen. Mittels dieser Schutzwälle sollte insbesondere die Heuernte vor Sommerhochwassern geschützt werden. Anfangs wiesen die Wälle jedoch nur ein niedriges Schutzniveau auf und boten keinen Schutz vor extremem Hochwasser und winterlichen Überschwemmungen. Letztere waren auf Grund ihrer düngenden Wirkung sogar ausdrücklich erwünscht. Einhergehend mit der Errichtung der Schutzwälle begann eine geordnete Be- und Entwässerungswirtschaft. Gräben und Sielbauwerke mussten erstellt werden, weil die geschützten Flächen von der natürlichen Entwässerung abgeschnitten waren. Später wurden die Schutzwälle aufgestockt und mit den Warften zu Deichen verbunden, welche auch einen Schutz vor Sturmfluten und Winterhochwasser boten. Urkundlich erwähnt wurde der Bau eines Deiches in der Stadt Bremen erstmals im Jahr 1374.

Für Bau und Unterhaltung der Deiche waren die Besitzer der geschützten Grundstücke eigenverantwortlich zuständig. Sie bildeten innerhalb des bremischen Stadtgebietes vier regionale Zusammenschlüsse, die sogenannten „Gohe", welche die ersten Vorläufer der heutigen Deichverbände waren. Jeder Landbesitzer bekam eine Deichstrecke zugewiesen, die er zu unterhalten hatte. Hierfür haftete er mit Haus und Hof. Die Gemeinschaft der Grundstücks-

Bild 1: Blick über den Weserdeich am Auslauf der Kläranlage Seehausen

eigentümer sprang bei größeren Schäden an einer Deichstrecke unterstützend ein und fungierte darüber hinaus als Kontrollinstanz.

Im Jahr 1449 wurde der Vertrag „Diek-Recht in den bremischen veer „Gohen" geschlossen, welcher Regelungen und Verfahren für Deichgrafen und Geschworene festlegte. Die Zuständigkeit der Grundstücksbesitzer für Bau und Unterhaltung der Deiche wurde erstmals 1473 in einer allgemeinen Deichordnung festgeschrieben. Diese galt bis zum Erlass der neuen Deichordnung im Jahr 1850. Bei der neuen Deichordnung handelte es sich um das erste Deichgesetz im modernen Sinne. Aus ihm resultierte die Bildung von zwei bremischen Deichverbänden als Organisationsform der Grundstückseigentümergemeinschaft.

Mit der Ausweitung der städtischen Besiedelung stieg die Komplexität der Hochwasserschutz- und Entwässerungsaufgaben. Eine eigenverantwortliche Bewältigung durch die Grundstückseigentümer war nicht mehr möglich. Aus diesem Grund wurden die beiden bremischen Deichverbände Ende des 18. Jahrhunderts geteilt und umorganisiert. Für die vier neu entstandenen Verbände wurde eine Kommunioneindeichung angeordnet. Das bedeutet, dass die Hochwasserschutz- und Entwässerungsaufgaben fortan zentral von Deichverbänden, Entwässerungsverbänden und Bewässerungsgenossenschaften wahrgenommen wurden. Jeder Grundstückseigentümer hatte einen Geldbeitrag an diese Körperschaften zu entrichten.

Ende des 19. Jahrhunderts wurde die Weser begradigt, um durch Erhöhung der Fließgeschwindigkeit eine Verringerung der Versandung zu erreichen und die Nutzbarkeit der Weser als Schifffahrtsstraße zu erhalten. Als nachteilige Nebenwirkung nahmen die Häufigkeit extremer Hochwasser und auch ihr Gefahrenpotenzial zu. Sturmfluten laufen seit der Weserbegradigung mit einer Geschwindigkeit von 40 km/h bis 45 km/h auf.

Im Jahr 1911 wurde mit dem Weserwehr die erste bremische Staustufe errichtet, die den Wasserstand in der Mittelweser reguliert. Der Grund für den Bau war die Verhinderung des weiteren Absinkens des Grundwasserstandes in den oberhalb Bremens gelegenen zu Hannover gehörenden Landwirtschaftsflächen.

Grundlegende Vorgaben für Gestaltung und Ausbauhöhe der Hochwasserschutzmaßnahmen in Bremen wurden anhand von Modellversuchen des Franzius-Institutes der Universität Hannover aus dem Jahr 1959 abgeleitet. An den Flüssen Lesum und Ochtum wurden Sturmflutsperrwerke errichtet und im Jahr 1979 in Betrieb genommen.

Derzeit bestehen die Hochwasserschutzanlagen

Bild 2: Brückenbauwerk am Deichverteidigungsweg – im Hintergrund Baustelle zur Deicherhöhung

zur Sicherung der Stadt Bremen aus Erddeichen, Hochwasserschutzwänden, Sturmflutsperrwerken und sonstigen technischen Bauwerken.

Die letzte große Überflutung erlitt Bremen nach einem Weserdurchbruch im Jahr 1981. Ursächlich hierfür war eine starke Schneeschmelze in den Mittelgebirgen mit entsprechend hohem Wasserabfluss in Verbindung mit einem nicht betriebsbereiten Wehrkörper im Weserwehr. Das Weserwehr wurde in den Jahren 1988 bis 1993 erneuert.

2.2 Heutige Organisation des Hochwasserschutzes

Heute wird der Hochwasserschutz in der Stadt Bremen wieder von zwei Deichverbänden wahrgenommen, dem Bremischen Deichverband am linken Weserufer und dem Bremischen Deichverband am rechten Weserufer. Beide Deichverbände sind Körperschaften öffentlichen Rechts mit Selbstverwaltung.

Sie entstanden aus den im 18. Jahrhundert geteilten großen Verbänden und rund fünfzig weiteren Stau- und Wasserverbänden. Die Gründung des Bremischen Deichverbandes am rechten Weserufer erfolgte im Jahr 1940, der Zusammenschluss des Bremischen Deichverbandes am linken Weserufer datiert aus dem Jahr 1947.

Zusammen investieren beide Deichverbände durchschnittlich 2,26 Mio. € pro Jahr in die Erhaltung und den Ausbau der bremischen Hochwasserschutzanlagen.

3 Aktuelle Maßnahmen

Im Land Bremen ist ein zweistufiger Deichausbau zur Erfüllung der im „Generalplan Küstenschutz Niedersachsen/Bremen, Festland" (März 2007) formulierten Auflagen vorgesehen. Zunächst werden die Deiche und Hochwasserschutzanlagen wo nötig an die neuen Bestickmaße angeglichen.

Das aktualisierte Bemessungshochwasser berücksichtigt Sturmflut sowie Binnenhochwasser und wurde mit einer Höhe von +7,20 müNN ermittelt. Zur Berechnung des herzustellenden Schutzniveaus werden das Bemessungshochwasser, die Wellenauflaufhöhe sowie der säkulare Meeresspiegelanstieg herangezogen. Für den ersten Schritt der erforderlichen Deicherhöhung wird der säkulare (außergewöhnliche) Meeresspiegelanstieg mit +0,25 müNN angesetzt. Alle Anlagen werden so ausgeführt, dass bei Vorliegen neuer Forschungsergebnisse eine weitere, einem säkularen Meeresspiegelanstieg von zusätzlich +0,75 müNN entsprechende Erhöhung mit vertretbarem Aufwand möglich ist.

Der Bremische Deichverband am linken Weserufer begann im Jahr 2009 in dem Bereich Ochtumsperrwerk/Hasenbüren mit der ersten Stufe der Deicherhöhung. Im Jahr 2010 wurde die Maßnahme an der anschließenden Deichstrecke im Stadtteil Bremen-Seehausen fortgesetzt. Innerhalb der durch den Bremischen Deichverband am linken Weserufer anzupassenden Deichstrecke zwischen dem Ochtumsperrwerk und dem Neustädter Hafen befinden sich einige Sonderbauwerke, für deren Erhöhung Sonderlösungen entwickelt werden müssen. Hierbei handelt es sich beispielsweise um Hafenanlagen und Durchbruchsbauwerke sowie auch um das Auslaufbauwerk der Kläranlage Bremen-Seehausen (**Bild 1**). Neben Deich- und Sonderbauwerken müssen Spundwandanlagen, Steinbermen sowie der Deichverteidigungsweg geändert werden (**Bild 2**). Insgesamt ist eine Strecke von 40 km der bremischen Landesschutzdeichlinie anzupassen.

Als erste Kostenschätzung beziffert der Generalplan Küstenschutz Niedersachsen/Bremen, Festland die erforderlichen Mittel zur Umsetzung der formulierten Auflagen innerhalb des bremischen Stadtgebietes auf 54 Mio. €.

4 Baustelle vom Ochtumsperrwerk bis zum Neustädter Hafen

Planung der Deicherhöhung

Die Erhöhung der Deich- und Sonderbauwerke wird in der Regel mit einem Jahr Vorlauf in Form der Grundlagenermittlung und Vorplanung vorbereitet. Die Erstellung der Entwurf- und Genehmigungspläne erfolgt in den Wintermonaten vor dem geplanten Bauvorhaben. Die Bauzeit ist auf den Zeitraum von April bis September beschränkt. Eine besondere Herausforderung bildet die Berücksichtigung der deichnahen Bauwerke und die Abwicklung der Massenguttransporte über oftmals nicht dafür geeignete Zufahrtstraßen durch enge Ortslagen. Der Transport über den Deichverteidigungsweg ist nicht möglich, da dieser ebenfalls meistens noch nicht auf die erforderliche Transportbelastung ausgebaut ist.

Berücksichtigung der Ortslagen (Bautransporte)

In den Deichbauabschnitten, die die Ortslagen Bremen Seehausen und Hasenbüren betrafen, konnten durch Nutzung einer alten Zuwegung zu einem Hafen für Baggergutumschlag und die Nutzung der Betriebsstätte der Kläranlage Seehausen eine erhebliche Entlastung der Ortsdurchfahrt erreicht werden.

Baustellenorganisation

Der Bauablauf ist gegliedert in:

- Abheben, Abfahren und Lagern der Deckschichten
- Einbau von Klei bzw. aufbereitetem Hafenschlick zur Deicherhöhung
- Aufbau und Verstärkung des neuen Deichverteidigungsweges auf Belastungsklasse SLW 60 bei mindestens 3,0 m Breite
- Profilierung des Deichkörpers
- Aufbringen des Oberbodens und Einsaat

Sonderbauwerke

Grundsätzlich sollen Sonderbauwerke wie Hochwasserschutzwände, Deichscharte, Hochwasserschutztore usw. vermieden werden, da sie in der Regel die Unterhaltung stark erschweren und nach Ablauf der technischen Lebensdauer hohe Re-Investitionen erfordern. Aus Sicht der Deicherhaltung ist der „grüne Deich“ mit systematisch gepflegter Grasnarbe immer die beste Option.

Neustädter Hafen

Der Neustädter Hafen liegt außerhalb der Deichlinie im Überschwemmungsgebiet und ist nach Festsetzung der neuen Bemessungswasserstände und Bestickhöhen der Hochwasserschutzanlagen nicht vor Sturmfluten geschützt. Im Zuge der Umsetzung des Generalplanes Küstenschutz ist allerdings die zu niedrig liegende Eisenbahnzufahrt, die die Deichlinie kreuzt, künftig mit einem Schutztor zu sichern.

Hasenbürener Yacht- und Sportboothafen

Dieser Sportboothafen befindet sich außerhalb der Deichlinie. Die Zufahrten zum Hafen und den Nebenanlagen (Bootslagerhallen) konnten durch Anhebung der Zufahrtwege auf das neue Deichniveau angepasst werden.

Deichentwässerung

Wo nötig werden zur Gewährleistung der Auftriebssicherheit Dränagen des Deichfußes/ Deichkerns vorgesehen, die in binnendeichs liegende Gewässer abgeleitet werden. Das gleiche gilt für Niederschlagswasser, das im Bereich von Deichrampen und sonstigen Bauwerken anfällt.

Auslaufbauwerk der Kläranlage Bremen-Seehausen

Die Kläranlage Bremen-Seehausen der hanseWasser Bremen GmbH liegt direkt hinter dem Deich. Zur Ableitung des gereinigten Abwassers wird ein Auslaufbauwerk durch den Erddeich geführt. Dieses Bauwerk beginnt binnenseitig mit zwei Druckausgleichschächten, die mit einem Verbindungskanal als kommunizierende Röhren verbunden sind. In den zweiten Druckausgleichsschacht werden von oben zwei Notabschlagsrohrleitungen DN800 eingeführt. An den Druckausgleichsschacht schließt sich ein offener Spundwandkanal mit Betonkopfholm an. Auf dem im Deichvorland befindlichen Abschnitt weitet sich der Auslaufkanal zu einem offenen Grabenbauwerk aus, welches in die Weser mündet. Zwei Brücken queren das Auslaufbauwerk: eine für den Deichverteidigungsweg auf dem Erddeich und eine für den Uferpflegeweg an der Weserseite des Deichvorlandes. Beide Brücken sind befahrbar in der Lastklasse SLW30 ausgeführt.

Bild 3: Montage der zusätzlichen Gurtungslage

Bei Erstellung des Kläranlagenauslaufes wurde die Deichlinie in Höhe des Bauwerkes in das dahinter befindliche Hochwasserpumpwerk gelegt. Dort ist eine zweifache Deichsicherung mittels Rückschlagklappe und Absperrschieber realisiert. Das offene Auslaufbauwerk gilt somit als Küstenschutzanlage und muss analog den Erddeichen angepasst werden.

Zur Herstellung des geforderten neuen Schutzniveaus musste der im Bereich des Erddeiches und binnenseitig davon liegende Teil des Auslaufbauwerkes erhöht und an das neue Deichprofil angepasst werden. Im ersten Schritt der Deicherhöhung erfolgte eine Anpassung der Schutzhöhe von +7,50 müNN auf +7,95 müNN.

Binnenseitig begannen die erforderlichen Maßnahmen mit der Erhöhung beider Druckausgleichsschächte, da die offene Verbindung zur Weser erst im dahinter liegenden Hochwasserpumpwerk endet. Beide Druckausgleichsschächte bestehen aus Stahlbeton. Besondere Anforderungen stellte hierbei der erste Druckausgleichsschacht, der direkt an das Hochwasserpumpwerk angebaut und in dessen Verblendergestaltung integriert ist. Parallel zur Erhöhung der Druckausgleichsschächte mussten die Notabschlagsrohrleitungen verlängert werden. Der Betonkopfholm des Spundwandkanals musste zwischen dem zweiten Druckausgleichsschacht und der Brücke des Deichverteidigungsweges erhöht und auf dem Abschnitt zwischen Deichverteidigungsweg und Uferpflegeweg erhöht und an das neue Deichprofil angepasst werden. Insbesondere bei der Gestaltung dieses Bereiches war die weitere Ausbaureserve von 0,75 m zu berücksichtigen, da die Deichkrone zur Einstellung einer optimalen Böschungsneigung bei beiden Erhöhungsstufen in Weserrichtung verschoben wurde. Insgesamt musste der Spundwandkanal auf einer Länge von rund 40 m beidseitig angepasst werden. Verbunden mit den höheren Sturmflutwasserständen stieg der auf die Spundwände wirkende Wasserdruck. Aus diesem Grund musste der Spundwandkanal auf einer Länge von 35 m eine zusätzliche Gurtungslage als Aussteifung erhalten (**Bild 3**). Darüber ist auf einem kurzen Streckenabschnitt im weserseitigen Bereich der Bauwerkserhöhung eine weitere Queraussteifung erforderlich Zukünftig verläuft der Deichverteidigungsweg nicht mehr auf der Deichkrone, sondern geschützt binnenseitig von dieser. Um eine Schwächung der Deichsicherheit durch eine tieferliegende Brücke binnenseitig der Deichkrone zu verhindern, wird die Brücke des Deichverteidigungsweges als Trogbrücke hergestellt. Entsprechend der Anforderungen des Generalplanes Küstenschutz Niedersachsen/Bremen, Festland war zudem eine Auflastung der Brücke auf die Lastklasse SLW60 vorzunehmen.

Da der gesamte Umbau des Auslaufbauwerkes bei laufendem Betrieb, d. h. bei Wasserdurchfluss sowie Tideneinfluss stattfinden musste, standen bei dieser Baumaßnahme Sicherungs- und Sicherheitsmaßnahmen besonders im Augenmerk. Die Planungen zur Anpassung des Auslaufbauwerkes wurde so durchgeführt, dass später mit geringem Aufwand eine technisch hochwertige, zweite Erhöhungsstufe eingerichtet werden kann. Alle Umbaumaßnahmen am Auslaufbauwerk der Kläranlage sollten im Jahr 2010 zeitgleich mit der Deicherhöhung im Abschnitt Bremen-Seehausen abgewickelt werden. Die enge Abstimmung beider Baustellen war von besonderer Bedeutung.

Autoren

Dipl.-Ing. Rainer Suckau
Geschäftsführer und Verbandsingenieur
Bremischer Deichverband am linken Weserufer
Warturmer Heerstraße 125
28197 Bremen

Dipl.- Ing.- Sonja Horstmann
hanseWasser Bremen GmbH
Schiffbauerweg 2
28237 Bremen

Ulrich Ostermann

Beregnung in Nordostniedersachen Anpassungsstrategien an den Klimawandel

Deutschland, besonders Niedersachsen, ist reich an Grund- und Oberflächenwasser, dennoch gibt es in Nordostniedersachsen Grundwasserkörper, deren Wasserhaushalt angespannt ist.

1 Einleitung

Im Nordosten von Niedersachsen (Landkreise Gifhorn, Lüchow-Dannenberg, Lüneburg, Uelzen) liegt das mit rd. 150.000 ha größte zusammenhängende Beregnungsgebiet Deutschlands (gesamt 500.000 ha). Für die Bestandsaufnahme zur EG-Wasserrahmenrichtlinie (WRRL) wurden die Grundwasserkörper Ilmenau links und rechts, Jeetzel links und Ise links und rechts hinsichtlich ihres mengenmäßigen Zustandes detailliert untersucht, weil mehr als 10 % der Grundwasserneubildung entnommen werden. Davon entfallen auf den Landkreis Uelzen für die Landwirtschaft durchschnittlich 28 Mio. m^3 Grundwasser pro Jahr (maximal 50 Mio. m^3/a, Trinkwasser: 7 Mio. m^3/a).

Alle Grundwasserkörper wurden in den guten Zustand gemäß WRRL eingestuft. Der Grundwasserkörper Ilmenau rechts (1.441 km^2) weist dennoch einen kritischen Zustand in Hinblick auf seine zukünftige Entwicklung auf, weil er auf Grund der klimatischen Situation (geringe Niederschläge), der ungünstigen Bodenverhältnisse (Wasserhaltefähigkeit) und den daraus resultierenden großen Entnahmen für die landwirtschaftliche Zusatzberegnung besonders belastet ist. Wissenschaftlich fundierte Aussagen sind wegen der komplexen Zusammenhänge nur über eine hydrogeologische Modellierung möglich.

In Nordostniedersachen hat sich der Witterungsverlauf in den letzten vier Jahrzehnten deutlich verändert. Die Vegetationsperiode dauert durchschnittlich einen Monat länger und es gibt häufiger ausgeprägte Trockenphasen im Frühjahr. Die Klimaforschung prognostiziert erhöhte mittlere Jahrestemperaturen und gleichbleibende Jahresniederschläge, trockenere Sommer und mehr Niederschläge im Winter.

Untersuchungen des niedersächsischen Landesamtes für Bergbau, Energie und Geologie (LBEG) [1] haben für die Zukunft einen deutlich größeren Beregnungsbedarf ergeben. Deshalb ist es sinnvoll, bereits heute mit Maßnahmen zur Stabilisierung des Wasserhaushalts zu beginnen. Projekte und Maßnahmen im Landkreis Uelzen werden vorgestellt.

2 Rückblick

Die Substitution von Grundwasser durch Wasser aus anderen Quellen ist für den Raum Uelzen, wie auch für Teile der Landkreise Lüneburg und Gifhorn, kein neues Thema. Die Fließgewässer sind für direkte Wasserentnahmen nicht leistungsfähig genug oder es würden ökologische Nachteile entstehen. Deshalb wurden bereits bei der Planung des Elbe-Seitenkanals (Fertigstellung 1975) Anlagen zur Entnahme von Wasser für die Feldberegnung vorgesehen und dafür wasserrechtliche Regelungen zur Wasserbereitstellung aus der Elbe getroffen. Parallel zum Bau des Kanals sind 25 Bauwerke zur Entnahme von Beregnungswasser gebaut und die erforderlichen Pumpwerke an den Abstiegsbauwerken in Scharnebeck (**Bild 1**) und Esterholz errichtet worden. Damit stehen für die Feldberegnung insge-

Bild 1: Schiffshebewerk Scharnebeck mit Pumpwerk (links)

samt 5 m^3/s aus dem Kanal zur Verfügung. Heute wird in einem Korridor von rd. 3 km westlich und östlich des Kanals eine Fläche von 11.250 ha mit durchschnittlich 7 Mio. m^3 Wasser pro Jahr beregnet.

Ein erster Wasserspeicher mit rd. 250.000 m^3 Inhalt wurde bereits 1987 von der Zuckerfabrik Uelzen für unbelastetes Produktionswasser erstellt. Das im Winter gespeicherte Wasser wird in den Sommermonaten für die Feldberegnung verwendet.

Im Jahre 2003 hat der Bewässerungsverband Uelzen (2.500 ha Verbandsfläche) 8 km östlich von Uelzen einen weiteren Wasserspeicher (**Bild 2**) mit rd. 750.000 m^3 Inhalt errichtet. Damit konnte die gesamte in der Zuckerfabrik Uelzen anfallende Wassermenge gespeichert und in der Vegetationsperiode für die Beregnung verwendet werden. Weil die insgesamt rd. 1 Mio. m^3 Speicherraum nach einer Erhöhung der Rübenverarbeitungsmengen nicht mehr ausreichen, werden seit 2010 bis zu 500.000 m^3/a behandeltes Abwasser in das Fließgewässer Ilmenau eingeleitet.

3 Anpassungsstrategien

Für die Stabilisierung des Grundwasserhaushalts gibt es folgende grundlegende Maßnahmen:

- Erhöhung der Grundwasserneubildung, insbesondere durch Waldumbau,
- Verwendung von Klarwasser aus Kläranlagen und von Produktions(ab)wasser,
- Speicherung von erhöhten Abflüssen (Hochwasser, Starkregen) in der Fläche und
- Verwendung von Wasser aus Oberflächengewässern.

In einer Arbeitsgruppe (Umweltministerium, Landwirtschaftsministerium, Landkreise und Fachbehörden, Fachverband Feldberegnung und Grundwassernutzer) wurden Maßnahmen zur Substitution von Grundwasser diskutiert und ein Leitprojekt (AquaRo) initiiert.

Zur Absicherung der Entscheidungen wurden ab 2006 die hydrogeologischen Auswirkungen der Wasserentnahmen und die Effekte von geplanten Substitutions- und Stabilisierungsmaßnahmen in zwei Projekten untersucht: Projekt „No Regret“ und Projekt „Aquarius“.

Bild 2: Wasserspeicher Stöcken, Inhalt 750.000 m^3, Wasserfläche 13 ha

3.1 Das Projekt „No Regret"

Die Ergebnisse des Projekts „No Regret" – Genug Wasser für die Landwirtschaft [2] haben bestätigt, dass in Teilbereichen der Landkreise Lüchow-Dannenberg, Lüneburg und Uelzen Probleme hinsichtlich des mengenmäßigen Zustandes der Grundwasserkörper bestehen können. Schwerpunkt ist der Ostteil des Landkreises Uelzen mit teilweise signifikanten Grundwasserabsenkungen in den letzten Jahrzehnten. Im Rahmen des Projektes wurden verschiedene Ansätze zur Stabilisierung des Wasserhaushalts diskutiert und für ein rd. 2.500 km^2 großes Gebiet modelltechnisch simuliert. Hieraus ergab sich, dass alle Veränderungen (größere Entnahmen, Verringerung der Grundwasserneubildung, Erhöhung des Laubwaldanteils usw.) Einfluss auf die Grundwasserstände und die Basisabflüsse in den Fließgewässern haben. Insbesondere die Wasserstandsänderungen konnten quantifiziert werden, sie liegen für Extremszenarien (z. B.: Klimaprognose 2100) bei mehreren Metern im Bereich der Grundwasserhochlagen (Wasserscheiden). Die großen Grundwasserentnahmen haben in der Vergangenheit nachweislich auch zu geringeren Basisabflüssen in den Gewässern geführt.

3.2 Projekt „Aquarius"

Im Projekt „Aquarius" [3] wurden für ein rd. 200 km^2 großes Teilgebiet des „No Regret" -Projektgebietes detaillierte hydrogeologische Untersuchungen durchgeführt. Besondere Berücksichtigung fanden dabei die Basisabflüsse der Fließgewässer im Projektgebiet.

Diese Projekte und ihre Ergebnisse sind im Beitrag von Elisabeth Schulz in dieser Ausgabe von Wasser und Abfall dargestellt [4].

4 Projekte und Maßnahmen

Die Ideen für die nachfolgend beschriebenen Projekte und Maßnahmen wurden in der Diskussion mit den verschiedenen Akteuren in den begleitenden Arbeitskreisen zu den Projekten „No Regret" und „Aquarius" und anderer Projekte zur Klimafolgenforschung (KLIMZUG [5]) entwickelt. Großer Wert wurde darauf gelegt, dass die Maßnahmen unabhängig von der tatsächlichen Entwicklung des Klimas und des mengenmäßigen Zustands des Grundwassers eine positive Wirkung auf die nachhaltige Nutzung des Grundwassers haben.

Neben den Einzelprojekten ist der großflächige Umbau von Nadelwald zu laubbaumdominierten Mischwäldern ein wesentlicher Baustein zur Erhöhung der Grundwasserneubildung.

Der lateinische Name für Wasser spiegelt den Kern der Projekte und ist auch das Akronym für „**A**lternative **Qu**ellen **a**nzapfen". Träger dieser Projekte ist der Kreisverband der Wasser- und Bodenverbände Uelzen oder einer seiner 45 Mitgliedsverbände. Die Projekte „Aquarius-Dalldorf" und „Aquarius-Gr. Thondorf" sind von der Landwirtschaftskammer Niedersachsen im Rahmen des Aquarius-Projektes initiiert worden. Die nachfolgend dargestellten Projekte liegen im Landkreis Uelzen. Sie haben unterschiedliche Entwicklungsstände, die von der Projektidee bis zur umgesetzten Maßnahme reichen.

4.1 Konzepte und Studien

„AQuaSewi"

Bei diesem Projekt geht es um die Nutzung von Wasser aus dem Binnenpolder „Seewiesen" bei Bad Bodenteich für die Feldberegnung. Für das Projekt soll eine Machbarkeitsstudie erstellt werden, um aus der Idee, mit grob abgeschätzten Rahmendaten, ein konkretes Vorhaben zu entwickeln.

Der Binnenpolder (**Bild 3**) hat eine Größe von rd. 600 ha und wird als Grünland genutzt. Das bestehende Schöpfwerk hebt das Wasser rd. 1,5 m, um die Vorflut des Gebietes sicherzustellen. Nach überschlägigen Ermittlungen werden über das Schöpfwerk im Sommer monatlich mindestens 60.000 m^3 und im Jahr bis zu 7 Mio. m^3 abgeleitet. Die Ableitung des erwärmten und nährstoffreichen Wassers hat in den Sommermonaten negative Auswirkungen auf die Gewässergüte im Fließgewässersystem der Stederau. Große Teile des Poldergebietes sind naturschutzfachlich hochwertig und gesetzlich geschützt, deshalb dürfen sich die Wasserstände in den Seewiesen durch die Entnahme gegenüber dem bisherigen Schwankungsbereich nicht verändern.

Mit der im Sommer vorhandenen Wassermenge kann eine Fläche von 200 bis 300 ha beregnet werden. Zusätzlich zur lokalen Verwendung des Wassers ist auch die Speicherung des im Winter anfallenden Wassers oder seine Überleitung in andere Gebiete denkbar, derzeit jedoch aus finanziellen Gründen nicht zu verwirklichen.

„AQuaVia"

Das Projekt „AQuaVia" beinhaltet die Erweiterung der Beregnung aus dem Elbe-Seitenkanal (ESK). Die durch die bestehenden technischen Anlagen zu Verfügung gestellte Wassermenge (5 m^3/s) wird durch die vergebenen Wasserrechte nicht vollständig ausgenutzt. Es steht noch eine Restmenge von rd. 4.300 m^3/h zur Verfügung, mit der sich nach heutigen Maßstäben (1,5 $m^3/ha*h$) etwa 2.900 ha zusätzliche Beregnungsfläche aus dem Elbe-Seitenkanal erschließen lassen, ohne dass die an den Abstiegsbauwerken vorhandenen Pumpwerke erweitert werden müssen.

Die Versorgung von landwirtschaftlichen Nutzflächen über den bisherigen 3 km-Korridor längs des Kanals hinaus führt zu höheren Baukosten und größeren Betriebskosten als bei der bestehenden Versorgung dieser Flächen aus dem Grundwasser. Die Akzeptanz für die alternative Wasserversorgung aus dem Kanal ist deshalb davon abhängig, ob sie finanziell tragbar und administrativ durch die unteren Wasserbehörden durchsetzbar ist. Vorteile für die Landwirte bei der Wasserentnahme aus dem Elbe-Seitenkanal ergeben sich aus der höheren Temperatur des Wassers (in den Sommermonaten ca. 20° C) und der gegenüber den Grundwasserentnahmen höheren erlaubten Zusatzregenmenge in Höhe von 1.000 $m^3/ha*a$ (100 mm/a).

Das Projekt „AQuaVia" wird in zwei Abschnitten im Gebiet des Landkreises Uelzen („AQuaVia Uelzen") [6] und in einem Teilgebiet des Landkreises Lüneburg („AQuaVia Ostheide") umgesetzt. Dabei geht es zunächst um die technische

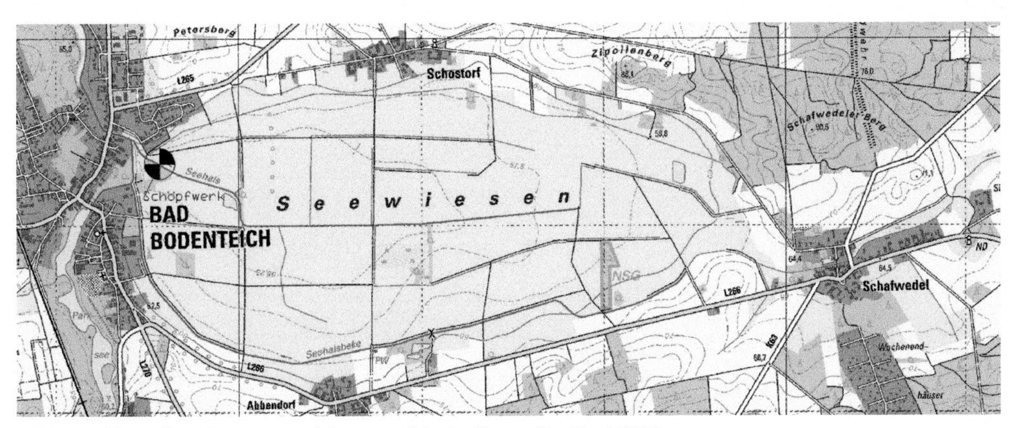

Bild 3: Poldergebiet Seewiesen (Topographische Karte, Quelle: LGLN)

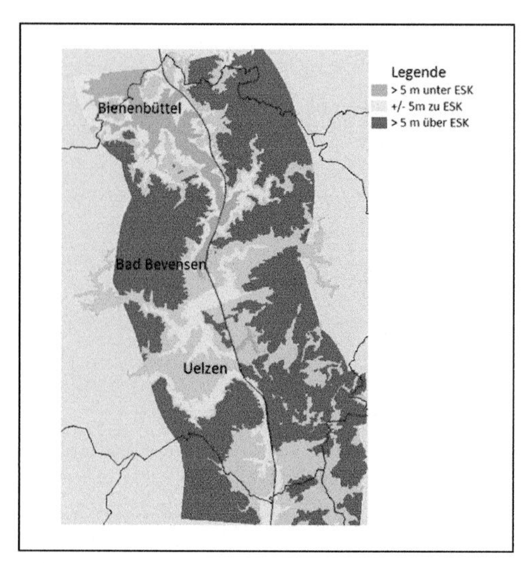

Bild 4: Ampelkarte zur Identifizierung potentieller ESK-Beregnungsflächen

Machbarkeit der Versorgung von zusätzlichen Flächen aus dem Kanal. Die Entfernungen, die geodätischen Höhenunterschiede und der Wasserbedarf in der Fläche spielen dabei die entscheidende Rolle für die Kosten. Eine „Ampelkarte" (**Bild 4**) verdeutlicht für einen insgesamt 20 km breiten Korridor, welche Bereiche noch sinnvoll aus dem Kanal versorgt werden können und wo im Enzelfall (gelb) abzuwägen ist. Für die rot gekennzeichneten Bereiche wird ggf. noch eine weitere Differenzierung erforderlich. Mit dem noch aus dem Kanal zur Verfügung stehenden Wasser ist die Substitution von Grundwasser in einer Größenordnung bis zu 2 Mio. m^3/a (durchschnittlicher Bedarf 700 $m^3/ha*a$) möglich. Die Machbarkeitsstudie dient den Wassernutzern und den zuständigen Behörden als Entscheidungsgrundlage.

„AQuaWip"

Das Projekt „AQuaWip" bezieht sich auf den Oberlauf der Wipperau (Nebengewässer der Ilmenau) im Raum Suhlendorf, der Ende des 19. Jahrhunderts und dann noch einmal Mitte des 20. Jahrhunderts für die Entwässerung ausgebaut worden ist. Dabei ist das Gewässer um mehrere Kilometer in den Oberlauf hinein verlängert worden. Der Wipperauoberlauf hat deshalb keinen Fließgewässercharakter und fällt in den Sommermonaten trocken. Wertbestimmende Tierarten sind nicht vorhanden und es bestehen auch keine naturschutzfachlich hochwertigen Saumbiotope am Gewässer. Das Was-

Bild 5: Stauanlage (Beispiel aus der Lucie, Wendland)

ser soll durch einfache Stauanlagen (**Bild 5**) um einige Dezimeter angestaut und so zeitweise zurückgehalten werden. Der Abstand der Stauanlagen ist abhängig von den Gefälleverhältnissen und liegt zwischen 500 und 1.500 m. Die Regulierung der Wasserstände durch die Landwirte ermöglicht sowohl die Bewirtschaftung der anliegenden Flächen als auch einen Rückhalt von Wasser.

Die zurückgehaltenen Wassermengen sind gering. Wichtiger ist, dass der Grundwasserspiegel durch den Aufstau auch in den angrenzenden Ackerflächen entsprechend höher gehalten wird und so die Pflanzenwurzeln über einen längeren Zeitraum Grundwasseranschluss haben.

Das Projekt soll als Pilotprojekt zeigen, dass auch kleinräumige Maßnahmen möglich sind und einen wasserwirtschaftlichen Effekt erzielen.

„Aquarius-Dalldorf"

Beim Projekt „Aquarius-Dalldorf" geht es um die Entnahme von Wasser aus dem Mittellauf der Wipperau in der Phase der erhöhten winterlichen Abflüsse. Über einen Zeitraum von rd. 60 Tagen pro Jahr kann eine Wassermenge von rd. 10 l/s schadlos aus der Wipperau in einen Wasserspeicher mit einem Volumen von rd. 50.000 m³ gepumpt werden. Vorgesehen ist die Errichtung windgetriebener Pumpen mit einer Förderhöhe von rd. 4 m. In der Beregnungssaison soll das Wasser aus dem Wasserspeicher dann über eine Unterwassermotorpumpe in das vorhandene Beregnungsnetz eingespeist werden.

Das Projekt beruht auf einer Idee von Landwirten. Es ist praktisch umsetzbar, kann momentan aber aufgrund fehlender Fördermittel nicht realisiert werden.

4.2 Konkrete Vorhaben

„AQuaRo"

Im Projekt „AQuaRo" geht es um die Stabilisierung des Grundwasserhaushalts im östlichen Kreis Uelzen. Ziel des Projektes ist es, Wasser aus der Kläranlage Rosche (**Bild 6**, blaues Kreuz) und überschüssiges Produktionswasser der Zuckerfabrik Uelzen für die Anreicherung des Grundwassers (Versickerung) bzw. die land-

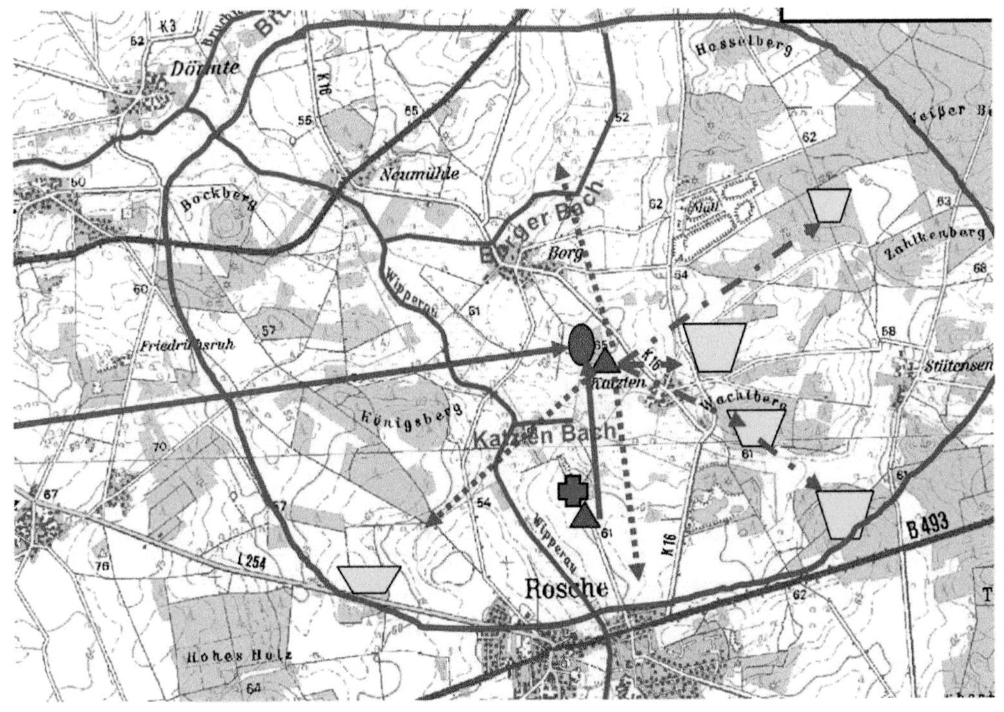

Bild 6: Projektskizze AquaRo; Kartengrundlage Quelle: LGLN

wirtschaftliche Feldberegnung (Speicherung) zu nutzen. In einer Machbarkeitsstudie [7] wurden die entscheidenden Randbedingungen für die Realisierung des Projektes untersucht. Ein Ergebnis ist, dass auf Grund der EHEC-Diskussion die Idee der Verwendung von gereinigtem Kommunalabwasser für die Beregnung zunächst nicht weiter verfolgt wird. Dieses Wasser, rd. 370.000 m³/a, soll auf Waldflächen bzw. in Kurzumtriebsplantagen versickert werden (Bild 6, gelb markierte Flächen) und so der Grundwasseranreicherung dienen. Als Wasserquellen für einen Wasserspeicher sind Überschusswassermengen der Zuckerfabrik Uelzen, Wasser aus den winterlichen Hochwasserabflüssen der Wipperau (vgl. Aquarius-Dalldorf) und auch zusätzliches Wasser aus dem Elbe-Seitenkanal identifiziert worden. Insgesamt stehen Wassermengen zur Speicherung in einer Größenordnung bis zu 1 Mio. m³/a zur Verfügung.

Begrenzende Faktoren für die Verwendung des Wassers sind die technischen Randbedingungen für die Wasserverteilung, die Finanzierung eines Wasserspeichers mit den zugehörigen Anlagen und die sich später aus dem Betrieb ergebenden laufenden Kosten. Realistisch ist ein Wasserspeicher mit rd. 400.000 m³ Inhalt und einem zugehörigen Verbandsgebiet von etwa 1.000 ha. Der Wasserspeicher (Bild 6, roter Kreis) trägt die Grundlast der Feldberegnung. Die darüber hinaus erforderlichen Wassermengen werden in Abhängigkeit vom Witterungsverlauf aus den vorhandenen Brunnen entnommen. Für den Wasserspeicher sind mehrere Standorte identifiziert worden und das zugehörige Beregnungsgebiet ist grob umrissen. Die Entwurfsplanung und Realisierung des Projektes wird durch einen Arbeitskreis aus Landwirten und Fachinstitutionen begleitet. Der Wasserspeicher, die zugehörigen Anlagen (Rohrleitungsnetze, Pumpwerke usw.) und die Anlagen zur Versickerung des Klarwassers sollen 2014 fertiggestellt werden. Die Kosten für das Projekt belaufen sich auf rd. 5,2 Mio. €.

4.3 Umgesetzte Projekte „AQuaVia Uelzen R1"

Im Vorgriff auf die konzeptionellen Planungen des Projektes AQuaVia wurde bereits im Früh-

Bild 7: Leitungsverlegung im Verbandsgebiet Molzen-Masendorf-Heidtbrak

jahr 2012 eine erste Maßnahme (**Bild 7**) nordöstlich der Stadt Uelzen auf einer landwirtschaftlichen Nutzfläche von rd. 640 ha umgesetzt. Die neu an den Elbe-Seitenkanal angeschlossenen Flächen liegen in einer Entfernung von bis zu 4.500 m (Luftlinie) vom Kanal. Das Pumpwerk am Kanal ist mit 4 Pumpen ausgerüstet und hat eine Leistung von 1000 m^3/h. Die Gesamtlänge des Leitungsnetzes (DN 125 bis 300) beträgt rd. 26 km. Die Baukosten in Höhe von rd. 1,3 Mio. € werden von den beteiligten Landwirten getragen. Durch das Projekt werden Grundwasserentnahmen in einer Größenordnung von rd. 200.000 m^3/a für eine Fläche von rd. 300 ha ersetzt, die bisher aus dem Grundwasser beregnet wurden.

„Aquarius-Gr. Thondorf"

Das Projekt „Aquarius-Gr. Thondorf" ist von der Landwirtschaftskammer Uelzen und Landwirten aus Gr. Thondorf initiiert worden. Es gehört zu den „Rain-Harvesting" Projekten des Forschungsprojektes KLIMZUG-Nord [5]. Bei diesem Projekt wird Drainagewasser über Versickerungsanlagen wieder dem Grundwasser zugeführt und nicht mehr direkt in Vorfluter abgeleitet. Für zwei jeweils rd. 10 ha große Drainagebereiche sind die Vorflutverhältnisse so geändert worden, dass das Wasser in einen vorhandenen Sickerteich bzw. in ein neu angelegtes Becken (**Bild 8**) geleitet wird. Rd. 20.000 m^3 Wasser werden pro Jahr versickert und so dem Grundwasserleiter kleinräumig wieder zugeführt.

Das Projekt ist bereits im Winter 2011/12 vollständig umgesetzt worden. Die Finanzierung der Baukosten von rd. 10.000 € erfolgte über Fördermittel (Bingo-Stiftung) und Eigenleistungen der Landwirte.

5 Zusammenfassung

In Nordostniedersachen hat die Landwirtschaft eine entscheidende wirtschaftliche und strukturelle Bedeutung. Wegen der klimatischen Bedingungen sind große Wassermengen für die Feldberegnung erforderlich, um Qualität und Erträge der landwirtschaftlichen Produkte zu sichern. Zu der ohnehin schwierigen hydrogeologischen Situation des Grundwasserkörpers Ilmenau kommt deshalb eine Belastung des Grundwasserhaushalts durch große Entnahmen für die Feldberegnung, insbesondere in Trockenjahren. Da diese Thematik bei allen Protagonisten bekannt ist, gibt es auch einen entsprechenden Ideenreichtum für die Bewältigung der bekannten Probleme. Die beschriebenen Vorhaben machen die Spanne der Möglichkeiten deutlich.

Vorhaben ist neben der Akzeptanz und Finanzierung auch von vielfältigen rechtlichen Vorschriften (Wasser-, Naturschutz- und Baurecht, Schutzgebiete, Artenschutz usw.) abhängig. Darauf soll hier nicht näher eingegangen werden. In der Praxis wirken alle beteiligten Behörden und Institutionen aktiv an der Umsetzung der Projekte mit, so dass keine unnötigen rechtlichen Hindernisse entstehen.

Neben den bereits realisierten Maßnahmen zur Grundwassersubstitution, insbesondere den Speicherbecken bei Uelzen mit rd. 1 Mio. m^3 Inhalt und den bestehenden Entnahmen aus dem Elbe-Seitenkanal (im Mittel 7 Mio. m^3/a, max. 12 Mio. m^3/a), sind weitere Maßnahmen zur Stabilisierung des Grundwasserhaushalts und zur unmittelbaren Substitution von Grundwasser möglich. Mit den wichtigsten Projekten (**Tabelle 1**) kann mittelfristig Grundwasser in einer Größenordnung von 1,5 bis 2 Mio. m^3/a einspart werden. Damit lassen sich in der östlichen Hälfte des Landkreises Uelzen, im Grundwasserkörper Ilmenau rechts, mehr als 13 % der heute erlaubten Grundwasserentnahmen durch Wasser aus anderen Quellen substituieren. Dazu kommen noch die positiven Effekte der Maßnahmen zur Grundwasseranreicherung und zum Rückhalt in der Fläche, die sich noch nicht quantifizieren lassen.

Literatur

[1] Müller, U., Engel, N., Heidt, L., Schäfer, W., Kunkel, R., Wendland, F., Röhm, H. & Elbracht, J. (2012): Klimawandel und Bodenwasserhaushalt. – GeoBerichte 20: 107 S., 61 Abb., 41 Tab., 1 Anh.; Hannover (LBEG).

[2] LWK Niedersachsen (LWK), (2008): No Regret – Genug Wasser für die Landwirtschaft?!

[3] LWK Niedersachsen (LWK), (2012): AQARIUS – Dem Wasser kluge Wege ebnen!

[4] Schulz, E. (2012): Das EU-Projekt AQUARIUS – Handlungsansatz gegen regionale Wasserknappheit, in Wasser und Abfall, H 12/2012, S. 10 ff.

[5] KLIMZUG Teilprojekte T 3.3 und T 3.5: http://klimzug-nord.de/index.php/page/2009-03-30-Zukunftsfaehige-Kulturlandschaften
[6] Martens, J., Welzin, H. (2012): AQuaVia Uelzen – Machbarkeitsstudie; Uelzen (unveröffentlicht)
[7] Martens, J. (2012): AQuaRo – Machbarkeitsstudie; Uelzen (unveröffentlicht)

Autor

Dipl.-Ing. Ulrich Ostermann
Kreisverband der Wasser- und Bodenverbände
Meilereiweg 101, 29525 Uelzen
E-Mail: ulrich.ostermann@wasser-uelzen.de

Gerd Hofmann

Wärmehaushalt der Gewässer im Zeichen des Klimawandels

Die LAWA-Schrift „Grundlagen für die Beurteilung von Kühlwassereinleitungen in Gewässer" aus dem Jahre 1990 war fortzuschreiben. Der nun aktualisierte LAWA-Leitfaden unterstützt die Wasserbehörden bei der Erteilung von wasserrechtlichen Einleiteerlaubnissen bei Kühlwassereinleitungen aus Kraftwerken und Industrie.

1 Wärmeeinleitung und „guter Zustand" nach EG-Wasserrahmenrichtlinie

In den Sommern der Jahre 2003 und 2006 wurden – wie an vielen anderen Gewässern auch – extreme Wassertemperaturen im hessischen Untermain gemessen. Es wurde dabei der Grenzwert der Fischgewässerverordnung von 28 °C erreicht oder teilweise überschritten. Die Kraftwerke und die industriellen Wärmeinleiter waren aufgefordert, die notwendigen Maßnahmen zu ergreifen, um die Wärmefracht in Folge der Kühlwassereinleitungen deutlich zu reduzieren. Um in Zukunft für derartige Ereignisse vorbereitet zu sein, wurde unter Federführung des hessischen Landesamtes für Umwelt und Geologie ein Wärmehaushalts-Simulationsmodell für den Untermain entwickelt [1]. Mit diesem Instrument wurden die Wasserbehörden in die Lage versetzt, Wärmelastrechnungen bei definierten Randbedingungen durchzuführen, um den Einfluss und die Summenwirkung der Wärmeeinleitungen zu quantifizieren. Damit besteht die Möglichkeit, die Entwicklung der Gewässertemperatur bei anhaltenden Wärmeperioden auf Grund von Wettervorhersagen abzuschätzen und die Wirkungen von möglichen Einschränkungen bei den Wärmeeinleitungen zu bewerten. Dabei wurde deutlich, dass sich der Untermain in Folge der Stauhaltungen bereits unabhängig von den Wärmeeinleitungen in extremen Sommern sehr aufheizt.

Das Wärmereglement für die Kühlwassereinleitungen am Main wurde auf der Grundlage der LAWA-Schrift „Grundlagen für die Beurteilung von Kühlwassereinleitungen in Gewässer" aus dem Jahre 1990 entwickelt. Es zeigt sich, dass das Ziel nach der Wasserrahmenrichtline, alle Fließgewässer in einen guten ökologischen und chemischen Zustand zu bringen, unter anderem eine differenziertere Betrachtung des Wärmehaushalts der Gewässer und deren Auswirkungen auf die Gewässerökologie erforderlich macht. So stellt sich am Main zum Beispiel die Frage, inwieweit Wärmeeinleitungen in Flussabschnitten die Gewässertemperatur derart beeinflussen, dass Fische auf ihren Wanderungen flussaufwärts durch Temperaturbarrieren beeinträchtigt werden.

2 Gründe für die Fortschreibung der LAWA-Schrift

Das Beispiel des Wärmehaushalts des Untermains zeigt auf, wieso das Thema Wärme in Gewässern nach der Verbesserung der Gewässerbelastung als Handlungsfeld der Wasserwirtschaft zunehmend bedeutsam wird. Zum einen gewinnt in Folge des prognostizierten Klimawandels, d. h. Zunahme an extremen Sommerereignissen verbunden mit Niedrigwasser, das Thema Wärmehaushalt in den Gewässern an Bedeutung (**Bild 1**). Zum anderen sind die gewässerökologischen Erkenntnisse von Fließgewässern gewachsen und damit auch die Anforderungen an die Gewässerqualität. Mit der Wasserrahmenrichtlinie hat diese Betrachtungsweise ihre rechtliche Umsetzung erfahren und vielfältige Bewirtschaftungsmaßnahmen an den Gewässern ausgelöst.

Diese gegenüber den im Jahre 1990 geänderten Verhältnisse haben eine Fortschreibung der Handreichung zur Bewertung von Kühlwasse-

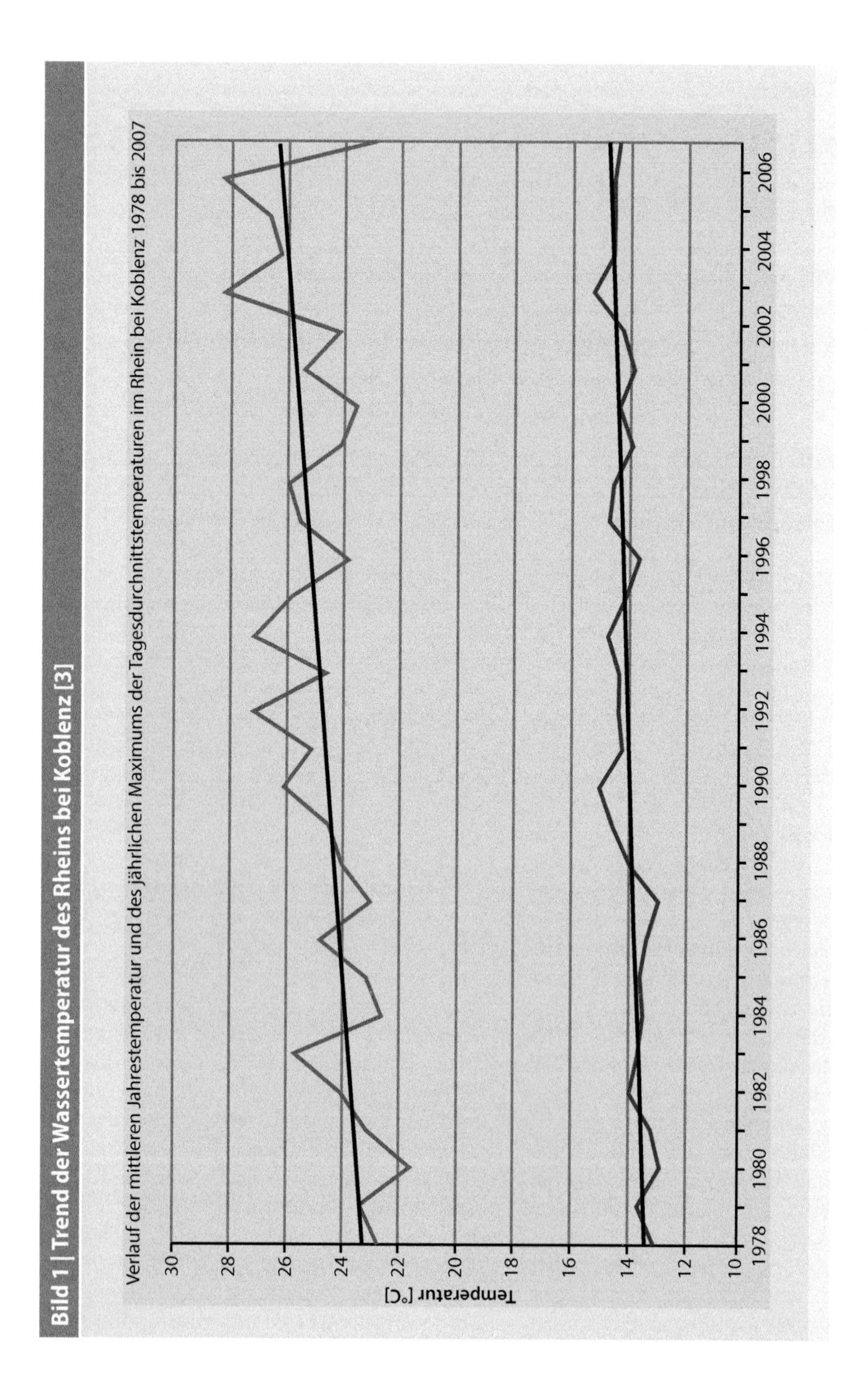

Bild 1 | Trend der Wassertemperatur des Rheins bei Koblenz [3]

reinleitungen in Gewässer sinnvoll erscheinen lassen [2]. Dabei hat sich die Handreichung in der Vergangenheit als das wichtigste allgemein anerkannte fachliche Hintergrundpapier erwiesen, um Wärmeeinleitungen aus Kraftwerken und der Industrie im wasserrechtlichen Vollzug zu beurteilen und damit nachvollziehbare Begrenzungen für die Wärmeeinleitungen im Sinne des

Bild 2: Die Donau ca. 3 – 4 km unterhalb des Zusammenflusses von Donau (klares Wasser, warm; oben) und Inn (getrübtes Wasser, kalt; unten); trotz der erkennbaren Verwirbelungen hat deutlich sichtbar noch keine vollständige Durchmischung stattgefunden (Foto: VINVIEW LfU)

Gewässerschutzes festlegen zu können. Daher hat die Bund/Länderarbeitsgemeinschaft Wasser (LAWA) im September 2007 eine entsprechende Überarbeitung der Broschüre „Grundlagen für die Beurteilung von Kühlwassereinleitung in Gewässer" beschlossen.

Neben den veränderten gewässerökologischen Verhältnissen zeigt sich, dass auch auf der Anlagenseite eine Weiterentwicklung des Stands der Technik bei der Energieerzeugung feststellbar ist und somit eine Aktualisierung der Handreichung erforderlich geworden ist. In der vorliegenden aktualisierten LAWA-Schrift wird noch davon ausgegangen, dass bis 2030 mehr als die Hälfte der bestehenden, zwischenzeitlich in die Jahre gekommenen Kapazitäten an konventionellen Kraftwerken ersetzt werden müssen. Die begonnene Energiewende und der damit verbundene Ausbau der Erneuerbaren Energien lässt die Prognose mittlerweile zweifelhaft erscheinen.

Ziel der Handreichung ist es, eine Grundlage für eine ganzheitliche wasserwirtschaftliche Beurteilung von Wärmeeinleitungen zu schaffen. Dabei soll die LAWA-Schrift als Leitfaden für die Wasserbehörden dienen und gleichzeitig eine Erkenntnisquelle für die betroffenen Einleiter darstellen. Die Bewertungsgrundlage von Kühlwassereinleitungen muss sich an den neuesten gewässerökologischen Erkenntnissen orientieren und auf der zwischenzeitlich fortentwickelten aktuellen Rechtslage basieren. Bei der Ausarbeitung der Fortschreibung zeigte sich, dass die Erstellung eines sogenannten „Kochrezept" nicht möglich ist, sondern stets nur eine Anleitung zur Beurteilung des jeweils anstehenden Einzelfalls gegeben werden kann.

3 Betrachtungsweise

Mit der Kühlwassereinleitung sind stoffliche Einträge in ein Gewässer verbunden und die Einleitungen haben damit Einfluss auf den Stoffhaushalt der Gewässer. Aus gewässerökologischer Sicht stellt grundsätzlich jede Einleitung von Wärme eine Gewässerbelastung dar. Demzufolge gewinnen die Potenziale der Abwärmenutzung auch bei Wasserrechtsverfahren an Bedeutung. Bei der Beurteilung von Kühlwassereinleitungen sind damit zwei Betrachtungsweisen vorzunehmen. Zum einen ist auf der Anlagenseite der sich stets weiterentwickelnde Stand der Technik einzuhalten und zum anderen sind die Auswirkungen auf das Gewässer zu untersuchen.

3.1 Emissionsbetrachtung

Bei der Beurteilung einer Kühlwassereinleitung ist zunächst zu prüfen, ob anlagentechnisch der

Stand der Technik eingehalten wird. Im Vordergrund steht neben der Abwassermenge und der Schadstoffbelastung auch die Menge an Abwärme. Alle Komponenten sind so gering wie möglich zu halten, damit die Auswirkungen auf das Gewässer auf das notwendige Maß beschränkt bleiben. Dabei ist nach den einschlägigen immissionsschutzrechtlichen Vorschriften Energie sparsam und effizient zu verwenden, d. h. Anstrengungen sind zu ergreifen, um den energetischen Wirkungsgrad zu erhöhen, Energieverluste zu verringern und anfallende überschüssige Energie zu nutzen. Bei der Auswahl des Kühlverfahrens sind der Wasserbedarf, die Art der Kühlwasseraufbereitung und die Lärmemissionen von besonderer Bedeutung. Zusätzlich ist insbesondere bei der Standortwahl eines Kraftwerks die Möglichkeit der energetischen Verwendung der anfallenden Abwärme zu prüfen. Im Hinblick auf die stoffliche Belastung sind die Anforderungen des einschlägigen Anhangs 31 „Wasseraufbereitung, Kühlsysteme, Dampferzeugung" der Abwasserverordnung zu beachten.

3.2 Immissionsbetrachtung

Neben der Betrachtung der Auswirkungen auf andere Nutzungen der Fließgewässer, wie z. B. Trink- und Betriebswassergewinnung, Fischerei und Schifffahrt, sind im Wesentlichen die Konsequenzen auf die Gewässerökologie in Blick zu nehmen. Kühlwassereinleitungen können sich auf den Wärmehaushalt von Gewässern auswirken und verändern die Wassertemperatur im Fließquerschnitt sowie auf eine längere Fließstrecke. Die einem Gewässer zugeführte Wärme verteilt sich dabei durch Konvektion und Vermischung. Die Verteilung erfolgt in Abhängigkeit von der Gestaltung der Wärmeeinleitung, der hydromorphologischen Situation des Gewässers, der Topographie und dem Temperaturunterschied zwischen Kühlwasser und Flusswasser. Während sich in kleinen Gewässern schon kurz unterhalb der Einleitungsstelle völlige Durchmischung einstellt, können sich bei breiten Gewässern Wärmefahnen ausbilden, vergleichbar der Schwebstoffverteilung in Folge von Abwassereinleitungen (**Bild 2**).

Eine Temperaturerhöhung kann sich dabei auf direkte und indirekte Weise und auf verschiedenen Ebenen auf die Gewässerökologie auswirken. Direkte Wirkungszusammenhänge sind zum Beispiel das Auftreten von Mortalität durch Hitze oder durch zu hohe Temperaturdifferenzen, das Entstehen reversibler oder irreversibler Schädigungen von Organismen oder physiologischen Leistungen oder die Störung des Fortpflanzungszyklus. Veränderungen des Artenspektrums, Einflüsse auf biologische Abbauprozesse und verstärkte Virulenz von Parasiten und Krankheiten werden zu den indirekten Wirkungen gezählt (**Bild 3**).

Die beiden Betrachtungsweisen haben in das wasserrechtliche Regelwerk Eingang gefunden. Demzufolge sind beide Perspektiven im Rahmen eines wasserrechtlichen Erlaubnisverfahrens abzuprüfen.

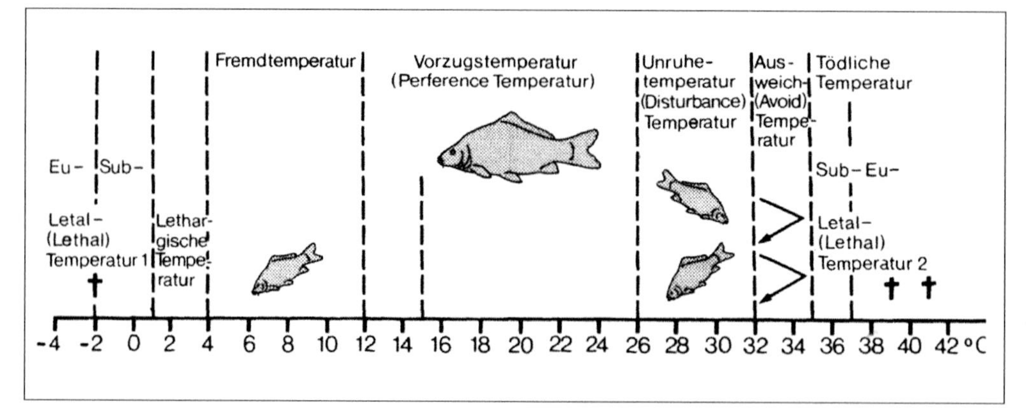

Bild 3: Durchschnittliche Temperaturbereiche des wärmetoleranten Karpfens aus [4]

4 Rechtliche Anforderungen

Eine Kühlwassereinleitung stellt nach dem Wasserhaushaltsgesetz (WHG) eine Gewässerbenutzung dar, die einer wasserrechtlichen Erlaubnis bedarf. Da es sich bei der Kühlwassereinleitung um Abwasser im Sinne des § 54 WHG handelt, sind zunächst aus Sicht der Emissionsbegrenzung die Anforderungen nach der Abwasserverordnung einzuhalten. Die Anforderungen der Abwasserverordnung spiegeln dabei den nach deutschem Recht gültigen Stand der Technik für den Abwasserpfad wieder.

Nach § 12 WHG ist die wasserrechtliche Erlaubnis zu versagen, wenn schädliche, auch durch Nebenbestimmungen nicht vermeidbare oder nicht ausgleichbare Veränderungen im Gewässer zu erwarten sind. Im Rahmen der Prüfung der Versagungsgründe sind die Auswirkungen der Kühlwassereinleitung auf das Gewässer anhand der rechtlich eingeführten Vorgaben zu beurteilen (Immissionsbetrachtung). Dabei darf es durch die Kühlwassereinleitung zunächst nicht zu einer Verschlechterung des ökologischen und chemischen Zustands kommen (Verschlechterungsverbot). Sofern ein Gewässer in einem nicht guten Zustand ist, besteht grundsätzlich zudem die Verpflichtung, den guten Gewässerzustand zu erreichen (Verbesserungsgebot). Im Rahmen ihres Bewirtschaftungsermessens hat die Wasserbehörde zu prüfen, ob die Kühlwassereinleitung die Gewässerqualität des betroffenen Gewässerabschnitts nicht so beeinträchtigt, dass der derzeitige Zustand nicht mehr durch Maßnahmen verbessert werden kann.

Die für Kühlwassereinleitungen und deren gewässerökologische Auswirkungen relevanten Qualitätsanforderungen für Gewässer ergeben sich zum einen aus der EG-Fischgewässerqualitäts-Richtlinie (Richtlinie 2006/44/EG vom 6.9.2006 über die Qualität von Süßwasser) und deren Umsetzung in deutsches Recht durch die Fischgewässerverordnungen bzw. Süßwasserqualitätsverordnungen der Länder. Voraussetzung für die Anwendung der Fischgewässerverordnung ist, dass das jeweilige Gewässer als Fischgewässer ausgewiesen worden ist. In der Fischgewässerverordnung werden in Salmoniden- und Cyprinidengewässer unterschieden und jeweils Anforderungen an die Gewässerhöchsttemperatur, die maximale Aufwärmespanne bei einer Wärmeeinleitung und den Sauerstoffgehalt im Sinne von Grenzwerten gestellt.

Zum anderen wird entsprechend den Vorgaben der WRRL der ökologische und chemische Gewässerzustand anhand relevanter Qualitätskomponenten in der Oberflächengewässerverordnung (OGewV) konkretisiert. Für die Einstufung eines Gewässers bezüglich des ökologischen Zustands sind biologische Qualitätskomponenten maßgebend. Die Wassertemperatur ist neben anderen allgemein physikalisch-chemischen Qualitätskomponenten und den hydromorphologischen Komponenten unterstützend für die Einstufung der Gewässer heranzuziehen. Hierzu wurden im Rahmen der Umsetzung der WRRL u. a. in Abhängigkeit von Geologie, Einzugsgebiet, Ökoregion und Gefälle die Fließgewässer in Deutschland in 25 „biozönotische bedeutsame Fließgewässertypen" gruppiert. Diesen Fließgewässertypen werden auf Grund längszonaler und zoogeografischer Ausprägung verschiedene Fischlebensgemeinschaften zugeordnet. In der Oberflächengewässerverordnung werden für die Fischlebensgemeinschaften unkritische maximale Wassertemperaturen angegeben, wobei bei der Überschreitung der Werte zunehmend von einer Gefährdung der Lebensgemeinschaft auszugehen ist. D.h. es handelt sich nicht um verbindliche Grenzwerte, vergleichbar mit den Werten der Fischgewässerverordnung der Länder. Das im Einzelfall festzulegende Temperaturmaximum für eine Fischlebensgemeinschaft in einem Gewässerabschnitt muss sich grundsätzlich an einer standortspezifischen Festlegung unter Berücksichtigung der Temperaturansprüche aller Arten der Lebensgemeinschaft orientieren.

Sollte ein zu betrachtendes Gewässer ein Fischgewässer sein, so sind die beiden vorstehend beschriebenen Qualitätsanforderungen kumulativ zu beachten.

Die EG-Fischgewässerqualitäts-Richtlinie tritt am 22.12.2013 außer Kraft. Die Fischgewässerverordnungen der Länder bleiben solange in Kraft, bis sie aufgehoben werden. Es ist zu erwarten, dass zukünftig die fischgewässerbezogenen Bewirtschaftungsanforderungen an Gewässer nur noch in der Oberflächengewässerverordnung sowie den naturschutzrechtlichen Regelungen (Umsetzung der Fauna-Flora-Habitat-Richtlinie) berücksichtigt werden.

5 Standortabhängige Einzelfallentscheidung

Die LAWA-Schrift beschreibt die Grundlagen zur Beurteilung einer Kühlwassereinleitung. Es wird darin deutlich ausgeführt, dass in Abhängigkeit des Standortes stets eine Einzelfallentscheidung zu treffen ist. Den Wasserbehörden wird mit der LAWA-Schrift eine Möglichkeit an die Hand gegeben, um zu beurteilen, welche Angaben mindestens für eine gewässerökologische Beurteilung einer Kühlwassereinleitung in Betracht zu ziehen sind. Die gewässerökologische Beurteilung der kühlwasserbedingten Auswirkungen findet im Rahmen der wasserrechtlichen Entscheidung Eingang in eine durchzuführende Gesamtbetrachtung. Neben den wasserwirtschaftlichen und gewässerökologischen Anforderungen sind andere im Zusammenhang mit der Kühlwassereinleitung stehende Belange wie z. B. die Interessen der übrigen Gewässerbenutzer, naturschutzrechtliche Belange und technische Machbarkeit nach dem Stand der Technik in die wasserrechtliche Abwägung mit einzubeziehen.

Für die Beurteilung der Veränderung der Gewässertemperatur in Folge von Kühlwassereinleitungen bedarf es eines Simulationsmodells für den Wärmehaushalt (**Bild 4**). Diese Modelle ermöglichen es, auf der Grundlage von Abflussdaten, Gewässercharakteristik, meteorologischen Daten und Einleiterdaten die Temperaturverhältnisse in einem Gewässer darzustellen. Die LAWA-Schrift beschreibt die physikalischen Grundlagen für eine derartige Simulation und stellt exemplarisch Modelle vor, die am Neckar, Main und an der Elbe verwandt worden sind. Ergebnis dieser Simulationen ist eine Prognose der Veränderungen der Gewässertemperatur im Längsverlauf und im Gewässerquerschnitt, bezogen auf eine geplante oder geänderte Wärmeeinleitung. Aufbauend auf eine Simulation der Veränderungen der Temperaturverhältnisse ist erst eine umfassende gewässerökologische Beurteilung einer Kühlwassereinleitung möglich. Anhand der Simulation verschiedener Lastfälle des Wärmeeintrags wird eine für das Gewässer gemäß den rechtlichen Anforderungen vertretbare Maxi-

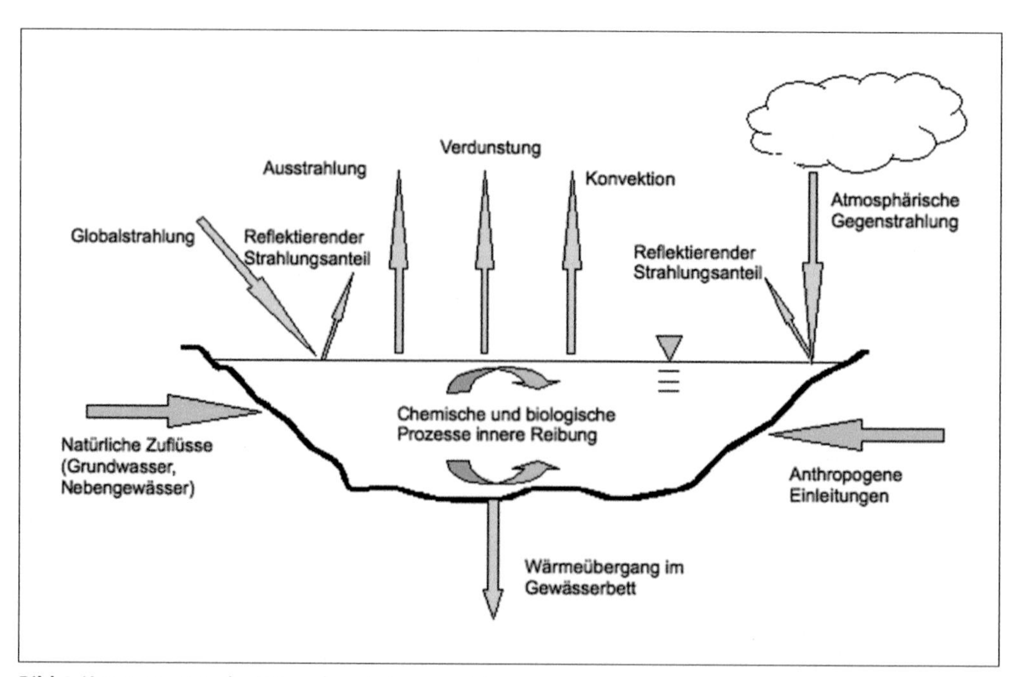

Bild 4: Komponenten des Wärmehaushaltes aus [2]

maltemperatur und zulässige Aufwärmespanne der Kühlwassereinleitung ermittelt und als Wärmereglement in der wasserrechtlichen Erlaubnis festgeschrieben.

Die Simulation gibt zudem Erkenntnisse darüber, wie im Hinblick auf die Überwachung der Wärmeeinleitung vorzugehen ist. Kann auf Grund der Simulation annähernd eine vollständige Durchmischung unterstellt werden, reicht der Nachweis der Einhaltung der bescheidsgemäßen Überwachungswerte für Gewässertemperatur und Aufwärmespanne über eine rechnerische Betrachtung aus. In sensiblen Gewässerabschnitten kann diese Vorgehensweise als nicht ausreichend erscheinen und es kann zu unvertretbaren Temperaturverhältnissen im Gewässerabschnitt führen. In diesen Fällen bedarf es einer differenzierteren Betrachtung und es ist ein Ort der Beurteilung festzulegen. Für die Überwachung der Bescheidswerte ist dann eine entsprechende Messstelle im Gewässer vorzusehen. Der Ort der Beurteilung ist auf Grund der Simulationsergebnisse festzulegen.

Neben einer Begrenzung der maximalen Gewässertemperatur und der zulässigen Aufwärmespanne können weitergehende Einschränkungen im Hinblick auf Art und Umfang der betriebsbedingten Änderungen der Aufwärmespannen erforderlich sein, da jede Änderung der Temperaturverhältnisse im Gewässer eine Belastung darstellt. In Abhängigkeit der Fischlebensgemeinschaft sind ggf. jahreszeitlich differenzierte Vorgaben für die zulässige Aufwärmespanne zu treffen, um negative Auswirkungen auf die Gewässerökologie zu vermeiden, z. B. Winterruhe und Reproduktionsgeschehen von winter- und frühjahrslaichenden Fischarten. Das erforderliche Monitoring der Kühlwassereinleitung kann im Einzelfall sehr komplex sein.

6. Ausblick

Die LAWA-Schrift gibt einen umfänglichen Überblick auf die im Rahmen einer wasserwirtschaftlichen Beurteilung von Kühlwassereinleitungen zu berücksichtigenden Gesichtspunkte. Ein „Kochrezept" für eine Beurteilung konnte auch bei der Aktualisierung der LAWA-Schrift – auch wenn von verschiedener Seite erwünscht – nicht erwartet werden, da jede Gewässersituation zu einer anderen Bewertung führt. Die Schrift beleuchtet in der gebotenen Tiefe die verschiedenen Aspekte für eine fachgerechte Beurteilung und darf dabei nicht so verstanden werden, dass alle dargestellten Gesichtspunkte bei jeder Kühlwassereinleitung zwingend zum Tragen kommen müssen.

Zurückkehrend zu dem eingangs beschriebenen Beispiel am Untermain bleibt abzuwarten, welche Folgen der prognostizierte Klimawandel für das Gewässer haben wird. Ausgehend von den sich abzeichnenden Trends, dass die Wassertemperaturen ansteigen und die Niedrigwasserereignisse sich häufen werden, stellt sich die Frage, ob bei der bestehenden Gewässerstruktur jemals die für den Main nach Oberflächengewässerverordnung anzustrebenden Wassertemperaturverhältnisse zu erreichen sind. Es bleibt abzuwarten, inwieweit im Zuge der Umsetzung der Energiewende sich die Bedeutung von Großkraftwerken und ihrer Kühlwassereinleitung verändern wird. Zudem zeigt sich am Main, dass sich durch den Rhein-Main-Donau-Kanal die vorhandene Fischlebensgemeinschaft verändert hat, denn es haben sich Temperatur tolerante Arten eingefunden. Der hessische Untermain ist vorläufig als erheblich verändertes Gewässer eingestuft worden und ist nach § 27 WHG so zu bewirtschaften, dass das gute ökologische Potenzial des Gewässers erhalten oder erreicht wird. Wie das gute ökologische Potenzial des Untermains zu beschreiben ist und welche Maßnahmen zur Verbesserung der Gewässerstruktur ergriffen werden, wird die Zukunft zeigen. Inwieweit das bestehende Wärmereglement für die vorhandenen Kühlwassereinleitungen basierend auf 28 °C gemäß Fischgewässerverordnung anzupassen ist (der Untermain ist ein Cyprinidengewässer) bleibt abzuwarten. Solange die Staustufen vorhanden sind und das Gewässer sich unabhängig von Wärmeinleitungen meteorologisch bedingt stark aufheizt, führt jegliche Herabsetzung des Wärmereglements zu einer Einschränkung der bestehenden Nutzung. Entsprechendes gilt, wenn die Gewässertemperatur meteorologisch bedingt in Folge des Klimawandels ansteigen wird.

Literatur

[1] Brahmer, Gerhard / Teichmann, Werner: „Ein Wärmesimulationsmodell für den hessischen Main", in: Jahresbericht 2007, Hrsg.: Hessisches Landesamt für Umwelt und Geologie; Wiesbaden 2008

[2] Bund-/Länder-Arbeitsgemeinschaft Wasser (LAWA): „Grundlagen für die Beurteilung von Kühlwassereinleitungen in Gewässer", (wird demnächst als Download auf der Homepage der LAWA zur Verfügung stehen / http://www.lawa.de/Publikationen.html)

[3] Keller, Dr. Martin: BfG Wasserbeschaffenheitsmessstationen; Einrichtung, Betrieb und Datenauswertung in „BMU-Maßnahmen – Messprogramm zur Überwachung der Gewässergüte grenzüberschreitender Flüsse sowie Küstengewässer 2009/2010" Koblenz, Dezember 2008

[4] Baur, W.H. & Rapp, J: Gesunde Fische, Blackwell Verlag GmbH, Berlin, Wien, ISBN 3-8263-3402-7, 317 Seiten 2003

Autor

Dipl.-Ing. Gerd Hofmann MBA
Leiter des Dezernates Anlagenbezogener Gewässerschutz
Regierungspräsidium Darmstadt
Abteilung Arbeitsschutz und Umwelt Frankfurt
Gutleutstrasse 114
60327 Frankfurt am Main
Gerd.Hofmann@rpda.hessen.de

Michael Obert

Anpassung an den Klimawandel als Aufgabe der Stadtplanung

Der Klimawandel ist in Baden-Württemberg bereits Realität. Neben effektiven Maßnahmen zum Klimaschutz sind daher vorausschauend Maßnahmen zur Anpassung an die unvermeidbaren Folgen des Klimawandels zu entwickeln. In der Stadt Karlsruhe spielt das Klima schon länger eine nicht unbedeutende Rolle, was sich auch in der Stadtplanung niederschlägt.

1 Einleitung

Ende der 90er-Jahre war zunächst der Klimaschutz im Fokus: der Karlsruher Gemeinderat hat im Oktober 1999 das Agenda-21-Konzept „Energie und globaler Klimaschutz" beschlossen. Schon zu Beginn des neuen Jahrhunderts begann die Diskussion um die Anpassung an die unvermeidbaren Folgen des Klimawandels, nicht zuletzt bedingt durch die Hitzerekorde im Sommer 2003 mit überdurchschnittlich vielen temperaturbedingten Todesfällen, auch in Karlsruhe. Hier wurde zweimal die bundesweite Rekordhöhe von knapp 41 Grad Celsius gemessen.

Im Jahr 2008 wurde vom Städtischen Umweltamt ein erster Grundlagenbericht über die „Anpassung an den Klimawandel" veröffentlicht. Schließlich befasste sich eine städtische Arbeitsgruppe u. a. unter Beteiligung von KIT, LUBW, Regionalverband und dem Gesundheitsamt der Stadt Karlsruhe damit, ein weiterführendes strategisches Konzept zur Anpassung zu erstellen und legte den kommunalen Gremien jüngst (April/Mai 2013) ein umfassendes Maßnahmenpaket vor.

Die Starkregenereignisse als Folgen des Klimawandels beispielsweise bei der Stadtentwässerung wurden aufmerksam registriert. Eine Verwundbarkeitsabschätzung (Vulnerabilitätsanalyse) wurde im Rahmen des Forschungsvorhabens „Kritische Infrastruktur, Bevölkerung und Bevölkerungsschutz im Kontext klimawandelbeeinflusster Extremwetterereignisse" (KIBEX) der UNITED NATIONS UNIVERSITY (Institute for Environment and Human Security – UNU-EHS) erstellt. Intensiv wurde untersucht, welche baulichen Vorsorgemaßnahmen in Betracht kommen, um das Niederschlagswasser schnellstens und möglichst schadensfrei aus gefährdeten Gebieten abzuleiten.

2 Maßnahmenpaket und Aufgaben der Kommune

Neben dem privaten Objektschutz des Einzelnen kommt den Kommunen bei der Organisation einer schadlosen Ableitung von Niederschlagswasser nach Starkregen eine wichtige Aufgabe zu. Die Schaffung bzw. der Erhalt von Rückhalte- und Speicherräumen können hier zur Entlastung führen. Extreme Starkregenereignisse, wie sie gerade in den letzten Monaten zu beobachten waren, führen zu einer temporären Überlastung der Kanalisation.

Auf der anderen Seite führen lang anhaltende Trockenperioden mangels „natürlicher" Kanalspülmengen dazu, dass es in der Mischwasserkanalisation zu vermehrten Ablagerungen im Kanal kommt, was stadthygienische Probleme nach sich ziehen kann.

Zur Reduzierung des Regenwasserabflusses ist in Baden-Württemberg (seit 1.1.1999) vorgeschrieben, dass bei allen Baumaßnahmen das anfallende Niederschlagswasser auf dem Grundstück schadlos versickert oder ortsnah in ein Gewässer eingeleitet werden soll (WG § 45b Absatz 3) [1].

Im Hinblick auf den Klimawandel rückt die Bedeutung der dezentralen Regenwasser-

Bild 1: „Innenentwicklung versus Klimakomfort" – Forschungsfeld ExWoSt

versickerung stärker in den Vordergrund, da die lokale Abflussvermeidung auch ein Element zur Entlastung städtischer Entwässerungssysteme ist.

3 Multifunktionale Flächennutzung

Ein Strategieansatz zum Umgang mit Starkregenereignissen und anderen Auswirkungen des Klimawandels ist die „multifunktionale Flächennutzung" in Siedlungsräumen. Dabei werden Freiflächen mit anderen Hauptnutzungen im Bedarfsfall gezielt geflutet und als Retentionsraum verwendet.

Dies wird in der Stadt Karlsruhe an verschiedenen Stellen angewendet. Im Baugebiet „Technologiezentrum" wurden Grünmulden als Versickerungsbecken für die umliegenden Grundstücke angelegt. Diese begrünten Freiflächen dienen dabei gleichzeitig zur Verbesserung des Mikroklimas in den Siedlungsräumen. Im Stadtteil Neureut und im Konversionsgebiet Knielingen ist man einen Schritt weiter gegangen und hat die Regenwasserkanalisation auf zentrale öffentliche Versickerungsanlagen ausgerichtet, die gleichzeitig auch dem Aufenthalt im öffentlichen Raum dienen und in Teilbereichen als Spielflächen verwendet werden. Ein kleinerer See im Stadtteil Waldstadt bzw. Hagsfeld wird als offene Wasserfläche als Puffervolumen genutzt.

Die nahe liegende Realisierung unterirdischer Retentionsräume scheitert indes oft am Platzbedarf. Die Vielzahl unterirdischer Leitungen sowie auch die klimapolitisch gewollte Ausweitung der Fernwärme in Karlsruhe bei gleichzeitiger Verringerung der Straßenbreite erschweren den Bau unterirdischer Rückhalteräume. Der große unterirdische Flächenbedarf für die Bauten der Fernwärmenetze verstärkt diesen Konflikt.

Das Konzept für die multifunktionalen Nutzungen von städtischen Flächen soll in Karlsruhe in Zusammenarbeit mit dem Gartenbauamt und dem Stadtplanungsamt bei neuen Bebauungsplänen flächig eingesetzt werden. Hierzu ist erforderlich, dass Neubaugebiete topografisch auf dieses Szenario ausgerichtet und ausreichend Flächen zur Verfügung gestellt werden.

4 Städtebaulicher Rahmenplan Klimaanpassung

Die Karlsruher Stadtplanung greift die Anpassung an den Klimawandel auf. Die Entwicklung eines konkret auf den Siedlungsraum bezogenen Handlungsleitfadens in Form eines „Städtebaulichen Rahmenplans Klimaanpassung" wird vorrangig verfolgt. Dieser Ansatz wird auch im der-

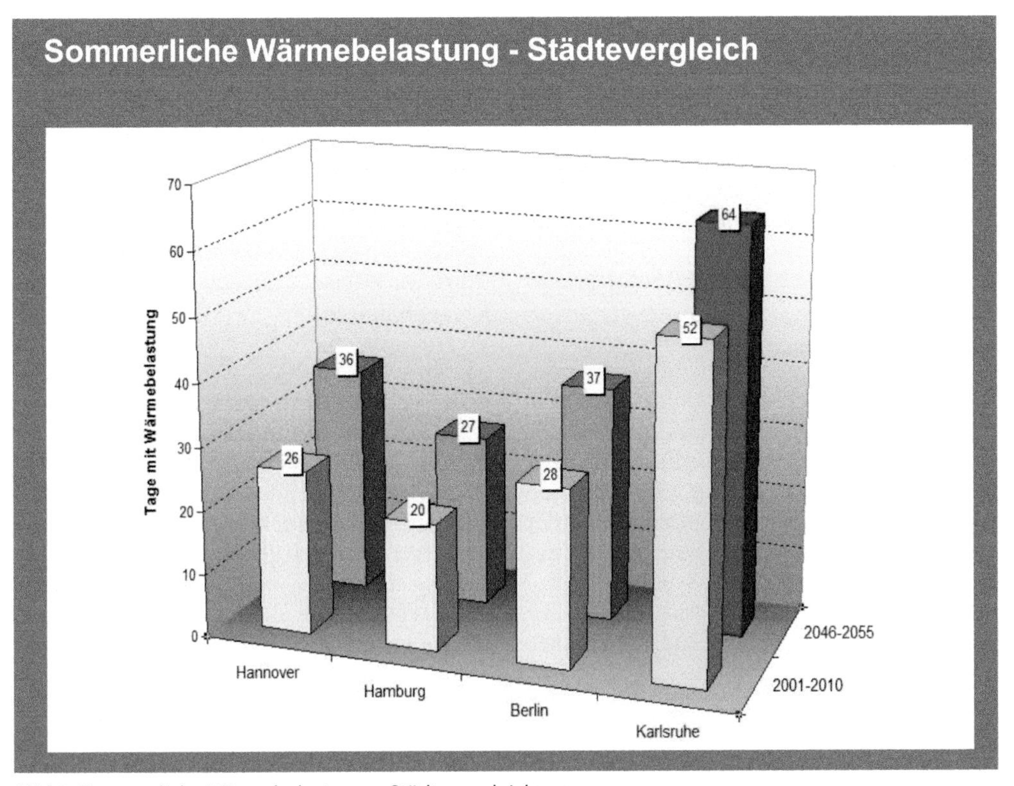

Bild 2: Sommerliche Wärmebelastung – Städtevergleich

zeit auf dem Masterplan 2015 aufbauenden „Integrierten Stadtentwicklungskonzept 2020" verankert.

Grundlage hierfür bildet, neben den Ergebnissen zum Thema „Klima und Lufthygiene" aus der Tragfähigkeitsstudie des für die vorbereitende Bauleitplanung zuständigen Nachbarschaftsverbands Karlsruhe, das Modellprojekt „Innenentwicklung versus Klimakomfort" (**Bild 1**) [2]. Dieses Modellprojekt ist im Rahmen des Forschungsfeldes „Experimenteller Wohnungs- und Städtebau" – ExWoSt – des Bundesministeriums für Verkehr, Bau und Stadtentwicklung angesiedelt [3].

Das Stadtplanungsamt ist als Planungsstelle des Nachbarschaftsverbands seit Ende 2009 mit der Thematik befasst. Mittels Simulationsmodellen werden bei dem Modellprojekt insbesondere die Grenzen von Nachverdichtung in klimatisch vorbelasteten Siedlungsbereichen untersucht und übertragbare Handlungsempfehlungen entwickelt.

Das Modellprojekt bestätigt, dass der Raum Karlsruhe einer der klimatisch am stärksten betroffenen Ballungsräume in Deutschland ist. Durch die topografische Lage im Oberrheingraben ergeben sich nach den gängigen Klimaprojektionen (im A1B-Emissionsszenario [4]) künftig noch höhere Temperaturen und besonders häufige und lang andauernde Hitzeperioden, so dass die Überhitzung des urbanen Raums in der Zukunft ein sich weiter erheblich verstärkendes Problem darstellt. Selbst wenn Szenarien, die zum Ende des Jahrhunderts für unseren Raum klimatische Verhältnisse ähnlich dem heutigen Nordafrika prognostizieren, zwischenzeitlich als fraglich gelten, so muss in jedem Fall von größerer Erwärmung ausgegangen werden (**Bild 2**).

Auf der anderen Seite stellen wir einen weiterhin zunehmenden Siedlungsdruck auf Flächen im Innenbereich fest, zumal „Flächensparen" und „Innenentwicklung" als zentrale Handlungsfelder einer nachhaltigen Stadtentwicklung gelten – gerade auch vor dem Hintergrund des Klimaschutzes.

Konflikte aus den gegenläufigen Zielrichtungen scheinen hier vorprogrammiert. Eine nachhaltige Anpassung der kommunalen Siedlungs- und Bestandsentwicklung angesichts des Klimawandels gilt deshalb als eine zentrale Aufgabe der Stadtplanung. Zentrale Fragestellungen dabei sind:

1. Wie sieht eine klimaangepasste, optimale Siedlungsstruktur aus?
2. Wie verträgt sie sich mit städtebaulichen Leitbildern?
3. Wie lassen sich Schwerpunkte (sektoral, räumlich) kommunaler Handlungskompetenz identifizieren?

Im Rahmen des ExWoSt-Projektes [2] haben sich hierzu bei der Betrachtung des Vertiefungsbereichs Karlsruhe-Ost erste Antworten ergeben. Hinweise für eine klimaangepasste Weiterentwicklung des Bestandes ergeben sich dabei aus der Analyse von zwei Entwurfsszenarien (**Bilder 3 und 4**):

Durch eine konsequente Entsiegelung der Blockinnenbereiche in Verbindung mit der Anpflanzung von Bäumen könnte die Hitze-Belastung hier durchaus wirkungsvoll reduziert werden. Durch Abriss einerseits und Aufstockung andererseits muss dabei nicht zwangsläufig eine Reduzierung der Dichte erfolgen.

Durch den Ausbau von Grünverbindungen bzw. Neuanlage sog. „Pocket-Parks" – also stark begrünter Plätze – kann eine zusätzliche Wohlfahrtswirkung insbesondere bei austauscharmen Wetterlagen im Hochsommer erzielt werden. Tagsüber verhindert der Baumbestand ein Aufheizen der Flächen und macht den Aufenthalt erträglich, nachts profitieren die angrenzenden Wohnbereiche von der kühleren Luft.

Zusammenhängende Freiräume, die zwar eine nächtliche Kaltluftströmung innerhalb des Stadtkörpers ermöglichen können, müssen dann aber auch so ausgebildet werden, dass diese Kaltluft überhaupt strömen kann. Dabei können große Bäume auch als Barriere wirken.

Bild 3: ExWoSt – Vertiefungsgebiet„Karlsruhe-Ost, Durlacher Alle", Entwurfsszenario A

Bild 4: ExWoSt – Vertiefungsgebiet „Karlsruhe-Ost, Durlacher Alle“, Entwurfsszenario B

Bild 5: ExWoSt – Vertiefungsgebiet „Karlsruhe-Ost, Durlacher Alle“

Eine große Barriere im Bereich der Oststadt für den Kaltluftaustausch stellt insbesondere der Bahndamm entlang des Ostrings dar. Hier könnte nur eine stärkere Perforierung Abhilfe schaffen.

Eine Überprüfung bisheriger Festsetzungen in Bebauungsplänen für noch unbebaute Bereiche hat z. B. auch Defizite bei der nächtlichen Kaltluftversorgung der Durlacher Allee im Bereich Schloss Gottesaue offen gelegt, wenn dort entsprechend den Festsetzungen gebaut würde.

Auch eine teilweise Entsiegelung des Messplatzes, verbunden mit entsprechender Begrünung würde sich klimatisch durchaus positiv auf die Durlacher Allee auswirken, auch bei teilweiser Bebauung der noch versiegelten Bereiche.

Positive Effekte gehen auch von der Begrünung von bisher geschotterten oder gepflasterten Gleiskörpern der Stadtbahn aus.

Ein besonderes Augenmerk wird dabei auch auf einem für die städtebauliche Weiterentwicklung Karlsruhes wegweisenden Projekt liegen: der Entwicklungsachse Durlacher Allee. Hier bestehen große Potenziale, visionäre Projekte im Sinne einer klimawandelangepassten Planung umzusetzen. Eine vertiefende Betrachtung dieses Bereichs im Rahmen von ExWoSt hat insbesondere beim ehemaligen Gleisbauhof sowie den nördlich angrenzenden Sport- und Kleingartenflächen innenstadtnahe Entwicklungsperspektiven für die Stadt unter klimatischen Vorzeichen aufgezeigt (**Bild 5**).

Als Vision wäre hier die Entwicklung eines stark durchgrünten Bürostandortes (etwa in Anlehnung an den Technologie-Park) vorstellbar, wofür im jüngst fertig gestellten Gewerbegutachten hierfür auch ein erhöhter Bedarf in Karlsruhe in den nächsten Jahren gesehen wird. Eine strikte Umsetzung von Klimaschutz und -anpassungsmaßnahmen in diesem Bereich muss dabei nicht als „Hemmschuh" gesehen werden, sondern könnte für einen neu entstehenden Standort als Alleinstellungsmerkmal dienen und durchaus mit Modellcharakter innerhalb der

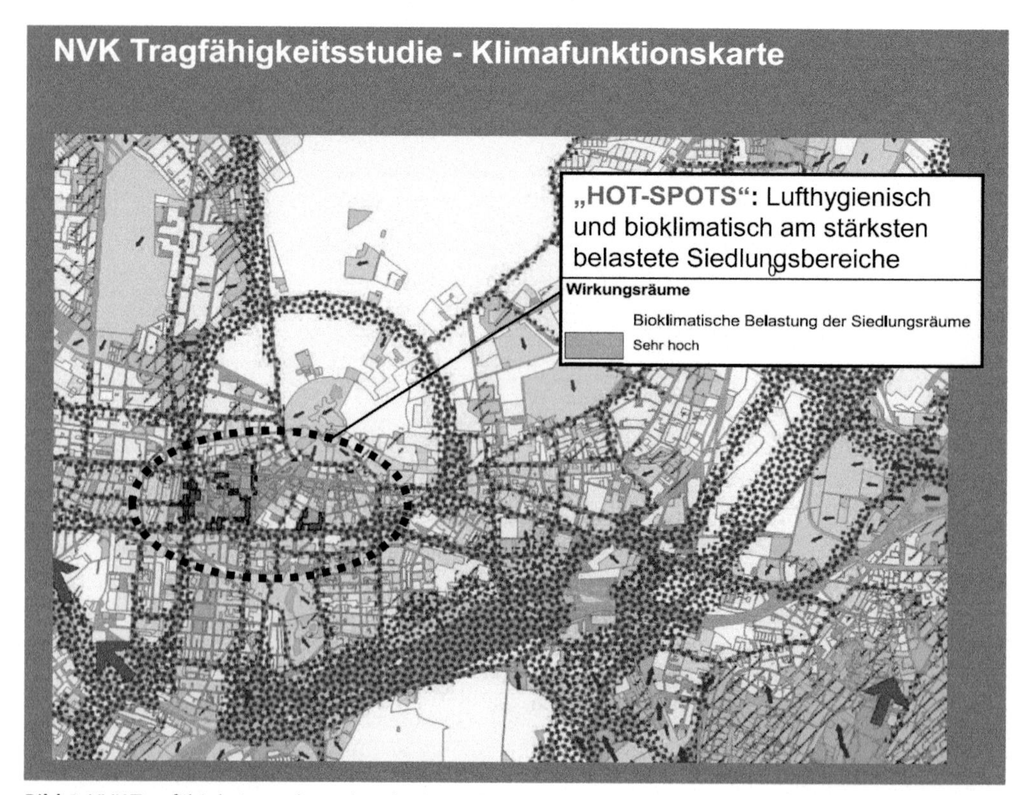

Bild 6: NVK Tragfähigkeitsstudie – Klimafunktionskarte

Technologieregion oder auch darüber hinaus ausstrahlen. Hier hat zwischenzeitlich ein städtebaulicher Workshop mit drei ausgewählten Büros stattgefunden, auf dessen Basis nunmehr ein städtebaulicher Rahmenplan entwickelt wird.

Über die auf aktuelle Projekte bezogene Berücksichtigung der klimatischen Aspekte hinausgehend, versucht die Stadt Karlsruhe gerade die gesamtstädtische Perspektive bei der Anpassung noch stärker zu berücksichtigen. Insgesamt wird das Ziel verfolgt, zukünftige städtebauliche Entwicklungen so zu steuern, dass negative Effekte auf das Karlsruher Stadtklima reduziert und positive Auswirkungen erhalten oder gefördert werden. Im bereits erwähnten „Städtebaulichen Rahmenplan Klimaanpassung" sollen hierzu – aufbauend auf den Erkenntnissen aus dem ExWoSt-Projekt – stadtweit sämtliche „Hotspots" identifiziert werden, an denen vordringlicher Handlungsbedarf für Anpassungsmaßnahmen besteht. Die Besonderheit des Projekts lässt sich dabei unter zwei Oberpunkten subsumieren.

Erstens werden Hot-Spots für zwölf verschiedene Stadtstrukturtypen ermittelt, die aus Stadtquartieren ähnlicher Bebauungsstrukturen bzw. Funktionsweisen bestehen und hinsichtlich ihrer Stabilität und Dynamik typisiert werden können. Hierdurch werden über die klassischen kernstädtischen Blockrandquartiere hinaus auch sämtliche weitere Siedlungsbausteine Karlsruhes (z. B. Quartiere mit Zeilenbebauung, Gewerbegebiete, Einfamilienhaussiedlungen) mit ihren unterschiedlichen baulichen Dichten in die Betrachtungen einbezogen (**Bilder 6 und 7**).

Zweitens erfolgt die Hot-Spot Identifizierung nicht allein auf der Basis von Informationen über den Stadtklimawandel, sondern durch deren Kombination mit relevanten nicht-klimatischen Faktoren wie der Lage von hitzesensiblen Einrichtungen – also Krankenhäuser, Altersheime, Kindergärten, Schulen etc. –, dem Demografischen Wandel – also wo leben künftig besonders sensible Bevölkerungsgruppen – oder der Erreichbarkeit und bioklimatischen Aufenthaltsqualität von Grünflä-

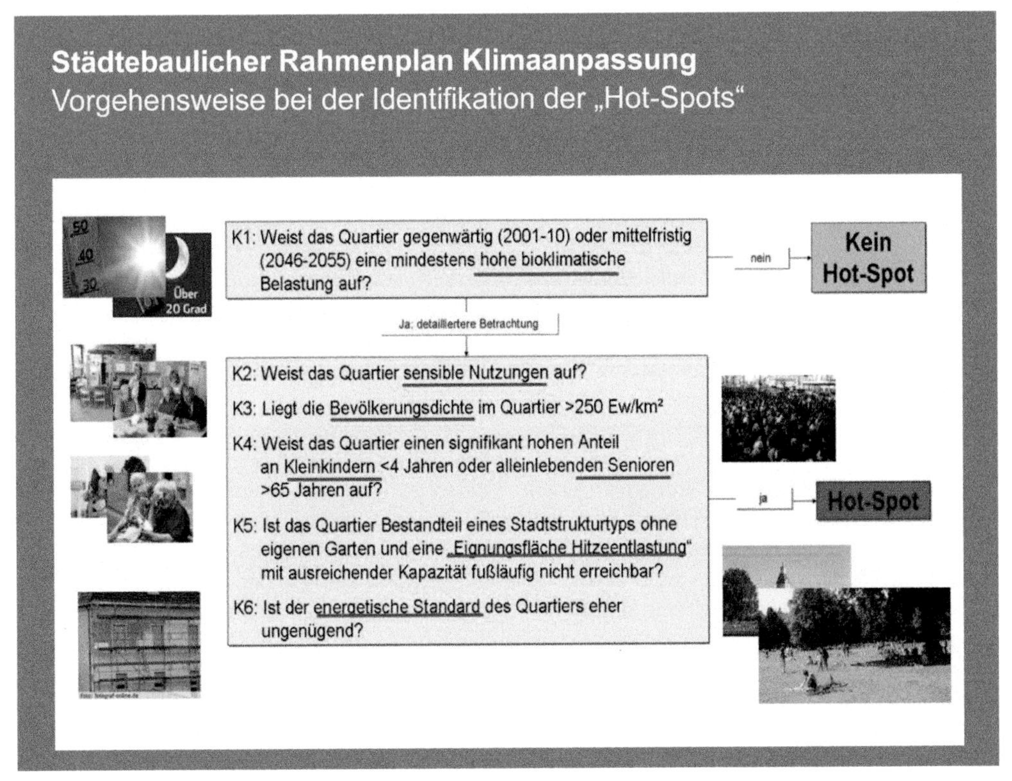

Bild 7: Vorgehensweise bei der Identifikation der Hot-Spots

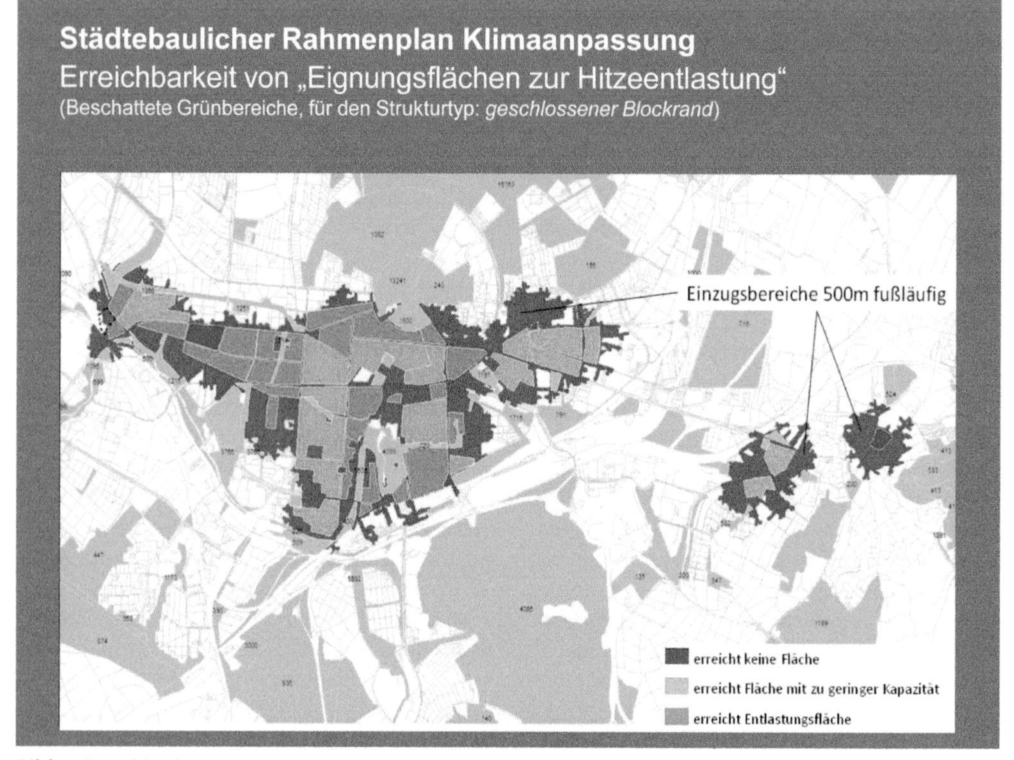

Bild 8: Erreichbarkeit von Eignungsflächen zur Hitzeentlastung

chen – also wie weit ist es zu Fuß bis zu möglichst viel Schatten spendenden und damit „kühlenden“ Grünbereichen (**Bild 8**).

Der Rahmenplan verfolgt insofern einen integrativen Ansatz und geht über eine lediglich auf klimatischen Informationen beruhende Vorgehensweise hinaus. Das Vorhaben wird durch Fördermittel des Landes Baden-Württemberg im Rahmen von KLIMOPASS unterstützt. Ein auch auf andere Städte übertragbarer Ansatz wird entwickelt.

Für die einzelnen Stadtstrukturtypen sollen anhand der Hot-Spots im Weiteren konkrete Maßnahmenpakete erarbeitet werden. Diese Maßnahmen werden zwar unter der Prämisse lokaler Anpassungen entwickelt, sind dann aber auf andere Quartiere desselben Stadtstrukturtyps anwendbar. Dank des Übertragbarkeitsansatzes werden die individuellen Maßnahmenportfolios weitgehend fehlertolerant sein und somit den klimamodellimmanenten Unsicherheiten in höchst möglichem Maße gerecht werden.

Die bisherigen Analysen haben auch gezeigt, dass in Karlsruhe mittlerweile weniger die Datenlage zum Klimawandel und seinen unmittelbaren Auswirkungen, als vielmehr die Verfügbarkeit von Informationen über bestimmte nicht-klimatische Faktoren (z. B. zum energetischen Standard von Gebäuden) derzeit durchaus noch ein Hemmnis für Entscheidungen darstellen.

Den Akteuren aus Politik, Verwaltung und Gesellschaft wird mit dem „Städtebaulichen Rahmenplan Klimaanpassung“ dennoch ein auf Karlsruhe abgestimmter Werkzeugkasten mit konkreten Handlungsempfehlungen bereitgestellt werden können, der als fachliche Basis für eine klimawandelgerechte räumliche Planung dient.

Es darf jedoch nicht außer Acht gelassen werden, dass den Städten nicht selten aus Standortüberlegungen heraus (z. B. Unternehmensan- oder umsiedlungen) Entscheidungen aufgenötigt werden können, die einer solchen vorausschauenden Planung zuwiderlaufen. Hier sind nicht nur die jeweiligen Entscheidungsträger gefordert, sondern auch erhöhte Ansprüche an interkommunale, ja interregionale Solidarität zu stellen.

5 Zusammenfassung

Der Klimawandel nimmt auf zahlreiche Bereiche des städtischen Lebens direkt und indirekt Einfluss und stellt damit eine der größten Herausforderungen für die Zukunft dar. Mit einer weiterhin konsequenten Klimaschutzpolitik und konsistenten Strategien zur Anpassung an den Klimawandel kann Karlsruhe zu einer Minimierung volkswirtschaftlicher Schäden und dem Schutz der Bevölkerung beitragen, also eine Optimierung der Lebensbedingungen unter neuen Verhältnissen erreichen und damit eine Vorbildfunktion für andere Städte übernehmen.

Literatur

[1] Wassergesetz für Baden-Württemberg, in der Fassung vom 01.01.1999 (GBl. S. 1), zuletzt geändert durch Verordnung vom 25.01.2012 (GBl. S. 65) m. W. v. 28.02.2012

[2] BBSR: Urbane Strategien zum Klimawandel – Kommunale Strategien und Potenziale, Modellvorhaben „Innenentwicklung versus Klimakomfort im Nachbarschaftsverband Karlsruhe (NVK); Bundesinstitut für Bau-, Stadt- und Raumforschung BBSR, ExWoSt, www.BBSR.bund.de

[3] Forschungsfeld „Experimenteller Wohnungs- und Städtebau" – ExWoSt – des Bundesinstitut für Bau-, Stadt- und Raumforschung BBSR, ExWoSt, www.BBSR.bund.de

[4] 4. Sachstandsbericht des IPCC, Szenario-Gruppe A1B = ausgewogene Nutzung fossiler und nichtfossiler Energiequellen, z.B. Wikipedia, Zugriff 25.06.2013

Autor

Bürgermeister Michael Obert
Rathaus am Marktplatz
76214 Karlsruhe
E-Mail: michael.obert@dez6.karlsruhe.de
dez6@karlsruhe.de

Nicole Engel, Lena Hübsch und Udo Müller

Beregnungsbedarfsermittlung und Beregnungssteuerung als Anpassungsmaßnahme an den Klimawandel

Die im Zuge des Klimawandels prognostizierten klimatischen Veränderungen im Sommerhalbjahr und deren Auswirkungen auf die Wasserverfügbarkeit für die landwirtschaftliche Produktion können sich unter anderem in einem Anstieg der potenziellen Beregnungsbedürftigkeit äußern. Als geeignete Anpassungsmaßnahme kann eine gezielte Beregnungssteuerung dienen.

1 Einleitung

Spätestens nach Veröffentlichung der ersten Ergebnisse des Fünften Sachstandsberichtes (AR5) des Intergovernmental Panel on Climate Change [1] kann davon ausgegangen werden, dass sich unser derzeitiges Klima bereits im Wandel befindet, der zudem durch anthropogene Einflüsse beschleunigt wird. Der Klimawandel kann sich regional sehr verschieden auswirken, was für die Landwirtschaft sowohl negative als auch positive Folgen haben kann.

Für die landwirtschaftliche Produktion Niedersachsens ist besonders die Wasserversorgung der Pflanzen von zentraler Bedeutung. Bereits unter heutigen klimatischen Bedingungen liefert die Beregnung einen wichtigen Beitrag zur Produktionssicherung. Über die Hälfte der bundesweiten Beregnungsfläche liegt in Niedersachsen [2], weshalb die Betroffenheit hier besonders hoch ist. Prognosen zur Entwicklung der potenziellen Beregnungsbedürftigkeit unter Klimawandelbedingungen geben einen Ausblick auf die Wassermenge, die eingesetzt werden müsste, um eine optimale Wasserversorgung der Feldfrüchte auch in Zukunft zu gewährleisten. Als Folge des Klimawandels ergibt sich ein Anstieg des potenziellen Beregnungsbedarfs landwirtschaftlicher Feldfrüchte. Die durch den Klimawandel verursachten Veränderungen der klimatischen Bedingungen haben in einigen Regionen außerdem Folgen für die Wasserverfügbarkeit. Die Bedeutung wassersparender Bewirtschaftungsformen, z. B. durch bedarfsgerechte Beregnungssteuerung, wird infolge dessen weiter zunehmen.

2 Klimawandel in Niedersachsen

Zu der Frage, wie sich der Klimawandel in Niedersachsen in Zukunft auswirken wird, gibt es viele Studien, basierend auf den Ergebnissen verschiedener Regionalmodelle. Doch auch die Vergangenheit gibt Aufschluss über den Trend, dem die Klimadaten in Zukunft folgen könnten. Auswertungen von Beobachtungsdaten zeigen einen Anstieg der mittleren Jahrestemperatur für Niedersachsen von 1,3 °C für den Zeitraum von 1951 bis 2005 [3]. Die Fortsetzung dieses Trends wird durch die Ergebnisse der Regionalmodelle bestätigt. Trotz der Unsicherheiten, die mit den Ergebnissen der regionalen Klimamodelle einhergehen, weisen doch alle die gleichen Trends auf. So wird für Niedersachsen vom Regionalmodell WETTREG2010 [4] bei Betrachtung eines Mittelwerts aller zehn Rechenläufe des A1B-Szenarios [5] eine Temperaturerhöhung von zunächst etwa 1,0 °C, ausgehend vom Referenzzeitraum (1961–1990) bis zum Zeitraum 2011–2040, und danach ein verstärkter Anstieg von etwa 2,4 °C bis zum Ende des Jahrhunderts (2071–2100) berechnet. Daraus folgt eine Zunahme der mittleren Jahrestemperatur vom Referenzzeitraum bis zum Ende des Jahrhunderts um insgesamt etwa 3,4 °C [6]. Auch beim Niederschlag sind Trends zu erkennen, die regional bereits in der Vergangenheit einsetzen und die sich laut WETTREG2010 [4] in Zukunft auch in ganz Niedersachsen zeigen werden. Dabei wird von einer Veränderung der innerjährlichen Niederschlagsverteilung ausgegangen. Während die niederschlagsreichsten Monate derzeit Juni und Juli sind, werden diese in Zukunft voraussichtlich von den Monaten Dezember und Januar abgelöst. Die Niederschläge verschieben sich somit zunehmend vom Sommer- ins Winterhalbjahr. Im Jahresmittel wird es vermutlich nur geringe Veränderungen geben. Hier werden gering abnehmende bis gleichbleibende Niederschlagsmengen erwartet [6]. Dies kann jedoch regional sehr unterschiedlich ausfallen.

Die klimatische Wasserbilanz ergibt sich aus der Differenz von Niederschlag und Verdunstung und ist damit ein geeigneter Parameter, um die klimatischen Gegebenheiten und Veränderungen regional differenziert darzustellen. Sie liefert in erster Annäherung ein Maß für die regionale Wasserverfügbarkeit und gibt einen Hinweis darauf, ob die Vegetation in einem Gebiet von Wassermangel betroffen sein kann. Die Veränderungen der Niederschlagsverteilung sowie die steigende Jahresmitteltemperatur und der daraus resultierende Anstieg der Verdunstung bestimmen die Entwicklung der klimatischen Wasserbilanz.

Zur Bewertung der Auswirkungen des Klimawandels auf die landwirtschaftliche Produktion spielt die klimatische Wasserbilanz der Hauptvegetationsperiode (Mai bis Oktober) eine entscheidende Rolle. Für Niedersachsen zeichnet sich eine stetige Abnahme der klimatischen Wasserbilanz im Sommerhalbjahr ab. Diese sinkt, ausgehend vom Referenzzeitraum, um etwa 50 mm/a bis zum Zeitraum 2011–2040 und um etwa 180 mm/a bis zum Ende des Jahrhunderts [6]. Zunehmende Sommertrockenheit und Ausschöpfung des Bodenwasservorrats können die Folge sein. Von diesen Ergebnissen ausgehend ist ein Anstieg der potenziellen Beregnungsbedürftigkeit zu erwarten.

3 Auswirkungen des Klimawandels auf die potenzielle Beregnungsbedürftigkeit

Die beschriebenen klimatischen Veränderungen werden zu einem Anstieg des potenziellen Beregnungsbedarfs führen. Dieser stellt die langfristige mittlere Beregnungsmenge dar, die benötigt wird, um eine optimale Wasserversorgung zu gewährleisten und Trockenstress für die Pflanzen zu vermeiden. Definitionsgemäß ist dies bei Unterschreitung eines Schwellenwertes von 40 % nutzbarer Feldkapazität der Fall [7].

Mit dem am Landesamt für Bergbau, Energie und Geologie (LBEG) vorliegenden Verfahren zur Berechnung der potenziellen Beregnungsbedürftigkeit [7, 8] und dem regionalen Klimamodell WETTREG2010 [4] (A1B-Szenario [5]) ist eine Projektion der Entwicklung der mittleren Beregnungsmenge unter Klimawandelbedingungen durchgeführt worden [6]. Die Berechnung erfolgt auf Grundlage der in der digitalen nutzungsdifferenzierten Bodenübersichtskarte 1 : 50 000 (BÜK50n) ausgewiesenen Ackerflächen.

Ausgehend vom Referenzzeitraum (1961–1990) sind die klimawandelbedingten Veränderungen des potenziellen Beregnungsbedarfs berechnet worden (**Bild 1**). Bis zum Zeitraum 2011–2040 zeigen etwa 30 % der Ackerfläche keine Zunahme der potenziellen Beregnungsbedürftigkeit. Dabei handelt es sich in erster Linie um Flächen, die keinen Beregnungsbedarf ausweisen. Für rund 65 % der Ackerflächen wird mit einer maximalen Zunahme von 20 mm/a gerechnet. Nur rund fünf Prozent der berücksichtigten Fläche weist eine Zunahme der potenziellen Beregnungsbedürftigkeit von maximal 40 mm/a auf [6]. Daraus ergibt sich ein mittlerer Anstieg für die gesamte Ackerfläche Niedersachsens von etwa sieben mm/a bis zum Zeitraum 2011–2040.

Mit Blick auf die Veränderungen der potenziellen Beregnungsbedürftigkeit vom Referenzzeitraum bis zum Ende des Jahrhunderts (**Bild 2**) zeigt sich, dass die Flächen ohne Beregnungsbedarf weiterhin etwa 30 % der Gesamtfläche ausmachen und damit keine Zunahmen aufweisen. Wiesen im Zeitraum 2011–2040 noch etwa 70 % der Ackerflächen eine maximale Zunahme der potenziellen Beregnungsbedürftigkeit von weni-

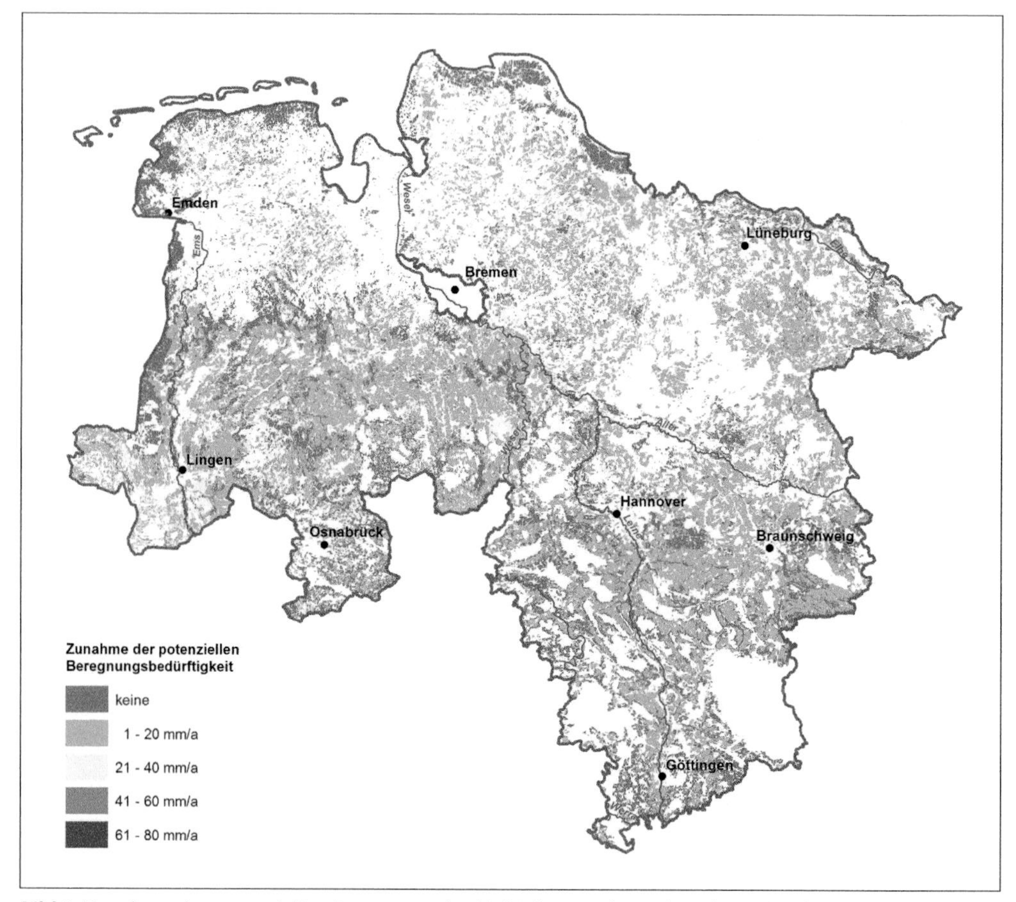

Bild 1: Zunahme der potenziellen Beregnungsbedürftigkeit niedersächsischer Ackerflächen von 1961–1990 bis 2011–2040.

ger als 40 mm/a auf, so sind es im Zeitraum 2071–2100 nur noch 47 %. Ein Anstieg des Beregnungsbedarfs um bis zu 60 mm/a wird für etwa 24 % der Flächen prognostiziert. Die Zunahmen, die darüber hinaus gehen (bis 80 mm/a), sind mit einem Anteil von 0,3 % an der Ackerfläche vernachlässigbar. Gemittelt über die gesamte Ackerfläche Niedersachsens ergibt sich ein Anstieg von etwa 25 mm/a bis zum Ende des Jahrhunderts.

Die Betrachtung der Zunahmen der potenziellen Beregnungsbedürftigkeit gibt noch keine Auskunft über die auch heute schon von hohem Beregnungsbedarf betroffenen Regionen. Dafür ist eine Auswertung der gemittelten absoluten Mengen für den Zeitraum 2071–2100 auf Landkreisebene erstellt worden (**Bild 3**). Dabei zeigt sich, dass die größte Betroffenheit im Nordosten Niedersachsens liegt. Nordost-Niedersachsen ist, bedingt durch die überwiegend sandigen Böden und das nach Osten zunehmende Kontinentalklima, mit rund 300 000 ha bereits unter aktuellen Klimabedingungen das bundesweit am stärksten durch Feldberegnung geprägte Gebiet [9, 10, 2].

4 Standort- und fruchtartspezifische Beregnungssteuerung am Beispiel des Bodenwasserhaushaltsmodells BOWAB

Mit der prognostizierten Zunahme des mittleren Beregnungsbedarfs geht sowohl eine Zunahme der beregnungsbedürftigen Fläche als auch

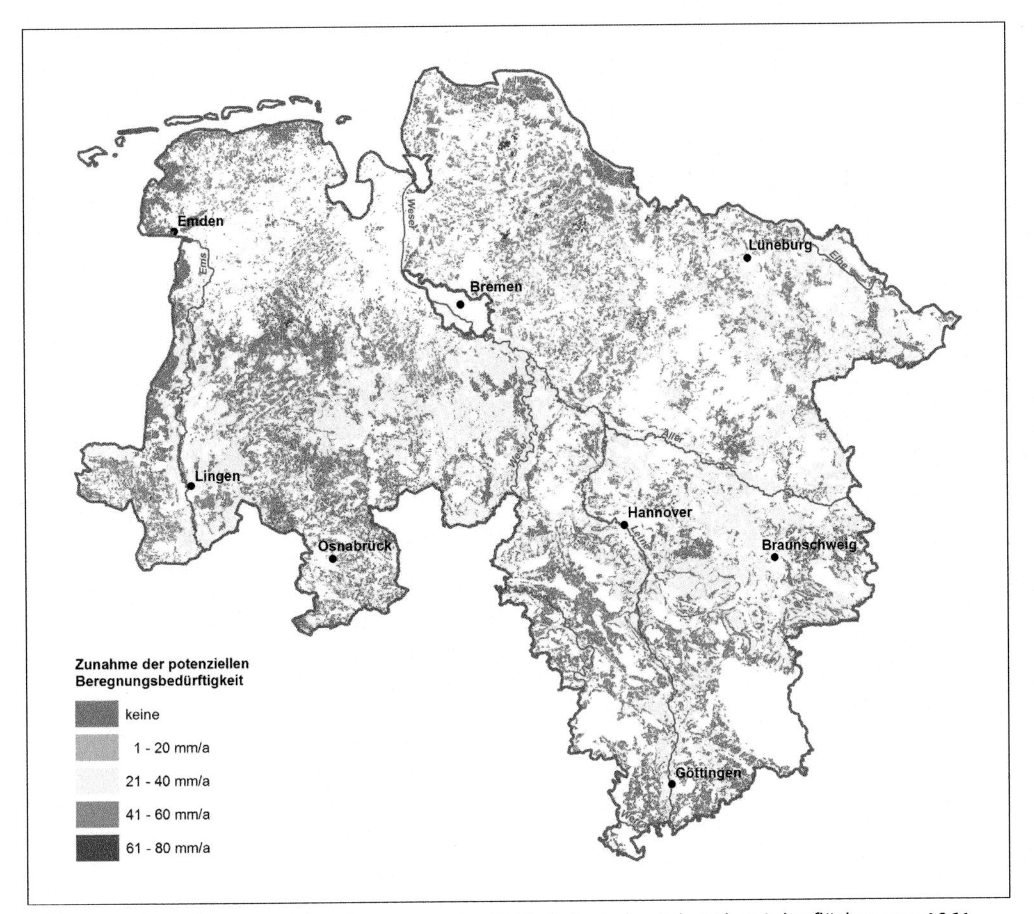

Bild 2: Zunahme der potenziellen Beregnungsbedürftigkeit niedersächsischer Ackerflächen von 1961–1990 bis 2071–2100.

der notwendigen Beregnungswassermenge pro Beregnungsfläche einher [6, 11, 12]. Vor diesem Hintergrund wächst die Notwendigkeit, Wasserressourcen zu schonen und als Anpassungsmaßnahme an die Folgen des Klimawandels wassersparende Bewirtschaftungsformen zu etablieren [13]. Die Zunahme des Zusatzwasserbedarfs wird nicht kontinuierlich verlaufen, sondern in Abhängigkeit vom Witterungsverlauf der Einzeljahre Schwankungen unterworfen sein. Um Wassereinsparungen zu erzielen, muss die Zusatzbewässerung deshalb zukünftig noch stärker am aktuellen Bedarf der Kulturen ausgerichtet werden, der von den klimatischen, bodenphysikalischen und pflanzenbaulichen Faktoren abhängt. Eiine wichtige Voraussetzung dafür sind Kenntnisse über die Entwicklung des Bodenwasservorrates, insbesondere des pflanzenverfügbaren Bodenwassers.

Von Bedeutung ist das im Boden vorhandene Wasser darüber hinaus für die Nährstoffversorgung. Auf ausgetrocknetem Boden applizierter Dünger (insbesondere Stickstoffdünger) löst sich bei ausbleibenden Niederschlägen und fehlendem Wasser im Boden nicht oder nur unzureichend auf. Bei Bodentrockenheit sind außerdem die Umwandlung in pflanzenverfügbare N-Formen und der Nährstofftransport zu den Wurzeln gehemmt, so dass die Nährstoffe von den Pflanzenwurzeln nur unzureichend aufgenommen werden. Längerer Trockenstress führt gleichzeitig zu Ertragsminderungen, weshalb der Stickstoffbedarf insgesamt sinkt. Die Folge sind Stickstoffüberhänge. Vor dem Hintergrund einer in-

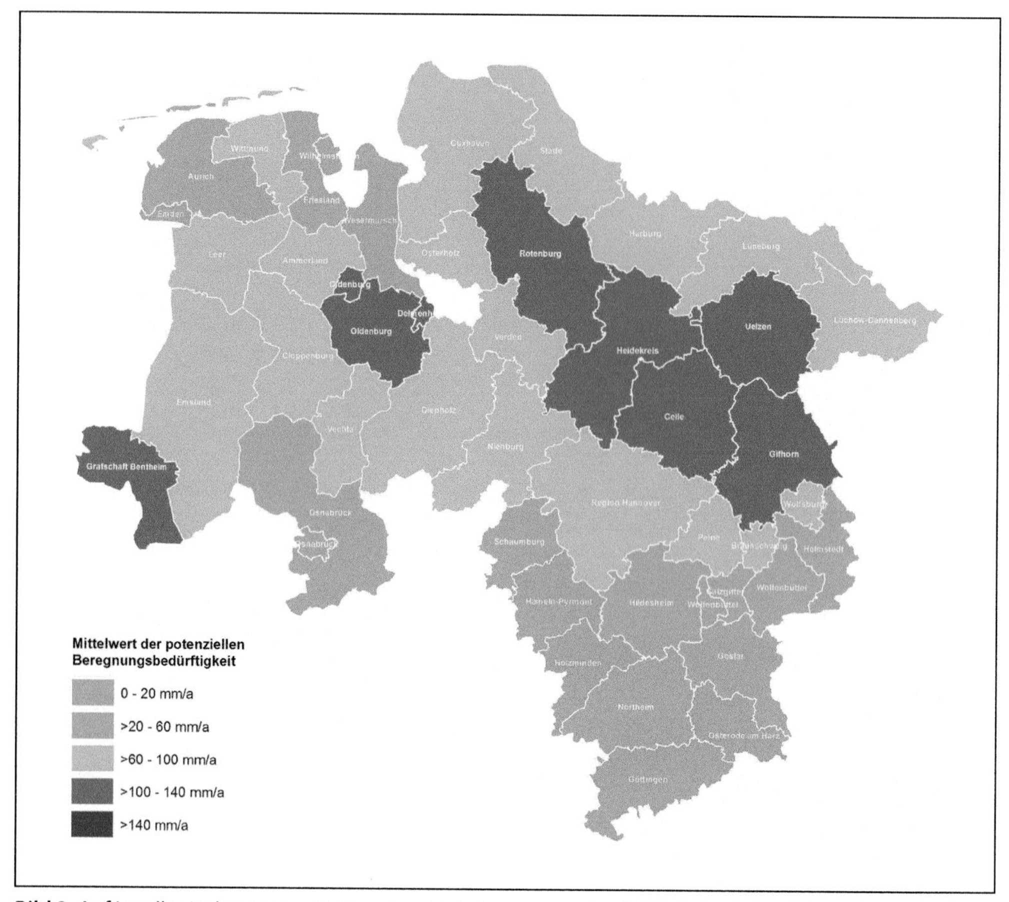

Bild 3: Auf Landkreisebene gemittelte potenzielle Beregnungsbedürftigkeit niedersächsischer Ackerflächen im Zeitraum 2071–2100.

folge des Klimawandels prognostizierten zunehmenden Sommertrockenheit sind Beregnungsmaßnahmen (neben der Wahl des richtigen Düngezeitpunktes) deshalb auch ein geeignetes Instrument zur Verbesserung der Stickstoff-Effizienz [14].

4.1 Modellbeschreibung

Aufbauend auf einem seit 1999 im LBEG (vormals Niedersächsisches Landesamt für Bodenforschung, NLfB) eingesetzten Einspeicherbodenwasserhaushaltsmodells [15] erfolgte in den Jahren 2006 bis 2010 im Rahmen eines von der Deutschen Bundesstiftung Umwelt (DBU) geförderten Projektes die Entwicklung des Mehrspeicherbodenwasserhaushaltsmodell BOWAB (=**Bo**den**Wa**sser**B**ilanzierung). Durch die Implementierung kulturspezifischer Kennwerte zum Wasserbedarf, zu Entwicklungsstadien und Durchwurzelungstiefen verschiedener Feldfrüchte in das Modell erfolgte im Anschluss die Weiterentwicklung hinsichtlich der Beregnungssteuerung [14].

BOWAB ist als einfaches Speicherzellenmodell konzipiert (**Bild 4**), das die schrittweise tägliche Berechnung des Bodenwasservorrates im effektiven Wurzelraum und der täglichen Sickerwasserrate unter Berücksichtigung von aktuellen Tagesverdunstungswerten nach dem FAO-Verfahren [16, 17] mittels eines einfachen Bilanzansatzes ermöglicht.

Derzeit wird der Boden zur Berechnung des Bodenwasserhaushalts in drei Schichten (Speicher) mit den Schichttiefen 0–30 cm, 30–60 cm

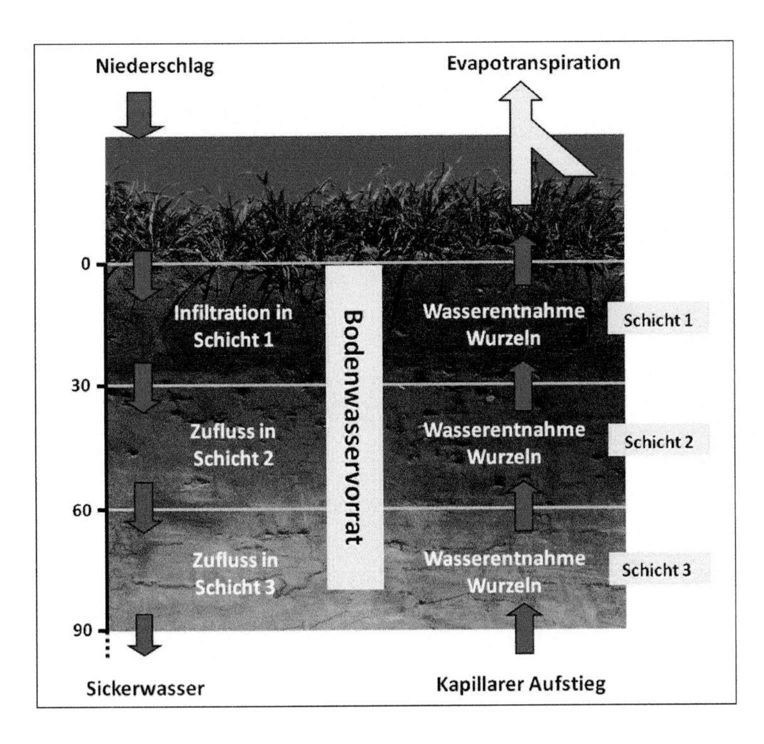

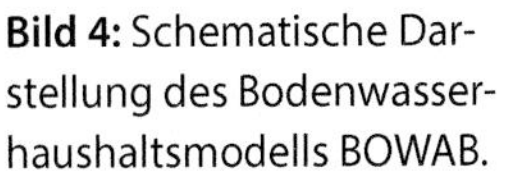
Bild 4: Schematische Darstellung des Bodenwasserhaushaltsmodells BOWAB.

und 60–90 cm unterteilt. Die einzelnen Schichten sind jeweils als Überlaufspeicher konzipiert. Der in den Boden infiltrierende Niederschlag sättigt zunächst die oberste Bodenschicht auf. Hat der Boden die Feldkapazität überschritten, tritt Sickerwasser auf. Dieses infiltriert in die darunterliegende Schicht und sättigt diese auf. Bei Überschreitung der Feldkapazität dieser Schicht tritt wiederum Sickerwasser auf. Sickerwasser unterhalb des betrachteten Bodenraums verlässt das System.

Die Entleerung der Speicher erfolgt durch die aktuelle Evapotranspiration, bei bewachsenen Böden vorherrschend durch Transpiration, also auf Grund Ausschöpfung des Bodenwasservorrats durch die Pflanzen. Die Berücksichtigung des kapillaren Aufstiegs ist ebenfalls möglich.

Entscheidend für die praktische Anwendung einer modellbasierten Beregnungssteuerung sind leicht verfügbare und flächendeckend vorliegende Eingangsparameter. BOWAB wurde deshalb so konzipiert, dass die erforderlichen Bodenkennwerte aus den Daten der am LBEG flächendeckend für Niedersachsen vorliegenden Bodenschätzungsdaten abgeleitet werden können. Die Überführung dieser Daten in die aktuelle wissenschaftliche bodenkundliche Nomenklatur sowie die Ableitung der benötigten Eingangskennwerte erfolgen am LBEG automatisiert [18, 19]. So kann sichergestellt werden, dass auch bei unvollständigen oder fehlenden Bodeninformationen seitens des Modellanwenders Eingangsdaten bis zu einer Tiefe von einem Meter vorliegen. Die erforderlichen tagesaktuellen und hochaufgelösten Wetterdaten stehen durch einen automatisierten Zugriff auf die Daten aus ISIP (Informationssystem integrierte Pflanzenproduktion: www.isip.de) zur Verfügung. Des Weiteren gehen Landnutzungsdaten in das Modell ein. Erforderlich sind Angaben zur Fruchtart, zum Aussaat- und Erntetermin sowie Daten zum Zwischenfruchtanbau. Diese Daten sind durch den Nutzer zu erfassen.

Je nach Fruchtart und Entwicklungsstadium sind der Wasserbedarf der Pflanzen und die Auswirkungen von Trockenstress auf Ertrag und Qualität unterschiedlich. Unter Berücksichtigung solcher kulturspezifischer Kennwerte und in Abhängigkeit von Bodeneigenschaften und Witterungsverlauf werden vom Modell der optimale Beregnungszeitpunkt und die zu diesem Zeitpunkt notwendige Beregnungswassermenge ermittelt. Dafür wird der aktuell im Boden ge-

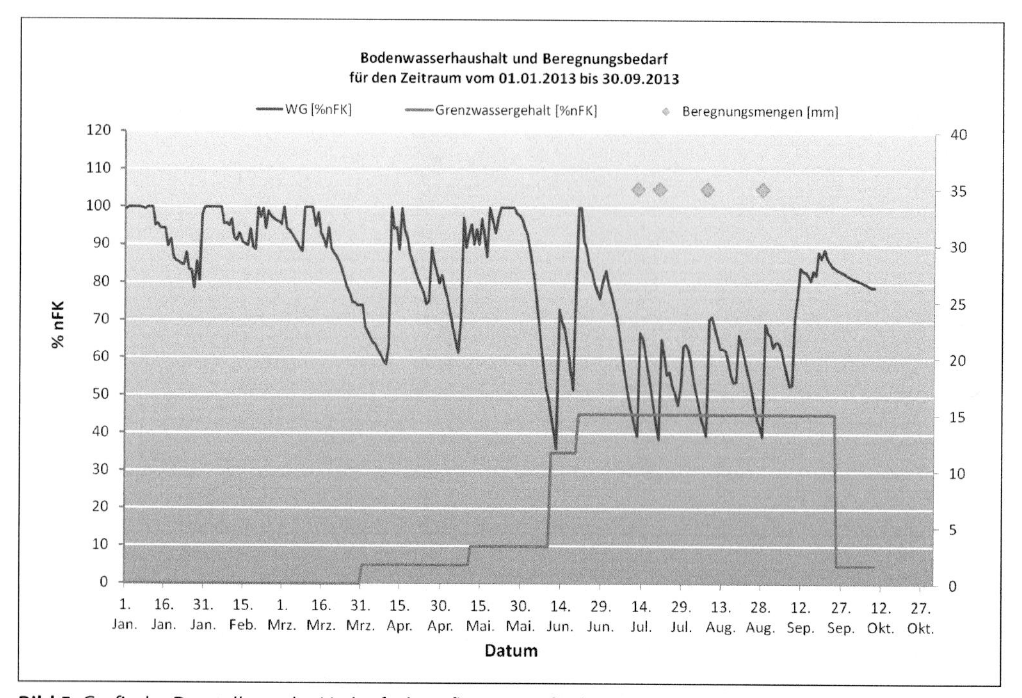

Bild 5: Grafische Darstellung des Verlaufs des pflanzenverfügbaren Bodenwassers und der Beregnungsgaben.

speicherte Bodenwasservorrat auf täglicher Basis bilanziert. Je nach Fruchtart und bezogen auf die sich im Vegetationsverlauf ändernde Bodentiefe wird ein minimaler Wassergehalt (Grenzwassergehalt, **Bild 5**) in Prozent der nutzbaren Feldkapazität definiert, ab dem eine Zusatzwassergabe empfohlen wird. Eine ausführlichere Modellbeschreibung findet sich in [14] und [20].

BOWAB wurde als Methode in das Niedersächsische Bodeninformationssystem NIBIS® integriert und ist online kostenfrei nutzbar unter http://nibis.lbeg.de/cardomap3/ > Fachprogramme > Bodenwasserhaushalt. Die Modellergebnisse sind standortbezogen als Grafik (Bild 5) und tabellarisch abrufbar.

5 Fazit

In vielen Teilen Niedersachsens ist die Feldberegnung bereits zum wichtigsten Werkzeug des Risikomanagements in der Landwirtschaft geworden [2]. Mitte der 1970e-r bis Ende der 1980er-Jahre war in Nordost-Niedersachsen ein starker Anstieg der Beregnungswasserentnahmen zu verzeichnen. Seitdem liegt die Entnahmemenge in etwa im Bereich der heutigen Entnahmen [21]. Teilweise sind die Auswirkungen dieses Entnahme-Anstiegs noch heute als fallende Trends des Grundwasserspiegels in den betroffenen Grundwasserkörpern zu beobachten [22]. Bei einer klimawandelbedingten Erhöhung des Beregnungswasserbedarfs ist deshalb von langfristigen Auswirkungen auf die Grundwasserkörper auszugehen. Da die Entnahmen für die Feldberegnung nicht gleichmäßig über das ganze Jahr verteilt werden können, sondern nur saisonal im Sommer stattfinden, sind außerdem Auswirkungen auf oberflächennahe grundwasserabhängige Landökosysteme zu beachten. Die verstärkten Ansprüche an die Grundwasservorräte, verbunden mit voraussichtlich zunehmenden Nutzungskonflikten zwischen den verschiedenen Grundwassernutzern (Trinkwasser, Brauchwasser, Beregnungswasser) und mit den Zielen des Grundwasser- und Gewässerschutzes, machen weitere Anpassungsmaßnahmen erforderlich, um die Beregnung auch zukünftig sicherzustellen. Neben der effizienteren Nutzung des Beregnungswassers durch wassersparende Beregnungstechniken sowie eine optimale Beregnungssteuerung werden insbesondere in Nordost-Niedersachsen daher bereits Möglichkeiten zur Grundwassersubstitution erprobt, wie z. B. die Entnahme aus Oberflächengewässern (z. B. Elbe-Seitenkanal), der Bau von Wasserspeichern und die Verregnung bzw. Verrieselung von Klar- und Abwasser. Neben Maßnahmen zur Substitution stellt auch eine grundwasserschonende Bodenbearbeitung, die Verdunstung und Oberflächenabfluss möglichst gering hält, eine Möglichkeit zur Wassereinsparung dar [23].

Literatur

[1] IPCC (2013): Climate Change 2013: The Physical Science Basis. Contribution of Working Group I to the Fifth Assessment Report of the Intergovernmental Panel on Climate Change. [Stocker, T.F., D. Qin, G.-K. Plattner, M. Tignor, S.K. Allen, J. Boschung, A. Nauels, Y. Xia, V. Bex and P.M. Midgley (eds.)]. Cambridge University Press, Cambridge, United Kingdom and New York, NY, USA, 1535 pp.

[2] Battermann, H. W. & Theuvsen, L. (2010): Feldberegnung in Nordost-Niedersachsen: Regionale Bedeutung und Auswirkungen differenzierter Wasserentnahmeerlaubnisse – Zusammenfassung der wichtigsten Untersuchungsergebnisse. <http://www.fachverband-feldberegnung.de/basisinfo.htm> [03.02.2012].

[3] Haberlandt, U.; Belli, A. & Hölscher, J. (2010): Trends in beobachteten Zeitreihen von Temperatur und Niederschlag in Niedersachsen. In: Hydrologie und Wasserbewirtschaftung, Heft 1, S. 28–36.

[4] Kreienkamp, F.; Spekat, A. & Enke, W. (2010): Weiterentwicklung von WETTREG bezüglich neuartiger Wetterlagen. – <http://klimawandel.hlug.de/fileadmin/dokumente/klima/inklim_a/TWL_Laender.pdf>, [07.03.2014].

[5] Kunkel, R.; Wendland, F.; Röhm, H. & Elbracht, J. (2012): Das CLINT-Interpolationsmodell zur Regionalisierung von Klimaprojektionen für Analysen zum regionalen Boden- und Grundwasserhaushalt in Niedersachsen und Bremen. In: GeoBerichte 20, S. 6–31.

[6] Heidt, L. & Müller, U. (2012): Einfluss der Klimawandels auf den regionalen Bodenwasserhaushalt und die potenzielle Beregnungsbedürftigkeit in Niedersachsen. In: Geoberichte 20, S. 53–84

[7] Renger, M. & Strebel, O. (1982): Beregnungsbedürftigkeit der landwirtschaftlichen Nutzflächen in Niedersachsen. In: Geologisches Jahrbuch, Heft F13, S. 3–66.

[8] Müller U. & Waldeck, A. (2011): Auswertungsmethoden im Bodenschutz – Dokumentation zur Methodenbank des Niedersächsischen Informationssystems (NIBIS®). GeoBerichte 19.

[9] DVWK – Deutscher Verband für Wasserwirtschaft und Kulturbau e. V. (Hrsg.) (1984): Beregnungsbedürftigkeit – Beregnungsbedarf: Modelluntersuchungen für die Klima und Bodenbedingungen der Bundesrepublik Deutschland. In: Merkblätter zur Wasserwirtschaft 205.

[10] Fricke, E. (2008): Organisation der Beregnung, ihre landwirtschaftliche Bedeutung und zukünftiger Wasserbedarf. – In: LWK – Landwirtschaftskammer Niedersachsen (Hrsg.) (2008): No Regret – Genug Wasser für die Landwirtschaft?! – Kapitel 3.1, S. 35–40, Uelzen.

[11] Engel, N. & Müller, U. (2009): Auswirkungen des Klimawandels auf Böden in Niedersachsen. – http://www.lbeg.niedersachsen.de/portal/live.php?navigation_id=27000&article_id=89957&_psmand=4 [04.03.2014]

[12] Heidt, L. & Müller, U. (2012): Veränderung der Beregnungsbedürftigkeit in Niedersachsen als Folge des Klimawandels. In: WasserWirtschaft 1-2/2012, S. 80–84.

[13] Regierungskommission Klimaschutz/Niedersächsisches Ministerium für Umwelt, Energie und Klimaschutz (2012): Empfehlung für eine niedersächsische Strategie zur Anpassung an die Folgen des Klimawandels. – <http://www.umwelt.niedersachsen.de/klimaschutz/regierungskommission/empfehlung-fuer-eine-niedersaechsische-klimaschutzstrategie-107128.html>, [07.03.2014].

[14] Engel, N. (2012): Standort- und vegetationsabhängige Beregnungssteuerung mittels eines Bodenwasserhaushaltsmodells (BOWAB). In: Geoberichte 20, S. 99–106.

[15] Hagemann, K.; Müller, U.; Schäfer, W. & Bartsch, H.-U. (2005): Der internetgestützte Infodienst Grundwasserschutz des NLfB. – Mitt. Dt. Bodenkd. Ges. 107/1: 329–330.

[16] Allen, G.; Pereira, L.S.; Raes, D. & Smith, M. (1998): Crop evapotranspiration – Guidelines for computing crop water requirements – FAO Irrigation and drainage paper 56.

[17] ATV-DVWK – Deutsche Vereinigung für Wasserwirtschaft, Abwasser und Abfall E. V. (2002): Verdunstung in Bezug zu Landnutzung, Bewuchs und Boden. – ATVDVWK-Regelwerk, Merkblatt M 504: 144 S.; Hennef.

[18] Engel, N. & Mithöfer, K. (2003): Auswertung digitaler Bodenschätzungsdaten im Niedersächsischen Landesamt für Bodenforschung (NLfB). Ein Überblick für den Nutzer. Arbeitshefte Boden 2003/1, S. 5–43.

[19] Bartsch, H.-U.; Benne, I.; Gehrt, E.; Sbresny, J. & Waldeck, A (2003): Aufbereitung und Übersetzung der Bodenschätzung. Arbeitshefte Boden 2003/1. S. 45–95.

[20] Engel, N.; Müller, U. & Schäfer, W. (2012): BOWAB – Ein Mehrschicht-Bodenwasserhaushaltsmodell. In: Geoberichte 20, S. 85–98.

[21] Ogroske, A. (2008): Modellberechnungen zur Untersuchung der zeitlichen Verzögerung von Reaktionen des Grundwasserspiegels bei großräumigen Grundwasserentnahmen. – In: LWK – Landwirtschaftskammer Niedersachsen (Hrsg.) (2008): No Regret – Genug Wasser für die Landwirtschaft?! – Kapitel 4.3, S. 104–110, Uelzen.

[22] EG-WRRL (2005): EG-WRRL Bericht 2005 – Grundwasser: Betrachtungsraum NI11 – Tideelbe – Ergebnisse der Bestandsaufnahme. – Stand: 02.03.2004, erstellt durch das Niedersächsische Landesamt für Bodenforschung (NLfB) und das Niedersächsische Landesamt für Ökologie unter Mitarbeit der Bezirksregierung Lüneburg und des Niedersächsischen Landesbetriebes für Wasserwirtschaft und Küstenschutz (NLWKN).
[23] Eulenstein, F.; Olejnik, J.; Willms, M.; Schindler, U.; Chojnicki, B. & Meissner, R. (2006): Mögliche Auswirkungen der Klimaveränderungen auf den Wasserhaushalt von Agrarlandschaften in Nord-Mitteleuropa. In: Wasserwirtschaft 96 (2006), Heft 9, S. 32–36.

Autoren

Dipl.-Geogr. Nicole Engel
E.Mail: nicole.engel@lbeg.niedersachsen.de

Dipl.-Geow. Lena Hübsch
E-Mail: lena.huebsch@lbeg.niedersachsen.de

Dr. Udo Müller
E-Mail: udo.mueller@lbeg.niedersachsen.de
Landesamt für Bergbau, Energie und Geologie
Stilleweg 2
30655 Hannover

Hans-Jürgen Geiß und Jochen Kampf

Leitfaden zum Bau und Betrieb von Windenergieanlagen in Wasserschutzgebieten

Die Landesregierung Rheinland-Pfalz unterstützt den Ausbau der Stromerzeugung durch Windkraft als Maßnahme zur Minderung des Klimawandels. Mindestens zwei Prozent der Landesfläche sollen für die Nutzung von Windenergie ausgewiesen werden. Im Bereich windhöffiger Standorte kann es zu Interessenkonflikten zwischen dem Grund- und Trinkwasserschutz und der Errichtung von Windenergieanlagen (WEA) kommen. Ein Leitfaden des Umweltministeriums zeigt auf, unter welchen Voraussetzungen Bau und Betrieb von WEA in Wasserschutzgebieten möglich sind.

1 Einleitung

Die Landesregierung Rheinland-Pfalz bekennt sich zum Ziel, weltweit den Anstieg der globalen Durchschnittstemperatur auf 2 Grad Celsius zu begrenzen. Dies bedeutet, dass die CO_2-Emmissionen deutlich reduziert werden müssen. Das Nahziel in Rheinland-Pfalz ist dabei die Minderung der CO_2-Emmissionen um 40 % bis 2020. Hierzu liefert die Nutzung von Windenergie zur Stromerzeugung einen wichtigen Beitrag. Bis zum Jahr 2020 wird angestrebt, die Stromerzeugung aus Windkraft zu verfünffachen.

In einer Teilfortschreibung des Landesentwicklungsprogramms soll festgelegt werden, dass künftig mindestens zwei Prozent der Landesfläche für die Nutzung von Windenergie ausgewiesen werden. Auch soll festgelegt werden, dass hierfür mindestens zwei Prozent der Waldfläche bereitzustellen sind. Da im Bereich der windhöffigen Standorte in den dicht bewaldeten Mittelgebirgsregionen des Landes oftmals auch Trinkwasser gewonnen wird und eine Vielzahl von Trinkwasserschutzgebieten ausgewiesen bzw. festgesetzt sind (**Bild 1**), kann es zu Interessenkonflikten zwischen der Sicherstellung der öffentlichen Trinkwasserversorgung und der Suche nach geeigneten Standorten für Windenergieanlagen (WEA) kommen. In wasserwirtschaftlich sensiblen Gebieten stellt der Bau von WEA vor allem während der Bauphase ein Risiko dar, weil hierbei eine tiefgründige Verletzung von Grundwasser überdeckenden Schichten auf großer Fläche erfolgt. Eine ausreichende Grundwasserüberdeckung hat wegen ihrer Schutz- und Reinigungsfunktion eine große Bedeutung für das Grundwasser und damit für den Trinkwasserschutz. Ein weiteres Risiko für die Qualität des Grundwassers kann von der Lagerung und dem Umgang mit wassergefährdenden Stoffen im Bereich der WEA ausgehen. Der Leitfaden soll aufzeigen, unter welchen Voraussetzungen der Bau und der Betrieb von WEA in Wasserschutzgebieten (WSG) möglich sind.

2 Wasserwirtschaftlich sensible Gebiete

Unter wasserwirtschaftlich sensiblen Gebieten werden im Rahmen dieses Leitfadens Trinkwasserschutzgebiete und Heilquellenschutzgebiete verstanden. Die Trinkwasser- und Heilquellenschutzgebiete werden auf der Basis fundierter hydrogeologischer Gutachten durch die Oberen Wasserbehörden mittels Rechtsverordnung gem. § 51 Abs. 1 bzw. § 53 Abs. 4 WHG festgesetzt. In dieser werden zusätzlich zu den rechtlichen Anforderungen, die allgemein für den Gewässerschutz gelten, weitere Nutzungsbeschränkungen und Verbote festgelegt, um speziell das Grundwasser bzw. Heilwasser im Einzugsgebiet

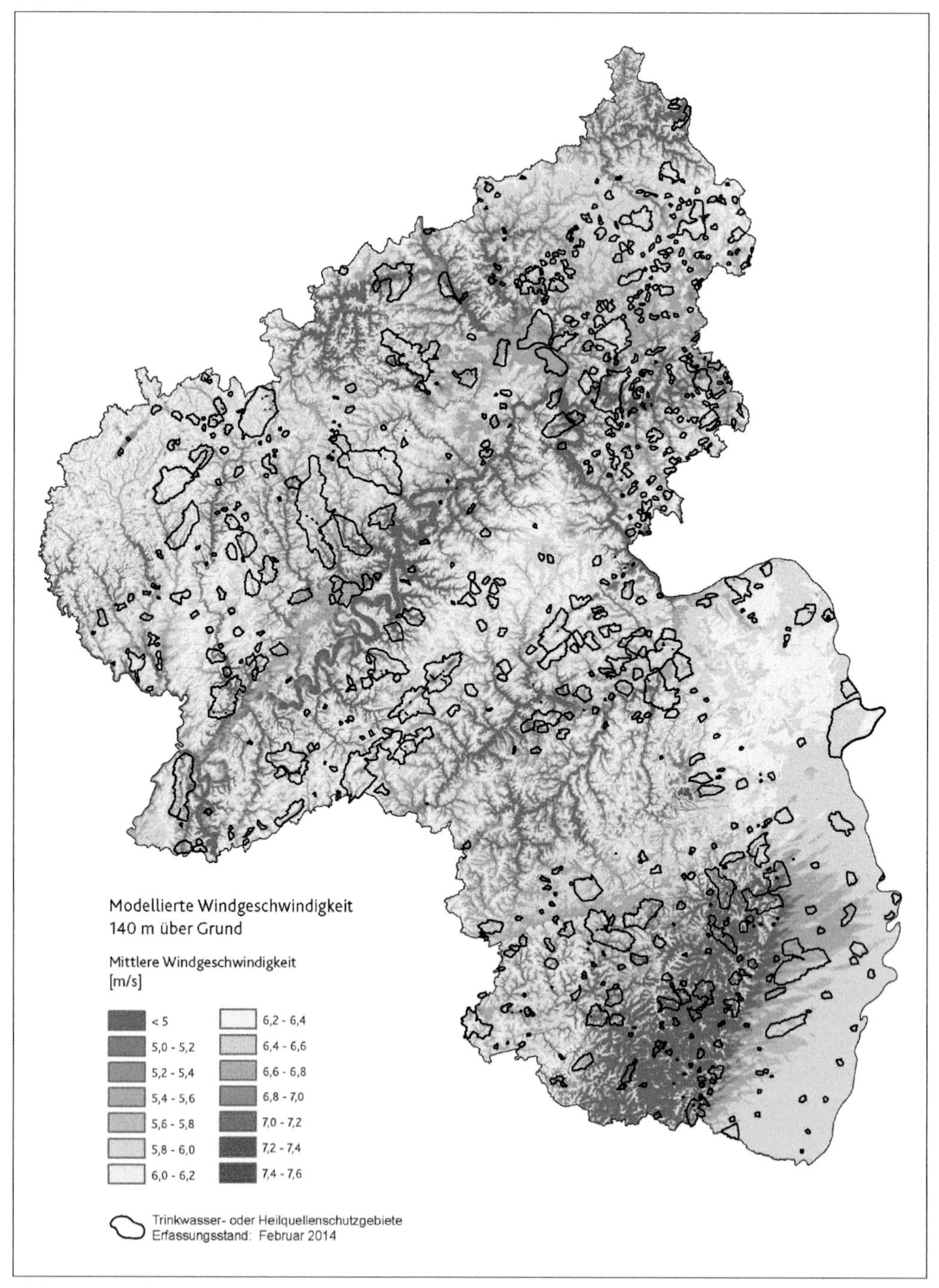

Bild 1: Windhöffige Gebiete und Wasserschutzgebiete in Rheinland-Pfalz (Quelle: Ministerium für Wirtschaft, Klimaschutz, Energie und Landesplanung Rheinland-Pfalz)

von Brunnen und Quellen vor Einflüssen, die seine Qualität und Quantität mindern können, zu schützen. Dabei werden insbesondere in den Schutzzonen I und II regelmäßig Verbote im Sinne des § 52 Abs. 1 WHG (bzw. i.V.m. § 53 Abs. 5 WHG) ausgesprochen. Die Ausweisung von Wasserschutzzonen trägt dazu bei, der Verhältnismäßigkeit zwischen den Verbotsanordnungen einer WSG-Rechtsverordnung und der räumlichen Entfernung eines Eingriffs von der Entnahmestelle Rechnung zu tragen. Zu den Trinkwasserbrunnen/-quellen hin werden Zonen mit stärkeren Verboten belegt, um auf Grund der abnehmenden Verweilzeit im Untergrund dem gesteigerten Schutzinteresse von Grundwasser Rechnung zu tragen. Entsprechend muss in jedem Einzelfall der Antrag für eine Befreiung von einem Verbot in den einzelnen Wasserschutzzonen unterschiedlich bewertet werden. Sofern die Rechtsverordnung eines Schutzgebietes ein entsprechendes Verbot zur Errichtung baulicher Anlagen enthält, kann davon eine Befreiung erteilt werden, wenn der Schutzzweck nicht gefährdet wird oder überwiegende Gründe des Wohls der Allgemeinheit eine Befreiung erfordern. Die Befreiung ist zu erteilen, soweit dies zur Vermeidung unzumutbarer Beschränkungen des Eigentums erforderlich ist und hierdurch der Schutzzweck des Wasser- bzw. Heilquellenschutzgebietes nicht gefährdet wird (§ 52 Abs. 1 Satz 2 und 3 bzw. § 53 Abs. 5 WHG).

In Wasserschutzgebieten sind innerhalb der festgesetzten Wasserschutzzone I die Errichtung baulicher Anlagen und damit auch der Bau von Windenergieanlagen ohne Ausnahme unzulässig.

Die Wasserschutzzone II muss den Schutz vor Verunreinigungen durch pathogene Mikroorganismen sowie vor sonstigen Beeinträchtigungen gewährleisten, die bei geringerer Fließdauer und geringerer Fließstrecke zur Wassergewinnungsanlage gefährlich sind. Anlagenstandorte in der Wasserschutzzone II eines Wasserschutzgebietes unterliegen daher generell einer Einzelfallprüfung mit in der Regel engerem Spielraum für Befreiungen.

In der Wasserschutzzone III fällt das Gefährdungspotenzial auf Grund der weiteren Entfernung zur Wassergewinnungsanlage in der Regel deutlich geringer aus. So muss insbesondere der Schutz vor weitreichenden Beeinträchtigungen, insbesondere vor nicht oder nur schwer abbaubaren chemischen Verunreinigungen gewährleistet werden. Anlagenstandorte in der Wasserschutzzone III sind daher nach Einzelfallprüfung grundsätzlich möglich, sofern die Rechtsverordnung überhaupt ein Verbot baulicher Anlagen enthält. Beim beabsichtigten Bau und Betrieb von WEA ist im Wesentlichen darauf zu achten, dass keine wassergefährdenden Stoffe austreten können.

2.1 Trinkwasserschutzgebiete

Ziel eines Trinkwasserschutzgebietes ist es, die Einzugsgebiete von Trinkwassergewinnungsanlagen qualitativ zu schützen (§ 51 WHG):

- Die äußere Schutzzone (Zone III) soll chemische Beeinträchtigungen des Grundwassers verhindern und erfasst das ober- und unterirdische Einzugsgebiet einer Wasserfassungsanlage.
- Die engere Schutzzone (Zone II) soll zudem den bakteriologischen Schutz des Grundwassers durch eine Verweildauer des zu entnehmenden Wassers im Untergrund von mindestens 50 Tagen gewährleisten.
- Die Schutzzone I beinhaltet den Nahbereich der Fassungsanlage und ist meistens umzäunt.

Für die einzelnen Zonen werden in der Rechtsverordnung Nutzungsbeschränkungen und Verbote festgelegt, die auf dem DVGW-Arbeitsblatt W 101 (Technische Regel) „Richtlinien für Trinkwasserschutzgebiete“, Stand Juni 2006 basieren. Die den Bau und den Betrieb von WEA betreffenden potenziellen Gefährdungstatbestände, die im jeweiligen Einzelfall zu bewerten sind:

In der Wasserschutzzone III:

- Errichten, Erweitern und Betrieb von baulichen Anlagen mit Eingriffen in das Grundwasser,
- Erdaufschlüsse, durch die die Grundwasserüberdeckung wesentlich vermindert wird, vor allem wenn das Grundwasser aufgedeckt wird,
- Lagerung und Betrieb von Anlagen mit wassergefährdenden Stoffen.

In der Wasserschutzzone II darüber hinaus:

- Errichten, Erweitern und Betrieb von baulichen Anlagen,

- Baustelleneinrichtung,
- Neu-, Um- und Ausbau von Straßen,
- Betrieb von Anlagen mit wassergefährdenden Stoffen,
- Lagerung und Transport wassergefährdender Stoffe,
- Betrieb von Transformatoren mit wassergefährdenden Kühl- und Isoliermitteln,
- Kahlschlag, Waldrodung.

In der Wasserschutzzone I darüber hinaus:
- weitere Handlungen, Einrichtungen und Vorgänge durch Dritte.

2.2 Heilquellenschutzgebiete

Im Unterschied zu Trinkwassergewinnungsanlagen erschließen Heilquellen in der Regel tiefes Grundwasser mit häufig sehr hohem Alter und besonderer Mineralisation. Zum Schutz vor Beeinträchtigungen durch Stoffeinträge werden qualitative Schutzzonen ausgewiesen. Üblicherweise erfolgt eine Untergliederung in die Zonen I bis III, wie bei Trinkwasserschutzgebieten. Bei älteren Schutzgebieten finden sich auch Zonen IV und V. Zusätzlich werden oft quantitative Schutzzonen festgesetzt. Sie sollen gewährleisten, dass das Fließsystem und die Ergiebigkeit nicht beeinträchtigt und die natürlichen Konzentrationen nicht verändert werden. Die Zonen werden mit A bis D gekennzeichnet. Quantitative und qualitative Zonen von Heilquellenschutzgebieten überschneiden sich in der Regel. Ist das betreffende Grundwasser sehr alt und deshalb frei von Tritium, stellt der Bau von WEA in den qualitativen Schutzzonen II und III (bzw. IV und V bei älteren Abgrenzungen) und in den quantitativen Schutzzonen A bis D kein relevantes Gefährdungspotenzial dar. Werden auch Anteile von jungem Grundwasser erschlossen bzw. liegen keine Angaben zu den Tritiumwerten vor, sollten Nutzungsbeschränkungen und Verbote wie bei Trinkwasserschutzgebieten beachtet werden.

3 Wasserwirtschaftliches Gefährdungspotenzial

Bei einer WEA werden zwei Konstruktionsprinzipien unterschieden: Anlagen mit Getriebe zur Erhöhung der Generatorgeschwindigkeit und getriebelose Anlagen, bei denen der Generator direkt auf der Rotorwelle sitzt.

Bei Anlagen mit Getriebe werden ca. 650 Liter Getriebeöl (Ölwechsel spätestens nach 5 Jahren) und ca. 400 Liter Kühlmittel in der Gondel benötigt. Bei getriebelosen Anlagen entfällt das Getriebeöl, jedoch brauchen solche Anlagen ca. 600 Liter Kühlmittel in der Gondel. Hinzu kommen kleinere Mengen an Ölen und Fetten für Wellen und Azimutmotoren. Zu beiden Anlagetypen gehören Transformatoren, die entweder außerhalb des Turms in einer Transformatorstation oder im Turmfuß untergebracht sind. Ein Transformator benötigt ca. 1.000 bis 1.300 Liter Kühlöl. Damit summiert sich die Menge an wassergefährdenden Stoffen auf ca. 2.000 bis 2.400 Liter pro Anlage.

Beim Bau einer WEA findet ein beträchtlicher Eingriff in den Boden und damit in die Grundwasser schützenden, überdeckenden Bodenschichten statt. Der Flächenbedarf einer durchschnittlichen Anlage (2,5 bis 3 Megawatt Leistung) liegt bei mehr als 5.000 m². Er beinhaltet neben der Standfläche für das Bauwerk auch dauerhaft notwendige Kranstell- und Montageplätze. In Waldstandorten müssen entsprechende Flächen gerodet und frei gehalten werden.

Das Fundament einer 2,5-Megawatt-Anlage ist etwa 4 m tief und hat einen Durchmesser von etwa 20 m. Bei instabilem Baugrund besteht die Notwendigkeit einer Untergrundertüchtigung in Form von bis zu 50 Bohrungen, die etwa 10 m tief sind und in die sog. Schottersäulen eingebaut werden. Zufahrtswege und Kabeltrassen stellen weitere Eingriffe in die Grundwasser überdeckenden Schichten dar (**Bilder 2a und 2b**).

4 Verfahrensablauf

Von den Verboten zur Errichtung, Erweiterung und Betrieb von baulichen Anlagen in Wasserschutzgebiets- bzw. Heilquellenschutzgebietsverordnungen können auf Antrag durch die zuständige Wasserbehörde im Einzelfall Befreiungen gewährt werden. Erforderlich ist hierfür stets, dass bei dem beabsichtigten Standort die (hydro-) geologischen Verhältnisse im Einzelfall gegenüber den für die Abgrenzung und Festsetzung allgemein festgestellten (hydro-)geologischen Verhältnissen so abweichen, dass die Schutz- und

Bild 2 a und 2 b: Fundament Windkraftanlage (Quelle: juwi AG Wörrstadt)

Reinigungsfunktion der Deckschichten und wasserführenden Schichten trotz der Durchführung der Baumaßnahme gewahrt bleibt. Bei der Prüfung, ob eine Befreiung erteilt werden kann, sind wegen der überragenden Bedeutung des Grundwassers zur Sicherstellung der öffentlichen Trinkwasserversorgung strenge Maßstäbe anzulegen. Im Folgenden wird dargelegt, wie ein Antrag auf Befreiung von Verboten der Schutzgebietsverordnung zum Bau und zum Betrieb einer WEA zu behandeln ist (**Bild 3**).

Zur Entscheidung, ob eine Befreiung von Verboten der Schutzgebietsverordnung erteilt werden kann, ist vom Antragsteller ein Gutachten vorzulegen. Darin muss das Gefährdungspotenzial hinsichtlich der hydrogeologischen Standortverhältnisse und der technischen Besonderheiten der geplanten WEA untersucht werden. Kann das wasserwirtschaftliche Gefährdungspotenzial (entsprechend der Differenzierung in den Zonen II und III) ausgeschlossen werden, kann eine Befreiung erteilt werden.

Kann das wasserwirtschaftliche Gefährdungspotenzial nicht ausgeschlossen werden, ist zu prüfen, ob die Trinkwassergewinnungsanlage ersetzt werden kann. Ist dies möglich, kann eine Befreiung erteilt werden. Eine Realisierung der WEA kann allerdings erst erfolgen, sobald die Ersatzwasserversorgung verfügbar ist.

Mit einer Befreiung von Verboten der Schutzgebietsverordnung zum Bau einer WEA in den Wasserschutzzonen II und III werden von der zu-

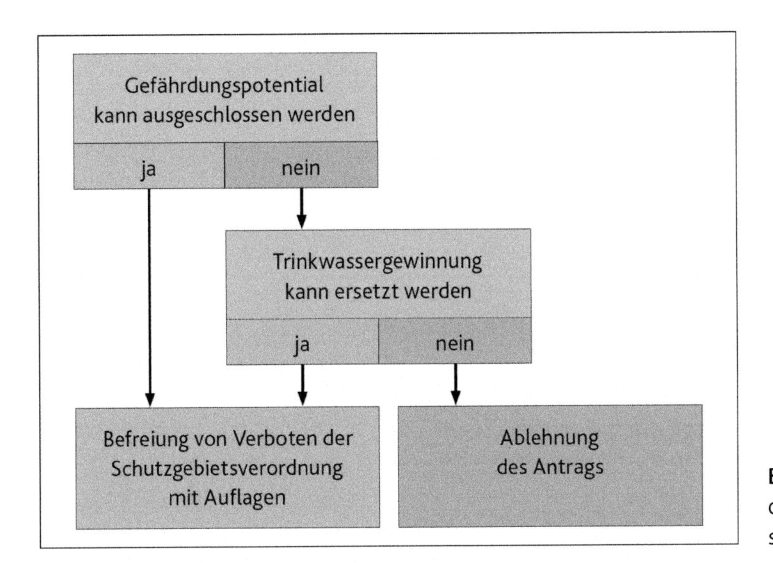

Bild 3: Verfahrensablauf für den Bau von WEA in Wasserschutzgebieten

ständigen oberen Wasserbehörde Vorgaben und Auflagen zur technischen Bauausführung formuliert. Entscheidend dafür ist stets die Einzelfallbewertung des konkreten Standortes. Beispiele für Vorgaben und Auflagen finden sich im Anhang des Leitfadens. Sie umfassen:

- Allgemeine Auflagen (wie z. B. die fachgutachterliche Begleitung der Erdarbeiten durch einen erfahrenen Hydrogeologen, oder die Kontrolle der Trinkwassergewinnungsanlagen auf z. B. Eintrübungen/Auffälligkeiten während der Erdbaumaßnahmen und danach durch ein zugelassenes Fachlabor),
- Auflagen zum Umgang mit wassergefährdenden Stoffen beim Betrieb der Baustelle (z. B. nach Möglichkeit Einsatz von Schmier- und Betriebsstoffen auf pflanzlicher Basis),
- Auflagen zum Umgang mit Baustoffen und -materialien bei der Erstellung der Anlagen (z. B. Beschränkung von Bodeneingriffen auf das notwendige Maß, damit die vorhandene Schutzfunktion der Grundwasserüberdeckung weitestgehend erhalten bleibt),
- Auflagen für Betrieb und Wartung der WEA (z. B. Einsatz wassergefährdender Stoffe in den Getrieben und dem Generator nur im nicht vermeidbaren Umfang, nach Möglichkeit Schmier- und Betriebsstoffe nur auf pflanzlicher Basis, oder Einbau des Transformators in der WEA selbst oder außerhalb der Wasserschutzzone II).

Der Leitfaden steht auf der Internetseite des Ministeriums für Umwelt, Landwirtschaft, Ernährung, Weinbau und Forsten Rheinland-Pfalz unter http://www.mulewf.rlp.de (Service, Publikationen) zur Verfügung.

Autoren

Hans-Jürgen Geiß
Ministerium für Umwelt, Landwirtschaft Ernährung, Weinbau und Forsten
Kaiser-Friedrich-Straße 1
55116 Mainz
E-Mail: Hans-Juergen.Geiss@mulewf.rlp.de

Jochen Kampf
Landesamt für Umwelt
Wasserwirtschaft und Gewerbeaufsicht Rheinland-Pfalz
Kaiser-Friedrich-Straße 7
55116 Mainz
E-Mail: Jochen.Kampf@luwg.rlp.de

Kristoffer Genzowsky, Friedrich-Wilhelm Bolle u.a.

Bewertbarer Klimaschutz

CO_2-Bilanzen und die Bedeutung für die Wasserwirtschaft

Mit einem einheitlichen Bilanzierungsansatz kann die CO_2-Bilanz für alle wasserwirtschaftlichen Prozesse (Abwasser, Trinkwasser, Gewässer, Talsperren) ermittelt werden. Die Analyse zeigt: Die Reduzierung der Emissionen ist mehr als Energie sparen.

1 Einleitung

Die Klimapolitik steht vor der Herausforderung, dass die Treibhausgasemissionen (THG) der Industrieländer um 98 % reduziert werden müssen, um eine als gefährlich angesehene globale Temperaturerhöhung von über 2 °Celsius gegenüber dem vorindustriellen Niveau zu vermeiden [1]. Der Europäische Rat hat diesem Ziel im Oktober 2009 mit dem Vertrag von Lissabon politische Rückendeckung verliehen.

Die Mitglieder der Arbeitsgemeinschaft der Wasserwirtschaftsverbände in Nordrhein-Westfalen (agw) haben sich dieser Aufgabe im Bereich der Wasserwirtschaft gestellt und somit der Herausforderung, neue emissionsärmere Anlagen, Prozesse und Betriebsweisen zu finden. Eine Voraussetzung dafür ist, dass die Treibhausgasemissionen der Produkte und Prozesse bekannt sind. Eine CO_2-Bilanz kann die diesbezügliche Klimaverträglichkeit transparent machen und als Grundlage dienen, Minderungspotenziale aufzuzeigen und zu erschließen.

Für Prozesse und Anlagen in der Wasserwirtschaft wurden bisher in Deutschland nur vereinzelt CO_2-Bilanzen erstellt, bei denen es sich entweder um vorläufige Hochrechnungen oder um Einzelfälle handelt, die kaum mit anderen Anlagen vergleichbar sind. Daher wurde in Phase I dieses Projektes gemeinsam mit Verbänden der agw eine Methodik zur einheitlichen Bewertung wasserwirtschaftlicher Tätigkeitsfelder entwickelt [2] und diese in Phase II für die Anforderungen in der Praxis validiert.

2 Methodik

Im Fokus der CO_2-Bilanzierung steht die Ermittlung und Bewertung der Klimarelevanz der Wasserwirtschaft. Die Bilanzierung erfolgte entsprechend der ISO-Normen 14040 ff. zur Ökobilanzierung in 4 Phasen:

- Festlegung des Untersuchungsrahmens, Definition der Systemgrenzen,
- Erfassung aller relevanten Prozesse im Bilanzraum,
- Datenerhebung für alle In- und Outputströme,
- Berechnung der THG-Emissionen, Abschätzung der Klimawirkung.

Allgemein wird bei der Bilanzierung der CO_2-Bilanz zwischen zwei Emissionsarten unterschieden: Indirekte und direkte Emissionen (**Bild 1**). Als indirekt werden Emissionen bezeichnet, die bei den Herstellungsprozessen der verwendeten Rohstoffe bzw. Materialien und bei Erzeugung der benötigten Energie entstehen; hierzu zählen auch die Emissionen bei der Verbrennung von Kraftstoffen in Fahrzeugen. Auf der Kläranlage entstehen diese Emissionen in Form von Kohlenstoffdioxid-Äquivalenten (CO_2e) z. B. beim Verbrauch von Hilfsstoffen und Materialien, welche für den Reinigungsprozess benötigt werden. Der Einsatz dieser Stoffe auf Kläranlagen verursacht in der Regel keine THG-Emissionen unmittelbar vor Ort; Herstellungsprozess und Transport hingegen werden in der CO_2-Bilanz berücksichtigt. Zu den bilanzierten Betriebsmitteln zählen insbesondere Chemikalien zur Fällung von Abwasserinhaltsstoffen sowie zur Regulierung des pH-Wertes. Die Bilanzierung der indirekten Emissionen ist sehr konkret möglich, da die bezogenen

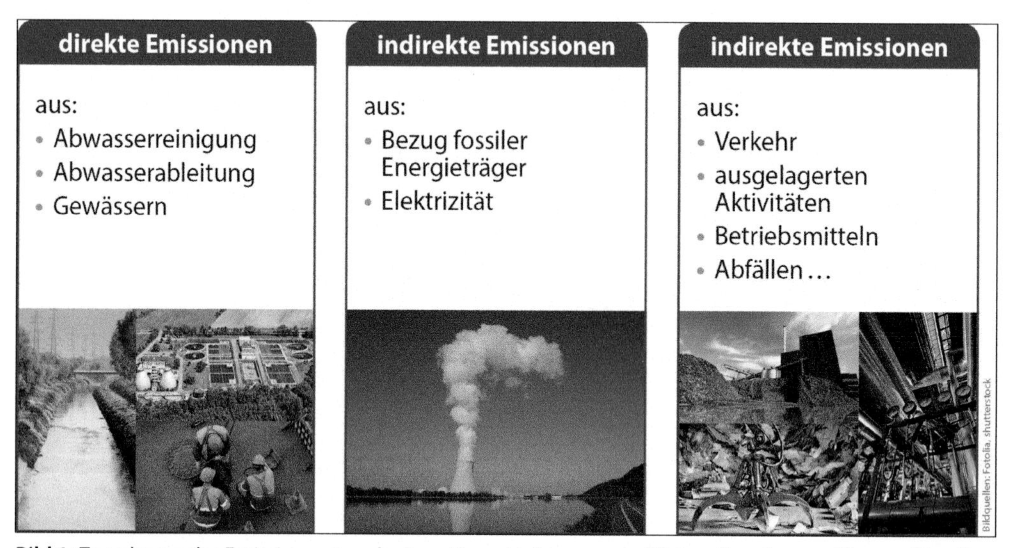

Bild 1: Zuordnung der Emissionsarten der jeweiligen Unterprozesse Bildquellen: Sergey Nievens (Fotolia.com), Teresa Kasprzycka (shutterstock.com), mipan (Fotolia.com), Alena Ozerova (Fotolia.com), designeo (Fotolia.com), Lisa Deeney (shutterstock.com)

Stoff- und Energieströme meist aus betriebswirtschaftlichen Gründen genau erfasst und somit eindeutig bewertet werden können.

Direkte Emissionen bezeichnen Treibhausgasemissionen, welche unmittelbar im Bilanzierungsraum an die Atmosphäre abgegeben werden. In der Wasserwirtschaft handelt es sich hier insbesondere um die Gase CH_4 und N_2O. Bei der Abwasserreinigung bzw. konkret bei der Kohlenstoffelimination wird auch CO_2 freigesetzt, das allerdings nicht fossilen Ursprungs ist und deshalb in der CO_2-Bilanz des Wasserkreislaufes nicht berücksichtigt wird [3]. Die Emissionen von CH_4 und N_2O haben jedoch auf Grund ihres global warming potentials (GWP) einen direkten Beitrag zum Treibhauseffekt. Direkte Emissionen sind immer sehr stark prozess- und milieuabhängig und daher ohne konkrete Messungen nur näherungsweise abschätzbar.

Die indirekten Emissionen sowie die direkten Emissionen an CH_4 und N_2O werden unter Berücksichtigung ihres GWP auf CO_2-Äquivalente (CO_2e) umgerechnet. Mit sogenannten Emissionsfaktoren (EF) werden Stoff- und Energiestrommengen in resultierende THG-Emissionen überführt (**Gleichung 1**).

3 Ergebnisse der Phase II

Neun nordrhein-westfälische Wasserwirtschaftsverbände haben das Forschungsinstitut für Wasser- und Abfallwirtschaft an der RWTH Aachen (FiW) in Kooperation mit dem Rheinisch-Westfälischen Institut für Wasserforschung (IWW) beauftragt, die mit der Aufgabenerfüllung der Verbände verbundenen CO_2-Emissionen zu ermitteln (**Bild 2**). Im Rahmen der Untersuchungen wurde ein wissenschaftlich fundierter, umfassender und robuster Ansatz für die Bilanzierung entwickelt, der von möglichst allen Wasserwirtschaftsverbänden problemlos angewendet wer-

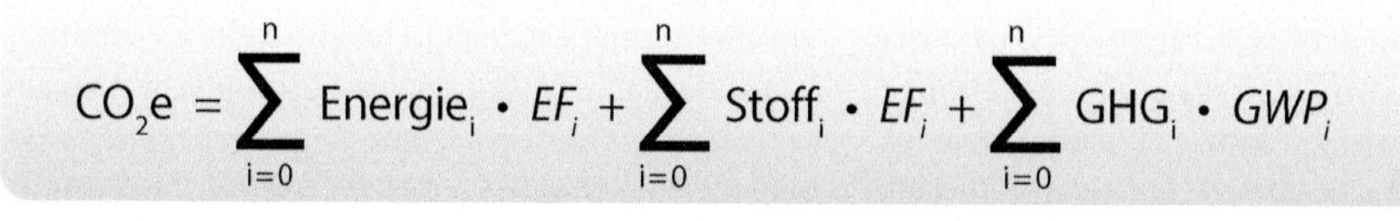

$$CO_2e = \sum_{i=0}^{n} \text{Energie}_i \cdot EF_i + \sum_{i=0}^{n} \text{Stoff}_i \cdot EF_i + \sum_{i=0}^{n} \text{GHG}_i \cdot GWP_i$$

Gleichung 1: Ermittlung der resultierenden THG-Emissionen den kann und zu vergleichbaren Ergebnissen einerseits hinsichtlich mehrjähriger Entwicklungen und anderseits auch für einzelne Anlagen führt.

Bei einzelnen Aufgabenfeldern (z. B. Gewässerbewirtschaftung) liegen zwischen den Verbänden zum Teil sehr große Unterschiede bei der Datenverfügbarkeit vor. Dies liegt zum einen an der zentralen Erfassung (z. B. Treibstoff: nicht aufgabenscharfe Verwendung) sowie an der Fremdvergabe von Arbeiten. Ursachen dafür sind unterschiedliche Herkunft und Qualität der verwendeten Daten(-basen), uneinheitliche Definition bestimmter Annahmen (Lebensdauer, Vernachlässigbarkeit von bestimmten Teilprozessen usw.) und unterschiedliche Systemgrenzen, die in den Publikationen häufig nicht ausreichend beschrieben werden. Zudem kann die Zielsetzung von Nachhaltigkeits- zu Wirtschaftlichkeitsbetrachtungen im Zielkonflikt stehen. Es wurde daher eine vereinheitlichte Erfassungssystematik erarbeitet, welche alle Restriktionen für eine gemeinsame Bilanz enthält. Eine wiederkehrende Bilanzierung sollte für die Realisierbarkeit nur die wichtigsten und ohnehin verfügbaren Bilanzgrößen umfassen. Die in Phase I gemeinsam erarbeiteten Datenerhebungsbögen wurden in der Phase II dahingehend angepasst. Die Erweiterbarkeit z.B. im Hinblick auf neue Einsatzstoffe (z. B. Aktivkohle, Ozon, etc.) ist auch weiter gegeben.

Die in diesem Vorhaben angewendete Bilanzierungssystematik basiert sowohl auf internationalen Standards als auch auf einheitlichen branchenspezifischen Festlegungen. Dazu gehören klar definierte Systemgrenzen und zugehörige Prozesse genauso wie einheitliche und nachvollziehbare Bilanzierungsregeln und Berechnungen. Die Bilanzierungssystematik und die Details der Datenerhebung wurden mit den beteiligten Verbänden detailliert abgestimmt und entsprechend der Datenverfügbarkeit angepasst.

Die CO_2-Bilanzierung erfolgte für das Erhebungsjahr 2010 mit zwei verschiedenen Ansätzen:

1. Top-Down-Ansatz zur Ermittlung einer qualitativen CO_2-Bilanz im Überblick auf Verbandsebene

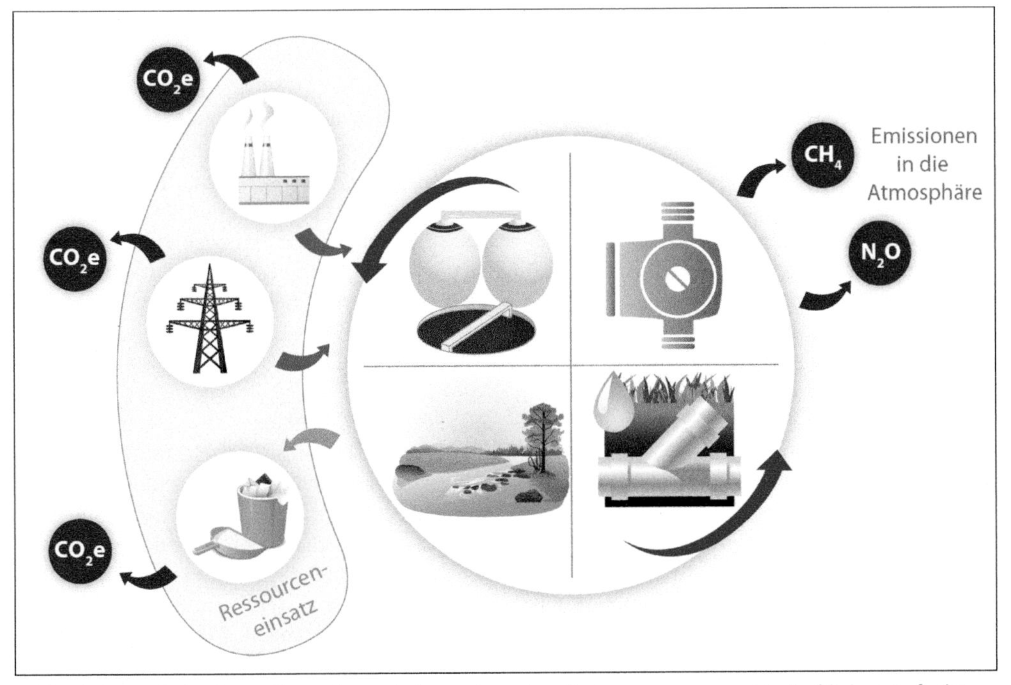

Bild 2: Schematische Darstellung der emissionsrelevanten Ströme aus wasserwirtschaftlichen Aufgabenfeldern

2. Bottom-Up-Ansatz zur Ermittlung einer detaillierten CO_2-Bilanz auf Prozess-/Anlagenebene für ausgewählte Anlagen bzw. Teilprozesse.

3.1 Top-Down-Bilanz

Der Top-Down-Ansatz hat den Vorteil, dass er einfach handhabbar und mit vorhandenen Daten zügig umsetzbar ist, um einen Gesamtüberblick zu erreichen. Für einzelne Anlagen- und Prozessanalysen ist dieser aber weniger aussagekräftig, was eine Bottom-Up-Bilanzierung notwendig bzw. sinnvoll macht.

In der CO_2-Analyse der Verbände wurden die Aufgabenfelder Kläranlagen, Gewässer- und Talsperrenbewirtschaftung sowie Pump- und Sonderbauwerke (Sammler, Regenüberlauf-, Regenrückhaltebecken usw.) mit den zugehörigen Nebenprozessen (Verwaltung) berücksichtigt.

Die Ergebnisse der CO_2-Bilanz auf Grund indirekter Emissionen (Energie-, Treibstoff- und Betriebsmittelverbrauch, Abfallentsorgung) für das Jahr 2010 lagen zwischen 20.000 und 120.000 t CO_2e je Verband, abhängig von der Anzahl und der Größe der jeweils betriebenen Anlagen. Die Bilanzierung der direkten Emissionen auf den Kläranlagen basiert aktuell auf noch sehr unsicheren Berechnungsansätzen und Literaturangaben, so dass diese Ergebnisse stark fehlerbehaftet sein können.

Der weitaus größte Anteil der indirekten THG-Emissionen wird erwartungsgemäß durch die Kläranlagen verursacht, gefolgt von den Pumpwerken, den Sonderbauwerken und der Verwaltung. Die dominierenden Emissionsquellen sind die Abfallentsorgung (überwiegend Klärschlamm), der Verbrauch elektrischer Energie und die eingesetzten Betriebsmittel (Aufbereitungsstoffe zur Abwasserreinigung). Pro Einwohner lagen die THG-Emissionen der Kläranlagen zwischen 25 und 55 kg CO_2e/EW. Vergleichsweise geringe Emissionen werden durch die Talsperren- und Gewässerbewirtschaftung verursacht.

Im Folgenden ist die prozentuale Verteilung der aufgabenspezifischen Emissionen innerhalb der untersuchten agw-Verbände gezeigt (**Bild 3**). Im Kreisdiagramm sind die gemittelten relativen Anteile aller Verbände dargestellt. Die relative Spannbreite der einzelnen Aufgabenfelder kann der Legende entnommen werden. Es zeigt sich erwartungsgemäß, dass die Abwasserreinigung am emissionsintensivsten ist und je Verband zwischen 52 und 98 % der Gesamtemissionen ausmacht. Auch der Anteil von Pump- und Sonderbauwerken fällt je nach Beschaffenheit des Verbandsgebietes sehr unterschiedlich aus (1 bis 44 %). Dieser kann somit einen nicht unerheblichen Anteil der Emissionen verursachen. Weitere betriebliche Aufgaben wie die Flussgebiets- und Talsperrenbewirtschaftung (in Summe ca. 1 %) oder auch die Verwaltung fallen im direkten Vergleich deutlich untergeordnet aus.

Die Datengrundlage der Verbände für die CO_2-Bilanzierung war nicht einheitlich. Insbesondere die Daten für Baustoffe, Betriebsmittel, Abfallentsorgung und Dienstreisen werden unterschiedlich detailliert erfasst. Arbeiten, die von den Verbänden an Dritte vergeben werden, sind in den Bilanzen nicht enthalten, so dass die vergleichbaren Eigenleistungen anderer Verbände ein verfälschtes Bild erzeugen können. Für eine zukünftig weitestgehend vergleichbare CO_2-Bilanzierung sollten deshalb eine Vereinheitlichung der Datenerfassung und zumindest eine Abschätzung der Verbrauchsmengen von Unterauftragnehmern erfolgen. Eine Aufteilung der Mengenströme auf die einzelnen Aufgabengebiete war nicht an allen Stellen konsequent möglich. Treibstoffverbrauchsmengen werden z. B. teilweise bei der Verwaltung oder bei den Kläranlagen erfasst, obwohl sie zur Flussgebietsbewirtschaftung gehören. Die beste Datengrundlage war im Bereich der Kläranlagen vorhanden, in dem der weitaus größte Anteil der Verbandsemissionen entsteht.

3.2 Bottom-Up-Bilanz

Im Rahmen der Bottom-Up-Bilanzierung wurde die CO_2-Bilanz für ausgewählte Anlagen auf Prozessebene berechnet. Insgesamt wurden elf Kläranlagen, sieben Pumpwerke, zwei Sonderbauwerke, eine Talsperre, ein Hochwasserrückhaltebecken und ein Gewässerabschnitt einer Bottom-Up-Analyse unterzogen. Ein aussagekräftiger Vergleich konnte bedingt durch die nicht immer ausreichende Anzahl der bilanzierten Anlagen nicht für alle Bereich durchgeführt werden, je-

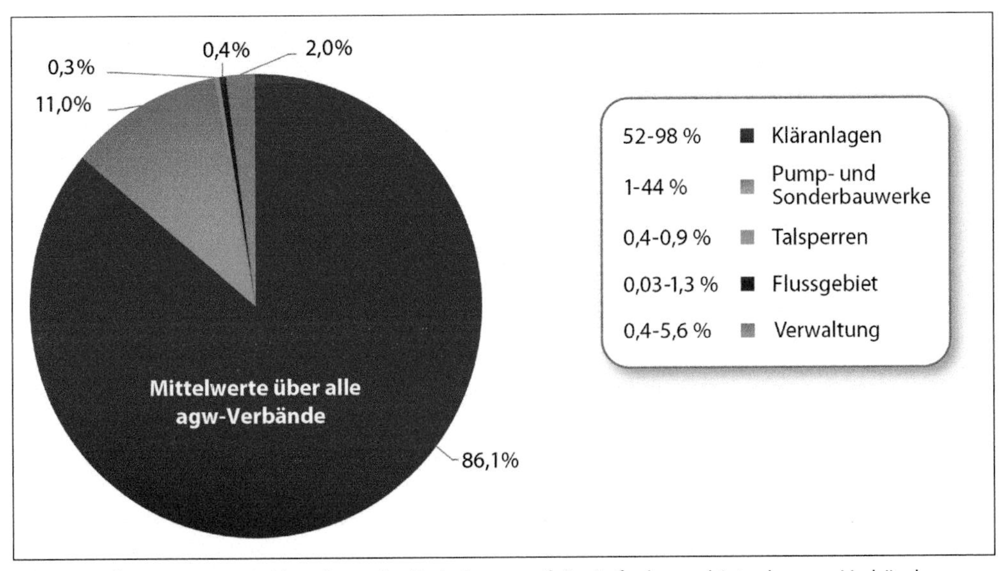

Bild 3: Mittlere prozentuale Verteilung der Emissionen auf die Aufgabengebiete der agw-Verbände

doch liegt als wichtiges Projektergebnis ein praxisvalidierter Erhebungsansatz für die CO_2-Bilanz der Wasserwirtschaft vor.

Für alle Anlagen wurden spezifische CO_2-Kenngrößen (z. B. CO_2e pro Einwohnerwert CSB) vorgeschlagen, wobei ein Vergleich der Anlagen untereinander nur für Kläranlagen und Pumpwerke möglich war, da hier eine entsprechende Mindestanzahl an bilanzierten Anlagen vorlag. Insbesondere bei Talsperren und Gewässern können Kennzahlenvergleiche auf Grund der starken Abhängigkeit von naturräumlichen, unveränderlichen Einflussgrößen nur innerhalb bestimmter Gruppen mit weitestgehend gleichen Randbedingungen erfolgen; solche Gruppen konnten noch nicht gebildet werden.

Kläranlagen

Vergleichbare Emissionskennzahlen konnten bei den Kläranlagen durch eine einheitliche Spezifizierung bzw. Normierung ermittelt werden. Größere Unterschiede bei den Ergebnissen sind im Wesentlichen folgendermaßen zu erklären:

- Die geringsten CO_2-Emissionen haben Kläranlagen mit einem hohen Eigenenergieerzeugungsgrad.
- Der Betrieb eines Membranbioreaktors verursacht relativ hohe Emissionen durch den erhöhten Stromverbrauch
- Klärschlammmenge: Die Höhe der Fremdschlammannahme wirkt sich unmittelbar auf die spezifischen Emissionen der Entsorgung aus
- Entsorgungsart: Die landwirtschaftliche Entsorgung ist energetisch günstiger als die Verbrennung. Die Verbrennung von bereits getrockneten Schlämmen wiederum ist auf Grund einer geringeren Stützfeuerung ebenfalls energetisch günstiger als die Verbrennung von feuchtem Schlamm.
- Der Einsatz von Propan-1,2,3-triol (Glyzerin) als Kohlenstoffquelle führt zu einem höheren Anteil der Betriebsmittelemissionen, da der Emissionsfaktor (EF) von Glyzerin (9,2 kg CO_2e/kg) [4] deutlich höher als der von Methanol (0,38 kg CO_2e/kg) [4] ist. Positiv wirkt sich beim Methanoleinsatz darüber hinaus der CSB-Gehalt aus (Methanol: 1,5 g CSB/g; Glyzerin: 1,04 g CSB/g).

Pumpwerke

Ebenfalls gut vergleichbare Ergebnisse konnten für den Bereich der Pumpwerke erarbeitet werden. Die Emissionen wurden einheitlich auf die Bezugsgröße Fördermenge und manometrische Förderhöhe ($CO_2e/(m^3 \cdot m)$) bezogen. Die Ergebnisse zeigen, dass der Energieverbrauch der dominierende Faktor ist. Auffällig ist die Abfallentsorgung des Pumpwerkes Schwafheim. Die vergleichsweise hohe Emission ist auf den Rechengutanfall zurückzuführen. Wird ein Feinrechen betrieben, fallen die Emissionen deutlich höher aus als bei den anderen Pumpwerken, welche mit einem Sandabscheider bzw. einem Grobrechen (Piekenbrocksbach) ausgestattet sind. Die Emissionen, die dem Bau der Pumpwerke zuzuteilen sind, wurden anhand von drei Anlagen abgeschätzt und liegen in der Größenordnung von 0,2-0,4 $g/(m^3 \cdot m)$ (ca. 2-6 % der Gesamtemissionen).

Minderungsmaßnahmen

Die vorliegenden Ergebnisse wurden abschließend hinsichtlich der potenziellen Minderungsansätze für den Carbon Footprint bewertet. Einige Verbände konnten bereits Emissionen in Höhe von 8 bis 16 % reduzieren, indem sie auf alternative Energiequellen zurückgreifen. In erster Linie handelt es sich hierbei um Energie aus Faulgas. Weitere Einsparpotenziale sind vordergründig in der Senkung des Energieverbrauchs und der Steigerung der Energieeffizienz sowie in der Minimierung des externen Strombezugs durch verstärkte Eigenenergieerzeugung zu sehen. Da bei den Chemikalien für die Abwasserreinigung die Kohlenstoffquelle Glyzerin einen relativ hohen Anteil an den betriebsmittelbezogenen Emissionen hat, könnte der Einsatz eines alternativen Produktes ebenfalls zu einer deutlichen Minderung führen.

Sowohl Einsparungen als auch Prozessänderungen sind bei einer CO_2-Bilanz jedoch immer im Gesamtkontext zu betrachten. So müssen beispielsweise bei Eingriffen in den Prozess der Stickstoffelimination auch deren Auswirkungen bewertet werden. Eine höhere Belüftungsleistung in der Nitrifikation kann ggf. die N_2O-Emissionen reduzieren, verursacht jedoch parallel einen höheren elektrischen Energieverbrauch und somit erhöhte indirekte Emissionen. Ähnliches ist z. B. auch durch die Verbesserung des Kohlenstoff-Stickstoffverhältnisses durch Zugabe von externen Kohlenstoffquellen zu beobachten. Diese Kohlenstoffquellen sind monetär, aber auch hinsichtlich der CO_2-Bilanz zu bewerten.

4 Empfehlungen und Ausblick

Internes Controlling

Die CO_2-Bilanz kann zur Steuerung sowie zur internen und externen Kommunikation einer klimaschonenden Entwicklung einer Institution, z. B. eines Wasserverbands, eines Entwässerungsbetriebs oder eines Wasserversorgungsunternehmens eingesetzt werden. Mit ihm als objektivem Ökobilanzierungskriterium wird ein Entscheidungsmerkmal z. B. zu Investitionen und Betriebseinstellungen vorgelegt, das die meist wirtschaftlich orientierten Aspekte heutiger Entscheidungen ergänzt. Berücksichtigt man Umweltkosten, so ist dieses zusätzliche Kriterium auch unter wirtschaftlicher Betrachtung von zunehmender Bedeutung. So kann der Weg für die Einführung ressourcen- und energiesparender Technologien geebnet sowie die nachhaltige Entwicklung aufgezeigt werden. Die beteiligten Wasserverbände und Unternehmen können hier eine Vorreiterrolle im Bundesgebiet einnehmen. Bei der jährlichen Fortführung der Bilanz zum Zwecke der Zeitreihenanalyse kann dies deutlich dargestellt werden. Die Berücksichtigung der CO_2-Bilanz bei Entscheidungen zu Neubau- und Modernisierungsmaßnahmen wird die wasserwirtschaftliche Arbeit nachhaltig prägen.

Klimaschutzkonzepte

Es ist zu erwarten, dass die Betrachtung der CO_2-Bilanz in Zeiten neuer Klimaschutzgesetze und entsprechender Sensibilisierung mittelfristig zum Pflichtprogramm von Betreibern gehören wird, mindestens aber zur Interessenvertretung der deutschen Wasserwirtschaft hinsichtlich des Klimaschutz-Engagements erforderlich ist. Vor diesem Hintergrund ist noch zu prüfen, wie konkret der Handlungsdruck für die Wasserwirtschaft zeitlich und inhaltlich ist. Bei der Umsetzung kommunaler Klimaschutzteilkonzepte fehlt häufig eine tiefe fachliche Durchdringung; für die Wasserwirtschaft sollte bei der Umsetzung daher insbesondere auf weitgehende und sinnvolle Maßnahmen geachtet werden. Mit einer besonders auf Klimaschutz und erneuerbare Energien ausgerichteten europäischen Energiestrategie wären vielfältige Vorteile wie der Zugang zu günstigeren Energiequellen und Speichern gegeben, in welche sich auch die Wasserwirtschaft in neuen Schlüsselpositionen stärker einbringen kann.

Forschungsbedarf

Die Projektfortführung im Bereich Forschung und Entwicklung (z. B. Messung direkter Emissionen; Quantifizierung der Minderungspotenziale) sollte mit weiteren interessierten Betreibern angestrebt werden. Hier ist insbesondere der Bedarf an Förderprogrammen bedeutend, denn die Identifikation der Treibhausgasquellen und insbesondere die Gasanalytik sind kostenintensiv; da sie aber nicht zum Pflichtprogramm des Anlagenbetreibers gehört, er aber in der Regel gebührenfinanziert ist, bestehen überschaubare Spielräume zur derartigen Messungen im Rahmen des Betriebsauftrags. Das Zukunftsthema Klimaschutz muss eine zusätzliche Finanzierung erfahren.

Weitere Fragestellungen ergeben sich bei Auswahl und Betrieb möglicher Anlagen zur Wandlung anfallender Klimagase. Eingesetzte Biofilter, Oxidationsanlagen oder Gaswäscher müssen ebenfalls unter Einsatz von Energie betrieben werden. Im Gegensatz zu Verfahren der Methanoxidation, welche bereits im Deponiebau Anwendung finden, sind vor allem im Bereich der gezielten N_2O-Reduktion kaum Verfahren und Anlagen untersucht bzw. eingesetzt worden.

Es gibt eine Reihe weiterer Verfahren der Abwasserreinigung, die nicht Gegenstand dieses Projektes waren (Deammonifikation, Desinfektion, Spurenstoffelimination, Nitratation/Denitratation, etc.). Sowohl diese als auch die unterschiedlichen Möglichkeiten der Energiegewinnung (neue Konzepte und Verfahren) und Ressourcenrückgewinnung (Nähr- und Rohstoffe) sollten zukünftig hinsichtlich ihrer CO_2-Bilanz bilanziert und bewertet werden. Zur Verbesserung der Datenbasis, für mehrjährige Vergleiche sowie zur Entwicklung weiterer Optimierungsschritte sollte angestrebt werden, die Anzahl der mit dem entwickelten Modell untersuchten Anlagen deutlich zu erhöhen. Dann kann auch eine Standardisierung des Verfahrens für die deutsche Wasserwirtschaft erfolgen.

Danksagung

Die Ergebnisse wurden im Rahmen des Gemeinschaftsprojektes Carbon Footprint der agw gewonnen, welches mit Mitteln der beteiligten Wasserverbände finanziert wurde. Dafür sei an dieser Stelle ebenso herzlich gedankt, wie für die sehr gute und konstruktive Zusammenarbeit. Ein ganz besonderer Dank gilt Herrn Dr. Wulf Lindner, der bis zum Ruhestand in seiner Funktion als Vorstand des Erftverbandes maßgeblich dazu beigetragen hat, das Projekt zu starten.

Literatur

[1] SRU (2012): Umweltgutachten 2012 – Verantwortung in einer begrenzten Welt, Sachverständigenrat für Umweltfragen (SRU), Berlin.

[2] Genzowsky, K., Rohn, A., Bolle, F.-W., Merkel, W. (2011): Methodenentwicklung zur Bewertung von siedlungswasserwirtschaftlichen und wasserwirtschaftlichen Anlagen hinsichtlich ihres ökologischen Fußabdrucks, Forschungsinstitut für Wasser- und Abfallwirtschaft (FiW) an der RWTH Aachen e.V., IWW Zentrum Wasser in Mülheim, Aachen, Mülheim.

[3] IPCC (2007): Climate Change 2007: Synthesis Report. Contribution of Working Groups I, II and III to the Fourth Assessment Report of the Intergovernmental Panel on Climate Change, IPCC, Genua.

[4] GEMIS (2011): Globales Emissions-Modell Integrierter Systeme Öko Institut e.V., Freiburg.

Autoren

Dipl.-Ing. Kristoffer Genzowsky
Dr.-Ing. Friedrich-Wilhelm Bolle
Forschungsinstitut für Wasser- und Abfallwirtschaft an der RWTH Aachen (FiW) e. V.
Kackertstraße 15 – 17 • D-52056 Aachen
E-Mail: genzowsky@fiw.rwth-aachen.de
E-Mail: bolle@fiw.rwth-aachen.de
www.fiw.rwth-aachen.de

Dipl.-Ing. Anja Rohn
Dr.-Ing. Wolf Merkel
IWW Rheinisch-Westfälisches Institut für Wasserforschung gemeinnützige GmbH
Moritzstr. 26
D-45476 Mülheim an der Ruhr
E.Mail: w.merkel@iww-online.de
E-Mail: a.rohn@iww-online.de
www.iww-online.de

Franziska Kroll

Klimaschutz in Ländern und Kommunen: Aufstellung und Umsetzung von Klimaschutzkonzepten

Neben der EU und dem Bund verfolgen die Bundesländer eigene Klimaschutzziele und erstellen eigene Klimaschutzkonzepte, um für die unterschiedlichen Handlungsfelder geeignete Maßnahmen festzulegen. Die Aufstellung wird zunehmend von einem öffentlichen Beteiligungsverfahren begleitet, um so die Akzeptanz der Bürgerinnen und Bürger für den Klimaschutz zu stärken und die Umsetzung von Maßnahmen in den Kommunen und der Wirtschaft zu fördern.

1 Klimaschutzziele auf verschiedenen politischen Ebenen

Im Oktober 2014 hat der Europäische Rat als Klimaschutzziel eine CO_2-Minderung von 40 % bis 2030 gegenüber dem Vergleichsjahr 1990 beschlossen. Damit will die EU ein Signal für das als Nachfolgeabkommen zum Kyoto-Protokoll im Jahr 2015 geplante Klimaabkommen von Paris setzen.

Die Bundesregierung hat sich im Nationalen Klimaschutzprogramm ebenfalls das Ziel einer 40-prozentigen CO_2-Emissionsreduzierung gesetzt; allerdings soll dieses bereits im Jahr 2020 erreicht werden. Ein Blick auf die aktuelle Entwicklung der Treibhausgasemissionen in Deutschland zeigt, dass dieses Ziel nur durch verstärkte Anstrengungen aller Beteiligten erreicht werden kann (**Bild 1**).

Obwohl die Emissionen gegenüber dem Vergleichsjahr 1990 bis zum Jahr 2012 um 23,8 % gesunken waren, sind sie zuletzt wieder leicht angestiegen, so dass die 40 %-Marke in größere Ferne rückt. Um dieses Ziel dennoch zu erreichen, müssen auch die Bundesländer und die Kommunen Klimaschutzmaßnahmen in Angriff nehmen, die sich in die von EU und Bund vorgegebenen rechtlichen Rahmenbedingungen einbetten. Die wesentlichen klimaschutzrelevanten Bereiche unterliegen der konkurrierenden Gesetzgebung, in denen die Länder nur dann Regelungen treffen können, wenn der Bund nicht von seiner Kompetenz Gebrauch gemacht hat. Dies betrifft z. B. die Energiewirtschaft, die Industrie, das Gewerbe, den Verkehr, die Luftreinhaltung und die Raumordnung. Auch das wichtige Steuerungsinstrument des Emissionshandels wird von EU und Bund geregelt. Für die Bereiche Landesplanungsrecht, Kommunalrecht, Bauordnungsrecht und bildungsrecht gilt dagegen die ausschließliche Gesetzgebung der Länder mit entsprechenden Handlungsmöglichkeiten. Daneben können die Länder durch den Vollzug der Bundesgesetze, durch die Mitgestaltung der Bundesgesetze im Bundesrat, durch Förderprogramme, Beratung, bildungsinitiativen und weitere informative Instrumente zur Emissionsreduzierung beitragen [2].

Im Bewusstsein ihrer Verantwortung haben sich viele Bundesländer eigene Ziele für eine Emissionsminderung gesetzt und diese teils verbindlich in Klimaschutzgesetzen festgeschrieben. In Bremen, Berlin und Niedersachsen werden Klimaschutzgesetze erarbeitet, in Baden-Württemberg, Nordrhein-Westfalen und Rheinland-Pfalz sind sie bereits verabschiedet.

2 Verfahren zur Aufstellung von Klimaschutzkonzepten

Zur Erreichung der in den Gesetzen festgeschriebenen Ziele startete in den beiden Bundesländern Nordrhein-Westfalen und Baden-Württemberg das Verfahren zur Aufstellung eines Klima-

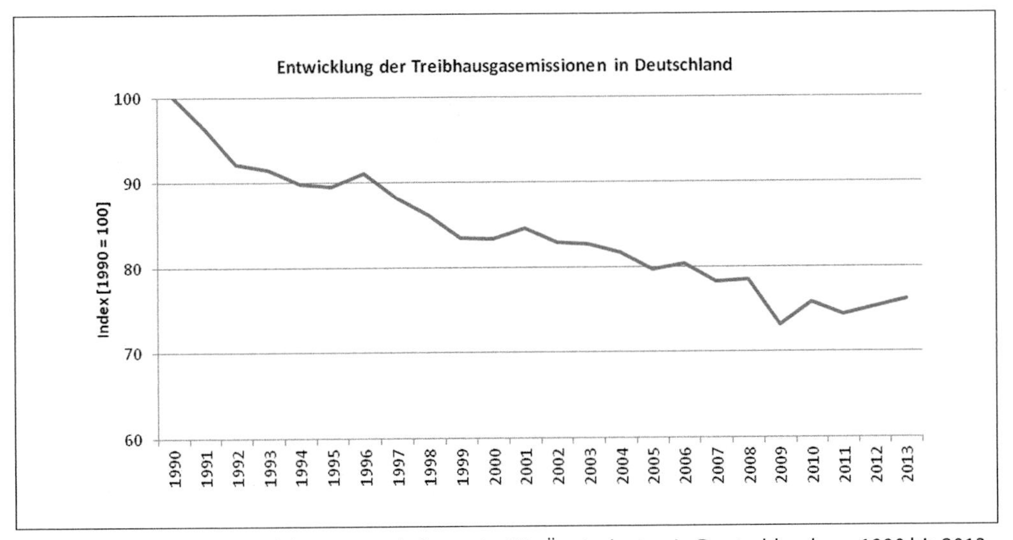

Bild 1: Entwicklung der Treibhausgasemissionen in CO_2-Äquivalenten in Deutschland von 1990 bis 2013. (Quelle: Umweltbundesamt [1])

schutzkonzepts bzw. -plans zu Beginn des Jahres 2012. In Baden-Württemberg wurde es im Juli 2014 durch den Beschluss der Landesregierung über das „Integrierte Energie- und Klimaschutzkonzept" abgeschlossen. Auch andere Länder, mit oder ohne Klimaschutzgesetz, haben bereits Strategien, Konzepte, Pläne oder Programme, die sich mit dem Thema Klimaschutz beschäftigen, einige planen deren Aktualisierung (**Tabelle 1**). Dabei unterscheiden sich diese nicht nur hinsichtlich der verwendeten Terminologie, sondern auch im berücksichtigten Zeithorizont, der Konkretisierung der aufgelisteten Maßnahmen und in der Verfahrensweise der Erstellung.

Neu an der Verfahrensweise der Aufstellung in Baden-Württemberg und Nordrhein-Westfalen ist das aufwändige Beteiligungs- und Dialogverfahren, das eine gesteigerte Akzeptanz als Voraussetzung für die erfolgreiche Umsetzung zum Ziel hat. Dieses wird neben anderen relevanten Verfahrensschritten im Folgenden näher beleuchtet und daraus ein beispielhaftes Verfahren abgeleitet (**Bild 2**).

2.1 Organisatorische Einbindung

Bei der Aufstellung eines Klimaschutzkonzeptes müssen zunächst Verantwortlichkeiten und Beteiligungen innerhalb von Politik und Verwaltung geklärt werden. Üblicherweise übernimmt das für den Klimaschutz zuständige Umweltministerium die Federführung bei der Erstellung von Klimaschutzstrategien. Der Vorteil dieser Zuständigkeit liegt im Vorhandensein von fachlichem Wissen und von Erfahrung, soweit bereits eine Klimaschutzstrategie besteht, die fortgeführt werden soll. Sowohl in Baden-Württemberg als auch in Nordrhein-Westfalen sind alle Ressorts in den Erstellungsprozess der Klimastrategie eingebunden; die meisten von ihnen werden auch an der späteren Umsetzung der vorgeschlagenen Maßnahmen beteiligt sein [3, 4]. Zur ressortübergreifenden Abstimmung wurde jeweils eine interministerielle Arbeitsgruppe eingerichtet.

Da eine Klimaschutzstrategie einen langfristigen Zielhorizont hat und mehrere Legislaturperioden „überstehen" sollte, ist die Unterstützung durch das Parlament wichtig. Dieses entscheidet als Haushaltsgesetzgeber letztendlich auch über finanzielle Ressourcen zur Umsetzung. In Baden-Württemberg hatte der Landtag zum Energie- und Klimaschutzkonzept Stellung genommen, bevor es vom Kabinett beschlossen wurde. In Nordrhein-Westfalen wird der Klimaschutzplan vom Landtag selbst verabschiedet. In Ländern ohne Klimaschutzgesetz kann der Landtag auf andere Weise eingebunden werden. Möglich wäre die Einrichtung eines Parlamentarischen Bei-

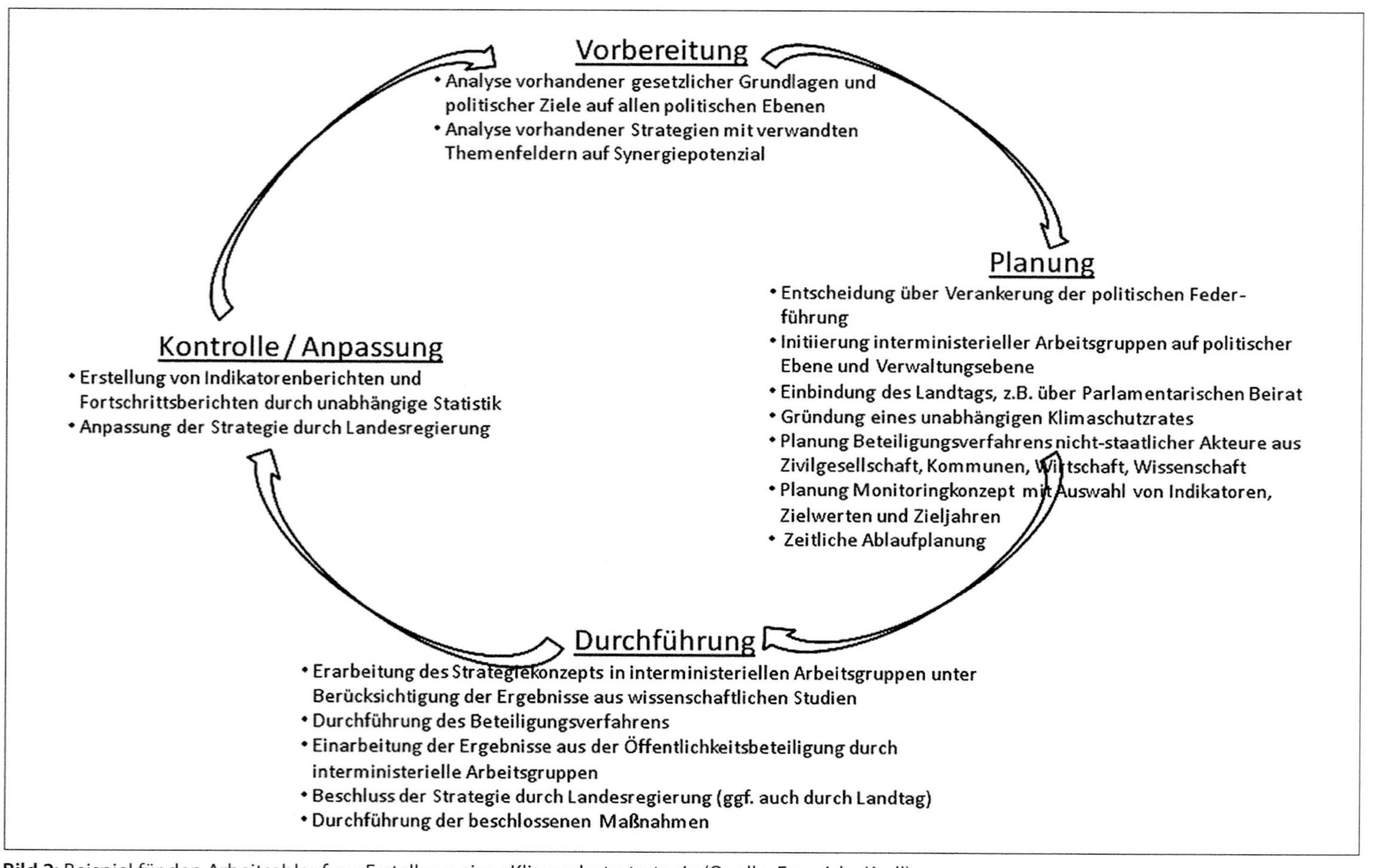

Bild 2: Beispiel für den Arbeitsablauf zur Erstellung einer Klimaschutzstrategie (Quelle: Franziska Kroll)

Tab. 1 | Übersicht über Klimaschutzkonzepte der Bundesländer

Bundesland	Klimaschutzkonzept (Erstellungsjahr)
Baden-Württemberg	Integriertes Energie- und Klimaschutzkonzept (2014)
Bayern	Klimaschutz Bayern 2020 (2013)
Berlin	Integriertes Energie- und Klimaschutzkonzept (in Planung)
Brandenburg	Energiestrategie 2030 (2012)
Bremen	Klimaschutz- und Energieprogramm 2020 (2009)
Hamburg	Masterplan Klimaschutz (2013)
Hessen	Klimaschutzkonzept (2007)
Mecklenburg-Vorpommern	Aktionsplan Klimaschutz (2010)
Niedersachsen	Klimapolitische Umsetzungsstrategie (2013)
Nordrhein-Westfalen	Klimaschutzplan NRW (soll im Winter 2014/2015 verabschiedet werden)
Rheinland-Pfalz	Klimaschutzkonzept (in Planung)
Saarland	Klimaschutzkonzept (2008)
Sachsen	Energie- und Klimaprogramm (2013)
Sachsen-Anhalt	Klimaschutzprogramm 2020 (2010)
Schleswig-Holstein	Integriertes Energie- und Klimakonzept (2011)
Thüringen	Energiekonzept 2020 (2011)

rats in Anlehnung an den Parlamentarischen Beirat für nachhaltige Entwicklung des Bundestages. Der Beirat könnte einerseits durch beratende Tätigkeiten bei der Erstellung der Klimaschutzstrategie beteiligt werden und andererseits zukünftig darauf achten, dass Vorhaben des Landtages die Klimaschutzstrategie berücksichtigen.

2.2 Einbindung der Wissenschaft

Um die Klimaschutzstrategie auf eine solide wissenschaftliche Basis zu stellen, müssen nicht nur naturwissenschaftliche Daten über Zustand und Veränderung des Klimas ausgewertet und Klimaszenarien erstellt werden. Auch politik- und wirtschaftswissenschaftliche Analysen und Szenarien können helfen, den richtigen Weg zu finden. In Baden-Württemberg wurden ein Gutachten zur Wirkungsabschätzung des Konzepts und ein energiepolitisches Szenario bei Forschungsinstituten in Auftrag gegeben. Auch in Nordrhein-Westfalen wurde durch ein Forschungsinstitut eine Wirkungsabschätzung erstellt, in der die Wirkung der Strategie auch auf nicht von Treibhausgasemissionen betroffene Bereiche untersucht wurde. Zusätzlich wurden verschiedene Treibhausgasminderungsszenarien modelliert und eine Potenzialanalyse zu erneuerbaren Energien und Treibhausgasminderungen erstellt. Beides ist wichtig, um anhand von wissenschaftlichen Erkenntnissen eine politisch abgewogene und gesellschaftlich akzeptierte Entscheidung treffen zu können. Bei dieser Entscheidung kann auch die Berechnung von Vermeidungskostenkurven helfen, um gesellschaftliche Nutzen und Kosten zu ermitteln und so eine möglichst kosteneffiziente Umsetzung zu fördern.

2.3 Beteiligungsverfahren

Die Länder Baden-Württemberg und Nordrhein-Westfalen führten ein breites und im Prozess frühzeitig beginnendes Dialog- und Beteiligungsverfahren durch, bei dem Bürgerschaft, Kommunen, Wirtschaftsverbände und sonstige gesellschaftliche Interessengruppen beteiligt wurden. Die Motivation für das in seiner Breite und Intensität neuartige Beteiligungsverfahren war in beiden Ländern ähnlich. Ziel war es, eine breite Zustimmung der Gesellschaft zu erreichen und Akzeptanz auch bei jenen zu schaffen, welche die Wirkung der Strategie nicht unbedingt als positiv empfinden [3]. Eine breite Beteiligung ermöglicht es, auch Gegenargumente, etwa zur Notwendigkeit und Finanzierbarkeit des Klimaschutzes, zu hören und gegebenenfalls entkräften zu können. Nordrhein-Westfalen möchte darüber hinaus wie auch Baden-Württemberg eine Grundlage für zukünftige Prozesse schaffen und eine hohe öffentliche Aufmerksamkeit erreichen [4]. Hierzu wurde ein hohes Maß an Öffentlichkeitsarbeit betrieben, indem zusätzlich zur informierenden Internetseite Radiospots, Kurzfilme und Flyer produziert und öffentliche Veranstaltungen organisiert wurden.

In Nordrhein-Westfalen wurden nach einer Auftaktveranstaltung Anfang 2012 in einer ersten Konzeptionsphase in Arbeitsgruppen Vorschläge zu Zielen, Strategien und Klimaschutzmaßnahmen erarbeitet. Parallel dazu fanden Workshops zur Klimafolgenanpassung statt. Die Arbeitsgruppen setzten sich zusammen aus Expertinnen und Experten aus Wissenschaft, Wirtschaft, Kommunen, Ressorts und anderen gesellschaftlichen Gruppen. Sie diskutierten zu den Themen Energieumwandlung, Produzierendes Gewerbe und Industrie, Bauen und Wohnen, Verkehr, Landwirtschaft und Private Haushalte. Ein Koordinierungskreis aus Mitgliedern der Arbeitsgruppen bündelte die Ergebnisse und leitete sie an interministerielle Arbeitsgruppen weiter, welche die Steuerung und Abstimmung innerhalb der Landesregierung übernahmen. Die Landesregierung wird wiederum durch einen Klimaschutzrat beraten. Nach der Zwischenbilanz im Plenum aller Akteure begann Ende 2013 die Detaillierungsphase. In dieser hatten die breite Öffentlichkeit, Kommunen und Unternehmen im Rahmen einer Online-Beteiligung und auf zahlreichen Veranstaltungen die Möglichkeit, Rückmeldungen zu den bisherigen Ergebnissen zu geben. Zu den Veranstaltungen gehörten unter anderem ein Kommunalkongress, ein Unternehmenskongress, Regionalplanungsworkshops und Bürgerschaftstische. Im weiteren Verlauf des Prozesses erstellt die Landesregierung auf Basis der Vorschläge einen Klimaschutzplan, der vom Landtag verabschiedet werden soll.

In Baden-Württemberg erstellte im Jahr 2012 zunächst die Landesregierung einen Entwurf für ein integriertes Energie- und Klimaschutzkonzept, welches anschließend im Rahmen der Bürger- und Öffentlichkeitsbeteiligung von Bürgerinnen und Bürgern, Vertretern kommunaler Spitzenverbände, Wirtschaftsverbänden und Interessengruppen diskutiert wurde. Verbände konnten einerseits Empfehlungen an die Landesregierung über die Teilnahme an Verbandstischen zu den Themen Stromversorgung, Private Haushalte, Industrie, Gewerbe, Handel und Dienstleistungen, Verkehr, Öffentliche Hand sowie Land- und Forstwirtschaft und Landnutzung formulieren und wurden andererseits in einer formellen Verbändeanhörung in das Verfahren integriert. Die Bürgerschaft konnte im Rahmen einer formellen Öffentlichkeitsbeteiligung, eines Online-Beteiligungsverfahrens und auf Bürgertischen Maßnahmenvorschläge kommentieren und abgeben. Für die Beteiligung an den Bürgertischen wurden Bürgerinnen und Bürger nach dem Zufallsprinzip aus allen vier Regierungsbezirken ausgewählt. Die Diskussionen wurden durch eine externe professionelle Moderation begleitet. Die Landesregierung arbeitete die Kommentare und Empfehlungen nach einer Prüfung in das Klimaschutzkonzept ein und beschloss es nach einer positiven Stellungnahme des Landtages im Juli 2014.

Derartige Beteiligungsverfahren sind aufwändig und langwierig und binden viele Ressourcen. Nutzen und Aufwand sollten deshalb bei der Konzeptionierung des Prozesses sorgfältig abgewogen werden. Sicherlich ist eine breite Beteiligung sinnvoll und nötig zur Schaffung von Akzeptanz und Erfolg. Besonders wichtig für die spätere Umsetzung sind dabei die Bürgerinnen und Bürger, die Wirtschaft und die Kommunen. Sie sollten in jedem Fall über ihre Verbände (Wirtschaftsverbände, Städte- und Gemeindetag, Bürgerinitiativen, Interessenvereine etc.) beteiligt werden. In Baden-Württemberg wurde sehr viel Wert auf Beteiligung und Auswahl der Bürgerinnen und Bürger gelegt. Bei einem solchen Auswahlverfahren nach dem Zufallsprinzip sollte abgewogen werden zwischen dem Streben nach Repräsentativität der Meinungen, vorhandenem Know-how und Aufwand. Die Durchführung von Unternehmens- und Kommunalkongressen nach dem Beispiel Nordrhein-Westfalens, auf denen vorgeschlagene Maßnahmen durch die jeweiligen Akteure auf ihre Praxistauglichkeit überprüft wurden, erscheint ebenfalls sinnvoll. Auch die Einbindung der Regionalplanungsbehörden, mit deren Regionalplänen die Maßnahmen der Klimaschutzstrategie harmonisieren müssen, kann zum späteren Erfolg beitragen. Die Einrichtung eines die Landesregierung beratenden unabhängigen Gremiums aus Experten, wie dem Klimaschutzrat in Nordrhein-Westfalen, wird durch die Bertelsmann-Stiftung [6] als „Best Practice" bei der Erarbeitung von Strategien genannt.

Wie auch immer die Konsultationsverfahren konkret ausgestaltet werden, sollten sie möglichst transparent sein, einen breiten Zugang ermöglichen, Datensicherheit gewährleisten, online- und nicht online-basierte Beteiligungsmöglichkeiten kombinieren sowie insgesamt über ein ausgewogenes Kosten-Nutzen-Verhältnis verfügen [6].

2.4 Monitoring

Politische Programme werden an ihren Erfolgen gemessen. Zur Überprüfung der Erfolge sind konkrete und messbare politische Ziele, Daten und Indikatoren sowie eine politikunabhängige Berichterstattung erforderlich [7].

Die Begleitung der Klimastrategie durch ein Monitoring ermöglicht es der Landesregierung als Initiatorin einerseits, ihre Maßnahmen zur Erreichung der Ziele der Strategie gegebenenfalls zu ändern und anzupassen. Regelmäßige Monitoringberichte dienen des Weiteren der Kommunikation der Ergebnisse an die Öffentlichkeit und andere Adressaten, somit also der Transparenz des Prozesses.

Als Messgrößen für die Berichterstattung werden geeignete Indikatoren benötigt. Die Auswahl der Indikatoren obliegt, wie die Strategie insgesamt, letztlich den politischen Gremien als Träger der Strategie. Sie sollte aber von fachlichen Experten, insbesondere auch aus der amtlichen Statistik, begleitet werden.

Erfahrungen u.a. aus der nationalen Nachhaltigkeitsstrategie haben gezeigt, dass sich die Verbindlichkeit eines politischen Programms und der Anreiz zu seiner Umsetzung wesentlich erhöhen, wenn konkrete, d.h. quantifizierte und zeitlich fixierte Zielwerte festgelegt sind [6]. Als weiterer Schritt kommt dann die Bewertung der Indikatorenentwicklung in Richtung auf die Zielwerte und Zeithorizonte hinzu. Für die politischen Träger der Strategie erscheint es zunächst naheliegend, das regelmäßige Monitoring selbst durchzuführen und die Berichte zu veröffentlichen. Die Glaubwürdigkeit und Transparenz der Berichterstattung wird jedoch deutlich gesteigert, wenn die regelmäßige Berichterstattung von neutraler Seite, z. B. durch die amtliche Statistik, durchgeführt wird. Dadurch wird der Gefahr vorgebeugt, dass die Ressorts die Erfolge der eigenen Politik möglichst günstig bewerten, sich also sozusagen selbst die Noten erteilen. Für den Fall, dass unterschiedliche Ressorts beteiligt sind, mindert sich durch einen neutralen Berichterstatter möglicherweise auch interministerielles Konfliktpotenzial.

Alle Arbeitsschritte des Verfahrens, unterteilt in eine Vorbereitungs-, Planungs-, Durchführungs- und Kontroll- und Anpassungsphase, sind in Bild 2 zusammengefasst dargestellt.

3 Umsetzung der Konzepte

Für die Umsetzung von Klimaschutzkonzepten sind neben der Bevölkerung und der Wirtschaft besonders die Gebietskörperschaften gefragt. Kommunen haben ein enormes Potenzial für Emissionsminderungen. In Städten konzentriert sich letztlich der Energieverbrauch von Bevölkerung, Industrie, Gewerbe, Dienstleistungen und Verkehr. Hier werden über 80 % der globalen CO_2-Emissionen ausgestoßen [8]. Die Stadt- und Nachhaltigkeitsforscher Newman et al. sind davon überzeugt, dass der Wandel hin zu einer klimafreundlicheren Welt von den Städten ausgehen muss [8]. Nationen könnten viel tun, um diesen Prozess des Wandels zu unterstützen, aber die wirklich wichtigen Initiativen müssten auf Grund der großen Bandbreite an Handlungsoptionen auf kommunaler Ebene beginnen. Städte haben durch ihre hohe Bevölkerungsdichte gute Möglichkeiten zur Emissionsminderung, indem sie etwa einen effizienten öffentlichen Personennahverkehr einrichten, den Energieverbrauch im Gebäudesektor durch eine klimafreundliche Stadtentwicklung fördern und die Abwasserbehandlung, Trinkwasserversorgung und Abfallentsorgung energetisch optimieren. Des Weiteren gibt es in Städten ein großes Potenzial für den Einsatz von erneuerbaren Energien.

Städte und Gemeinden sollten ihre Möglichkeiten zur Emissionsminderung schon aus eigenem Interesse ausschöpfen, weil sie vom Klimawandel besonders betroffen sein werden. In dichten Siedlungsgebieten, die sich häufig in der Nähe von Flüssen befinden, sind die Schäden durch Hochwasserereignisse besonders hoch. Auch die Temperaturerhöhung macht sich hier durch das in Städten im Vergleich zum Umland ohnehin wärmere Klima besonders bemerkbar und betrifft hier eine hohe Bevölkerungszahl.

Dass lokale Initiativen für den Klimaschutz den globalen Bemühungen voraus sind, zeigt sich bereits daran, dass sich über 800 US-amerikanische Städte den Zielen des Kyoto-Protokolls verpflichtet haben, während die Unterzeichnung eines internationalen Klimaabkommens durch die USA noch aussteht. In Europa haben sich mehr als 1.600 Städte, Kommunen und Landkreise aus 24 Nationen zu einem Klima-Bündnis zusammengeschlossen und sich unter anderem zur Halbierung der Pro-Kopf-Emissionen bis spätestens 2030 (Basisjahr 1990), zur Emissionsreduzierung um 10 % alle 5 Jahre und zur Unterstützung von Projekten in Entwicklungsländern verpflichtet [9]. In Deutschland haben viele Kommunen ein vom Bundesumweltministerium gefördertes Klimaschutzkonzept aufgestellt, in dem sie Maßnahmen zur Emissionsreduktion in verschiedenen Handlungsfeldern festlegen. Auch durch Aktivitäten der Länder werden die Kommunen unterstützt, wie etwa durch das hessische Projekt „100 Kommunen für den Klimaschutz" [10].

Die meisten Kommunen haben offensichtlich eine hohe Motivation, sich aktiv am Klimaschutz zu beteiligen. Dabei ist zu unterscheiden zwischen großen Kommunen und kreisfreien Städten, die sich untereinander vielfach vernetzt haben, über ein entsprechendes Know-how verfügen und gegebenenfalls in ihrer Verwaltung über ein eigenes Klimaschutz- oder Energiereferat verfügen. Andererseits gibt es zahlreiche kleinere Kommunen, die nicht über entsprechende finanzielle und personelle Ressourcen verfügen, für die Informationen, Kooperationen, praktische Hilfestellung und Best- Practice-Beispiele bei ihren Klimaschutzaktivitäten besonders wichtig sind. Best-Practice-Beispiele haben den Vorteil, dass nicht jede Kommune aus eigener Anstrengung geeignete Maßnahmen entwickeln muss. Daneben brauchen Kommunen Anreize durch finanzielle Förderung und/oder einen mit der Umsetzung verbundenen Imagegewinn. Anreize können auch die Schaffung von Arbeitsplätzen beim lokalen Handwerk und die Senkung von Energiekosten sein.

Haupthemmnis für die Kommunen ist ihre oft schwierige Finanzlage. Auf Grund der vielerorts sehr angespannten Haushaltssituation der Kommunen sind diese gezwungen, das freiwillige Aufgabenspektrum auszudünnen, zu dem auch der Klimaschutz gehört. So ist es für einzelne Kommunen schwierig oder gar unmöglich, einen Fördermittelantrag zu stellen und/oder zinsvergünstigte Kredite in Anspruch zu nehmen, weil der geforderte Eigenanteil nicht finanziert werden kann [11]. Die Fülle an angebotenen Fördermitteln läuft daher oftmals ins Leere. Die Antragstellung ist zuweilen sehr zeitintensiv und nicht mit der Sicherheit von tatsächlichen Mittelzuweisungen verbunden. Förderprogramme ändern sich schnell und die Projektzeiten sind häufig zu kurz, um Erfolge zu erreichen.

Die Zusammenarbeit zwischen Land und Kommunen im Klimaschutz könnte beispielsweise erfolgen durch

- Hilfestellungen bei der Fördermittelbeantragung,
- langfristige Absicherung der Förderung für längere Projektlaufzeiten,
- stärkere Förderung der breiten Masse zusätzlich zu Modellprojekten,
- die Kombinierbarkeit verschiedener Fördertöpfe (z. B. EFRE-Mittel mit Bundesmitteln und Landesmitteln) und
- die Ermöglichung einer interkommunalen Förderung.

Für die Wirksamkeit politischer Strategien ist die tatsächliche Umsetzung der Strategie ebenso wichtig wie die Gestaltung der politischen Strategien selbst. Unter diesem Gesichtspunkt erscheint es sinnvoll, durch die Errichtung entsprechender Organisationsstrukturen sicherzustellen, dass die Informationen und Fördermittel aus Klimaschutzkonzepten der Länder die Kommunen auch erreichen.

Literatur

[1] Umweltbundesamt (2014): Treibhausgasemissionen in Deutschland, http://www.umweltbundesamt.de/daten/klimawandel/treibhausgas-emissionen-in-deutschland.

[2] Anna Biedermann (2011): Klimaschutzziele in den deutschen Bundesländern, In: Umweltbundesamt (Hrsg.) Climate Change 15/2011, Dessau-Roßlau.

[3] Ministerium für Klimaschutz, Umwelt, Landwirtschaft, Natur- und Verbraucherschutz NRW (2013): Klimaschutz in Nordrhein-Westfalen, Akzeptanz durch Dialog und Beteiligung, Düsseldorf.

[4] Umweltministerium Baden-Württemberg (2014): Umweltbericht für das „Integrierte Energie und Klimaschutzkonzept Baden Württemberg" (IEKK), https://um.baden-wuerttemberg.de/fileadmin/redaktion/mum/intern/dateien/Dokumente/Klima/SUP_IEKK_BW_Umweltbericht.pdf

[5] Martina Richwien, Manfred Fischedick (2012): Die Leitplanken des Beteiligungsverfahrens zur Erarbeitung des „Klimaschutzplan Nordrhein-Westfalen", Vortrag auf der Auftaktveranstaltung, http://www.klimaschutz.nrw.de/fileadmin/Dateien/Download-Dokumente/Ueberblick/Klimaschutzplan_NRW_Auftakt_Vortraege.pdf

[6] Bertelsmann-Stiftung (2013): Nachhaltigkeitsstrategien erfolgreich entwickeln – Untersuchung von Nachhaltigkeitsstrategien in Deutschland und auf EU-Ebene, http://www.bertelsmann-stiftung.de/cps/rde/xbcr-SID-6230817D-53F508DB/bst/ xcms_bst_dms _38430_38448_2.pdf

[7] Regina Hoffmann-Müller (2013): Nachhaltigkeitsindikatoren – ein Beispiel für den Dialog zwischen Politik und Statistik, In: Wirtschaft und Statistik, Heft 7: 476-481.

[8] Peter Newman, Timothy Beatley, Heather Boyer (2009) Resilient Cities – Responding to Peak Oil and Climate Change, Island Press, Washington.

[9] www.klimabuendnis.org

[10] http://www.hessen-nachhaltig.de/web/100-kommunen-fur-den-klimaschutz

[11] Difu-Institut (2011) Klimaschutz in Kommunen, Praxisleitfaden, Berlin.

Autorin

Dr. Franziska Kroll

Baurätin im Regierungspräsidium Darmstadt
Abteilung Arbeitsschutz und Umwelt Frankfurt
Gutleutstr. 114
60327 Frankfurt am Main
E-Mail: Franziska.Kroll@rpda.hessen.de

Autorenverzeichnis

U

V

W

Printed in the United States
By Bookmasters